U0315663

炉窑环形砌砖设计计算手册

武汉威林炉衬材料有限责任公司

薛启文　万小平　林先桥　张嘉严　著

北　京
冶 金 工 业 出 版 社
2010

内 容 简 介

本书共 6 章，分别叙述了高炉（前 3 章）、转炉（第 4、5 章）和回转窑（第 6 章）用耐火砖形状尺寸设计及其环形砌砖的简化计算，介绍了高炉、转炉和回转窑用耐火砖形状尺寸标准的修订过程，是贯彻实施相关标准的工具书，推导出等大端、等小端、等中间尺寸和等楔差环形砌砖的简易计算式，编制了砖量表，绘制了计算图和计算线。

本书可供高炉、转炉、回转窑等工业炉窑砖衬设计计算和砌筑、耐火砖生产、科研及标准化管理等部门科技人员使用，也可供大专院校相关专业师生参考。

图书在版编目（CIP）数据

炉窑环形砌砖设计计算手册／薛启文等著. —北京：冶金工业出版社，2010.9

ISBN 978-7-5024-5295-7

Ⅰ. ①炉…　Ⅱ. ①薛…　Ⅲ. ①冶金炉—砖衬砌—设计计算—技术手册　Ⅳ. ①TF063-62

中国版本图书馆 CIP 数据核字（2010）第 130690 号

出 版 人　曹胜利
地　　址　北京北河沿大街嵩祝院北巷 39 号，邮编 100009
电　　话　（010）64027926　电子信箱　yjcbs@cnmip.com.cn
责任编辑　王　楠　美术编辑　李　新　版式设计　葛新霞
责任校对　王贺兰　责任印制　牛晓波
ISBN 978-7-5024-5295-7
北京盛通印刷股份有限公司印刷；冶金工业出版社发行；各地新华书店经销
2010 年 9 月第 1 版，2010 年 9 月第 1 次印刷
787mm×1092mm　1/16；31 印张；749 千字；474 页
118.00 元

冶金工业出版社发行部　电话：(010)64044283　传真：(010)64027893
冶金书店　地址：北京东四西大街 46 号(100010)　电话：(010)65289081（兼传真）
（本书如有印装质量问题，本社发行部负责退换）

《炉窑环形砌砖设计计算手册》

前　言

耐火砖形状尺寸标准的应用对象有炉窑砖衬设计、筑修炉、耐火砖生产和管理等单位。按这些标准设计、生产、砌筑并严格管理的炉窑等热工设备，应达到安全运行和长寿的目标。为此在制定、修订和实施耐火砖形状尺寸标准过程中，要求参与起草和贯彻实施的人们了解、研究和掌握有关标准知识的多面性和专业性。多面性指贯穿耐火砖生产、使用、科研设计和管理的全过程。专业性指耐火砖形状尺寸设计与辐射形砌砖计算这些耐火砖尺寸学的重要基础。

炉窑环形砌砖指砖衬具有半径和中心角等于 360° 的圆环状辐射形砌砖。采用环形砌砖的炉窑等热工设备很多，例如炼铁高炉、热风炉、炼钢转炉和电炉、钢水罐、回转窑、竖窑、管道和烟囱等。本书以高炉、转炉和回转窑为例，阐述环形砌砖计算及其用砖形状尺寸的设计。

在修订我国冶金行业标准《高炉及热风炉用耐火砖形状尺寸》（YB/T 5012—2009）、《炼钢转炉用耐火砖形状尺寸》（YB/T 060—2007），以及国家标准《回转窑用耐火砖形状尺寸》（GB/T 17912—201X）修订草案的过程中，研究并应用了我国耐火砖尺寸学的最新科研成果：耐火砖的尺寸特征（一块直形砖半径增大量、楔形砖半径、楔形砖每环极限砖数和楔形砖单位楔差）、双楔形砖砖环的尺寸特征（一块楔形砖半径变化量）、楔形砖间尺寸关系规律（各组相同的简单整数楔差比）和基于尺寸特征的双楔形砖砖环中国简化计算公式。本书详细叙述了它们的推导和应用。

为了更好地贯彻实施上述标准，本书提供了各种配砌方案及其简易计算式、砖量表、坐标计算图和计算线，供读者选择和查用。

本书前 3 章，以高炉环形砌砖为例，按单楔形砖砌砖、混合砌砖和双楔形砖砌砖顺序，由浅入深地阐述等大端尺寸、等小端尺寸环形砌砖的简化计算和用砖尺寸的设计，同时介绍了我国高炉环形炭块和水冷薄底竖砌炭块的设计计算。第 4 章和第 5 章，以转炉环形砌砖为例，介绍了等中间尺寸双楔形砖砖环用砖尺寸的设计和计算。第 6 章以回转窑环形砌砖为例，从剖析国外回转窑用砖尺寸着手，提出对 GB/T 17912—1999 的修订草案，其中首次提出等楔差双楔形砖砌砖的计算及其用砖尺寸的设计。

本书可作为《炉窑衬砖尺寸设计与辐射形砌砖计算手册》（冶金工业出版

社，2005 年出版）前 3 章的增订版和宣传贯彻实施新发布实施相关标准的工具书。受到标准修订时间的制约，书中遇有与正在实施标准不符之处，均以新发布实施标准为准。

参加本书编写工作的还有雷青云、孙海东、陈磊等，在此一并表示感谢。

由于作者水平有限，书中如有疏漏之处，诚恳欢迎并感谢所有的批评指正。

编委会

2010 年 2 月于武汉

本书常用主要符号及其意义

O_w——外圆周长，mm

O_n——内圆周长，mm

δ——砌缝厚度，mm

K——砖数，块

C——楔形砖大端尺寸，mm

D——楔形砖小端尺寸，mm

A——楔形砖大小端距离，mm

R_0——楔形砖外半径，mm

r_0——楔形砖内半径，mm

R_{p0}——楔形砖中间半径，mm

R——砖环或拱顶外半径，mm

r——砖环或拱顶内半径，mm

R_p——砖环或拱顶中间半径，mm

K'_0——楔形砖每环（中心角 $\theta=360°$）极限砖数，块

K_0——楔形砖数量，块

K_x——小半径楔形砖数量，块

K_d——大半径楔形砖数量，块

K_r——锐楔形砖数量，块

K_{tr}——特锐楔形砖数量，块

K_{du}——钝楔形砖数量，块

K_w——微楔形砖数量，块

K'_r——锐楔形砖每环（$\theta=360°$）极限砖数，块

K'_{du}——钝楔形砖每环（$\theta=360°$）极限砖数，块

K'_x——小半径楔形砖每环（$\theta=360°$）极限砖数，块

K'_d——大半径楔形砖每环（$\theta=360°$）极限砖数，块

K_z——直形砖数量，块

K_h——砖环或拱顶总砖数，块

C，D——楔形砖的大小端尺寸，mm

C_1——大半径楔形砖的大端尺寸，mm

C_2——小半径楔形砖的大端尺寸，mm

D_1——大半径楔形砖的小端尺寸，mm

D_2——小半径楔形砖的小端尺寸，mm

P——楔形砖的中间尺寸，mm

ΔC——楔形砖的楔差即大小端尺寸差 $C-D$，mm

$\Delta C'$——楔形砖的单位楔差
θ_0——楔形砖的中心角，(°)
θ——拱顶或砖环的中心角，(°)
R_x——小半径楔形砖外半径，mm
R_d——大半径楔形砖外半径，mm
r_x——小半径楔形砖内半径，mm
r_d——大半径楔形砖内半径，mm
R_{px}——小半径楔形砖中间半径，mm
R_{pd}——大半径楔形砖中间半径，mm
R_{ptr}——特锐楔形砖中间半径，mm
R_{pr}——锐楔形砖中间半径，mm
R_{pdu}——钝楔形砖中间半径，mm
R_{pw}——微楔形砖中间半径，mm
$(\Delta R)_l$——一块直形砖半径增大量，mm
$(\Delta R)'_{lx}$——一块小半径楔形砖半径变化量，mm
$(\Delta R)'_{ld}$——一块大半径楔形砖半径变化量，mm
D_0——楔形砖的外直径，mm
D_p——楔形砖的中间直径，mm
D_x——小直径楔形砖的外直径，mm
D_d——大直径楔形砖的外直径，mm
$(\Delta D)'_{lx}$——一块小直径楔形砖直径变化量，mm
$(\Delta D)'_{ld}$——一块大直径楔形砖直径变化量，mm
δ_0——环缝的理论厚度，mm
A'——残砖每次可能脱落的计算长度，mm

目　　录

图 目 录

表 目 录

1　高炉单楔形砖砖环与混合砖环

1.1　高炉及热风炉单楔形砖砌砖

很多炉窑及热工设备砖衬，例如高炉、热风炉、转炉、回转窑、竖式炉窑、钢水罐及烟囱等耐火砖衬，都采用环形砌砖。研究环形砌砖，多以高炉及热风炉为例。研究高炉及热风炉环形砌砖，又必须从单楔形砖砌砖开始。

1.1.1　高炉环形砌砖设计的原始方法

回顾高炉环形砌砖设计的原始方法，目的有两点：一是了解以往高炉环形砌砖设计历史，从中吸取精华继承下去；二是克服原始方法中的不足之处，以便创新发展。

20 世纪 40 年代中期，比较流行的一种高炉（blast furnace）环形砌砖设计中，黏土砖的尺寸采用同时等分砖环内外圆周长的方法计算，见图 1-1。将设计外半径 R_0 及内半径 r_0 的砖环的外圆周长 $O_w=2\pi R_0$ 及内圆周长 $O_n=2\pi r_0$ 同时等分：高炉楔形砖的大端宽度尺寸 $C=2\pi R_0/K-\delta$，小端宽度尺寸 $D=2\pi r_0/K-\delta$，K 为该砖环的楔形砖数量（单位：块），δ为砌砖的辐射竖缝厚度。

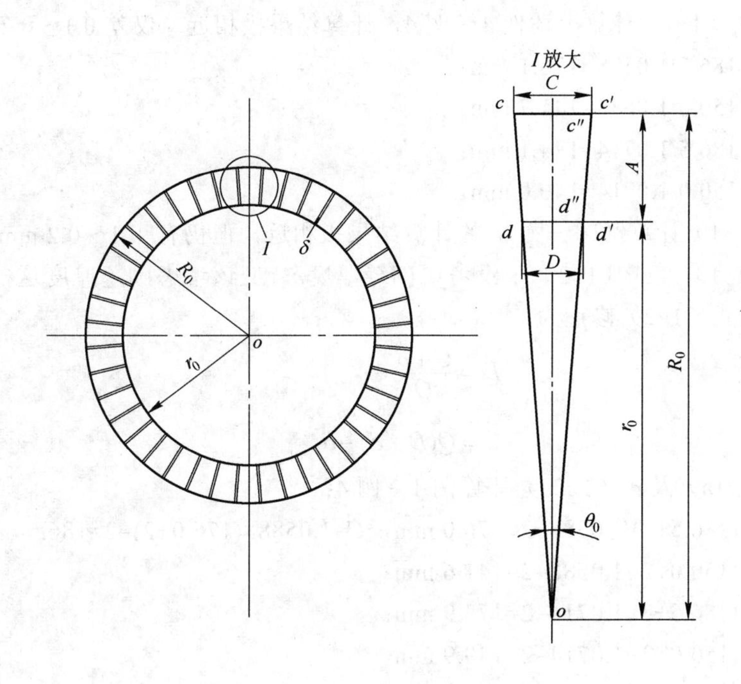

图 1-1　单楔形砖砖环平面示意图

【例 1】 R_0=9000.0 mm、砖长 A=500.0 mm 砖环，砌以 K=300 块，辐射竖缝厚度δ取 2 mm，则楔形砖大端宽度尺寸 C=2×3.1416×9000.0/300−2=186.5 mm，楔形砖小端宽度尺

寸 D=2×3.1416×(9000.0−500.0)/300−2=176.0 mm。

也有将砖的大端尺寸 C 或小端尺寸 D 选择较为规整的尺寸（后来称为标准系列尺寸），再计算另一尺寸。

【例 2】 例 1 中的砖环，若大端尺寸 C 选取 150.0 mm 后，则每环砖数 $K=2\pi R_0/(C+\delta)$=2×3.1416×9000.0/(150.0+2)=372.0 块。小端尺寸 $D=2\pi r_0/K-\delta$=2×3.1416×8500.0/372.0−2=141.6 mm。

这种设计方法中，若砖环设计半径改变，砖尺寸也随着改变。

【例 3】 R_0=7500.0 mm、A=500.0 mm 砖环，若砖的大端尺寸 C 仍采用例 1 的 186.5 mm，每环砖数 K=2×3.1416×7500.0/(186.5+2)=250.0 块，则小端尺寸 D=2×3.1416×(7500.0−500.0)/250.0−2=173.9 mm。

【例 4】 例 3 砖环中，砖的大端尺寸 C 选定 150.0 mm 后，每环砖数 K=2×3.1416×7500.0/(150.0+2)=310.0 块，则小端尺寸 D=2×3.1416×(7500.0−500.0)/310.0−2=139.9 mm。

在图 1-1 放大图中，$\triangle occ'$与$\triangle odd'$相似，则 $C/D=R_0/r_0=Q$，因此：

$$D=\frac{C}{Q} \tag{1-1}$$

$$C=DQ \tag{1-2}$$

式中　Q——砖环外半径 R_0 与内半径 r_0 之比；

C，D——分别为楔形砖的大端尺寸及小端尺寸，mm。

在例 1 及例 2 中，Q=9000.0/8500.0=1.0588，在例 3 及例 4 中，Q=7500.0/7000.0=1.0714。利用式（1-1）计算上述例 1～例 4，计算结果极相近（仅差 0.1～0.2 mm）：

例 1 中 D=186.5/1.0588=176.1 mm；

例 2 中 D=150.0/1.0588=141.7 mm；

例 3 中 D=186.5/1.0714=174.1 mm；

例 4 中 D=150.0/1.0714=140.0 mm。

利用式（1-1）计算例 1～例 4 的计算结果极相近，但仍有 0.1～0.2 mm 的误差，主要原因是式（1-1）及式（1-2）中没考虑砌缝厚度δ。应该考虑砌缝厚度这一重要因素，故式（1-1）及式（1-2）修正为：

$$D=\frac{C+\delta}{Q}-\delta \tag{1-1a}$$

$$C=Q(D+\delta)-\delta \tag{1-2a}$$

利用式（1-1a）及式（1-2a）计算例 1～例 4：

例 1 中 D=(186.5+2)/1.0588−2=176.0 mm，C=1.0588×(176.0+2)−2=186.5 mm；

例 2 中 D=(150.0+2)/1.0588−2=141.6 mm；

例 3 中 D=(186.5+2)/1.0714−2=173.9 mm；

例 4 中 D=(150.0+2)/1.0714−2=139.9 mm。

这些计算结果便与前面等分内外圆周长法没有误差。

国际上从 20 世纪 40 年代起，从高炉炉底（hearth bottom）及炉缸壁（hearth wall）环形砌砖开始采用炭块（carbon blocks）以来，直到 20 世纪 80 年代末（甚至有些高炉到现阶段），环形炭块尺寸的设计都采用这种原始的传统的方法：每一砖环采用同一尺寸的楔形炭块，即采用单楔形砖砖环。楔形炭块的长度 A 由设计选定。20 世纪我国能生产截面尺寸 400.0 mm×400.0 mm 的炭块，现在已能生产截面尺寸为 600.0 mm×600.0 mm 的炭块。在 20 世纪，楔形炭块的大端尺寸 C 取 400.0 mm，则小端尺寸 D 按式（1-1a）计算。

【例 5】 高炉环形炭块砖环的外半径 R_0=4010.0 mm，炭块长 A=800.0 mm，设计炭块尺寸并计算每环炭块数量。Q=4010.0/(4010.0−800.0)=1.2492，如果按我国 20 世纪生产炭块的能力，炭块大端尺寸 C 取 400.0 mm，则小端尺寸按式（1−1a）计算，D=401.0/1.2492−1=320.0 mm（砌缝厚度取 1 mm）。每环块数 K=2×3.1416×4010.0/401.0=62.8 块。若每环炭块数 K 取整数 63.0 块，则大端尺寸 C=2×3.1416×4010.0/63−1=398.9 mm，小端尺寸 D=399.9/1.2492−1=319.1 mm。

在图 1-1 的放大图中，$C/D=R_0/(R_0-A)=(r_0+A)/r_0$，因而可导出：

$$D=\frac{Cr_0}{r_0+A} \tag{1-1b}$$

或

$$D=\frac{C(R_0-A)}{R_0} \tag{1-1c}$$

可见，每一单楔形砖砖环的半径 r_0 或 R_0，即使砖的大端尺寸 C 采取相等的尺寸，都由式（1-1b）或式（1-1c）决定一个不相同的小端尺寸 D。一座高炉的不同部位、不同砖层，只要 r_0 或 R_0 不同，砖的小端尺寸 D 也将不同。不相同 D 的高炉楔形砖将有多少种？何况一个国家、不同国家、不同高炉、不同砖环的 r_0 或 R_0 更不尽相同，那么不同尺寸的高炉楔形砖的数量，将多到何种程度？这是不利于高炉楔形砖尺寸标准化的，也是高炉楔形砖和其他楔形砖尺寸标准化问题被提出来的原因。

1.1.2 高炉及热风炉环形砌砖用竖宽楔形砖及其尺寸特征

区别于直墙及平底的直形砌砖（straight brickwork），辐射形砌砖（radial brickwork）具有半径、中心角及表面为弧形。具有半径 R（或 r）及中心角 θ=360° 的辐射形砌砖称为环形砌砖（circular brickwork）。环形砌砖由前苏联“кольцевая кладка”引译而来，也有由日文“丹形のねんが積み”引译为圆形砌砖的，我国常称为砖环（ring）。高炉及热风炉的炉墙是典型的环形砌砖。

全部由同一种尺寸楔形砖单独砌筑的环形砌砖称为单楔形砖砌砖或单楔形砖砖环（circle turned by an arch or crown brick，mono-taper system of ring），见图 1-1。1.1.1 节的例 1～例 5 都是单楔形砖砖环。单楔形砖砖环在近代工业炉窑衬砖实际砌砖中是很少被采用的。但它的突出优点是辐射竖缝与半径线吻合的程度最好。它是辐射形砌砖及楔形砖尺寸设计计算的基础。作为研究的对象，作者把单楔形砖砌砖的研究与应用，当作耐火砖尺寸学的首篇。

如图 1-1 所示，高炉及热风炉（hot-blast stove）单楔形砖砖环实际上由若干个（K 个）梯形砖体砌筑的。每块砖体的长与宽形成的大面（large face）cc' dd'为对称梯形，因而起初称为梯形砖，后来改称为楔形砖。对称梯形面两底的较大尺寸及较小尺寸分别称为大端尺寸 C 及小端尺寸 D，并且习惯上常以 C/D 表示楔形砖的大小端尺寸。对称梯形面的高（两底间的垂直距离）称为楔形砖的大小端距离 A。中国人非常熟悉高炉楔形砖的形状及其含义。国际标准 ISO/R836－1968《耐火材料工业词汇》[1]从外形上将这种砖表述为互相倾斜且面积相等的两个侧面（side face）与面积不相等的两个端面（end face），但忽略了两个面积相等的对称梯形大面。日本标准 JISR2001－1985《耐火材料术语》[2]对这种砖的表述，除基本上与国际标准相同（形成夹角并且在长度方向倾斜的两侧面）外，补充说明了它用于砌筑圆形砌体，还对砖的两个大面为楔形这一重要内容作了明确表述。英国耐火材料术语标准 BS3446:part 1:1900[3]对这种砖以图解方式表述得更具体，见图 1-2。我国对高炉楔形砖的命名及定义，从国家标准 GB2278－1980《高炉及热风炉用砖形状尺寸》[4]开始，到 YB/T5012－1997《高炉及热风炉用砖形状尺寸》[5]，以及最近的修订版 YB/T5012－2009《高炉及热风炉用耐火砖形状尺寸》[6]，都按我国国家标准 GB/T2992－1998《通用耐火砖形状尺寸》[7]规定，以大小端距离 *A* 及大小端尺寸 *C*/*D* 设计在砖的部位命名为竖宽楔形砖，简称宽楔形砖。竖宽楔形砖的定义：大小端距离 *A* 设计在长度上、大小端尺寸 *C*/*D* 设计在宽度上的对称楔形砖[6]，见图 1-3。竖宽楔形砖的对照英文，国际标准[1]及日本标准[2]写作 key brick 及 crown brick；英国标准[3]认为以 crown brick 为主，key brick 为次，但有的标准[8]曾写作 crown/key brick；美国标准[9]写作 key brick。在新修订的 YB/T5012－2009《高炉及热风炉用耐火砖形状尺寸》[6]中竖宽楔形砖的对照英文选择 crown/key bricks。决定竖宽楔形砖尺寸特征（在文献[4]及[5]的标准中曾称为尺寸参数）的特征尺寸（以前曾称为有效尺寸）有大小端距离 *A*（此处为砖长）及大小端尺寸 *C*/*D*（此处为砖的宽度尺寸），而另一尺寸 *B*（此处为砖厚）为非特征尺寸。

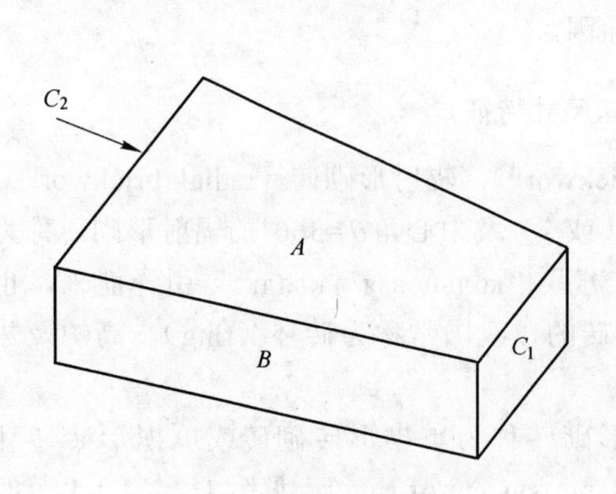

图 1-2　竖宽楔形砖图解

A—大面；*B*—倾斜的侧面；
C_1—小端面；C_2—大端面

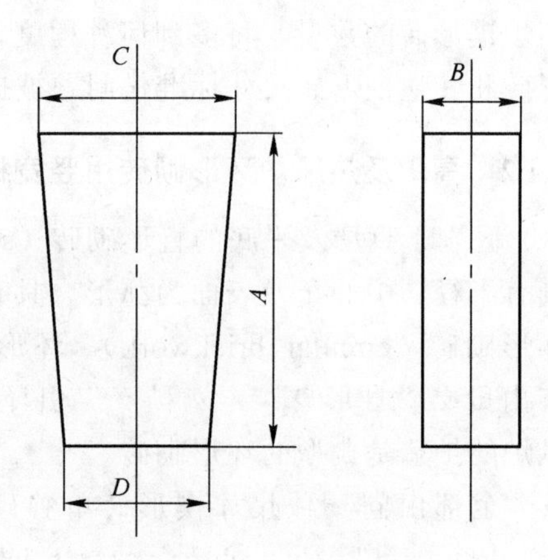

图 1-3　竖宽楔形砖

A—大小端距离；*C*—大端尺寸；
D—小端尺寸；*B*—厚度尺寸

为突出特征尺寸，我国标准[4~7]规定了竖宽楔形砖尺寸规格表示式，即砖的名称及全部外观尺寸的表示式：$A\times(C/D)\times B$。以前每一具体尺寸砖的砖号：短横线（“-”）前的 G 或 R 分别为高炉砖或热风炉砖汉语拼音的首个字母；短横线后的数字为顺序号，因此应称作顺序砖号。近年来，国际上流行的尺寸砖号（size designation），表示了形状（名称）、主要尺寸或尺寸特征的砖号。YB/T5012—2009 规定的尺寸砖号中，分隔斜线（“/”）前的数字表示大小端距离，等于 0.1*A*，单位取厘米（cm）；斜线后的数字表示大小

端尺寸差 $C-D$，单位取毫米（mm）。尾部 D 或 X 分别为等大端尺寸或等小端尺寸的“大”或“小”字的汉语拼音首个字母。

图 1-1 中，内圆周长 $O_n=2\pi r_0$ 及外圆周长 $O_w=2\pi R_0$ 只能近似等于 DK 及 CK（D 及 C 需另加 2 mm 砌缝），因为弦长 D 及 C 近似等于弧长 dd' 及弧长 cc'。同理，在图 1-1 放大图中内半径 r_0 及外半径 R_0 只能近似等于 od''及 oc''。人们将单楔形砖砖环的内半径 r_0 及外半径 R_0 近似地视为单独砌筑该砖环的楔形砖的内半径 r_0 及外半径 R_0。楔形砖的内半径（internal radius）及外半径（outer radius）均指楔形砖对称中心线的内小端处及外大端处的尺寸（即 od'' 及 oc''）。这与竖宽楔形砖的长度以大小端距离来表示一样，未考虑以斜边长 cd 或 oc 表示。

竖宽楔形砖的尺寸特征（dimension characteristic，dimesion ability）反映环形砌砖设计、计算、砌筑及使用中的尺寸性能，包括楔形砖的半径、每环极限砖数及中心角等。

A　竖宽楔形砖的半径

如前所述，单楔形砖砖环的半径（r_0 或 R_0）可近似地视为该楔形砖的半径（r_0 或 R_0）。在冶金行业标准 YB/T5012－2009 中将竖宽楔形砖的半径（radius of crown/key bricks）定义为全部用一种竖宽楔形砖砌筑的砖环（单楔形砖砖环，且中心角 θ=360°）的半径，并且还有内半径 r_0 与外半径 R_0 之分，它们的关系为 $r_0=R_0-A$ 及 $R_0=r_0+A$。由图 1-1 放大图知 $C/D=R_0/(R_0-A)$ 或 $C/D=(r_0+A)/r_0$，并可导出：

$$R_0=\frac{CA}{C-D} \tag{1-3}$$

或

$$r_0=\frac{DA}{C-D} \tag{1-3a}$$

式中　C，D——分别为竖宽楔形砖的大端尺寸及小端尺寸，mm；

　　　A——竖宽楔形砖的大小端距离，mm。

式（1-3）及式（1-3a）分子中的 C 及 D，应另加辐射竖缝厚度 2 mm（以前曾取 1 mm）。这是因为国家标准 GB50211－2004《工业炉砌筑工程施工及验收规范》[10]规定以磷酸盐泥浆砌筑的高炉炉底、炉缸等重要部位砌体的竖缝厚度不超过 2 mm，不采用磷酸盐泥浆砌筑的高炉炉身（shaft）冷却箱（cooling boxes）或冷却板（plate coolers）以上砌体及热风炉炉墙砌体的竖缝厚度不超过 2 mm。

作为竖宽楔形砖主要尺寸特征之一的半径 R_0 或 r_0，除决定于砖本身的特征尺寸 A 及 C/D 外（与非特征尺寸 B 无关），还不可忽视砌砖辐射竖缝厚度的影响。例如以前采取 1 mm 辐射竖缝厚度时，尺寸规格（mm）为 230×(150/135)×75 的尺寸砖号 23/15D(G-3)的外半径 $R_{23/15D}$=(150+1)×230/(150−135)=2315.3 mm[5]。当采取 2 mm 辐射竖缝厚度时，同样尺寸的 23/15D 的外半径 $R_{23/15D}$=(150+2)×230/(150−135)=2330.7 mm[6]。这是 YB/T5012—2009 中各个砖号竖宽楔形砖的外半径 R_0 都比 YB/T5012—1997 增大些的原因。竖宽楔形砖的半径的主要用途，是界定该砖的应用范围及参与环形砌砖砖量的简化计算。这将在以后的相关章节中详细说明。区别开竖宽楔形砖的外半径 R_0 或内半径 r_0 的原因，主要是分别用于等大端尺寸砖环或等小端尺寸砖环。这也会在后面的相关章节中加以说明。

B　竖宽楔形砖的每环极限砖数

在 YB/T5012－1997 中，对竖宽楔形砖的每环极限砖数 K_0'狭义的定义为单楔形砖砖环（中心角θ=360°）内竖宽楔形砖的最多砖数。随着“楔－直”混合砖环及双楔形砖砖环（将在后面详述）的出现，就要对这一尺寸特征做广义的定义。由图1-1知：

$$K_0' = \frac{2\pi R_0}{C} = \frac{2\pi\left(r_0 + A\right)}{C} \tag{1-4}$$

或

$$K_0' = \frac{2\pi r_0}{D} \tag{1-4a}$$

由式（1-4）得：

$$C K_0' = 2\pi r_0 + 2\pi A$$

由式（1-4a）得：

$$2\pi r_0 = D K_0'$$

显然

$$CK_0' = DK_0' + 2\pi A$$

从而：

$$K_0' = \frac{2\pi A}{C - D} \tag{1-4b}$$

这就是竖宽楔形砖的每环极限砖数K_0'（utmost brick number for each ring）的定义式。其实将式（1-3）及式（1-3a）分别代入式（1-4）及式（1-4a）可直接得式（1-4b）：

$$K_0' = 2\pi R_0/C = [2\pi/C] \times [CA/(C-D)] = 2\pi A/(C-D)$$

或

$$K_0' = 2\pi r_0/D = [2\pi/D] \times [DA/(C-D)] = 2\pi A/(C-D)$$

可以这样理解竖宽楔形砖的每环极限砖数。单楔形砖砖环的内外圆周长之差ΔO近似等于所砌竖宽楔形砖砖数K_0'与其大小端尺寸差$C-D$之积：$\Delta O=(C-D)K_0'$。而$\Delta O=O_w-O_n=2\pi R_0-2\pi r_0=2\pi(r_0+A)-2\pi r_0=2\pi A$。也就是说，单楔形砖砖环内外圆周长之差$\Delta O$等于$2\pi A$的定值。所以$2\pi A=(C-D)K_0'$，可见$K_0'=2\pi A/(C-D)$即为竖宽楔形砖的每环极限砖数$K_0'$的定义式，即式（1-4b）。

竖宽楔形砖的每环极限砖数K_0'仅决定于砖本身的特征尺寸：大小端距离A及大小端尺寸C/D。它与正常砌砖操作条件下辐射竖缝厚度无关。所谓正常砌砖操作，就是每环工作热面（砖环内端）与非工作冷面（砖环外端）的辐射竖缝厚度相等。在这种情况下，不同的砖缝厚度在$C-D$中已无意义。关于楔形砖每环极限砖数的“极限”概念及广义性，将在混合砖环及双楔形砖砖环相关章节阐述。竖宽楔形砖每环极限砖数也是重要尺寸特征之一。对于环形砌砖的简化计算而言，竖宽楔形砖每环极限砖数概念及其定义计算式是非常重要的。

C　竖宽楔形砖的中心角

每块具有一定特征尺寸的竖宽楔形砖，都具有一个中心角（central angle of crown/key bricks）θ_0。YB/T5012—2009对它定义为竖宽楔形砖对称梯形面两斜边延长线至交点（圆心）形成的夹角，见图1-1放大图中的θ_0。

$$\theta_0 = \frac{360°}{K_0'} \tag{1-5}$$

将竖宽楔形砖的每环极限砖数定义式$K_0'=2\pi A/(C-D)$[式（1-4b）]代入得：

$$\theta_0 = \frac{180°\left(C - D\right)}{\pi A} \tag{1-5a}$$

由式（1-5a）知 $A/(C-D)=180°/(\pi\theta_0)$，将其代入式（1-3）及式（1-3a）得：

$$R_0=\frac{180°C}{\pi\theta_0} \tag{1-3b}$$

$$r_0=\frac{180°D}{\pi\theta_0} \tag{1-3c}$$

由式（1-5）也可得：

$$K_0'=\frac{360°}{\theta_0} \tag{1-4c}$$

1981 年 10 月，首次发布实施的国家标准 GB2278—1980[4]（后调整为冶金行业标准 YB/T5012－1993）的附录中，在国内外首次试用了高炉竖宽楔形砖的尺寸参数。经修订从 1997 年 10 月开始实施的冶金行业标准 YB/T5012—1997[5]的标准正文采取了尺寸参数。经讨论研究，从 2007 年开始将尺寸参数改称为尺寸特征。最新修订版 YB/T5012－2009[6]对高炉及热风炉用竖宽楔形砖的砖号、名称、尺寸、尺寸规格及主要尺寸特征作了定义并计算出来，见表 1-1。

表 1-1　高炉及热风炉用竖宽楔形砖和直形砖（等大端尺寸 C=150 mm）

尺寸砖号	名称	尺寸/mm			尺寸规格/mm×mm×mm	外半径 R_0/mm	每环极限砖数 K_0'/块	中心角 θ_0/(°)	一块直形砖半径增大量 $(\Delta R)_1$/mm	体积/cm³	顺序砖号
		A	C/D	B							
23/0D	直形砖	230	150/150	75	230×150×75				24.19	2587.5	G-1,R-1
34.5/0D	直形砖	345	150/150	75	345×150×75				24.19	3881.3	G-2,R-2
40/0D	炉底直形砖	400	150	90	400×150×90					5400.0	G-11
46/0D	直形砖	460	150/150	75	460×150×75				24.19	5175.0	G-9,R-9
23/15D	竖宽钝楔形砖		150/135		230×(150/135)×75	2330.7	96.3	3.737		2458.1	G-3,R-3
23/30D	竖宽锐楔形砖	230	150/120	75	230×(150/120)×75	1165.3	48.2	7.473		2328.8	G-5,R-5
23/45D	竖宽特锐楔形砖		150/105		230×(150/105)×75	776.9	32.1	11.210		2199.4	G-7,R-7
34.5/20D	竖宽钝楔形砖		150/130		345×(150/130)×75	2622.0	108.4	3.321		3622.5	G-4,R-4
34.5/40D	竖宽锐楔形砖	345	150/110	75	345×(150/110)×75	1311.0	54.2	6.643		3363.8	G-6,R-6
34.5/60D	竖宽特锐楔形砖		150/90		345×(150/90)×75	874.0	36.1	9.965		3105.0	G-8,R-8
46/20D	竖宽钝楔形砖		150/130		460×(150/130)×75	3496.0	144.5	2.491		4830.0	G-10,R-10
46/40D	竖宽锐楔形砖	460	150/110	75	460×(150/110)×75	1748.0	72.3	4.982		4485.0	G-12,R-12
46/60D	竖宽特锐楔形砖		150/90		460×(150/90)×75	1165.3	48.2	7.473		4140.0	G-13,R-13

注：1．按竖宽楔形砖大小端尺寸差 $C-D$ 的从小到大，将其分为竖宽钝楔形砖、竖宽锐楔形砖和竖宽特锐楔形砖。

2．经供需双方协商砖厚度可采用 100 mm。

3．推荐采用尺寸砖号。

1.2 高炉及热风炉混合砌砖

高炉炉腹（bosh）砌砖的半径，从风口带（tuyere belt,tuyere zone）上方开始向炉身环梁托圈（lintel,mantle）逐渐增大。虽然紧靠炉腹冷却壁（stave cooler）仅砌一环砖，但在只知道单楔形砖砖环的建国初期，几层砖环按其平均半径手工加工成一种尺寸的楔形砖。仅 1.5 m 高的炉腹砌砖就要手工加工成四种大小端尺寸的楔形砖。在砌筑过程中，有人误将一部分炉腹上部专用的楔形砖提前砌到下部砖环。到炉腹上部最后两层，专用于这几层的楔形砖的数量少了，不够用了，而下部砖环专用的楔形砖却多余剩下不少。在工期紧迫的当时，临时加工砍砖是来不及了。有人尝试用加工楔形砖的方形荒坯（当时俗称方砖，现在应称直形砖）经表面粗加工后配砌剩余的炉腹下部砖环专用楔形砖，居然把炉腹上部最后两层砖砌好了。这就是我国高炉竖宽楔形砖与直形砖配合砌筑的“楔－直”混合砖环（mixing ring）的开始。

随着前苏联高炉砖（blast furnace bricks）标准及科技书籍的引进，我们方知道按设计半径设计炉衬单楔形砖砖环及其专用的竖宽楔形砖尺寸，这种方法的适用范围小，是不科学的，不容易实施标准化。为实施高炉砖尺寸的标准化，便产生了竖宽楔形砖与直形砖配合砌筑的混合砌筑或混合砖环。混合砖环中所用的直形砖（rectangular bricks）为仅由长 A、宽 C 及厚 B 三个尺寸构成的直平行六面砖体，见图 1-4。

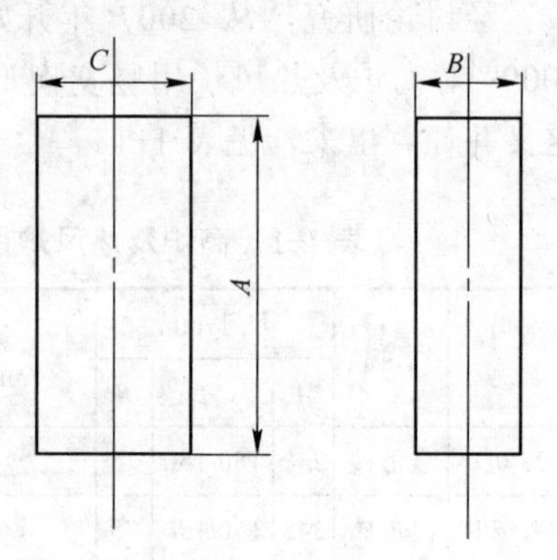

图 1-4 高炉及热风炉用直形砖

直形砖的尺寸应与相配合砌筑的竖宽楔形砖的尺寸对应：(1) 它们的大小端距离 A 相同，同为砖长；(2) 与竖宽楔形砖大小端尺寸 C/D 配合，直形砖的配砌尺寸为砖宽 C；(3) 为便于砖量计算，直形砖的配砌尺寸 C 与竖宽楔形砖的大端宽度尺寸 C 相等，即采用等大端尺寸（constant backface dimension）；(4) 非特征尺寸 B（此处为砖厚）与竖宽楔形砖的厚度 B 相等。为便于记忆、管理及计算，高炉及热风炉混合砌砖用直形砖的尺寸规格表示式为 $A\times C\times B$。直形砖的尺寸砖号中，斜线前的数字表示砖长，等于 $0.1A$，单位取厘米（cm）；斜线后数字 0 表示大小端尺寸差为 0；尾部 D 或 X 分别为等大端尺寸或等小端尺寸的“大”或“小”字汉语拼音首字母。

1.2.1 混合砖环中竖宽楔形砖的数量

在竖宽楔形砖的大端尺寸 C 与直形砖的配砌尺寸 C 相等（同为 150 mm）的等大端尺寸混合砖环（见图 1-5，中心角 $\theta=360°$），砖环外半径 R 大于竖宽楔形砖的外半径（也就是单楔形砖环的外半径）R_0 时，竖宽楔形砖数量 K_0 与直形砖数量 K_z，可由下面的方程组求得：

$$\begin{cases} CK_z + CK_0 = 2\pi R \\ CK_z + DK_0 = 2\pi(R-A) \end{cases}$$

解出：

$$K_0 = \frac{2\pi A}{C-D} = K_0' \quad (1\text{-}4b)$$

$$K_z = \frac{2\pi R}{C} - \frac{2\pi A}{C-D} = K_h - K_0' \tag{1-6}$$

计算结果表明，外半径 R 大于竖宽楔形砖外半径 R_0 的混合砖环内竖宽楔形砖数量 K_0 仍等于单楔形砖砖环中竖宽楔形砖数量 K_0'（也就是竖宽楔形砖的每环极限砖数）。人们对于这个现实并不是都能立刻理解。而且只有理解了式（1-4b），即承认混合砖环内竖宽楔形砖数量 K_0 仍等于其每环极限砖数 K_0'时才能容易理解该混合砖环内直形砖数量 K_z 计算式（1-6）。因为在等大端尺寸混合砖环，直形砖数量 K_z 等于砖环总砖数 $K_h=2\pi R/C$ 与竖宽楔形砖数量 $K_0=K_0'$之差。

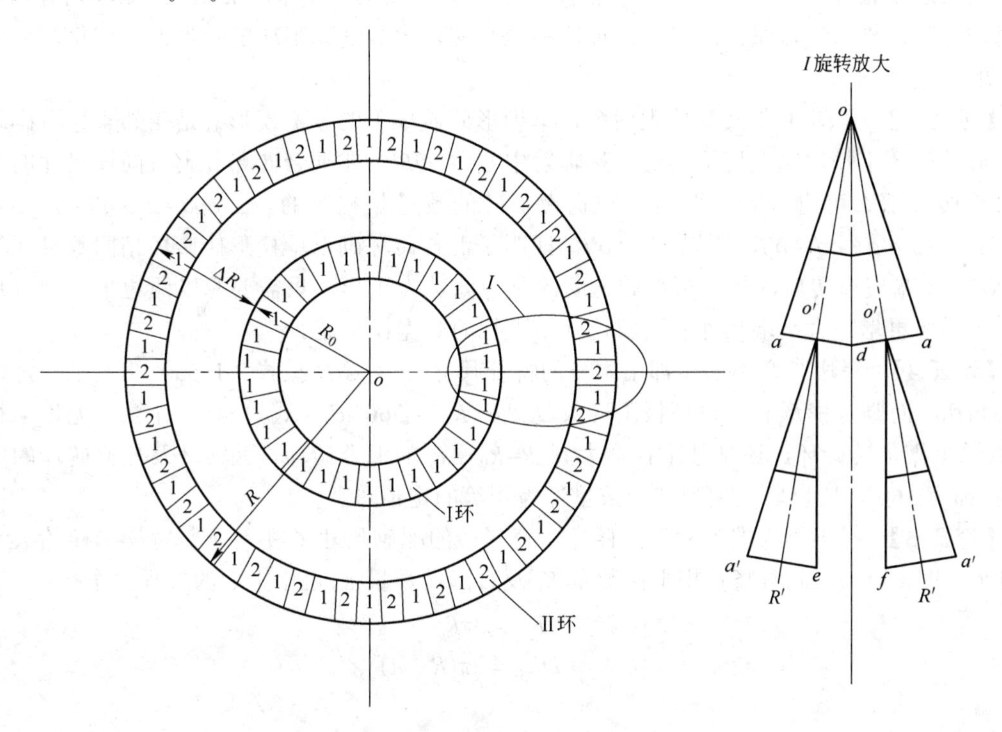

图 1-5　混合砖环平面示意图

Ⅰ—单楔形砖砖环；Ⅱ—混合砖环；1—竖宽楔形砖；2—直形砖

这里为加深对混合砖环内竖宽楔形砖数量 K_0 仍等于每环极限砖数 K_0'概念的理解，做几个论证。

【论证 1】 如图 1-5 所示，砖环Ⅰ是完全由尺寸规格为 $A\times(C/D)\times B$ 竖宽楔形砖单独砌筑的单楔形砖砖环，其外半径 $R_0=CA/(C-D)$，外圆周长 $O_{1w}=2\pi R_0$；内圆周长 $O_{1n}=2\pi(R_0-A)$；内外圆周长之差 $\Delta O_1=O_{1w}-O_{1n}=2\pi R_0-2\pi(R_0-A)=2\pi A$，砌以 $2\pi A/(C-D)=K_0'$块竖宽楔形砖。这些已在单楔形砖砖环得到证明。砖环Ⅱ为混合砖环，它除了砌以 K_0 块规格为 $A\times(C/D)\times B$ 的竖宽楔形砖外还砌以 K_z 块规格为 $A\times C\times B$ 的直形砖。混合砖环Ⅱ的外半径 R 比单楔形砖砖环Ⅰ外半径 R_0 增大 ΔR，即 $R=R_0+\Delta R$。砖环Ⅱ的外圆周长 $O_{2w}=2\pi R=2\pi(R_0+\Delta R)=2\pi R_0+2\pi\Delta R$；内圆周长 $O_{2n}=2\pi(R-A)=2\pi R-2\pi A=2\pi(R_0+\Delta R)-2\pi A=2\pi R_0+2\pi\Delta R-2\pi A$；内外圆周长之差 $\Delta O_2=O_{2w}-O_{2n}=2\pi A$。可见混合砖环内外圆周长之差仍与单楔形砖砖环一样，同为 $2\pi A$ 的定值。那么根据内外圆周长之差等于竖宽楔形砖大小端尺寸 $C-D$

与其砖数 K_0 之积，即 $2\pi A=(C-D)K_0$，所以 $K_0=2\pi A/(C-D)=K_0'$，即为竖宽楔形砖每环极限砖数 K_0'的定义式（1-4b）。这也就证明了混合砖环内竖宽楔形砖的数量也等于单楔形砖砖环内竖宽楔形砖数量（也就是竖宽楔形砖的每环极限砖数 K_0'）。

【论证 2】 混合砖环Ⅱ的外圆周长 O_{2w} 比单楔形砖砖环Ⅰ的外圆周长 O_{1w} 多了 $O_{2w}-O_{1w}=2\pi R_0+2\pi\Delta R-2\pi R_0=2\pi\Delta R$。混合砖环Ⅱ的内圆周长 O_{2n} 比单楔形砖砖环Ⅰ的内圆周长 O_{1n} 多了 $O_{2n}-O_{1n}=2\pi R_0+2\pi\Delta R-2\pi A-2\pi\ (R_0-A)=2\pi\Delta R$。就是说混合砖环与单楔形砖砖环比较，两砖环外圆周长之差与内圆周长之差相等，都等于 $2\pi\Delta R$。而两砖环外圆周长之差与内圆周长之差相等的 $2\pi\Delta R$ 只有靠增加直形砖数量 K_z 来填充，即 $2\pi\Delta R=C\ K_z$，绝对不需要再增加竖宽楔形砖数量。这又一次证明在混合砖环内竖宽楔形砖的数量保持其每环极限砖数的定值。

【论证 3】 在图 1-5 及其放大图中，单楔形砖砖环Ⅰ的竖宽楔形砖是相邻紧靠着砌筑的。通过砖环Ⅰ每块竖宽楔形砖的对称辐射中心线 OR'，在混合砖环Ⅱ砌筑同样尺寸的竖宽楔形砖，那么可直观看出两砖环竖宽楔形砖的数量是相等的。$\angle aod=\angle a'o'e=\angle doa=\angle fo'a'=\theta_0$，$o'e\,/\!/\,od\,/\!/\,o'f$，所以 $o'e\,/\!/\,o'f$，证明了混合砖环砌以单楔形砖砖环相同数量（等于 K_0'）竖宽楔形砖后，竖宽楔形砖之间的剩余间隙为矩形，只需要配以两边平行的直形砖，不需要再增加大小端尺寸和两斜边互不平行的竖宽楔形砖。

【论证 4】 每块竖宽楔形砖都由本身的特征尺寸 A 及 C/D 按式（1-5a）决定了一定的中心角 θ_0，而竖宽楔形砖的每环极限砖数 K_0'按 $K_0'=360°/\theta_0$（式 1-4c）计算。无论半径 $R=R_0$ 的单楔形砖砖环，还是外半径增大到 $R=R_0+\Delta R$ 的混合砖环，两砖环及任何砖环的中心角θ都为 360°，所以竖宽楔形砖的数量都为相等的定值。

【论证 5】 在不等大端尺寸混合砖环，直形砖的配砌尺寸 C'不等于竖宽楔形砖的大端尺寸 C，即 $C'\neq C$。此时竖宽楔形砖数量 K_0 及直形砖数量 K_z 可由下面的方程组求得：

$$\begin{cases}C'K_z+CK_0=2\pi R\\C'K_z+DK_0=2\pi(R-A)\end{cases}$$

解出：

$$K_0=\frac{2\pi A}{C-D}=K_0' \tag{1-4b}$$

$$K_z=\frac{2\pi(R-R_0)}{C'} \tag{1-7}$$

可见，在不等大端尺寸混合砖环竖宽楔形砖的数量 K_0 仍为其每环极限砖数 K_0'的定值。

【论证 6】 其实从数学观点出发，从竖宽楔形砖的每环极限砖数的定义式 $K_0'=2\pi A/(C-D)$早就可以肯定，K_0'只决定于本身的特征尺寸 A 及 C/D，仅与本身的特征尺寸及由本身特征尺寸决定的半径 R_0（或 r_0）、中心角θ_0 有关，而与混合砖环的半径 R（或 r）及砌砖辐射竖缝厚度无关。因此，K_0'必为由其定义式计算的定值。

为强调单楔形砖砖环内竖宽楔形砖数量，按其定义式 $K_0'=2\pi A/(C-D)$计算的定值，为强调在 $R>R_0$ 的等大端尺寸或不等大端尺寸混合砖环内竖宽楔形砖最多数量的“极限”，有理由将其称为每环极限砖数，并作为每个竖宽楔形砖的重要尺寸特征纳入标准，计算出来列入 YB/T5012—2009 的尺寸表（见表 1-1），供人们方便查找应用。

竖宽楔形砖的每环极限砖数概念是非常重要的，这也是本书不厌其烦反复论证的理由。只要领会一种论证，加深对竖宽楔形砖每环极限砖数的理解，不仅会省去很多不必要的计算，而且可以识别混合砖环及以后要介绍的双楔形砖砖环计算中的错误。例如某高炉炉身上部环形混合砖环采取 2×345 mm 的偶数砖层和 3×230 mm 的奇数砖层。设计图上标明工作内环的 G-4 及 G-3 的数量分别为 110 块和 98 块，非工作外环的 G-4 及 G-3 的数量分别比 110 块和 98 块还多。由 YB/T5012—2009 的尺寸表（见表 1-1）查得 G-4 及 G-3 的每环极限砖数分别为 108.4 块和 96.3 块，无论工作内环或外环，它们的数量都不应该改变，并且不用计算了。

1.2.2　混合砖环中直形砖的数量

有了竖宽楔形砖每环极限砖数概念及其在标准尺寸表中的计算值，混合砖环的计算实质上仅为砖环内直形砖数量的计算。

在 1.2.1 节已导出的基于竖宽楔形砖每环极限砖数 K_0' 的直形砖数量计算式 $K_z=2\pi R/C-K_0'$[式（1-6）]适用于等大端尺寸混合砖环。

式（1-6）的 K_0' 换以 $2\pi A/(C-D)$ 并按 $CA/(C-D)=R_0$ 化简，得基于竖宽楔形砖外半径 R_0 的直形砖砖量计算式：

$$K_z=\frac{2\pi(R-R_0)}{C} \tag{1-7a}$$

其实在 1.2.1 节的论证 5，在不等大端尺寸混合砖环也导出同样结果。就是说式（1-7a）通用于等大端尺寸或不等大端尺寸混合砖环。

在等大端尺寸混合砖环式（1-6）与式（1-7a）可以互相转换：将 $R_0=CA/(C-D)$ 代入式（1-7a）并按 $2\pi A/(C-D)=K_0'$ 化简得式（1-6）。可见竖宽楔形砖尺寸特征 R_0 及 K_0' 在混合砖环中直形砖数量计算式推导应用过程的作用和方便性。

1.2.3　直形砖的尺寸特征

直形砖的尺寸特征反映环形混合砌砖设计、计算、砌筑及使用中的尺寸性能。直形砖的尺寸特征专指一块直形砖半径增大量（radius added value of a rectangular brick）$(\Delta R)_1$。

由 1.2.1 节的论证 2 可知 $CK_z=2\pi\Delta R$。式（1-7a）中的 $R-R_0=\Delta R$，也可导出 $CK_z=2\pi\Delta R$。变换此式得砌以 K_z 块直形砖后混合砖环的半径增大量 $\Delta R=CK_z/(2\pi)$。当 $K_z=1$ 即仅砌以一块直形砖时，混合砖环半径增大量，简称为一块直形砖半径增大量 $(\Delta R)_1$。

$$(\Delta R)_1=\frac{C}{2\pi} \tag{1-8}$$

式中，C 为直形砖的配砌尺寸（mm），计算时需另加辐射竖缝厚度，本书取 2 mm。对于高炉及热风炉环形混合砌砖而言，直形砖 23/0D、34.5/0D 或 46/0D 的配砌尺寸 C=150 mm。辐射竖缝厚度不同时，一块直形砖半径增大量 $(\Delta R)_1$ 也不同。例如当辐射竖缝厚度取 0.5 mm、1.0 mm、1.5 mm 及 2.0 mm 时，$(\Delta R)_1$ 的计算值分别为 23.95 mm、24.03 mm、24.11 mm 及 24.19 mm。YB/T5012—1997 中 $(\Delta R)_1$ 取 24.03 mm，而 YB/T5012—2009 中 $(\Delta R)_1$ 改为 24.19 mm，见表 1-1。

式（1-7a）中括号前的系数 $2\pi/C$ 为$(\Delta R)_1$的倒数，即 $2\pi/C=1/(\Delta R)_1$，则式（1-7a）进一步简化为：

$$K_z=\frac{R-R_0}{(\Delta R)_1} \tag{1-7b}$$

一块直形砖半径增大量这个前人在等大端尺寸混合砌砖条件下推导出的计算式及其应用[11]，经作者证明也适用于不等大端尺寸混合砖环，因为式（1-7b）及式（1-8）是由通用于等大端尺寸或不等大端尺寸混合砖环的式（1-7a）导出的。

由式（1-7b）得：

$$(\Delta R)_1=\frac{R-R_0}{K_z} \tag{1-8a}$$

我们可以这样理解式（1-8a）：配砌了 K_z 块直形砖后混合砖环的外半径 R，比单楔形砖砖环外半径 R_0 增大了 $R-R_0$，那么每砌一块直形砖后混合砖环半径的增大量$(\Delta R)_1$ 必为$(R-R_0)$除以直形砖数量 K_z，即式（1-8a）的$(R-R_0)/K_z$ 定值。其实式（1-8a）也就是一块直形砖半径增大量的直观定义式。将 $K_z=2\pi R/C-K_0'$[式（1-6）]、$R_0=CA/(C-D)$[式（1-3）]及 $K_0'=2\pi A/(C-D)$[式（1-4b）]代入式（1-8a），或将 $K_z=2\pi(R-R_0)/C$[式（1-7a）]及$R_0=CA/(C-D)$[式（1-3）]代入式（1-8a），都会得到式（1-8）。

一块直形砖半径增大量$(\Delta R)_1$ 虽然是仅砌一块直形砖时混合砖环半径增大量的简称，它是混合砖环的尺寸特征。但是能在标准尺寸表中以有具体配砌尺寸的直形砖来体现，因此可视为直形砖的尺寸特征。

1.2.4 混合砖环的简化计算

如前所述，由于混合砖环内竖宽楔形砖数量为其每环极限砖数 K_0'这个尺寸特征的定值（可由 YB/T5012－2009 或本书表 1-1 直接查到，不需计算了），混合砖环的计算实质上仅为直形砖量的计算。

混合砖环内直形砖数量 K_z 的计算式已有三个。

首先是适用于等大端尺寸混合砖环的基于竖宽楔形砖每环极限砖数 K_0'的直形砖量计算式 $K_z=2\pi R/C-K_0'$[式（1-6）]，此式（1-6）最容易记忆。因为 $2\pi R/C$ 为混合砖环总砖数 K_h，再减去我们由砖尺寸表查得的竖宽楔形砖每环极限砖数 K_0'，便为混合砖环内的直形砖数量 K_z，这是非常方便的。

混合砖环直形砖量 K_z 的第二个计算式是基于竖宽楔形砖外半径 R_0 的计算式 $K_z=2\pi(R-R_0)/C$[式（1-7a）]。此式很简单，只要从标准尺寸表中查得所砌竖宽楔形砖的外半径 R_0 即可，而且此计算式通用于等大端尺寸或不等大端尺寸混合砖环。混合砖环直形砖量 K_z 的第三个计算式是基于直形砖尺寸特征[一块直形砖半径增大量$(\Delta R)_1$]的计算式 $K_z=(R-R_0)/(\Delta R)_1$[式（1-7b）]，由于它是由式（1-7a）推导出，也通用于等大端尺寸或不等大端尺寸混合砖环。

面对这三个直形砖量计算式，实际运算中究竟选择哪一个呢？根据个人兴趣及记忆可任选一个。当然在不同条件下，例如在砖量表编制及计算图绘制中，上述计算式将被分别应用。事实上只要记住一个计算式便可推导出另外两个计算式。例如，基于直形砖尺寸特征$(\Delta R)_1$ 的直形砖量计算式（1-7b）中的$(\Delta R)_1=C/(2\pi)$[式（1-8）]，则式（1-7b）可转换为式（1-7a）：

$$K_z = \frac{R-R_0}{(\Delta R)_1} = \frac{R-R_0}{\dfrac{C}{2\pi}} = \frac{2\pi(R-R_0)}{C} \quad (1\text{-}7a)$$

将 $R_0=CA/(C-D)$及$(\Delta R)_1=C/(2\pi)$同时代入式（1-7b），并按 $2\pi A/(C-D)=K_0'$化简便得式（1-6）：

$$K_z = \frac{R-R_0}{(\Delta R)_1} = \left[R-\frac{CA}{C-D}\right]\times\frac{2\pi}{C} = \frac{2\pi R}{C}-\frac{2\pi A}{C-D} = \frac{2\pi R}{C}-K_0' \quad (1\text{-}6)$$

在等大端尺寸（C=150 mm）混合砖环及辐射竖缝厚度取 2 mm 的现实情况下，上述三个直形砖量 K_z 计算式可写作以下的简易计算通式：

$$K_z = 0.04134R-K_0' \quad (1\text{-}6a)$$

$$K_z = 0.04134(R-R_0) \quad (1\text{-}7c)$$

或

$$K_z = \frac{R-R_0}{24.19} \quad (1\text{-}7d)$$

此外，混合砖环总砖数：

$$K_h = 0.04134R \quad (1\text{-}9)$$

将 YB/T5012－2009 提供的竖宽楔形砖与直形砖的尺寸特征 K_0'、R_0 及$(\Delta R)_1$ 代入式（1-6a）、式（1-7c）或式（1-7d），得到高炉及热风炉各混合砖环内直形砖量的简易计算式，见表 1-2。

表 1-2 高炉及热风炉各混合砖环内直形砖量简易计算式（等大端尺寸 C=150 mm）

配砌砖号		砖环厚度 A/mm	砖环外半径 R 应用范围/mm	直形砖量简易计算式 K_z	计算式编号
竖宽楔形砖	直形砖				
23/15D (G-3)	23/0D (G-1)	230	＞2330.7	$K_{23/0D}=0.04134R-96.3$ $K_{23/0D}=0.04134(R-2330.7)$ 或 $K_{23/0D}=(R-2330.7)/24.19$	1-6a-1 1-7c-1 1-7d-1
34.5/20D (G-4)	34.5/0D (G-2)	345	＞2622.0	$K_{34.5/0D}=0.04134R-108.4$ $K_{34.5/0D}=0.04134(R-2622.0)$ 或 $K_{34.5/0D}=(R-2622.0)/24.19$	1-6a-2 1-7c-2 1-7d-2
46/20D (G-10)	46/0D (G-9)	460	＞3496.0	$K_{46/0D}=0.04134R-144.5$ $K_{46/0D}=0.04134(R-3496.0)$ 或 $K_{46/0D}=(R-3496.0)/24.19$	1-6a-3 1-7c-3 1-7d-3
23/30D (G-5)	23/0D (G-1)	230	＞1165.3	$K_{23/0D}=0.04134R-48.2$ $K_{23/0D}=0.04134(R-1165.3)$ 或 $K_{23/0D}=(R-1165.3)/24.19$	1-6a-4 1-7c-4 1-7d-4
34.5/40D (G-6)	34.5/0D (G-2)	345	＞1311.0	$K_{34.5/0D}=0.04134R-54.2$ $K_{34.5/0D}=0.04134(R-1311.0)$ 或 $K_{34.5/0D}=(R-1311.0)/24.19$	1-6a-5 1-7c-5 1-7d-5
46/40D (G-12)	46/0D (G-9)	460	＞1748.0	$K_{46/0D}=0.04134R-72.3$ $K_{46/0D}=0.04134(R-1748.0)$ 或 $K_{46/0D}=(R-1748.0)/24.19$	1-6a-6 1-7c-6 1-7d-6

【例 6】 在高炉炉腹部位，上升气体体积增大，下降炉料因成渣而体积减小。为适应这种需要，炉腹部位设计成上大下小的截头圆锥体。虽然炉腹部位经受高温作用和熔渣侵

蚀，但主要依靠冷却壁形成的渣皮的保护，炉腹砖衬仅为紧靠冷却壁砌筑的一环砖。本例题，上部衬砖外半径为 4845 mm、下部衬砖外半径为 4345 mm、砖衬高度 3080 mm 的炉腹环形砌砖，采用炉衬厚度 A=345 mm 的单环，计算该炉腹砌砖的用砖总量及每层用砖量。

由表 1-2 知，该炉腹砖环的外半径 4345～4845 mm 大于 2622.0 mm，应采用尺寸规格（mm）为 345×(150/130)×75 的竖宽钝楔形砖 34.5/20D 与尺寸规格(mm)为 345×150×75 的直形砖 34.5/0D 的混合砖环。全炉腹共砌砖层数为 3080/(75+2)=40 层。每层砖环（也就是所有各层砖环）内，竖宽楔形砖 34.5/20D 的数量 $K_{34.5/20D}$ 为其每环极限砖数 $K'_{34.5/20D}$=108.4 块，取整数 109 块。整个炉腹 40 层共需 $K_{34.5/20D}$=109×40=4360 块。

下数第一层直形砖数量按式（1-6a-2）、式（1-7c-2）或式（1-7d-2）计算：

$$K_{34.5/0D}=0.04134\times4345-108.4=71.2 \text{ 块}$$

$$K_{34.5/0D}=0.04134\times(4345-2622.0)=71.2 \text{ 块}$$

或

$$K_{34.5/0D}=(4345-2622.0)/24.19=71.2 \text{ 块}$$

最上层（下数第 40 层）直形砖数量仍按式（1-6a-2）、式（1-7c-2）或式（1-7d-2）计算：

$$K_{34.5/0D}=0.04134\times4845-108.4=91.9 \text{ 块}$$

$$K_{34.5/0D}=0.04134\times(4845-2622.0)=91.9 \text{ 块}$$

或

$$K_{34.5/0D}=(4845-2622.0)/24.19=91.9 \text{ 块}$$

平均每层直形砖数量(71.2+91.9)/2=81.6 块，取整数 82 块。40 层共需直形砖 $K_{34.5/0D}$=82×40=3280 块。

其实可按炉腹砖衬平均外半径(4845+4345)/2=4595 mm 直接计算出每层直形砖的平均数量。

$$K_{34.5/0D}=0.04134\times4595-108.4=81.6 \text{ 块}$$

$$K_{34.5/0D}=0.04134\times(4595-2622.0)=81.6 \text{ 块}$$

或

$$K_{34.5/0D}=(4595-2622.0)/24.19=81.6 \text{ 块}$$

取整数 82 块，40 层也共需要直形砖 $K_{34.5/20D}$=82×40=3280 块。每层用砖量留待以后计算。

【例 7】 计算外半径 R=3500 mm、墙厚 578 mm 环形砌砖用砖量。

墙厚 578 mm 的环形砌砖应由大小端距离 A 为 230 mm 砖与 345 mm 砖并考虑 3 mm 环缝（同一砖层两环间的砌缝）厚度组成。为使上下层环缝交错，奇数砖层的工作内环砌以 230 mm 砖，非工作外环砌以 345 mm 砖；偶数砖层的工作内环砌以 345 mm 砖，非工作外环砌以 230 mm 砖，见图 1-6。

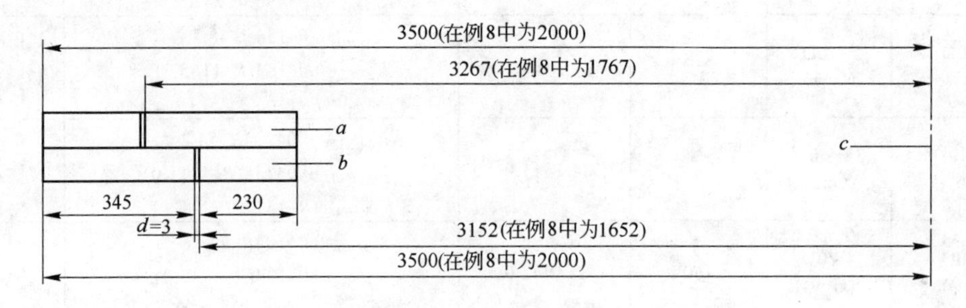

图 1-6 墙厚 578mm 砌砖结构

a—偶数砖层；b—奇数砖层；c—炉子中心线；d—环缝

在工作内环采用 230 mm 砖及非工作外环采用 345 mm 砖（环缝厚度取 3 mm）的奇数砖层，工作内环的外半径及非工作外环的外半径分别为 3152 mm 及 3500 mm，分别大于竖宽钝楔形 23/15D 及 34.5/20D 的外半径 2330.7 mm 及 2622.0 mm。由表 1-2 知，应分别采用 23/15D 与 23/0D 混合砖环、34.5/20D 与 34.5/0D 混合砖环。竖宽钝楔形砖的数量 $K_{23/15D}$ 及 $K_{34.5/20D}$ 由标准 YB/T5012—2009 或本手册表 1-1 或表 1-2 查得它们的每环极限砖数分别为 96.3 块及 108.4 块。此时 23/0D 的数量 $K_{23/0D}$ 按表 1-2 的式（1-6a-1）、式（1-7c-1）或式（1-7d-1）计算；34.5/0D 的数量 $K_{34.5/0D}$ 按表 1-2 的式（1-6a-2）、式（1-7c-2）或式（1-7d-2）计算。

奇数砖层工作内环：　　$K_{23/15D}$=96.3 块（查表得）

$$K_{23/0D}=0.04134\times3152-96.3=34.0\text{ 块}$$

$$K_{23/0D}=0.04134\times(3152-2330.7)=34.0\text{ 块}$$

或

$$K_{23/0D}=(3152-2330.7)/24.19=34.0\text{ 块}$$

砖环总砖数 K_h=96.3+34.0=130.3 块，与按式（1-9）计算 K_h=0.04134×3152=130.3 块，结果相同。

奇数砖层非工作外环：　　$K_{34.5/20D}$=108.4 块（查表得）

$$K_{34.5/0D}=0.04134\times3500-108.4=36.3\text{ 块}$$

$$K_{34.5/0D}=0.04134\times(3500-2622.0)=36.3\text{ 块}$$

或

$$K_{34.5/0D}=(3500-2622.0)/24.19=36.3\text{ 块}$$

砖环总砖数 K_h=108.4+36.3=144.7 块，与按式（1-9）计算 K_h=0.04134×3500=144.7 块，结果相同。

在工作内环采用 345 mm 砖及非工作外环采用 230 mm 砖（环缝厚度取 3 mm）的偶数砖层，工作内环的外半径及非工作外环的外径分别为 3267 mm 及 3500 mm。分别大于竖宽钝楔形砖 34.5/20D 及 23/15D 的外径 2622.0 mm 及 2330.7 mm。由表 1-2 知，应分别采用 34.5/20D 与 34.5/0D 混合砖环、23/15D 与 23/0D 混合砖环。34.5/20D 及 23/15D 的数量 $K_{34.5/20D}$ 及 $K_{23/15D}$ 已由标准 YB/T5012－200X 或本手册表 1-1 查得它们的每环极限砖数分别为 108.4 块及 96.3 块。此时 34.5/0D 的数量 $K_{34.5/0D}$ 按表 1-2 的式（1-6a-2）、式（1-7c-2）或式（1-7d-2）计算；23/0D 的数量 $K_{23/0D}$ 按表 1-2 的式（1-6a-1）、式（1-7c-1）或式（1-7d-1）计算。

偶数砖层工作内环：　　$K_{34.5/20D}$=108.4 块（查表得）

$$K_{34.5/0D}=0.04134\times3267-108.4=26.7\text{ 块}$$

$$K_{34.5/0D}=0.04134\times(3267-2622.0)=26.7\text{ 块}$$

或

$$K_{34.5/0D}=(3267-2622.0)/24.19=26.7\text{ 块}$$

砖环总砖数 K_h=108.4+26.7=135.1 块，与按 K_h=0.04134×3267=135.1 块计算结果相同。

偶数砖层非工作外环：　　$K_{23/15D}$=96.3 块（查表得）

$$K_{23/0D}=0.04134\times3500-96.3=48.4\text{ 块}$$

$$K_{23/0D}=0.04134\times(3500-2330.7)=48.3\text{ 块}$$

或

$$K_{23/0D}=(3500-2330.7)/24.19=48.3\text{ 块}$$

砖环总砖数 K_h=96.3+48.4=144.7 块，与按 K_h=0.04134×3500=144.7 块计算结果相同。

【例 8】 计算外半径 R=2000 mm、墙厚 578 mm 环形砌砖用砖量。

墙厚 578 mm 环形砌砖的结构与图 1-6 一样。只是有关砖环外半径不同，见图 1-6 的括号内数字。如果此例题也采用混合砌砖，每层砖量计算如下：

在工作内环采用 230 mm 砖及非工作外环采用 345 mm 砖（环缝厚度取 3 mm）的奇数砖层，工作内环及非工作外环的外半径分别为 1652 mm 及 2000 mm。由表 1-2 知，由于分别小于 2330.7 mm 及 2622.0 mm，已不能采用 23/15D 与 23/0D 混合砖环、34.5/20D 与 34.5/0D 混合砖环；但分别大于竖宽锐楔形砖 23/30D 及 34.5/40D 的外径 1165.3 mm 及 1311.0 mm，可采用 23/30D 与 23/0D 混合砖环、34.5/40D 与 34.5/0D 混合砖环。23/30D 及 34.5/40D 的数量可由标准 YB/T5012－2009 或本手册表 1-1 或表 1-2 查得它们的每环极限砖数分别为 48.2 块及 54.2 块。此时 23/0D 的数量 $K_{23/0D}$ 按表 1-2 的式（1-6a-4）、式（1-7c-4）或式（1-7d-4）计算；34.5/0D 的数量 $K_{34.5/0D}$ 按表 1-2 的式（1-6a-5）、式（1-7c-5）或式（1-7d-5）计算。

奇数砖层工作内环：　$K_{23/30D}$=48.2 块（查表得）

$$K_{23/0D}=0.04134\times1652-48.2=20.1 \text{ 块}$$

$$K_{23/0D}=0.04134\times(1652-1165.3)=20.1 \text{ 块}$$

或

$$K_{23/0D}=(1652-1165.3)/24.19=20.1 \text{ 块}$$

砖环总砖数 K_h=48.2+20.1=68.3 块，与 K_h=0.04134×1652=68.3 块计算结果相同。

奇数砖层非工作外环：　$K_{34.5/40D}$=54.2 块（查表得）

$$K_{34.5/0D}=0.04134\times2000-54.2=28.5 \text{ 块}$$

$$K_{34.5/0D}=0.04134\times(2000-1311.0)=28.5 \text{ 块}$$

或

$$K_{34.5/0D}=(2000-1311.0)/24.19=28.5 \text{ 块}$$

砖环总砖数 K_h=54.2+28.5=82.7 块，与按 K_h=0.04134×2000=82.7 块计算结果相同。

在工作内环采用 345 mm 砖及非工作外环采用 230 mm 砖（环缝厚度取 3 mm）的偶数砖层，工作内环及非工作外环的外半径分别为 1767 mm 及 2000 mm。由表 1-2 知，由于分别小于 2622.0 mm 及 2330.7 mm，已不能采用 34.5/20D 与 34.5/0D 混合砖环、23/15D 与 23/0D 混合砖环；但分别大于竖宽锐楔形砖 34.5/40D 及 23/30D 的外半径 1311.0 mm 及 1165.3 mm，可分别采用 34.5/40D 与 34.5/0D 混合砖环、23/30D 与 23/0D 混合砖环。34.5/40D 及 23/30D 的数量 $K_{34.5/40D}$ 及 $K_{23/30D}$ 已由标准 YB/T5012—2009 或本手册表 1-1 或表 1-2 查得它们的每环极限砖数分别为 54.2 块及 48.2 块。此时 34.5/0D 的数量 $K_{34.5/0D}$ 按表 1-2 的式（1-6a-5）、式（1-7c-5）或式（1-7d-5）计算；23/0D 的数量 $K_{23/0D}$ 按表 1-2 的式（1-6a-4）、式（1-7c-4）或式（1-7d-4）计算。

偶数砖层工作内环：　$K_{34.5/40D}$=54.2 块（查表得）

$$K_{34.5/0D}=0.04134\times1767-54.2=18.8 \text{ 块}$$

$$K_{34.5/0D}=0.04134\times(1767-1311.0)=18.9 \text{ 块}$$

或

$$K_{34.5/0D}=(1767-1311.0)/24.19=18.9 \text{ 块}$$

砖环总砖数 K_h=54.2+18.8=73.0 块，与 K_h=0.04134×1767=73.0 块计算结果相同。

偶数砖层非工作外环：　$K_{23/30D}$=48.2 块（查表得）

$$K_{23/0D}=0.04134\times2000-48.2=34.5 \text{ 块}$$

$$K_{23/0D}=0.04134\times(2000-1165.3)=34.5 \text{ 块}$$

或　$K_{23/0D}$=(2000−1165.3)/24.19=34.5 块

砖环总砖数 K_h=48.2+34.5=82.7 块，与按 K_h=0.04134×2000=82.7 块计算，结果相同。

从混合砖环内直形砖量简易计算式及其在例题运算中可看出：

（1）作为尺寸特征之一的竖宽楔形砖的外半径 R_0，界定了采用该竖宽楔形砖混合砖环外半径 R 的应用范围。例如 23/15D 与 23/0D 混合砖环外半径 R 的应用范围大于 2330.7 mm，这 2330.7 mm 正是竖宽钝楔形砖 23/15D 的外半径 $R_{23/15D}$；34.5/20D 与 34.5/0D 混合砖环外半径 R 的应用范围大于 2622.0 mm，这 2622.0 mm 正是竖宽钝楔形砖 34.5/20D 的外半径 $R_{34.5/20D}$；23/30D 与 23/0D 混合砖环外半径 R 的应用范围大于 1165.3 mm，这 1165.3 mm 正是竖宽锐楔形砖 23/30D 的外半径 $R_{23/30D}$；34.5/40D 与 34.5/0D 混合砖环外半径 R 的应用范围大于 1311.0 mm，这 1311.0 mm 正是竖宽锐楔形砖 34.5/40D 的外半径 $R_{34.5/40D}$。

（2）竖宽楔形砖的外半径 R_0，参与了混合砖环内直形砖数量的简易计算，才使得其简易计算通式（1-7c）及式（1-7d）大为简化。

（3）竖宽楔形砖的每环极限砖数 K_0'，果真让我们免去了其在混合砖环中砖数的计算，而且例题的工作内环或外环中它的砖数都一样。从理论与实践上，将每环极限砖数广义地定义为单楔形砖砖环和混合砖环内竖宽楔形砖的最多砖数。不仅在 YB/T5012－2009 或本手册表 1-1 可查到每个砖号竖宽楔形砖的每环极限砖数，就是在本手册表 1-2 的基于竖宽楔形砖每环极限砖数 K_0'的直形砖量简易计算式（1-6a-1）、式（1-6a-2）、式（1-6a-3）、式（1-6a-4）、式（1-6a-5）及式（1-6a-6）的定值项都能直接查看到 23/15D、34.5/20D、46/20D、23/30D、34.5/40D 及 46/40D 的每环极限砖数分别为 96.3 块、108.4 块、144.5 块、48.2 块、54.2 块及 72.3 块。

（4）23/0D、34.5/0D 及 46/0D 的一块直形砖半径增大量$(\Delta R)_1$均为 24.19 mm（当辐射竖缝厚度取 2 mm 时），我们是要记住的！这样不仅会记住基于直形砖尺寸特征的直形砖量简易计算通式（1-7d）及一系列简易计算式（1-7d-1）、式（1-7d-2）、式（1-7d-3）、式（1-7d-4）、式（1-7d-5）及式（1-7d-6），而且 24.19 的倒数 1/24.19=0.04134，恰好是基于竖宽楔形砖每环极限砖数的直形砖量简易计算通式（1-6a）[及其一系列简易计算式，见表 1-2 的式（1-6a-1）～式（1-6a-6）]及基于竖宽楔形砖外半径的直形砖量简易计算通式（1-7）[及其一系列简易计算式（1-7c-1）～式（1-7c-6）]中 R 的系数。

（5）例题计算中，三个直形砖量简易计算通式（和其一系列简易计算式）及砖环总砖数 K_h 简易计算式都用上了。这样运算的目的，是检验计算结果的一致性和精确性。其实只要任选一个简易计算式就可以了。

（6）从混合砖环内直形砖量简易计算式及砖环总砖数简易计算式，已看出并确认它们为直线方程，直形砖量及砖环总砖数均与砖环外半径成直线关系。这对于以后要进行的混合砖环砖量表的编制及计算图的绘制有指导作用。

1.3　高炉混合砖环砖量表

利用表 1-2 提供的高炉及热风炉环形混合砌砖内直形砖量简易计算式运算是快速的，所得结果相当精确（仅差 0.1 块）。但仍需进行数字运算，有时可能产生错误。为减轻和减少高炉及热风炉砖衬设计人员、炉窑修建工程技术人员及耐火材料生产单位营销人员

（特别是现场人员）的计算，有必要编制各种不同外半径混合砖环内竖宽楔形砖和直形砖数量的表册。这里研究了混合砖环砖量表册编制原理及方法，编制了供人们方便查用的混合砖环砖量表册。为节省本书篇幅，这里对大量表册提供表头及计算公式，以便用户输入电脑，自行查用。对某些单位和个人经常用的表册，也可根据本手册提供的表头及公式，按本手册提供的快速编制方法自行补编为完整的表册。

1.3.1　单环混合砖环砖量表册

不同外半径 R 的混合砖环内，竖宽楔形砖数量 K_0 为其每环极限砖数 K_0'的定值，可由 YB/T5012－2009 尺寸表或本手册表 1-1 及表 1-2 查出，只要编制出不同外半径 R 混合砖环中直形砖量 K_z 的表册，便可供人们直接查用。

变换混合砖环基于一块直形砖半径增大量$(\Delta R)_1$ 的直形砖量 K_z 简化计算式 $K_z=(R-R_0)/(\Delta R)_1$（式 1-7b）的形式：

$$R=R_0+K_z(\Delta R)_1 \tag{1-10}$$

由式（1-10）知，当直形砖数量 K_z 取 1、2、3……自然数时，便可在所用竖宽楔形砖外半径 R_0 基数上，逐次（逐行）求得配砌一定自然数量直形砖后增大了的混合砖环外半径 R，并根据此原理编制了混合砖环砖量模式表之一（见表 1-3）。

表 1-3　混合砖环砖量模式表之一

混合砖环外半径 R/mm	每环砖数/块	
	竖宽楔形砖数 K_0	直形砖数 K_z
$R_1=R_0$	K_0'	0
$R_2=R_1+(\Delta R)_1$	K_0'	1
$R_3=R_2+(\Delta R)_1$	K_0'	2
$R_4=R_3+(\Delta R)_1$	K_0'	3
⋮	⋮	⋮
$R_n=R_{n-1}+(\Delta R)_1$	K_0'	$n-1$

鉴于竖宽楔形砖外半径 R_0 的定义，每环极限砖数的定义及单楔形砖砖环的含义，表 1-3 的首行表示竖宽楔形砖的单楔形砖砖环：$R_1=R_0$，$K_0=K_0'$及 $K_z=0$。表的混合砖环外半径 R 纵列栏，从第二行 R_2 开始逐行增加一块直形砖半径增大量$(\Delta R)_1$（可由 YB/T5012－2009 查到$(\Delta R)_1=24.19$ mm）。竖宽楔形砖数量 K_0 纵列栏各行均为其每环极限砖数 K_0'的定值（这是由竖宽楔形砖每环极限砖数的广义定义决定的）。既然模式表竖宽楔形砖数量 K_0 纵列栏各行的竖宽楔形砖数量均相等，为节省版面将其纵列栏删掉，而在模式表之一的下方加表注：$K_0=K_0'$。直形砖数量 K_z 纵列栏按自然数从第二行开始逐行排列。

以高炉及热风炉用竖宽钝楔形砖 23/15D 与直形砖 23/0D 混合砖环为例，按表 1-3（取消竖宽楔形砖数量纵列栏）模式及表 1-4 资料，编制 23/15D 与 23/0D 混合砖环砖量表 1-5。为记忆砖的尺寸及避免查错表，在表名称的砖号后括号内写上尺寸规格。本例写作表 1-5 23/15D[230×(150/135)×75]与 23/0D(230×150×75)混合砖环 23/0D 数量表之一。由 YB/T5012－2009 查得 23/15D 的外半径 $R_{23/15D}=2330.7$ mm 及每环极限砖数 $K'_{23/15D}=96.3$ 块，此时直形砖 23/0D 数量 $K_{23/0D}=0$。将 2330.7 及 0 分别写进第一行的 R

纵列栏及 $K_{23/0D}$ 纵列栏。而 $K'_{23/15D}$=96.3 块写到表 1-5 下方的表注中。从第二行起，R 纵列栏逐行加以 24.19 mm，$K_{23/0D}$ 纵列栏逐行写以 1、2、3……自然数，直到需要为止。从编表速度、砖量精确度及使用方便性方面评价表 1-5。首先，在编表过程中，R 纵列栏逐行加以 24.19 mm 及 $K_{23/0D}$ 纵列栏逐行写以自然数，已体会到编表的高速度。其次，以 R=3491.8 mm 砖环中 23/0D 查表数量为 48.0 块为例，按式（1-7b）的 $K_z=(R-R_0)/(\Delta R)_1$ 计算 $K_{23/0D}$=(3491.8−2330.7)/24.19=48.0 块，计算结果与查表数量相等，可见查表精确度之高。但由于高炉及热风炉内衬施工图中砖环外半径 R 常常为 10 整数倍，在由混合砖环模式表之一编制的表 1-5 经常找不到，影响此表的实用价值。但作为混合砖环砖量表的雏形，况且直形砖量保持整数，本手册还是保留了这些混合砖环砖量表（表 1-5～表 1-10）。

表 1-4　混合砖环砖量表编制资料

表号	表　名　称	竖宽楔形砖每环极限砖数 K_0'/块	第一行		第二行	
			砖环外半径 R/mm	直形砖数量 K_z/块	砖环外半径 R/mm	直形砖数量 K_z/块
表 1-5	23/15D[230×(150/135)×75]与 23/0D(230×150×75) 混合砖环 23/0D 数量表之一	96.342	2330.67	0	2354.86	1
表 1-6	34.5/20D[345×(150/130)×75]与 34.5/0D(345×150×75) 混合砖环 34.5/0D 数量表之一	108.385	2622.0	0	2646.19	1
表 1-7	46/20D[460×(150/130)×75]与 46/0D(460×150×75) 混合砖环 46/0D 数量表之一	144.514	3496.0	0	3520.19	1
表 1-8	23/30D[230×(150/120)×75]与 23/0D(230×150×75) 混合砖环 23/0D 数量表之一	48.171	1165.33	0	1189.52	1
表 1-9	34.5/40D[345×(150/110)×75]与 34.5/0D(345×150×75) 混合砖环 34.5/0D 数量表之一	54.193	1311.0	0	1335.19	1
表 1-10	46/40D[460×(150/110)×75]与 46/0D(460×150×75) 混合砖环 46/0D 数量表之一	72.257	1748.0	0	1772.19	1
表 1-12	23/15D[230×(150/135)×75]与 23/0D(230×150×75) 混合砖环 23/0D 数量表之二	96.342	2330.67	0	2340.0	0.3857
表 1-13	34.5/20D[345×(150/130)×75]与 34.5/0D(345×150×75) 混合砖环 34.5/0D 数量表之二	108.385	2622.0	0	2630.0	0.3307
表 1-14	46/20D[460×(150/130)×75]与 46/0D(460×150×75) 混合砖环 46/0D 数量表之二	144.514	3496.0	0	3500.0	0.1654
表 1-15	23/30D[230×(150/120)×75]与 23/0D(230×150×75) 混合砖环 23/0D 数量表之二	48.171	1165.33	0	1170.0	0.1931
表 1-16	34.5/40D[345×(150/110)×75]与 34.5/0D(345×150×75) 混合砖环 34.5/0D 数量表之二	54.193	1311.0	0	1320.0	0.3721
表 1-17	46/40D[460×(150/110)×75]与 46/0D(460×150×75) 混合砖环 46/0D 数量表之二	72.257	1748.0	0	1750.0	0.0827
表 1-29	57.5/20D[575×(150/130)×75]与 57.5/0D(575×150×75) 混合砖环 57.5/0D 数量表	180.642	4370.0	0	4380.0	0.4134
表 1-30	57.5/40D[575×(150/110)×75]与 57.5/0D(575×150×75) 混合砖环 57.5/0D 数量表	90.321	2185.0	0	2190.0	0.2067

表 1-5 23/15D[230×(150/135)×75]与 23/0D(230×150×75)混合砖环 23/0D 数量表之一

砖环外半径 R/mm	每环 23/0D 块数	砖环外半径 R/mm	每环 23/0D 块数	砖环外半径 R/mm	每环 23/0D 块数	砖环外半径 R/mm	每环 23/0D 块数	砖环外半径 R/mm	每环 23/0D 块数	砖环外半径 R/mm	每环 23/0D 块数
2330.7	0	3177.4	35	4024.0	70	4870.6	105	5717.3	140	6563.9	175
2354.9	1	3201.5	36	4048.2	71	4894.8	106	5741.5	141	6588.1	176
2379.1	2	3225.7	37	4072.4	72	4919.0	107	5765.7	142	6612.3	177
2403.3	3	3249.9	38	4096.6	73	4943.2	108	5789.9	143	6636.5	178
2427.5	4	3274.1	39	4120.8	74	4967.4	109	5814.1	144	6660.7	179
2451.7	5	3298.3	40	4145.0	75	4991.6	110	5838.2	145	6684.9	180
2475.8	6	3322.5	41	4169.1	76	5015.8	111	5862.4	146	6709.1	181
2500.0	7	3346.7	42	4193.3	77	5040.0	112	5886.6	147	6733.3	182
2524.2	8	3370.9	43	4217.5	78	5064.2	113	5910.8	148	6757.5	183
2548.4	9	3395.1	44	4241.7	79	5088.4	114	5935.0	149	6781.7	184
2572.6	10	3419.3	45	4265.9	80	5112.5	115	5959.2	150	6805.8	185
2596.8	11	3443.4	46	4290.1	81	5136.7	116	5983.4	151	6830.0	186
2621.0	12	3467.6	47	4314.3	82	5160.9	117	6007.6	152	6854.2	187
2645.2	13	3491.8	48	4338.5	83	5185.1	118	6031.8	153	6878.4	188
2669.4	14	3516.0	49	4362.7	84	5209.3	119	6056.0	154	6902.6	189
2693.6	15	3540.2	50	4386.9	85	5233.5	120	6080.1	155	6926.8	190
2717.7	16	3564.4	51	4411.0	86	5257.7	121	6104.3	156	6951.0	191
2741.9	17	3588.6	52	4435.2	87	5281.9	122	6128.5	157	6975.2	192
2766.1	18	3612.8	53	4459.4	88	5306.1	123	6152.7	158	6999.4	193
2790.3	19	3637.0	54	4483.6	89	5330.3	124	6176.9	159	7023.6	194
2814.5	20	3661.2	55	4507.8	90	5354.4	125	6201.1	160	7047.7	195
2838.7	21	3685.3	56	4532.0	91	5378.6	126	6225.3	161	7071.9	196
2862.9	22	3709.5	57	4556.2	92	5402.8	127	6249.5	162	7096.1	197
2887.1	23	3733.7	58	4580.4	93	5427.0	128	6273.7	163	7120.3	198
2911.3	24	3757.9	59	4604.6	94	5451.2	129	6297.9	164	7144.5	199
2935.5	25	3782.1	60	4628.7	95	5475.4	130	6322.0	165	7168.7	200
2959.6	26	3806.3	61	4652.9	96	5499.6	131	6346.2	166	7192.9	201
2983.8	27	3830.5	62	4677.1	97	5523.8	132	6370.4	167	7217.1	202
3008.0	28	3854.7	63	4701.3	98	5548.0	133	6394.6	168	7241.3	203
3032.2	29	3878.9	64	4725.5	99	5572.2	134	6418.8	169	7265.5	204
3056.4	30	3903.1	65	4749.7	100	5596.3	135	6443.0	170	7289.6	205
3080.6	31	3927.2	66	4773.9	101	5620.5	136	6467.2	171	7313.8	206
3104.8	32	3951.4	67	4798.1	102	5644.7	137	6491.4	172	7338.0	207
3129.0	33	3975.6	68	4822.3	103	5668.9	138	6515.6	173	7362.2	208
3153.2	34	3999.8	69	4846.5	104	5693.1	139	6539.8	174	7386.4	209

注：$K'_{23/15D}$=96.3 块。

表 1-6 34.5/20D[345×(150/130)×75]与 34.5/0D(345×150×75)混合砖环 34.5/0D 数量表之一

砖环外半径 R/mm	每环 34.5/0D 块数	砖环外半径 R/mm	每环 34.5/0D 块数	砖环外半径 R/mm	每环 34.5/0D 块数	砖环外半径 R/mm	每环 34.5/0D 块数	砖环外半径 R/mm	每环 34.5/0D 块数	砖环外半径 R/mm	每环 34.5/0D 块数
2622.0	0	3009.0	16	6008.6	140	8355.0	237	8742.1	253	9129.1	269
2646.2	1	3033.2	17	6250.5	150	8379.2	238	8766.3	254	9153.3	270
2670.4	2	3057.4	18	6492.4	160	8403.4	239	8790.5	255	9177.5	271
2694.6	3	3081.6	19	6734.3	170	8427.6	240	8814.6	256	9201.7	272
2718.8	4	3105.8	20	6976.2	180	8451.8	241	8838.8	257	9225.9	273
2743.0	5	3347.7	30	7218.1	190	8476.0	242	8863.0	258	9250.1	274
2767.1	6	3589.6	40	7460.0	200	8500.2	243	8887.2	259	9274.3	275
2791.3	7	3831.5	50	7701.9	210	8524.4	244	8911.4	260	9298.4	276
2815.5	8	4073.4	60	7943.8	220	8548.6	245	8935.6	261	9322.6	277
2839.7	9	4315.3	70	8185.7	230	8572.7	246	8959.8	262	9346.8	278
2863.9	10	4557.2	80	8209.9	231	8596.9	247	8984.0	263	9371.0	279
2888.1	11	4799.1	90	8234.1	232	8621.1	248	9008.2	264	9395.2	280
2912.3	12	5041.0	100	8258.3	233	8645.3	249	9032.4	265	9419.4	281
2936.5	13	5282.9	110	8282.5	234	8669.5	250	9056.5	266	9443.6	282
2960.7	14	5524.8	120	8306.7	235	8693.7	251	9080.7	267	9467.8	283
2984.9	15	5766.7	130	8330.8	236	8717.9	252	9104.9	268	9492.0	284

注：$K'_{34.5/20D}$=108.4 块。

表 1-7 46/20D[460×(150/130)×75]与 46/0D(460×150×75)混合砖环 46/0D 数量表之一

砖环外半径 R/mm	每环 46/0D 块数	砖环外半径 R/mm	每环 46/0D 块数	砖环外半径 R/mm	每环 46/0D 块数	砖环外半径 R/mm	每环 46/0D 块数	砖环外半径 R/mm	每环 46/0D 块数	砖环外半径 R/mm	每环 46/0D 块数
3496.0	0	3834.7	14	5915.0	100	8430.8	204	8769.4	218	9108.1	232
3520.2	1	3858.9	15	6156.9	110	8455.0	205	8793.6	219	9132.3	233
3544.4	2	3883.0	16	6398.8	120	8479.1	206	8817.8	220	9156.5	234
3568.6	3	3907.2	17	6640.7	130	8503.3	207	8842.0	221	9180.7	235
3592.8	4	3931.4	18	6882.6	140	8527.5	208	8866.2	222	9204.8	236
3617.0	5	3955.6	19	7124.5	150	8551.7	209	8890.4	223	9229.0	237
3641.1	6	3979.8	20	7366.4	160	8575.9	210	8914.6	224	9253.2	238
3665.3	7	4221.7	30	7608.3	170	8600.1	211	8938.8	225	9277.4	239
3689.5	8	4463.6	40	7850.2	180	8624.3	212	8962.9	226	9301.6	240
3713.7	9	4705.5	50	8092.1	190	8648.5	213	8987.1	227	9325.8	241
3737.9	10	4947.4	60	8334.0	200	8672.7	214	9011.3	228	9350.0	242
3762.1	11	5189.3	70	8358.2	201	8696.9	215	9035.5	229	9374.2	243
3786.3	12	5431.2	80	8382.4	202	8721.0	216	9059.7	230	9398.4	244
3810.5	13	5673.1	90	8406.6	203	8745.2	217	9083.9	231	9422.6	245

注：$K'_{46/20D}$=144.5 块。

表 1-8　23/30D[230×(150/120)×75]与 23/0D(230×150×75)混合砖环 23/0D 数量表之一

砖环外半径 R/mm	每环 23/0D 块数	砖环外半径 R/mm	每环 23/0D 块数	砖环外半径 R/mm	每环 23/0D 块数	砖环外半径 R/mm	每环 23/0D 块数	砖环外半径 R/mm	每环 23/0D 块数	砖环外半径 R/mm	每环 23/0D 块数
1165.3	0	1407.2	10	1649.1	20	1891.0	30	2132.9	40	2374.8	50
1189.5	1	1431.4	11	1673.3	21	1915.2	31	2157.1	41	2399.0	51
1213.7	2	1455.6	12	1697.5	22	1939.4	32	2181.3	42	2423.2	52
1237.9	3	1479.8	13	1721.7	23	1963.6	33	2205.5	43	2447.4	53
1262.1	4	1504.0	14	1745.9	24	1987.8	34	2229.7	44	2471.6	54
1286.3	5	1528.2	15	1770.1	25	2012.0	35	2253.9	45	2495.8	55
1310.4	6	1552.3	16	1794.2	26	2036.1	36	2278.0	46	2519.9	56
1334.6	7	1576.5	17	1818.4	27	2060.3	37	2302.2	47	2544.1	57
1358.8	8	1600.7	18	1842.6	28	2084.5	38	2326.4	48	2568.3	58
1383.0	9	1624.9	19	1866.8	29	2108.7	39	2350.6	49	2592.5	59

注：$K'_{23/30D}$=48.2 块。

表 1-9　34.5/40D[345×(150/110)×75]与 34.5/0D(345×150×75)混合砖环 34.5/0D 数量表之一

砖环外半径 R/mm	每环 34.5/0D 块数	砖环外半径 R/mm	每环 34.5/0D 块数	砖环外半径 R/mm	每环 34.5/0D 块数	砖环外半径 R/mm	每环 34.5/0D 块数	砖环外半径 R/mm	每环 34.5/0D 块数	砖环外半径 R/mm	每环 34.5/0D 块数
1311.0	0	1552.9	10	1794.8	20	2036.7	30	2278.6	40	2520.5	50
1335.2	1	1577.1	11	1819.0	21	2060.9	31	2302.8	41	2544.7	51
1359.4	2	1601.3	12	1843.2	22	2085.1	32	2327.0	42	2568.9	52
1383.6	3	1625.5	13	1867.4	23	2109.3	33	2351.2	43	2593.1	53
1407.8	4	1649.7	14	1891.6	24	2133.5	34	2375.4	44	2617.3	54
1432.0	5	1673.9	15	1915.8	25	2157.7	35	2399.6	45	2641.5	55
1456.1	6	1698.0	16	1939.9	26	2181.8	36	2423.7	46	2665.6	56
1480.3	7	1722.2	17	1964.1	27	2206.0	37	2447.9	47	2689.8	57
1504.5	8	1746.4	18	1988.3	28	2230.2	38	2472.1	48	2714.0	58
1528.7	9	1770.6	19	2012.5	29	2254.4	39	2496.3	49	2738.2	59

注：$K'_{34.5/40D}$=54.2 块。

表 1-10　46/40D[460×(150/110)×75]与 46/0D(460×150×75)混合砖环 46/0D 数量表之一

砖环外半径 R/mm	每环 46/0D 块数	砖环外半径 R/mm	每环 46/0D 块数	砖环外半径 R/mm	每环 46/0D 块数	砖环外半径 R/mm	每环 46/0D 块数	砖环外半径 R/mm	每环 46/0D 块数	砖环外半径 R/mm	每环 46/0D 块数
1748.0	0	1989.9	10	2231.8	20	2473.7	30	2715.6	40	2957.5	50
1772.2	1	2014.1	11	2256.0	21	2497.9	31	2739.8	41	2981.7	51
1796.4	2	2038.3	12	2280.2	22	2522.1	32	2764.0	42	3005.9	52
1820.6	3	2062.5	13	2304.4	23	2546.3	33	2788.2	43	3030.1	53
1844.8	4	2086.7	14	2328.6	24	2570.5	34	2812.4	44	3054.3	54
1869.0	5	2110.9	15	2352.8	25	2594.7	35	2836.6	45	3078.5	55
1893.1	6	2135.0	16	2376.9	26	2618.8	36	2860.7	46	3102.6	56
1917.3	7	2159.2	17	2401.1	27	2643.0	37	2884.9	47	3126.8	57
1941.5	8	2183.4	18	2425.3	28	2667.2	38	2909.1	48	3151.0	58
1965.7	9	2207.6	19	2449.5	29	2691.4	39	2933.3	49	3175.2	59

注：$K'_{46/40D}$=72.3 块。

为适应施工图中砖环外半径 R 的 10 整数倍或任意数的需要，必须对模式表之一采取修正。一块直形砖半径增大量$(\Delta R)_1$[式（1-8a）]的倒数 $1/(\Delta R)_1=K_z/(R-R_0)$表示变化单位半径（即相差 1 mm）对应的直形砖量。对于$(\Delta R)_1$=24.19 mm 的直形砖 23/0D、34.5/0D 或 46/0D 而言，$(\Delta R)_1$的倒数 $1/(\Delta R)_1$=1/24.19=0.04134，取 0.04 块。用查表 1-5 并修正办法查例 7 偶数砖层外环 23/0D 数量 $K_{23/0D}$。表 1-5 中接近 R=3500 mm 的 3491.8 mm 行，查得 $K_{23/0D}$=48 块，由于 3500.0 mm 比 3491.8 mm 大 8.2 mm（3500.0 mm−3491.8 mm），相当于需要增加 23/0D 0.04×8.2=0.3 块，则 R=3500.0 mm 砖环 $K_{23/0D}$=48+0.3=48.3 块，与例 7 计算值 $K_{23/0D}$=0.04134×(3500.0−2330.7)=48.3 块相等。此时，对混合砖环基于竖宽楔形砖外半径 R_0 的直形砖量简易计算通式（1-7c）可以这样理解：单位半径对应的直形砖数量为 0.04134 块，外半径增大 $R-R_0$的砖环需要直形砖数量当然为 K_z=0.04134（$R-R_0$）了。

在修正办法启发下，有意识地将混合砖环砖量表的外半径 R 取 10 整倍数并逐行递增 10 mm，查找砖表就方便多了。为此编制了混合砖环直形砖量模式表之二，见表 1-11。表的第一行仍为所用竖宽楔形砖的单楔形砖砖环：$R_1=R_0$ 及$(K_z)_1=0$。竖宽楔形砖数量 K_0 等于其每环极限砖数（即 $K_0=K_0'$）写在表下方的表注中，因此删去 K_0 纵列栏。表的第二行为取 10 整倍数的最接近并大于 R_0 的 R_2 砖环：$R_2-R_1\leqslant 10$ mm，$(K_z)_2$=（R_2-R_1）$/(\Delta R)_1$=（R_2-R_1）/24.19。R 纵列栏从 R_3（包括 R_3）开始逐行递增 10 mm。K_z 纵列栏从$(K_z)_3$[包括$(K_z)_3$]开始逐行增加 $10/(\Delta R)_1$=0.4134 块。

表 1-11 混合砖环砖量模式表之二

砖环外半径 R/mm	每环直形砖数量 K_z/块
$R_1=R_0$	$(K_z)_1=0$
R_2=(最接近并大于 R_0 的 10 整倍数)	$(K_z)_2=(R_2-R_1)/(\Delta R)_1$
$R_3=R_2+10$	$(K_z)_3=(K_2)_2+10/(\Delta R)_1$
$R_4=R_3+10$	$(K_z)_4=(K_2)_3+10/(\Delta R)_1$
⋮	⋮
$R_n=R_{n-1}+10$	$(K_z)_n=(K_2)_{n-1}+10/(\Delta R)_1$

注：$K_0=K'_0$。

以 23/15D[230×(150/135)×75]与 23/0D(230×150×75)混合砖环 23/0D 数量表之二为例，按混合砖环直形砖量模式表之二（表 1-11）及混合砖环砖量表编制资料表 1-4 编制表 1-12。表的第一行为单楔形砖砖环中竖宽楔形砖 23/15D 的外半径 $R_1=R_{23/15D}$=2330.67 mm，直形砖 23/0D 的数量$(K_{23/0D})_1=0$。表的第二行：R_2取最接近并大于 R_0(2330.67)的 10 整倍数 2340.0，$(K_{23/0D})_2=(R_2-R_0)/(\Delta R)_1$=(2340.0−2330.67)/24.19=0.3857 块。之后，R 纵列栏逐步递增 10 mm，依次为 2350.0 mm，2360.0 mm……直至需要。23/0D 数量纵列栏逐行增加 $10/(\Delta R)_1$=10/24.19=0.4134 块。$K_{23/15D}=K'_{23/15D}$=96.3 块写在表下方的表注中。由表 1-12 再查例 7 中偶数砖层外环 23/0D 数量时，可直接从表 1-12 的 R=3500.0 mm 行查得 $K_{23/0D}$=48.3 块。本手册按混合砖环直形砖数量模式表之二（表 1-11）及表 1-4 的资料编制了砖环外径 R 为 10 整倍数混合砖环直形砖数量表之二（见表 1-13～表 1-17）。

表 1-12　23/15D[230×(150/135)×75]与 23/0D(230×150×75)混合砖环 23/0D 数量表之二

砖环外半径 R/mm	每环 23/0D 块数	砖环外半径 R/mm	每环 23/0D 块数	砖环外半径 R/mm	每环 23/0D 块数	砖环外半径 R/mm	每环 23/0D 块数	砖环外半径 R/mm	每环 23/0D 块数	砖环外半径 R/mm	每环 23/0D 块数
2330.7	0	2710.0	15.7	3090.0	31.4	3470.0	47.1	3850.0	62.8	4230.0	78.5
2340.0	0.4	2720.0	16.1	3100.0	31.8	3480.0	47.5	3860.0	63.2	4240.0	78.9
2350.0	0.8	2730.0	16.5	3110.0	32.2	3490.0	47.9	3870.0	63.6	4250.0	79.3
2360.0	1.2	2740.0	16.9	3120.0	32.6	3500.0	48.3	3880.0	64.0	4260.0	79.8
2370.0	1.6	2750.0	17.3	3130.0	33.0	3510.0	48.8	3890.0	64.5	4270.0	80.2
2380.0	2.0	2760.0	17.7	3140.0	33.5	3520.0	49.2	3900.0	64.9	4280.0	80.6
2390.0	2.5	2770.0	18.2	3150.0	33.9	3530.0	49.6	3910.0	65.3	4290.0	81.0
2400.0	2.9	2780.0	18.6	3160.0	34.3	3540.0	50.0	3920.0	65.7	4300.0	81.4
2410.0	3.3	2790.0	19.0	3170.0	34.7	3550.0	50.4	3930.0	66.1	4310.0	81.8
2420.0	3.7	2800.0	19.4	3180.0	35.1	3560.0	50.8	3940.0	66.5	4320.0	82.2
2430.0	4.1	2810.0	19.8	3190.0	35.5	3570.0	51.2	3950.0	66.9	4330.0	82.7
2440.0	4.5	2820.0	20.2	3200.0	35.9	3580.0	51.6	3960.0	67.4	4340.0	83.1
2450.0	4.9	2830.0	20.6	3210.0	36.4	3590.0	52.1	3970.0	67.8	4350.0	83.5
2460.0	5.3	2840.0	21.1	3220.0	36.8	3600.0	52.5	3980.0	68.2	4360.0	83.9
2470.0	5.8	2850.0	21.5	3230.0	37.2	3610.0	52.9	3990.0	68.6	4370.0	84.3
2480.0	6.2	2860.0	21.9	3240.0	37.6	3620.0	53.3	4000.0	69.0	4380.0	84.7
2490.0	6.6	2870.0	22.3	3250.0	38.0	3630.0	53.7	4010.0	69.4	4390.0	85.1
2500.0	7.0	2880.0	22.7	3260.0	38.4	3640.0	54.1	4020.0	69.8	4400.0	85.5
2510.0	7.4	2890.0	23.1	3270.0	38.8	3650.0	54.5	4030.0	70.3	4410.0	86.0
2520.0	7.8	2900.0	23.5	3280.0	39.2	3660.0	55.0	4040.0	70.7	4420.0	86.4
2530.0	8.2	2910.0	23.9	3290.0	39.7	3670.0	55.4	4050.0	71.1	4430.0	86.8
2540.0	8.7	2920.0	24.4	3300.0	40.1	3680.0	55.8	4060.0	71.5	4440.0	87.2
2550.0	9.1	2930.0	24.8	3310.0	40.5	3690.0	56.2	4070.0	71.9	4450.0	87.6
2560.0	9.5	2940.0	25.2	3320.0	40.9	3700.0	56.6	4080.0	72.3	4460.0	88.0
2570.0	9.9	2950.0	25.6	3330.0	41.3	3710.0	57.0	4090.0	72.7	4470.0	88.4
2580.0	10.3	2960.0	26.0	3340.0	41.7	3720.0	57.4	4100.0	73.1	4480.0	88.9
2590.0	10.7	2970.0	26.4	3350.0	42.1	3730.0	57.8	4110.0	73.6	4490.0	89.3
2600.0	11.1	2980.0	26.8	3360.0	42.6	3740.0	58.3	4120.0	74.0	4500.0	89.7
2610.0	11.5	2990.0	27.3	3370.0	43.0	3750.0	58.7	4130.0	74.4	4510.0	90.1
2620.0	12.0	3000.0	27.7	3380.0	43.4	3760.0	59.1	4140.0	74.8	4520.0	90.5
2630.0	12.4	3010.0	28.1	3390.0	43.8	3770.0	59.5	4150.0	75.2	4530.0	90.9
2640.0	12.8	3020.0	28.5	3400.0	44.2	3780.0	59.9	4160.0	75.6	4540.0	91.3
2650.0	13.2	3030.0	28.9	3410.0	44.6	3790.0	60.3	4170.0	76.0	4550.0	91.7
2660.0	13.6	3040.0	29.3	3420.0	45.0	3800.0	60.7	4180.0	76.5	4560.0	92.2
2670.0	14.0	3050.0	29.7	3430.0	45.4	3810.0	61.2	4190.0	76.9	4570.0	92.6
2680.0	14.4	3060.0	30.2	3440.0	45.9	3820.0	61.6	4200.0	77.3	4580.0	93.0
2690.0	14.9	3070.0	30.6	3450.0	46.3	3830.0	62.0	4210.0	77.7	4590.0	93.4
2700.0	15.3	3080.0	31.0	3460.0	46.7	3840.0	62.4	4220.0	78.1	4600.0	93.8

注：$K'_{23/15D}$=96.3 块。

表 1-13　34.5/20D[345×(150/130)×75]与 34.5/0D(345×150×75)混合砖环 34.5/0D 数量表之二

砖环外半径 R/mm	每环 34.5/0D 块数	砖环外半径 R/mm	每环 34.5/0D 块数	砖环外半径 R/mm	每环 34.5/0D 块数	砖环外半径 R/mm	每环 34.5/0D 块数	砖环外半径 R/mm	每环 34.5/0D 块数	砖环外半径 R/mm	每环 34.5/0D 块数
2622.0	0	3000.0	15.6	3380.0	31.3	3760.0	47.0	4140.0	62.8	4520.0	78.5
2630.0	0.3	3010.0	16.0	3390.0	31.7	3770.0	47.5	4150.0	63.2	4530.0	78.9
2640.0	0.7	3020.0	16.5	3400.0	32.2	3780.0	47.9	4160.0	63.6	4540.0	79.3
2650.0	1.2	3030.0	16.9	3410.0	32.6	3790.0	48.3	4170.0	64.0	4550.0	79.7
2660.0	1.6	3040.0	17.3	3420.0	33.0	3800.0	48.7	4180.0	64.4	4560.0	80.1
2670.0	2.0	3050.0	17.7	3430.0	33.4	3810.0	49.1	4190.0	64.8	4570.0	80.5
2680.0	2.4	3060.0	18.1	3440.0	33.8	3820.0	49.5	4200.0	65.2	4580.0	80.9
2690.0	2.8	3070.0	18.5	3450.0	34.2	3830.0	49.9	4210.0	65.6	4590.0	81.4
2700.0	3.2	3080.0	18.9	3460.0	34.6	3840.0	50.4	4220.0	66.1	4600.0	81.8
2710.0	3.6	3090.0	19.3	3470.0	35.1	3850.0	50.8	4230.0	66.5	4610.0	82.2
2720.0	4.1	3100.0	19.8	3480.0	35.5	3860.0	51.2	4240.0	66.9	4620.0	82.6
2730.0	4.5	3110.0	20.2	3490.0	35.9	3870.0	51.6	4250.0	67.3	4630.0	83.0
2740.0	4.9	3120.0	20.6	3500.0	36.3	3880.0	52.0	4260.0	67.7	4640.0	83.4
2750.0	5.3	3130.0	21.0	3510.0	36.7	3890.0	52.4	4270.0	68.1	4650.0	83.8
2760.0	5.7	3140.0	21.4	3520.0	37.1	3900.0	52.8	4280.0	68.5	4660.0	84.3
2770.0	6.1	3150.0	21.8	3530.0	37.5	3910.0	53.2	4290.0	69.0	4670.0	84.7
2780.0	6.5	3160.0	22.2	3540.0	38.0	3920.0	53.7	4300.0	69.4	4680.0	85.1
2790.0	6.9	3170.0	22.7	3550.0	38.4	3930.0	54.1	4310.0	69.8	4690.0	85.5
2800.0	7.4	3180.0	23.1	3560.0	38.8	3940.0	54.5	4320.0	70.2	4700.0	85.9
2810.0	7.8	3190.0	23.5	3570.0	39.2	3950.0	54.9	4330.0	70.6	4710.0	86.3
2820.0	8.2	3200.0	23.9	3580.0	39.6	3960.0	55.3	4340.0	71.0	4720.0	86.7
2830.0	8.6	3210.0	24.3	3590.0	40.0	3970.0	55.7	4350.0	71.4	4730.0	87.1
2840.0	9.0	3220.0	24.7	3600.0	40.4	3980.0	56.1	4360.0	71.8	4740.0	87.6
2850.0	9.4	3230.0	25.1	3610.0	40.8	3990.0	56.6	4370.0	72.3	4750.0	88.0
2860.0	9.8	3240.0	25.5	3620.0	41.3	4000.0	57.0	4380.0	72.7	4760.0	88.4
2870.0	10.3	3250.0	26.0	3630.0	41.7	4010.0	57.4	4390.0	73.1	4770.0	88.8
2880.0	10.7	3260.0	26.4	3640.0	42.1	4020.0	57.8	4400.0	73.5	4780.0	89.2
2890.0	11.1	3270.0	26.8	3650.0	42.5	4030.0	58.2	4410.0	73.9	4790.0	89.6
2900.0	11.5	3280.0	27.2	3660.0	42.9	4040.0	58.6	4420.0	74.3	4800.0	90.0
2910.0	11.9	3290.0	27.6	3670.0	43.3	4050.0	59.0	4430.0	74.7	4810.0	90.5
2920.0	12.3	3300.0	28.0	3680.0	43.7	4060.0	59.4	4440.0	75.2	4820.0	90.9
2930.0	12.7	3310.0	28.4	3690.0	44.2	4070.0	59.9	4450.0	75.6	4830.0	91.3
2940.0	13.1	3320.0	28.9	3700.0	44.6	4080.0	60.3	4460.0	76.0	4840.0	91.7
2950.0	13.6	3330.0	29.3	3710.0	45.0	4090.0	60.7	4470.0	76.4	4850.0	92.1
2960.0	14.0	3340.0	29.7	3720.0	45.4	4100.0	61.1	4480.0	76.8	4860.0	92.5
2970.0	14.4	3350.0	30.1	3730.0	45.8	4110.0	61.5	4490.0	77.2	4870.0	92.9
2980.0	14.8	3360.0	30.5	3740.0	46.2	4120.0	61.9	4500.0	77.6	4880.0	93.3
2990.0	15.2	3370.0	30.9	3750.0	46.6	4130.0	62.3	4510.0	78.0	4890.0	93.8

注：$K'_{34.5/20D}$=108.4 块。

表 1-14　46/20D[460×(150/130)×75]与 46/0D(460×150×75)混合砖环 46/0D 数量表之二

砖环外半径 R/mm	每环 46/0D 块数	砖环外半径 R/mm	每环 46/0D 块数	砖环外半径 R/mm	每环 46/0D 块数	砖环外半径 R/mm	每环 46/0D 块数	砖环外半径 R/mm	每环 46/0D 块数	砖环外半径 R/mm	每环 46/0D 块数
3496.0	0	3870.0	15.5	4250.0	31.2	4630.0	46.9	5010.0	62.6	5390.0	78.3
3500.0	0.2	3880.0	15.9	4260.0	31.6	4640.0	47.3	5020.0	63.0	5400.0	78.7
3510.0	0.6	3890.0	16.3	4270.0	32.0	4650.0	47.7	5030.0	63.4	5410.0	79.2
3520.0	1.0	3900.0	16.7	4280.0	32.4	4660.0	48.1	5040.0	63.9	5420.0	79.6
3530.0	1.4	3910.0	17.1	4290.0	32.9	4670.0	48.6	5050.0	64.3	5430.0	80.0
3540.0	1.8	3920.0	17.6	4300.0	33.3	4680.0	49.0	5060.0	64.7	5440.0	80.4
3550.0	2.3	3930.0	18.0	4310.0	33.7	4690.0	49.4	5070.0	65.1	5450.0	80.8
3560.0	2.7	3940.0	18.4	4320.0	34.1	4700.0	49.8	5080.0	65.5	5460.0	81.2
3570.0	3.1	3950.0	18.8	4330.0	34.5	4710.0	50.2	5090.0	65.9	5470.0	81.6
3580.0	3.5	3960.0	19.2	4340.0	34.9	4720.0	50.6	5100.0	66.3	5480.0	82.0
3590.0	3.9	3970.0	19.6	4350.0	35.3	4730.0	51.0	5110.0	66.8	5490.0	82.5
3600.0	4.3	3980.0	20.0	4360.0	35.7	4740.0	51.5	5120.0	67.2	5500.0	82.9
3610.0	4.7	3990.0	20.5	4370.0	36.2	4750.0	51.9	5130.0	67.6	5510.0	83.3
3620.0	5.2	4000.0	20.9	4380.0	36.6	4760.0	52.3	5140.0	68.0	5520.0	83.7
3630.0	5.6	4010.0	21.3	4390.0	37.0	4770.0	52.7	5150.0	68.4	5530.0	84.1
3640.0	6.0	4020.0	21.7	4400.0	37.4	4780.0	53.1	5160.0	68.8	5540.0	84.5
3650.0	6.4	4030.0	22.1	4410.0	37.8	4790.0	53.5	5170.0	69.2	5550.0	84.9
3660.0	6.8	4040.0	22.5	4420.0	38.2	4800.0	53.9	5180.0	69.6	5560.0	85.4
3670.0	7.2	4050.0	22.9	4430.0	38.6	4810.0	54.3	5190.0	70.1	5570.0	85.8
3680.0	7.6	4060.0	23.3	4440.0	39.1	4820.0	54.8	5200.0	70.5	5580.0	86.2
3690.0	8.0	4070.0	23.8	4450.0	39.5	4830.0	55.2	5210.0	70.9	5590.0	86.6
3700.0	8.5	4080.0	24.2	4460.0	39.9	4840.0	55.6	5220.0	71.3	5600.0	87.0
3710.0	8.9	4090.0	24.6	4470.0	40.3	4850.0	56.0	5230.0	71.7	5610.0	87.4
3720.0	9.3	4100.0	25.0	4480.0	40.7	4860.0	56.4	5240.0	72.1	5620.0	87.8
3730.0	9.7	4110.0	25.4	4490.0	41.1	4870.0	56.8	5250.0	72.5	5630.0	88.2
3740.0	10.1	4120.0	25.8	4500.0	41.5	4880.0	57.2	5260.0	73.0	5640.0	88.7
3750.0	10.5	4130.0	26.2	4510.0	41.9	4890.0	57.7	5270.0	73.4	5650.0	89.1
3760.0	10.9	4140.0	26.7	4520.0	42.4	4900.0	58.1	5280.0	73.8	5660.0	89.5
3770.0	11.4	4150.0	27.1	4530.0	42.8	4910.0	58.5	5290.0	74.2	5670.0	89.9
3780.0	11.8	4160.0	27.5	4540.0	43.2	4920.0	58.9	5300.0	74.6	5680.0	90.3
3790.0	12.2	4170.0	27.9	4550.0	43.6	4930.0	59.3	5310.0	75.0	5690.0	90.7
3800.0	12.6	4180.0	28.3	4560.0	44.0	4940.0	59.7	5320.0	75.4	5700.0	91.1
3810.0	13.0	4190.0	28.7	4570.0	44.4	4950.0	60.1	5330.0	75.8	5710.0	91.6
3820.0	13.4	4200.0	29.1	4580.0	44.8	4960.0	60.6	5340.0	76.3	5720.0	92.0
3830.0	13.8	4210.0	29.5	4590.0	45.3	4970.0	61.0	5350.0	76.7	5730.0	92.4
3840.0	14.2	4220.0	30.0	4600.0	45.7	4980.0	61.4	5360.0	77.1	5740.0	92.8
3850.0	14.7	4230.0	30.4	4610.0	46.1	4990.0	61.8	5370.0	77.5	5750.0	93.2
3860.0	15.1	4240.0	30.8	4620.0	46.5	5000.0	62.2	5380.0	77.9	5760.0	93.6

注：$K'_{46/20D}$=144.5 块。

表 1-15 23/30D[230×(150/120)×75]与 23/0D(230×150×75)混合砖环 23/0D 数量表之二

砖环外半径 R/mm	每环 23/0D 块数	砖环外半径 R/mm	每环 23/0D 块数	砖环外半径 R/mm	每环 23/0D 块数	砖环外半径 R/mm	每环 23/0D 块数	砖环外半径 R/mm	每环 23/0D 块数	砖环外半径 R/mm	每环 23/0D 块数
1165.3	0	1540.0	15.5	1920.0	31.2	2300.0	46.9	2680.0	62.6	3060.0	78.3
1170.0	0.2	1550.0	15.9	1930.0	31.6	2310.0	47.3	2690.0	63.0	3070.0	78.7
1180.0	0.6	1560.0	16.3	1940.0	32.0	2320.0	47.7	2700.0	63.4	3080.0	79.2
1190.0	1.0	1570.0	16.7	1950.0	32.4	2330.0	48.1	2710.0	63.9	3090.0	79.6
1200.0	1.4	1580.0	17.1	1960.0	32.9	2340.0	48.6	2720.0	64.3	3100.0	80.0
1210.0	1.8	1590.0	17.6	1970.0	33.3	2350.0	49.0	2730.0	64.7	3110.0	80.4
1220.0	2.3	1600.0	18.0	1980.0	33.7	2360.0	49.4	2740.0	65.1	3120.0	80.8
1230.0	2.7	1610.0	18.4	1990.0	34.1	2370.0	49.8	2750.0	65.5	3130.0	81.2
1240.0	3.1	1620.0	18.8	2000.0	34.5	2380.0	50.2	2760.0	65.9	3140.0	81.6
1250.0	3.5	1630.0	19.2	2010.0	34.9	2390.0	50.6	2770.0	66.3	3150.0	82.0
1260.0	3.9	1640.0	19.6	2020.0	35.3	2400.0	51.0	2780.0	66.8	3160.0	82.5
1270.0	4.3	1650.0	20.0	2030.0	35.7	2410.0	51.5	2790.0	67.2	3170.0	82.9
1280.0	4.7	1660.0	20.5	2040.0	36.2	2420.0	51.9	2800.0	67.6	3180.0	83.3
1290.0	5.2	1670.0	20.9	2050.0	36.6	2430.0	52.3	2810.0	68.0	3190.0	83.7
1300.0	5.6	1680.0	21.3	2060.0	37.0	2440.0	52.7	2820.0	68.4	3200.0	84.1
1310.0	6.0	1690.0	21.7	2070.0	37.4	2450.0	53.1	2830.0	68.8	3210.0	84.5
1320.0	6.4	1700.0	22.1	2080.0	37.8	2460.0	53.5	2840.0	69.2	3220.0	84.9
1330.0	6.8	1710.0	22.5	2090.0	38.2	2470.0	53.9	2850.0	69.6	3230.0	85.4
1340.0	7.2	1720.0	22.9	2100.0	38.6	2480.0	54.3	2860.0	70.1	3240.0	85.8
1350.0	7.6	1730.0	23.3	2110.0	39.1	2490.0	54.8	2870.0	70.5	3250.0	86.2
1360.0	8.0	1740.0	23.8	2120.0	39.5	2500.0	55.2	2880.0	70.9	3260.0	86.6
1370.0	8.5	1750.0	24.2	2130.0	39.9	2510.0	55.6	2890.0	71.3	3270.0	87.0
1380.0	8.9	1760.0	24.6	2140.0	40.3	2520.0	56.0	2900.0	71.7	3280.0	87.4
1390.0	9.3	1770.0	25.0	2150.0	40.7	2530.0	56.4	2910.0	72.1	3290.0	87.8
1400.0	9.7	1780.0	25.4	2160.0	41.1	2540.0	56.8	2920.0	72.5	3300.0	88.2
1410.0	10.1	1790.0	25.8	2170.0	41.5	2550.0	57.2	2930.0	73.0	3310.0	88.7
1420.0	10.5	1800.0	26.2	2180.0	41.9	2560.0	57.7	2940.0	73.4	3320.0	89.1
1430.0	10.9	1810.0	26.7	2190.0	42.4	2570.0	58.1	2950.0	73.8	3330.0	89.5
1440.0	11.4	1820.0	27.1	2200.0	42.8	2580.0	58.5	2960.0	74.2	3340.0	89.9
1450.0	11.8	1830.0	27.5	2210.0	43.2	2590.0	58.9	2970.0	74.6	3350.0	90.3
1460.0	12.2	1840.0	27.9	2220.0	43.6	2600.0	59.3	2980.0	75.0	3360.0	90.7
1470.0	12.6	1850.0	28.3	2230.0	44.0	2610.0	59.7	2990.0	75.4	3370.0	91.1
1480.0	13.0	1860.0	28.7	2240.0	44.4	2620.0	60.1	3000.0	75.8	3380.0	91.6
1490.0	13.4	1870.0	29.1	2250.0	44.8	2630.0	60.6	3010.0	76.3	3390.0	92.0
1500.0	13.8	1880.0	29.5	2260.0	45.3	2640.0	61.0	3020.0	76.7	3400.0	92.4
1510.0	14.2	1890.0	30.0	2270.0	45.7	2650.0	61.4	3030.0	77.1	3410.0	92.8
1520.0	14.7	1900.0	30.4	2280.0	46.1	2660.0	61.8	3040.0	77.5	3420.0	93.2
1530.0	15.1	1910.0	30.8	2290.0	46.5	2670.0	62.2	3050.0	77.9	3430.0	93.6

注：$K'_{23/30D}$=48.2 块。

表 1-16　34.5/40D[345×(150/110)×75]与 34.5/0D(345×150×75)混合砖环 34.5/0D 数量表之二

砖环外半径 R/mm	每环 34.5/0D 块数	砖环外半径 R/mm	每环 34.5/0D 块数	砖环外半径 R/mm	每环 34.5/0D 块数	砖环外半径 R/mm	每环 34.5/0D 块数	砖环外半径 R/mm	每环 34.5/0D 块数	砖环外半径 R/mm	每环 34.5/0D 块数
1311.0	0	1690.0	15.7	2070.0	31.4	2450.0	47.1	2830.0	62.8	3210.0	78.5
1320.0	0.4	1700.0	16.1	2080.0	31.8	2460.0	47.5	2840.0	63.2	3220.0	78.9
1330.0	0.8	1710.0	16.5	2090.0	32.2	2470.0	47.9	2850.0	63.6	3230.0	79.3
1340.0	1.2	1720.0	16.9	2100.0	32.6	2480.0	48.3	2860.0	64.0	3240.0	79.7
1350.0	1.6	1730.0	17.3	2110.0	33.0	2490.0	48.7	2870.0	64.4	3250.0	80.2
1360.0	2.0	1740.0	17.7	2120.0	33.4	2500.0	49.2	2880.0	64.9	3260.0	80.6
1370.0	2.4	1750.0	18.1	2130.0	33.9	2510.0	49.6	2890.0	65.3	3270.0	81.0
1380.0	2.9	1760.0	18.6	2140.0	34.3	2520.0	50.0	2900.0	65.7	3280.0	81.4
1390.0	3.3	1770.0	19.0	2150.0	34.7	2530.0	50.4	2910.0	66.1	3290.0	81.8
1400.0	3.7	1780.0	19.4	2160.0	35.1	2540.0	50.8	2920.0	66.5	3300.0	82.2
1410.0	4.1	1790.0	19.8	2170.0	35.5	2550.0	51.2	2930.0	66.9	3310.0	82.6
1420.0	4.5	1800.0	20.2	2180.0	35.9	2560.0	51.6	2940.0	67.3	3320.0	83.1
1430.0	4.9	1810.0	20.6	2190.0	36.3	2570.0	52.0	2950.0	67.8	3330.0	83.5
1440.0	5.3	1820.0	21.0	2200.0	36.8	2580.0	52.5	2960.0	68.2	3340.0	83.9
1450.0	5.7	1830.0	21.5	2210.0	37.2	2590.0	52.9	2970.0	68.6	3350.0	84.3
1460.0	6.2	1840.0	21.9	2220.0	37.6	2600.0	53.3	2980.0	69.0	3360.0	84.7
1470.0	6.6	1850.0	22.3	2230.0	38.0	2610.0	53.7	2990.0	69.4	3370.0	85.1
1480.0	7.0	1860.0	22.7	2240.0	38.4	2620.0	54.1	3000.0	69.8	3380.0	85.5
1490.0	7.4	1870.0	23.1	2250.0	38.8	2630.0	54.5	3010.0	70.2	3390.0	85.9
1500.0	7.8	1880.0	23.5	2260.0	39.2	2640.0	54.9	3020.0	70.7	3400.0	86.4
1510.0	8.2	1890.0	23.9	2270.0	39.6	2650.0	55.4	3030.0	71.1	3410.0	86.8
1520.0	8.6	1900.0	24.3	2280.0	40.1	2660.0	55.8	3040.0	71.5	3420.0	87.2
1530.0	9.1	1910.0	24.8	2290.0	40.5	2670.0	56.2	3050.0	71.9	3430.0	87.6
1540.0	9.5	1920.0	25.2	2300.0	40.9	2680.0	56.6	3060.0	72.3	3440.0	88.0
1550.0	9.9	1930.0	25.6	2310.0	41.3	2690.0	57.0	3070.0	72.7	3450.0	88.4
1560.0	10.3	1940.0	26.0	2320.0	41.7	2700.0	57.4	3080.0	73.1	3460.0	88.8
1570.0	10.7	1950.0	26.4	2330.0	42.1	2710.0	57.8	3090.0	73.5	3470.0	89.3
1580.0	11.1	1960.0	26.8	2340.0	42.5	2720.0	58.2	3100.0	74.0	3480.0	89.7
1590.0	11.5	1970.0	27.2	2350.0	43.0	2730.0	58.7	3110.0	74.4	3490.0	90.1
1600.0	11.9	1980.0	27.7	2360.0	43.4	2740.0	59.1	3120.0	74.8	3500.0	90.5
1610.0	12.4	1990.0	28.1	2370.0	43.8	2750.0	59.5	3130.0	75.2	3510.0	90.9
1620.0	12.8	2000.0	28.5	2380.0	44.2	2760.0	59.9	3140.0	75.6	3520.0	91.3
1630.0	13.2	2010.0	28.9	2390.0	44.6	2770.0	60.3	3150.0	76.0	3530.0	91.7
1640.0	13.6	2020.0	29.3	2400.0	45.0	2780.0	60.7	3160.0	76.4	3540.0	92.1
1650.0	14.0	2030.0	29.7	2410.0	45.4	2790.0	61.1	3170.0	76.9	3550.0	92.6
1660.0	14.4	2040.0	30.1	2420.0	45.8	2800.0	61.6	3180.0	77.3	3560.0	93.0
1670.0	14.8	2050.0	30.6	2430.0	46.3	2810.0	62.0	3190.0	77.7	3570.0	93.4
1680.0	15.3	2060.0	31.0	2440.0	46.7	2820.0	62.4	3200.0	78.1	3580.0	93.8

注：$K'_{34.5/40D}$=54.2 块。

表 1-17 46/40D[460×(150/110)×75]与 46/0D(460×150×75)混合砖环 46/0D 数量表之二

砖环外半径 R/mm	每环 46/0D 块数	砖环外半径 R/mm	每环 46/0D 块数	砖环外半径 R/mm	每环 46/0D 块数	砖环外半径 R/mm	每环 46/0D 块数	砖环外半径 R/mm	每环 46/0D 块数	砖环外半径 R/mm	每环 46/0D 块数
1748.0	0	2120.0	15.4	2500.0	31.1	2880.0	46.8	3260.0	62.5	3640.0	78.2
1750.0	0.1	2130.0	15.8	2510.0	31.5	2890.0	47.2	3270.0	62.9	3650.0	78.6
1760.0	0.5	2140.0	16.2	2520.0	31.9	2900.0	47.6	3280.0	63.3	3660.0	79.0
1770.0	0.9	2150.0	16.6	2530.0	32.3	2910.0	48.0	3290.0	63.7	3670.0	79.5
1780.0	1.3	2160.0	17.0	2540.0	32.7	2920.0	48.5	3300.0	64.2	3680.0	79.9
1790.0	1.7	2170.0	17.4	2550.0	33.2	2930.0	48.9	3310.0	64.6	3690.0	80.3
1800.0	2.1	2180.0	17.9	2560.0	33.6	2940.0	49.3	3320.0	65.0	3700.0	80.7
1810.0	2.6	2190.0	18.3	2570.0	34.0	2950.0	49.7	3330.0	65.4	3710.0	81.1
1820.0	3.0	2200.0	18.7	2580.0	34.4	2960.0	50.1	3340.0	65.8	3720.0	81.5
1830.0	3.4	2210.0	19.1	2590.0	34.8	2970.0	50.5	3350.0	66.2	3730.0	81.9
1840.0	3.8	2220.0	19.5	2600.0	35.2	2980.0	50.9	3360.0	66.6	3740.0	82.3
1850.0	4.2	2230.0	19.9	2610.0	35.6	2990.0	51.3	3370.0	67.1	3750.0	82.8
1860.0	4.6	2240.0	20.3	2620.0	36.0	3000.0	51.8	3380.0	67.5	3760.0	83.2
1870.0	5.0	2250.0	20.8	2630.0	36.5	3010.0	52.2	3390.0	67.9	3770.0	83.6
1880.0	5.5	2260.0	21.2	2640.0	36.9	3020.0	52.6	3400.0	68.3	3780.0	84.0
1890.0	5.9	2270.0	21.6	2650.0	37.3	3030.0	53.0	3410.0	68.7	3790.0	84.4
1900.0	6.3	2280.0	22.0	2660.0	37.7	3040.0	53.4	3420.0	69.1	3800.0	84.8
1910.0	6.7	2290.0	22.4	2670.0	38.1	3050.0	53.8	3430.0	69.5	3810.0	85.2
1920.0	7.1	2300.0	22.8	2680.0	38.5	3060.0	54.2	3440.0	69.9	3820.0	85.7
1930.0	7.5	2310.0	23.2	2690.0	38.9	3070.0	54.7	3450.0	70.4	3830.0	86.1
1940.0	7.9	2320.0	23.6	2700.0	39.4	3080.0	55.1	3460.0	70.8	3840.0	86.5
1950.0	8.4	2330.0	24.1	2710.0	39.8	3090.0	55.5	3470.0	71.2	3850.0	86.9
1960.0	8.8	2340.0	24.5	2720.0	40.2	3100.0	55.9	3480.0	71.6	3860.0	87.3
1970.0	9.2	2350.0	24.9	2730.0	40.6	3110.0	56.3	3490.0	72.0	3870.0	87.7
1980.0	9.6	2360.0	25.3	2740.0	41.0	3120.0	56.7	3500.0	72.4	3880.0	88.1
1990.0	10.0	2370.0	25.7	2750.0	41.4	3130.0	57.1	3510.0	72.8	3890.0	88.6
2000.0	10.4	2380.0	26.1	2760.0	41.8	3140.0	57.5	3520.0	73.3	3900.0	89.0
2010.0	10.8	2390.0	26.5	2770.0	42.2	3150.0	58.0	3530.0	73.7	3910.0	89.4
2020.0	11.2	2400.0	27.0	2780.0	42.7	3160.0	58.4	3540.0	74.1	3920.0	89.8
2030.0	11.7	2410.0	27.4	2790.0	43.1	3170.0	58.8	3550.0	74.5	3930.0	90.2
2040.0	12.1	2420.0	27.8	2800.0	43.5	3180.0	59.2	3560.0	74.9	3940.0	90.6
2050.0	12.5	2430.0	28.2	2810.0	43.9	3190.0	59.6	3570.0	75.3	3950.0	91.0
2060.0	12.9	2440.0	28.6	2820.0	44.3	3200.0	60.0	3580.0	75.7	3960.0	91.4
2070.0	13.3	2450.0	29.0	2830.0	44.7	3210.0	60.4	3590.0	76.1	3970.0	91.9
2080.0	13.7	2460.0	29.4	2840.0	45.1	3220.0	60.9	3600.0	76.6	3980.0	92.3
2090.0	14.1	2470.0	29.8	2850.0	45.6	3230.0	61.3	3610.0	77.0	3990.0	92.7
2100.0	14.6	2480.0	30.3	2860.0	46.0	3240.0	61.7	3620.0	77.4	4000.0	93.1
2110.0	15.0	2490.0	30.7	2870.0	46.4	3250.0	62.1	3630.0	77.8	4010.0	93.5

注：$K'_{46/40D}$=72.3 块。

【例 6】 现在考虑例 6 每层中砖量的计算。如果逐层按公式计算，相当繁琐费时。但按混合砖环直形砖量模式表之二（表 1-11）的方法，编制该炉腹混合砖环分层用砖量表就简单快捷多了。如表 1-18 所示，炉腹共 40 层砖，保持下数第 1 层和最末第 40 层的外半径分别为 4345 mm 和 4845 mm，则每层砖环外半径增大（向冷却壁方向退台尺寸）（4845–4345）/39=12.82 mm，即砖环外半径 R 纵列栏逐层递增 12.82 mm。每层 34.5/0D 数量纵列栏，从第 1 层 71.2 块基数上，逐层递增 $12.82/(\Delta R)_1=12.82\times 0.04134=0.53$ 块。从表 1-18 看到：第 1 层和第 40 层的直形砖 34.5/0D 数量分别为 71.2 块和 91.9 块，与计算值相同。第 20 层与第 21 层的直形砖 34.5/0D 数量分别为 81.3 块与 81.8 块，这两层的平均数量为（81.3+81.8）/2=81.6 块，与该炉腹平均直形砖数量的计算值相同。当然，表 1-18 也表明了各砖层的竖宽楔形砖 34.5/20D 的数量为每环极限砖数 $K'_{34.5/20D}=108.4$ 块。

表 1-18　例 6 中炉腹各层混合砖环直形砖 34.5/0D 数量表

层数（下数）	砖环外半径 R/mm	每环 34.5/0D 块数	层数（下数）	砖环外半径 R/mm	每环 34.5/0D 块数	层数（下数）	砖环外半径 R/mm	每环 34.5/0D 块数	层数（下数）	砖环外半径 R/mm	每环 34.5/0D 块数
1	4345.0	71.2	11	4473.2	76.5	21	4601.4	81.8	31	4729.6	87.1
2	4357.0	71.8	12	4486.0	77.1	22	4614.2	82.4	32	4742.4	87.7
3	4370.0	72.3	13	4498.8	77.6	23	4627.0	82.9	33	4755.2	88.2
4	4383.5	72.8	14	4511.7	78.1	24	4639.9	83.4	34	4768.1	88.7
5	4396.0	73.4	15	4524.5	78.7	25	4652.7	84.0	35	4780.9	89.3
6	4409.1	73.9	16	4537.3	79.2	26	4665.5	84.5	36	4793.7	89.8
7	4421.9	74.4	17	4550.1	79.7	27	4678.3	85.0	37	4806.5	90.3
8	4434.7	74.9	18	4562.9	80.2	28	4691.1	85.5	38	4819.3	90.8
9	4447.6	75.5	19	4575.8	80.8	29	4704.0	86.1	39	4832.2	91.4
10	4460.4	76.0	20	4588.6	81.3	30	4716.8	86.6	40	4845.0	91.9

注：$K'_{34.5/20D}=108.4$ 块。

由混合砖环直形砖数量表之二（表 1-12～表 1-17）查例 7 及例 8。

【例 7】 奇数砖层 R=3152 mm 的工作内环：查表 1-12 的 R=3150.0 mm 行 $K_{23/0D}=33.9$ 块，再加以 2×0.04=0.08 块共 34.0 块。R=3500 mm 外环：查表 1-13 的 R=3500.0 mm 行 $K_{34.5/0D}=36.3$ 块。

偶数砖层 R=3267 mm 的工作内环：查表 1-13 的 R=3270 mm 行 $K_{34.5/0D}=26.8$ 块，再减以 3×0.04=0.1 块得 26.7 块。R=3500 mm 外环：查表 1-12 的 R=3500.0 mm 行 $K_{23/0D}=48.3$ 块。查表与计算完全相同。

【例 8】 奇数砖层 R=1652 mm 的工作内环：查表 1-15 的 R=1650.0 mm 行 $K_{23/0D}=20$ 块，再加以 2×0.04=0.1 块共 20.1 块。R=2000 mm 外环：查表 1-16 的 R=2000.0 mm 行 $K_{34.5/0D}=28.5$ 块。

偶数砖层 R=1767 mm 的工作内环：查表 1-16 的 R=1770.0 mm 行 $K_{34.5/0D}$=19.0 块，再减去 3×0.04=0.1 块得 18.9 块。R=2000 mm 的外环：查表 1-15 的 R=2000.0 mm 行 $K_{23/0D}$=34.5 块。

查表结果与计算完全相同，但查表速度之快，是计算过程无法可比的。

1.3.2　双环混合砖环砖量表册

前面讨论的混合砖环砖量表仅指单一砖环。在高炉环形砌砖中炉腹常采用单环。热风炉炉墙工作衬一般也采用单环。但在高炉炉缸及炉身下部砌砖中，就曾用过两环及多于两环的多环混合砌砖。例如以前经常采取的环形砌砖的总厚度分别有 460 mm、575 mm、690 mm、805 mm、920 mm、1035 mm 及 1150 mm 等（均未计算环缝厚度）。近年来，由于优质新品种耐火材料的开发应用及冷却装置的改善，高炉炉身采取薄壁砌砖，常设计成厚度为 450 ～500 mm 的砖墙。热风炉炉墙工作衬的设计厚度也有 450 mm 的。前苏联标准ГОСТ20901—1975《热风炉及高炉热风管用普通和高级耐火制品》[12]为此增设了长度为 450 mm 的一组竖宽楔形砖。英国标准[13]中也有 450 mm 长的竖宽楔形砖。为适应这些需要，并考虑与原有 230 mm 及 345 mm 高炉墙错缝砌筑配合，在 YB/T5012—1997 中增加了大小端距离 A 为 460 mm 混合砖环所需要的竖宽钝楔形砖 46/20D、竖宽锐楔形砖 46/40D 及直形砖 46/0D。这样，230 mm、345 mm 与 460 mm 三组砖在环形砌砖工作衬厚度（working lining thickness）方向的新配砌方案，比 230 mm 与 345 mm 两组砖的原配砌方案有根本性改善，见图 1-7 及表 1-19。

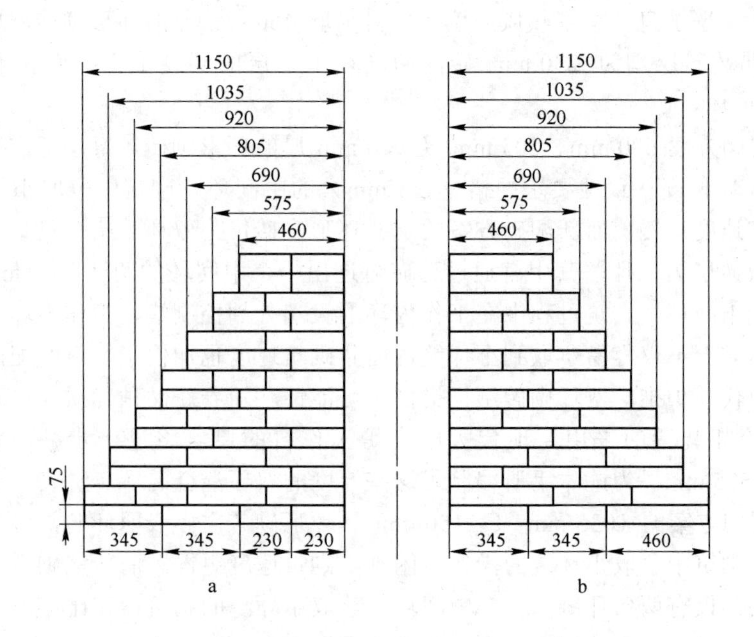

图 1-7　高炉环形砌砖配砌方案

a—原砌法；b—新砌法

表 1-19　高炉环形砌砖的配砌方案

配砌方案	环形砌砖厚度/mm	奇数砖层用砖长度 *A*/mm				偶数砖层用砖长度 *A*/mm			
		工作内环	第二环	第三环	第四环	工作内环	第二环	第三环	第四环
230 mm 和 345 mm 两组砖原配砌方案	460	230	230			230	230		
	575	230	345			345	230		
	690	345	345			230	230	230	
	805	230	230	345		345	230	230	
	920	230	345	345		345	345	230	
	1035	230	230	345	230	345	345	345	
	1150	230	230	345	345	345	345	230	230
230 mm、345 mm 和 460 mm 三组砖新配砌方案	460	460				460			
	575	230	345			345	230		
	690	230	460			460	230		
	805	345	460			460	345		
	920	460	460			230	345	345	
	1035	230	345	460		345	345	345	
	1150	345	345	460		460	345	345	

注：230 mm 长砖的砖号有 23/15D、23/30D 和 23/0D；345 mm 长砖的砖号有 34.5/20D、34.5/40D 和 34.5/0D；460 mm 长砖的砖号有 46/20D、46/40D 和 46/0D。

从图 1-7 及表 1-19 可看出高炉环形砌砖在工作衬厚度方向的原配砌方案的缺点及新配砌方案的优点：

（1）高炉薄壁炉身及大型热风炉墙工作衬采取 460 mm 厚的环形砌砖，原配砌方案的奇数砖层与偶数砖层均为 230 mm 砖的两环，上下层的环缝重合；而新配砌方案仅砌 460 mm 砖的单环。

（2）原配砌方案 690 mm、805 mm 及 920 mm 厚的环形砌砖，每层都需三环砖，包括两条环缝及一环长度一致性要求严格（±1 mm）的中间环。砌筑中争取小厚度环缝有困难，砌筑操作速度也慢。而新配砌方案的这些环形砌砖仅为双环结构（只是 920 mm 厚环形砌砖的偶数砖层为三环，其中有通过选砖可选出一个中间环的两环 345 mm 砖），仅有一条环缝，无中间环。砌筑过程中在工作内环的大端处划控制线，工作内环与外环在控制线的环缝处紧靠，不仅容易争取到小环缝，而且砌筑速度也加快了。新的配砌方案为采用薄壁炉衬的现代高炉推广双环砌砖结构提供了可能性。随着新品种优质高炉耐火砖的开发应用及高效冷却装置的采用，现代大型高炉工作衬的厚度将进一步减薄到 805 mm、690 mm 甚至 575 mm。为此本手册编制了这些厚度的双环混合砖环砖量表。

（3）原配砌方案的 1035 mm 及 1150 mm 厚环形砌砖需砌成四环砖，包括三条环缝和两个中间环，砌筑中争取小环缝的操作更困难，砌筑速度更慢。而新配砌方案中这些环形砌砖仅为三环，仅有两条环缝和一个中间环，争取小环缝的砌筑操作比原方案容易，砌筑速度也比原方案快。作为发展方向，这样厚的高炉多环砌砖根本不需要。现存的高炉中，也很少有这样厚的多环环形砌砖。920 mm 以上的多环混合砖环砖量表册只能作为历史资料了[15]。

（4）对于相同厚度的环形砌砖而言，新配砌方案的环数比原配砌方案少，环缝数量随之减少。特别是新配砌方案的双环结构，只有一条环缝。不仅争取小环缝的砌筑操作相对容易及砌筑速度加快，而且由于减少了使用过程中残砖脱落次数而对延长使用寿命非常有利。

为给高炉砌砖设计中推广双环砌砖结构创造方便条件，这里研究双环混合砖环砖量表的编制。本手册中双环混合砖环砖量表的编制，与以往手册[14, 16]同类表格不同之处：砖缝厚度不一样。以往表格中辐射竖缝厚度取 1 mm，未考虑环缝厚度；本手册的表册中辐射竖缝取 2 mm，环缝厚度取 3 mm。

为避免上层砖环（偶数砖层）与下层砖环（奇数砖层）环缝重合，才有了奇数（1、3、5……）砖层与偶数（2、4、6……）砖层砌砖结构之区别。第一层（即奇数砖层）砖环的配砌方案，主要根据炉身环梁托圈上第一层砖的外环，希望砌成相对较长的砖环（即避免砌成 230 mm 砖环）。

双环混合砖环砖量表的编制中，从第一行的数据资料开始，见表 1-20。实践表明，第一行偶数砖层工作内环（长砖环）中 34.5/0D 或 46/0D 的砖数最少（少于 1.0 块），并由此选择砖环外半径 R 的 10 整数倍。直形砖数量纵列栏，均逐行递增 0.4134 块。砖环外半径 R 纵列栏逐行递增 10.0 mm。现以 578 mm 双环混合砖环砖量表之一（表 1-21）为例，介绍双环混合砖环砖量表的编制。偶数砖层工作内环用竖宽楔形砖 34.5/20D 的外半径 $R_{34.5/20D}$=2622.0 mm，则该砖层外环的外半径为 2622.0+3+230=2855.0 mm，取 10 整数倍 2860.0 mm，这也是偶数砖层或奇数砖层外环的外半径。偶数砖层工作内环（345 mm 砖）的外半径为 2860−230−3=2627.0 mm。奇数砖层工作内环（230 mm 砖）的外半径为 2860−345−3=2512.0 mm。奇数砖层工作内环 $K_{23/0D}$=(2512.0−2330.7)/24.19=7.495 块，外环 $K_{34.5/0D}$=(2860.0−2622.0)/24.19=9.839 块。偶数砖层工作内环 $K_{34.5/0D}$=(2627−2622.0)/24.19=0.207 块，外环 $K_{23/0D}$=(2860.0−2330.7)/24.19=21.881 块。这些砖量计算值分别写进表 1-20 及表 1-21 的第一行。第一行砖环外半径为 2860.0 mm，之后逐行递增 10.0 mm，即依次为 2870.0 mm，2880.0 mm 及 2890.0 mm……直到需要。第二行奇数砖层工作内环 23/0D，外环 34.5/0D，偶数砖层工作内环 34.5/0D 及外环 23/0D 的数量分别在第一行数量基数上各加以 0.4134 块。之后各砖数纵列栏逐行递增 0.4134 块。与各直形砖配砌的竖宽楔形砖的每环极限砖数写在表头相应直形砖下方的括号内。按同样方法根据表 1-20 资料编制了 578 mm、693 mm 及 808 mm 的双环混合砖环砖量表 1-22～表 1-26。现在通过几个例题，检验这些双环表册的实用性与精确性。

【例 7】 查表 1-21 的 R=3500.0 mm 行，奇数砖层工作内环 $K_{23/15D}$=96.3 块，$K_{23/0D}$=34.0 块；外环 $K_{34.5/20D}$=108.4 块，$K_{34.5/0D}$=36.3 块；偶数砖层工作内环 $K_{34.5/20D}$=108.4 块，$K_{34.5/0D}$=26.7 块；外环 $K_{23/15D}$=96.3 块，$K_{23/0D}$=48.3 块。查表结果与计算结果完全相同。

【例 8】 查表 1-22 的 R=2000.0 mm 行，奇数砖层工作内环 $K_{23/30D}$=48.2 块，$K_{23/0D}$=20.1 块；外环 $K_{34.5/40D}$=54.2 块，$K_{34.5/0D}$=28.5 块；偶数砖层工作内环 $K_{34.5/40D}$=54.2 块，$K_{34.5/0D}$=18.9 块；外环 $K_{23/30D}$=48.2 块，$K_{23/0D}$=34.5 块。查表结果与计算结果完全相同。

【例 9】 R=5000.0 mm，环形砌砖的厚度 693.0 mm，用双环混合砖环砖量表查找上下两层用砖量。查表 1-23 的 R=5000.0 mm 行，奇数砖层工作内环 $K_{23/15D}$=96.3 块，$K_{23/0D}$=91.2 块；外环 $K_{46/20D}$=144.5 块，$K_{46/0D}$=62.2 块；偶数砖层工作内环 $K_{46/20D}$=144.5 块，$K_{46/0D}$=52.5 块；外环 $K_{23/15D}$=96.3 块，$K_{23/0D}$=110.3 块。

表 1-20　双环混合砖环砖量表第一行编制资料

表号	表名称	砖环外半径 R/mm	奇数砖层				偶数砖层			
			工作内环		外环		工作内环		外环	
			每环外半径 R/mm	砖数/块	每环外半径 R/mm	砖数/块	每环外半径 R/mm	砖数/块	每环外半径 R/mm	砖数/块
表 1-21	578 mm 双环混合砖环砖量表之一	2860.0	2512.0	23/0D 7.495 (23/15D 96.3)	2860.0	34.5/0D 9.839 (34.5/20D 108.4)	2627.0	34.5/0D 0.207 (34.5/20D 108.4)	2860.0	23/0D 21.881 (23/15D 96.3)
表 1-22	578 mm 双环混合砖环砖量表之二	1550.0	1202.0	23/0D 1.516 (23/30D 48.2)	1550.0	34.5/0D 9.880 (34.5/40D 54.2)	1317.0	34.5/0D 0.248 (34.5/40D 54.2)	1550.0	23/0D 15.902 (23/30D 48.2)
表 1-23	693 mm 双环混合砖环砖量表之一	3730.0	3267.0	23/0D 38.707 (23/15D 96.3)	3730.0	46/0D 9.674 (46/20D 144.5)	3497.0	46/0D 0.041 (46/20D 144.5)	3730.0	23/0D 57.847 (23/15D 96.3)
表 1-24	693 mm 双环混合砖环砖量表之二	1990.0	1527.0	23/0D 14.951 (23/30D 48.2)	1990.0	46/0D 10.004 (46/40D 72.3)	1757.0	46/0D 0.372 (46/40D 72.3)	1990.0	23/0D 34.092 (23/30D 48.2)
表 1-25	808 mm 双环混合砖环砖量表之一	3850.0	3387.0	34.5/0D 31.625 (34.5/20D 108.4)	3850.0	46/0D 14.634 (46/20D 144.5)	3502.0	46/0D 0.248 (46/20D 144.5)	3850.0	34.5/0D 50.765 (34.5/20D 108.4)
表 1-26	808 mm 双环混合砖环砖量表之二	2100.0	1637.0	34.5/0D 13.477 (34.5/40D 54.2)	2100.0	46/0D 14.552 (46/40D 72.3)	1752.0	46/0D 0.165 (46/40D 72.3)	2100.0	34.5/0D 32.617 (34.5/40D 54.2)
表 1-31	923 mm 双环混合砖环砖量表之一	4720.0	4142.0	34.5/0D 62.837 (34.5/20D 108.4)	4720.0	57.5/0D 14.469 (57.5/20D 180.6)	4372.0	57.5/0D 0.083 (57.5/20D 180.6)	4720.0	34.5/0D 86.731 (34.5/20D 108.4)
表 1-32	923 mm 双环混合砖环砖量表之二	2540.0	1962.0	34.5/0D 26.912 (34.5/40D 54.2)	2540.0	57.5/0D 14.676 (57.5/40D 90.3)	2192.0	57.5/0D 0.289 (57.5/40D 90.3)	2540.0	34.5/0D 50.807 (34.5/40D 54.2)
表 1-33	1038 mm 双环混合砖环砖量表之一	4840.0	4262.0	46/0D 31.666 (46/20D 144.5)	4840.0	57.5/0D 19.430 (57.5/20D 180.6)	4377.0	57.5/0D 0.289 (57.5/20D 180.6)	4840.0	46/0D 55.561 (46/20D 144.5)
表 1-34	1038 mm 双环混合砖环砖量表之二	2650.0	2072.0	46/0D 13.394 (46/40D 72.3)	2650.0	57.5/0D 19.223 (57.5/40D 90.3)	2187.0	57.5/0D 0.083 (57.5/40D 90.3)	2650.0	46/0D 37.289 (46/40D 72.3)

注：环缝厚度取 3.0mm。

表 1-21 578 mm 双环混合砖环砖量表之一

砖环外半径 *R*/mm	奇数砖层每环块数		偶数砖层每环块数		砖环外半径 *R*/mm	奇数砖层每环块数		偶数砖层每环块数	
	工作内环 23/0D (23/15D 96.3)	外环 34.5/0D (34.5/20D 108.4)	工作内环 34.5/0D (34.5/20D 108.4)	外环 23/0D (23/15D 96.3)		工作内环 23/0D (23/15D 96.3)	外环 34.5/0D (34.5/20D 108.4)	工作内环 34.5/0D (34.5/20D 108.4)	外环 23/0D (23/15D 96.3)
2860.0	7.5	9.8	0.2	21.9	3210.0	22.0	24.3	14.7	36.4
2870.0	7.9	10.3	0.6	22.3	3220.0	22.4	24.7	15.1	36.8
2880.0	8.3	10.7	1.0	22.7	3230.0	22.8	25.1	15.5	37.2
2890.0	8.7	11.1	1.4	23.1	3240.0	23.2	25.5	15.9	37.6
2900.0	9.1	11.5	1.9	23.5	3250.0	23.6	26.0	16.3	38.0
2910.0	9.6	11.9	2.3	23.9	3260.0	24.0	26.4	16.7	38.4
2920.0	10.0	12.3	2.7	24.4	3270.0	24.4	26.8	17.2	38.8
2930.0	10.4	12.7	3.1	24.8	3280.0	24.9	27.2	17.6	39.2
2940.0	10.8	13.1	3.5	25.2	3290.0	25.3	27.6	18.0	39.7
2950.0	11.2	13.6	3.9	25.6	3300.0	25.7	28.0	18.4	40.1
2960.0	11.6	14.0	4.3	26.0	3310.0	26.1	28.4	18.8	40.5
2970.0	12.0	14.4	4.8	26.4	3320.0	26.5	28.9	19.2	40.9
2980.0	12.5	14.8	5.2	26.8	3330.0	26.9	29.3	19.6	41.3
2990.0	12.9	15.2	5.6	27.3	3340.0	27.3	29.7	20.1	41.7
3000.0	13.3	15.6	6.0	27.7	3350.0	27.8	30.1	20.5	42.1
3010.0	13.7	16.0	6.4	28.1	3360.0	28.2	30.5	20.9	42.6
3020.0	14.1	16.5	6.8	28.5	3370.0	28.6	30.9	21.3	43.0
3030.0	14.5	16.9	7.2	28.9	3380.0	29.0	31.3	21.7	43.4
3040.0	14.9	17.3	7.6	29.3	3390.0	29.4	31.7	22.1	43.8
3050.0	15.3	17.7	8.1	29.7	3400.0	29.8	32.2	22.5	44.2
3060.0	15.8	18.1	8.5	30.1	3410.0	30.2	32.6	22.9	44.6
3070.0	16.2	18.5	8.9	30.6	3420.0	30.6	33.0	23.4	45.0
3080.0	16.6	18.9	9.3	31.0	3430.0	31.1	33.4	23.8	45.4
3090.0	17.0	19.3	9.7	31.4	3440.0	31.5	33.8	24.2	45.9
3100.0	17.4	19.8	10.1	31.8	3450.0	31.9	34.2	24.6	46.3
3110.0	17.8	20.2	10.5	32.2	3460.0	32.3	34.6	25.0	46.7
3120.0	18.2	20.6	11.0	32.6	3470.0	32.7	35.1	25.4	47.1
3130.0	18.7	21.0	11.4	33.0	3480.0	33.1	35.5	25.8	47.5
3140.0	19.1	21.4	11.8	33.5	3490.0	33.5	35.9	26.3	47.9
3150.0	19.5	21.8	12.2	33.9	3500.0	34.0	36.3	26.7	48.3
3160.0	19.9	22.2	12.6	34.3	3510.0	34.4	36.7	27.1	48.8
3170.0	20.3	22.7	13.0	34.7	3520.0	34.8	37.1	27.5	49.2
3180.0	20.7	23.1	13.4	35.1	3530.0	35.2	37.5	27.9	49.6
3190.0	21.1	23.5	13.8	35.5	3540.0	35.6	38.0	28.3	50.0
3200.0	21.6	23.9	14.3	35.9	3550.0	36.0	38.4	28.7	50.4

表 1-22　578 mm 双环混合砖环砖量表之二

砖环外半径 R/mm	奇数砖层每环块数		偶数砖层每环块数		砖环外半径 R/mm	奇数砖层每环块数		偶数砖层每环块数	
	工作内环 23/0D (23/30D 48.2)	外环 34.5/0D (34.5/40D 54.2)	工作内环 34.5/0D (34.5/40D 54.2)	外环 23/0D (23/30D48.2)		工作内环 23/0D (23/30D 48.2)	外环 34.5/0D (34.5/40D 54.2)	工作内环 34.5/0D (34.5/40D 54.2)	外环 23/0D (23/30D48.2)
1550.0	1.5	9.9	0.2	15.9	1900.0	16.0	24.3	14.7	30.4
1560.0	1.9	10.3	0.7	16.3	1910.0	16.4	24.8	15.1	30.8
1570.0	2.3	10.7	1.1	16.7	1920.0	16.8	25.2	15.5	31.2
1580.0	2.8	11.1	1.5	17.1	1930.0	17.2	25.6	16.0	31.6
1590.0	3.2	11.5	1.9	17.6	1940.0	17.6	26.0	16.4	32.0
1600.0	3.6	11.9	2.3	18.0	1950.0	18.1	26.4	16.8	32.4
1610.0	4.0	12.4	2.7	18.4	1960.0	18.5	26.8	17.2	32.9
1620.0	4.4	12.8	3.1	18.8	1970.0	18.9	27.2	17.6	33.3
1630.0	4.8	13.2	3.6	19.2	1980.0	19.3	27.7	18.0	33.7
1640.0	5.2	13.6	4.0	19.6	1990.0	19.7	28.1	18.4	34.1
1650.0	5.7	14.0	4.4	20.0	2000.0	20.1	28.5	18.9	34.5
1660.0	6.1	14.4	4.8	20.4	2010.0	20.5	28.9	19.3	34.9
1670.0	6.5	14.8	5.2	20.9	2020.0	20.9	29.3	19.7	35.3
1680.0	6.9	15.3	5.6	21.3	2030.0	21.4	29.7	20.1	35.7
1690.0	7.3	15.7	6.0	21.7	2040.0	21.8	30.1	20.5	36.2
1700.0	7.7	16.1	6.4	22.1	2050.0	22.2	30.6	20.9	36.6
1710.0	8.1	16.5	6.9	22.5	2060.0	22.6	31.0	21.3	37.0
1720.0	8.5	16.9	7.3	22.9	2070.0	23.0	31.4	21.7	37.4
1730.0	9.0	17.3	7.7	23.3	2080.0	23.4	31.8	22.2	37.8
1740.0	9.4	17.7	8.1	23.8	2090.0	23.8	32.2	22.6	38.2
1750.0	9.8	18.1	8.5	24.2	2100.0	24.3	32.6	23.0	38.6
1760.0	10.2	18.6	8.9	24.6	2110.0	24.7	33.0	23.4	39.1
1770.0	10.6	19.0	9.3	25.0	2120.0	25.1	33.4	23.8	39.5
1780.0	11.0	19.4	9.8	25.4	2130.0	25.5	33.9	24.2	39.9
1790.0	11.4	19.8	10.2	25.8	2140.0	25.9	34.3	24.6	40.3
1800.0	11.9	20.2	10.6	26.2	2150.0	26.3	34.7	25.1	40.7
1810.0	12.3	20.6	11.0	26.7	2160.0	26.7	35.1	25.5	41.1
1820.0	12.7	21.0	11.4	27.1	2170.0	27.1	35.5	25.9	41.5
1830.0	13.1	21.5	11.8	27.5	2180.0	27.6	35.9	26.3	41.9
1840.0	13.5	21.9	12.2	27.9	2190.0	28.0	36.3	26.7	42.4
1850.0	13.9	22.3	12.7	28.3	2200.0	28.4	36.8	27.1	42.8
1860.0	14.3	22.7	13.1	28.7	2210.0	28.8	37.2	27.5	43.2
1870.0	14.7	23.1	13.5	29.1	2220.0	29.2	37.6	27.9	43.6
1880.0	15.2	23.5	13.9	29.5	2230.0	29.6	38.0	28.4	44.0
1890.0	15.6	23.9	14.3	30.0	2240.0	30.0	38.4	28.8	44.4

表 1-23 693 mm 双环混合砖环砖量表之一

砖环外半径 *R*/mm	奇数砖层每环块数		偶数砖层每环块数		砖环外半径 *R*/mm	奇数砖层每环块数		偶数砖层每环块数	
	工作内环 23/0D (23/15D 96.3)	外环 46/0D (46/20D 144.5)	工作内环 46/0D (46/20D 144.5)	外环 23/0D (23/15D 96.3)		工作内环 23/0D (23/15D 96.3)	外环 46/0D (46/20D 144.5)	工作内环 46/0D (46/20D 144.5)	外环 23/0D (23/15D 96.3)
3730.0	38.7	9.7	0	57.8	4080.0	53.2	24.1	14.5	72.3
3740.0	39.1	10.1	0.5	58.3	4090.0	53.6	24.6	14.9	72.7
3750.0	39.5	10.5	0.9	58.7	4100.0	54.0	25.0	15.3	73.1
3760.0	39.9	10.9	1.3	59.1	4110.0	54.4	25.4	15.8	73.6
3770.0	40.4	11.3	1.7	59.5	4120.0	54.8	25.8	16.2	74.0
3780.0	40.8	11.7	2.1	59.9	4130.0	55.2	26.2	16.6	74.4
3790.0	41.2	12.2	2.5	60.3	4140.0	55.7	26.6	17.0	74.8
3800.0	41.6	12.6	2.9	60.7	4150.0	56.1	27.0	17.4	75.2
3810.0	42.0	13.0	3.3	61.2	4160.0	56.5	27.5	17.8	75.6
3820.0	42.4	13.4	3.8	61.6	4170.0	56.9	27.9	18.2	76.0
3830.0	42.8	13.8	4.2	62.0	4180.0	57.3	28.3	18.6	76.4
3840.0	43.3	14.2	4.6	62.4	4190.0	57.7	28.7	19.1	76.9
3850.0	43.7	14.6	5.0	62.8	4200.0	58.1	29.1	19.5	77.3
3860.0	44.1	15.0	5.4	63.2	4210.0	58.6	29.5	19.9	77.7
3870.0	44.5	15.5	5.8	63.6	4220.0	59.0	29.9	20.3	78.1
3880.0	44.9	15.9	6.2	64.0	4230.0	59.4	30.3	20.7	78.5
3890.0	45.3	16.3	6.7	64.5	4240.0	59.8	30.8	21.1	78.9
3900.0	45.7	16.7	7.1	64.9	4250.0	60.2	31.2	21.5	79.3
3910.0	46.1	17.1	7.5	65.3	4260.0	60.6	31.6	22.0	79.8
3920.0	46.6	17.5	7.9	65.7	4270.0	61.0	32.0	22.4	80.2
3930.0	47.0	17.9	8.3	66.1	4280.0	61.4	32.4	22.8	80.6
3940.0	47.4	18.4	8.7	66.5	4290.0	61.9	32.8	23.2	81.0
3950.0	47.8	18.8	9.1	66.9	4300.0	62.3	33.2	23.6	81.4
3960.0	48.2	19.2	9.5	67.4	4310.0	62.7	33.7	24.0	81.8
3970.0	48.6	19.6	10.0	67.8	4320.0	63.1	34.1	24.4	82.2
3980.0	49.0	20.0	10.4	68.2	4330.0	63.5	34.5	24.8	82.7
3990.0	49.5	20.4	10.8	68.6	4340.0	63.9	34.9	25.3	83.1
4000.0	49.9	20.8	11.2	69.0	4350.0	64.3	35.3	25.7	83.5
4010.0	50.3	21.2	11.6	69.4	4360.0	64.8	35.7	26.1	83.9
4020.0	50.7	21.7	12.0	69.8	4370.0	65.2	36.1	26.5	84.3
4030.0	51.1	22.1	12.4	70.2	4380.0	65.6	36.5	26.9	84.7
4040.0	51.5	22.5	12.9	70.7	4390.0	66.0	37.0	27.3	85.1
4050.0	51.9	22.9	13.3	71.1	4400.0	66.4	37.4	27.7	85.5
4060.0	52.3	23.3	13.7	71.5	4500.0	70.5	41.5	31.9	89.7
4070.0	52.8	23.7	14.1	71.9	5000.0	91.2	62.2	52.5	110.3

计算本例题。

奇数砖层工作内环及偶数砖层工作内环的外半径分别为 4357.0 mm 及 4767.0 mm。

奇数砖层工作内环 $K_{23/0D}$=0.04134(4537.0−2330.7)=91.2 块

外环 $K_{46/0D}$=0.04134(5000.0−3496.0)=62.2 块

偶数砖层工作内环 $K_{46/0D}$=0.04134(4767.0−3496.0)=52.5 块

外环 $K_{23/0D}$=0.04134(5000.0−2330.7)=110.3 块

查表结果与计算结果完全相同。

【例 10】 若例 9 双环混合砖环的外半径 R 减小到 3000.0 mm 时，查找用砖量。在表 1-23 是查不了。查表 1-24 的 R=3000.0 mm 行。奇数砖层工作内环 $K_{23/30D}$=48.2 块，$K_{23/0D}$=56.7 块；外环 $K_{46/40D}$=72.3 块，$K_{46/0D}$=51.8 块。偶数砖层工作内环 $K_{46/40D}$=72.3 块，$K_{46/0D}$=42.1 块；外环 $K_{23/30D}$=48.2 块，$K_{23/0D}$=75.8 块。

计算本例题。

奇数砖层工作内环及偶数砖层工作内环的外半径分别为 2537.0 mm 及 2767.0 mm。

奇数砖层工作内环 $K_{23/0D}$= (2537.0−1165.3)/24.19=56.7 块

外环 $K_{46/0D}$= (3000.0−1748.0)/24.19=51.8 块

偶数砖层工作内环 $K_{46/0D}$= (2767.0−1748.0)/24.19=42.1 块

外环 $K_{23/0D}$= (3000.0−1165.3)/24.19=75.8 块

查表结果与计算结果完全相同。

【例 11】 R=5000.0 mm，环形砌砖的厚度 808.0 mm，用双环混合砖环砖量表查找上下两层用砖量。查表 1-25 的 R=5000.0 mm 行，奇数砖层工作内环 $K_{34.5/20D}$=108.4 块，$K_{34.5/0D}$=79.2 块；外环 $K_{46/20D}$=144.5 块，$K_{46/0D}$=62.2 块。偶数砖层内环 $K_{46/20D}$=144.5 块，$K_{46/0D}$=47.8 块；外环 $K_{34.5/20D}$=108.4 块，$K_{34.5/0D}$=98.3 块。

计算本例题。

奇数砖层工作内环及偶数砖层工作内环的外半径分别为 4357.0 mm 及 4652.0 mm。

奇数砖层工作内环 $K_{34.5/0D}$=0.04134×4537.0−108.4=79.2 块

外环 $K_{46/0D}$=0.04134×5000.0−144.5=62.2 块

偶数砖层工作内环 $K_{46/0D}$=0.04134×4652.0−144.5=47.8 块

外环 $K_{34.5/0D}$=0.04134×5000.0−108.4=98.3 块

查表结果与计算结果完全相同。

【例 12】 若例 11 双环混合砖环的外半径减小到 R=3000.0 mm 时，查找上下砖层的用砖量。在表 1-25 查不到了。查表 1-26 的 R=3000.0 mm 行。奇数砖层工作内环 $K_{34.5/40D}$=54.2 块，$K_{34.5/0D}$=50.7 块；外环 $K_{46/40D}$=72.3 块，$K_{46/0D}$=51.8 块。偶数砖层工作内环 $K_{46/40D}$=72.3 块，$K_{46/0D}$=37.4 块；外环 $K_{34.5/40D}$=54.2 块，$K_{34.5/0D}$=69.8 块。

计算本例题。

奇数砖层工作内环及偶数砖层工作内环的外半径分别为 2537.0 mm 及 2652.0 mm。

奇数砖层工作内环 $K_{34.5/0D}$=0.04134(2537.0−1331.0)=50.7 块

外环 $K_{46/0D}$=0.04134(3000.0−1748.0)=51.8 块

偶数砖层工作内环 $K_{46/0D}$=0.04134(2652.0−1748.0)=37.4 块

外环 $K_{34.5/0D}$=0.04134(3000.0−1311.0)=69.8 块

查表结果与计算结果完全相同。

表 1-24 693 mm 双环混合砖环砖量表之二

砖环外半径 R/mm	奇数砖层每环块数		偶数砖层每环块数		砖环外半径 R/mm	奇数砖层每环块数		偶数砖层每环块数	
	工作内环 23/0D (23/30D 48.2)	外环 46/0D (46/40D 72.3)	工作内环 46/0D (46/40D 72.3)	外环 23/0D (23/30D 48.2)		工作内环 23/0D (23/30D 48.2)	外环 46/0D (46/40D 72.3)	工作内环 46/0D (46/40D 72.3)	外环 23/0D (23/30D 48.2)
1990.0	15.0	10.0	0.4	34.1	2340.0	29.4	24.5	14.8	48.6
2000.0	15.4	10.4	0.8	34.5	2350.0	29.8	24.9	15.3	49.0
2010.0	15.8	10.8	1.2	34.9	2360.0	30.2	25.3	15.7	49.4
2020.0	16.2	11.2	1.6	35.3	2370.0	30.7	25.7	16.1	49.8
2030.0	16.6	11.7	2.0	35.7	2380.0	31.1	26.1	16.5	50.2
2040.0	17.0	12.1	2.4	36.2	2390.0	31.5	26.5	16.9	50.6
2050.0	17.4	12.5	2.9	36.6	2400.0	31.9	27.0	17.3	51.0
2060.0	17.8	12.9	3.3	37.0	2410.0	32.3	27.4	17.7	51.5
2070.0	18.3	13.3	3.7	37.4	2420.0	32.7	27.8	18.1	51.9
2080.0	18.7	13.7	4.1	37.8	2430.0	33.1	28.2	18.6	52.3
2090.0	19.1	14.1	4.5	38.2	2440.0	33.6	28.6	19.0	52.7
2100.0	19.5	14.6	4.9	38.6	2450.0	34.0	29.0	19.4	53.1
2110.0	19.9	15.0	5.3	39.1	2460.0	34.4	29.4	19.8	53.5
2120.0	20.3	15.4	5.7	39.5	2470.0	34.8	29.8	20.2	53.9
2130.0	20.7	15.8	6.2	39.9	2480.0	35.2	30.3	20.6	54.3
2140.0	21.2	16.2	6.6	40.3	2490.0	35.6	30.7	21.0	54.8
2150.0	21.6	16.6	7.0	40.7	2500.0	36.0	31.1	21.5	55.2
2160.0	22.0	17.0	7.4	41.1	2510.0	36.4	31.5	21.9	55.6
2170.0	22.4	17.4	7.8	41.5	2520.0	36.9	31.9	22.3	56.0
2180.0	22.8	17.9	8.2	41.9	2530.0	37.3	32.3	22.7	56.4
2190.0	23.2	18.3	8.6	42.4	2540.0	37.7	32.7	23.1	56.8
2200.0	23.6	18.7	9.1	42.8	2550.0	38.1	33.2	23.5	57.2
2210.0	24.0	19.1	9.5	43.2	2560.0	38.5	33.6	23.9	57.7
2220.0	24.5	19.5	9.9	43.6	2570.0	38.9	34.0	24.3	58.1
2230.0	24.9	19.9	10.3	44.0	2580.0	39.3	34.4	24.8	58.5
2240.0	25.3	20.3	10.7	44.4	2590.0	39.8	34.8	25.2	58.9
2250.0	25.7	20.8	11.1	44.8	2600.0	40.2	35.2	25.6	59.3
2260.0	26.1	21.2	11.5	45.3	2610.0	40.6	35.6	26.0	59.7
2270.0	26.5	21.6	11.9	45.7	2620.0	41.0	36.0	26.4	60.1
2280.0	26.9	22.0	12.4	46.1	2630.0	41.4	36.5	26.8	60.5
2290.0	27.4	22.4	12.8	46.5	2640.0	41.8	36.9	27.2	61.0
2300.0	27.8	22.8	13.2	46.9	2650.0	42.2	37.3	27.7	61.4
2310.0	28.2	23.2	13.6	47.3	2700.0	44.3	39.4	29.7	63.4
2320.0	28.6	23.6	14.0	47.7	2800.0	48.4	43.5	33.9	67.6
2330.0	29.0	24.1	14.4	48.1	3000.0	56.7	51.8	42.1	75.8

表 1-25　808mm 双环混合砖环砖量表之一

砖环外半径 R/mm	奇数砖层每环块数		偶数砖层每环块数		砖环外半径 R/mm	奇数砖层每环块数		偶数砖层每环块数	
	工作内环 34.5/0D (34.5/20D 108.4)	外环 46/0D (46/20D 144.5)	工作内环 46/0D (46/20D 144.5)	外环 34.5/0D (34.5/20D 108.4)		工作内环 34.5/0D (34.5/20D 108.4)	外环 46/0D (46/20D 144.5)	工作内环 46/0D (46/20D 144.5)	外环 34.5/0D (34.5/20D 108.4)
3850.0	31.6	14.6	0.2	50.8	4200.0	46.1	29.1	14.7	65.2
3860.0	32.0	15.0	0.7	51.2	4210.0	46.5	29.5	15.1	65.6
3870.0	32.5	15.5	1.1	51.6	4220.0	46.9	29.9	15.5	66.1
3880.0	32.9	15.9	1.5	52.0	4230.0	47.3	30.3	16.0	66.5
3890.0	33.3	16.3	1.9	52.4	4240.0	47.7	30.8	16.4	66.9
3900.0	33.7	16.7	2.3	52.8	4250.0	48.2	31.2	16.8	67.3
3910.0	34.1	17.1	2.7	53.2	4260.0	48.6	31.6	17.2	67.7
3920.0	34.5	17.5	3.1	53.7	4270.0	49.0	32.0	17.6	68.1
3930.0	34.9	17.9	3.6	54.1	4280.0	49.4	32.4	18.0	68.5
3940.0	35.3	18.4	4.0	54.5	4290.0	49.8	32.8	18.4	69.0
3950.0	35.8	18.8	4.4	54.9	4300.0	50.2	33.2	18.9	69.4
3960.0	36.2	19.2	4.8	55.3	4310.0	50.6	33.7	19.3	69.8
3970.0	36.6	19.6	5.2	55.7	4320.0	51.1	34.1	19.7	70.2
3980.0	37.0	20.0	5.6	56.1	4330.0	51.5	34.5	20.1	70.6
3990.0	37.4	20.4	6.0	56.6	4340.0	51.9	34.9	20.5	71.0
4000.0	37.8	20.8	6.4	57.0	4350.0	52.3	35.3	20.9	71.4
4010.0	38.2	21.2	6.9	57.4	4360.0	52.7	35.7	21.3	71.8
4020.0	38.7	21.7	7.3	57.8	4370.0	53.1	36.1	21.7	72.3
4030.0	39.1	22.1	7.7	58.2	4380.0	53.5	36.5	22.2	72.7
4040.0	39.5	22.5	8.1	58.6	4390.0	53.9	37.0	22.6	73.1
4050.0	39.9	22.9	8.5	59.0	4400.0	54.4	37.4	23.0	73.5
4060.0	40.3	23.3	8.9	59.4	4410.0	54.8	37.8	23.4	73.9
4070.0	40.7	23.7	9.3	59.9	4420.0	55.2	38.2	23.8	74.3
4080.0	41.1	24.1	9.8	60.3	4430.0	55.6	38.6	24.2	74.7
4090.0	41.5	24.6	10.2	60.7	4440.0	56.0	39.0	24.6	75.2
4100.0	42.0	25.0	10.6	61.1	4450.0	56.4	39.4	25.1	75.6
4110.0	42.4	25.4	11.0	61.5	4500.0	58.5	41.5	27.1	77.6
4120.0	42.8	25.8	11.4	61.9	4600.0	62.6	45.6	31.3	81.8
4130.0	43.2	26.2	11.8	62.3	4700.0	66.8	49.8	35.4	85.9
4140.0	43.6	26.6	12.2	62.8	4800.0	70.9	53.9	39.5	90.0
4150.0	44.0	27.0	12.7	63.2	4810.0	71.3	54.3	40.0	90.4
4160.0	44.4	27.4	13.1	63.6	5000.0	79.2	62.2	47.8	98.3
4170.0	44.9	27.9	13.5	64.0	6000.0	120.5	103.5	89.1	139.6
4180.0	45.3	28.3	13.9	64.4	7000.0	161.9	144.9	130.5	181.0
4190.0	45.7	28.7	14.3	64.8	8000.0	203.2	186.2	171.8	222.3

表 1-26　808 mm 双环混合砖环砖量表之二

砖环外半径 R/mm	奇数砖层每环块数		偶数砖层每环块数		砖环外半径 R/mm	奇数砖层每环块数		偶数砖层每环块数	
	工作内环 34.5/0D (34.5/40D 54.2)	外环 46/0D (46/40D 72.3)	工作内环 46/0D (46/40D 72.3)	外环 34.5/0D (34.5/40D 54.2)		工作内环 34.5/0D (34.5/40D 54.2)	外环 46/0D (46/40D 72.3)	工作内环 46/0D (46/40D 72.3)	外环 34.5/0D (34.5/40D 54.2)
2100.0	13.5	14.6	0.2	32.6	2450.0	27.9	29.0	14.6	47.1
2110.0	13.9	15.0	0.6	33.0	2460.0	28.4	29.4	15.0	47.5
2120.0	14.3	15.4	1.0	33.4	2470.0	28.8	29.8	15.5	47.9
2130.0	14.7	15.8	1.4	33.9	2480.0	29.2	30.3	15.9	48.3
2140.0	15.1	16.2	1.8	34.3	2490.0	29.6	30.7	16.3	48.7
2150.0	15.5	16.6	2.2	34.7	2500.0	30.0	31.1	16.7	49.2
2160.0	16.0	17.0	2.6	35.1	2510.0	30.4	31.5	17.1	49.6
2170.0	16.4	17.4	3.1	35.5	2520.0	30.8	31.9	17.5	50.0
2180.0	16.8	17.9	3.5	35.9	2530.0	31.3	32.3	17.9	50.4
2190.0	17.2	18.3	3.9	36.3	2540.0	31.7	32.7	18.4	50.8
2200.0	17.6	18.7	4.3	36.8	2550.0	32.1	33.2	18.8	51.2
2210.0	18.0	19.1	4.7	37.2	2560.0	32.5	33.6	19.2	51.6
2220.0	18.4	19.5	5.1	37.6	2570.0	32.9	34.0	19.6	52.0
2230.0	18.9	19.9	5.5	38.0	2580.0	33.3	34.4	20.0	52.5
2240.0	19.3	20.3	6.0	38.4	2590.0	33.7	34.8	20.4	52.9
2250.0	19.7	20.8	6.4	38.8	2600.0	34.1	35.2	20.8	53.3
2260.0	20.1	21.2	6.8	39.2	2610.0	34.6	35.6	21.2	53.7
2270.0	20.5	21.6	7.2	39.6	2620.0	35.0	36.0	21.7	54.1
2280.0	20.9	22.0	7.6	40.1	2630.0	35.4	36.5	22.1	54.5
2290.0	21.3	22.4	8.0	40.5	2640.0	35.8	36.9	22.5	54.9
2300.0	21.7	22.8	8.4	40.9	2650.0	36.2	37.3	22.9	55.4
2310.0	22.2	23.2	8.8	41.3	2660.0	36.6	37.7	23.3	55.8
2320.0	22.6	23.6	9.3	41.7	2670.0	37.0	38.1	23.7	56.2
2330.0	23.0	24.1	9.7	42.1	2680.0	37.5	38.5	24.1	56.6
2340.0	23.4	24.5	10.1	42.5	2690.0	37.9	38.9	24.6	57.0
2350.0	23.8	24.9	10.5	43.0	2700.0	38.3	39.4	25.0	57.4
2360.0	24.2	25.3	10.9	43.4	2710.0	38.7	39.8	25.4	57.8
2370.0	24.6	25.7	11.3	43.8	2720.0	39.1	40.2	25.8	58.2
2380.0	25.1	26.1	11.7	44.2	2730.0	39.5	40.6	26.2	58.7
2390.0	25.5	26.5	12.2	44.6	2740.0	39.9	41.0	26.6	59.1
2400.0	25.9	27.0	12.6	45.0	2750.0	40.3	41.4	27.0	59.5
2410.0	26.3	27.4	13.0	45.4	2800.0	42.4	43.5	29.1	61.6
2420.0	26.7	27.8	13.4	45.8	2900.0	46.5	47.6	33.2	65.7
2430.0	27.1	28.2	13.8	46.3	3000.0	50.7	51.8	37.4	69.8
2440.0	27.5	28.6	14.2	46.7	3100.0	54.8	55.9	41.5	74.0

1.3.3　高炉混合砖环砖量表的发展趋势

从 1.3.2 节可看到高炉混合砖环及其砖量表的发展趋势：由多环砌砖向双环甚至单环砌砖的方向发展。仅增加 460 mm 砖，就使得 460 mm 砖环成为单环的同时，又使得 693 mm 及 808 mm 砖环由多环转为双环砌砖。那么按照这一方向发展下去，例如再增加一组 575 mm 砖，不仅 575 mm 的双环砌砖成为单环，而且 923 mm 及 1038 mm 的多环砌砖也转变为双环了。这是完全有可能的：（1）现有耐火材料生产装备及生产技术，生产 575 mm 砖已经具备。（2）同炼钢转炉早已实现单环炉衬一样,未来高炉内衬也必将单环化。

为了给这一发展趋势创造实施的条件，大小端距离 A 为 575 mm 一组砖的尺寸及尺寸特征见表 1-27，它们的混合砖环内直形砖量简易计算式见表 1-28。按表 1-4 及表 1-11 编制了 57.5/20D 与 57.5/0D 单环混合砖环砖量表（表 1-29）、57.5/40D 与 57.5/0D 单环混合砖环砖量表（表 1-30）。

【例 7】 R=3500.0 mm 单环混合砖环用砖量，查表 1-30 的 R=3500.0 mm 行：

$$K_{57.5/40D}=90.3 \text{ 块}$$

$K_{57.5/0D}$=54.4 块。按表 1-28 的式（1-6a-8），式（1-7c-8）或式（1-7d-8）计算

$K_{57.5/40D}$=90.3 块（查表得）

$$K_{57.5/0D}=0.04134\times3500.0-90.3=54.4 \text{ 块}$$

$$K_{57.5/0D}=0.04134(3500.0-2185.0)=54.4 \text{ 块}$$

或

$$K_{57.5/0D}=(3500.0-2185.0)/24.19=54.4 \text{ 块}$$

每环总砖数 K_k=90.3+54.4=144.7 块，与按 K_k=0.04134×3500.0=144.7 块计算结果完全相同。

923 mm 及 1038 mm 双环混合砖环砖量见表 1-31～表 1-34。

表 1-27　575 mm 竖宽楔形砖及直形砖尺寸和尺寸特征

尺寸砖号	名　称	尺寸/ mm			尺 寸 规 格	外半径 R_0/mm	每环极限砖数 K_0/块	中心角 /（°）	一块直形砖半径增大量 $(\Delta R)_1$/mm	体积 /cm³
		A	C/D	B						
57.5/0D	直形砖	575	150	75	575×150×75				24.19	6468.8
57.5/20D	竖宽钝楔形砖	575	150/130	75	575×（150/130）×75	4370.0	180.642	1.993		6037.5
57.5/40D	竖宽锐楔形砖	575	150/110	75	575×（150/110）×75	2185.0	90.321	3.986		5606.3
57.5/60D	竖宽特锐楔形砖	575	150/90	75	575×（150/90）×75	1456.7	60.214	5.979		5175.0

表 1-28　575 mm 混合砖环直形砖量简易计算式

配 砌 砖 号		砖环厚度 A/mm	砖环外半径 R 应用范围/mm	直形砖量 K_z 简易计算式/块	计算式编号
竖宽楔形砖	直形砖				
57.5/20D	57.5/0D	575	＞4370.0	$K_{57.5/0D}=0.04134R-180.6$ $K_{57.5/0D}=0.04134(R-4370.0)$ 或 $K_{57.5/0D}=(R-4370.0)/24.19$	1-6a-7 1-7c-7 1-7d-7
57.5/40D	57.5/0D	575	＞2185.0	$K_{57.5/0D}=0.04134R-90.3$ $K_{57.5/0D}=0.04134(R-2185.0)$ 或 $K_{57.5/0D}=(R-2185.0)/24.19$	1-6a-8 1-7c-8 1-7d-8

表 1-29 57.5/20D[575×(150/130)×75]与 57.5/0D(575×150×75)混合砖环 57.5/0D 数量表

砖环外半径 R/mm	每环 57.5/0D 块数	砖环外半径 R/mm	每环 57.5/0D 块数	砖环外半径 R/mm	每环 57.5/0D 块数	砖环外半径 R/mm	每环 57.5/0D 块数	砖环外半径 R/mm	每环 57.5/0D 块数	砖环外半径 R/mm	每环 57.5/0D 块数
4370.0	0	4750.0	15.7	5130.0	31.4	5510.0	47.1	5890.0	62.8	6270.0	78.5
4380.0	0.4	4760.0	16.1	5140.0	31.8	5520.0	47.5	5900.0	63.3	6280.0	79.0
4390.0	0.8	4770.0	16.5	5150.0	32.2	5530.0	48.0	5910.0	63.7	6290.0	79.4
4400.0	1.2	4780.0	16.9	5160.0	32.7	5540.0	48.4	5920.0	64.1	6300.0	79.8
4410.0	1.7	4790.0	17.4	5170.0	33.1	5550.0	48.8	5930.0	64.5	6310.0	80.2
4420.0	2.1	4800.0	17.8	5180.0	33.5	5560.0	49.2	5940.0	64.9	6320.0	80.6
4430.0	2.5	4810.0	18.2	5190.0	33.9	5570.0	49.6	5950.0	65.3	6330.0	81.0
4440.0	2.9	4820.0	18.6	5200.0	34.3	5580.0	50.0	5960.0	65.7	6340.0	81.4
4450.0	3.3	4830.0	19.0	5210.0	34.7	5590.0	50.4	5970.0	66.1	6350.0	81.9
4460.0	3.7	4840.0	19.4	5220.0	35.1	5600.0	50.8	5980.0	66.6	6360.0	82.3
4470.0	4.1	4850.0	19.8	5230.0	35.6	5610.0	51.3	5990.0	67.0	6370.0	82.7
4480.0	4.5	4860.0	20.3	5240.0	36.0	5620.0	51.7	6000.0	67.4	6380.0	83.1
4490.0	5.0	4870.0	20.7	5250.0	36.4	5630.0	52.1	6010.0	67.8	6390.0	83.5
4500.0	5.4	4880.0	21.1	5260.0	36.8	5640.0	52.5	6020.0	68.2	6400.0	83.9
4510.0	5.8	4890.0	21.5	5270.0	37.2	5650.0	52.9	6030.0	68.6	6410.0	84.3
4520.0	6.2	4900.0	21.9	5280.0	37.6	5660.0	53.3	6040.0	69.0	6420.0	84.7
4530.0	6.6	4910.0	22.3	5290.0	38.0	5670.0	53.7	6050.0	69.5	6430.0	85.2
4540.0	7.0	4920.0	22.7	5300.0	38.4	5680.0	54.2	6060.0	69.9	6440.0	85.6
4550.0	7.4	4930.0	23.2	5310.0	38.9	5690.0	54.6	6070.0	70.3	6450.0	86.0
4560.0	7.9	4940.0	23.6	5320.0	39.3	5700.0	55.0	6080.0	70.7	6460.0	86.4
4570.0	8.3	4950.0	24.0	5330.0	39.7	5710.0	55.4	6090.0	71.1	6470.0	86.8
4580.0	8.7	4960.0	24.4	5340.0	40.1	5720.0	55.8	6100.0	71.5	6480.0	87.2
4590.0	9.1	4970.0	24.8	5350.0	40.5	5730.0	56.2	6110.0	71.9	6490.0	87.6
4600.0	9.5	4980.0	25.2	5360.0	40.9	5740.0	56.6	6120.0	72.3	6500.0	88.1
4610.0	9.9	4990.0	25.6	5370.0	41.3	5750.0	57.0	6130.0	72.8	6510.0	88.5
4620.0	10.3	5000.0	26.0	5380.0	41.8	5760.0	57.5	6140.0	73.2	6520.0	88.9
4630.0	10.7	5010.0	26.5	5390.0	42.2	5770.0	57.9	6150.0	73.6	6530.0	89.3
4640.0	11.2	5020.0	26.9	5400.0	42.6	5780.0	58.3	6160.0	74.0	6540.0	89.7
4650.0	11.6	5030.0	27.3	5410.0	43.0	5790.0	58.7	6170.0	74.4	6550.0	90.1
4660.0	12.0	5040.0	27.7	5420.0	43.4	5800.0	59.1	6180.0	74.8	6560.0	90.5
4670.0	12.4	5050.0	28.1	5430.0	43.8	5810.0	59.5	6190.0	75.2	6570.0	90.9
4680.0	12.8	5060.0	28.5	5440.0	44.2	5820.0	59.9	6200.0	75.7	6580.0	91.4
4690.0	13.2	5070.0	28.9	5450.0	44.6	5830.0	60.4	6210.0	76.1	6590.0	91.8
4700.0	13.6	5080.0	29.4	5460.0	45.1	5840.0	60.8	6220.0	76.5	6600.0	92.2
4710.0	14.1	5090.0	29.8	5470.0	45.5	5850.0	61.2	6230.0	76.9	6610.0	92.6
4720.0	14.5	5100.0	30.2	5480.0	45.9	5860.0	61.6	6240.0	77.3	6620.0	93.0
4730.0	14.9	5110.0	30.6	5490.0	46.3	5870.0	62.0	6250.0	77.7	6630.0	93.4
4740.0	15.3	5120.0	31.0	5500.0	46.7	5880.0	62.4	6260.0	78.1	6640.0	93.8

注：$K'_{57.5/20D}$=180.6 块。

表 1-30　57.5/40D[575×(150/110)×75]与 57.5/0D(575×150×75)混合砖环 57.5/0D 数量表

砖环外半径 R/mm	每环 57.5/0D 块数	砖环外半径 R/mm	每环 57.5/0D 块数	砖环外半径 R/mm	每环 57.5/0D 块数	砖环外半径 R/mm	每环 57.5/0D 块数	砖环外半径 R/mm	每环 57.5/0D 块数	砖环外半径 R/mm	每环 57.5/0D 块数
2185.0	0	2560.0	15.5	2940.0	31.2	3320.0	46.9	3700.0	62.6	4080.0	78.3
2190.0	0.2	2570.0	15.9	2950.0	31.6	3330.0	47.3	3710.0	63.0	4090.0	78.8
2200.0	0.6	2580.0	16.3	2960.0	32.0	3340.0	47.7	3720.0	63.5	4100.0	79.2
2210.0	1.0	2590.0	16.7	2970.0	32.5	3350.0	48.2	3730.0	63.9	4110.0	79.6
2220.0	1.4	2600.0	17.2	2980.0	32.9	3360.0	48.6	3740.0	64.3	4120.0	80.0
2230.0	1.9	2610.0	17.6	2990.0	33.3	3370.0	49.0	3750.0	64.7	4130.0	80.4
2240.0	2.3	2620.0	18.0	3000.0	33.7	3380.0	49.4	3760.0	65.1	4140.0	80.8
2250.0	2.7	2630.0	18.4	3010.0	34.1	3390.0	49.8	3770.0	65.5	4150.0	81.2
2260.0	3.1	2640.0	18.8	3020.0	34.5	3400.0	50.2	3780.0	65.9	4160.0	81.6
2270.0	3.5	2650.0	19.2	3030.0	34.9	3410.0	50.6	3790.0	66.4	4170.0	82.1
2280.0	3.9	2660.0	19.6	3040.0	35.3	3420.0	51.1	3800.0	66.8	4180.0	82.5
2290.0	4.3	2670.0	20.0	3050.0	35.8	3430.0	51.5	3810.0	67.2	4190.0	82.9
2300.0	4.8	2680.0	20.5	3060.0	36.2	3440.0	51.9	3820.0	67.6	4200.0	83.3
2310.0	5.2	2690.0	20.9	3070.0	36.6	3450.0	52.3	3830.0	68.0	4210.0	83.7
2320.0	5.6	2700.0	21.3	3080.0	37.0	3460.0	52.7	3840.0	68.4	4220.0	84.1
2330.0	6.0	2710.0	21.7	3090.0	37.4	3470.0	53.1	3850.0	68.8	4230.0	84.5
2340.0	6.4	2720.0	22.1	3100.0	37.8	3480.0	53.5	3860.0	69.2	4240.0	85.0
2350.0	6.8	2730.0	22.5	3110.0	38.2	3490.0	53.9	3870.0	69.7	4250.0	85.4
2360.0	7.2	2740.0	22.9	3120.0	38.7	3500.0	54.4	3880.0	70.1	4260.0	85.8
2370.0	7.6	2750.0	23.4	3130.0	39.1	3510.0	54.8	3890.0	70.5	4270.0	86.2
2380.0	8.1	2760.0	23.8	3140.0	39.5	3520.0	55.2	3900.0	70.9	4280.0	86.6
2390.0	8.5	2770.0	24.2	3150.0	39.9	3530.0	55.6	3910.0	71.3	4290.0	87.0
2400.0	8.9	2780.0	24.6	3160.0	40.3	3540.0	56.0	3920.0	71.7	4300.0	87.4
2410.0	9.3	2790.0	25.0	3170.0	40.7	3550.0	56.4	3930.0	72.1	4310.0	87.8
2420.0	9.7	2800.0	25.4	3180.0	41.1	3560.0	56.8	3940.0	72.6	4320.0	88.3
2430.0	10.1	2810.0	25.8	3190.0	41.5	3570.0	57.3	3950.0	73.0	4330.0	88.7
2440.0	10.5	2820.0	26.3	3200.0	42.0	3580.0	57.7	3960.0	73.4	4340.0	89.1
2450.0	11.0	2830.0	26.7	3210.0	42.4	3590.0	58.1	3970.0	73.8	4350.0	89.5
2460.0	11.4	2840.0	27.1	3220.0	42.8	3600.0	58.5	3980.0	74.2	4360.0	89.9
2470.0	11.8	2850.0	27.5	3230.0	43.2	3610.0	58.9	3990.0	74.6	4370.0	90.3
2480.0	12.2	2860.0	27.9	3240.0	43.6	3620.0	59.3	4000.0	75.0	4380.0	90.7
2490.0	12.6	2870.0	28.3	3250.0	44.0	3630.0	59.7	4010.0	75.4	4390.0	91.2
2500.0	13.0	2880.0	28.7	3260.0	44.4	3640.0	60.1	4020.0	75.9	4400.0	91.6
2510.0	13.4	2890.0	29.1	3270.0	44.9	3650.0	60.6	4030.0	76.3	4410.0	92.0
2520.0	13.8	2900.0	29.6	3280.0	45.3	3660.0	61.0	4040.0	76.7	4420.0	92.4
2530.0	14.3	2910.0	30.0	3290.0	45.7	3670.0	61.4	4050.0	77.1	4430.0	92.8
2540.0	14.7	2920.0	30.4	3300.0	46.1	3680.0	61.8	4060.0	77.5	4440.0	93.2
2550.0	15.1	2930.0	30.8	3310.0	46.5	3690.0	62.2	4070.0	77.9	4450.0	93.6

注：$K'_{57.5/40D}$=90.3 块。

表 1-31 923 mm 双环混合砖环砖量表之一

砖环外半径 R/mm	奇数砖层每环块数		偶数砖层每环块数		砖环外半径 R/mm	奇数砖层每环块数		偶数砖层每环块数	
	工作内环 34.5/0D (34.5/20D 108.4)	外环 57.5/0D (57.5/20D 180.6)	工作内环 57.5/0D (57.5/20D 180.6)	外环 34.5/0D (34.5/20D 108.4)		工作内环 34.5/0D (34.5/20D 108.4)	外环 57.5/0D (57.5/20D 180.6)	工作内环 57.5/0D (57.5/20D 180.6)	外环 34.5/0D (34.5/20D 108.4)
4720.0	62.8	14.5	0.1	86.7	5070.0	77.3	28.9	14.6	101.2
4730.0	63.3	14.9	0.5	87.1	5080.0	77.7	29.4	15.0	101.6
4740.0	63.7	15.3	0.9	87.6	5090.0	78.1	29.8	15.4	102.0
4750.0	64.1	15.7	1.3	88.0	5100.0	78.5	30.2	15.8	102.4
4760.0	64.5	16.1	1.7	88.4	5110.0	79.0	30.6	16.2	102.9
4770.0	64.9	16.5	2.2	88.8	5120.0	79.4	31.0	16.6	103.3
4780.0	65.3	16.9	2.6	89.2	5130.0	79.8	31.4	17.0	103.7
4790.0	65.7	17.4	3.0	89.6	5140.0	80.2	31.8	17.4	104.1
4800.0	66.1	17.8	3.4	90.0	5150.0	80.6	32.2	17.9	104.5
4810.0	66.6	18.2	3.8	90.5	5160.0	81.0	32.7	18.3	104.9
4820.0	67.0	18.6	4.2	90.9	5170.0	81.4	33.1	18.7	105.3
4830.0	67.4	19.0	4.6	91.3	5180.0	81.9	33.5	19.1	105.7
4840.0	67.8	19.4	5.0	91.7	5190.0	82.3	33.9	19.5	106.2
4850.0	68.2	19.8	5.5	92.1	5200.0	82.7	34.3	19.9	106.6
4860.0	68.6	20.3	5.9	92.5	5210.0	83.1	34.7	20.3	107.0
4870.0	69.0	20.7	6.3	92.9	5220.0	83.5	35.1	20.8	107.4
4880.0	69.5	21.1	6.7	93.3	5230.0	83.9	35.6	21.2	107.8
4890.0	69.9	21.5	7.1	93.8	5240.0	84.3	36.0	21.6	108.2
4900.0	70.3	21.9	7.5	94.2	5250.0	84.7	36.4	22.0	108.6
4910.0	70.7	22.3	7.9	94.6	5260.0	85.2	36.8	22.4	109.1
4920.0	71.1	22.7	8.4	95.0	5270.0	85.6	37.2	22.8	109.5
4930.0	71.5	23.2	8.8	95.4	5280.0	86.0	37.6	23.2	109.9
4940.0	71.9	23.6	9.2	95.8	5290.0	86.4	38.0	23.6	110.3
4950.0	72.3	24.0	9.6	96.2	5300.0	86.8	38.4	24.1	110.7
4960.0	72.8	24.4	10.0	96.7	5310.0	87.2	38.9	24.5	111.1
4970.0	73.2	24.8	10.4	97.1	5320.0	87.6	39.3	24.9	111.5
4980.0	73.6	25.2	10.8	97.5	5330.0	88.1	39.7	25.3	111.9
4990.0	74.0	25.6	11.2	97.9	5340.0	88.5	40.1	25.7	112.4
5000.0	74.4	26.0	11.7	98.3	5350.0	88.9	40.5	26.1	112.8
5010.0	74.8	26.5	12.1	98.7	5360.0	89.3	40.9	26.5	113.2
5020.0	75.2	26.9	12.5	99.1	5370.0	89.7	41.3	27.0	113.6
5030.0	75.7	27.3	12.9	99.5	5380.0	90.1	41.8	27.4	114.0
5040.0	76.1	27.7	13.3	100.0	5390.0	90.5	42.2	27.8	114.4
5050.0	76.5	28.1	13.7	100.4	5400.0	90.9	42.6	28.2	114.8
5060.0	76.9	28.5	14.1	100.8	5410.0	91.4	43.0	28.6	115.3

表 1-32　923 mm 双环混合砖环砖量表之二

砖环外半径 R/mm	奇数砖层每环块数		偶数砖层每环块数		砖环外半径 R/mm	奇数砖层每环块数		偶数砖层每环块数	
	工作内环 34.5/0D (34.5/40D 54.2)	外环 57.5/0D (57.5/40D 90.3)	工作内环 57.5/0D (57.5/40D 90.3)	外环 34.5/0D (34.5/40D 54.2)		工作内环 34.5/0D (34.5/40D 54.2)	外环 57.5/0D (57.5/40D 90.3)	工作内环 57.5/0D (57.5/40D 90.3)	外环 34.5/0D (34.5/40D 54.2)
2540.0	26.9	14.7	0.3	50.8	2890.0	41.4	29.1	14.8	65.3
2550.0	27.3	15.1	0.7	51.2	2900.0	41.8	29.6	15.2	65.7
2560.0	27.7	15.5	1.1	51.6	2910.0	42.2	30.0	15.6	66.1
2570.0	28.2	15.9	1.5	52.0	2920.0	42.6	30.4	16.0	66.5
2580.0	28.6	16.3	1.9	52.5	2930.0	43.0	30.8	16.4	66.9
2590.0	29.0	16.7	2.4	52.9	2940.0	43.4	31.2	16.8	67.3
2600.0	29.4	17.2	2.8	53.3	2950.0	43.9	31.6	17.2	67.8
2610.0	29.8	17.6	3.2	53.7	2960.0	44.3	32.0	17.7	68.2
2620.0	30.2	18.0	3.6	54.1	2970.0	44.7	32.5	18.1	68.6
2630.0	30.6	18.4	4.0	54.5	2980.0	45.1	32.9	18.5	69.0
2640.0	31.0	18.8	4.4	54.9	2990.0	45.5	33.3	18.9	69.4
2650.0	31.5	19.2	4.8	55.4	3000.0	45.9	33.7	19.3	69.8
2660.0	31.9	19.6	5.2	55.8	3010.0	46.3	34.1	19.7	70.2
2670.0	32.3	20.1	5.7	56.2	3020.0	46.8	34.5	20.1	70.7
2680.0	32.7	20.5	6.1	56.6	3030.0	47.2	34.9	20.5	71.1
2690.0	33.1	20.9	6.5	57.0	3040.0	47.6	35.3	21.0	71.5
2700.0	33.5	21.3	6.9	57.4	3050.0	48.0	35.8	21.4	71.9
2710.0	33.9	21.7	7.3	57.8	3060.0	48.4	36.2	21.8	72.3
2720.0	34.4	22.1	7.7	58.2	3070.0	48.8	36.6	22.2	72.7
2730.0	34.8	22.5	8.1	58.7	3080.0	49.2	37.0	22.6	73.1
2740.0	35.2	22.9	8.6	59.1	3090.0	49.6	37.4	23.0	73.5
2750.0	35.6	23.4	9.0	59.5	3100.0	50.1	37.8	23.4	74.0
2760.0	36.0	23.8	9.4	59.9	3110.0	50.5	38.2	23.9	74.4
2770.0	36.4	24.2	9.8	60.3	3120.0	50.9	38.7	24.3	74.8
2780.0	36.8	24.6	10.2	60.7	3130.0	51.3	39.1	24.7	75.2
2790.0	37.2	25.0	10.6	61.1	3140.0	51.7	39.5	25.1	75.6
2800.0	37.7	25.4	11.0	61.6	3150.0	52.1	39.9	25.5	76.0
2810.0	38.1	25.8	11.5	62.0	3160.0	52.5	40.3	25.9	76.4
2820.0	38.5	26.3	11.9	62.4	3170.0	53.0	40.7	26.3	76.9
2830.0	38.9	26.7	12.3	62.8	3180.0	53.4	41.1	26.7	77.3
2840.0	39.3	27.1	12.7	63.2	3190.0	53.8	41.5	27.2	77.7
2850.0	39.7	27.5	13.1	63.6	3200.0	54.2	42.0	27.6	78.1
2860.0	40.1	27.9	13.5	64.0	3210.0	54.6	42.4	28.0	78.5
2870.0	40.6	28.3	13.9	64.4	3220.0	55.0	42.8	28.4	78.9
2880.0	41.0	28.7	14.3	64.9	3230.0	55.4	43.2	28.8	79.3

表 1-33 1038 mm 双环混合砖环砖量表之一

砖环外半径 R/mm	奇数砖层每环块数		偶数砖层每环块数		砖环外半径 R/mm	奇数砖层每环块数		偶数砖层每环块数	
	工作内环 46/0D (46/20D 144.5)	外环 57.5/0D (57.5/20D 180.6)	工作内环 57.5/0D (57.5/20D 180.6)	外环 46/0D (46/20D 144.5)		工作内环 46/0D (46/20D 144.5)	外环 57.5/0D (57.5/20D 180.6)	工作内环 57.5/0D (57.5/20D 180.6)	外环 46/0D (46/20D 144.5)
4840.0	31.7	19.4	0.3	55.6	5190.0	46.1	33.9	14.8	70.0
4850.0	32.1	19.8	0.7	56.0	5200.0	46.5	34.3	15.2	70.4
4860.0	32.5	20.3	1.1	56.4	5210.0	47.0	34.7	15.6	70.9
4870.0	32.9	20.7	1.5	56.8	5220.0	47.4	35.1	16.0	71.3
4880.0	33.3	21.1	1.9	57.2	5230.0	47.8	35.6	16.4	71.7
4890.0	33.7	21.5	2.4	57.6	5240.0	48.2	36.0	16.8	72.1
4900.0	34.1	21.9	2.8	58.0	5250.0	48.6	36.4	17.2	72.5
4910.0	34.6	22.3	3.2	58.5	5260.0	49.0	36.8	17.7	72.9
4920.0	35.0	22.7	3.6	58.9	5270.0	49.4	37.2	18.1	73.3
4930.0	35.4	23.2	4.0	59.3	5280.0	49.9	37.6	18.5	73.8
4940.0	35.8	23.6	4.4	59.7	5290.0	50.3	38.0	18.9	74.2
4950.0	36.2	24.0	4.8	60.1	5300.0	50.7	38.4	19.3	74.6
4960.0	36.6	24.4	5.2	60.5	5310.0	51.1	38.9	19.7	75.0
4970.0	37.0	24.8	5.7	60.9	5320.0	51.5	39.3	20.1	75.4
4980.0	37.5	25.2	6.1	61.3	5330.0	51.9	39.7	20.5	75.8
4990.0	37.9	25.6	6.5	61.8	5340.0	52.3	40.1	21.0	76.2
5000.0	38.3	26.0	6.9	62.2	5350.0	52.7	40.5	21.4	76.6
5010.0	38.7	26.5	7.3	62.6	5360.0	53.2	40.9	21.8	77.1
5020.0	39.1	26.9	7.7	63.0	5370.0	53.6	41.3	22.2	77.5
5030.0	39.5	27.3	8.1	63.4	5380.0	54.0	41.8	22.6	77.9
5040.0	39.9	27.7	8.6	63.8	5390.0	54.4	42.2	23.0	78.3
5050.0	40.3	28.1	9.0	64.2	5400.0	54.8	42.6	23.4	78.7
5060.0	40.8	28.5	9.4	64.7	5410.0	55.2	43.0	23.9	79.1
5070.0	41.2	28.9	9.8	65.1	5420.0	55.6	43.4	24.3	79.5
5080.0	41.6	29.4	10.2	65.5	5430.0	56.1	43.8	24.7	80.0
5090.0	42.0	29.8	10.6	65.9	5440.0	56.5	44.2	25.1	80.4
5100.0	42.4	30.2	11.0	66.3	5450.0	56.9	44.6	25.5	80.8
5110.0	42.8	30.6	11.5	66.7	5460.0	57.3	45.1	25.9	81.2
5120.0	43.2	31.0	11.9	67.1	5470.0	57.7	45.5	26.3	81.6
5130.0	43.7	31.4	12.3	67.5	5480.0	58.1	45.9	26.7	82.0
5140.0	44.1	31.8	12.7	68.0	5490.0	58.5	46.3	27.2	82.4
5150.0	44.5	32.2	13.1	68.4	5500.0	59.0	46.7	27.6	82.8
5160.0	44.9	32.7	13.5	68.8	5510.0	59.4	47.1	28.0	83.3
5170.0	45.3	33.1	13.9	69.2	5520.0	59.8	47.5	28.4	83.7
5180.0	45.7	33.5	14.3	69.6	5530.0	60.2	48.0	28.8	84.1

表 1-34 1038 mm 双环混合砖环砖量表之二

砖环外半径 R/mm	奇数砖层每环块数		偶数砖层每环块数		砖环外半径 R/mm	奇数砖层每环块数		偶数砖层每环块数	
	工作内环 46/0D (46/40D 72.3)	外环 57.5/0D (57.5/40D 90.3)	工作内环 57.5/0D (57.5/40D 90.3)	外环 46/0D (46/40D 72.3)		工作内环 46/0D (46/40D 72.3)	外环 57.5/0D (57.5/40D 90.3)	工作内环 57.5/0D (57.5/40D 90.3)	外环 46/0D (46/40D 72.3)
2650.0	13.4	19.2	0.1	37.3	3000.0	27.9	33.7	14.6	51.8
2660.0	13.8	19.6	0.5	37.7	3010.0	28.3	34.1	15.0	52.2
2670.0	14.2	20.0	0.9	38.1	3020.0	28.7	34.5	15.4	52.6
2680.0	14.6	20.5	1.3	38.5	3030.0	29.1	34.9	15.8	53.0
2690.0	15.0	20.9	1.7	38.9	3040.0	29.5	35.3	16.2	53.4
2700.0	15.5	21.3	2.2	39.4	3050.0	29.9	35.8	16.6	53.8
2710.0	15.9	21.7	2.6	39.8	3060.0	30.3	36.2	17.0	54.2
2720.0	16.3	22.1	3.0	40.2	3070.0	30.8	36.6	17.4	54.7
2730.0	16.7	22.5	3.4	40.6	3080.0	31.2	37.0	17.9	55.1
2740.0	17.1	22.9	3.8	41.0	3090.0	31.6	37.4	18.3	55.5
2750.0	17.5	23.4	4.2	41.4	3100.0	32.0	37.8	18.7	55.9
2760.0	17.9	23.8	4.6	41.8	3110.0	32.4	38.2	19.1	56.3
2770.0	18.4	24.2	5.0	42.2	3120.0	32.8	38.7	19.5	56.7
2780.0	18.8	24.6	5.5	42.7	3130.0	33.2	39.1	19.9	57.1
2790.0	19.2	25.0	5.9	43.1	3140.0	33.7	39.5	20.3	57.5
2800.0	19.6	25.4	6.3	43.5	3150.0	34.1	39.9	20.8	58.0
2810.0	20.0	25.8	6.7	43.9	3160.0	34.5	40.3	21.2	58.4
2820.0	20.4	26.3	7.1	44.3	3170.0	34.9	40.7	21.6	58.8
2830.0	20.8	26.7	7.5	44.7	3180.0	35.3	41.1	22.0	59.2
2840.0	21.2	27.1	7.9	45.1	3190.0	35.7	41.5	22.4	59.6
2850.0	21.7	27.5	8.4	45.6	3200.0	36.1	42.0	22.8	60.0
2860.0	22.1	27.9	8.8	46.0	3210.0	36.5	42.4	23.2	60.4
2870.0	22.5	28.3	9.2	46.4	3220.0	37.0	42.8	23.6	60.9
2880.0	22.9	28.7	9.6	46.8	3230.0	37.4	43.2	24.1	61.3
2890.0	23.3	29.1	10.0	47.2	3240.0	37.8	43.6	24.5	61.7
2900.0	23.7	29.6	10.4	47.6	3250.0	38.2	44.0	24.9	62.1
2910.0	24.1	30.0	10.8	48.0	3260.0	38.6	44.4	25.3	62.5
2920.0	24.6	30.4	11.2	48.5	3270.0	39.0	44.9	25.7	62.9
2930.0	25.0	30.8	11.7	48.9	3280.0	39.4	45.3	26.1	63.3
2940.0	25.4	31.2	12.1	49.3	3290.0	39.9	45.7	26.5	63.7
2950.0	25.8	31.6	12.5	49.7	3300.0	40.3	46.1	27.0	64.2
2960.0	26.2	32.0	12.9	50.1	3310.0	40.7	46.5	27.4	64.6
2970.0	26.6	32.5	13.3	50.5	3320.0	41.1	46.9	27.8	65.0
2980.0	27.0	32.9	13.7	50.9	3330.0	41.5	47.3	28.2	65.4
2990.0	27.4	33.3	14.1	51.3	3340.0	41.9	47.7	28.6	65.8

【例 13】 R=5000.0 mm、923 mm 及 1038 mm 双环混合砖环，用查表法查找砖量，并经计算校验砖表的精确性。查找表 1-31 的 R=5000.0 mm 行。923 mm 双环混合砖环奇数砖层工作内环 $K_{34.5/20D}$=108.4 块，$K_{34.5/0D}$=74.4 块；外环 $K_{57.5/20D}$=180.6 块，$K_{57.5/0D}$=26.0 块。偶数砖层工作内环 $K_{57.5/20D}$=180.6 块，$K_{57.5/0D}$=11.7 块；外环 $K_{34.5/20D}$=108.4 块，$K_{34.5/0D}$=98.3 块。

计算 R=5000.0 mm 混合砖环。奇数砖层工作内环及偶数砖层工作内环的外半径分别为 4422.0 mm 及 4652.0 mm。

奇数砖层工作内环 $K_{34.5/0D}$=0.04134(4422.0−2622.0)=74.4 块

外环 $K_{57.5/0D}$=0.04134(5000.0−4370.0)=26.0 块

偶数砖层工作内环 $K_{57.5/0D}$=0.04134(4652.0−4370.0)=11.7 块

外环 $K_{34.5/0D}$=0.04134(5000.0−2622.0)=98.3 块

查表 1-33 的 R=5000.0 mm 行，1038 mm 双环混合砖环奇数砖层工作内环，$K_{46/20D}$=144.5 块，$K_{46/0D}$=38.3 块；外环 $K_{57.5/20D}$=180.6 块，$K_{57.5/0D}$=26.0 块。偶数砖层工作内环 $K_{57.5/20D}$=180.6 块，$K_{57.5/0D}$=6.9 块；外环 $K_{46/20D}$=144.5 块，$K_{46/0D}$=62.2 块。

计算 R=5000.0 mm，砖环总厚度 1038 mm 双环混合砖环。奇数砖层工作内环及偶数砖层工作内环的外半径分别为 4422.0 mm 和 4537.0 mm。

奇数砖层工作内环 $K_{46/0D}$=0.04134(4422.0−3496.0)=38.3 块

外环 $K_{57.5/0D}$=0.04134(5000.0−4370.0)=26.0 块

偶数砖层工作内环 $K_{57.5/0D}$=0.04134(4537.0−4370.0)=6.9 块

外环 $K_{46/0D}$=0.04134(5000.0−3496.0)=62.2 块

查表结果与计算结果完全相同，可见双环混合砖量表之精确。而且查表速度很快，不像计算过程那样繁琐。

【例 14】 如果例 13 的双环混合砖环的外半径减小到 R=3000.0 mm 时，用查表法查找砖量并用计算验算。

查表 1-32 的 R=3000.0 mm 行。923 mm 双环混合砖环奇数砖层工作内环 $K_{34.5/40D}$=54.2 块，$K_{34.5/0D}$=45.9 块；外环 $K_{57.5/40D}$=90.3 块，$K_{57.5/0D}$=33.7 块。偶数砖层工作内环 $K_{57.5/40D}$=90.3 块，$K_{57.5/0D}$=19.3 块；外环 $K_{34.5/40D}$=54.2 块，$K_{34.5/0D}$=69.8 块。

计算 R=3000.0 mm，砖环总厚度 923 mm 双环混合砖环。奇数砖层工作内环及偶数砖层工作内环的外半径分别为 2422.0 mm 及 2652.0 mm，现计算砖量。

奇数砖层工作内环 $K_{34.5/0D}$=0.04134(2422.0−1311.0)=45.9 块

外环 $K_{57.5/0D}$=0.04134(3000.0−2185.0)=33.7 块

偶数砖层工作内环 $K_{57.5/0D}$=0.04134(2652.0−2185.0)=19.3 块

外环 $K_{34.5/0D}$=0.04134(3000.0−1311.0)= 69.8 块

查表 1-34 的 R=3000.0 行。1038 mm 双环混合砖环奇数砖层工作内环 $K_{46/40D}$=72.3 块，$K_{46/0D}$=27.9 块；外环 $K_{57.5/40D}$=90.3 块，$K_{57.5/0D}$=33.7 块。偶数砖层工作内环 $K_{57.5/40D}$=90.3 块，$K_{57.5/0D}$=14.6 块；外环 $K_{46/40D}$=72.3 块，$K_{46/0D}$=51.8 块。

计算 R=3000.0 mm，砖环总厚度 1038 mm 双环混合砖环。奇数砖层工作内环及偶数砖层工作内环的外半径分别为 2422.0 mm 及 2537.0 mm，现计算砖量。

奇数砖层工作内环 $K_{46/0D}$=0.04134(2422.0−1748.0)=27.9 块

外环 $K_{57.5/0D}$=0.04134(3000.0−2185.0)=33.7 块

偶数砖层工作内环 $K_{57.5/0D}$=0.04134(2537.0−2185.0)=14.6 块

外环 $K_{46/0D}$=0.04134(3000.0−1748.0)= 51.8 块

计算结果与查表结果完全相同，表明双环混合砖环砖量表中所给出的砖量数据是非常精确的。这里的计算仅作为验算。平时日常查表，并不需要验算。

【例 15】 某高炉炉身上部环形砌砖总厚度 808 mm，砌砖高度 4620 mm，上层内直径 6800 mm，下层内直径 8000 mm，每 4 层砖采用同一内径为一段（每 4 层一出台），计算各段用砖量。如果采用逐段计算砖量的方法，相当麻烦费时，这里采用编表法，原理及方法同双环混合砖环砖量表编制。

该炉身上部 808 mm 环形砌砖的外半径为 6800/2+808=4208 mm（最上段）和 8000/2+808=4808 mm（最下段），都大于表 1-25 第 1 行的外半径 3850.0 mm，应采用该表的砌砖结构方案：奇数砖层工作内环 34.5/20D 与 34.5/0D 混合砖环，外环 46/20D 与 46/0D 混合砖环；偶数砖层工作内环 46/20D 与 46/0D 混合砖环，外环 34.5/20D 与 34.5/0D 混合砖环。该炉身上部环形砌砖砖层数 4620/77=60 层，分为 60/4=15 段。上下段半径差（每段出台）（4808−4208）/14=42.9 mm。每段 42.9 mm 对应的直形砖数变化量 42.9/$(\Delta R)_1$=42.9/24.19=1.7717 块。最下段（第一段）用砖量：查表 1-25 的 R=4810.0 mm 行并经修正后，奇数砖层工作内环 $K_{34.5/20D}$=108.4 块，$K_{34.5/0D}$=71.2 块；外环 $K_{46/20D}$=144.5 块，$K_{46/0D}$=54.3 块。偶数砖层工作内环 $K_{46/20D}$=144.5 块，$K_{46/0D}$=39.9 块；外环 $K_{34.5/20D}$=108.4 块，$K_{34.5/0D}$=90.4 块。这些砖层砖环经计算与查表结果相同。

奇数砖层工作内环 $K_{34.5/0D}$=0.04134（4808−463）−108.4=71.2 块

外环 $K_{46/0D}$=0.04134×4808−144.5=54.3 块

偶数砖层工作内环 $K_{46/0D}$=0.04134（4808−348）−144.5=39.9 块

外环 $K_{34.5/0D}$=0.04134×4808−108.4=90.4 块

现编表 1-35，砖环外半径纵列栏逐段减以 42.9 mm，各环砖数纵列栏逐段减以 1.7717 块。用计算方法验算过第 15 段的用砖量，与表 1-35 所列砖数相同。

表 1-35　例 15 中炉身上部各段用砖量

段　数（由下向上）	砖环外半径 R/mm	奇数砖层每环块数		偶数砖层每环块数	
		工作内环 34.5/0D （34.5/20D 108.4）	外环 46/0D （46/20D 144.5）	工作内环 46/0D （46/20D 144.5）	外环 34.5/0D （34.5/20D 108.4）
1	4808	71.2	54.3	39.9	90.4
2	4765.2	69.4	52.5	38.1	88.6
3	4722.3	67.7	50.8	36.4	86.9
4	4679.5	65.9	49.0	34.6	85.1
5	4636.6	64.1	47.2	32.8	83.3
6	4593.8	62.3	45.4	31.0	81.5
7	4550.9	60.6	43.7	29.3	79.8
8	4508.1	58.8	41.9	27.5	78.0
9	4465.2	57.0	40.1	25.7	76.2
10	4422.4	55.3	38.4	24.0	74.5
11	4379.5	53.5	36.6	22.2	72.7
12	4336.7	51.7	34.8	20.4	70.9
13	4293.8	49.9	33.0	18.6	69.1
14	4251.0	48.2	31.3	16.9	67.4
15	4208.1	46.4	29.5	15.1	65.6

混合砖量表，特别是双环混合砖量表，编制原理是以混合砖环内楔形砖数量为其每环极限砖数的定值，直形砖数量与砖环外半径成直线关系和一块直形砖半径增大量为定值等理论为根据的。编制方法是将繁杂的运算过程转换为简单的加法，因此砖量表的编制是快速的，而且是很容易被人们掌握的方法。

查表的结果很精确，精确到 0.1 块，而且与计算结果相同。砖环半径间隔 10 mm，因此砖量表的实用性很强。这些砖量表不仅可存储于电脑中，也可编成专用手册。

砖量表册的最大特点是，免去了人们以往的砖量运算，可直接从砖量表中查出砖数来。不少善于计算的工程技术人员，经常在查找砖量表。据说，这样做不仅速度快结果精确，更值得一提的是免去计算，还不容易出计算错误。

另外，掌握了砖量表的编制方法，对于半径逐层改变的炉子特殊部位（例如炉身等）各层用砖量的计算，也是很方便的。

当然，这些砖量表册也有不足之处。首先，这些表册占有篇幅很多。不进行砖量计算的人员认为这些表册是多余的。

为减少砖量表册的篇幅，作者在编制砖量表时，提供了编表基础资料及编表方法，提供表头第一行及第二行数据，坚持一表一页原则（原来整表需多页），并在一页表末提供该表续接方法及数据，以便砖表使用者自行接编下去。其次，每一砖量表仅仅给出所计算砖环的砖数，不能反映每组乃至多组砖环的全貌。这一缺点将通过环形砌砖计算图来克服。

1.4　高炉混合砖环计算图

为了直观地反映不同外半径各组各砖环用砖及其数量的全貌，为了克服砖量表册占用篇幅过多的缺点，这里研究高炉混合砌砖计算图的设计原理、绘制方法，并介绍应用实例。

1.4.1　高炉混合砖环坐标计算图

高炉混合砖环坐标计算图，实质上就是砖环外半径 R 与砖环砖数 K 间关系的直角坐标图。如混合砖环直角坐标计算模式图（图 1-8）所示，横轴表示砖环外半径，纵轴表示每环（中心角θ=360°）砖数 K。

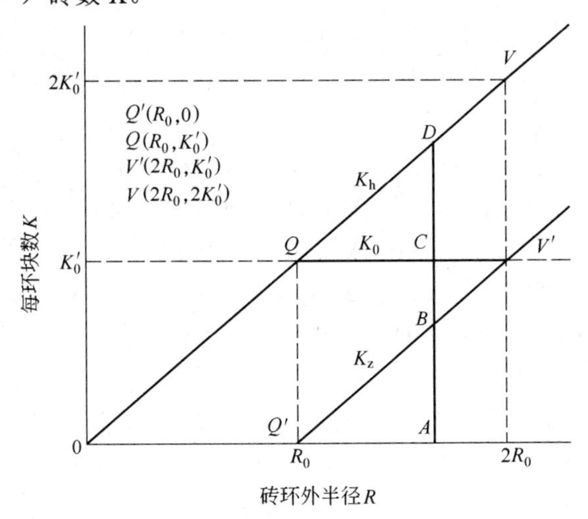

图 1-8　高炉混合砖环坐标计算模式图

鉴于楔形砖每环极限砖数 K_0' 的广义定义及其定义计算式 $K_0'=2\pi A/(C-D)$ [式（1-4b）]，楔形砖与直形砖配合砌筑的混合砖环，尽管砖环外半径 R 比楔形砖外半径 $R_0=CA/(C-D)$ [式（1-3）]增大了（即 $R>R_0$），但楔形砖砖数 K_0 始终不变，等于楔形砖的每环极限砖数 K_0'的定值。这一概念，业经反复论证过了。那么，纵坐标为 K_0'块、横坐标为楔形砖外半径 R_0 并平行于横轴的射线 QV'即为表示该楔形砖数量 K_0（也就是其每环极限砖数 K_0'）的直线。该平行于横轴的射线的起点 Q 的坐标为（R_0，K_0'）。

混合砖环内基于楔形砖每环极限砖数 K_0'的直形砖量计算式 $K_z=2\pi R/C-K_0'$[在等大端尺寸 C 砖环，式（1-6）]为直线方程，表明直形砖量 K_z 可用直线表示。混合砖环内基于楔形砖外半径 R_0 的直形砖量计算式 $K_z=2\pi(R-R_0)/C$[式（1-7a）]，只有在 $R\geqslant R_0$ 条件下才有意义。当 $R=R_0$ 时 $K_z=0$，表示直形砖量 K_z 直线起点 Q' 的坐标为（R_0，0）。在本手册 1.3.1 节，变换混合砖环内基于一块直形砖半径增大量$(\Delta R)_1$的直形砖量 K_z 简化计算式 $K_z=(R-R_0)/(\Delta R)_1$[式（1-7b）]形式后得，$R=R_0+K_z(\Delta R)_1$[式（1-10）]。式（1-10）中，当 $K_z=K_0'$ 时 $R=R_0+K_0'(\Delta R)_1$。将楔形砖每环极限砖数 $K_0'=2\pi A/(C-D)$[式（1-4b）]及一块直形砖半径增大量$(\Delta R)_1=C/(2\pi)$[式（1-8）]代入式（1-10），得 $R=R_0+CA/(C-D)$，再按 $CA/(C-D)=R_0$[式（1-3）]化简，则得 $R=2R_0$，于是求得直形砖量 K_z 直线与楔形砖数量 K。直线交点 V'的坐标为（$2R_0$，K_0'）。点 Q'（R_0，0）与点 V'（$2R_0$，K_0'）连线 $Q'V'$（包括经 V'点的延长线）即为表示直形砖量 K_z 的直线。

过点 Q 作 $Q'V'$ 射线的平行线 QV，则点 V 的坐标为（$2R_0$，$2K_0'$）。取外半径 $R=A$ 的混合砖环，AB 纵线段（或点 B 的纵坐标）及 AC 纵线段（或点 C 的纵坐标）分别表示该混合砖环内直形砖量 K_z 及楔形砖量 K_0。因为 $QV /\!/ Q'V'$（作图）及 $QV' /\!/ OA$，$\triangle DQC$ 与 $\triangle BQ'A$ 全等，所以 $CD=AB$，则 $AD=AC+CD=AC+AB=K_h$，即纵线段 AD（或点 D 的纵坐标）等于该混合砖环内楔形砖数量 K_0 与直形砖量 K_z 之和的总砖数 K_h。可见点 Q 为外半径等于 R_0 的单楔形砖砖环的总砖数 K_h。点 V'的纵坐标表示楔形砖量与直形砖量都等于 K_0'，该砖环的总砖数必定为 2 K_0'，恰好点 V 的纵坐标也为 $2K_0'$，表明点 V 必为外半径等于 $2R_0$ 砖环的总砖数 K_h。Q、D 和 V 三点在同一条直线 QV 上，表明 QV 为表示混合砖环总砖数 K_h 的直线。此外，从图 1-8 还看到直线 QV 向下斜的延长线通过原点（0，0）。只有总砖数直线方程 $K_h=2\pi R/C$ 当 $R=0$ 时 $K_h=0$，即通过原点，可见延长线通过原点的 QV 直线代表混合砖环总砖数 K_h 直线。

这种混合砖环坐标图，由总砖数 K_h 斜线、楔形砖量 K_0 水平线和直形砖量 K_z 斜线组成，形似电闪，故可称为闪电线。按这种模式及利用 YB/T5012－1997 提供的尺寸特征绘制了高炉混合砖环计算图，见文献[14]的图 1-7（60 页），将 A 为 230 mm、345 mm 及 460 mm 三组 6 个混合砖环绘制在一张图内，将高炉混合砖环的全貌都反映出来了。不少读者认为，虽然高炉各组混合砖环的全貌都在一张图内完全反映出来了，但是由于同一张版面较小的图中闪电线太多，互相交叉，很难区别开来。一次技术交流会上，笔者将这个闪电线图放大为施工图纸，看起来不仅各交叉线非常清晰，而且精度也大为提高。为了在本手册版面内既能反映出高炉各组混合砖环的全貌，各直形砖量直线又比较清晰，本手册从高炉混合砖环全貌图中删去了各楔形砖砖量的水平线，在每条混合砖环直形砖量斜直线上标明与其配砌楔形砖每环极限砖数点 V'，见图 1-9。

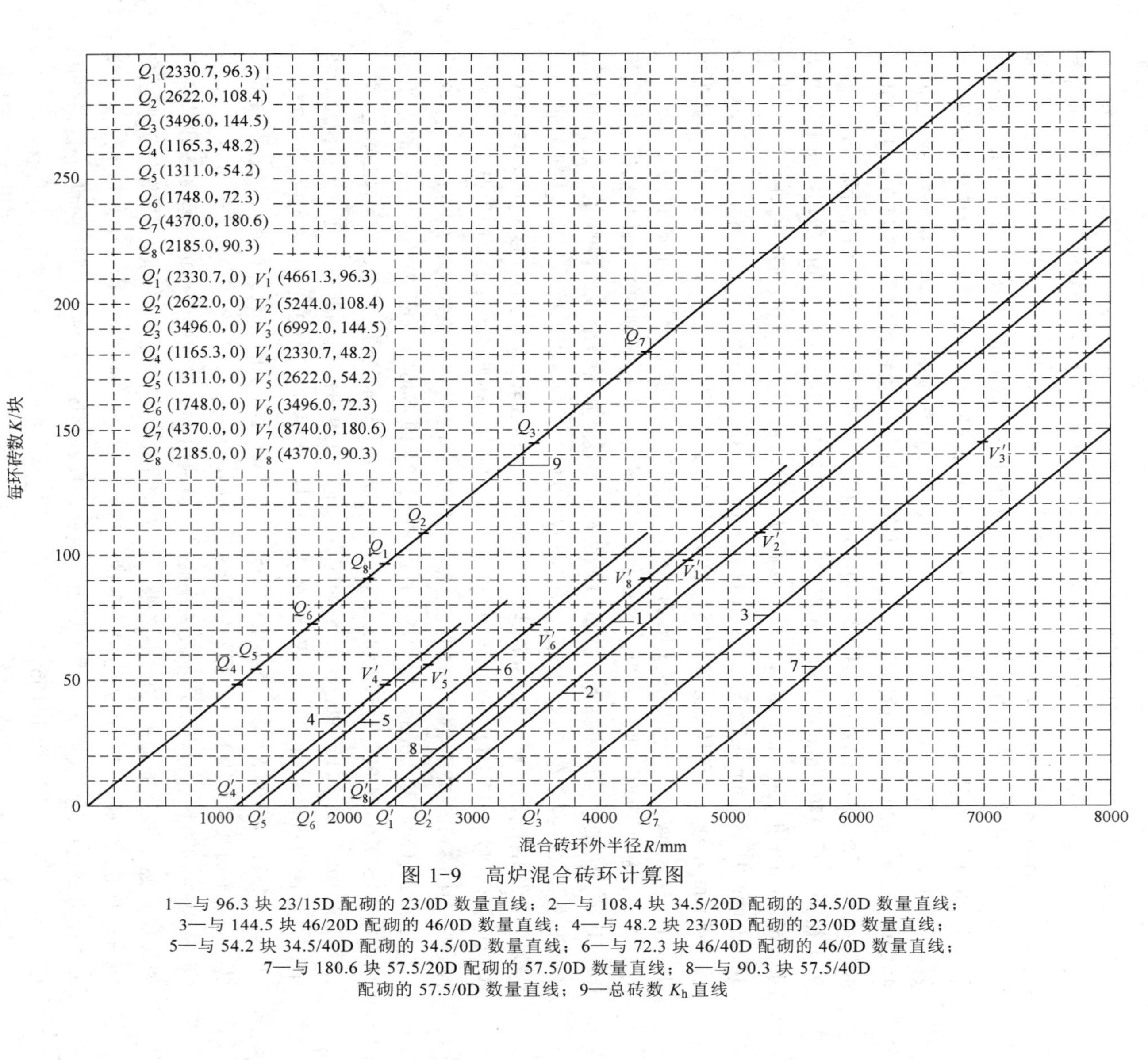

图 1-9 高炉混合砖环计算图

1—与 96.3 块 23/15D 配砌的 23/0D 数量直线；2—与 108.4 块 34.5/20D 配砌的 34.5/0D 数量直线；3—与 144.5 块 46/20D 配砌的 46/0D 数量直线；4—与 48.2 块 23/30D 配砌的 23/0D 数量直线；5—与 54.2 块 34.5/40D 配砌的 34.5/0D 数量直线；6—与 72.3 块 46/40D 配砌的 46/0D 数量直线；7—与 180.6 块 57.5/20D 配砌的 57.5/0D 数量直线；8—与 90.3 块 57.5/40D 配砌的 57.5/0D 数量直线；9—总砖数 K_h 直线

在图 1-9 中，绘制了大小端距离 A 为 230 mm、345 mm、460 mm 及 575 mm 四组的 8 个混合砖环，即 23/15D 与 23/0D 砖环、23/30D 与 23/0D 砖环、34.5/20D 与 34.5/0D 砖环、34.5/40D 与 34.5/0D 砖环、46/20D 与 46/0D 砖环、46/40D 与 460D 砖环、57.5/20D 与 57.5/0D 砖环，以及 57.5/40D 与 57.5/0D 砖环。从图 1-9 看到，外半径 R 小于竖宽钝楔形砖 23/15D、34.5/20D、46/20D 或 57.5/20D 外半径的混合砖环，就必须分别换砌以竖宽锐楔形砖 23/30D、34.5/40D、46/40D 或 57.5/40D。例如，外半径 R 小于 2330.7 mm 的 230 mm 混合砖环必须换砌以 23/30D 与 23/0D 砖环；外半径 R 小于 2622.0 mm 的 345 mm 混合砖环必须换砌以 34.5/40D 与 34.5/0D 砖环；外半径 R 小于 3496.0 mm 的 460 mm 混合砖环必须换砌以 46/40D 与 46/0D 砖环；外半径 R 小于 4370.0 mm 的 575 mm 单环混合砖环就必须换砌以 57.5/40D 与 57.5/0D 砖环。当然，外半径 R 大于竖宽钝楔形砖 23/15D、34.5/20D、46/20D 或 57.5/20D 外半径的混合砖环，就应该砌以竖宽钝楔形砖 23/15D、34.5/20D、46/20D 或 57.5/20D 分别与直形砖 23/0D、34.5/0D、46/0D 或 57.5/0D 的混合砖环。例如，外半径 R 大于 2330.7 mm 的 230 mm 混合砖环应该砌以 23/15D 与 23/0D 砖环；外半径 R 大于 2622.0 mm 的 345 mm 混合砖环应该砌以 34.5/20D 与 34.5/0D 砖环；外半径 R 大于 3496.0 mm 的 460 mm 混合砖环应该砌以 46/20D 与 46/0D 砖环；外半径 R 大于 4370.0 mm 的 575 mm 单环混合砖环应该砌以 57.5/20D 与 57.5/0D 砖环。竖宽锐楔形砖与直形砖配砌的混合砖环，砖环外半径的应用范围本应界定到竖宽钝楔形砖与直形砖的混合砖环。可是，为筑炉施工管理方便，适当扩大竖宽锐楔形砖与直形砖配砌的混合砖环的外半径应用范围还是允许的。但所用直形砖数量原则上不应超过竖宽锐楔形砖数量的 1.5 倍。此时混合砖环外半径应限制在 $R=R_0+1.5K_x'(\Delta R)_1=2.5R_x$ 以内（式中 K_x'及 R_x 分别为锐楔形砖的每环极限砖数及外半径）。对于 23/30D 与 23/0D 砖环、34.5/40D 与 34.5/0D 砖环、46/40D 与 460D 砖环，以及 57.5/40D 与 57.5/0D 砖环而言，它们的外半径允许扩大应用范围应分别控制在 1165.3+1.5×48.2×24.19=2914.2 mm、1311.0+1.5×54.2×24.19=3277.6 mm、1748.0+1.5×72.3×24.19=4371.4 mm，及 2185.0+1.5×90.3×24.19=5461.5 mm 左右；它们的直形砖 23/0D、34.5/0D、46/0D 及 57.5/0D 数量分别控制在 1.5×48.2=72.3 块、1.5×54.2=81.3 块、1.5×72.3=108.5 块及 1.5×90.3=135.5 块左右。在图 1-9 的竖宽锐楔形砖与直形砖混合砖环中，直形砖数量直线 4、5、6 及 8 的终点坐标分别控制在（2914.2，72.3）、（3277.6，81.3）、（4371.4，108.5）及（5461.5，135.5）左右。而其余的竖宽钝楔形砖与直形砖混合砖环中直形砖数量直线 1、2、3 及 7 可延长到 8000 mm 以上，直至需要。

图 1-9 将高炉各混合砖环都反映出来了，但利用本手册这张版面的计算图查找砖量，精确度显然不够。如前所述，将这张图绘制成足够比例的施工图纸，精确度分别达到 10 mm 及 0.5 块砖，使用起来是很方便的。另外，将这张图储存于电脑中，使用时局部放大，便可查找精确的砖量来。本手册限于版面，只好将图 1-9 放大一倍，拆开分四段供用户使用，见图 1-10a～图 1-10b。

【例 7】 由高炉混合砖环坐标计算图 1-10b 查奇数砖层外环 345 mm 砖用量，砖环 R=3500.0 mm 纵线与直线 2（34.5/20D 与 34.5/0D 混合砖环的 34.5/0D 直线）交点的纵坐标即 $K_{34.5/0D}$ 约为 37 块（计算值 36.3 块）。查偶数砖层外环 230 mm 砖用量，砖环 R=3500.0 mm 纵线与直线 1（23/15D 与 23/0D 混合砖环的 23/0D 直线）交点的纵坐标即 $K_{23/0D}$ 约为 49 块（计算值 48.4 块）。

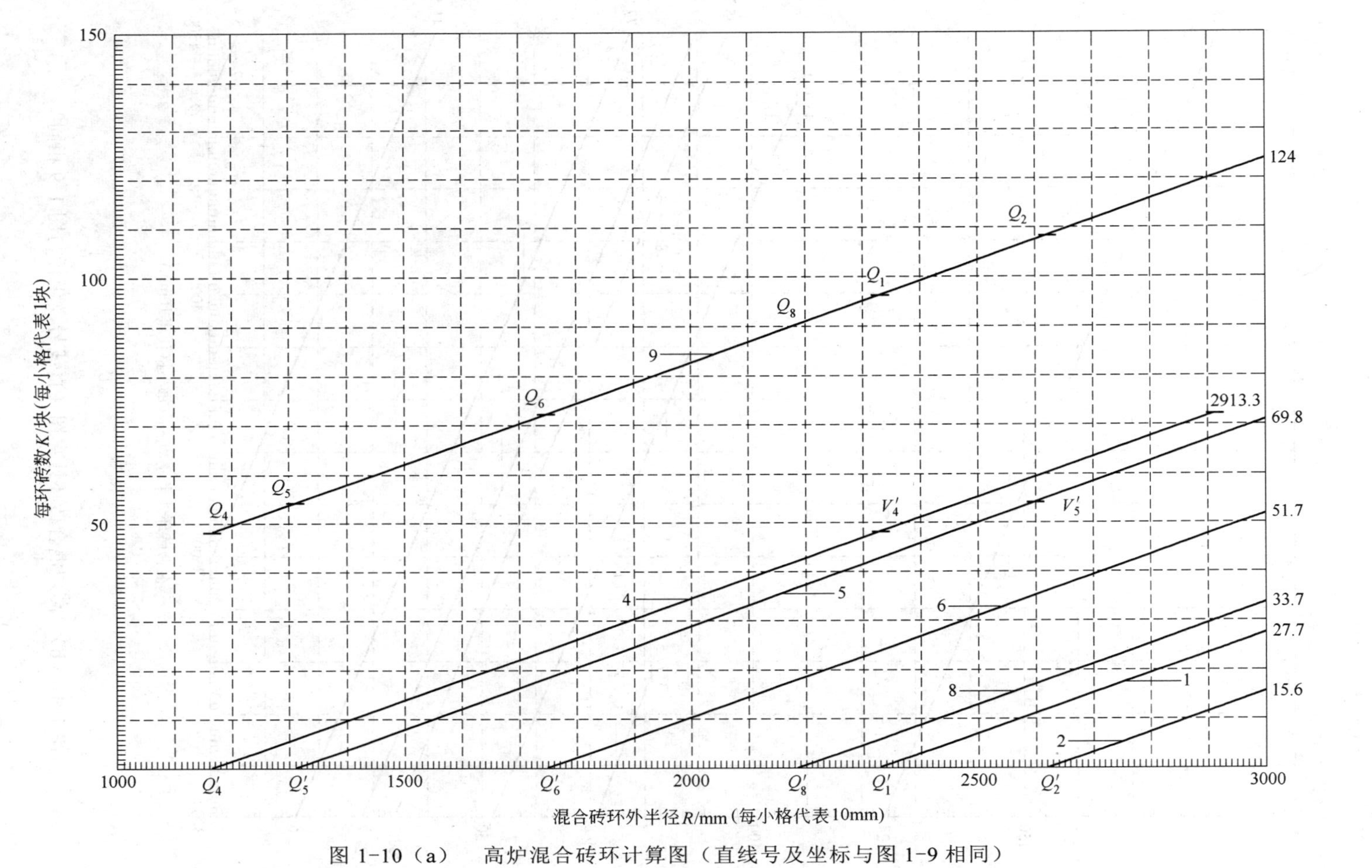

图 1-10（a） 高炉混合砖环计算图（直线号及坐标与图 1-9 相同）

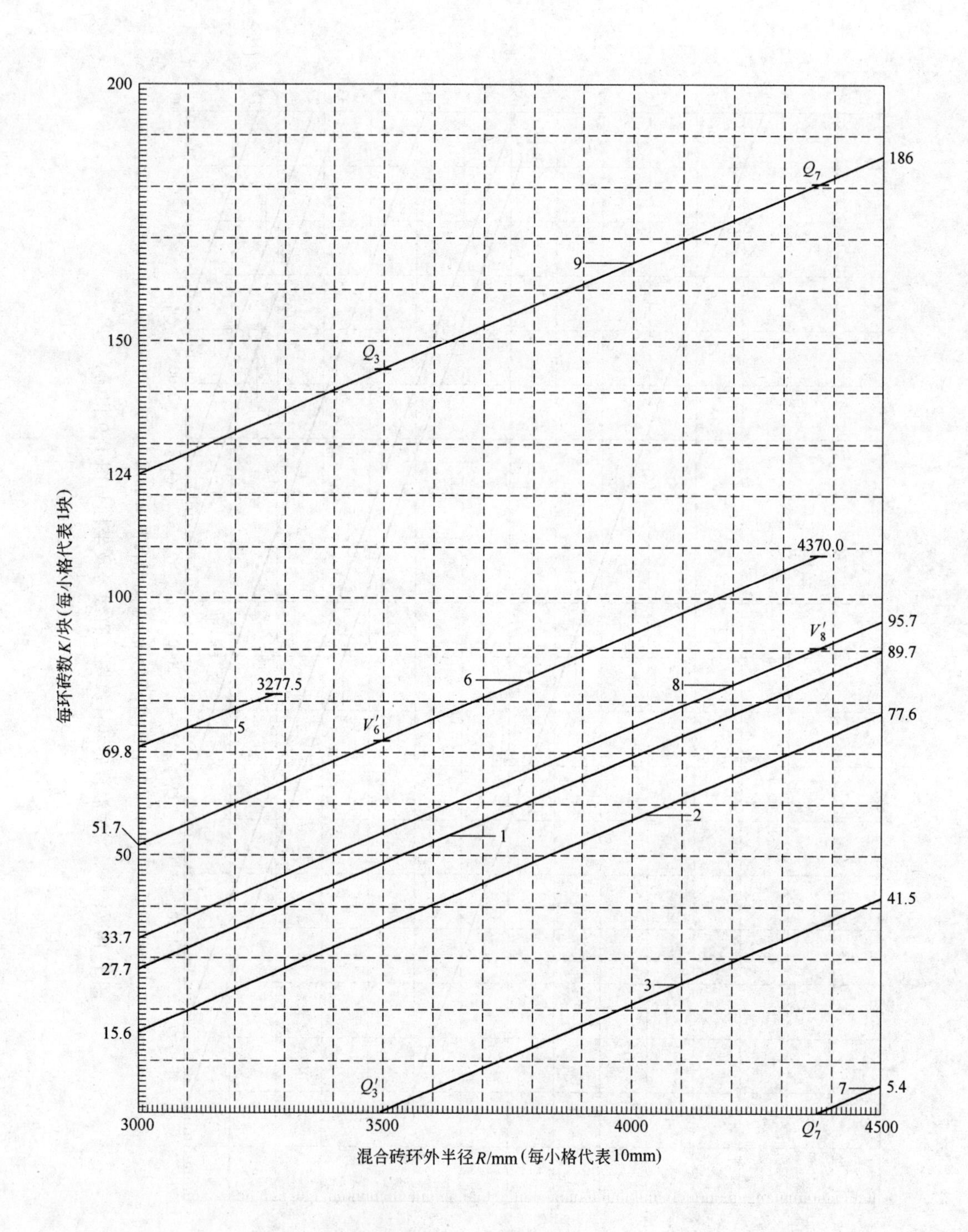

图 1-10（b）　高炉混合砖环计算图（直线号及坐标与图 1-9 相同）

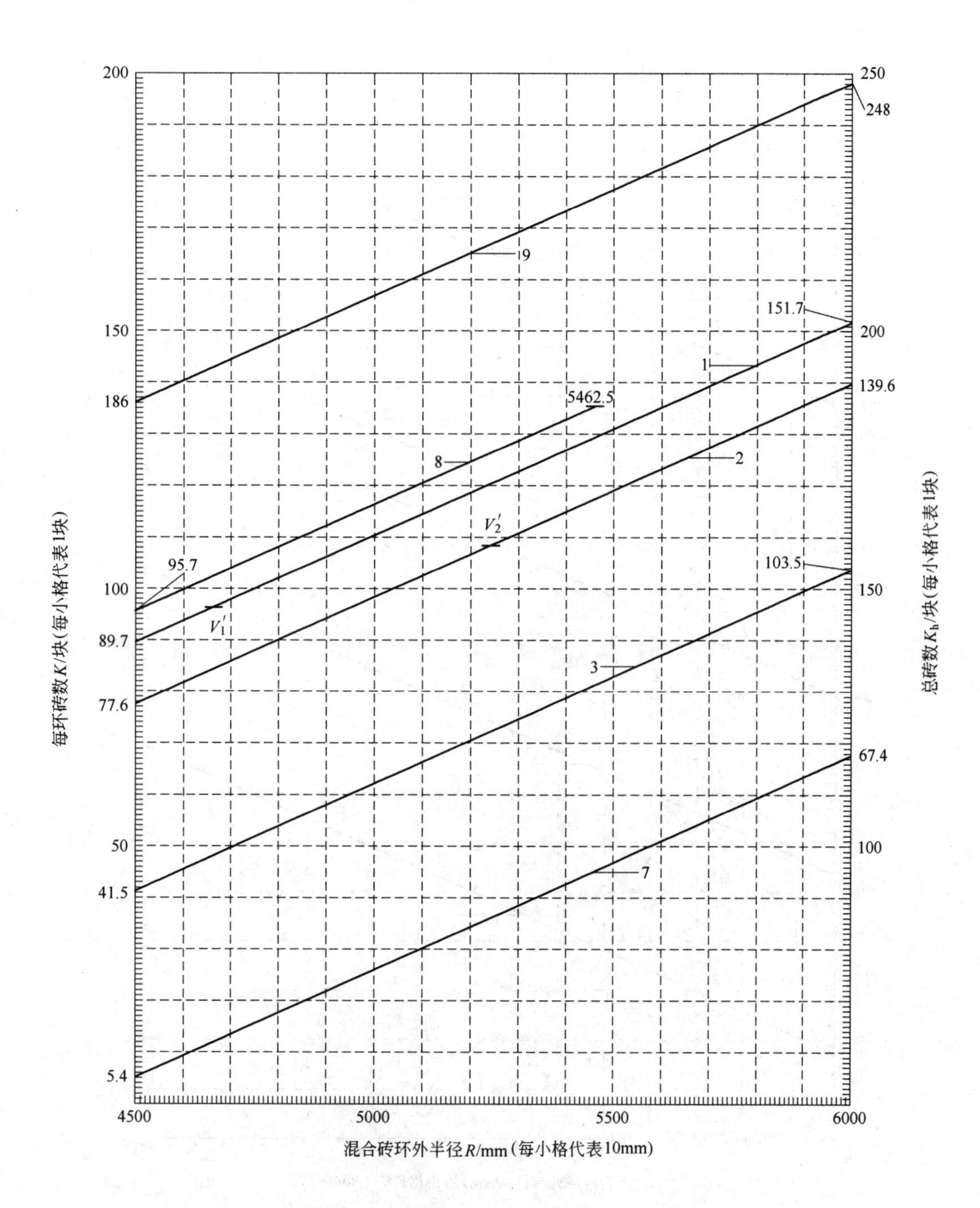

图 1-10（c）　高炉混合砖环计算图（直线号及坐标与图 1-9 相同）

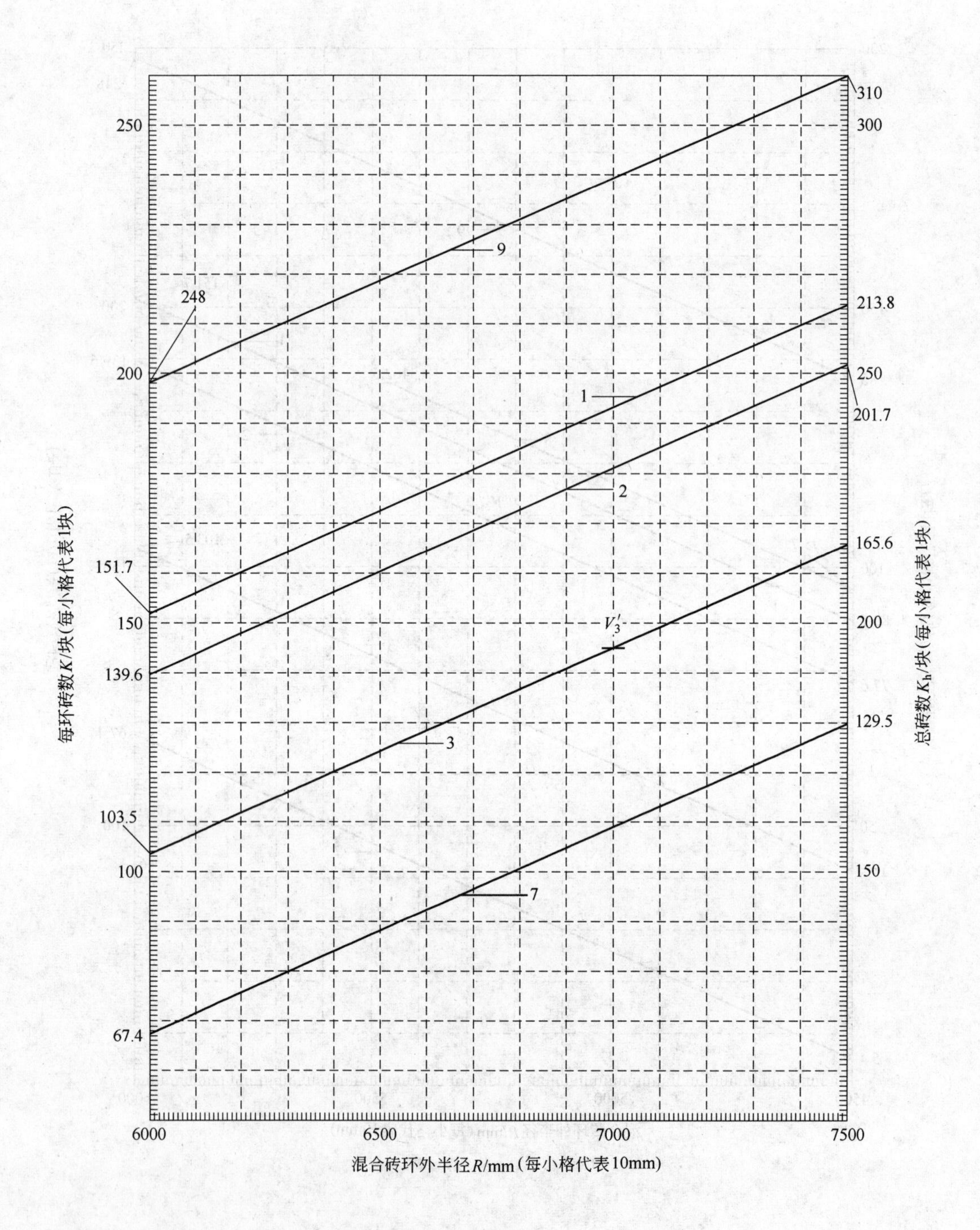

图 1-10（d）　高炉混合砖环计算图（直线号及坐标与图 1-9 相同）

【例 8】 由高炉混合砖环坐标计算图 1-10a 查外半径 R 为 2000.0 mm 的奇数砖层外环 34.5/40D 与 34.5/0D 砖环直线 5 中 34.5/0D 数量 $K_{34.5/0D}$ 约为 29 块（计算值 28.5 块）。偶数砖层外环 23/30D 与 23/0D 砖环直线 4 中，$K_{23/0D}$ 约为 35 块（计算值 34.5 块）。

【例 9】 由高炉混合砖环坐标计算图 1-10c 查外半径 R 为 5000.0 mm 的奇数砖层外环 46/20D 与 46/0D 砖环直线 3，查得 $K_{46/0D}$ 约为 62 块（计算值 62.2 块）。偶数砖层外环 23/15D 与 23/0D 砖环直线 1，查得 $K_{23/0D}$ 约为 110 块（计算值 110.3 块）。

【例 10】 由高炉混合砖环坐标计算图 1-10a 查外半径 R=3000.0 mm 的奇数砖层外环 46/40D 与 46/0D 砖环直线 6，查得 $K_{46/0D}$ 约为 52 块（计算值 51.8 块）。偶数砖层外环 23/30D 与 23/0D 砖环直线 4，查得 $K_{23/0D}$ 约为 76 块（计算值 75.8 块）。

【例 11】 由高炉混合砖环坐标计算图 1-10c 查外半径 R=5000.0 mm 的奇数砖层外环 46/20D 与 46/0D 砖环直线 3，查得 $K_{46/0D}$ 约为 62 块（计算值 62.2 块）。偶数砖层外环 34.5/20D 与 34.5/0D 砖环直线 2，查得 $K_{34.5/0D}$ 约为 98.5 块（计算值 98.3 块）。

【例 12】 由高炉混合砖环坐标计算图 1-10a，查外半径 R=3000.0 mm 的奇数砖层外环 46/40D 与 46/0D 砖环直线 6，查得 $K_{46/0D}$ 约为 52 块（计算值 51.8 块）。偶数砖层外环 34.5/40D 与 34.5/0D 砖环直线 5，查得 $K_{34.5/0D}$ 约为 70 块（计算值 69.8 块）。

【例 13】 由高炉混合砖环坐标计算图 1-10c 查外半径 R=5000.0 mm 的奇数砖层外环 57.5/20D 与 57.5/0D 砖环直线 7，查得 $K_{57.5/0D}$ 约为 26 块（计算值 26.0 块）。偶数砖层外环 34.5/20D 与 34.5/0D 砖环直线 2，查得 $K_{34.5/0D}$ 约为 98.5 块（计算值 98.3 块）。

【例 14】 由高炉混合砖环坐标计算图 1-10a 查外半径 R=3000.0 mm 的奇数砖层外环 57.5/40D 与 57.5/0D 砖环直线 8，查得 $K_{57.5/0D}$ 约为 34 块（计算值 33.7 块）。偶数砖层外环 46/40D 与 46/0D 砖环直线 6，查得 $K_{46/0D}$ 约为 52 块（计算值 51.8 块）。

由高炉混合砖环坐标计算图 1-10 及查例 8～例 14 的外环，所查找的砖数与计算值比较，相差 0.1～0.7 块，可见这些坐标计算图还是比较实用的。

从高炉混合砖环坐标计算图及查例题的实践，可以体会到以下几点。

（1）表示各混合砖环中各直形砖量的直线都向上斜，表明直形砖数量 K_z 都随着砖环外半径 R 的增大而增多。还看到这些直线彼此平行。一方面是由于各直线方程 $K_z=2\pi R/C-K'_0$ 的斜率（即 R 的系数）都为相同的 $2\pi/C$。另一方面是因为在式 $R=R_0+K_z(\Delta R)_1$ 中，当 $K_z=0$ 时 $R=R_0$，但与直形砖配砌的各竖宽楔形砖的外半径 R_0 不相同，则各直线起点的坐标（R_0，0）便不可能相同。

（2）各竖宽楔形砖与直形砖配砌的混合砖环，竖宽楔形砖数量 K_0 与直形砖数量 K_z 之和的总砖数 K_h，用延长线通过原点的同一直线 9 表示，这一点已在前面证明。这条总砖数 K_h 直线 9 与各条直形砖量直线 1～8 平行。这是因为在等大端尺寸（竖宽楔形砖的大端尺寸 C 与其配砌的直形砖的宽度尺寸 C 都采取 150 mm）系列下，总砖数计算式 $K_h=2\pi R/C$ 为通过原点（当 R=0 时，K_h=0）的直线方程，它的斜率为 $2\pi/C$，与各直形砖量直线方程的斜率相同。

（3）每一混合砖环的起点为所用竖宽楔形砖的单楔形砖环：$K_h=K_0=K'_0$，$K_z=0$ 及 $R=R_0$。例如起点 Q_1(2330.7，96.3)和 Q'_1(2330.7，0)的砖环为竖宽钝楔形砖 23/15D 的单楔形砖砖环：$K_h=K_{23/15D}=K'_{23/15D}=96.3$ 块，$K_{23/15D}=0$ 及 $R=R_{23/15D}=2330.7$ mm；起点 Q_2(2622.0，108.4)和 Q'_2(2622.0，0)的砖环为竖宽钝楔形砖 34.5/20D 的单楔形砖砖环：$K_h=K_{34.5/20D}=K'_{34.5/20D}=108.4$

块，$K_{34.5/0D}$=0 及 $R=R_{34.5/20D}$=2622.0 mm；起点 Q_3(3496.0，144.5)和 Q'_3(3496.0，0)的砖环为竖宽钝楔形砖 46/20D 的单楔形砖砖环：$K_h=K_{46/20D}=K'_{46/20D}$=144.5 块，$K_{46/0D}$=0 及 $R=R_{46/40D}$=3496.0 mm；起点 Q_4(1165.3，48.2)和 Q'_4(1165.3，0)的砖环为竖宽锐楔形砖 23/30D 的单楔形砖砖环：$K_h=K_{23/30D}=K'_{23/30D}$=48.2 块，$K_{23/0D}$=0 及 $R=R_{23/30D}$=1165.3 mm；起点 Q_5(1311.0，54.2)和 Q'_5(1311.0，0)的砖环为竖宽锐楔形砖 34.5/40D 的单楔形砖砖环：$K_h=K_{34.5/40D}=K'_{34.5/40D}$=54.2 块，$K_{34.5/0D}$=0 及 $R=R_{34.5/40D}$=1311.0 mm；起点 Q_6(1748.0，72.3)和 Q'_6 (1748.0，0)的砖环为竖宽锐楔形砖 46/40D 的单楔形砖砖环：$K_h=K_{46/40D}=K'_{46/40D}$=72.3 块，$K_{46/40D}$=0 及 $R=R_{46/40D}$=1748.0 mm；起点 Q_7(4370.0，180.6)和 Q'_7(4370.0，0)的砖环为竖宽钝楔形砖 57.5/20D 的单楔形砖砖环：$K_h=K_{57.5/20D}=K'_{57.5/20D}$=180.6 块，$K_{57.5/0D}$=0 及 $R=R_{57.5/20D}$=4370.0 mm；起点 Q_8(2185.0，90.3)和 Q'_8(2185.0，0)的砖环为竖宽锐楔形砖 57.5/40D 的单楔形砖砖环：$K_h=K_{57.5/40D}=K'_{57.5/40D}$=90.3 块，$K_{57.5/0D}$=0 及 $R=R_{57.5/40D}$=2185.0 mm。

1.4.2　高炉混合砖环计算线

虽然高炉混合砖环坐标计算图所占篇幅比砖量表明显减少，虽然本手册的高炉混合砖环坐标计算图比以前的文献[14]有所改进，但是直角坐标计算图还有两点值得改进之处：（1）直角坐标计算图的空置面积较大，浪费了不少版面；（2）由于从砖环外半径（横轴）—交点—砖量（纵轴）的视角转换，不仅需用查图时间，还可能影响精确度。为克服直角坐标图这两个不足之处，即继续减少版面和可直观地查图，本手册提出高炉混合砖环计算线。

首先，取水平横线的上方刻度表示混合砖环的外半径，也就是原直角坐标图的横轴，实际尺寸 1 mm 的每小格代表 10 mm 的砖环外半径。起点稍小于所用竖宽楔形砖的外半径。每实际尺寸 5 mm（5 小格）一中格，10 mm（10 小格）一大格，并按 5 大格表明实际尺寸，直到需要为止（参考直角坐标图的终点）。

其次，将直角坐标图的直形砖量 K_z 斜直线投影到水平横线的下方刻度上。直形砖量的 0 点要对准所用竖宽楔形砖的外半径。之后每增加一块直形砖时砖环外半径增加 $(\Delta R)_1$=24.19 mm。为保持精确具体作图法：从直形砖 0 点起，每 10 块直形砖（均分 20 小格，每小格代表 0.5 块直形砖）增加 10×24.19=241.9 mm，直形砖 0 点对准砖环外半径 R_0。直形砖 10 块对准砖环外半径 $R_{10}=R_0$+241.9（mm），直形砖 20 块对准砖环外半径 $R_{20}=R_0$+2×241.9（mm），直形砖 30 块对准砖环外半径 $R_{30}=R_0$+3×241.9（mm）……直形 10n 块对准砖环外半径 $R_n=R_0+n$×241.9（mm）。也就是每增加 10 块，砖环外半径在所用竖宽楔形砖外半径基数上递增 241.9 mm。

第三，关于混合砖环计算线的终点，同样要遵守高炉混合砖环坐标图的终点：（1）竖宽锐楔形砖与直形砖的混合砖环，其计算线的终点可控制在 $R=2.5R_x$ 左右。（2）竖宽钝楔形砖与直形砖的混合砖环，其计算线的终点一般应延长到 8000.0 mm 或直至需要。

第四，由于混合砖环计算线内省略了竖宽楔形砖数量（即其每环极限砖数 K'_0），每一混合砖环计算线的名称必须写以“与 K'_0 块竖宽楔形砖（砖号）配砌的直形砖（砖号）的块数”。

现以图 1-11a“与 48.2 块 23/30D 配砌的 23/0D 块数”计算线为例，说明该计算线的绘制方法。水平横线上方刻度表示该混合砖环的外半径 R，每实际尺寸 1 mm 的 1 小格代表 10 mm 砖环外半径。该砖环所用竖宽锐楔形砖 23/30D 的外半径 $R_{23/30D}$=1165.3 mm，所以水平横线上方的砖环外半径的起点稍小些取 1160.0 mm，之后标明 1500 mm、2000 mm、2500 mm 及 3000 mm。在水平横线下方刻度直形砖 23/0D 0 点对准 $R_{23/30D}$=1165.3 mm，$K_{23/0D}$=10 块点对准 R_{10}=1165.3+241.9=1407.2 mm，$K_{23/0D}$=20 块点对准 1407.2+241.9=1649.1 mm，$K_{23/0D}$=30 块点对准 1649.1+241.9=1891 mm，$K_{23/0D}$=40 块点对准 1891+241.9=2132.9 mm……$K_{23/0D}$=80 块点对准 R_{80}=1165.3+8×241.9=3100.5 mm。水平横线上方刻度按实际尺寸 1 mm 一小格，5 mm 一中格及 10 mm 一大格划好。水平横线下方刻度按实际尺寸 24.19 mm 为一大格，20 等分，每最小一格代表 0.5 块砖，每一小格代表 1 块砖，每中格代表 5 块砖，每大格代表 10 块砖。按这种方法绘制了高炉混合砖环计算线，见图 1-11a～图 1-11b。这些计算图的比例，在出版时有些变动。

用图 1-11a 和图 1-11b 的高炉混合砖环诸计算线查找例 7～例 14。

【例 7】 由高炉混合砖环计算线图 1-11b-（6）查外半径 R=3500.0 mm 奇数砖层外环 34.5/20D 与 34.5/0D 混合砖环中 $K_{34.5/0D}$ 约为 36.4 块（计算值 36.3 块）。由图 1-11a-（5）查偶数砖层外环 23/15D 与 23/0D 混合砖环中 $K_{23/0D}$ 约为 48.3 块（计算值 48.4 块）。

【例 8】 由高炉混合砖环计算线图 1-11a-（2）查外半径 R=2000.0 mm 奇数砖层外环 34.5/40D 与 34.5/0D 混合砖环中 $K_{34.5/0D}$ 约为 28.6 块（计算值 28.5 块）。由图 1-11a-（1），查偶数砖层外环 23/30D 与 23/0D 混合砖环中 $K_{23/0D}$ 约为 34.3 块（计算值 34.4 块）。

【例 9】 由高炉混合砖环计算线图 1-11b-（7）查外半径 R=5000.0 mm 奇数砖层外环 46/20D 与 46/0D 混合砖环中 $K_{46/0D}$ 约为 62.3 块（计算值 62.2 块）。由图 1-11a-（5）查偶数砖层外环 23/15D 与 23/0D 混合砖环中 $K_{23/0D}$ 约为 110.4 块（计算值 110.3 块）。

【例 10】 由高炉混合砖环计算线图 1-11a-（3），查外半径 R=3000.0 mm 奇数砖层外环 46/20D 与 46/0D 混合砖环中 $K_{46/0D}$ 约为 51.9 块（计算值 51.8 块）。由图 1-11a-（1），查偶数砖层外环 23/30D 与 23/0D 混合砖环中 $K_{23/0D}$ 约为 76.0 块（计算值 75.8 块）。

【例 11】 由高炉混合砖环计算线图 1-11b-（7），查外半径 R=5000.0 mm 奇数砖层外环 46/20D 与 46/0D 混合砖环中 $K_{46/0D}$ 约为 62.3 块（计算值 62.2 块）。由图 1-11b-（6），查偶数砖层外环 34.5/30D 与 34.5/0D 混合砖环中 $K_{34.5/0D}$ 约为 98.1 块（计算值 98.3 块）。

【例 12】 由高炉混合砖环计算线图 1-11a-（3），查外半径 R=3000.0 mm 奇数砖层外环 46/40D 与 46/0D 混合砖环中 $K_{46/0D}$ 约为 51.9 块（计算值 51.8 块）。由图 1-11a-（2），查偶数砖层外环 34.5/40D 与 34.5/0D 混合砖环中 $K_{34.5/0D}$ 约为 69.6 块（计算值 69.8 块）。

【例 13】 由高炉混合砖环计算线图 1-11b-（8），查外半径 R=5000.0 mm 奇数砖层外环 57.5/20D 与 57.5/0D 混合砖环中 $K_{57.5/0D}$ 约为 26.0 块（计算值 26.0 块）。由图 1-11b-（6），查偶数砖层外环 34.5/20D 与 34.5/0D 混合砖环中 $K_{34.5/0D}$ 约为 98.2 块（计算值 98.3 块）。

【例 14】 由高炉混合砖环计算线图 1-11a-（4），查外半径 R=3000.0 mm 奇数砖层外环 57.5/40D 与 57.5/0D 混合砖层中 $K_{57.5/0D}$ 约为 34.7 块（计算值 34.7 块）。由图 1-11a-（3），查偶数砖层外环 46/40D 与 46/0D 混合砖环中 $K_{46/0D}$ 约为 51.9 块（计算值 51.8 块）。

由高炉混合砖环计算线图 1-11a、图 1-11b 及查例 7～例 14 可体会到：（1）查找方便性和查找速度比较，计算线比直角坐标图优越，这是因为一条计算线上下刻度的直观性很强。（2）查找砖量的精确度，计算线也比直角坐标图提高了 0.1～0.3 块。因为在直角坐标图中实际尺寸 1 mm 的每小格代表 1 块砖，一般只能估算半块砖的精度。而在计算线中实际尺寸 1.21 mm 的每小格就代表半块砖，可估算到 0.2～0.3 块的精度。

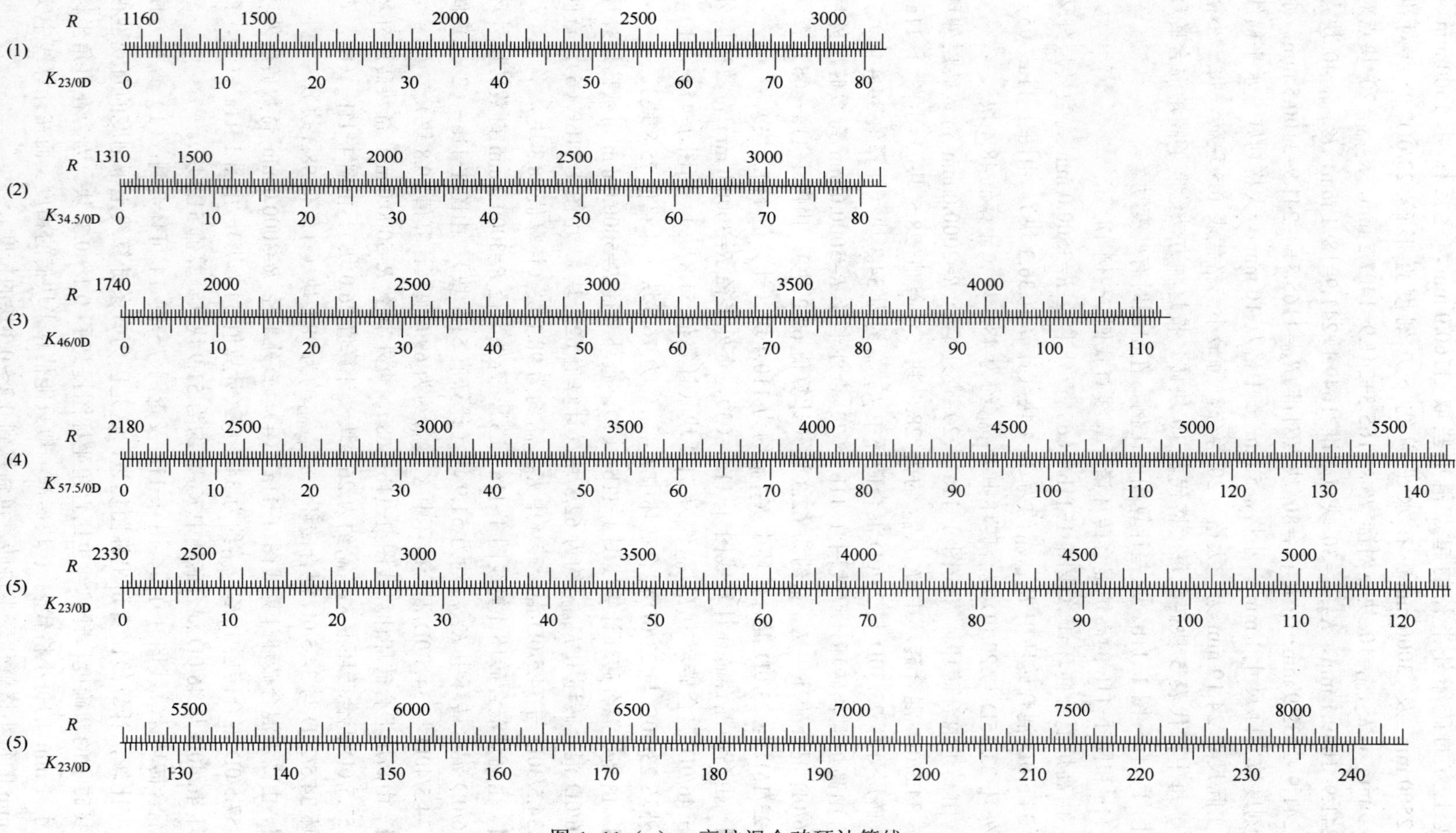

图1-11（a）　高炉混合砖环计算线

（1）与48.2块23/30D配砌的23/0D块数；（2）与54.2块34.5/40D配砌的34.5/0D块数；

（3）与72.3块46/40D配砌的46/0D块数；（4）与90.3块57.5/40D配砌的57.5/0D块数；

（5）与96.3块23/15D配砌的23/0D块数

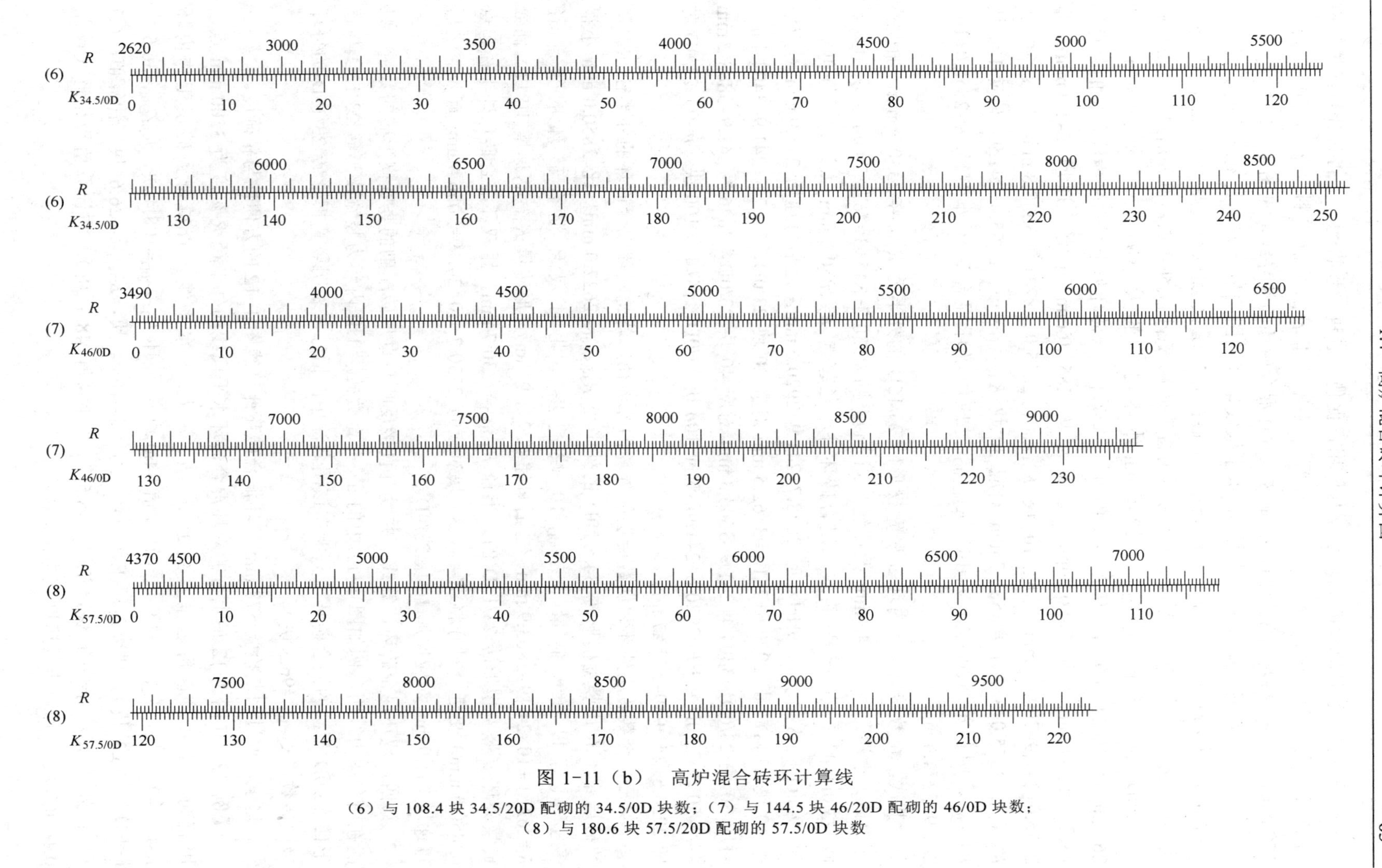

图 1-11（b） 高炉混合砖环计算线

（6）与 108.4 块 34.5/20D 配砌的 34.5/0D 块数；（7）与 144.5 块 46/20D 配砌的 46/0D 块数；
（8）与 180.6 块 57.5/20D 配砌的 57.5/0D 块数

高炉混合砖环计算线的成功绘制与应用，促使作者进一步设想，能否将计算线扩大应用到双环混合砖环中。参考高炉双环混合砖环砖量表的编制资料（表 1-20），现以 578 mm 双环混合砖环砖量为例，绘制这一双环混合砖环的计算线，见图 1-12。

首先，双环混合砖环的外半径 R 水平横线单列在图的最上方，其刻度同高炉混合砖环计算线。偶数砖层工作内环 c 用竖宽楔形砖的外半径 R_0 加以环缝厚度（3 mm）及外环用砖的大小端距离（砖环厚度）A，为所用直形砖量 $K_{34.5/0D}$ 的 0 点，例如所用竖宽楔形砖 34.5/20D 的外半径 $R_{34.5/20D}$=2622.0 mm, 外环用砖的大小端距离 A=230 mm，则 2622.0+3+230=2855.0 mm 为 $K_{34.5/0D}$ 的 0 点。双环混合砖环外半径水平横线刻度的起点稍小于 2855.0 mm，取 2850.0 mm。c 砖环从 2855.0 mm 开始，递增 241.9 mm，即 2855.0+241.9=3096.9 mm 对应 10 块 $K_{34.5/0D}$；2855.0+2×241.9=3338.8 mm 对应 20 块 $K_{34.5/0D}$；2855.0+3×241.9=3580.7 mm 对应 30 块 $K_{34.5/0D}$……；2855.0+241.9n 对应 10n 块 $K_{34.5/0D}$。例如第 100 块（n=10）$K_{34.5/0D}$ 对应的双环混合砖环外半径 R=2855.0+10×241.9=5274.0 mm。

其次，奇数砖层工作内环 a 竖宽楔形砖 23/15D 的外半径 $R_{23/15D}$=2330.7 mm，加上外环用砖大小端距离 A=345 mm 及环缝（3 mm），则 2330.7+345+3=2678.7 mm 为所用直形砖 23/0D 的 0 点。但它距双环混合砖环外半径起点 R=2850.0 mm 太远，只好再加上 241.9 mm 取 $K_{23/0D}$=10 块的对应 2678.7+241.9=2920.6 mm。之后每递增 241.9 mm 对应增加 10 块 23/0D。即 2920.6+241.9=3162.5 mm 对应 20 块 23/0D，3162.5+241.9=3404.4 mm 对应 30 块 23/0D，3404.4+241.9=3646.3 mm 对应 40 块 23/0D，3646.3+241.9=3888.2 mm 对应 50 块 23/0D……R=2920.6+241.9n 对应 10n 块 23/0D，例如第 100 块（n=9）23/0D 对应 2920.6+241.9×9=5097.7 mm。

第三，奇数砖层外环和偶数砖层的外环的外半径，就是双环混合砖环的外半径 R。奇数砖层外环 b 用竖宽楔形砖 34.5/20D 的外半径 $R_{34.5/20D}$=2622.0 mm，比 2850.0 mm 小很多，只好以直形砖量 $K_{34.5/0D}$=10 块起步，此时双环混合砖环的外半径 R=2622.0+10×24.19=2863.9 mm。之后每递增 241.9 mm 直形砖量 $K_{34.5/0D}$ 递增 10 块。偶数砖层外环 d 竖宽楔形砖 23/15D 的外半径 $R_{23/15D}$=2330.7 mm，距双环混合砖环外半径起点（2850.0 mm）更远，只好将 $K_{23/0D}$=30 块对应的 2330.7+30×24.19=3056.4 mm 起步。之后每递增 241.9 mm 对应增加 10 块 23/0D。

第四，双环混合砖环计算线中并没有直接反映与直形砖配砌的竖宽楔形砖的数量，只能在图名注中写明。例如图 1-12 中的 a——奇数砖层工作内环为竖宽楔形砖 23/15D 与直形砖 23/0D 配砌的混合砖环，只能在该图名注中的括号内表明竖宽楔形砖 23/15D 的每环极限砖数（$K_{23/15D}$=96.3 块）。

这里，通过例 7 检验 578 mm 双环混合砖环计算线图 1-12 的方便性与精确度。

【例 7】 在图 1-12 最上方的双环混合砖环水平横线的外半径 R 刻度为 3500 mm 点，用直角三角尺一直角边垂直交于 a、b、c 及 d 水平线，查得奇数砖层工作内环 $K_{23/15D}$=96.3 块，$K_{23/0D}$=33.9 块（计算值 34.0 块）；外环 $K_{34.5/20D}$=108.4 块，$K_{34.5/0D}$=36.5 块（计算值 36.3 块）。偶数砖层工作内环 $K_{34.5/20D}$=108.4 块，$K_{34.5/0D}$=26.6 块（计算值 26.7 块）；外环 $K_{23/15D}$=96.3 块，$K_{23/0D}$=48.5 块（计算值 48.3 块）。与计算值极相近（仅差 0.1～0.2 块），而且查找速度相当快。

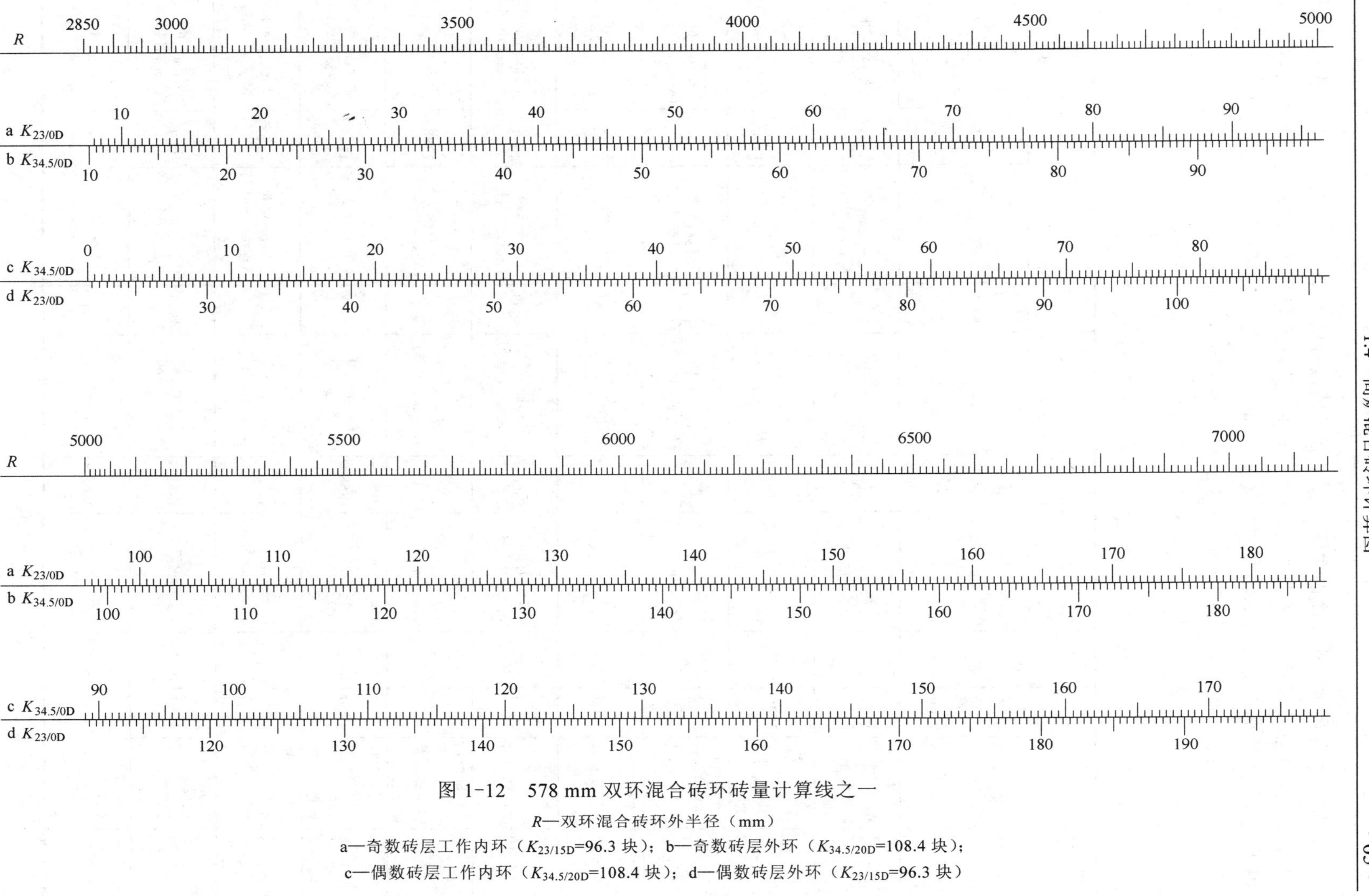

图 1-12　578 mm 双环混合砖环砖量计算线之一

R—双环混合砖环外半径（mm）

a—奇数砖层工作内环（$K_{23/15D}$=96.3 块）；b—奇数砖层外环（$K_{34.5/20D}$=108.4 块）；

c—偶数砖层工作内环（$K_{34.5/20D}$=108.4 块）；d—偶数砖层外环（$K_{23/15D}$=96.3 块）

绘制双环混合砖环计算线的关键，在于找准偶数砖层工作内环及奇数砖层工作内环所用直形砖的 0 点及其对应的双环外半径 R。为便于绘制不同厚度双环混合砖环计算线，特提供各双环混合砖环计算线的绘制资料（表 1-36）。按此表资料及图 1-12 的绘制方法，绘制了 578 mm、693 mm、808 mm、923 mm 及 1038 mm 双环混合砖环砖量计算线，见图 1-13～图 1-21。由这些双环混合砖环砖量计算线查找了例 8～例 14。

表 1-36 高炉双环混合砖环砖量计算线绘制资料

图号	图名	双环混合砖环外半径起点 R/mm	奇数砖层				偶数砖层			
			工作内环 a		外环 b		工作内环 c		外环 d	
			双环混合砖环外半径 R/mm	砖数 K/块	双环混合砖环外半径 R/mm	砖数 K/块	双环混合砖环外半径 R/mm	砖数 K/块	双环混合砖环外半径 R/mm	砖数 K/块
图 1-12	578 mm 双环混合砖环砖量计算线之一	2850	2920.6	$K_{23/0D}=10$ ($K_{23/15D}=96.3$)	2863.9	$K_{34.5/0D}=10$ ($K_{34.5/20D}=108.4$)	2855	$K_{34.5/0D}=0$ ($K_{34.5/20D}=108.4$)	3056.4	$K_{23/0D}=30$ ($K_{23/15D}=96.3$)
图 1-13	578 mm 双环混合砖环砖量计算线之二	1540	1755.2	$K_{23/0D}=10$ ($K_{23/30D}=48.2$)	1552.9	$K_{34.5/0D}=10$ ($K_{34.5/40D}=54.2$)	1544	$K_{34.5/0D}=0$ ($K_{34.5/40D}=54.2$)	1649.1	$K_{23/0D}=20$ ($K_{23/30D}=48.2$)
图 1-14	693 mm 双环混合砖环砖量计算线之一	3720	3761.3	$K_{23/0D}=40$ ($K_{23/15D}=96.3$)	3737.9	$K_{46/0D}=10$ ($K_{46/20D}=144.5$)	3729	$K_{46/0D}=0$ ($K_{46/20D}=144.5$)	3782.1	$K_{23/0D}=60$ ($K_{23/15D}=96.3$)
图 1-15	693 mm 双环混合砖环砖量计算线之二	1980	2112.1	$K_{23/0D}=20$ ($K_{23/30D}=48.2$)	1989.9	$K_{46/0D}=10$ ($K_{46/40D}=72.3$)	1981	$K_{46/0D}=0$ ($K_{46/40D}=72.3$)	2132.9	$K_{23/0D}=40$ ($K_{23/30D}=48.2$)
图 1-16	808 mm 双环混合砖环砖量计算线之一	3840	4052.6	$K_{34.5/0D}=40$ ($K_{34.5/20D}=108.4$)	3979.8	$K_{46/0D}=20$ ($K_{46/20D}=144.5$)	3844	$K_{46/0D}=0$ ($K_{46/20D}=144.5$)	4073.4	$K_{34.5/0D}=60$ ($K_{34.5/20D}=108.4$)
图 1-17	808 mm 双环混合砖环砖量计算线之二	2090	2257.8	$K_{34.5/0D}=20$ ($K_{34.5/40D}=54.2$)	2231.8	$K_{46/0D}=20$ ($K_{46/40D}=72.3$)	2096	$K_{46/0D}=0$ ($K_{46/40D}=72.3$)	2278.6	$K_{34.5/0D}=40$ ($K_{34.5/40D}=54.2$)
图 1-18	923 mm 双环混合砖环砖量计算线之一	4700	4893.3	$K_{34.5/0D}=70$ ($K_{34.5/20D}=108.4$)	4853.8	$K_{57.5/0D}=20$ ($K_{57.5/20D}=180.6$)	4718	$K_{57.5/0D}=0$ ($K_{57.5/20D}=180.6$)	4799.1	$K_{34.5/0D}=90$ ($K_{34.5/20D}=108.4$)
图 1-19	923 mm 双环混合砖环砖量计算线之二	2530	2614.7	$K_{34.5/0D}=30$ ($K_{34.5/40D}=54.2$)	2668.8	$K_{57.5/0D}=20$ ($K_{57.5/40D}=90.3$)	2533	$K_{57.5/0D}=0$ ($K_{57.5/40D}=90.3$)	2762.4	$K_{34.5/0D}=60$ ($K_{34.5/40D}=54.2$)
图 1-20	1038 mm 双环混合砖环砖量计算线之一	4830	5041.6	$K_{46/0D}=40$ ($K_{46/20D}=144.5$)	4853.8	$K_{57.5/0D}=20$ ($K_{57.5/20D}=180.6$)	4833	$K_{57.5/0D}=0$ ($K_{57.5/20D}=180.6$)	4947.4	$K_{46/0D}=60$ ($K_{46/20D}=144.5$)
图 1-21	1038 mm 双环混合砖环砖量计算线之二	2640	2809.8	$K_{46/0D}=20$ ($K_{46/40D}=72.3$)	2668.8	$K_{57.5/0D}=20$ ($K_{57.5/40D}=90.3$)	2648	$K_{57.5/0D}=0$ ($K_{57.5/40D}=90.3$)	2715.6	$K_{46/0D}=40$ ($K_{46/40D}=72.3$)

注：本表所有外半径 R 均指双环混合砖环的外半径（mm）。

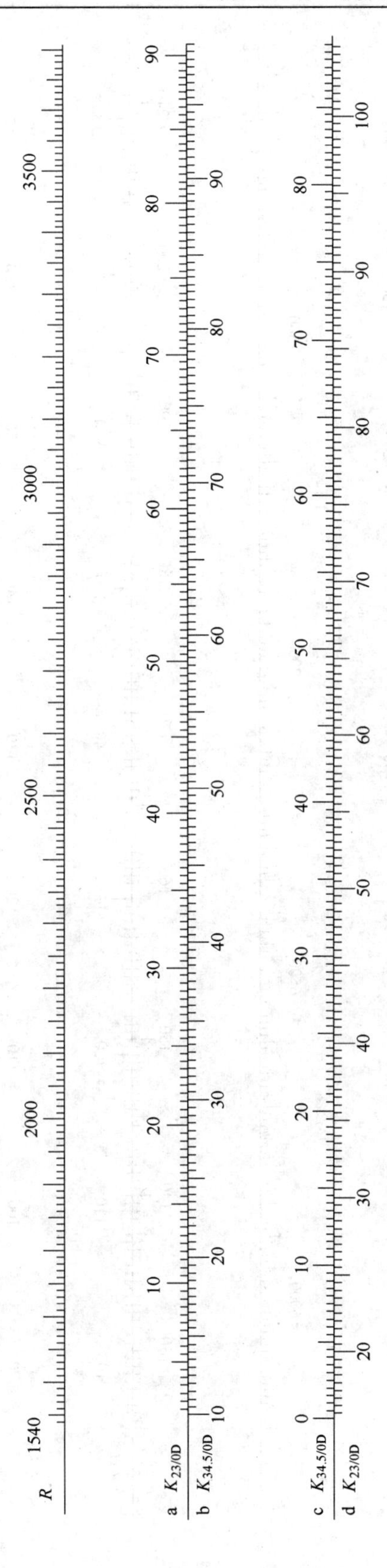

图 1-13 578 mm 双环混合砖环砖量计算线之二

a—奇数砖层工作内环（$K_{23/30D}$=48.2 块）；b—奇数砖层外环（$K_{34.5/40D}$=54.2 块）；c—偶数砖层工作内环（$K_{34.5/40D}$=54.2 块）；d—偶数砖层外环（$K_{23/30D}$=48.2 块）

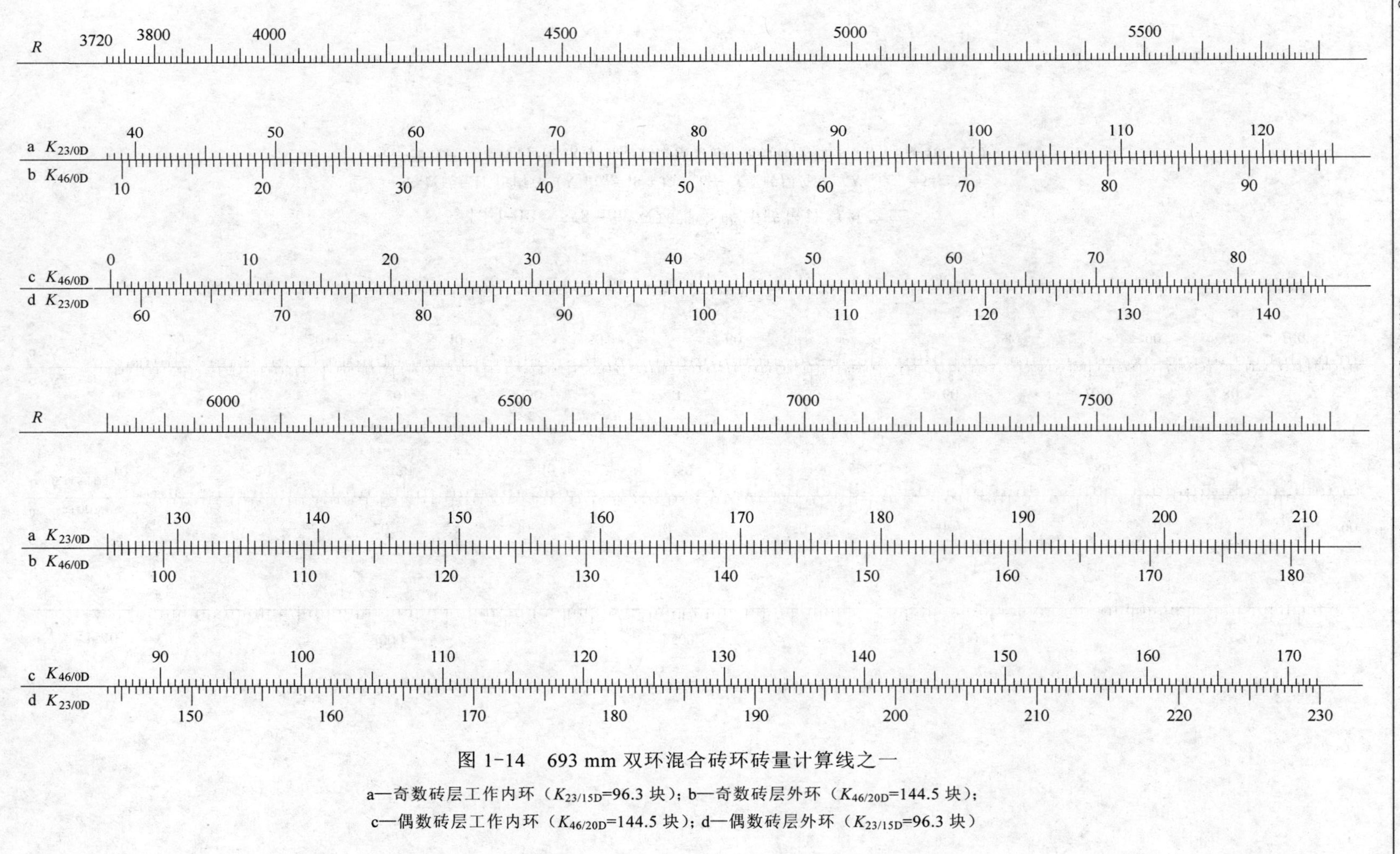

图 1-14　693 mm 双环混合砖环砖量计算线之一

a—奇数砖层工作内环（$K_{23/15D}$=96.3 块）；b—奇数砖层外环（$K_{46/20D}$=144.5 块）；
c—偶数砖层工作内环（$K_{46/20D}$=144.5 块）；d—偶数砖层外环（$K_{23/15D}$=96.3 块）

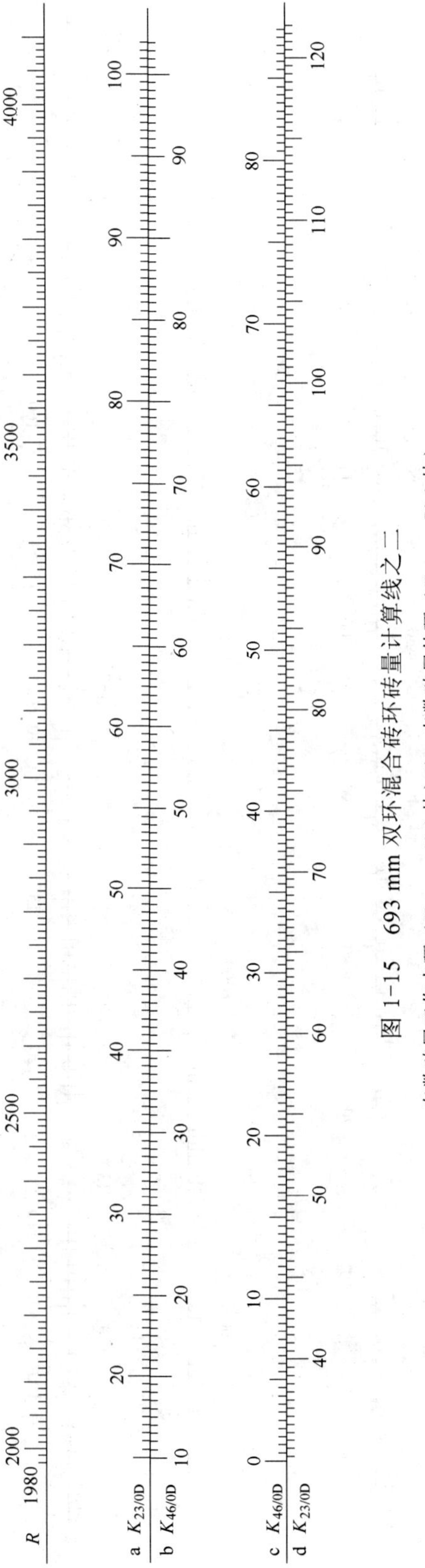

图 1-15 693 mm 双环混合砖环砖量计算线之二

a—奇数砖层工作内环（$K_{23/30D}$=48.2 块）；b—奇数砖层外环（$K_{46/40D}$=72.3 块）；
c—偶数砖层工作内环（$K_{46/40D}$=72.3 块）；d—偶数砖层外环（$K_{23/30D}$=48.2 块）

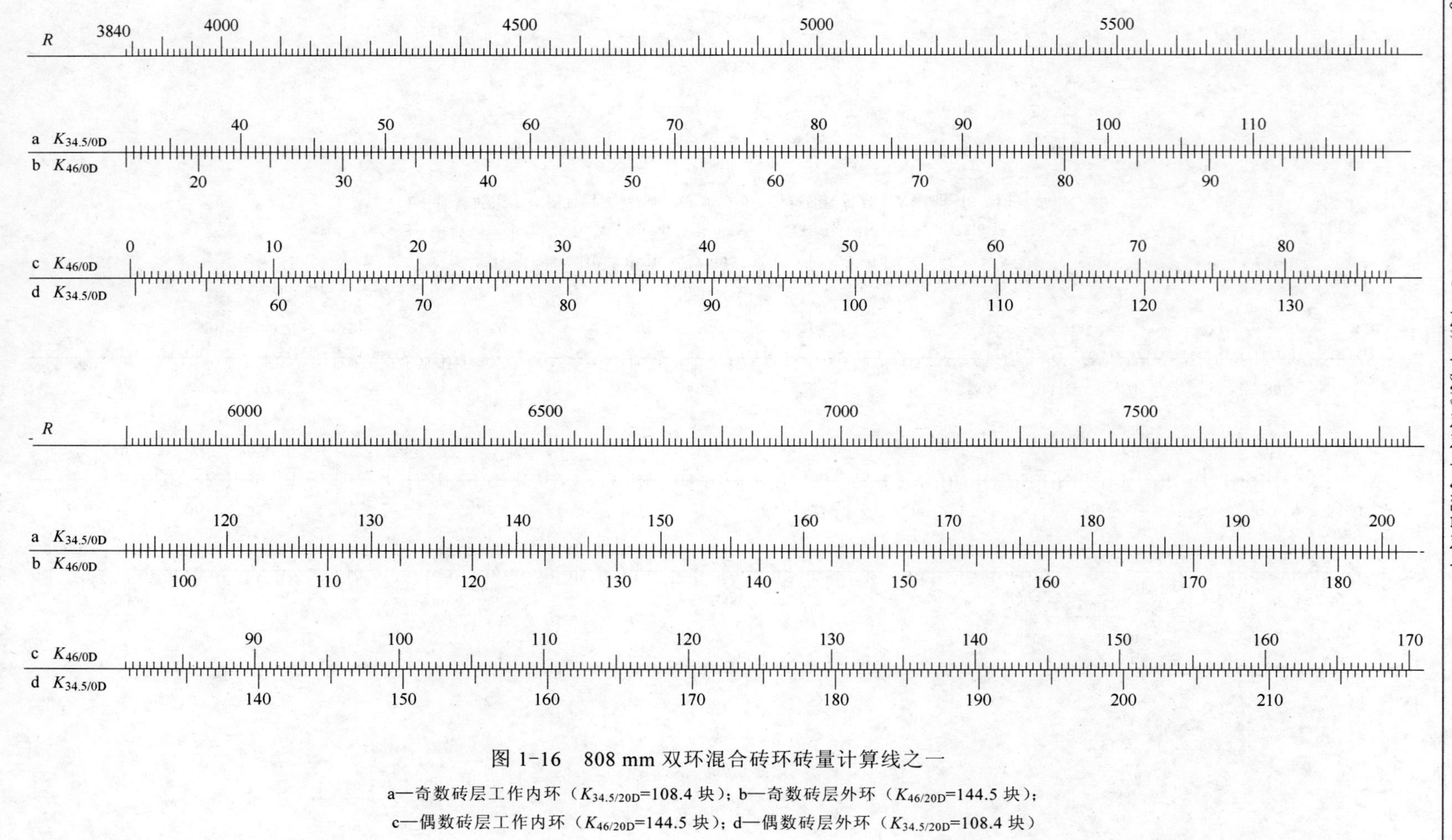

图 1-16　808 mm 双环混合砖环砖量计算线之一

a—奇数砖层工作内环（$K_{34.5/20D}$=108.4 块）；b—奇数砖层外环（$K_{46/20D}$=144.5 块）；
c—偶数砖层工作内环（$K_{46/20D}$=144.5 块）；d—偶数砖层外环（$K_{34.5/20D}$=108.4 块）

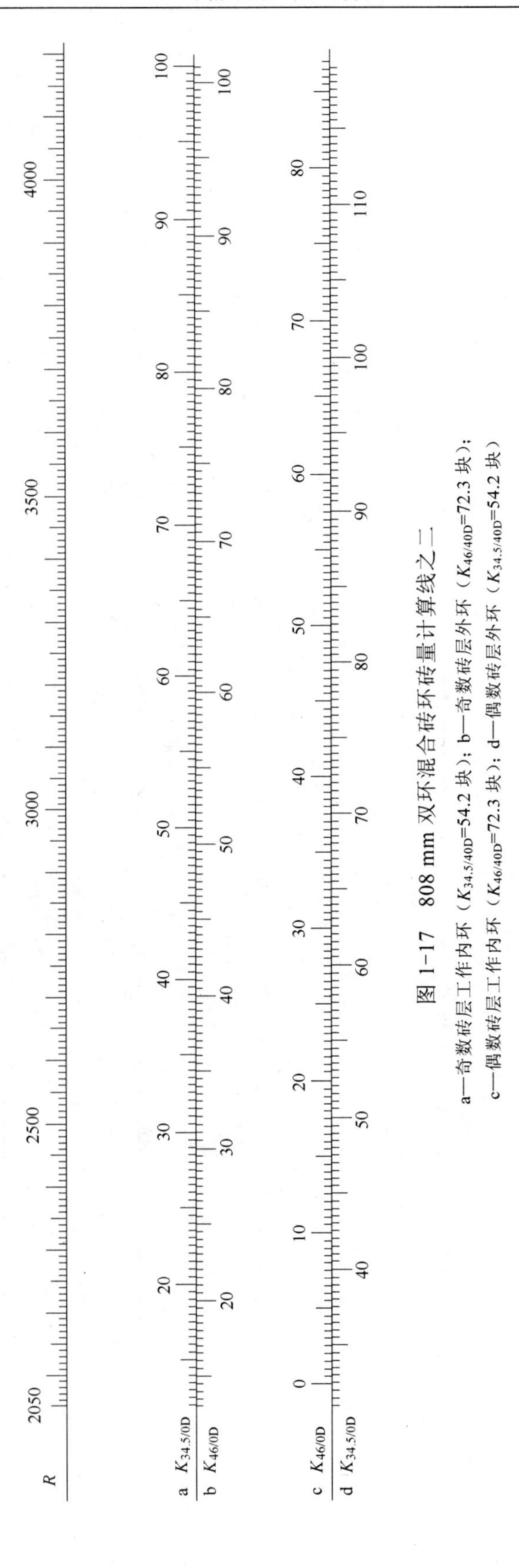

图 1-17 808 mm 双环混合砖环砖量计算线之二

a—奇数砖层工作内环（$K_{34.5/40D}$=54.2 块）；b—奇数砖层外环（$K_{46/40D}$=72.3 块）；

c—偶数砖层工作内环（$K_{46/40D}$=72.3 块）；d—偶数砖层外环（$K_{34.5/40D}$=54.2 块）

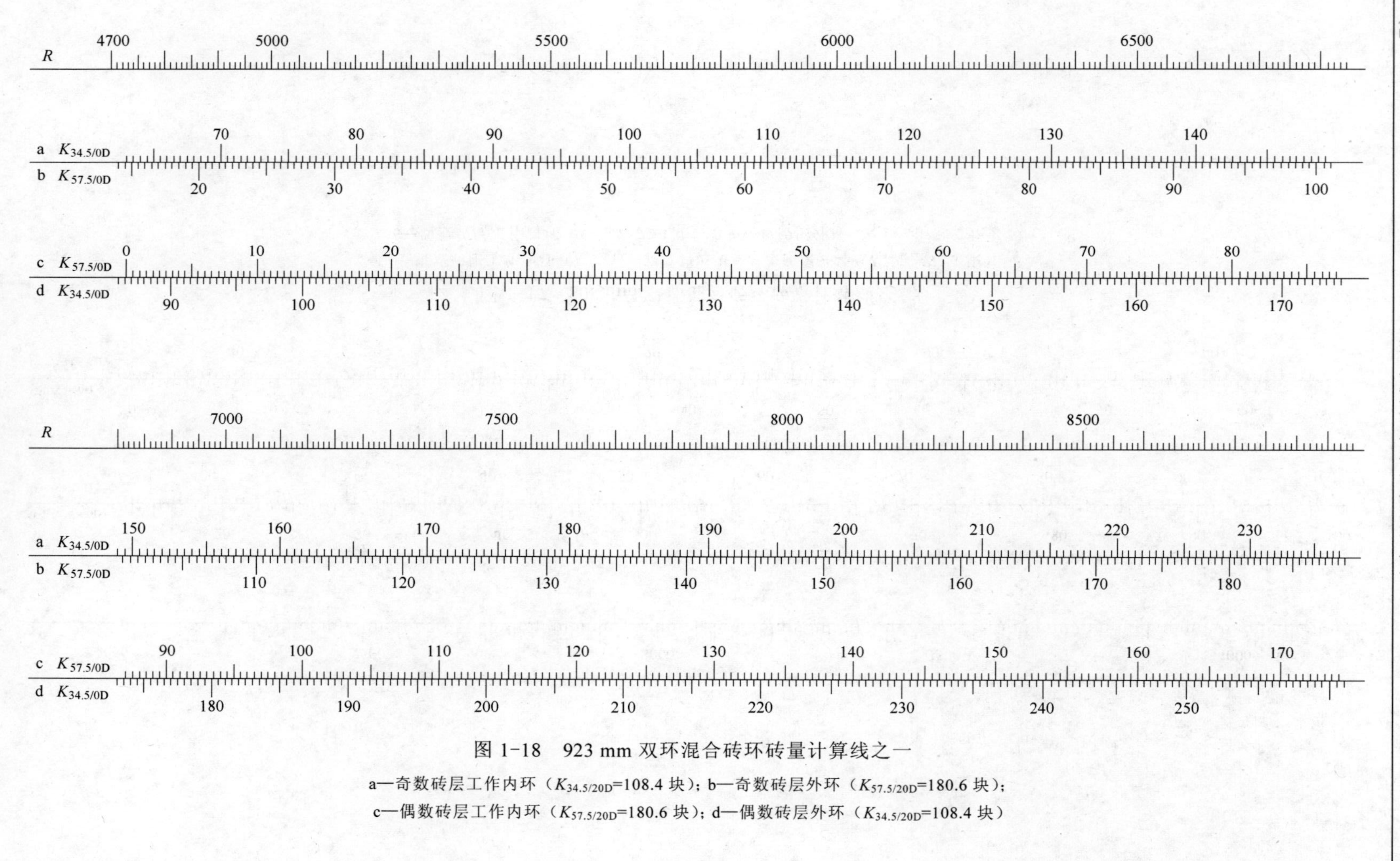

图 1-18　923 mm 双环混合砖环砖量计算线之一

a—奇数砖层工作内环（$K_{34.5/20D}$=108.4 块）；b—奇数砖层外环（$K_{57.5/20D}$=180.6 块）；
c—偶数砖层工作内环（$K_{57.5/20D}$=180.6 块）；d—偶数砖层外环（$K_{34.5/20D}$=108.4 块）

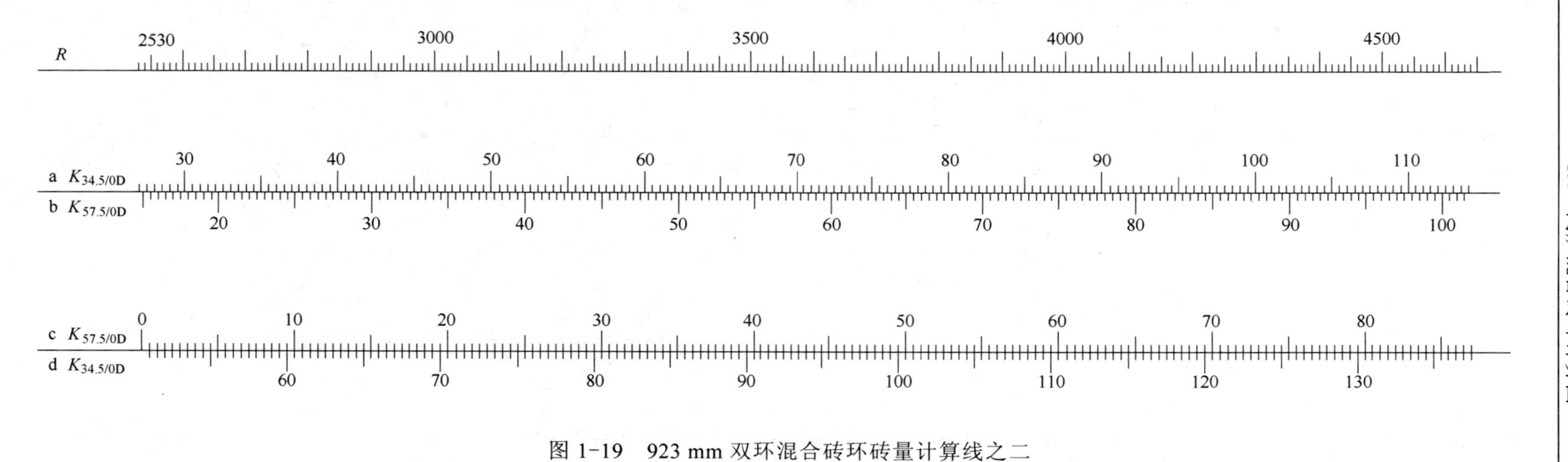

图 1-19　923 mm 双环混合砖环砖量计算线之二

a—奇数砖层工作内环（$K_{34.5/40D}$=54.2 块）；b—奇数砖层外环（$K_{57.5/40D}$=90.3 块）；
c—偶数砖层工作内环（$K_{57.5/40D}$=90.3 块）；d—偶数砖层外环（$K_{34.5/40D}$=54.2 块）

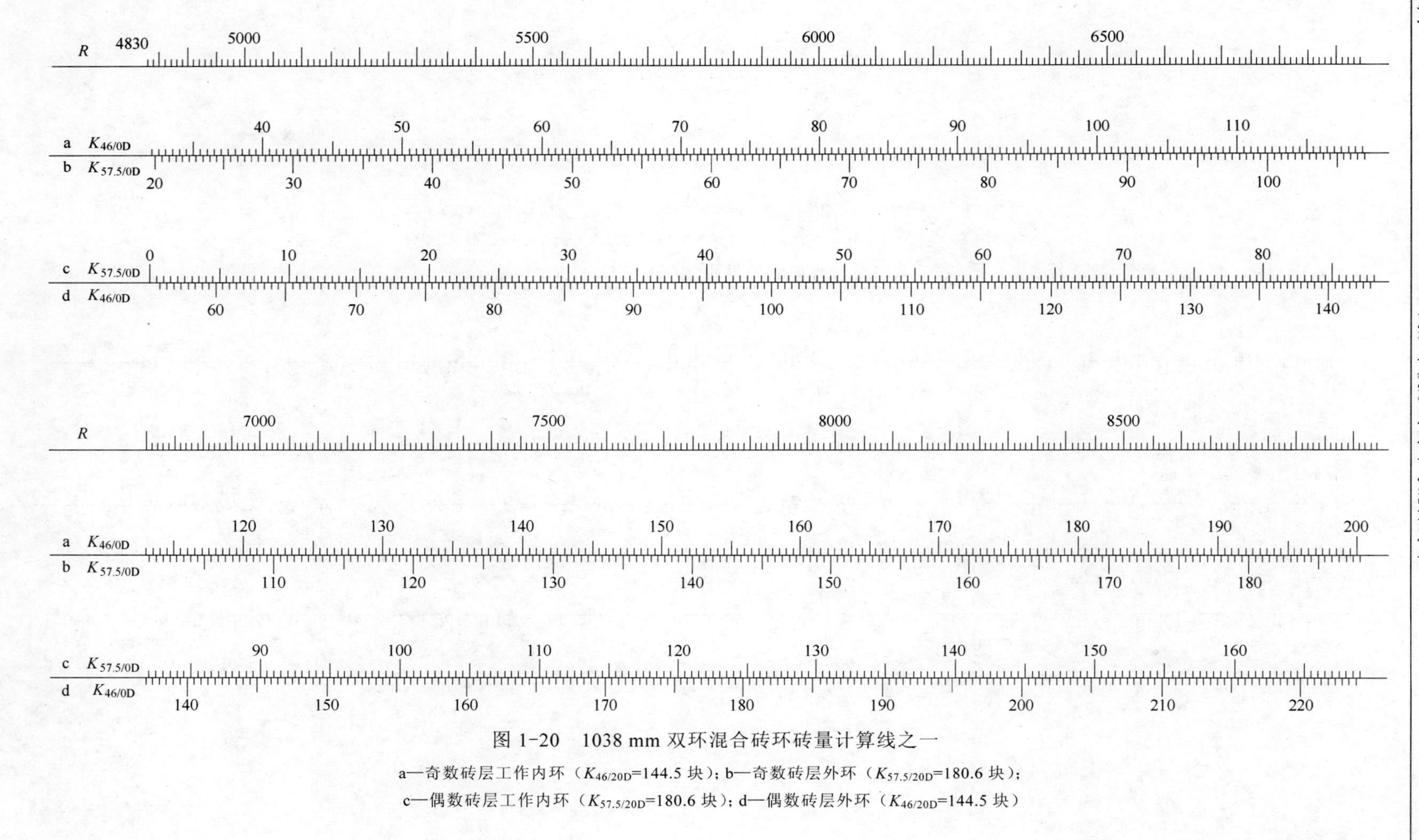

图 1-20　1038 mm 双环混合砖环砖量计算线之一

a—奇数砖层工作内环（$K_{46/20D}$=144.5 块）；b—奇数砖层外环（$K_{57.5/20D}$=180.6 块）；
c—偶数砖层工作内环（$K_{57.5/20D}$=180.6 块）；d—偶数砖层外环（$K_{46/20D}$=144.5 块）

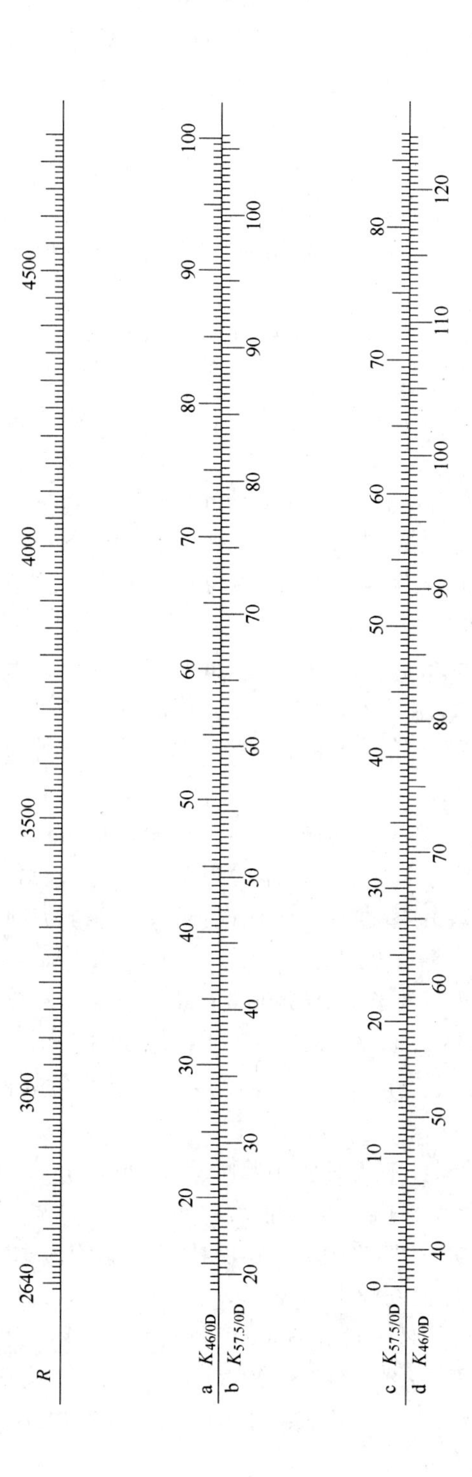

图 1-21 1038 mm 双环混合砖环砖量计算线之二

a—奇数砖层工作内环（$K_{46/40D}$=72.3 块）；b—奇数砖层外环（$K_{57.5/40D}$=90.3 块）；c—偶数砖层工作内环（$K_{57.5/40D}$=90.3 块）；d—偶数砖层外环（$K_{46/40D}$=72.3 块）

【例 8】 在图 1-13 最上方的双环混合砖环外半径 R=2000.0 mm 点引垂线，交于 a、b、c 及 d 水平线上，查得奇数砖层工作内环 $K_{23/0D}$ 约为 20.0 块（计算值 20.1 块），外环 $K_{34.5/0D}$ 约为 28.4 块（计算值 28.5 块）；偶数砖层工作内环 $K_{34.5/0D}$ 约为 18.8 块（计算值 18.9 块），外环 $K_{23/0D}$ 约为 34.6 块（计算值 34.5 块）。

【例 9】 在图 1-14 双环混合砖环外半径 R=5000.0 mm 点引垂线，交于 a、b、c 及 d 水平线上，查得奇数砖层工作内环 $K_{23/0D}$ 约为 91.0 块（计算值 91.2 块），外环 $K_{46/0D}$ 约为 62.1 块（计算值 62.2 块）；偶数砖层工作内环 $K_{46/0D}$ 约为 52.3 块（计算值 52.5 块），外环 $K_{23/0D}$ 约为 110.0 块（计算值 110.3 块）。

【例 10】 在图 1-15 双环混合砖环外半径 R=3000.0 mm 点引垂线，交于 a、b、c 及 d 水平线上，查得奇数砖层工作内环 $K_{23/0D}$ 约为 56.6 块（计算值 56.7 块），外环 $K_{46/0D}$ 约为 51.7 块（计算值 51.8 块）；偶数砖层工作内环 $K_{46/0D}$ 约为 42 块（计算值 42.1 块），外环 $K_{23/0D}$ 约为 76.0 块（计算值 75.8 块）。

【例 11】 在图 1-16 双环混合砖环外半径 R=5000.0 mm 点引垂线，交于 a、b、c 及 d 水平线上，查得奇数砖层工作内环 $K_{34.5/0D}$ 约为 79.3 块（计算值 79.2 块），外环 $K_{46/0D}$ 约为 62.1 块（计算值 62.2 块）；偶数砖层工作内环 $K_{46/0D}$ 约为 47.9 块（计算值 47.8 块），外环 $K_{34.5/0D}$ 约为 98.2 块（计算值 98.3 块）。

【例 12】 在图 1-17 双环混合砖环外半径 R=3000.0 mm 点引垂线，交于 a、b、c 及 d 水平线上，查得奇数砖层工作内环 $K_{34.5/0D}$ 约为 50.5 块（计算值 50.7 块），外环 $K_{46/0D}$ 约为 51.7 块（计算值 51.8 块）；偶数砖层工作内环 $K_{46/0D}$ 约为 37.2 块（计算值 37.4 块），外环 $K_{34.5/0D}$ 约为 69.7 块（计算值 69.8 块）。

【例 13】 在图 1-18 的 923 mm 双环混合砖环外半径 R=5000.0 mm 点引垂线，交于 a、b、c 及 d 水平线上，查得奇数砖层工作内环 $K_{34.5/0D}$ 约为 74.3 块（计算值 74.4 块），外环 $K_{57.5/0D}$ 约为 26.0 块（计算值 26.0 块）；偶数砖层工作内环 $K_{57.5/0D}$ 约为 11.6 块（计算值 11.7 块），外环 $K_{34.5/0D}$ 约为 98.2 块（计算值 98.3 块）。

在图 1-20 的 1038 mm 双环混合砖环外半径 R=5000.0 mm 点引垂线，交于 a、b、c 及 d 水平线上，查得奇数砖层工作内环 $K_{46/0D}$ 约为 38.2 块（计算值 38.3 块），外环 $K_{57.5/0D}$ 约为 26.0 块（计算值 26.0 块）；偶数砖层工作内环 $K_{57.5/0D}$ 约为 6.7 块（计算值 6.9 块），外环 $K_{46/0D}$ 约为 62.0 块（计算值 62.2 块）。

【例 14】 在图 1-19 的 923 mm 双环混合砖环外半径 R=3000.0 mm 点引垂线，交于 a、b、c 及 d 水平线上，查得奇数砖层工作内环 $K_{34.5/0D}$ 约为 46.0 块（计算值 45.9 块），外环 $K_{57.5/0D}$ 约为 33.8 块（计算值 33.7 块）；偶数砖层工作内环 $K_{57.5/0D}$ 约为 19.5 块（计算值 19.3 块），外环 $K_{34.5/0D}$ 约为 70 块（计算值 69.8 块）。

在图 1-21 的 1038 mm 双环混合砖环外半径 R=3000.0 mm 点引垂线，交于 a、b、c 及 d 水平线上，查得奇数砖层工作内环 $K_{46/0D}$ 约为 27.8 块（计算值 27.9 块），外环 $K_{57.5/0D}$ 约为 33.5 块（计算值 33.7 块）；偶数砖层工作内环 $K_{57.5/0D}$ 约为 14.5 块（计算值 14.6 块），外环 $K_{46/0D}$ 约为 51.6 块（计算值 51.8 块）。

对高炉混合砖环计算中的简化计算、砖量表、坐标计算图和计算线这几种方法，从计算精确度、计算或查找速度、占用版面或篇幅、反映配砌方案全貌程度、是否需要进行数字计算和表现双环的可能性这几方面，进行比较评估，结果见表 1-37。

表 1-37 高炉混合砖环砖量计算方法的评估

比较项目	砖量计算方法			
	简化计算	砖量表	坐标计算图	计算线
计算精确度，砖块数	<0.1	<0.1	<0.5	<0.3
顺序	最好	最好	较好	好
评分	5	5	3	4
计算或查找速度	慢	最快	较快	快
评分	2	5	3	4
占用版面或篇幅	最小	最大	较小	小
评分	5	2	3	4
反映配砌方案全貌程度	好	不好	最好	好
评分	4	1	5	4
是否需要进行数字运算	需	不需	不需	不需
评分	0	5	5	5
表现双环砖量的可能性	好	最好	较好	最好
评分	4	5	3	5
总分	20	23	22	26
顺序	4	2	3	1

从表 1-37 可看出：(1) 计算精确度最高的方法为简化计算和砖量表。(2) 查找或计算速度最快的方法为砖量表，其次为计算线。(3) 占用版面或篇幅最小的方法为简化计算，其次为计算线。(4) 反映配砌方案全貌程度最高的方法为坐标计算图，其次为计算线和简化计算。(5) 省去数字运算的方法有砖量表，坐标计算图和计算线。(6) 表现双环砖量的可能性最好的方法为砖量表和计算线。(7) 总体评分最佳的方法为计算线，其次为砖量表。

对具体问题要作具体分析。前面的比较只能作参考。作者认为：

首先，简化计算包括基于楔形砖和直形砖尺寸特征的砖量简易计算式，是砖量表、坐标计算图及计算线的原理和基础。特别是采用电脑计算以来，这些简易计算式可开发出许多软件来。

其次，追求精确度，查找速度和不需要数字运算的用户，特别是单一炉种的用户，最好掌握砖量表编制方法，自行编制所常用的砖量表。作者将在本手册后面的章节，提供砖量表表头或编制资料。

第三，充分发挥坐标计算图能反映配砌方案全貌的突出特点，但不刻意追求其精确度，对每组各砖环都绘制占用版面不大（不超过一页）的坐标计算图。

第四，充分发挥计算线各方面都好的全能优势，对于具体砖环都绘制其计算线。

最后，作为对砖量计算方法的研究者和运用者，应尊重个人兴趣和爱好，由其自行选择。但最重要的，期望对砖量计算方法继续深入研究，以便开发出比现今好得多的计算方法来。

思考题

1．高炉环形砌砖设计计算的传统方法有哪些优缺点？

2．竖宽楔形砖有哪些尺寸特征？请熟记每一尺寸特征的定义计算式及其推导过程。

3．混合砖环与单楔形砖砖环的区别何在？它们的用途分别有哪些？

4．混合砖环与单楔形砖砖环的内外圆周长之差为什么都等于 $2\pi A$ 的定值？

5．混合砖环与单楔形砖砖环，两砖环外圆周长之差和内圆周长之差，为什么都等于 $2\pi\Delta R$？

6．为什么式 $K_z=2\pi(R-R_0)/C$ 或式 $K_z=(R-R_0)/\Delta(R)_1$ 通用于等大端尺寸或不等大端尺寸混合砖环？

7．混合砖环内直形砖量简化计算式、简易计算通式和简易计算式的区别何在？请举例说明。

8．了解直形砖尺寸特征的含义及其定义计算式的推导过程。

9．从混合砖环内直形砖量简易计算通式及其计算实例中，体会竖宽楔形砖外半径的作用。

10．从竖宽楔形砖的每环极限砖数的定含义和混合砖环计算实践，体会它的重要作用。

11．楔形砖的每环极限砖数为定值的论证方法很多，你对哪种论证方法感兴趣？你还有本手册以外的论证方法吗？

12．混合砖环砖量表的编制原理，主要依据哪些计算公式？

13．高炉双环砌砖有哪些特点？

14．高炉混合砖环直角坐标计算模式图包括哪些基本概念？至少举出五种。

15．在高炉混合砖环直角坐标计算图中，为什么各直形砖量直线和总砖数直线都互相平行？

16．高炉混合砖环直角坐标计算图有哪些优点和缺点？

17．高炉双环混合砖环计算线绘制的关键在哪里？

18．请举例比较高炉混合砖环砖量计算各种方法（简化计算法、砖量表、直角坐标计算图和计算线）的优缺点。你喜欢哪种方法？

19．了解下列术语（或用语）的定（含）义：单楔形砖砖环、混合砖环、环形砌砖、直形砖、竖宽楔形砖、尺寸特征、特征尺寸、大面、侧面、端面、大小端距离、大小端尺寸、等大端尺寸、辐射竖缝、环缝。

2 高炉双楔形砖砌砖

2.1 环形砌砖环缝的理论厚度

前面介绍的环形混合砌砖中，除竖宽钝楔形砖23/15D、34.5/20D、46/20D和57.5/20D分别与直形砖23/0D、34.5/0D、46/0D和57.5/0D配砌的混合砖环外，还有竖宽锐楔形砖23/30D、34.5/40D、46/40D和57.5/40D分别与直形砖23/0D、34.5/0D、46/0D和57.5/0D配砌的混合砖环。这些竖宽锐楔形砖与直形砖配砌的混合砖环，是有需要克服的缺点的。这要从相邻两块相同楔形砖砌筑砖环间环缝的理论厚度（theoretical thickness）δ_0来比较。环形砌砖相邻砖环（ring）之间的垂直砌缝称为环缝（ring joint），见图2-1。$\angle eof=180°-90°-\theta_0/2=90°-\theta_0/2$，$\angle efo=90°-\angle eof=\theta_0/2$，存在以下关系：

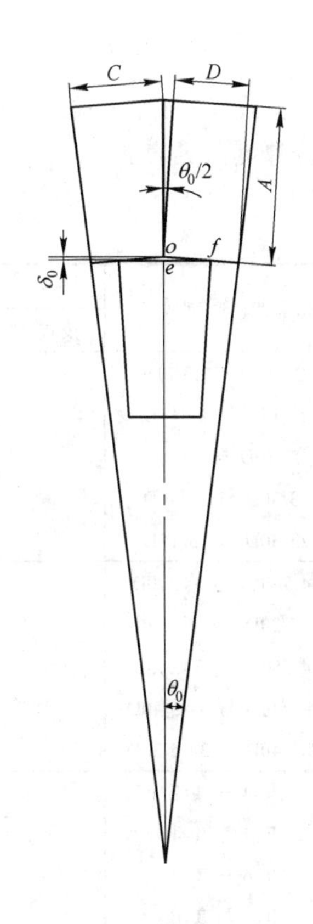

图2-1 环缝理论厚度示意图

$$\frac{C-D}{2A}=\frac{2\delta_0}{C}$$

所以：

$$\delta_0=\frac{C(C-D)}{4A} \tag{2-1}$$

从图2-1及式（2-1）可看出，当竖宽楔形砖的大小端距离A选定时，仅由楔形砖的大端尺寸C和大小端尺寸差$C-D$的设计尺寸决定的环缝厚度称作环缝的理论厚度δ_0。环缝的理论厚度不包括砖的实际尺寸偏差、成型锥度及泥浆颗粒尺寸的影响。环形砌砖环缝的实际厚度，往往比其理论厚度还要大。所以首先要设法减小环形砌砖环缝的理论厚度。

当相邻两块楔形砖的小端尺寸D_1和D_2不同时，即相邻两块砖为不是同样尺寸的楔形砖时，其环缝的理论厚度可取平均值：

$$\delta_0=\frac{C(2C-D_1-D_2)}{8A} \tag{2-1a}$$

若楔形砖与直形砖相邻砌砖时，其环缝的理论厚度为：

$$\delta_0=\frac{C(C-D)}{8A} \tag{2-1b}$$

为精确计算环缝的理论厚度，还可导出另外的计算式。从图2-1已知$\angle efo=\theta_0/2=0.5\theta_0$，可见：

$$\delta_0 = \frac{C\tan(0.5\ \theta_0)}{2} \tag{2-2}$$

式中，θ_0 为两相同楔形砖相邻砌筑时该楔形砖的中心角（可由 YB/T5012—2009 或本手册查得）。

若相邻两楔形砖的中心角 θ_{01} 和 θ_{02} 不相同时，其环缝的理论厚度可取平均值：

$$\delta_0 = \frac{C[\tan(0.5\theta_{01}) + \tan(0.5\theta_{02})]}{4} \tag{2-2a}$$

若楔形砖与直形砖相邻砌筑时，其环缝的理论厚度为：

$$\delta_0 = \frac{C\tan(0.5\theta_0)}{4} \tag{2-2b}$$

按式（2-1）～式（2-1b）及式（2-2）～式（2-2b）计算出几组相邻高炉砖环的环缝理论厚度，见表 2-1。

表 2-1　高炉砖环环缝的理论厚度

相邻两砖配砌砖号	环缝理论厚度 δ_0 计算值/mm		
	按式（2-1）～式（2-1b）计算	按式（2-2）～式（2-2b）计算	原苏联计算资料[18]
23/15D 与 23/0D	1.223	1.223	1.22
23/15D 与 23/15D	2.446	2.447	2.44
23/30D 与 23/0D	2.446	2.449	2.44
23/30D 与 23/30D	4.891	4.898	4.88
23/30D 与 23/15D	3.669	3.672	3.66
34.5/20D 与 34.5/0D	1.087	1.087	
34.5/20D 与 34.5/20D	2.174	2.174	
34.5/40D 与 34.5/0D	2.174	2.176	
34.5/40D 与 34.5/40D	4.348	4.353	
34.5/40D 与 34.5/20D	3.261	3.263	
Д-4 与 Д-2	1.359	1.359	1.36
Д-4 与 Д-4	2.717	2.719	2.72
Д-6 与 Д-2	2.174	2.176	2.17
Д-6 与 Д-6	4.348	4.353	4.34
Д-6 与 Д-4	3.533	3.535	3.53
46/20D 与 46/0D	0.815	0.815	
46/20D 与 46/20D	1.630	1.631	
46/40D 与 46/0D	1.630	1.631	
46/40D 与 46/40D	3.261	3.263	
46/40D 与 46/20D	2.445	2.446	
57.5/20D 与 57.5/0D	0.652	0.652	
57.5/20D 与 57.5/20D	1.304	1.305	
57.5/40D 与 57.5/0D	1.304	1.305	
57.5/40D 与 57.5/40D	2.609	2.61	
57.5/40D 与 57.5/20D	1.957	1.957	

从表 2-1 看出，按式（2-1）～式（2-1b）计算结果，与按式（2-2）～式（2-2b）计算结果极相近。对于大小端距离 A=230 mm 一组砖而言，我国与原苏联标准[17]采用相同的大小端尺寸 C/D，所以环缝理论厚度计算值几乎相同。原苏联资料[18]中，对于 A=345 mm 一组砖的环缝理论厚度数据（未提供计算式）与本手册计算值略有不同，这是由于原苏联高炉砖Д-4 的尺寸规格（mm）[345×(150/125)×75]与我国高炉砖 34.5/20D 的尺寸规格（mm）[345×(150/130)×75]略有不同。用本手册推导的计算式（2-1）～式（2-1b）或式（2-2）～式（2-2b）计算原苏联高炉砖Д-4 与Д-2、Д-4 与Д-4、Д-6 与Д-2、Д-6 与Д-6 以及Д-6 与Д-4 相邻砌筑时的环缝理论厚度分别为 1.359 mm、2.717（或 2.719）mm、4.348（或 4.353）mm 及 3.533（或 3.535）mm，取两位小数后几乎与原苏联资料数据完全相同。可见本手册推导出的计算式（2-1）～式（2-1b）及式（2-2）～式（2-2b）的精确及实用。

从表 2-1 看到，竖宽锐楔形砖与直形砖配砌的混合砖环，当竖宽锐楔形砖 23/30D、34.5/40D、46/40D 或 57.5/40D 自相相邻砌筑时，环缝的理论厚度最大，分别达到 4.9 mm、4.4 mm、3.3 mm 或 2.6 mm，大部分超过规范规定（一般规定不超过 3 mm）。可是，当竖宽锐楔形砖与竖宽钝楔形砖相邻配砌时，其环缝的理论厚度便会减小。例如当 23/30D 与 23/15D、34.5/40D 与 34.5/20D、46/40D 与 46/20D，以及 57.5/40D 与 57.5/20D 相邻砌筑时，它们的环缝理论厚度分别减小到 3.7 mm、3.3 mm、2.5 mm 及 2.0 mm。在竖宽锐楔形砖 23/30D、34.5/40D、46/40D 或 57.5/40D 分别与直形砖 23/0D、34.5/0D、46/0D 或 57.5/0D 配砌的混合砖环，当竖宽锐楔形砖 23/30D、34.5/40D、46/40D 或 57.5/40D 数量 $K_r(K_r')$超过直形砖数量 K_z（或砖环总砖数 K_h 之半）时，便会出现竖宽锐楔形砖 23/30D 与 23/30D、34.5/40D 与 34.5/40D、46/40D 与 46/40D 或 57.5/40D 与 57.5/40D 自相相邻砌筑形成的最大环缝理论厚度。换言之，当 $K_z \geqslant K_r$ 或 $K_h/2 \geqslant K_r$ 时，才能保证小的环缝理论厚度。就是说在直形砖数量 K_z 与竖宽锐楔形砖数量 K_r 相等（$K_z=K_r$）时或竖宽锐楔形砖数量 K_r 等于混合砖总砖数 K_h 之半（$K_r=K_h/2$）时，混合砖环的外半径为保证小的环缝理论厚度的界限外半径 R_j。

在锐楔形砖与直形砖配砌的混合砖环，直形砖数量 $K_z=2\pi R_j/C-K_r'$，锐楔形砖数量 $K_r=K_r'$，所以 $2\pi R_j/C-K_r'=K_r'$，解之 $R_j=C K_r'/\pi=2\pi CA/\pi$（$C-D_2$）$=2CA/$（$C-D_2$）$=2R_r$。其次，直形砖数量 $K_z=2\pi$（R_j-R_r）$/C$，由 2π（R_j-R_r）$/C=K_r'=2\pi A/$（$C-D_2$）到 $R_j-R_r=CA/(C-D_2)=R_r$，所以 $R_j=2R_r$。另外，总砖数之半 $2\pi R/(2C)$等于锐楔形砖数量 K_r'，即 $2\pi R_j/2C=K_r'=2\pi A/$（$C-D_2$），$R_j=2CA/$（$C-D_2$）$=2R_r$。三种方法都推导出锐楔形砖与直形砖混合砖环保证小环缝理论厚度的界限外半径 R_j 的计算式：

$$R_j=2R_r \tag{2-3}$$

式中，R_r 为锐楔形砖的外半径，$R_r=CA/(C-D_2)$。

在我们所讨论的情况下，$2R_r=R_{du}$，则式（2-3）变为：

$$R_j=R_{du}$$

式中，R_{du} 为钝楔形砖的外半径。这表明锐楔形砖与直形砖配砌的混合砖环，在正常的外半径 R 应用范围 R_r～R_{du} 内，始终处于最大环缝理论厚度区域。所有锐楔形砖与直形砖配砌的混合砖环砖量表，在外半径为 $2R_r$（即 R_{du}）前，锐楔形砖数量 $K_r=K_r'$都多于直形砖数量 K_z。所有锐楔形砖与直形砖配砌的混合砖环坐标计算图，在锐楔形砖每环极限砖数水平线与直形砖数量斜直线交点以下，锐楔形砖数量 $K_r=K_r'$都比直形砖数量 K_z 多。表明锐楔形砖与直形砖混合砖环，在 R_r～R_{du} 范围的致命缺点——最大的环缝理论厚度。

为了克服锐楔形砖与直形砖混合砖环的环缝理论厚度最大的缺点，表 2-1 的计算值显示锐楔形砖与钝楔形砖配砌的双楔形砖砖环，其环缝的理论厚度比锐楔形砖与直形砖混合砖环减小了 25%。作者研究了竖宽锐楔形砖（shrap crown bricks, sharper taper crown bricks）与竖宽钝楔形砖（slow crown bricks, slower taper crown bricks）配合砌筑的双楔形砖砖环（two-taper system of ring）保证小环缝理论厚度的界限外半径 R_j 计算式[14]。高炉双楔形砖砖环内，竖宽钝楔形砖砖数 K_{du} 不少于竖宽锐楔形砖砖数 K_r 时，即 $K_{du}\geqslant K_r$ 时，才能保证小的环缝理论厚度。就是说两种相配砌的楔形砖砖数相等，即 $K_{du}=K_r=K_j$ 时，双楔形砖砖环的外半径就是保证小的环缝理论厚度的界限外半径 R_j。在等大端尺寸 C 条件下，竖宽钝楔形砖的小端尺寸为 D_1，竖宽锐楔形砖的小端尺寸为 D_2，大小端距离为 A，由下面的方程组

$$\begin{cases} CK_j + CK_j = 2\pi R_j \\ D_1K_j + D_2K_j = 2\pi(R_j - A) \end{cases}$$

解出

$$R_j = \frac{2CA}{(C-D_1)+(C-D_2)}$$

在我们所讨论的情况下，$C-D_1=(C-D_2)/2$，代入上式得 $R_j=4CA/3(C-D_2)$。由于 $CA/(C-D_2)=R_r$，所以：

$$R_j = \frac{4R_r}{3} \tag{2-4}$$

按式（2-3）及式（2-4）分别计算了高炉混合砖环及双楔形砖砖环保证小环缝理论厚度的界限外半径 R_j，见表 2-2。在 23/30D 与 23/0D、34.5/40D 与 34.5/0D、46/40D 与 46/0D 或 57.5/40D 与 57.5/0D 混合砖环，保证小环缝理论厚度或避免最大环缝理论厚度（分别为 23/30D、34.5/40D、46/40D 或 57.5/40D 自相相邻砌筑的 4.9 mm、4.4 mm、3.3 mm 或 2.6 mm）时砖环界限外半径 R_j[按式（2-3）计算]分别为 2330.7 mm、2622.0 mm、3496.0 mm 或 4370.0 mm。而在 23/30D 与 23/15D、34.5/40D 与 34.5/20D、46/40D 与 46/20D 或 57.5/40D 与 57.5/20D 双楔形砖砖环，保证小环缝理论厚度或避免最大环缝理论厚度（分别为 23/30D、34.5/40D、46/40D 或 57.5/40D 自相相邻砌筑的 4.9 mm、4.4 mm、3.3 mm 或 2.6 mm）时砖环界限外半径 R_j[按式（2-4）计算]分别减小为 1553.7 mm、1748.0 mm、2330.7 mm 或 2913.3 mm。如前所述，在锐楔形砖与直形砖配砌的混合砖环，保证小环缝理论厚度时砖环界限外半径 R_j 也就是钝楔形砖的外半径 R_{du}。在 R_r～R_{du} 范围内，都避免不了要遭遇理论厚度分别高达 4.9 mm、4.4 mm、3.3 mm 或 2.6 mm 的大环缝。然而在同样的 R_r～R_{du} 范围内，锐楔形砖与钝楔形砖配砌的双楔形砖砖环，却仅仅其中的部分$(R_{du}-R_r)/3$ 区间（接近 R_r）形成上述大环缝，其余的 $2(R_{du}-R_r)/3$ 区间可避免形成大环缝。例如，在例 8 各混合砖环中 $K_{23/30D}>K_{23/0D}$ 及 $K_{34.5/40D}>K_{34.5/0D}$，查看相关砖表及计算图都表明这样的情况，有很多块 23/30D 或 34.5/40D 自相相邻砌筑，形成理论厚度高达 4.9 mm 或 4.4 mm 的大环缝。其实，这些混合砖环的外半径都在

2000.0 mm 以下，都在保证小环缝理论厚度混合砖环界限外半径 2330.7 mm 或 2622.0 mm 以下，当然不可避免地产生大的理论厚度的环缝。但是，当例 8 改用 23/30D 与 23/15D、34.5/40D 与 34.5/20D 双楔形砖砖环时，这些砖环的外半径处在 1553.7～2330.7 mm 或 1748.0～2622.0 mm 的小环缝区间，避免了产生 4.9 mm 或 4.4 mm 的大环缝（这在以后的例8计算中可以证实）。在两种砌法环缝理论厚度的比较中，看到双楔形砖砖环的优越性。此外，双楔形砖砖环由于不采用直形砖，对减少残砖脱落、减短残砖尺寸从而延长使用寿命都有利。总之，从砌砖结构方面比较，双楔形砖砖环比混合砖环优越。但是双楔形砖砖环的砖量计算比混合砖环复杂，这一点曾是限制双楔形砖砖环被推广的原因之一。作者为积极推广双楔形砖砖环，开展了双楔形砖砖环简化计算研究。

表 2-2 高炉混合砖环与双楔形砖砖环环缝理论厚度比较

比较项目	混合砖环配砌砖号				双楔形砖砖环配砌砖号			
	23/30D 与 23/0D	34.5/40D 与 34.5/0D	46/40D 与 46/0D	57.5/40D 与 57.5/0D	23/30D 与 23/15D	34.5/40D 与 34.5/20D	46/40D 与 46/20D	57.5/40D 与 57.5/20D
外半径应用范围/mm	＞1165.3	＞1311.0	＞1748.0	＞2185.0	1165.3～2330.7	1311.0～2622.0	1748.0～3496.0	2185.0～4370.0
保证小环缝理论厚度时砖环界限外半径 R_j/mm	2330.7	2622.0	3496.0	4370.0	1533.7	1748.0	2330.7	2913.3
最大环缝理论厚度时砖环外半径范围 R_r～R_j/mm	1165.3～2330.7	1311.0～2622.0	1748.0～3496.0	2185.0～4370.0	1165.3～1533.7	1311.0～1748.0	1748.0～2330.7	2185.0～2913.3
最大环缝理论厚度时相邻砖号	23/30D 与 23/30D	34.5/40D 与 34.5/40D	46/40D 与 46/40D	57.5/40D 与 57.5/40D	23/30D 与 23/30D	34.5/40D 与 34.5/40D	46/40D 与 46/40D	57.5/40D 与 57.5/40D
最大环缝理论厚度 δ_0/mm	4.9	4.4	3.3	2.6	4.9	4.4	3.3	2.6
最小环缝理论厚度时砖环外半径范围/mm	＞2330.7	＞2622.0	＞3496.0	＞4370.0	1533.7～2330.7	1748.0～2622.0	2330.7～3496.0	2913.3～4370.0
最小环缝理论厚度时相邻砖号	23/30D 与 23/0D	34.5/40D 与 34.5/0D	46/40D 与 46/0D	57.5/40D 与 57.5/0D	23/15D 与 23/15D	34.5/20D 与 34.5/20D	46/20D 与 46/20D	57.5/20D 与 57.5/20D
最小环缝理论厚度 δ_0/mm	2.5	2.2	1.6	1.3	2.5	2.2	1.6	1.3

注：1. 本表所指混合砖环乃竖宽锐楔形砖与直形砖配砌的混合砖环。

2. 保证小环缝理论厚度时砖环界限外半径 R_j 的计算中，混合砖环利用式（2-3），而双楔形砖砖环利用式（2-4）。

2.2 双楔形砖砖环计算

2.2.1 等大端尺寸原则和双楔形砖砖环的英国计算式

在 2.1 节揭示了锐楔形砖与直形砖配砌的混合砖环的缺点，那么它为什么还存在呢？因为混合砖环还有突出的优点。这种采用等大端尺寸的混合砖环的砖量计算比较方便。如混合砖环总砖数 $K_h=2\pi R/C$ 及直形砖数量 $K_z=2\pi R/C-K_0'$ 计算式中采用等大端尺寸 C=150 mm，才使得 $K_h=0.04134R$ 及 $K_z=0.04134R-K_o'$ 简便。于是人们在双楔形砖砖环也推广了等大端尺寸原则，将高炉竖宽楔形砖的大端尺寸 C 都采取了直形砖的配砌尺寸 150 mm。英国利用等大端尺寸双楔形砖砖环总砖数 K_h 容易按下式计算的特点：

$$K_h=\frac{2\pi(r+A)}{C} \tag{2-5}$$

推荐了基于砖环总砖数 K_h 的钝楔形砖数量 K_{du} 和锐楔形砖数量 K_r 计算式[13]：

$$K_{du}=\frac{2\pi r-D_2K_h}{D_1-D_2} \tag{2-6}$$

$$K_r=K_h-K_{du} \tag{2-7}$$

式中　r——双楔形砖砖环的内半径，mm；

A——楔形砖的大小端距离，mm；

C——楔形砖的等大端尺寸，mm；

D_1，D_2——分别为钝楔形砖及锐楔形砖的小端（内端）尺寸，mm。

注：本手册式（2-5）～式（2-7）的 K_h、K_{du}、K_r、r、A、C、D_1 及 D_2 分别对应于 BS 3056：Part 1：1985[13]的 N、N_1、N_2、R、T、Z、Y_1 及 Y_2。

其实用方程组法很容易推导出式（2-6）。由下面的方程组

$$\begin{cases}CK_{du}+CK_r=2\pi(r+A)\\ D_1K_{du}+D_2K_r=2\pi r\end{cases}$$

解之并按式（2-5）$2\pi(r+A)/C=K_h$ 化简便得式（2-6）。

2.2.2　基于楔形砖尺寸的双楔形砖砖环计算式

如前所述，高炉双楔形砖砖环用竖宽楔形砖和混合砖环用的直形砖，普遍采用等大端尺寸（constant backface dimension），多数国家采取 C=150 mm。在外半径为 R 的高炉双楔形砖砖环砌以两种竖宽楔形砖：大端尺寸为 C 和小端尺寸为 D_1 的较大半径竖宽楔形砖 K_d 块；大端尺寸为 C 和小端尺寸为 D_2 的较小半径竖宽楔形砖 K_x 块（注意：$D_1>D_2$）。为讨论问题方便，将较大半径和较小半径楔形砖的“较”字省略（全书同）。所讨论的该双楔形砖砖环的内外圆周长之差等于 $2\pi A=(C-D_1)K_d+(C-D_2)K_x$，由此解出小半径楔形砖数量 K_x 及大半径楔形砖数量 K_d：

$$K_x=\frac{2\pi A-(C-D_1)K_d}{C-D_2}=\frac{2\pi A}{C-D_2}-\frac{(C-D_1)K_d}{C-D_2}=K_x'-\frac{(C-D_1)K_d}{C-D_2} \tag{2-8}$$

$$K_d=\frac{2\pi A-(C-D_2)K_x}{C-D_1}=\frac{2\pi A}{C-D_1}-\frac{(C-D_2)K_x}{C-D_1}=K_d'-\frac{(C-D_2)K_x}{C-D_1} \tag{2-9}$$

在所讨论的双楔形砖砖环内，可由下面的方程组

$$\begin{cases}CK_d+CK_x=2\pi R\\ D_1K_d+D_2K_x=2\pi(R-A)\end{cases}$$

解得：

$$K_x=\frac{2\pi[D_1R-C(R-A)]}{C(D_1-D_2)} \tag{2-10}$$

$$K_d=\frac{2\pi[C(R-A)-D_2R]}{C(D_1-D_2)} \tag{2-11}$$

基于楔形砖尺寸的双楔形砖砖环砖量计算式（2-10）和式（2-11），不仅看起来比较繁杂和不便于计算，在不知楔形砖半径的情况下往往出现错误的计算结果。例如在例 7

（外半径 R=3500.0 mm）外环采用 230 mm 的双楔形砖砖环时，不加分析地就采用尺寸规格（mm）为 230×(150/120) ×75 的小半径楔形砖 23/30D 与尺寸规格（mm）为 230×(150/135) ×75 的大半径楔形砖 23/15D，并且利用式（2-10）和式（2-11）进行砖量计算，结果 $K_{23/30D}$=−48.3 块，$K_{23/15D}$=193.0 块。从计算结果看到：（1）$K_{23/30D}$ 为负值，表明该双楔形砖砖环不需要这种锐楔形砖。（2）$K_{23/15D}$=193.0 块，为超过了砖环总砖数 $K_h=2\pi\times3500.0/152=144.7$ 块的错值。多年辐射形砌砖计算实践表明，凡计算结果出现负值或超过总砖数的错值时，就表明选择这两种楔形砖的配砌方案不正确。本手册和我国砖尺寸标准早已推导并计算出这两种楔形砖的外半径：$R_{23/30D}$=1165.3 mm 及 $R_{23/15D}$=2330.7 mm。例 7 双楔形砖砖环的外半径 R=3500.0 mm，不在 1165.3～2330.7 mm 范围内。可见，这种单纯基于砖尺寸不涉及楔形砖半径的计算式，计算结果有时会出现错误。双楔形砖砖环所采用两种楔形砖的外半径（R_x 及 R_d），界定了该砖环的外半径的应用范围。计算出小半径楔形砖的外半径 $R_x=CA/(C-D_2)$及大半径楔形砖的外半径 $R_d=CA/(C-D_1)$，采用这两种楔形砖的双楔形砖砖环的外半径 R 的应用范围，就在小半径楔形砖外半径 R_x 与大半径楔形砖外半径 R_d 之间，即 $R_x \leqslant R \leqslant R_d$。

在 $R=R_x$ 的小半径砖环，将 R_x 定义式 $CA/(C-D_2)$代入式（2-10）并化简，$K_x=2\pi A/(C-D_2)=K_x'$，即小半径楔形砖数量为其每环极限砖数。将 R_x 定义式代入式（2-11）得 $K_d=0$，还不需要大半径楔形砖。

在 $R=R_d$ 的大半径砖环，将 R_d 定义式 $CA/(C-D_1)$代入式（2-10）并化简，$K_x=0$，已不需要小半径楔形砖了。将 R_d 定义式代入式（2-11）并化简，$K_d=2\pi A/(C-D_1)=K_d'$，即大半径楔形砖数量为其每环极限砖数。

可见，在双楔形砖砖环内，两种楔形砖数量 K_x 及 K_d 都分别不会超过各自的每环极限砖数。其实在式（2-8）和式（2-9），更明显地看出这一结论。在式（2-8）和式（2-9）中，$(C-D_1)\ K_d/(C-D_2)$和$(C-D_2)\ K_x/(C-D_1)$应该永远为正值。那么在双楔形砖砖环内小半径楔形砖和大半径楔形砖的最多砖数分别为其每环极限砖数。式（2-8）表明，随着大半径楔形砖数量 K_d 减少，小半径楔形砖数量 K_x 增多，到大半径楔形砖数量 K_d 减少到 0 时，小半径楔形砖数量 K_x 增多到其每环极限砖数 K_x'。式（2-9）表明，随着小半径楔形砖数量 K_x 减少，大半径楔形砖数量 K_d 增多，到小半径楔形砖数量 K_x 减少到 0 时，大半径楔形砖数量 K_d 增多到其每环极限砖数 K_d'。

式（2-8）～式（2-11），不仅表明在双楔形砖砖环内，楔形砖每环极限砖数同样有称之为“极限”的理由，而且使得每环极限砖数的广义定义，从单楔形砖砖环和混合砖环，扩展到双楔形砖砖环。那么，楔形砖每环极限砖数的广义定义应为：单楔形砖砖环、混合砖环或双楔形砖砖环（中心角θ=360°）内楔形砖的最多砖数。有了楔形砖每环极限砖数的广义定义（扩展到双楔形砖砖环），再看例 7 中 $K_{23/15D}$=193.0 块，由于超过了其每环极限砖数 K_0'=96.3 块，肯定是错值。

2.2.3 基于楔形砖尺寸特征的双楔形砖砖环中国简化计算式

前面已经说明了基于楔形砖尺寸的双楔形砖砖环计算式，必须依靠楔形砖的半径或每环极限砖数的限制条件，那么何不推导直接基于楔形砖半径和每环极限砖数等尺寸特征的双楔形砖砖环计算式呢？当然，式（2-8）和式（2-9）已属于基于楔形砖每环极限砖数的双楔形砖砖环计算式的雏形。这里由图 2-2 推导基于楔形砖外半径的双楔形砖砖环计算式的雏形。砖环Ⅰ为全部由一种小半径楔形砖（代号 x）砌砖的单楔形砖砖环：砖环Ⅰ的外半径近似地视为小半径楔形砖的外半径 $R_x=CA/(C-D_2)$，砖环Ⅰ内该小半径楔形砖的砖数 K_x 为其每环极限砖数 K_x'，即 $K_x=K_x'=2\pi A/(C-D_2)$。砖环Ⅲ为全部由一种大半径楔形砖（代号 d）砌筑的单楔形砖砖环：砖环Ⅲ的外半径近似地视为大半径楔形砖的外半径 $R_d=CA/(C-D_1)$，砖环Ⅲ内该大半径楔形砖的砖数 K_d 为其每环极限砖数 K_d'，即 $K_d=K_d'=2\pi A/(C-D_1)$。单楔形砖砖环Ⅰ与单楔形砖砖环Ⅲ之间的任一双楔形砖砖环Ⅱ的外半径为 R，如图 2-2 所示，$R_x \leqslant R \leqslant R_d$。按照习惯的混合砖环砌法，向单楔形砖砖环Ⅰ配砌 K_z 块配砌尺寸为 C 的直形砖也可能砌成混合砖环Ⅱ。如果再用 K_x 块小半径楔形砖来代替 K_z 块直形砖，则砖环Ⅱ内端圆周必然开缝。另加的一块小半径楔形砖代替一块直形砖时，砖环Ⅱ内端圆周形成 $C-D_2$ 的开缝，K_z 块直形砖全部被另加的小半径楔形砖代替时，则砖环Ⅱ内端圆周形成（$C-D_2$）K_z 的开缝。为消除这些（$C-D_2$）K_z 开缝，当不用直形砖时，必须用 K_d 块大半径楔形砖替换部分小半径楔形砖。一块大半径楔形砖替换一块小半径楔形砖时可减少砖环Ⅱ内端圆周开缝 D_1-D_2，为消除砖环Ⅱ内端圆周全部开缝（$C-D_2$）K_z 需用大半径楔形砖的数量 K_d=（$C-D_2$）$K_z/(D_1-D_2)$。该式中 K_z 为原先配加入混合砖环Ⅱ的直形砖数量 $K_z=2\pi(R-R_x)/C$，将其代入之，得：

$$K_d = \frac{(C-D_2)2\pi(R-R_x)}{C(D_1-D_2)} = \frac{2\pi(C-D_2)(R-R_x)}{C(D_1-D_2)} \tag{2-12}$$

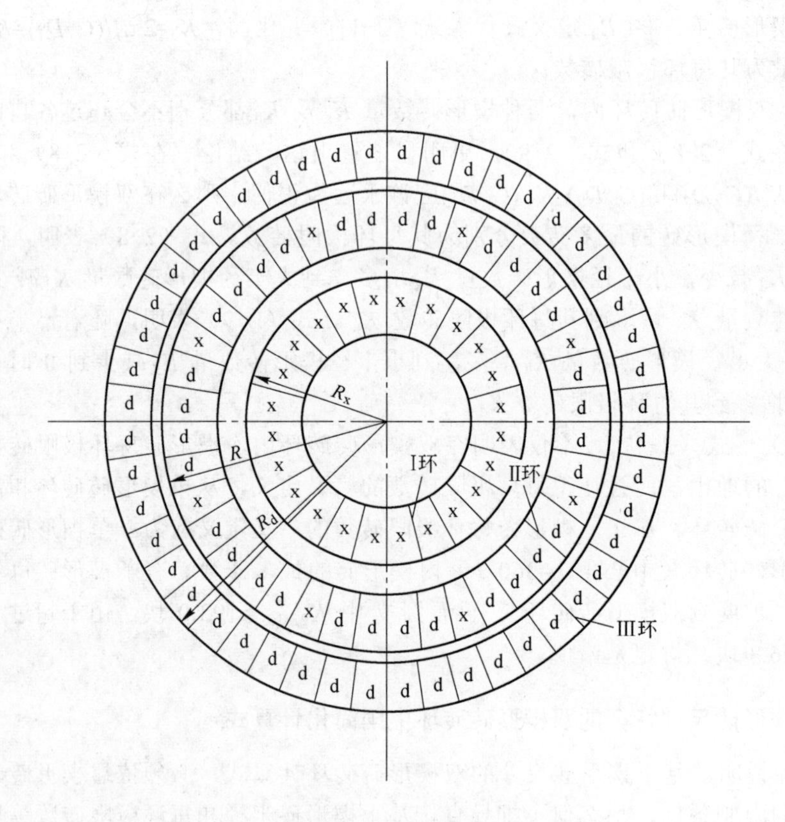

图 2-2　高炉双楔形砖砖环平面示意图

在等大端尺寸 C 系列下，砖环Ⅱ的总砖数 $K_h=2\pi R/C$ 减去大半径楔形砖数量 K_d 计算式（2-12），并将 R_x 转化为 R_d，即得小半径楔形砖数量 K_x 计算式：

$$K_x=\frac{2\pi R}{C}-\frac{2\pi(C-D_2)(R-R_x)}{C(D_1-D_2)}=\frac{2\pi(C-D_1)(R_d-R)}{C(D_1-D_2)} \tag{2-13}$$

在 20 世纪 60 年代，随着混合砖环砖量表的快速成功编制，为推广双楔形砖砖环创造条件，就必须学会快速编制双楔形砖砖环砖量表。为此当时就提出一个课题：能否像混合砖环的一块直形砖半径增大量$(\Delta R)_1$计算式，双楔形砖砖环的一块楔形砖半径变化量也为定值?而且可用计算式表示。为此作者变换了式（2-10）和式（2-11）的形式：

$$K_x=\frac{2\pi(D_1-C)R}{C(D_1-D_2)}+\frac{2\pi A}{D_1-D_2} \tag{2-14}$$

$$K_d=\frac{2\pi(C-D_2)R}{C(D_1-D_2)}-\frac{2\pi A}{D_1-D_2} \tag{2-15}$$

从式（2-14）和式（2-15）的形式看，它们均为直线方程。式（2-14）中砖环外半径 R 的系数 $2\pi(D_1-C)/[C(D_1-D_2)]$为负值（由于 $D_1<C$），表明随着砖环外半径 R 的增大，小半径楔形砖数量 K_x 减少。式（2-15）中砖环外半径 R 的系数 $2\pi(C-D_2)/[C(D_1-D_2)]$为正值（由于 $C>D_2$），表明随着砖环外半径 R 的增大，大半径楔形砖数量 K_d 增多。就是说，在 $R_x\leqslant R\leqslant R_d$ 范围内，双楔形砖砖环内小半径楔形砖数量 K_x 的减少和大半径楔形砖数量 K_d 的增多，都分别同时与砖环外半径 R 的增大成直线关系。根据直线方程的可均分性特点，可推论并已经证明[14, 15, 19]：在双楔形砖砖环 $R_x\leqslant R\leqslant R_d$ 范围内，每减少一块小半径楔形砖时砖环半径增大量$(\Delta R)'_{1x}$及每增多一块大半径楔形砖时砖环半径增大量$(\Delta R)'_{1d}$（统称一块楔形砖半径变化量）必定为用下式计算的定值：

$$(\Delta R)'_{1x}=\frac{R_d-R_x}{K'_x} \tag{2-16}$$

$$(\Delta R)'_{1d}=\frac{R_d-R_x}{K'_d} \tag{2-17}$$

将 $R_d=CA/(C-D_1)$、$R_x=CA/(C-D_2)$、$K'_x=2\pi A/(C-D_2)$和 $K'_d=2\pi A/(C-D_1)$分别代入式（2-16）及式（2-17）得：

$$(\Delta R)'_{1x}=\frac{C(D_1-D_2)}{2\pi(C-D_1)} \tag{2-16a}$$

$$(\Delta R)'_{1d}=\frac{C(D_1-D_2)}{2\pi(C-D_2)} \tag{2-17a}$$

式（2-16）、式（2-17）、式（2-16a）和式（2-17a）等号右端的 R_d、R_x、K'_x、K'_d、C、D_1 和 D_2 均为已选定的定值，所以$(\Delta R)'_{1x}$和$(\Delta R)'_{1d}$也必为定值。至此，一块楔形砖半径变化量为可计算的定值这一课题已得到证实。不仅双楔形砖砖环砖量表的编制可顺利完成，而且基于楔形砖尺寸特征的双楔形砖砖环计算式的建立可望取得突破性进展。

式（2-14）中 R 的系数 $2\pi(D_1-C)/[C(D_1-D_2)]=-1/(\Delta R)'_{1x}=-K'_x/(R_d-R_x)$，式（2-15）

中 R 的系数 $2\pi(C-D_2)/[C(D_1-D_2)]=1/(\Delta R)'_{1d}=K'_d/(R_d-R_x)$，则式（2-14）和式（2-15）可写作：

$$K_x=\frac{2\pi A}{D_1-D_2}-\frac{K'_x R}{R_d-R_x} \tag{2-14a}$$

$$K_d=\frac{K'_d R}{R_d-R_x}-\frac{2\pi A}{D_1-D_2} \tag{2-15a}$$

式（2-14a）中 $2\pi A/(D_1-D_2)$分子分母乘以 C 及（$C-D_1$）得：

$$\frac{2\pi(C-D_1)}{C(D_1-D_2)}\cdot\frac{CA}{C-D_1}=\frac{R_d}{(\Delta R)'_{1x}}=\frac{R_d K'_x}{R_d-R_x}$$

式（2-15a）中 $2\pi A/$（D_1-D_2）分子分母同乘以 C 及（$C-D_2$）得：

$$\frac{2\pi(C-D_2)}{C(D_1-D_2)}\cdot\frac{CA}{C-D_2}=\frac{R_x}{(\Delta R)'_{1d}}=\frac{R_x K'_d}{R_d-R_x}$$

将它们分别代入式（2-14a）和式（2-15a）中得：

$$K_x=\frac{R_d K'_x}{R_d-R_x}-\frac{K'_x R}{R_d-R_x}=\frac{(R_d-R)K'_x}{R_d-R_x} \tag{2-14b}$$

$$K_d=\frac{K'_d R}{R_d-R_x}-\frac{R_x K'_d}{R_d-R_x}=\frac{(R-R_x)K'_d}{R_d-R_x} \tag{2-15b}$$

式（2-14b）和式（2-15b）就是基于楔形砖尺寸特征（R_d、R_x、K'_x 及 K'_d）的双楔形砖砖环中国简化计算式。

从式（2-8）和式（2-9）可看出，以及从楔形砖每环极限砖数的广义定义，都可确认双楔形砖砖环内两种楔形砖的数量均不超过各自的每环极限砖数。从一块楔形砖半径变化量定义式，K_x 和 K_d 可分别写作：

$$K_x=K'_x-\frac{R-R_x}{(\Delta R)'_{1x}} \tag{2-14c}$$

$$K_d=K'_d-\frac{R_d-R}{(\Delta R)'_{1d}} \tag{2-15c}$$

由式（2-16）和式（2-17）求得 $K'_x=(R_d-R_x)/(\Delta R)'_{1x}$ 和 $K'_d=(R_d-R_x)/(\Delta R)'_{1d}$，将它们分别代入式（2-14c）和式（2-15c）得：

$$K_x=\frac{R_d-R_x}{(\Delta R)'_{1x}}-\frac{R-R_x}{(\Delta R)'_{1x}}=\frac{R_d-R}{(\Delta R)'_{1x}} \tag{2-14d}$$

$$K_d=\frac{R_d-R_x}{(\Delta R)'_{1d}}-\frac{R_d-R}{(\Delta R)'_{1d}}=\frac{R-R_x}{(\Delta R)'_{1d}} \tag{2-15d}$$

式（2-14d）和式（2-15d）为基于一块楔形砖半径变化量$(\Delta R)'_{1x}$和$(\Delta R)'_{1d}$的双楔形砖砖环计算式。为运用式（2-14d）和式（2-15d），以及编制双楔形砖砖环砖量表的需要，将高炉诸多双楔形砖砖环的一块楔形砖半径变化量$(\Delta R)'_{1x}$和$(\Delta R)'_{1d}$及其倒数 $n=1/(\Delta R)'_{1x}$，$m=1/(\Delta R)'_{1d}$计算出来，列入表 2-3 中。

表 2-3 等大端尺寸 C=150 mm 高炉双楔形砖砖环的一块楔形砖半径变化量

配砌砖号		一块楔形砖半径变化量/mm		$n=1/(\Delta R)'_{1x}$	$m=1/(\Delta R)'_{1d}$	$10/(\Delta R)'_{1x}$	$10/(\Delta R)'_{1d}$
小半径楔形砖	大半径楔形砖	$(\Delta R)'_{1x}$	$(\Delta R)'_{1d}$				
23/30D	23/15D	24.1915	12.0957	0.04134	0.08267	0.4134	0.8267
34.5/40D	34.5/20D	24.1915	12.0957	0.04134	0.08267	0.4134	0.8267
46/40D	46/20D	24.1915	12.0957	0.04134	0.08267	0.4134	0.8267
57.5/40D	57.5/20D	24.1915	12.0957	0.04134	0.08267	0.4134	0.8267
23/45D	23/30D	12.0957	8.0638	0.08267	0.12401	0.8267	1.2401
34.5/60D	34.5/40D	12.0957	8.0638	0.08267	0.12401	0.8267	1.2401
46/60D	46/40D	12.0957	8.0638	0.08267	0.12401	0.8267	1.2401
57.5/60D	57.5/40D	12.0957	8.0638	0.08267	0.12401	0.8267	1.2401

一块楔形砖半径变化量$(\Delta R)'_{1x}$和$(\Delta R)'_{1d}$为定值是有条件的，它仅是对于所计算的两种相配砌的楔形砖的双楔形砖砖环而言的。以前作者曾将一块楔形砖半径变化量视为楔形砖的尺寸特征（当时称为尺寸参数）[20]，其实它是双楔形砖砖环的尺寸特征。在标准尺寸表中不能表示某单个楔形砖的半径变化量。但是作为双楔形砖砖环简化计算式之一，不仅可用于实际计算，而且作为中间过渡计算式，还可以从它们再次推导出基于楔形砖尺寸特征的双楔形砖砖环中国简化计算式（2-14b）和式（2-15b）。

若将$(\Delta R)'_{1x}$和$(\Delta R)'_{1d}$的定义式（2-16）和式（2-17）分别代入式（2-14d）和式（2-15d）也可得：

$$K_x=\frac{R_d-R}{\dfrac{R_d-R_x}{K'_x}}=\frac{(R_d-R)K'_x}{R_d-R_x} \tag{2-14b}$$

$$K_d=\frac{R-R_x}{\dfrac{R_d-R_x}{K'_d}}=\frac{(R-R_x)K'_d}{R_d-R_x} \tag{2-15b}$$

若将$(\Delta R)'_{1x}$和$(\Delta R)'_{1d}$的定义式（2-16）和式（2-17）分别代入式（2-14c）和式（2-15c）也可得：

$$K_x=K'_x-\frac{R-R_x}{\dfrac{R_d-R_x}{K'_x}}=\frac{(R_d-R_x)K'_x}{R_d-R_x}-\frac{(R-R_x)K'_x}{R_d-R_x}=\frac{(R_d-R)K'_x}{R_d-R_x} \tag{2-14b}$$

$$K_d=K'_d-\frac{R_d-R}{\dfrac{R_d-R_x}{K'_d}}=\frac{(R_d-R_x)K'_d}{R_d-R_x}-\frac{(R_d-R)K'_d}{R_d-R_x}=\frac{(R-R_x)K'_d}{R_d-R_x} \tag{2-15b}$$

式（2-13）中的 $2\pi(C-D_1)/[C(D_1-D_2)]=1/(\Delta R)'_{1x}=K'_x/(R_d-R_x)$，式（2-12）中的$2\pi(C-D_2)/[C(D_1-D_2)]=1/(\Delta R)'_{1d}=K'_d/(R_d-R_x)$。将它们分别代入式（2-13）和式（2-12）中也可得：

$$K_x=\frac{2\pi(C-D_1)(R_d-R)}{C(D_1-D_2)}=\frac{(R_d-R)K'_x}{R_d-R_x} \tag{2-14b}$$

$$K_d = \frac{2\pi(C-D_2)(R-R_x)}{C(D_1-D_2)} = \frac{(R-R_x)K'_d}{R_d-R_x} \tag{2-15b}$$

文献[14]中，曾由式（2-14）和式（2-15）按 K'_d、K'_x、R_d 及 R_x 定义式的繁杂化简也导出式（2-14b）和式（2-15b）。其实，将式（2-14b）和式（2-15b）中的 K'_d、K'_x、R_d 及 R_x 定义式代进去，用倒推法最终也分别得到式（2-14）和式（2-15）。

上述诸多推导及反复多种方法证明了基于楔形砖尺寸特征的双楔形砖砖环中国简化计算式（2-14b）和式（2-15b）的可靠性。同时在其多种推导过程中又获得式（2-14c）和式（2-15c），式（2-14d）和式（2-15d）等多样化的双楔形砖砖环简化计算式。但是，基于楔形砖尺寸特征的双楔形砖砖环简化计算式（2-14b）和式（2-15b）是基本的计算式，应该加深理解并记住它们。

首先，在双楔形砖砖环内小半径楔形砖数量 K_x 和大半径楔形砖数量 K_d 都为正值，因此着眼于砖数量增加的趋势来理解式（2-14b）和式（2-15b）。这要参看双楔形砖砖环坐标计算模式图（见 2.4.1 节）。式（2-14b）中的 $K'_x/(R_d-R_x)$ 是 $(\Delta R)'_{1x}$ 的倒数[即 $1/(\Delta R)'_{1x}$]，表明从 R_d 减少到 R_x，每减小 1 mm 时小半径楔形砖数量增加 $K'_x/(R_d-R_x)$，那么从 R_d 减少到 R（即共减小 R_d-R）时小半径楔形砖数量 K_x 当然增加到 $(R_d-R)K'_x/(R_d-R_x)$[式（2-14b）]。式（2-15b）中的 $K'_d/(R_d-R_x)$ 是 $(\Delta R)'_{1d}$ 的倒数[即 $1/(\Delta R)'_{1d}$]，表明从 R_x 增大到 R_d 每增大 1 mm 时大半径楔形砖数量增多 $K'_d/(R_d-R_x)$，那么从 R_x 增大到 R(即共增大 $R-R_x$)时大半径楔形砖数量 K_d 当然增加到 $(R-R_x)K'_d/(R_d-R_x)$[式（2-15b）]。

其次，一块楔形砖半径变化量 $(\Delta R)'_{1x}$ 和 $(\Delta R)'_{1d}$ 的倒数 $1/(\Delta R)'_{1x}=2\pi(C-D_1)/[C(D_1-D_2)=n$ 和 $1/(\Delta R)'_{1d}=2\pi(C-D_2)/[C(D_1-D_2)]=m$，已经计算出来（见表 2-3）。那么式（2-12）和式（2-13）可直接写作：

$$K_d = m(R-R_x) \tag{2-12a}$$

$$K_x = n(R_d-R) \tag{2-13a}$$

就是说，基于楔形砖尺寸或尺寸特征的双楔形砖砖环计算式可直接转换为基于楔形砖外半径的简化计算式。

第三，基于一块楔形砖半径变化量 $(\Delta R)'_{1x}$ 和 $(\Delta R)'_{1d}$ 的双楔形砖砖环简化计算式（2-14d）和式（2-15d），只要记住 n 和 m 分别与 $(\Delta R)'_{1x}$ 和 $(\Delta R)'_{1d}$ 的互为倒数关系，就特别容易理解与记忆。在式（2-14d）中，从 R_d 减小到 R_x，小半径楔形砖数量从 0 增加到 K'_x，每增加一块小半径楔形砖时砖环半径减小 $(R_d-R_x)/K'_x=(\Delta R)'_{1x}$，那么砖环外半径从 R_d 减小到 R 时（即减小 R_d-R）需增加小半径楔形砖数量 $K_x=(R_d-R)/(\Delta R)'_{1d}$[即式（2-14d）]。在式（2-15d）中，从 R_x 增大到 R_d，大半径楔形砖数量从 0 增加到 K'_d，每增加一块大半径楔形砖时砖环半径增大 $(R_d-R_x)/K'_d=(\Delta R)'_{1d}$，那么砖环外半径从 R_x 增大到 R（即增大 $R-R_x$）时需增加大半径楔形砖数量当然为 $K_d=(R-R_x)/(\Delta R)'_{1d}$[即式（2-15d）]。

第四，将式（2-14b）和式（2-15b）展开得基于楔形砖每环极限砖数的双楔形砖砖环简化计算式：

$$K_x = \frac{(R_d-R)K'_x}{R_d-R_x} = \frac{R_dK'_x}{R_d-R_x} - \frac{K'_x R}{R_d-R_x} = \frac{R_dK'_x}{R_d-R_x} - nR \tag{2-14e}$$

$$K_d = \frac{(R-R_x)K'_d}{R_d-R_x} = \frac{K'_d R}{R_d-R_x} - \frac{R_x K'_d}{R_d-R_x} = mR - \frac{R_x K'_d}{R_d-R_x} \tag{2-15e}$$

在式（2-14e）和式（2-15e）中，R 的系数 n 和 m 为一块楔形砖半径变化量的倒数，并可由表 2-3 查得。每环极限砖数 K'_x 和 K'_d 的系数很规范。标准中相配砌两种楔形砖的外半径（或每环极限砖数）之比：钝楔形砖与锐楔形砖相配砌时 $R_{du}/R_r=2/1$ 时，基于楔形砖每环极限砖数的双楔形砖砖环简化计算式（2-14e）和式（2-15e）可写作（在 $R_r \leqslant R \leqslant R_{du}$ 范围）：

$$K_r = 2K'_r - 0.04134R \tag{2-18}$$

$$K_{du} = 0.08267R - K'_{du} \tag{2-19}$$

当 $R_r/R_{tr}=3/2$ 时，基于楔形砖每环极限砖数的双楔形砖砖环简化计算式（2-14e）和式（2-15e）可写作（在 $R_{tr} \leqslant R \leqslant R_r$ 范围）：

$$K_{tr} = 3K'_{tr} - 0.08267R \tag{2-20}$$

$$K_r = 0.12401R - 2K'_r \tag{2-21}$$

从式（2-14a）和式（2-15a）看到，两式中定值项的绝对值相等，即 $2K'_r=K'_{du}=3K'_{tr}$。因此，式（2-18）、式（2-20）或式（2-21）的定值项均可像式（2-19）那样，简化为 K'_{du}。

当 $R_{du}/R_r=2/1$ 时，基于楔形砖外半径的双楔形砖砖环简化计算式（2-12a）和式（2-13a）可写作（在 $R_r \leqslant R \leqslant R_{du}$ 范围）：

$$K_r = 0.04134(R_{du} - R) \tag{2-22}$$

$$K_{du} = 0.08267(R - R_r) \tag{2-23}$$

当 $R_r/R_{tr}=3/2$ 时，基于楔形砖外半径的双楔形砖砖环简化计算式（2-12a）和式（2-13a）可写作（在 $R_{tr} \leqslant R \leqslant R_r$ 范围）：

$$K_{tr} = 0.08267(R_r - R) \tag{2-24}$$

$$K_r = 0.12401(R - R_{tr}) \tag{2-25}$$

当 $R_{du}/R_r=2/1$ 时，基于一块楔形砖半径变化量$(\Delta R)'_{1x}$和$(\Delta R)'_{1d}$的双楔形砖砖环简化计算式（2-14d）和式（2-15d）可写作（在 $R_r \leqslant R \leqslant R_{du}$ 范围）：

$$K_r = \frac{R_{du} - R}{24.1915} \tag{2-26}$$

$$K_{du} = \frac{R - R_r}{12.0957} \tag{2-27}$$

当 $R_r/R_{tr}=3/2$ 时，基于一块楔形砖半径变化量$(\Delta R)'_{1x}$和$(\Delta R)'_{1d}$的双楔形砖砖环简化计算式（2-14d）和式（2-15d）可写作（在 $R_{tr} \leqslant R \leqslant R_r$ 范围）：

$$K_{tr} = \frac{R_r - R}{12.0957} \tag{2-28}$$

$$K_r = \frac{R - R_{tr}}{8.638} \tag{2-29}$$

将 YB5012－2009 提供的尺寸特征代入双楔形砖砖环简化计算式（2-18）～式（2-29）中，便得高炉及热风炉各双楔形砖砖环的配砌方案和简易计算式，见表 2-4。

表 2-4　等大端尺寸 C=150 mm 高炉和热风炉双楔形砖砖环配砌方案及简易计算式

	配砌砖号		砖环厚度 A/mm	砖环外半径应用范围 $R_x \leqslant R \leqslant R_d$/mm	双楔形砖砖环砖量简易计算式及编号	
	小半径楔形砖	大半径楔形砖			小半径楔形砖 K_x/块	大半径楔形砖 K_d/块
R_{du}/R_r = 2/1	23/30D	23/15D	230	1165.3 $\leqslant R \leqslant$ 2330.7	$K_{23/30D}=96.3-0.04134R$　（2-18a） $K_{23/30D}=0.04134(2330.7-R)$　（2-22a） 或 $K_{23/30D}=(2330.7-R)/24.1915$　（2-26a）	$K_{23/15D}=0.08267R-96.3$　（2-19a） $K_{23/30D}=0.08267(R-1165.3)$　（2-23a） 或 $K_{23/30D}=(R-1165.3)/12.0957$　（2-27a）
	34.5/40D	34.5/20D	345	1311.0 $\leqslant R \leqslant$ 2622.0	$K_{34.5/40D}=108.4-0.04134R$　（2-18b） $K_{34.5/40D}=0.04134(2622.0-R)$　（2-22b） 或 $K_{34.5/40D}=(2622.0-R)/24.1915$　（2-26b）	$K_{34.5/20D}=0.08267R-108.4$　（2-19b） $K_{34.5/20D}=0.08267(R-1311.0)$　（2-23b） 或 $K_{34.5/20D}=(R-1311.0)/12.0957$　（2-27b）
	46/40D	46/20D	460	1748.0 $\leqslant R \leqslant$ 3496.0	$K_{46/40D}=144.5-0.04134R$　（2-18c） $K_{46/40D}=0.04134(3496.0-R)$　（2-22c） 或 $K_{46/40D}=(3496.0-R)/24.1915$　（2-26c）	$K_{46/20D}=0.08267R-144.5$　（2-19c） $K_{46/20D}=0.08267(R-1748.0)$　（2-23c） 或 $K_{46/20D}=(R-1748.0)/12.0957$　（2-27c）
	57.5/40D	57.5/20D	575	2185.0 $\leqslant R \leqslant$ 4370.0	$K_{57.5/40D}=180.6-0.04134R$　（2-18d） $K_{57.5/40D}=0.04134(4370.0-R)$　（2-22d） 或 $K_{57.5/40D}=(4370.0-R)/24.1915$　（2-26d）	$K_{57.5/20D}=0.08267R-180.6$　（2-19d） $K_{57.5/20D}=0.08267(R-2185.0)$　（2-23d） 或 $K_{57.5/20D}=(R-2185.0)/12.0957$　（2-27d）
R_r/R_{tr} = 3/2	23/45D	23/30D	230	776.9 $\leqslant R \leqslant$ 1165.3	$K_{23/45D}=96.3-0.08267R$　（2-20a） $K_{23/45D}=0.08267(1165.3-R)$　（2-24a） 或 $K_{23/45D}=(1165.3-R)/12.0957$　（2-28a）	$K_{23/30D}=0.12401R-96.3$　（2-21a） $K_{23/30D}=0.12401(R-776.9)$　（2-25a） 或 $K_{23/30D}=(R-776.0)/8.0638$　（2-29a）
	34.5/60D	34.5/40D	345	874.0 $\leqslant R \leqslant$ 1311.0	$K_{34.5/60D}=108.4-0.08267R$　（2-20b） $K_{34.5/60D}=0.08267(1311.0-R)$　（2-24b） 或 $K_{34.5/60D}=(1311.0-R)/12.0957$　（2-28b）	$K_{34.5/40D}=0.12401R-108.4$　（2-21b） $K_{34.5/40D}=0.12401(R-874.0)$　（2-25b） 或 $K_{34.5/40D}=(R-874.0)/8.0638$　（2-29b）
	46/60D	46/40D	460	1165.3 $\leqslant R \leqslant$ 1748.0	$K_{46/60D}=144.5-0.08267R$　（2-20c） $K_{46/60D}=0.08267(1748.0-R)$　（2-24c） 或 $K_{46/60D}=(1748.0-R)/12.0957$　（2-28c）	$K_{46/40D}=0.12401R-144.5$　（2-21c） $K_{46/40D}=0.12401(R-1165.3)$　（2-25c） 或 $K_{46/40D}=(R-1165.3)/8.0638$　（2-29c）
	57.5/60D	57.5/40D	575	1456.7 $\leqslant R \leqslant$ 2185.0	$K_{57.5/60D}=180.6-0.08267R$　（2-20d） $K_{57.5/60D}=0.08267(2185.0-R)$　（2-24d） 或 $K_{57.5/60D}=(2185.0-R)/12.0957$　（2-28d）	$K_{57.5/40D}=0.12401R-180.6$　（2-21d） $K_{57.5/40D}=0.12401(R-1456.7)$　（2-25d） 或 $K_{57.5/40D}=(R-1456.7)/8.0638$　（2-29d）

从基于楔形砖尺寸的双楔形砖砖环计算式，发展到基于楔形砖尺寸特征的双楔形砖砖环简化计算式，完全克服了前者的盲目性。随着对楔形砖尺寸特征和双楔形砖砖环一块楔形砖半径变化量的进一步研究，完善了基于楔形砖具体尺寸特征的双楔形砖砖环简易计算式，应用起来更加简便与直观，为双楔形砖砖环的推广提供了方便。

双楔形砖砖环简易计算式有三组：基于楔形砖每环极限砖数 K'_{du} 的简易计算式[由式（2-18）～式（2-21）演变成]，基于楔形砖外半径 R_r 和 R_d 的简易计算式[由式（2-22）～式（2-25）演变成]，以及基于一块楔形砖半径变化量（ΔR）$'_{1x}$ 和（ΔR）$'_{1d}$ 的简易计算式[由式（2-26）～式（2-29）演变成]。在双楔形砖砖环计算实践中究竟选择哪一种简易计算式呢？

首先，在三种双楔形砖砖环简易计算式之间，是可以互相转换的。简易计算式的推导过程中都曾有过互相转换。基于楔形砖每环极限砖数的简易计算式与基于楔形砖外半径的简易计算式，虽然两者形式不同，但也可以互相转换。例如，基于楔形砖外半径的简易计算式（2-22a）和式（2-23a），解开括号并化简，即转换为基于楔形砖每环极限砖数的简易计算式（2-18a）和式（2-19a）。将基于楔形砖每环极限砖数的简易计算式（2-18a）和式（2-19a）括进括号，两式分别乘以 0.04134/0.04134 和 0.08267/0.08267，即转换为基于双楔形砖外半径的简易计算式（2-22a）和式（2-23a）。基于一块楔形砖半径变化量的简易计算式（2-26a）和式（2-27a），去掉分母的 24.1915 和 12.0957，即将 1/24.1915 和 1/12.0957 计算为小数（其实表 2-3 早已列出），便可快速转换为基于楔形砖外半径的简易计算式（2-22a）和式（2-23a）。所以只要记忆住一个简易计算式，便能很容易地转换为另外两个简易计算式。

其次，至于选择哪一个具体的简易计算式，这要看个人兴趣和记忆住哪一个计算式。另外，不同场合各简易计算式有不同用途。这在以后的双楔形砖砖环砖量表编制、计算图和计算线的绘制等方面都有具体体现。本手册在例题计算中，三个简易计算式都采用了，目的是验算计算结果的异同。事实上只用一种简易计算式就可以了。

第三，从表 2-4 看出，基于楔形砖每环极限砖数各简易计算式的定值项中 96.3、108.4、144.5 和 180.6，分别为 23/15D、34.5/20D、46/20D 和 57.5/20D 这些每组（相同大小端距离 A）中钝楔形砖的每环极限砖数 K'_{du}。虽然配砌了锐楔形砖或特锐竖宽楔形砖（utra-sharps , utra sharper taper crown bricks），但表中简易计算式并没有出现它们的每环极限砖数（K'_r 或 K'_{tr}）。这便简化了计算式，便于记忆了。R 的系数 0.04134、0.08267 和 0.12401 分别为一块楔形砖半径变化量 24.1915、12.0957 和 8.0638 的倒数（见表 2-3），同时分别为 2π/152、4π/152 和 6π/152 的计算值。经常在计算过程中用到这些数据，就会记住。

第四，用电脑计算双楔形砖砖环砖量时，可直接采用基于楔形砖尺寸特征的简化计算式（2-14b）和式（2-15b）。但并不能完全代替表 2-4 的简易计算式。因为：(1) 表 2-4 规定了双楔形砖砖环的各种配砌方案供人们选用。(2) 同时界定了各种配砌方案的外半径应用范围。(3) 界定范围 $R_x \leqslant R \leqslant R_d$ 直接给出了小半径楔形砖的外半径 R_x 和大半径楔形砖的外半径 R_d。经常查表 2-4 进行计算，连常用楔形砖的外半径都可记住。(4) 简易计算式仅基于楔形砖的一个尺寸特征（外半径，或每环极限砖数，或一块楔形砖半径变化量），比基于两个尺寸特征的双楔形砖砖环简化计算式更直观、更适用。

最后，高炉及热风炉双楔形砖砖环的简易计算式，按钝楔形砖与锐楔形砖配砌为一类，钝楔形砖外半径 R_{du} 与锐楔形砖外半径 R_r 之比 $R_{du}/R_r=2/1$；按锐楔形砖与特锐楔形砖配砌为另一类，锐楔形砖外半径 R_r 与特锐楔形砖外半径 R_{tr} 之比 $R_r/R_{tr}=3/2$。同类中各简易计算式的形式具有通用性，而与大小端距离 A 无关。这一点不仅简化了计算，而且便于记忆。

【例 8】 原例 8 改用双楔形砖砖环，计算砖量。

原例 8 墙厚 578 mm 环形砌体的纵断面结构与图 1-6 相同（括号内数字）。

在工作内环采用 230 mm 砖及非工作外环采用 345 mm 砖（环缝厚度取 3 mm）的奇数砖层，工作内环及非工作外环的外半径分别为 1652.0 mm 及 2000.0 mm。由表 2-4 知，工作内环（A=230 mm，R=1652.0 mm）在 1165.3 mm$\leqslant R \leqslant$2330.7 mm 范围内，宜选用 23/30D 与 23/15D 双楔形砖砖环。非工作外环（A=345 mm，R=2000.0 mm）在 1311.0 mm$\leqslant R \leqslant$2330.7 mm 范围内宜选用 34.5/40D 与 34.5/20D 双楔形砖砖环。

（1）奇数砖层工作内环。

$K_{23/30D}$ 按式（2-18a）、式（2-22a）或式（2-26a）计算：

$K_{23/30D}$=96.3−0.04134×1652.0=28.0 块

$K_{23/30D}$=0.04134（2330.7−1652.0）=28.1 块

或 $K_{23/30D}$=（2330.7−1652.0）/24.1915=28.1 块

$K_{23/15D}$ 按式（2−19a）、式（2−23a）或式（2−27a）计算：

$K_{23/15D}$=0.08267×1652.0−96.3=40.3 块

$K_{23/15D}$=0.08267（1652.0−1165.3）=40.2 块

或 $K_{23/15D}$=（1652.0−1165.3）/12.0957=40.2 块

奇数砖层工作内环总砖数 K_h=28.1+40.2=68.3 块，与按式 2π×1652.0/152=68.3 块计算，结果相同。

（2）奇数砖层外环。

$K_{34.5/40D}$ 按式（2−18b）、式（2−22b）或式（2−26b）计算：

$K_{34.5/40D}$=108.4−0.04134×2000.0=25.7 块

$K_{34.5/40D}$=0.04134（2622.0−2000.0）=25.7 块

或 $K_{34.5/40D}$=（2622.0−2000.0）/24.1915=25.7 块

$K_{34.5/20D}$ 按式（2−19b）、式（2−23b）或式（2−27b）计算：

$K_{34.5/20D}$=0.08267×2000.0−108.4=56.9 块

$K_{34.5/20D}$=0.08267（2000.0−1311.0）=57.0 块

或 $K_{34.5/20D}$=（2000.0−1311.0）/12.0957=57.0 块

奇数砖层工作内环总砖数 K_h=25.7+57.0=82.7 块，与按式 2π×2000.0/152=82.7 块计算，结果相同。

在工作内环采用 345 mm 砖及非工作外环采用 230 mm 砖（环缝取 3 mm）的偶数砖层，工作内环及非工作外环的外半径分别为 1767.0 mm 及 2000.0 mm。由表 2−4 知，工作内环（A=345 mm，R=1767.0 mm）在 1311.0 mm≤R≤2622.0 mm 范围内，宜采用 34.5/40D 与 34.5/20D 双楔形砖砖环。外环（A=230 mm，R=2000.0 mm）在 1165.3 mm≤R≤2622.0 mm 范围内，宜采用 23/30D 与 23/15D 双楔形砖砖环。

（3）偶数砖层工作内环。

$K_{34.5/40D}$ 按式（2−18b）、式（2−22b）或式（2−26b）计算：

$K_{34.5/40D}$=108.4−0.04134×1767.0=35.4 块

$K_{34.5/40D}$=0.04134（2622.0−1767.0）=35.4 块

或 $K_{34.5/40D}$=（2622.0−1767.0）/24.1915=35.3 块

$K_{34.5/20D}$ 按式（2−19b）、式（2−23b）或式（2−27b）计算：

$K_{34.5/20D}$=0.08267×1767.0−108.4=37.7 块

$K_{34.5/20D}$=0.08267（1767.0−1311.0）=37.7 块

或 $K_{34.5/20D}$=（1767.0−1311.0）/12.0957=37.7 块

偶数砖层工作内环总砖数 K_h=35.3+37.7=73.0 块，与按式 2π×1767.0/152=73.0 块计算，结果相同。

（4）偶数砖层外环。

$K_{23/30D}$ 按式（2−18a）、式（2−22a）或式（2−26a）计算：

$K_{23/30D}$=96.3−0.04134×2000.0=13.6 块

$K_{23/30D}$=0.04134 ×（2330.7−2000.0）=13.7 块

或 $K_{23/30D}$=（2330.7−2000.0）/24.1915=13.7 块

$K_{23/15D}$ 按式（2−19a）、式（2−23a）或式（2−27a）计算：

$K_{23/15D}$=0.08267×2000.0−96.3=69.0 块

$K_{23/30D}$=0.08267 ×（2000.0−1165.3）=69.0 块

或 $K_{23/30D}$=（2000.0−1165.3）/12.0957=69.0 块

偶数砖层外环总砖数 K_h=13.7+69.0=82.7 块，与按式 2π×2000.0/152=82.7 块计算，结果相同。偶数砖层外环的总砖数与奇数砖层外环的总砖数同为 82.7 块，在相同外半径 2000.0 mm 的外环，理应如此。同时可验算计算结果的正确性。

如前已述，在锐楔形砖与直形砖配砌混合砖环的例 8 中，所有各混合砖环中 $K_{23/30D}$＞$K_{23/15D}$ 及 $K_{34.5/40D}$＞$K_{34.5/20D}$，有相当多的锐楔形砖 $K_{23/30D}$ 及 $K_{34.5/40D}$ 自相相邻砌筑，形成理论厚度高达 4.9 mm 及 4.4 mm 的大环缝。但在同样外半径双楔形砖砖环的例 8 中，所有各砖环内钝楔形砖数量超过锐楔形砖数量，即 $K_{23/15D}$＞$K_{23/30D}$ 及 $K_{34.5/20D}$＞$K_{34.5/40D}$，证实了不可能形成 23/30D 与 23/30D 或 34.5/40D 与 34.5/40D 自相相邻砌筑的大环缝。

其实本例 8 直接采取 575 mm 单环砖时，由表 2−4 知，砖环外半径 2000.0 mm 在 1456.7 mm≤R≤2185.0 mm 范围内，宜采用 57.5/60D 与 57.5/40D 双楔形砖砖环。$K_{57.5/60D}$ 按式（2−20d）、式（2−24d）或式（2−28d）计算：

$K_{57.5/60D}$=180.6−0.08267×2000.0=15.3 块

$K_{57.5/60D}$=0.08267 ×（2185.0−2000.0）=15.3 块

或 $K_{57.5/60D}$=（2185.0−2000.0）/12.0957=15.3 块

$K_{57.5/40D}$ 按式（2−21d）、式（2−25d）或式（2−29d）计算：

$K_{57.5/40D}$=0.12401×2000.0−180.6=67.4 块

$K_{57.5/40D}$=0.12401 ×（2000.0−1456.7）=67.4 块

或 $K_{57.5/40D}$=（2000.0−1456.7）/8.0638=67.4 块

单砖环总砖数 K_h=15.3+67.4=82.7 块，与按式 2π×2000.0/152=82.7 块计算，结果相同。另外，单环砌砖不存在环缝厚度超标问题。

【例 16】 R=2000.0 mm，环形砌砖厚度 693 mm（460 mm 和 230 mm 双环），采用双楔形砖砖环，计算上下两层砖量。

（1）奇数砖层工作内环采用 230 mm 砖、外半径为 2000.0−460−3=1537.0 mm。由表 2−4 知，在 1165.3 mm≤R≤2330.7 mm 范围内，宜采用 23/30D 与 23/15D 双楔形砖砖环。$K_{23/30D}$ 按式（2−18a）、式（2−22a）或式（2−26a）计算：

$K_{23/30D}$=96.3−0.04134×1537.0=32.8 块

$K_{23/30D}$=0.04134 ×（2330.7−1537.0）=32.8 块

或 $K_{23/30D}$=（2330.7−1537.0）/24.1915=32.8 块

$K_{23/15D}$ 按式（2−19a）、式（2−23a）或式（2−27a）计算：

$K_{23/15D}$=0.08267×1537.0−96.3=30.8 块

$K_{23/30D}$=0.08267 ×（1537.0−1165.3）=30.7 块

或 $K_{23/30D}$=（1537.0−1165.3）/12.0957=30.7 块

奇数砖层工作内环总砖数 K_h=32.8+30.7=63.5 块，与按式 2π×1537.0/152=63.5 块计

算，结果相同。

（2）奇数砖层外环采用 460 mm 砖、外半径为 2000.0 mm。由表 2-4 知，在 1748.0 mm≤R≤3496.0 mm 范围内，宜采用 46/40D 与 46/20D 双楔形砖砖环。$K_{46/40D}$按式（2-18c）、式（2-22c）或式（2-26c）计算：

$K_{46/40D}$=144.5-0.04134×2000.0=61.8 块

$K_{46/40D}$=0.04134×（3496.0-2000.0）=61.8 块

或 $K_{46/40D}$=（3496.0-2000.0）/24.1915=61.8 块

$K_{46/20D}$按式（2-19c）、式（2-23c）或式（2-27c）计算：

$K_{46/20D}$=0.08267×2000.0-144.5=20.8 块

$K_{46/20D}$=0.08267×（2000.0-1748.0）=20.8 块

或 $K_{46/20D}$=（2000.0-1748.0）/12.0957=20.8 块

奇数砖层外环总砖数 K_h=61.8+20.8=82.6 块，与按式 2π×2000.0/152=82.7 块计算，结果极相近。

（3）偶数砖层工作内环采用 460 mm 砖，外半径为 2000.0-230-3=1767.0 mm。由表 2-4 知，在 1748.0 mm≤R≤3496.0 mm 范围内，宜采用 46/40D 与 46/20D 双楔形砖砖环。$K_{46/40D}$按式（2-18c）、式（2-22c）或式（2-26c）计算：

$K_{46/40D}$=144.5-0.04134×1767.0=71.5 块

$K_{46/40D}$=0.04134×（3496.0-1767.0）=71.5 块

或 $K_{46/40D}$=（3496.0-1767.0）/24.1915=71.5 块

$K_{46/20D}$按式（2-19c）、式（2-23c）或式（2-27c）计算：

$K_{46/20D}$=0.08267×1767.0-144.5=1.6 块

$K_{46/20D}$=0.08267×（1767.0-1748.0）=1.6 块

或 $K_{46/20D}$=（1767.0-1748.0）/12.0957=1.6 块

偶数砖层工作内环总砖数 K_h=71.5+1.6=73.1 块，与按式 2π×1767.0/152=73.0 块计算，结果极相近。

（4）偶数砖层外环采用 230 mm 砖、外半径为 2000.0 mm。由表 2-4 知，在 1165.3 mm≤R≤2330.7 mm 范围内，宜采用 23/30D 与 23/15D 双楔形砖砖环。$K_{23/30D}$按式（2-18a）、式（2-22a）或式（2-26a）计算：

$K_{23/30D}$=96.3-0.04134×2000.0=13.6 块

$K_{23/30D}$=0.04134×（2330.7-2000.0）=13.7 块

或 $K_{23/30D}$=（2330.7-2000.0）/24.1915=13.7 块

$K_{23/15D}$按式（2-19a）、式（2-23a）或式（2-27a）计算：

$K_{23/15D}$=0.08267×2000.0-96.3=69.0 块

$K_{23/30D}$=0.08267×（2000.0-1165.3）=69.0 块

或 $K_{23/30D}$=（2000.0-1165.3）/12.0957=69.0 块

偶数砖层外环总砖数 K_h=13.7+69.0=82.7 块，与按式 2π×2000.0/152=82.7 块计算，结果相同。另外，偶数砖层外环与奇数砖层外环的总砖数同为 82.7 块，表明外环计算正确。

【例 17】 外半径 R=2500.0 mm、砖环总厚度 808 mm，采用双楔形砖砖环，计算上下层用砖量。

（1）奇数砖层工作内环采用 345 mm 砖，外半径为 2500.0−460−3=2037.0 mm。由表 2-4 知，在 1311.0 mm≤R≤2622.0 mm 范围内，宜采用 34.5/40D 与 34.5/20D 双楔形砖砖环。$K_{34.5/40D}$ 按式（2-18b）、式（2-22b）或式（2-26b）计算：

$K_{34.5/40D}$=108.4−0.04134×2037.0=24.2 块

$K_{34.5/40D}$=0.04134 ×（2622.0−2037.0）=24.2 块

或 $K_{34.5/40D}$=（2622.0−2037.0）/24.1915=24.2 块

$K_{34.5/20D}$ 按式（2-19b）、式（2-23b）或式（2-27b）计算：

$K_{34.5/20D}$=0.08267×2037.0−108.4=60.0 块

$K_{34.5/20D}$=0.08267 ×（2037.0−1311.0）=60.0 块

或 $K_{34.5/20D}$=（2037.0−1311.0）/12.0957=60.0 块

奇数砖层工作内环总砖数 K_h=24.2+60.0=84.2 块，与按式 2π×2037.0/152=84.2 块计算，结果相同。

（2）奇数砖层外环采用 460 mm 砖、外半径为 2500.0 mm。由表 2-4 知，在 1748.0 mm≤R≤3496.0 mm 范围内，宜采用 46/40D 与 46/20D 双楔形砖砖环。$K_{46/40D}$ 按式（2-18c）、式（2-22c）或式（2-26c）计算：

$K_{46/40D}$=144.5−0.04134×2500.0=41.2 块

$K_{46/40D}$=0.04134 ×（3496.0−2500.0）=41.2 块

或 $K_{46/40D}$=（3496.0−2500.0）/24.1915=41.2 块

$K_{46/20D}$ 按式（2-19c）、式（2-23c）或式（2-27c）计算：

$K_{46/20D}$=0.08267×2500.0−144.5=62.2 块

$K_{46/20D}$=0.08267 ×（2500.0−1748.0）=62.2 块

或 $K_{46/20D}$=（2500.0−1748.0）/12.0957=62.2 块

奇数砖层外环总砖数 K_h=41.2+62.2=103.4 块，与按式 2π×2500.0/152=103.3 块计算，结果极相近。

（3）偶数砖层工作内环采用 460 mm 砖、外半径为 2500.0−345−3=2152.0 mm。由表 2-4 知，在 1748.0 mm≤R≤3496.0 mm 范围内，宜采用 46/40D 与 46/20D 双楔形砖砖环。$K_{46/40D}$ 按式（2-18c）、式（2-22c）或式（2-26c）计算：

$K_{46/40D}$=144.5−0.04134×2152.0=55.5 块

$K_{46/40D}$=0.04134 ×（3496.0−2152.0）=55.6 块

或 $K_{46/40D}$=（3496.0−2152.0）/24.1915=55.6 块

$K_{46/20D}$ 按式（2-19c）、式（2-23c）或式（2-27c）计算：

$K_{46/20D}$=0.08267×2152.0−144.5=33.4 块

$K_{46/20D}$=0.08267 ×（2152.0−1748.0）=33.4 块

或 $K_{46/20D}$=（2152.0−1748.0）/12.0957=33.4 块

偶数砖层工作内环总砖数 K_h=55.6+33.4=89.0 块，与按式 2π×2152.0/152=89.0 块计算，结果相同。

（4）偶数砖层外环采用 345 mm 砖，外半径为 2500.0 mm。由表 2-4 知，在 1311.0 mm≤R≤2622.0 mm 范围内，宜采用 34.5/40D 与 34.5/20D 双楔形砖砖环。$K_{34.5/40D}$ 按式（2-18b）、式（2-22b）或式（2-26b）计算：

$K_{34.5/40D}$=108.4−0.04134×2500.0=5.1 块

$K_{34.5/40D}$=0.04134×（2622.0−2500.0）=5.0 块

或 $K_{34.5/40D}$=（2622.0−2500.0）/24.1915=5.0 块

$K_{34.5/20D}$ 按式（2-19b）、式（2-23b）或式（2-27b）计算：

$K_{34.5/20D}$=0.08267×2500.0−108.4=98.3 块

$K_{34.5/20D}$=0.08267×（2500.0−1311.0）=98.3 块

或 $K_{34.5/20D}$=（2500.0−1311.0）/12.0957=98.3 块

偶数砖层外环总砖数 K_h=5.0+98.3=103.3 块，与按式 2π×2500.0/152=103.3 块计算，结果相同。偶数砖层外环与奇数砖层外环总砖数极相近。

【例 14】 计算外半径 R=3000.0 mm、923 mm 及 1038 mm 双环双楔形砖砖环用砖量。

第一部分 923 mm 双环（345 mm+575 mm+3 mm）。

（1）奇数砖层工作内环采用 345 mm 砖，外半径为 3000.0−575−3=2422.0 mm。由表 2-4 知，在 1311.0 mm≤R≤2622.0 mm 范围内，宜采用 34.5/40D 与 34.5/20D 双楔形砖砖环。$K_{34.5/40D}$ 按式（2-18b）、式（2-22b）或式（2-26b）计算：

$K_{34.5/40D}$=108.4−0.04134×2422.0=8.3 块

$K_{34.5/40D}$=0.04134×（2622.0−2422.0）=8.3 块

或 $K_{34.5/40D}$=（2622.0−2422.0）/24.1915=8.3 块

$K_{34.5/20D}$ 按式（2-19b）、式（2-23b）或式（2-27b）计算：

$K_{34.5/20D}$=0.08267×2422.0−108.4=91.8 块

$K_{34.5/20D}$=0.08267×（2422.0−1311.0）=91.8 块

或 $K_{34.5/20D}$=（2422.0−1311.0）/12.0957=91.8 块

奇数砖层工作内环总砖数 K_h=8.3+91.8=100.1 块，与按式 2π×2422.0/152=100.1 块计算，结果相同。

（2）奇数砖层外环采用 575 mm 砖，外半径为 3000.0 mm。由表 2-4 知，在 2185.0 mm≤R≤4370.0 mm 范围内，宜采用 57.5/40D 与 57.5/20D 双楔形砖砖环。$K_{57.5/40D}$ 按式（2-18d）、式（2-22d）或式（2-26d）计算：

$K_{57.5/40D}$=180.6−0.04134×3000.0=56.6 块

$K_{57.5/40D}$=0.04134×（4370.0−3000.0）=56.6 块

或 $K_{57.5/40D}$=（4370.0−3000.0）/24.1915=56.6 块

$K_{57.5/20D}$ 按式（2-19d）、式（2-23d）或式（2-27d）计算：

$K_{57.5/20D}$=0.08267×3000.0−180.6=67.4 块

$K_{57.5/20D}$=0.08267×（3000.0−2185.0）=67.4 块

或 $K_{57.5/20D}$=（3000.0−2185.0）/12.0957=67.4 块

奇数砖层外环总砖数 K_h=56.6+67.4=124.0 块，与按式 2π×3000.0/152=124.0 块计算，结果相同。

（3）偶数砖层工作内环采用 575 mm 砖，外半径为 3000.0−345−3=2652.0 mm。由表 2-4 知，在 2185.0 mm≤R≤4370.0 mm 范围内，宜采用 57.5/40D 与 57.5/20D 双楔形砖砖环。$K_{57.5/40D}$ 按式（2-18d）、式（2-22d）或式（2-26d）计算：

$K_{57.5/40D}$=180.6−0.04134×2652.0=71.0 块

$K_{57.5/40D}$=0.04134×（4370.0−2652.0）=71.0 块

或 $K_{57.5/40D}$=（4370.0−2652.0）/24.1915=71.0 块

$K_{57.5/20D}$ 按式（2−19d）、式（2−23d）或式（2−27d）计算：

$K_{57.5/20D}$=0.08267×2652.0−180.6=38.6 块

$K_{57.5/20D}$=0.08267×（2652.0−2185.0）=38.6 块

或 $K_{57.5/20D}$=（2652.0−2185.0）/12.0957=38.6 块

偶数砖层工作内环总砖数 K_h=71.0+38.6=109.6 块，与按式 2π×2652.0/152=109.6 块计算，结果相同。

（4）偶数砖层外环采用 345 mm 砖，外半径为 3000.0 mm。由表 2−4 知，在 1311.0 mm≤R≤2622.0 mm 范围以外，不能采用 34.5/40D 与 34.5/20D 双楔形砖砖环。宜改用 34.5/20D 与 34.5/0D 混合砖环（见表 1−2）。$K_{34.5/20D}$=$K'_{34.5/20D}$=108.4 块。$K_{34.5/0D}$ 按下式计算：

$K_{34.5/0D}$=0.04134×3000.0−108.4=15.6 块

$K_{34.5/0D}$=0.04134×（3000.0−2622.0）=15.6 块

或 $K_{34.5/0D}$=（3000.0−2622.0）/24.1915=15.6 块

偶数砖层外环总砖数 K_h=108.4+15.6=124.0 块，与按式 2π×3000.0/152=124.0 块计算，结果相同。采用混合砖环的偶数砖层外环总砖数与采用双楔形砖砖环的奇数砖层外环总砖数仍然相同，这是等大端尺寸系列的特点所决定的。

第二部分 1038 mm 双环（460 mm+575 mm+3 mm）。

（1）奇数砖层工作内环采用 460 mm 砖，外半径为 3000.0−575−3=2422.0 mm。由表 2−4 知，在 1748.0 mm≤R≤3496.0 mm 范围内，宜采用 46/40D 与 46/20D 双楔形砖砖环。$K_{46/40D}$ 按式（2−18c）、式（2−22c）或式（2−26c）计算：

$K_{46/40D}$=144.5−0.04134×2422.0=44.4 块

$K_{46/40D}$=0.04134×（3496.0−2422.0）=44.4 块

或 $K_{46/40D}$=（3496.0−2422.0）/24.1915=44.4 块

$K_{46/20D}$ 按式（2−19c）、式（2−23c）或式（2−27c）计算：

$K_{46/20D}$=0.08267×2422.0−144.5=55.7 块

$K_{46/20D}$=0.08267×（2422.0−1748.0）=55.7 块

或 $K_{46/20D}$=（2422.0−1748.0）/12.0957=55.7 块

奇数砖层工作内环总砖数 K_h=44.4+55.7=100.1 块，与按式 2π×2422.0/152=100.1 块计算，结果相同。

（2）奇数砖层外环采用 575 mm 砖，外半径为 3000.0 mm。由表 2−4 知，在 2185.0 mm≤R≤4370.0 mm 范围内，宜采用 57.5/40D 与 57.5/20D 双楔形砖砖环。$K_{57.5/40D}$ 按式（2−18d）、式（2−22d）或式（2−26d）计算：

$K_{57.5/40D}$=180.6−0.04134×3000.0=56.6 块

$K_{57.5/40D}$=0.04134×（4370.0−3000.0）=56.6 块

或 $K_{57.5/40D}$=（4370.0−3000.0）/24.1915=56.6 块

$K_{57.5/20D}$ 按式（2−19d）、式（2−23d）或式（2−27d）计算：

$K_{57.5/20D}$=0.08267×3000.0−180.6=67.4 块

$K_{57.5/20D}$=0.08267 ×（3000.0−2185.0）=67.4 块

或 $K_{57.5/20D}$=（3000.0−2185.0）/12.0957=67.4 块

奇数砖层外环总砖数 K_h=56.6+67.4=124.0 块，与按式 2π×3000.0/152=124.0 块计算，结果相同。

（3）偶数砖层工作内环采用 575 mm 砖，外半径为 3000.0−460−3=2537.0 mm。由表 2−4 知，在 2185.0 mm≤R≤4370.0 mm 范围内，宜采用 57.5/40D 与 57.5/20D 双楔形砖砖环。$K_{57.5/40D}$ 按式（2−18d）、式（2−22d）或式（2−26d）计算：

$K_{57.5/40D}$=180.6−0.04134×2537.0=75.7 块

$K_{57.5/40D}$=0.04134 ×（4370.0−2537.0）=75.8 块

或 $K_{57.5/40D}$=（4370.0−2537.0）/24.1915=75.8 块

$K_{57.5/20D}$ 按式（2−19d）、式（2−23d）或式（2−27d）计算：

$K_{57.5/20D}$=0.08267×2537.0−180.6=29.1 块

$K_{57.5/20D}$=0.08267 ×（2537.0−2185.0）=29.1 块

或 $K_{57.5/20D}$=（2537.0−2185.0）/12.0957=29.1 块

偶数砖层工作内环总砖数 K_h=75.8+29.1=104.9 块，与按式 2π×2537.0/152=104.9 块计算，结果相同。

（4）偶数砖层外环采用 460 mm 砖，外半径为 3000.0 mm。由表 2−4 知，在 1748.0 mm≤R≤3496.0 mm 范围内，宜采用 46/40D 与 46/20D 双楔形砖砖环。$K_{46/40D}$ 按式（2−18c）、式（2−22c）或式（2−26c）计算：

$K_{46/40D}$=144.5−0.04134×3000.0=20.5 块

$K_{46/40D}$=0.04134 ×（3496.0−3000.0）=20.5 块

或 $K_{46/40D}$=（3496.0−3000.0）/24.1915=20.5 块

$K_{46/20D}$ 按式（2−19c）、式（2−23c）或式（2−27c）计算：

$K_{46/20D}$=0.08267×3000.0−144.5=103.5 块

$K_{46/20D}$=0.08267 ×（3000.0−1748.0）=103.5 块

或 $K_{46/20D}$=（3000.0−1748.0）/12.0957=103.5 块

偶数砖层外环总砖数 K_h=20.5+103.5=124.0 块，与按式 2π×3000.0/152=124.0 块计算，结果相同。偶数砖层外环总砖数与奇数砖层外环总砖数同为 124.0 块，表明外环计算结果正确。

2.3　高炉双楔形砖砖环砖量表

2.3.1　单环双楔形砖砖环砖量表

在高炉混合砖环计算方法评价中，已肯定了混合砖环砖量表的优点。当初，为推广高炉双楔形砖砖环，为克服双楔形砖砖环计算中的困难，就是从编制双楔形砖砖环砖量表作为突破口的。如前所述，为了顺利编制双楔形砖砖环砖量表，才攻破了一块楔形砖半径变化量为定值的难关，并认识到：在小半径楔形砖外半径 R_x 和大半径楔形砖外半径 R_d 范围内，即 R_x≤R≤R_d 范围内，双楔形砖砖环中小半径楔形砖数量 K_x 的减少和大半径楔形砖数量 K_d 的增多，都分别同时与砖环外半径 R 的增大呈直线关系。因之减少一块小半径楔形砖时砖环半径的增大量$(\Delta R)'_{1x}$ 和增多一块大半径楔形砖时砖环半径的增大量$(\Delta R)'_{1d}$ 都分别为按式（2-16）[或式（2-16a）]和式（2-17）或[式（2-17d）]计算的定值（见表 2-3）。

在讨论基于楔形砖尺寸特征的三种双楔形砖砖环简易计算式的选择时，曾指出不同计算式在不同场面有不同的用途。在编制双楔形砖砖环砖量表中，计算式 $K_x=K_x'-(R-R_x)/(\Delta R)'_{1x}$[式（2-14c）]和计算式 $K_d=(R-R_x)/(\Delta R)'_{1d}$[式（2-15d）]有特别的指导意义。

与高炉混合砖环砖量表一样，砖环外半径 R 从小到大排列，也特别重视第二行数据的计算。也有不同之处：砖环混合砖量表是开放式的，外半径及相应直形砖量可以根据需要增大而延伸。双楔形砖砖环砖量表是封闭式的，首行和末行是固定的。

在双楔形砖砖环砖量表中，小半径楔形砖的单楔形砖砖环（砖量表的首环，第一行）：$R=R_x$，$K_x=K_x'$及 $K_d=0$；大半径楔形砖的单楔形砖砖环（砖量表末环，末行）：$R=R_d$，$K_d=K_d'$及 $K_x=0$。

从式（2-14e）和式（2-15e）的形式看，两式都是直线方程。K_x 计算式（2-14e）中 R 的系数（$-n$）为负值，表明 K_x 随 R 的增大而减少。K_d 计算式（2-15e）中 R 的系数 m 为正值，表明 K_d 随 R 的增大而增多。在式（2-12a）中，当 $R<R_x$ 时 K_d 为负值，无意义。在式（2-13a）中，当 $R>R_d$ 时 K_x 为负值，无意义。因此双楔形砖砖环砖量表外半径 R 的应用范围只能限定在 $R_x \leqslant R \leqslant R_d$ 范围。根据上述原理，计算出双楔形砖砖环的一块楔形砖半径变化量（表 2-3）后，便可在两种楔形砖外半径 R_x、R_d 和每环极限砖数 K_x'、K_d' 的基数上，顺利地编制了高炉及热风炉双楔形砖砖环砖量表模式表之一（表 2-5）。

表 2-5 高炉双楔形砖砖环砖量模式表之一

砖环外半径 R/mm	每环砖数/块			
	小半径楔形砖数 K_x			大半径楔形砖数 K_d
	通 式	K_x/K_d		
		1/2=0.5	2/3=0.667	
$R_1=R_x$（首行）	$K_{x1}=K_x'$	$K_{x1}=K_x'$	$K_{x1}=K_x'$	$K_{d1}=0$
$R_2=R_1+(\Delta R)'_{1d}$	$K_{x2}=K_{x1}-K_x'/K_d'$	$K_{x2}=K_{x1}-0.5$	$K_{x2}=K_{x1}-0.667$	$K_{d2}=1$
$R_3=R_2+(\Delta R)'_{1d}$	$K_{x3}=K_{x2}-K_x'/K_d'$	$K_{x3}=K_{x2}-0.5$	$K_{x3}=K_{x2}-0.667$	$K_{d3}=2$
$R_4=R_3+(\Delta R)'_{1d}$	$K_{x4}=K_{x3}-K_x'/K_d'$	$K_{x4}=K_{x3}-0.5$	$K_{x4}=K_{x3}-0.667$	$K_{d4}=3$
逐行加$(\Delta R)'_{1d}$	逐行减 K_x'/K_d'	逐行减 0.5	逐行减 0.667	逐行加 1
⋮	⋮	⋮	⋮	⋮
R_d	0	0	0	K_d'

根据一块大半径楔形砖半径增大量$(\Delta R)'_{1d}$ 的定义，大半径楔形砖数量 K_d 每增加一块时砖环外半径 R 增大$(\Delta R)'_{1d}$。大半径楔形砖数量 K_d 纵列栏逐行递增一块砖时，砖环外半径 R 纵列栏逐行相应递增$(\Delta R)'_{1d}$ 。就是说，从第二行开始 K_d 纵列栏逐行以 1，2，3……自然整数排列时，R 纵列栏相应逐行增加$(\Delta R)'_{1d}$ 。每增加一块大半径楔形砖的同时，小半径楔形砖数量 K_x 相应减少 K_x'/K_d'。当 $K_x'/K_d'=1/2=0.5$ 时，每增加一块大半径楔形砖时小半径楔形砖相应减少 0.5 块。或者说，每增加一块大半径楔形砖时减少半块小半径楔形砖。当 $K_x'/K_d'=2/3=0.667$ 时，每增加一块大半径楔形砖时小半径楔形砖相应减少 0.667 块。或者说，每增加三块大半径楔形砖时减少两块小半径楔形砖。

今以 23/30D 与 23/15D 双楔形砖砖环为例，按表 2-5 模式编制其砖量表之一（表 2-6）。

表的首行为小半径楔形砖 23/30D 的单楔形砖砖环：$R_1=R_x=R_{23/30D}=1165.333$ mm，$K_{x1}=K_x'=K'_{23/30D}=48.171$ 块，$K_{d1}=0$。表的末行为大半径楔形砖 23/15D 的单楔形砖砖环：$R=R_d=R_{23/15D}=2330.7$ mm，$K_d=K_d'=K'_{23/15D}=96.3$ 块，$K_x=K_{23/30D}=0$。首行是计算基数，小半径楔形砖的外半径 R_x 及每环极限砖数 K_x' 需取小数点后三位数，但在表的表示数可写小数点后一位数。砖环外半径 R 纵列栏逐行增加该砖环的$(\Delta R)'_{1d}=12.0957$（由表 2-3 查得），例如首行为 1165.333 mm，第二行为 1165.333+12.0957=1177.4 mm，第三行为 1189.5 mm……。大半径楔形砖 $K_{23/15D}$ 纵列栏逐行增加 1，就是说，从第二行开始逐行写以 1、2、3……自然数。小半径楔形砖数量 $K_{23/30D}$ 纵列栏，逐行减少 $K'_{23/30D}/K'_{23/15D}=48.171/96.342=1/2=0.5$ 块，例如首行的 $K'_{23/30D}=48.171$ 块，第二行 $K_{23/30D}=48.171-0.5=47.671$ 块，取 47.7 块。原来设想非常复杂困难的双楔形砖砖环砖量表，它的编制过程实际上只是进行简单的加减法，完成得很顺利。这要归功于楔形砖尺寸特征的确立和双楔形砖砖环一块楔形砖半径变化量研究的成功。

表 2-6　23/30D 与 23/15D 双楔形砖砖环砖量表之一

砖环外半径 R/mm	每环砖数/块		砖环外半径 R/mm	每环砖数/块		砖环外半径 R/mm	每环砖数/块		砖环外半径 R/mm	每环砖数/块	
	23/30D	23/15D		23/30D	23/15D		23/30D	23/15D		23/30D	23/15D
1165.333	48.171	0	1467.7	35.7	25	1770.1	23.2	50	2072.5	10.7	75
1177.4	47.7	1	1479.8	35.2	26	1782.2	22.7	51	2084.6	10.2	76
1189.5	47.2	2	1491.9	34.7	27	1794.3	22.2	52	2096.7	9.7	77
1201.6	46.7	3	1504.0	34.2	28	1806.4	21.7	53	2108.8	9.2	78
1213.7	46.2	4	1516.1	33.7	29	1818.5	21.2	54	2120.9	8.7	79
1225.8	45.7	5	1528.2	33.2	30	1830.6	20.7	55	2133.0	8.2	80
1237.9	45.2	6	1540.3	32.7	31	1842.7	20.2	56	2145.1	7.7	81
1250.0	44.7	7	1552.4	32.2	32	1854.8	19.7	57	2157.2	7.2	82
1262.1	44.2	8	1564.5	31.7	33	1866.9	19.2	58	2169.3	6.7	83
1274.2	43.7	9	1576.6	31.2	34	1879.0	18.7	59	2181.4	6.2	84
1286.3	43.2	10	1588.7	30.7	35	1891.1	18.2	60	2193.5	5.7	85
1298.4	42.7	11	1600.8	30.2	36	1903.2	17.7	61	2205.6	5.2	86
1310.5	42.2	12	1612.9	29.7	37	1915.3	17.2	62	2217.7	4.7	87
1322.6	41.7	13	1625.0	29.2	38	1927.4	16.7	63	2229.8	4.2	88
1334.7	41.2	14	1637.1	28.7	39	1939.5	16.2	64	2241.9	3.7	89
1346.8	40.7	15	1649.2	28.2	40	1951.6	15.7	65	2253.9	3.2	90
1358.9	40.2	16	1661.3	27.7	41	1963.6	15.2	66	2266.0	2.7	91
1371.0	39.7	17	1673.4	27.2	42	1975.7	14.7	67	2278.1	2.2	92
1383.1	39.2	18	1685.4	26.7	43	1987.8	14.2	68	2290.2	1.7	93
1395.2	38.7	19	1697.5	26.2	44	1999.9	13.7	69	2302.3	1.2	94
1407.2	38.2	20	1709.6	25.7	45	2012.0	13.2	70	2314.4	0.7	95
1419.3	37.7	21	1721.7	25.2	46	2024.1	12.7	71	2326.5	0.2	96
1431.4	37.2	22	1733.8	24.7	47	2036.2	12.2	72	2330.7	0.0	96.3
1443.5	36.7	23	1745.9	24.2	48	2048.3	11.7	73			
1455.6	36.2	24	1758.0	23.7	49	2060.4	11.2	74			

表 2-6 中砖环外半径 R 不是 10 的整数倍，应用起来不太方便。为适应 R 为 10 整数倍的需要，取一块楔形砖半径变化量的倒数 $1/(\Delta R)'_{1x}$ 和 $1/(\Delta R)'_{1d}$，表示单位半径（1 mm）对应的楔形砖砖数。例如表 2-3 中，在 23/30D 与 23/15D 双楔形砖砖环的 $1/(\Delta R)'_{1x}=0.04134$ 块，$1/(\Delta R)'_{1d}=0.08267$ 块。$10/(\Delta R)'_{1x}$ 和 $10/(\Delta R)'_{1d}$ 表示砖环外半径每 10 mm 对应的楔形砖砖数。双楔形砖砖环砖量模式表之二（表 2-7）正是适应砖环外半径为 10 整数倍的需要。

表 2-7 的首行和末行分别为小半径楔形砖和大半径楔形砖的单楔形砖砖环。

表 2-7 高炉双楔形砖砖环砖量模式表之二

砖环外半径 R/mm	每环砖数/块	
	小半径楔形砖 K_x	大半径楔形砖 K_d
$R_1=R_x$(首行)	$K_{x1}=K_x'$	$K_{d1}=0$
R_2=最接近并大于 R_x 的 10 整倍数	$K_{x2}=K_{x1}-(R_2-R_1)/(\Delta R)'_{1x}$	$K_{d2}=(R_2-R_1)/(\Delta R)'_{1d}$
$R_3=R_2+10$	$K_{x3}=K_{x2}-10/(\Delta R)'_{1x}$	$K_{d3}=K_{d2}+10/(\Delta R)'_{1d}$
$R_4=R_3+10$	$K_{x4}=K_{x3}-10/(\Delta R)'_{1x}$	$K_{d4}=K_{d3}+10/(\Delta R)'_{1d}$
逐行+10	逐行减 $10/(\Delta R)'_{1x}$	逐行加 $10/(\Delta R)'_{1d}$
⋮	⋮	⋮
R_d	0	K_d'

在砖环外半径 R 纵列栏 R_2 为最接近并大于 R_x 的 10 整倍数，之后逐行递增 10 mm，直到 R_d。第二行的每环砖数最关键。在小半径楔形砖数量 K_x 纵列栏，第二行 K_{x2} 按 $K_{x2}=K_{x1}-(R_2-R_1)/(\Delta R)'_{1x}=K_x'-(R_2-R_x)/(\Delta R)'_{1x}$ 计算出来，之后逐行递减 $10/(\Delta R)'_{1x}$，直到 0。在大半径楔形砖数量 K_d 纵列栏，第二行 $K_{d2}=(R_2-R_1)/(\Delta R)'_{1d}=(R_2-R_x)/(\Delta R)'_{1d}$ 计算出来，之后逐行递增 $10/(\Delta R)'_{1d}$，直到 K_d'。

现以 23/30D 与 23/15D 为例，按表 2-7 模式之二编制其双楔形砖砖环砖量表之二（表 2-8）。表的首行和末行分别为 23/30D 与 23/15D 的单楔形砖砖环。首行中 $R_1=R_{23/30D}=1165.333$ mm 及 $K_{x1}=K_{23/30D}'=48.171$ 块，应尽可能取小数点后三位数。第二行的砖环外半径 R_2 取大于并接近 1165.3 mm 的 10 整倍数 1170.0 mm，之后砖环外半径 R 纵列栏逐行加以 10.0 mm，即 1180.0，1190.0……直到接近 R_d=2330.7 mm 的 2330.0 mm，最后的末行写以 2330.7 mm。第二行（R_2=1170.0 mm）的小半径楔形砖数量 $K_{x2}=K_{23/30D}=48.171-(1170.0-1165.333)/24.1915=47.9781$ 块，之后 $K_{23/30D}$ 纵列栏在 47.9781 块基数上逐行减去 $10/(\Delta R)'_{1x}=0.4134$（由表 2-3 查得），依次为 48.0（第二行）、47.6、47.2……直到 0。第二行（R_2=1170.0 mm）的大半径楔形砖 $K_{d2}=K_{23/15D}=(1170.0-1165.333)/12.0957=0.3858$ 块，之后 $K_{23/15D}$ 纵列栏在 0.3858 块基数上逐行加以 $10/(\Delta R)'_{1d}=0.8267$（由表 2-3 查得），依次为 0.4（第二行）、1.2、2.0……直到 96.3 块。表 2-8 最大的优点，除了编制速度快之外，就是砖环外半径 R 为 10 整倍数的需要，应用起来很方便。现在以例 16 的偶数砖层外环（R=2000.0 mm，A=230 mm）为例，通过查表 2-8 检验一下它的精

度。由表 2-8 的 R=2000.0 mm 行，直接查得 $K_{23/30D}$=13.7 块，$K_{23/15D}$=69.0 块。再与例 16 对照一下，与计算值完全相同。按表 2-7 模式编制了 23/45D 与 23/30D、34.5/40D 与 34.5/20D、34.5/60D 与 34.5/40D、46/40D 与 46/20D、46/60D 与 46/40D、57.5/40D 与 57.5/20D，以及 57.5/60D 与 57.5/40D 双楔形砖砖环砖量表 2-9～表 2-15。

例 8 的奇数砖层外环（R=2000.0 mm,A=345 mm）,由表 2-10 的 R=2000.0 mm 行查得 $K_{34.5/40D}$=25.7 块，$K_{34.5/20D}$=57.0 块，与计算结果完全相同。

例 16 的奇数砖层外环（R=2000.0 mm,A=460 mm）,由表 2-12 的 R=2000.0 mm 行查得 $K_{46/40D}$=61.8 块，$K_{46/20D}$=20.8 块，与计算结果完全相同。

例 17 的奇数砖层外环（R=2500.0 mm,A=460 mm）,由表 2-12 的 R=2500.0 mm 行查得 $K_{46/40D}$=41.2 块，$K_{46/20D}$=62.2 块，与计算结果完全相同。

例 14 的奇数砖层外环（R=3000.0 mm，A=575 mm）,由表 2-15 的 R=3000.0 mm 行查得 $K_{57.5/40D}$=56.6 块，$K_{57.5/20D}$=67.4 块，与计算结果完全相同。

例 14 的偶数砖层外环（R=3000.0 mm，A=460 mm）,由表 2-12 的 R=3000.0 mm 行查得 $K_{46/40D}$=20.5 块，$K_{46/20D}$=103.5 块，与计算结果完全相同。

例 8 的单环（R=2000.0 mm，A=575 mm）,由表 2-14 的 R=2000.0 mm 行查得 $K_{57.5/60D}$=15.3 块，$K_{57.5/40D}$=67.4 块，与计算结果完全相同。

施工图中的砖环外半径 R，特别是双环双楔形砖砖环工作内环的外半径，常出现不是 10 整倍数的任一数，此时砖量表查不到相应的外半径。在这种情况下，可按表 2-3 的 n 与 m 值估算。n 为单位半径（1 mm）对应的小半径楔形砖砖数，m 为单位半径（1 mm）对应的大半径楔形砖砖数。对于锐楔形砖与钝楔形砖双楔形砖砖环而言，砖环外半径每增加 1 mm 时，锐楔形砖数量减少 n=0.04 块，同时钝楔形砖增加 0.08 块。现举几例说明：

例 8 的奇数砖层工作内环（R=1652.0 mm,A=230 mm）,由表 2-8 的 R=1650.0 mm 行查得 $K_{23/30D}$=28.1 块，外半径增加到 1652.0 mm，即增 2.0 mm 时 $K_{23/30D}$ 应减去 2.0 × 0.04=0.08 块，$K_{23/30D}$=28.1-0.08=28.0 mm 块，与计算值几乎相同。查 R=1650.0 mm 行 $K_{23/15D}$=40.1 块，再加以 2.0×0.08=0.16 块，$K_{23/15D}$=40.1+0.16≈40.3 块，与计算值相同。

例 16 的奇数砖层工作内环（R=1537.0 mm，A=230 mm）,由表 2-8 的 R=1530.0 mm 行查得 $K_{23/30D}$=33.1 块，R=1537.0 mm 砖环再减去 7.0 × 0.04=0.28 块得 $K_{23/30D}$=33.1-0.3=32.8 mm 块，与计算值相同。R=1530.0 mm 行 $K_{23/15D}$=30.1 块，再加以 7.0×0.08=0.56 块，$K_{23/15D}$=30.1+0.56=30.7 块，与计算值相同。

例 17 的奇数砖层工作内环（R=2037.0 mm,A=345 mm）,由表 2-10 的 R=2030.0 mm 行查得 $K_{34.5/40D}$=24.5 块以及 $K_{34.5/20D}$=59.4，R=2037.0 mm 砖环再分别减去 7.0×0.04=0.28 块及加以 7.0×0.08=0.56 块，则 $K_{34.5/40D}$=24.5-0.3=24.2 mm 块，$K_{34.5/20D}$=59.4+0.6=60.0 块，与计算值相同。

例 14 第二部分偶数砖层工作内环（R=2537.0 mm，A=575 mm），由表 2-15 的 R=2530.0 mm 行查得 $K_{57.5/40D}$=76.1 块以及 $K_{57.5/20D}$=28.5，R=2537.0 mm 砖环砖数分别减去 7.0 × 0.04=0.28 块及加以 7.0 × 0.08=0.56 块，则 $K_{57.5/40D}$=76.1-0.3=75.8 mm 块，$K_{57.5/20D}$=28.5+0.6=29.1 块，与计算值相同。

表 2-8 23/30D 与 23/15D 双楔形砖砖环砖量表之二

砖环外半径 *R*/mm	每环砖数/块		砖环外半径 *R*/mm	每环砖数/块		砖环外半径 *R*/mm	每环砖数/块		砖环外半径 *R*/mm	每环砖数/块	
	23/30D	23/15D		23/30D	23/15D		23/30D	23/15D		23/30D	23/15D
1165.333	48.171	0	1460.0	36.0	24.3	1760.0	23.5	49.1	2060.0	11.1	73.9
1170.0	48.0	0.4	1470.0	35.5	25.2	1770.0	23.1	50.0	2070.0	10.7	74.8
1180.0	47.6	1.2	1480.0	35.1	26.0	1780.0	22.7	50.8	2080.0	10.3	75.6
1190.0	47.2	2.0	1490.0	34.7	26.8	1790.0	22.3	51.6	2090.0	9.9	76.4
1200.0	46.7	2.9	1500.0	34.3	27.7	1800.0	21.9	52.5	2100.0	9.5	77.3
1210.0	46.3	3.7	1510.0	33.9	28.5	1810.0	21.5	53.3	2110.0	9.1	78.1
1220.0	45.9	4.5	1520.0	33.5	29.3	1820.0	21.1	54.1	2120.0	8.7	78.9
1230.0	45.5	5.3	1530.0	33.1	30.1	1830.0	20.7	54.9	2130.0	8.3	79.7
1240.0	45.0	6.2	1540.0	32.6	31.0	1840.0	20.2	55.8	2140.0	7.8	80.6
1250.0	44.6	7.0	1550.0	32.2	31.8	1850.0	19.8	56.6	2150.0	7.4	81.4
1260.0	44.2	7.8	1560.0	31.8	32.6	1860.0	19.4	57.4	2160.0	7.0	82.2
1270.0	43.8	8.6	1570.0	31.4	33.4	1870.0	19.0	58.2	2170.0	6.6	83.0
1280.0	43.4	9.5	1580.0	31.0	34.3	1880.0	18.6	59.1	2180.0	6.2	83.9
1290.0	43.0	10.3	1590.0	30.6	35.1	1890.0	18.2	59.9	2190.0	5.8	84.7
1300.0	42.6	11.1	1600.0	30.2	35.9	1900.0	17.8	60.7	2200.0	5.4	85.5
1310.0	42.2	11.9	1610.0	29.8	36.7	1910.0	17.3	61.5	2210.0	4.9	86.4
1320.0	41.7	12.8	1620.0	29.3	37.6	1920.0	16.9	62.4	2220.0	4.5	87.2
1330.0	41.3	13.6	1630.0	28.9	38.4	1930.0	16.5	63.2	2230.0	4.1	88.0
1340.0	40.9	14.4	1640.0	28.5	39.2	1940.0	16.1	64.0	2240.0	3.7	88.8
1350.0	40.5	15.3	1650.0	28.1	40.1	1950.0	15.7	64.9	2250.0	3.3	89.7
1360.0	40.1	16.1	1660.0	27.7	40.9	1960.0	15.3	65.7	2260.0	2.9	90.5
1370.0	39.7	16.9	1670.0	27.3	41.7	1970.0	14.9	66.5	2270.0	2.5	91.3
1380.0	39.3	17.7	1680.0	26.9	42.5	1980.0	14.5	67.3	2280.0	2.1	92.1
1390.0	38.8	18.6	1690.0	26.4	43.4	1990.0	14.0	68.2	2290.0	1.6	93.0
1400.0	38.4	19.4	1700.0	26.0	44.2	2000.0	13.6	69.0	2300.0	1.2	93.8
1410.0	38.0	20.2	1710.0	25.6	45.0	2010.0	13.2	69.8	2310.0	0.8	94.6
1420.0	37.6	21.0	1720.0	25.2	45.8	2020.0	12.8	70.6	2320.0	0.4	95.4
1430.0	37.2	21.9	1730.0	24.8	46.7	2030.0	12.4	71.5	2330.0	0.0	96.3
1440.0	36.8	22.7	1740.0	24.4	47.5	2040.0	12.0	72.3	2330.7	0.0	96.3
1450.0	36.4	23.5	1750.0	24.0	48.3	2050.0	11.6	73.1			

表 2-9 23/45D 与 23/30D 双楔形砖砖环砖量表

砖环外半径 *R*/mm	每环砖数/块		砖环外半径 *R*/mm	每环砖数/块		砖环外半径 *R*/mm	每环砖数/块		砖环外半径 *R*/mm	每环砖数/块	
	23/45D	23/30D		23/45D	23/30D		23/45D	23/30D		23/45D	23/30D
776.888	32.114	0	880.0	23.6	12.8	990.0	14.5	26.4	1100.0	5.4	40.1
780.0	31.8567	0.3859	890.0	22.8	14.0	1000.0	13.7	27.7	1110.0	4.6	41.3
790.0	31.0	1.6	900.0	21.9	15.3	1010.0	12.8	28.9	1120.0	3.7	42.6
800.0	30.2	2.9	910.0	21.1	16.5	1020.0	12.0	30.2	1130.0	2.9	43.8
810.0	29.4	4.1	920.0	20.3	17.7	1030.0	11.2	31.4	1140.0	2.1	45.0
820.0	28.5	5.3	930.0	19.5	19.0	1040.0	10.4	32.6	1150.0	1.3	46.3
830.0	27.7	6.6	940.0	18.6	20.2	1050.0	9.5	33.9	1160.0	0.4	47.5
840.0	26.9	7.8	950.0	17.8	21.5	1060.0	8.7	35.1	1165.3	0.0	48.2
850.0	26.1	9.1	960.0	17.0	22.7	1070.0	7.9	36.4			
860.0	25.2	10.3	970.0	16.1	23.9	1080.0	7.1	37.6			
870.0	24.4	11.5	980.0	15.3	25.2	1090.0	6.2	38.8			

表 2-10　34.5/40D 与 34.5/20D 双楔形砖砖环砖量表

砖环外半径 R/mm	每环砖数/块		砖环外半径 R/mm	每环砖数/块		砖环外半径 R/mm	每环砖数/块		砖环外半径 R/mm	每环砖数/块	
	34.5/40D	34.5/20D		34.5/40D	34.5/20D		34.5/40D	34.5/20D		34.5/40D	34.5/20D
1311.0	54.193	0	1650.0	40.2	28.0	1990.0	26.1	56.1	2330.0	12.1	84.2
1320.0	53.821	0.7441	1660.0	39.8	28.9	2000.0	25.7	57.0	2340.0	11.7	85.1
1330.0	53.4	1.6	1670.0	39.4	29.7	2010.0	25.3	57.8	2350.0	11.2	85.9
1340.0	53.0	2.4	1680.0	38.9	30.5	2020.0	24.9	58.6	2360.0	10.8	86.7
1350.0	52.6	3.2	1690.0	38.5	31.3	2030.0	24.5	59.4	2370.0	10.4	87.5
1360.0	52.2	4.1	1700.0	38.1	32.2	2040.0	24.1	60.3	2380.0	10.0	88.4
1370.0	51.8	4.9	1710.0	37.7	33.0	2050.0	23.6	61.1	2390.0	9.6	89.2
1380.0	51.3	5.7	1720.0	37.3	33.8	2060.0	23.2	61.9	2400.0	9.2	90.0
1390.0	50.9	6.5	1730.0	36.9	34.6	2070.0	22.8	62.7	2410.0	8.8	90.9
1400.0	50.5	7.4	1740.0	36.5	35.5	2080.0	22.4	63.6	2420.0	8.3	91.7
1410.0	50.1	8.2	1750.0	36.0	36.3	2090.0	22.0	64.4	2430.0	7.9	92.5
1420.0	49.7	9.0	1760.0	35.6	37.1	2100.0	21.6	65.2	2440.0	7.5	93.3
1430.0	49.3	9.8	1770.0	35.2	37.9	2110.0	21.2	66.1	2450.0	7.1	94.2
1440.0	48.9	10.7	1780.0	34.8	38.8	2120.0	20.7	66.9	2460.0	6.7	95.0
1450.0	48.4	11.5	1790.0	34.4	39.6	2130.0	20.3	67.7	2470.0	6.3	95.8
1460.0	48.0	12.3	1800.0	34.0	40.4	2140.0	19.9	68.5	2480.0	5.9	96.6
1470.0	47.6	13.1	1810.0	33.6	41.3	2150.0	19.5	69.4	2490.0	5.5	97.5
1480.0	47.2	14.0	1820.0	33.2	42.1	2160.0	19.1	70.2	2500.0	5.0	98.3
1490.0	46.8	14.8	1830.0	32.7	42.9	2170.0	18.7	71.0	2510.0	4.6	99.1
1500.0	46.4	15.6	1840.0	32.3	43.7	2180.0	18.3	71.8	2520.0	4.2	99.9
1510.0	46.0	16.5	1850.0	31.9	44.6	2190.0	17.9	72.7	2530.0	3.8	100.8
1520.0	45.6	17.3	1860.0	31.5	45.4	2200.0	17.4	73.5	2540.0	3.4	101.6
1530.0	45.1	18.1	1870.0	31.1	46.2	2210.0	17.0	74.3	2550.0	3.0	102.4
1540.0	44.7	18.9	1880.0	30.7	47.0	2220.0	16.6	75.1	2560.0	2.6	103.3
1550.0	44.3	19.8	1890.0	30.3	47.9	2230.0	16.2	76.0	2570.0	2.1	104.1
1560.0	43.9	20.6	1900.0	29.8	48.7	2240.0	15.8	76.8	2580.0	1.7	104.9
1570.0	43.5	21.4	1910.0	29.4	49.5	2250.0	15.4	77.6	2590.0	1.3	105.7
1580.0	43.1	22.2	1920.0	29.0	50.3	2260.0	15.0	78.5	2600.0	0.9	106.6
1590.0	42.7	23.1	1930.0	28.6	51.2	2270.0	14.5	79.3	2610.0	0.5	107.4
1600.0	42.2	23.9	1940.0	28.2	52.0	2280.0	14.1	80.1	2620.0	0.1	108.2
1610.0	41.8	24.7	1950.0	27.8	52.8	2290.0	13.7	80.9	2622.0	0.0	108.4
1620.0	41.4	25.5	1960.0	27.4	53.7	2300.0	13.3	81.8			
1630.0	41.0	26.4	1970.0	26.9	54.5	2310.0	12.9	82.6			
1640.0	40.6	27.2	1980.0	26.5	55.3	2320.0	12.5	83.4			

表 2-11　34.5/60D 与 34.5/40D 双楔形砖砖环砖量表

砖环外半径 R/mm	每环砖数/块		砖环外半径 R/mm	每环砖数/块		砖环外半径 R/mm	每环砖数/块		砖环外半径 R/mm	每环砖数/块	
	34.5/60D	34.5/40D		34.5/60D	34.5/40D		34.5/60D	34.5/40D		34.5/60D	34.5/40D
874	36.128	0	990.0	26.5	14.4	1110.0	16.6	29.3	1230.0	6.7	44.2
880.0	35.632	0.7441	1000.0	25.7	15.6	1120.0	15.8	30.5	1240.0	5.9	45.4
890.0	34.8	2.0	1010.0	24.9	16.9	1130.0	15.0	31.7	1250.0	5.0	46.6
900.0	34.0	3.2	1020.0	24.1	18.1	1140.0	14.1	33.0	1260.0	4.2	47.9
910.0	33.2	4.5	1030.0	23.2	19.3	1150.0	13.3	34.2	1270.0	3.4	49.1
920.0	32.3	5.7	1040.0	22.4	20.6	1160.0	12.5	35.5	1280.0	2.6	50.4
930.0	31.5	6.9	1050.0	21.6	21.8	1170.0	11.7	36.7	1290.0	1.7	51.6
940.0	30.7	8.2	1060.0	20.8	23.1	1180.0	10.8	38.0	1300.0	0.9	52.8
950.0	29.8	9.4	1070.0	19.9	24.3	1190.0	10.0	39.2	1310.0	0.1	54.1
960.0	29.0	10.7	1080.0	19.1	25.5	1200.0	9.2	40.4	1311.0	0.0	54.2
970.0	28.2	11.9	1090.0	18.3	26.8	1210.0	8.4	41.7			
980.0	27.4	13.1	1100.0	17.4	28.0	1220.0	7.5	42.9			

表 2-12 46/40D 与 46/20D 双楔形砖砖环砖量表

砖环外半径 R/mm	每环砖数/块		砖环外半径 R/mm	每环砖数/块		砖环外半径 R/mm	每环砖数/块		砖环外半径 R/mm	每环砖数/块	
	46/40D	46/20D		46/40D	46/20D		46/40D	46/20D		46/40D	46/20D
1748.0	72.257	0	2190.0	54.0	36.5	2640.0	35.4	73.7	3090.0	16.8	110.9
1750.0	72.174	0.1653	2200.0	53.6	37.4	2650.0	35.0	74.6	3100.0	16.4	111.8
1760.0	71.8	1.0	2210.0	53.2	38.2	2660.0	34.6	75.4	3110.0	16.0	112.6
1770.0	71.3	1.8	2220.0	52.7	39.0	2670.0	34.1	76.2	3120.0	15.5	113.4
1780.0	70.9	2.6	2230.0	52.3	39.8	2680.0	33.7	77.0	3130.0	15.1	114.2
1790.0	70.5	3.5	2240.0	51.9	40.7	2690.0	33.3	77.9	3140.0	14.7	115.1
1800.0	70.1	4.3	2250.0	51.5	41.5	2700.0	32.9	78.7	3150.0	14.3	115.9
1810.0	69.7	5.1	2260.0	51.1	42.3	2710.0	32.5	79.5	3160.0	13.9	116.7
1820.0	69.3	6.0	2270.0	50.7	43.2	2720.0	32.1	80.4	3170.0	13.5	117.6
1830.0	68.9	6.8	2280.0	50.3	44.0	2730.0	31.7	81.2	3180.0	13.1	118.4
1840.0	68.5	7.6	2290.0	49.9	44.8	2740.0	31.2	82.0	3190.0	12.6	119.2
1850.0	68.0	8.4	2300.0	49.4	45.6	2750.0	30.8	82.8	3200.0	12.2	120.0
1860.0	67.6	9.3	2310.0	49.0	46.5	2760.0	30.4	83.7	3210.0	11.8	120.9
1870.0	67.2	10.1	2320.0	48.6	47.3	2770.0	30.0	84.5	3220.0	11.4	121.7
1880.0	66.8	10.9	2330.0	48.2	48.1	2780.0	29.6	85.3	3230.0	11.0	122.5
1890.0	66.4	11.7	2340.0	47.8	48.9	2790.0	29.2	86.1	3240.0	10.6	123.3
1900.0	66.0	12.6	2350.0	47.4	49.8	2800.0	28.8	87.0	3250.0	10.2	124.2
1910.0	65.6	13.4	2360.0	47.0	50.6	2810.0	28.4	87.8	3260.0	9.8	125.0
1920.0	65.1	14.2	2370.0	46.5	51.4	2820.0	27.9	88.6	3270.0	9.3	125.8
1930.0	64.7	15.0	2380.0	46.1	52.2	2830.0	27.5	89.4	3280.0	8.9	126.7
1940.0	64.3	15.9	2390.0	45.7	53.1	2840.0	27.1	90.3	3290.0	8.5	127.5
1950.0	63.9	16.7	2400.0	45.3	53.9	2850.0	26.7	91.1	3300.0	8.1	128.3
1960.0	63.5	17.5	2410.0	44.9	54.7	2860.0	26.3	91.9	3310.0	7.7	129.1
1970.0	63.1	18.4	2420.0	44.5	55.6	2870.0	25.9	92.8	3320.0	7.3	130.0
1980.0	62.7	19.2	2430.0	44.1	56.4	2880.0	25.5	93.6	3330.0	6.9	130.8
1990.0	62.3	20.0	2440.0	43.6	57.2	2890.0	25.0	94.4	3340.0	6.4	131.6
2000.0	61.8	20.8	2450.0	43.2	58.0	2900.0	24.6	95.2	3350.0	6.0	132.4
2010.0	61.4	21.7	2460.0	42.8	58.9	2910.0	24.2	96.1	3360.0	5.6	133.3
2020.0	61.0	22.5	2470.0	42.4	59.7	2920.0	23.8	96.9	3370.0	5.2	134.1
2030.0	60.6	23.3	2480.0	42.0	60.5	2930.0	23.4	97.7	3380.0	4.8	134.9
2040.0	60.2	24.1	2490.0	41.6	61.3	2940.0	23.0	98.5	3390.0	4.4	135.7
2050.0	59.8	25.0	2500.0	41.2	62.2	2950.0	22.6	99.4	3400.0	4.0	136.6
2060.0	59.4	25.8	2510.0	40.8	63.0	2960.0	22.2	100.2	3410.0	3.5	137.4
2070.0	58.9	26.6	2520.0	40.3	63.8	2970.0	21.7	101.0	3420.0	3.1	138.2
2080.0	58.5	27.4	2530.0	39.9	64.6	2980.0	21.3	101.8	3430.0	2.7	139.1
2090.0	58.1	28.3	2540.0	39.5	65.5	2990.0	20.9	102.7	3440.0	2.3	139.9
2100.0	57.7	29.1	2550.0	39.1	66.3	3000.0	20.5	103.5	3450.0	1.9	140.7
2110.0	57.3	29.9	2560.0	38.7	67.1	3010.0	20.1	104.3	3460.0	1.5	141.5
2120.0	56.9	30.8	2570.0	38.3	68.0	3020.0	19.7	105.2	3470.0	1.1	142.4
2130.0	56.5	31.6	2580.0	37.9	68.8	3030.0	19.3	106.0	3480.0	0.7	143.2
2140.0	56.1	32.4	2590.0	37.4	69.6	3040.0	18.8	106.8	3490.0	0.2	144.0
2150.0	55.6	33.2	2600.0	37.0	70.4	3050.0	18.4	107.6	3496.0	0.0	144.5
2160.0	55.2	34.1	2610.0	36.6	71.3	3060.0	18.0	108.5			
2170.0	54.8	34.9	2620.0	36.2	72.1	3070.0	17.6	109.3			
2180.0	54.4	35.7	2630.0	35.8	72.9	3080.0	17.2	110.1			

表 2-13　46/60D 与 46/40D 双楔形砖砖环砖量表

砖环外半径 *R*/mm	每环砖数/块		砖环外半径 *R*/mm	每环砖数/块		砖环外半径 *R*/mm	每环砖数/块		砖环外半径 *R*/mm	每环砖数/块	
	46/60D	46/40D		46/60D	46/40D		46/60D	46/40D		46/60D	46/40D
1165.333	48.171	0	1310.0	36.2	17.9	1460.0	23.8	36.5	1610.0	11.4	55.1
1170.0	47.785	0.5788	1320.0	35.4	19.2	1470.0	23.0	37.8	1620.0	10.6	56.4
1180.0	47.0	1.8	1330.0	34.6	20.4	1480.0	22.2	39.0	1630.0	9.8	57.6
1190.0	46.1	3.1	1340.0	33.7	21.7	1490.0	21.3	40.3	1640.0	8.9	58.9
1200.0	45.3	4.3	1350.0	32.9	22.9	1500.0	20.5	41.5	1650.0	8.1	60.1
1210.0	44.5	5.5	1360.0	32.1	24.1	1510.0	19.7	42.7	1660.0	7.3	61.3
1220.0	43.7	6.8	1370.0	31.3	25.4	1520.0	18.9	44.0	1670.0	6.4	62.6
1230.0	42.8	8.0	1380.0	30.4	26.6	1530.0	18.0	45.2	1680.0	5.6	63.8
1240.0	42.0	9.3	1390.0	29.6	27.9	1540.0	17.2	46.5	1690.0	4.8	65.1
1250.0	41.2	10.5	1400.0	28.8	29.1	1550.0	16.4	47.7	1700.0	4.0	66.3
1260.0	40.3	11.7	1410.0	27.9	30.3	1560.0	15.5	48.9	1710.0	3.1	67.5
1270.0	39.5	13.0	1420.0	27.1	31.6	1570.0	14.7	50.2	1720.0	2.3	68.8
1280.0	38.7	14.2	1430.0	26.3	32.8	1580.0	13.9	51.4	1730.0	1.5	70.0
1290.0	37.9	15.5	1440.0	25.5	34.1	1590.0	13.1	52.7	1740.0	0.7	71.3
1300.0	37.0	16.7	1450.0	24.6	35.3	1600.0	12.2	53.9	1748.0	0.0	72.3

表 2-14　57.5/60D 与 57.5/40D 双楔形砖砖环砖量表

砖环外半径 *R*/mm	每环砖数/块		砖环外半径 *R*/mm	每环砖数/块		砖环外半径 *R*/mm	每环砖数/块		砖环外半径 *R*/mm	每环砖数/块	
	57.5/60D	57.5/40D		57.5/60D	57.5/40D		57.5/60D	57.5/40D		57.5/60D	57.5/40D
1456.667	60.214	0	1640.0	45.1	22.7	1830.0	29.4	46.3	2020.0	13.6	69.9
1460.0	59.938	0.4134	1650.0	44.2	24.0	1840.0	28.5	47.5	2030.0	12.8	71.1
1470.0	59.1	1.7	1660.0	43.4	25.2	1850.0	27.7	48.8	2040.0	12.0	72.3
1480.0	58.3	2.9	1670.0	42.6	26.5	1860.0	26.9	50.0	2050.0	11.2	73.6
1490.0	57.5	4.1	1680.0	41.8	27.7	1870.0	26.0	51.3	2060.0	10.3	74.8
1500.0	56.6	5.4	1690.0	40.9	28.9	1880.0	25.2	52.5	2070.0	9.5	76.1
1510.0	55.8	6.6	1700.0	40.1	30.2	1890.0	24.4	53.7	2080.0	8.7	77.3
1520.0	55.0	7.9	1710.0	39.3	31.4	1900.0	23.6	55.0	2090.0	7.9	78.5
1530.0	54.2	9.1	1720.0	38.4	32.7	1910.0	22.7	56.2	2100.0	7.0	79.8
1540.0	53.3	10.3	1730.0	37.6	33.9	1920.0	21.9	57.5	2110.0	6.2	81.0
1550.0	52.5	11.6	1740.0	36.8	35.1	1930.0	21.1	58.7	2120.0	5.4	82.3
1560.0	51.7	12.8	1750.0	36.0	36.4	1940.0	20.3	59.9	2130.0	4.5	83.5
1570.0	50.8	14.1	1760.0	35.1	37.6	1950.0	19.4	61.2	2140.0	3.7	84.7
1580.0	50.0	15.3	1770.0	34.3	38.9	1960.0	18.6	62.4	2150.0	2.9	86.0
1590.0	49.2	16.5	1780.0	33.5	40.1	1970.0	17.8	63.7	2160.0	2.1	87.2
1600.0	48.4	17.8	1790.0	32.7	41.3	1980.0	16.9	64.9	2170.0	1.2	88.5
1610.0	47.5	19.0	1800.0	31.8	42.6	1990.0	16.1	66.1	2180.0	0.4	89.7
1620.0	46.7	20.3	1810.0	31.0	43.8	2000.0	15.3	67.4	2185.0	0.0	90.3
1630.0	45.9	21.5	1820.0	30.2	45.1	2010.0	14.5	68.6			

表 2-15　57.5/40D 与 57.5/20D 双楔形砖砖环砖量表

砖环外半径 *R*/mm	每环砖数/块		砖环外半径 *R*/mm	每环砖数/块		砖环外半径 *R*/mm	每环砖数/块		砖环外半径 *R*/mm	每环砖数/块	
	57.5/40D	57.5/20D		57.5/40D	57.5/20D		57.5/40D	57.5/20D		57.5/40D	57.5/20D
2185.0	90.321	0	2730.0	67.8	45.1	3280.0	45.1	90.5	3830.0	22.3	136.0
2190.0	90.114	0.4134	2740.0	67.4	45.9	3290.0	44.6	91.4	3840.0	21.9	136.8
2200.0	89.7	1.2	2750.0	67.0	46.7	3300.0	44.2	92.2	3850.0	21.5	137.6
2210.0	89.3	2.1	2760.0	66.6	47.5	3310.0	43.8	93.0	3860.0	21.1	138.5
2220.0	88.9	2.9	2770.0	66.1	48.4	3320.0	43.4	93.8	3870.0	20.7	139.3
2230.0	88.5	3.7	2780.0	65.7	49.2	3330.0	43.0	94.7	3880.0	20.2	140.1
2240.0	88.0	4.5	2790.0	65.3	50.0	3340.0	42.6	95.5	3890.0	19.8	141.0
2250.0	87.6	5.4	2800.0	64.9	50.8	3350.0	42.2	96.3	3900.0	19.4	141.8
2260.0	87.2	6.2	2810.0	64.5	51.7	3360.0	41.7	97.1	3910.0	19.0	142.6
2270.0	86.8	7.0	2820.0	64.1	52.5	3370.0	41.3	98.0	3920.0	18.6	143.4
2280.0	86.4	7.9	2830.0	63.7	53.3	3380.0	40.9	98.8	3930.0	18.2	144.3
2290.0	86.0	8.7	2840.0	63.2	54.1	3390.0	40.5	99.6	3940.0	17.8	145.1
2300.0	85.6	9.5	2850.0	62.8	55.0	3400.0	40.1	100.4	3950.0	17.4	145.9
2310.0	85.2	10.3	2860.0	62.4	55.8	3410.0	39.7	101.3	3960.0	16.9	146.7
2320.0	84.7	11.2	2870.0	62.0	56.6	3420.0	39.3	102.1	3970.0	16.5	147.6
2330.0	84.3	12.0	2880.0	61.6	57.5	3430.0	38.9	102.9	3980.0	16.1	148.4
2340.0	83.9	12.8	2890.0	61.2	58.3	3440.0	38.4	103.8	3990.0	15.7	149.2
2350.0	83.5	13.6	2900.0	60.8	59.1	3450.0	38.0	104.6	4000.0	15.3	150.0
2360.0	83.1	14.5	2910.0	60.3	59.9	3460.0	37.6	105.4	4010.0	14.9	150.9
2370.0	82.7	15.3	2920.0	59.9	60.8	3470.0	37.2	106.2	4020.0	14.5	151.7
2380.0	82.3	16.1	2930.0	59.5	61.6	3480.0	36.8	107.1	4030.0	14.0	152.5
2390.0	81.8	16.9	2940.0	59.1	62.4	3490.0	36.4	107.9	4040.0	13.6	153.4
2400.0	81.4	17.8	2950.0	58.7	63.2	3500.0	36.0	108.7	4050.0	13.2	154.2
2410.0	81.0	18.6	2960.0	58.3	64.1	3510.0	35.5	109.5	4060.0	12.8	155.0
2420.0	80.6	19.4	2970.0	57.9	64.9	3520.0	35.1	110.4	4070.0	12.4	155.8
2430.0	80.2	20.3	2980.0	57.5	65.7	3530.0	34.7	111.2	4080.0	12.0	156.7
2440.0	79.8	21.1	2990.0	57.0	66.5	3540.0	34.3	112.0	4090.0	11.6	157.5
2450.0	79.4	21.9	3000.0	56.6	67.4	3550.0	33.9	112.8	4100.0	11.2	158.3
2460.0	79.0	22.7	3010.0	56.2	68.2	3560.0	33.5	113.7	4110.0	10.7	159.1
2470.0	78.5	23.6	3020.0	55.8	69.0	3570.0	33.1	114.5	4120.0	10.3	160.0
2480.0	78.1	24.4	3030.0	55.4	69.9	3580.0	32.7	115.3	4130.0	9.9	160.8
2490.0	77.7	25.2	3040.0	55.0	70.7	3590.0	32.2	116.2	4140.0	9.5	161.6
2500.0	77.3	26.0	3050.0	54.6	71.5	3600.0	31.8	117.0	4150.0	9.1	162.4
2510.0	76.9	26.9	3060.0	54.1	72.3	3610.0	31.4	117.8	4160.0	8.7	163.3
2520.0	76.5	27.7	3070.0	53.7	73.2	3620.0	31.0	118.6	4170.0	8.3	164.1
2530.0	76.1	28.5	3080.0	53.3	74.0	3630.0	30.6	119.5	4180.0	7.8	164.9
2540.0	75.6	29.3	3090.0	52.9	74.8	3640.0	30.2	120.3	4190.0	7.4	165.8
2550.0	75.2	30.2	3100.0	52.5	75.6	3650.0	29.8	121.1	4200.0	7.0	166.6
2560.0	74.8	31.0	3110.0	52.1	76.5	3660.0	29.3	121.9	4210.0	6.6	167.4
2570.0	74.4	31.8	3120.0	51.7	77.3	3670.0	28.9	122.8	4220.0	6.2	168.2
2580.0	74.0	32.7	3130.0	51.3	78.1	3680.0	28.5	123.6	4230.0	5.8	169.1
2590.0	73.6	33.5	3140.0	50.8	78.9	3690.0	28.1	124.4	4240.0	5.4	169.9
2600.0	73.2	34.3	3150.0	50.4	79.8	3700.0	27.7	125.2	4250.0	5.0	170.7
2610.0	72.8	35.1	3160.0	50.0	80.6	3710.0	27.3	126.1	4260.0	4.5	171.5
2620.0	72.3	36.0	3170.0	49.6	81.4	3720.0	26.9	126.9	4270.0	4.1	172.4
2630.0	71.9	36.8	3180.0	49.2	82.3	3730.0	26.5	127.7	4280.0	3.7	173.2
2640.0	71.5	37.6	3190.0	48.8	83.1	3740.0	26.0	128.6	4290.0	3.3	174.0
2650.0	71.1	38.4	3200.0	48.4	83.9	3750.0	25.6	129.4	4300.0	2.9	174.8
2660.0	70.7	39.3	3210.0	47.9	84.7	3760.0	25.2	130.2	4310.0	2.5	175.7
2670.0	70.3	40.1	3220.0	47.5	85.6	3770.0	24.8	131.0	4320.0	2.1	176.5
2680.0	69.9	40.9	3230.0	47.1	86.4	3780.0	24.4	131.9	4330.0	1.6	177.3
2690.0	69.4	41.7	3240.0	46.7	87.2	3790.0	24.0	132.7	4340.0	1.2	178.2
2700.0	69.0	42.6	3250.0	46.3	88.0	3800.0	23.6	133.5	4350.0	0.8	179.0
2710.0	68.6	43.4	3260.0	45.9	88.9	3810.0	23.1	134.3	4360.0	0.4	179.8
2720.0	68.2	44.2	3270.0	45.5	89.7	3820.0	22.7	135.2	4370.0	0.0	180.6

2.3.2 双环双楔形砖砖环砖量表

从 2.3.1 节单环双楔形砖砖环砖量表查外半径不是 10 整倍砖环砖量，要采用修正值估算方法，还是有些费时的。采用双环双楔形砖砖环砖量表，就免去了这些麻烦。

编制双环双楔形砖砖环砖量表，要依据单环双楔形砖砖环砖量表的编制原理和编制方法。同时要考虑双环的特点，这些在双环混合砖环砖量表的编制中已有体现。这里以 578 mm 双环双楔形砖砖环砖量表为例（表 2-16）介绍其编制方法。

首先，比偶数砖层工作内环小半径楔形砖 34.5/40D 外半径 $R_{34.5/40D}$(1311.0 mm)、外环砖大小端距离（230 mm）和环缝厚度（3.0 mm）之和 1311.0+230+3.0=1544.0 mm 稍大的 10 整倍数 1550.0 mm，作为该双环双楔形砖砖环首环（第一环）的外半径，当然也是奇数砖层外环和偶数砖层外环的外半径。接着计算出奇数砖层工作内环和偶数砖层工作内环的外半径分别为 1202.0 mm 和 1317.0 mm。

其次，计算外半径 R=1550.0 mm（第一行）双环双楔形砖砖环的砖量。奇数砖层工作内环：$K_{23/30D}$=0.04134(2330.667−1202.0)=46.6591 块，$K_{23/15D}$=0.08267(1202.0−1165.333)=3.0313 块；奇数砖层外环：$K_{34.5/40D}$=0.04134(2622.0−1550.0)=44.3165 块，$K_{34.5/20D}$=0.08267(1550.0−1311.0)=19.7581 块。偶数砖层工作内环：$K_{34.5/40D}$=0.04134(2622.0−1317.0)=53.9487 块，$K_{34.5/20D}$=0.08267(1317.0−1311.0)=0.496 块；外环 $K_{23/30D}$=0.04134(2330.667−1550.0)=32.2728 块，$K_{23/15D}$=0.08267(1550.0−1165.333)=31.8004 块。将这些精确的计算砖数（小数点后四位数）分别写进 R=1550.0 mm 的第一行。

第三，砖环外半径 R 纵列栏，逐行递增 10.0 mm，即 1550.0 mm（第一行）、1560.0 mm、1570.0 mm……直到 2330.7 mm 止。各小半径楔形砖砖数纵列栏（$K_{23/30D}$ 和 $K_{34.5/40D}$），逐行减去 0.4134 块，而各大半径楔形砖砖数纵列栏（$K_{23/15D}$ 和 $K_{34.5/20D}$）逐行递增 0.8267 块。

按表 2-16 的方法，编制了 693 mm、808 mm、923 mm 和 1038 mm 双环双楔形砖砖环砖量表，见表 2-17～表 2-20。

第四，在编制双环双楔形砖砖环砖量表中，遇到钝楔形砖数量达到其每环极限砖数 K'_{du} 时（砖环外半径 R 达到该钝楔形砖的外半径 R_{du} 时），钝楔形砖砖数量不能再增加，要保持在每环极限砖数的水平上。同时与其配砌的锐楔形砖数量 K_r 已减少到 0。在这种情况下，钝楔形砖要与直形砖配砌为混合砖环，并按混合砖量表编制方法接编下去。例如表 2-17 的砖环外半径 R=2340.0 mm 行，偶数砖层外环的锐楔形砖数量 $K_{23/30D}$=0 块，钝楔形砖数量 $K_{23/15D}$=$K'_{23/15D}$=96.3 块，就需配砌直形砖 23/0D 了。表 2-18 的 R=2700.0 mm 行的偶数砖层外环、表 2-19 的 R=2630.0 mm 行的偶数砖层外环以及表 2-20 的 R=3500.0 mm 行的偶数砖层外环，都出现了混合砖环。

由双环双楔形砖砖环砖量表求解有关例题，它们的快捷与精确的优点，会明显显示出来。

【例 8】 查表 2-16 的 R=2000.0 mm 行，奇数砖层工作内环 $K_{23/30D}$=28.1 块，$K_{23/15D}$=40.2 块；外环 $K_{34.5/40D}$=25.7 块，$K_{34.5/20D}$=57.0 块。偶数砖层工作内环 $K_{34.5/40D}$=35.3 块，$K_{34.5/20D}$=37.7 块；外环 $K_{23/30D}$=13.7 块，$K_{23/15D}$=69.0 块。与计算值完全相同。

【例 16】 查表 2-17 的 R=2000.0 mm 行，奇数砖层工作内环 $K_{23/30D}$=32.8 块，$K_{23/15D}$=30.7 块；外环 $K_{46/40D}$=61.8 块，$K_{46/20D}$=20.8 块。偶数砖层工作内环 $K_{46/40D}$=71.5 块，$K_{46/20D}$=1.6 块；外环 $K_{23/30D}$=13.7 块，$K_{23/15D}$=69.0 块。与计算值完全相同。

【例 17】 查表 2-18 的 R=2500.0 mm 行，奇数砖层工作内环 $K_{34.5/40D}$=24.2 块，$K_{34.5/20D}$=60.0 块；外环 $K_{46/40D}$=41.2 块，$K_{46/20D}$=62.2 块。偶数砖层工作内环 $K_{46/40D}$=55.6 块，$K_{46/20D}$=33.4 块；外环 $K_{34.5/40D}$=5.0 块，$K_{34.5/20D}$=98.3 块。与计算值完全相同。

【例 14】 923 mm 双环双楔形砖砖环部分，查表 2-19 的 R=3000.0 mm 行，奇数砖层工作内环 $K_{34.5/40D}$=8.3 块，$K_{34.5/20D}$=91.8 块；外环 $K_{57.5/40D}$=56.6 块，$K_{57.5/20D}$=67.4 块。偶数砖层工作内环 $K_{57.5/40D}$=75.8 块，$K_{57.5/20D}$=29.1 块；外环 $K_{46/40D}$=20.5 块，$K_{46/20D}$=103.5 块。与计算值完全相同。

表 2-16 578mm 双环双楔形砖砖环砖量表

砖环外半径 R/mm	奇数砖层每环砖数/块				偶数砖层每环砖数/块			
	工作内环		外 环		工作内环		外 环	
	23/30D	23/15D	34.5/40D	34.5/20D	34.5/40D	34.5/20D	23/30D	23/15D
1550.0	46.6591	3.0313	44.3165	19.7581	53.9487	0.496	32.2728	31.8004
1560.0	46.2	3.9	43.9	20.6	53.5	1.3	31.9	32.6
1570.0	45.8	4.7	43.5	21.4	53.1	2.1	31.4	33.5
1580.0	45.4	5.5	43.1	22.2	52.7	3.0	31.0	34.3
1590.0	45.0	6.3	42.7	23.1	52.3	3.8	30.6	35.1
1600.0	44.6	7.2	42.2	23.9	51.9	4.6	30.2	35.9
1610.0	44.2	8.0	41.8	24.7	51.5	5.5	29.8	36.8
1620.0	43.8	8.8	41.4	25.5	51.1	6.3	29.4	37.6
1630.0	43.4	9.6	41.0	26.4	50.6	7.1	29.0	38.4
1640.0	42.9	10.5	40.6	27.2	50.2	7.9	28.6	39.2
1650.0	42.5	11.3	40.2	28.0	49.8	8.8	28.1	40.1
1660.0	42.1	12.1	39.8	28.9	49.4	9.6	27.7	40.9
1670.0	41.7	13.0	39.4	29.7	49.0	10.4	27.3	41.7
1680.0	41.3	13.8	38.9	30.5	48.6	11.2	26.9	42.5
1690.0	40.9	14.6	38.5	31.3	48.2	12.1	26.5	43.4
1700.0	40.5	15.4	38.1	32.2	47.7	12.9	26.1	44.2
1710.0	40.0	16.3	37.7	33.0	47.3	13.7	25.7	45.0
1720.0	39.6	17.1	37.3	33.8	46.9	14.5	25.2	45.9
1730.0	39.2	17.9	36.9	34.6	46.5	15.4	24.8	46.7
1740.0	38.8	18.7	36.5	35.5	46.1	16.2	24.4	47.5
1750.0	38.4	19.6	36.0	36.3	45.7	17.0	24.0	48.3
1760.0	38.0	20.4	35.6	37.1	45.3	17.9	23.6	49.2
1770.0	37.6	21.2	35.2	37.9	44.9	18.7	23.2	50.0
1780.0	37.2	22.0	34.8	38.8	44.4	19.5	22.8	50.8
1790.0	36.7	22.9	34.4	39.6	44.0	20.3	22.4	51.6
1800.0	36.3	23.7	34.0	40.4	43.6	21.2	21.9	52.5
1810.0	35.9	24.5	33.6	41.3	43.2	22.0	21.5	53.3
1820.0	35.5	25.4	33.2	42.1	42.8	22.8	21.1	54.1
1830.0	35.1	26.2	32.7	42.9	42.4	23.6	20.7	54.9
1840.0	34.7	27.0	32.3	43.7	42.0	24.5	20.3	55.8
1850.0	34.3	27.8	31.9	44.6	41.5	25.3	19.9	56.6
1860.0	33.8	28.7	31.5	45.4	41.1	26.1	19.5	57.4
1870.0	33.4	29.5	31.1	46.2	40.7	27.0	19.0	58.3
1880.0	33.0	30.3	30.7	47.0	40.3	27.8	18.6	59.1
1890.0	32.6	31.1	30.3	47.9	39.9	28.6	18.2	59.9
1900.0	32.2	32.0	29.8	48.7	39.5	29.4	17.8	60.7
1910.0	31.8	32.8	29.4	49.5	39.1	30.3	17.4	61.6
1920.0	31.4	33.6	29.0	50.3	38.7	31.1	17.0	62.4
1930.0	30.9	34.4	28.6	51.2	38.2	31.9	16.6	63.2
1940.0	30.5	35.3	28.2	52.0	37.8	32.7	16.2	64.0
1950.0	30.1	36.1	27.8	52.8	37.4	33.6	15.7	64.9
1960.0	29.7	36.9	27.4	53.7	37.0	34.4	15.3	65.7
1970.0	29.3	37.8	27.0	54.5	36.6	35.2	14.9	66.5
1980.0	28.9	38.6	26.5	55.3	36.2	36.0	14.5	67.3
1990.0	28.5	39.4	26.1	56.1	35.8	36.9	14.1	68.2
2000.0	28.1	40.2	25.7	57.0	35.3	37.7	13.7	69.0
2100.0	23.9	48.5	21.6	65.2	31.2	46.0	9.5	77.3
2200.0	19.8	56.8	17.4	73.5	27.1	54.2	5.4	85.5
2300.0	15.7	65.0	13.3	81.8	22.9	62.5	1.3	93.8

表 2-17 693mm 双环双楔形砖砖环砖量表

砖环外半径 R/mm	奇数砖层每环砖数/块				偶数砖层每环砖数/块				
	工作内环		外环		工作内环		外环		
	23/30D	23/15D	46/40D	46/20D	46/40D	46/20D	23/30D	23/15D	23/0D
1990.0	33.2236	29.8989	62.258	20.0061	71.8903	0.744	14.0832	68.175	
2000.0	32.8	30.7	61.8	20.8	71.5	1.6	13.7	69.0	
2010.0	32.4	31.6	61.4	21.7	71.1	2.4	13.3	69.8	
2020.0	32.0	32.4	61.0	22.5	70.7	3.2	12.8	70.7	
2030.0	31.6	33.2	60.6	23.3	70.2	4.1	12.4	71.5	
2040.0	31.2	34.0	60.2	24.1	69.8	4.9	12.0	72.3	
2050.0	30.7	34.9	59.8	25.0	69.4	5.7	11.6	73.1	
2060.0	30.3	35.7	59.4	25.8	69.0	6.5	11.2	74.0	
2070.0	29.9	36.5	59.0	26.6	68.6	7.4	10.8	74.8	
2080.0	29.5	37.3	58.5	27.4	68.2	8.2	10.4	75.6	
2090.0	29.1	38.2	58.1	28.3	67.8	9.0	9.9	76.4	
2100.0	28.7	39.0	57.7	29.1	67.3	9.8	9.5	77.3	
2110.0	28.3	39.8	57.3	29.9	66.9	10.7	9.1	78.1	
2120.0	27.8	40.6	56.9	30.8	66.5	11.5	8.7	78.9	
2130.0	27.4	41.5	56.5	31.6	66.1	12.3	8.3	79.7	
2140.0	27.0	42.3	56.1	32.4	65.7	13.1	7.9	80.6	
2150.0	26.6	43.1	55.6	33.2	65.3	14.0	7.5	81.4	
2160.0	26.2	44.0	55.2	34.1	64.9	14.8	7.1	82.2	
2170.0	25.8	44.8	54.8	34.9	64.4	15.6	6.6	83.1	
2180.0	25.4	45.6	54.4	35.7	64.0	16.5	6.2	83.9	
2190.0	25.0	46.4	54.0	36.5	63.6	17.3	5.8	84.7	
2200.0	24.5	47.3	53.6	37.4	63.2	18.1	5.4	85.5	
2210.0	24.1	48.1	53.2	38.2	62.8	18.9	5.0	86.4	
2220.0	23.7	48.9	52.7	39.0	62.4	19.8	4.6	87.2	
2230.0	23.3	49.7	52.3	39.8	62.0	20.6	4.2	88.0	
2240.0	22.9	50.6	51.9	40.7	61.6	21.4	3.7	88.8	
2250.0	22.5	51.4	51.5	41.5	61.1	22.2	3.3	89.7	
2260.0	22.1	52.2	51.1	42.3	60.7	23.1	2.9	90.5	
2270.0	21.6	53.0	50.7	43.2	60.3	23.9	2.5	91.3	
2280.0	21.2	53.9	50.3	44.0	59.9	24.7	2.1	92.1	
2290.0	20.8	54.7	49.9	44.8	59.5	25.5	1.7	93.0	
2300.0	20.4	55.5	49.4	45.6	59.1	26.4	1.3	93.8	
2310.0	20.0	56.4	49.0	46.5	58.7	27.2	0.9	94.6	
2320.0	19.6	57.2	48.6	47.3	58.2	28.0	0.4	95.5	
2330.0	19.2	58.0	48.2	48.1	57.8	28.9	0.0	96.3	
2340.0	18.8	58.8	47.8	48.9	57.4	29.7		96.3	0.4
2350.0	18.3	59.7	47.4	49.8	57.0	30.5		96.3	0.8
2360.0	17.9	60.5	47.0	50.6	56.6	31.3		96.3	1.2
2370.0	17.5	61.3	46.5	51.4	56.2	32.2		96.3	1.6
2380.0	17.1	62.1	46.1	52.2	55.8	33.0		96.3	2.1
2390.0	16.7	63.0	45.7	53.1	55.4	33.8		96.3	2.5
2400.0	16.3	63.8	45.3	53.9	54.9	34.6		96.3	2.9
2500.0	12.1	72.1	41.2	62.2	50.8	42.9		96.3	7.0
2600.0	8.0	80.3	37.0	70.4	46.7	51.2		96.3	11.1
2700.0	3.9	88.6	32.9	78.7	42.5	59.4		96.3	15.3

表 2-18 808 mm 双环双楔形砖砖环砖量表

砖环外半径 R/mm	奇数砖层每环砖数/块				偶数砖层每环砖数/块				
	工作内环		外 环		工作内环		外 环		
	34.5/40D	34.5/20D	46/40D	46/20D	46/40D	46/20D	34.5/40D	34.5/20D	34.5/0D
2100.0	40.7199	26.9504	57.7106	29.0998	72.097	0.3307	21.5795	65.2266	
2110.0	40.3	27.8	57.3	29.9	71.7	1.2	21.2	66.1	
2120.0	39.9	28.6	56.9	30.8	71.3	2.0	20.8	66.9	
2130.0	39.5	29.4	56.5	31.6	70.9	2.8	20.3	67.7	
2140.0	39.1	30.3	56.1	32.4	70.4	3.6	19.9	68.5	
2150.0	38.7	31.1	55.6	33.2	70.0	4.5	19.5	69.4	
2160.0	38.2	31.9	55.2	34.1	69.6	5.3	19.1	70.2	
2170.0	37.8	32.7	54.8	34.9	69.2	6.1	18.7	71.0	
2180.0	37.4	33.6	54.4	35.7	68.8	6.9	18.3	71.8	
2190.0	37.0	34.4	54.0	36.5	68.4	7.8	17.9	72.7	
2200.0	36.6	35.2	53.6	37.4	68.0	8.6	17.4	73.5	
2210.0	36.2	36.0	53.2	38.2	67.5	9.4	17.0	74.3	
2220.0	35.8	36.9	52.7	39.0	67.1	10.3	16.6	75.1	
2230.0	35.3	37.7	52.3	39.8	66.7	11.1	16.2	76.0	
2240.0	34.9	38.5	51.9	40.7	66.3	11.9	15.8	76.8	
2250.0	34.5	39.4	51.5	41.5	65.9	12.7	15.4	77.6	
2260.0	34.1	40.2	51.1	42.3	65.5	13.6	15.0	78.5	
2270.0	33.7	41.0	50.7	43.2	65.1	14.4	14.6	79.3	
2280.0	33.3	41.8	50.3	44.0	64.7	15.2	14.1	80.1	
2290.0	32.9	42.7	49.9	44.8	64.2	16.0	13.7	80.9	
2300.0	32.5	43.5	49.4	45.6	63.8	16.9	13.3	81.8	
2310.0	32.0	44.3	49.0	46.5	63.4	17.7	12.9	82.6	
2320.0	31.6	45.1	48.6	47.3	63.0	18.5	12.5	83.4	
2330.0	31.2	46.0	48.2	48.1	62.6	19.3	12.1	84.2	
2340.0	30.8	46.8	47.8	48.9	62.2	20.2	11.7	85.1	
2350.0	30.4	47.6	47.4	49.8	61.8	21.0	11.2	85.9	
2360.0	30.0	48.4	47.0	50.6	61.3	21.8	10.8	86.7	
2370.0	29.6	49.3	46.5	51.4	60.9	22.7	10.4	87.5	
2380.0	29.1	50.1	46.1	52.2	60.5	23.5	10.0	88.4	
2390.0	28.7	50.9	45.7	53.1	60.1	24.3	9.6	89.2	
2400.0	28.3	51.8	45.3	53.9	59.7	25.1	9.2	90.0	
2410.0	27.9	52.6	44.9	54.7	59.3	26.0	8.8	90.9	
2420.0	27.5	53.4	44.5	55.6	58.9	26.8	8.4	91.7	
2430.0	27.1	54.2	44.1	56.4	58.5	27.6	7.9	92.5	
2440.0	26.7	55.1	43.7	57.2	58.0	28.4	7.5	93.3	
2450.0	26.3	55.9	43.2	58.0	57.6	29.3	7.1	94.2	
2460.0	25.8	56.7	42.8	58.9	57.2	30.1	6.7	95.0	
2470.0	25.4	57.5	42.4	59.7	56.8	30.9	6.3	95.8	
2480.0	25.0	58.4	42.0	60.5	56.4	31.7	5.9	96.6	
2490.0	24.6	59.2	41.6	61.3	56.0	32.6	5.5	97.5	
2500.0	24.2	60.0	41.2	62.2	55.6	33.4	5.0	98.3	
2600.0	20.0	68.3	37.0	70.4	51.4	41.7	0.9	106.6	
2700.0	15.9	76.6	32.9	78.7	47.3	49.9		108.4	3.2
2800.0	11.8	84.8	28.8	87.0	43.2	58.2		108.4	7.4
2900.0	7.6	93.1	24.6	95.2	39.0	66.5		108.4	11.5
3000.0	3.5	101.4	20.5	103.5	34.9	74.7		108.4	15.6

表 2-19　923mm 双环双楔形砖砖环砖量表

砖环外半径 R/mm	奇数砖层每环砖数/块					偶数砖层每环砖数/块				
	工作内环			外　环		工作内环		外　环		
	34.5/40D	34.5/20D	34.5/0D	57.5/40D	57.5/20D	57.5/40D	57.5/20D	34.5/40D	34.5/20D	34.5/0D
2540.0	27.2844	53.8181		75.6522	29.3479	90.0385	0.5787	3.3899	101.601	
2550.0	26.9	54.6		75.2	30.2	89.6	1.4	3.0	102.4	
2560.0	26.5	55.5		74.8	31.0	89.2	2.2	2.6	103.3	
2570.0	26.0	56.3		74.4	31.8	88.8	3.1	2.1	104.1	
2580.0	25.6	57.1		74.0	32.7	88.4	3.9	1.7	104.9	
2590.0	25.2	58.0		73.6	33.5	88.0	4.7	1.3	105.7	
2600.0	24.8	58.8		73.2	34.3	87.6	5.5	0.9	106.6	
2610.0	24.4	59.6		72.8	35.1	87.1	6.4	0.5	107.4	
2620.0	24.0	60.4		72.3	36.0	86.7	7.2	0.1	108.2	
2630.0	23.6	61.3		71.9	36.8	86.3	8.0		108.4	0.3307
2640.0	23.2	62.1		71.5	37.6	85.9	8.8		108.4	0.7
2650.0	22.7	62.9		71.1	38.4	85.5	9.7		108.4	1.2
2660.0	22.3	63.7		70.7	39.3	85.1	10.5		108.4	1.6
2670.0	21.9	64.6		70.3	40.1	84.7	11.3		108.4	2.0
2680.0	21.5	65.4		69.9	40.9	84.3	12.2		108.4	2.4
2690.0	21.1	66.2		69.5	41.7	83.8	13.0		108.4	2.8
2700.0	20.7	67.0		69.0	42.6	83.4	13.8		108.4	3.2
2710.0	20.3	67.9		68.6	43.4	83.0	14.6		108.4	3.6
2720.0	19.8	68.7		68.2	44.2	82.6	15.5		108.4	4.1
2730.0	19.4	69.5		67.8	45.1	82.2	16.3		108.4	4.5
2740.0	19.0	70.4		67.4	45.9	81.8	17.1		108.4	4.9
2750.0	18.6	71.2		67.0	46.7	81.4	17.9		108.4	5.3
2760.0	18.2	72.0		66.6	47.5	80.9	18.8		108.4	5.7
2770.0	17.8	72.8		66.1	48.4	80.5	19.6		108.4	6.1
2780.0	17.4	73.7		65.7	49.2	80.1	20.4		108.4	6.5
2790.0	16.9	74.5		65.3	50.0	79.7	21.2		108.4	6.9
2800.0	16.5	75.3		64.9	50.8	79.3	22.1		108.4	7.4
2810.0	16.1	76.1		64.5	51.7	78.9	22.9		108.4	7.8
2820.0	15.7	77.0		64.1	52.5	78.5	23.7		108.4	8.2
2830.0	15.3	77.8		63.7	53.3	78.0	24.6		108.4	8.6
2840.0	14.9	78.6		63.3	54.1	77.6	25.4		108.4	9.0
2850.0	14.5	79.4		62.8	55.0	77.2	26.2		108.4	9.4
2860.0	14.1	80.3		62.4	55.8	76.8	27.0		108.4	9.8
2870.0	13.6	81.1		62.0	56.6	76.4	27.9		108.4	10.3
2880.0	13.2	81.9		61.6	57.5	76.0	28.7		108.4	10.7
2890.0	12.8	82.8		61.2	58.3	75.6	29.5		108.4	11.1
2900.0	12.4	83.6		60.8	59.1	75.2	30.3		108.4	11.5
3000.0	8.3	91.8		56.6	67.4	71.0	38.6		108.4	15.6
3100.0	4.1	100.1		52.5	75.6	66.9	46.9		108.4	19.8
3200.0	0.0	108.4		48.4	83.9	62.8	55.1		108.4	23.9
3300.0		108.4	4.134	44.2	92.2	58.6	63.4		108.4	28.0
3400.0		108.4	8.3	40.1	100.4	54.5	71.7		108.4	32.2
3500.0		108.4	12.4	36.0	108.7	50.4	79.9		108.4	36.3
3600.0		108.4	16.5	31.8	117.0	46.2	88.2		108.4	40.4
3700.0		108.4	20.7	27.7	125.2	42.1	96.5		108.4	44.6
3800.0		108.4	24.8	23.6	133.5	38.0	104.7		108.4	48.7

表 2-20　1038 mm 双环双楔形砖砖环砖量表

砖环外半径 R/mm	奇数砖层每环砖数/块				偶数砖层每环砖数/块				
	工作内环		外　环		工作内环		外　环		
	46/40D	46/20D	57.5/40D	57.5/20D	57.5/40D	57.5/20D	46/40D	46/20D	46/0D
2650.0	58.8682	26.7851	71.1048	38.4416	90.2452	0.1653	34.9736	74.5683	
2660.0	58.5	27.6	70.7	39.3	89.8	1.0	34.6	75.4	
2670.0	58.0	28.4	70.3	40.1	89.4	1.8	34.1	76.2	
2680.0	57.6	29.3	69.9	40.9	89.0	2.6	33.7	77.0	
2690.0	57.2	30.1	69.5	41.7	88.6	3.5	33.3	77.9	
2700.0	56.8	30.9	69.0	42.6	88.2	4.3	32.9	78.7	
2710.0	56.4	31.7	68.6	43.4	87.8	5.1	32.5	79.5	
2720.0	56.0	32.6	68.2	44.2	87.4	6.0	32.1	80.4	
2730.0	55.6	33.4	67.8	45.1	86.9	6.8	31.7	81.2	
2740.0	55.1	34.2	67.4	45.9	86.5	7.6	31.3	82.0	
2750.0	54.7	35.1	67.0	46.7	86.1	8.4	30.8	82.8	
2760.0	54.3	35.9	66.6	47.5	85.7	9.3	30.4	83.7	
2770.0	53.9	36.7	66.1	48.4	85.3	10.1	30.0	84.5	
2780.0	53.5	37.5	65.7	49.2	84.9	10.9	29.6	85.3	
2790.0	53.1	38.4	65.3	50.0	84.5	11.7	29.2	86.1	
2800.0	52.7	39.2	64.9	50.8	84.0	12.6	28.8	87.0	
2810.0	52.3	40.0	64.5	51.7	83.6	13.4	28.4	87.8	
2820.0	51.8	40.8	64.1	52.5	83.2	14.2	27.9	88.6	
2830.0	51.4	41.7	63.7	53.3	82.8	15.0	27.5	89.4	
2840.0	51.0	42.5	63.3	54.1	82.4	15.9	27.1	90.3	
2850.0	50.6	43.3	62.8	55.0	82.0	16.7	26.7	91.1	
2860.0	50.2	44.1	62.4	55.8	81.6	17.5	26.3	91.9	
2870.0	49.8	45.0	62.0	56.6	81.2	18.4	25.9	92.8	
2880.0	49.4	45.8	61.6	57.5	80.7	19.2	25.5	93.6	
2890.0	48.9	46.6	61.2	58.3	80.3	20.0	25.1	94.4	
2900.0	48.5	47.5	60.8	59.1	79.9	20.8	24.6	95.2	
2910.0	48.1	48.3	60.4	59.9	79.5	21.7	24.2	96.1	
2920.0	47.7	49.1	59.9	60.8	79.1	22.5	23.8	96.9	
2930.0	47.3	49.9	59.5	61.6	78.7	23.3	23.4	97.7	
2940.0	46.9	50.8	59.1	62.4	78.3	24.1	23.0	98.5	
2950.0	46.5	51.6	58.7	63.2	77.8	25.0	22.6	99.4	
2960.0	46.1	52.4	58.3	64.1	77.4	25.8	22.2	100.2	
2970.0	45.6	53.2	57.9	64.9	77.0	26.6	21.7	101.0	
2980.0	45.2	54.1	57.5	65.7	76.6	27.4	21.3	101.8	
2990.0	44.8	54.9	57.0	66.5	76.2	28.3	20.9	102.7	
3000.0	44.4	55.7	56.6	67.4	75.8	29.1	20.5	103.5	
3100.0	40.3	64.0	52.5	75.6	71.6	37.4	16.4	111.8	
3200.0	36.1	72.3	48.4	83.9	67.5	45.6	12.2	120.0	
3300.0	32.0	80.5	44.2	92.2	63.4	53.9	8.1	128.3	
3400.0	27.9	88.8	40.1	100.4	59.2	62.2	4.0	136.6	
3500.0	23.7	97.1	36.0	108.7	55.1	70.4		144.5	0.2
3600.0	19.6	105.3	31.8	117.0	51.0	78.7		144.5	4.3
3700.0	15.5	113.6	27.7	125.2	46.8	87.0		144.5	8.5
3800.0	11.3	121.9	23.6	133.5	42.7	95.2		144.5	12.6
3900.0	7.2	130.1	19.4	141.8	38.6	103.5		144.5	16.7
4000.0	3.1	138.4	15.3	150.0	34.4	111.8		144.5	20.9

2.4　高炉双楔形砖砖环坐标计算图

2.4.1　高炉双楔形砖砖环坐标计算图

从式（2-14）和式（2-15）以及从式（2-14b）和式（2-15b），都确认了它们为直线方程。就是说双楔形砖砖环内，小半径楔形砖数量 K_x 和大半径楔形砖数量 K_d 均可用直线表示。分析上述计算式中 R 的系数便知，从小半径楔形砖外半径 R_x 到大半径楔形砖外半径 R_d 范围（即 $R_x \leqslant R \leqslant R_d$），小半径楔形砖数量 K_x 的减少和大半径楔形砖数量 K_d 的增多，都分别同时与砖环外半径 R 成直线关系。在小半径 $R=R_x$ 单楔形砖砖环：将 $R=R_x$ 代入式（2-14b）则 $K_x=K_x'$，代入式（2-15b）则 $K_d=0$；在大半径 $R=R_d$ 单楔形砖砖环：将 $R=R_d$ 代入式（2-14b）则 $K_x=0$，代入式（2-15b）则 $K_d=K_d'$。所有这些，都为双楔形砖砖环坐标计算图的设计打下基础。

在直角坐标系图 2-3 中，横轴表示双楔形砖砖环外半径 R，纵轴表示砖环砖数 K。K_x 直线和 K_d 直线的起点 M 和 P 为小半径楔形砖的单楔形砖砖环，因此它们的横坐标为 R_x，纵坐标分别为 K_x' 及 0，即 $M(R_x, K_x')$ 及 $P(R_x, 0)$。K_x 及 K_d 直线终点 N 及 Q 为大半径楔形砖的单楔形砖砖环，因此它们的横坐标为 R_d，纵坐标分别为 0 及 K_d'，即 $N(R_d, 0)$，$Q(R_d, K_d')$。将这四点连接为三条线段：表示 K_x 的 MN，表示 K_d 的 PQ 和表示砖环总砖数 K_h 的 MQ。线段 MN，从小半径 R_x 处的每环极限砖数 K_x'，随着砖环外半径 R 增大砖数 K_x 减少，直到砖环大半径 R_d 时，K_x 减少到 0，因此 MN 表示 K_x 线段，这是无疑问的。同理，线段 PQ，从 R_x 开始 K_d 为 0，随着砖环外半径 R 增大 K_d 增多，到 R_d 时 K_d 增加到其每环极限砖数 K_d'，因此 PQ 表示 K_d 线段也是无疑的。现在证明线段 MQ 代表砖环总砖数 K_h：（1）等大端尺寸 C 双楔形砖砖环，$K_x+K_d=K_h=2\pi R/C$，当砖环外半径 $R=0$ 时（处于原点时）$K_h=0$，说明总砖数直线的延长线通过原点。图 2-3 直线 MQ 向下延长确实通过原点，表明该线段 MQ 代表砖环总砖数 K_h 直线。（2）在外半径 $R=A$ 砖环，纵线段 AB 的长度（或点 B 的纵坐标）及 AC 的长度（或点 C 的纵坐标）分别表示 K_x 和 K_d。用几何方法可以证明 $CD=AB$，则 $AD=AC+CD=AC+AB=K_h$，证明 AD 的长度（或点 D 的纵坐标）表示砖环 A 总砖数 K_h。

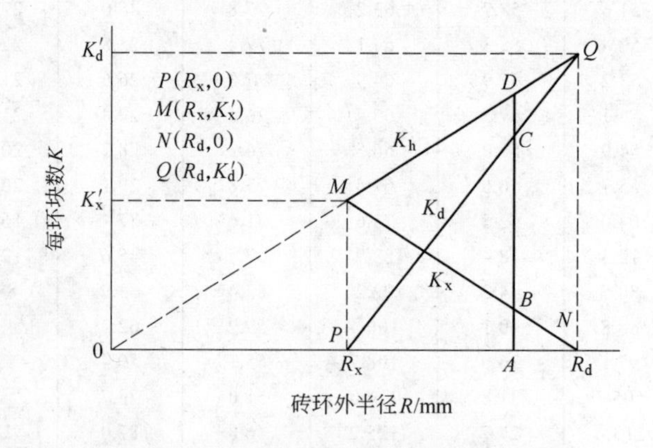

图 2-3　双楔形砖砖环直角坐标模式图

按图 2-3 双楔形砖砖环模式，绘制了高炉和热风炉双楔形砖砖环坐标计算图（图 2-4）。

图中包括大小端距离 A 为 230 mm、345 mm、460 mm 和 575 mm 8 个双楔形砖砖环直角坐标计算图的全貌。受书籍版面限制，图 2-4 的查找精度显然不够。不得不再绘制（每图只绘制同一大小端距离 A 的两个砖环）放大一倍的直角坐标系计算图，见图 2-5～图 2-8。将 A=230 mm、A=345 mm、A=460 mm 和 A=575 mm 双楔形砖砖环绘制成单体图（每图只绘制同一大小端距离 A 的两个砖环），分别见图 2-5～图 2-8，这样非常直观，不宜混淆。

双楔形砖砖环直角坐标计算图中，两种楔形砖砖数变化的概念非常清楚，它帮助人们理解很多问题。例如，式（2-14c）和式（2-15c）就是观看双楔形砖砖环直角坐标计算图（图 2-3），根据楔形砖每环极限砖数广义定义和一块楔形砖半径变化量的含义，直接写出来的。理解了的问题，并不一定需要去证明。当时，这样理解计算式（2-14c）：首先，在双楔形砖砖环坐标图的起点 M，小半径楔形砖的外半径为 R_x，砖数为其每环极限砖数 K_x'，MN 直线（K_x 直线）向下倾斜表明，随着砖环外半径增大砖数 K_x 减少。砖环半径增大到 R 时，共增大了 $R-R_x$。其次，每减少一块小半径楔形砖时砖环外半径增大量为 $(\Delta R)'_{1x}$，那么砖环外半径增大了 $R-R_x$ 已减少小半径楔形砖 $(R-R_x)/(\Delta R)'_{1x}$。最后，从砖环起点小半径楔形砖数量为其每环极限砖数 K_x'，减去由于砖环外半径增大了 $R-R_x$ 而减少的 $(R-R_x)/(\Delta R)'_{1x}$，当然就等于砖环外半径为 R 时的小半径楔形砖的数量了，即 $K_x= K_x'-(R-R_x)/(\Delta R)'_{1x}$［式（2-14c）］。同理，再理解式（2-15c）：首先，在双楔形砖砖环坐标图的终点 Q，大半径楔形砖的外半径为 R_d，砖数为其每环极限砖数 K_d'，QP 直线（K_d 直线）从 Q 点向下倾斜，表明随着砖环外半径减小砖数 K_d 减少。砖环外半径减少到 R 时共减小了 R_d-R。其次，每减少一块大半径楔形砖时砖环外半径减小量为 $(\Delta R)'_{1d}$，那么砖环外半径减小了 R_d-R 已减少大半径楔形砖 $(R_d-R)/(\Delta R)'_{1d}$。最后，从砖环终点大半径楔形砖数量为其每环极限砖数 K_d'，减去由于砖环外半径减小了 R_d-R 而减少的 $(R_d-R)/(\Delta R)'_{1d}$，当然就等于砖环外半径为 R 时的大半径楔形砖的数量了，即 $K_d= K_d'-(R_d-R)/(\Delta R)'_{1d}$［式（2-15c）］。

关于双楔形砖砖环小理论厚度环缝的界限外半径 R_j，从高炉双楔形砖砖环坐标图 2-5～图 2-8 看得非常直观和清楚。小半径楔形砖数量 K_x 直线与大半径楔形砖数量 K_d 直线的交点，表明 $K_x=K_d= K_j$，此时砖环的外半径即为界限外半径 R_j。锐楔形砖数量 K_r 与钝楔形砖数量 K_{du} 相等时 $K_r=K_{du}=K_j$，将 $K_r=(R_{du}-R_j) K_r'/(R_{du}-R_r)$和 $K_{du}=(R_j-R_r)\ K'_{du}/(R_{du}-R_r)$代入之得$(R_{du}-R_j) K_r' =(R_j-R_r)\ K'_{du}$，解之：

$$R_j=\frac{R_r K'_{du}+R_{du}K'_r}{K'_{du}+K'_r} \tag{2-4a}$$

在所讨论的情况下，$K'_{du}=2\ K'_r$ 及 $R_{du}=2\ R_r$，所以：

$$R_j=\frac{4R_r}{3} \tag{2-4}$$

或

$$R_j=\frac{2R_{du}}{3} \tag{2-4b}$$

将式（2-4）代入界限砖数 $K_j = K_r =(R_{du}-R_j)\ K_r'/(R_{du}-R_r)$得：

$$K_j=\frac{(3R_{du}-4R_r)\ K'_x}{3(R_{du}-R_r)} \tag{2-30}$$

在所讨论的情况下，$R_{du}=2\ R_r$ 及 $K'_{du}=2\ K_r'$，所以：

$$K_j = \frac{2K'_r}{3} \tag{2-30a}$$

或

$$K_j = \frac{K_{du}}{3} \tag{2-30b}$$

在所讨论的 23/30D 与 23/15D、34.5/40D 与 34.5/20D、46/40D 与 46/20D，以及 57.5/40D 与 57.5/20D 双楔形砖环，由表 2-4 知 $K_r = K'_{du} - 0.04134R_j$ 和 $K_{du} = 0.08267R_j - K_{du}$，由 $K_j = K_r = K_{du}$，即由 $K'_{du} - 0.04134R_j = 0.08267R_j - K'_{du}$ 可导出 $0.08267R_j + 0.04134R_j = 2K'_{du}$，所以：

$$R_j = \frac{2K_{du}}{0.12401} = 16.1277K'_{du} \tag{2-4c}$$

查双楔形砖砖环坐标计算图，与按计算式计算做了比较，保证小理论厚度环缝的界限半径 R_j 和界限砖数 K_j，结果相差甚微（见表 2-21）。

表 2-21　双楔形砖砖环保证小理论厚度环缝的界限半径和界限砖数

比较项目		23/30D 与 23/15D 砖环	34.5/40D 与 34.5/20D 砖环	46/40D 与 46/20D 砖环	57.5/40D 与 57.5/20D 砖环
小理论厚度环缝界限外半径 R_j/mm	由式（2-4）计算	1553.7	1748.0	2330.7	2913.3
	由式（2-4b）计算	1553.8	1748.0	2330.7	2913.3
	由式（2-4c）计算	1553.1	1748.2	2330.5	2912.7
	由坐标计算图查得	约 1555	约 1745	约 2330	约 2910
小理论厚度环缝界限砖数 K_j/块	由式（2-30a）计算	32.1	36.1	48.2	60.2
	由式（2-30b）计算	32.1	36.1	48.2	60.2
	由坐标计算图查得	约 32	约 36	约 48.5	约 60

双楔形砖砖环直角坐标计算图（图 2-7 和图 2-8）的精度与计算值做了比较。在砖环外半径 R=3000.0 mm 处查得：46/40D 与 46/20D 砖环，$K_{46/40D}$ 约为 21 块（计算值 20.5 块），$K_{46/20D}$ 约为 104 块（计算值 103.5 块）；57.5/40D 与 57.5/20D 砖环，$K_{57.5/40D}$ 约为 57 块（计算 56.6 块），$K_{57.5/20D}$ 约为 67.5 块（计算值 67.4 块）。

从双楔形砖砖环直角坐标计算图可看到：

（1）虽然 K_x、K_d 和 K_h 都可用直线表示，但在每个双楔形砖砖环中它们并不像混合砖环那样彼此平行，而是相互交叉（故可称双楔形砖砖环坐标计算图为交叉线图）。这是因为 K_x、K_d 和 K_h 的直线方程中 R 的系数（即直线斜率）不同。例如 23/30D 与 23/15D 砖环，$K_{23/30D} = 96.3 - 0.04134R$，$K_{23/15D} = 0.08267R - 96.3$ 和 $K_h = 0.04134R$（见表 2-4）三直线方程中的系数分别为不同的-0.04134、0.08267 和 0.04134，所以 K_x、K_d 和 K_h 三直线彼此不平行。

（2）所有大半径楔形砖数量 K_d 直线都随着砖环外半径 R 增大而向上倾斜，因为所有 K_d 简易计算式中 R 的系数为正值（见表 2-4），在 $R_x \leqslant R \leqslant R_d$ 范围内 K_d 随 R 增大而增多。所有 K_x 直线都随 R 增大而向下倾斜，因为所有 K_x 简易计算式中 R 的系数都为负值，在

$R_x \leqslant R \leqslant R_d$ 范围内 K_x 随 R 增大而减少。

（3）在所有特锐楔形砖与锐楔形砖双楔形砖砖环中，所有 4 条特锐楔形砖数量 $K_{23/45D}$、$K_{34.5/60D}$、$K_{46/60D}$ 和 $K_{57.5/60D}$ 直线彼此平行，因为它们的简易计算式中 R 的系数都为-0.08267；所有 4 条锐楔形砖数量 $K_{23/30D}$、$K_{34.5/40D}$、$K_{46/40D}$ 和 $K_{57.5/40D}$ 直线彼此平行，因为它们的简易计算式中 R 的系数都为 0.12401。在所有锐楔形砖与钝楔形砖双楔形砖砖环中，所有 4 条锐楔形砖数量 $K_{23/30D}$、$K_{34.5/40D}$、$K_{46/40D}$ 和 $K_{57.5/40D}$ 直线彼此平行，因为它们的简易计算式中 R 的系数都为-0.04134；所有 4 条钝楔形砖数量 $K_{23/15D}$、$K_{34.5/20D}$、$K_{46/20D}$ 和 $K_{57.5/20D}$ 直线彼此平行，因为它们的简易计算式中 R 的系数都为 0.08267。但是，特锐楔形砖与锐楔形砖砖环、锐楔形砖砖环与钝楔形砖砖环，这两种砖环中同为小半径楔形砖的直线，例如 $K_{23/45D}$ 与 $K_{23/30D}$ 直线彼此不平行，因为前者简易计算式中 R 的系数都为-0.08267，而后者简易计算式中 R 的系数都为-0.04134。同样，同作为两种砖环大半径楔形砖的直线，例如 $K_{23/30D}$ 与 $K_{23/15D}$ 直线彼此不平行，因为前者简易计算式中 R 的系数都为 0.12401，而后者简易计算式中 R 的系数都为 0.08267。

（4）8 个双楔形砖砖环的总砖数直线，是一条共用的延长线通过原点的直线，而且这条直线随砖环半径 R 增大而向上倾斜。因为在等大端尺寸 C=150 mm（另加砌缝 2 mm）条件下 $K_h=2\pi R/C=0.0413R$。

（5）每一双楔形砖砖环的起点为小半径楔形砖的单楔形砖砖环，砖环的终点为大半径楔形砖的单楔形砖砖环。K_x 线段的起点和 K_d 线段的终点都在砖环总砖数 K_h 直线上，例如 23/45D 与 23/30D、23/30D 与 23/15D、34.5/60D 与 34.5/40D、34.5/40D 与 34.5/20D、46/60D 与 46/40D、46/40D 与 46/20D、57.5/60D 与 57.5/40D、57.5/40D 与 57.5/20D 双楔形砖砖环的起点 M_1、M_2、M_4、M_5、M_7、M_8、M_{10} 和 M_{11} 分别为小半径楔形砖 23/45D、23/30D、34.5/60D、34.5/40D、46/60D、46/40D、57.5/60D 和 57.5/40D 的单楔形砖砖环；终点 M_2、M_3、M_5、M_6、M_8、M_9、M_{11} 和 M_{12} 分别为大半径楔形砖 23/30D、23/15D、34.5/40D、34.5/20D、46/40D、46/20D、57.5/40D 和 57.5/20D 的单楔形砖砖环，而且起点和终点都在 K_h 直线上。当然，特锐楔形砖与锐楔形砖双楔形砖砖环的终点，也就是同大小端距离 A 的锐楔形砖与钝楔形砖双楔形砖砖环的起点。例如特锐楔形砖与锐楔形砖 23/45D 与 23/30D、34.5/60D 与 34.5/40D、46/60D 与 46/40D 以及 57.5/60D 与 57.5/40D 砖环的终点 M_2、M_5、M_8 和 M_{11} 也就是锐楔形砖与钝楔形砖 23/30D 与 23/15D、34.5/40D 与 34.5/20D、46/40D 与 46/20D 以及 57.5/40D 与 57.5/20D 双楔形砖砖环的起点。

（6）双楔形砖砖环坐标计算图的优点很多：能直观地反映各双楔形砖砖环的全貌，能全面反映双楔形砖砖环内两种楔形砖数量随砖环外半径的变化，能反映楔形砖尺寸特征的作用，能帮助人们理解双楔形砖砖环的简化计算式，能帮助人们直观地找到保证小理论厚度环缝的界限外半径和界限砖数。本手册提供的高炉双楔形砖砖环坐标计算图（图 2-5～图 2-8），砖环外半径已精确到 5 mm，砖数精确到 0.5 块，已能满足实际需要。如果用户需要更高的精度，可扩大版面，按本手册方法绘制大版面高精度的施工图，或通过电脑局部放大。

（7）双楔形砖砖环坐标计算图是直线交叉图，占用面积较大，有待进一步改进。

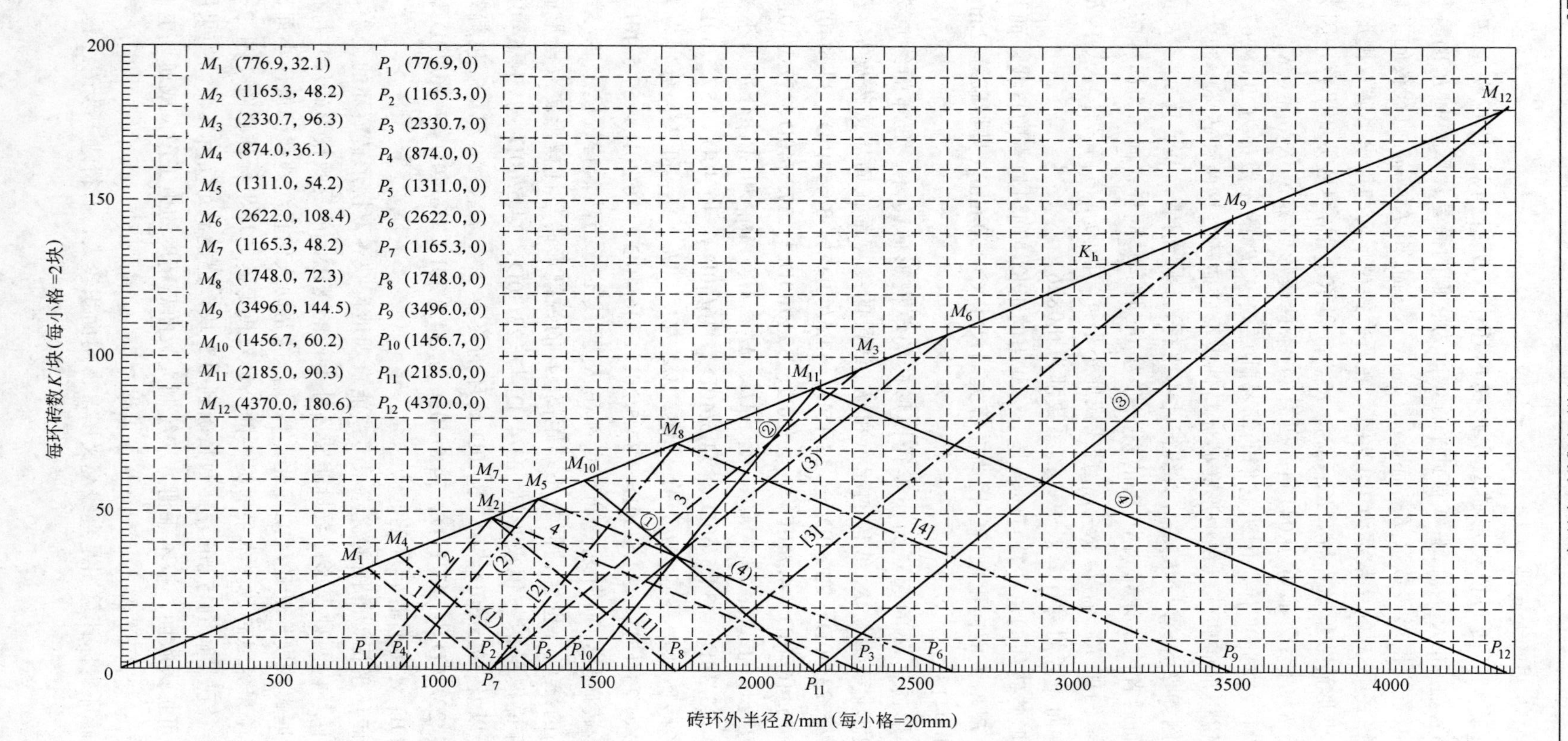

图 2-4 高炉双楔形砖砖环计算图

1—$K_{23/45D}$; 2—$K_{23/30D}$; 3—$K_{23/15D}$; 4—$K_{23/30D}$; (1)—$K_{34.5/60D}$; (2)—$K_{34.5/40D}$; (3)—$K_{34.5/20D}$; (4)—$K_{34.5/40D}$;
[1]—$K_{46/60D}$; [2]—$K_{46/40D}$; [3]—$K_{46/20D}$; [4]—$K_{46/40D}$; ①—$K_{57.5/60D}$; ②—$K_{57.5/40D}$; ③—$K_{57.5/20D}$; ④—$K_{57.5/40D}$

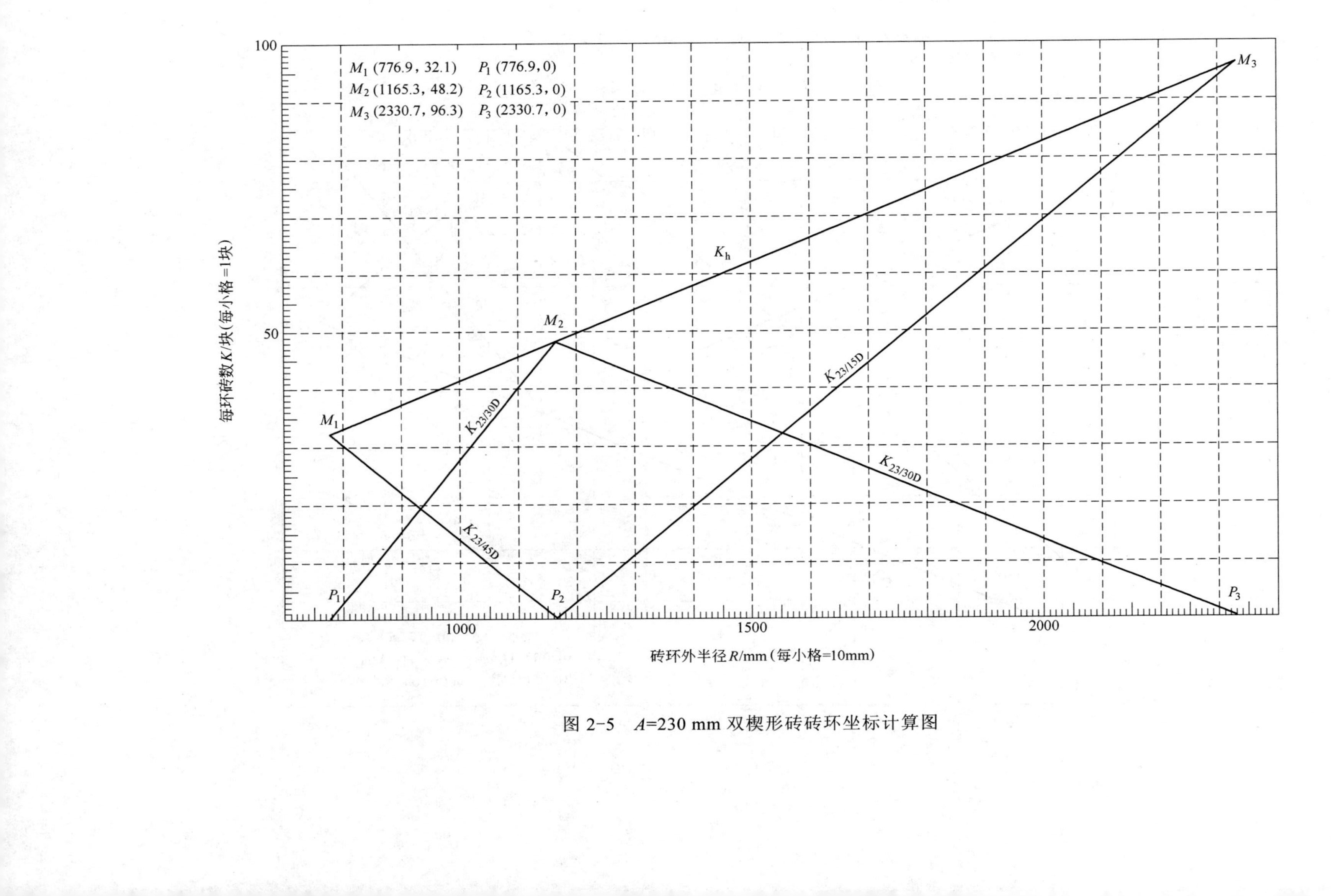

图 2-5 A=230 mm 双楔形砖砖环坐标计算图

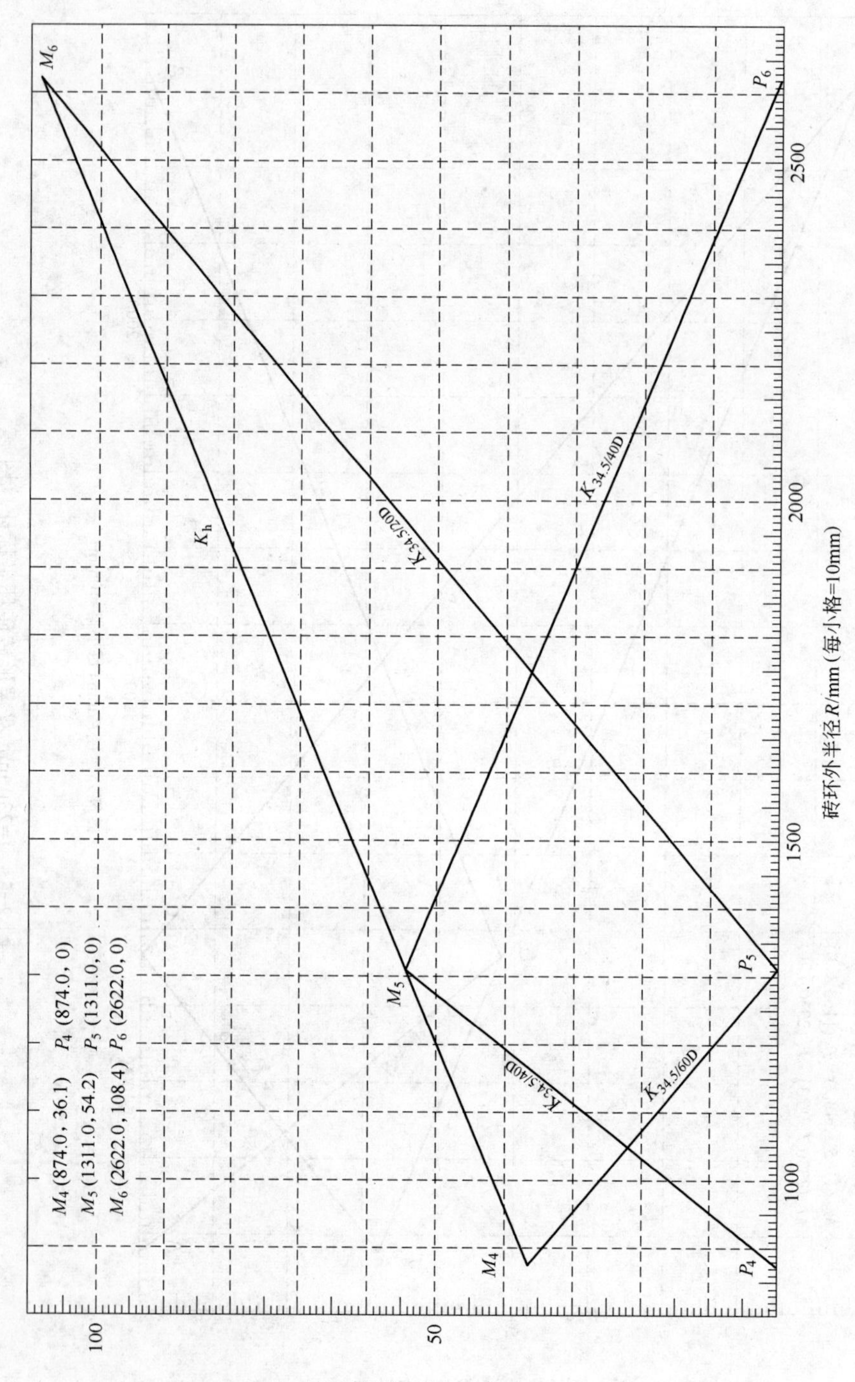

图 2-6 A=345 mm 双楔形砖砖环坐标计算图

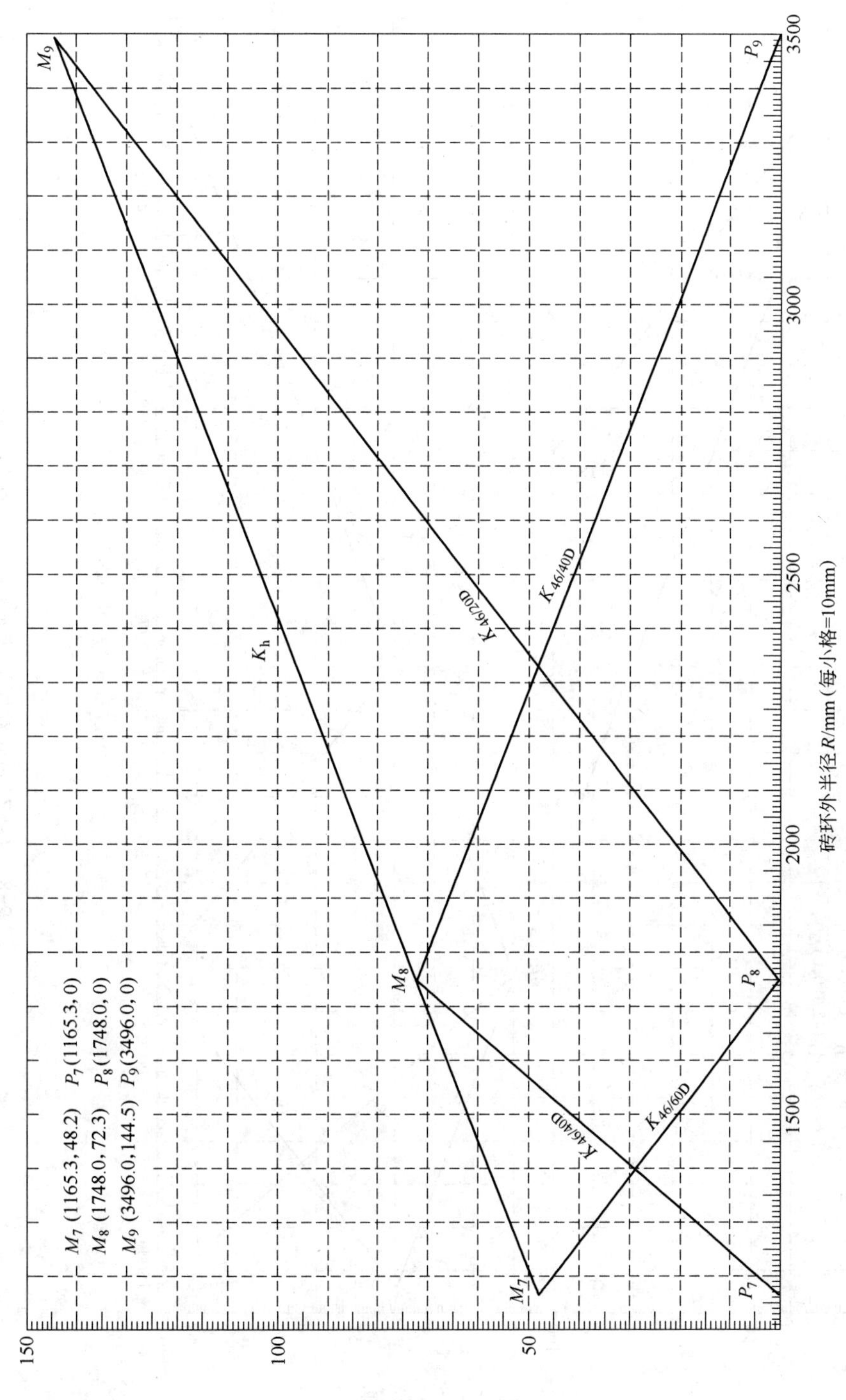

图 2-7 A=460 mm 双楔形砖砖环坐标计算图

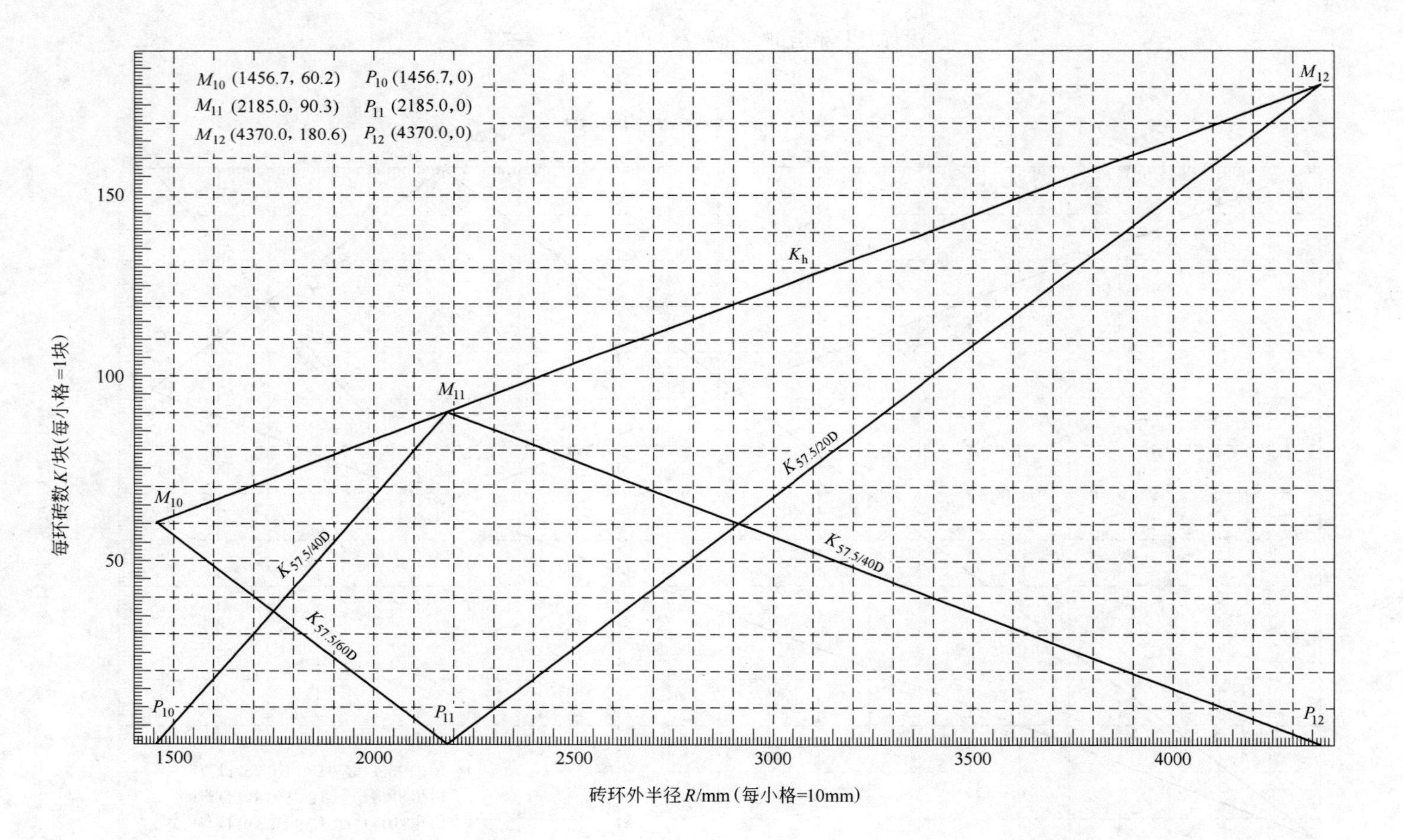

图 2-8　A=575 mm 双楔形砖砖环坐标计算图

2.4.2 高炉双楔形砖砖环计算线

减少双楔形砖砖环坐标计算图占用的面积，改进坐标计算图的途径，还是从采用计算线着手。双楔形砖砖环计算线包括两条水平直线，上边的水平直线上表示砖环外半径 R。另一水平直线的上下方分别表示小半径楔形砖数量和大半径楔形砖数量。现以 23/45D 与 23/30D 双楔形砖砖环为例，绘制其计算线（见图 2-9-(1)）。

首先，在双楔形砖砖环外半径 R 水平直线上，起点为小半径楔形砖 23/45D 的外半径 $R_{23/45D}$=776.888 mm，之后取 800 mm、900 mm、1000 mm……直到大半径楔形砖的外半径 $R_{23/30D}$=1165.333 mm 止。

其次，在砖数水平直线下方定起点 $K_{23/30D}$=0 块，之后每 10 块砖外半径增大 $10(\Delta R)'_{1d}$=10×8.0638=80.638 mm（由表 2-3 查得），即对准 R_{d10}=776.888+80.638=857.526 mm；$K_{23/30D}$=20 块对准 R_{d20}=857.526+80.638=938.164 mm；$K_{23/30D}$=30 块对准 R_{d30}=938.164+80.638=1018.802 mm；$K_{23/30D}$=40 块对准 R_{d40}=1018.802+ 80.638= 1099.44 mm。

再次，在砖数水平直线上方终点 1165.333 mm 处作为 23/45D 的 0 点，向左每增加 $K_{23/45D}$=10 块时，砖环外半径减少 $10(\Delta R)'_{1x}$=10×12.0957=120.957 mm（见表 2-3）。$K_{23/45D}$=10 块对准 R_{x10}=1165.333−120.957=1044.376 mm；$K_{23/45D}$=20 块对准 R_{x20}=1044.376−120.957=923.419 mm；$K_{23/45D}$=30 块对准 R_{x30}=923.419−120.957=802.462 mm。按图 2-9-（1）方法绘制了图 2-9-（2）～图 2-9-（4）。

图 2-9-（1）～图 2-9-（4）为特锐楔形砖与锐楔形砖双楔形砖砖环计算线。再举锐楔形砖 23/30D 与钝楔形砖 23/15D 为例，绘制其双楔形砖砖环计算线（图 2-10-（1））。首先，在双楔形砖砖环外半径 R 水平直线上，起点为锐楔形砖 23/30D 的外半径 $R_{23/30D}$=1165.333 mm 和终点为钝楔形砖 23/15D 的外半径 $R_{23/15D}$=2330.667 mm，之后在 R 线上标明刻度。其次，在砖数直线下方的钝楔形砖 23/15D 的 0 点，对准 1165.333 mm。之后每 10 块砖对应增加 $10(\Delta R)'_{1d}$=10×12.0957=120.957mm[注意，由表 2-3 查得此时的 $(\Delta R)'_{1d}$=12.0957]，依次是 1286.3 mm、1407.2 mm、1528.2 mm……。再次，在砖数水平直线上方终点 $K_{23/30D}$=0 及 $R_{23/15D}$=2330.667 mm 处，向左每增加 10 块 23/30D 对应砖环外半径减少 $10(\Delta R)'_{1x}$=10×24.1915=241.915 mm［注意，由表 2-3 查得此时的$(\Delta R)'_{1x}$=24.1915 mm］，$K_{23/30D}$ 依次增加到 10 块、20 块、30 块和 40 块，则砖环外半径 R 依次减少到 2088.8 mm、1846.8 mm、1604.9 mm 和 1363.0 mm。按图 2-10-（1）方法绘制了图 2-10-（2）～图 2-10-（4）。

在图 2-10-（1）的 R=2000.0 mm 处查得 $K_{23/30D}$ 约为 13.6 块（计算值 13.7 块），$K_{23/15D}$ 约为 68.9 块（计算值 69.0 块）。在图 2-10-（2）的 R=2000.0 mm 处查得 $K_{34.5/40D}$ 约为 25.6 块（计算值 25.7 块），$K_{34.5/20D}$ 约为 56.9 块（计算值 57.0 块）。在图 2-10-（3）的

R=2500.0 mm 处查得 $K_{46/40D}$ 约为 41 块（计算值 41.2 块），$K_{46/20D}$ 约为 62 块（计算值 62.2 块）。在图 2-10-（4）的 R=3000.0 mm 处查得 $K_{57.5/40D}$ 约为 56.5 块（计算值 56.6 块），$K_{57.5/20D}$ 约为 67.5 块（计算值 67.4 块）。

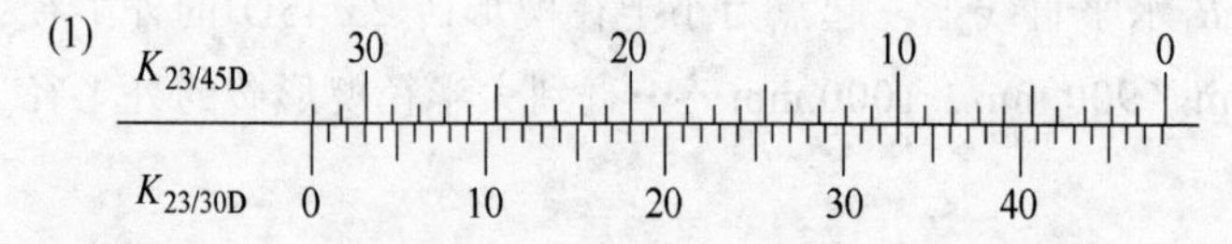

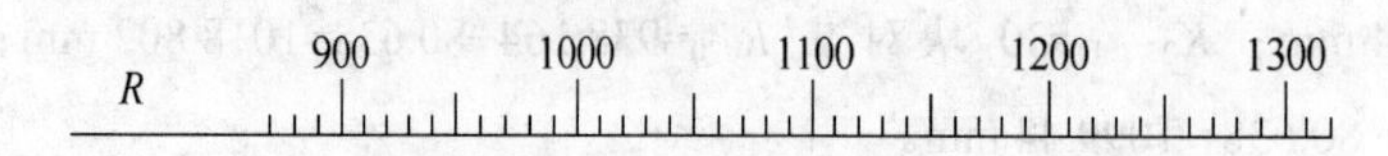

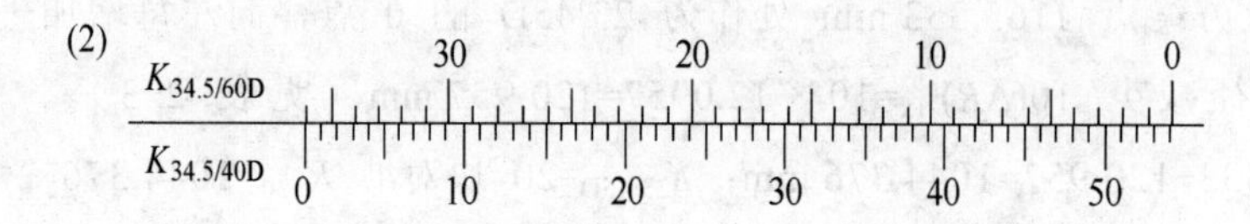

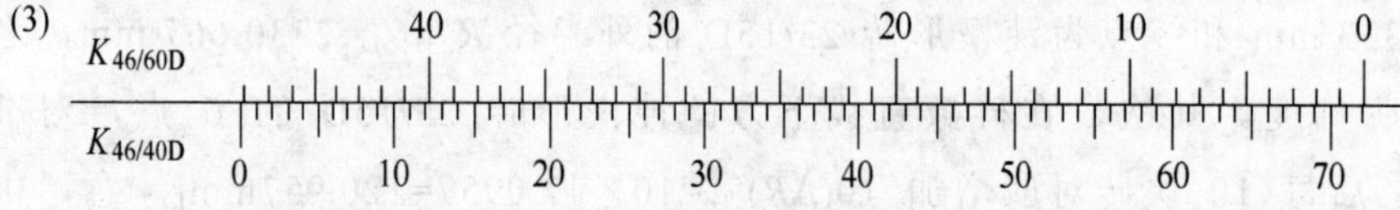

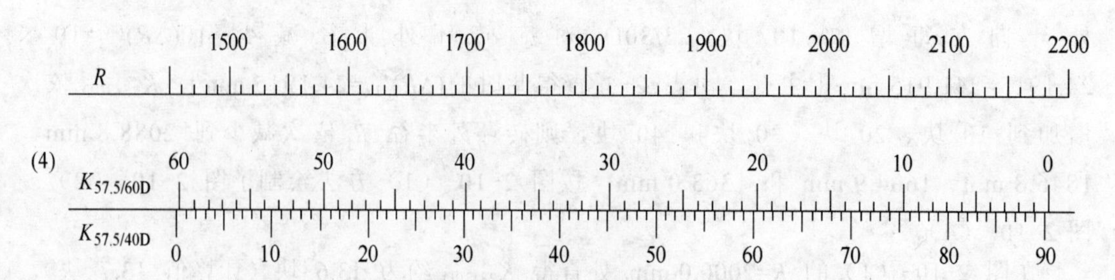

图 2-9　高炉特锐楔形砖与锐楔形砖双楔形砖砖环计算线

R—砖环外半径/mm（每小格 10 mm）

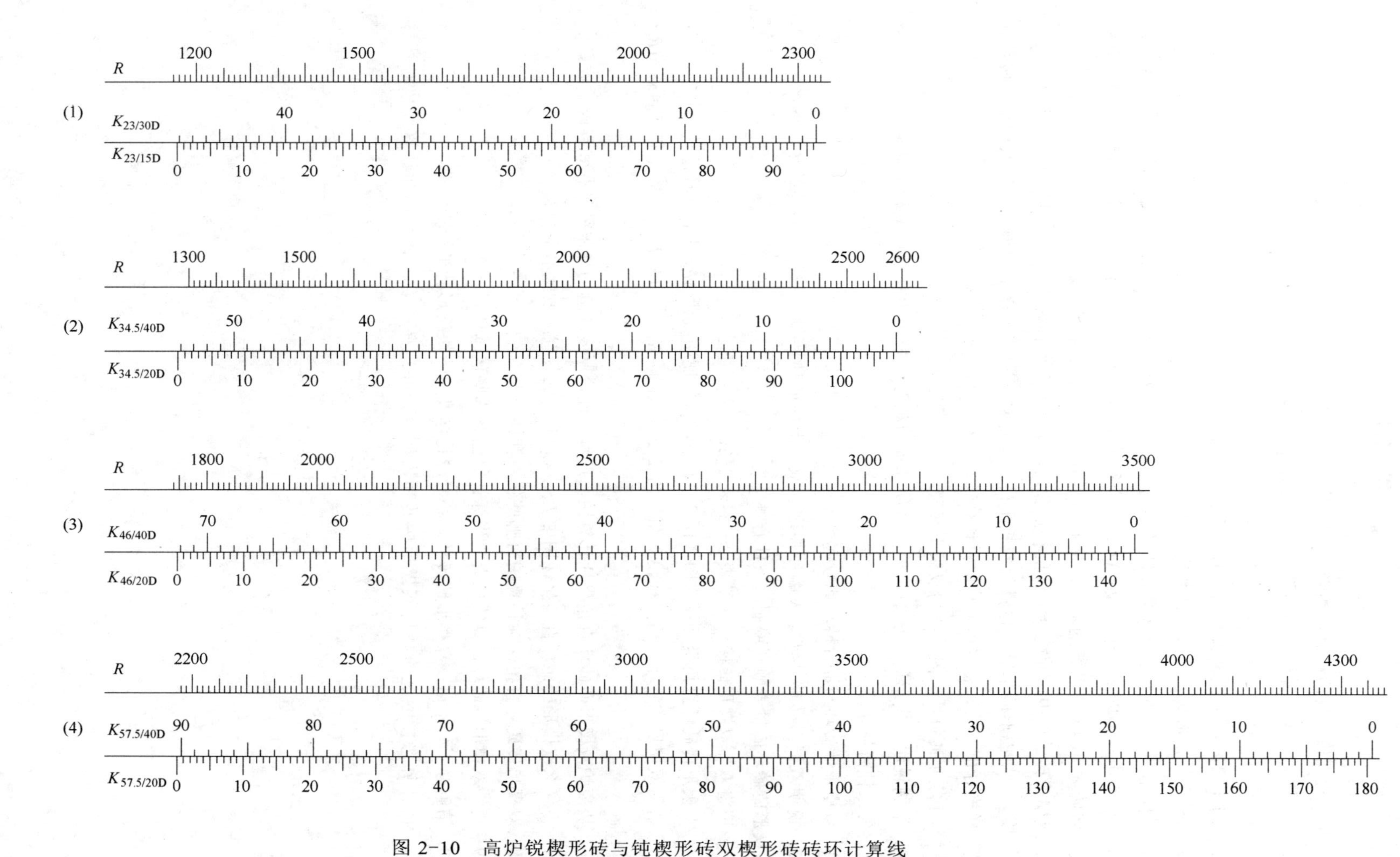

图 2-10 高炉锐楔形砖与钝楔形砖双楔形砖砖环计算线

R—砖环外半径/mm（每小格 10 mm）；K—每环砖数/块（每小格 1 块）

思考题

1. 从环缝理论厚度的观点论述采用双楔形砖砖环的必要性。

2. 指出等大端尺寸锐楔形砖与直形砖配砌的混合砖环的突出优点和缺点。

3. 为什么等大端尺寸原则就是砖环总砖数原则？

4. 基于楔形砖尺寸的双楔形砖砖环计算式有什么缺点？

5. 怎样理解楔形砖每环极限砖数的广义定义？

6. 双楔形砖砖环内大半径楔形砖数量 K_d 计算式 $K_d=2\pi(C-D_2)(R-R_x)/C(D_1-D_2)$［即式（2-13)］推导过程中经过以下几个阶段：（1）小半径楔形砖单楔形砖砖环；（2）混合砖环；（3）开缝的单楔形砖砖环；（4）不开缝的双楔形砖砖环。请绘图描述这四个阶段。

7. 双楔形砖砖环中国简化计算式的特点和内容是什么？您能理解它的哪几种推导过程？

8. 基于一块楔形砖半径变化量的双楔形砖砖环计算式和基于楔形砖外半径的双楔形砖砖环计算式是怎样推导出来的？怎样理解这两类计算式？

9. 基于楔形砖每环极限砖数的双楔形砖砖环计算式是怎样导出的？

10. 举例说明双楔形砖砖环的三种简易计算式的相互转换。为什么将双楔形砖砖环简化计算式又分解为三种简易计算式？

11. 双楔形砖砖环与混合砖环比较起来，有什么突出的优点？

12. 说明双楔形砖砖环砖量表编制原理。双楔形砖砖环砖量表与混合砖环砖量表的区别有哪些？双楔形砖砖环砖量表顺利编制的条件有哪些？

13. 请将双环双楔形砖砖环砖量表 2-16~表 2-20 接着编下去。

14. 双楔形砖砖环直角坐标模式图（图 2-3）中，如何证明线段 MQ 代表砖环总砖数。

15. 请用双楔形砖砖环直角坐标模式图（图 2-3），理解 $K_x=K_x'-(R-R_x)/(\Delta R)'_{lx}$ 和 $K_d=K_d'-(R_d-R)/(\Delta R)'_{ld}$。

16. 从高炉双楔形砖砖环直角坐标计算图，理解小理论厚度环缝的界限外半径和界限砖数。

17. 为什么双楔形砖砖环直角坐标图中 K_x、K_d 和 K_h 三条直线彼此不平行？

18. 双楔形砖砖环直角坐标计算图有哪些优点和缺点？

19. 高炉双楔形砖砖环计算线比直角坐标计算图有哪些优越性？

20. 请解释下列术语：双楔形砖砖环、环缝理论厚度、一块楔形砖半径变化量。

21. 请计算您接触过的高炉双楔形砖砖环用砖量，并用砖量表、计算图和计算线核对计算结果。

3 高炉环形砌砖用砖尺寸设计

3.1 高炉楔形砖间尺寸关系规律

20 世纪 70 年代，为在小高炉及其热风炉推广小理论厚度环缝的双楔形砖砌砖，需要编制双楔形砖砖环砖量表。当时采取大半径楔形砖数量为自然数的表 2-5 模式编表。编制大小端距离 A=230 mm 的 23/30D(当时砖号为 G-5)与 23/15D(当时砖号为 G-3)双楔形砖砖环砖量表（表 2-6）时很顺利。但编制 A=345 mm 的原 G-4[尺寸规格(mm)为 345×(150/125)×75]与 G-6[尺寸规格(mm)为 345×(150/110)×75] 双楔形砖砖环的砖量表时，非常困难。当时分析了双楔形砖砖环砖量模式表 2-5 及 G-5 与 G-3 砖环砖量表 2-6 顺利编制的条件。首先看到两种楔形砖每环极限砖数之比 K'_x/K'_d=48.171/96.343=1/2 为最简单的整数比。在砖量表中表现为每增加两块 G-3 的同时减少一块 G-5。同时也观察到两种楔形砖外半径之比 R_x/R_d=1165.333/2330.667=1/2 也同样为最简单的整数比。其次，每增加两块大半径楔形砖 G-3 时砖环外半径 $R_3=R_2+(\Delta R)'_{1d}=R_x+2(\Delta R)'_{1d}$ = 1165.333+2×12.0957 =1189.5 mm。每减少一块小半径楔形砖 G-5 时砖环外半径增大量为$(\Delta R)'_{1x}$，此时砖环外半径 $R_3=R_1+(\Delta R)'_{1x}=R_x+(\Delta R)'_{1x}$=1165.333+24.1915=1189.5 mm。可见，$(\Delta R)'_{1x}=2(\Delta R)'_{1d}$，则$(\Delta R)'_{1d}/(\Delta R)'_{1x}$=1/2。表 2-3 中查得$(\Delta R)'_{1-23/15D}$=12.0957，$(\Delta R)'_{1-23/30D}$=24.1915，则$(\Delta R)'_{1-23/15D}/(\Delta R)'_{1-23/30D}$ =12.0957/24.1915=1/2。就是说双楔形砖砖环中两种楔形砖的一块楔形砖半径变化量之比也为同样的最简单的整数比。进一步研究两种楔形砖的一块楔形砖半径变化量之比，$(\Delta R)'_{1d}/(\Delta R)'_{1x}=(R_d-R_x)/K'_d$：$(R_d-R_x)/K'_x= K'_x/K'_d$,而 $K'_x/K'_d=2\pi A/(C-D_2)$：$2\pi A/(C-D_1)= (C-D_1)/(C-D_2)$，或 $R_x/R_d=CA/(C-D_2)$：$CA/(C-D_1)= (C-D_1)/(C-D_2)$。这里$(C-D_1)/(C-D_2)$为大半径楔形砖的大小端尺寸差$(C-D_1)$与小半径楔形砖的大小端尺寸差$(C-D_2)$之比。大小端尺寸差又称楔差。由此可知，保证双楔形砖砖环砖量表顺利编制的条件，两种楔形砖的一块楔形砖半径变化量、每环极限砖数或外半径的简单整数比，乃以两种楔形砖楔差的简单整数比来体现。

再看双楔形砖砖环中国简化计算式（2-14b）和式（2-15b）的展开式：

$$K_x=\frac{(R_d-R)K'_x}{R_d-R_x}=\frac{R_dK'_x}{R_d-R_x}-\frac{K'_xR}{R_d-R_x}$$

$$K_d=\frac{(R-R_x)K'_d}{R_d-R_x}=\frac{K'_dR}{R_d-R_x}-\frac{K'_dR_x}{R_d-R_x}$$

当 $R_x/R_d= K_x'/K_d'$=1/2，$K_x'/(R_d-R_x)=1/(\Delta R)'_{1x}= n$ 及 $K_d'/(R_d-R_x)= 1/(\Delta R)'_{1d}=$ m 时，式（2-14b）及式（2-15b）可写作基于楔形砖每环极限砖数 K_d'的简化计算式：

$$K_x=K'_d-nR$$

$$K_d=mR-K'_d$$

对于 G-5(23/30D)与 G-3(23/15D)双楔形砖砖环而言，由表 2-3 知 n=0.04134 及 m=0.08267，由标准查得 $K'_{23/15D}$=96.3，所以上述两式可写作简易计算式：

$$K_{23/30\mathrm{D}} = 96.3 - 0.04134R \tag{2-18a}$$

$$K_{23/15\mathrm{D}} = 0.08267R - 96.3 \tag{2-19a}$$

式（2-14b）和式（2-15b）可直接写作基于楔形砖外半径 R_x 及 R_d 的简化计算式：

$$K_x = n(R_d - R)$$

$$K_d = m(R - R_x)$$

对于 23/30D 与 23/15D 双楔形砖砖环而言，上两式可写作简易计算式：

$$K_{23/30\mathrm{D}} = 0.04134(2330.7 - R) \tag{2-22a}$$

$$K_{23/15\mathrm{D}} = 0.08267(R - 1165.3) \tag{2-23a}$$

式（2-14b）和式（2-15b）可写作：

$$K_x = \frac{(R_d - R)K'_x}{R_d - R_x} = \frac{R_d - R}{\dfrac{R_d - R_x}{K'_x}}$$

$$K_d = \frac{(R - R_x)K'_d}{R_d - R_x} = \frac{R - R_x}{\dfrac{R_d - R_x}{K'_d}}$$

由于$(R_d - R_x)/K_x' = (\Delta R)'_{1x}$及$(R_x - R_d)/K_d' = (\Delta R)'_{1d}$，式（2-14b）和式（2-15b）可写作基于一块楔形砖半径变化量的简化计算式：

$$K_x = \frac{R_d - R}{(\Delta R)'_{1x}}$$

$$K_d = \frac{R - R_x}{(\Delta R)'_{1d}}$$

对于 23/30D 与 23/15D 双楔形砖砖环而言，由表 2-3 查得$(\Delta R)'_{1x}=24.1915$ 和$(\Delta R)'_{1d}=12.0957$，上两式可写作简易计算式：

$$K_{23/30\mathrm{D}} = \frac{2330.7 - R}{24.1915} \tag{2-26a}$$

$$K_{23/15\mathrm{D}} = \frac{R - 1165.3}{12.0957} \tag{2-27a}$$

这些简易计算式存在的条件是，$R_{23/30\mathrm{D}}/R_{23/15\mathrm{D}}=1165.333/2330.7=1/2$、$K'_{23/30\mathrm{D}}/K'_{23/15\mathrm{D}}=48.171/96.342=1/2$ 或$(\Delta R)'_{1-23/15\mathrm{D}}/(\Delta R)'_{1-23/30\mathrm{D}}=12.0957/24.1915=1/2$。如前所述，将一块楔形砖半径变化量、楔形砖外半径和每环极限砖数的定义式代入 $R_x/R_d=1/2$、$K_x'/K_d'=1/2$ 或$(\Delta R)'_{1x}/(\Delta R)'_{1d}=1/2$，最终都得到$(C-D_1)/(C-D_2)=1/2$。至此可以认识到，高炉双楔形砖砖环内小半径楔形砖砖数 K_x 和大半径楔形砖砖数 K_d 简易计算式存在的条件是，楔形砖间外半径、每环极限砖数或一块楔形砖半径变化量，以及最终的楔差之比应采取简单整数比。

从双楔形砖砖环、砖量表顺利编制和简易计算式规范中客观存在并被发现的楔形砖间尺寸关系规律，对楔形砖尺寸设计与标准化有指导意义。

在制订 GB2278—1980 过程中，为满足小高炉及内燃式热风炉(hot ctove with inside combustion chamber)圆形和“苹果”形燃烧室小半径环形砌砖需要，A=230 mm 砖环除尺寸规格(mm)为 230×(150/120)×75 的竖宽锐楔形砖 G-5 外，尚需设计与其配砌的特锐竖宽楔形砖 G-7 的尺寸。当时考虑到顺利编制 G-7 与 G-5 双楔形砖砖环砖量表，取 G-7 砖的外半径 $R_{G\text{-}7}$ 和每环极限砖数 $K'_{G\text{-}7}$ 分别为 G-5 砖的 1/2，即 $R_{G\text{-}7}$=1165.333/2=582.667 mm 和 $K'_{G\text{-}7}$=48.171/2=24.086 块，$(\Delta R)'_{1\text{-}G\text{-}7}$=(1165.333−582.667)/24.086=24.1915，$(\Delta R)'_{1\text{-}G\text{-}5}$= (1165.333−582.667)/48.171=12.0957。在等大端尺寸 C=150 mm 条件下，为使$(C-D_1)/(C-D_2)$=1/2，已知 $C-D_1$=30 mm，则 $C-D_2=2(C-D_1)$=60 mm，则 D_2=150−60=90 mm。即 G-7 的小端尺寸 D_2 为 90 mm，则 G-7 的尺寸规格(mm)230×(150/90)×75。G-7 与 G-5 双楔形砖砖环砖量表的编制非常顺利[4,15]。同时，G-7 与 G-5 砖环的简易计算式的形式，同 G-5 与 G-3 砖环完全一样，表明简易计算通式相同。G-7 与 G-5 砖环同 G-5 与 G-3 砖环一样，只要两砖环所用楔形砖楔差之比同为 1/2，它们的简易计算通式具有通用性。

$$K_{G\text{-}7}=48.2-0.04134R$$

$$K_{G\text{-}7}=0.04134(1165.3-R)$$

或

$$K_{G\text{-}7}=(1165.3-R)/24.1915$$

$$K_{G\text{-}5}=0.08267R-48.2$$

$$K_{G\text{-}5}=0.08267(R-582.7)$$

或

$$K_{G\text{-}5}=(R-582.7)/12.0957$$

如前已述，GB2278—1980 前的旧标准中 A=345 mm 的原 G-4[尺寸规格(mm)为 345×(150/125)×75][17]与 G-6[尺寸规格(mm)为 345×(150/110)×75]的楔差之比(150－125)/(150－110)=25/40=5/8，不像 1/2 那样的简单整数比。当时按模式表 2-5 方式编表时很困难，它们的砖量计算式难以简化和规范。为使钝楔形砖 G-4 与锐楔形砖 G-6 的楔差(150−110=40 mm)之比为 1/2，在起草 GB2278—1980 时就将原 G-4 的小端尺寸 D_2 从原来的 125 mm 修改为 130 mm[4,19]。虽然仅增加 5 mm，由于符合了楔形砖间尺寸关系规律，G-6 与新 G-4 砖环砖量表的编制顺利完成并被纳入 GB2278—1980 的附录[1,15]。同时，G-6 与新 G-4 砖环简易计算式的形式也与 A=230 mm 砖环相类似：

$$K_{G\text{-}6}=108.4-0.04134R \tag{2-18b}$$

$$K_{G\text{-}6}=0.04134(2622.0-R) \tag{2-22b}$$

或

$$K_{G\text{-}6}=(2622.0-R)/24.1915 \tag{2-26b}$$

$$K_{G\text{-}4}=0.08267R-108.4 \tag{2-19b}$$

$$K_{G\text{-}4}=0.08267(R-1311.0) \tag{2-23b}$$

或

$$K_{G\text{-}4}=(R-1311.0)/12.0957 \tag{2-27b}$$

遵循这一规律，在制定 GB2278—1980 过程中，新增设计 A=345 mm 特锐楔形砖 G-8 时，为使 G-8 与 G-6 砖环中的楔差(150−110=40 mm)与 G-8 楔差之比保持 1/2，G-8 的楔差应为 80 mm，则其小端尺寸应为 150−80=70 mm。但在讨论中多数制砖厂家认为，A=345 mm、小端尺寸仅为 70 mm 的竖宽特锐楔形砖，不仅在运输和砌筑中容易破损，而且成形出砖操作困难，希望增大 G-8 的小端尺寸。当时，既然 G-8 与 G-6 楔差之比不能保持 1/2 的简单整数比，那么采取 2/3 也算简单整数比。为此 G-8 的大小端尺寸，按 G-6 与 G-8 砖环楔差之比为 2/3 计算，即 $2/3=40/60=40/(150-D_2)$，则 D_2=90 mm。与 A=230 mm 的 G-7 的大小端尺寸相同。这样，G-8 的尺寸规格(mm)为 345×(150/90)×75。虽然 G-8 与 G-6 砖环的简易计算式不同前面的楔差之比为 1/2 的形式，但也达到了简化目的。特别是楔差比 2/3 的砖量表的编制也很顺利，符合表 2-5 模式：每增加 3 块 G-6 的同时，减少 2 块 G-8。这样，当时的高炉楔形砖间存在的尺寸关系规律：相同大小端距离 *A* 的同组内，各楔形砖之间（从大半径的钝楔形砖开始）楔差为简单整数比，它们为 1:2:4（对于 *A*=230 mm 一组砖而言）或 1:2:3（对于 *A*=345 mm 一组而言）。换言之，同组（*A* 相同）各楔形砖间（从小半径的特锐楔形砖开始）楔差成整（或半）倍数关系。例如，对于 *A*=230 mm 一组高炉楔形砖而言，特锐楔形砖 G-7 的楔差 60 mm 等于锐楔形砖 G-5 楔差 30 mm 的 2 倍，锐楔形砖 G-5 楔差 30 mm 等于钝楔形砖 G-3 楔差 15 mm 的 2 倍。对于 *A*=345 mm 一组高炉楔形砖而言，特锐楔形砖 G-8 楔差 60 mm 等于锐楔形砖 G-6 楔差 40 mm 的 1.5 倍，锐楔形砖 G-6 的楔差 40 mm 等于钝楔形砖 G-4 楔差 20 mm 的 2 倍。

GB2278—1980 在 1993 年调整为冶金行业标准 YB/T 5012—1993。接着开始修订 YB/T 5012—1993。遵循高炉楔形砖间尺寸关系规律，在修订 YB/T 5012—1997 送审稿时，考虑新增 *A*=460 mm 一组楔形砖的用途主要在较大半径砖环，当时仅设计钝楔形砖[尺寸规格(mm)为 460×(150/125)×75]和锐楔形砖[尺寸规格(mm)为 460×(150/100)×75][21]。在审定会讨论中认为，增设 *A*=460 mm 砖后的双环砌砖结构将会被推广到较小半径砖环，为今后增设 *A*=460 mm 特锐楔形砖留有空间，才将 460 mm 钝楔形砖 G-31 和锐楔形砖 G-32 的大小端尺寸分别改为 150/130 mm 和 150/110 mm[5]。

2008 年对 YB/T 5012—1997 进行了修订。面对国家淘汰小高炉即高炉大型化政策，将增大特锐楔形砖的外半径。对 *A*=230 mm、345 mm、460 mm，以及今后可能将采用的 575 mm 四组高炉等大端尺寸(*C*=150 mm)楔形砖，分为两类：一类为钝楔形砖与锐楔形砖双楔形砖砖环，楔差之比为 1/2；另一类为锐楔形砖与特锐楔形砖双楔形砖砖环，楔差之比为 2/3。这样，不仅砖量表的编制非常顺利，而且他们的简易计算式很规范（见表 2-4），他们的简化计算通式见式（2-18）～式（2-29）。至此，高炉楔形砖间尺寸关系规律发展到：不同 *A* 的各组中各楔形砖（从大半径的钝楔形砖开始，按钝楔形转、锐楔形砖和特锐楔形砖顺序）的楔差之比均为相同的 1:2:3。

同一大小端距离 *A* 的每组楔形砖和直形砖中，按楔差 *C*-*D*（或按大小端尺寸 *C*/*D*）区分的砖号数量和是否成简单整数比，各国不一样。但各国高炉及热风炉环形砌砖用竖宽楔形砖的大端宽度尺寸 *C* 及与其配砌的直形砖的配砌尺寸 *C*，到目前一直沿用等大端尺寸 *C* 系列。我国新旧标准、英国标准[13]和前苏联标准[12,17]都采取 *C*=150 mm，唯有美国标准[9]采取 152 mm。

在 *A*=230 mm 一组砖中：前苏联有 *C*/*D*(mm)为 150/150、115/115、150/135 和 150/120（*C*-*D* 之比为 15:30=1:2 的简单整数比）的 4 个砖号；美国(*A*=228 mm)有 C/D(mm)为 152/152、114/114、152/144、152/137、152/130 和 152/122（*C*-*D* 之比为 8:15:22:30，近似于 1:2:3:4 的简单整数比）的 6 个砖号；英国有 *C*/*D*(mm)为 150/150、114/114、150/138、150/124、150/114、114/108、114/102 和 114/88（两个宽度系列：*C*-*D* 之比为 12:26:36 或 6:12:26，除 26 外成简单整数比）的 8 个砖号；我国现在等大端尺寸 *C*=150 mm 系列有 *C*/*D*(mm)为 150/150、150/135、150/120 和 150/105（*C*-*D* 之比为 15:30:45=1:2:3 的简单整数比）的 4 个砖号。

在 *A*=345 mm（或英国的 350 mm、美国的 342 mm）一组中：前苏联有 *C*/*D*（mm）为 150/150、115/115、150/125 和 150/110（*C*-*D* 之比为 25:40=5:8，不成简单整数比）的 4 个砖号；美国（*A*=342 mm）有 C/D（mm）为 152/152、114/114、152/144、152/130、

152/127 和 152/111（$C-D$ 之比为 8:22:25:41，不成简单整数比）的 6 个砖号；英国原有（1973 年，A=345 mm）有 C/D（mm）为 150/150、114/114、150/138、150/124、150/114 和 150/102（$C-D$ 之比为 12:26:36:48，不成简单整数比）的 6 个砖号，1985 年除保留（A=345 mm）C/D（mm）为 150/150、114/114、150/138、150/124、150/111 外，又增加（A=350 mm）C/D（mm）为 150/150、150/132、150/114（$C-D$ 之比为 18:36=1:2 的简单整数比）共 8 个砖号；我国现行标准中等大端尺寸 C=150 mm 系列中，有 C/D（mm）为 150/150、150/130、150/110 和 150/90（$C-D$ 之比为 20:40:60=1:2:3 的简单整数比）的 4 个砖号。

在 A=460 mm(或国外 450 mm)一组砖中：前苏联只有 C/D（mm）为 150/150、150/115 两个砖号；英国原有 C/D（mm）为 150/150、114/114、150/132 和 150/120（$C-D$ 之比为 18:30=3:5）4 个砖号，1985 年又增加 150/114（$C-D$ 之比为 18:30:36=3:5:6）共 5 个砖号；我国现行标准等大端尺寸 C=150 mm 系列中有 C/D (mm)为 150/150、150/130、150/110 和 150/90（$C-D$ 之比为 20:40:60=1:2:3 的简单整数比）的 4 个砖号。

关于高炉及热风炉用竖宽楔形砖和直形砖的厚度 B，英国和美国都采取由英制换算为公制尺寸的 76 mm。前苏联原来采取 75 mm，后来加厚到 90 mm、100 mm 甚至到 150 mm。我国标准的厚度尺寸，一直采取 75 mm，同时在尺寸表注中说明，根据需要供需双方协商可采取 100 mm。

关于竖宽楔形砖和直形砖的长度（大小端距离）A，前苏联有 230 mm、345 mm 和 450 mm；美国有 228 mm 和 342 mm；英国原有（1973 年）230 mm、345 mm、450 mm，1985 年后又增加一个 350 mm；我国原有 230 mm 和 345 mm，最近补充增加 460 mm，坚持标准砖长度、倍半长和双倍长即 1:1.5:2（环形炉墙环缝错开 115 mm 需要）原则。虽然国外（例如英国和前苏联）采取 450 mm 这个长度尺寸，但我国考虑与原有 230 mm 及 345 mm 高炉砖规范错缝砌筑需要，早在 YB / T5012—1997 中已采取 460 mm 这个长度尺寸。并且，460 mm 长砖表现出很多优点，请参看 1.3.2.节。

为研究楔形砖尺寸设计的合理化和比较各国楔形砖尺寸的特点，请参见表 3-1。

表 3-1 各国竖宽楔形砖的尺寸

国 别	大小端距离 A/mm	大小端尺寸（mm）C/D	楔差 $C-D$ 之比	砖号数量	厚度 B/mm
前苏联[12,17]	230	150/150、115/115、150/135、150/120	15:30=1:2	4	原 75，后来加厚到 90、100 和 150
	345	150/150、115/115、150/125、150/110	25:40=5:8	4	
	450	150/150、150/115		2	
英国[8,13]	230	150/150、114/114、150/138、150/124、150/114、114/108、114/102、114/88	12:26:36; 6:12:26	8	76
	345 (1973 年前)	150/150、114/114、150/138、150/124、150/114、150/102	12:26:36:48	6	
	345(1985 年)	150/150、114/114、150/138、150/124、150/111		5	
	350(1985 年)	150/150、150/132、150/114	18:36=1:2	3	
	450 (1985 年)	150/150、114/114、150/132、150/120、150/114	18:30:36=3:5:6	5	
美国[9]	228	152/152、114/114、152/144、152/137、152/130、152/122	8:15:22:30 近似 1:2:3:4	6	76
	342	152/152、114/114、152/144、152/130、152/127、152/111	8:22:25:39	6	

续表 3-1

国　别	大小端距离 A/mm	大小端尺寸（mm）C/D	楔差 C−D 之比	砖号数量	厚度 B/mm
中国[6]	230	150/150、150/135、150/120、150/105	15:30:45=1:2:3	4	75 或 100
	230	114/114、124/114、134/114、144/114	10:20:30=1:2:3	4	
	345	150/150、150/130、150/110、150/90	20:40:60=1:2:3	4	
	345	114/114、129/114、144/114、159/114	15:30:45=1:2:3	4	
	460	150/150、150/130、150/110、150/90	20:40:60=1:2:3	4	
	460	114/114、134/114、154/114、174/114	20:40:60=1:2:3	4	

3.2　高炉环形炭块尺寸的设计与标准比

高炉炉底(hearth bottom)上层和炉缸墙(hearth wall)的环形砌体，从 20 世纪 40 年代起至今一直采用了炭块。这种环形砌体用炭块简称为“环形炭块”(ring carbon block)。其实环形炭块仍然由两个平行的对称梯形大面构成，严格讲称为梯形炭块比较确切。实际上就是大尺寸的竖宽楔形炭块，本节称为楔形炭块。为突出楔形炭块的特征尺寸（大小端距离 A 及大小端尺寸 C/D），楔形炭块尺寸规格表示式仍采用 $A\times(C/D)\times B$（此处 B 为楔形炭块的高度尺寸）。楔形炭块的尺寸特征外半径 R_0 和每环极限块数仍可分别按 $R_0=CA/(C-D)$及 $K_0'=2\pi A/(C-D)$计算。

自从新型优质耐火材料的炭块在高炉内衬被应用以来，高炉内衬的寿命显著延长，生产稳定性得到保证。至今作为高炉内衬主要材料的楔形炭块，虽然材质及制造工艺不断改善与创新，但楔形炭块尺寸的设计及计算还一直采用原始的传统方法：每环采用同一大小端尺寸 C/D 的楔形炭块，即采用单楔形炭块砌体。楔形炭块的大小端距离（此处为炭块长度）A 根据设计规定。在采取液压设备生产炭块时，炭块大端尺寸 C 由挤压机出口尺寸决定。采用加压振动成型设备时，炭块截面尺寸可加大到 500～600 mm。楔形炭块的小端尺寸 D 按 $D=C(R_0-A)/R_0$[式（1-1b）]计算。

【例 5】 按式（1-1b）设计环形砌体外半径 R=4010 mm 及 A=800 mm 楔形炭块的尺寸并计算其尺寸特征。按我国当时炭块截面尺寸 $C\times B$=400 mm×400 mm 设计，即 C=400 mm，则小端尺寸 D=401(4010−800)/4010=320 mm（去除 1 mm 砌缝）。该楔形炭块的尺寸规格(mm)为 800×(400/320) ×400，其外半径 R_0=401×800/(400−320)=4010 mm，每环极限块数 K_0'=2π×800/(400−320)=62.832 块。

如在本手册开始一节所述，每一单楔形炭块砌体的外半径 R_0 都决定了一个互不相同的小端尺寸，那么全国不同高炉将有多少小端尺寸不同的楔形炭块？许多国家高炉环形炭块砌体的外半径设有定型。前苏联高炉内衬剖面设计虽然定型过，但随着高炉大修改造都在变化。我国高炉内衬剖面尺寸没有经过定型。看来指望高炉内衬定型化来实现楔形炭块尺寸标准化的路线，是难以行得通的。全国库存的大量不同尺寸楔形炭块，都分别为各炼铁厂各类高炉所专用专有，各厂间、本厂各类高炉间不能交流通用。炭素厂不能储备可通用的成品楔形炭块。有些炼铁厂虽然为本厂高炉备用一套专用成品楔形炭块，无备用楔形炭块的炼铁厂某高炉非计划提前修炉急需成品楔形炭块时，却不能借用别厂的备用成品炭块。求助炭素厂，也由于没有通用备品而加班加点火速加工炭块，往往不能按期而拖延抢修工期。面对国内外高炉楔形炭块尺寸尚未实现标准化的局面，从 1986 年开始，着手起草 GB/8725—1988《高炉炭块尺寸》[22]。

起草 GB8725—1988 的思路，以楔形炭块尺寸的合理设计及计算方法，来满足高炉剖面非定型的尺寸。这就要运用高炉陶瓷耐火砖形状尺寸研究的成果，在环形炭块砌体中推广双楔形炭块砌体。

起草 GB8725—1988 的目标：（1）在满足用户需要的前提下，将高炉楔形炭块尺寸规格的数量减少到 10 个。（2）高炉环形砌体用楔形炭块尺寸达到系列化和通用化。就是说所设计的该标准所列楔形炭块尺寸规格能满足并通用于全国所有高炉的环形炭块砌体。（3）不同大小端距离 A 的几组楔形炭块砌体，能采用一个通用的炭块数量简易计算式，一个通用的砖量表和一幅通用的砖量计算图。为了达到上述目标，对高炉楔形炭块尺寸的标准化进行研究[23]。

高炉炉底环形炭块砌体设计中，楔形炭块的大小端距离 A，由 20 世纪 50 年代的 1600～1800 mm 减薄到目前的 800～1000 mm 左右。但由于炉底上部向长达 1600 mm 炉缸下部环形砌体过渡，炉缸墙楔形炭块大小端距离 A 必然在 800～1600 mm 范围。炉底环形炭块砌体上下层交错尺寸，习惯上采取 200 mm。这样，楔形炭块的大小端距离 A，选取 800 mm、1000 mm、1200 mm、1400 mm 和 1600 mm 五组，见表 3-2。

表 3-2　高炉楔形炭块尺寸及尺寸特征（等大端尺寸 C = 400 mm）

形　状	尺寸/mm			尺寸规格 $A\times(C/D)\times B$/mm	外半径 R_0/mm	每环极限块数 K_0'/块
	A	C/D	B			
C B A D	800	400/360	400	800×(400/360)×400	8020	125.664
	800	400/320	400	800×(400/320)×400	4010	62.832
	1000	400/350	400	1000×(400/350)×400	8020	125.664
	1000	400/300	400	1000×(400/300)×400	4010	62.832
	1200	400/340	400	1200×(400/340)×400	8020	125.664
	1200	400/280	400	1200×(400/280)×400	4010	62.832
	1400	400/330	400	1400×(400/330)×400	8020	125.664
	1400	400/260	400	1400×(400/260)×400	4010	62.832
	1600	400/320	400	1600×(400/320)×400	8020	125.664
	1600	400/240	400	1600×(400/240)×400	4010	62.832

如前已述，单楔形炭块砌体是不能实现标准化的。为实现楔形炭块尺寸系列化、通用化及标准化，曾设想突破原始的单楔形炭块砌体设计，将陶瓷耐火砖尺寸标准化中行之有效的双楔形砖砌砖理念引入楔形炭块尺寸标准化中来。为此，应用双楔形砖砖环的一系列科研成果（例如楔形砖的尺寸特征、楔形砖间尺寸关系规律、双楔形砖砖环简化计算的中国计算式、砖量表、计算图和计算线等）指导楔形炭块尺寸的标准化。

例 5 中 A=800 mm 小半径楔形炭块尺寸及尺寸特征已设计计算出来，其楔差 $C-D_2$ = 400−320=80 mm，外半径 R_x=4010 mm，每环极限块数 K_x'=62.832 块。遵循楔形砖间尺寸关系规律，同组大半径楔形炭块的楔差 $C-D_1$ 应等于小半径楔形炭块的楔差 $C-D_2$（80mm）的 1/2，即 40 mm，则在等大端尺寸 C=400 mm 条件下，大半径楔形炭块小端尺寸 D_1=400−

40=360 mm。当然，大半径楔形炭块的外半径 R_d 及每环极限砖数 K_d' 必定为小半径楔形炭块的两倍 $R_d=CA/(C-D_1)=401\times800/(400-360)=8020$ mm 及 $K_d'=2\pi A/(C-D_1)=2\pi\times800/(400-360)=125.664$ 块（$R_x=4010$ mm 及 $K_x'=62.832$ 块）。在环形炭块砌体外半径 4010 mm≤R≤8020 mm 范围内，采用尺寸规格(mm)为 800×(400/320)×400 的小半径楔形炭块数量 K_x 块与尺寸规格(mm)为 800×(400/360)×400 的大半径楔形炭块数量 K_d 块双楔形炭块环形砌体时，它们的简易计算式可采取下列之一：

$$K_x=125.664-0.01567R \tag{3-1}$$

$$K_x=0.01567(8020-R) \tag{3-2}$$

或

$$K_x=(8020-R)/63.821 \tag{3-3}$$

$$K_d=0.03134R-125.664 \tag{3-4}$$

$$K_d=0.03134(R-4010) \tag{3-5}$$

或

$$K_d=(R-4010)/31.9105 \tag{3-6}$$

$$K_h=2\pi R/401=0.01567R \tag{3-7}$$

上述式中，定值项 125.664 为大半径楔形炭块的每环极限块数 K_d'。环形砌体外半径 R 的两个系数（绝对值）分别为 0.01567 和 0.03134。其中 0.01567 为 2π/401 的计算值，也是一块小半径楔形炭块半径变化量 $(\Delta R)'_{1x}=(8020-4010)/62.832=63.821$ 的倒数 $1/(\Delta R)'_{1x}=1/63.821=0.01567$。0.03134 为 4π/401 的计算值，也是一块大半径楔形炭块半径变化量 $(\Delta R)'_{1d}=(8020-4010)/125.664=31.9105$ 的倒数 $1/(\Delta R)'_{1d}=1/31.9105=0.03134$。上述这些简易计算式，是以 A=800 mm 为例推导出来的，能否按 GB8725—1988 起草目标，也适用于另外的 A=1000 mm、1200 mm、1400 mm 和 1600 mm 四组双楔形炭块砌体呢？这里分析上述诸简易计算式通用的条件。

（1）从式(3-1)和式(3-4)知，不同 A 几组双楔形炭块环形砌体通用的首要条件，就是几组炭块的每环极限块数 K_d'或 K_x'分别相同，即必须同为 125.664 块。

（2）从式(3-1)和式(3-2)中 R 的系数 0.01567=2π/401，式(3-4)和式(3-5)中 R 的系数 0.03134=4π/401，表明若其余四组简易计算式中 R 的系数相同的条件，则必须采用 C=401 mm（包括 1 mm 砌缝）的等大端尺寸 400 mm 系列。

（3）从式(3-3)和式(3-6)知，$(\Delta R)'_{1d}/(\Delta R)'_{1x}=31.91085/62.821=1/2$，归根结蒂是 $(C-D_1)/(C-D_2)=1/2$，即另外几组环形炭块砌体用大半径楔形炭块楔差$(C-D_1)$与小半径楔形炭块楔差$(C-D_2)$之比也必须为 1/2。

（4）从式(3-2)和式(3-5)知，另外几组环形炭块砌体中，小半径楔形炭块的外半径 R_x 必须都等于 4010 mm，大半径楔形炭块的外半径 R_d 必须等于 8020 mm。

为使另外不同 A 的四组楔形炭块的外半径和每环极限块数对应相等，从 $K_d'=2\pi A/(C-D_1)$，$K_x'=2\pi A/(C-D_2)$，$R_d=CA/(C-D_1)$和 $R_x=CA/(C-D_2)$对照看出，除 2π及 C 已选定并对应相等外，$A/(C-D_1)$和 $A/(C-D_2)$必须选取 A=800 mm 环形砌体的比值。在 A=800 mm 环形砌体中，$A/(C-D_1)=800/(400-360)=20$，$A/(C-D_2)=800/(400-320)=10$。由 $A/(400-D_1)=20$ 及 $A/(400-D_2)=10$ 分别导出其余四组环形砌体中小半径楔形炭块小端尺寸 D_2 和大半径楔形炭块小端尺寸 D_1 的计算式：

$$D_2=400-\frac{A}{10} \tag{3-8}$$

$$D_1 = 400 - \frac{A}{20} \tag{3-9}$$

由 $62.832=2\pi A/(400-D_2)$和 $125.664=2\pi A/(400-D_1)$，也可导出式（3-8）和式（3-9）。

从图 3-1 可看出，$A/(400-D_2)=800/(400-320)=10$，也可导出 $D_2=400-A/10$[式（3-8）]。同理也可导出式（3-9）。将 A=1000 mm、1200 mm、1400 mm 及 1600 mm 分别代入式（3-8）和式（3-9），得 D_2 分别为 300 mm、280 mm、260 mm 及 240 mm；D_1 分别为 350 mm、340 mm、330 mm 及 320 mm，见表 3-2。从图 3-1 看到，不同 A 的几组中，小半径楔形炭块尺寸设计的理念，使它们互为相似的梯形，即中心角θ_0 相同，从而每环极限块数 $K_0'(K_0'=360/\theta_0)$相等，大端尺寸 C 相等从而外半径相等。表 3-2 的数据表明了，各组环形砌体中大半径楔形炭块的外半径 R_d 均为 8020 mm，小半径楔形炭块的外半径 R_x 均为 4010 mm，每环极限块数 K_d'同为 125.664 块，K_x'同为 62.832 块，$R_x/R_d=K_x'/K_d'=(C-D_1)/(C-D_2)=1/2$。

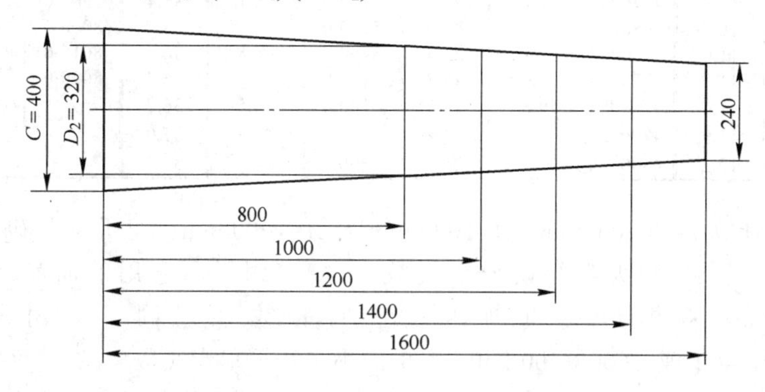

图 3-1 楔形炭块对称梯形面示意图

根据 $10/(\Delta R)'_{1x}=10/63.821=0.1567$ 及 $10/(\Delta R)'_{1d}=10/31.9105=0.3134$，很顺利编制了高炉双楔形炭块环形砌体数量表（表 3-3）。

表 3-3 高炉双楔形炭块砌体数量表（等大端尺寸 C=400 mm）

砌体外半径 R /mm	每环块数		砌体外半径 R /mm	每环块数		砌体外半径 R /mm	每环块数		砌体外半径 R /mm	每环块数	
	K_x	K_d		K_x	K_d		K_x	K_d		K_x	K_d
4010.0	62.832	0	4410.0	56.6	12.5	4810.0	50.3	25.1	5210.0	44.0	37.6
4020.0	62.7	0.3	4420.0	56.4	12.8	4820.0	50.1	25.4	5220.0	43.9	37.9
4030.0	62.5	0.6	4430.0	56.3	13.2	4830.0	50.0	25.7	5230.0	43.7	38.2
4040.0	62.4	0.9	4440.0	56.1	13.5	4840.0	49.8	26.0	5240.0	43.6	38.5
4050.0	62.2	1.3	4450.0	55.9	13.8	4850.0	49.7	26.3	5250.0	43.4	38.9
4060.0	62.0	1.6	4460.0	55.8	14.1	4860.0	49.5	26.6	5260.0	43.2	39.2
4070.0	61.9	1.9	4470.0	55.6	14.4	4870.0	49.4	27.0	5270.0	43.1	39.5
4080.0	61.7	2.2	4480.0	55.5	14.7	4880.0	49.2	27.3	5280.0	42.9	39.8
4090.0	61.6	2.5	4490.0	55.3	15.0	4890.0	49.0	27.6	5290.0	42.8	40.1
4100.0	61.4	2.8	4500.0	55.2	15.4	4900.0	48.9	27.9	5300.0	42.6	40.4
4110.0	61.3	3.1	4510.0	55.0	15.7	4910.0	48.7	28.2	5310.0	42.5	40.7
4120.0	61.1	3.4	4520.0	54.8	16.0	4920.0	48.6	28.5	5320.0	42.3	41.1
4130.0	61.0	3.8	4530.0	54.7	16.3	4930.0	48.4	28.8	5330.0	42.1	41.4
4140.0	60.8	4.1	4540.0	54.5	16.6	4940.0	48.3	29.1	5340.0	42.0	41.7
4150.0	60.6	4.4	4550.0	54.4	16.9	4950.0	48.1	29.5	5350.0	41.8	42.0
4160.0	60.5	4.7	4560.0	54.2	17.2	4960.0	47.9	29.8	5360.0	41.7	42.3
4170.0	60.3	5.0	4570.0	54.1	17.6	4970.0	47.8	30.1	5370.0	41.5	42.6
4180.0	60.2	5.3	4580.0	53.9	17.9	4980.0	47.6	30.4	5380.0	41.4	42.9
4190.0	60.0	5.6	4590.0	53.7	18.2	4990.0	47.5	30.7	5390.0	41.2	43.2
4200.0	59.9	6.0	4600.0	53.6	18.5	5000.0	47.3	31.0	5400.0	41.1	43.6

续表 3-3

砌体外半径 R /mm	每环块数		砌体外半径 R /mm	每环块数		砌体外半径 R /mm	每环块数		砌体外半径 R /mm	每环块数	
	K_x	K_d		K_x	K_d		K_x	K_d		K_x	K_d
4210.0	59.7	6.3	4610.0	53.4	18.8	5010.0	47.2	31.3	5410.0	40.9	43.9
4220.0	59.5	6.6	4620.0	53.3	19.1	5020.0	47.0	31.7	5420.0	40.7	44.2
4230.0	59.4	6.9	4630.0	53.1	19.4	5030.0	46.8	32.0	5430.0	40.6	44.5
4240.0	59.2	7.2	4640.0	53.0	19.7	5040.0	46.7	32.3	5440.0	40.4	44.8
4250.0	59.1	7.5	4650.0	52.8	20.1	5050.0	46.5	32.6	5450.0	40.3	45.1
4260.0	58.9	7.8	4660.0	52.6	20.4	5060.0	46.4	32.9	5460.0	40.1	45.4
4270.0	58.8	8.1	4670.0	52.5	20.7	5070.0	46.2	33.2	5470.0	40.0	45.8
4280.0	58.6	8.5	4680.0	52.3	21.0	5080.0	46.1	33.5	5480.0	39.8	46.1
4290.0	58.4	8.8	4690.0	52.2	21.3	5090.0	45.9	33.8	5490.0	39.6	46.4
4300.0	58.3	9.1	4700.0	52.0	21.6	5100.0	45.8	34.2	5500.0	39.5	46.7
4310.0	58.1	9.4	4710.0	51.9	21.9	5110.0	45.6	34.5	6000.0	31.6	62.4
4320.0	58.0	9.7	4720.0	51.7	22.3	5120.0	45.4	34.8	6500.0	23.8	78.0
4330.0	57.8	10.0	4730.0	51.5	22.6	5130.0	45.3	35.1	7000.0	16.0	93.7
4340.0	57.7	10.3	4740.0	51.4	22.9	5140.0	45.1	35.4	7500.0	8.1	109.4
4350.0	57.5	10.7	4750.0	51.2	23.2	5150.0	45.0	35.7	8000.0	0.3	125.0
4360.0	57.3	11.0	4760.0	51.1	23.5	5160.0	44.8	36.0	8010.0	0.2	125.4
4370.0	57.2	11.3	4770.0	50.9	23.8	5170.0	44.7	36.4	8020.0	0	125.7
4380.0	57.0	11.6	4780.0	50.8	24.1	5180.0	44.5	36.7			
4390.0	56.9	11.9	4790.0	50.6	24.4	5190.0	44.3	37.0			
4400.0	56.7	12.2	4800.0	50.5	24.8	5200.0	44.2	37.3			

【例 18】 计算 R=7000.0 mm、A=1000 mm 及 A=1600 mm 双楔形炭块砌体每环内小半径楔形炭块数量 K_x 和大半径楔形炭块数量 K_d。由于所利用的简易计算式通用于 A=1000~1600 mm 双楔形炭块砌体，它们的数量相同。尺寸规格 (mm) 为 1000×(400/300)×400 或 1600×(400/240)×400 的小半径楔形炭块数量 K_x、尺寸规格(mm)为 1000×(400/350)×400 或 1600×(400/320)×400 的大半径楔形炭块数量 K_d，计算如下：

$$K_x=125.664-0.01567\times7000.0=16.0 \text{ 块}$$

$$K_x=0.01567(8020-7000.0)=16.0 \text{ 块}$$

或

$$K_x=(8020-7000.0)/63.821=16.0 \text{ 块}$$

$$K_d=0.03134\times7000.0-125.664=93.7 \text{ 块}$$

$$K_d=0.03134(7000.0-4010)=93.7 \text{ 块}$$

或

$$K_d=(7000.0-4010)/31.9105=93.7 \text{ 块}$$

该环形炭块砌体总块数 K_h=16.0+93.7=109.7 块，与按式 K_h=0.01567×7000.0=109.7 块计算，结果相同。

查表 3-3 的 R=7000.0 mm 行，K_x=16.0 块，K_d=93.7 块，与计算值完全相同。查计算图 3-2 和计算线图 3-3，K_x 约为 15.8 块，K_d 约为 93.5 块。

随着高炉大型化和炭块截面尺寸的增大，楔形炭块尺寸标准也应该相应修订。本手册建议采取以下方案：楔形炭块大端面积尺寸增大到 500 mm×500 mm，小半径楔形炭块和大半径楔形炭块的外半径 R_x 和 R_d，分别为 $R_x=CA/(C-D_2)$=501×1000/(500−400)=5010 mm 及 R_d=501×1000/(500−450)=10020 mm，可见 D_1=450 mm 及 D_2=400 mm（均对于 A=1000 mm 而言）。$K_x'=2\pi\times1000/(500-400)$=62.832 块及 $K_d'=2\pi\times1000/(500-450)$=125.664 块。由于 $A/(C-D_2)$=1000/(500−400)=10 及 $A/(C-D_1)$=1000/(500−450)=20 导出 $D_2=500-A/10$［式（3-8a)］及 $D_1=500-A/20$［式（3-9a)］。其余四组环形炭块砌体的 A=1200 mm、1400 mm、1600 mm 及 1800 mm，将其分别代入式（3-8a）及式（3-9a），结果列入表 3-4 中。

表 3-4　高炉楔形炭块尺寸及尺寸特征（等大端尺寸 C=500mm）修订方案

尺寸 /mm			尺寸规格 $A\times(C/D)\times B$/mm	外半径 R_0 /mm	每环极限块数 K_0'/块	中心角 θ_0 /(°)
A	C/D	B				
1000	500/400	500	1000×(500/400)×500	5010.0	62.832	5.7296
1000	500/450	500	1000×(500/450)×500	10020.0	125.664	2.8648
1200	500/380	500	1200×(500/380)×500	5010.0	62.832	5.7296
1200	500/440	500	1200×(500/440)×500	10020.0	125.664	2.8648
1400	500/360	500	1400×(500/360)×500	5010.0	62.832	5.7296
1400	500/430	500	1400×(500/430)×500	10020.0	125.664	2.8648
1600	500/340	500	1600×(500/340)×500	5010.0	62.832	5.7296
1600	500/420	500	1600×(500/420)×500	10020.0	125.664	2.8648
1800	500/320	500	1800×(500/320)×500	5010.0	62.832	5.7296
1800	500/410	500	1800×(500/410)×500	10020.0	125.664	2.8648

注：尺寸符号意义同表 3-2。

$(\Delta R)'_{1x}$=(10020−5010)/62.832=79.7364，$1/(\Delta R)'_{1x}$=1/79.7364=2π/501=0.01254，$10/(\Delta R)'_{1x}$=0.1254 及 $500/(\Delta R)'_{1x}$=6.27；$(\Delta R)'_{1d}$=5010/125.664=39.8682，$1/(\Delta R)'_{1d}$=1/39.8682=4π/501=0.02508，$10/(\Delta R)'_{1d}$=0.2508 及 $500/(\Delta R)'_{1d}$=12.54。根据这些数据列出下列简易计算式并编制了等大端尺寸 C=500 mm 的楔形炭块数量表 3-5。

$$K_x=125.664-0.01254R \tag{3-1a}$$

$$K_x=0.01254(10020.0-R) \tag{3-2a}$$

或

$$K_x=(10020.0-R)/79.7364 \tag{3-3a}$$

$$K_d=0.02508R-125.664 \tag{3-4a}$$

$$K_d=0.02508(R-5010.0) \tag{3-5a}$$

或

$$K_d=(R-5010.0)/39.8682 \tag{3-6a}$$

$$K_h=2\pi R/501=0.01254R \tag{3-7a}$$

【例 19】 炉缸下部环形炭块砌体的外直径为 18000.0 mm，砌以大小端距离 A=1600 mm 的楔形炭块。炉缸上部砌以大小端距离 A=1000 mm 楔形炭块。计算炉缸下部及上部环形炭块用量。炉缸环形炭块砌体的外半径 R=9000.0 mm，砌以大端尺寸 C=500 mm 楔形炭块。A=1600 mm 或 A=1000 mm 采用同一计算通式：

K_x=125.664−0.01254×9000.0=12.8 块

K_x=0.01254(10020.0−9000.0) =12.8 块

或　K_x=(10020.0−9000.0)/79.7364=12.8 块

K_d=0.02508×9000.0−125.664=100.1 块

K_d=0.02508(9000.0−5010.0)=100.1 块

或　K_d=(9000.0−5010.0)/39.8682=100.1 块

该环形炭块砌体总块数 K_h=12.8+100.1=112.9 块，与按式 K_h=1001254×9000.0=112.9 块计算，结果相同。

由表 3-5 的 R=9000.0mm 行查得 K_x=12.8 块，K_d=100.1 块，与计算值（例 19）完全相同。由计算线（图 3-4）查得 K_x 约 13 块，K_d 约 100 块。

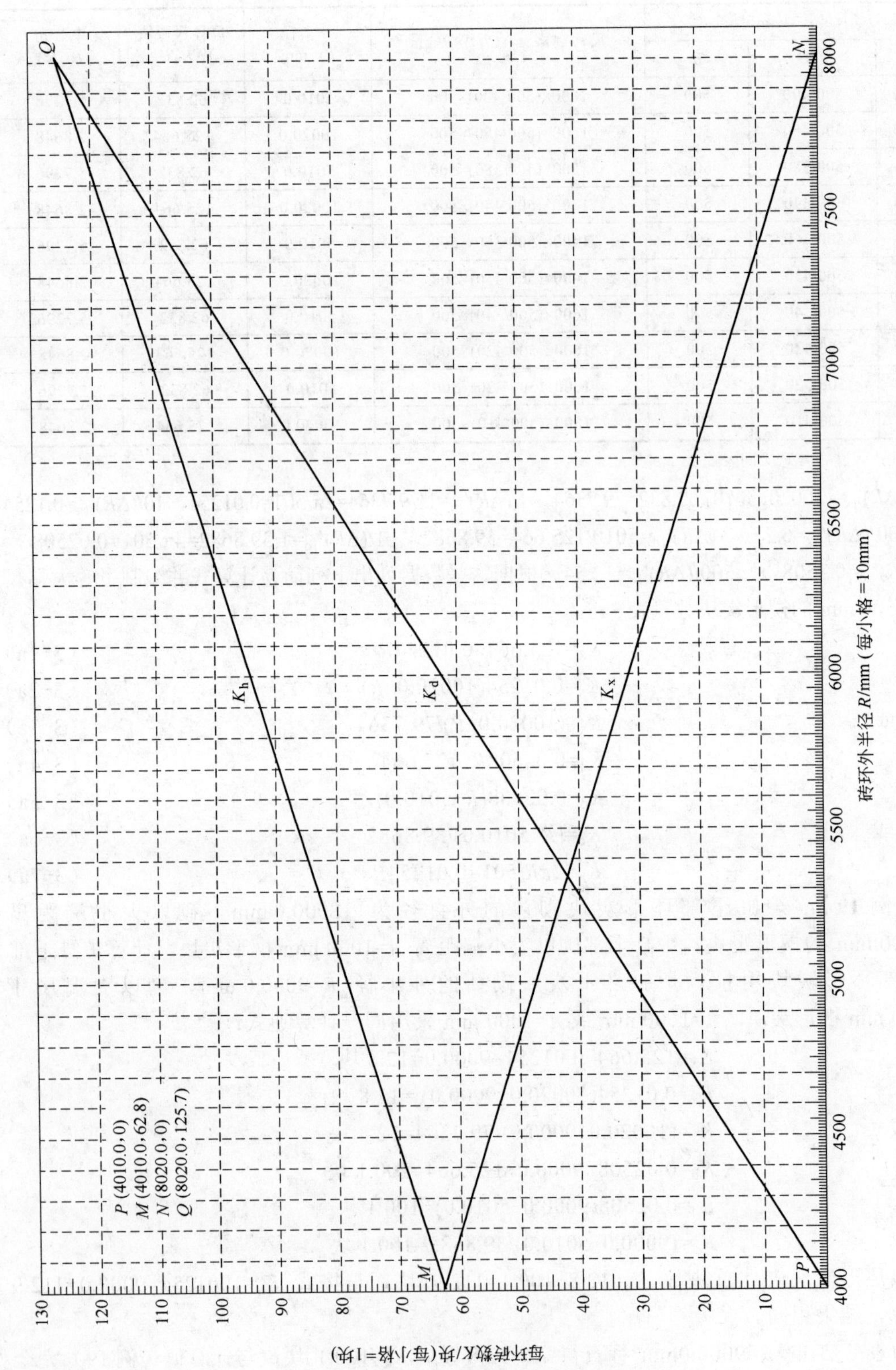

图 3-2　高炉双楔形炭块环形砌体计算图

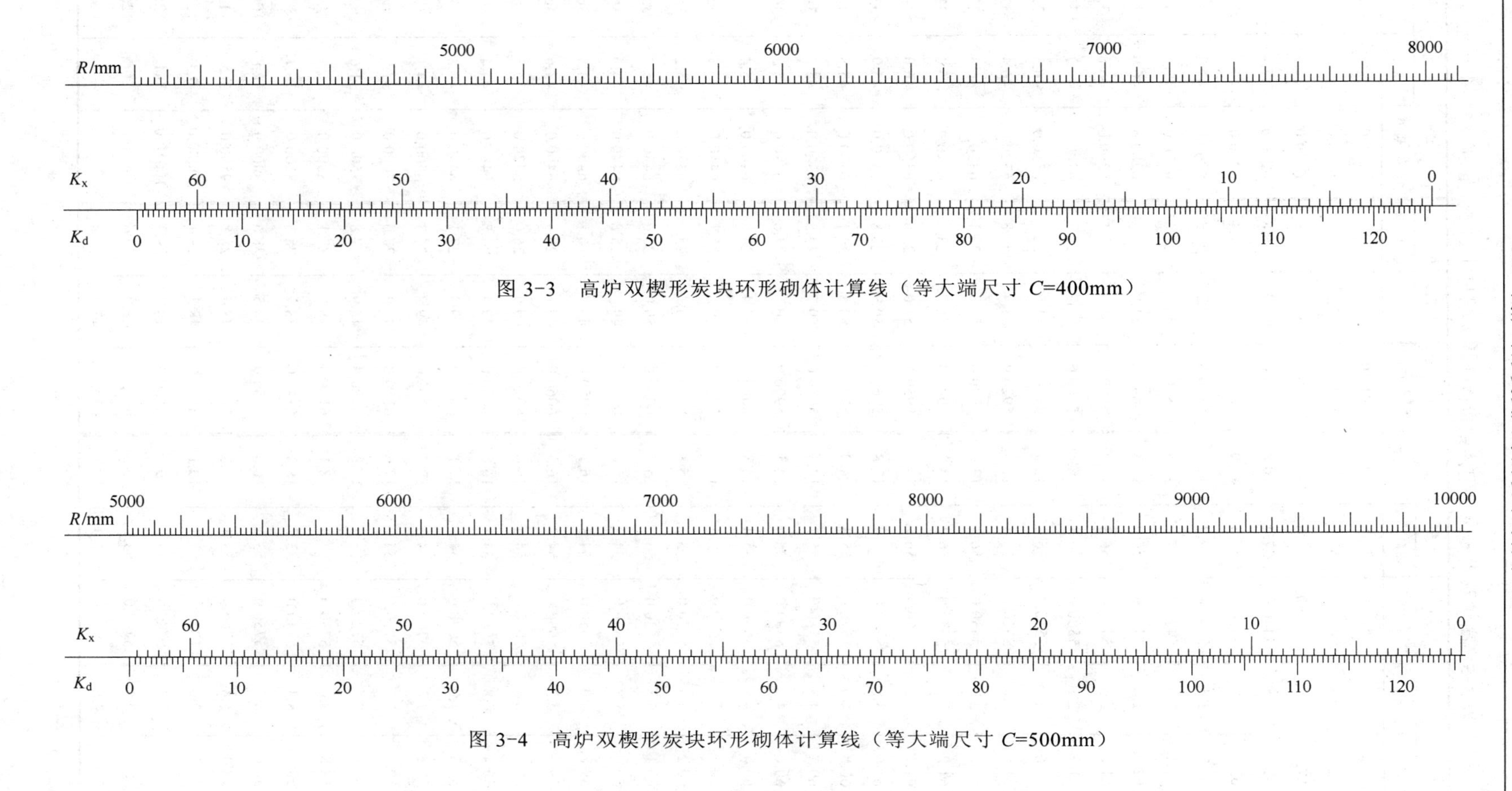

图 3-3 高炉双楔形炭块环形砌体计算线（等大端尺寸 C=400mm）

图 3-4 高炉双楔形炭块环形砌体计算线（等大端尺寸 C=500mm）

表 3-5　高炉双楔形炭块砌体数量表（等大端尺寸 C=500 mm）

砌体外半径 R/mm	每环块数		砌体外半径 R/mm	每环块数		砌体外半径 R/mm	每环块数		砌体外半径 R/mm	每环块数	
	K_x	K_d		K_x	K_d		K_x	K_d		K_x	K_d
5010.0	62.832	0	5410.0	57.8	10.0	5810.0	52.8	20.1	6210.0	47.8	30.1
5020.0	62.7	0.3	5420.0	57.7	10.3	5820.0	52.7	20.3	6220.0	47.7	30.3
5030.0	62.6	0.5	5430.0	57.6	10.5	5830.0	52.5	20.6	6230.0	47.5	30.6
5040.0	62.5	0.8	5440.0	57.4	10.8	5840.0	52.4	20.8	6240.0	47.4	30.8
5050.0	62.3	1.0	5450.0	57.3	11.0	5850.0	52.3	21.1	6250.0	47.3	31.1
5060.0	62.2	1.3	5460.0	57.2	11.3	5860.0	52.2	21.3	6260.0	47.2	31.4
5070.0	62.1	1.5	5470.0	57.1	11.5	5870.0	52.0	21.6	6270.0	47.0	31.6
5080.0	62.0	1.8	5480.0	56.9	11.8	5880.0	51.9	21.8	6280.0	46.9	31.9
5090.0	61.8	2.0	5490.0	56.8	12.0	5890.0	51.8	22.1	6290.0	46.8	32.1
5100.0	61.7	2.3	5500.0	56.7	12.3	5900.0	51.7	22.3	6300.0	46.7	32.4
5110.0	61.6	2.5	5510.0	56.6	12.5	5910.0	51.5	22.6	6310.0	46.5	32.6
5120.0	61.5	2.8	5520.0	56.4	12.8	5920.0	51.4	22.8	6320.0	46.4	32.9
5130.0	61.3	3.0	5530.0	56.3	13.0	5930.0	51.3	23.1	6330.0	46.3	33.1
5140.0	61.2	3.3	5540.0	56.2	13.3	5940.0	51.2	23.3	6340.0	46.2	33.4
5150.0	61.1	3.5	5550.0	56.1	13.5	5950.0	51.0	23.6	6350.0	46.0	33.6
5160.0	61.0	3.8	5560.0	55.9	13.8	5960.0	50.9	23.8	6360.0	45.9	33.9
5170.0	60.8	4.0	5570.0	55.8	14.0	5970.0	50.8	24.1	6370.0	45.8	34.1
5180.0	60.7	4.3	5580.0	55.7	14.3	5980.0	50.7	24.3	6380.0	45.7	34.4
5190.0	60.6	4.5	5590.0	55.6	14.5	5990.0	50.5	24.6	6390.0	45.5	34.6
5200.0	60.4	4.8	5600.0	55.4	14.8	6000.0	50.4	24.8	6400.0	45.4	34.9
5210.0	60.3	5.0	5610.0	55.3	15.0	6010.0	50.3	25.1	6410.0	45.3	35.1
5220.0	60.2	5.3	5620.0	55.2	15.3	6020.0	50.2	25.3	6420.0	45.2	35.4
5230.0	60.1	5.5	5630.0	55.1	15.5	6030.0	50.0	25.6	6430.0	45.0	35.6
5240.0	59.9	5.8	5640.0	54.9	15.8	6040.0	49.9	25.8	6440.0	44.9	35.9
5250.0	59.8	6.0	5650.0	54.8	16.1	6050.0	49.8	26.1	6450.0	44.8	36.1
5260.0	59.7	6.3	5660.0	54.7	16.3	6060.0	49.7	26.3	6460.0	44.6	36.4
5270.0	59.6	6.5	5670.0	54.6	16.6	6070.0	49.5	26.6	6470.0	44.5	36.6
5280.0	59.4	6.8	5680.0	54.4	16.8	6080.0	49.4	26.8	6480.0	44.4	36.9
5290.0	59.3	7.0	5690.0	54.3	17.1	6090.0	49.3	27.1	6490.0	44.3	37.1
5300.0	59.2	7.3	5700.0	54.2	17.3	6100.0	49.2	27.3	6500.0	44.1	37.4
5310.0	59.1	7.5	5710.0	54.1	17.6	6110.0	49.0	27.6	7000.0	37.9	49.9
5320.0	58.9	7.8	5720.0	53.9	17.8	6120.0	48.9	27.8	7500.0	31.6	62.4
5330.0	58.8	8.0	5730.0	53.8	18.1	6130.0	48.8	28.1	8000.0	25.3	75.0
5340.0	58.7	8.3	5740.0	53.7	18.3	6140.0	48.7	28.3	8500.0	19.1	87.5
5350.0	58.6	8.5	5750.0	53.6	18.6	6150.0	48.5	28.6	9000.0	12.8	100.1
5360.0	58.4	8.8	5760.0	53.4	18.8	6160.0	48.4	28.8	9500.0	6.5	112.6
5370.0	58.3	9.0	5770.0	53.3	19.1	6170.0	48.3	29.1	10000.0	0.3	125.1
5380.0	58.2	9.3	5780.0	53.2	19.3	6180.0	48.2	29.3	10010.0	0.1	125.4
5390.0	58.1	9.5	5790.0	53.1	19.6	6190.0	48.0	29.6	10020.0	0	125.7
5400.0	57.9	9.8	5800.0	52.9	19.8	6200.0	47.9	29.8			

3.3 等小端尺寸高炉砖尺寸设计与计算

3.3.1 等大端尺寸高炉砖的优点和缺点

前面所讨论高炉砖（包括陶瓷耐火砖和炭块）的尺寸设计与计算，均为大端尺寸 C 相等，并且等于直形砖的配砌尺寸 C，即 C=150 mm（或 C=400～500 mm 的炭块）的等大端尺寸高炉砖。显然，等大端尺寸高炉砖砖环包括：（1）竖宽楔形砖大端尺寸 C(150 mm)与直形砖配砌尺寸 C(150 mm)相等的等大端尺寸混合砖环。（2）两种楔形砖的大端尺寸 C(150 mm)相等的等大端尺寸双楔形砖砖环。

如前所述，我国和国外多数国家的高炉环形砌砖，一直采取等大端尺寸系列。我国多年来采取等大端尺寸系列高炉环形砌砖的实践，已经体会到等大端尺寸砖环的优点：（1）容易实现尺寸标准化，每组（同 A）砖四个砖号。其中楔形砖的大小端距离 A、大小端尺寸 C/D 和厚 B 四个尺寸中有三个尺寸与直形砖的长 A、宽 C 和厚 B 相同，仅小端尺寸 D 彼此不同，很容易区分和记忆，便于管理。（2）由于采取等大端尺寸 C，无论混合砖环或双楔形砖砖环，砖环总砖数 K_h 非常容易按式 $K_h=2\pi R/C$ 计算。（3）砖环总砖数计算出来后，混合砖环中直形砖数量 K_z 可利用 $K_z=K_h-K'_0=2\pi R/C-K'_0$ 很快计算出来。双楔形砖砖环计算出一种楔形砖数量 K_x（或 K_d）后，可由砖环总砖数 K_h 与这一楔形砖数量 K_x（或 K_d）之差，很快计算出另一楔形砖数 K_d（或 K_x）$K_d=K_h-K_x$ 或 $K_x=K_h-K_d$。

在长期采取等大端尺寸高炉砖的实践中，体会到它们优越性的同时，也发现它们致命的缺点。首先，受等大端尺寸 C 和楔差 $C-D$ 的限制，最小半径的特锐楔形砖的小端尺寸 D_2 特别小。例如等大端尺寸 C=150 mm，楔差 $C-D$=80 mm 的特锐楔形砖的小端尺寸 D_2 仅 70 mm，用户感觉到在运输和砌筑过程中的破损率会很高，制砖厂认为成型出砖困难，不得不将其增大到 90 mm。其次，无论混合砖环或双楔形砖砖环，由于小端尺寸的不同，致使工作内表面的上下砖层的辐射竖缝常常重合。

环形砌砖也与工业炉窑直形砌砖一样，错缝砌筑(bonded)，即砌体中砖（或砌块）与砖（或砌块）间的砌缝(joint)交错（错开）的砌筑方法或规定，是一项必须遵守的原则。环形砌体内砌缝有水平砖层间的水平缝(horizontal joint)和垂直于水平砖层砌缝（水平缝）的垂直缝(vertical joint)。垂直缝又称竖缝。如前已述，垂直缝除环缝外，还有砌体中半径线方向的砌缝——辐射缝(radial joint)。环缝的交错，依靠砖长度（大小端距离）A 的设计尺寸不同、奇数砖层与偶数砖层的交替来实现，这在前面已介绍过。辐射竖缝的交错，虽然在砌砖起点采用上下层对准中心线的方法，但是随着砌砖的延续，由于砖小端尺寸的不相等，在环形砌砖工作热面，表现为上下砖层辐射竖缝不仅不对中心线，上下砖层辐射缝的间距越来越小，甚至重合，即产生重缝。还有内外砖环之间的辐射竖缝，分布无规律，经常发生相遇直通，形成通缝。不过由于高炉炉壳相对密封，对通缝的限制规定没有重缝严格，况且随着环形砌砖用砖大小端距离 A 的增大，有的甚至像炉缸楔形炭块采用单环（即大小端距离 A 就等于炉衬厚度），通缝是必然的。但是上下砖层间的辐射竖缝的交错与否，是影响砌砖结构强度的，应该严格遵守。

20 世纪 60 年代，高炉炉身内衬采用黏土砖或高铝砖环形砌体，为延长其使用寿命强调砌筑质量，特别注意辐射竖缝的交错。起初，曾规定严禁辐射竖缝重合。但这是很难做到的，尤其是对于内径由下向上逐渐减小的高炉炉身砌体而言，更是难上加难。于是放宽规定：每上下两层重缝数量不得超过 2～4 处。同时，认为上下层辐射竖缝的间距小于 10 mm 才算重缝。即便重缝数量和重缝间距放宽，还是很难达到砌筑规范规定。当时，避免高炉环形砌体重缝的难题，成为高炉砌筑的关键技术，并被筑炉界工程技术人员议论的中心问题。虽经多年攻关，终没得到妥善解决。找到唯一错开重缝的方法，就是遇有上下层辐射竖缝间距小于 10 mm 时，采取加工砍砖使砖的宽度小于设计尺寸。有人预先用切砖机(brick cutter)将标准规定的宽向尺寸切窄，即后来人们称之为错缝条砖。

对于切加工后错缝条砖的剩余宽度，采用砌砖规范中关于合门砖加工宽度的规定：加工砖的剩余宽度不得小于原砖的 2/3，即一般不小于 100/80 mm。考虑到减少切加工砖，在 GB2278—1980 中增设了宽度为 100 mm 的错缝砖条。在以后几次修订版本中，逐步改用标准尺寸 114 mm，并分别采用尺寸规格(mm)为 230×(114/104) ×75、345×(114/99) ×75 和 460×(114/94) ×75 的错缝条砖。

采用错缝条砖后，虽然加工砍砖减少了，但带来另外的严重后果。错缝条砖数量猛增，打乱了原先的砌体用砖量计划，甚至达到了不可控制的地步。人们不得不做出限制性规定：每层每环错缝条砖数量不得超过 4～6 块。但实际砌筑中远远超过此规定。

对于辐射竖缝重合问题，人们关注国外是如何处理的。结果发现，国内外都一样，都放宽了规定。于是才有了国内外著名的“三不得协议”：环形炉墙砌体不得有三层重缝、不得有三环通缝、上下两层重缝与相邻两环通缝不得在同一地点[10]。实际上，三层重缝、三环通缝或两层重缝与两环通缝发生在一起是很少遇到的。这个三不规定，等于不规定或者放宽了规定。

3.3.2　等小端尺寸高炉砖的优点

等小端尺寸（constant hotface dimension）就是楔形砖的小端尺寸或称内端尺寸、热面尺寸（inner dimension,hotface dimension）*D* 采取相等的尺寸。等小端尺寸环形砌砖也包括楔形砖的小端尺寸与直形砖的配砌尺寸相等的等小端尺寸混合砖环、两种楔形砖的小端尺寸都相等的等小端尺寸双楔形砖砖环。

等大端尺寸系列混合砖环和双楔形砖环出现的缺点，采取等小端尺寸系列后，都能不同程度地克服。等小端尺寸系列在高炉砖尺寸中的出现，作为一种新生事物，它就是为克服等大端尺寸高炉砖的缺点出现的，并可能逐步取代等大端尺寸系列高炉砖。

等大端尺寸系列高炉砖中，受等大端尺寸 *C* 和楔差 *C*-*D* 限制的特锐楔形砖小端尺寸特小的问题，在等小端尺寸系列中已不复存在。小端尺寸可适当增大，从而改善了特锐楔形砖的整体坚固性，制砖成形过程、运输、砌筑及使用过程中的破损率相应降低。例如，等小端尺寸高炉砖的小端尺寸采取 114 mm，比原来等大端尺寸高炉砖中特锐楔形砖的小端尺寸 90 mm 大多了。

采用等小端尺寸高炉砖，原来等大端尺寸高炉砖环工作热面上下层辐射缝的重缝难题得到彻底解决。采取等小端尺寸 114 mm 时，即无论直形砖、竖宽钝楔形砖、竖宽锐楔形砖或竖宽特锐楔形砖，它们的小端尺寸都相等，一般不会出现上下层工作热面辐射竖缝的重合。这样，关于避免重缝的严格规定，可以重新执行，真正做到了错缝砌筑。

此外，等大端尺寸系列环形砌体原有的优点，在等小端尺寸系列中照样体现出来：（1）照样可以实现尺寸标准化，每组（同 *A*）砖四个砖号，各楔形砖的大小端距离 *A*、小

端尺寸 D 和厚度 B 与直形砖相同，仅楔形砖的大端尺寸 C 彼此不同，也是相互区分的依据，便于记忆与管理。（2）由于楔形砖的小端尺寸 D 与直形砖的配砌尺寸 C 都等于 114 mm，无论等小端尺寸混合砖环，或等小端尺寸双楔形砖砖环，它们的基于等小端尺寸 114 mm 的砖环总砖数 $K_h=2\pi r/D=2\pi r/116=0.05417r$。（3）等大端尺寸系列下的尺寸特征，砖量简化计算、砖量表、计算图和楔形砖间尺寸关系规律等科研成果照样可以采用（待以后逐渐介绍）。

3.3.3　等小端尺寸高炉砖尺寸的设计

等小端尺寸高炉砖的特征尺寸中，大小端距离 A 与等大端尺寸系列相同，采用 230 mm、345 mm 和 460 mm，大小端尺寸 C/D 的核心尺寸为等小端尺寸 D。D 采取标准砖（standard square）的宽度尺寸 114 mm。我们注意到国外竖宽楔形砖尺寸系列的趋势。在采取等大端尺寸 150 mm 的前苏联和等大端尺寸 152 mm 的美国，都配备了宽度为 114 mm(或 115 mm)直形砖，这可能是作为错缝条砖。英国同时采取等大端尺寸 150 mm 和 114 mm 两个系列（见表 3-1）。在修订 YB/T 5012—2009 时，除保留并完善等大端尺寸 C=150 mm 竖宽楔形砖和直形砖外，还新增设了等小端尺寸 D=114 mm 竖宽楔形砖和直形砖。两个系列同时存在，可互为错缝条砖（或错缝宽砖）。

既然等小端尺寸 D=114 mm 竖宽楔形砖和直形砖的尺寸是新设计的，那么就应该采用全新的理念，克服以往尺寸设计方面的不足。

为讨论问题方便，先介绍 YB/T 5012—2009 关于等小端尺寸 114 mm 的尺寸砖号表示法：斜线前的数字表示大小端距离 A 的厘米（cm）数；斜线后的数学表示楔差 $C-D$ 的毫米（mm）数，直形砖的楔差为 0；尾部 X 为等小端尺寸 D=114 mm 的“小”字汉语拼音首个字母。

双楔形砖砖环的优点很多，这在前面第 2 章已经详细介绍。但等大端尺寸双楔形砖砖环的半径应用范围太小，已不适应高炉大型化的需要。为增大等小端尺寸双楔形砖砖环的应用范围，将 230 mm、345 mm 和 460 mm 的竖宽钝楔形砖的内半径 r_0 增大。由竖宽楔形砖内半径 r_0 的定义式

$$r_0=\frac{DA}{C-D} \tag{3-10}$$

当大小端距离 A（230 mm、345 mm 和 460 mm）、小端尺寸 D(114 mm)已选定时，增大竖宽钝楔形砖内半径的唯一途径，只有减少楔差 $C-D$，即减小大端尺寸 C。但楔差 $C-D$ 又不能太小，在 YB/T 5012—2009 选定 230 mm 竖宽钝楔形砖 23/10X 的楔差 $C-D$=10 mm，则 C=124 mm。23/10X 的内半径 $R_{23/10X}=116\times230/(124-114)=2668.0$ mm。

按楔形砖间尺寸关系规律，同组（A 相同）各楔形砖楔差 $C-D$ 之比竖宽钝楔形砖∶竖宽锐楔形砖∶竖宽特锐楔形砖=1∶2∶3。A=230 mm 一组砖中，竖宽锐楔形砖 23/20X 和竖宽特锐楔形砖 23/30X 的楔差应分别为 20 mm 和 30 mm，则它们的大端尺寸应分别为 134 mm 和 144 mm。它们的内半径分别为 $r_{23/20X}=116\times230/20=1334.0$ mm 和 $r_{23/30X}=116\times230/30=889.3$ mm。可见，$r_{23/20X}/r_{23/10X}=1/2$，$r_{23/30X}/r_{23/20X}=2/3$。它们的每环极限砖数 $K'=2\pi A/(C-D)$ 分别为 $K_{23/10X}'=2\pi\times230/10=144.5$ 块、$K_{23/20X}'=2\pi\times230/20=72.3$ 块和 $K_{23/30X}'=2\pi\times230/30=48.2$ 块。可见 $K_{23/20X}'/K_{23/10X}'=1/2$、$K_{23/30X}'/K_{23/20X}'=2/3$。它们的中心角 $\theta_0=360°/K_0'$ 分别为

$\theta_{23/10X}$=360°/144.5=2.491°、$\theta_{23/20X}$=360°/72.3=4.982°和$\theta_{23/30X}$=360°/48.2=7.473°。

为使 A=345 mm 和 460 mm 两组双楔形砖砖环的简易计算式能采用 A=230mm 双楔形砖砖环简易计算式，必须使不同 A 的各组楔形砖的内半径 r_0 和每环极限砖数 K_0'分别相等。从 $r_0=DA/(C-D)$和 $K_0'=2\pi A/(C-D)$来看，除 2π和 D 已选定外，$A/(C-D)$必须选择 A=230 mm 砖环的比值。对于 230 mm 竖宽钝楔形砖而言，$A/(C-D)$=230/(124-114)=23 mm，从 $A/(C_{du}-114)$=23 得竖宽钝楔形砖的大端尺寸 C_{du}:

$$C_{du}=\frac{A}{23}+114 \tag{3-11}$$

对于竖宽锐楔形砖而言，$A/(C_r-D)$=230/(134-114)=11.5 mm，从 $A/(C_r-114)$=11.5 得竖宽锐楔形砖的大端尺寸 C_r:

$$C_r=\frac{A}{11.5}+114 \tag{3-11a}$$

对于竖宽特锐楔形砖而言，$A/(C_{tr}-D)$=230/(144-114)=7.667 mm，从 $A/(C_{tr}-114)$=7.667 得竖宽特锐楔形砖的大端尺寸 C_{tr}:

$$C_{tr}=\frac{A}{7.667}+114 \tag{3-11b}$$

将 A=345 mm 和 460 mm 分别代入式（3-11a）和式（3-11b），得竖宽锐楔形砖 34.5/30X 和 46/40X 的大端尺寸 C_r 分别为 144 mm 和 154 mm；得竖宽特锐楔形砖 34.5/45X 和 46/60X 的大端尺寸 C_{tr}分别为 159 mm 和 174 mm，见表 3-6。

表 3-6　高炉及热风炉用竖宽楔形砖和直形砖（YB/T 5012—2009　等小端尺寸 D=114 mm）

尺寸砖号	名称	尺寸/mm			尺寸规格/mm	内半径 r_0/mm	每环极限砖数 K_0'/块	中心角 θ_0/(°)	一块直形砖半径增大量 $(\Delta R)_1$/mm	体积/cm³
		A	C/D	B						
23/30X	特锐楔形砖	230	144/114	75	230×(144/114)×75	889.3	48.2	7.473	—	2225.3
23/20X	锐楔形砖		134/114		230×(134/114)×75	1334.0	72.3	4.982	—	2139.0
23/10X	钝楔形砖		124/114		230×(124/114)×75	2668.0	144.5	2.491	—	2052.8
23/0X	直形砖		114/114		230×114×75	—	—	—	18.46	1966.5
34.5/45X	特锐楔形砖	345	159/114	75	345×(159/114)×75	889.3	48.2	7.473	—	3531.9
34.5/30X	锐楔形砖		144/114		345×(144/114)×75	1334.0	72.3	4.982	—	3337.9
34.5/15X	钝楔形砖		129/114		345×(129/114)×75	2668.0	144.5	2.491	—	3143.8
34.5/0X	直形砖		114/114		345×114×75	—	—	—	18.46	2949.8
46/60X	特锐楔形砖	460	174/114	75	460×(174/114)×75	889.3	48.2	7.473	—	4968.0
46/40X	锐楔形砖		154/114		460×(154/114)×75	1334.0	72.3	4.982	—	4623.0
46/20X	钝楔形砖		134/114		460×(134/114)×75	2668.0	144.5	2.491	—	4278.0
46/0X	直形砖		114/114		460×114×75	—	—	—	18.46	3933.0
57.5/75X	特锐楔形砖	575	189/114	75	575×(189/114)×75	889.3	48.2	7.473	—	6533.4
57.5/50X	锐楔形砖		164/114		575×(164/114)×75	1334.0	72.3	4.982	—	5995.4
57.5/25X	钝楔形砖		139/114		575×(139/114)×75	2668.0	144.5	2.491	—	5455.3
57.5/0X	直形砖		114/114		575×114×75	—	—	—	18.46	4916.3

注：1．按竖宽楔形砖楔差 $C-D$ 的由小到大，将其分为钝楔形砖、锐楔形砖及特锐楔形砖。
2．经供需双方协商 B 可采取 100 mm。
3．A=575 mm 一组砖尚未纳入标准。

从表 3-6 看出 A=230 mm、345 mm 和 460 mm 的竖宽特锐楔形砖 23/30X、34.5/45X 和 46/60X，它们的内半径 r_0 相等，同为 889.3 mm；它们的每环极限砖数 K_0'相等，同为 48.2 块；它们的中心角 θ_0 相等，同为 7.473°。这三组的竖宽锐楔形砖 23/20X、34.5/30X 和 46/40X 的内半径、每环极限砖数和中心角也分别相等，分别同为 1334.0 mm，72.3 块和 4.982°。这三组的竖宽钝楔形砖 23/10X、34.5/15X 和 46/20X 的内半径、每环极限砖数和中心角也分别相等，分别同为 2668.0 mm，144.5 块和 2.491°。

可以用图 3-5 体会等小端尺寸高炉竖宽楔形砖尺寸的设计理念。从图 3-5 看出，A=230 mm、345 mm 和 460 mm 三个竖宽特锐楔形砖 23/30X、34.5/45X 和 46/60X，它们的中心角 θ_0、内半径 r_0 和小端尺寸（114 mm）相等；三种竖宽特锐楔形砖的 A=230 mm 部分重合。不同 A 的三种竖宽锐楔形砖和三种竖宽钝楔形砖，它们的尺寸设计理念如同图 3-5。

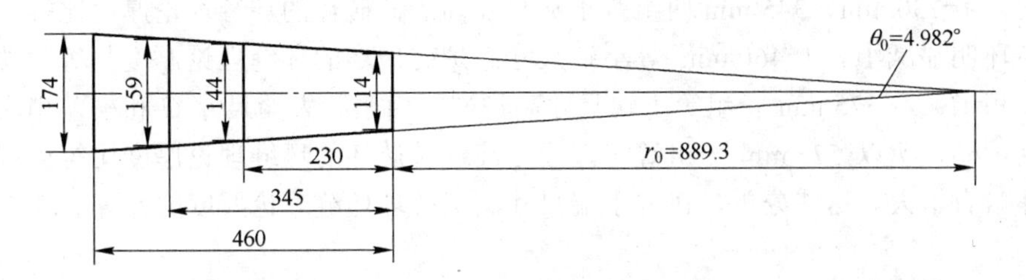

图 3-5 A=230 mm、345 mm 和 460 mm 三个竖宽特锐楔形砖尺寸示意图

【例 20】 设计大小端距离 A=575 mm 一组等小端尺寸 D=114 mm 竖宽楔形砖的大端尺寸。要求它们的内半径 r_0、每环极限砖数 K_0'和中心角 θ_0 分别与 A=230 mm、345 mm 和 460 mm 三组楔形砖相同。

按式（3-11）、式（3-11a）和式（3-11b）分别计算出 575mm 钝楔形砖、锐楔形砖和特锐楔形砖的大端尺寸：

$$C_{du}=575/23+114=139\ \text{mm}$$
$$C_r=575/11.5+114=164\ \text{mm}$$
$$C_{tr}=575/7.667+114=189\ \text{mm}$$

575 mm 特锐楔形砖的楔差 $C-D$=189−114=75 mm，575 mm 锐楔形砖的楔差 $C-D$=164−114=50 mm，575 mm 钝楔形砖的楔差 $C-D$=139−114=25 mm，因此它们的尺寸砖号分别写作 57.5/75X、57.5/50X、57.5/25X。

验算它们的内半径分别为 $r_{57.5/75X}$=116×575/75=889.3 mm、$r_{57.5/50X}$=116×575/50=1334.0 mm、$r_{57.5/25X}$=116×575/25=2668.0 mm。

验算它们的每环极限砖数分别为 $K'_{57.5/75X}$=2π×575/75=48.2 块、$K'_{57.5/50X}$=2π×575/50=72.3 块和 $K'_{57.5/25X}$=2π×575/25=144.5 块。

验算它们的中心角分别为 $\theta_{57.5/75X}$=360°/48.2=7.473°、$\theta_{57.5/50X}$=360°/72.3=4.982°、$\theta_{57.5/25X}$=360°/144.5=2.491°。

验算结果表明，575 mm 一组楔形砖的内半径、每环极限砖数和中心角均与 A=230 mm、345 mm 和 460 mm 三组楔形砖相同，见表 3-6。

关于等小端尺寸 D=114 mm 的直形砖的尺寸，除尺寸规格（mm）为 230×114×75 的标准砖 23/0X 外，尚有倍半长砖〔尺寸规格（mm）345×114×75〕34.5/0X、双倍长砖〔尺寸规格（mm）460×114×75〕46/0X 和尺寸规格(mm) 575×114×75 的 57.5/0X。

关于等小端尺寸 114 mm 直形砖和竖宽楔形砖的厚度尺寸 B，取 75 mm，经供需双方协商可采取 100 mm，将来可能推广 100 mm。

等小端尺寸 114 mm 高炉砖尺寸的设计已全部完成，预期使用效果业已论述。人们还关心等小端尺寸环形砌砖的环缝理论厚度。回顾环缝理论厚度 δ_0 的计算式 $\delta_0=C(C-D)/4A$ 可知，环缝理论厚度与砖大端尺寸 C 和楔差 $C-D$ 成正比，而与砖的大小端距离 A 成反比。等小端尺寸高炉砖与等大端尺寸高炉砖的大小端距离 A 相同，可不参与比较。等小端尺寸高炉砖设计中，A=230 mm 和 345 mm 两组砖的大端尺寸 C 都小于等大端尺寸高炉砖，仅 A=460 mm 一组等小端尺寸高炉砖的大端尺寸与等大端尺寸高炉砖相当。A=230 mm、345 mm 和 460 mm 三组等小端尺寸高炉砖的楔差普遍比等大端尺寸高炉砖小。因此，A=230 mm、345 mm 两组等小端尺寸高炉砖砖环的环缝理论厚度比等大端尺寸高炉砖砖环明显减小。A=460 mm 等小端尺寸高炉砖砖环的环缝理论厚度与等大端尺寸高炉砖砖环相当。A=575 mm 一组等小端尺寸高炉砖，由于其大端尺寸 C 和楔差稍大于等大端尺寸高炉砖，所以 575 mm 一组等小端尺寸高炉砖砖环的环缝理论厚度比等大端尺寸高炉砖砖环略有增大。这些分析，在等小端尺寸高炉砖环环缝理论厚度的计算表 3-7 中得到证实。

表 3-7 等小端尺寸高炉砖砖环环缝理论厚度计算值

相邻两砖配砌砖号	环缝理论厚度 δ_0/mm			相邻两砖配砌砖号（等大端尺寸）	环缝理论厚度 δ_0/mm	对 比
	按尺寸计算	按中心角计算	取一位小数			
23/10X 与 23/0X	0.674	0.674	0.7	23/15D 与 23/0D	1.2	明显减小
23/10X 与 23/10X	1.348	1.348	1.4	23/15D 与 23/15D	2.5	明显减小
23/20X 与 23/0X	1.457	1.457	1.5	23/30D 与 23/0D	2.5	明显减小
23/20X 与 23/20X	2.913	2.915	2.9	23/30D 与 23/30D	4.9	明显减小
23/20X 与 23/10X	2.131	2.132	2.1	23/30D 与 23/15D	3.7	明显减小
34.5/15X 与 34.5/0X	0.701	0.701	0.7	34.5/20D 与 34.5/0D	1.1	明显减小
34.5/15X 与 34.5/15X	1.402	1.402	1.4	34.5/20D 与 34.5/20D	2.2	明显减小
34.5/30X 与 34.5/0X	1.565	1.566	1.6	34.5/40D 与 34.5/0D	2.2	明显减小
34.5/30X 与 34.5/30X	3.130	3.132	3.1	34.5/40D 与 34.5/40D	4.4	明显减小
34.5/30X 与 34.5/15X	2.266	2.267	2.3	34.5/40D 与 34.5/20D	3.3	明显减小
46/20X 与 46/0X	0.729	0.729	0.7	46/20D 与 46/0D	0.8	相当
46/20X 与 46/20X	1.457	1.457	1.5	46/20D 与 46/20D	1.6	相当
46/40X 与 46/0X	1.674	1.675	1.7	46/40D 与 46/0D	1.6	相当
46/40X 与 46/40X	3.348	3.350	3.4	46/40D 与 46/40D	3.3	相当
46/40X 与 46/20X	2.403	2.404	2.4	46/40D 与 46/20D	2.5	相当
57.5/25X 与 57.5/0X	0.756	0.756	0.8	57.5/20D 与 57.5/0D	0.6	略增大
57.5/25X 与 57.5/25X	1.511	1.511	1.5	57.5/20D 与 57.5/20D	1.3	略增大
57.5/50X 与 57.5/0X	1.783	1.784	1.8	57.5/40D 与 57.5/0D	1.3	略增大
57.5/50X 与 57.5/50X	3.565	3.567	3.6	57.5/40D 与 57.5/40D	2.6	略增大
57.5/50X 与 57.5/25X	2.538	2.539	2.5	57.5/40D 与 57.5/20D	2.0	略增大

注：1. 按尺寸计算环缝理论厚度，即按式（2-1）~式（2-1b）计算。

2. 按中心角计算环缝理论厚度，即按式（2-2）~式（2-2b）计算。

3.3.4 等小端尺寸高炉环形砌砖的简化计算

等小端尺寸高炉环形砌砖的简化计算，包括混合砖环的简化计算和双楔形砖砖环的简化计算。等大端尺寸高炉环形砌砖的简化计算中的基本原则，在等小端尺寸高炉环形砌砖的简化计算中都可应用。不过，在等大端尺寸环形砌砖设计与计算中，砖环的外半径 R 和楔形砖的外半径 R_0，在等小端尺寸环形砌砖设计与计算中要分别换为砖环的内半径 r 和楔形砖的内半径 r_0。

3.3.4.1 等小端尺寸高炉混合砖环的简化计算

在等小端尺寸 D=114 mm 竖宽楔形砖与配砌尺寸 C=D=114 mm 直形砖的混合砖环，砖环内半径为 r，并且 r=R−A。有两个基本概念应该认识到：一是砖环内楔形砖数量 K_0 与直形砖数量 K_z 之和的总砖数 K_h= K_0 +K_z=$2\pi r/D$=$2\pi r/116$=$0.05417r$。二是在内半径 r 大于楔形砖内半径 r_0 的混合砖环内，楔形砖的每环极限砖数 K_0'仍为按 K_0'=$2\pi A/(C-D)$计算的定值。这样，在等小端尺寸混合砖环内，楔形砖的数量是不需要计算了，可直接由标准或本手册表 3-6 查找。那么，等小端尺寸混合砖环的计算，实际上仅为直形砖量 K_z 的计算。

如前已述，混合砖环内直形砖数量 K_z 等于砖环总砖数 K_h 减去楔形砖的每环极限砖数 K_0'：

$$K_z=K_h-K_0'=\frac{2\pi r}{D}-K_0' \tag{3-12}$$

将 K_0'=$2\pi A/(C-D)$代入之并转换为 r_0 得：

$$K_z=\frac{2\pi r}{D}-\frac{2\pi A}{C-D}=\frac{2\pi r}{D}-\frac{2\pi DA}{D(C-D)}=\frac{2\pi r}{D}-\frac{2\pi r_0}{D}=\frac{2\pi(r-r_0)}{D} \tag{3-13}$$

在等大端尺寸系列，一块直形砖半径增大量$(\Delta R)_1$=$C/2\pi$。在等小端尺寸系列$(\Delta r)_1$=$D/2\pi$。另外，R=r+A，则$(\Delta R)_1$=$(\Delta r)_1$。式（3-13）中 $2\pi/D$=$1/(\Delta R)_1$，则式（3-13）可写作：

$$K_z=\frac{r-r_0}{(\Delta R)_1} \tag{3-14}$$

式中 K_0'——混合砖环中所用竖宽楔形砖的每环极限砖数，块；

r_0——混合砖环中所用竖宽楔形砖的内半径，mm；

D——等小端尺寸，mm；

$(\Delta R)_1$——一块直形砖半径增大量，mm；

r——所计算混合砖环的内半径，mm。

由于等小端尺寸高炉砖的特殊设计，A=230 mm、345 mm、460 mm 和 575 mm 四组砖的内半径 r_0、每环极限砖数 K_0'，小端尺寸 D 和一块直形砖半径增大量$(\Delta R)_1$ 对应相等，它们的混合砖环简易计算式具有通用性，见表 3-8。

表 3-8 等小端尺寸高炉和热风炉混合砖环直形砖量简易计算式

配砌尺寸砖号		砖环厚度 A/mm	砖环内半径 r 应用范围/mm	直形砖数量 K_z 简易计算式及编号
竖宽楔形砖	直形砖			
23/10X	23/0X	230	＞2668.0	$K_{23/0X}$= $K_{34.5/0X}$= $K_{46/0X}$= $K_{57.5/0X}$= K_z K_z=$0.05417r-144.5$ （3-12a） K_z=0.05417（r−2668.0） （3-13a） 或 K_z=（r−2668.0）/18.46 （3-14a）
34.5/15X	34.5/0X	345		
46/20X	46/0X	460		
57.5/25X	57.5/0X	575		

续表 3-8

配砌尺寸砖号		砖环厚度 A/mm	砖环内半径 r 应用范围/mm	直形砖数量 K_z 简易计算式及编号
竖宽楔形砖	直形砖			
23/20X	23/0X	230	>1334.0	$K_{23/0X}=K_{34.5/0X}=K_{46/0X}=K_{57.5/0X}=K_z$ $K_z=0.05417r-72.3$ （3-12b） $K_z=0.05417（r-1334.0）$ （3-13b） 或 $K_z=（r-1334.0）/18.46$ （3-14b）
34.5/30X	34.5/0X	345		
46/40X	46/0X	460		
57.5/50X	57.5/0X	575		

【例 21】 计算内半径 r=3000.0 mm、墙厚 578 mm 环形砌砖用砖量。本例题采取 230 mm+3 mm（环缝厚度）+345 mm 双环结构。奇数砖层工作内环砌以 230 mm 砖，外环砌以 345 mm 砖，环缝厚度取 3 mm，则外环的内半径为 3000+3+230=3233.0 mm。偶数砖层工作内环砌以 345 mm 砖，外环砌以 230 mm 砖，环缝厚度取 3 mm，则外环的内半径为 3000+3+345=3348.0 mm。

（1）奇数砖层工作内环的内半径（3000.0 mm）和外环的内半径（3233.0 mm）都大于 2668.0 mm，应采用 23/10X 与 23/0X 混合砖环，竖宽钝楔形砖 23/10X 的数量 $K'_{23/10X}$=144.5 块（由表 3-6 查得），直形砖 23/0X 数量 $K_{23/0X}$ 按式（3-12a）、式（3-13a）或式（3-14a）计算：

$K_{23/0X}$=0.05417×3000.0-144.5=18.0 块

$K_{23/0X}$=0.05417（3000.0-2668.0）=18.0 块

或 $K_{23/0X}$=（3000.0-2668.0）/18.46=18.0 块

奇数砖层工作内环总砖数 K_h=144.5+18.0=162.5 块，与按式 0.05417×3000.0=162.5 块计算结果相同。

（2）奇数砖层外环应采用 34.5/15X 与 34.5/0X 混合砖环，$K'_{34.5/15X}$=144.5 块，$K_{34.5/0X}$ 按式（3-12a）、式（3-13a）或式（3-14a）计算：

$K_{34.5/0X}$=0.05417×3233.0-144.5=30.6 块

$K_{34.5/0X}$=0.05417（3233.0-2668.0）=30.6 块

或 $K_{34.5/0X}$=（3233.0-2668.0）/18.46=30.6 块

奇数砖层外环总砖数 K_h=144.5+30.6=175.1 块，与按式 0.05417×3233.0=175.1 块计算结果相同。

（3）偶数砖层工作内环的内半径（3000.0 mm）和外环的内半径（3348.0 mm）也都大于 2668.0 mm，应采用 34.5/15X 与 34.5/0X 混合砖环，竖宽钝楔形砖 34.5/15X 的数量 $K'_{34.5/15X}$=144.5 块（由表 3-6 查得），直形砖数量 $K_{34.5/0X}$ 按式（3-12a）、式（3-13a）或式（3-14a）计算：

$K_{34.5/0X}$=0.05417×3000.0-144.5=18.0 块

$K_{34.5/0X}$=0.05417(3000.0-2668.0)=18.0 块

或 $K_{34.5/0X}$=(3000.0-2668.0)/18.46=18.0 块

偶数砖层工作内环总砖数 K_h=144.5+18.0=162.5 块，与按式 0.05417×3000.0=162.5 块计算结果相同。

（4）偶数砖层外环应采用 23/10X 与 23/0X 混合砖环，$K'_{23/10X}$=144.5 块，$K_{23/0X}$ 按式（3-12a）、式（3-13a）或式（3-14a）计算：

$K_{23/0X}$=0.05417×3348.0−144.5=36.9 块

$K_{23/0X}$=0.05417(3348.0−2668.0)=36.9 块

或 $K_{23/0X}$=(3348.0−2668.0)/18.46=36.8 块

偶数砖层外环总砖数 K_h=144.5+36.9=181.4 块，与按式 0.05417×3348.0=181.4 块计算结果相同。

讨论：奇数砖层工作内环的总砖数与偶数砖层工作内环的总砖数同为 162.5 块，每块砖的小端尺寸都同为 114 mm，只要砌砖起点“对中”，上下砖层不可能产生重逢。

如果例 21 直接采用 575 mm 单环砖时，$K'_{57.5/25X}$=144.5 块，那么直形砖数量 $K_{57.5/0X}$ 也必然等于 18.0 块了，因为 $K_{57.5/0X}$ 也按式（3-12a）、式（3-13a）或式（3-14a）计算：

$K_{57.5/0X}$=0.05417×3000.0−144.5=18.0 块

$K_{57.5/0X}$=0.05417（3000.0−2668.0）=18.0 块

或 $K_{57.5/0X}$=（3000.0−2668.0）/18.46=18.0 块

575 mm 单环的总砖数 K_h=144.5+18.0=162.5 块，与按式 0.05417×3000.0=162.5 块计算结果相同。

【例 22】 如果例 21 砖环内半径减至 2000.0 mm，请计算砖量。

（1）奇数砖层工作内环砌以 230 mm 砖，由表 3-8 知砖环内半径 r=2000.0 mm 应采用竖宽锐楔形砖 23/20X 与直形砖 23/0X 混合砖环。$K'_{23/20X}$=72.3 块（由表 3-6 查得），$K_{23/0X}$ 按式（3-12b）、式（3-13b）或式（3-14b）计算：

$K_{23/0X}$=0.05417×2000.0−72.3=36.0 块

$K_{23/0X}$=0.05417（2000.0−13340）=36.1 块

或 $K_{23/0X}$=（2000.0−1334.0）/18.46=36.1 块

奇数砖层工作内环总砖数 K_h=72.3+36.0=108.3 块，与按式 0.05417×2000.0=108.3 块计算结果相同。

（2）奇数砖层外环砌以 345 mm 砖，其内半径为 2000.0 mm+3 mm+230 mm=2233.0 mm。由表 3-8 知应采用 34.5/30X 与 34.5/0X 混合砖环。$K'_{34.5/30X}$=72.3 块，$K_{34.5/0X}$ 按式（3-12b）、式（3-13 b）或式（3-14 b）计算：

$K_{34.5/0X}$=0.05417×3233.0−72.3=48.7 块

$K_{34.5/0X}$=0.05417(3233.0−1334.0)=48.7 块

或 $K_{34.5/0X}$=(3233.0−1334.0)/18.46=48.7 块

奇数砖层外环总砖数 K_h=72.3+48.7=121.0 块，与按式 0.05417×2233.0=121.0 块计算结果相同。

（3）偶数砖层工作内环砌以 345 mm 砖，由表 3-8 知内半径 2000.0 mm 的砖环应采用 34.5/30X 与 34.5/0X 混合砖环。$K'_{34.5/30X}$=72.3 块，$K_{34.5/0X}$ 按式（3-12b）、式（3-13 b）或式（3-14b）计算：

$K_{34.5/0X}$=0.05417×2000.0−72.3=36.0 块

$K_{34.5/0X}$=0.05417(2000.0−1334.0)=36.1 块

或 $K_{34.5/0X}$=(2000.0−1334.0)/18.46=36.1 块

偶数砖层工作内环总砖数 K_h=36.0+72.3=108.3 块，与按式 0.05417×2000.0=108.3 块计算结果相同。

（4）偶数砖层外环应砌以 230 mm 砖，内半径为 2000.0 mm+3 mm+345 mm=2348.0 mm。由表 3-8 知应采用 23/20X 与 23/0X 混合砖环，$K'_{23/20X}$=72.3 块，$K_{23/0X}$ 按式（3-12b）、式（3-13 b）或式（3-14 b）计算：

$K_{23/0X}$=0.05417×2348.0−72.3=54.9 块

$K_{23/0X}$=0.05417(2348.0−1334.0)=54.9 块

或 $K_{23/0X}$=(2348.0−1334.0)/18.46=54.9 块

偶数砖层外环总砖数 K_h=72.3+54.9=127.2 块，与按式 0.05417×2348.0=127.2 块计算结果相同。

讨论：此题混合砖环中，奇数砖层工作内环的总砖数与偶数砖层工作内环的总砖数同为 108.3 块，且砖的小端尺寸都为 114 mm，避免了重缝。

如果此例题采用 575 mm 单环混合砖环，则应采用 57.5/50X 与 57.5/0X 混合砖环。$K'_{57.5/50X}$=72.3 块，$K_{57.5/0X}$ 按式（3-12b）、式（3-13b）或式（3-14b）计算：

$K_{57.5/0X}$=0.05417×2000.0−72.3=36.0 块

$K_{57.5/0X}$=0.05417(2000.0−1334.0)=36.1 块

或 $K_{57.5/0X}$=(2000.0−1334.0)/18.46=36.1 块

单环混合砖环总砖数 K_h=72.3+36.0=108.3 块，与按式 0.05417×2000.0=108.3 块计算结果相同。

3.3.4.2　等小端尺寸高炉双楔形砖砖环的简化计算

等大端尺寸系列双楔形砖砖环中国简化计算式（2-14b）和式（2-15b），已经过多种方法证明和应用。将两式中的外半径 R、R_x、R_d 转换为 r、r_x、r_d，即将 $R=r+A$、$R_x=r_x+A$、$R_d=r_d+A$ 代入两式，便得适用于等小端尺寸高炉双楔形砖砖环的中国简化计算式：

$$K_x=\frac{(r_d-r)K'_x}{r_d-r_x} \tag{3-15}$$

$$K_d=\frac{(r-r_x)K'_d}{r_d-r_x} \tag{3-16}$$

式中　r_x，r_d——分别为所计算双楔形砖砖环内小半径楔形砖及大半径楔形砖的内半径，mm；

K'_x，K'_d——分别为所计算双楔形砖砖环内小半径楔形砖及大半径楔形砖的每环极限砖数，块；

r——所计算双楔形砖砖环的内半径，$r_x \leqslant r \leqslant r_d$，mm。

将式（3-15）和式（3-16）展开，得基于楔形砖每环极限砖数 K'_x 和 K'_d 的简化计算式：

$$K_x=\frac{(r_d-r)K'_x}{r_d-r_x}=\frac{r_dK'_x}{r_d-r_x}-\frac{rK'_x}{r_d-r_x}$$

$$K_d=\frac{(r-r_x)K'_d}{r_d-r_x}=\frac{rK'_d}{r_d-r_x}-\frac{r_xK'_d}{r_d-r_x}$$

在所讨论情况下，当 $r_r/r_{du}=K'_r/K'_{du}=1/2$，$K'_r/(r_{du}-r_r)=1/(\Delta r)_{1r}'=n$，$K'_{du}/(r_{du}-r_r)=1/(\Delta r)'_{1du}=m$ 时，上两展开式可写作：

$$K_r=K'_{du}-nr \tag{3-17}$$

$$K_{du}=mr-K'_{du} \tag{3-18}$$

式中　r_r，r_{du}——分别为锐楔形砖及钝楔形砖的内半径；

K'_r，K'_{du}——分别为锐楔形砖及钝楔形砖的每环极限砖数；

$(\Delta r)_{1r}'$，$(\Delta r)_{1du}'$——分别为一块锐楔形砖及一块钝楔形砖的内半径的变化量。

在所讨论情况下，当 $r_{tr}/r_r=K'_{tr}/K'_r=2/3$，$K'_{tr}/(r_r-r_{tr})=1/(\Delta r)_{1tr}'=n$，$K'_r/(r_r-r_{tr})=1/(\Delta r)_{1r}'=m$ 时，上两展开式可写作：

$$K_{tr}=3K'_{tr}-nr=K'_{du}-nr \tag{3-17a}$$

$$K_r=mr-2K'_r=mr-K'_{du} \tag{3-18a}$$

式中 r_{tr}——特锐楔形砖的内半径；

K'_{tr}——特锐楔形砖的每环极限砖数；

$(\Delta r)'_{1tr}$——一块特锐楔形砖的内半径的变化量。

在式（3-17a）和式（3-18a）中，注意到 $3K'_{tr}=2K'_r=K'_{du}$。

式（3-17）和式（3-18）中 n 和 m 是锐楔形砖和钝楔形砖配砌的双楔形砖砖环中的计算值 n=0.05417 和 m=0.10833。而在式（3-17a）和式（3-18a）中的 n 和 m 是特锐楔形砖与锐楔形砖配砌的双楔形砖砖环中的计算值 n=0.10833 和 m=0.1625，见表 3-9。

表 3-9 等小端尺寸高炉双楔形砖砖环的一块楔形砖半径变化量

配砌尺寸砖号		一块楔形砖半径变化量		$n=1/(\Delta r)_{1x}'$	$m=1/(\Delta r)_{1d}'$	$10n=10/(\Delta r)_{1x}'$	$10m=10/(\Delta r)_{1d}'$
小半径楔形砖	大半径楔形砖	$(\Delta r)_{1r}'$	$(\Delta r)_{1d}'$				
23/20X	23/10X	18.4619	9.2310	0.05417	0.10833	0.5417	1.0833
34.5/30X	34.5/15X						
46/40X	46/20X						
57.5/50X	57.5/25X						
23/30X	23/20X	9.2310	6.1540	0.10833	0.16250	1.0833	1.6250
34.5/45X	34.5/30X						
46/60X	46/40X						
57.5/75X	57.5/50X						

将 n 和 m 值（由表 3-9 查得）分别代入式（3-17）、式（3-18）、式（3-17a）和式（3-18a）得锐楔形砖数量 K_r、钝楔形砖数量 K_{du} 和特锐楔形砖数量 K_{tr} 的简易计算式：

$$\begin{cases} K_r=144.5-0.05417r & (3\text{-}17b) \\ K_{du}=0.10833r-144.5 & (3\text{-}18b) \end{cases}$$

$$\begin{cases} K_{tr}=144.5-0.10833r & (3\text{-}17c) \\ K_r=0.1625r-144.5 & (3\text{-}18c) \end{cases}$$

式（3-15）中 $K'_x/(r_d-r_x)=n$ 及式（3-16）中 $K'_d/(r_d-r_x)=m$，则式（3-15）和式（3-16）可写作基于楔形砖内半径的简化计算式：

$$\begin{cases} K_r=n(r_{du}-r) & (3\text{-}19) \\ K_{du}=m(r-r_r) & (3\text{-}20) \end{cases}$$

$$\begin{cases} K_{tr}=n(r_r-r) & (3\text{-}19a) \\ K_r=m(r-r_{tr}) & (3\text{-}20a) \end{cases}$$

将 n 及 m（查表 3-9）、r_{du}=2668.0 mm，r_r=1334.0 mm 及 r_{tr}=889.3 mm 分别代入之得基于楔形砖内半径的简易计算式：

$$\begin{cases} K_r=0.05417(2668.0-r) & (3\text{-}19b) \\ K_{du}=0.10833(r-1334.0) & (3\text{-}20b) \end{cases}$$

$$\begin{cases} K_{tr}=0.10833(1334.0-r) & (3\text{-}19c) \\ K_r=0.1625(r-889.3) & (3\text{-}20c) \end{cases}$$

式（3-19）、式（3-20）、式（3-19a）和式（3-20a）中 $n=1/(\Delta r)_{1x}'$和 $m=1/(\Delta r)_{1d}'$，这些式可写作：

$$\begin{cases} K_r=\dfrac{r_{du}-r}{(\Delta r)'_{1r}} & (3\text{-}21) \\ K_{du}=\dfrac{r-r_r}{(\Delta r)'_{1du}} & (3\text{-}22) \end{cases}$$

$$\begin{cases} K_{tr}=\dfrac{r_r-r}{(\Delta r)'_{1tr}} & (3\text{-}21a) \\ K_r=\dfrac{r-r_{tr}}{(\Delta r)'_{1r}} & (3\text{-}22a) \end{cases}$$

将 $(\Delta r)_{1r}'$=18.4619、$(\Delta r)_{1du}'$=9.231、$(\Delta r)_{1tr}'$=9.231、$(\Delta r)_{1d}'$=6.154（查表 3-9）、r_{du}=2668.0 mm，r_r=1334.0 mm 及 r_{tr}=889.3 mm 代入之，得基于一块楔形砖半径变化量和楔形砖内半径的简易计算式：

$$\begin{cases} K_r=\dfrac{2668.0-r}{18.4619} & (3\text{-}21b) \\ K_{du}=\dfrac{r-1334.0}{9.231} & (3\text{-}22b) \end{cases}$$

$$\begin{cases} K_{tr}=\dfrac{1334.0-r}{9.231} & (3\text{-}21c) \\ K_r=\dfrac{r-889.3}{6.154} & (3\text{-}22c) \end{cases}$$

为了准确应用上述这些等小端尺寸高炉双楔形砖砖环的简易计算式，请注意这些简易计算式的砖环内半径 r 的应用范围，见表 3-10。

【例 22】 如果例 22 采用双楔形砖砖环，请计算砖量。

（1）奇数砖层工作内环砌以 230 mm 砖，由表 3-10 知内半径 r=2000.0 mm 砖环应采用 23/20X 与 23/10X 双楔形砖砖环。

$K_{23/20X}$ 按式（3-17b）、式（3-19b）或（3-21b）计算：

$K_{23/20X}$=144.5−0.05417×2000.0=36.2 块

$K_{23/20X}$=0.05417(2668.0−2000.0)=36.2 块

或 $K_{23/20X}$=(2668.0−2000.0)/18.4619=36.2 块

$K_{23/10X}$ 按式（3-18b）、式（3-20b）或（3-22b）计算：

$K_{23/10X}$=0.10833×2000.0−144.5=72.2 块

$K_{23/10X}$=0.10833(2000.0−1334.0)=72.1 块

或 $K_{23/10X}$=(2000.0−1334.0)/9.231=72.1 块

奇数砖层工作内环总砖数 K_h=36.2+72.1=108.3 块，与按式 0.05417×2000.0=108.3 块计算结果相同。

（2）奇数砖层外环砌以 345 mm 砖，砖环内半径为 2233.0 mm，由表 3-10 知应采用 34.5/30X 与 34.5/15X 双楔形砖砖环。

$K_{34.5/30X}$ 按式（3-17b）、式（3-19b）或式（3-21b）计算：

$K_{34.5/30X}$=144.5−0.05417×2233.0=23.6 块

$K_{34.5/30X}$=0.05417(2668.0−2233.0)=23.6 块

或 $K_{34.5/30X}$=(2668.0−2233.0)/18.4619=23.6 块

$K_{34.5/15X}$ 按式（3-18b）、式（3-20b）或式（3-22b）计算：

$K_{34.5/15X}$=0.10833×2233.0−144.5=97.4 块

$K_{34.5/15X}$=0.10833(2233.0−1334.0)=97.4 块

或 $K_{34.5/15X}$=(2233.0−1334.0)/9.231=97.4 块

奇数砖层外环总砖数 K_h=23.6+97.4=121.0 块，与按式 0.05417×2233.0=121.0 块计算结果相同。

（3）偶数砖层工作内环砌以 345 mm 砖，由表 3-10 知内半径 2000.0 mm 的砖环应采用 34.5/30X 与 34.5/15X 混合砖环。

$K_{34.5/30X}$ 按式（3-17b）、式（3-19 b）或式（3-21 b）计算：

$K_{34.5/30X}$=144.5−0.05417×2000.0=36.2 块

$K_{34.5/30X}$=0.05417(2668.0−2000.0)=36.2 块

或 $K_{34.5/30X}$=(2668.0−2000.0)/18.4619=36.2 块

$K_{34.5/15X}$ 按式（3-18b）、式（3-20 b）或式（3-22 b）计算：

$K_{34.5/15X}$= 0.10833×2000.0−144.5=72.2 块

$K_{34.5/15X}$=0.10833（2000.0−1334.0）=72.1 块

或 $K_{34.5/15X}$=（2000.0−1334.0）/9.231=72.1 块

偶数砖层工作内环总砖数 K_h=36.2+72.1=108.3 块，与按式 0.05417×2000.0=108.3 块计算结果相同。

（4）偶数砖层外环砌以 230 mm 砖，内半径为 r=2348.0 mm。由表 3-10 知应采用 23/20X 与 23/10X 双楔形砖砖环。

$K_{23/20X}$ 按式（3-17b）、式（3-19 b）或式（3-21b）计算：

$K_{23/20X}$=144.5-0.05417×2348.0=17.3 块

$K_{23/20X}$=0.05417（2668.0-2348.0）=17.3 块

或　$K_{23/20X}$=（2668.0-2348.0）/18.4619=17.3 块

$K_{23/10X}$ 按式（3-18b）、式（3-20 b）或式（3-22 b）计算：

$K_{23/10X}$= 0.10833×2348.0-144.5=109.9 块

$K_{23/10X}$=0.10833（2348.0-1334.0）=109.8 块

或　$K_{23/10X}$=（2348.0-1334.0）/9.231=109.8 块

偶数砖层外环总砖数 K_h=17.3+109.9=127.2 块，与按式 0.05417×2348.0=127.2 块计算结果相同。

讨论：在等小端尺寸 114 mm 高炉双楔形砖砖环，奇数砖层工作内环与偶数砖层工作内环的总砖数同为 108.3 块，只要砌砖起点“对中”，可避免辐射竖缝的重合。

【例 23】 计算 r=1800 mm、墙厚 1038 mm 双环双楔形砖砖环用砖量。

（1）奇数砖层工作内环砌以 460 mm 砖，由表 3-10 知内半径 r=1800.0 mm 砖环应采用 46/40X 与 46/20X 双楔形砖砖环。

$K_{46/40X}$ 按式（3-17b）、式（3-19b）或式（3-21b）计算：

$K_{46/40X}$=144.5-0.05417×1800.0=47.0 块

$K_{46/40X}$=0.05417(2668.0-1800.0)=47.0 块

或　$K_{46/40X}$=（2668.0-1800.0）/18.4619=47.0 块

$K_{46/20X}$ 按式（3-18b）、式（3-20b）或式（3-22b）计算：

$K_{46/20X}$=0.10833×1800.0-144.5=50.5 块

$K_{46/20X}$=0.10833(1800.0-1334.0)=50.5 块

或　$K_{46/20X}$=(1800.0-1334.0)/9.231=50.5 块

奇数砖层工作内环总砖数 K_h=47.0+50.5=97.5 块，与按式 0.05417×1800.0=97.5 块计算结果相同。

（2）奇数砖层外环砌以 575 mm 砖，内半径为 r=1800.0+463=2263.0 mm，由表 3-10 知应采用 57.5/50X 与 57.5/25X 双楔形砖砖环。

$K_{57.5/50X}$ 按式（3-17b）、式（3-19b）或式（3-21b）计算：

$K_{57.5/50X}$=144.5-0.05417×2263.0=21.9 块

$K_{57.5/50X}$=0.05417(2668.0-2263.0)=21.9 块

或　$K_{57.5/50X}$=(2668.0-2263.0)/18.4619=21.9 块

$K_{57.5/25X}$ 按式（3-18b）、式（3-20b）或式（3-22b）计算：

$K_{57.5/25X}$=0.10833×2263.0-144.5=100.7 块

$K_{57.5/25X}$=0.10833(2263.0-1334.0)=100.6 块

或　$K_{57.5/25X}$=(2263.0-1334.0)/9.231=100.6 块

奇数砖层外环总砖数 K_h=21.9+100.7=122.6 块，与按式 0.05417×2263.0=122.6 块计算结果相同。

（3）偶数砖层工作内环砌以 575 mm 砖，由表 3-10 知内半径 r=1800.0 mm 的砖环应采用 57.5/50X 与 57.5/25X 混合砖环。

$K_{57.5/50X}$按式（3-17b）、式（3-19b）或式（3-21 b）计算：

$K_{57.5/50X}$=144.5-0.05417×1800.0= 47.0 块

$K_{57.5/50X}$=0.05417(2668.0-1800.0)= 47.0 块

或 $K_{57.5/50X}$=(2668.0-1800.0)/18.4619=47.0 块

$K_{57.5/25X}$按式（3-18b）、式（3-20 b）或式（3-22 b）计算：

$K_{57.5/25X}$= 0.10833×1800.0-144.5=50.5 块

$K_{57.5/25X}$=0.10833(1800.0-1334.0)=50.5 块

或 $K_{57.5/25X}$=(1800.0-1334.0)/9.231=50.5 块

偶数砖层工作内环总砖数 K_h=47.0+50.5=97.5 块，与按式 0.05417×1800.0=97.5 块计算结果相同。

（4）偶数砖层外环砌以 460 mm 砖，内半径为 r=1800.0 mm+578 mm=2378.0 mm。由表 3-10 知应采用 46/40X 与 46/20X 双楔形砖砖环。

$K_{46/40X}$按式（3-17b）、式（3-19b）或式（3-21b）计算：

$K_{46/40X}$=144.5-0.05417×2378.0=15.7 块

$K_{46/40X}$=0.05417(2668.0-2378.0)=15.7 块

或 $K_{46/40X}$=(2668.0-2378.0)/18.4619=15.7 块

$K_{46/20X}$按式（3-18b）、式（3-20b）或（3-22b）计算：

$K_{46/20X}$=0.10833×2378.0-144.5=113.1 块

$K_{46/20X}$=0.10833(2378.0-1334.0)=113.1 块

或 $K_{46/20X}$=(2378.0-1334.0)/9.231=113.1 块

偶数砖层外环总砖数 K_h=15.7+113.1=128.8 块，与按式 0.05417×2378.0=128.8 块计算结果相同。

讨论：本例题中，奇数砖层工作内环总砖数与偶数砖层工作内环总砖数同为 97.5 块。不仅表明等小端尺寸 114 mm 高炉双楔形砖砖环工作内环的辐射竖缝不可能产生重缝，而且偶数砖层工作内环用砖量的计算可省略。

【例 24】 r=2000.0 mm、墙厚 693 mm 双环双楔形砖砖环，请快速计算上下层用砖量。

首先，693 mm 双环双楔形砖砖环的砌砖结构为：奇数砖层 230 mm（内）+460 mm（外）及偶数砖层 460 mm（内）+230 mm（外）（环缝另加 3 mm）。其次，外环内半径分别为：奇数砖层外环 2000.0+233=2233.0 mm，偶数砖层外环 2000.0+463=2463.0 mm。第三，奇数砖层或偶数砖层工作内环的总砖数 K_h=0.05417×2000.0=108.3 块。第四，奇数砖层外环的总砖数 K_h=0.05417×2233.0=121.0 块；偶数砖层外环的总砖数 K_h=0.05417×2463.0=133.4 块。

由表 3-10 知奇数砖层工作内环应采用 23/20X 与 23/10X，$K_{23/20X}$=144.5-108.3=36.2 块，$K_{23/10X}$=108.3-36.2=72.1 块。偶数砖层工作内环应采用 46/40X 与 46/20X，其数量 $K_{46/40X}$ 及 $K_{46/20X}$应分别与奇数砖层工作内环 $K_{23/20X}$及 $K_{23/10X}$相同，即 $K_{46/40X}$ =36.2 块，$K_{46/20X}$=72.1 块。

奇数砖层外环 $K_{46/40X}$ =0.05417(2268.0-2233.0)=23.6 块，$K_{46/20X}$ =121.0-23.6=97.4 块。

偶数砖层外环 $K_{23/20X}$ =(2268.0−2463.0)/18.4619=11.1 块，$K_{23/10X}$=133.4−11.1=122.3 块。

通过等小端尺寸混合砖环与双楔形砖砖环的计算实践，可以体会到：

首先，无论混合砖环还是双楔形砖砖环，只要采用等小端尺寸，它们的总砖数 K_h 是非常容易计算的，也是很重要的。例如采用等小端尺寸 D=114 mm 时，砖环总砖数 K_h=0.05417r。r 的系数 0.05417 实为 2π/116 的计算值，在等小端尺寸混合砖环内直形砖量简易计算式（3-12a）、式（3-13a）、式（3-12b）、式（3-13b），在等小端尺寸双楔形砖砖环简易计算式（3-17b）、式（3-18b）中都出现过，应该记住它。

其次，等小端尺寸系列双环砌砖中，无论混合砖环或双楔形砖砖环，奇数砖层工作内环的总砖数与偶数砖层工作内环的总砖数相等。这种计算结果，一方面证实了等小端尺寸高炉砖环避免了工作热面辐射竖缝的重缝，另一方面简化了偶数砖层工作内环的计算。

第三，在等小端尺寸双楔形砖砖环计算中，双楔形砖砖环中国简化计算式与楔形砖间尺寸关系规律的结合，便产生了几组砖环的简易计算通式。正是预先追求几组砖环采用同样的简易计算通式，指导了等小端尺寸楔形砖尺寸的设计。

3.3.5 高炉等小端尺寸砖环砖量表

高炉等大端尺寸砖环砖量表的优点很多（查找块、砖量精度高及适宜采用双环等），唯一的缺点就是占用篇幅多。但是，四组等小端尺寸砖环采用相同的通用砖量表，原来四幅砖量表现在只需一幅通用表，占用篇幅大为减少。同高炉等大端尺寸砖环砖量表一样，等小端尺寸高炉砖环砖量表也包括混合砖环砖量表和双楔形砖砖环砖量表，包括单环砖量表和双环砖量表。这些砖量表的编制原理和快速编制方法，与等大端尺寸高炉砖环砖量表相同，只是等小端尺寸高炉砖环砖量表采用砖环内半径 r。

3.3.5.1 高炉等小端尺寸混合砖环砖量表

现以等小端尺寸高炉钝楔形砖与直形砖混合砖环为例，编制它们的砖量表（表 3-11）。表 3-11 包括两个纵列栏：砖环内半径纵列栏和每环直形砖数量 K_z 纵列栏。直形砖数量代表 $K_{23/0X}$、$K_{34.5/0X}$、$K_{46/0X}$ 或 $K_{57.5/0X}$，它们的数量相等，即 $K_z=K_{23/0X}=K_{34.5/0X}=K_{46/0X}=K_{57.5/0X}$。钝楔形砖数量 K_{du} 等于其每环极限砖数 K'_{du}，代表 $K'_{23/10X}$、$K'_{34.5/15X}$、$K'_{46/20X}$ 或 $K'_{57.5/25X}$，它们的数量相等，即 $K_{du}=K'_{du}=K'_{23/10X}=K'_{34.5/15X}=K'_{46/20X}=K'_{57.5/25X}$=144.5 块。$K_{du}$ 写在表注中。

表 3-11 的第一行代表钝楔形砖的单楔形砖砖环：r_{du}=2668.0 mm，K_z=0 块。表的第二行的砖环内半径 r_2 为最接近并大于 2668.0 mm 的 10 整倍数 r_2=2670.0 mm，此混合砖环直形砖数 K_{z2}=0.05417×2670.0−144.514=0.1199 块，写进表的第二行 K_2 纵列栏。

从表 3-11 的第三行起，r 纵列栏逐行增加 10.0 mm，K_z 纵列栏逐行增加 0.5417 块，直至需要。限于篇幅，本手册本表仅占一页，只编写到 r=5040.0 mm 及 K_z=128.5 块。用户常用此表时，可自行续编：r 纵列栏继续逐行加以 10.0 mm 及 K_z 纵列栏逐行增加 0.5417 块。

今以 r=5000.0 mm 的 46/20X 与 46/0X 混合砖环为例，由表 3-11 的 r=5000.0 mm 行查得 $K_z=K_{46/0X}$=126.3 块，由该表下方的表注查得 $K_{du}=K'_{46/20X}$=144.5 块。经验算 $K_{46/0X}$=0.05417×5000.0−144.514=126.3 块，与查表结果相同。再由表 3-11 的 r=3000.0 mm 查例 21 的奇数（或偶数）砖层工作内环 $K_{23/0X}$(或 $K_{34.5/0X}$)=18.0 块，与计算值相同。该例

题中 575 mm 单环 $K_{57.5/0X}$，当然也查得为 18.0 块。

按表 3-11 方法编制了等小端尺寸锐楔形砖与直形砖的混合砖环砖量通用表（表 3-12）。由表 3-12 查例 22 奇数砖层（或偶数砖层）工作内环 K_r 与 K_z 用砖量。由表 3-12 的 r=2000.0 mm 行查得 $K_z=K_{23/0x}=K_{57.5/0x}$=36.1 块及 $K_r=K'_{23/20X}=K'_{34.5/30X}=K'_{57.5/50X}$=72.3 块，与例 22 计算值相近。

在实际计算中，双环混合砖环是经常被应用的。现以 578 mm 等小端尺寸双环混合砖环为例，编制其砖量表 3-13。

首先，578 mm 双环混合砖环，有钝楔形砖与直形砖的混合砖环，有锐楔形砖与直形砖的混合砖环，表 3-13 为钝楔形砖与直形砖的双环混合砖环，其砌砖结构为：奇数砖层工作内环砌以 23/10X 与 23/0X，$K_{23/10X}=K'_{23/10X}$=144.5 块写进表头括号内，外环砌以 34.5/15X 与 34.5/0X，$K_{34.5/15X}=K'_{34.5/15X}$=144.5 块也写进表头括号内；偶数砖层工作内环砌以 34.5/15X 与 34.5/0X，外环砌以 23/10X 与 23/0X，$K_{34.5/15X}=K_{23/10X}$=144.5 块，都写进相应表头括号内。

其次，头一行的砖环内半径 r，选取接近并大于奇数砖层（或偶数砖层）工作内环 $r_{23/10X}$（或 $r_{34.5/15X}$）（2668.0 mm）的 10 整数倍 2670.0 mm，则奇数砖层外环和偶数砖层外环的内半径分别为 2670.0+233=2903.0 mm 和 2670.0+348=3018.0 mm。

第三，计算头一行各纵列栏砖量：奇数砖层工作内环 $K_{23.5/0X}$=0.05417×2670.0−144.514=0.1199，奇数砖层外环 $K_{34.5/0X}$=0.05417×2903.0−144.514=12.7415 块；偶数砖层工作内环 $K_{34.5/0X}$=0.1199 块（与奇数砖层工作内环用砖数量相等），外环 $K_{23/0X}$=0.05417×3018.0−144.514=18.9711 块。这些精确计算值写进头一行相应各纵列栏。

第四，砖环内半径纵列栏逐行增加 10.0 mm，各直形砖量纵列栏均逐行加以 0.5417 块。本表仅编满一页，用户如果需要可自行续编至需要为止。

由表 3-13 的 r=3000.0 mm 行查得例 21：奇数砖层工作内环 $K_{23/0X}$=18.0 块，外环 $K_{34.5/0X}$=30.6 块；偶数砖层工作内环 $K_{34.5/0X}$=18.0 块，外环 $K_{23/0X}$=36.8 块，与例 21 的计算值相同。

按表 3-13 的编制方法编制出 693 mm、808 m、923 mm 和 1038 mm 双环混合砖环砖量表 3-14～表 3-22。这些砖量表的“之一”为钝楔形砖与直形砖混合砖环，“之二”为锐楔形砖与直形砖混合砖环。

【例 25】 由表 3-14 查 r=3450.0 mm、墙厚 693 mm 双环混合砖环用砖量。在 r=3450.0 mm 行直接查得奇数砖层工作内环和偶数砖层工作内环的 $K_{23/0X}$、$K_{46/0X}$ 都等于 42.4 块（计算值为 0.05417×3450.0−144.5=42.4 块），奇数砖层外环 $K_{46/0X}$=55.0 块（计算值为 0.05417×3683.0−144.5=55.0 块），偶数砖层外环 $K_{23/0X}$=67.5 块（计算值为 0.05417×3913.0−144.5=67.5 块）。各环的 $K_{23/10X}$ 和 $K_{46/20X}$ 都为 144.5 块，所有查表结果均与计算值相同。

【例 26】 由表 3-15 查 r=7000.0 mm、墙厚 808 mm 双环混合砖环用砖量。在 r=7000.0 mm 行直接查得奇数砖层工作内环和偶数砖层工作内环的 $K_{34.5/0X}$ 和 $K_{46/0X}$ 都等于 234.7 块[计算值为 0.05417×(7000.0−2668.0)=234.7 块]，奇数砖层外环 $K_{46/0X}$=253.5 块[计算值为 0.05417×(7348.0−2668.0)=253.5 块]，偶数砖层外环 $K_{34.5/0X}$=259.7 块[计算值为 0.05417×(7463.0−2668.0)=259.7 块]。各环的 $K_{34.5/15X}$ 和 $K_{46/20X}$ 都同为 144.5 块，所有查表结果均与计算值相同。

【例 27】 由表 3-16 查 r=5000.0 mm、墙厚 923 mm 双环混合砖环用砖量。在 r=5000.0 mm 行直接查得奇数砖层工作内环和偶数砖层工作内环的 $K_{34.5/0X}$ 和 $K_{57.5/0X}$ 都等于 126.3 块[计算值为 0.05417×(5000.0−2668.0)=126.3 块]，奇数砖层外环 $K_{57.5/0X}$=145.2 块[计算值为 0.05417×(5348.0−2668.0)=145.2 块]，偶数砖层外环 $K_{34.5/0X}$=157.6 块[计算值为 0.05417×(5578.0−2668.0)=157.6 块]。各环的 $K_{34.5/15X}$ 和 $K_{57.5/25X}$ 都同为 144.5 块，所有查表结果均与计算值相同。

【例 28】 由表 3-17 查 r=6000.0 mm、墙厚 1038 mm 双环混合砖环用砖量。在 r=6000.0 mm 行直接查得奇数砖层工作内环和偶数砖层工作内环的 $K_{46/0X}$ 和 $K_{57.5/0X}$ 都等于 180.5 块[计算值为 0.05417×(6000.0−2668.0)=180.5 块]，奇数砖层外环 $K_{57.5/0X}$=205.6 块[计算值为 0.05417×(6463.0−2668.0)=205.6 块]，偶数砖层外环 $K_{46/0X}$=211.8 块[计算值为 0.05417×(6578.0−2668.0)=211.8 块]。各环的 $K_{46/20X}$ 和 $K_{57.5/25X}$ 都同为 144.5 块，所有查表结果均与计算值相同。

【例 22】 由表 3-18 查 r=2000.0 mm、墙厚 578 mm 双环混合砖环用砖量。在 r=2000. 0mm 行直接查得奇数砖层工作内环和偶数砖层工作内环的 $K_{23/0X}$ 和 $K_{34.5/0X}$ 都等于 36.1 块（计算值同），奇数砖层外环 $K_{34.5/0X}$=48.7 块（计算值同为 48.7 块），偶数砖层外环 $K_{23/0X}$=54.9 块（计算值同）。各环的 $K_{23/20X}$ 和 $K_{34.5/30X}$ 都同为 72.3 块，查表结果均与计算值相同。

【例 29】 由表 3-19 查 r=2000.0 mm、墙厚 693 mm 双环混合砖环用砖量。在 r=2000.0 mm 行直接查得奇数砖层工作内环 $K_{23/0X}$=36.1 块，偶数砖层工作内环的 $K_{46/0X}$=36.1 块[两工作内环计算值为(2000.0−1334.0)/18.4691=36.1 块]，奇数砖层外环 $K_{46/0X}$=48.7 块[计算值为(2233.0−1334.0)/18.4691=48.7 块]，偶数砖层外环 $K_{23/0X}$=61.2 块[计算值为(2463.0−1334.0)/18.4691=61.2 块]。各环的 $K_{23/20X}$ 和 $K_{46/40X}$ 都同为 72.3 块，所有查表结果均与计算值相同。

【例 30】 由表 3-20 查 r=2000.0 mm、墙厚 808 mm 双环混合砖环用砖量。在 r=2000.0 mm 行直接查得奇数砖层工作内环和偶数砖层工作内环 $K_{34.5/0X}$= $K_{46/0X}$=36.1 块[计算值为(2000.0−1334.0)/18.4691=36.1 块]，奇数砖层外环 $K_{46/0X}$=54.9 块[计算值为(2348.0−1334.0)/18.4691=54.9 块]，偶数砖层外环 $K_{34.5/0X}$=61.2 块[计算值为(2463.0−1334.0)/18.4691=61.2 块]。各环的 $K_{34.5/30X}$=$K_{46/40X}$=72.3 块，查表结果均与计算值相同。

【例 31】 由表 3-21 查 r=2000.0 mm、墙厚 923 mm 双环混合砖环用砖量。在 r=2000.0 mm 行直接查得奇数砖层工作内环和偶数砖层工作内环 $K_{34.5/0X}$= $K_{57.5/0X}$=36.1 块（计算值为(2000.0−1334.0)/18.4691=36.1 块），奇数砖层外环 $K_{57.5/0X}$=54.9 块[计算值为(2348.0−1334.0)/18.4691=54.9 块]，偶数砖层外环 $K_{34.5/0X}$=67.4 块[计算值为(2578.0−1334.0)/18.4691=67.4 块]。各环的 $K_{34.5/30X}$=$K_{57.5/50X}$=72.3 块，查表结果均与计算值相同。

【例 32】 由表 3-22 查 r=2000.0 mm、墙厚 1038 mm 双环混合砖环用砖量。在 r=2000.0 mm 行直接查得奇数砖层工作内环和偶数砖层工作内环 $K_{46/0X}$= $K_{57.5/0X}$=36.1 块[计算值为(2000.0−1334.0)/18.4691=36.1 块]，奇数砖层外环 $K_{57.5/0X}$=61.2 块[计算值为(2463.0−1334.0)/18.4691=61.2 块]，偶数砖层外环 $K_{46/0X}$=67.4 块[计算值为(2578.0−1334.0)/18.4691=67.4 块]。各环的 $K_{46/40X}$=$K_{57.5/50X}$=72.3 块，查表结果均与计算值相同。

3.3.5.2　*高炉等小端尺寸双楔形砖砖环砖量表*

高炉等小端尺寸 D=114 mm 双楔形砖砖环砖量表，包括单环双楔形砖砖环砖量通用表和双环双楔形砖砖环砖量表。

由于本手册采用特殊的尺寸设计，230 mm、345 mm、460 mm 和 575 mm 四组等小端尺寸单环双楔形砖砖环砖量表可采用内半径和砖量相同的通用表。

以等小端尺寸竖宽锐楔形砖与竖宽钝楔形砖为例，编制等小端尺寸高炉竖宽锐楔形砖与竖宽钝楔形砖双楔形砖砖环砖量通用表 3-23。

首先，表 3-23 的每行有三个纵列栏：砖环内半径 r 纵列栏、竖宽锐楔形砖数量 K_r 纵列栏（代表 $K_{23/20X}$、$K_{34.5/30X}$、$K_{46/40X}$ 或 $K_{57.5/50X}$）和竖宽钝楔形砖数量 K_{du} 纵列栏（代表 $K_{23/10X}$、$K_{34.5/15X}$、$K_{46/20X}$ 或 $K_{57.5/25X}$）。

其次，首行为竖宽锐楔形砖的单楔形砖砖环：r_r=1334.0 mm，K_r=72.257 块及 K_{du}=0。末行为竖宽钝楔形砖的单楔形砖砖环：r_{du}=2668.0 mm，K_{du}=144.514 块及 K_r=0。

第三，第二行的砖环内半径 r_2 取接近并大于 1334.0 mm 的 10 整数倍，即 r_2=1340.0 mm，则 K_r=0.05417×(2668.0−1340.0)=71.9325 块，K_{du}=0.10833×(1340.0−1334.0)=0.650 块。

第四，从第三行起，砖环内半径 r 纵列栏逐行加以 10.0 mm，直到 2660.0 mm；K_r 纵列栏逐行减以 0.5417 块，直到 0.4；K_{du} 纵列栏逐行加以 1.0833 块，直到 143.6 块。

【例 33】 由表 3-23 查 r=2500.0 mm 双楔形砖砖环用砖量。在 r=2500.0 mm 行直接查得 K_r=9. 1 块[计算值为 0.05417×(2668.0−2500.0)=9.1 块]，K_{du}=126.3 块[计算值为 0.10833×(2500.0−1334.0)=126.3 块]。查表结果与计算值完全相同。

按表 3-23 编制方法，编制了等小端尺寸高炉竖宽特锐楔形砖与竖宽锐楔形砖双楔形砖砖环砖量通用表 3-24。

【例 34】 某小高炉外燃式热风炉(hot stove with separate combustion chamber)的燃烧室墙环形砌砖的内半径为 1000.0 mm，工作衬砖砌以 345 mm 双楔形砖砖环。由表 3-24 查每层用砖量。在 r=1000.0 mm 行直接查得 $K_{34.5/45X}$=36.2 块[计算值为 0.10833×(1334.0−1000.0)=36.2 块]，$K_{34.5/30X}$=18.0 块[计算值为 0.1625×(1000.0−889.3)=18.0 块]。查表结果与计算值完全相同。

以 578 mm 砖环为例，说明等小端尺寸双环双楔形砖砖环砖量表的编制。

首先，578 mm 双环双楔形砖砖环的砌砖结构为：奇数砖层工作内环砌以 23/20X 与 23/10X 双楔形砖砖环，外环砌以 34.5/30X 与 34.5/15X 双楔形砖砖环；偶数砖层工作内环砌以 34.5/30X 与 34.5/15X 双楔形砖砖环，外环砌以 23/20X 与 23/10X 双楔形砖砖环。将这些砌砖结构写进表 3-25 的表头内。第一行砖环内半径取大于并接近于竖宽锐楔形砖 23/20X 或 34.5/30X 的内半径（1334.0 mm）的 10 整数倍 1340.0 mm，则奇数砖层外环的内半径为 1340.0+233=1573.0 mm，偶数砖层外环的内半径为 1340.0+348=1688.0 mm。

其次，计算出第一行各纵列栏的砖数：奇数砖层工作内环 $K_{23/20X}$=0.05417×(2668.0−1340.0)=71.9325 块（偶数砖层工作内环 $K_{34.5/30X}$=71.9325 块），$K_{23/10X}$=0.10833×(1340.0−1334.0)=0.650 块（偶数砖层工作内环 $K_{34.5/15X}$=0.650 块）；奇数砖层外环 $K_{34.5/30X}$=0.05417×(2668.0−1573.0)=59.3118 块，$K_{34.5/15X}$=0.10833×(1573.0−1334.0)=25.8909 块；偶数砖层外环 $K_{23/20X}$=0.05417×(2668.0−1688.0)=53.0827 块，$K_{23/10X}$=0.10833×(1688.0−1334.0)=38.3488 块。将这些计算值写进第一行相应纵列栏。

第三，砖环内半径 r 纵列栏逐行增加 10.0 mm，直到 2660.0 mm。

第四，各竖宽锐楔形砖数量 $K_{23/20X}$ 或 $K_{34.5/30X}$ 纵列栏逐行减以 0.5417 块，各竖宽钝楔

形砖数量 $K_{23/10X}$ 或 $K_{34.5/15X}$ 纵列栏逐行加以 1.0833 块。

【例 22】 由表 3-25 查例 22 的双楔形砖砖环用砖量。在 r=2000.0 mm 行直接查得奇数砖层工作内环或偶数砖层工作内环 $K_{23/20X}$=$K_{34.5/30X}$=36.2 块（计算值为 36.2 块），$K_{23/10X}$=$K_{34.5/15X}$=72.1 块（计算值为 72.1 块）；奇数砖层外环 $K_{34.5/30X}$=23.6 块（计算值为 23.6 块），$K_{34.5/15X}$=97.4 块（计算值为 97.4 块）；偶数砖层外环 $K_{23/20X}$=17.3 块（计算值为 17.3 块），$K_{23/10X}$=109.8 块（计算值为 109.8 块）。查表结果与计算值完全相同。

按表 3-25 方法编制了 693 mm、808 mm、923 mm 和 1038 mm 等小端尺寸（D=114 mm）双环双楔形砖砖环砖量表（表 3-26~表 3-29）。

【例 24】 由表 3-26 查 r=2000.0mm、墙厚 693 mm 等小端尺寸双环双楔形砖砖环用砖量。在 r=2000.0 mm 行直接查得奇数砖层工作内环和偶数砖层工作内环 $K_{23/20X}$=$K_{46/40X}$=36.2 块（计算值为 36.2 块），$K_{23/10X}$=$K_{46/20X}$=72.1 块（计算值为 72.1 块）；奇数砖层外环 $K_{46/40X}$=23.6 块（计算值为 23.6 块），$K_{46/20X}$=97.4 块（计算值为 97.4 块）；偶数砖层外环 $K_{23/20X}$=11.1 块（计算值为 11.1 块），$K_{23/10X}$=122.3 块（计算值为 122.3 块）。所有查表结果均与计算值相同。

【例 35】 由表 3-27 查 r=2000.0 mm、墙厚 808 mm 等小端尺寸双环双楔形砖砖环用砖量。在 r=2000.0 mm 行直接查得奇数砖层工作内环和偶数砖层工作内环 $K_{34.5/30X}$=$K_{46/40X}$=36.2 块[计算值为 0.05417×(2668.0−2000.0)=36.2 块]，$K_{34.5/15X}$=$K_{46/20X}$=72.1 块[计算值为 0.10833×(2000.0−1334.0)=72.1 块]；奇数砖层外环 $K_{46/40X}$=17.3 块[计算值为 0.05417×(2668.0−2348.0)=17.3 块]，$K_{46/20X}$=109.8 块[计算值为 0.10833×(2348.0−1334.0)=109.8 块]；偶数砖层外环 $K_{34.5/30X}$=11.1 块[计算值为 0.05417×(2668.0−2463.0)=11.1 块]，$K_{34.5/15X}$=122.3 块[计算值为 0.10833×(2463.0−1334.0)=122.3 块]。所有查表结果均与计算值完全相同。

【例 36】 由表 3-28 查 r=2000.0 mm、墙厚 923 mm 等小端尺寸双环双楔形砖砖环用砖量。在 r=2000.0 mm 行直接查得奇数砖层工作内环和偶数砖层工作内环 $K_{34.5/30X}$=$K_{57.5/50X}$=36.2 块[计算值为 0.05417×(2668.0−2000.0)=36.2 块]，$K_{34.5/15X}$=$K_{57.5/25X}$=72.1 块[计算值为 0.10833×(2000.0−1334.0)=72.1 块]；奇数砖层外环 $K_{57.5/50X}$=17.3 块[计算值为 0.05417×(2668.0−2348.0)=17.3 块]，$K_{57.5/25X}$=109.8 块[计算值为 0.10833×(2348.0−1334.0)=109.8 块]；偶数砖层外环 $K_{34.5/30X}$=4.9 块[计算值为 0.05417×(2668.0−2578.0)=4.9 块]，$K_{34.5/15X}$=134.8 块[计算值为 0.10833×(2578.0−1334.0)=134.8 块]。所有查表结果均与计算值完全相同。

【例 23】 由表 3-29 查 r=1800.0 mm、墙厚 1038 mm 等小端尺寸双环双楔形砖砖环用砖量。在 r=1800.0 mm 行直接查得奇数砖层工作内环和偶数砖层工作内环 $K_{46/40X}$=$K_{57.5/50X}$=47.0 块（例 23 中计算值为 47.0 块），$K_{46/20X}$=$K_{57.5/25X}$=50.5 块（例 23 中计算值为 50.5 块）；奇数砖层外环 $K_{57.5/50X}$=21.9 块（例 23 中计算值为 21.9 块），$K_{57.5/25X}$=100.6 块（例 23 中计算值为 100.6 块）；偶数砖层外环 $K_{46/40X}$=15.7 块（例 23 中计算值为 15.7 块），$K_{46/20X}$=113.1 块（例 23 中计算值为 113.1 块）。所有查表结果均与计算值相同。

从等小端尺寸 D=114 mm 单环双楔形砖砖环砖量表、双环双楔形砖砖环砖量表以及计算例题可见：（1）等小端尺寸单环双楔形砖砖环砖量表，为四组（230 mm、345 mm、460 mm 和 575 mm）砖环的通用表。（2）等小端尺寸双环双楔形砖砖环砖量表的编制，比等大端尺寸双环双楔形砖砖环砖量表规范和简单得多。

表 3-10 等小端尺寸高炉双楔形砖砖环简易计算式

配砌尺寸砖号				砖环厚度 A/mm	砖环内半径 r 应用范围/mm	砖量简易计算式及编号	
小半径楔形砖		大半径楔形砖				小半径楔形砖 K_x	大半径楔形砖 K_d
锐楔形砖	23/20X	钝楔形砖	23/10X	230	1334.0~2668.0	$K_{23/20X}=K_{34.5/30X}=K_{46/40X}=K_{57.5/50X}=K_r$	$K_{23/10X}=K_{34.5/15X}=K_{46/20X}=K_{57.5/25X}=K_{du}$
	34.5/30X		34.5/15X	345		$K_r=144.5-0.05417r$ （3-17b）	$K_{du}=0.10833r-144.5$ （3-18b）
	46/40X		46/20X	460		$K_r=0.05417(2668.0-r)$ （3-19b）	$K_{du}=0.10833(r-1334.0)$ （3-20b）
	57.5/50X		57.5/25X	575		或 $K_r=(2668.0-r)/18.4619$ （3-21b）	或 $K_{du}=(r-1334.0)/9.231$ （3-22b）
特锐楔形砖	23/30X	锐楔形砖	23/20X	230	889.3~1334.0	$K_{23/30X}=K_{34.5/45X}=K_{46/60X}=K_{57.5/75X}=K_{tr}$	$K_{23/20X}=K_{34.5/30X}=K_{46/40X}=K_{57.5/50X}=K_r$
	34.5/45X		34.5/30X	345		$K_{tr}=144.5-0.10833r$ （3-17c）	$K_r=0.1625r-144.5$ （3-18c）
	46/60X		46/40X	460		$K_{tr}=0.10833(1334.0-r)$ （3-19c）	$K_r=0.1625(r-889.3)$ （3-20c）
	57.5/75X		57.5/50X	575		或 $K_{tr}=(1334.0-r)/9.231$ （3-21c）	或 $K_r=(r-889.3)/6.154$ （3-22c）

表 3-11 等小端尺寸 K_{du} 与 K_z 混合砖环砖量表

砖环内半径 r/mm	每环砖数 K_z	砖环内半径 r/mm	每环砖数 K_z	砖环内半径 r/mm	每环砖数 K_z	砖环内半径 r/mm	每环砖数 K_z	砖环内半径 r/mm	每环砖数 K_z	砖环内半径 r/mm	每环砖数 K_z
2668.0	0	3060.0	21.2	3460.0	42.9	3860.0	64.6	4260.0	86.3	4660.0	107.9
2670.0	0.1199	3070.0	21.8	3470.0	43.5	3870.0	65.1	4270.0	86.8	4670.0	108.5
2680.0	0.7	3080.0	22.3	3480.0	44.0	3880.0	65.7	4280.0	87.3	4680.0	109.0
2690.0	1.2	3090.0	22.9	3490.0	44.5	3890.0	66.2	4290.0	87.9	4690.0	109.5
2700.0	1.7	3100.0	23.4	3500.0	45.1	3900.0	66.7	4300.0	88.4	4700.0	110.1
2710.0	2.3	3110.0	24.0	3510.0	45.6	3910.0	67.3	4310.0	89.0	4710.0	110.6
2720.0	2.8	3120.0	24.5	3520.0	46.2	3920.0	67.8	4320.0	89.5	4720.0	111.2
2730.0	3.4	3130.0	25.0	3530.0	46.7	3930.0	68.4	4330.0	90.0	4730.0	111.7
2740.0	3.9	3140.0	25.6	3540.0	47.2	3940.0	68.9	4340.0	90.6	4740.0	112.3
2750.0	4.5	3150.0	26.1	3550.0	47.8	3950.0	69.5	4350.0	91.1	4750.0	112.8
2760.0	5.0	3160.0	26.7	3560.0	48.3	3960.0	70.0	4360.0	91.7	4760.0	113.3
2770.0	5.5	3170.0	27.2	3570.0	48.9	3970.0	70.5	4370.0	92.2	4770.0	113.9
2780.0	6.1	3180.0	27.7	3580.0	49.4	3980.0	71.1	4380.0	92.8	4780.0	114.4
2790.0	6.6	3190.0	28.3	3590.0	50.0	3990.0	71.6	4390.0	93.3	4790.0	115.0
2800.0	7.2	3200.0	28.8	3600.0	50.5	4000.0	72.2	4400.0	93.8	4800.0	115.5
2810.0	7.7	3210.0	29.4	3610.0	51.0	4010.0	72.7	4410.0	94.4	4810.0	116.0
2820.0	8.2	3220.0	29.9	3620.0	51.6	4020.0	73.2	4420.0	94.9	4820.0	116.6
2830.0	8.8	3230.0	30.5	3630.0	52.1	4030.0	73.8	4430.0	95.5	4830.0	117.1
2840.0	9.3	3240.0	31.0	3640.0	52.7	4040.0	74.3	4440.0	96.0	4840.0	117.7
2850.0	9.9	3250.0	31.5	3650.0	53.2	4050.0	74.9	4450.0	96.5	4850.0	118.2
2860.0	10.4	3260.0	32.1	3660.0	53.7	4060.0	75.4	4460.0	97.1	4860.0	118.8
2870.0	11.0	3270.0	32.6	3670.0	54.3	4070.0	76.0	4470.0	97.6	4870.0	119.3
2880.0	11.5	3280.0	33.2	3680.0	54.8	4080.0	76.5	4480.0	98.2	4880.0	119.8
2890.0	12.0	3290.0	33.7	3690.0	55.4	4090.0	77.0	4490.0	98.7	4890.0	120.4
2900.0	12.6	3300.0	34.2	3700.0	55.9	4100.0	77.6	4500.0	99.3	4900.0	120.9
2910.0	13.1	3310.0	34.8	3710.0	56.5	4110.0	78.1	4510.0	99.8	4910.0	121.5
2920.0	13.7	3320.0	35.3	3720.0	57.0	4120.0	78.7	4520.0	100.3	4920.0	122.0
2930.0	14.2	3330.0	35.9	3730.0	57.5	4130.0	79.2	4530.0	100.9	4930.0	122.5
2940.0	14.7	3340.0	36.4	3740.0	58.1	4140.0	79.7	4540.0	101.4	4940.0	123.1
2950.0	15.3	3350.0	37.0	3750.0	58.6	4150.0	80.3	4550.0	102.0	4950.0	123.6
2960.0	15.8	3360.0	37.5	3760.0	59.2	4160.0	80.8	4560.0	102.5	4960.0	124.2
2970.0	16.4	3370.0	38.0	3770.0	59.7	4170.0	81.4	4570.0	103.0	4970.0	124.7
2980.0	16.9	3380.0	38.6	3780.0	60.2	4180.0	81.9	4580.0	103.6	4980.0	125.3
2990.0	17.5	3390.0	39.1	3790.0	60.8	4190.0	82.5	4590.0	104.1	4990.0	125.8
3000.0	18.0	3400.0	39.7	3800.0	61.3	4200.0	83.0	4600.0	104.7	5000.0	126.3
3010.0	18.5	3410.0	40.2	3810.0	61.9	4210.0	83.5	4610.0	105.2	5010.0	126.9
3020.0	19.1	3420.0	40.7	3820.0	62.4	4220.0	84.1	4620.0	105.8	5020.0	127.4
3030.0	19.6	3430.0	41.3	3830.0	63.0	4230.0	84.6	4630.0	106.3	5030.0	128.0
3040.0	20.2	3440.0	41.8	3840.0	63.5	4240.0	85.2	4640.0	106.8	5040.0	128.5
3050.0	20.7	3450.0	42.4	3850.0	64.0	4250.0	85.7	4650.0	107.4	+10.0	+0.5417

注：$K_z=K_{23/0X}=K_{34.5/0X}=K_{46/0X}=K_{57.5/0X}$；$K_{du}=K'_{23/10X}=K'_{34.5/15X}=K'_{46/20X}=K'_{57.5/25X}=144.5$。

表 3-12　等小端尺寸 K_r 与 K_z 混合砖环砖量表

砖环内半径 r/mm	每环砖数 K_z	砖环内半径 r/mm	每环砖数 K_z	砖环内半径 r/mm	每环砖数 K_z	砖环内半径 r/mm	每环砖数 K_z	砖环内半径 r/mm	每环砖数 K_z	砖环内半径 r/mm	每环砖数 K_z
1334.0	0	1690.0	19.3	2050.0	38.8	2410.0	58.3	2770.0	77.8	3130.0	97.3
1340.0	0.3310	1700.0	19.8	2060.0	39.3	2420.0	58.8	2780.0	78.3	3140.0	97.8
1350.0	0.9	1710.0	20.4	2070.0	39.9	2430.0	59.4	2790.0	78.9	3150.0	98.4
1360.0	1.4	1720.0	20.9	2080.0	40.4	2440.0	59.9	2800.0	79.4	3160.0	98.9
1370.0	2.0	1730.0	21.5	2090.0	41.0	2450.0	60.5	2810.0	80.0	3170.0	99.5
1380.0	2.5	1740.0	22.0	2100.0	41.5	2460.0	61.0	2820.0	80.5	3180.0	100.0
1390.0	3.0	1750.0	22.5	2110.0	42.0	2470.0	61.5	2830.0	81.0	3190.0	100.5
1400.0	3.6	1760.0	23.1	2120.0	42.6	2480.0	62.1	2840.0	81.6	3200.0	101.1
1410.0	4.1	1770.0	23.6	2130.0	43.1	2490.0	62.6	2850.0	82.1	3210.0	101.6
1420.0	4.7	1780.0	24.2	2140.0	43.7	2500.0	63.2	2860.0	82.7	3220.0	102.2
1430.0	5.2	1790.0	24.7	2150.0	44.2	2510.0	63.7	2870.0	83.2	3230.0	102.7
1440.0	5.7	1800.0	25.2	2160.0	44.8	2520.0	64.3	2880.0	83.8	3240.0	103.3
1450.0	6.3	1810.0	25.8	2170.0	45.3	2530.0	64.8	2890.0	84.3	3250.0	103.8
1460.0	6.8	1820.0	26.3	2180.0	45.8	2540.0	65.3	2900.0	84.8	3260.0	104.3
1470.0	7.4	1830.0	26.9	2190.0	46.4	2550.0	65.9	2910.0	85.4	3270.0	104.9
1480.0	7.9	1840.0	27.4	2200.0	46.9	2560.0	66.4	2920.0	85.9	3280.0	105.4
1490.0	8.5	1850.0	28.0	2210.0	47.5	2570.0	67.0	2930.0	86.5	3290.0	106.0
1500.0	9.0	1860.0	28.5	2220.0	48.0	2580.0	67.5	2940.0	87.0	3300.0	106.5
1510.0	9.5	1870.0	29.0	2230.0	48.5	2590.0	68.0	2950.0	87.5	3310.0	107.0
1520.0	10.1	1880.0	29.6	2240.0	49.1	2600.0	68.6	2960.0	88.1	3320.0	107.6
1530.0	10.6	1890.0	30.1	2250.0	49.6	2610.0	69.1	2970.0	88.6	3330.0	108.1
1540.0	11.2	1900.0	30.7	2260.0	50.2	2620.0	69.7	2980.0	89.2	3340.0	108.7
1550.0	11.7	1910.0	31.2	2270.0	50.7	2630.0	70.2	2990.0	89.7	3350.0	109.2
1560.0	12.2	1920.0	31.7	2280.0	51.3	2640.0	70.8	3000.0	90.3	3360.0	109.8
1570.0	12.8	1930.0	32.3	2290.0	51.8	2650.0	71.3	3010.0	90.8	3370.0	110.3
1580.0	13.3	1940.0	32.8	2300.0	52.3	2660.0	71.8	3020.0	91.3	3380.0	110.8
1590.0	13.9	1950.0	33.4	2310.0	52.9	2670.0	72.4	3030.0	91.9	3390.0	111.4
1600.0	14.4	1960.0	33.9	2320.0	53.4	2680.0	72.9	3040.0	92.4	3400.0	111.9
1610.0	15.0	1970.0	34.5	2330.0	54.0	2690.0	73.5	3050.0	93.0	3410.0	112.5
1620.0	15.5	1980.0	35.0	2340.0	54.5	2700.0	74.0	3060.0	93.5	3420.0	113.0
1630.0	16.0	1990.0	35.5	2350.0	55.0	2710.0	74.5	3070.0	94.0	3430.0	113.5
1640.0	16.6	2000.0	36.1	2360.0	55.6	2720.0	75.1	3080.0	94.6	3440.0	114.1
1650.0	17.1	2010.0	36.6	2370.0	56.1	2730.0	75.6	3090.0	95.1	3450.0	114.6
1660.0	17.7	2020.0	37.2	2380.0	56.7	2740.0	76.2	3100.0	95.7	3460.0	115.2
1670.0	18.2	2030.0	37.7	2390.0	57.2	2750.0	76.7	3110.0	96.2	3470.0	115.7
1680.0	18.7	2040.0	38.3	2400.0	57.8	2760.0	77.3	3120.0	96.8	+10.0	+0.5417

注：$K_z=K_{23/0X}=K_{34.5/0X}=K_{46/0X}=K_{57.5/0X}$；$K_r=K'_{23/20X}=K'_{34.5/30X}=K'_{46/40X}=K'_{57.5/50X}=72.3$ 块。

表 3-13　578 mm 双环混合砖环砖量表之一（等小端尺寸 D=114 mm）

砖环内半径 r/mm	奇数砖层		偶数砖层		砖环内半径 r/mm	奇数砖层		偶数砖层	
	工作内环 $K_{23/0X}$（$K_{23/10X}$=144.5 块）	外环 $K_{34.5/0X}$（$K_{34.5/15X}$=144.5 块）	工作内环 $K_{34.5/0X}$（$K_{34.5/15X}$=144.5 块）	外环 $K_{23/0X}$（$K_{23/10X}$=144.5 块）		工作内环 $K_{23/0X}$（$K_{23/10X}$=144.5 块）	外环 $K_{34.5/0X}$（$K_{34.5/15X}$=144.5 块）	工作内环 $K_{34.5/0X}$（$K_{34.5/15X}$=144.5 块）	外环 $K_{23/0xX}$（$K_{23/10X}$=144.5 块）
2670.0	0.1199	12.7415	0.1199	18.9711	3070.0	21.8	34.4	21.8	40.6
2680.0	0.7	13.3	0.7	19.5	3080.0	22.3	35.0	22.3	41.2
2690.0	1.2	13.8	1.2	20.1	3090.0	22.9	35.5	22.9	41.7
2700.0	1.7	14.4	1.7	20.6	3100.0	23.4	36.0	23.4	42.3
2710.0	2.3	14.9	2.3	21.1	3110.0	24.0	36.6	24.0	42.8
2720.0	2.8	15.5	2.8	21.7	3120.0	24.5	37.1	24.5	43.3
2730.0	3.4	16.0	3.4	22.2	3130.0	25.0	37.7	25.0	43.9
2740.0	3.9	16.5	3.9	22.8	3140.0	25.6	38.2	25.6	44.4
2750.0	4.5	17.1	4.5	23.3	3150.0	26.1	38.7	26.1	45.0
2760.0	5.0	17.6	5.0	23.8	3160.0	26.7	39.3	26.7	45.5
2770.0	5.5	18.2	5.5	24.4	3170.0	27.2	39.8	27.2	46.1
2780.0	6.1	18.7	6.1	24.9	3180.0	27.7	40.4	27.7	46.6
2790.0	6.6	19.2	6.6	25.5	3190.0	28.3	40.9	28.3	47.1
2800.0	7.2	19.8	7.2	26.0	3200.0	28.8	41.5	28.8	47.7
2810.0	7.7	20.3	7.7	26.6	3210.0	29.4	42.0	29.4	48.2
2820.0	8.2	20.9	8.2	27.1	3220.0	29.9	42.5	29.9	48.8
2830.0	8.8	21.4	8.8	27.6	3230.0	30.5	43.1	30.5	49.3
2840.0	9.3	22.0	9.3	28.2	3240.0	31.0	43.6	31.0	49.8
2850.0	9.9	22.5	9.9	28.7	3250.0	31.5	44.2	31.5	50.4
2860.0	10.4	23.0	10.4	29.3	3260.0	32.1	44.7	32.1	50.9
2870.0	11.0	23.6	11.0	29.8	3270.0	32.6	45.2	32.6	51.5
2880.0	11.5	24.1	11.5	30.3	3280.0	33.2	45.8	33.2	52.0
2890.0	12.0	24.7	12.0	30.9	3290.0	33.7	46.3	33.7	52.6
2900.0	12.6	25.2	12.6	31.4	3300.0	34.2	46.9	34.2	53.1
2910.0	13.1	25.7	13.1	32.0	3310.0	34.8	47.4	34.8	53.6
2920.0	13.7	26.3	13.7	32.5	3320.0	35.3	48.0	35.3	54.2
2930.0	14.2	26.8	14.2	33.1	3330.0	35.9	48.5	35.9	54.7
2940.0	14.7	27.4	14.7	33.6	3340.0	36.4	49.0	36.4	55.3
2950.0	15.3	27.9	15.3	34.1	3350.0	37.0	49.6	37.0	55.8
2960.0	15.8	28.5	15.8	34.7	3360.0	37.5	50.1	37.5	56.3
2970.0	16.4	29.0	16.4	35.2	3370.0	38.0	50.7	38.0	56.9
2980.0	16.9	29.5	16.9	35.8	3380.0	38.6	51.2	38.6	57.4
2990.0	17.5	30.1	17.5	36.3	3390.0	39.1	51.7	39.1	58.0
3000.0	18.0	30.6	18.0	36.8	3400.0	39.7	52.3	39.7	58.5
3010.0	18.5	31.2	18.5	37.4	3410.0	40.2	52.8	40.2	59.1
3020.0	19.1	31.7	19.1	37.9	3420.0	40.7	53.4	40.7	59.6
3030.0	19.6	32.2	19.6	38.5	3430.0	41.3	53.9	41.3	60.1
3040.0	20.2	32.8	20.2	39.0	3440.0	41.8	54.5	41.8	60.7
3050.0	20.7	33.3	20.7	39.6	3450.0	42.3725	54.9941	42.3725	61.2237
3060.0	21.2	33.9	21.2	40.1	+10.0	+0.5417	+0.5417	+0.5417	+0.5417

表 3-14　693 mm 双环混合砖环砖量表之一（等小端尺寸 D=114 mm）

砖环内半径 r/mm	奇数砖层		偶数砖层		砖环内半径 r/mm	奇数砖层		偶数砖层	
	工作内环 $K_{23/0X}$（$K_{23/10X}$=144.5 块）	外环 $K_{46/0X}$（$K_{46/20X}$=144.5 块）	工作内环 $K_{46/0X}$（$K_{46/20X}$=144.5 块）	外环 $K_{23/0X}$（$K_{23/10X}$=144.5 块）		工作内环 $K_{23/0X}$（$K_{23/10X}$=144.5 块）	外环 $K_{46/0X}$（$K_{46/20X}$=144.5 块）	工作内环 $K_{46/0X}$（$K_{46/20X}$=144.5 块）	外环 $K_{23/0X}$（$K_{23/10X}$=144.5 块）
2670.0	0.1199	12.7415	0.1199	25.2006	3070.0	21.8	34.4	21.8	46.9
2680.0	0.7	13.3	0.7	25.7	3080.0	22.3	35.0	22.3	47.4
2690.0	1.2	13.8	1.2	26.3	3090.0	22.9	35.5	22.9	48.0
2700.0	1.7	14.4	1.7	26.8	3100.0	23.4	36.0	23.4	48.5
2710.0	2.3	14.9	2.3	27.4	3110.0	24.0	36.6	24.0	49.0
2720.0	2.8	15.5	2.8	27.9	3120.0	24.5	37.1	24.5	49.6
2730.0	3.4	16.0	3.4	28.5	3130.0	25.0	37.7	25.0	50.1
2740.0	3.9	16.5	3.9	29.0	3140.0	25.6	38.2	25.6	50.7
2750.0	4.5	17.1	4.5	29.5	3150.0	26.1	38.7	26.1	51.2
2760.0	5.0	17.6	5.0	30.1	3160.0	26.7	39.3	26.7	51.7
2770.0	5.5	18.2	5.5	30.6	3170.0	27.2	39.8	27.2	52.3
2780.0	6.1	18.7	6.1	31.2	3180.0	27.7	40.4	27.7	52.8
2790.0	6.6	19.2	6.6	31.7	3190.0	28.3	40.9	28.3	53.4
2800.0	7.2	19.8	7.2	32.2	3200.0	28.8	41.5	28.8	53.9
2810.0	7.7	20.3	7.7	32.8	3210.0	29.4	42.0	29.4	54.5
2820.0	8.2	20.9	8.2	33.3	3220.0	29.9	42.5	29.9	55.0
2830.0	8.8	21.4	8.8	33.9	3230.0	30.5	43.1	30.5	55.5
2840.0	9.3	22.0	9.3	34.4	3240.0	31.0	43.6	31.0	56.1
2850.0	9.9	22.5	9.9	35.0	3250.0	31.5	44.2	31.5	56.6
2860.0	10.4	23.0	10.4	35.5	3260.0	32.1	44.7	32.1	57.2
2870.0	11.0	23.6	11.0	36.0	3270.0	32.6	45.2	32.6	57.7
2880.0	11.5	24.1	11.5	36.6	3280.0	33.2	45.8	33.2	58.2
2890.0	12.0	24.7	12.0	37.1	3290.0	33.7	46.3	33.7	58.8
2900.0	12.6	25.2	12.6	37.7	3300.0	34.2	46.9	34.2	59.3
2910.0	13.1	25.7	13.1	38.2	3310.0	34.8	47.4	34.8	59.9
2920.0	13.7	26.3	13.7	38.7	3320.0	35.3	48.0	35.3	60.4
2930.0	14.2	26.8	14.2	39.3	3330.0	35.9	48.5	35.9	61.0
2940.0	14.7	27.4	14.7	39.8	3340.0	36.4	49.0	36.4	61.5
2950.0	15.3	27.9	15.3	40.4	3350.0	37.0	49.6	37.0	62.0
2960.0	15.8	28.5	15.8	40.9	3360.0	37.5	50.1	37.5	62.6
2970.0	16.4	29.0	16.4	41.5	3370.0	38.0	50.7	38.0	63.1
2980.0	16.9	29.5	16.9	42.0	3380.0	38.6	51.2	38.6	63.7
2990.0	17.5	30.1	17.5	42.5	3390.0	39.1	51.7	39.1	64.2
3000.0	18.0	30.6	18.0	43.1	3400.0	39.7	52.3	39.7	64.7
3010.0	18.5	31.2	18.5	43.6	3410.0	40.2	52.8	40.2	65.3
3020.0	19.1	31.7	19.1	44.2	3420.0	40.7	53.4	40.7	65.8
3030.0	19.6	32.2	19.6	44.7	3430.0	41.3	53.9	41.3	66.4
3040.0	20.2	32.8	20.2	45.2	3440.0	41.8	54.5	41.8	66.9
3050.0	20.7	33.3	20.7	45.8	3450.0	42.3725	54.9941	42.3725	67.4532
3060.0	21.2	33.9	21.2	46.3	+10.0	+0.5417	+0.5417	+0.5417	+0.5417

表 3-15 808 mm 双环混合砖环砖量表之一（等小端尺寸 D=114 mm）

砖环内半径 r/mm	奇数砖层		偶数砖层		砖环内半径 r/mm	奇数砖层		偶数砖层	
	工作内环 $K_{34.5/0X}$（$K_{34.5/15X}$=144.5 块）	外环 $K_{46/0X}$（$K_{46/20X}$=144.5 块）	工作内环 $K_{46/0X}$（$K_{46/20X}$=144.5 块）	外环 $K_{34.5/0X}$（$K_{34.5/15X}$=144.5 块）		工作内环 $K_{34.5/0X}$（$K_{34.5/15X}$=144.5 块）	外环 $K_{46/0X}$（$K_{46/20X}$=144.5 块）	工作内环 $K_{46/0X}$（$K_{46/20X}$=144.5 块）	外环 $K_{34.5/0X}$（$K_{34.5/15X}$=144.5 块）
2670.0	0.1083	18.9595	0.1083	25.1891	3070.0	21.8	40.6	21.8	46.9
2680.0	0.7	19.5	0.7	25.7	3080.0	22.3	41.2	22.3	47.4
2690.0	1.2	20.0	1.2	26.3	3090.0	22.9	41.7	22.9	47.9
2700.0	1.7	20.6	1.7	26.8	3100.0	23.4	42.3	23.4	48.5
2710.0	2.3	21.1	2.3	27.4	3110.0	23.9	42.8	23.9	49.0
2720.0	2.8	21.7	2.8	27.9	3120.0	24.5	43.3	24.5	49.6
2730.0	3.4	22.2	3.4	28.4	3130.0	25.0	43.9	25.0	50.1
2740.0	3.9	22.8	3.9	29.0	3140.0	25.6	44.4	25.6	50.6
2750.0	4.4	23.3	4.4	29.5	3150.0	26.1	45.0	26.1	51.2
2760.0	5.0	23.8	5.0	30.1	3160.0	26.7	45.5	26.7	51.7
2770.0	5.5	24.4	5.5	30.6	3170.0	27.2	46.0	27.2	52.3
2780.0	6.1	24.9	6.1	31.1	3180.0	27.7	46.6	27.7	52.8
2790.0	6.6	25.5	6.6	31.7	3190.0	28.3	47.1	28.3	53.4
2800.0	7.2	26.0	7.2	32.2	3200.0	28.8	47.7	28.8	53.9
2810.0	7.7	26.5	7.7	32.8	3210.0	29.4	48.2	29.4	54.4
2820.0	8.2	27.1	8.2	33.3	3220.0	29.9	48.8	29.9	55.0
2830.0	8.8	27.6	8.8	33.9	3230.0	30.4	49.3	30.4	55.5
2840.0	9.3	28.2	9.3	34.4	3240.0	31.0	49.8	31.0	56.1
2850.0	9.9	28.7	9.9	34.9	3250.0	31.5	50.4	31.5	56.6
2860.0	10.4	29.3	10.4	35.5	3260.0	32.1	50.9	32.1	57.1
2870.0	10.9	29.8	10.9	36.0	3270.0	32.6	51.5	32.6	57.7
2880.0	11.5	30.3	11.5	36.6	3280.0	33.2	52.0	33.2	58.2
2890.0	12.0	30.9	12.0	37.1	3290.0	33.7	52.5	33.7	58.8
2900.0	12.6	31.4	12.6	37.6	3300.0	34.2	53.1	34.2	59.3
2910.0	13.1	32.0	13.1	38.2	3400.0	39.7	58.5	39.7	64.7
2920.0	13.7	32.5	13.7	38.7	3500.0	45.1	63.9	45.1	70.2
2930.0	14.2	33.0	14.2	39.3	3600.0	50.5	69.3	50.5	75.6
2940.0	14.7	33.6	14.7	39.8	3700.0	55.9	74.8	55.9	81.0
2950.0	15.3	34.1	15.3	40.4	3800.0	61.3	80.2	61.3	86.4
2960.0	15.8	34.7	15.8	40.9	3900.0	66.7	85.6	66.7	91.8
2970.0	16.4	35.2	16.4	41.4	4000.0	72.2	91.0	72.2	97.2
2980.0	16.9	35.8	16.9	42.0	5000.0	126.3	145.2	126.3	151.4
2990.0	17.4	36.3	17.4	42.5	6000.0	180.5	199.3	180.5	205.6
3000.0	18.0	36.8	18.0	43.1	7000.0	234.7	253.5	234.7	259.7
3010.0	18.5	37.4	18.5	43.6	8000.0	288.8	307.7	288.8	313.9
3020.0	19.1	37.9	19.1	44.1	9000.0	343.0	361.9	343.0	368.1
3030.0	19.6	38.5	19.6	44.7	9010.0	343.5	362.4	343.5	368.6
3040.0	20.2	39.0	20.2	45.2	9020.0	344.1	362.9	344.1	369.2
3050.0	20.7	39.5	20.7	45.8	9030.0	344.6	363.5	344.6	369.7
3060.0	21.2	40.1	21.2	46.3	9040.0	345.2	364.0	345.2	370.3

表 3-16　923 mm 双环混合砖环砖量表之一（等小端尺寸 D=114 mm）

砖环内半径 r/mm	奇数砖层		偶数砖层		砖环内半径 r/mm	奇数砖层		偶数砖层	
	工作内环 $K_{34.5/0X}$（$K_{34.5/15X}$=144.5 块）	外环 $K_{57.5/0X}$（$K_{57.5/25X}$=144.5 块）	工作内环 $K_{57.5/0X}$（$K_{57.5/25X}$=144.5 块）	外环 $K_{34.5/0X}$（$K_{34.5/15X}$=144.5 块）		工作内环 $K_{34.5/0X}$（$K_{34.5/15X}$=144.5 块）	外环 $K_{57.5/0X}$（$K_{57.5/25X}$=144.5 块）	工作内环 $K_{57.5/0X}$（$K_{57.5/25X}$=144.5 块）	外环 $K_{34.5/0X}$（$K_{34.5/15X}$=144.5 块）
2670.0	0.1083	18.9595	0.1083	31.4186	3070.0	21.8	40.6	21.8	53.1
2680.0	0.7	19.5	0.7	32.0	3080.0	22.3	41.2	22.3	53.6
2690.0	1.2	20.0	1.2	32.5	3090.0	22.9	41.7	22.9	54.2
2700.0	1.7	20.6	1.7	33.0	3100.0	23.4	42.3	23.4	54.7
2710.0	2.3	21.1	2.3	33.6	3110.0	23.9	42.8	23.9	55.3
2720.0	2.8	21.7	2.8	34.1	3120.0	24.5	43.3	24.5	55.8
2730.0	3.4	22.2	3.4	34.7	3130.0	25.0	43.9	25.0	56.3
2740.0	3.9	22.8	3.9	35.2	3140.0	25.6	44.4	25.6	56.9
2750.0	4.4	23.3	4.4	35.8	3150.0	26.1	45.0	26.1	57.4
2760.0	5.0	23.8	5.0	36.3	3160.0	26.7	45.5	26.7	58.0
2770.0	5.5	24.4	5.5	36.8	3170.0	27.2	46.0	27.2	58.5
2780.0	6.1	24.9	6.1	37.4	3180.0	27.7	46.6	27.7	59.0
2790.0	6.6	25.5	6.6	37.9	3190.0	28.3	47.1	28.3	59.6
2800.0	7.2	26.0	7.2	38.5	3200.0	28.8	47.7	28.8	60.1
2810.0	7.7	26.5	7.7	39.0	3210.0	29.4	48.2	29.4	60.7
2820.0	8.2	27.1	8.2	39.5	3220.0	29.9	48.8	29.9	61.2
2830.0	8.8	27.6	8.8	40.1	3230.0	30.4	49.3	30.4	61.8
2840.0	9.3	28.2	9.3	40.6	3240.0	31.0	49.8	31.0	62.3
2850.0	9.9	28.7	9.9	41.2	3250.0	31.5	50.4	31.5	62.8
2860.0	10.4	29.3	10.4	41.7	3260.0	32.1	50.9	32.1	63.4
2870.0	10.9	29.8	10.9	42.3	3270.0	32.6	51.5	32.6	63.9
2880.0	11.5	30.3	11.5	42.8	3280.0	33.2	52.0	33.2	64.5
2890.0	12.0	30.9	12.0	43.3	3290.0	33.7	52.5	33.7	65.0
2900.0	12.6	31.4	12.6	43.9	3300.0	34.2	53.1	34.2	65.5
2910.0	13.1	32.0	13.1	44.4	3400.0	39.7	58.5	39.7	71.0
2920.0	13.7	32.5	13.7	45.0	3500.0	45.1	63.9	45.1	76.4
2930.0	14.2	33.0	14.2	45.5	3600.0	50.5	69.3	50.5	81.8
2940.0	14.7	33.6	14.7	46.0	3700.0	55.9	74.8	55.9	87.2
2950.0	15.3	34.1	15.3	46.6	3800.0	61.3	80.2	61.3	92.6
2960.0	15.8	34.7	15.8	47.1	3900.0	66.7	85.6	66.7	98.0
2970.0	16.4	35.2	16.4	47.7	4000.0	72.2	91.0	72.2	103.5
2980.0	16.9	35.8	16.9	48.2	5000.0	126.3	145.2	126.3	157.6
2990.0	17.4	36.3	17.4	48.8	6000.0	180.5	199.3	180.5	211.8
3000.0	18.0	36.8	18.0	49.3	7000.0	234.7	253.5	234.7	266.0
3010.0	18.5	37.4	18.5	49.8	8000.0	288.8	307.7	288.8	320.1
3020.0	19.1	37.9	19.1	50.4	9000.0	343.0	361.9	343.0	374.3
3030.0	19.6	38.5	19.6	50.9	9010.0	343.5	362.4	343.5	374.9
3040.0	20.2	39.0	20.2	51.5	9020.0	344.1	362.9	344.1	375.4
3050.0	20.7	39.5	20.7	52.0	9030.0	344.6	363.5	344.6	375.9
3060.0	21.2	40.1	21.2	52.5	9040.0	345.2	364.0	345.2	376.5

表 3-17 1038 mm 双环混合砖环砖量表之一（等小端尺寸 D=114 mm）

砖环内半径 r/mm	奇数砖层		偶数砖层		砖环内半径 r/mm	奇数砖层		偶数砖层	
	工作内环 $K_{46/0X}$（$K_{46/20X}$=144.5 块）	外环 $K_{57.5/0X}$（$K_{57.5/25X}$=144.5 块）	工作内环 $K_{57.5/0X}$（$K_{57.5/25X}$=144.5 块）	外环 $K_{46/0X}$（$K_{46/20X}$=144.5 块）		工作内环 $K_{46/0X}$（$K_{46/20X}$=144.5 块）	外环 $K_{57.5/0X}$（$K_{57.5/25X}$=144.5 块）	工作内环 $K_{57.5/0X}$（$K_{57.5/25X}$=144.5 块）	外环 $K_{46/0X}$（$K_{46/20X}$=144.5 块）
2670.0	0.1083	25.1891	0.1083	31.4186	3070.0	21.8	46.9	21.8	53.1
2680.0	0.7	25.7	0.7	32.0	3080.0	22.3	47.4	22.3	53.6
2690.0	1.2	26.3	1.2	32.5	3090.0	22.9	47.9	22.9	54.2
2700.0	1.7	26.8	1.7	33.0	3100.0	23.4	48.5	23.4	54.7
2710.0	2.3	27.4	2.3	33.6	3110.0	23.9	49.0	23.9	55.3
2720.0	2.8	27.9	2.8	34.1	3120.0	24.5	49.6	24.5	55.8
2730.0	3.4	28.4	3.4	34.7	3130.0	25.0	50.1	25.0	56.3
2740.0	3.9	29.0	3.9	35.2	3140.0	25.6	50.6	25.6	56.9
2750.0	4.4	29.5	4.4	35.8	3150.0	26.1	51.2	26.1	57.4
2760.0	5.0	30.1	5.0	36.3	3160.0	26.7	51.7	26.7	58.0
2770.0	5.5	30.6	5.5	36.8	3170.0	27.2	52.3	27.2	58.5
2780.0	6.1	31.1	6.1	37.4	3180.0	27.7	52.8	27.7	59.0
2790.0	6.6	31.7	6.6	37.9	3190.0	28.3	53.4	28.3	59.6
2800.0	7.2	32.2	7.2	38.5	3200.0	28.8	53.9	28.8	60.1
2810.0	7.7	32.8	7.7	39.0	3210.0	29.4	54.4	29.4	60.7
2820.0	8.2	33.3	8.2	39.5	3220.0	29.9	55.0	29.9	61.2
2830.0	8.8	33.9	8.8	40.1	3230.0	30.4	55.5	30.4	61.8
2840.0	9.3	34.4	9.3	40.6	3240.0	31.0	56.1	31.0	62.3
2850.0	9.9	34.9	9.9	41.2	3250.0	31.5	56.6	31.5	62.8
2860.0	10.4	35.5	10.4	41.7	3260.0	32.1	57.1	32.1	63.4
2870.0	10.9	36.0	10.9	42.3	3270.0	32.6	57.7	32.6	63.9
2880.0	11.5	36.6	11.5	42.8	3280.0	33.2	58.2	33.2	64.5
2890.0	12.0	37.1	12.0	43.3	3290.0	33.7	58.8	33.7	65.0
2900.0	12.6	37.6	12.6	43.9	3300.0	34.2	59.3	34.2	65.5
2910.0	13.1	38.2	13.1	44.4	3400.0	39.7	64.7	39.7	71.0
2920.0	13.7	38.7	13.7	45.0	3500.0	45.1	70.2	45.1	76.4
2930.0	14.2	39.3	14.2	45.5	3600.0	50.5	75.6	50.5	81.8
2940.0	14.7	39.8	14.7	46.0	3700.0	55.9	81.0	55.9	87.2
2950.0	15.3	40.4	15.3	46.6	3800.0	61.3	86.4	61.3	92.6
2960.0	15.8	40.9	15.8	47.1	3900.0	66.7	91.8	66.7	98.0
2970.0	16.4	41.4	16.4	47.7	4000.0	72.2	97.2	72.2	103.5
2980.0	16.9	42.0	16.9	48.2	5000.0	126.3	151.4	126.3	157.6
2990.0	17.4	42.5	17.4	48.8	6000.0	180.5	205.6	180.5	211.8
3000.0	18.0	43.1	18.0	49.3	7000.0	234.7	259.7	234.7	266.0
3010.0	18.5	43.6	18.5	49.8	8000.0	288.8	313.9	288.8	320.1
3020.0	19.1	44.1	19.1	50.4	9000.0	343.0	368.1	343.0	374.3
3030.0	19.6	44.7	19.6	50.9	9010.0	343.5	368.6	343.5	374.9
3040.0	20.2	45.2	20.2	51.5	9020.0	344.1	369.2	344.1	375.4
3050.0	20.7	45.8	20.7	52.0	9030.0	344.6	369.7	344.6	375.9
3060.0	21.2	46.3	21.2	52.5	9040.0	345.2	370.3	345.2	376.5

表 3-18　578mm 双环混合砖环砖量表之二（等小端尺寸 D=114 mm）

砖环内半径 r/mm	奇数砖层		偶数砖层		砖环内半径 r/mm	奇数砖层		偶数砖层	
	工作内环 $K_{23/0X}$（$K_{23/20X}$=72.3 块）	外环 $K_{34.5/0X}$（$K_{34.5/30X}$=72.3 块）	工作内环 $K_{34.5/0X}$（$K_{34.5/30X}$=72.3 块）	外环 $K_{23/0X}$（$K_{23/20X}$=72.3 块）		工作内环 $K_{23/0X}$（$K_{23/20X}$=72.3 块）	外环 $K_{34.5/0X}$（$K_{34.5/30X}$=72.3 块）	工作内环 $K_{34.5/0X}$（$K_{34.5/30X}$=72.3 块）	外环 $K_{23/0X}$（$K_{23/20X}$=72.3 块）
1340.0	0.325	12.9456	0.325	19.1746	1740.0	22.0	34.6	22.0	40.8
1350.0	0.9	13.5	0.9	19.7	1750.0	22.5	35.2	22.5	41.4
1360.0	1.4	14.0	1.4	20.3	1760.0	23.1	35.7	23.1	41.9
1370.0	2.0	14.6	2.0	20.8	1770.0	23.6	36.2	23.6	42.5
1380.0	2.5	15.1	2.5	21.3	1780.0	24.2	36.8	24.2	43.0
1390.0	3.0	15.7	3.0	21.9	1790.0	24.7	37.3	24.7	43.6
1400.0	3.6	16.2	3.6	22.4	1800.0	25.2	37.9	25.2	44.1
1410.0	4.1	16.7	4.1	23.0	1810.0	25.8	38.4	25.8	44.6
1420.0	4.7	17.3	4.7	23.5	1820.0	26.3	38.9	26.3	45.2
1430.0	5.2	17.8	5.2	24.0	1830.0	26.9	39.5	26.9	45.7
1440.0	5.7	18.4	5.7	24.6	1840.0	27.4	40.0	27.4	46.3
1450.0	6.3	18.9	6.3	25.1	1850.0	28.0	40.6	28.0	46.8
1460.0	6.8	19.4	6.8	25.7	1860.0	28.5	41.1	28.5	47.3
1470.0	7.4	20.0	7.4	26.2	1870.0	29.0	41.7	29.0	47.9
1480.0	7.9	20.5	7.9	26.8	1880.0	29.6	42.2	29.6	48.4
1490.0	8.5	21.1	8.5	27.3	1890.0	30.1	42.7	30.1	49.0
1500.0	9.0	21.6	9.0	27.8	1900.0	30.7	43.3	30.7	49.5
1510.0	9.5	22.2	9.5	28.4	1910.0	31.2	43.8	31.2	50.1
1520.0	10.1	22.7	10.1	28.9	1920.0	31.7	44.4	31.7	50.6
1530.0	10.6	23.2	10.6	29.5	1930.0	32.3	44.9	32.3	51.1
1540.0	11.2	23.8	11.2	30.0	1940.0	32.8	45.4	32.8	51.7
1550.0	11.7	24.3	11.7	30.6	1950.0	33.4	46.0	33.4	52.2
1560.0	12.2	24.9	12.2	31.1	1960.0	33.9	46.5	33.9	52.8
1570.0	12.8	25.4	12.8	31.6	1970.0	34.5	47.1	34.5	53.3
1580.0	13.3	25.9	13.3	32.2	1980.0	35.0	47.6	35.0	53.8
1590.0	13.9	26.5	13.9	32.7	1990.0	35.5	48.2	35.5	54.4
1600.0	14.4	27.0	14.4	33.3	2000.0	36.1	48.7	36.1	54.9
1610.0	15.0	27.6	15.0	33.8	2010.0	36.6	49.2	36.6	55.5
1620.0	15.5	28.1	15.5	34.3	2020.0	37.2	49.8	37.2	56.0
1630.0	16.0	28.7	16.0	34.9	2030.0	37.7	50.3	37.7	56.6
1640.0	16.6	29.2	16.6	35.4	2040.0	38.2	50.9	38.2	57.1
1650.0	17.1	29.7	17.1	36.0	2050.0	38.8	51.4	38.8	57.6
1660.0	17.7	30.3	17.7	36.5	2060.0	39.3	51.9	39.3	58.2
1670.0	18.2	30.8	18.2	37.1	2070.0	39.9	52.5	39.9	58.7
1680.0	18.7	31.4	18.7	37.6	2080.0	40.4	53.0	40.4	59.3
1690.0	19.3	31.9	19.3	38.1	2090.0	41.0	53.6	41.0	59.8
1700.0	19.8	32.4	19.8	38.7	2100.0	41.5	54.1	41.5	60.3
1710.0	20.4	33.0	20.4	39.2	2110.0	42.0	54.7	42.0	60.9
1720.0	20.9	33.5	20.9	39.8	2120.0	42.5776	55.1982	42,5776	61.4272
1730.0	21.5	34.1	21.5	40.3	+10.0	+0.5417	+0.5417	+0.5417	+0.5417

表 3-19　693 mm 双环混合砖环砖量表之二（等小端尺寸 D=114 mm）

砖环内半径 r/mm	奇数砖层		偶数砖层		砖环内半径 r/mm	奇数砖层		偶数砖层	
	工作内环 $K_{23/0X}$（$K_{23/20X}$=72.3 块）	外环 $K_{46/0X}$（$K_{46/40X}$=72.3 块）	工作内环 $K_{46/0X}$（$K_{46/40X}$=72.3 块）	外环 $K_{23/0X}$（$K_{23/20X}$=72.3 块）		工作内环 $K_{23/0X}$（$K_{23/20X}$=72.3 块）	外环 $K_{46/0X}$（$K_{46/40X}$=72.3 块）	工作内环 $K_{46/0X}$（$K_{46/40X}$=72.3 块）	外环 $K_{23/0X}$（$K_{23/20X}$=72.3 块）
1340.0	0.325	12.9456	0.325	25.4037	1740.0	22.0	34.6	22.0	47.1
1350.0	0.9	13.5	0.9	25.9	1750.0	22.5	35.2	22.5	47.6
1360.0	1.4	14.0	1.4	26.5	1760.0	23.1	35.7	23.1	48.2
1370.0	2.0	14.6	2.0	27.0	1770.0	23.6	36.2	23.6	48.7
1380.0	2.5	15.1	2.5	27.6	1780.0	24.2	36.8	24.2	49.2
1390.0	3.0	15.7	3.0	28.1	1790.0	24.7	37.3	24.7	49.8
1400.0	3.6	16.2	3.6	28.7	1800.0	25.2	37.9	25.2	50.3
1410.0	4.1	16.7	4.1	29.2	1810.0	25.8	38.4	25.8	50.9
1420.0	4.7	17.3	4.7	29.7	1820.0	26.3	38.9	26.3	51.4
1430.0	5.2	17.8	5.2	30.3	1830.0	26.9	39.5	26.9	51.9
1440.0	5.7	18.4	5.7	30.8	1840.0	27.4	40.0	27.4	52.5
1450.0	6.3	18.9	6.3	31.4	1850.0	28.0	40.6	28.0	53.0
1460.0	6.8	19.4	6.8	31.9	1860.0	28.5	41.1	28.5	53.6
1470.0	7.4	20.0	7.4	32.4	1870.0	29.0	41.7	29.0	54.1
1480.0	7.9	20.5	7.9	33.0	1880.0	29.6	42.2	29.6	54.7
1490.0	8.5	21.1	8.5	33.5	1890.0	30.1	42.7	30.1	55.2
1500.0	9.0	21.6	9.0	34.1	1900.0	30.7	43.3	30.7	55.7
1510.0	9.5	22.2	9.5	34.6	1910.0	31.2	43.8	31.2	56.3
1520.0	10.1	22.7	10.1	35.2	1920.0	31.7	44.4	31.7	56.8
1530.0	10.6	23.2	10.6	35.7	1930.0	32.3	44.9	32.3	57.4
1540.0	11.2	23.8	11.2	36.2	1940.0	32.8	45.4	32.8	57.9
1550.0	11.7	24.3	11.7	36.8	1950.0	33.4	46.0	33.4	58.4
1560.0	12.2	24.9	12.2	37.3	1960.0	33.9	46.5	33.9	59.0
1570.0	12.8	25.4	12.8	37.9	1970.0	34.5	47.1	34.5	59.5
1580.0	13.3	25.9	13.3	38.4	1980.0	35.0	47.6	35.0	60.1
1590.0	13.9	26.5	13.9	38.9	1990.0	35.5	48.2	35.5	60.6
1600.0	14.4	27.0	14.4	39.5	2000.0	36.1	48.7	36.1	61.2
1610.0	15.0	27.6	15.0	40.0	2010.0	36.6	49.2	36.6	61.7
1620.0	15.5	28.1	15.5	40.6	2020.0	37.2	49.8	37.2	62.2
1630.0	16.0	28.7	16.0	41.1	2030.0	37.7	50.3	37.7	62.8
1640.0	16.6	29.2	16.6	41.7	2040.0	38.2	50.9	38.2	63.3
1650.0	17.1	29.7	17.1	42.2	2050.0	38.8	51.4	38.8	63.9
1660.0	17.7	30.3	17.7	42.7	2060.0	39.3	51.9	39.3	64.4
1670.0	18.2	30.8	18.2	43.3	2070.0	39.9	52.5	39.9	64.9
1680.0	18.7	31.4	18.7	43.8	2080.0	40.4	53.0	40.4	65.5
1690.0	19.3	31.9	19.3	44.4	2090.0	41.0	53.6	41.0	66.0
1700.0	19.8	32.4	19.8	44.9	2100.0	41.5	54.1	41.5	66.6
1710.0	20.4	33.0	20.4	45.4	2110.0	42.0	54.7	42.0	67.1
1720.0	20.9	33.5	20.9	46.0	2120.0	42.5776	55.1982	42.5776	67.6563
1730.0	21.5	34.1	21.5	46.5	+10.0	+0.5417	+0.5417	+0.5417	+0.5417

表 3-20 808 mm 双环混合砖环砖量表之二（等小端尺寸 D=114 mm）

砖环内半径 r/mm	奇数砖层		偶数砖层		砖环内半径 r/mm	奇数砖层		偶数砖层	
	工作内环 $K_{34.5/0X}$（$K_{34.5/30X}$=72.3 块）	外环 $K_{46/0X}$（$K_{46/40X}$=72.3 块）	工作内环 $K_{46/0X}$（$K_{46/40X}$=72.3 块）	外环 $K_{34.5/0X}$（$K_{34.5/30X}$=72.3 块）		工作内环 $K_{34.5/0X}$（$K_{34.5/30X}$=72.3 块）	外环 $K_{46/0X}$（$K_{46/40X}$=72.3 块）	工作内环 $K_{46/0X}$（$K_{46/40X}$=72.3 块）	外环 $K_{34.5/0X}$（$K_{34.5/30X}$=72.3 块）
1340.0	0.325	19.1746	0.325	25.4037	1740.0	22.0	40.8	22.0	47.1
1350.0	0.9	19.7	0.9	25.9	1750.0	22.5	41.4	22.5	47.6
1360.0	1.4	20.3	1.4	26.5	1760.0	23.1	41.9	23.1	48.2
1370.0	2.0	20.8	2.0	27.0	1770.0	23.6	42.5	23.6	48.7
1380.0	2.5	21.3	2.5	27.6	1780.0	24.2	43.0	24.2	49.2
1390.0	3.0	21.9	3.0	28.1	1790.0	24.7	43.6	24.7	49.8
1400.0	3.6	22.4	3.6	28.7	1800.0	25.2	44.1	25.2	50.3
1410.0	4.1	23.0	4.1	29.2	1810.0	25.8	44.6	25.8	50.9
1420.0	4.7	23.5	4.7	29.7	1820.0	26.3	45.2	26.3	51.4
1430.0	5.2	24.0	5.2	30.3	1830.0	26.9	45.7	26.9	51.9
1440.0	5.7	24.6	5.7	30.8	1840.0	27.4	46.3	27.4	52.5
1450.0	6.3	25.1	6.3	31.4	1850.0	28.0	46.8	28.0	53.0
1460.0	6.8	25.7	6.8	31.9	1860.0	28.5	47.3	28.5	53.6
1470.0	7.4	26.2	7.4	32.4	1870.0	29.0	47.9	29.0	54.1
1480.0	7.9	26.8	7.9	33.0	1880.0	29.6	48.4	29.6	54.7
1490.0	8.5	27.3	8.5	33.5	1890.0	30.1	49.0	30.1	55.2
1500.0	9.0	27.8	9.0	34.1	1900.0	30.7	49.5	30.7	55.7
1510.0	9.5	28.4	9.5	34.6	1910.0	31.2	50.1	31.2	56.3
1520.0	10.1	28.9	10.1	35.2	1920.0	31.7	50.6	31.7	56.8
1530.0	10.6	29.5	10.6	35.7	1930.0	32.3	51.1	32.3	57.4
1540.0	11.2	30.0	11.2	36.2	1940.0	32.8	51.7	32.8	57.9
1550.0	11.7	30.6	11.7	36.8	1950.0	33.4	52.2	33.4	58.4
1560.0	12.2	31.1	12.2	37.3	1960.0	33.9	52.8	33.9	59.0
1570.0	12.8	31.6	12.8	37.9	1970.0	34.5	53.3	34.5	59.5
1580.0	13.3	32.2	13.3	38.4	1980.0	35.0	53.8	35.0	60.1
1590.0	13.9	32.7	13.9	38.9	1990.0	35.5	54.4	35.5	60.6
1600.0	14.4	33.3	14.4	39.5	2000.0	36.1	54.9	36.1	61.2
1610.0	15.0	33.8	15.0	40.0	2010.0	36.6	55.5	36.6	61.7
1620.0	15.5	34.3	15.5	40.6	2020.0	37.2	56.0	37.2	62.2
1630.0	16.0	34.9	16.0	41.1	2030.0	37.7	56.6	37.7	62.8
1640.0	16.6	35.4	16.6	41.7	2040.0	38.2	57.1	38.2	63.3
1650.0	17.1	36.0	17.1	42.2	2050.0	38.8	57.6	38.8	63.9
1660.0	17.7	36.5	17.7	42.7	2060.0	39.3	58.2	39.3	64.4
1670.0	18.2	37.1	18.2	43.3	2070.0	39.9	58.7	39.9	64.9
1680.0	18.7	37.6	18.7	43.8	2080.0	40.4	59.3	40.4	65.5
1690.0	19.3	38.1	19.3	44.4	2090.0	41.0	59.8	41.0	66.0
1700.0	19.8	38.7	19.8	44.9	2100.0	41.5	60.3	41.5	66.6
1710.0	20.4	39.2	20.4	45.4	2110.0	42.0	60.9	42.0	67.1
1720.0	20.9	39.8	20.9	46.0	2120.0	42.5776	61.4272	42.5776	67.6563
1730.0	21.5	40.3	21.5	46.5	+10.0	+0.5417	+0.5417	+0.5417	+0.5417

表 3-21　923 mm 双环混合砖环砖量表之二（等小端尺寸 D=114 mm）

砖环内半径 r/mm	奇数砖层		偶数砖层		砖环内半径 r/mm	奇数砖层		偶数砖层	
	工作内环 $K_{34.5/0X}$（$K_{34.5/30X}$=72.3 块）	外环 $K_{57.5/0X}$（$K_{57.5/50X}$=72.3 块）	工作内环 $K_{57.5/0X}$（$K_{57.5/50X}$=72.3 块）	外环 $K_{34.5/0X}$（$K_{34.5/30X}$=72.3 块）		工作内环 $K_{34.5/0X}$（$K_{34.5/30X}$=72.3 块）	外环 $K_{57.5/0X}$（$K_{57.5/50X}$=72.3 块）	工作内环 $K_{57.5/0X}$（$K_{57.5/50X}$=72.3 块）	外环 $K_{34.5/0X}$（$K_{34.5/30X}$=72.3 块）
1340.0	0.325	19.1746	0.325	31.6327	1740.0	22.0	40.8	22.0	53.3
1350.0	0.9	19.7	0.9	32.2	1750.0	22.5	41.4	22.5	53.8
1360.0	1.4	20.3	1.4	32.7	1760.0	23.1	41.9	23.1	54.4
1370.0	2.0	20.8	2.0	33.3	1770.0	23.6	42.5	23.6	54.9
1380.0	2.5	21.3	2.5	33.8	1780.0	24.2	43.0	24.2	55.5
1390.0	3.0	21.9	3.0	34.3	1790.0	24.7	43.6	24.7	56.0
1400.0	3.6	22.4	3.6	34.9	1800.0	25.2	44.1	25.2	56.6
1410.0	4.1	23.0	4.1	35.4	1810.0	25.8	44.6	25.8	57.1
1420.0	4.7	23.5	4.7	36.0	1820.0	26.3	45.2	26.3	57.6
1430.0	5.2	24.0	5.2	36.5	1830.0	26.9	45.7	26.9	58.2
1440.0	5.7	24.6	5.7	37.0	1840.0	27.4	46.3	27.4	58.7
1450.0	6.3	25.1	6.3	37.6	1850.0	28.0	46.8	28.0	59.3
1460.0	6.8	25.7	6.8	38.1	1860.0	28.5	47.3	28.5	59.8
1470.0	7.4	26.2	7.4	38.7	1870.0	29.0	47.9	29.0	60.3
1480.0	7.9	26.8	7.9	39.2	1880.0	29.6	48.4	29.6	60.9
1490.0	8.5	27.3	8.5	39.8	1890.0	30.1	49.0	30.1	61.4
1500.0	9.0	27.8	9.0	40.3	1900.0	30.7	49.5	30.7	62.0
1510.0	9.5	28.4	9.5	40.8	1910.0	31.2	50.1	31.2	62.5
1520.0	10.1	28.9	10.1	41.4	1920.0	31.7	50.6	31.7	63.1
1530.0	10.6	29.5	10.6	41.9	1930.0	32.3	51.1	32.3	63.6
1540.0	11.2	30.0	11.2	42.5	1940.0	32.8	51.7	32.8	64.1
1550.0	11.7	30.6	11.7	43.0	1950.0	33.4	52.2	33.4	64.7
1560.0	12.2	31.1	12.2	43.6	1960.0	33.9	52.8	33.9	65.2
1570.0	12.8	31.6	12.8	44.1	1970.0	34.5	53.3	34.5	65.8
1580.0	13.3	32.2	13.3	44.6	1980.0	35.0	53.8	35.0	66.3
1590.0	13.9	32.7	13.9	45.2	1990.0	35.5	54.4	35.5	66.8
1600.0	14.4	33.3	14.4	45.7	2000.0	36.1	54.9	36.1	67.4
1610.0	15.0	33.8	15.0	46.3	2010.0	36.6	55.5	36.6	67.9
1620.0	15.5	34.3	15.5	46.8	2020.0	37.2	56.0	37.2	68.5
1630.0	16.0	34.9	16.0	47.3	2030.0	37.7	56.6	37.7	69.0
1640.0	16.6	35.4	16.6	47.9	2040.0	38.2	57.1	38.2	69.6
1650.0	17.1	36.0	17.1	48.4	2050.0	38.8	57.6	38.8	70.1
1660.0	17.7	36.5	17.7	49.0	2060.0	39.3	58.2	39.3	70.6
1670.0	18.2	37.1	18.2	49.5	2070.0	39.9	58.7	39.9	71.2
1680.0	18.7	37.6	18.7	50.1	2080.0	40.4	59.3	40.4	71.7
1690.0	19.3	38.1	19.3	50.6	2090.0	41.0	59.8	41.0	72.3
1700.0	19.8	38.7	19.8	51.1	2100.0	41.5	60.3	41.5	72.8
1710.0	20.4	39.2	20.4	51.7	2110.0	42.0	60.9	42.0	73.3
1720.0	20.9	39.8	20.9	52.2	2120.0	42.5776	61.4272	42.5776	73.8853
1730.0	21.5	40.3	21.5	52.8	+10	+0.5417	+0.5417	+0.5417	+0.5417

表 3-22　**1038 mm** 双环混合砖环砖量表之二（等小端尺寸 D=114mm）

砖环内半径 r/mm	奇数砖层		偶数砖层		砖环内半径 r/mm	奇数砖层		偶数砖层	
	工作内环 $K_{46/0X}$（$K_{46/40X}$=72.3 块）	外环 $K_{57.5/0X}$（$K_{57.5/50X}$=72.3 块）	工作内环 $K_{57.5/0X}$（$K_{57.5/50X}$=72.3 块）	外环 $K_{46/0X}$（$K_{46/40X}$=72.3 块）		工作内环 $K_{46/0X}$（$K_{46/40X}$=72.3 块）	外环 $K_{57.5/0X}$（$K_{57.5/50X}$=72.3 块）	工作内环 $K_{57.5/0X}$（$K_{57.5/50X}$=72.3 块）	外环 $K_{46/0X}$（$K_{46/40X}$=72.3 块）
1340.0	0.325	25.4037	0.325	31.6327	1740.0	22.0	47.1	22.0	53.3
1350.0	0.9	25.9	0.9	32.2	1750.0	22.5	47.6	22.5	53.8
1360.0	1.4	26.5	1.4	32.7	1760.0	23.1	48.2	23.1	54.4
1370.0	2.0	27.0	2.0	33.3	1770.0	23.6	48.7	23.6	54.9
1380.0	2.5	27.6	2.5	33.8	1780.0	24.2	49.2	24.2	55.5
1390.0	3.0	28.1	3.0	34.3	1790.0	24.7	49.8	24.7	56.0
1400.0	3.6	28.7	3.6	34.9	1800.0	25.2	50.3	25.2	56.6
1410.0	4.1	29.2	4.1	35.4	1810.0	25.8	50.9	25.8	57.1
1420.0	4.7	29.7	4.7	36.0	1820.0	26.3	51.4	26.3	57.6
1430.0	5.2	30.3	5.2	36.5	1830.0	26.9	51.9	26.9	58.2
1440.0	5.7	30.8	5.7	37.0	1840.0	27.4	52.5	27.4	58.7
1450.0	6.3	31.4	6.3	37.6	1850.0	28.0	53.0	28.0	59.3
1460.0	6.8	31.9	6.8	38.1	1860.0	28.5	53.6	28.5	59.8
1470.0	7.4	32.4	7.4	38.7	1870.0	29.0	54.1	29.0	60.3
1480.0	7.9	33.0	7.9	39.2	1880.0	29.6	54.7	29.6	60.9
1490.0	8.5	33.5	8.5	39.8	1890.0	30.1	55.2	30.1	61.4
1500.0	9.0	34.1	9.0	40.3	1900.0	30.7	55.7	30.7	62.0
1510.0	9.5	34.6	9.5	40.8	1910.0	31.2	56.3	31.2	62.5
1520.0	10.1	35.2	10.1	41.4	1920.0	31.7	56.8	31.7	63.1
1530.0	10.6	35.7	10.6	41.9	1930.0	32.3	57.4	32.3	63.6
1540.0	11.2	36.2	11.2	42.5	1940.0	32.8	57.9	32.8	64.1
1550.0	11.7	36.8	11.7	43.0	1950.0	33.4	58.4	33.4	64.7
1560.0	12.2	37.3	12.2	43.6	1960.0	33.9	59.0	33.9	65.2
1570.0	12.8	37.9	12.8	44.1	1970.0	34.5	59.5	34.5	65.8
1580.0	13.3	38.4	13.3	44.6	1980.0	35.0	60.1	35.0	66.3
1590.0	13.9	38.9	13.9	45.2	1990.0	35.5	60.6	35.5	66.8
1600.0	14.4	39.5	14.4	45.7	2000.0	36.1	61.2	36.1	67.4
1610.0	15.0	40.0	15.0	46.3	2010.0	36.6	61.7	36.6	67.9
1620.0	15.5	40.6	15.5	46.8	2020.0	37.2	62.2	37.2	68.5
1630.0	16.0	41.1	16.0	47.3	2030.0	37.7	62.8	37.7	69.0
1640.0	16.6	41.7	16.6	47.9	2040.0	38.2	63.3	38.2	69.6
1650.0	17.1	42.2	17.1	48.4	2050.0	38.8	63.9	38.8	70.1
1660.0	17.7	42.7	17.7	49.0	2060.0	39.3	64.4	39.3	70.6
1670.0	18.2	43.3	18.2	49.5	2070.0	39.9	64.9	39.9	71.2
1680.0	18.7	43.8	18.7	50.1	2080.0	40.4	65.5	40.4	71.7
1690.0	19.3	44.4	19.3	50.6	2090.0	41.0	66.0	41.0	72.3
1700.0	19.8	44.9	19.8	51.1	2100.0	41.5	66.6	41.5	72.8
1710.0	20.4	45.4	20.4	51.7	2110.0	42.0	67.1	42.0	73.3
1720.0	20.9	46.0	20.9	52.2	2120.0	42.6	67.7	42.6	73.9
1730.0	21.5	46.5	21.5	52.8	+10.0	+0.5417	+0.5417	+0.5417	+0.5417

表 3-23　等小端尺寸高炉竖宽锐楔形砖与竖宽钝楔形砖双楔形砖砖环砖量通用表

砖环内半径 r/mm	每环块数		砖环内半径 r/mm	每环块数		砖环内半径 r/mm	每环块数		砖环内半径 r/mm	每环块数	
	K_r	K_{du}		K_r	K_{du}		K_r	K_{du}		K_r	K_{du}
1334.0	72.257	0	1670.0	54.1	36.4	2010.0	35.6	73.2	2350.0	17.2	110.1
1340.0	71.9325	0.650	1680.0	53.5	37.5	2020.0	35.1	74.3	2360.0	16.7	111.1
1350.0	71.4	1.7	1690.0	53.0	38.6	2030.0	34.6	75.4	2370.0	16.1	112.2
1360.0	70.8	2.8	1700.0	52.4	39.6	2040.0	34.0	76.5	2380.0	15.6	113.3
1370.0	70.3	3.9	1710.0	51.9	40.7	2050.0	33.5	77.6	2390.0	15.1	114.4
1380.0	69.8	5.0	1720.0	51.3	41.8	2060.0	32.9	78.6	2400.0	14.5	115.5
1390.0	69.2	6.1	1730.0	50.8	42.9	2070.0	32.4	79.7	2410.0	14.0	116.6
1400.0	68.7	7.1	1740.0	50.3	44.0	2080.0	31.8	80.8	2420.0	13.4	117.6
1410.0	68.1	8.2	1750.0	49.7	45.1	2090.0	31.3	81.9	2430.0	12.9	118.7
1420.0	67.6	9.3	1760.0	49.2	46.1	2100.0	30.8	83.0	2440.0	12.3	119.8
1430.0	67.1	10.4	1770.0	48.6	47.2	2110.0	30.2	84.1	2450.0	11.8	120.9
1440.0	66.5	11.5	1780.0	48.1	48.3	2120.0	29.7	85.1	2460.0	11.3	122.0
1450.0	66.0	12.6	1790.0	47.6	49.4	2130.0	29.1	86.2	2470.0	10.7	123.1
1460.0	65.4	13.6	1800.0	47.0	50.5	2140.0	28.6	87.3	2480.0	10.2	124.1
1470.0	64.9	14.7	1810.0	46.5	51.6	2150.0	28.1	88.4	2490.0	9.6	125.2
1480.0	64.3	15.8	1820.0	45.9	52.6	2160.0	27.5	89.5	2500.0	9.1	126.3
1490.0	63.8	16.9	1830.0	45.4	53.7	2170.0	27.0	90.6	2510.0	8.6	127.4
1500.0	63.3	18.0	1840.0	44.8	54.8	2180.0	26.4	91.6	2520.0	8.0	128.5
1510.0	62.7	19.1	1850.0	44.3	55.9	2190.0	25.9	92.7	2530.0	7.5	129.6
1520.0	62.2	20.1	1860.0	43.8	57.0	2200.0	25.3	93.8	2540.0	6.9	130.6
1530.0	61.6	21.2	1870.0	43.2	58.1	2210.0	24.8	94.9	2550.0	6.4	131.7
1540.0	61.1	22.3	1880.0	42.7	59.1	2220.0	24.3	96.0	2560.0	5.8	132.8
1550.0	60.6	23.4	1890.0	42.1	60.2	2230.0	23.7	97.1	2570.0	5.3	133.9
1560.0	60.0	24.5	1900.0	41.6	61.3	2240.0	23.2	98.1	2580.0	4.8	135.0
1570.0	59.5	25.6	1910.0	41.1	62.4	2250.0	22.6	99.2	2590.0	4.2	136.1
1580.0	58.9	26.6	1920.0	40.5	63.5	2260.0	22.1	100.3	2600.0	3.7	137.1
1590.0	58.4	27.7	1930.0	40.0	64.6	2270.0	21.6	101.4	2610.0	3.1	138.2
1600.0	57.8	28.8	1940.0	39.4	65.6	2280.0	21.0	102.5	2620.0	2.6	139.3
1610.0	57.3	29.9	1950.0	38.9	66.7	2290.0	20.5	103.6	2630.0	2.1	140.4
1620.0	56.8	31.0	1960.0	38.3	67.8	2300.0	19.9	104.6	2640.0	1.5	141.5
1630.0	56.2	32.1	1970.0	37.8	68.9	2310.0	19.4	105.7	2650.0	1.0	142.6
1640.0	55.7	33.1	1980.0	37.3	70.0	2320.0	18.8	106.8	2660.0	0.4	143.6
1650.0	55.1	34.2	1990.0	36.7	71.1	2330.0	18.3	107.9	2668.0	0.0	144.5
1660.0	54.6	35.3	2000.0	36.2	72.1	2340.0	17.8	109.0			

注：竖宽锐楔形砖数量 K_r 代表 $K_{23/20X}$、$K_{34.5/30X}$、$K_{46/40X}$ 或 $K_{57.5/50X}$；竖宽钝楔形砖数量 K_{du} 代表 $K_{23/10X}$、$K_{34.5/15X}$、$K_{46/20X}$ 或 $K_{57.5/25X}$。

表 3-24　等小端尺寸高炉竖宽特锐楔形砖与竖宽锐楔形砖双楔形砖砖环砖量通用表

砖环内半径 r/mm	每环块数		砖环内半径 r/mm	每环块数		砖环内半径 r/mm	每环块数		砖环内半径 r/mm	每环块数	
	K_{tr}	K_r		K_{tr}	K_r		K_{tr}	K_r		K_{tr}	K_r
889.3	48.171	0	1000.0	36.2	18.0	1120.0	23.2	37.5	1240.0	10.2	57.0
890.0	48.099	0.1084	1010.0	35.1	19.6	1130.0	22.1	39.1	1250.0	9.1	58.6
900.0	47.0	1.7	1020.0	34.0	21.2	1140.0	21.0	40.7	1260.0	8.0	60.2
910.0	45.9	3.4	1030.0	32.9	22.9	1150.0	19.9	42.4	1270.0	6.9	61.9
920.0	44.8	5.0	1040.0	31.8	24.5	1160.0	18.8	44.0	1280.0	5.9	63.5
930.0	43.8	6.6	1050.0	30.8	26.1	1170.0	17.8	45.6	1290.0	4.8	65.1
940.0	42.7	8.2	1060.0	29.7	27.7	1180.0	16.7	47.2	1300.0	3.7	66.7
950.0	41.6	9.9	1070.0	28.6	29.4	1190.0	15.6	48.9	1310.0	2.6	68.4
960.0	40.5	11.5	1080.0	27.5	31.0	1200.0	14.5	50.5	1320.0	1.5	70.0
970.0	39.4	13.1	1090.0	26.4	32.6	1210.0	13.4	52.1	1330.0	0.4	71.6
980.0	38.3	14.7	1100.0	25.3	34.2	1220.0	12.4	53.7	1334.0	0.0	72.3
990.0	37.3	16.4	1110.0	24.3	35.9	1230.0	11.3	55.4			

注：竖宽特锐楔形砖数量 K_{tr} 代表 $K_{23/30X}$、$K_{34.5/45X}$、$K_{46/60X}$ 或 $K_{57.5/75X}$；竖宽锐楔形砖数量 K_r 代表 $K_{23/20X}$、$K_{34.5/30X}$、$K_{46/40X}$ 或 $K_{57.5/50X}$。

表 3-25　578 mm 双环双楔形砖砖环砖量表（等小端尺寸 D=114 mm）

砖环内半径 r/mm	奇数砖层				偶数砖层			
	工作内环		外环		工作内环		外环	
	$K_{23/20X}$	$K_{23/10X}$	$K_{34.5/30X}$	$K_{34.5/15X}$	$K_{34.5/30X}$	$K_{34.5/15X}$	$K_{23/20X}$	$K_{23/10X}$
1340.0	71.9325	0.650	59.3118	25.8909	71.9325	0.650	53.0827	38.3488
1350.0	71.4	1.7	58.8	27.0	71.4	1.7	52.5	39.4
1360.0	70.8	2.8	58.2	28.1	70.8	2.8	52.0	40.5
1370.0	70.3	3.9	57.7	29.1	70.3	3.9	51.5	41.6
1380.0	69.8	5.0	57.1	30.2	69.8	5.0	50.9	42.7
1390.0	69.2	6.1	56.6	31.3	69.2	6.1	50.4	43.8
1400.0	68.7	7.1	56.1	32.4	68.7	7.1	49.8	44.8
1410.0	68.1	8.2	55.5	33.5	68.1	8.2	49.3	45.9
1420.0	67.6	9.3	55.0	34.6	67.6	9.3	48.7	47.0
1430.0	67.1	10.4	54.4	35.6	67.1	10.4	48.2	48.1
1440.0	66.5	11.5	53.9	36.7	66.5	11.5	47.7	49.2
1450.0	66.0	12.6	53.4	37.8	66.0	12.6	47.1	50.3
1460.0	65.4	13.6	52.8	38.9	65.4	13.6	46.6	51.3
1470.0	64.9	14.7	52.3	40.0	64.9	14.7	46.0	52.4
1480.0	64.3	15.8	51.7	41.1	64.3	15.8	45.5	53.5
1490.0	63.8	16.9	51.2	42.1	63.8	16.9	45.0	54.6
1500.0	63.3	18.0	50.6	43.2	63.3	18.0	44.4	55.7
1510.0	62.7	19.1	50.1	44.3	62.7	19.1	43.9	56.8
1520.0	62.2	20.1	49.6	45.4	62.2	20.1	43.3	57.8
1530.0	61.6	21.2	49.0	46.5	61.6	21.2	42.8	58.9
1540.0	61.1	22.3	48.5	47.6	61.1	22.3	42.2	60.0
1550.0	60.6	23.4	47.9	48.6	60.6	23.4	41.7	61.1
1560.0	60.0	24.5	47.4	49.7	60.0	24.5	41.2	62.2
1570.0	59.5	25.6	46.9	50.8	59.5	25.6	40.6	63.3
1580.0	58.9	26.6	46.3	51.9	58.9	26.6	40.1	64.3
1590.0	58.4	27.7	45.8	53.0	58.4	27.7	39.5	65.4
1600.0	57.8	28.8	45.2	54.1	57.8	28.8	39.0	66.5
1700.0	52.4	39.6	39.8	64.9	52.4	39.6	33.6	77.3
1800.0	47.0	50.5	34.4	75.7	47.0	50.5	28.2	88.2
1900.0	41.6	61.3	29.0	86.6	41.6	61.3	22.7	99.0
2000.0	36.2	72.1	23.6	97.4	36.2	72.1	17.3	109.8
2010.0	35.6	73.2	23.0	98.5	35.6	73.2	16.8	110.9
2020.0	35.1	74.3	22.5	99.6	35.1	74.3	16.2	112.0
2030.0	34.6	75.4	21.9	100.6	34.6	75.4	15.7	113.1
2040.0	34.0	76.5	21.4	101.7	34.0	76.5	15.2	114.2
2050.0	33.5	77.6	20.9	102.8	33.5	77.6	14.6	115.3
2060.0	32.9	78.6	20.3	103.9	32.9	78.6	14.1	116.3
2070.0	32.4	79.7	19.8	105.0	32.4	79.7	13.5	117.4
2080.0	31.8467	80.8142	19.2260	106.0551	31.8467	80.8142	12.9969	118.5130
+10.0	−0.5417	+1.0833	−0.5417	+1.0833	−0.5417	+1.0833	−0.5417	+1.0833

表 3-26 693mm 双环双楔形砖砖环砖量表（等小端尺寸 D=114 mm）

砖环内半径 r/mm	奇数砖层				偶数砖层			
	工作内环		外 环		工作内环		外 环	
	$K_{23/20X}$	$K_{23/10X}$	$K_{46/40X}$	$K_{46/20X}$	$K_{46/40X}$	$K_{46/20X}$	$K_{23/20X}$	$K_{23/10X}$
1340.0	71.9325	0.650	59.3118	25.8909	71.9325	0.650	46.8536	50.8068
1350.0	71.4	1.7	58.8	27.0	71.4	1.7	46.3	51.9
1360.0	70.8	2.8	58.2	28.1	70.8	2.8	45.8	53.0
1370.0	70.3	3.9	57.7	29.1	70.3	3.9	45.2	54.1
1380.0	69.8	5.0	57.1	30.2	69.8	5.0	44.7	55.1
1390.0	69.2	6.1	56.6	31.3	69.2	6.1	44.1	56.2
1400.0	68.7	7.1	56.1	32.4	68.7	7.1	43.6	57.3
1410.0	68.1	8.2	55.5	33.5	68.1	8.2	43.1	58.4
1420.0	67.6	9.3	55.0	34.6	67.6	9.3	42.5	59.5
1430.0	67.1	10.4	54.4	35.6	67.1	10.4	42.0	60.6
1440.0	66.5	11.5	53.9	36.7	66.5	11.5	41.4	61.6
1450.0	66.0	12.6	53.4	37.8	66.0	12.6	40.9	62.7
1460.0	65.4	13.6	52.8	38.9	65.4	13.6	40.4	63.8
1470.0	64.9	14.7	52.3	40.0	64.9	14.7	39.8	64.9
1480.0	64.3	15.8	51.7	41.1	64.3	15.8	39.3	66.0
1490.0	63.8	16.9	51.2	42.1	63.8	16.9	38.7	67.1
1500.0	63.3	18.0	50.6	43.2	63.3	18.0	38.2	68.1
1510.0	62.7	19.1	50.1	44.3	62.7	19.1	37.6	69.2
1520.0	62.2	20.1	49.6	45.4	62.2	20.1	37.1	70.3
1530.0	61.6	21.2	49.0	46.5	61.6	21.2	36.6	71.4
1540.0	61.1	22.3	48.5	47.6	61.1	22.3	36.0	72.5
1550.0	60.6	23.4	47.9	48.6	60.6	23.4	35.5	73.6
1560.0	60.0	24.5	47.4	49.7	60.0	24.5	34.9	74.6
1570.0	59.5	25.6	46.9	50.8	59.5	25.6	34.4	75.7
1580.0	58.9	26.6	46.3	51.9	58.9	26.6	33.9	76.8
1590.0	58.4	27.7	45.8	53.0	58.4	27.7	33.3	77.9
1600.0	57.8	28.8	45.2	54.1	57.8	28.8	32.8	79.0
1700.0	52.4	39.6	39.8	64.9	52.4	39.6	27.4	89.8
1800.0	47.0	50.5	34.4	75.7	47.0	50.5	21.9	100.6
1900.0	41.6	61.3	29.0	86.6	41.6	61.3	16.5	111.5
2000.0	36.2	72.1	23.6	97.4	36.2	72.1	11.1	122.3
2010.0	35.6	73.2	23.0	98.5	35.6	73.2	10.6	123.4
2020.0	35.1	74.3	22.5	99.6	35.1	74.3	10.0	124.5
2030.0	34.6	75.4	21.9	100.6	34.6	75.4	9.5	125.6
2040.0	34.0	76.5	21.4	101.7	34.0	76.5	8.9	126.6
2050.0	33.5	77.6	20.9	102.8	33.5	77.6	8.4	127.7
2060.0	32.9	78.6	20.3	103.9	32.9	78.6	7.9	128.8
2070.0	32.4	79.7	19.8	105.0	32.4	79.7	7.3	129.9
2080.0	31.8467	80.8142	19.2260	106.0551	31.8467	80.8142	6.7678	130.9710
+10.0	−0.5417	+1.0833	−0.5417	+1.0833	−0.5417	+1.0833	−0.5417	+1.0833

表 3-27　808 mm 双环双楔形砖砖环砖量表（等小端尺寸 D=114 mm）

砖环内半径 r/mm	奇数砖层				偶数砖层			
	工作内环		外　环		工作内环		外　环	
	$K_{34.5/30X}$	$K_{34.5/15X}$	$K_{46/40X}$	$K_{46/20X}$	$K_{46/40X}$	$K_{46/20X}$	$K_{34.5/30X}$	$K_{34.5/15X}$
1340.0	71.9325	0.650	53.0827	38.3488	71.9325	0.650	46.8536	50.8068
1350.0	71.4	1.7	52.5	39.4	71.4	1.7	46.3	51.9
1360.0	70.8	2.8	52.0	40.5	70.8	2.8	45.8	53.0
1370.0	70.3	3.9	51.5	41.6	70.3	3.9	45.2	54.1
1380.0	69.8	5.0	50.9	42.7	69.8	5.0	44.7	55.1
1390.0	69.2	6.1	50.4	43.8	69.2	6.1	44.1	56.2
1400.0	68.7	7.1	49.8	44.8	68.7	7.1	43.6	57.3
1410.0	68.1	8.2	49.3	45.9	68.1	8.2	43.1	58.4
1420.0	67.6	9.3	48.7	47.0	67.6	9.3	42.5	59.5
1430.0	67.1	10.4	48.2	48.1	67.1	10.4	42.0	60.6
1440.0	66.5	11.5	47.7	49.2	66.5	11.5	41.4	61.6
1450.0	66.0	12.6	47.1	50.3	66.0	12.6	40.9	62.7
1460.0	65.4	13.6	46.6	51.3	65.4	13.6	40.4	63.8
1470.0	64.9	14.7	46.0	52.4	64.9	14.7	39.8	64.9
1480.0	64.3	15.8	45.5	53.5	64.3	15.8	39.3	66.0
1490.0	63.8	16.9	45.0	54.6	63.8	16.9	38.7	67.1
1500.0	63.3	18.0	44.4	55.7	63.3	18.0	38.2	68.1
1510.0	62.7	19.1	43.9	56.8	62.7	19.1	37.6	69.2
1520.0	62.2	20.1	43.3	57.8	62.2	20.1	37.1	70.3
1530.0	61.6	21.2	42.8	58.9	61.6	21.2	36.6	71.4
1540.0	61.1	22.3	42.2	60.0	61.1	22.3	36.0	72.5
1550.0	60.6	23.4	41.7	61.1	60.6	23.4	35.5	73.6
1560.0	60.0	24.5	41.2	62.2	60.0	24.5	34.9	74.6
1570.0	59.5	25.6	40.6	63.3	59.5	25.6	34.4	75.7
1580.0	58.9	26.6	40.1	64.3	58.9	26.6	33.9	76.8
1590.0	58.4	27.7	39.5	65.4	58.4	27.7	33.3	77.9
1600.0	57.8	28.8	39.0	66.5	57.8	28.8	32.8	79.0
1700.0	52.4	39.6	33.6	77.3	52.4	39.6	27.4	89.8
1800.0	47.0	50.5	28.2	88.2	47.0	50.5	21.9	100.6
1900.0	41.6	61.3	22.7	99.0	41.6	61.3	16.5	111.5
2000.0	36.2	72.1	17.3	109.8	36.2	72.1	11.1	122.3
2010.0	35.6	73.2	16.8	110.9	35.6	73.2	10.6	123.4
2020.0	35.1	74.3	16.2	112.0	35.1	74.3	10.0	124.5
2030.0	34.6	75.4	15.7	113.1	34.6	75.4	9.5	125.6
2040.0	34.0	76.5	15.2	114.2	34.0	76.5	8.9	126.6
2050.0	33.5	77.6	14.6	115.3	33.5	77.6	8.4	127.7
2060.0	32.9	78.6	14.1	116.3	32.9	78.6	7.9	128.8
2070.0	32.4	79.7	13.5	117.4	32.4	79.7	7.3	129.9
2080.0	31.8467	80.8142	12.9969	118.5130	31.8467	80.8142	6.7678	130.9710
+10.0	−0.5417	+1.0833	−0.5417	+1.0833	−0.5417	+1.0833	−0.5417	+1.0833

表 3-28　923 mm 双环双楔形砖砖环砖量表（等小端尺寸 D=114 mm）

砖环内半径 r/mm	奇数砖层				偶数砖层			
	工作内环		外　环		工作内环		外　环	
	$K_{34.5/30X}$	$K_{34.5/15X}$	$K_{57.5/50X}$	$K_{57.5/25X}$	$K_{57.5/50X}$	$K_{57.5/25X}$	$K_{34.5/30X}$	$K_{34.5/15X}$
1340.0	71.9325	0.650	53.0827	38.3488	71.9325	0.650	40.6245	63.2647
1350.0	71.4	1.7	52.5	39.4	71.4	1.7	40.1	64.3
1360.0	70.8	2.8	52.0	40.5	70.8	2.8	39.5	65.4
1370.0	70.3	3.9	51.5	41.6	70.3	3.9	39.0	66.5
1380.0	69.8	5.0	50.9	42.7	69.8	5.0	38.5	67.6
1390.0	69.2	6.1	50.4	43.8	69.2	6.1	37.9	68.7
1400.0	68.7	7.1	49.8	44.8	68.7	7.1	37.4	69.8
1410.0	68.1	8.2	49.3	45.9	68.1	8.2	36.8	70.8
1420.0	67.6	9.3	48.7	47.0	67.6	9.3	36.3	71.9
1430.0	67.1	10.4	48.2	48.1	67.1	10.4	35.7	73.0
1440.0	66.5	11.5	47.7	49.2	66.5	11.5	35.2	74.1
1450.0	66.0	12.6	47.1	50.3	66.0	12.6	34.7	75.2
1460.0	65.4	13.6	46.6	51.3	65.4	13.6	34.1	76.3
1470.0	64.9	14.7	46.0	52.4	64.9	14.7	33.6	77.3
1480.0	64.3	15.8	45.5	53.5	64.3	15.8	33.0	78.4
1490.0	63.8	16.9	45.0	54.6	63.8	16.9	32.5	79.5
1500.0	63.3	18.0	44.4	55.7	63.3	18.0	32.0	80.6
1510.0	62.7	19.1	43.9	56.8	62.7	19.1	31.4	81.7
1520.0	62.2	20.1	43.3	57.8	62.2	20.1	30.9	82.8
1530.0	61.6	21.2	42.8	58.9	61.6	21.2	30.3	83.8
1540.0	61.1	22.3	42.2	60.0	61.1	22.3	29.8	84.9
1550.0	60.6	23.4	41.7	61.1	60.6	23.4	29.2	86.0
1560.0	60.0	24.5	41.2	62.2	60.0	24.5	28.7	87.1
1570.0	59.5	25.6	40.6	63.3	59.5	25.6	28.2	88.2
1580.0	58.9	26.6	40.1	64.3	58.9	26.6	27.6	89.3
1590.0	58.4	27.7	39.5	65.4	58.4	27.7	27.1	90.3
1600.0	57.8	28.8	39.0	66.5	57.8	28.8	26.5	91.4
1700.0	52.4	39.6	33.6	77.3	52.4	39.6	21.1	102.3
1800.0	47.0	50.5	28.2	88.2	47.0	50.5	15.7	113.1
1900.0	41.6	61.3	22.7	99.0	41.6	61.3	10.3	123.9
2000.0	36.2	72.1	17.3	109.8	36.2	72.1	4.9	134.8
2010.0	35.6	73.2	16.8	110.9	35.6	73.2	4.3	135.8
2020.0	35.1	74.3	16.2	112.0	35.1	74.3	3.8	136.9
2030.0	34.6	75.4	15.7	113.1	34.6	75.4	3.2	138.0
2040.0	34.0	76.5	15.2	114.2	34.0	76.5	2.7	139.1
2050.0	33.5	77.6	14.6	115.3	33.5	77.6	2.2	140.2
2060.0	32.9	78.6	14.1	116.3	32.9	78.6	1.6	141.3
2070.0	32.4	79.7	13.5	117.4	32.4	79.7	1.1	142.3
2080.0	31.8467	80.8142	12.9969	118.5130	31.8467	80.8142	0.5387	143.4289
+10.0	−0.5417	+1.0833	−0.5417	+1.0833	−0.5417	+1.0833	−0.5417	+1.0833

表 3-29　1038 mm 双环双楔形砖砖环砖量表（等小端尺寸 D=114 mm）

砖环内半径 r/mm	奇数砖层				偶数砖层			
	工作内环		外　环		工作内环		外　环	
	$K_{46/40X}$	$K_{46/20X}$	$K_{57.5/50X}$	$K_{57.5/25X}$	$K_{57.5/50X}$	$K_{57.5/25X}$	$K_{46/40X}$	$K_{46/20X}$
1340.0	71.9325	0.650	46.8536	50.8068	71.9325	0.650	40.6245	63.2647
1350.0	71.4	1.7	46.3	51.9	71.4	1.7	40.1	64.3
1360.0	70.8	2.8	45.8	53.0	70.8	2.8	39.5	65.4
1370.0	70.3	3.9	45.2	54.1	70.3	3.9	39.0	66.5
1380.0	69.8	5.0	44.7	55.1	69.8	5.0	38.5	67.6
1390.0	69.2	6.1	44.1	56.2	69.2	6.1	37.9	68.7
1400.0	68.7	7.1	43.6	57.3	68.7	7.1	37.4	69.8
1410.0	68.1	8.2	43.1	58.4	68.1	8.2	36.8	70.8
1420.0	67.6	9.3	42.5	59.5	67.6	9.3	36.3	71.9
1430.0	67.1	10.4	42.0	60.6	67.1	10.4	35.7	73.0
1440.0	66.5	11.5	41.4	61.6	66.5	11.5	35.2	74.1
1450.0	66.0	12.6	40.9	62.7	66.0	12.6	34.7	75.2
1460.0	65.4	13.6	40.4	63.8	65.4	13.6	34.1	76.3
1470.0	64.9	14.7	39.8	64.9	64.9	14.7	33.6	77.3
1480.0	64.3	15.8	39.3	66.0	64.3	15.8	33.0	78.4
1490.0	63.8	16.9	38.7	67.1	63.8	16.9	32.5	79.5
1500.0	63.3	18.0	38.2	68.1	63.3	18.0	32.0	80.6
1510.0	62.7	19.1	37.6	69.2	62.7	19.1	31.4	81.7
1520.0	62.2	20.1	37.1	70.3	62.2	20.1	30.9	82.8
1530.0	61.6	21.2	36.6	71.4	61.6	21.2	30.3	83.8
1540.0	61.1	22.3	36.0	72.5	61.1	22.3	29.8	84.9
1550.0	60.6	23.4	35.5	73.6	60.6	23.4	29.2	86.0
1560.0	60.0	24.5	34.9	74.6	60.0	24.5	28.7	87.1
1570.0	59.5	25.6	34.4	75.7	59.5	25.6	28.2	88.2
1580.0	58.9	26.6	33.9	76.8	58.9	26.6	27.6	89.3
1590.0	58.4	27.7	33.3	77.9	58.4	27.7	27.1	90.3
1600.0	57.8	28.8	32.8	79.0	57.8	28.8	26.5	91.4
1700.0	52.4	39.6	27.4	89.8	52.4	39.6	21.1	102.3
1800.0	47.0	50.5	21.9	100.6	47.0	50.5	15.7	113.1
1900.0	41.6	61.3	16.5	111.5	41.6	61.3	10.3	123.9
2000.0	36.2	72.1	11.1	122.3	36.2	72.1	4.9	134.8
2010.0	35.6	73.2	10.6	123.4	35.6	73.2	4.3	135.8
2020.0	35.1	74.3	10.0	124.5	35.1	74.3	3.8	136.9
2030.0	34.6	75.4	9.5	125.6	34.6	75.4	3.2	138.0
2040.0	34.0	76.5	8.9	126.6	34.0	76.5	2.7	139.1
2050.0	33.5	77.6	8.4	127.7	33.5	77.6	2.2	140.2
2060.0	32.9	78.6	7.9	128.8	32.9	78.6	1.6	141.3
2070.0	32.4	79.7	7.3	129.9	32.4	79.7	1.1	142.3
2080.0	31.8467	80.8142	6.7678	130.9710	31.8467	80.8142	0.5387	143.4289
+10.0	−0.5417	+1.0833	−0.5417	+1.0833	−0.5417	+1.0833	−0.5417	+1.0833

3.3.6　高炉等小端尺寸砖环计算图

3.3.6.1　高炉等小端尺寸混合砖环计算图

高炉等小端尺寸 D=114 mm 混合砖环计算图（图 3-6），为竖宽锐楔形砖数量 $K_r=K_{23/20X}=K_{34.5/30X}=K_{46/40X}=K_{57.5/50X}=72.3$ 块与直形砖数量 $K_z=K_{23/0X}=K_{34.5/0X}=K_{46/0X}=K_{57.5/0X}$ 直角坐标计算图（直线 1）、竖宽钝楔形砖数量 $K_{du}=K_{23/10X}=K_{34.5/15X}=K_{46/20X}=K_{57.5/25X}=144.5$ 块与直形砖数量 $K_z=K_{23/0X}=K_{34.5/0X}=K_{46/0X}=K_{57.5/0X}$ 直角坐标计算图（直线 2），以及它们的砖环总砖数 K_h 直角坐标计算图（K_h 直线）。这些图由于横轴每小格代表 50 mm 和纵轴每小格代表 3 块砖，精度不够，不能用以查找砖量，只能作为等小端尺寸 D=114 mm 混合

砖环的全貌图。如果输入电脑在使用中局部放大或扩大比例画成施工图纸时，便可应用。但我们从这幅全貌图可看出：（1）等小端尺寸混合砖环计算图比等大端尺寸混合砖环计算图清晰，特别是采用特殊尺寸设计后，每条直线（直线 1 或直线 2）代表四组混合砖环。（2）直线 1、直线 2 和总砖数 K_h 直线彼此平行，且都向上倾斜。这是因为它们的直线方程 $K_z=0.05417r-72.3$、$K_z=0.05417r-144.5$ 和 $K_h=0.05417r$ 中 r 的系数（斜率）均为 0.05417，并且 K_z 和 K_h 随着 r 增大而增多。（3）砖环总砖数 K_h 直线为延长线通过原点的直线，因为在 $K_h=0.05417r$ 中，当 $r=0$ 时 $K_h=0$。（4）V_1'和 V_2'的纵坐标分别为 72.3 块和 144.5 块，表明竖宽锐楔形砖的每环极限砖数 K_r'和竖宽钝楔形砖的每环极限砖数 K'_{du} 分别为 72.3 块和 144.5 块。

为了较精确查找等小端尺寸混合砖环内直形砖数量，绘制了等小端尺寸竖宽锐楔形砖与直形砖混合砖环计算线（见图 3-7a）。水平直线上方刻度代表砖环内半径 r(mm)。起点 $r_r=1334.0$ mm。水平直线下方刻度代表直形砖数量 K_z，砖环内半径起点 1334.0 mm 为直形砖数量 0 点。之后，砖环内半径 r 每增加 $10(\Delta R)_1=10\times18.462=184.62$ mm，直形砖数量 K_z 增加 10 块。即 1334.0+184.62=1518.6 mm、1518.6+184.62=1703.2 mm、1703.2+184.62=1887.9 mm……分别代表直形砖数量 K_z 的 10 块、20 块、30 块……。在诸例题常见的 $r=2000.0$ mm 竖宽锐楔形砖与直线砖混合砖环中，计算值 $K_z=36.0$ 块，查图 3-7a，K_z 约为 36 块。

用图 3-7a 方法绘制了等小端尺寸竖宽钝楔形砖与直形砖混合砖环计算线（见图 3-7b）。在诸例题常见的 $r=5000.0$ mm 混合砖环（钝楔形砖与直形砖）中，计算值（或查砖量表）$K_z=126.3$ 块，查图 3-7b 约为 126.2 块。

等小端尺寸双环混合砖环计算线的绘制方法，可参考同类砖环砖量表。现以 578 mm 双环混合砖环为例，说明其计算线绘制方法。该计算线（见图 3-8）由三条水平直线组成。最上面的水平直线为整个砖环的内半径 r，实际尺寸 1 mm 的 1 小格代表 10.0 mm 砖环内半径。第二条水平直线为奇数砖层用砖数量，线上方刻度 a 表示奇数砖层工作内环中 $K_{23/0X}$，线下方刻度 b 表示奇数砖层外环中 $K_{34.5/0X}$。最下面的第三条水平直线为偶数砖层用砖数量，线上方刻度 c 表示偶数砖层工作内环中 $K_{34.5/0X}$，线下方刻度 d 表示偶数砖层外环中 $K_{23/0X}$。r 水平线、奇数砖层工作内环水平线 a 和偶数砖层工作内环水平线 c 的起点为 $r_{23/0X}=r_{34.5/0X}=2668.0$ mm 和 $K_{23/0X}=K_{34.5/0X}=0$ 块。每 10 块直形砖砖环内半径增大 $10(\Delta R)_1=10\times18.462=184.62$ mm，则 10 块、20 块、30 块……对应的砖环内半径 r 为 2668.0+184.62=2852.6 mm、2852.6+184.62=3037.2 mm、3037.2+184.62=3221.9 mm……。参考表 3-13 知，奇数砖层外环 $K_{34.5/0X}=20$ 块时砖环内半径 $r=20/0.05417+2668.0-233=2804.2$ mm，之后每增加 10 块直形砖时砖环内半径 r 增大 184.62 mm，则 30 块、40 块、50 块……对应的砖环内半径为 2804.2+184.62=2988.8 mm、2988.8+184.62=3173.4 mm、3173.4+184.62=3358.1 mm……。同理，参考表 3-13 知，偶数砖层外环 $K_{23/0X}=20$ 块时砖环内半径 $r=20/0.05417+2668.0-348=2689.2$ mm，之后每增加 10 块直形砖时砖环内半径 r 增大 184.62 mm，则 30 块、40 块、50 块……对应的砖环内半径为 2689.2+184.62=2873.8mm、2873.8+184.62=3058.4 mm、3058.4+184.62=3243.1 mm……。奇数砖层内外环和偶数砖层内外环，各环中的竖宽钝楔形砖数量 $K_{du}=K_{23/10X}=K_{34.5/15X}=144.5$ 块。

按图 3-8 方法，绘制了墙厚 693 mm、808 mm、923 mm 和 1038 mm 双环混合砖环（等小端尺寸 $D=114$ mm）计算线（见图 3-9～图 3-17）。

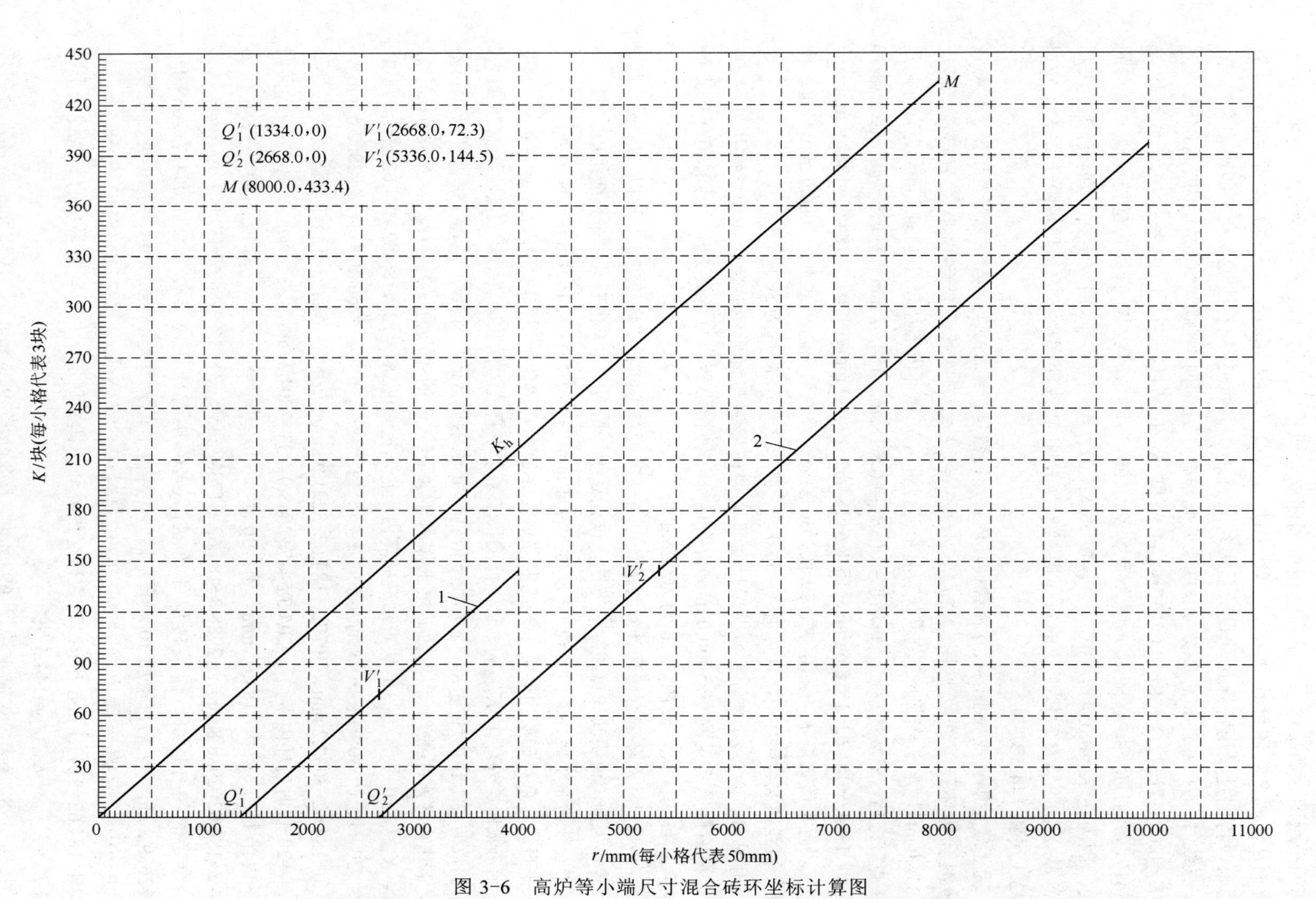

图 3-6　高炉等小端尺寸混合砖环坐标计算图

1—与 72.3 块锐楔形砖配砌的混合砖环的直形砖数量；2—与 144.5 块钝楔形砖配砌的混合砖环的直形砖数量；K_h—混合砖环总砖数

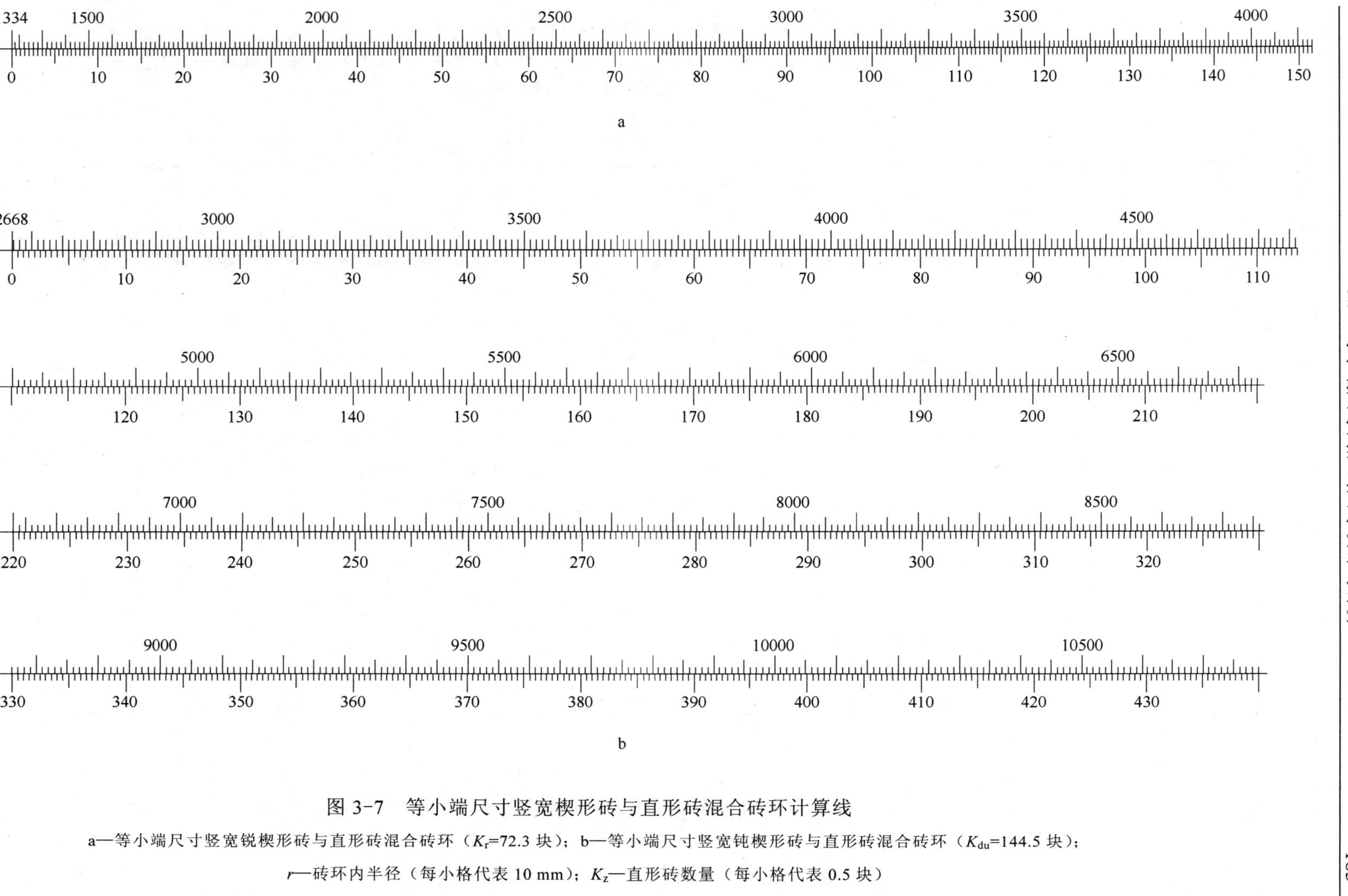

图 3-7 等小端尺寸竖宽楔形砖与直形砖混合砖环计算线

a—等小端尺寸竖宽锐楔形砖与直形砖混合砖环（K_r=72.3 块）；b—等小端尺寸竖宽钝楔形砖与直形砖混合砖环（K_{du}=144.5 块）；

r—砖环内半径（每小格代表 10 mm）；K_z—直形砖数量（每小格代表 0.5 块）

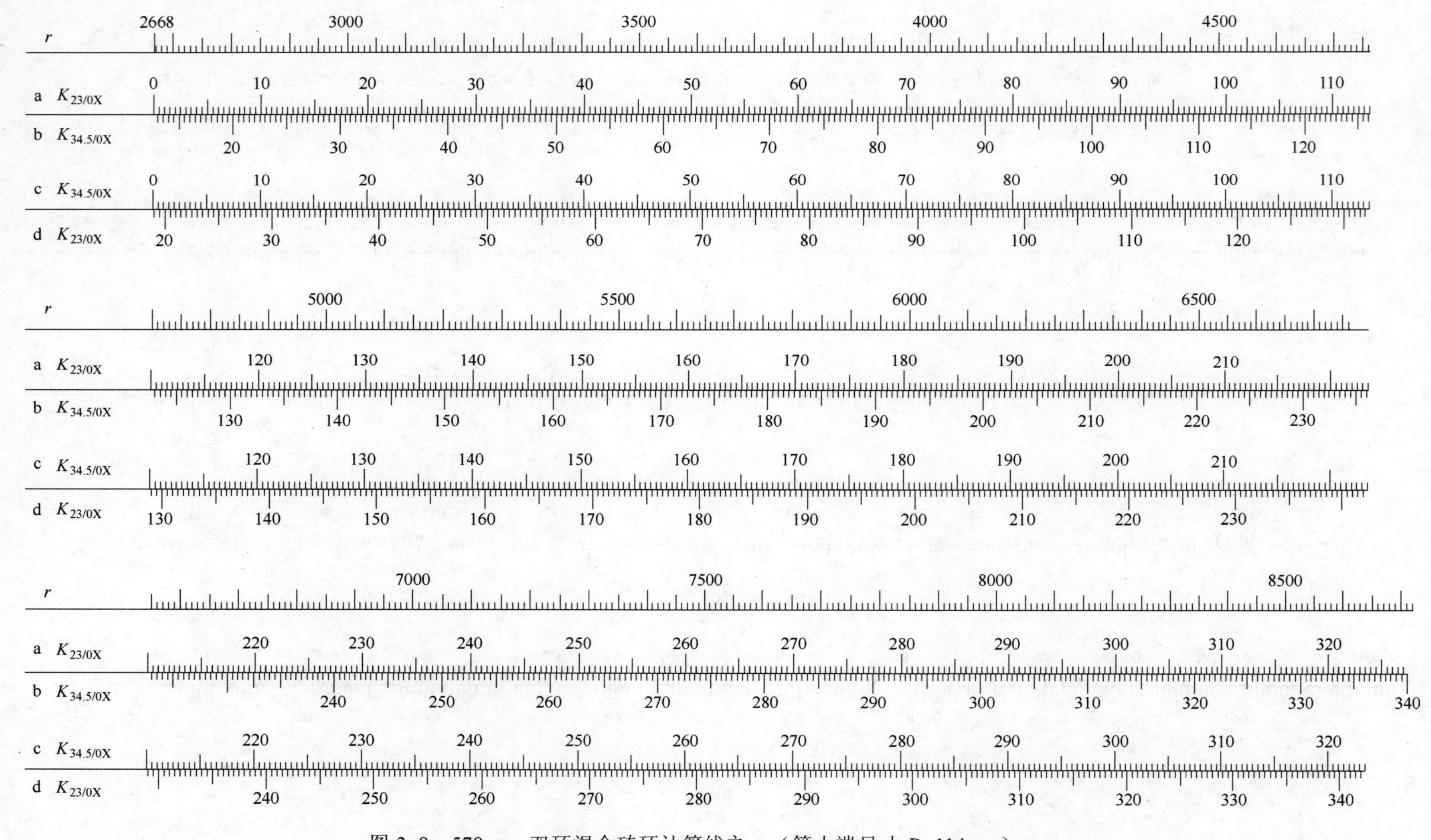

图 3-8　578 mm 双环混合砖环计算线之一（等小端尺寸 D=114mm）

r—砖环内半径/mm；a—奇数砖层工作内环；b—奇数砖层外环；c—偶数砖层工作内环；d—偶数砖层外环

注：各环的竖宽钝楔形砖数量 $K_{23/10X}=K_{34.5/15X}$=144.5 块

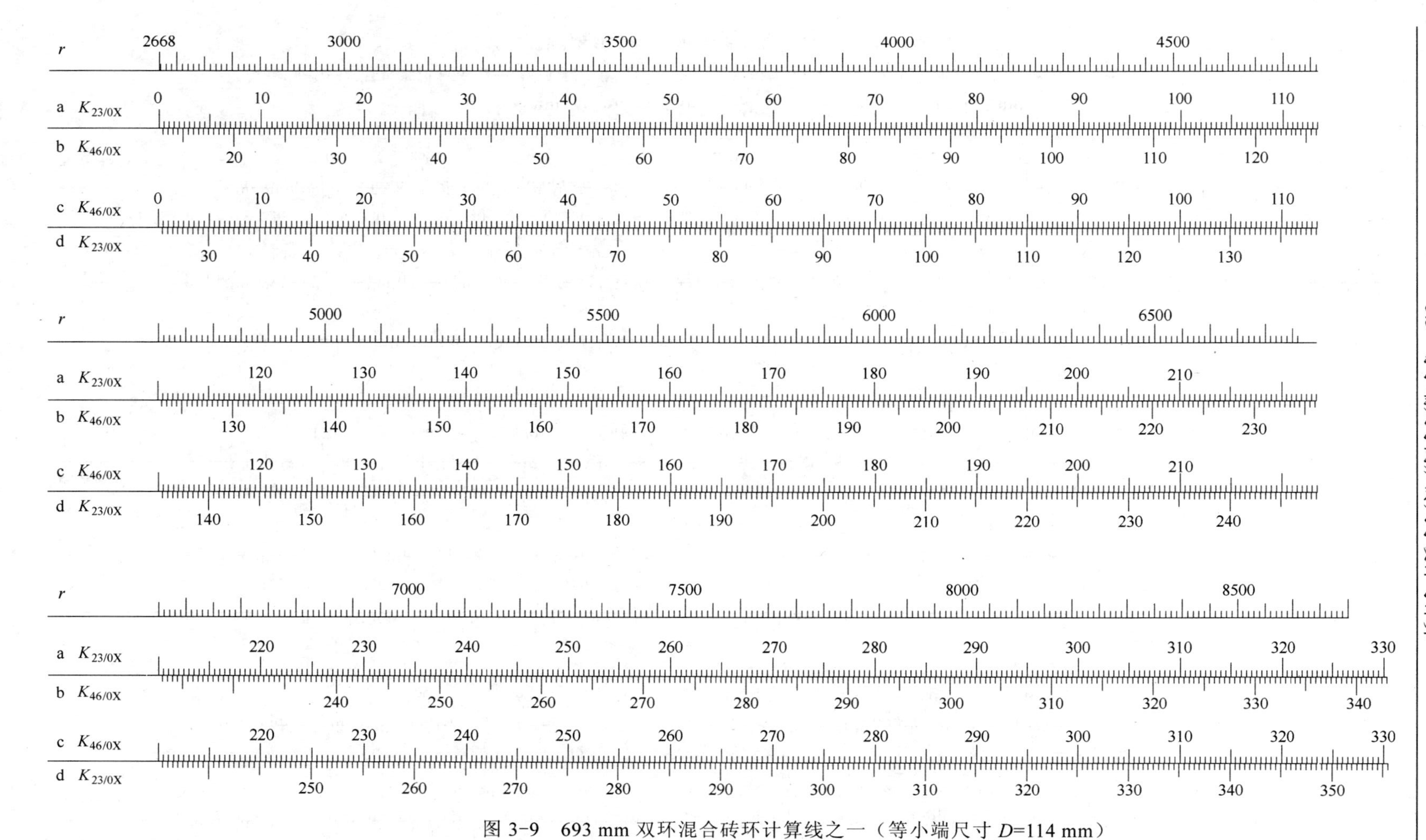

图 3-9 693 mm 双环混合砖环计算线之一（等小端尺寸 D=114 mm）

r—砖环内半径/mm；a—奇数砖层工作内环；b—奇数砖层外环；c—偶数砖层工作内环；d—偶数砖层外环

注：各环的竖宽钝楔形砖数量 $K_{23/10X}=K_{46/20X}=144.5$ 块

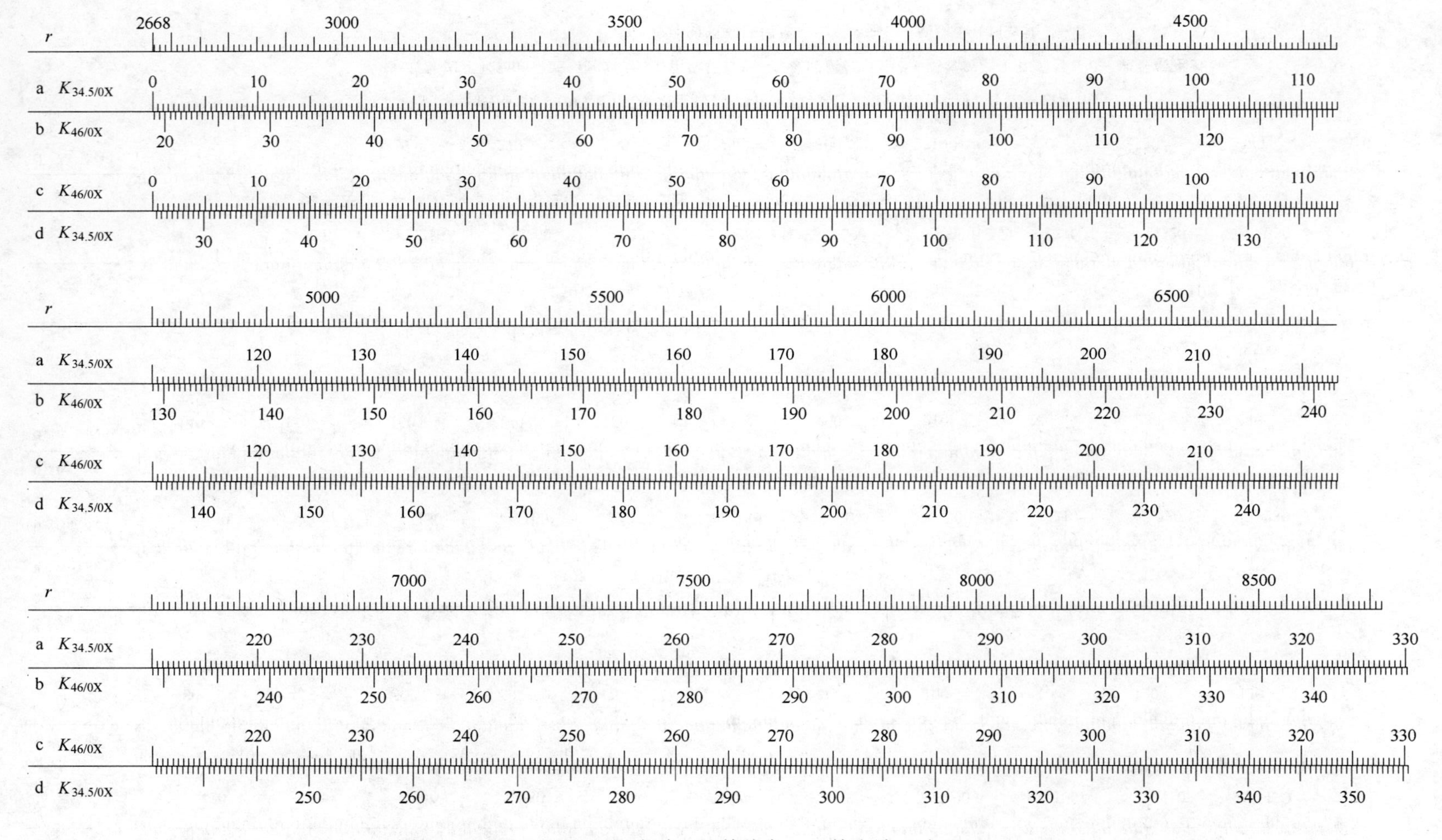

图 3-10　808 mm 双环混合砖环计算线之一（等小端尺寸 D=114 mm）

r—砖环内半径/mm；a—奇数砖层工作内环；b—奇数砖层外环；c—偶数砖层工作内环；d—偶数砖层外环

注：各环的竖宽钝楔形砖数量 $K_{34.5/15X}=K_{46/20X}$=144.5 块

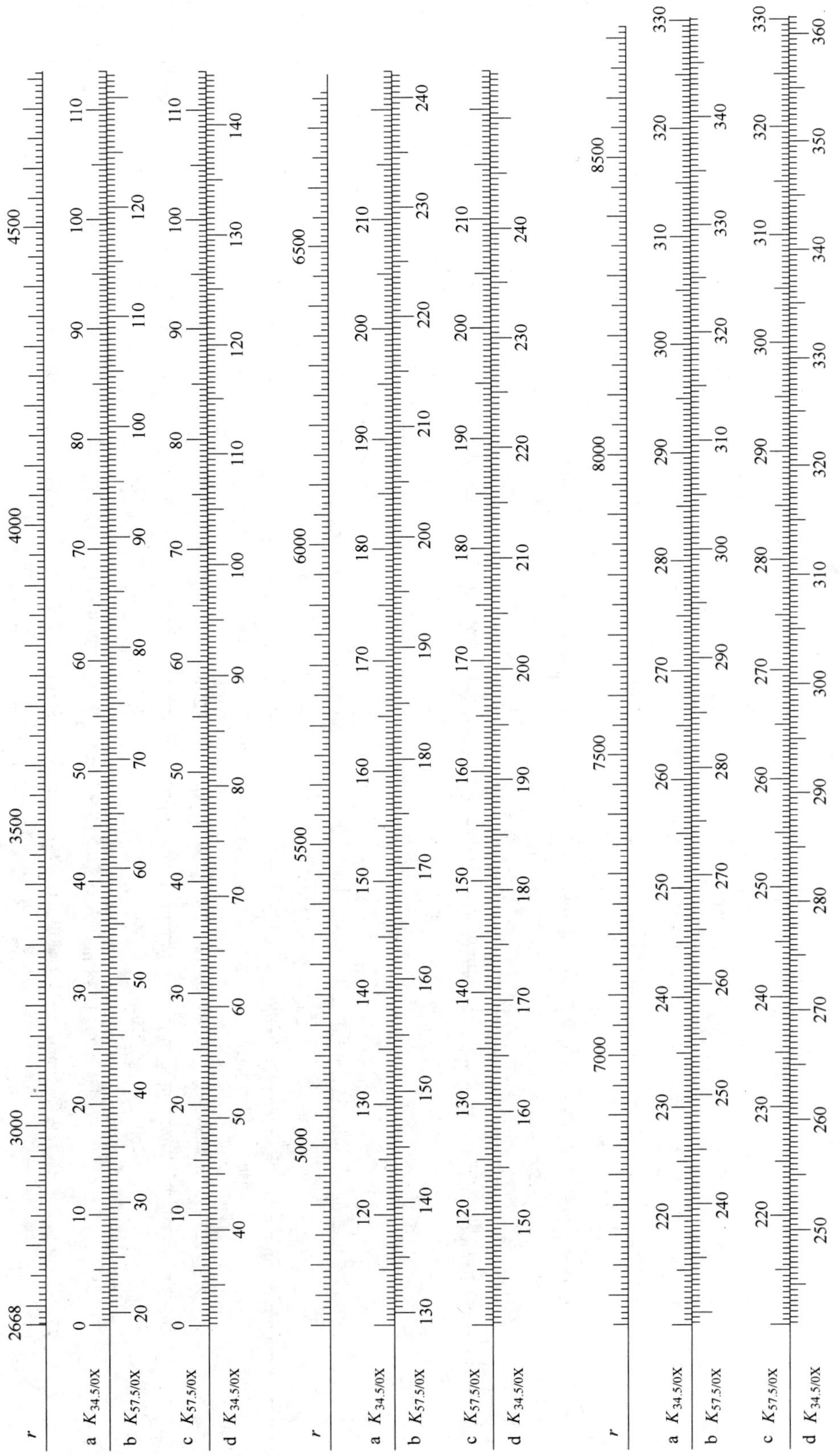

r　2668　3000　3500　4000　4500
a $K_{34.5/0X}$　0　10　20　30　40　50　60　70　80　90　100　110
b $K_{57.5/0X}$　20　30　40　50　60　70　80　90　100　110　120
c $K_{57.5/0X}$　0　10　20　30　40　50　60　70　80　90　100　110
d $K_{34.5/0X}$　40　50　60　70　80　90　100　110　120　130　140

r　5000　5500　6000　6500
a $K_{34.5/0X}$　120　130　140　150　160　170　180　190　200　210
b $K_{57.5/0X}$　130　140　150　160　170　180　190　200　210　220　230　240
c $K_{57.5/0X}$　120　130　140　150　160　170　180　190　200　210
d $K_{34.5/0X}$　150　160　170　180　190　200　210　220　230　240

r　7000　7500　8000　8500
a $K_{34.5/0X}$　220　230　240　250　260　270　280　290　300　310　320　330
b $K_{57.5/0X}$　240　250　260　270　280　290　300　310　320　330　340
c $K_{57.5/0X}$　220　230　240　250　260　270　280　290　300　310　320　330
d $K_{34.5/0X}$　250　260　270　280　290　300　310　320　330　340　350　360

图 3-11　923 mm 双环混合砖环计算线之一（等小端尺寸 D=114 mm）

r—砖环内半径/mm；a—奇数砖层工作内环；b—奇数砖层外环；c—偶数砖层工作内环；d—偶数砖层外环

注：各环的竖宽钝楔形砖数量 $K_{34.5/15X}=K_{57.5/25X}$=144.5 块

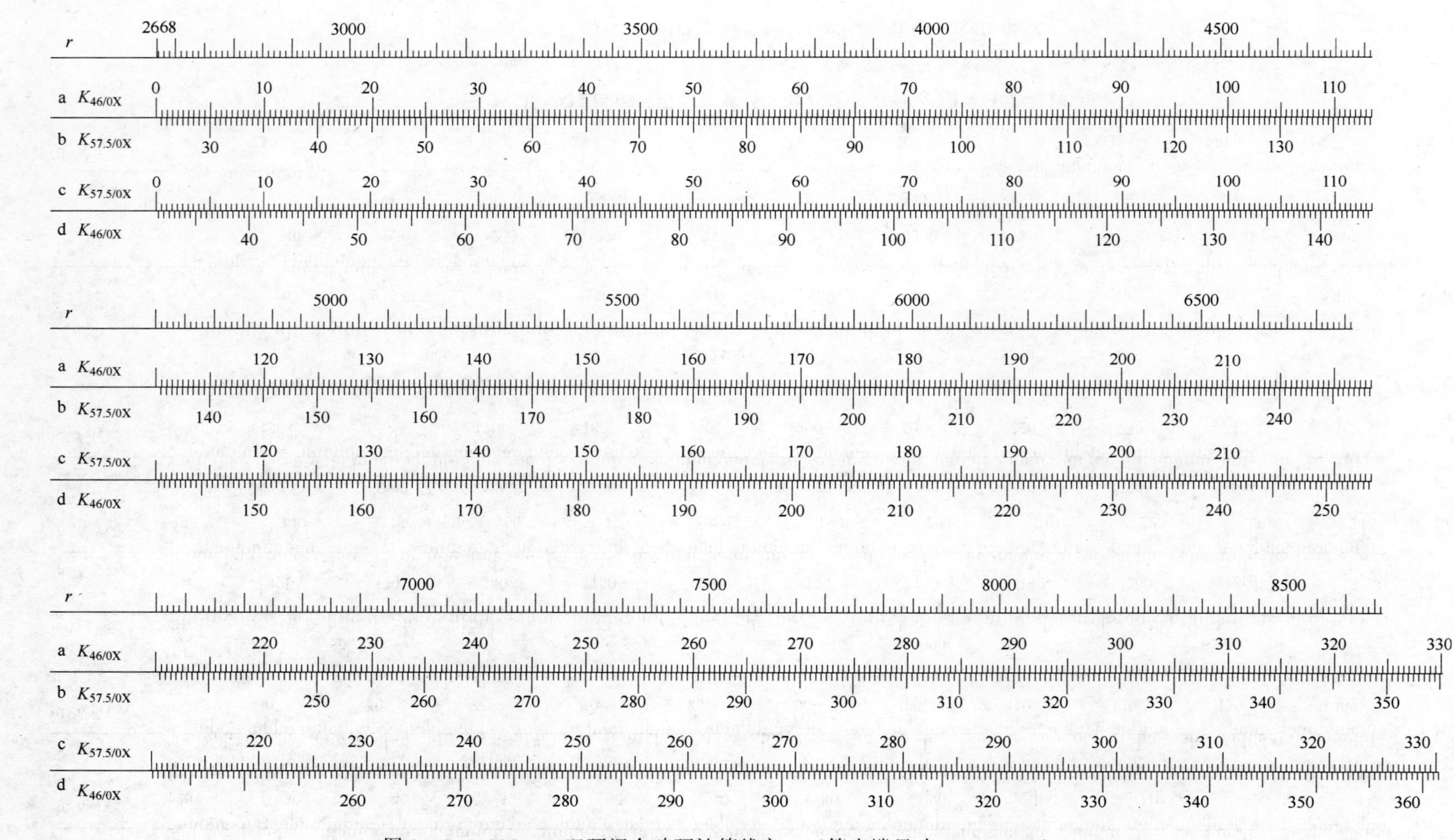

图 3-12　1038 mm 双环混合砖环计算线之一（等小端尺寸 D=114 mm）

r—砖环内半径/mm；a—奇数砖层工作内环；b—奇数砖层外环；c—偶数砖层工作内环；d—偶数砖层外环

注：各环的竖宽钝楔形砖数量 $K_{46/20X}=K_{57.5/25X}$=144.5 块

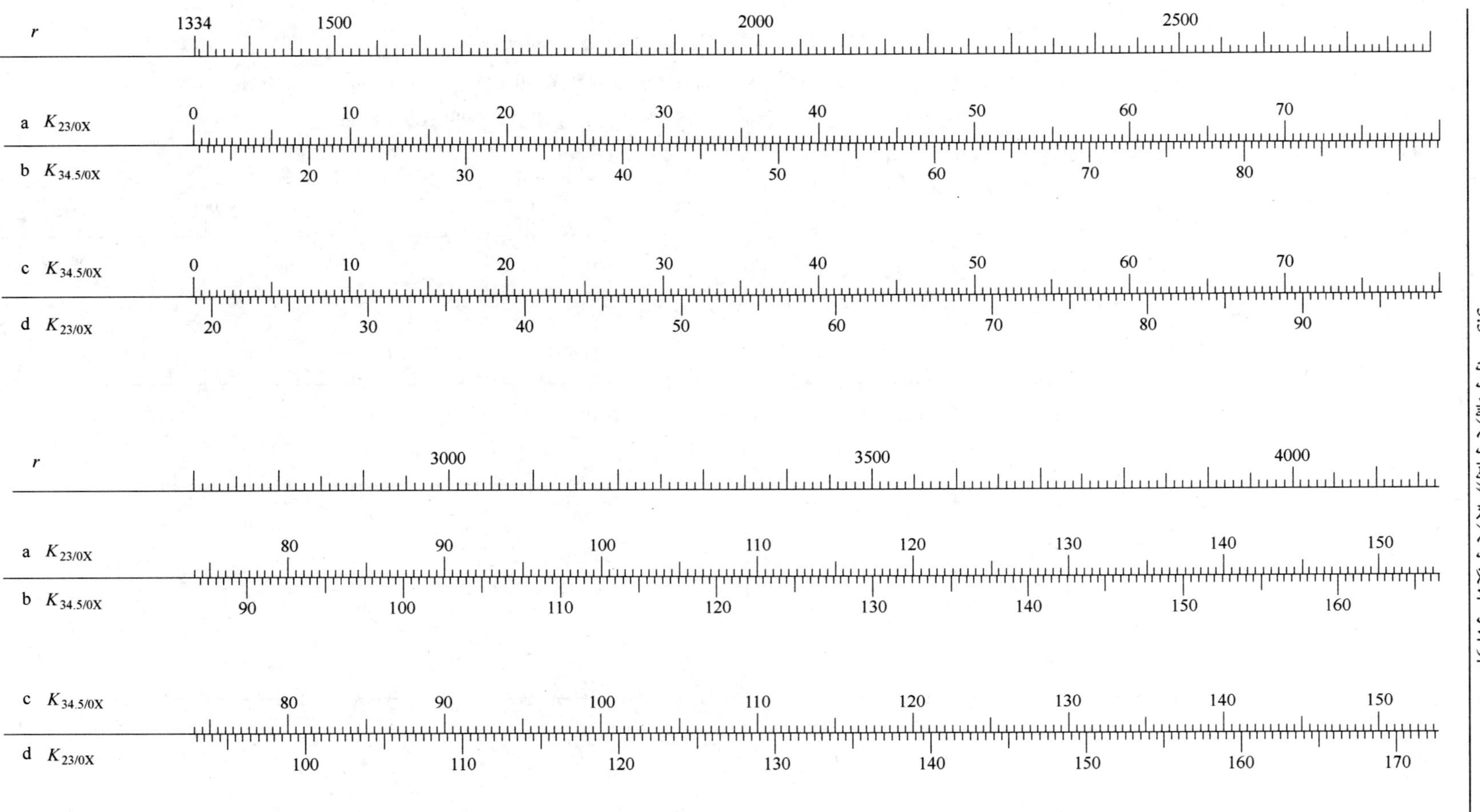

图 3-13　578 mm 双环混合砖环计算线之二（等小端尺寸 D=114 mm）

r—砖环内半径/mm；a—奇数砖层工作内环；b—奇数砖层外环；c—偶数砖层工作内环；d—偶数砖层外环

注：各环的竖宽锐楔形砖数量 $K_{23/20X}=K_{34.5/30X}$=72.3 块

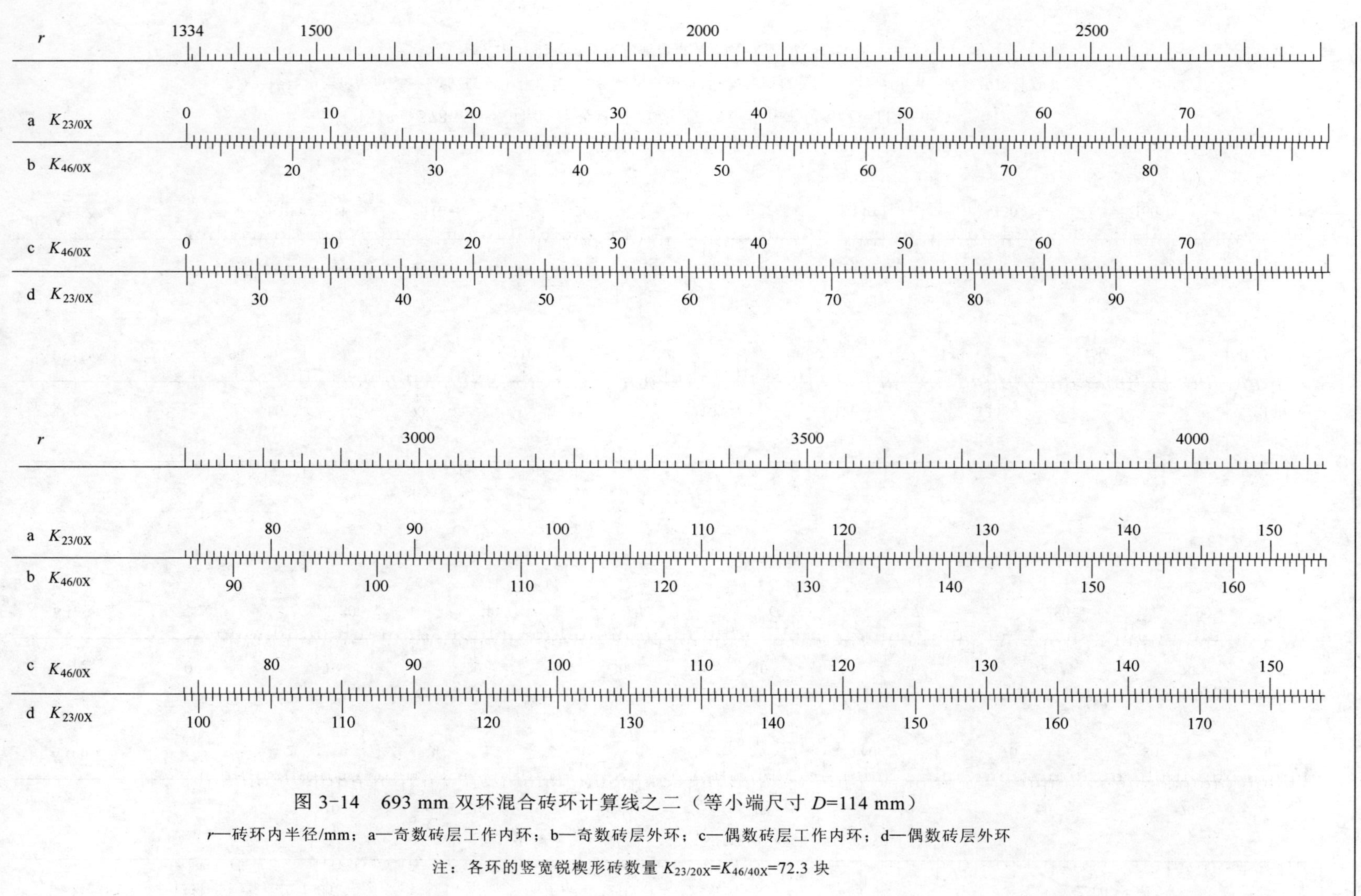

图 3-14　693 mm 双环混合砖环计算线之二（等小端尺寸 D=114 mm）

r—砖环内半径/mm；a—奇数砖层工作内环；b—奇数砖层外环；c—偶数砖层工作内环；d—偶数砖层外环

注：各环的竖宽锐楔形砖数量 $K_{23/20X}=K_{46/40X}=72.3$ 块

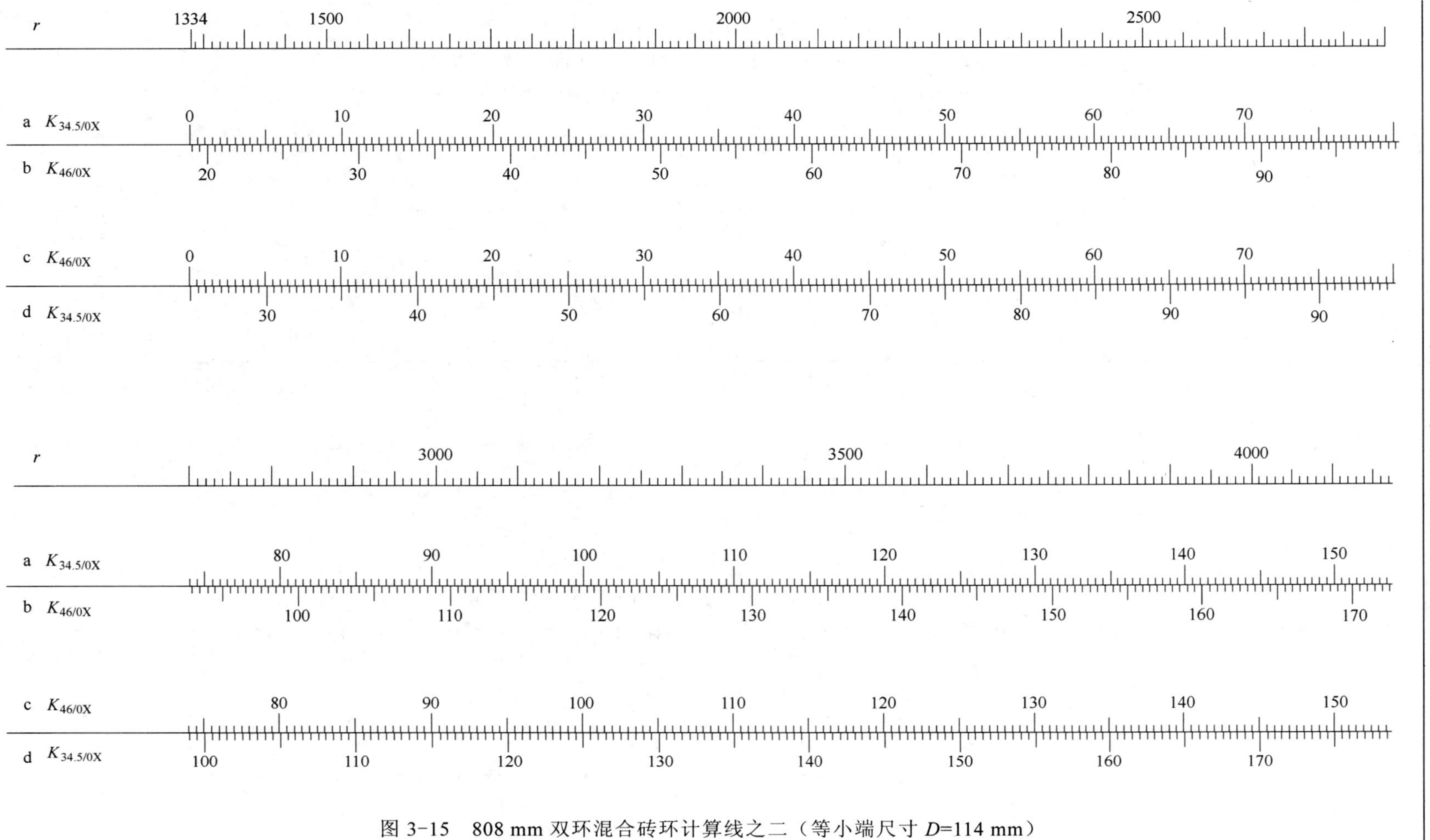

图 3-15 808 mm 双环混合砖环计算线之二（等小端尺寸 D=114 mm）

r—砖环内半径/mm；a—奇数砖层工作内环；b—奇数砖层外环；c—偶数砖层工作内环；d—偶数砖层外环

注：各环的竖宽锐楔形砖数量 $K_{34.5/30X}=K_{46/40X}$=72.3 块

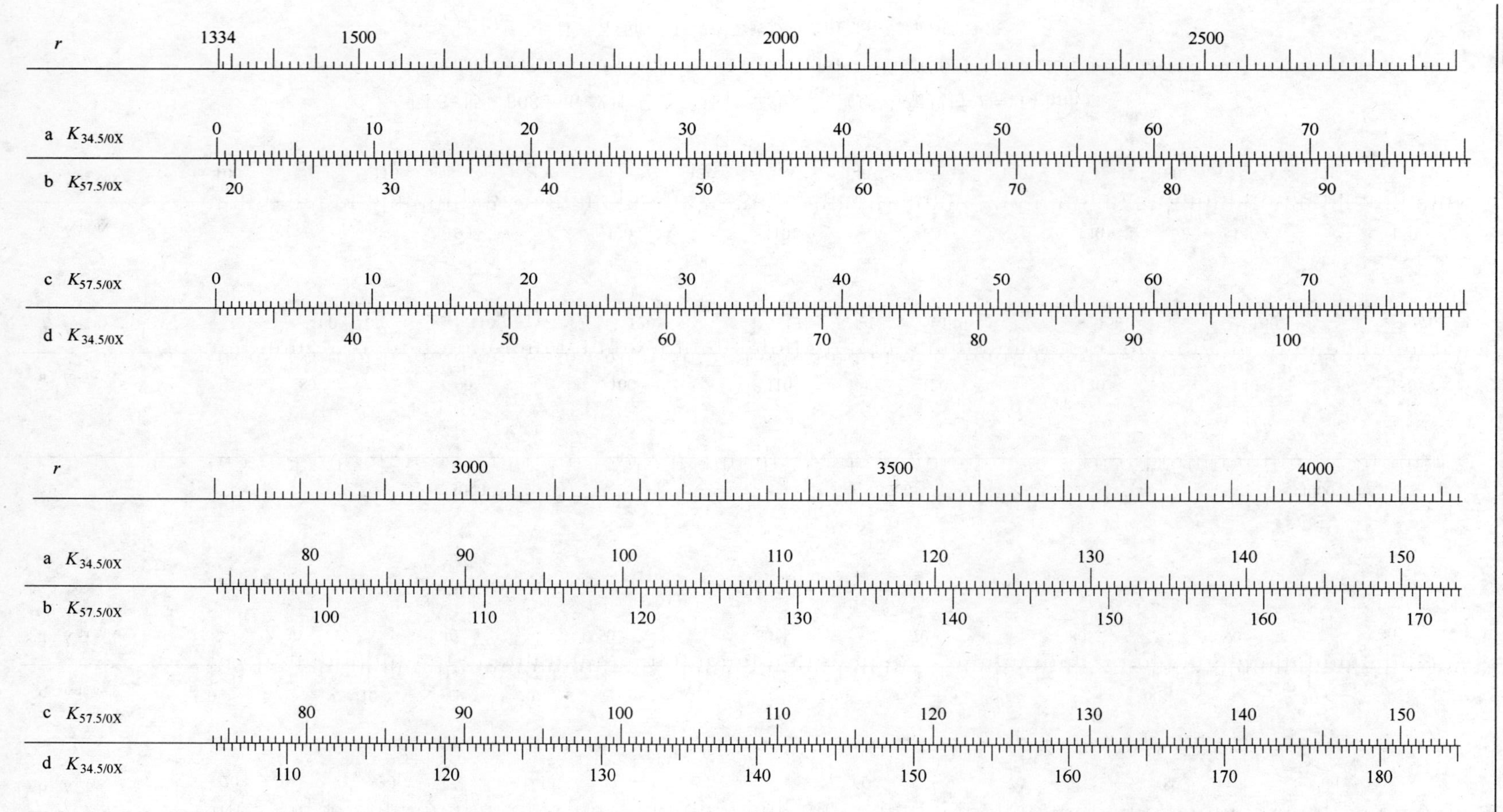

图 3-16　923 mm 双环混合砖环计算线之二（等小端尺寸 D=114 mm）

r—砖环内半径/mm；a—奇数砖层工作内环；b—奇数砖层外环；c—偶数砖层工作内环；d—偶数砖层外环

注：各环的竖宽锐楔形砖数量 $K_{34.5/30X}=K_{57.5/50X}=72.3$ 块

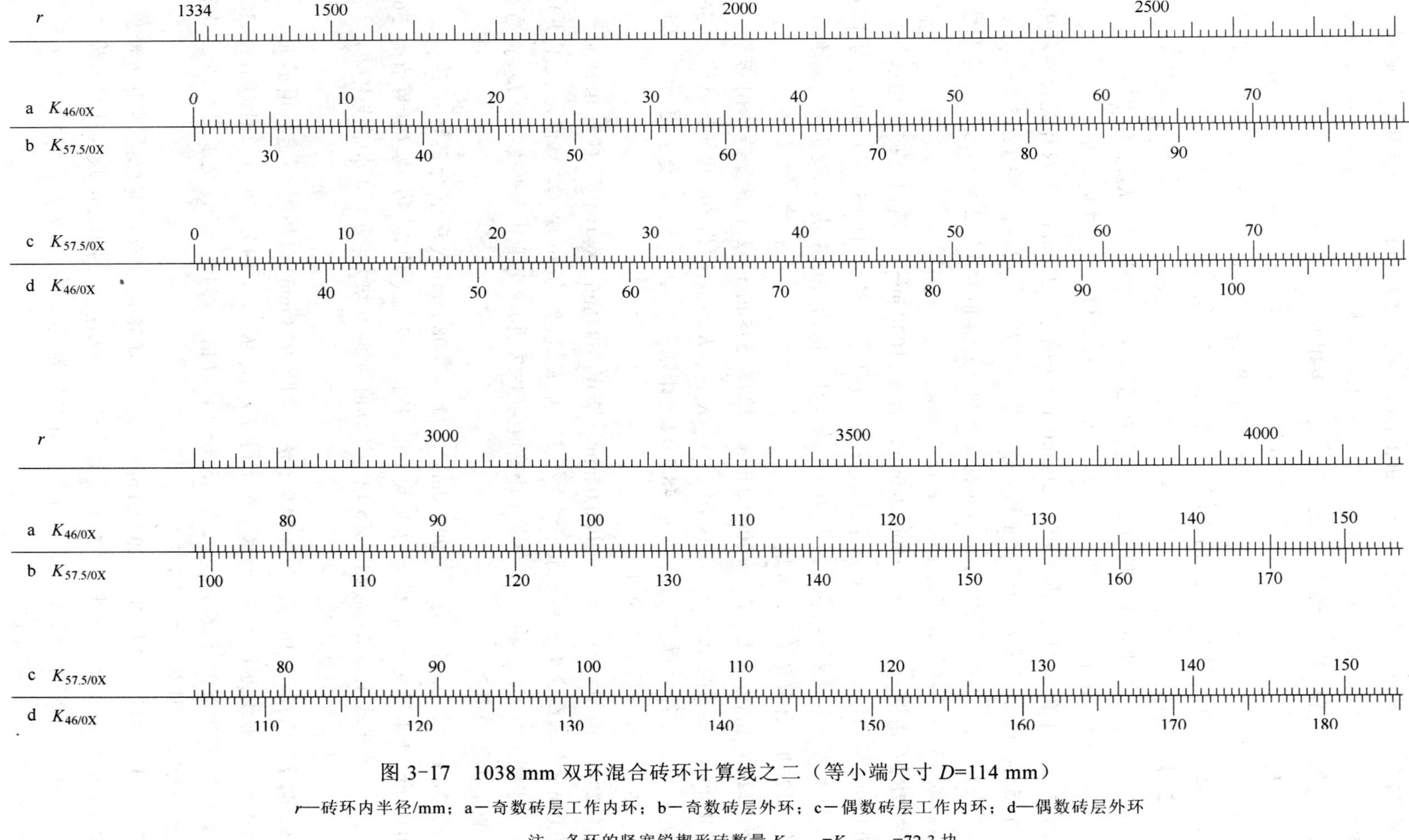

图 3-17 1038 mm 双环混合砖环计算线之二（等小端尺寸 D=114 mm）

r—砖环内半径/mm；a—奇数砖层工作内环；b—奇数砖层外环；c—偶数砖层工作内环；d—偶数砖层外环

注：各环的竖宽锐楔形砖数量 $K_{46/40X}=K_{57.5/50X}$=72.3 块

【例 21】 由图 3-8 查内半径 r=3000.0 mm、墙厚 57 8mm 混合砖环的用砖量。在 r=3000.0 mm 作垂线，交于 a、b、c 和 d 水平线上，得 $K_{23/0X}$ 约为 18 块，$K_{34.5/0X}$ 约为 31 块，$K_{34.5/0X}$ 约 18 块和 $K_{23/0X}$ 约为 37 块。与计算值极相近。

【例 25】 由图 3-9 内半径 r=3450.0 mm 作垂线，交于 a 和 c 水平线上得 $K_{23/0X}=K_{46/0X}$ 约为 42.5 块（计算值为 42.4 块），交于 b 水平线上得 $K_{46/0X}$ 约 55 块（计算值为 55.0 块），交于 d 水平线上得 $K_{23/0X}$ 约 67.5 块（计算值为 67.5 块）。

【例 26】 由图 3-10 的内半径 r=7000.0 mm 作垂线，交于 a 和 c 水平线上得 $K_{34.5/0X}=K_{46/0X}$ 约 234.5 块（计算值为 234.7 块），交于 b 水平线上得 $K_{46/0X}$ 约 253.5 块（与计算值相同），交于 d 水平线上得 $K_{34.5/0X}$ 约 260 块（计算值为 259.7 块）。

【例 27】 由图 3-11 的内半径 r=5000.0 mm（墙厚 923 mm）查双环混合砖环用砖量。在 r=5000.0 mm 作垂线，交于 a 和 c 水平线上得 $K_{34.5/0X}=K_{57.5/0X}$ 约 126.5 块（计算值为 126.3 块），交于 b 水平线上得 $K_{57.5/0X}$ 约 145 块（计算值为 145.2 块），交于 d 水平线上得 $K_{34.5/0X}$ 约 157.5 块（计算值为 157.6 块）。

【例 28】 由图 3-12 查 r=6000.0 mm、墙厚 1038 mm 双环混合砖环用砖量。在 r=6000.0 mm 作垂线交于 a 和 c 水平线上得 $K_{46/0X}=K_{57.5/0X}$ 约为 180.5 块（计算值为 180.5 块），交于 b 水平线上得 $K_{57.5/0X}$ 约为 205.5 块（计算值为 205.6 块），交于 d 水平线上得 $K_{46/0X}$ 约 212 块（计算值为 211.8 块）。

【例 22】 由图 3-13 查 r=2000.0 mm、墙厚 578 mm 双环混合砖环用砖量。在 r=2000.0 mm 作垂线交于 a 和 c 水平线上得 $K_{23/0X}=K_{34.5/0X}$ 约为 36 块（计算值为 36.1 块），交于 b 水平线上得 $K_{34.5/0X}$ 约为 48.5 块（计算值为 48.7 块），交于 d 水平线上得 $K_{23/0X}$ 约 55 块（计算值为 54.9 块）。

【例 29】 由图 3-14 查 r=2000.0 mm、墙厚 693 mm 双环混合砖环用砖量。在 r=2000.0 mm 作垂线交于 a 和 c 水平线上得 $K_{23/0X}=K_{46/0X}$ 约为 36 块（计算值为 36.1 块），交于 b 水平线上得 $K_{46/0X}$ 约为 48.5 块（计算值为 48.7 块），交于 d 水平线上得 $K_{23/0X}$ 约 61 块（计算值为 61.2 块）。

【例 30】由图 3-15 查 r=2000. 0mm、墙厚 808 mm 双环混合砖环用砖量。在 r=2000.0 mm 作垂线交于 a 和 c 水平线上得 $K_{34.5/0X}=K_{46/0X}$ 约为 36 块（计算值为 36.1 块），交于 b 水平线上得 $K_{46/0X}$ 约为 55 块（计算值为 54.9 块），交于 d 水平线上得 $K_{34.5/0X}$ 约 61 块（计算值为 61.2 块）。

【例 31】 由图 3-16 查 r=2000.0 mm、墙厚 923 mm 双环混合砖环用砖量。在 r=2000.0mm 作垂线交于 a 和 c 水平线上得 $K_{34.5/0X}=K_{57.5/0X}$ 约为 36 块（计算值为 36.1 块），交于 b 水平线上得 $K_{57.5/0X}$ 约为 55 块（计算值为 54.9 块），交于 d 水平线上得 $K_{34.5/0X}$ 约 67.5 块（计算值为 67.4 块）。

【例 32】 由图 3-17 查 r=2000.0 mm、墙厚 1038 mm 双环混合砖环用砖量。在 r=2000.0 mm 作垂线交于 a 和 c 水平线上得 $K_{46/0X}=K_{57.5/0X}$ 约为 36 块（计算值为 36.1 块），交于 b 水平线上得 $K_{57.5/0X}$ 约为 61 块（计算值为 61.2 块），交于 d 水平线上得 $K_{46/0X}$ 约 67.5 块（计算值为 67.4 块）。

关于计算线的查找方法，虽说用作垂线的方法，但实际上常用直角三角板：一个直角边压住（平行于）砖环内半径水平线，另一垂线方向的直角边对准所计算的砖环内半径刻度，交于 a、b、c 和 d 水平线上即得所求相关砖量。

3.3.6.2 高炉等小端尺寸双楔形砖砖环计算图

高炉等小端尺寸 D=114 mm 双楔形砖砖环直角坐标计算图包括：（1）等小端尺寸竖宽特锐楔形砖与竖宽锐楔形砖双楔形砖砖环计算图；（2）等小端尺寸竖宽锐楔形砖与竖宽钝楔形砖双楔形砖砖环计算图，见图 3-18。虽然高炉等小端尺寸双楔形砖砖环共包括 8 组砖环，但由于采取了特殊的尺寸设计，规范为两组双楔形砖砖环。在等小端尺寸竖宽特锐楔形砖与竖宽锐楔形砖砖环，竖宽特锐楔形砖数量 K_{tr} 代表 $K_{tr}=K_{23/30X}=K_{34.5/45X}=K_{46/60X}=K_{57.5/75X}$，竖宽锐楔形砖数量 K_r 代表 $K_r=K_{23/20X}=K_{34.5/30X}=K_{46/40X}=K_{57.5/50X}$，竖宽钝楔形砖数量 $K_{du}=K_{23/10X}=K_{34.5/15X}=K_{46/20X}=K_{57.5/25X}$。由于交叉直线仅 4 条，图面清晰，并可作为查找砖量的计算图。例如诸多例题的 r = 2000.0 mm 双楔形砖砖环中，由图 3-18 查得 K_r 约为 36 块（计算值为 36.2 块），K_{du} 约为 72 块（计算值为 72.1 块），砖环总砖数 K_h 约为 108 块（计算值 K_h=0.05417×2000.0=108.3 块）。不过作为占用面积小、查找砖数更直接的计算线，就更具优越性，见图 3-19。

在图 3-19 的竖宽特锐楔形砖与竖宽锐楔形砖双楔形砖砖环计算线，竖宽特锐楔形砖数量 K_{tr}=0（起点）对准砖环内半径 r=1334.0 mm，向左每 10 块砖内半径减小 10×9.231=92.31 mm，则 K_{tr} 为 10 块、20 块、30 块……对应的内半径 r 为 1334.0−92.31=1241.7 mm、1241.7−92.31=1149.4 mm、1149.4−92.31=1057.1 mm……。竖宽锐楔形砖数量起点（K_r=0）对准砖环内半径 r=889.3 mm，向右每 10 块砖内半径增大 10×6.154=61.54 mm，则 K_r 为 10 块、20 块、30 块……对应的内半径 r 为 889.3+61.54=950.8 mm、950.8+61.54=1012.4 mm、1012.4+61.54=1073.9 mm……。

【例 34】 由图 3-19 查 r=1000.0 mm 双楔形砖砖环用砖量。用直角三角板的水平直角边重合砖环内半径水平线，另一垂线方向的直角边对准 r=1000.0 mm，查得 $K_{tr}=K_{34.5/45X}$ 约为 36 块（计算值为 36.2 块），$K_r=K_{34.5/30X}$ 约为 18 块（与计算值相同）。

在图 3-19 的竖宽锐楔形砖与竖宽钝楔形砖双楔形砖砖环计算线，竖宽锐楔形砖数量起点（K_r=0）对准砖环内半径 r=2668.0 mm，向左每 10 块砖内半径减小 10×18.462=184.62 mm，则 K_{tr} 为 10 块、20 块、30 块……对应的内半径 r 为 2668.0−184.62=2483.4 mm、2483.4−184.62=2298.8 mm、2298.8−184.62=2114.1 mm……。竖宽钝楔形砖数量起点（K_{du}=0）对准砖环内半径 r=1334.0 mm，向右每 10 块砖内半径增大 10×9.231=92.31 mm，则 K_{du} 为 10 块、20 块、30 块……对应的内半径 r 为 1334.0+92.31=1426.3 mm、1426.3+92.31=1518.6 mm、1518.6+92.31=1610.9 mm……。在砖环内半径水平线上重合直角三角板的水平直角边，另一垂线方向的直角边对准内半径 r=2000.0 mm，则在 K_r/K_{du} 水平线上查得 K_r 约为 36 块（计算值为 36.2 块），K_{du} 约为 72 块（计算值为 72.1 块）。

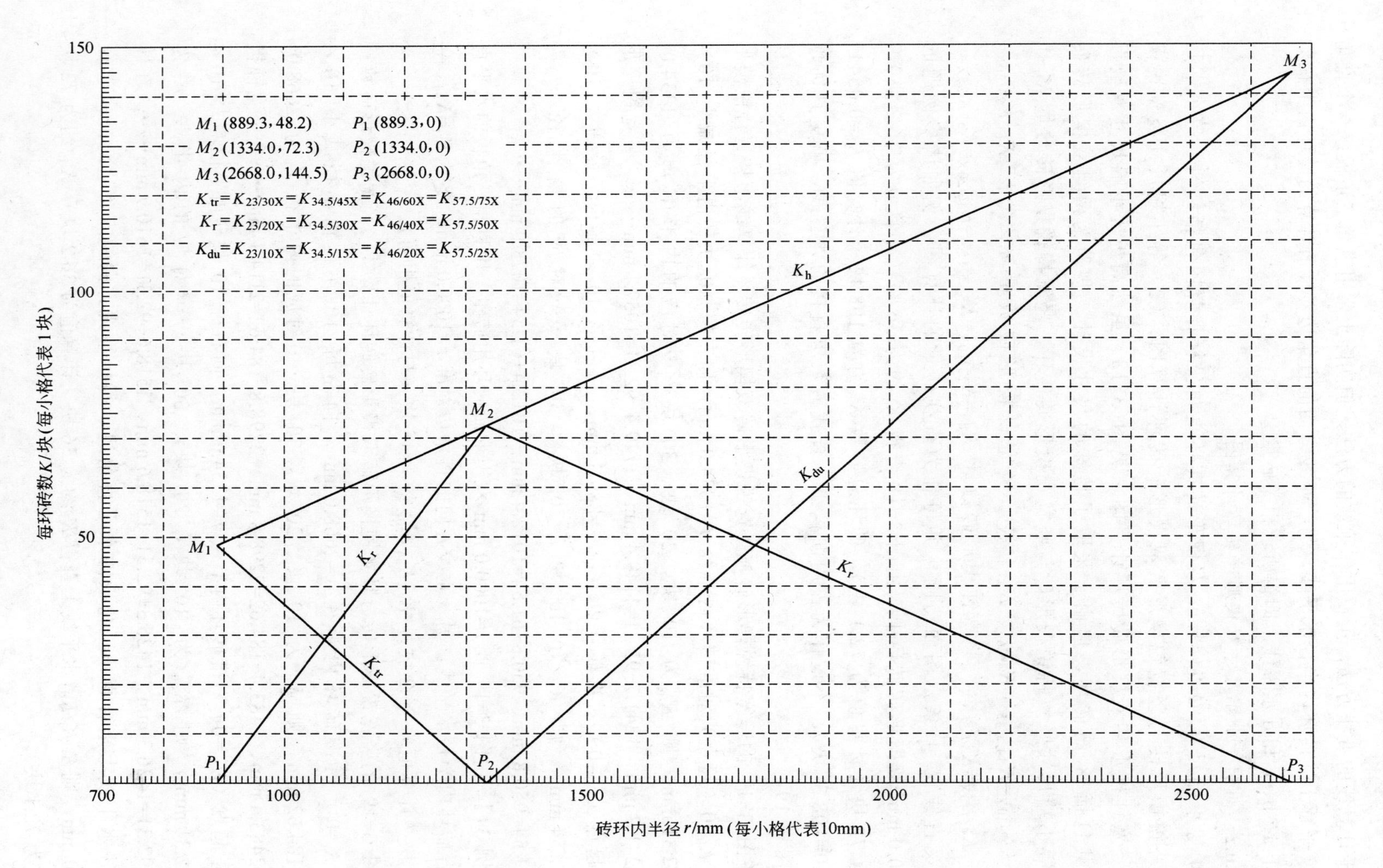

图 3-18　高炉等小端尺寸双楔形砖砖环坐标计算图

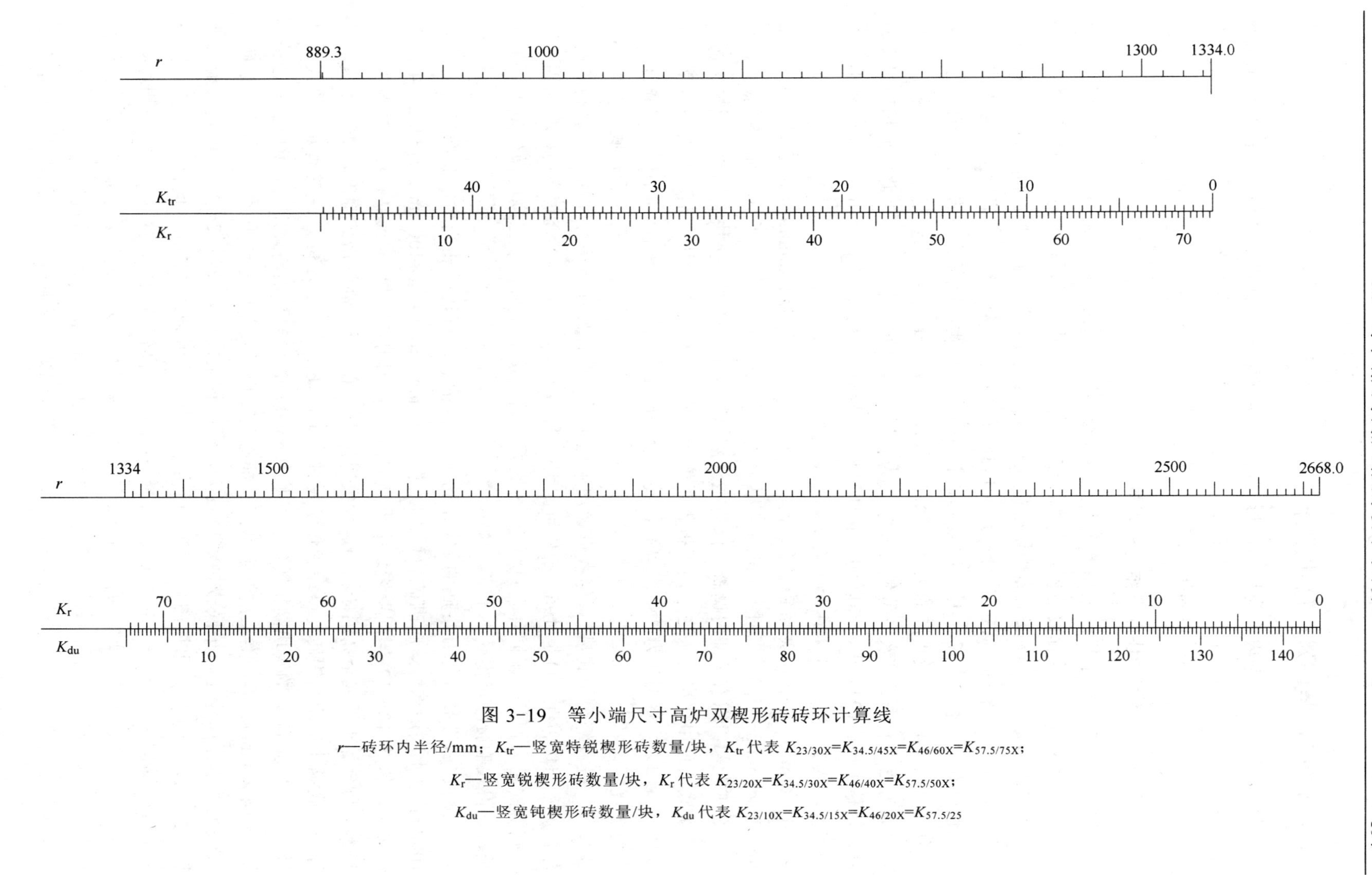

图 3-19　等小端尺寸高炉双楔形砖砖环计算线

r—砖环内半径/mm；K_{tr}—竖宽特锐楔形砖数量/块，K_{tr}代表 $K_{23/30X}=K_{34.5/45X}=K_{46/60X}=K_{57.5/75X}$；

K_r—竖宽锐楔形砖数量/块，K_r代表 $K_{23/20X}=K_{34.5/30X}=K_{46/40X}=K_{57.5/50X}$；

K_{du}—竖宽钝楔形砖数量/块，K_{du}代表 $K_{23/10X}=K_{34.5/15X}=K_{46/20X}=K_{57.5/25}$

3.4　高炉炉底竖砌炭块尺寸设计

本手册讨论的主要内容为炉窑环形砌砖。环形砌砖中包括楔形砖与直形砖配合砌筑的混合砖环。高炉砌砖中主要为环形砌砖，但作为重要部位的炉底砌砖，除环形砌砖外，不能不涉及直形砌砖。这里以高炉炉底竖砌炭块为例，讨论其尺寸设计、预装及砌筑。

3.4.1　高炉炉底竖砌炭块砌筑结构的发展[24]

20 世纪 40 年代前广泛采用的全黏土砖或全高铝砖高炉炉底，在高炉生产使用中常发生炉底破穿事故，严重者被迫停炉大修，缩短了这类铝硅酸盐材料炉底的使用寿命。1963 年对我国大多数 300 m^3 以上高炉铝硅酸盐材料炉底使用寿命的调查表明，高炉一代平均寿命仅有 4 年 9 个月。武钢 2 号高炉（1436 m^3）第一代全高铝砖炉底曾发生破穿事故，一代使用寿命只有 5 年 7 个月。当然全黏土砖高炉炉底偶尔也有长寿的。国外有人在较长寿命的全黏土砖炉底及炉缸的大修拆除时，发现残砖表面的渣壁比较耐用。经分析，渣壁的组成为渣、石墨、焦炭及残铁等，主要为石墨及焦炭的炭素材料。因此人们想用炭素材料代替黏土砖。1944 年，苏联切良宾斯克厂 1 号高炉炉底及炉缸采用了炭块。经不断改进完善，从 20 世纪 50 年代起，炭块黏土砖开始在高炉内衬盛行。从 1958 年武钢 1 号高炉（1386 m^3）采用炭块高铝砖综合炉底[carbon block-high alumina(or fireclay) bricks combined bottom]开始，我国 1000 m^3 以上较大容积高炉普遍推广了这种综合炉底。1976 年冶金工业部组织有关部门调查了国内 25 座高炉（不是全部）炭块高铝砖（或黏土砖）综合炉底的使用情况。从这个调查报告了解到，到 1970 年时炭块高铝砖综合炉底都在良好使用中。人们普遍认为高炉炭块高铝砖综合炉底比全黏土砖（或全高铝砖）炉底好：好在免于烧穿，好在可以长寿。于是国内很多人普遍为高炉炭块高铝砖综合炉底唱赞歌，并掀起了一股“综合炉底热”。作者也参加了这个合唱队，曾在《冶金建筑》上宣传了高炉综合炉底的优越性。可是 1965 年从事武钢 2 号高炉炭块高铝砖综合炉底磨砖（高铝砖）和砌筑的工人们却有不同体会：“综合炉底好，就是磨砖量大，手工砌砖操作量大、工期长，累得人们腰酸背疼受不了。”

炭块被引进高炉综合炉底的初期，炉底砌砖的总厚度还是相当大的。我国与前苏联 1000 m^3 以上高炉综合炉底砌砖的总厚度达 5600 mm，即 14 层×400 mm：底部 2～4 层满铺炭块，其上 10～12 层周壁炭块中央高铝砖。综合炉底中黏土砖或高铝砖的损毁规律，基本上与全黏土砖或全高铝砖相同，大致有两类，第一类，高炉冶炼强度较低及砌筑质量好的炉底黏土砖或高铝砖，以经受化学侵蚀为主，使用多年后才侵蚀掉少部分，像武钢 1 号高炉（1386 m^3）的炭块高铝砖综合炉底（5600 mm 厚）高铝砖使用 20 年后才侵蚀掉 4 层（4×400 mm）。第二类，冶炼强度高及炉底砌砖质量较差的综合炉底黏土砖或高铝砖，很快被铁水浮起漂走，炉底侵蚀深度较大，像鞍钢某高炉开炉后 7～8 天炉底保护层破坏，25～26 天炉底最上层破坏，开炉后头一年内炉底就减薄 2.7 m，但再过 6 年仅减薄 0.284 m。前苏联一座上部 6 层 Al_2O_3 含量 65%～66%高铝砖高炉炉底，开炉后三周竟被破坏两层砖。前苏联另一座炭块高铝砖综合炉底，在使用中除下部 5 层外都漂浮了。第一类炉底中有相当厚（一般有 8～10 层及 3200～4000 mm）的黏土砖或高铝砖未被侵蚀，显然是相当大的浪费。第二类炉底中多层黏土砖或高铝砖在开炉初期就被漂浮了，更是十分可惜。可见，综合炉底中大量的黏土砖或高铝砖确实是相当大的浪费。据统计，1956 年及 1964 年鞍钢 9 号高炉（944 m^3）炉底高铝砖（6 层×400 mm）的磨砖精度分别为 0.25 mm 及 0.15 mm，耗用磨砖工日分别为 62562 日及 112752 日。1965 年武钢 2 号高炉（1436 m^3）综合炉底高铝砖（11 层×400 mm）磨砖精度小于 0.15 mm，一百多名磨砖工人磨砖时间半年多。炉底砌砖工期长，武钢 2 号高炉综合炉底的实际砌筑工期长达 29 天。这样，高炉炭块高铝砖综合炉底表现出致命的弱点——在炭块作为第二道防线的同时，又多余地耗用了大量的高铝砖，不仅成本高，而且高铝砖磨砖和砌筑劳动条件恶劣，准备及施工工期很长等。

1970 年 5 月 16 日，设计容积为 2516 m^3 的武钢 4 号高炉动土兴建了，计划当年“十一”国庆前出铁。当时正值国内“大高炉综合炉底热”，建了或正在建一个比一个大的综合炉底大高炉。武钢对高炉综合炉底“一头热一头冷”，筑炉单位特别是筑炉工人强烈要求炉底砌筑吊装化，为此在武钢 4 号高炉建设中，寻求大块（从而采用吊装）的炉底砌筑设计方案被提了出来。当时，考虑大高炉炉底的工作条件，如果采用耐火浇注料预制大块，不太保险；若采用风锤成形再经烧成的高铝砖大块，由于烧成后尺寸偏差太大，需磨加工，也不易实现。作为大块炉底材料，炭块非常理想，因此，围绕全炭块高炉炉底进行了研究。

同每名高炉设计者一样，寻求吊装化高炉炉底合理砌筑结构设计时，不能不考虑炉底的损毁机理。当时，学术界对高炉炉底损毁机理存在着“化学侵蚀”和“炉底砖漂浮”两大派之争论。在分析炉底损毁过程中客观存在的上述两个因素后，不能不看到每种论点都包括铁水渗透这一因素，只要减轻（或控制）铁水的渗透作用，都会减轻炉底的损毁，保证长寿。相反，任何加剧铁水渗透作用的做法，都将加剧炉底的破坏，缩短寿命。从这一点出发，铁水对炉底砖衬的化学侵蚀作用和漂浮作用是统一的。这样，合理的炉底砌砖结构，必须能减轻铁水对炉底砖衬的渗透。为减轻铁水对炉底砖衬的渗透，就要加强炉底的冷却和增强炉底砖衬的整体性。

众所周知，铁水的凝固点约为 1150℃。在炉底砖衬内 1150℃等温线一般视为铁水可能渗入的深度线。炉底采用底部冷却时，可以降低渗入到炉底砖衬的铁水的温度和提高渗入铁水的黏度，并将炉底大部分砖衬的温度降低到 1150℃以下，引起炉底砖衬破坏的诸因素将得以减轻。国外炉底采用底部冷却（风冷或水冷）的实践证明，底部冷却炉底砖衬被铁水侵蚀（或漂浮）的深度较无底部冷却炉底减少三分之二。例如，1386 m^3 高炉炉底采用底部冷却时被侵蚀深度为 650 mm，而无底部冷却时被侵蚀深度达 1900 mm；1513 m^3 高炉采用底部冷却时被侵蚀深度为 700 mm，无底部冷却时被侵蚀深度达 1950 mm。

在强化炉底底部冷却的同时，炉底砌筑材料的选择更要合理。以往用以砌筑综合炉底的黏土砖或高铝砖的导热性比炭块小得多，影响了炉底冷却效果。炭块在高炉炉底及炉缸的应用，它与铝硅酸盐材料相比优点有：炭块有极高的耐火性能；在炉底温度下体积稳定性好，几乎不变形；不易被铁水或熔渣浸润和熔损慢等。主张在武钢 4 号高炉炉底采用全炭块，除了它能满足大块吊装这个需要外，主要是利用它导热性强这个难得的优点。考虑到采用底部冷却的全炭块炉底，即使铁水渗入到炭块砌缝内，由于炭块导热性强，炭块炉底内温度降大，铁水渗入到 1150℃等温线后便凝固了。于是武钢 4 号高炉 2800 mm 厚（炭块 2 层×1200 mm+高铝砖 400 mm）底部水冷全炭块薄炉底建议方案提了出来。由于水冷全炭块薄炉底无需大量高铝砖，故准备及砌筑工期很短，完全能满足从 6 月到 9 月底仅四个月紧迫工期的要求，得到各方面的积极支持。

在考虑与讨论武钢 4 号高炉水冷全炭块薄炉底初步设计时，注意到前苏联 1944 年切良宾斯克厂 1 号高炉炉底的砌砖结构（图 3-20）：炉底上部 4 层采用厚缝（40 mm）平砌炭块，其下部采用 10 层黏土砖。该炉炉缸环形炭块的使用效果很好。炉底上部炭块虽然采用斜接和圆柱形炭键锁销，开炉后不久即被渗入的铁水破坏，甚至在 29 天前就有了 3 层炭块破坏，在 84 天竟从出铁口（taphole）流出上部炭块下面的黏土砖来。前苏联由于 1944～1955 年上部炭块炉底实验的失败，逼得他们得出一个阻碍炉底发展的消极的“炉底上部炭块漂浮”的论点。从此前苏联人不得不把炭块搬到很厚炉底黏土砖的最下层和周壁，作为第二道防止铁水破穿的防线，这就是流行几十年的高炉炭块高铝砖（或黏土砖）综合炉底（见图 3-21）。20 世纪 70 年代前，我国大容积高炉（例如武钢的 1 号、2 号及 3 号高炉）的综合炉底都属于这种类型。本来，炭块这个在高炉炉底中非常有生命力的新事物，它的使命就应该是取代黏土砖或高铝砖。然而前苏联人却用炭块保护了黏土砖或高铝砖。在炉底厚度并未明显减薄的条件下，在炉底下部和周壁采用炭块，中央部分及上部的黏土砖或高铝砖不仅未被赶出炉底，反而以综合炉底的合法形式被保护下来。这在高炉炉底砌砖结构发展史上，起着阻力作用。

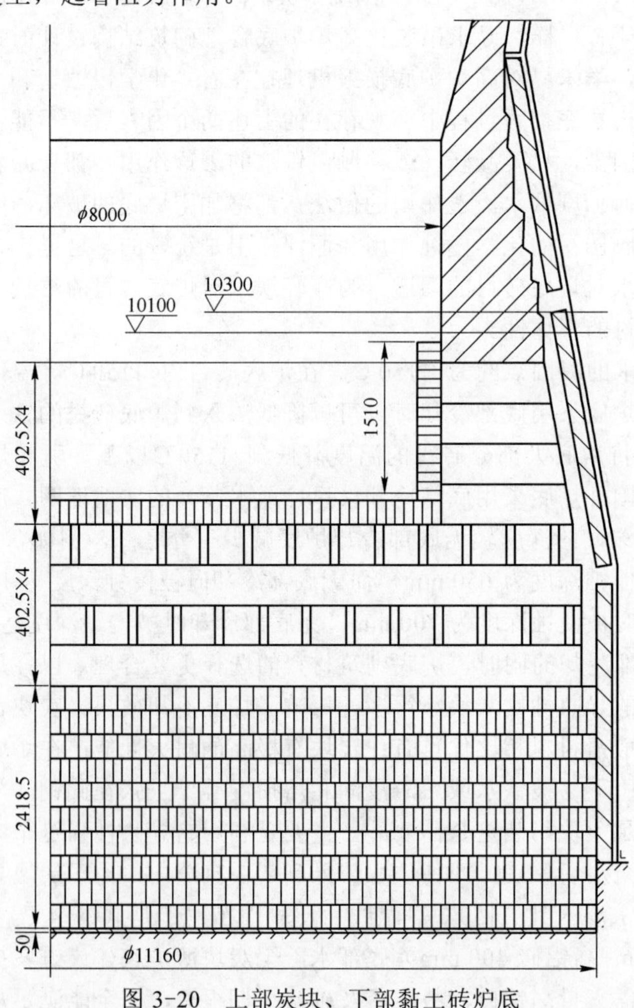

图 3-20　上部炭块、下部黏土砖炉底

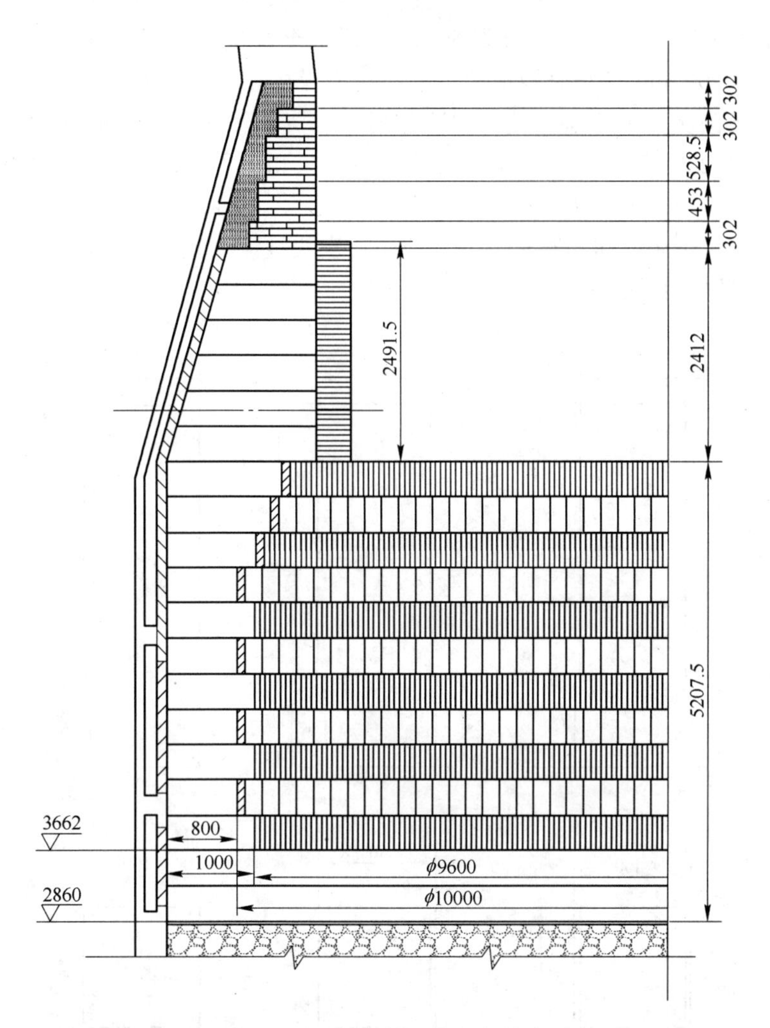

图 3-21 炭块高铝砖综合炉底

面对前苏联高炉炉底上部炭块的早期漂浮破坏，人们都考虑武钢 4 号高炉水冷全炭块薄炉底会不会重演前苏联上部炭块早期漂浮的悲剧呢？当时认真分析了前苏联炉底上部炭块早期被铁水漂浮破坏的原因，以便采取防止漂浮的对策。首先从图 3-20 可见，炉底上部平砌炭块的施工排缝采用 40 mm 的厚缝炭捣，它在高温下收缩裂缝，非常容易渗入铁水。其次，前苏联炉底上部炭块采用 400 mm 高的平砌，1150℃等温线深度远远超过每层炭块高度，砖层水平缝内很快渗入铁水。第三，导热强的炭块砌在炉底上部，导热性弱的黏土砖砌在炭块下部，而且黏土砖层数多达 10 层（10×230 mm），实际上这是隔热炉底，不利于炉底的冷却。这种隔热炉底内 1150℃等温线深度很大，经计算达 1290 mm 以上。高温铁水的渗透深度在开炉初期就可能达到炉底上部三层炭块之下，炉底上部炭块怎能不漂浮呢？

经过上述分析，为防止武钢 4 号高炉水冷全炭块薄炉底的漂浮，在设计上采取以下有针对性措施：首先，如前所述，炉底采用厚壁钢管的底部水冷。其次，炉底炭块的竖缝厚度由过去的 40 mm 厚缝改为 2 mm 薄缝。第三，由过去的 400 mm 高平砌炭块改为

1200 mm 高的竖砌炭块。在当时查到的资料知道，全炭块薄炉底的 1150℃等温线深度为 720 mm，可见 1200 mm 高竖砌炭块的水平层缝位置在开炉初期远离 1150℃等温线，对防止铁水渗透到竖砌炭块水平层缝起到保险作用。有资料转载国外文章说："炭块轴向的导热系数比横向大 2.5 倍。"最近国内有人测定，结果相差不大。但是不可忽视的是竖砌炭块水平层间缝的减少，因之热阻减少，都有利于底部冷却而表现出竖砌炭块的优越性等。第四，为增强炉底炭块砌体的整体性，以便防止炭块被渗入铁水漂浮，设计并加工出带水平横台的异型炭块（见图 3-22）。

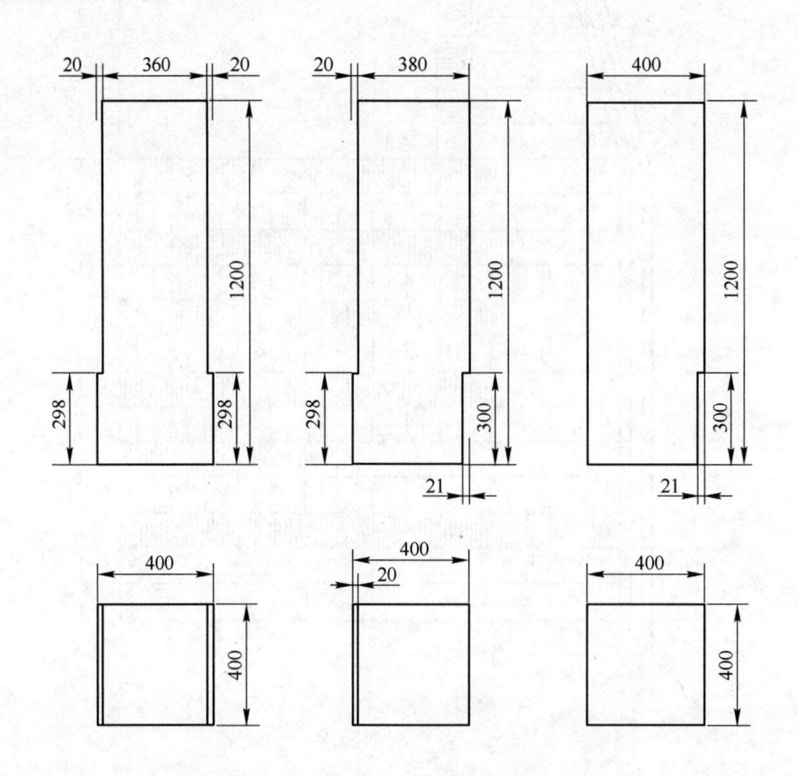

图 3-22　第二层炉底竖砌异型（横台）炭块

武钢 4 号高炉炉底采用水冷全炭块炉底，取得了共识。但人们对总砌砖厚度 2800 mm 的薄炉底不太放心。不少人为保险起见，主张把炭块砌体加层增厚。经研究分析，从加强底部冷却的观点，炉底厚度应减薄。太厚的炭块炉底，其热阻也增大，限制了炉底的冷却。当时注意到国外不少科研工作者的实践，结果表明减薄了的炭块炉底，其被侵蚀的深度也较小。例如，一座 1719 m^3 高炉炉底的厚度从过去 5600 mm 综合炉底减薄到 1900 mm 倒球形炭块炉底时，炉底侵蚀深度从过去的 4100 mm 减少到 375 mm。以往采取过厚炉底的理由：一是考虑到炉底被侵蚀深度曾达到 4 m 以上，二是为保护炉底基础。采用底部水冷的全炭块薄炉底，炉底水冷管既冷却了炭块，也保护了炉底基础。当时分析了炉缸环形炭块的厚度并不大（1000～1500 mm），其使用条件（无论工作温度或化学侵蚀或水的破坏）都比炉底苛刻，但当年炉缸炭块的使用效果比炉底好。原来炉缸炭块的冷端紧接炭捣和冷却壁，虽然炉缸炭块只有一层，而且辐射竖缝直通，但由于一层环形炭块的长度不大和炉缸冷却壁的冷却效果好，炭块内温度降大，铁水可能渗入的深度很小（经计算，1500 mm 长炉缸环形炭块的 1150℃等温线深度仅为 350 mm）。由此可得出这样的结论——炭块的强导热性，只有在接近冷却装备并且厚度不过大的条件下才能表现出好结果来，否则在隔热或热阻很大（厚度过大）的条件下，像前苏联炉底上部炭块那样，只能办坏事，好材料也得不到好的使用结果。

经多方反复讨论研究，2800 mm 厚的武钢 4 号高炉水冷全炭块薄炉底设计被通过了。在准备期间，由于部分炭块严重“空头”，将炉底下部第一层竖砌炭块切去 100 mm，即下数第一层竖砌炭块的高度改为 1100 mm，第二层竖砌炭块的高度仍保持 1200 mm，炉底炭块共厚 2300 mm。原设计死铁层（salamander，bear）深度 1100 mm。炉底及炉缸砌筑完成后，人们面对薄炉底仍不放心，在炉底原设计仅一层 400mm 高铝砖保护层上面（即原死铁层内）又增砌了一层 400 mm 高铝砖。这样，武钢 4 号高炉水冷全炭块竖砌薄炉底的实际砌砖总厚度为 3100 mm，死铁层深度改为 700 mm（见图 3-23）。

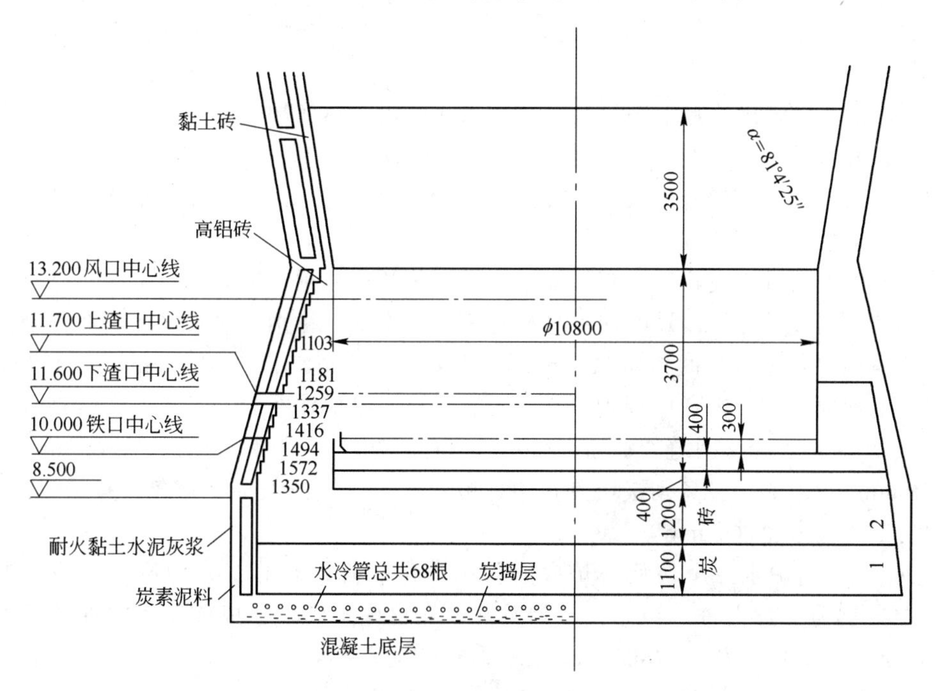

图 3-23 武钢 4 号高炉炉底

从武钢 4 号高炉水冷全炭块竖砌薄炉底的设计、准备、施工到 1970 年 9 月 30 日出铁，可切身体会到它比综合炉底的优越性。

首先，水冷全炭块薄炉底的厚度比厚综合炉底减半。在炭块总用量不增加的前提下，黏土砖或高铝砖除保护层外被赶出炉底，因而修建成本显著降低。2516 m^3 的武钢 4 号高炉水冷全炭块薄炉底与前苏联设计的 1513 m^3 炭块高铝砖综合炉底相比，可节省炭块 48 m^3，节省高铝砖 331 m^3（见表 3-30）。这里顺便讨论一个问题。一谈起全炭块炉底就给人们一种多用炭块多花钱的错觉。其实由于炭块体积密度（1.56 g/cm^3）比高铝砖（2.8 g/cm^3 以上）小得多，加之高铝砖磨加工（或磷酸盐泥浆），1 m^3 炉底炭块砌体的费用并不比 1 m^3 炉底高铝砖砌体的费用多，因此全炭块薄炉底肯定比厚综合炉底省钱。

其次，正由于少用了高铝砖，无论炉底准备（主要磨砖）期或砌筑工期都大为缩短。

武钢 4 号高炉水冷全炭块薄炉底的砌筑施工工期仅 7 天，比过去的 2 号高炉炉底砌筑工期 29 天缩短很多。

表 3-30　水冷全炭块薄炉底与厚综合炉底耐火材料用量比较

炉底砌体部位	1513 m³ 高炉综合炉底		2516 m³ 高炉全炭块薄炉底	
	炭块/m³	高铝砖/m³	炭块/m³	高铝砖/m³
满铺炭块砌体	182（3 层×400 mm）		350（2 层 1100 mm+1200 mm）	
综合砌体	264（11 层×400 mm）	405	48	73.6（2 层×400 mm）
合计	446	405	398	73.6

第三，正由于少用了手工砌筑的高铝砖，炉底砌筑机械化吊装的炭块比例增大，机械化（吊装化）程度高达 84.4%以上。

当然，同任何新生事物一样，我国第一座水冷全炭块薄炉底的设计与施工都暴露出急需解决的问题。

第一，炭块砌缝用的热的细缝糊，由于操作时需加热（加热到 70～90℃），不适用于竖砌炭块，有必要研制冷态（常温施工型）的细缝糊。

第二，1200 mm 高的竖砌炭块与冷却壁间的环缝炭捣，由于过深而不便捣打操作，炭捣质量差，可能影响冷却效果。

第三，由于当时在炭素厂没有炭块竖砌预组装和整体预组装条件，不得不临时采取分排分段平放预组装的方法。连炭块单体检查都体会不深。特别是对水平放置在钢平板上的炭块端头垂直度偏差（当时规定±1.0 mm），在竖起来后成三倍（1200 mm 与 400 mm 关系）扩大的负面影响，未考虑周到。加之没有炭块竖砌操作经验，当第一层竖砌炭块拆去中间排支撑方木后，排间缝“张嘴”，中间排有 17 处大排缝（缝宽 3～6.5 mm，缝深 80～330 mm）。在第二层竖砌炭块砌筑中，吸取了第一层的教训，避免了排缝“张嘴”，排缝厚度基本上未超过 2 mm。

武钢 4 号高炉水冷全炭块薄炉底的使用不是一帆风顺的。开炉投产后炉基大冒煤气，甚至发展为一片火海。经分析原因发现，在这座炉底未建成前就为它准备了坟墓。原 5600 mm 厚炉底减薄到 2800 mm 后的剩余空间，即薄炉底水冷管下的耐火混凝土基础（约 2800 mm 高），连钢筋都未设计和配置，为炉基爆破拆除方便恢复 5600 mm 厚综合炉底留有余地。在炉壳外增设了混凝土密封圈，并经过数月炉壳压力灌浆才熄灭了煤气的外冒。不久铁口及炉缸冷却壁烧穿。虽经补修，但不少人担心 4 号高炉全炭块薄炉底好景不长，甚至做了恢复 5600 mm 厚综合炉底的设计，按厚综合炉底订了货，加工了炉底环形炭块，并经过半年磨完一千多吨炉底高铝砖。1973 年武钢公司打报告给冶金部，申请 4 号高炉更换炉底非计划大修。冶金部派专家组来武钢调查，根据调查结果：（1）4 号高炉炉底水冷管上炭捣层热电偶温度，从开炉的 250℃一直在 300℃以下（到 1980 年测定温度也未超过 350℃）；（2）炉底水冷管及冷却壁水温差均在规定范围；（3）投产两年多及三年多分别进行了同位素测量，炉底上部两层高铝砖虽被蚀尽，但上层竖砌炭块仅侵蚀掉 300 mm 左右；决定不必要进行更换炉底的大修。直到 4 号高炉投产十年的 1980 年，公司组织专家经计算断定炉底炭块的剩余厚度尚有 1.8 m。在武钢高炉薄炉底使用十年之际，武钢有关部门特别是炼铁厂对 4 号高炉水冷全炭块薄炉底充满信心，并发表了赞扬它的文章。

在武钢 4 号高炉水冷全炭块薄炉底越来越正常使用的同时，国外对薄炉底和竖砌炭块也做了不少报导。炉缸直径 8.55 m 高炉的炉底炭块的厚度，起初为 3 m，后来减薄为 2 m。美国大高炉炭块炉底的标准厚度为 1.83 m。国外一座炉缸直径 8.4 m 高炉的风冷炉底只有一层竖砌炭块，炉底中央厚度仅为 1.2 m（见图 3-24）。炉缸直径达 14 m 高炉的炉底厚度仅为 2.3 m（炭块 2.0 m 和石墨层 0.3 m，见图 3-25）。英国文献上报导，炉缸直径 7.85 m 高炉炉底厚度为 1.14 m（两层炭块）；炉缸直径 8.94 m 高炉炉底厚度为 2.91 m（两层炭块）。炉缸直径 8.55 m 高炉炉底砌 4 层炭块（4×0.6 m）。甚至炉缸直径达 11.2 m 高炉炉底也采用 4 层炭块（4×0.6 m），见图 3-26。也有采用 3 层平砌炭块炉底的，例如炉缸直径 8.55 m 高炉炉底炭块厚度为 3 层×0.6 m，另加 0.1 m 石墨捣层。日本在 1956 年前还把炭块砌在炉底上部，但从 1969 年开始也把炭块砌在炉底下部，1971 年以后便推广了全炭块炉底。

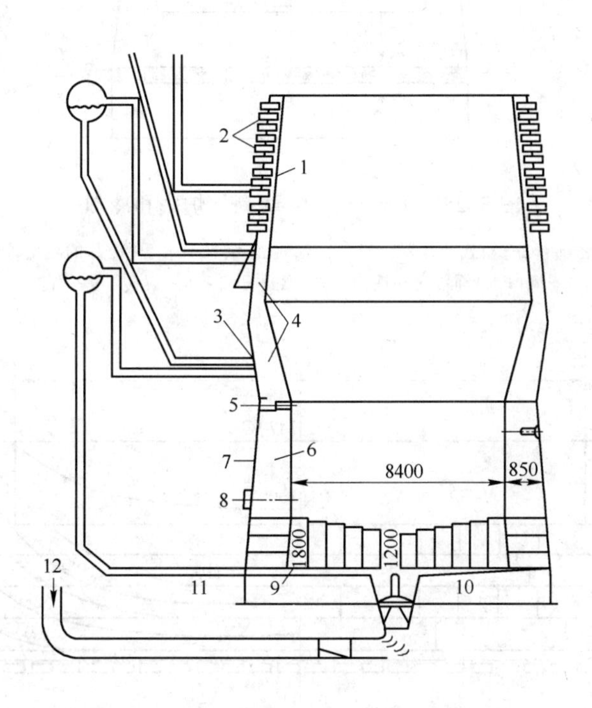

图 3-24 汉堡厂 9 号高炉内衬和下部冷却

1—优质耐火材料；2—冷却器；3—双层炉壳的气化冷却系统；4—半石墨化炭砖；5—风口水平面；6—炭砖；7—热电偶；8—铁口水平面；9—炉底底板；10—风道；11—冷却空气出口；12—冷却空气入口

鉴于国内外对高炉全炭块薄炉底的兴趣逐渐浓厚，武钢继 4 号高炉后的十年内又分别在 3 号、2 号和 1 号高炉大修时推广了水冷竖砌炭块薄炉底。改革开放后，武钢几座 3200 m^3 高炉也推广了水冷竖砌炭块薄炉底（2 层×1200mm 炭块+2 层×400mm 高铝砖）。在武钢，高炉水冷竖砌炭块薄炉底，已经历了 40 年。这期间，国内不少高炉也采用了这种炉底，它们的寿命都在 10～15 年。可以说，在总结中国高炉水冷竖砌炭块薄炉底 40 年时，和当初一样，作者一直公开讨论它的技术难点（有人称之为技术诀窍）。

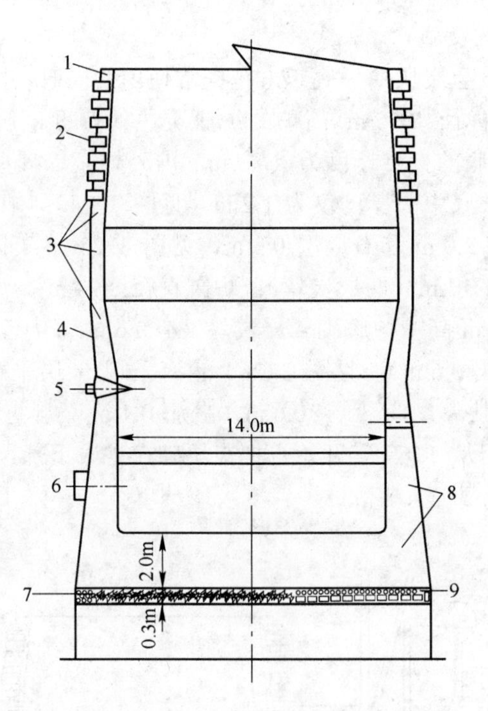

图 3-25　炉缸直径 14 m 高炉炉底和冷却

1—致密砖；2—箱式冷却器；3—半石墨化炭砖；4—气化冷却的双层炉壳；
5—风口水平面；6—铁口；7—水冷却管；8—炭砖；9—石墨

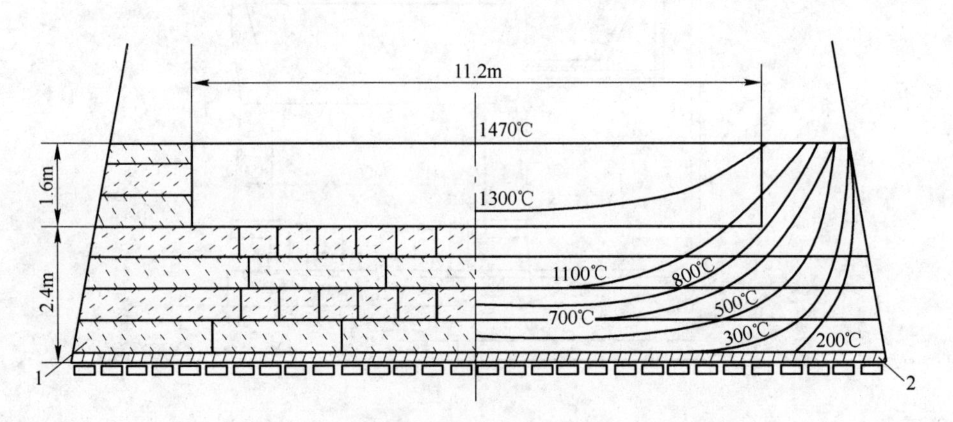

图 3-26　Llanwern 厂 3 号高炉炉底及计算等温线

1—标准碳砖；2—石墨

3.4.2　高炉水冷薄炉底竖砌炭块的设计

A　竖砌炭块的高度尺寸

如前所述，竖砌炭块的高度尺寸 *A*（见图 3-27），决定了高炉炉底的使用效果和使用寿命。为使炉底竖砌炭块下方的水平层间缝远离 1150℃等温线，其高度 *A* 应尽可能大。但 *A* 过大时砌筑难度也随着增大。1970 年，武钢 4 号高炉炉底竖砌炭块的 *A*，选择 1200 mm。当控制住竖砌炭块的漂浮时，它也会逐渐被蚀损而减短的。当竖砌炭块被蚀损减短到 700 mm 以下时，1150℃等温线深度会超过减短的竖砌炭块的水平层缝，铁水便可能渗透到减短的竖砌炭块的水平层缝内。那时继续减短的竖砌炭块也有可能被铁水浮起而破坏。竖砌炭块的层数，最多两层，而且两层的高度应该相同。在 1970 年武钢 4 号高炉炉底竖砌炭块订货时，高度尺寸 *A* 的尺寸允许偏差达不到。这样两层高度 *A* 都为 1200 mm 的竖砌炭块。可按高度选出一致性好（即高度尺寸偏差小）的一层来。在 1991 年后，我国冶金行业标准 YB2804—1991 高炉炭块，规定竖砌炭块长度（也就是本手册的高度 *A*）的尺寸允许偏差±1 mm，经过挑选和预组装，控制竖砌炭块层表面（端头）相邻块“错牙”不超过 1 mm 时，是能保证竖砌炭块砌体水平层缝厚度不超过 2 mm 的。如果上下两层竖砌炭块的材质不一样，不可能互换，那么对竖砌炭块高度 *A* 的尺寸允许偏差应该从严格标准要求，应从以往的±1 mm 提高到±0.5 mm。国内外关于竖砌炭块的砌筑操作技术和经验，已经非常成熟了。竖砌炭块的高度进一步加大，应该不成问题。前苏联炉底竖砌炭块的高度 *A*，早已普遍从 1600 mm（与 4 层 400 mm 周边平砌炭块等高）加长到 2200 mm（与 4 层 550 mm 周边平砌炭块等高）。

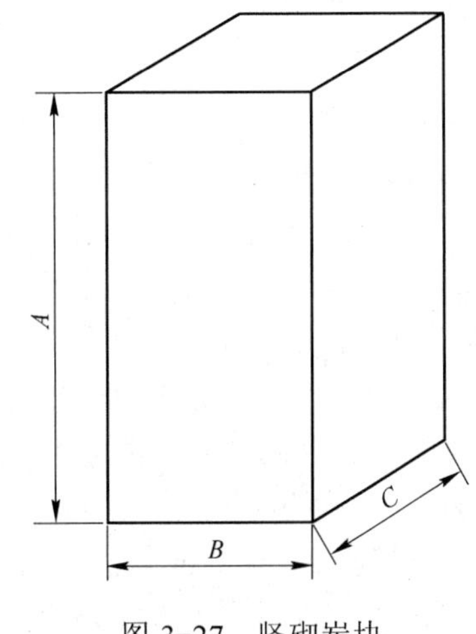

图 3-27 竖砌炭块

炉底竖砌炭块的周边部分，至少靠近冷却壁 1 m 左右的环形区域，应该采用平砌。这样设计有两点好处：（1）炉底周边平砌炭块与冷却壁间的厚缝炭捣，由于每层平砌炭块外的炭捣深度减小，捣固操作方便容易，可保证捣固质量。（2）平砌炭块的高度尺寸（400～500 mm）的允许尺寸偏差为±0.5 mm，相邻炭块的错台小于 1 mm，有利于炉底上部环形炭块砌体基面的平整度，保证了环形炭块砌体水平缝厚度（不超过 2 mm）。采用中央竖砌周边平砌炭块炉底，要求竖砌炭块的高度 *A* 应等于平砌炭块高度 *B* 的整数倍，一般为 3 或 4 倍。例如，对于横截面尺寸为 400 mm×400 mm 的竖砌炭块而言，其高度 *A* 应采取 1200 mm 或 1600 mm；对于横截面尺寸为 500 mm×500 mm 竖砌炭块而言，其高度 *A* 应采取 1500 mm 或 2000 mm。

B 竖砌炭块的截面尺寸

与竖砌炭块高度尺寸 *A* 垂直的横截面尺寸，包括厚度 *B* 与宽度 *C*，截面尺寸为 *B*×*C*。竖砌炭块的截面形状应采取正方形，即 *B*=*C*。由于炉底竖砌炭块采用分排砌筑，要求一排内各竖砌炭块宽度尺寸的一致性，截面为正方形的两相同的截面尺寸，便于选择其中一个偏差较小的尺寸作为宽度尺寸（同排尺寸），而另一厚度尺寸的较大偏差并不影响同排内的竖缝厚度。例如，像武钢 4 号高炉竖砌炭块排内竖缝厚度当初规定不大于 2 mm 那样，在截面尺寸允许偏差±1 mm 时，将 400 mm 的正尺寸偏差和负尺寸偏差分排砌筑；在钢平板上平放预组装时，同排内相邻炭块上表面错台应小于 1 mm。如果像后来提高竖砌炭块排间竖缝厚度标准（不大于 1 mm 时），则其截面尺寸偏差±0.5 mm，同样在预组装时将正偏差尺寸和负偏差尺寸炭块分排进行；在钢平板上平放预组装时，平放同排内相邻炭块上表面错台应小于 0.5 mm。在预组装钢平板上检查同排平放相邻炭块上表面错台的方法，一般用 2 m 长精制钢平尺放置在炭块上方，用塞尺检查钢平尺与炭块的间隙，即表示炭块的错台。预组装时为保持同排的连续性和宽度的一致性，每次预组装若干块（视钢平板长度而定）合格后按预组装图编号，每次预组装编号的末号炭块留作下次接着预组装的“母块”。

C　端头垂直度偏差

从前关于平砌炭块端部（一般 400～500 mm 高）的垂直度偏差±1 mm，这对于平砌炭块的端部接缝（不大于 1.5 mm）已能满足。竖砌炭块的垂直度偏差也按照以前平砌炭块的检查方法：将炭块平放在钢平板上，用垂直角尺检查端部的垂直度偏差。可是，将 1200 mm 炭块竖立起来（即竖砌）后，原来平放的垂直度偏差扩大了 3 倍。例如原来平放的垂直度偏差±1 mm，竖起来后垂直度偏差可能扩大到±3 mm。在这种情况下，任其自然歪斜，便会形成排缝“张嘴”，很可能超过 2 mm（或后来的 1 mm）的排缝。在 20 世纪 70 年代，提高竖砌炭块端部垂直度加工精度，困难很大。实践表明，竖砌炭块砌得垂直时，仅端部垂直度偏差影响形成的水平层缝不会超过 2 mm，这应该是允许的。为消除端部垂直度偏差的负面影响，采取以下预组装和砌筑措施：（1）炉底中央四排炭块一端（底端）的垂直度偏差挑选并控制±0.25 mm 以内。这四排竖砌炭块，在钢平板上竖立干摆时自然歪斜应不大于 1 mm。在炉底砌筑中，竖砌炭块底部的炭浆应铺垫饱满，在底部水平层缝不超过 2 mm 前提下，应确保竖砌炭块在撤去支撑架后的垂直度不大于 1 mm。（2）检查竖砌炭块端部平放垂直度偏差时，在合格前提下将端部的负尺寸棱划以记号。在平放预组装中，将钢平板表面当作砌筑中心面，炭块负尺寸棱朝向钢平板。砌筑中按预组装方向进行，竖砌炭块不会向外自然歪斜。（3）最近几年，炭素厂的炭块加工精度大为提高，端部垂直度偏差已能控制在±0.25 mm，竖砌炭块砌筑中的自然歪斜问题已得到克服。

D　周边平砌炭块

中央竖砌与周边平砌的炉底炭块中，周边平砌炭块包括两部分：（1）与竖砌炭块同排部分；（2）不与竖砌炭块同排部分。

不与竖砌炭块同排（与竖砌炭块排垂直）部分的平砌炭块，每 3 层（例如 3 层×400 mm）或 4 层（例如 4 层×400 mm）组成平砌边块组（几层平砌的高度之和与一层竖砌炭块的高度相等）。同组平砌边块中 3 块或 4 块炭块的宽度差应小于 1 mm。相邻边块组之间，与相邻竖砌炭块之间的高度差应小于 1 mm。

与竖砌炭块同排的平砌边块组，其宽度和高度分别与同排末号竖砌炭块之差小于 1 mm。在平砌边块组预组装时，应与同排末号竖砌炭块同时进行，或与同排末号竖砌炭块的高度和宽度的记录值相吻合。

E　关于炭键

高炉炉底炭块的防漂浮措施，是不能取消的。即使大截面（500 mm×600 mm）、长达 3500 mm 的炉底平砌炭块，也采取斜接或圆柱形炭键将整排几块平砌炭块连接并压在炉缸侧壁之下。由于竖砌炭块本身高度尺寸远远超过 1150℃等温线深度，在一代炉底寿命结束拆除时发现竖砌炭块的残存剩余尺寸较大，有人就认为竖砌炭块不可能漂浮而取消了防漂浮炭键。殊不知，当竖砌炭块继续被蚀损而减短到 700 mm 以下，加之底部水冷措施未加强时，也会被侵入的铁水漂浮。另外，竖砌炭块下方半圆柱形炭键槽，除用以穿入圆柱形炭键防漂浮外，还可以为薄砌缝（不大于 1.0 mm）竖砌炭块的吊运砌筑操作提供了方便条件。众所周知，真空吸盘吊的操作安全性要求很严格，稍有疏忽，炭块可能脱落。

我国第一座高炉竖砌炭块炉底和其他不少竖砌炭块炉底，就是在没有真空吸盘吊的情况下顺利完成砌筑的。利用竖砌炭块下部的半圆柱形炭键槽，可实现多种方式的吊具，这是很容易和很方便的。

F　关于竖砌炭块砌缝厚度

在认可高炉炉底竖砌炭块优越性的同时，人们非常关心薄缝竖砌炭块砌体的砌缝厚度。当初，我国高炉炉底竖砌炭块砌缝厚度：垂直竖缝不大于 2.0 mm；水平层缝不大于 3.0 mm。当前，在竖砌炭块加工精度明显提高（横截面尺寸偏差±0.5 mm，高度尺寸 *A* 偏差±1 mm，端头平放垂直度偏差±0.25 mm）条件下，竖砌炭块砌缝厚度可大为缩小：竖缝不大于 1.0 mm，水平层缝不大于 2.0 mm。显然，竖砌炭块砌缝厚度，主要决定于炭块加工精度和预组装方法。日本很重视炭块的加工和预组装，他们用水压机成型的截面尺寸为 600 mm×700 mm，长达 3500 mm 的平砌炭块，加工后采用炉底整体预组装，预组装接缝厚度在 1 mm 以下。我国高炉炉底竖砌炭块，采用整体预组装后，把接缝厚度再缩小（竖缝不大于 0.5 mm，水平缝不大于 1 mm），是完全可能的。在与国外技术交流中，他们认为炭块预组装接缝厚度不大于 0.3 mm 时，砌缝厚度（指垂直竖缝）不大于 0.5 mm 时，可采取干砌（不用炭浆）代替湿砌（采用炭浆）。我国已经有大容积高炉炉底炭块采用干砌的经验，相信会逐步得到推广。

综上所述，建议高炉炉底竖砌炭块的尺寸及允许尺寸偏差见表 3-31。

表 3-31　高炉炉底竖砌炭块尺寸及允许偏差推荐值

尺寸代号	尺寸/mm			尺寸允许偏差 /mm				预组装接缝厚度/mm	
	A	*B*	*C*	*A*	*B*	*C*	端部（平放）垂直度	竖缝	水平缝
1～1200	1200	400	400	±1	±0.5	±0.5	±0.25	≤0.5	≤1.0
1～1600	1600	400	400	±1	±0.5	±0.5	±0.25	≤0.5	≤1.0
2～1500	1500	500	500	±1	±0.5	±0.5	±0.25	≤0.5	≤1.0
2～2000	2000	500	500	±1	±0.5	±0.5	±0.25	≤0.5	≤1.0

注：竖砌炭块尺寸参见图 3-27。

思考题

1．高炉楔形砖间尺寸关系规律的内容有哪些？它对高炉楔形砖尺寸标准化有何指导意义？

2．从高炉环形炭块尺寸设计与标准化，看其中有哪些自主创新方法？

3．等大端尺寸砖环包括哪些砖环？

4．等大端尺寸砖环有哪些优点？它的严重缺点是什么？

5．正确定义和区别高炉环形砌体中的垂直缝、水平缝、环缝和辐射缝。

6．高炉环形砌体内重缝与通缝的含义，规范怎样规定重缝与通缝？

7．等小端尺寸高炉砖环的突出优点是什么？为什么会产生等小端尺寸砖环？

8．等小端尺寸高炉砖尺寸设计的特点有哪些？

9．等小端尺寸高炉砖砖环的环缝理论厚度，是否会比等大端尺寸高炉砖砖环大？

10．等小端尺寸高炉环形砌砖的简化计算式，与等大端尺寸高炉环形砌砖的计算式区别在哪里？

11．在等小端尺寸高炉混合砖环和双楔形砖砖环的简化计算式中，为什么 A 为 230 mm、345 mm、460 mm、和 575 mm 四组砖的简易计算式具有通用性？

12．为什么等小端尺寸高炉砖环形砌体可以避免重缝？从砖量计算实践说明这个问题。

13．为什么等小端尺寸双环双楔形砖砖环的计算比等大端尺寸双环双楔形砖砖环快捷？怎样进行等小端尺寸高炉双环双楔形砖砖环的快速计算？

14．高炉等小端尺寸砖环砖量表比高炉等大端尺寸砖环砖量表有什么优越性？

15．高炉等小端尺寸混合砖环直角坐标图为什么比高炉等大端尺寸混合砖环直角坐标图清晰？从中可看到哪些概念？

16．高炉等小端尺寸双楔形砖砖环直角坐标图，为什么可以作为计算图？

17．高炉等小端尺寸双楔形砖砖环计算线有何优点？应用起来还有什么不便之处？怎样改进？

18．我国高炉竖砌炭块炉底有哪些突出优点？

19．高炉炉底竖砌炭块尺寸设计的要点有哪些？

20．请理解和定义下列术语：等大端尺寸、等小端尺寸、楔差、环形炭块。

4 转炉环形砌砖设计及计算

4.1 转炉衬砖的名称、尺寸规格和尺寸砖号

采用环形砌砖的氧气炼钢转炉（oxygen steel-making converters）出现在炼铁高炉和炼钢平炉（open-hearth furnace）之后。人们在选择炼钢转炉衬砖（bricks for steel-making converters）的形状和尺寸时，首先考虑将平炉主炉顶竖厚楔形砖（见图 4-1a）由在平炉顶的竖砌（见图 4-1b）放倒改为转炉的侧砌（见图 4-1c）。也有人认为转炉与高炉内衬同为环形砌砖，转炉内衬可直接采用高炉环形砌砖用竖宽楔形砖（见图 4-2a）平砌（见图 4-2b）。这两种形状的砖同为楔形砖，都具有梯形表面。为区分它们有必要先对楔形砖做明确的定义及对梯形面上的尺寸做确切的表述。

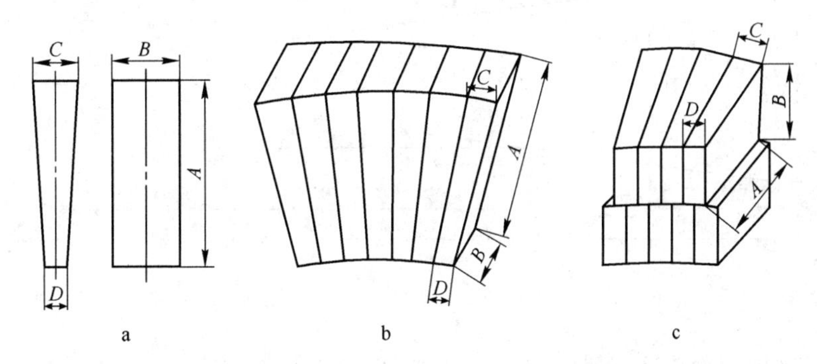

图 4-1 竖厚楔形砖（a）及其竖砌（b）和侧砌（c）

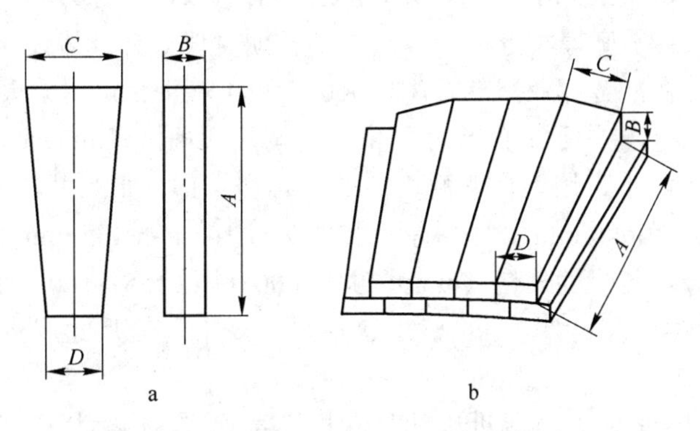

图 4-2 竖宽楔形砖（a）及其平砌（b）

如图 4-1a 和图 4-2a 所示，这两种楔形砖分别有两个侧面（side face，即长与厚或最大尺寸与最小尺寸形成的砖面）和两个大面（large face，即长与宽或两个较大尺寸形成的砖面）为对称梯形的六面砖体。对称梯形面两底的较大尺寸称为楔形砖的大端尺寸（backface dimension，outer dimension）C，较小尺寸称为楔形砖的小端尺寸（hotface dimension，inner dimension）D，并且习惯上常以 C/D 表示楔形砖的大小端尺寸。对称梯

形面两底间的高称为楔形砖的大小端距离（distance between the backface and hotface）*A*。两大面为对称梯形面的楔形砖称作竖宽楔形砖，这在高炉竖宽楔形砖的有关章节已介绍过。而两侧面为对称梯形面的楔形砖称作竖厚楔形砖。我国国家标准和冶金行业标准将楔形砖的对称梯形面简化为大小端尺寸差 *C*–*D*（后来称之为楔差 taper）。因此，所谓楔形砖就是指有楔差或楔差不等于 0 的砖（bricks with taper）。我国国家标准和冶金行业标准规定，按大小端距离 *A* 和大小端尺寸 *C*/*D* 设计在楔形砖的部位的专业术语来定义和区分竖宽楔形砖与竖厚楔形砖。如前已述，大小端距离 *A* 设计在长度上。大小端尺寸 *C*/*D* 在宽度上的楔形砖称作竖宽楔形砖（crown bricks，key bricks）。高炉与转炉内衬都采用竖宽楔形砖，高炉采用等大端尺寸或等小端尺寸竖宽楔形砖，而转炉内衬竖宽楔形砖，有了新的尺寸：对称梯形面的中线尺寸称作楔形砖的中间尺寸（median dimension）*P* 或平均尺寸，见图 4-3。大小端距离 *A* 设计在长度上、大小端尺寸 *C*/*D* 设计在厚度上的楔形砖称作竖厚楔形砖（end arch bricks）。

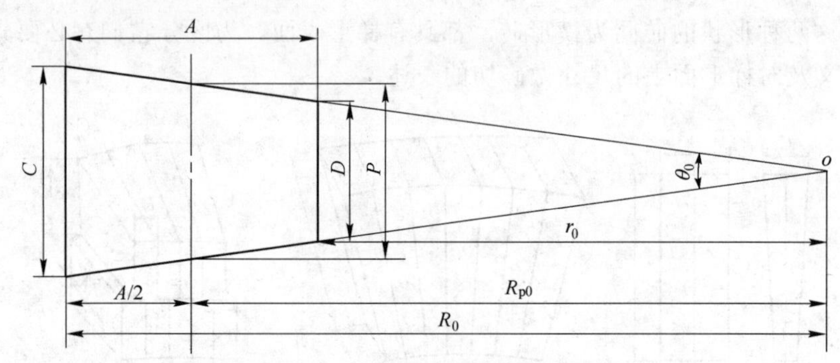

图 4-3　楔形砖的中间尺寸 *P* 及中间半径 R_{p0}

楔形砖对称梯形面内的尺寸（包括大小端距离 *A* 和大小端尺寸 *C*/*D*）是转炉衬楔形砖的特征尺寸（ability dimension，effective dimension），以前曾称为有效尺寸。为突出特征尺寸和区分竖宽楔形砖与竖厚楔形砖，按国内外长期习惯对有具体设计尺寸的砖，赋予尺寸规格和尺寸砖号。在冶金行业标准 YB/T 060—1994 炼钢转炉用耐火砖形状尺寸[25]中，规定以 *A*×(*C*/*D*)×*B* 表示转炉衬砖的尺寸规格。所谓尺寸规格（dimension standard），就是在不看砖形图纸的情况下，用以标明耐火砖的名称和全部外形尺寸的表示式（或方法）。例如，大小端距离 *A* 为 600 mm，大小端尺寸 *C*/*D* 为 165 mm/135 mm 及厚度 *B* 为 100 mm 的转炉衬竖宽楔形砖，其尺寸规格（mm）写作 600×(165/135)×100。在 YB/T 060—2007 炼钢转炉用耐火砖形状尺寸[26]中，虽然未包括尺寸规格，但尺寸规格及其表示式早已在实践中广为流传。

如前已述，我国一系列尺寸标准中的尺寸规格表示法、国际标准和我国等许多国家标准中常以 *C*/*D* 这种分隔斜线法表示大小端尺寸。国际标准 ISO 5019-6:1984 氧气炼钢转炉用碱性耐火砖尺寸[27]、ISO/FDIS 5019-6:2005（E）氧气炼钢转炉用碱性耐火砖尺寸[28]的砖号（brick designation）和英国标准 BS 3056-7:1992 炼钢用碱性耐火砖尺寸[29]的尺寸砖号（size designation）也都采用分隔斜线法。砖号表示法与大小端尺寸表示法或尺寸规格表示法都采用分隔斜线法，很容易混淆。为消除这种混淆，在起草 YB/T 060—1994 中采用我国和许多国家（例如前苏联、日本和英国）砖号常用的短横线“-”代替分隔斜线。

但在 YB/T 060—2007 版本，考虑与国际标准接轨，又将砖号的短横线法改回分隔斜线法：分隔斜线（“/”）前的数字表示大小端距离的厘米（cm）数，即 $0.1A$；分隔斜线后的数字表示楔差 $C–D$ 的毫米（mm）数。即砖号的表示式为 $0.1A/(C–D)$。例如尺寸规格（mm）为 600×(165/135)×100 的尺寸砖号写作 60/30。从前广为流传的砖号，实际上是顺序砖号，数字本身不代表任何意义。转炉衬砖的国际标准和英国标准，将砖号与砖尺寸联系起来，与顺序砖号相区别，才称之为尺寸砖号。不过，对于专用炉种用砖的尺寸砖号，例如转炉衬用砖的尺寸砖号，还是处于初始阶段，它是在设定主要限制条件的情况下采用的尺寸砖号。转炉衬砖尺寸砖号的主要限制条件有两点：（1）所有衬砖都采用等中间尺寸 P=150 mm；（2）所有衬砖的厚度 B 都等于 100 mm。这两点标准中都注明了。如果不采用等中间尺寸，或等中间尺寸不等于 150 mm 时，或如果砖的厚度不为 100mm 时，这种尺寸砖号表示法会出现“多砖同号”的混乱现象。例如大小端距离 A 同为 600 mm、楔差同为 30mm 的以下三种竖宽楔形砖：尺寸规格（mm）为 600×(150/120)×100 的等大端尺寸 150 mm 砖、尺寸规格（mm）为 600×(135/105)×100 的等中间尺寸 120 mm 砖或尺寸规格（mm）为 600×(165/135)×75 的薄砖，都可按转炉衬砖尺寸砖号表示法写作 60/30，形成四砖同号的混乱局面。为了能区别开来这几种砖，人们有待开发新的更完善的尺寸砖号表示法。

无论国际标准 ISO/FDIS 5019-6:2005（E）或是我国冶金行业标准 YB/T 060—2007，除竖宽楔形砖外还包括直形砖（rectangular bricks），即仅由长 A、宽 C 和厚 B 三个尺寸构成的直平行六面砖体。转炉衬直形砖的尺寸规格（mm）表示式也应符合 $A×(C/D)×B$，由于直形砖中 $C=D$，故可简化为 $A×C×B$。转炉衬直形砖的尺寸砖号按 YB/T 060—2007 和 ISO/FDIS 5019-6:2005（E）的规定，楔差 $C–D=0$，写作 $0.1A/0$。例如长 A=600 mm、宽 C/D 为 150 mm/150 mm 和厚 B=100 mm 的转炉衬直形砖，其尺寸规格（mm）写作 600×150×100，其尺寸砖号写作 60/0。当然，转炉衬直形砖的尺寸砖号，也要遵循前面介绍的标准规定的两个限制条件，也同样存在多砖同号的现象。

4.2 转炉衬砖的尺寸特征

在高炉用竖宽楔形砖的有关章节，已介绍并定义了高炉竖宽楔形砖的尺寸特征（dimension characterictics,dimension ability）。以前曾称为尺寸参数，从 YB/T 060—2007 开始改称为尺寸特征。转炉衬砖的尺寸特征由竖宽楔形砖的大小端距离 A 和大小端尺寸 C/D 这些特征尺寸决定。转炉衬砖的尺寸特征除包括竖宽楔形砖的外半径和内半径、每环极限砖数外，还包括竖宽楔形砖的中间半径和单位楔差等。

4.2.1 转炉衬竖宽楔形砖的中间半径

同高炉单楔形砖砖环一样，将全部由同一尺寸砖号转炉衬竖宽楔形砖单独砌筑的单楔形砖环的半径，视为该尺寸砖号竖宽楔形砖的半径。对于高炉环形砌砖和高炉用竖宽楔形砖而言，有外半径（outer radius）R_0 和内半径（internal radius）r_0。而对于转炉衬环形砌砖和转炉衬竖宽楔形砖而言，常采用中间半径（median radius）R_{p0}。在新修订发布实施的 YB/T 060—2007 中，转炉衬竖宽楔形砖采用中间半径，并定义为全部用一种楔形砖砌筑的单楔形砖砖环（中心角 $\theta=360°$）的中间半径（即砖环内外半径的平均值）R_{p0}。由这个定义可知，$R_{p0}=(R_0+r_0)/2$，并由此确定了它们的关系 $R_0=R_{p0}+A/2$ 和 $r_0=R_{p0}-A/2$。在高炉竖宽楔形砖有关章节，早已导出：

$$R_0=\frac{CA}{C-D} \tag{4-1}$$

$$r_0=\frac{DA}{C-D} \tag{4-1a}$$

由图 4-3 知 $P/D=R_{p0}/r_0=R_{p0}/(R_{p0}-A/2)$，可导出：

$$R_{p0}=\frac{PA}{2(P-D)} \tag{4-1b}$$

由图 4-3 知 $C/P=R_0/R_{p0}=(R_{p0}+A/2)/R_{p0}$，可再导出：

$$R_{p0}=\frac{PA}{2(C-P)} \tag{4-1c}$$

将楔形砖的中间尺寸 $P=(C+D)/2$ 代入式（4-1b）或式（4-1c）的分母，都可得：

$$R_{p0}=\frac{PA}{C-D} \tag{4-1d}$$

其实将 $R_0=R_{p0}+A/2$ 代入式（4-1），或将 $r_0=R_{p0}-A/2$ 代入式（4-1a）都可以得到式（4-1d）。另外，从图 4-3 可直接观察到，$C-P=P-D=(C-D)/2$，所以 $2(C-P)=2(P-D)=C-D$。就是说，式（4-1b）、式（4-1c）与式（4-1d）的分子都为 PA，那么这三式中的分母 2（$P-D$）、2（$C-P$）与 $C-D$ 必然相等。这样，楔形砖的中间半径 R_{p0} 定义式（4-1d）是非常容易记忆的，因为它在形式上与楔形砖的外半径及内半径定义式相类似：分母都同为 C–D；分子都共同有大小端距离 A，分子中另一乘数大端尺寸 C［式（4-1）中］、小端尺寸 D［式（4-1a）中］或中间尺寸 P［式（4-1d）中］分别用于外半径 R_0、内半径 r_0 或中间半径 R_{p0} 定义式。

上述计算式（4-1）、式（4-1a）、式（4-1b）、式（4-1c）或式（4-1d）分子中的 C、D 或 P 需另加砌缝厚度（joint thickness），YB/T 060—1994 和 YB/T 060—2007 均取 2 mm。对于转炉衬环形砌体而言，这里所指砌缝既为半径线方向的辐射缝（radial joint），又为垂直于水平砖层的垂直缝（vertical joint），故可称为辐射竖缝（radial vertical joint）。不同的辐射竖缝厚度，同一尺寸砖号转炉衬竖宽楔形砖的中间半径 R_{p0} 计算值是有差别的。例如，规格（mm）为 600×(165/135)×100、尺寸砖号为 60/30 的转炉衬竖宽楔形砖，当砌筑中辐射竖缝厚度分别取 1 mm 及 2 mm 时，其中间半径 R_{p0} 按式（4-1d）的计算值分别为 151×600/(165–135)=3020 mm 及 152×600/(165–135)=3040 mm。

我国冶金行业标准 YB/T 060—2007 在计算转炉衬竖宽楔形砖中间半径时，炉衬环形砌体辐射竖缝厚度取 2mm 的根据有：（1）国家标准 GB 50211—2004 工业炉砌筑工程施工及验收规范[10]，规定炼钢转炉工作衬砌体垂直缝厚度不大于 2 mm。（2）YB/T 060—2007 适用范围为氧气炼钢转炉用碱性砖（basic bricks oxygen steel-making converters）。当前国内外普遍采用镁碳砖（magnesia-carbon bricks）作为转炉衬砖。镁碳砖这种不烧砖（unfired bricks），在砖坯成形和干燥后，成品砖的大小端尺寸 C/D 和中间尺寸 P 的实际值往往大于设计尺寸（在尺寸允许偏差之内），这些直接影响中间半径 R_{p0} 计算值的增大了的实际尺寸，决定了计算中砌缝厚度不能取得很小。（3）转炉衬环形砌体采用干砌（dry masongry，dry bricks laying），辐射竖缝内应填充与镁碳砖成分相适应的干耐火细颗粒，并按规定在辐射竖缝内留设膨胀缝（expansion joint），夹垫易烧掉纸板。综合考虑这些因素，转炉衬镁碳砖环形砌体的辐射竖缝厚度，并不是越小越好。不少转炉衬镁碳砖环形砌体，由于未考虑这些因素，将砌体辐射缝厚度砌筑得很小（例如小于 1 mm），生产中砌体往往由于热膨胀不能被缓冲而发生热剥落（thermal spalling）。

国际标准 ISO/FDIS 5019-6:2005（E）采用的转炉衬竖宽楔形砖内直径的计算值，见表 4-1。该标准指出内直径的计算值未考虑砌缝厚度。按式 $d_0=2r_0=2DA/(C-D)$验算（D 未考虑另加砌缝厚度），相差无几。我国冶金行业标准 YB/T 060—2007，转炉衬竖宽楔形砖和直形砖采取等中间尺寸（constant median dimension），即各楔形砖的中间尺寸 P［大端尺寸 C 与小端尺寸 D 的平均值 $P=(C+D)/2$］与直形砖的配砌尺寸 C 采取相等的尺寸（该标准的等中间尺寸为 150 mm），竖宽楔形砖的半径采取基于中间尺寸 P 的中间半径 R_{p0}［式（4-1b)、式（4-1c）或式（4-1d)］，代替 YB/T 060—1994 的外半径 R_0，见表 4-2。关于采取中间半径的优越性，将在以后的有关章节中阐述。

表 4-1 ISO/FDIS 5019-6:2005（E）氧气炼钢转炉用碱性砖尺寸

砖 号 $0.1A/(C-D)$	尺寸/mm			内直径 d_0/m	体积/dm^3
	A	B	C/D		
25/60	250	100	180/120	1.000	3.75
25/30			165/135	2.250	
25/16			158/142	4.438	
25/8			154/146	9.125	
25/0			150/150	—	
30/70	300	100	185/115	0.986	4.50
30/40			170/130	1.950	
30/20			160/140	4.200	
30/8			154/146	10.950	
30/0			150/150	—	
35/80	350	100	190/110	0.963	5.25
35/40			170/130	2.275	
35/20			160/140	4.900	
35/8			154/146	12.775	
35/0			150/150	—	
40/80	400	100	190/110	1.100	6.00
40/40			170/130	2.600	
40/20			160/140	5.600	
40/8			154/146	14.600	
40/0			150/150	—	
45/90	450	100	195/105	1.050	6.75
45/40			170/130	2.925	
45/20			160/140	6.300	
45/8			154/146	16.425	
45/0			150/150	—	

续表 4-1

砖　号 0.1A/(C–D)	尺寸/mm			内直径 d_0/m	体积/dm^3
	A	B	C/D		
50/100	500	100	200/100	1.000	7.50
50/60			180/120	2.000	
50/36			168/132	3.667	
50/20			160/140	7.000	
50/8			154/146	18.250	
50/0			150/150	—	
55/110	550	100	205/95	0.950	8.25
55/80			190/110	1.513	
55/60			180/120	2.200	
55/36			168/132	4.033	
55/20			160/140	7.700	
55/8			154/146	20.075	
55/0			150/150	—	
60/120	600	100	210/190	0.900	9.00
60/80			190/110	1.650	
60/60			180/120	2.400	
60/36			168/132	4.400	
60/20			160/140	8.400	
60/8			154/146	21.900	
60/0			150/150	—	
65/120	650	100	210/190	0.975	9.75
65/80			190/110	1.788	
65/60			180/120	2.600	
65/36			168/132	4.767	
65/20			160/140	9.100	
65/8			154/146	23.725	
65/0			150/150	—	
70/120	700	100	210/190	1.050	10.50
70/80			190/110	1.925	
70/60			180/120	2.800	
70/36			168/132	5.133	
70/20			160/140	9.800	
70/8			154/146	25.550	
70/0			150/150	—	
75/120	750	100	210/190	1.125	11.25
75/80			190/110	2.063	

续表 4-1

砖　号 0.1A/(C–D)	尺寸/mm			内直径 d_0/m	体积/dm^3
	A	B	C/D		
75/60	750	100	180/120	3.000	11.25
75/36			168/132	5.500	
75/20			160/140	10.500	
75/8			154/146	27.375	
75/0			150/150	—	
80/120	800	100	210/190	1.200	12.00
80/80			190/110	2.200	
80/60			180/120	3.200	
80/36			168/132	5.867	
80/20			160/140	11.200	
80/8			154/146	29.200	
80/0			150/150	—	
85/120	850	100	210/190	1.275	12.75
85/80			190/110	2.338	
85/60			180/120	3.400	
85/36			168/132	6.233	
85/20			160/140	11.900	
85/8			154/146	31.025	
85/0			150/150	—	
90/120	900	100	210/190	1.350	13.50
90/80			190/110	2.475	
90/60			180/120	3.600	
90/36			168/132	6.600	
90/20			160/140	12.600	
90/8			154/146	32.850	
90/0			150/150	—	
95/120	950	100	210/190	1.425	14.25
95/80			190/110	2.613	
95/60			180/120	3.800	
95/36			168/132	6.967	
95/20			160/140	13.300	
95/8			154/146	34.675	
95/0			150/150	—	
100/120	1000	100	210/190	1.500	15.00
100/80			190/110	2.750	
100/60			180/120	4.000	

续表 4-1

砖　号 0.1A/(C−D)	尺寸/mm			内直径 d_0/m	体积/dm^3
	A	B	C/D		
100/36	1000	100	168/132	7.333	15.00
100/20			160/140	14.000	
100/8			154/146	36.500	
100/0			150/150	—	
110/120	1100	100	210/190	1.650	16.50
110/80			190/110	3.025	
110/60			180/120	4.400	
110/36			168/132	8.067	
110/20			160/140	15.400	
110/8			154/146	40.150	
110/0			150/150	—	
120/120	1200	100	210/190	1.800	18.00
120/80			190/110	3.300	
120/60			180/120	4.800	
120/36			168/132	8.800	
120/20			160/140	16.800	
120/8			154/146	43.800	
120/0			150/150	—	

注：尺寸符号意义见图 4-2a。

表 4-2　YB/T 060—2007 炼钢转炉用竖宽楔形砖、直形砖尺寸及尺寸特征

砖　号	尺寸/mm			中间半径 R_{p0}/mm	每环极限砖数 K_0'/块	体积/dm^3
	A	B	C/D			
25/90	250	100	195/105	422.2	17.5	3.75
25/60			180/120	633.3	26.2	
25/30			165/135	1266.7	52.4	
25/20			160/140	1900.0	78.5	
25/10			155/145	3800.0	157.1	
25/0			150/150	—	—	
30/90	300	100	195/105	506.7	20.9	4.50
30/60			180/120	760.0	31.4	
30/30			165/135	1520.0	62.8	
30/20			160/140	2280.0	94.2	
30/10			155/145	4560.0	188.5	
30/0			150/150	—	—	
35/90	350	100	195/105	591.1	24.4	5.25
35/60			180/120	886.7	36.7	

续表 4-2

砖 号	尺寸/mm			中间半径 R_{p0}/mm	每环极限砖数 K_0'/块	体积/dm^3
	A	B	C/D			
35/30	350	100	165/135	1773.3	73.3	5.25
35/20			160/140	2660.0	110.0	
35/10			155/145	5320.0	219.9	
35/0			150/150	—	—	
40/90	400	100	195/105	675.6	27.9	6.00
40/60			180/120	1013.3	41.9	
40/30			165/135	2026.7	83.8	
40/20			160/140	3040.0	125.7	
40/10			155/145	6080.0	251.3	
40/0			150/150	—	—	
45/90	450	100	195/105	760.0	31.4	6.75
45/60			180/120	1140.0	47.1	
45/30			165/135	2280.0	94.2	
45/20			160/140	3420.0	141.4	
45/10			155/145	6840.0	282.7	
45/0			150/150	—	—	
50/90	500	100	195/105	844.4	34.9	7.50
50/60			180/120	1266.7	52.4	
50/30			165/135	2533.3	104.7	
50/20			160/140	3800.0	157.1	
50/10			155/145	7600.0	314.2	
50/0			150/150	—	—	
55/120	550	100	210/90	696.7	28.8	8.25
55/90			195/105	928.9	38.4	
55/60			180/120	1393.3	57.6	
55/30			165/135	2786.7	115.2	
55/20			160/140	4180.0	172.8	
55/10			155/145	8360.0	345.6	
55/0			150/150	—	—	
60/120	600	100	210/90	760.0	31.4	9.00
60/90			195/105	1013.3	41.9	
60/60			180/120	1520.0	62.8	
60/30			165/135	3040.0	125.7	
60/20			160/140	4560.0	188.5	
60/10			155/145	9120.0	377.0	
60/0			150/150	—	—	

续表 4-2

砖 号	尺寸/mm			中间半径 R_{p0}/mm	每环极限砖数 K_0'/块	体积/dm^3
	A	*B*	*C*/*D*			
65/120	650	100	210/90	823.3	34.0	9.75
65/90			195/105	1097.8	45.4	
65/60			180/120	1646.7	68.1	
65/30			165/135	3293.3	136.1	
65/20			160/140	4940.0	204.2	
65/10			155/145	9880.0	408.2	
65/0			150/150	—	—	
70/120	700	100	210/90	886.7	36.7	10.5
70/90			195/105	1182.2	48.9	
70/60			180/120	1773.3	73.3	
70/30			165/135	3546.7	146.6	
70/20			160/140	5320.0	219.9	
70/10			155/145	10640.0	439.8	
70/0			150/150	—	—	
75/120	750	100	210/90	950.0	39.3	11.25
75/90			195/105	1266.7	52.4	
75/60			180/120	1900.0	78.5	
75/30			165/135	3800.0	157.1	
75/20			160/140	5700.0	235.6	
75/10			155/145	11400.0	471.2	
75/0			150/150	—	—	
80/120	800	100	210/90	1013.3	41.9	12.00
80/90			195/105	1351.1	55.9	
80/60			180/120	2026.7	83.8	
80/30			165/135	4053.3	167.6	
80/20			160/140	6080.0	251.3	
80/10			155/145	12160.0	502.7	
80/0			150/150	—	—	
85/120	850	100	210/90	1076.7	44.5	12.75
85/90			195/105	1435.6	59.3	
85/60			180/120	2153.3	89.0	
85/30			165/135	4306.7	178.0	
85/20			160/140	6460.0	267.0	
85/10			155/145	12920.0	534.1	
85/0			150/150	—	—	
90/120	900	100	210/90	1140.0	47.1	13.50
90/90			195/105	1520.0	62.8	
90/60			180/120	2280.0	94.2	
90/30			165/135	4560.0	188.5	
90/20			160/140	6840.0	282.7	
90/10			155/145	13680.0	565.5	
90/0			150/150	—	—	

续表 4-2

砖号	尺寸/mm			中间半径 R_{p0}/mm	每环极限砖数 K_0'/块	体积/dm^3
	A	*B*	*C*/*D*			
95/120	950	100	210/90	1203.3	49.7	14.25
95/90			195/105	1604.4	66.3	
95/60			180/120	2406.7	99.5	
95/30			165/135	4813.3	199.0	
95/20			160/140	7220.0	298.5	
95/10			155/145	14440.0	596.9	
95/0			150/150	—	—	
100/120	1000	100	210/90	1266.7	52.4	15.00
100/90			195/105	1688.9	69.8	
100/60			180/120	2533.3	104.7	
100/30			165/135	5066.7	209.4	
100/20			160/140	7600.0	314.2	
100/10			155/145	15200.0	628.3	
100/0			150/150	—	—	
110/120	1100	100	210/90	1393.3	57.6	16.50
110/90			195/105	1857.8	76.8	
110/60			180/120	2786.7	115.2	
110/30			165/135	5573.3	230.4	
110/20			160/140	8360.0	345.6	
110/10			155/145	16720.0	691.2	
110/0			150/150	—	—	
120/120	1200	100	210/90	1520.0	62.8	18.00
120/90			195/105	2026.7	83.8	
120/60			180/120	3040.0	125.7	
120/30			165/135	6080.0	251.3	
120/20			160/140	9120.0	377.0	
120/10			155/145	18240.0	754.0	
120/0			150/150	—	—	
130/120	1300	100	210/90	1646.7	68.1	19.50
130/90			195/105	2195.6	90.8	
130/60			180/120	3293.3	136.1	
130/30			165/135	6586.7	272.3	
130/20			160/140	9880.0	408.4	
130/10			155/145	19760.0	816.8	
130/0			150/150	—	—	

注：1．本表中砖尺寸 *B* 取 100 mm，根据需要可取 150 mm。

2．计算楔形砖中间半径 R_{p0} 时，砖缝厚度取 2 mm。

3．尺寸符号意义见图 4-2a。

4.2.2　转炉衬竖宽楔形砖的每环极限砖数

转炉衬竖宽楔形砖的每环极限砖数[utmost number of crown (key) brick in each ring (circle)] K_0'，即单楔形砖砖环或双楔形砖砖环（中心角$\theta=360°$）内竖宽楔形砖的最多砖数（块），其定义计算式已在高炉有关章节推导出：

$$K_0' = \frac{2\pi A}{C-D} \tag{4-2}$$

对于有中间尺寸 P 的转炉衬竖宽楔形砖而言，$C=2P-D$，$D=2P-C$，代入式（4-2）得：

$$K_0' = \frac{\pi A}{P-D} \tag{4-2a}$$

$$K_0' = \frac{\pi A}{C-P} \tag{4-2b}$$

在高炉砖有关章节已证实单楔形砖砖环的内外圆周之差$\Delta O=2\pi A$，并且近似等于该楔形砖数量 K_0'与其楔差 $C-D$ 之积 $2\pi A=(C-D)K_0'$，所以 $K_0'=2\pi A/(C-D)$。同理 $2\pi R_{p0}-2\pi r_0=(P-D)K_0'$，而 $2\pi R_{p0}=2\pi(r_0+A/2)$，代入上式得 $\pi A=(P-D)K_0'$，则 $K_0'=\pi A/(P-D)$。按同样方法 $2\pi R_0-2\pi R_{p0}=(C-P)K_0'$，而 $2\pi R_{p0}=2\pi(R_0-A/2)=2\pi R_0-\pi A$，代入上式得 $\pi A=(C-P)K_0'$，则 $K_0'=\pi A/(C-P)$。

对于等中间尺寸转炉衬竖宽楔形砖而言，它的每环极限砖数 K_0'仅决定于本身的特征尺寸 A、C、D 或 P，在砌筑中砖的大小端处辐射竖缝厚度相等的正常情况下，它与砌缝厚度无关。对每一具有一定特征尺寸的砖号而言，其每环极限砖数的计算值是个定值，并且在转炉衬双楔形砖砖环内每种楔形砖的数量都不会超过 K_0'，为了强调最多砖数的“极限”，有理由称之为每环极限砖数。关于这个问题的详细论述，请回忆本手册的高炉砖有关章节。无论等大端尺寸或等小端尺寸高炉竖宽楔形砖，还是等中间尺寸转炉衬竖宽楔形砖，它们的每环极限砖数 K_0'的定义计算式都为 $K_0'=2\pi A/(C-D)$，因此它们的每环极限砖数的特性都相同。

4.2.3　转炉衬竖宽楔形砖的单位楔差

炼钢转炉衬经常处于摇炉倾动的工作条件。为避免或减轻在转炉摇炉倾动中衬砖的抽沉、断裂掉落或残砖脱落，竖宽楔形砖的楔差（即大小端尺寸差 $C-D$）ΔC 对其大小端距离 A 之比称为楔形砖的单位楔差$\Delta C'$（specific taper），简称大小端差距比。转炉衬竖宽楔形砖的单位楔差应作为特殊的尺寸特征。

$$\Delta C' = \frac{C-D}{A} \tag{4-3}$$

单位楔差$\Delta C'$的倒数 $1/\Delta C'=A/(C-D)$，按其化简式（4-1）、式（4-1a）、式（4-1d）和式（4-2），得基于楔形砖单位楔差$\Delta C'$的尺寸特征：

$$R_0 = \frac{C}{\Delta C'} \tag{4-1e}$$

$$r_0 = \frac{D}{\Delta C'} \tag{4-1f}$$

$$R_{p0} = \frac{P}{\Delta C'} \tag{4-1g}$$

$$K_0' = \frac{2\pi}{\Delta C'} \tag{4-2c}$$

转炉衬楔形砖的单位楔差［式（4-3）］代表每毫米大小端距离的楔差，单位楔差及基于单位楔差的尺寸特征（半径及每环极限砖数），作为一种研究方法，对于转炉衬楔形砖形状尺寸的设计与标准化有指导作用。

4.3　转炉衬砖形状尺寸的设计

为制定 YB/T 060—1994 和修订 YB/T 060—2007 有关炼钢转炉衬砖形状尺寸标准，研究了转炉衬合理砌砖结构[30]及转炉衬砖尺寸标准化[31,32]。在这些研究中，要面对定量比较单环炉衬与双环炉衬、竖宽楔形砖平砌与竖厚楔形砖侧砌、等中间尺寸与等大端尺寸、混合砌砖与双楔形砖砌砖、平压成型与侧压成型、综合炉衬与预组装、分散膨胀缝与集中膨胀缝等问题的优劣。

4.3.1　单环炉衬与双环炉衬

在 20 世纪 80 年代前，转炉衬环形砌砖类似于高炉环形砌砖，考虑到当时压砖机的能力和砌筑的手工操作，转炉工作衬厚度方向多数采取双环炉衬。例如转炉工作衬（working lining）厚度为 610 mm 的双环环形砌体：奇数砖层 230 mm 长砖（工作内环）和 380mm 长砖（外环），偶数砖层采用 380 mm（工作内环）和 230 mm 长砖（外环）。近年来，随着压砖设备（pressing equipment）的改进和成形压力（forming pressure）的增大，压制砖的长度越来越大，为国内外多数转炉工作衬采用单环炉衬创造了条件。所谓单环炉衬，就是工作衬厚度等于砖长（本书称之为大小端距离）A 的炉衬。国际标准 ISO 5019-6:1984 及 ISO/FDIS 5019-6:2005（E）均采用并推荐单环炉衬，甚至将砖长（brick length）与炉子工作衬厚度（working lining thickness）等同起来。转炉单环工作衬之所以能被国内外接受和推广，主要原因有四点：（1）优质镁碳砖的研制成功及扩大应用，使用寿命显著延长，使转炉工作衬厚度大为减薄。100～150 t 转炉工作衬厚度在 600～700 mm，250～300 t 转炉工作衬厚度都减薄到 900～1000 mm。（2）3000 t 真空液压机（vacuum hydraulic press）和 1500 t 真空摩擦压砖机（vacuum-friction press）的推广应用，能压制出 1000～1300 mm 长的合格镁碳砖。（3）转炉筑炉塔（tower for brick works of converter）和转炉自动筑炉机（relining machine of converter）等转炉机械化修砌设备的成功开发和应用，为采用加长（即超重）镁碳砖的单环炉衬提供了运输和砌筑的条件。（4）单环炉衬比双环炉衬减少两次（奇数砖层和偶数砖层各一次）残砖脱落。变换式（4-3）得：

$$A' = \frac{2}{\Delta C'} \tag{4-4}$$

式中　A'——残砖每次可能脱落的长度，mm；

$\Delta C'$——炉衬楔形砖的单位楔差，见式（4-3）。

工作衬楔形砖蚀损减短到大小端尺寸差（即楔差）接近砌体辐射竖缝厚度 2 mm 时，残砖便可能脱落。例如规格（mm）为 380×(80/70)×150 的侧砌竖厚楔形砖的单位楔差 $\Delta C'$=(80−70)/380=0.0263，则其残砖每次可能脱落的长度 A'=2/0.0263=76 mm。如果按砖的蚀损速率 0.2 mm/炉次计算，相当于 76/0.2=380 炉次。当采用单环炉衬时，就省去了这个中间残砖脱落而延长了使用寿命。除此之外，单环炉衬砌体内避免了双环间的环缝，减少了砖号数量，无论砌筑速度还是砌筑质量都比双环炉衬优越得多。因此，我国冶金行业标准YB/T 060—1994与YB/T 060—2007都采用单环工作衬，按单环工作衬设计了砖的大小端距离 *A*。

转炉衬砖的大小端距离 *A*，数量越来越多，尺寸越来越长。国际标准 ISO 5019-6:1984中单环炉衬厚度（砖长）由250 mm开始，间隔50 mm，最长800 mm，共12种。ISO/FDIS 5019-6:2005（E）的单环炉衬厚度在250～950 mm范围间隔50 mm，在1000～1200 mm范围间隔100 mm，共18种。英国标准BS 3056-7:1992的砖长在250～800 mm范围间隔50mm，在900～1000 mm范围间隔100 mm，共14种（见表4-3）。我国冶金行

表4-3 BS 3056-7:1992炼钢用碱性耐火砖尺寸[29]

尺寸砖号	尺寸/mm			体积/dm^3	尺寸砖号	尺寸/mm			体积/dm^3
	A	*B*	*C*/*D*			*A*	*B*	*C*/*D*	
25/60	250	100	180/120	3.75	60/20	600	100	160/140	9.00
25/30	250	100	165/135	3.75	60/8	600	100	154/146	9.00
25/20	250	100	160/140	3.75	65/60	650	100	180/120	9.75
25/16	250	100	158/142	3.75	65/36	650	100	168/132	9.75
25/8	250	100	154/146	3.75	65/20	650	100	160/140	9.75
30/40	300	100	170/130	4.50	65/8	650	100	154/146	9.75
30/20	300	100	160/140	4.50	70/60	700	100	180/120	10.50
30/8	300	100	154/146	4.50	70/36	700	100	168/132	10.50
35/40	350	100	170/130	5.25	70/20	700	100	160/140	10.50
35/20	350	100	160/140	5.25	70/8	700	100	154/146	10.50
35/8	350	100	154/146	5.25	75/60	750	100	180/120	11.25
40/40	400	100	170/130	6.00	75/36	750	100	168/132	11.25
40/20	400	100	160/140	6.00	75/20	750	100	160/140	11.25
40/8	400	100	154/146	6.00	75/8	750	100	154/146	11.25
45/40	450	100	170/130	6.75	80/60	800	100	180/120	12.00
45/20	450	100	160/140	6.75	80/36	800	100	168/132	12.00
45/8	450	100	154/146	6.75	80/20	800	100	160/140	12.00
50/60	500	100	180/120	7.50	80/8	800	100	154/146	12.00
50/36	500	100	168/132	7.50	90/60	900	100	180/120	13.50
50/20	500	100	160/140	7.50	90/36	900	100	168/132	13.50
50/8	500	100	154/146	7.50	90/20	900	100	160/140	13.50
55/60	550	100	180/120	8.25	90/8	900	100	154/146	13.50
55/36	550	100	168/132	8.25	100/60	1000	100	180/120	15.00
55/20	550	100	160/140	8.25	100/36	1000	100	168/132	15.00
55/8	550	100	154/146	8.25	100/20	1000	100	160/140	15.00
60/60	600	100	180/120	9.00	100/8	1000	100	154/146	15.00
60/36	600	100	168/132	9.00					

注：1．所有尺寸砖号全部取自ISO 5019-6（原标准注）。

2．本表尺寸符合 *C*/*D* 及 *B* 对应原标准 *B*/*C* 及 *D*（本手册注），符号意义见图4-2a。

业标准 YB/T 060—1994 单环炉衬的大小端距离 *A*，从 350 mm 开始，间隔 50 mm，最大 900 mm，共 12 种。YB/T 060—2007 单环炉衬的大小端距离 *A*，在 250～1200 mm 范围，间隔与 ISO/FDIS 5019-6:2005（E）相同，但增加了 *A* 为 1300 mm 的砖，共 19 种。不过，在国内外经常被采用的转炉单环工作衬厚度在 600～1000 mm 范围。

关于转炉衬砖尺寸的国际标准、英国标准和我国冶金行业标准，推荐并能满足单环工作衬的需要。国内外的炼钢转炉都朝着大型化发展。大小端距离 *A* 在 250～400 mm 范围的转炉衬砖似乎没必要列入标准。国内外转炉衬砖尺寸标准保留这些砖的用意可能有：（1）个别中小型转炉炉口的工作衬设计厚度比较小，尚需要这些较短的砖。（2）个别地区压砖机能力较小及砌筑的手工操作，还保留双环工作衬。250～400 mm 大小端距离，可组成很多双环工作衬，例如 250 mm 和 300 mm 的 550 mm 双环工作衬，250 mm 和 350 mm 的 600 mm 双环工作衬，250 mm 和 400 mm 的 650 mm 双环工作衬等。（3）环砌法倒球形炉底外周边的平砌环形砌体，还需要 *A* 为 250～400 mm 的竖宽楔形砖，因为该部位砌体自下而上逐渐加长。

4.3.2 竖宽楔形砖平砌与竖厚楔形砖侧砌

转炉衬砖的形状（名称）决定了其在转炉工作衬的砌砖方法。我国转炉工作衬镁碳砖（或其他碱性机压砖），最初采用平炉顶竖砌用竖厚楔形砖的砖形尺寸侧砌，从 20 世纪 90 年代开始陆续改用竖宽楔形砖平砌了。对于转炉工作衬环形砌砖而言，砌砖砖层基面一般为水平的（个别转炉炉帽砖层基面为对水平面微斜）。砖的大面置于水平砌砖基面的砌砖方法称为平砌（laying brick on flat）。砖的侧面置于水平砌砖基面（或拱胎表面）的砌砖方法称为侧砌（laying brick on edge）。竖厚楔形砖的梯形侧面置于水平砌砖基面的砌砖方法即为竖厚楔形砖侧砌（见图 4-1c）。竖宽楔形砖的梯形大面置于水平砌砖基面的砌砖方法称为竖宽楔形砖平砌（见图 4-2b）。

关于竖厚楔形砖与竖宽楔形砖的名称定义已在 4.1 节中说明。转炉工作衬砌砖仅用这两种砖形，一般用不着侧厚楔形砖。但是作为转炉炉壳（shell，casing）与工作衬间耐火砌体的永久衬（safety lining,permanent linging,back-up lining）经常采用侧厚楔形砖竖砌。大小端距离 *A* 设计在宽度上、大小端尺寸 *C*/*D* 设计在厚度上的楔形砖称为侧厚楔形砖（side arch bricks），见图 4-4a。侧厚楔形砖正常使用在侧砌拱（见图 4-4b），在转炉永久衬内经常为竖砌（见图 4-4c）。所谓竖砌（laying brick on end），即砖的端面置于水平砌砖基面（或拱

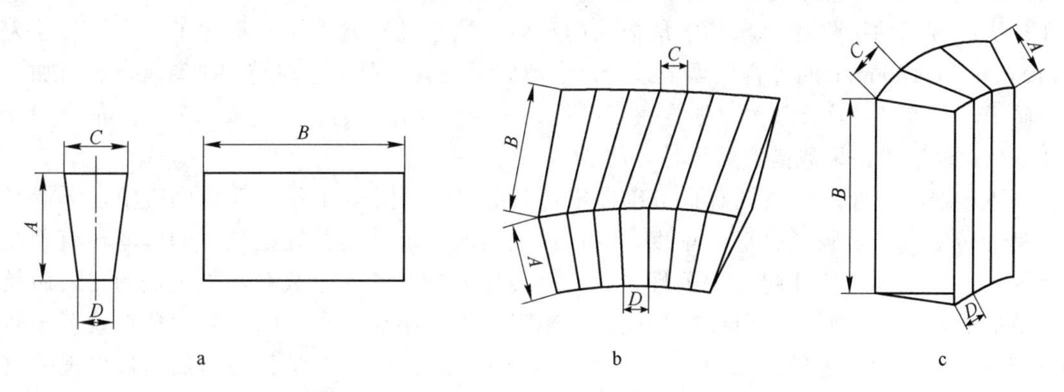

图 4-4 侧厚楔形砖（a）侧砌（b）和竖砌（c）

胎表面。例如平炉顶竖厚楔形砖竖砌，见图 4-1b）的砌砖方法。转炉永久衬侧厚楔形砖的梯形端面置于水平砌砖基面的砌砖方法称为侧厚楔形砖竖砌（见图 4-4c）。

在 YB/T 060—1994 制定发布之前，武钢转炉衬与国内多数转炉衬镁碳砖采用竖厚楔形砖侧砌。在制定 YB/T 060—1994 过程中，研究了国际标准 ISO 5019-6:1984 采用的竖宽楔形砖平砌。这里从砌筑方面、炉衬设计方面和制砖等方面研究比较两种楔形砖及其砌法的优缺点。

首先，在砌筑方面，从砌体砖缝交错和砌筑操作难易来比较竖厚楔形砖侧砌与竖宽楔形砖平砌。工业炉砌筑规范要求环形砌砖必须遵守错缝砌筑（bonded）原则[10]，上下砖层间的辐射竖缝应错开（至少 10 mm 以上），不得三层重缝。上下砖层重缝的几率与楔形砖小端尺寸 D 有关：小端尺寸 D 越小，重缝的几率越大。由于竖厚楔形砖的小端尺寸 D 在 60～80 mm 范围，辐射竖缝错开距离很小，上下砖层重缝的机会很多。而竖宽楔形砖的小端尺寸 D 在 90～145 mm，辐射竖缝错开距离较大，上下砖层重缝的机会较少。从环形砌砖上下砖层辐射竖缝的交错与重缝机会方面比较，竖厚楔形砖侧砌是比不过竖宽楔形砖平砌的。

砌筑操作的难易，是指不超过规范规定砌缝厚度和“合门”操作的方便性。竖厚楔形砖一般采取大面受压成形，俗称“平压”，受砖模（mould）限制成品砖的宽度尺寸 B 的一致性较好，宽度尺寸 B 的尺寸偏差较小，竖厚楔形砖侧砌时砖层表面错台较小，水平砖层间的水平缝（horizontal joint）的厚度，很容易符合规范要求（一般不大于 2 mm）。竖厚楔形砖的大小端尺寸 C/D 都比较小，加之有竖砌拱顶挑选锁砖（key-brick, key-stone）时又另外准备了薄砖和厚砖的成功经验，转炉衬竖厚楔形砖侧砌的挑选合门砖及其操作是很容易的。因此可以认为竖厚楔形砖侧砌的砌筑操作是很容易的。竖宽楔形砖一般也采取大面受压的平压成形，虽然成品砖厚度尺寸 B 的尺寸允许偏差（dimensional tolerances）±1 mm，但实际上往往超过这个规定，影响平砌砖层上表面的平整度，常引起砖层水平缝厚度超过标准规定的 2 mm。在采用竖宽楔形砖平砌的初期，由于平压成形中认真控制了砖的厚度尺寸偏差，有时经过按厚度选出正（+）负（–）号砖分别砌筑，砖层的水平缝厚度并未超过 2 mm。由于竖宽楔形砖大小端尺寸比较大，每环挑选合门砖的操作比竖厚楔形砖侧砌困难。像高炉竖宽楔形砖平砌砖环一样，合门时往往要加工砖。在转炉衬由竖厚楔形砖侧砌改用竖宽楔形砖平砌的初期，砌筑工人对加工合门砖颇为不习惯。但经过一段时间的摸索，随着竖宽楔形砖平砌法在转炉衬砌砖中的推广，人们积累了许多快速合门的操作经验。其中最成功的经验做法，是预先用切砖机加工成中间尺寸为 140 mm 和 100 mm 两种合门调节条砖，多数砖层的合门已不必在转炉砌筑现场临时加工切砖了。因此可以这样认为，竖厚楔形砖侧砌的合门操作容易，竖宽楔形砖平砌的合门操作虽然比较困难，采取措施后也是方便的。

环形砌砖的合门砖也具有拱形砌砖中锁砖的属性。转炉工作衬环形砌砖中，无论竖厚楔形砖侧砌还是竖宽楔形砖平砌，合门砖及其两旁调节砖往往是砌体的薄弱环节。此处的辐射竖缝厚度往往超过规范规定，有时砖环并没有紧靠永久衬，加工过的合门砖及调节砖的质量不如原砖，所以转炉砌筑规范对此做出不少规定：（1）合门砖及调节条砖应精细加工，加工过的剩余尺寸应不小于原砖的 2/3，并且严禁使用粗加工后出现裂纹的砖。（2）上下砖层合门砖的位置应错开 1～2 块砖。（3）每层砖环仅设一处合门砖。

（4）合门砖的位置应避开转炉前后倾动中处于“拱顶中央区域”和易蚀损的耳轴区（trunnion area），最好选择在容易补炉的部位。人们经常将合门位置选择在出钢口（steel-tapping outlet）中心垂线 15° 左右的装料侧（charging side）或出钢侧（tapping side，pouring side）。

如上所述，转炉衬环形砌砖的合门操作，既影响砌筑速度，又影响砌筑质量。类似钢包内衬砌筑那样，不需要合门操作的理想的螺旋砌砖法（lining by spiral method,spiral brickwork），一定会在转炉内衬砌筑中得以推广。国内已有 30t 转炉成功使用螺旋砌砖法，并申请了专利。竖宽楔形砖平砌转炉工作衬推广螺旋砌砖法的可能性，比竖厚楔形砖侧砌转炉工作衬大得多。

其次，在转炉衬砌砖设计方面比较竖厚楔形砖侧砌与竖宽楔形砖平砌。转炉衬砌砖设计方面包括环形砌体辐射竖缝总长度、炉帽用砖的形状及其砌法、炉帽砖有效长度的减少，以及两种楔形砖残砖可能脱落的长度。

转炉单环工作衬环形砌体的砌缝，有砖层水平缝和辐射竖缝。它们都会遭受钢水和熔渣的冲蚀（erosion）。但是砌体的辐射竖缝是遭受钢水和熔渣冲蚀的主要通道。在转炉衬环形砌砖设计上应考虑尽可能减少辐射竖缝的总长度。计算知道，每平方米内衬表面中辐射竖缝的总长度，竖厚楔形砖侧砌时几乎是竖宽楔形砖平砌时的 1.5 倍。可见，从减少砌体辐射竖缝总长度从而减缓钢水和熔渣冲蚀而延长使用寿命方面着想，转炉衬砌砖设计上应考虑采取竖宽楔形砖平砌。

转炉炉帽（mouth）锥段环形砌砖，如果砖层为水平的，朝向炉内的炉衬工作热面（working hot-face）和靠炉壳永久层的冷面（cold-face）的砖层，都会形成错台。这种错台会减少炉帽衬砖的有效长度。错台距离与砖层高度成正比。竖厚楔形砖侧砌砖层高度（150 mm）等于竖宽楔形砖平砌砖层高度（100mm 的 1.5 倍，前者的错台距离也为后者的 1.5 倍。就是说侧砌竖厚楔形砖炉帽砌砖衬有效厚度的损失也等于平砌竖宽楔形砖的 1.5 倍。因而在转炉炉帽砌砖设计上，还是采用竖宽楔形砖平砌为好，以往有些转炉炉帽砌砖用砖设计中，为避免炉帽砖有效长度的减少，将炉帽砖大小端部都设计成（压制成）斜面，而且该斜面对水平面倾斜角，各炉不同。在 YB/T 060—2007（见图 4-5 和表 4-4）中对转炉炉帽砖作如下改进：（1）在炉帽砖的工作热面小端不采取斜面，仅在紧靠炉帽永久衬的冷面大端采取斜面。（2）大端斜面对水平面的倾斜角取 55°，比多数转炉炉帽炉壳对水平面倾斜角（50°～70°）稍小些，以方便炉帽工作衬后间隙的填料。（3）炉帽用竖宽楔形砖的中间半径比炉身（body）用砖小些，仅选用楔差$\Delta C=C-D$ 为 30 mm、60 mm、90 mm 或 120 mm 的竖宽楔形砖。常用炉帽竖宽楔形砖的大小端距离 A 一般比炉身用砖短些，选取 350～950 mm，间隔 50 mm。（4）炉帽用竖宽楔形砖的尺寸规格（即全部外观尺寸）与转炉衬竖宽楔形砖相同，但炉帽用砖的大端有倒角，其尺寸砖号表示法与转炉衬砖相同，仅在砖号末标以“帽”字汉语拼音首个字母 M。

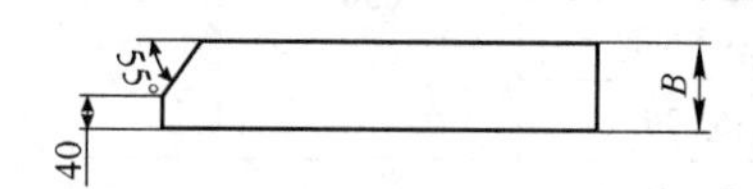

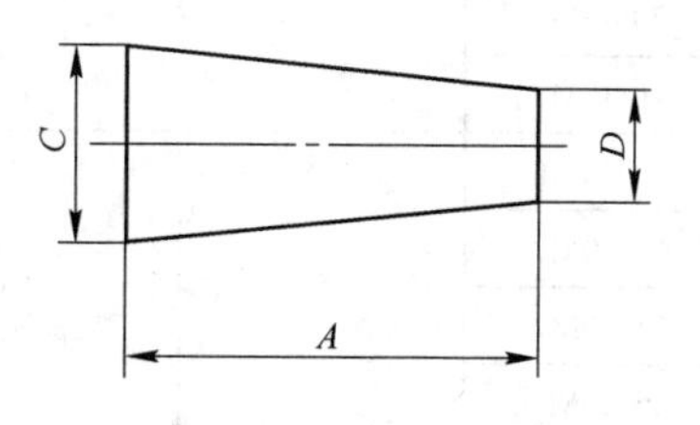

图 4-5 转炉炉帽竖宽楔形砖

表 4-4　YB/T 060—2007 转炉炉帽竖宽楔形砖尺寸及尺寸特征

砖　号	尺寸/mm			中间半径 R_{p0}/mm	每环极限砖数 K_0'/块	体积/dm^3
	A	*B*	*C*/*D*			
35/90M	350	100	195/105	591.1	24.4	5.00
35/60M			180/120	886.7	36.7	5.02
35/30M			165/135	1773.3	73.3	5.04
40/90M	400	100	195/105	675.6	27.9	5.75
40/60M			180/120	1013.3	41.9	5.77
40/30M			165/135	2026.7	83.8	5.79
45/90M	450	100	195/105	760.0	31.4	6.50
45/60M			180/120	1140.0	47.1	6.52
45/30M			165/135	2280.0	94.2	6.54
50/90M	500	100	195/105	844.4	34.9	7.25
50/60M			180/120	1266.7	52.4	7.27
50/30M			165/135	2533.3	104.7	7.29
55/120M	550	100	210/90	676.7	28.8	7.99
55/90M			195/105	928.9	38.4	8.00
55/60M			180/120	1393.3	57.6	8.02
55/30M			165/135	2786.7	115.2	8.04
60/120M	600	100	210/90	760.0	31.4	8.74
60/90M			195/105	1013.3	41.9	8.75
60/60M			180/120	1520.0	62.8	8.77
60/30M			165/135	3040.0	125.7	8.79
65/120M	650	100	210/90	823.3	34.0	9.49
65/90M			195/105	1097.8	45.4	9.50
65/60M			180/120	1646.7	68.1	9.52
65/30M			165/135	3293.3	136.1	9.54
70/120M	700	100	210/90	886.7	36.7	10.24
70/90M			195/105	1182.2	48.9	10.25
70/60M			180/120	1773.3	73.3	10.27
70/30M			165/135	3546.7	146.6	10.29
75/120M	750	100	210/90	950.0	39.3	10.99
75/90M			195/105	1266.7	52.4	11.00
75/60M			180/120	1900.0	78.5	11.02
75/30M			165/135	3800.0	157.1	11.04
80/120M	800	100	210/90	1013.3	41.9	11.74
80/90M			195/105	1351.1	55.9	11.75
80/60M			180/120	2026.7	83.8	11.77
80/30M			165/135	4053.3	167.6	11.79

续表 4-4

砖　号	尺寸/mm			中间半径 R_{p0}/mm	每环极限砖数 K_0'/块	体积/dm³
	A	*B*	*C*/*D*			
85/120M	850	100	210/90	1076.7	44.5	12.49
85/90M			195/105	1435.6	59.3	12.50
85/60M			180/120	2153.3	89.0	12.52
85/30M			165/135	4306.7	178.0	12.54
90/120M	900	100	210/90	1140.0	47.1	13.24
90/90M			195/105	1520.0	62.8	13.25
90/60M			180/120	2280.0	94.2	13.27
90/30M			165/135	4560.0	188.5	13.29
95/120M	950	100	210/90	1203.3	49.7	13.99
95/90M			195/105	1604.4	66.3	14.00
95/60M			180/120	2406.7	99.5	14.02
95/30M			165/135	4813.3	199.0	14.04

注：1．本表中砖尺寸 *B* 取 100 mm，根据需要可取 150 mm。
2．计算楔形砖中间半径 R_{p0} 时，砖缝厚度取 2 mm。
3．尺寸符号意义见图 4-5。

为减少转炉倾动时砖的抽沉、掉落或残砖脱落，希望炉衬环形砌砖设计中选用单位楔差$\Delta C'$尽可能大些的楔形砖。从 $A'=2/\Delta C'$［式（4-4）］知道，残砖可能脱落的长度 A' 与其单位楔差$\Delta C'$成反比。为减小残砖可能脱落长度 A'，楔形砖的单位楔差就应该大些。例如，理论上为控制残砖可能脱落的长度 $A'\leqslant 50$ mm，按式（4-3）计算楔形砖的单位楔差$\Delta C'\geqslant 2/50$，即$\Delta C'\geqslant 0.04$。变换式（4-1h）的形式得楔形砖的单位楔差$\Delta C'$另一表达式：

$$\Delta C' = \frac{P}{R_{p0}} \tag{4-3a}$$

可见，当楔形砖的中间半径 R_{p0} 和砌体辐射竖缝厚度（例如取 2mm）一定时，增大单位楔差$\Delta C'$从而减小残砖可能脱落长度 A'的唯一有效途径，便只有增大楔形砖的中间尺寸 P 了。例如中间尺寸 P=75 mm，中间半径 R_{p0}=3040 mm 的竖厚楔形砖，其单位楔差按式（4-3a）计算$\Delta C'$=77/3040=0.025。而中间半径 R_{p0} 同为 3040 mm 的楔形砖，拟将其单位楔差$\Delta C'$增大一倍（到$\Delta C'$=0.05）时，只有将中间尺寸 P 增大到 $P=\Delta C' R_{p0}$［由式（4-1h）或式（4-3a）转换］=0.05×3040=150 mm（已从计算值 152 mm 减去 2 mm 砌缝），就是说实际上已将竖厚楔形砖改换为中间尺寸 P 为 150 mm 的竖宽楔形砖了。

将式（4-3a）代入式（4-4）得：

$$A' = \frac{2R_{p0}}{P} \tag{4-4a}$$

从式（4-3a）和式（4-4a）知，由于相同中间半径 R_{p0} 竖宽楔形砖的单位楔差$\Delta C'$和中间尺寸 P 比竖厚楔形砖大一倍，竖宽楔形砖残砖可脱落的长度 A'比竖厚楔形砖减短一半。这是竖宽楔形砖最突出的优越性。20 世纪 90 年代，武钢 90 t 复合吹炼转炉（combined blowing converter）炉衬镁碳砖，由竖厚楔形砖侧砌改为竖宽楔形砖平砌的初期，竖宽楔形砖的单位楔差$\Delta C'>0.05$，平均为 0.06，预计炉役结束时残砖长度（residual length）的计算值 A'=2/0.06=33.3 mm。拆炉时测得最短残砖的实际长度 30 mm，并且尚未出现掉砖。比以往竖厚楔形砖侧砌炉衬炉役末期掉砖时残砖长度 80 mm 减短 50 mm，在当时可延长炉龄 250 炉次（按当时蚀损速率 0.2 mm/炉次计算）。

正是由于竖宽楔形砖在诸多方面的优点（见表 4-5），YB/T 060—1994 采用了它。同时考虑由竖厚楔形砖侧砌向竖宽楔形砖平砌的过渡，在 YB/T 060—1994 的附录中保留了大小端尺寸适当增大的竖厚楔形砖，但 YB/T 060—2007 已删去了竖厚楔形砖。

表 4-5　转炉衬竖厚楔形砖侧砌与竖宽楔形砖平砌比较

比 较 项 目	竖厚楔形砖侧砌	竖宽楔形砖平砌
砌筑方面：上下砖层辐射竖缝交错	不好	好
合门操作	容易	困难，采取措施后方便
实现螺旋砌法可能性	小	大
设计方面：辐射竖缝总长度	大（不好）	小
炉帽砖有效长度减小	多	少
砖的单位楔差	小	大
使用寿命方面：残砖长度	大	小
蚀损速率	大	小

4.3.3　平压成形与侧压成形

转炉衬镁碳砖的成形（molding），直接受压砖机吨位的影响。我国 600～800 t 摩擦压砖机的最佳成形厚度（以砖坯计）一般为 90～100 mm，超过 100 mm 时砖坯物理性能很难保证。例如中间半径 R_{p0} 为 1220 mm、尺寸规格（mm）为 600×(150/90)×150 的炉帽侧砌竖厚楔形砖，无论选择 600 mm×150 mm 为成形受压面的平压成形或 600 mm×(150 mm/90 mm)为成形受压面的侧压成形，采用小吨位压砖机压制 150 mm 厚砖坯时，砖坯物理性能都很难达到标准要求。但只要改用相同中间半径（R_{p0}=1220 mm），尺寸规格（mm）为 600×(150/90)×100 的平砌竖宽楔形砖，成形后的砖坯厚度只有 100 mm，采用 600 mm×(150 mm/90 mm)作为成形受压面的平压成形，成形操作是容易的。20 世纪 80 年代，我国不少中小型转炉镁碳砖炉衬，即便在炉身和熔池（melting chamber）部位采用竖厚楔形砖侧砌时，炉帽锥段用砖也由于成形困难不得不采用平压成形的竖宽楔形砖平砌。

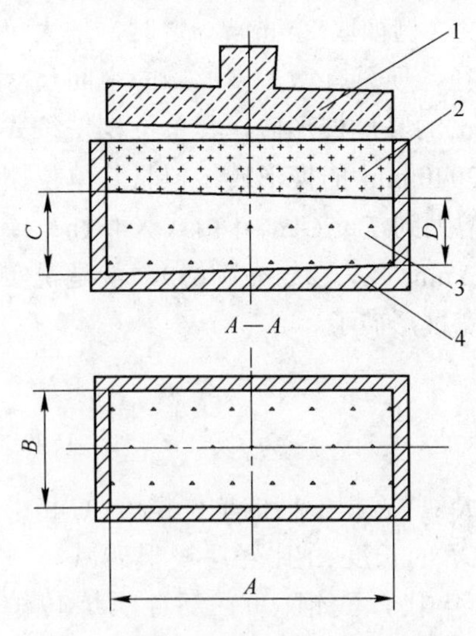

图 4-6　竖厚楔形砖平压成形示意图
1—上模盖；2—成形料；3—砖坯；4—砖模

中间半径较小的竖厚锐楔形砖或竖厚特锐楔形砖，当采用较小吨位压砖机的平压成形时，如图 4-6 所示，实际上这是不等厚度成形。砖模内成形料（moulding mixture）上表面常处于近似水平面，很难与成形砖坯上表面（斜面）平行，引起成形料压缩比、砖坯体积密度、耐压强度及热膨胀率等物理性能，从砖坯大端向小端逐渐增大，而气孔率逐渐减小。这种同一块竖厚楔形砖物理性能的不均一是内在缺陷。这种物理性能不均一的竖厚楔形砖，在转炉衬实际使用中常表现为炉役末期掉砖前蚀损率过快的反常现象。从不等厚度平压成形竖厚楔形砖的这一缺陷看，它也不适用于转炉衬。但是平砌竖宽楔形砖，由于它采用平压的等厚度成形，见图 4-7，即使采用小吨位压砖机，砖模内成形料上表面与压制后砖坯上表面平行，同一块砖坯大小端成形厚度不大且相等，各截面的压缩比、体积密度、耐压强度、热膨胀率及气孔率等物理性能指标波动很小，基本一致。执行 YB/T 060—1994 改用竖宽楔形砖后的实践表明，转炉炉役末期残砖剩余尺寸较小并且不掉砖，越接近炉役末期其蚀损速率越小。

平压成形的竖宽楔形砖的优点很多，但它也有不足之处：（1）如前所述，当采用小吨位压砖机和没有砖坯成形厚度自动控制装备时，砖坯厚度的尺寸偏差较大。在未经按厚度选砖的情况下，给转炉衬平砌砖层水平缝带来很大负面影响。（2）每个尺寸砖号竖宽楔形砖需要一个砖模和上下模板，不同尺寸砖号竖宽楔形砖的共模率非常低，更换尺寸砖号时几乎整套砖模和上下模板都要更换，影响产品成形速度。面对这些情况，为克服上述平压成形竖宽楔形砖这两点不足之处，国内外有些厂在较大吨位（1000 t 以上）压砖机上，将竖宽楔形砖的成形受压面改在侧面上，如图 4-8 所示。竖宽楔形砖改为侧压成形后，同样大小端距离 A 的同组各尺寸砖号，可采用同一砖模，只是局部更换上下模板。侧压成形中砖坯的尺寸偏差转移到砖的大小端尺寸 C/D 上，只要大小端尺寸偏差控制在允许范围内，充其量对砌体砖量配合比有些影响。这要求准备充足的备用砖库存量。关于侧压成形竖宽楔形砖各个截面的物理性能的均一性，应该经常或定期测定。采用 1000 t 以上压砖机侧压成形，只要在砖的大端取样测定物理性能都合格时，就应该不会影响砖坯质量。不过至少有两点应引起思考和注意：（1）竖宽楔形砖侧压成形时，由于砖坯成形深度较大（砖模中心处达 150 mm），砖模成形锥度应严格控制。否则会因成品砖的厚度 B 的尺寸偏差过大而同样对砖层水平缝厚度产生负面影响。（2）正因为竖宽楔形砖侧压成形时砖坯成形深度太大，压砖机砖模内成形料的铺设高度不适应，而采用分层铺料两次加压时要有预防砖坯层裂的有效措施。

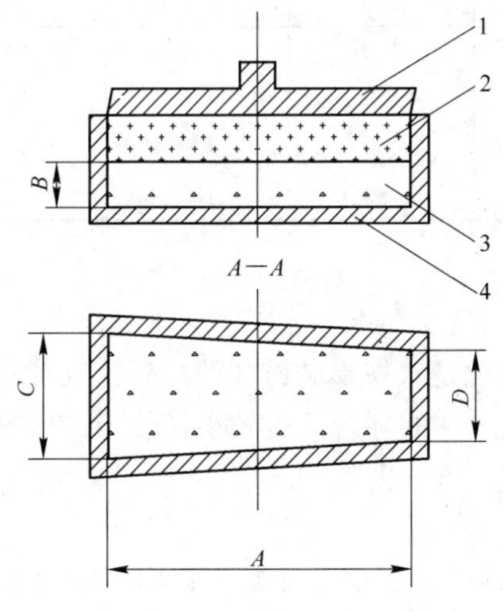

图 4-7　竖宽楔形砖平压成形示意图

1—上模盖；2—成形料；3—砖坯；4—砖模

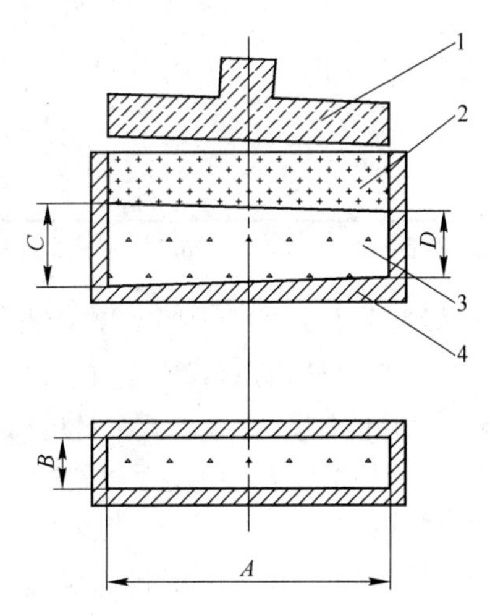

图 4-8　竖宽楔形砖侧压成形示意图

1—上模盖；2—成形料；3—砖坯；4—砖模

4.3.4　等中间尺寸与等端尺寸

转炉衬单环竖宽楔形砖的重要特征尺寸——大小端尺寸 C/D——的设计，首先是面对等端尺寸（等大端尺寸和等小端尺寸的总称）与等中间尺寸的选择问题。国际间习惯上流行两种系列转炉衬竖宽楔形砖：一是以美国 ASTM C909—1984 耐火制品定型系列尺寸中氧气炼钢转炉用耐火砖尺寸[9]为代表的等大端尺寸（见表 4-6），二是以国际标准 ISO/FDIS 5019-6:2005（E）为代表的等中间尺寸。

表 4-6　ASTM C909—1984 氧气炼钢转炉用砖尺寸

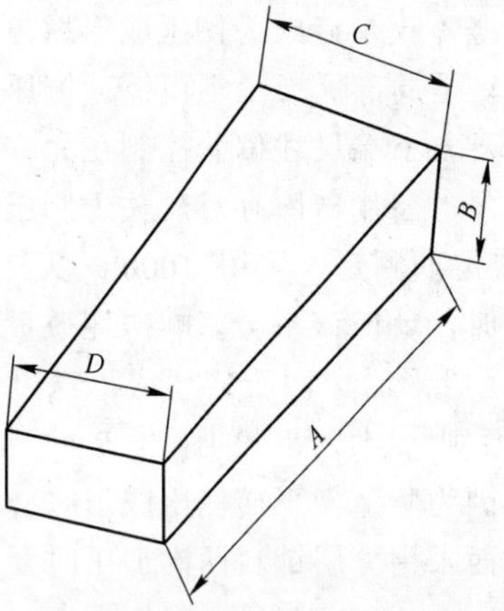

尺寸/mm			
A	C	D	B
380	152	152	76
380	152	140	76
380	152	127	76
380	152	102	76
456	152	152	76
456	152	140	76
456	152	127	76
456	152	102	76
532	152	152	76
532	152	140	76
532	152	127	76
532	152	102	76
608	152	152	76
608	152	140	76
608	152	127	76
608	152	102	76
760	152	152	76
760	152	140	76
760	152	127	76
760	152	102	76

注：本手册表中的 C、D 及 B 对应原标准的 B、B' 及 C。

同高炉用等大端尺寸竖宽楔形砖一样，转炉衬等大端尺寸竖宽楔形砖的一系列优点有：（1）环形砌砖内总砖数 K_h 的计算很方便，即使是双楔形砖砖环的总砖数也可利用式 $K_h=2\pi R/C$ 方便计算。（2）工作衬用砖外端与永久衬间的环缝厚度较小，便于工作衬用砖紧靠永久衬。（3）等大端尺寸竖宽楔形砖的大端尺寸 C 相同，仅砖的小端尺寸 D 不同，容易记忆与管理。

但是转炉衬单环等大端尺寸竖宽楔形砖也有难以克服的致命缺点：（1）半径小、楔差 ΔC=90 mm 的等大端尺寸竖宽特锐楔形砖（例如 ASTM C909—1984 的等大端尺寸 C=152 mm，若楔差为 90 mm 时，则小端尺寸 D 仅为 152−90=62 mm），对于大小端距离

A 达 532 mm、608 mm 和 760 mm 的砖而言，这些砖在制砖、运输和砌筑中都有相当大的困难。至于像国际标准 ISO/FDIS 5019-6:2005（E）楔差 ΔC 达 120 mm 的转炉炉口用竖宽特锐楔形砖，就很难实现 C=152 mm 的等大端尺寸了。（2）受等大端尺寸 152 mm 限制，等大端尺寸竖宽楔形砖的中间尺寸 P 较小，例如大小端尺寸 C/D 为 152 mm/62 mm 的中间尺寸 P=(152+62)/2=107 mm，有时还要更小，成形出砖很困难。美国 ASTM C909—1984 中，楔形砖最大的楔差 ΔC 为 152−102=50 mm，没有设计出像 ISO/FDIS 5019-6:2005（E）中楔差为 80 mm 和 120 mm 那样的小半径炉帽（特别是炉口）用竖宽特锐楔形砖。

为了克服转炉衬等大端尺寸竖宽楔形砖的上述缺点，只有增大中间尺寸 P，并且增大到与其配砌的直形砖的配砌尺寸（宽度尺寸）150 mm。同时发扬等大端（或等小端）尺寸竖宽楔形砖砖环总砖数方便计算的优点，在“等”字上下工夫做文章，坚持等端（或中间）尺寸原则，便出现了等中间尺寸竖宽楔形砖。就是说，大小端距离 A 不同的各组中几个竖宽楔形砖（以及直形砖）的中间尺寸都采取相等的 150 mm。这样，人们立即体会到转炉衬等中间尺寸竖宽楔形砖的优越性来：（1）砖的中间尺寸较大且都为 150 mm，成形出砖很方便（指平压成形时）。中间尺寸增大到 150 mm 后，楔差分别为 90 mm 及 120 mm 的竖宽特锐楔形砖，它们的小端尺寸 D 也分别达到 105 mm 及 90 mm，这些大小端尺寸 C/D 分别为 195 mm/105 mm 及 210 mm/90 mm 的竖宽特锐楔形砖，在制砖、运输和砌筑中的破损率并不会增大。（2）大小端距离相同的同组内，几个大小端尺寸 C/D 不同的任何一个尺寸砖号竖宽楔形砖或直形砖，它们的单砖体积（volume of brick）都相等（见表 4-1～表 4-4）。在英国曾将等中间尺寸砖称为等体积系列砖（bricks with constant volume series）。当然，等中间尺寸砖（等体积系列砖）的单重也相等。这一点对砖在生产过程的计量自动化和管理中砖总量的计算都非常方便。（3）如前所述，等中间尺寸 P 系列，为砖环总砖数 K_h 的计算提供了 $K_h=2\pi R_p/P$ 的方便性。（4）砖的中间尺寸 P 增大后，根据 $A'=2R_{p0}/P$［式（4-4a)］，残砖可能脱落的尺寸 A' 减短并因之对延长转炉炉龄有利。（5）等中间尺寸双楔形砖砖环的简化计算、砖量表的编制及计算图的绘制都得到规范。这些，将在以后相关节段详述。

在高炉环形砌砖有关章节已论述，环形砌砖中环缝的理论厚度计算式 $\delta_0=C(C-D)/4A$，即环缝的理论厚度 δ_0 与楔形砖大端尺寸及其楔差 $\Delta C=C-D$ 成正比，而与其大小端距离 A 成反比。由于相同大小端距离 A 的等中间尺寸转炉炉衬竖宽楔形砖的大端尺寸 C（在 150～210 mm 范围）和楔差 ΔC（在 0～120 mm 范围），都比等大端尺寸竖宽楔形砖（分别为 150 mm 和 0～90 mm）大很多，因之环缝的理论厚度特别大，似乎不宜采用等中间尺寸转炉衬竖宽楔形砖。但是，等中间尺寸竖宽楔形砖转炉工作衬仅为单环，特别大的环缝不在单环工作衬砌体内部，仅产生在工作衬与永久衬之间。需要坚持单环工作衬竖宽楔形砖的大端紧靠永久衬，并用填料填满环缝间隙。

4.3.5　楔差与相同简单整数比

我国在楔形砖间尺寸关系规律研究中[33]，非常重视楔形砖的楔差（$C-D$），在高炉楔形砖尺寸标准修订的实践中发现并完善了楔形砖间尺寸关系规律：无论大小端距离 A 相同的同组楔形砖，或大小端距离 A 不同的各组楔形砖，它们的楔差之间（从小到大）应采取相同的简单整数比，例如 1:2:3。这一规律已形成原则，对转炉衬竖宽楔形砖尺寸系列的确立和尺寸标准化，对转炉衬双楔形砖砖环计算式的简化和通用化，对转炉衬双楔形砖砖环砖量表的快速编制，以及对转炉衬双楔形砖砖环计算图（线）的绘制，都起到指导作用。关于这些，将在以后有关章节详细论述。

用楔差相同简单整数比原则，评价美国 ASTM C909—1984（见表 4-6）。大小端距离 A 为 380 mm、453 mm、532 mm、608 mm 和 760 mm 共五组转炉衬竖宽楔形砖中，除直形砖外每组有三种楔差（C–D）：12 mm、25 mm 和 50 mm，它们的楔差比接近 1:2:4，而且各组均相同。可以说美国转炉衬等大端尺寸竖宽楔形砖采用了楔差相同简单整数比。

用楔差相同简单整数比原则，分析国际标准 ISO/FDIS 5019-6:2005（E）的楔差（见表 4-1）。大小端距离 A 为 250～550 mm（间隔 50mm）的七组砖，楔差有 8 mm、16 mm、20 mm、30 mm、36 mm、40 mm、60 mm、70 mm、80 mm、90 mm、100 mm 和 110 mm 共 12 种之多，不仅每组内楔差没有形成简单整数比，而且不同组之间也不同。在大小端距离 A 为 600～1200 mm（间隔 50 mm 或 100 mm）的 11 组中，虽然各组的楔差都设计有相同的 8 mm、20 mm、36 mm、60 mm、80 mm 和 120 mm，但它们之间不成简单整数比。

英国 BS 3056-7:1992 中，从国际标准中筛选并简化不少不必要的楔差（见表 4-3）。在大小端距离 A 为 250 mm 一组中，楔差有 8 mm、16 mm、20 mm、30 mm 和 60 mm 五种；在 A 为 300～450 mm（间隔 50 mm）的四组中，楔差有相同的 8 mm、20 mm 和 40 mm 三种；在 A 为 500～1000 mm 的九组中，楔差有相同的 8 mm、20 mm、36 mm 和 60 mm 的四种。虽然每组内楔差之比不成简单整数比，但分阶段各组采用相同的楔差。

在修订我国冶金行业标准 YB/T 060—2007（见表 4-2）中，无论在大小端距离 A 为 250～500 mm（间隔 50 mm）的六组各五个楔形砖，还是在 A 为 550～1300 mm（间隔 50 mm 和 100 mm）的 13 组各六个楔形砖，它们的楔差都分别为 10 mm、20 mm、30 mm、60 mm、90 mm 或 120 mm，完全符合各组楔形砖楔差采取相同的简单整数比这个规律。楔差为 10 mm 和 20 mm 的楔形砖，主要用于“十字”砌法（herrigbone bond）炉底（bottom）。用于转炉墙环形砌砖的楔差为 30 mm、60 mm、90 mm 或 120 mm 的竖宽楔形砖，它们的楔差比都为 30:60:90=1:2:3 或 30:60:120=1:2:4 的相同简单整数比。

采用等中间尺寸竖宽楔形砖的 YB/T 060—2007 和 ISO/FDIS 5019-6:2005（E），大小端尺寸 C/D 与等中间尺寸 P 存在以下关系：

$$\begin{cases} P = \dfrac{C+D}{2} \\ \Delta C = C - D \end{cases}$$

解之得：

$$C = P + \frac{\Delta C}{2} \tag{4-5}$$

$$D = P - \frac{\Delta C}{2} \tag{4-6}$$

当等中间尺寸 P=150 mm 时，楔差ΔC 分别为 10 mm、20 mm、30 mm、60 mm、90 mm 或 120 mm 的 YB/T 060—2007 中的转炉衬竖宽楔形砖的大小端尺寸 C/D（mm），

按式（4-5）及式（4-6）计算，分别对应为 155/145、160/140、165/135、180/120、195/105 或 210/90，见表 4-2。

YB/T 060—1994 中，为减轻转炉衬竖宽楔形砖的单重，以适应当时转炉砌筑的手工操作，曾设计等中间尺寸 P=120 mm 的竖宽楔形砖。它们的楔差分别为 30mm、60mm 和 90mm（楔差比为 1:2:3），按式（4-5）及式（4-6）计算，它们的大小端尺寸 C/D（mm）分别对应为 135/105、150/90 和 165/75。不过随着转炉砌筑机械化程度的提高，在 YB/T 060—2007 中删去了等中间尺寸 120mm 竖宽楔形砖。

YB/T 060—1994 中，砖的厚度或称砖层高度（course heigth）B：对于大小端距离 $A \leqslant 400$ mm 而言采取 75 mm；对于大小端距离 $A \geqslant 450$ mm 而言取 100 mm，这是考虑当时压砖机的成形能力、砖坯质量，以及运输和砌筑机械化程度等问题。随着压砖机能力和砌筑机械化程度的提高，在 YB/T 060—2007 中已取消了 B=75 mm 的砖。

为提高转炉衬砖整体坚固性，减少炉衬砌缝总长度和改善砖的质量，充分发挥 3000 t 真空液压机和 1500 t 真空摩擦压砖机的潜力（可压制 150 mm 厚制品），200 t 以上大型转炉的单环炉衬应推广采用大截面（砖层高度 B=150 mm）衬砖的机械化筑炉（即制砖过程机械手搬运、运输过程采用集装箱，砌筑过程采用自动筑炉机）。为此，在 YB/T 060—2007 中砖层高度 B 除常规 100 mm 外，保留根据需要协商采取 150 mm。

关于相同大小端距离 A 的每组转炉衬竖宽楔形砖的数量，按其砌筑炉衬部位和厚度各国标准不同：美国 ASTM C909—1984 仅 3 个，国际标准 ISO/FDIS 5019-6:2005（E）有 4～5 个（对于炉衬厚度 250～500 mm 而言）或 6 个（对于炉衬厚度 550～1200 mm 而言）；英国 BS 3056-7：1992 有 5 个（对于炉衬厚度 250 mm 而言）、3 个（对于炉衬厚度 300～450 mm 而言）和 4 个（对于炉衬厚度 500～1000 mm 而言）；我国冶金行业标准 YB/T 060—2007 为与国际标准接轨，每组砖号数量基本上与国际标准相同：对于大小端距离 A 为 250～500 mm 而言有 5 个砖号，对于大小端距离 A 为 550～1300 mm 而言有 6 个砖号。

如前已述，我国大小端距离 A 相同的每组楔形砖数量，经过对楔形砖尺寸系列研究及制修订我国几部耐火砖尺寸标准实践，将相同大小端距离 A 的每组同名称楔形砖，按它们楔差（$\Delta C=C-D$）的由大到小，一般相对划分为特锐楔形砖、锐楔形砖、钝楔形砖和微楔形砖四个砖号。在 YB/T 060—2007 中，楔差 ΔC 为 10 mm 和 20 mm 的竖宽楔形砖（尺寸砖号 0.1A/10 和 0.1A/20）属于微楔形砖；楔差 ΔC=30 mm 的竖宽楔形砖（尺寸砖号 0.1A/30）属于钝楔形砖；楔差 ΔC=60 mm 的竖宽楔形砖（尺寸砖号 0.1A/60）属于锐楔形砖；而楔差 ΔC=90 mm 或 ΔC=120 mm 的竖宽楔形砖（尺寸砖号 0.1A/90 或 0.1A/120）属于特锐楔形砖。可见，每组有两个微楔形砖和两个特锐楔形砖。为减少不必要的尺寸砖号，在下次修订 YB/T 060—2007 时可考虑删去一个微楔形砖砖号和一个特锐楔形砖砖号。

关于竖宽楔形砖的尺寸符号，我国以前一直以小写英文字母表示，现在与国际标准接轨，以大写英文字母表示。我国以前普遍将大小端距离写作 b，国际标准和多数国家采用大写英文字母 A，现在将高炉砖、转炉砖和通用砖的大小端距离都写作 A。关于楔形砖的大小端尺寸，我国以前写作 a_d/a_x，美国写作 B/B'，英国写作 B/C，国际标准写作 C/D，现在我国与 ISO 接轨写作 C/D；对于另一尺寸（砖层高度），我国以前写作 C，美国写作 C，英国写作 D，ISO 写作 B，现在我国与 ISO 接轨写作 B。

4.3.6 双楔形砖砖环与混合砖环

在高炉环形砌砖中，由于有些部位（例如炉身下部等）砖环半径很大，不得不采用竖宽钝楔形砖与直形砖配合砌筑的混合砖环。在炼钢转炉砖衬设计的初期，人们往往为简化砖型、方便管理和方便砌筑操作，也曾采用竖厚楔形砖与直形砖配砌的混合砖环。如前所述，国内外转炉衬砖设计已发展到用竖宽楔形砖代替竖厚楔形砖和用等中间尺寸代替等大端尺寸，都是尽可能增大楔形砖的楔差ΔC 以减少残砖可能脱落的长度 A'。在这种情况下，当然不会再用竖宽楔形砖配砌以楔差$\Delta C=0$ 的直形砖了。特别是在转炉衬的出钢侧和装料侧环形砌体内配砌以$\Delta C=0$ 的直形砖是非常不合理的。因为在各种损毁因数作用下，特别是在转炉倾动时直形砖可能抽沉甚至断落掉砖。在转炉环形砌砖设计中应该坚决否定采用直形砖的混合砖环。

转炉衬双楔形砖砖环内，较大中间半径楔形砖的中间半径的选择至关重要。为减少残砖可能脱落的长度 A'，较大中间半径竖宽楔形砖的单位楔差$\Delta C'$ 应尽可能大些，就是说其中间半径 R_{p0} 应尽可能小些。但是较大中间半径竖宽楔形砖的中间半径 R_{p0} 必须稍大于所砌转炉该部位炉衬的中间半径 R_p。例如炉衬厚度 A=600 mm 转炉炉身环形砌体的中间半径 R_p=2500 mm，应该选择怎样的配砌方案？首先，拒绝有直形砖的混合砖环。其次，由表 4-2 知有三种双楔形砖砖环配砌方案：（1）中间半径范围 1013.3～3040.0 mm 的 60/90 与 60/30 双楔形砖砖环；（2）中间半径范围 1520.0～3040.0 mm 的 60/60 与 60/30 双楔形砖砖环；（3）中间半径范围 1520.0～4560.0mm 的 60/60 与 60/20 双楔形砖砖环。最接近并稍大于砌体中间半径（R_p=2500 mm）的较大中间半径竖宽楔形砖，为 R_{p0}=3040.0 mm 的 60/30。就是方案（1）与（2）可供选用。

讨论到在转炉衬设计中拒绝混合砖环后，有几个问题让转炉衬砖尺寸标准化工作者和转炉砖衬设计工作者思考与回答：标准中直形砖的用途何在？有这样几种可能：（1）小型转炉（例如 30t 以下）曾采用直形砖竖砌平底，竖砌层（soldier course）高度 400～500 mm。那么 $A\geqslant$550 mm 直形砖会不会用于竖砌平底？（2）国外以往在转炉衬环形砌砖中曾采用“楔—直”混合砖环，那么现在是否还有采用混合砖环？（3）$A\geqslant$550 mm 的十字砌法锅底形炉底，有楔差ΔC 为 8（ISO 和 BS 标准）～10mm（YB/T 060）的竖宽楔形砖，还有必要设计采用直形砖吗？（4）现在的转炉衬砖尺寸标准中，直形砖可能仅作为配套砖号 0.1A/0，实际上是虚设。果真这样，期望转炉衬砖尺寸国际标准和我国冶金行业标准，在以后的修订时取消直形砖。从表 4-6 和表 4-3 可以看出，ASTM C909—1984 和 BS 3056-7：1992，英国就没有转炉直形砖。

4.3.7 综合炉衬与预组装

转炉各部位炉衬的损毁是不均匀的，其损毁特征也是不相同的。这是由于转炉各部位的工作条件不一样，各部位炉衬耐火材料的使用条件也不相同。当然，不同转炉内衬的损毁也不一定相同。这就要求转炉炼钢人员、炉衬科研人员、炉衬修砌人员、炉衬维护人员、炉衬设计人员和炉衬耐火材料生产人员，经常共同对所设计的转炉衬的使用过程和拆炉残砖进行破损调查，共同分析研究查明转炉各部位的损毁特征、蚀损速率和蚀损机理。并且把每炉役的破损调查形成制度，以便不断地改进炉衬设计及其维护。

根据对所设计转炉炉衬的破损调查，对损毁程度不同的各部位选砌材质品种不同等级的耐火砖或不同工作衬厚度的炉衬，这就是综合炉衬（zoned lining,combined lining,composite lining）。转炉综合炉衬，经过几个不同阶段，从简单到复杂再到简单。

在开发研制镁碳砖的初期，由于砖的品种不多，当时多采用不同炉衬厚度（单环工作衬砖的大小端距离 A）的综合炉衬。例如某转炉各部位工作衬的厚度：熔池装料侧 600 mm，熔池出钢侧 550 mm，耳轴区 650 mm，渣线 650 mm，炉身 600 mm，炉帽 550 mm。

随着镁碳砖品种的增多，人们更注重从砖的材质和质量上选择转炉各部位用砖。在镁碳砖的技术条件标准上，已经有些品种供选用。但是转炉衬的破损调查表明，耳轴区及渣线遭受最严重的侵蚀及氧化作用，应采用相对高碳（优质鳞片石墨）、高 MgO（优质大晶粒电熔镁砂）的高质量（低气孔率）镁碳砖。装料侧遭受炉料的冲击破坏，应采用耐压强度较高、碳含量不宜过高的镁碳砖。可见，同一层砖环，特别是熔池的同一层砖环，应按综合炉衬设计图砌以不同品种和质量的镁碳砖。虽然运入炉子现场前就在砖的小端面（热面）涂以不同颜色的标记，有时由于管理不善，往往错砌位置。为避免这种混乱现象，提倡同时按砖的品种质量和砖的大小端距离 A 进行综合炉衬的设计和砌筑。品种优良的镁碳砖的大小端距离 A 也加大（一般加大 50～100 mm）。这样，设计在转炉易蚀损部位的品质优良兼大小端距离大的长砖，不容易错砌在相对次要的部位。同时品质稍差的大小端距离 A 稍小的短砖更不容易混进易蚀损部位。这种最复杂的综合炉衬的实现，是个系统工程，需要严格的科学管理。否则，各种不同品质的砖无序地运进炉内砌筑现场，面对单重较大的各种砖和面积窄小的砌筑现场，综合炉衬的计划往往落空。实践表明，最复杂综合炉衬的实施必须与在炉外按综合炉衬设计图预先进行的预组装相结合。

转炉衬的预组装，也有人称作预砌筑（pre masonry,preliminary brick laying），就是在转炉内正式砌筑之前，对炉衬砌体复杂、要求高的部位（部分或全部），预先在炉外按综合炉衬设计图和砌筑质量标准分层砌筑、编号并装箱。

转炉衬预组装的目的和意义在于：（1）严格认真按综合炉衬设计图，实现转炉复杂的综合炉衬。将每层复杂的用砖设计和计划，预先在炉外砌好、编号并装箱。等待砌炉时按编号顺序运进炉内砌筑。（2）严格认真执行转炉砌筑质量标准。在预组装中，每层环形砌砖内由于不同砖号的不同厚度偏差，通过挑选砖控制相邻砖间错台不超过 1 mm，就能保证在炉内砌筑时砌体辐射竖缝和砖层水平缝的厚度都不会超过 2 mm。（3）显著降低衬砖在运输和砌筑过程中的破损率。预组装中有充裕的时间，通过轻拿轻放，减少炉内砌筑中的破损。预装经编号的砖按顺序装箱，装卸及运输都实现了机械化，比原来人工装卸砖的破损率明显降低。（4）加快了转炉衬砖的砌筑速度，缩短了检修工期。由于砌筑工程已在预组装中预先在炉外进行过，炉内砌筑要解决的诸多问题，都可能出现在预组装过程中，并且已在预组装过程中提前处理过。炉内的砌筑，只是按预装图对号入座。因此在炉内的砌筑速度肯定加快，肯定会缩短修炉工期。

转炉衬预组装有那么多的优越性，为什么不容易实现呢？首先，不少人担心在炉外按图预组装的砖环不一定完全符合转炉炉壳实际状况，特别是使用太久已经严重变形的炉壳。转炉炉壳的主要相关尺寸应按规定检查，应符合设计图纸，特别是半径允许误差（椭圆度）更应严格按规定检查。使用中烧损的炉壳在检修期间应仔细修补，并应修补得符合图纸。日久严重变形的炉壳应及时更换。转炉永久衬砌筑以炉壳为导面，指的是形状和尺寸符合要求的炉壳。相信炉衬的预组装，必然会要求和促进炉壳形状尺寸的改善。除炉壳因素外，预组装砖环内砖量配比与计算结果的差别，主要受砖楔差偏差的影响。这些都是客观存在。只要在预组装外，再准备些厚度不同的相应砖号，可在实际砌筑中局部调节。其次，由哪个单位来承担完成转炉衬的预组装呢？在我国高炉砌筑的预组装，早在 20 世纪 60 年代就进行过。高炉炭块的预组装由炭素厂完成。炉底高铝砖的预组装由筑炉或修炉单位完成。在日本，预组装都由耐火砖生产厂家完成。在耐火砖生产厂家完成转炉衬的预组装，更能体现预组装的可行性和优越性。因为在耐火砖生产厂有充足的砖量和品种供选用，有砖库场地作为预装地点，砖的机械化运输从耐火砖厂的包装开始。更有意义的是，通过预组装全过程，耐火砖生产厂的人员近距离目睹自己生产的砖是怎样砌筑在转炉重要部位的，为什么厚度允许偏差要求±1 mm，为什么每块砖都要严格按标准检查尺寸？正是由于现阶段转炉衬镁碳砖还没有真正做到逐块检查外形尺寸，以至于有些砖的实际尺寸超过允许偏差，砌缝（特别是水平缝）厚度超过砌筑规范规定，才不得不采取预组装这种手段。即使在耐火砖生产厂，对转炉镁碳砖的厚度尺寸和扭曲，真正做到逐块认真检查，单块尺寸偏差合格的砖，在转炉内的砌筑过程中，平砌砖层内相邻砖的高度差往往超过 2 mm，难以保证不超过 2 mm 的水平缝。主要原因是单砖厚度尺寸偏差和扭曲的累计，引起该砖的累计砖层高度超过相邻砖。按过门测厚法可测得砖扭曲与厚度累计的实际尺寸：在钢平板上装设几个（至少 3 个）依次排列的不同净空尺寸的过门，当砖通过该过门而通不过相邻下一个较小尺寸过门时，则该过门的净空尺寸即为所检选砖的实际尺寸。过门测厚同时选分并分别堆放的操作，是预组装或砌筑的基础工序。这道选砖基础工序以往在修炉或筑炉部门进行，在市场经济和为用户服务的现阶段可在生产部门的成品检查工序内同时完成。例如，在干燥后并经过扭曲检查合格的成品砖，再逐块通过钢平板上的过门检选。钢平板上设置净空尺寸为 101 mm、100 mm 和 99 mm（公差±0.1 mm）三道过门。当通过 101 mm 过门而通不过 100 mm 过门时，该砖的实际累计厚度尺寸 B' 为 101 mm＞B'＞100 mm，可在砖面上划上“+”号，当通过 100 mm 过门而通不过 99 mm 过门时，该砖的实际累计厚度尺寸 B' 为 100 mm＞B'＞99 mm，可在砖面上划上“−”号。厚度尺寸 B'＞101 mm（即通不过 101 mm 过门）的砖，经过局部磨加工减少扭曲后可成为 101 mm＞B'＞100 mm 的“+”号砖。

随着转炉衬补炉技术的进步，特别是成功采用和推广溅渣护炉以来，炉龄成倍提高以来，转炉砌筑的综合炉衬趋向简化，由从前的细分部位（如渣线、装料侧、出钢侧与耳轴区等）复杂的综合炉衬，简化为按熔池、炉身上下部和炉帽的大部位划分的简单综合炉衬。在这种情况下，成品镁碳砖通过过门选厚，再划以“+”或“−”号，并分批供货。砌筑中坚持每层同砌以“+”号砖或“−”号砖。尽量避免或减少“+”号砖与“−”号砖混砌在同一层。在“+”号砖与“−”号砖过渡砖层，经过局部挑选或局部错台处理或局部混砌等措施，确保过渡混砌砖层的水平缝厚度不超过规范规定。

转炉衬镁碳砖的生产，已形成规模产量的生产线。要有一定数量成品的储备，而且应是经过过门选厚并按“+”或“−”号砖分别堆放的储备。在认真实现技术条件和尺寸标准化的前提下，如果能有“+”或“−”号砖足够的储备，足够向不同用户分别供“+”号砖或“−”号砖，那是求之不得的好事。

4.3.8 集中膨胀缝与分散膨胀缝

转炉衬镁碳砖的热膨胀不可忽视。如前所述，在转炉衬采用镁碳砖的初期，有的转炉忽视了其在高温的热膨胀而未留膨胀缝，在开炉后的几炉次就发现炉衬镁碳砖热面胀裂而掉片。随后，在镁碳砖砌体留设了分散膨胀缝。分散膨胀缝（dispersion expansion joint）就是在砌体砖缝（包括砖层水平缝和辐射竖缝）内均匀留设的膨胀缝。转炉衬分散膨胀缝内常夹垫易烧掉物（如纸板等）。镁碳砖的热膨胀率（thermal expansion percent）比镁砖（magnesia bricks）低些。测定与实践表明，镁碳砖的热膨胀率按含碳量比镁砖减去同样百分比。经验表明，砌体的分散膨胀缝的设计，还应考虑减去砌缝实际厚度的一半。这些只是原则，具体留设方法各单位不一样，可自行摸索。在留设分散膨胀缝中，人们常担心熔池砌体会不会经膨胀缝渗漏钢水。于是多数转炉在熔池砌体少留（也有不留的）膨胀缝。由于在熔池锥体部分的工作衬镁碳砖砌体中仅工作衬外端下部砖棱紧靠永久衬，其上的三角环缝填料可起到部分缓冲膨胀作用。在辐射竖缝内夹垫的纸板，一般将工作热端折叠。

个别转炉工作衬与永久衬之间留设的集中膨胀缝（concentrated expansion joint），采用厚度达 40～60 mm 的可缓冲热膨胀的捣打层，工作衬砌体的辐射竖缝内不再夹垫纸板，而且要求辐射竖缝厚度小于 1 mm。这种集中膨胀缝式的转炉衬设计，由于砌体操作与捣打作业配合的复杂性，始终未获得推广。在我国，普遍被采用推广的，早就是分散膨胀缝式转炉镁碳砖工作衬。

4.4 转炉环形砌砖的计算

转炉环形砌砖用砖数量的计算是比较复杂的。这是因为：（1）转炉炉衬环形砌砖的半径变化范围大，特别是熔池锥段和炉帽锥段砖环的半径逐层变化，各砖层用砖数量不同。（2）采用两种竖宽楔形砖配砌的双楔形砖砖环的计算，本身就比混合砖环复杂得多。这是妨碍优点诸多的双楔形砖砖环在转炉炉衬推广的主要原因。（3）转炉炉衬双楔形砖砖环采用了等中间尺寸竖宽楔形砖，已经不同于高炉环形砌砖采用的等大端尺寸或等小端尺寸双楔形砖砌砖，需要推导采用新的简化计算式。（4）转炉炉衬双楔形砖砖环的配砌方案特别多，采用砖量表时篇幅特别多，必须研究绘制计算线。

在高炉双楔形砖砌砖有关章节，基于楔形砖尺寸特征的双楔形砖砖环中国简化计算式，是在等大端尺寸系列或等小端尺寸系列下推导出来的。国际上存在不等端尺寸系列和等中间尺寸系列双楔形砖砖环。这里简介双楔形砖砖环中国简化计算式在不等端尺寸系列和等中间尺寸系列双楔形砖砖环应用的国际适用性研究。

4.4.1 双楔形砖砖环中国简化计算式在转炉炉衬不等端尺寸砖环计算中的应用

在制定 YB/T 060—1994 的附录 A 时，要面对转炉衬双楔形砖砖环的砖量计算。以前在高炉和热风炉双楔形砖砖环计算中，由于采用等大端尺寸 C（同为 150 mm）或等小端尺寸 D（同为 114 mm），导出了基于尺寸特征（楔形砖的外半径 R_0 和每环极限砖数 K'_0）的双楔形砖砖环中国简化计算式。面对采用等中间尺寸的转炉衬双楔形砖砖环，应该怎样进行砖量计算呢？当时，考虑到以下几点：（1）大小端距离 A 相同的同组内转炉衬等中间尺寸竖宽楔形砖之间，大端尺寸彼此不同，小端尺寸彼此也不同。例如尺寸砖号 60/90

［尺寸规格（mm）600×(195/105)×100］与 60/60［尺寸规格（mm）600×(180/120)×100］双楔形砖砖环内，小半径（R_x=1313.3 mm）楔形砖 60/90 的大小端尺寸 C_2/D_2 为 195/105，大半径（R_d=1820.0 mm）楔形砖 60/60 的大小端尺寸 C_1/D_1 为 180/120。这两种楔形砖的大端尺寸（C_1 与 C_2 分别为 180 mm 与 195 mm）或小端尺寸（D_1 与 D_2 分别为 120 mm 与 105 mm）都不相等。这种既不等大端尺寸也不等小端尺寸的双楔形砖砖环，简称为不等端尺寸双楔形砖砖环。不等端尺寸双楔形砖砖环的计算，能否采用在等大端尺寸（或等小端尺寸）系列下推导出的双楔形砖砖环中国简化计算式？（2）转炉炉壳内径尺寸和永久衬厚度已选定，转炉各部位工作衬厚度虽然可按综合炉衬设计改变而改变，但工作衬环形砌砖的外半径 R 始终未变，虽然明知 YB/T 060—1994 已采用等中间尺寸，但根据习惯在双楔形砖砖环计算和竖宽楔形砖尺寸特征中仍坚持采用外半径。

在外半径为 R 的不等端尺寸双楔形砖砖环内，小半径楔形砖数量 K_x 和大半径楔形砖数量 K_d 可由下面的方程组

$$\begin{cases} C_1K_d + C_2K_x = 2\pi R \\ D_1K_d + D_2K_x = 2\pi(R-A) \end{cases}$$

解出：

$$K_x = \frac{2\pi\left[(D_1 - C_1)R + C_1A\right]}{D_1C_2 - D_2C_1} \tag{4-7}$$

$$K_d = \frac{2\pi\left[(C_2 - D_2)R - C_2A\right]}{D_1C_2 - D_2C_1} \tag{4-8}$$

$$K_h = K_x + K_d = \frac{2\pi(D_1 + C_2 - C_1 - D_2)R}{D_1C_2 - D_2C_1} - \frac{2\pi(C_2 - C_1)A}{D_1C_2 - D_2C_1} \tag{4-9}$$

如果将式（4-7）和式（4-8）中外半径 R 换以 r（内半径）+A，则导出国际上著名的 Г.О.ГРОСС 公式[34]：

$$K_r = \frac{2\pi\left[D_1(r + A) - C_1r\right]}{D_1C_2 - D_2C_1} \tag{4-7a}$$

$$K_{du} = \frac{2\pi\left[C_2r - D_2(r + A)\right]}{D_1C_2 - D_2C_1} \tag{4-8a}$$

K_r 和 K_{du} 分别为锐楔形砖和钝楔形砖的数量。

式（4-7）～式（4-9），以及式（4-7a）和式（4-8a）特别繁杂，不便用于砖量计算，而且在不知楔形砖尺寸特征的情况下，往往会出现负值或错值的计算结果。关于这一点，在高炉环形砌砖计算有关章节已介绍过。不过，这些繁杂的基于楔形砖尺寸的双楔形砖砖环计算式，可导出基于楔形砖尺寸特征的不等端尺寸双楔形砖砖环中国简化计算式。变换式（4-7）和式（4-8）的形式得：

$$K_x = \frac{2\pi C_1A}{D_1C_2 - D_2C_1} - \frac{2\pi(C_1 - D_1)R}{D_1C_2 - D_2C_1} \tag{4-7b}$$

$$K_d = \frac{2\pi(C_2 - D_2)R}{D_1C_2 - D_2C_1} - \frac{2\pi C_2A}{D_1C_2 - D_2C_1} \tag{4-8b}$$

在 $R=R_x$ 砖环，将 R_x 定义式 $R_x=C_2A/(C_2-D_2)$ 代入式（4-7b）并化简得 $K_x=2\pi A/$

$(C_2-D_2)=K'_x$，即小半径楔形砖数量 K_x 等于其每环极限砖数 K'_x；将 R_x 定义式代入式（4-8b）并化简得 $K_d=0$，即不需要大半径楔形砖。在 $R=R_d$ 砖环，将 R_d 定义式 $R_d=C_1A/(C_1-D_1)$ 代入式（4-8b）并化简得 $K_d=2\pi A/(C_1-D_1)=K'_d$，即大半径楔形砖数量 K_d 等于其每环极限砖数 K'_d；将 R_d 定义式代入式（4-7b）并化简得 $K_x=0$，即不需要小半径楔形砖了。

经过这一验算，可说明两个问题：（1）所计算不等端尺寸双楔形砖砖环的外半径 R 的应用范围，限制在小半径楔形砖外半径 R_x 与大半径楔形砖 R_d 之间，$R_x \leqslant R \leqslant R_d$。（2）在 $R_x \leqslant R \leqslant R_d$ 范围的任一外半径 R 不等端尺寸双楔形砖砖环内，每种楔形砖的数量 K_x 及 K_d 都分别不超过它们的每环极限砖数 K'_x 及 K'_d。

从式（4-7b）和式（4-8b）的形式可看出，这两个不等端尺寸双楔形砖砖环计算式均为直线方程。在不等端尺寸双楔形砖砖环内，一块楔形砖半径变化量同样为可由楔形砖尺寸特征或尺寸计算的定值。式（4-7b）中 R 的系数 $2\pi(C_1-D_1)/(D_1C_2-D_2C_1)$ 前为负号，式（4-8b）中 R 的系数 $2\pi(C_2-D_2)/(D_1C_2-D_2C_1)$ 前为正号，表明在 $R_x \leqslant R \leqslant R_d$ 范围，小半径楔形砖数量 K_x 的减少及大半径楔形砖数量 K_d 的增多，都分别同时与不等端尺寸双楔形砖砖环外半径 R 成直线关系。如高炉环形砌砖有关章节所述，根据直线方程的特点，在不等端尺寸双楔形砖砖环内，随着砖环外半径 R 从 R_x 增大到 R_d，每减少一块小半径楔形砖时砖环外半径的增大量 $(\Delta R)'_{1x}$ 及每增多一块大半径楔形砖时砖环外半径的增大量 $(\Delta R)'_{1d}$（统称一块楔形砖半径变化量）必然为按下式计算的定值：

$$(\Delta R)'_{1x}=\frac{R_d-R_x}{K'_x} \tag{4-10}$$

$$(\Delta R)'_{1d}=\frac{R_d-R_x}{K'_d} \tag{4-11}$$

在不等端尺寸系列下，$R_x= C_2A/(C_2-D_2)$、$R_d=C_1A/(C_1-D_1)$、$K'_x =2\pi A/(C_2-D_2)$ 及 $K'_d=2\pi A/(C_1-D_1)$，将这些定义式分别代入式（4-10）及式（4-11）得：

$$(\Delta R)'_{1x}=\frac{D_1C_2-D_2C_1}{2\pi(C_1-D_1)} \tag{4-10a}$$

$$(\Delta R)'_{1d}=\frac{D_1C_2-D_2C_1}{2\pi(C_2-D_2)} \tag{4-11a}$$

式（4-10）、式（4-11）、式（4-10a）及式（4-11a）等号右端均为定值。就是说，不等端尺寸双楔形砖砖环内一块楔形砖的外半径变化量也为定值。

变换式（4-7b）及式（4-8b）的形式：

$$K_x=\frac{2\pi(C_1-D_1)}{D_1C_2-D_2C_1}\left(\frac{C_1A}{C_1-D_1}-R\right) \tag{4-7c}$$

$$K_d=\frac{2\pi(C_2-D_2)}{D_1C_2-D_2C_1}\left(R-\frac{C_2A}{C_2-D_2}\right) \tag{4-8c}$$

式（4-7c）及式（4-8c）中：

$\dfrac{2\pi(C_1-D_1)}{D_1C_2-D_2C_1}=\dfrac{1}{(\Delta R)'_{1x}}$ [见式（4-10a）]，并令其等于 n，

$\dfrac{2\pi(C_2-D_2)}{D_1C_2-D_2C_1}=\dfrac{1}{(\Delta R)'_{1d}}$ [见式（4-11a）]，并令其等于 m，

$$\frac{C_1A}{C_1-D_1}=R_d \text{及} \frac{C_2A}{C_2-D_2}=R_x$$

则式（4-7c）及式（4-8c）进一步简化为基于楔形砖外半径 R_d 和 R_x 的不等端尺寸双楔形砖砖环简化计算式：

$$K_x = n(R_d - R) \tag{4-7d}$$

$$K_d = m(R - R_x) \tag{4-8d}$$

或将 $n=1/(\Delta R)'_{1x}$ 和 $m=1/(\Delta R)'_{1d}$ 分别代入式（4-7d）及式（4-8d），得基于楔形砖外半径 R_d、R_x、一块楔形砖半径变化量 $(\Delta R)'_{1x}$ 和 $(\Delta R)'_{1d}$ 的不等端尺寸双楔形砖砖环简化计算式：

$$K_x = \frac{R_d - R}{(\Delta R)'_{1x}} \tag{4-7e}$$

$$K_d = \frac{R - R_x}{(\Delta R)'_{1d}} \tag{4-8e}$$

将一块楔形砖半径变化量定义式 $(\Delta R)'_{1x}=(R_d-R_x)/K'_x$［式（4-10）］及 $(\Delta R)'_{1d}=(R_d-R_x)/K'_d$［式（4-11）］分别代入式（4-7e）及式（4-8e），或将 $n=1/(\Delta R)'_{1x}=K_x'/(R_d-R_x)$ 及 $m=1/(\Delta R)'_{1d}=K'_d/(R_d-R_x)$ 分别代入式（4-7d）及式（4-8d），都得到基于楔形砖尺寸特征的不等端尺寸双楔形砖砖环中国简化计算式：

$$K_x = \frac{(R_d - R)K'_x}{R_d - R_x} \tag{4-12}$$

$$K_d = \frac{(R - R_x)K'_d}{R_d - R_x} \tag{4-13}$$

式（4-12）及式（4-13），与在高炉环形砌砖有关章节推导出来的适用于等大端尺寸双楔形砖砖环的中国简化计算式完全相同。至此，完全证明了基于楔形尺寸特征（R_x、R_d、K'_x 和 K'_d）的双楔形砖砖环中国简化计算式（4-12）及式（4-13），通用于等大端尺寸、等小端尺寸或不等端尺寸双楔形砖砖环（只是等小端尺寸双楔形砖砖环计算式采用砖环内半径 r、楔形砖的内半径 r_x 和 r_d）。

在 YB/T 060—1994 的附录 A 中，根据可用于不等端尺寸双楔形砖砖环计算式（4-12）及式（4-13），计算了转炉衬等中间尺寸双楔形砖砖环的用砖量。当时，还不想将一块楔形砖半径变化量这一学术问题引入标准，仅将所计算双楔形砖砖环内两砖尺寸特征代入式（4-12）及式（4-13）后的简易计算式给出。

【例 37】 计算外半径 R=1600 mm，单环 A=600 mm 的转炉衬双楔形砖砖环用砖量。YB/T 060—1994 给出 60/90 的 $R_{60/90}$=1313.3 mm 和 $K'_{60/90}$=41.9 块；60/60 的 $R_{60/60}$=1820.0 mm 和 $K'_{60/60}$=62.8 块。该例题砖环外半径 R=1600 mm，在 1313.3 mm≤R≤1820.0 mm 范围。该砖环可采用 60/90 与 60/60 不等端尺寸双楔形砖砖环，可采用标准附录 A 提供的简易计算式 $K_{60/90}=150.5-0.08267R$ 及 $K_{60/60}=0.124R-162.8$。计算结果 $K_{60/90}$=18.1 块，$K_{60/60}$=35.6 块。砖环总砖数 K_h=1.81+35.6=53.7 块，与按式（4-9）验算 $K_h=2\pi(120+195-180-105)\times1600/(122\times197-107\times182)-2\pi(195-180)\times600/(122\times197-107\times182)$ =53.7 块，结果相同。但是与等大端尺寸双楔形砖砖环计算式比较起来，不等端尺寸双楔形砖砖环的计算有三点不同。

（1）在高炉环形砌砖有关章节已经知道，等大端尺寸双楔形砖砖环内小半径楔形砖与大半径楔形砖数量两计算式中，定值项绝对值均为相等的 $2\pi A/(D_1-D_2)$。但是例 37 中两简易计算式的定值项 150.5 与 162.8 显然不相等。式（4-7b）及式（4-8b）中 R 的系数分别令其为 n 及 m，故可写作：

$$K_x = \frac{2\pi C_1 A}{D_1 C_2 - D_2 C_1} - nR \tag{4-7f}$$

$$K_d = mR - \frac{2\pi C_2 A}{D_1 C_2 - D_2 C_1} \tag{4-8f}$$

两不等端尺寸楔形砖砖环计算式（4-7f）定值项 $2\pi C_1A/(D_1C_2-D_2C_1)$与式（4-8f）定值项 $2\pi C_2A/(D_1C_2-D_2C_1)$的绝对值不相等。这是由于在不等端尺寸双楔形砖砖环中两楔形砖的大端尺寸 C_1 与 C_2 不相等（例 37 中 C_1=180 mm，C_2=195 mm）。

（2）在高炉等大端尺寸双楔形砖砖环计算式的定值项经常看到楔形砖每环极限砖数 K'_x 和 K'_d 的“影子”（K'_x 和 K'_d 的系数为简单整数或半数倍），但不等端尺寸双楔形砖砖环两计算式中的定值项绝对值不仅不相等，而且看不到楔形砖每环极限砖数 K'_x 和 K'_d 的影子。例 37 两计算式定值项绝对值 150.5 与 162.8 看不出每环极限砖数 $K'_{60/90}$=41.9 与 $K'_{60/60}$=62.8 的影子。

变换式（4-12）及式（4-13）的形式：

$$K_x = \frac{R_d K'_x}{R_d - R_x} - \frac{K'_x R}{R_d - R_x} = \frac{R_d K'_x}{R_d - R_x} - nR \tag{4-12a}$$

$$K_d = \frac{K'_d R}{R_d - R_x} - \frac{R_x K'_d}{R_d - R_x} = mR - \frac{R_x K'_d}{R_d - R_x} \tag{4-13a}$$

将式（4-7f）及式（4-12a）对照，式（4-8f）及式（4-13a）对照得：

$$\frac{2\pi C_1 A}{D_1 C_2 - D_2 C_1} = \frac{R_d K'_x}{R_d - R_x} = \left(\frac{R_d}{R_d - R_x}\right) K'_x$$

$$\frac{2\pi C_2 A}{D_1 C_2 - D_2 C_1} = \frac{R_x K'_d}{R_d - R_x} = \left(\frac{R_x}{R_d - R_x}\right) K'_d$$

在等大端尺寸系列中 $C_1=C_2=C$，楔形砖间楔差成简单整数比，所以 K'_x 或 K'_d 的系数也必然为简单整数比，才在计算式定值项看到楔形砖每环极限砖数 K'_x 与 K'_d 的影子。但在不等端尺寸系列中 $C_1 \neq C_2$，虽然砖间楔差成简单整数比，但 R_x 与 R_d 不成简单整数比。例如 60/90 与 60/60 的大端尺寸分别为不相等的 195 mm 与 180 mm，虽然它们的楔差比 60/90=2/3 为简单整数比，但外半径之比 $R_{60/90}/R_{60/60}$=1313.3/1820.0=0.7216 不为整数比，K'_x 的系数 1820.0/(1820.0−1313.3)=3.5919 和 K'_d 的系数 1313.3/(1820.0−1313.3)=2.5919 都不为整数，所以看不到楔形砖每环极限砖数 K'_x 和 K'_d 的影子。

（3）不等端尺寸双楔形砖砖环总砖数 K_h 的计算式（4-9）太繁杂，作为验算两楔形砖数量的计算方法，不便使用。但对于等大端尺寸双楔形砖砖环而言，由于 $C_1=C_2=C$，将它们代入式（4-9）得 $K_h=2\pi R/C$。对于等小端尺寸双楔形砖砖环而言，由于 $D_1=D_2=D$，将它们代入式（4-9）得 $K_h=2\pi r/D$。

4.4.2 双楔形砖砖环中国简化计算式在等中间尺寸砖环计算中的应用

在 4.4.1 节将 YB/T 060—1994 的转炉用等中间尺寸竖宽楔形砖当作不等端尺寸竖宽楔

形砖。从楔形砖的大小端尺寸的表面上看，这是可以的。利用基于外半径的不等端尺寸双楔形砖砖环中国简化计算式计算等中间尺寸楔形砖数量，也是可以的。如前所述，这些不等端尺寸双楔形砖砖环简易计算式中，看不出相等的定值项，看不到每环极限砖数的影子，以及砖环总砖数计算式相当繁杂。总之，不等端尺寸双楔形砖砖环的简易计算式，还不太规范，有必要寻求简单的比较规范的等中间尺寸双楔形砖砖环简易计算式。

虽然在设计转炉衬等中间尺寸竖宽楔形砖尺寸时遵循了楔形砖间尺寸关系规律，坚持了同组和各组楔形砖间楔差采用相同的简单整数比，已经在“等”和“同”字上狠下了工夫，为何没得到规范的简易计算呢？从表面上看，主要原因是同组楔形砖间的外半径不成简单整数比。实质上，只领会了等中间尺寸系列砖在生产和使用效果方面的优越性，对等中间尺寸系列砖在双楔形砖砖环计算方面的优越性，还体会得很浅。但是只要提到等中间尺寸系列，人们都立刻会想象到它克服了不等端尺寸双楔形砖砖环总砖数 K_h 计算式（4-9）非常繁杂的缺点。

等中间尺寸双楔形砖砖环总砖数 K_h，只要知道砖环中间半径 R_p 和中间尺寸 P，立刻由 $K_h=2\pi R_p/P$ 计算出来。这在前面谈到等中间尺寸系列优越性时就想象出来了。回忆等大端尺寸双楔形砖总砖数计算式 $K_h=2\pi R/C$，等小端尺寸双楔形砖砖环总砖数计算式 $K_h=2\pi r/D$，以及联想到的等中间尺寸双楔形砖砖环总砖数计算式 $K_h=2\pi R_p/P$，人们已经总结到这样的规律：等大端尺寸砖环、等小端尺寸砖环及等中间尺寸砖环的计算式，应分别对应采用外半径 R 和大端尺寸 C、内半径 r 和小端尺寸 D 以及中间半径 R_p 和中间尺寸 P。按照这样的思维方式，将 $C_1=2P-D_1$，$D_1=2P-C_1$，$C_2=2P-D_2$，$D_2=2P-C_2$ 及 $R=R_p+A/2$ 代入式（4-9），则得等中间尺寸双楔形砖砖环总砖数 K_h 计算式：

$$K_h=\frac{2\pi R_p}{P} \tag{4-9a}$$

等中间尺寸双楔形砖砖环中，$R_{px}=PA/(C_2-D_2)$，$R_{pd}=PA/(C_1-D_1)$。$R_{px}/R_{pd}=(C_1-D_1)/(C_2-D_2)$。由于在修订 YB/T 060—2007 时，楔形砖间楔差比为简单整数比，所以中间半径之比必然为简单整数比。从表 4-2 的实际数据看到，楔形砖中间半径之比均为简单整数比。在例 37 中 60/90 的中间半径 $R_{p60/90}=1013.3$ mm 及 60/60 的中间半径 $R_{p60/60}=1520.0$ mm，它们的中间半径之比 $R_{p60/90}/R_{p60/60}=1013.3/1520.0=2/3$ 的简单整数比。有了这一简单整数比和总砖数 $K_h=2\pi R_p/P$［式（4-9a）］，使得等中间尺寸双楔形砖砖环这种特殊的不等端尺寸双楔形砖砖环，具有等大端尺寸或等小端尺寸双楔形砖砖环同样的在计算方面的优越性。克服掉不等端尺寸双楔形砖砖环简易计算式定值项绝对值不相等、看不到每环极限砖数影子及砖环总砖数计算式繁杂等缺点。

如前面所证明，基于楔形砖尺寸特征的双楔形砖砖环中国简化计算式，通用于等大端尺寸、等小端尺寸或不等端尺寸双楔形砖砖环，那么必定也适用于等中间尺寸双楔形砖砖环。条件是将砖环外半径 R 换以中间半径 R_p，楔形砖的外半径 R_x 和 R_d 换以中间半径 R_{px} 和 R_{pd}。将 $R=R_p+A/2$，$R_x=R_{px}+A/2$ 和 $R_d=R_{pd}+A/2$ 代入式（4-12）及式（4-13）得：

$$K_x=\frac{(R_{pd}-R_p)K'_x}{R_{pd}-R_{px}} \tag{4-12b}$$

$$K_d=\frac{(R_p-R_{px})K'_d}{R_{pd}-R_{px}} \tag{4-13b}$$

将等中间尺寸 P 的楔形砖（见图 4-9a），在中间尺寸 P 处切割成上半块和下半块，基于中间尺寸 P 的楔形砖尺寸特征定义式便很容易理解了。例如楔形砖的中间半径 R_{p0}，从上半块理解它相当于内半径，$R_{p0}=0.5AP/(C-P)=PA/2(C-P)$；从下半块理解它相当于外半径，$R_{p0}=0.5AP/(P-D)=PA/2(P-D)$。按照这样思路，将等中间尺寸 P 的两种相配砌的楔形砖，在它们中间尺寸 P 处各切割成两块砖（见图 4-9b 与图 4-9c）。大半径楔形砖的上半块的大小端尺寸为 C_1/P，下半块的大小端尺寸为 P/D_1。小半径楔形砖的上半块的大小端尺寸为 C_2/P，下半块的大小端尺寸为 P/D_2。两种楔形砖的上半块或下半块的大小端距离均为 $A/2$。小半径楔形砖的中间半径 R_{px}，从上半块理解 $R_{px}=PA/2(C_2-P)$，从下半块理解 $R_{px}=PA/2(P-D_2)$。大半径楔形砖的中间半径 R_{pd}，从上半块理解 $R_{pd}=PA/2(C_1-P)$，从下半块理解 $R_{pd}=PA/2(P-D_1)$。

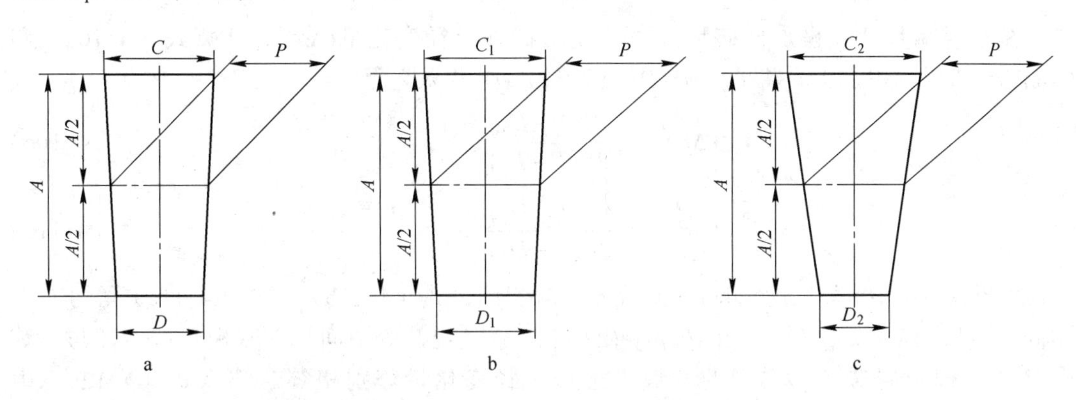

图 4-9 等中间尺寸 P 竖宽楔形砖的对称梯形面

a—竖宽楔形砖；b—大半径竖宽楔形砖；c—小半径竖宽楔形砖

两个下半块形成等大端尺寸 P 的双楔形砖砖环。此时 $R_d=0.5PA/(P-D_1)=PA/2(P-D_1)=R_{pd}$，$R_x=0.5PA/(P-D_2)=PA/2(P-D_2)=R_{px}$。$K'_x=2\pi\times0.5A/(P-D_2)=\pi A/(P-D_2)$，将 $P=(C_2+D_2)/2$ 代入之得 $K'_x=2\pi A/(C_2-D_2)$，同理 $K'_d=2\pi A/(C_1-D_1)$。从概念上想，无论等中间尺寸、等大端尺寸或等小端尺寸系列下，一块楔形砖“一分为二”后，上半块或下半块的每环极限砖数不会变，均为 $2\pi A/(C-D)$的定值。此外，$R_p=R-A/2$。可见，在等大端尺寸 P 系列双楔形砖砖环可采用的计算式 $K_x=(R_d-R)K'_x/(R_d-R_x)$及 $K_d=(R-R_x)K'_d/(R_d-R_x)$，完全可转换为适用于等中间尺寸双楔形砖砖环的计算式 $K_x=(R_{pd}-R_p)K'_x/(R_{pd}-R_{px})$ [式（4-12b）] 及 $K_d=(R_p-R_{px})K'_d/(R_{pd}-R_{px})$ [式（4-13b）]，只是将 R_x、R_d 及 R 分别对应换以 R_{px}、R_{pd} 及 R_p。

同理，两个上半块形成等小端尺寸 P 的双楔形砖砖环。此时 $r_d=0.5PA/(C_1-P)=PA/2(C_1-P)=R_{pd}$，$r_x=0.5PA/(C_2-P)=PA/2(C_2-P)=R_{px}$，$R_p=r+A/2$。可见，在等小端尺寸 P 系列双楔形砖砖环可采用的 $K_x=(r_d-r)K'_x/(r_d-r_x)$及 $K_d=(r-r_x)K'_d/(r_d-r_x)$，完全可转换为适用于等中间尺寸双楔形砖砖环的计算式 $K_x=(R_{pd}-R_p)K'_x/(R_{pd}-R_{px})$ [式（4-12b）] 及 $K_d=(R_p-R_{px})K'_d/(R_{pd}-R_{px})$ [式（4-13b）]，只是将 r_x、r_d 及 r 分别对应换以 R_{px}、R_{pd} 及 R_p。

变换式（4-12b）及式（4-13b）的形式：

$$K_x=\frac{R_{pd}K'_x}{R_{pd}-R_{px}}-\frac{K'_xR_p}{R_{pd}-R_{px}} \tag{4-12c}$$

$$K_{\mathrm{d}}=\frac{K'_{\mathrm{d}}R_{\mathrm{p}}}{R_{\mathrm{pd}}-R_{\mathrm{px}}}-\frac{R_{\mathrm{px}}K'_{\mathrm{d}}}{R_{\mathrm{pd}}-R_{\mathrm{px}}} \tag{4-13c}$$

式（4-12c）中 $K'_{\mathrm{x}}/(R_{\mathrm{pd}}-R_{\mathrm{px}})=1/(\Delta R_{\mathrm{p}})'_{1\mathrm{x}}$，式（4-13c）中 $K'_{\mathrm{d}}/(R_{\mathrm{pd}}-R_{\mathrm{px}})=1/(\Delta R_{\mathrm{p}})'_{1\mathrm{d}}$，即在等中间尺寸双楔形砖砖环，一块楔形砖中间半径变化量$(\Delta R_{\mathrm{p}})'_{1\mathrm{x}}=(R_{\mathrm{pd}}-R_{\mathrm{px}})/K'_{\mathrm{x}}$及$(\Delta R_{\mathrm{p}})'_{1\mathrm{d}}=(R_{\mathrm{pd}}-R_{\mathrm{px}})/K'_{\mathrm{d}}$。将有关尺寸特征的中间尺寸定义式 $R_{\mathrm{px}}=PA/2(P-D_2)$，$R_{\mathrm{pd}}=PA/2(P-D_1)$，$K'_{\mathrm{x}}=\pi A/(P-D_2)$及$K'_{\mathrm{d}}=\pi A/(P-D_1)$代入之得：

$$\left(\Delta R_{\mathrm{p}}\right)'_{1\mathrm{x}}=\frac{P\left(D_1-D_2\right)}{2\pi\left(P-D_1\right)} \tag{4-10b}$$

$$\left(\Delta R_{\mathrm{p}}\right)'_{1\mathrm{d}}=\frac{P\left(D_1-D_2\right)}{2\pi\left(P-D_2\right)} \tag{4-11b}$$

在不等端尺寸双楔形砖砖环，一块楔形砖外半径变化量$(\Delta R)'_{1\mathrm{x}}$计算式（4-10a）和$(\Delta R)'_{1\mathrm{d}}$计算式（4-11a），将 $C_1=2P-D_1$ 及 $C_2=2P-D_2$ 代入之得：

$$\left(\Delta R\right)'_{1\mathrm{x}}=\frac{P\left(D_1-D_2\right)}{2\pi\left(P-D_1\right)} \tag{4-10c}$$

$$\left(\Delta R\right)'_{1\mathrm{d}}=\frac{P\left(D_1-D_2\right)}{2\pi\left(P-D_2\right)} \tag{4-11c}$$

由于式（4-10b）与式（4-10c）等号右端相同，式（4-11b）与式（4-11c）等号右端相同，所以$(\Delta R_{\mathrm{p}})'_{1\mathrm{x}}=(\Delta R)'_{1\mathrm{x}}$及$(\Delta R_{\mathrm{p}})'_{1\mathrm{d}}=(\Delta R)'_{1\mathrm{d}}$。就是说，等中间尺寸双楔形砖砖环与不等端尺寸双楔形砖砖环，它们的一块楔形砖半径变化量分别相等。那么式（4-12c）中 $K'_{\mathrm{x}}/(R_{\mathrm{pd}}-R_{\mathrm{px}})=1/(\Delta R_{\mathrm{p}})'_{1\mathrm{x}}=n$，式（4-13c）中 $K'_{\mathrm{d}}/(R_{\mathrm{pd}}-R_{\mathrm{px}})=1/(\Delta R_{\mathrm{p}})'_{1\mathrm{d}}=m$，则式（4-12c）及式（4-13c）可写作基于中间半径的简化计算式：

$$K_{\mathrm{x}}=n\left(R_{\mathrm{pd}}-R_{\mathrm{p}}\right) \tag{4-12d}$$

$$K_{\mathrm{d}}=m\left(R_{\mathrm{p}}-R_{\mathrm{px}}\right) \tag{4-13d}$$

或基于中间半径和一块楔形砖半径变化量的简化计算式：

$$K_{\mathrm{x}}=\frac{R_{\mathrm{pd}}-R_{\mathrm{p}}}{\left(\Delta R_{\mathrm{p}}\right)'_{1\mathrm{x}}} \tag{4-12e}$$

$$K_{\mathrm{d}}=\frac{R_{\mathrm{p}}-R_{\mathrm{px}}}{\left(\Delta R_{\mathrm{p}}\right)'_{1\mathrm{d}}} \tag{4-13e}$$

将式（4-7b）及式（4-8b）的 C_1 换以 $2P-D_1$，C_2 换以 $2P-D_2$，R 换以 $R_{\mathrm{p}}+A/2$，得：

$$K_{\mathrm{x}}=\frac{\pi A}{D_1-D_2}-\frac{2\pi\left(P-D_1\right)R_{\mathrm{p}}}{P\left(D_1-D_2\right)} \tag{4-7g}$$

$$K_{\mathrm{d}}=\frac{2\pi\left(P-D_2\right)R_{\mathrm{p}}}{P\left(D_1-D_2\right)}-\frac{\pi A}{D_1-D_2} \tag{4-8g}$$

式（4-7g）中 R_{p} 系数 $2\pi(P-D_1)/P(D_1-D_2)=1/(\Delta R_{\mathrm{p}})'_{1\mathrm{x}}=n$［式（4-10b）］，式（4-8g）中 R_{p} 系数 $2\pi(P-D_2)/P(D_1-D_2)=1/(\Delta R_{\mathrm{p}})'_{1\mathrm{d}}=m$［式（4-11b）］，则式（4-7g）及式（4-8g）可写作：

$$K_x = \frac{\pi A}{D_1 - D_2} - nR_p \quad (4\text{-}7h)$$

$$K_d = mR_p - \frac{\pi A}{D_1 - D_2} \quad (4\text{-}8h)$$

式（4-12c）中 R_p 系数 $K'_x/(R_{pd}-R_{px})=1/(\Delta R_p)'_{1x}=n$，式（4-13c）中 $K'_d/(R_{pd}-R_{px})=1/(\Delta R_p)'_{1d}=m$，则式（4-12c）及式（4-13c）可写作：

$$K_x = \frac{R_{pd} K'_x}{R_{pd} - R_{px}} - nR_p \quad (4\text{-}12f)$$

$$K_d = mR_p - \frac{R_{px} K'_d}{R_{pd} - R_{px}} \quad (4\text{-}13f)$$

对比式（4-7h）与式（4-12f），对比式（4-8h）与式（4-13f）知道：

式（4-7h）与式（4-8h）的定值项绝对值均为相等的 $\pi A/(D_1-D_2)$，则式（4-12f）与式（4-13f）定值项绝对值 $R_{px}K'_d/(R_{pd}-R_{px})= R_{pd}K'_x/(R_{pd}-R_{px})$，可变换为$[R_{px}/(R_{pd}-R_{px})]$∶$[R_{pd}/(R_{pd}-R_{px})]=K'_x/K'_d$。而两种楔形砖每环极限砖数之比 $K'_x/K'_d=[2\pi A/(C_2-D_2)]$∶$[2\pi A/(C_1-D_1)] =(C_1-D_1)/(C_2-D_2)$就是它们楔差之比。这在制定标准时已设计成简单整数比，因而楔形砖每环极限砖数 K'_x 和 K'_d 的系数 $R_{pd}/(R_{pd}-R_{px})$和 $R_{px}/(R_{pd}-R_{px})$必为简单整数或半倍数。

（1）基于楔形砖每环极限砖数 K'_0 的等中间尺寸双楔形砖砖环简易计算通式。当 $R_{px}/R_{pd}=[PA/(C_2-D_2)]$∶$[PA/(C_1-D_1)] =(C_1-D_1)/(C_2-D_2)=1/2$ 时，式（4-12f）及式（4-13f）可写作：

$$K_x = 2K'_x - nR_p \quad (4\text{-}14)$$

$$K_d = mR_p - K'_d \quad (4\text{-}15)$$

楔差比 1/2 的双楔形砖砖环有特锐楔形砖（0.1*A*/120）与锐楔形砖（0.1*A*/60）砖环、锐楔形砖（0.1*A*/60）与钝楔形砖（0.1*A*/30）砖环，以及 0.1*A*/20 与 0.1*A*/10 砖环。

对于锐楔形砖（0.1*A*/60）与钝楔形砖（0.1*A*/30）双楔形砖砖环而言，锐楔形砖数量 K_r 及钝楔形砖数量 K_{du} 可写作：

$$K_r = 2K'_r - nR_p = K'_{du} - nR_p \quad (4\text{-}14a)$$

$$K_{du} = mR_p - K'_{du} \quad (4\text{-}15a)$$

（在所讨论情况下 $2K'_r= K'_{du}$）

对于特锐楔形砖（0.1*A*/120）与锐楔形砖（0.1*A*/60）双楔形砖砖环而言，特锐楔形砖数量 $K_{tr'}$及锐楔形砖数量 K_r 可写作：

$$K_{tr'} = 2K'_{tr'} - nR_p = K'_r - nR_p \quad (4\text{-}14b)$$

$$K_r = mR_p - K'_r \quad (4\text{-}15b)$$

（在所讨论情况下 $2K'_{tr'}= K'_r$）

对于 0.1*A*/20 与 0.1*A*/10 双楔形砖砖环而言，0.1*A*/20 数量 $K_{0.1A/20}$ 及 0.1*A*/10 数量 $K_{0.1A/10}$ 可写作：

$$K_{0.1A/20} = 2K'_{0.1A/20} - nR_p = K'_{0.1A/10} - nR_p \quad (4\text{-}14c)$$

$$K_{0.1A/10} = mR_p - K'_{0.1A/10} \tag{4-15c}$$

（在所讨论情况下 $2K'_{0.1A/20}= K'_{0.1A/10}$）

因为 $R_{px}=PA/2(P-D_2)$ 及 $R_{pd}=PA/2(P-D_1)$，$R_{px}/R_{pd}=[PA/2(P-D_2)]:[PA/2(P-D_1)]=(P-D_1)/(P-D_2)$，当 $R_{px}/R_{pd}=1/2$ 时，$(P-D_1):(P-D_2):(D_1-D_2)=1:2:1$，则 $n=2\pi(P-D_1)/P(D_1-D_2)=2\pi/P=2\pi/152=0.04134$；$m=2\pi(P-D_2)/P(D_1-D_2)=2\times2\pi/P=4\pi/P=4\pi/152=0.08267$。式（4-14）及式（4-15）可写作：

$$K_x = 2K'_x - 0.04134R_p \tag{4-14d}$$

$$K_d = 0.08267R_p - K'_d \tag{4-15d}$$

式（4-14a）及式（4-15a）可写作：

$$K_r = K'_{du} - 0.04134R_p \tag{4-14e}$$

$$K_{du} = 0.08267R_p - K'_{du} \tag{4-15e}$$

式（4-14b）及式（4-15b）可写作：

$$K_{tr'} = K'_r - 0.04134R_p \tag{4-14f}$$

$$K_r = 0.08267R_p - K'_r \tag{4-15f}$$

式（4-14c）及式（4-15c）可写作：

$$K_{0.1A/20} = K'_{0.1A/10} - 0.04134R_p \tag{4-14g}$$

$$K_{0.1A/10} = 0.08267R_p - K'_{0.1A/10} \tag{4-15g}$$

当 $R_{px}/R_{pd}=(C_1-D_1)/(C_2-D_2)=2/3$ 时，式（4-12f）及式（4-13f）可写作：

$$K_x = 3K'_x - nR_p \tag{4-16}$$

$$K_d = mR_p - 2K'_d \tag{4-17}$$

楔差比 2/3 的双楔形砖砖环有特锐楔形砖（0.1A/90）与锐楔形砖（0.1A/60）砖环、钝楔形砖（0.1A/30）与微楔形砖（0.1A/20）砖环。

对于特锐楔形砖（0.1A/90）与锐楔形砖（0.1A/60）双楔形砖砖环而言，特锐楔形砖数量 K_{tr} 与锐楔形砖数量 K_r 计算式可写作：

$$K_{tr} = 3K'_{tr} - nR_p = K'_{du} - nR_p \tag{4-16a}$$

$$K_r = mR_p - 2K'_r = mR_p - K'_{du} \tag{4-17a}$$

（在所讨论情况下 $3K'_{tr}=2K'_r=K'_{du}$）

对于钝楔形砖（0.1A/30）与微楔形砖（0.1A/20）双楔形砖砖环而言，钝楔形砖数量 K_{du} 与微楔形砖 K_w 数量计算式可写作：

$$K_{du} = 3K'_{du} - nR_p = K'_{0.1A/10} - nR_p \tag{4-16b}$$

$$K_w = mR_p - 2K'_w = mR_p - K'_{0.1A/10} \tag{4-17b}$$

（在所讨论情况下 $3K'_{du}=2K'_w=K'_{0.1A/10}$）

因为 $R_{px}/R_{pd}=(P-D_1)/(P-D_2)=2/3$ 时，$(P-D_1):(P-D_2):(D_1-D_2)=2:3:1$，则 $n=2\pi(P-D_1)/P(D_1-D_2)=2\times2\pi/P=4\pi/P=4\pi/152=0.08267$；$m=2\pi(P-D_2)/P(D_1-D_2)=3\times2\pi/P=6\pi/152=0.12401$。式（4-16）及式（4-17）可写作：

$$K_x = 3K'_x - 0.08267R_p \tag{4-16c}$$

$$K_d = 0.12401R_p - 2K'_d \tag{4-17c}$$

式（4-16a）及式（4-17a）可写作：

$$K_{tr} = K'_{du} - 0.08267R_p \tag{4-16d}$$

$$K_r = 0.12401R_p - K'_{du} \tag{4-17d}$$

式（4-16b）及式（4-17b）可写作：

$$K_{du} = K'_{0.1A/10} - 0.08267R_p \tag{4-16e}$$

$$K_w = 0.12401R_p - K'_{0.1A/10} \tag{4-17e}$$

当 $R_{px}/R_{pd}=(C_1-D_1)/(C_2-D_2)=1/3$ 时，式（4-12f）及式（4-13f）可写作：

$$K_x = \frac{3K'_x}{2} - nR_p \tag{4-18}$$

$$K_d = mR_p - \frac{K'_d}{2} \tag{4-19}$$

楔差比 1/3 的双楔形砖砖环有特锐楔形砖（0.1*A*/90）与钝楔形砖（0.1*A*/30）砖环、锐楔形砖（0.1*A*/60）与微楔形砖（0.1*A*/20）砖环、钝楔形砖（0.1*A*/30）与微楔形砖（0.1*A*/10）砖环。

特锐楔形砖（0.1*A*/90）与钝楔形砖（0.1*A*/30）双楔形砖砖环内，特锐楔形砖数量 K_{tr} 和钝楔形砖数量 K_{du} 计算式可写作：

$$K_{tr} = \frac{3K'_{tr}}{2} - nR_p = K'_r - nR_p \tag{4-18a}$$

$$K_{du} = mR_p - \frac{K'_{du}}{2} = mR_p - K'_r \tag{4-19a}$$

（在所讨论情况下 $3K'_{tr}/2 = K'_{du}/2 = K'_r$）

锐楔形砖（0.1*A*/60）与微楔形砖（0.1*A*/20）双楔形砖砖环内，锐楔形砖数量 K_r 和微楔形砖数量 K_w 计算式可写作：

$$K_r = \frac{3K'_r}{2} - nR_p = \frac{K'_w}{2} - nR_p \tag{4-18b}$$

$$K_w = mR_p - \frac{K'_w}{2} \tag{4-19b}$$

（在所讨论情况下 $3K'_{tr}/2 = K'_w/2$）

钝楔形砖（0.1*A*/30）与微楔形砖（0.1*A*/10）双楔形砖砖环内，钝楔形砖数量 K_{du} 和微楔形砖数量 $K_{w'}$ 计算式可写作：

$$K_{du} = \frac{3K'_{du}}{2} - nR_p = K'_w - nR_p \tag{4-18c}$$

$$K_{w'} = mR_p - \frac{K'_{w'}}{2} = mR_p - K'_w \tag{4-19c}$$

（在所讨论情况下 $3K'_{du}/2 = K'_{w'}/2 = K'_w$）

因为 $R_{px}/R_{pd}=(P-D_1)/(P-D_2)=1/3$ 时，$(P-D_1):(P-D_2):(D_1-D_2)=1:3:2$，则 $n=2\pi\ (P-D_1)/$

$P(D_1-D_2)=2\pi/2P=\pi/P=\pi/152=0.02067$； $m=2\pi(P-D_2)/P(D_1-D_2)=3\times2\pi/2P=3\pi/P=3\pi/152=0.06201$。式（4-18）及式（4-19）可写作：

$$K_x=\frac{3K'_x}{2}-0.02067R_p \tag{4-18d}$$

$$K_d=0.06201R_p-\frac{K'_d}{2} \tag{4-19d}$$

式（4-18a）及式（4-19a）可写作：

$$K_{tr}=K'_r-0.02067R_p \tag{4-18e}$$

$$K_{du}=0.06201R_p-K'_r \tag{4-19e}$$

式（4-18b）及式（4-19b）可写作：

$$K_r=\frac{K'_w}{2}-0.02067R_p \tag{4-18f}$$

$$K_w=0.06201R_p-\frac{K'_w}{2} \tag{4-19f}$$

式（4-18c）及式（4-19c）可写作：

$$K_{du}=K'_w-0.02067R_p \tag{4-18g}$$

$$K_{w'}=0.06201R_p-K'_w \tag{4-19g}$$

当 $R_{px}/R_{pd}=3/4$ 时，$(P-D_1):(P-D_2):(D_1-D_2)=3:4:1$，则 $n=2\pi(P-D_1)/P(D_1-D_2)=3\times2\pi/P=6\pi/P=6\pi/152=0.12401$；$m=2\pi(P-D_2)/P(D_1-D_2)=4\times2\pi/P=8\pi/P=8\pi/152=0.16535$。式（4-12f）及式（4-13f）可写作：

$$K_x=4K'_x-0.12401R_p \tag{4-20}$$

$$K_d=0.16535R_p-3K'_d \tag{4-21}$$

楔差比 3/4 的双楔形砖砖环，仅指两特锐楔形砖 0.1*A*/120 与 0.1*A*/90 砖环。它们的数量 $K_{0.1A/120}$ 及 $K_{0.1A/90}$ 计算式可写作：

$$K_{0.1A/120}=4K'_{0.1A/120}-0.12401R_p=K'_{du}-0.12401R_p \tag{4-20a}$$

$$K_{0.1A/90}=0.16535R_p-3K'_{0.1A/90}=0.16535R_p-K'_{du} \tag{4-21a}$$

（在所讨论情况下 $4K'_{0.1A/120}=3K'_{0.1A/90}=K'_{0.1A/30}=K'_{du}$）

（2）基于楔形砖中间半径 R_{px} 和 R_{pd} 的等中间尺寸双楔形砖砖环简易计算通式。基于楔形砖中间半径 R_{px} 和 R_{pd} 的等中间尺寸双楔形砖砖环简易计算通式（4-12d）及式（4-13d），式中的 n 及 m 的计算值，已在前面计算出来，这里可直接运用。

当 $R_{px}/R_{pd}=(P-D_1)/(P-D_2)=1/2$ 时，$n=0.04134$，$m=0.08267$。式（4-12d）及式（4-13d）可写作：

$$K_x=0.04134\left(R_{pd}-R_p\right) \tag{4-22}$$

$$K_d=0.08267\left(R_p-R_{px}\right) \tag{4-23}$$

对于特锐楔形砖（0.1*A*/120）与锐楔形砖（0.1*A*/60）双楔形砖砖环而言，特锐楔形砖数量 $K_{tr'}$及锐楔形砖数量 K_r 简易计算通式可写作：

$$K_{tr'} = 0.04134\left(R_{pr} - R_p\right) \tag{4-22a}$$

$$K_r = 0.08267\left(R_p - R_{ptr'}\right) \tag{4-23a}$$

式中　R_{pr}，$R_{ptr'}$——分别为锐楔形砖（0.1*A*/60）及特锐楔形砖（0.1*A*/120）的中间半径，mm。

对于锐楔形砖（0.1*A*/60）与钝楔形砖（0.1*A*/30）双楔形砖砖环而言，锐楔形砖数量 K_r 及钝楔形砖数量 K_{du} 简易计算通式可写作：

$$K_r = 0.04134\left(R_{pdu} - R_p\right) \tag{4-22b}$$

$$K_{du} = 0.08267\left(R_p - R_{pr}\right) \tag{4-23b}$$

式中　R_{pdu}——钝楔形砖（0.1*A*/30）的中间半径，mm。

对于两微楔形砖 0.1*A*/20 与 0.1*A*/10 双楔形砖砖环而言，小半径楔形砖 0.1*A*/20 数量 $K_{0.1A/20}$ 及大半径楔形砖 0.1*A*/10 数量 $K_{0.1A/10}$ 简易计算通式可写作：

$$K_{0.1A/20} = 0.04134\left(R_{p0.1A/10} - R_p\right) \tag{4-22c}$$

$$K_{0.1A/10} = 0.08267\left(R_p - R_{p0.1A/20}\right) \tag{4-23c}$$

当 $R_{px}/R_{pd}=(P-D_1)/(P-D_2)=2/3$ 时，$n=0.08267$，$m=0.12401$。式（4-12d）及式（4-13d）可写作：

$$K_x = 0.08267\left(R_{pd} - R_p\right) \tag{4-24}$$

$$K_d = 0.12401\left(R_p - R_{px}\right) \tag{4-25}$$

对于特锐楔形砖（0.1*A*/90）与锐楔形砖（0.1*A*/60）双楔形砖砖环而言，式（4-24）及式（4-25）可写作：

$$K_{tr} = 0.08267\left(R_{pr} - R_p\right) \tag{4-24a}$$

$$K_r = 0.12401\left(R_p - R_{ptr}\right) \tag{4-25a}$$

对于钝楔形砖（0.1*A*/30）与微楔形砖（0.1*A*/20）双楔形砖砖环而言，钝楔形砖数量 K_{du} 及微楔形砖数量 K_w 的简易计算通式可写作：

$$K_{du} = 0.08267\left(R_{pw} - R_p\right) \tag{4-24b}$$

$$K_w = 0.12401\left(R_p - R_{pdu}\right) \tag{4-25b}$$

式中　R_{pw}——微楔形砖（0.1*A*/20）的中间半径，mm。

当 $R_{px}/R_{pd}=(P-D_1)/(P-D_2)=1/3$ 时，$n=0.02067$，$m=0.06201$。式（4-12d）及式（4-13d）可写作：

$$K_x = 0.02067\left(R_{pd} - R_p\right) \tag{4-26}$$

$$K_d = 0.06201\left(R_p - R_{px}\right) \tag{4-27}$$

对于特锐楔形砖（0.1*A*/90）与钝楔形砖（0.1*A*/30）双楔形砖砖环而言，式（4-26）及式（4-27）可写作：

$$K_{tr} = 0.02067\left(R_{pdu} - R_p\right) \tag{4-26a}$$

$$K_{du} = 0.06201\left(R_p - R_{ptr}\right) \tag{4-27a}$$

对于锐楔形砖（0.1A/60）与微楔形砖（0.1A/20）双楔形砖砖环而言，锐楔形砖数量 K_r 及微楔形砖数量 K_w 简易计算通式可写作：

$$K_r = 0.02067\left(R_{pw} - R_p\right) \tag{4-26b}$$

$$K_w = 0.06201\left(R_p - R_{pr}\right) \tag{4-27b}$$

对于钝楔形砖（0.1A/30）与微楔形砖（0.1A/10）双楔形砖砖环而言，钝楔形砖数量 K_{du} 及微楔形砖数量 $K_{w'}$ 简易计算通式可写作：

$$K_{du} = 0.02067\left(R_{pw'} - R_p\right) \tag{4-26c}$$

$$K_{w'} = 0.06201\left(R_p - R_{pdu}\right) \tag{4-27c}$$

式中　$R_{pw'}$——微楔形砖（0.1A/10）的中间半径，mm。

当 R_{px}/R_{pd}=3/4 时，$(P-D_1):(P-D_2):(D_1-D_2)=3:4:1$，$n$=0.12401，$m$=0.16535。式（4-12d）及式（4-13d）可写作：

$$K_x = 0.12401\left(R_{pd} - R_p\right) \tag{4-28}$$

$$K_d = 0.16535\left(R_p - R_{px}\right) \tag{4-29}$$

对于特锐楔形砖（0.1A/120）与特锐楔形砖（0.1A/90）双楔形砖砖环而言，式（4-28）及式（4-29）可写作：

$$K_{0.1A/120} = 0.12401\left(R_{p0.1A/90} - R_p\right) \tag{4-28a}$$

$$K_{0.1A/90} = 0.16535\left(R_p - R_{p0.1A/120}\right) \tag{4-29a}$$

（3）基于一块楔形砖半径变化量$(\Delta R_p)'_{1x}$ 和$(\Delta R_p)'_{1d}$ 的等中间尺寸双楔形砖砖环简易计算通式。基于楔形砖中间半径 R_{px}、R_{pd}、一块楔形砖半径变化量$(\Delta R_p)'_{1x}$ 和$(\Delta R_p)'_{1d}$ 的等中间尺寸双楔形砖砖环简易计算通式（4-12e）及式（4-13e）中，一块楔形砖中间半径变化量$(\Delta R_p)'_{1x}$ 和$(\Delta R_p)'_{1d}$ 分别由式（4-10b）和式（4-11b）计算。其实前面已计算出 n 及 m 来，可按$(\Delta R_p)'_{1x}=1/n$ 和$(\Delta R_p)'_{1d}=1/m$ 直接计算。

当 R_{px}/R_{pd}=1/2 时，$(\Delta R_p)'_{1x}=1/n=P/(2\pi)=152/(2\pi)=24.1915$；$(\Delta R_p)'_{1d}=1/m=P/(4\pi)=152/(4\pi)=12.0957$。此时式（4-12e）及式（4-13e）可写作：

$$K_x = \frac{R_{pd} - R_p}{24.1915} \tag{4-30}$$

$$K_d = \frac{R_p - R_{px}}{12.0957} \tag{4-31}$$

对于特锐楔形砖（0.1A/120）与锐楔形砖（0.1A/60）双楔形砖砖环而言，特锐楔形砖数量 $K_{tr'}$ 及锐楔形砖数量 K_r 简易计算通式可写作：

$$K_{tr'} = \frac{R_{pr} - R_p}{24.1915} \tag{4-30a}$$

$$K_r = \frac{R_p - R_{ptr'}}{12.0957} \tag{4-31a}$$

对于锐楔形砖（0.1A/60）与钝楔形砖（0.1A/30）双楔形砖砖环而言，锐楔形砖数量 K_r 及钝楔形砖数量 K_{du} 简易计算通式可写作：

$$K_{r}=\frac{R_{pdu}-R_{p}}{24.1915} \tag{4-30b}$$

$$K_{du}=\frac{R_{p}-R_{pr}}{12.0957} \tag{4-31b}$$

对于两微楔形砖 0.1*A*/20 与 0.1*A*/10 双楔形砖砖环而言，小半径楔形砖数量 $K_{0.1A/20}$ 及大半径楔形砖数量 $K_{0.1A/10}$ 简易计算通式可写作：

$$K_{0.1A/20}=\frac{R_{p0.1A/10}-R_{p}}{24.1915} \tag{4-30c}$$

$$K_{0.1A/10}=\frac{R_{p}-R_{p0.1A/20}}{12.0957} \tag{4-31c}$$

当 $R_{px}/R_{pd}=2/3$ 时，$(\Delta R_p)'_{1x}=1/n=P/(4\pi)=152/(4\pi)=12.0957$；$(\Delta R_p)'_{1d}=1/m=P/(6\pi)=152/(6\pi)=8.0638$。此时式（4-12e）及式（4-13e）可写作：

$$K_{x}=\frac{R_{pd}-R_{p}}{12.0957} \tag{4-32}$$

$$K_{d}=\frac{R_{p}-R_{px}}{8.0638} \tag{4-33}$$

对于特锐楔形砖（0.1*A*/90）与锐楔形砖（0.1*A*/60）双楔形砖砖环而言，特锐楔形砖数量 K_{tr} 及锐楔形砖数量 K_r 简易计算通式可写作：

$$K_{tr}=\frac{R_{pr}-R_{p}}{12.0957} \tag{4-32a}$$

$$K_{r}=\frac{R_{p}-R_{ptr}}{8.0638} \tag{4-33a}$$

对于钝楔形砖（0.1*A*/30）与微楔形砖（0.1*A*/20）双楔形砖砖环而言，钝楔形砖数量 K_{du} 及微楔形砖数量 K_w 简易计算通式可写作：

$$K_{du}=\frac{R_{pw}-R_{p}}{12.0957} \tag{4-32b}$$

$$K_{w}=\frac{R_{p}-R_{pdu}}{8.0638} \tag{4-33b}$$

当 $R_{px}/R_{pd}=1/3$ 时，$(\Delta R_p)'_{1x}=1/n=P/\pi=152/\pi=48.3830$；$(\Delta R_p)'_{1d}=1/m=P/(3\pi)=152/(3\pi)=16.1277$。此时式（4-12e）及式（4-13e）可写作：

$$K_{x}=\frac{R_{pd}-R_{p}}{48.3830} \tag{4-34}$$

$$K_{d}=\frac{R_{p}-R_{px}}{16.1277} \tag{4-35}$$

对于特锐楔形砖（0.1*A*/90）与钝楔形砖（0.1*A*/30）双楔形砖砖环而言，特锐楔形砖数量 K_{tr} 及钝楔形砖数量 K_{du} 简易计算通式可写作：

$$K_{tr}=\frac{R_{pdu}-R_{p}}{48.3830} \tag{4-34a}$$

$$K_{du}=\frac{R_{p}-R_{ptr}}{16.1277} \tag{4-35a}$$

对于锐楔形砖（0.1*A*/60）与微楔形砖（0.1*A*/20）双楔形砖砖环而言，锐楔形砖数量

K_r及微楔形砖数量K_w简易计算通式可写作：

$$K_r = \frac{R_{pw} - R_p}{48.3830} \tag{4-34b}$$

$$K_w = \frac{R_p - R_{pr}}{16.1277} \tag{4-35b}$$

对于钝楔形砖（0.1A/30）与微楔形砖（0.1A/10）双楔形砖砖环而言，钝楔形砖数量K_{du}及微楔形砖数量$K_{w'}$简易计算通式可写作：

$$K_{du} = \frac{R_{pw'} - R_p}{48.3830} \tag{4-34c}$$

$$K_{w'} = \frac{R_p - R_{pdu}}{16.1277} \tag{4-35c}$$

当 $R_{px}/R_{pd}=3/4$ 时，$(\Delta R_p)'_{1x}=1/n= P/(6\pi)=152/(6\pi)=8.0638$；$(\Delta R_p)'_{1d}=1/m= P/(8\pi)=152/(8\pi)=6.0479$。此时式（4-12e）及式（4-13e）可写作：

$$K_x = \frac{R_{pd} - R_p}{8.0638} \tag{4-36}$$

$$K_d = \frac{R_p - R_{px}}{6.0479} \tag{4-37}$$

对于两特锐楔形砖 0.1A/120 与 0.1A/90 双楔形砖砖环而言，式（4-36）及式（4-37）可写作：

$$K_{0.1A/120} = \frac{R_{p0.1A/90} - R_p}{8.0638} \tag{4-36a}$$

$$K_{0.1A/90} = \frac{R_p - R_{p0.1A/120}}{6.0479} \tag{4-37a}$$

一块楔形砖中间半径变化量与一块楔形砖外半径变化量的计算值相同。从一块楔形砖半径变化量的计算式可看出：（1）一块楔形砖半径变化量与砖的大小端距离 A 无关。（2）一块楔形砖半径变化量及其倒数，主要决定于两楔形砖的楔差比。由于在砖尺寸设计中，大小端距离 A 不同的各组楔形砖间楔差采用相同的简单整数比，上述双楔形砖砖环内楔形砖数量的简易计算通式才具有通用性。在 $R_{px}/R_{pd}=1/2$ 时，也就是凡楔差比为 1/2 的等中间尺寸双楔形砖砖环，包括 0.1A/120 与 0.1A/60 砖环、0.1A/60 与 0.1A/30 砖环，以及 0.1A/20 与 0.1A/10 砖环，这三类双楔形砖砖环可采用相同的简易计算通式。在 $R_{px}/R_{pd}=2/3$ 时，也就是凡楔差比为 2/3 的等中间尺寸双楔形砖砖环，包括 0.1A/90 与 0.1A/60 砖环、0.1A/30 与 0.1A/20 砖环，这两类双楔形砖砖环可采用相同的简易计算通式。在 $R_{px}/R_{pd}=1/3$ 时，也就是楔差比为 1/3 的等中间尺寸双楔形砖砖环，包括 0.1A/90 与 0.1A/30 砖环、0.1A/60 与 0.1A/20 砖环，以及 0.1A/30 与 0.1A/10 砖环，这三类双楔形砖砖环可采用相同的简易计算通式。在 $R_{px}/R_{pd}=3/4$ 时，也就是楔差比为 3/4 的等中间尺寸双楔形砖砖环，只包括 0.1A/120 与 0.1A/90 双楔形砖砖环，这类双楔形砖砖环采用相同的简易计算通式，见表 4-7。不过，有些双楔形砖砖环，例如 0.1A/20 与 0.1A/10 砖环、0.1A/30 与 0.1A/20 砖环、0.1A/30 与 0.1A/10 砖环，以及 0.1A/120 与 0.1A/90 砖环，并不是经常用到的。涉及微楔形砖 0.1A/10 及 0.1A/20 的双楔形砖砖环，主要用于十字砌法炉底。两特锐楔形砖 0.1A/120 与 0.1A/90 双楔形砖砖环，用于少数小炉口（内直径 1.0 m 左右）转炉。

表 4-7 我国转炉衬等中间尺寸双楔形砖砖环简易计算通式

两种楔形砖中间半径之比 R_{px}/R_{pd}	楔差/mm 小半径楔形砖	楔差/mm 大半径楔形砖	等中间尺寸双楔形砖砖环简易计算通式及其编号：小半径楔形砖数量 K_x/块	等中间尺寸双楔形砖砖环简易计算通式及其编号：大半径楔形砖数量 K_d/块
1/2	楔差比 $[(C_1-D_1):(C_2-D_2)]=1/2$		$K_x=2K'_x-0.04134R_p$ (4-14d)	$K_d=0.08267R_p-K'_d$ (4-15d)
			$K_x=0.04134(R_{pd}-R_p)$ (4-22)	$K_d=0.08267(R_p-R_{px})$ (4-23)
			或 $K_x=(R_{pd}-R_p)/24.1915$ (4-30)	或 $K_d=(R_p-R_{px})/12.0957$ (4-31)
	120（特锐楔形砖）	60（锐楔形砖）	$K_{tr'}=K'_r-0.04134R_p$ (4-14f)	$K_r=0.08267R_p-K'_r$ (4-15f)
			$K_{tr'}=0.04134(R_{pr}-R_p)$ (4-22a)	$K_r=0.08267(R_p-R_{ptr'})$ (4-23a)
			或 $K_{tr'}=(R_{pr}-R_p)/24.1915$ (4-30a)	或 $K_r=(R_p-R_{ptr'})/12.0957$ (4-31a)
	60（锐楔形砖）	30（钝楔形砖）	$K_r=K'_{du}-0.04134R_p$ (4-14e)	$K_{du}=0.08267R_p-K'_{du}$ (4-15e)
			$K_r=0.04134(R_{pdu}-R_p)$ (4-22b)	$K_{du}=0.08267(R_p-R_{pr})$ (4-23b)
			或 $K_r=(R_{pdu}-R_p)/24.1915$ (4-30b)	或 $K_{du}=(R_p-R_{pr})/12.0957$ (4-31b)
	20（微楔形砖）	10（微楔形砖）	$K_{0.1A/20}=K'_{0.1A/10}-0.04134R_p$ (4-14g)	$K_{0.1A/10}=0.08267R_p-K'_{0.1A/10}$ (4-15g)
			$K_{0.1A/20}=0.04134(R_{p0.1A/10}-R_p)$ (4-22c)	$K_{0.1A/10}=0.08267(R_p-R_{p0.1A/20})$ (4-23c)
			或 $K_{0.1A/20}=(R_{p0.1A/10}-R_p)/24.1915$ (4-30c)	或 $K_{0.1A/10}=(R_p-R_{p0.1A/20})/12.0957$ (4-31c)
2/3	楔差比 $[(C_1-D_1):(C_2-D_2)]=2/3$		$K_x=3K'_x-0.08267R_p$ (4-16c)	$K_d=0.12401R_p-2K'_d$ (4-17c)
			$K_x=0.08267(R_{pd}-R_p)$ (4-24)	$K_d=0.12401(R_p-R_{px})$ (4-25)
			或 $K_x=(R_{pd}-R_p)/12.0957$ (4-32)	或 $K_d=(R_p-R_{px})/8.0638$ (4-33)
	90（特锐楔形砖）	60（锐楔形砖）	$K_{tr}=K'_{du}-0.08267R_p$ (4-16d)	$K_r=0.12401R_p-K'_{du}$ (4-17d)
			$K_{tr}=0.08267(R_{pr}-R_p)$ (4-24a)	$K_r=0.12401(R_p-R_{ptr})$ (4-25a)
			或 $K_{tr}=(R_{pr}-R_p)/12.0957$ (4-32a)	或 $K_r=(R_p-R_{ptr})/8.0638$ (4-33a)
	30（钝楔形砖）	20（微楔形砖）	$K_{du}=K'_{0.1A/10}-0.08267R_p$ (4-16e)	$K_w=0.12401R_p-K'_{0.1A/10}$ (4-17e)
			$K_{du}=0.08267(R_{pw}-R_p)$ (4-24b)	$K_w=0.12401(R_p-R_{pdu})$ (4-25b)
			或 $K_{du}=(R_{pw}-R_p)/12.0957$ (4-32b)	或 $K_w=(R_p-R_{pdu})/8.0638$ (4-33b)
1/3	楔差比 $[(C_1-D_1):(C_2-D_2)]=1/3$		$K_x=3K'_x/2-0.02067R_p$ (4-18d)	$K_d=0.06201R_p-K'_d/2$ (4-19d)
			$K_x=0.02067(R_{pd}-R_p)$ (4-26)	$K_d=0.06201(R_p-R_{px})$ (4-27)
			或 $K_x=(R_{pd}-R_p)/48.3830$ (4-34)	或 $K_d=(R_p-R_{px})/16.1277$ (4-35)
	90（特锐楔形砖）	30（钝楔形砖）	$K_{tr}=K'_r-0.02067R_p$ (4-18e)	$K_{du}=0.06201R_p-K'_r$ (4-19e)
			$K_{tr}=0.02067(R_{pdu}-R_p)$ (4-26a)	$K_{du}=0.06201(R_p-R_{ptr})$ (4-27a)
			或 $K_{tr}=(R_{pdu}-R_p)/48.3830$ (4-34a)	或 $K_{du}=(R_p-R_{ptr})/16.1277$ (4-35a)
	60（锐楔形砖）	20（微楔形砖）	$K_r=K'_w/2-0.02067R_p$ (4-18f)	$K_w=0.06201R_p-K'_w/2$ (4-19f)
			$K_r=0.02067(R_{pw}-R_p)$ (4-26b)	$K_w=0.06201(R_p-R_{pr})$ (4-27b)
			或 $K_r=(R_{pw}-R_p)/48.3830$ (4-34b)	或 $K_w=(R_p-R_{pr})/16.1277$ (4-35b)
	30（钝楔形砖）	10（微楔形砖）	$K_{du}=K'_w-0.02067R_p$ (4-18g)	$K_{w'}=0.06201R_p-K'_w$ (4-19g)
			$K_{du}=0.02067(R_{pw'}-R_p)$ (4-26c)	$K_{w'}=0.06201(R_p-R_{pdu})$ (4-27c)
			或 $K_{du}=(R_{pw'}-R_p)/48.3830$ (4-34c)	或 $K_{w'}=(R_p-R_{pdu})/16.1277$ (4-35c)
3/4	楔差比 $[(C_1-D_1):(C_2-D_2)]=3/4$		$K_x=4K'_x-0.12401R_p$ (4-20)	$K_d=0.16535R_p-3K'_d$ (4-21)
			$K_x=0.12401(R_{pd}-R_p)$ (4-28)	$K_d=0.16535(R_p-R_{px})$ (4-29)
			或 $K_x=(R_{pd}-R_p)/8.0638$ (4-36)	或 $K_d=(R_p-R_{px})/6.0479$ (4-37)
	120（特锐楔形砖）	90（特锐楔形砖）	$K_{0.1A/120}=K'_{du}-0.12401R_p$ (4-20a)	$K_{0.1A/90}=0.16535R_p-K'_{du}$ (4-21a)
			$K_{0.1A/120}=0.12401(R_{p0.1A/90}-R_p)$ (4-28a)	$K_{0.1A/90}=0.16535(R_p-R_{p0.1A/120})$ (4-29a)
			或 $K_{0.1A/120}=(R_{p0.1A/90}-R_p)/8.0638$ (4-36a)	或 $K_{0.1A/90}=(R_p-R_{p0.1A/120})/6.0479$ (4-37a)

为了提供转炉衬等中间尺寸双楔形砖砖环的配砌方案、中间半径应用范围及其简易计算式，特分类（按大小端距离 A 及 R_{px}/R_{pd}）编表，见表 4-8～表 4-16。

以 A=600 mm 为例，总结 YB/T 060—2007 等中间尺寸 150 mm 双楔形砖砖环简易计算式的优点，见表 4-17。表 4-17 由六个尺寸砖号 60/120、60/90、60/60、60/30、60/20 及 60/10 配砌成九对双楔形砖砖环。

（1）基于双楔形砖每环极限砖数的九对等中间尺寸 150 mm 双楔形砖砖环简易计算式，仅涉及锐楔形砖的每环极限砖数 $K'_{60/60}$（62.8 块）、钝楔形砖的每环极限砖数 $K'_{60/30}$（125.7 块）和微楔形砖的每环极限砖数 $K'_{60/10}$（377.0 块）三个数据，加之每对等中间尺寸 150 mm 双楔形砖砖环的两个简易计算式的定值项绝对值相同，使得基于楔形砖每环极限砖数的等中间尺寸 150 mm 双楔形砖砖环简易计算式非常规范，容易记忆，便于应用。

（2）基于楔形砖中间半径和基于楔形砖每环极限砖数的各九对等中间尺寸 150 mm 双楔形砖砖环简易计算式，砖环中间半径 R_p 的系数（n 及 m）仅有 0.02067、0.04134、0.06201、0.08267、0.12401 及 0.16535 共六个，并且分别为 π/152、2π/152、3π/152、4π/152、6π/152 及 8π/152 的计算值，加之每对等中间尺寸 150 mm 双楔形砖砖环两个简易计算式中 R_p 系数之比与 R_{px}/R_{pd} 相同，使得基于楔形砖中间半径和基于楔形砖每环极限砖数的各九对等中间尺寸 150 mm 双楔形砖砖环简易计算式非常规范，容易记忆，便于应用。

（3）基于一块楔形砖半径变化量$(\Delta R_p)'_{1x}$和$(\Delta R_p)'_{1d}$的九对等中间尺寸 150 mm 双楔形砖砖环简易计算式，它们的一块楔形砖半径变化量仅有 6.0479、8.0638、12.0915、16.1277、24.1915 和 48.3830 共六个，并且分别为 152/(8π)、152/(6π)、152/(4π)、152/(3π)、152/(2π)和 152/π的计算值，加之每对等中间尺寸 150 mm 双楔形砖砖环两个简易计算式中一块楔形砖半径变化量之比$(\Delta R_p)'_{1d}/(\Delta R_p)'_{1x}$与 R_{px}/R_{pd} 相同，使得基于一块楔形砖半径变化量的等中间尺寸 150 mm 双楔形砖砖环简易计算式非常规范，容易记忆，便于应用。

我国 YB/T 060—2007 具有上述优点的根本原因，在于同组和各组楔形砖的楔差采取相同的简单整数比（主要有 1/2、2/3 和 1/3，个别有 3/4）。而国际标准 ISO/FDIS 5019-6：2005（E）同组（以 A=600 mm 为例，见表 4-18）楔形砖间除序号（方案）1、2、3 和 6 的楔差比采用 2/3、1/2、3/4 和 1/3 简单整数比从而有规范的简易计算式外，其余序号（方案）4、5、7、8 和 9 的简易计算式很不规范：（1）看不到楔形砖每环极限砖数的影子，每环极限砖数的系数 1.8182、2.5、1.25、1.2857 和 1.6667 不是简单整数，分别为 20/11、5/2、5/4、9/7 和 5/3 的计算值。（2）R_p 系数竟有 0.0338、0.07516、0.06201、0.10334、0.05167、0.09301、0.01181、0.05315 和 0.068891 十种之多。（3）一块楔形砖半径变化量也竟有 29.5674、13.3053、16.1277、9.6766、19.3532、10.7518、84.6702、18.8156、36.2872 和 14.5419 共十种之多。为了弄清楚这些 R_p 系数和一块楔形砖半径变化量如此之多的原因，现分序号（见表 4-18）分析如下。

序号（方案）4　R_{px}/R_{pd}=1140.0/2533.3=36/80=9/20，$(P-D_1):(P-D_2):(D_1-D_2)$=9:20:11，$n=2\pi(P-D_1)/P(D_1-D_2)=9\times2\pi/(11\times152)=18\pi/(11\times152)=0.03382$；$m=2\pi(P-D_2)/P(D_1-D_2)=20\times2\pi/(11\times152)=40\pi/(11\times152)=0.07156$。$(\Delta R_p)'_{1x}=11\times152/(18\pi)=29.5674$，$(\Delta R_p)'_{1d}=11\times152/(40\pi)=13.3053$。

序号（方案）5 R_{px}/R_{pd}=1520.0/2533.3=36/60=3/5，$(P-D_1):(P-D_2):(D_1-D_2)$=3 : 5 : 2，$n=3\times2\pi/(2\times152)=3\pi/152=0.06201$，$m=5\times2\pi/(2\times152)=5\pi/152=0.10334$。$(\Delta R_p)'_{1x}=152/(3\pi)$=16.1227，$(\Delta R_p)'_{1d}=152/(5\pi)$=9.6766。

序号（方案）7 R_{px}/R_{pd}=2533.3/4560.0=20/36=5/9，$(P-D_1):(P-D_2):(D_1-D_2)$=5 : 9 : 4，$n=5\times2\pi/(4\times152)=5\pi/(2\times152)=0.05167$，$m=9\times2\pi/(4\times152)=9\pi/(2\times152)=0.09301$。$(\Delta R_p)'_{1x}=2\times152/(5\pi)$=19.3532，$(\Delta R_p)'_{1d}=2\times152/(9\pi)$=10.7518。

序号（方案）8 R_{px}/R_{pd}=2533.3/11400.0=8/36=2/9，$(P-D_1):(P-D_2):(D_1-D_2)$=2 : 9 : 7，$n=2\times2\pi/(7\times152)=4\pi/(7\times152)=0.01181$，$m=9\times2\pi/(7\times152)=18\pi/(7\times152)=0.05315$。$(\Delta R_p)'_{1x}=7\times152/(4\pi)$=84.6702，$(\Delta R_p)'_{1d}=7\times152/(18\pi)$=18.8156。

序号（方案）9 R_{px}/R_{pd}=4560.0/11400.0=8/20=2/5，$(P-D_1):(P-D_2):(D_1-D_2)$=2 : 5 : 3，$n=2\times2\pi/(3\times152)=4\pi/(3\times152)=0.02756$，$m=5\times2\pi/(3\times152)=10\pi/(3\times152)=0.06889$。$(\Delta R_p)'_{1x}=3\times152/(4\pi)$=36.2872，$(\Delta R_p)'_{1d}=3\times152/(10\pi)$=14.5149。

通过序号（方案）4、5、7、8 和 9（见表 4-18）中 R_p 系数及一块楔形砖半径变化量的计算过程了解到，十种 R_p 系数和十种不同一块楔形砖半径变化量，是由于这些序号（方案）中楔差比不同（依次为 9/20、3/5、5/9、2/9 和 2/5）并且不是简单整数造成的。

我国 YB/T 060—2007 各组双楔形砖砖环的楔差采取相同的简单整数比，使得相同楔差比的各组双楔形砖砖环的简易计算通式，具有通用性。国际标准 ISO/FDIS 5019-6: 2005（E）在 A 为 600～1200 mm 各组，虽然楔差不是规范的简单整数比，但各组的楔差比相同，其不规范的简易计算式仍具有通用性。但是国际标准中的 $A\leqslant550$ mm 的有些双楔形砖砖环，由于楔差比互不相同，它们的简易计算式也互不相同（见表 4-19）。

【例 37】 用等中间尺寸简易计算式计算例 37 砖量。外半径 R=1600.0 mm 双楔形砖砖环的中间半径 R_p=1600.0−600/2=1300.0 mm。查表 4-8 序号 8、表 4-11 序号 8 及表 4-13 序号 8 可采取以下方案及其简易计算式。

方案 1 中间半径范围 760.0～1520.0 mm 的 60/120 与 60/60 双楔形砖砖环。

$K_{60/120}=62.8-0.04134\times1300.0=9.1$ 块

$K_{60/120}=0.04134\times(1520.0-1300.0)=9.1$ 块

或 $K_{60/120}=(1520.0-1300.0)/24.1915=9.1$ 块

$K_{60/60}=0.08267\times1300.0-62.8=44.7$ 块

$K_{60/60}=0.08267\times(1300.0-760.0)=44.6$ 块

或 $K_{60/60}=(1300.0-760.0)/12.0957=44.6$ 块

每环总砖数 K_h=9.1+44.6=53.7 块，与按式 $K_h=2\pi R_p/P=2\times1300.0\pi/152=53.7$ 块计算结果相同。

方案 2 中间半径范围 1013.3～1520.0 mm 的 60/90 与 60/60 双楔形砖砖环。

$K_{60/90}=125.7-0.08267\times1300.0=18.2$ 块

$K_{60/90}=0.08267\times(1520.0-1300.0)=18.2$ 块

或 $K_{60/90}=(1520.0-1300.0)/12.0957=18.2$ 块

$K_{60/60}=0.12401\times1300.0-125.7=35.5$ 块

$K_{60/60}=0.12401\times(1300.0-1013.3)=35.6$ 块

或 $K_{60/60}=(1300.0-1013.3)/8.0638=35.6$ 块

表 4-8　转炉衬特锐楔形砖（0.1*A*/120）与锐楔形砖（0.1*A*/60）双楔形砖砖环简易计算式

序号	配砌砖号		砖环中间半径 R_p 范围 $R_{ptr'} \leqslant R_p \leqslant R_{pr}$/mm	每环极限砖数/块		砖量简易计算式	
	特锐楔形砖 (0.1*A*/120)	锐楔形砖 (0.1*A*/60)		特锐楔形砖 $K'_{tr'}$	锐楔形砖 K'_r	特锐楔形砖数量 $K_{tr'}$/块	锐楔形砖数量 K_r/块
0	0.1*A*/120	0.1*A*/60	$R_{ptr'} \leqslant R_p \leqslant R_{pr}$	$K'_{tr'}$	K'_r	$K_{tr'}=K'_r-0.04134R_p$ （4-14f） $K_{tr'}=0.04134(R_{pr}-R_p)$ （4-22a） 或 $K_{tr'}=(R_{pr}-R_p)/24.1915$ （4-30a）	$K_r=0.08267R_p-K'_r$ （4-15f） $K_r=0.08267(R_p-R_{ptr'})$ （4-23a） 或 $K_r=(R_p-R_{ptr'})/12.0957$ （4-31a）
1	55/120	55/60	$696.7 \leqslant R_p \leqslant 1393.3$	28.8	57.6	$K_{55/120}=57.6-0.04134R_p$ $K_{55/120}=0.04134(1393.3-R_p)$ 或 $K_{55/120}=(1393.3-R_p)/24.1915$	$K_{55/60}=0.08267R_p-57.6$ $K_{55/60}=0.08267(R_p-696.7)$ 或 $K_{55/60}=(R_p-696.7)/12.0957$
2	60/120	60/60	$760.0 \leqslant R_p \leqslant 1520.0$	31.4	62.8	$K_{60/120}=62.8-0.04134R_p$ $K_{60/120}=0.04134(1520.0-R_p)$ 或 $K_{60/120}=(1520.0-R_p)/24.1915$	$K_{60/60}=0.08267R_p-62.8$ $K_{60/60}=0.08267(R_p-760.0)$ 或 $K_{60/60}=(R_p-760.0)/12.0957$
3	65/120	65/60	$823.3 \leqslant R_p \leqslant 1646.7$	34.0	68.1	$K_{65/120}=68.1-0.04134R_p$ $K_{65/120}=0.04134(1646.7-R_p)$ 或 $K_{65/120}=(1646.7-R_p)/24.1915$	$K_{65/60}=0.08267R_p-68.1$ $K_{65/60}=0.08267(R_p-823.3)$ 或 $K_{65/60}=(R_p-823.3)/12.0957$
4	70/120	70/60	$886.7 \leqslant R_p \leqslant 1773.3$	36.7	73.3	$K_{70/120}=73.3-0.04134R_p$ $K_{70/120}=0.04134(1773.3-R_p)$ 或 $K_{70/120}=(1773.3-R_p)/24.1915$	$K_{70/60}=0.08267R_p-73.3$ $K_{70/60}=0.08267(R_p-886.7)$ 或 $K_{70/60}=(R_p-886.7)/12.0957$
5	75/120	75/60	$950.0 \leqslant R_p \leqslant 1900.0$	39.3	78.5	$K_{75/120}=78.5-0.04134R_p$ $K_{75/120}=0.04134(1900.0-R_p)$ 或 $K_{75/120}=(1900.0-R_p)/24.1915$	$K_{75/60}=0.08267R_p-78.5$ $K_{75/60}=0.08267(R_p-950.0)$ 或 $K_{75/60}=(R_p-950.0)/12.0957$
6	80/120	80/60	$1013.3 \leqslant R_p \leqslant 2026.7$	41.9	83.8	$K_{80/120}=83.8-0.04134R_p$ $K_{80/120}=0.04134(2026.7-R_p)$ 或 $K_{80/120}=(2026.7-R_p)/24.1915$	$K_{80/60}=0.08267R_p-83.8$ $K_{80/60}=0.08267(R_p-1013.3)$ 或 $K_{80/60}=(R_p-1013.3)/12.0957$

续表 4-8

序号	配砌砖号		砖环中间半径 R_p 范围 $R_{ptr'} \leqslant R_p \leqslant R_{pr}$/mm	每环极限砖数/块		砖量简易计算式	
	特锐楔形砖 (0.1A/120)	锐楔形砖 (0.1A/60)		特锐楔形砖 $K'_{tr'}$	锐楔形砖 K'_r	特锐楔形砖数量 $K_{tr'}$ /块	锐楔形砖数量 K_r /块
7	85/120	85/60	$1076.7 \leqslant R_p \leqslant 2153.3$	44.5	89.0	$K_{85/120}=89.0-0.04134R_p$ $K_{85/120}=0.04134(2153.3-R_p)$ 或 $K_{85/120}=(2153.3-R_p)/24.1915$	$K_{85/60}=0.08267R_p-89.0$ $K_{85/60}=0.08267(R_p-1076.7)$ 或 $K_{85/60}=(R_p-1076.7)/12.0957$
8	90/120	90/60	$1140.0 \leqslant R_p \leqslant 2280.0$	47.1	94.2	$K_{90/120}=94.2-0.04134R_p$ $K_{90/120}=0.04134(2280.0-R_p)$ 或 $K_{90/120}=(2280.0-R_p)/24.1915$	$K_{90/60}=0.08267R_p-94.2$ $K_{90/60}=0.08267(R_p-1140.0)$ 或 $K_{90/60}=(R_p-1140.0)/12.0957$
9	95/120	95/60	$1203.3 \leqslant R_p \leqslant 2406.7$	49.7	99.5	$K_{95/120}=99.5-0.04134R_p$ $K_{95/120}=0.04134(2406.7-R_p)$ 或 $K_{95/120}=(2406.7-R_p)/24.1915$	$K_{95/60}=0.08267R_p-99.5$ $K_{95/60}=0.08267(R_p-1203.3)$ 或 $K_{95/60}=(R_p-1203.3)/12.0957$
10	100/120	100/60	$1266.7 \leqslant R_p \leqslant 2533.3$	52.4	104.7	$K_{100/120}=104.7-0.04134R_p$ $K_{100/120}=0.04134(2533.3-R_p)$ 或 $K_{100/120}=(2533.3-R_p)/24.1915$	$K_{100/60}=0.08267R_p-104.7$ $K_{100/60}=0.08267(R_p-1266.7)$ 或 $K_{100/60}=(R_p-1266.7)/12.0957$
11	110/120	110/60	$1393.3 \leqslant R_p \leqslant 2786.7$	57.6	115.2	$K_{110/120}=115.2-0.04134R_p$ $K_{110/120}=0.04134(2786.7-R_p)$ 或 $K_{110/120}=(2786.7-R_p)/24.1915$	$K_{110/60}=0.08267R_p-115.2$ $K_{110/60}=0.08267(R_p-1393.3)$ 或 $K_{110/60}=(R_p-1393.3)/12.0957$
12	120/120	120/60	$1520.0 \leqslant R_p \leqslant 3040.0$	62.8	125.7	$K_{120/120}=125.7-0.04134R_p$ $K_{120/120}=0.04134(3040.0-R_p)$ 或 $K_{120/120}=(3040.0-R_p)/24.1915$	$K_{120/60}=0.08267R_p-125.7$ $K_{120/60}=0.08267(R_p-1520.0)$ 或 $K_{120/60}=(R_p-1520.0)/12.0957$
13	130/120	130/60	$1646.7 \leqslant R_p \leqslant 3293.3$	68.1	136.1	$K_{130/120}=136.1-0.04134R_p$ $K_{130/120}=0.04134(3293.3-R_p)$ 或 $K_{130/120}=(3293.3-R_p)/24.1915$	$K_{130/60}=0.08267R_p-136.1$ $K_{130/60}=0.08267(R_p-1646.7)$ 或 $K_{130/60}=(R_p-1646.7)/12.0957$

表 4-9 转炉衬锐楔形砖（0.1A/60）与钝楔形砖（0.1A/30）双楔形砖砖环简易计算式

序号	配砌砖号		砖环中间半径 R_p 范围 $R_{pr} \leqslant R_p \leqslant R_{pdu}$/mm	每环极限砖数/块		砖量简易计算式	
	锐楔形砖 (0.1A/60)	钝楔形砖 (0.1A/30)		锐楔形砖 K'_r	钝楔形砖 K'_{du}	锐楔形砖数量 K_r/块	钝楔形砖数量 K_{du}/块
0	0.1A/60	0.1A/30	$R_{pr} \leqslant R_p \leqslant R_{pdu}$	K'_r	K'_{du}	$K_r = K'_{du} - 0.04134R_p$ （4-14e） $K_r = 0.04134(R_{pdu} - R_p)$ （4-22b） 或 $K_r = (R_{pdu} - R_p)/24.1915$ （4-30b）	$K_{du} = 0.08267R_p - K'_{du}$ （4-15e） $K_{du} = 0.08267(R_p - R_{pr})$ （4-23b） 或 $K_{du} = (R_p - R_{pr})/12.0957$ （4-31b）
1	25/60	25/30	$633.3 \leqslant R_p \leqslant 1266.7$	26.2	52.4	$K_{25/60} = 52.4 - 0.04134R_p$ $K_{25/60} = 0.04134(1266.7 - R_p)$ 或 $K_{25/60} = (1266.7 - R_p)/24.1915$	$K_{25/30} = 0.08267R_p - 52.4$ $K_{25/30} = 0.08267(R_p - 633.3)$ 或 $K_{25/30} = (R_p - 633.3)/12.0957$
2	30/60	30/30	$760.0 \leqslant R_p \leqslant 1520.0$	31.4	62.8	$K_{30/60} = 62.8 - 0.04134R_p$ $K_{30/60} = 0.04134(1520.0 - R_p)$ 或 $K_{30/60} = (1520.0 - R_p)/24.1915$	$K_{30/30} = 0.08267R_p - 62.8$ $K_{30/30} = 0.08267(R_p - 760.0)$ 或 $K_{30/30} = (R_p - 760.0)/12.0957$
3	35/60	35/30	$886.7 \leqslant R_p \leqslant 1773.3$	36.7	73.3	$K_{35/60} = 73.3 - 0.04134R_p$ $K_{35/60} = 0.04134(1773.3 - R_p)$ 或 $K_{35/60} = (1773.3 - R_p)/24.1915$	$K_{35/30} = 0.08267R_p - 73.3$ $K_{35/30} = 0.08267(R_p - 886.7)$ 或 $K_{35/30} = (R_p - 886.7)/12.0957$
4	40/60	40/30	$1013.3 \leqslant R_p \leqslant 2026.7$	41.9	83.8	$K_{40/60} = 83.8 - 0.04134R_p$ $K_{40/60} = 0.04134(2026.7 - R_p)$ 或 $K_{40/60} = (2026.7 - R_p)/24.1915$	$K_{40/30} = 0.08267R_p - 83.8$ $K_{40/30} = 0.08267(R_p - 1013.3)$ 或 $K_{40/30} = (R_p - 1013.3)/12.0957$
5	45/60	45/30	$1140.0 \leqslant R_p \leqslant 2280.0$	47.1	94.2	$K_{45/60} = 94.2 - 0.04134R_p$ $K_{45/60} = 0.04134(2280.0 - R_p)$ 或 $K_{45/60} = (2280.0 - R_p)/24.1915$	$K_{40/30} = 0.08267R_p - 94.2$ $K_{40/30} = 0.08267(R_p - 1140.0)$ 或 $K_{40/30} = (R_p - 1140.0)/12.0957$
6	50/60	50/30	$1266.7 \leqslant R_p \leqslant 2533.3$	52.4	104.7	$K_{50/60} = 104.7 - 0.04134R_p$ $K_{50/60} = 0.04134(2533.3 - R_p)$ 或 $K_{50/60} = (2533.3 - R_p)/24.1915$	$K_{50/30} = 0.08267R_p - 104.7$ $K_{50/30} = 0.08267(R_p - 1266.7)$ 或 $K_{50/30} = (R_p - 1266.7)/12.0957$
7	55/60	55/30	$1393.3 \leqslant R_p \leqslant 2786.7$	57.6	115.2	$K_{55/60} = 115.2 - 0.04134R_p$ $K_{55/60} = 0.04134(2786.7 - R_p)$ 或 $K_{55/60} = (2786.7 - R_p)/24.1915$	$K_{55/30} = 0.08267R_p - 115.2$ $K_{55/30} = 0.08267(R_p - 1393.3)$ 或 $K_{55/30} = (R_p - 1393.3)/12.0957$
8	60/60	60/30	$1520.0 \leqslant R_p \leqslant 3040.0$	62.8	125.7	$K_{60/60} = 125.7 - 0.04134R_p$ $K_{60/60} = 0.04134(3040.0 - R_p)$ 或 $K_{60/60} = (3040.0 - R_p)/24.1915$	$K_{60/30} = 0.08267R_p - 125.7$ $K_{60/30} = 0.08267(R_p - 1520.0)$ 或 $K_{60/30} = (R_p - 1520.0)/12.0957$
9	65/60	65/30	$1646.7 \leqslant R_p \leqslant 3293.3$	68.1	136.1	$K_{65/60} = 136.1 - 0.04134R_p$ $K_{65/60} = 0.04134(3293.3 - R_p)$ 或 $K_{65/60} = (3293.3 - R_p)/24.1915$	$K_{65/30} = 0.08267R_p - 136.1$ $K_{65/30} = 0.08267(R_p - 1646.7)$ 或 $K_{65/30} = (R_p - 1646.7)/12.0957$

续表 4-9

序号	配砌砖号		砖环中间半径 R_p 范围 $R_{pr} \leqslant R_p \leqslant R_{pdu}$/mm	每环极限砖数/块		砖量简易计算式	
	锐楔形砖 (0.1A/60)	钝楔形砖 (0.1A/30)		锐楔形砖 K'_r	钝楔形砖 K'_{du}	锐楔形砖数量 K_r/块	钝楔形砖数量 K_{du}/块
10	70/60	70/30	$1773.3 \leqslant R_p \leqslant 3546.7$	73.3	146.6	$K_{70/60}=146.6-0.04134R_p$ $K_{70/60}=0.04134(3546.7-R_p)$ 或 $K_{70/60}=(3546.7-R_p)/24.1915$	$K_{70/30}=0.08267R_p-146.6$ $K_{70/30}=0.08267(R_p-1773.3)$ 或 $K_{70/30}=(R_p-1773.3)/12.0957$
11	75/60	75/30	$1900.0 \leqslant R_p \leqslant 3800.0$	78.5	157.1	$K_{75/60}=157.1-0.04134R_p$ $K_{75/60}=0.04134(3800.0-R_p)$ 或 $K_{75/60}=(3800.0-R_p)/24.1915$	$K_{75/30}=0.08267R_p-157.1$ $K_{75/30}=0.08267(R_p-1900.0)$ 或 $K_{75/30}=(R_p-1900.0)/12.0957$
12	80/60	80/30	$2026.7 \leqslant R_p \leqslant 4053.7$	83.8	167.6	$K_{80/60}=167.6-0.04134R_p$ $K_{80/60}=0.04134(4053.7-R_p)$ 或 $K_{80/60}=(4053.7-R_p)/24.1915$	$K_{80/30}=0.08267R_p-167.6$ $K_{80/30}=0.08267(R_p-2026.7)$ 或 $K_{80/30}=(R_p-2026.7)/12.0957$
13	85/60	85/30	$2153.3 \leqslant R_p \leqslant 4306.7$	89.0	178.0	$K_{85/60}=178.0-0.04134R_p$ $K_{85/60}=0.04134(4306.7-R_p)$ 或 $K_{85/60}=(4306.7-R_p)/24.1915$	$K_{85/30}=0.08267R_p-178.0$ $K_{85/30}=0.08267(R_p-2153.3)$ 或 $K_{85/30}=(R_p-2153.3)/12.0957$
14	90/60	90/30	$2280.0 \leqslant R_p \leqslant 4560.0$	94.2	188.5	$K_{90/60}=188.5-0.04134R_p$ $K_{90/60}=0.04134(4560.0-R_p)$ 或 $K_{90/60}=(4560.0-R_p)/24.1915$	$K_{90/30}=0.08267R_p-188.5$ $K_{90/30}=0.08267(R_p-2280.0)$ 或 $K_{90/30}=(R_p-2280.0)/12.0957$
15	95/60	95/30	$2406.7 \leqslant R_p \leqslant 4813.3$	99.5	199.0	$K_{95/60}=199.0-0.04134R_p$ $K_{95/60}=0.04134(4813.3-R_p)$ 或 $K_{95/60}=(4813.3-R_p)/24.1915$	$K_{95/30}=0.08267R_p-199.0$ $K_{95/30}=0.08267(R_p-2406.7)$ 或 $K_{95/30}=(R_p-2406.7)/12.0957$
16	100/60	100/30	$2533.3 \leqslant R_p \leqslant 5066.7$	104.7	209.4	$K_{100/60}=209.4-0.04134R_p$ $K_{100/60}=0.04134(5066.7-R_p)$ 或 $K_{100/60}=(5066.7-R_p)/24.1915$	$K_{100/30}=0.08267R_p-209.4$ $K_{100/30}=0.08267(R_p-2533.3)$ 或 $K_{100/30}=(R_p-2533.3)/12.0957$
17	110/60	110/30	$2786.7 \leqslant R_p \leqslant 5573.3$	115.2	230.4	$K_{110/60}=230.4-0.04134R_p$ $K_{110/60}=0.04134(5573.3-R_p)$ 或 $K_{110/60}=(5573.3-R_p)/24.1915$	$K_{110/30}=0.08267R_p-230.4$ $K_{110/30}=0.08267(R_p-2786.7)$ 或 $K_{110/30}=(R_p-2786.7)/12.0957$
18	120/60	120/30	$3040.0 \leqslant R_p \leqslant 6080.0$	125.7	251.3	$K_{120/60}=251.3-0.04134R_p$ $K_{120/60}=0.04134(6080.0-R_p)$ 或 $K_{120/60}=(6080.0-R_p)/24.1915$	$K_{120/30}=0.08267R_p-251.3$ $K_{120/30}=0.08267(R_p-3040.0)$ 或 $K_{120/30}=(R_p-3040.0)/12.0957$
19	130/60	130/30	$3293.3 \leqslant R_p \leqslant 6586.7$	136.1	272.3	$K_{130/60}=272.3-0.04134R_p$ $K_{130/60}=0.04134(6586.7-R_p)$ 或 $K_{130/60}=(6586.7-R_p)/24.1915$	$K_{130/30}=0.08267R_p-272.3$ $K_{130/30}=0.08267(R_p-3293.3)$ 或 $K_{130/30}=(R_p-3293.3)/12.0957$

表 4-10　转炉衬 0.1*A*/20 与 0.1*A*/10 双楔形砖砖环简易计算式

序号	配砌砖号		砖环中间半径 R_p 范围 $R_{p0.1A/20} \leqslant R_p \leqslant R_{p0.1A/10}$/mm	每环极限砖数 /块		砖量简易计算式	
	小半径楔形砖 (0.1*A*/20)	大半径楔形砖 (0.1*A*/10)		小半径楔形砖 $K'_{0.1A/20}$	大半径楔形砖 $K'_{0.1A/10}$	小半径楔形砖数量 $K_{0.1A/20}$ /块	大半径楔形砖数量 $K_{0.1A/10}$ /块
0	0.1A/20	0.1A/10	$R_{0.1A/20} \leqslant R_p \leqslant R_{0.1A/10}$	$K'_{0.1A/20}$	$K'_{0.1A/10}$	$K_{0.1A/20}=K'_{0.1A/10}-0.04134R_p$　（4-14g） $K_{0.1A/20}=0.04134(R_{p0.1A/10}-R_p)$　（4-22c） 或 $K_{0.1A/20}=(R_{p0.1A/10}-R_p)/24.1915$　（4-30c）	$K_{0.1A/10}=0.08267R_p-K'_{0.1A/10}$　（4-15g） $K_{0.1A/10}=0.08267(R_p-R_{p0.1A/20})$　（4-23c） 或 $K_{0.1A/10}=(R_p-R_{p0.1A/20})/12.0957$　（4-31c）
1	25/20	25/10	$1900.0 \leqslant R_p \leqslant 3800.0$	78.5	157.1	$K_{25/20}=157.1-0.04134R_p$ $K_{25/20}=0.04134(3800.0-R_p)$ 或 $K_{25/20}=(3800.0-R_p)/24.1915$	$K_{25/10}=0.08267R_p-157.1$ $K_{25/10}=0.08267(R_p-1900.0)$ 或 $K_{25/10}=(R_p-1900.0)/12.0957$
2	30/20	30/10	$2280.0 \leqslant R_p \leqslant 4560.0$	94.2	188.5	$K_{30/20}=188.5-0.04134R_p$ $K_{30/20}=0.04134(4560.0-R_p)$ 或 $K_{30/20}=(4560.0-R_p)/24.1915$	$K_{30/10}=0.08267R_p-188.5$ $K_{30/10}=0.08267(R_p-2280.0)$ 或 $K_{30/10}=(R_p-2280.0)/12.0957$
3	35/20	35/10	$2660.0 \leqslant R_p \leqslant 5320.0$	110.0	219.9	$K_{35/20}=219.9-0.04134R_p$ $K_{35/20}=0.04134(5320.0-R_p)$ 或 $K_{35/20}=(5320.0-R_p)/24.1915$	$K_{35/10}=0.08267R_p-219.9$ $K_{35/10}=0.08267(R_p-2660.0)$ 或 $K_{35/10}=(R_p-2660.0)/12.0957$
4	40/20	40/10	$3040.0 \leqslant R_p \leqslant 6080.0$	125.7	251.3	$K_{40/20}=251.3-0.04134R_p$ $K_{40/20}=0.04134(6080.0-R_p)$ 或 $K_{40/20}=(6080.0-R_p)/24.1915$	$K_{40/10}=0.08267R_p-251.3$ $K_{40/10}=0.08267(R_p-3040.0)$ 或 $K_{40/10}=(R_p-3040.0)/12.0957$
5	45/20	45/10	$3420.0 \leqslant R_p \leqslant 6840.0$	141.4	282.7	$K_{45/20}=282.7-0.04134R_p$ $K_{45/20}=0.04134(6840.0-R_p)$ 或 $K_{45/20}=(6840.0-R_p)/24.1915$	$K_{45/10}=0.08267R_p-282.7$ $K_{45/10}=0.08267(R_p-3420.0)$ 或 $K_{45/10}=(R_p-3420.0)/12.0957$
6	50/20	50/10	$3800.0 \leqslant R_p \leqslant 7600.0$	157.1	314.2	$K_{50/20}=314.2-0.04134R_p$ $K_{50/20}=0.04134(7600.0-R_p)$ 或 $K_{50/20}=(7600.0-R_p)/24.1915$	$K_{50/10}=0.08267R_p-314.2$ $K_{50/10}=0.08267(R_p-3800.0)$ 或 $K_{50/10}=(R_p-3800.0)/12.0957$
7	55/20	55/10	$4180.0 \leqslant R_p \leqslant 8360.0$	172.8	345.6	$K_{55/20}=345.6-0.04134R_p$ $K_{55/20}=0.04134(8360.0-R_p)$ 或 $K_{55/20}=(8360.0-R_p)/24.1915$	$K_{55/10}=0.08267R_p-345.6$ $K_{55/10}=0.08267(R_p-4180.0)$ 或 $K_{55/10}=(R_p-4180.0)/12.0957$
8	60/20	60/10	$4560.0 \leqslant R_p \leqslant 9120.0$	188.5	377.0	$K_{60/20}=377.0-0.04134R_p$ $K_{60/20}=0.04134(9120.0-R_p)$ 或 $K_{60/20}=(9120.0-R_p)/24.1915$	$K_{60/10}=0.08267R_p-377.0$ $K_{60/10}=0.08267(R_p-4560.0)$ 或 $K_{60/10}=(R_p-4560.0)/12.0957$
9	65/20	65/10	$4940.0 \leqslant R_p \leqslant 9880.0$	204.2	408.4	$K_{65/20}=408.4-0.04134R_p$ $K_{65/20}=0.04134(9880.0-R_p)$ 或 $K_{65/20}=(9880.0-R_p)/24.1915$	$K_{65/10}=0.08267R_p-408.4$ $K_{65/10}=0.08267(R_p-4940.0)$ 或 $K_{65/10}=(R_p-4940.0)/12.0957$

续表 4-10

序号	配砌砖号		砖环中间半径 R_p 范围 $R_{p0.1A/20} \leqslant R_p \leqslant R_{p0.1A/10}$/mm	每环极限砖数 /块		砖量简易计算式	
	小半径楔形砖 (0.1*A*/20)	大半径楔形砖 (0.1*A*/10)		小半径楔形砖 $K'_{0.1A/20}$	大半径楔形砖 $K'_{0.1A/10}$	小半径楔形砖数量 $K_{0.1A/20}$ /块	大半径楔形砖数量 $K_{0.1A/10}$ /块
10	70/20	70/10	$5320.0 \leqslant R_p \leqslant 10640.0$	219.9	439.8	$K_{70/20}=439.8-0.04134R_p$ $K_{70/20}=0.04134(10640.0-R_p)$ 或 $K_{70/20}=(10640.0-R_p)/24.1915$	$K_{70/10}=0.08267R_p-439.8$ $K_{70/10}=0.08267(R_p-5320.0)$ 或 $K_{70/10}=(R_p-5320.0)/12.0957$
11	75/20	75/10	$5700.0 \leqslant R_p \leqslant 11400.0$	235.6	471.2	$K_{75/20}=471.2-0.04134R_p$ $K_{75/20}=0.04134(11400.0-R_p)$ 或 $K_{75/20}=(11400.0-R_p)/24.1915$	$K_{75/10}=0.08267R_p-471.2$ $K_{75/10}=0.08267(R_p-5700.0)$ 或 $K_{75/10}=(R_p-5700.0)/12.0957$
12	80/20	80/10	$6080.0 \leqslant R_p \leqslant 12160.0$	251.3	502.7	$K_{80/20}=502.7-0.04134R_p$ $K_{80/20}=0.04134(12160.0-R_p)$ 或 $K_{80/20}=(12160.0-R_p)/24.1915$	$K_{80/10}=0.08267R_p-502.7$ $K_{80/10}=0.08267(R_p-6080.0)$ 或 $K_{80/10}=(R_p-6080.0)/12.0957$
13	85/20	85/10	$6460.0 \leqslant R_p \leqslant 12920.0$	267.0	534.1	$K_{85/20}=534.1-0.04134R_p$ $K_{85/20}=0.04134(12920.0-R_p)$ 或 $K_{85/20}=(12920.0-R_p)/24.1915$	$K_{85/10}=0.08267R_p-534.1$ $K_{85/10}=0.08267(R_p-6460.0)$ 或 $K_{85/10}=(R_p-6460.0)/12.0957$
14	90/20	90/10	$6840.0 \leqslant R_p \leqslant 13680.0$	282.7	565.5	$K_{90/20}=565.5-0.04134R_p$ $K_{90/20}=0.04134(13680.0-R_p)$ 或 $K_{90/20}=(13680.0-R_p)/24.1915$	$K_{90/10}=0.08267R_p-565.5$ $K_{90/10}=0.08267(R_p-6840.0)$ 或 $K_{90/10}=(R_p-6840.0)/12.0957$
15	95/20	95/10	$7220.0 \leqslant R_p \leqslant 14440.0$	298.5	596.9	$K_{95/20}=596.9-0.04134R_p$ $K_{95/20}=0.04134(14440.0-R_p)$ 或 $K_{95/20}=(14440.0-R_p)/24.1915$	$K_{95/10}=0.08267R_p-596.9$ $K_{95/10}=0.08267(R_p-7220.0)$ 或 $K_{95/10}=(R_p-7220.0)/12.0957$
16	100/20	100/10	$7600.0 \leqslant R_p \leqslant 15200.0$	341.2	628.3	$K_{100/20}=628.3-0.04134R_p$ $K_{100/20}=0.04134(15200.0-R_p)$ 或 $K_{100/20}=(15200.0-R_p)/24.1915$	$K_{100/10}=0.08267R_p-628.3$ $K_{100/10}=0.08267(R_p-7600.0)$ 或 $K_{100/10}=(R_p-7600.0)/12.0957$
17	110/20	110/10	$8360.0 \leqslant R_p \leqslant 16720.0$	345.6	691.2	$K_{110/20}=691.2-0.04134R_p$ $K_{110/20}=0.04134(16720.0-R_p)$ 或 $K_{110/20}=(16720.0-R_p)/24.1915$	$K_{110/10}=0.08267R_p-691.2$ $K_{110/10}=0.08267(R_p-8360.0)$ 或 $K_{110/10}=(R_p-8360.0)/12.0957$
18	120/20	120/10	$9120.0 \leqslant R_p \leqslant 18240.0$	377.0	754.0	$K_{120/20}=754.0-0.04134R_p$ $K_{120/20}=0.04134(18240.0-R_p)$ 或 $K_{120/20}=(18240.0-R_p)/24.1915$	$K_{120/10}=0.08267R_p-754.0$ $K_{120/10}=0.08267(R_p-9120.0)$ 或 $K_{120/10}=(R_p-9120.0)/12.0957$
19	130/20	130/10	$9880.0 \leqslant R_p \leqslant 19760.0$	408.4	816.8	$K_{130/20}=816.8-0.04134R_p$ $K_{130/20}=0.04134(19760.0-R_p)$ 或 $K_{130/20}=(19760.0-R_p)/24.1915$	$K_{100/10}=0.08267R_p-816.8$ $K_{100/10}=0.08267(R_p-9880.0)$ 或 $K_{100/10}=(R_p-9880.0)/12.0957$

表 4-11　转炉衬特锐楔形砖（0.1A/90）与锐楔形砖（0.1A/60）双楔形砖砖环简易计算式

序号	配砌砖号		砖环中间半径 R_p 范围	每环极限砖数/块		砖量简易计算式	
	特锐楔形砖 (0.1A/90)	锐楔形砖 (0.1A/60)	$R_{ptr} \leqslant R_p \leqslant R_{pr}$ /mm	特锐楔形砖 K'_{tr}	锐楔形砖 K'_r	特锐楔形砖数量 K_{tr} /块	锐楔形砖数量 K_r /块
0	0.1A/90	0.1A/60	$R_{ptr} \leqslant R_p \leqslant R_{pr}$	K'_{tr}	K'_r	$K_{tr}=K'_{du}-0.08267R_p$　（4-16d） $K_{tr}=0.08267(R_{pr}-R_p)$　（4-24a） 或 $K_{tr}=(R_{pr}-R_p)/12.0957$　（4-32a）	$K_r=0.12401R_p-K'_{du}$　（4-17d） $K_r=0.12401(R_p-R_{ptr})$　（4-25a） 或 $K_r=(R_p-R_{ptr})/8.0638$　（4-33a）
1	25/90	25/60	$422.2 \leqslant R_p \leqslant 633.3$	17.5	26.2	$K_{25/90}=52.4-0.08267R_p$ $K_{25/90}=0.08267(633.3-R_p)$ 或 $K_{25/90}=(633.3-R_p)/12.0957$	$K_{25/60}=0.12401R_p-52.4$ $K_{25/60}=0.12401(R_p-422.2)$ 或 $K_{25/60}=(R_p-422.2)/8.0638$
2	30/90	30/60	$506.7 \leqslant R_p \leqslant 760.0$	20.9	31.4	$K_{30/90}=62.8-0.08267R_p$ $K_{30/90}=0.08267(760.0-R_p)$ 或 $K_{30/90}=(760.0-R_p)/12.0957$	$K_{30/60}=0.12401R_p-62.8$ $K_{30/60}=0.12401(R_p-506.7)$ 或 $K_{30/60}=(R_p-506.7)/8.0638$
3	35/90	35/60	$591.1 \leqslant R_p \leqslant 886.7$	24.4	36.7	$K_{35/90}=73.3-0.08267R_p$ $K_{35/90}=0.08267(886.7-R_p)$ 或 $K_{35/90}=(886.7-R_p)/12.0957$	$K_{35/60}=0.12401R_p-73.3$ $K_{35/60}=0.12401(R_p-591.1)$ 或 $K_{35/60}=(R_p-591.1)/8.0638$
4	40/90	40/60	$675.6 \leqslant R_p \leqslant 1013.3$	27.9	41.9	$K_{40/90}=83.8-0.08267R_p$ $K_{40/90}=0.08267(1013.3-R_p)$ 或 $K_{40/90}=(1013.3-R_p)/12.0957$	$K_{40/60}=0.12401R_p-83.8$ $K_{40/60}=0.12401(R_p-675.6)$ 或 $K_{40/60}=(R_p-675.6)/8.0638$
5	45/90	45/60	$760.0 \leqslant R_p \leqslant 1140.0$	31.4	47.1	$K_{45/90}=94.2-0.08267R_p$ $K_{45/90}=0.08267(1140.0-R_p)$ 或 $K_{45/90}=(1140.0-R_p)/12.0957$	$K_{45/60}=0.12401R_p-94.2$ $K_{45/60}=0.12401(R_p-760.0)$ 或 $K_{45/60}=(R_p-760.0)/8.0638$
6	50/90	50/60	$844.4 \leqslant R_p \leqslant 1266.7$	34.9	52.4	$K_{50/90}=104.7-0.08267R_p$ $K_{50/90}=0.08267(1266.7-R_p)$ 或 $K_{50/90}=(1266.7-R_p)/12.0957$	$K_{50/60}=0.12401R_p-104.7$ $K_{50/60}=0.12401(R_p-844.4)$ 或 $K_{50/60}=(R_p-844.4)/8.0638$
7	55/90	55/60	$928.9 \leqslant R_p \leqslant 1393.3$	38.4	57.6	$K_{55/90}=115.2-0.08267R_p$ $K_{55/90}=0.08267(1393.3-R_p)$ 或 $K_{55/90}=(1393.3-R_p)/12.0957$	$K_{55/60}=0.12401R_p-115.2$ $K_{55/60}=0.12401(R_p-928.9)$ 或 $K_{55/60}=(R_p-928.9)/8.0638$
8	60/90	60/60	$1013.3 \leqslant R_p \leqslant 1520.0$	41.9	62.8	$K_{60/90}=125.7-0.08267R_p$ $K_{60/90}=0.08267(1520.0-R_p)$ 或 $K_{60/90}=(1520.0-R_p)/12.0957$	$K_{60/60}=0.12401R_p-125.7$ $K_{60/60}=0.12401(R_p-1013.3)$ 或 $K_{60/60}=(R_p-1013.3)/8.0638$
9	65/90	65/60	$1097.8 \leqslant R_p \leqslant 1646.7$	45.4	68.1	$K_{65/90}=136.1-0.08267R_p$ $K_{65/90}=0.08267(1646.7-R_p)$ 或 $K_{65/90}=(1646.7-R_p)/12.0957$	$K_{65/60}=0.12401R_p-136.1$ $K_{65/60}=0.12401(R_p-1097.8)$ 或 $K_{65/60}=(R_p-1097.8)/8.0638$

续表 4-11

序号	配砌砖号		砖环中间半径 R_p 范围 $R_{ptr} \leqslant R_p \leqslant R_{pr}$ /mm	每环极限砖数/块		砖量简易计算式	
	特锐楔形砖 (0.1A/90)	锐楔形砖 (0.1A/60)		特锐楔形砖 K'_{tr}	锐楔形砖 K'_r	特锐楔形砖数量 K_{tr} /块	锐楔形砖数量 K_r /块
10	70/90	70/60	$1182.2 \leqslant R_p \leqslant 1773.3$	48.9	73.3	$K_{70/90}=146.6-0.08267R_p$ $K_{70/90}=0.08267(1773.3-R_p)$ 或 $K_{70/90}=(1773.3-R_p)/12.0957$	$K_{70/60}=0.12401R_p-146.6$ $K_{70/60}=0.12401(R_p-1182.2)$ 或 $K_{70/60}=(R_p-1182.2)/8.0638$
11	75/90	75/60	$1266.7 \leqslant R_p \leqslant 1900.0$	52.4	78.5	$K_{75/90}=157.1-0.08267R_p$ $K_{75/90}=0.08267(1900.0-R_p)$ 或 $K_{75/90}=(1900.0-R_p)/12.0957$	$K_{75/60}=0.12401R_p-157.1$ $K_{75/60}=0.12401(R_p-1266.7)$ 或 $K_{75/60}=(R_p-1266.7)/8.0638$
12	80/90	80/60	$1351.1 \leqslant R_p \leqslant 2026.7$	55.9	83.6	$K_{80/90}=167.6-0.08267R_p$ $K_{80/90}=0.08267(2026.7-R_p)$ 或 $K_{80/90}=(2026.7-R_p)/12.0957$	$K_{80/60}=0.12401R_p-167.6$ $K_{80/60}=0.12401(R_p-1351.1)$ 或 $K_{80/60}=(R_p-1351.1)/8.0638$
13	85/90	85/60	$1435.6 \leqslant R_p \leqslant 2153.3$	59.3	89.0	$K_{85/90}=178.0-0.08267R_p$ $K_{85/90}=0.08267(2153.3-R_p)$ 或 $K_{85/90}=(2153.3-R_p)/12.0957$	$K_{85/60}=0.12401R_p-178.0$ $K_{85/60}=0.12401(R_p-1435.6)$ 或 $K_{85/60}=(R_p-1435.6)/8.0638$
14	90/90	90/60	$1520.0 \leqslant R_p \leqslant 2280.0$	62.8	94.2	$K_{90/90}=188.5-0.08267R_p$ $K_{90/90}=0.08267(2280.0-R_p)$ 或 $K_{90/90}=(2280.0-R_p)/12.0957$	$K_{90/60}=0.12401R_p-188.5$ $K_{90/60}=0.12401(R_p-1520.0)$ 或 $K_{90/60}=(R_p-1520.0)/8.0638$
15	95/90	95/60	$1604.4 \leqslant R_p \leqslant 2406.7$	66.3	99.5	$K_{95/90}=199.0-0.08267R_p$ $K_{95/90}=0.08267(2406.7-R_p)$ 或 $K_{95/90}=(2406.7-R_p)/12.0957$	$K_{95/60}=0.12401R_p-199.0$ $K_{95/60}=0.12401(R_p-1604.4)$ 或 $K_{95/60}=(R_p-1604.4)/8.0638$
16	100/90	100/60	$1688.9 \leqslant R_p \leqslant 2533.3$	69.8	104.7	$K_{100/90}=209.4-0.08267R_p$ $K_{100/90}=0.08267(2533.3-R_p)$ 或 $K_{100/90}=(2533.3-R_p)/12.0957$	$K_{100/60}=0.12401R_p-209.4$ $K_{100/60}=0.12401(R_p-1688.9)$ 或 $K_{100/60}=(R_p-1688.9)/8.0638$
17	110/90	110/60	$1857.8 \leqslant R_p \leqslant 2786.7$	76.8	115.2	$K_{110/90}=230.4-0.08267R_p$ $K_{110/90}=0.08267(2786.7-R_p)$ 或 $K_{110/90}=(2786.7-R_p)/12.0957$	$K_{110/60}=0.12401R_p-230.4$ $K_{110/60}=0.12401(R_p-1857.8)$ 或 $K_{110/60}=(R_p-1857.8)/8.0638$
18	120/90	120/60	$2026.7 \leqslant R_p \leqslant 3040.0$	83.8	125.7	$K_{120/90}=251.3-0.08267R_p$ $K_{120/90}=0.08267(3040.0-R_p)$ 或 $K_{120/90}=(3040.0-R_p)/12.0957$	$K_{120/60}=0.12401R_p-251.3$ $K_{120/60}=0.12401(R_p-2026.7)$ 或 $K_{120/60}=(R_p-2026.7)/8.0638$
19	130/90	130/60	$2192.6 \leqslant R_p \leqslant 3293.3$	90.8	136.1	$K_{130/90}=272.3-0.08267R_p$ $K_{130/90}=0.08267(3293.3-R_p)$ 或 $K_{130/90}=(3293.3-R_p)/12.0957$	$K_{130/60}=0.12401R_p-272.3$ $K_{130/60}=0.12401(R_p-2192.6)$ 或 $K_{130/60}=(R_p-2192.6)/8.0638$

注：本表中钝楔形砖的每环极限砖数 $K'_{du}=2K'_r=3K'_{tr}$。

表 4-12　转炉衬钝楔形砖（0.1*A*/30）与微楔形砖（0.1*A*/20）双楔形砖砖环简易计算式

序号	配砌砖号		砖环中间半径 R_p 范围	每环极限砖数/块		砖量简易计算式	
	钝楔形砖 (0.1*A*/30)	微楔形砖 (0.1*A*/20)	$R_{pdu} \leqslant R_p \leqslant R_{pw}$ /mm	钝楔形砖 K'_{du}	微楔形砖 K'_w	钝楔形砖数量 K_{du} /块	微楔形砖数量 K_w /块
0	0.1*A*/30	0.1*A*/20	$R_{pdu} \leqslant R_p \leqslant R_{pw}$	K'_{du}	K'_w	$K_{du}=K'_{0.1A/10}-0.08267R_p$　（4-16e） $K_{du}=0.08267(R_{pw}-R_p)$　（4-24b） 或 $K_{du}=(R_{pw}-R_p)/12.0957$　（4-32b）	$K_w=0.12401R_p-K'_{0.1A/10}$　（4-17e） $K_w=0.12401(R_p-R_{pdu})$　（4-25b） 或 $K_w=(R_p-R_{pdu})/8.0638$　（4-33b）
1	25/30	25/20	$1266.7 \leqslant R_p \leqslant 1900.0$	52.4	78.5	$K_{25/30}=157.1-0.08267R_p$ $K_{25/30}=0.08267(1900.0-R_p)$ 或 $K_{25/30}=(1900.0-R_p)/12.0957$	$K_{25/20}=0.12401R_p-157.1$ $K_{25/20}=0.12401(R_p-1266.7)$ 或 $K_{25/20}=(R_p-1266.7)/8.0638$
2	30/30	30/20	$1520.0 \leqslant R_p \leqslant 2280.0$	62.8	94.2	$K_{30/30}=188.5-0.08267R_p$ $K_{30/30}=0.08267(2280.0-R_p)$ 或 $K_{30/30}=(2280.0-R_p)/12.0957$	$K_{30/20}=0.12401R_p-188.5$ $K_{30/20}=0.12401(R_p-1520.0)$ 或 $K_{30/20}=(R_p-1520.0)/8.0638$
3	35/30	35/20	$1773.3 \leqslant R_p \leqslant 2660.0$	73.3	110.0	$K_{35/30}=219.9-0.08267R_p$ $K_{35/30}=0.08267(2660.0-R_p)$ 或 $K_{35/30}=(2660.0-R_p)/12.0957$	$K_{25/20}=0.12401R_p-219.9$ $K_{25/20}=0.12401(R_p-1773.3)$ 或 $K_{25/20}=(R_p-1773.3)/8.0638$
4	40/30	40/20	$2026.7 \leqslant R_p \leqslant 3040.0$	83.8	125.7	$K_{40/30}=251.3-0.08267R_p$ $K_{40/30}=0.08267(3040.0-R_p)$ 或 $K_{40/30}=(3040.0-R_p)/12.0957$	$K_{40/20}=0.12401R_p-251.3$ $K_{40/20}=0.12401(R_p-2026.7)$ 或 $K_{40/20}=(R_p-2026.7)/8.0638$
5	45/30	45/20	$2280.0 \leqslant R_p \leqslant 3420.0$	94.2	141.4	$K_{45/30}=282.7-0.08267R_p$ $K_{45/30}=0.08267(3420.0-R_p)$ 或 $K_{45/30}=(3420.0-R_p)/12.0957$	$K_{45/20}=0.12401R_p-282.7$ $K_{45/20}=0.12401(R_p-2280.0)$ 或 $K_{45/20}=(R_p-2280.0)/8.0638$
6	50/30	50/20	$2533.3 \leqslant R_p \leqslant 3800.0$	104.7	157.1	$K_{50/30}=314.2-0.08267R_p$ $K_{50/30}=0.08267(3800.0-R_p)$ 或 $K_{50/30}=(3800.0-R_p)/12.0957$	$K_{50/20}=0.12401R_p-314.2$ $K_{50/20}=0.12401(R_p-2533.3)$ 或 $K_{50/20}=(R_p-2533.3)/8.0638$
7	55/30	55/20	$2786.7 \leqslant R_p \leqslant 4180.0$	115.2	172.8	$K_{55/30}=345.6-0.08267R_p$ $K_{55/30}=0.08267(4180.0-R_p)$ 或 $K_{55/30}=(4180.0-R_p)/12.0957$	$K_{55/20}=0.12401R_p-345.6$ $K_{55/20}=0.12401(R_p-2786.7)$ 或 $K_{55/20}=(R_p-2786.7)/8.0638$
8	60/30	60/20	$3040.0 \leqslant R_p \leqslant 4560.0$	125.7	188.5	$K_{60/30}=377.0-0.08267R_p$ $K_{60/30}=0.08267(4560.0-R_p)$ 或 $K_{60/30}=(4560.0-R_p)/12.0957$	$K_{60/20}=0.12401R_p-377.0$ $K_{60/20}=0.12401(R_p-3040.0)$ 或 $K_{60/20}=(R_p-3040.0)/8.0638$
9	65/30	65/20	$3293.3 \leqslant R_p \leqslant 4940.0$	136.1	204.2	$K_{65/30}=408.4-0.08267R_p$ $K_{65/30}=0.08267(4940.0-R_p)$ 或 $K_{65/30}=(4940.0-R_p)/12.0957$	$K_{65/20}=0.12401R_p-408.4$ $K_{65/20}=0.12401(R_p-3293.3)$ 或 $K_{65/20}=(R_p-3293.3)/8.0638$

续表 4-12

序号	配砌砖号		砖环中间半径 R_p 范围 $R_{pdu} \leqslant R_p \leqslant R_{pw}$ /mm	每环极限砖数/块		砖量简易计算式	
	钝楔形砖 (0.1*A*/30)	微楔形砖 (0.1*A*/20)		钝楔形砖 K'_{du}	微楔形砖 K'_w	钝楔形砖数量 K_{du} /块	微楔形砖数量 K_w /块
10	70/30	70/20	$3546.7 \leqslant R_p \leqslant 5320.0$	146.6	219.9	$K_{70/30}=439.8-0.08267R_p$ $K_{70/30}=0.08267(5320.0-R_p)$ 或 $K_{70/30}=(5320.0-R_p)/12.0957$	$K_{70/20}=0.12401R_p-439.8$ $K_{70/20}=0.12401(R_p-3546.7)$ 或 $K_{70/20}=(R_p-3546.7)/8.0638$
11	75/30	75/20	$3800.0 \leqslant R_p \leqslant 5700.0$	157.1	235.6	$K_{75/30}=471.2-0.08267R_p$ $K_{75/30}=0.08267(5700.0-R_p)$ 或 $K_{75/30}=(5700.0-R_p)/12.0957$	$K_{75/20}=0.12401R_p-471.2$ $K_{75/20}=0.12401(R_p-3800.0)$ 或 $K_{75/20}=(R_p-3800.0)/8.0638$
12	80/30	80/20	$4053.3 \leqslant R_p \leqslant 6080.0$	167.6	251.3	$K_{80/30}=502.7-0.08267R_p$ $K_{80/30}=0.08267(6080.0-R_p)$ 或 $K_{80/30}=(6080.0-R_p)/12.0957$	$K_{80/20}=0.12401R_p-502.7$ $K_{80/20}=0.12401(R_p-4053.3)$ 或 $K_{80/20}=(R_p-4053.3)/8.0638$
13	85/30	85/20	$4306.7 \leqslant R_p \leqslant 6460.0$	178.0	267.0	$K_{85/30}=534.1-0.08267R_p$ $K_{85/30}=0.08267(6460.0-R_p)$ 或 $K_{85/20}=(6460.0-R_p)/12.0957$	$K_{85/20}=0.12401R_p-534.1$ $K_{85/20}=0.12401(R_p-4306.7)$ 或 $K_{85/20}=(R_p-4306.7)/8.0638$
14	90/30	90/20	$4560.0 \leqslant R_p \leqslant 6840.0$	188.5	282.7	$K_{90/30}=565.5-0.08267R_p$ $K_{90/30}=0.08267(6840.0-R_p)$ 或 $K_{90/30}=(6840.0-R_p)/12.0957$	$K_{90/20}=0.12401R_p-565.5$ $K_{90/20}=0.12401(R_p-4560.0)$ 或 $K_{90/20}=(R_p-4560.0)/8.0638$
15	95/30	95/20	$4813.3 \leqslant R_p \leqslant 7220.0$	199.0	298.5	$K_{95/30}=596.9-0.08267R_p$ $K_{95/30}=0.08267(7220.0-R_p)$ 或 $K_{95/30}=(7220.0-R_p)/12.0957$	$K_{95/20}=0.12401R_p-596.9$ $K_{95/20}=0.12401(R_p-4813.3)$ 或 $K_{95/20}=(R_p-4813.3)/8.0638$
16	100/30	100/20	$5066.7 \leqslant R_p \leqslant 7600.0$	209.4	314.2	$K_{100/30}=628.3-0.08267R_p$ $K_{100/30}=0.08267(7600.0-R_p)$ 或 $K_{100/30}=(7600.0-R_p)/12.0957$	$K_{100/20}=0.12401R_p-628.3$ $K_{100/20}=0.12401(R_p-5066.7)$ 或 $K_{100/20}=(R_p-5066.7)/8.0638$
17	110/30	110/20	$5573.3 \leqslant R_p \leqslant 8360.0$	230.4	345.6	$K_{110/30}=691.2-0.08267R_p$ $K_{110/30}=0.08267(8360.0-R_p)$ 或 $K_{110/30}=(8360.0-R_p)/12.0957$	$K_{110/20}=0.12401R_p-691.2$ $K_{110/20}=0.12401(R_p-5573.3)$ 或 $K_{110/20}=(R_p-5573.3)/8.0638$
18	120/30	120/20	$6080.0 \leqslant R_p \leqslant 9120.0$	251.3	377.0	$K_{120/30}=754.0-0.08267R_p$ $K_{120/30}=0.08267(9120.0-R_p)$ 或 $K_{120/30}=(9120.0-R_p)/12.0957$	$K_{120/20}=0.12401R_p-754.0$ $K_{120/20}=0.12401(R_p-6080.0)$ 或 $K_{120/20}=(R_p-6080.0)/8.0638$
19	130/30	130/20	$6586.7 \leqslant R_p \leqslant 9880.0$	272.3	408.4	$K_{130/30}=816.8-0.08267R_p$ $K_{130/30}=0.08267(9880.0-R_p)$ 或 $K_{130/30}=(9880.0-R_p)/12.0957$	$K_{130/20}=0.12401R_p-816.8$ $K_{130/20}=0.12401(R_p-6586.7)$ 或 $K_{130/20}=(R_p-6586.7)/8.0638$

注：本表基于楔形砖每环极限砖数的简易计算式中，定值项 $K'_{0.1A/10}=2K'_w=3K'_{du}$。

表 4-13　转炉衬特锐楔形砖（0.1A/90）与钝楔形砖（0.1A/30）双楔形砖砖环简易计算式

序号	配砌砖号		砖环中间半径 R_p 范围	每环极限砖数 /块		砖量简易计算式	
	特锐楔形砖 (0.1A/90)	钝楔形砖 (0.1A/30)	$R_{ptr} \leqslant R_p \leqslant R_{pdu}$ /mm	特锐楔形砖 K'_{tr}	钝楔形砖 K'_{du}	特锐楔形砖数量 K_{tr} /块	钝楔形砖数量 K_{du} /块
0	0.1A/90	0.1A/30	$R_{ptr} \leqslant R_p \leqslant R_{pdu}$	K'_{tr}	K'_{du}	$K_{tr}=K'_r-0.02067R_p$　(4-18e) $K_{tr}=0.02067(R_{pdu}-R_p)$　(4-26a) 或 $K_{tr}=(R_{pdu}-R_p)/48.3830$　(4-34a)	$K_{du}=0.06201R_p-K'_r$　(4-19e) $K_{du}=0.06201(R_p-R_{ptr})$　(4-27a) 或 $K_{du}=(R_p-R_{ptr})/16.1277$　(4-35a)
1	25/90	25/30	$422.2 \leqslant R_p \leqslant 1266.7$	17.5	52.4	$K_{25/90}=26.2-0.02067R_p$ $K_{25/90}=0.02067(1266.7-R_p)$ 或 $K_{25/90}=(1266.7-R_p)/48.3830$	$K_{25/30}=0.06201R_p-26.2$ $K_{25/30}=0.06201(R_p-422.2)$ 或 $K_{25/30}=(R_p-422.2)/16.1277$
2	30/90	30/30	$506.7 \leqslant R_p \leqslant 1520.0$	20.9	62.8	$K_{30/90}=31.4-0.02067R_p$ $K_{30/90}=0.02067(1520.0-R_p)$ 或 $K_{30/90}=(1520.0-R_p)/48.3830$	$K_{30/30}=0.06201R_p-31.4$ $K_{30/30}=0.06201(R_p-506.7)$ 或 $K_{30/30}=(R_p-506.7)/16.1277$
3	35/90	35/30	$591.1 \leqslant R_p \leqslant 1773.3$	24.4	73.3	$K_{35/90}=36.7-0.02067R_p$ $K_{35/90}=0.02067(1773.3-R_p)$ 或 $K_{35/90}=(1773.3-R_p)/48.3830$	$K_{25/30}=0.06201R_p-36.7$ $K_{25/30}=0.06201(R_p-591.1)$ 或 $K_{25/30}=(R_p-591.1)/16.1277$
4	40/90	40/30	$675.6 \leqslant R_p \leqslant 2026.7$	27.9	83.8	$K_{40/90}=41.9-0.02067R_p$ $K_{40/90}=0.02067(2026.7-R_p)$ 或 $K_{40/90}=(2026.7-R_p)/48.3830$	$K_{40/30}=0.06201R_p-41.9$ $K_{40/30}=0.06201(R_p-675.6)$ 或 $K_{40/30}=(R_p-675.6)/16.1277$
5	45/90	45/30	$760.0 \leqslant R_p \leqslant 2280.0$	31.4	94.2	$K_{45/90}=47.1-0.02067R_p$ $K_{45/90}=0.02067(2280.0-R_p)$ 或 $K_{45/90}=(2280.0-R_p)/48.3830$	$K_{45/30}=0.06201R_p-47.1$ $K_{45/30}=0.06201(R_p-760.0)$ 或 $K_{45/30}=(R_p-760.0)/16.1277$
6	50/90	50/30	$844.4 \leqslant R_p \leqslant 2533.3$	34.9	104.7	$K_{50/90}=52.4-0.02067R_p$ $K_{50/90}=0.02067(2533.3-R_p)$ 或 $K_{50/90}=(2533.3-R_p)/48.3830$	$K_{50/30}=0.06201R_p-52.4$ $K_{50/30}=0.06201(R_p-844.4)$ 或 $K_{50/30}=(R_p-844.4)/16.1277$
7	55/90	55/30	$928.9 \leqslant R_p \leqslant 2786.7$	38.4	115.2	$K_{55/90}=57.6-0.02067R_p$ $K_{55/90}=0.02067(2786.7-R_p)$ 或 $K_{55/90}=(2786.7-R_p)/48.3830$	$K_{55/30}=0.06201R_p-57.6$ $K_{55/30}=0.06201(R_p-928.9)$ 或 $K_{55/30}=(R_p-928.9)/16.1277$
8	60/90	60/30	$1013.3 \leqslant R_p \leqslant 3040.0$	41.9	125.7	$K_{60/90}=62.8-0.02067R_p$ $K_{60/90}=0.02067(3040.0-R_p)$ 或 $K_{60/90}=(3040.0-R_p)/48.3830$	$K_{60/30}=0.06201R_p-62.8$ $K_{60/30}=0.06201(R_p-1013.3)$ 或 $K_{60/30}=(R_p-1013.3)/16.1277$
9	65/90	65/30	$1097.8 \leqslant R_p \leqslant 3293.3$	45.4	136.1	$K_{65/90}=68.1-0.02067R_p$ $K_{65/90}=0.02067(3293.3-R_p)$ 或 $K_{65/90}=(3293.3-R_p)/48.3830$	$K_{65/30}=0.06201R_p-68.1$ $K_{65/30}=0.06201(R_p-1097.8)$ 或 $K_{65/30}=(R_p-1097.8)/16.1277$

续表 4-13

序号	配砌砖号		砖环中间半径 R_p 范围 $R_{ptr} \leqslant R_p \leqslant R_{pdu}$ /mm	每环极限砖数 /块		砖量简易计算式	
	特锐楔形砖 (0.1A/90)	钝楔形砖 (0.1A/30)		特锐楔形砖 K'_{tr}	钝楔形砖 K'_{du}	特锐楔形砖数量 K_{tr} /块	钝楔形砖数量 K_{du} /块
10	70/90	70/30	$1182.2 \leqslant R_p \leqslant 3546.7$	48.9	146.6	$K_{70/90}=73.3-0.02067R_p$ $K_{70/90}=0.02067(3546.7-R_p)$ 或 $K_{70/90}=(3546.7-R_p)/48.3830$	$K_{70/30}=0.06201R_p-73.3$ $K_{70/30}=0.06201(R_p-1182.2)$ 或 $K_{70/30}=(R_p-1182.2)/16.1277$
11	75/90	75/30	$1226.7 \leqslant R_p \leqslant 3800.0$	52.4	157.1	$K_{75/90}=78.5-0.02067R_p$ $K_{75/90}=0.02067(3800.0-R_p)$ 或 $K_{75/90}=(3800.0-R_p)/48.3830$	$K_{75/30}=0.06201R_p-78.5$ $K_{75/30}=0.06201(R_p-1226.7)$ 或 $K_{75/30}=(R_p-1226.7)/16.1277$
12	80/90	80/30	$1351.1 \leqslant R_p \leqslant 4053.3$	55.9	167.6	$K_{80/90}=83.8-0.02067R_p$ $K_{80/90}=0.02067(4053.3-R_p)$ 或 $K_{80/90}=(4053.3-R_p)/48.3830$	$K_{80/30}=0.06201R_p-83.8$ $K_{80/30}=0.06201(R_p-1351.1)$ 或 $K_{80/30}=(R_p-1351.1)/16.1277$
13	85/90	85/30	$1435.6 \leqslant R_p \leqslant 4306.7$	59.3	178.0	$K_{85/90}=89.0-0.02067R_p$ $K_{85/90}=0.02067(4306.7-R_p)$ 或 $K_{85/90}=(4306.7-R_p)/48.3830$	$K_{85/30}=0.06201R_p-89.0$ $K_{85/30}=0.06201(R_p-1435.6)$ 或 $K_{85/30}=(R_p-1435.6)/16.1277$
14	90/90	90/30	$1520.0 \leqslant R_p \leqslant 4560.0$	62.8	188.5	$K_{90/90}=94.2-0.02067R_p$ $K_{90/90}=0.02067(4560.0-R_p)$ 或 $K_{90/90}=(4560.0-R_p)/48.3830$	$K_{90/30}=0.06201R_p-94.2$ $K_{90/30}=0.06201(R_p-1520.0)$ 或 $K_{90/30}=(R_p-1520.0)/16.1277$
15	95/90	95/30	$1604.4 \leqslant R_p \leqslant 4813.3$	66.3	199.0	$K_{95/90}=99.5-0.02067R_p$ $K_{95/90}=0.02067(4813.3-R_p)$ 或 $K_{95/90}=(4813.3-R_p)/48.3830$	$K_{95/30}=0.06201R_p-99.5$ $K_{95/30}=0.06201(R_p-1604.4)$ 或 $K_{95/30}=(R_p-1604.4)/16.1277$
16	100/90	100/30	$1688.9 \leqslant R_p \leqslant 5066.7$	69.8	209.4	$K_{100/90}=104.7-0.02067R_p$ $K_{100/90}=0.02067(5066.7-R_p)$ 或 $K_{100/90}=(5066.7-R_p)/48.3830$	$K_{100/30}=0.06201R_p-104.7$ $K_{100/30}=0.06201(R_p-1688.9)$ 或 $K_{100/30}=(R_p-1688.9)/16.1277$
17	110/90	110/30	$1857.8 \leqslant R_p \leqslant 5573.3$	76.8	230.4	$K_{110/90}=115.2-0.02067R_p$ $K_{110/90}=0.02067(5573.3-R_p)$ 或 $K_{110/90}=(5573.3-R_p)/48.3830$	$K_{110/30}=0.06201R_p-115.2$ $K_{110/30}=0.06201(R_p-1857.8)$ 或 $K_{110/30}=(R_p-1857.8)/16.1277$
18	120/90	120/30	$2026.7 \leqslant R_p \leqslant 6080.0$	83.8	251.3	$K_{120/90}=125.7-0.02067R_p$ $K_{120/90}=0.02067(6080.0-R_p)$ 或 $K_{120/90}=(6080.0-R_p)/48.3830$	$K_{120/30}=0.06201R_p-125.7$ $K_{120/30}=0.06201(R_p-2026.7)$ 或 $K_{120/30}=(R_p-2026.7)/16.1277$
19	130/90	130/30	$2192.6 \leqslant R_p \leqslant 6586.7$	90.8	272.3	$K_{130/90}=136.1-0.02067R_p$ $K_{130/90}=0.02067(6586.7-R_p)$ 或 $K_{130/90}=(6586.7-R_p)/48.3830$	$K_{130/30}=0.06201R_p-136.1$ $K_{130/30}=0.06201(R_p-2192.6)$ 或 $K_{130/30}=(R_p-2192.6)/16.1277$

注：本表中锐楔形砖每环极限砖数 $K'_r=K'_{du}/2=3K'_{tr}/2$。

表 4-14 转炉衬锐楔形砖（0.1A/60）与微楔形砖（0.1A/20）双楔形砖砖环简易计算式

序号	配砌砖号		砖环中间半径 R_p 范围 $R_{pr}\leqslant R_p\leqslant R_{pw}$ /mm	每环极限砖数/块		砖量简易计算式	
	锐楔形砖 (0.1A/60)	微楔形砖 (0.1A/20)		锐楔形砖 K'_r	微楔形砖 K'_w	锐楔形砖数量 K_r /块	微楔形砖数量 K_w /块
0	0.1A/60	0.1A/20	$R_{pr}\leqslant R_p\leqslant R_{pw}$	K'_r	K'_w	$K_r=K'_w/2-0.02067R_p$ （4-18f） $K_r=0.02067(R_{pw}-R_p)$ （4-26b） 或 $K_r=(R_{pw}-R_p)/48.3830$ （4-34b）	$K_w=0.06201R_p-K'_w/2$ （4-19f） $K_w=0.06201(R_p-R_{pr})$ （4-27b） 或 $K_w=(R_p-R_{pr})/16.1277$ （4-35b）
1	25/60	25/20	$633.3\leqslant R_p\leqslant 1900.0$	26.2	78.5	$K_{25/60}=39.3-0.02067R_p$ $K_{25/60}=0.02067(1900.0-R_p)$ 或 $K_{25/60}=(1900.0-R_p)/48.3830$	$K_{25/20}=0.06201R_p-39.3$ $K_{25/20}=0.06201(R_p-633.3)$ 或 $K_{25/20}=(R_p-633.3)/16.1277$
2	30/60	30/20	$760.0\leqslant R_p\leqslant 2280.0$	31.4	94.2	$K_{30/60}=47.1-0.02067R_p$ $K_{30/60}=0.02067(2280.0-R_p)$ 或 $K_{30/60}=(2280.0-R_p)/48.3830$	$K_{30/20}=0.06201R_p-47.1$ $K_{30/20}=0.06201(R_p-760.0)$ 或 $K_{30/20}=(R_p-760.0)/16.1277$
3	35/60	35/20	$886.7\leqslant R_p\leqslant 2660.0$	36.7	110.0	$K_{35/60}=55.0-0.02067R_p$ $K_{35/60}=0.02067(2660.0-R_p)$ 或 $K_{35/60}=(2660.0-R_p)/48.3830$	$K_{35/20}=0.06201R_p-55.0$ $K_{35/20}=0.06201(R_p-886.7)$ 或 $K_{35/20}=(R_p-886.7)/16.1277$
4	40/60	40/20	$1013.3\leqslant R_p\leqslant 3040.0$	41.9	125.7	$K_{40/60}=62.8-0.02067R_p$ $K_{40/60}=0.02067(3040.0-R_p)$ 或 $K_{40/60}=(3040.0-R_p)/48.3830$	$K_{40/20}=0.06201R_p-62.8$ $K_{40/20}=0.06201(R_p-1013.3)$ 或 $K_{40/20}=(R_p-1013.3)/16.1277$
5	45/60	45/20	$1140.0\leqslant R_p\leqslant 3420.0$	47.1	141.4	$K_{45/60}=70.7-0.02067R_p$ $K_{45/60}=0.02067(3420.0-R_p)$ 或 $K_{45/60}=(3420.0-R_p)/48.3830$	$K_{45/20}=0.06201R_p-70.7$ $K_{45/20}=0.06201(R_p-1140.0)$ 或 $K_{45/20}=(R_p-1140.0)/16.1277$
6	50/60	50/20	$1266.7\leqslant R_p\leqslant 3800.0$	52.4	157.1	$K_{50/60}=78.5-0.02067R_p$ $K_{50/60}=0.02067(3800.0-R_p)$ 或 $K_{50/60}=(3800.0-R_p)/48.3830$	$K_{50/20}=0.06201R_p-78.5$ $K_{50/20}=0.06201(R_p-1266.7)$ 或 $K_{50/20}=(R_p-1266.7)/16.1277$
7	55/60	55/20	$1393.3\leqslant R_p\leqslant 4180.0$	57.6	172.8	$K_{55/60}=86.4-0.02067R_p$ $K_{55/60}=0.02067(4180.0-R_p)$ 或 $K_{55/60}=(4180.0-R_p)/48.3830$	$K_{55/20}=0.06201R_p-86.4$ $K_{55/20}=0.06201(R_p-1393.3)$ 或 $K_{55/20}=(R_p-1393.3)/16.1277$
8	60/60	60/20	$1520.0\leqslant R_p\leqslant 4560.0$	62.8	188.5	$K_{60/60}=94.2-0.02067R_p$ $K_{60/60}=0.02067(4560.0-R_p)$ 或 $K_{60/60}=(4560.0-R_p)/48.3830$	$K_{60/20}=0.06201R_p-94.2$ $K_{60/20}=0.06201(R_p-1520.0)$ 或 $K_{60/20}=(R_p-1520.0)/16.1277$
9	65/60	65/20	$1646.7\leqslant R_p\leqslant 4940.0$	68.1	204.2	$K_{65/60}=102.1-0.02067R_p$ $K_{65/60}=0.02067(4940.0-R_p)$ 或 $K_{65/60}=(4940.0-R_p)/48.3830$	$K_{65/20}=0.06201R_p-102.1$ $K_{65/20}=0.06201(R_p-1646.7)$ 或 $K_{65/20}=(R_p-1646.7)/16.1277$

续表 4-14

序号	配砌砖号		砖环中间半径 R_p 范围 $R_{pr} \leqslant R_p \leqslant R_{pw}$ /mm	每环极限砖数/块		砖量简易计算式	
	锐楔形砖 (0.1*A*/60)	微楔形砖 (0.1*A*/20)		锐楔形砖 K'_r	微楔形砖 K'_w	锐楔形砖数量 K_r /块	微楔形砖数量 K_w /块
10	70/60	70/20	$1773.3 \leqslant R_p \leqslant 5320.0$	73.3	219.9	$K_{70/60}=110.0-0.02067R_p$ $K_{70/60}=0.02067(5320.0-R_p)$ 或 $K_{70/60}=(5320.0-R_p)/48.3830$	$K_{70/20}=0.06201R_p-110.0$ $K_{70/20}=0.06201(R_p-1773.3)$ 或 $K_{70/20}=(R_p-1773.3)/16.1277$
11	75/60	75/20	$1900.0 \leqslant R_p \leqslant 5700.0$	78.5	235.6	$K_{75/60}=117.8-0.02067R_p$ $K_{75/60}=0.02067(5700.0-R_p)$ 或 $K_{75/60}=(5700.0-R_p)/48.3830$	$K_{75/20}=0.06201R_p-117.8$ $K_{75/20}=0.06201(R_p-1900.0)$ 或 $K_{75/20}=(R_p-1900.0)/16.1277$
12	80/60	80/20	$2026.7 \leqslant R_p \leqslant 6080.0$	83.8	251.3	$K_{80/60}=125.7-0.02067R_p$ $K_{80/60}=0.02067(6080.0-R_p)$ 或 $K_{80/60}=(6080.0-R_p)/48.3830$	$K_{80/20}=0.06201R_p-125.7$ $K_{80/20}=0.06201(R_p-2026.7)$ 或 $K_{80/20}=(R_p-2026.7)/16.1277$
13	85/60	85/20	$2153.3 \leqslant R_p \leqslant 6460.0$	89.0	267.0	$K_{85/60}=133.5-0.02067R_p$ $K_{85/60}=0.02067(6460.0-R_p)$ 或 $K_{85/60}=(6460.0-R_p)/48.3830$	$K_{85/20}=0.06201R_p-133.5$ $K_{85/20}=0.06201(R_p-2153.3)$ 或 $K_{85/20}=(R_p-2153.3)/16.1277$
14	90/60	90/20	$2280.0 \leqslant R_p \leqslant 6840.0$	94.2	282.7	$K_{90/60}=141.4-0.02067R_p$ $K_{90/60}=0.02067(6840.0-R_p)$ 或 $K_{90/60}=(6840.0-R_p)/48.3830$	$K_{90/20}=0.06201R_p-141.4$ $K_{90/20}=0.06201(R_p-2280.0)$ 或 $K_{90/20}=(R_p-2280.0)/16.1277$
15	95/60	95/20	$2406.7 \leqslant R_p \leqslant 7220.0$	99.5	298.5	$K_{95/60}=149.2-0.02067R_p$ $K_{95/60}=0.02067(7220.0-R_p)$ 或 $K_{95/60}=(7220.0-R_p)/48.3830$	$K_{95/20}=0.06201R_p-149.2$ $K_{95/20}=0.06201(R_p-2406.7)$ 或 $K_{95/20}=(R_p-2406.7)/16.1277$
16	100/60	100/20	$2533.3 \leqslant R_p \leqslant 7600.0$	104.7	314.2	$K_{100/60}=157.1-0.02067R_p$ $K_{100/60}=0.02067(7600.0-R_p)$ 或 $K_{100/60}=(7600.0-R_p)/48.3830$	$K_{100/20}=0.06201R_p-157.1$ $K_{100/20}=0.06201(R_p-2533.3)$ 或 $K_{100/20}=(R_p-2533.3)/16.1277$
17	110/60	110/20	$2786.7 \leqslant R_p \leqslant 8360.0$	115.2	345.6	$K_{110/60}=172.8-0.02067R_p$ $K_{110/60}=0.02067(8360.0-R_p)$ 或 $K_{110/60}=(8360.0-R_p)/48.3830$	$K_{110/20}=0.06201R_p-172.8$ $K_{110/20}=0.06201(R_p-2786.7)$ 或 $K_{110/20}=(R_p-2786.7)/16.1277$
18	120/60	120/20	$3040.0 \leqslant R_p \leqslant 9120.0$	125.7	377.0	$K_{120/60}=188.5-0.02067R_p$ $K_{120/60}=0.02067(9120.0-R_p)$ 或 $K_{120/60}=(9120.0-R_p)/48.3830$	$K_{120/20}=0.06201R_p-188.5$ $K_{120/20}=0.06201(R_p-3040.0)$ 或 $K_{120/20}=(R_p-3040.0)/16.1277$
19	130/60	130/20	$3293.3 \leqslant R_p \leqslant 9880.0$	136.1	408.4	$K_{130/60}=204.2-0.02067R_p$ $K_{130/60}=0.02067(9880.0-R_p)$ 或 $K_{130/60}=(9880.0-R_p)/48.3830$	$K_{130/20}=0.06201R_p-204.2$ $K_{130/20}=0.06201(R_p-3293.3)$ 或 $K_{130/20}=(R_p-3293.3)/16.1277$

注：本表中 $K'_w/2=3K'_r/2=K'_{0.1A/40}=2\pi A/40$。

表 4-15　转炉衬钝楔形砖（0.1*A*/30）与微楔形砖（0.1*A*/10）双楔形砖砖环简易计算式

序号	配砌砖号		砖环中间半径 R_p 范围	每环极限砖数/块		砖量简易计算式	
	钝楔形砖 (0.1*A*/30)	微楔形砖 (0.1*A*/10)	$R_{pdu} \leqslant R_p \leqslant R_{pw'}$ /mm	钝楔形砖 K'_{du}	微楔形砖 $K'_{w'}$	钝楔形砖数量 K_{du} /块	微楔形砖数量 $K_{w'}$ /块
0	0.1*A*/30	0.1*A*/10	$R_{pdu} \leqslant R_p \leqslant R_{pw'}$	K'_{du}	$K'_{w'}$	$K_{du}=K'_{w}-0.02067R_p$　（4-18g） $K_{du}=0.02067(R_{pw'}-R_p)$　（4-26c） 或 $K_{du}=(R_{pw'}-R_p)/48.3830$　（4-34c）	$K_{w'}=0.06201R_p-K'_{w}$　（4-19g） $K_{w'}=0.06201(R_p-R_{pdu})$　（4-27c） 或 $K_{w'}=(R_p-R_{pdu})/16.1277$　（4-35c）
1	25/30	25/10	$1266.7 \leqslant R_p \leqslant 3800.0$	52.4	157.1	$K_{25/30}=78.5-0.02067R_p$ $K_{25/30}=0.02067(3800.0-R_p)$ 或 $K_{25/30}=(3800.0-R_p)/48.3830$	$K_{25/10}=0.06201R_p-78.5$ $K_{25/10}=0.06201(R_p-1266.7)$ 或 $K_{25/10}=(R_p-1266.7)/16.1277$
2	30/30	30/10	$1520.0 \leqslant R_p \leqslant 4560.0$	62.8	188.5	$K_{30/30}=94.2-0.02067R_p$ $K_{30/30}=0.02067(4560.0-R_p)$ 或 $K_{30/30}=(4560.0-R_p)/48.3830$	$K_{30/10}=0.06201R_p-94.2$ $K_{30/10}=0.06201(R_p-1520.0)$ 或 $K_{30/10}=(R_p-1520.0)/16.1277$
3	35/30	35/10	$1773.3 \leqslant R_p \leqslant 5320.0$	73.3	219.9	$K_{35/30}=110.0-0.02067R_p$ $K_{35/30}=0.02067(5320.0-R_p)$ 或 $K_{35/30}=(5320.0-R_p)/48.3830$	$K_{25/10}=0.06201R_p-110.0$ $K_{25/10}=0.06201(R_p-1773.3)$ 或 $K_{25/10}=(R_p-1773.3)/16.1277$
4	40/30	40/10	$2026.7 \leqslant R_p \leqslant 6080.0$	83.8	251.3	$K_{40/30}=125.7-0.02067R_p$ $K_{40/30}=0.02067(6080.0-R_p)$ 或 $K_{40/30}=(6080.0-R_p)/48.3830$	$K_{40/10}=0.06201R_p-125.7$ $K_{40/10}=0.06201(R_p-2026.7)$ 或 $K_{40/10}=(R_p-2026.7)/16.1277$
5	45/30	45/10	$2280.0 \leqslant R_p \leqslant 6840.0$	94.2	282.7	$K_{45/30}=141.4-0.02067R_p$ $K_{45/30}=0.02067(6840.0-R_p)$ 或 $K_{45/30}=(6840.0-R_p)/48.3830$	$K_{45/10}=0.06201R_p-141.4$ $K_{45/10}=0.06201(R_p-2280.0)$ 或 $K_{45/10}=(R_p-2280.0)/16.1277$
6	50/30	50/10	$2533.3 \leqslant R_p \leqslant 7600.0$	104.7	314.2	$K_{50/30}=157.1-0.02067R_p$ $K_{50/30}=0.02067(7600.0-R_p)$ 或 $K_{50/30}=(7600.0-R_p)/48.3830$	$K_{50/10}=0.06201R_p-157.1$ $K_{50/10}=0.06201(R_p-2533.3)$ 或 $K_{50/10}=(R_p-2533.3)/16.1277$
7	55/30	55/10	$2786.7 \leqslant R_p \leqslant 8360.0$	115.2	345.6	$K_{55/30}=172.8-0.02067R_p$ $K_{55/30}=0.02067(8360.0-R_p)$ 或 $K_{55/30}=(8360.0-R_p)/48.3830$	$K_{55/10}=0.06201R_p-172.8$ $K_{55/10}=0.06201(R_p-2786.7)$ 或 $K_{55/10}=(R_p-2786.7)/16.1277$
8	60/30	60/10	$3040.0 \leqslant R_p \leqslant 9120.0$	125.7	377.0	$K_{60/30}=188.5-0.02067R_p$ $K_{60/30}=0.02067(9120.0-R_p)$ 或 $K_{60/30}=(9120.0-R_p)/48.3830$	$K_{60/10}=0.06201R_p-188.5$ $K_{60/10}=0.06201(R_p-3040.0)$ 或 $K_{60/10}=(R_p-3040.0)/16.1277$
9	65/30	65/10	$3293.3 \leqslant R_p \leqslant 9880.0$	136.1	408.4	$K_{65/30}=204.2-0.02067R_p$ $K_{65/30}=0.02067(9880.0-R_p)$ 或 $K_{65/30}=(9880.0-R_p)/48.3830$	$K_{65/10}=0.06201R_p-204.2$ $K_{65/10}=0.06201(R_p-3293.3)$ 或 $K_{65/10}=(R_p-3293.3)/16.1277$

续表 4-15

序号	配砌砖号		砖环中间半径 R_p 范围	每环极限砖数/块		砖量简易计算式	
	钝楔形砖 (0.1A/30)	微楔形砖 (0.1A/10)	$R_{pdu} \leqslant R_p \leqslant R_{pw'}$ /mm	钝楔形砖 K'_{du}	微楔形砖 $K'_{w'}$	钝楔形砖数量 K_{du} /块	微楔形砖数量 $K_{w'}$ /块
10	70/30	70/10	$3546.7 \leqslant R_p \leqslant 10640.0$	146.6	439.8	$K_{70/30}=219.9-0.02067R_p$ $K_{70/30}=0.02067(10640.0-R_p)$ 或 $K_{70/30}=(10640.0-R_p)/48.3830$	$K_{70/10}=0.06201R_p-219.9$ $K_{70/10}=0.06201(R_p-3546.7)$ 或 $K_{70/10}=(R_p-3546.7)/16.1277$
11	75/30	75/10	$3800.0 \leqslant R_p \leqslant 11400.0$	157.1	471.2	$K_{75/30}=235.6-0.02067R_p$ $K_{75/30}=0.02067(11400.0-R_p)$ 或 $K_{75/30}=(11400.0-R_p)/48.3830$	$K_{75/10}=0.06201R_p-235.6$ $K_{75/10}=0.06201(R_p-3800.0)$ 或 $K_{75/10}=(R_p-3800.0)/16.1277$
12	80/30	80/10	$4053.3 \leqslant R_p \leqslant 12160.0$	167.6	502.7	$K_{80/30}=251.3-0.02067R_p$ $K_{80/30}=0.02067(12160.0-R_p)$ 或 $K_{80/30}=(12160.0-R_p)/48.3830$	$K_{80/10}=0.06201R_p-251.3$ $K_{80/10}=0.06201(R_p-4053.3)$ 或 $K_{80/10}=(R_p-4053.3)/16.1277$
13	85/30	85/10	$4306.7 \leqslant R_p \leqslant 12920.0$	178.0	534.1	$K_{85/30}=267.0-0.02067R_p$ $K_{85/30}=0.02067(12920.0-R_p)$ 或 $K_{85/30}=(12920.0-R_p)/48.3830$	$K_{85/10}=0.06201R_p-267.0$ $K_{85/10}=0.06201(R_p-4306.7)$ 或 $K_{85/10}=(R_p-4306.7)/16.1277$
14	90/30	90/10	$4560.0 \leqslant R_p \leqslant 13680.0$	188.5	565.5	$K_{90/30}=282.7-0.02067R_p$ $K_{90/30}=0.02067(13680.0-R_p)$ 或 $K_{90/30}=(13680.0-R_p)/48.3830$	$K_{90/10}=0.06201R_p-282.7$ $K_{90/10}=0.06201(R_p-4560.0)$ 或 $K_{90/10}=(R_p-4560.0)/16.1277$
15	95/30	95/10	$4813.3 \leqslant R_p \leqslant 14440.0$	199.0	596.9	$K_{95/30}=298.5-0.02067R_p$ $K_{95/30}=0.02067(14440.0-R_p)$ 或 $K_{95/30}=(14440.0-R_p)/48.3830$	$K_{95/10}=0.06201R_p-298.5$ $K_{95/10}=0.06201(R_p-4813.3)$ 或 $K_{95/10}=(R_p-4813.3)/16.1277$
16	100/30	100/10	$5066.7 \leqslant R_p \leqslant 15200.0$	209.4	628.3	$K_{100/30}=314.2-0.02067R_p$ $K_{100/30}=0.02067(15200.0-R_p)$ 或 $K_{100/30}=(15200.0-R_p)/48.3830$	$K_{100/10}=0.06201R_p-314.2$ $K_{100/10}=0.06201(R_p-5066.7)$ 或 $K_{100/10}=(R_p-5066.7)/16.1277$
17	110/30	110/10	$5573.3 \leqslant R_p \leqslant 16720.0$	230.4	691.2	$K_{110/30}=345.6-0.02067R_p$ $K_{110/30}=0.02067(16720.0-R_p)$ 或 $K_{110/30}=(16720.0-R_p)/48.3830$	$K_{110/10}=0.06201R_p-345.6$ $K_{110/10}=0.06201(R_p-5573.3)$ 或 $K_{110/10}=(R_p-5573.3)/16.1277$
18	120/30	120/10	$6080.0 \leqslant R_p \leqslant 18240.0$	251.3	754.0	$K_{120/30}=377.0-0.02067R_p$ $K_{120/30}=0.02067(18240.0-R_p)$ 或 $K_{120/30}=(18240.0-R_p)/48.3830$	$K_{120/10}=0.06201R_p-377.0$ $K_{120/10}=0.06201(R_p-6080.0)$ 或 $K_{120/10}=(R_p-6080.0)/16.1277$
19	130/30	130/10	$6586.7 \leqslant R_p \leqslant 19760.0$	272.3	816.8	$K_{130/30}=408.4-0.02067R_p$ $K_{130/30}=0.02067(19760.0-R_p)$ 或 $K_{130/30}=(19760.0-R_p)/48.3830$	$K_{130/10}=0.06201R_p-408.4$ $K_{130/10}=0.06201(R_p-6586.7)$ 或 $K_{130/10}=(R_p-6586.7)/16.1277$

注：本表微楔形砖（0.1A/20）的每环极限砖数 $K'_w=K'_{w'}/2=3K'_{du}/2$。

表 4-16　转炉衬特锐楔形砖（0.1*A*/120）与特锐楔形砖（0.1*A*/90）双楔形砖砖环简易计算式

序号	配砌砖号		砖环中间半径 R_p 范围 $R_{p0.1A/120} \leqslant R_p \leqslant R_{p0.1A/90}$ /mm	每环极限砖数 /块		砖量简易计算式	
	特锐楔形砖 (0.1*A*/120)	特锐楔形砖 (0.1*A*/90)		特锐楔形砖 $K'_{0.1A/120}$	特锐楔形砖 $K'_{0.1A/90}$	小半径特锐楔形砖数量 $K_{0.1A/120}$ /块	大半径特锐楔形砖数量 $K_{0.1A/90}$ /块
0	0.1*A*/120	0.1*A*/90	$R_{p0.1A/120} \leqslant R_p \leqslant R_{p0.1A/90}$	$K'_{0.1A/120}$	$K'_{0.1A/90}$	$K_{0.1A/120}=K'_{du}-0.12401R_p$ （4-20a） $K_{0.1A/120}=0.12401(R_{p0.1A/90}-R_p)$ （4-28a） 或 $K_{0.1A/120}=(R_{p0.1A/90}-R_p)/8.0638$ （4-36a）	$K_{0.1A/90}=0.16535R_p-K'_{du}$ （4-21a） $K_{0.1A/90}=0.16535(R_p-R_{p0.1A/120})$ （4-29a） 或 $K_{0.1A/90}=(R_p-R_{p0.1A/120})/6.0479$ （4-37a）
1	55/120	55/90	$696.7 \leqslant R_p \leqslant 928.9$	28.8	38.4	$K_{55/120}=115.2-0.12401R_p$ $K_{55/120}=0.12401(928.9-R_p)$ 或 $K_{55/120}=(928.9-R_p)/8.0638$	$K_{55/90}=0.16535R_p-115.2$ $K_{55/90}=0.16535(R_p-696.7)$ 或 $K_{55/90}=(R_p-696.7)/6.0479$
2	60/120	60/90	$760.0 \leqslant R_p \leqslant 1013.3$	31.4	41.9	$K_{60/120}=125.7-0.12401R_p$ $K_{60/120}=0.12401(1013.3-R_p)$ 或 $K_{60/120}=(1013.3-R_p)/8.0638$	$K_{60/90}=0.16535R_p-125.7$ $K_{60/90}=0.16535(R_p-760.0)$ 或 $K_{60/90}=(R_p-760.0)/6.0479$
3	65/120	65/90	$823.3 \leqslant R_p \leqslant 1097.8$	34.0	45.4	$K_{65/120}=136.1-0.12401R_p$ $K_{65/120}=0.12401(1097.8-R_p)$ 或 $K_{65/120}=(1097.8-R_p)/8.0638$	$K_{65/90}=0.16535R_p-136.1$ $K_{65/90}=0.16535(R_p-823.3)$ 或 $K_{65/90}=(R_p-823.3)/6.0479$
4	70/120	70/90	$886.7 \leqslant R_p \leqslant 1182.2$	36.7	48.9	$K_{70/120}=146.6-0.12401R_p$ $K_{70/120}=0.12401(1182.2-R_p)$ 或 $K_{70/120}=(1182.2-R_p)/8.0638$	$K_{70/90}=0.16535R_p-146.6$ $K_{70/90}=0.16535(R_p-886.7)$ 或 $K_{70/90}=(R_p-886.7)/6.0479$
5	75/120	75/90	$950.0 \leqslant R_p \leqslant 1266.7$	39.3	52.4	$K_{75/120}=157.1-0.12401R_p$ $K_{75/120}=0.12401(1266.7-R_p)$ 或 $K_{75/120}=(1266.7-R_p)/8.0638$	$K_{75/90}=0.16535R_p-157.1$ $K_{75/90}=0.16535(R_p-950.0)$ 或 $K_{75/90}=(R_p-950.0)/6.0479$
6	80/120	80/90	$1013.3 \leqslant R_p \leqslant 1351.1$	41.9	55.9	$K_{80/120}=167.6-0.12401R_p$ $K_{80/120}=0.12401(1351.1-R_p)$ 或 $K_{80/120}=(1351.1-R_p)/8.0638$	$K_{80/90}=0.16535R_p-167.6$ $K_{80/90}=0.16535(R_p-1013.3)$ 或 $K_{80/90}=(R_p-1013.3)/6.0479$

续表 4-16

序号	配砌砖号		砖环中间半径 R_p 范围 $R_{p0.1A/120} \leqslant R_p \leqslant R_{p0.1A/90}$ /mm	每环极限砖数 /块		砖量简易计算式	
	特锐楔形砖 (0.1*A*/120)	特锐楔形砖 (0.1*A*/90)		特锐楔形砖 $K'_{0.1A/120}$	特锐楔形砖 $K'_{0.1A/90}$	小半径特锐楔形砖数量 $K_{0.1A/120}$ /块	大半径特锐楔形砖数量 $K_{0.1A/90}$ /块
7	85/120	85/90	$1076.7 \leqslant R_p \leqslant 1435.6$	44.5	59.3	$K_{85/120}=178.0-0.12401R_p$ $K_{85/120}=0.12401(1435.6-R_p)$ 或 $K_{85/120}=(1435.6-R_p)/8.0638$	$K_{85/90}=0.16535R_p-178.0$ $K_{85/90}=0.16535(R_p-1076.7)$ 或 $K_{85/90}=(R_p-1076.7)/6.0479$
8	90/120	90/90	$1140.0 \leqslant R_p \leqslant 1520.0$	47.1	62.8	$K_{90/120}=188.5-0.12401R_p$ $K_{90/120}=0.12401(1520.0-R_p)$ 或 $K_{90/120}=(1520.0-R_p)/8.0638$	$K_{90/90}=0.16535R_p-188.5$ $K_{90/90}=0.16535(R_p-1140.0)$ 或 $K_{90/90}=(R_p-1140.0)/6.0479$
9	95/120	95/90	$1203.3 \leqslant R_p \leqslant 1604.4$	49.7	66.3	$K_{95/120}=199.0-0.12401R_p$ $K_{95/120}=0.12401(1604.4-R_p)$ 或 $K_{95/120}=(1604.4-R_p)/8.0638$	$K_{95/90}=0.16535R_p-199.0$ $K_{95/90}=0.16535(R_p-1203.3)$ 或 $K_{95/90}=(R_p-1203.3)/6.0479$
10	100/120	100/90	$1266.7 \leqslant R_p \leqslant 1688.9$	52.4	69.8	$K_{100/120}=209.4-0.12401R_p$ $K_{100/120}=0.12401(1688.9-R_p)$ 或 $K_{100/120}=(1688.9-R_p)/8.0638$	$K_{100/90}=0.16535R_p-209.4$ $K_{100/90}=0.16535(R_p-1266.7)$ 或 $K_{100/90}=(R_p-1266.7)/6.0479$
11	110/120	110/90	$1393.3 \leqslant R_p \leqslant 1857.8$	57.6	76.8	$K_{110/120}=230.4-0.12401R_p$ $K_{110/120}=0.12401(1857.8-R_p)$ 或 $K_{110/120}=(1857.8-R_p)/8.0638$	$K_{110/90}=0.16535R_p-230.4$ $K_{110/90}=0.16535(R_p-1393.3)$ 或 $K_{110/90}=(R_p-1393.3)/6.0479$
12	120/120	120/90	$1520.0 \leqslant R_p \leqslant 2026.7$	62.8	83.8	$K_{120/120}=251.3-0.12401R_p$ $K_{120/120}=0.12401(2026.7-R_p)$ 或 $K_{120/120}=(2026.7-R_p)/8.0638$	$K_{120/90}=0.16535R_p-251.3$ $K_{120/90}=0.16535(R_p-1520.0)$ 或 $K_{120/90}=(R_p-1520.0)/6.0479$
13	130/120	130/90	$1646.7 \leqslant R_p \leqslant 2195.6$	68.1	90.8	$K_{130/120}=272.3-0.12401R_p$ $K_{130/120}=0.12401(2195.6-R_p)$ 或 $K_{130/120}=(2195.6-R_p)/8.0638$	$K_{130/90}=0.16535R_p-272.3$ $K_{130/90}=0.16535(R_p-1646.7)$ 或 $K_{130/90}=(R_p-1646.7)/6.0479$

注：本表钝楔形砖（0.1*A*/30）每环极限砖数 $K'_{du}=3K'_{0.1A/90}=4K'_{0.1A/120}$。

表 4-17　YB/T060—2007 双楔形砖砖环简易计算式（以 A=600 mm 为例）优点分析

序号	配砌砖号		砖环中间半径 R_p 范围 R_{px}～R_{pd} /mm	每环极限砖数/块			R_p 系数(n 或 m)						一块楔形砖半径变化量						砖量简易计算式	
	小半径楔形砖	大半径楔形砖		$K'_{60/10}$ 377.0	$K'_{60/30}$ 125.7	$K'_{60/60}$ 62.8	0.02067	0.04134	0.06201	0.08267	0.12401	0.16535	6.0479	8.0638	12.0957	16.1277	24.1915	48.3830	小半径楔形砖数量 K_x/块	大半径楔形砖数量 K_d/块
1	60/120	60/90	760.0～1013.3		√						√	√	√	√					$K_{60/120}=125.7-0.12401R_p$ $K_{60/120}=0.12401(1013.3-R_p)$ 或 $K_{60/120}=(1013.3-R_p)/8.0638$	$K_{60/90}=0.16535R_p-125.7$ $K_{60/90}=0.16535(R_p-760.0)$ 或 $K_{60/90}=(R_p-760.0)/6.0479$
2	60/120	60/60	760.0～1520.0			√		√		√					√		√		$K_{60/120}=62.8-0.04134R_p$ $K_{60/120}=0.04134(1520.0-R_p)$ 或 $K_{60/120}=(1520.0-R_p)/24.1915$	$K_{60/60}=0.08267R_p-62.8$ $K_{60/60}=0.08267(R_p-760.0)$ 或 $K_{60/60}=(R_p-760.0)/12.0957$
3	60/90	60/60	1013.3～1520.0		√					√	√			√	√				$K_{60/90}=125.7-0.08267R_p$ $K_{60/90}=0.08267(1520.0-R_p)$ 或 $K_{60/90}=(1520.0-R_p)/12.0957$	$K_{60/60}=0.12401R_p-125.7$ $K_{60/60}=0.12401(R_p-1013.3)$ 或 $K_{60/60}=(R_p-1013.3)/8.0638$
4	60/90	60/30	1013.3～3040.0			√	√		√							√		√	$K_{60/90}=62.8-0.02067R_p$ $K_{60/90}=0.02067(3040.0-R_p)$ 或 $K_{60/90}=(3040.0-R_p)/48.3830$	$K_{60/30}=0.06201R_p-62.8$ $K_{60/30}=0.06201(R_p-1013.3)$ 或 $K_{60/30}=(R_p-1013.3)/16.1277$
5	60/60	60/30	1520.0～3040.0		√			√		√					√		√		$K_{60/60}=125.7-0.04134R_p$ $K_{60/60}=0.04134(3040.0-R_p)$ 或 $K_{60/60}=(3040.0-R_p)/24.1915$	$K_{60/30}=0.08267R_p-125.7$ $K_{60/30}=0.08267(R_p-1520.0)$ 或 $K_{60/30}=(R_p-1520.0)/12.0957$
6	60/60	60/20	1520.0～4560.0	377.0/4			√		√							√		√	$K_{60/60}=94.2-0.02067R_p$ $K_{60/60}=0.02067(4560.0-R_p)$ 或 $K_{60/60}=(4560.0-R_p)/48.3830$	$K_{60/20}=0.06201R_p-94.2$ $K_{60/20}=0.06201(R_p-1520.0)$ 或 $K_{60/20}=(R_p-1520.0)/16.1277$
7	60/30	60/20	3040.0～4560.0	√						√	√			√	√				$K_{60/30}=377.0-0.08267R_p$ $K_{60/30}=0.08267(4560.0-R_p)$ 或 $K_{60/30}=(4560.0-R_p)/12.0957$	$K_{60/20}=0.12401R_p-377.0$ $K_{60/20}=0.12401(R_p-3040.0)$ 或 $K_{60/20}=(R_p-3040.0)/8.0638$
8	60/30	60/10	3040.0～9120.0	377.0/2			√		√							√		√	$K_{60/30}=188.5-0.02067R_p$ $K_{60/30}=0.02067(9120.0-R_p)$ 或 $K_{60/30}=(9120.0-R_p)/48.3830$	$K_{60/10}=0.06201R_p-188.5$ $K_{60/10}=0.06201(R_p-3040.0)$ 或 $K_{60/10}=(R_p-3040.0)/16.1277$
9	60/20	60/10	4560.0～9120.0	√				√		√					√		√		$K_{60/20}=377.0-0.04134R_p$ $K_{60/20}=0.04134(9120.0-R_p)$ 或 $K_{60/20}=(9120.0-R_p)/24.1915$	$K_{60/10}=0.08267R_p-377.0$ $K_{60/10}=0.08267(R_p-4560.0)$ 或 $K_{60/10}=(R_p-4560.0)/12.0957$

表 4-18 ISO/FDIS 5019—6:2005（E）双楔形砖砖环简易计算式（以 A=600 mm 为例）缺点分析

序号	配砌砖号		砖环中间半径	每环极限砖数/块				砖量简易计算式	
	小半径楔形砖	大半径楔形砖	R_p 范围 R_{px}～R_{pd} /mm	$K'_{60/20}$ 188.5	$K'_{60/36}$ 104.7	$K'_{60/60}$ 62.8	$K'_{60/80}$ 47.1	小半径楔形砖数量 K_x /块	大半径楔形砖数量 K_d /块
1	60/120	60/80	760.0～1140.0				2×47.1	$K_{60/120}=94.2-0.08267R_p$ $K_{60/120}=0.08267(1140.0-R_p)$ 或 $K_{60/120}=(1140.0-R_p)/8.0638$	$K_{60/80}=0.12401R_p-94.2$ $K_{60/80}=0.12401(R_p-760.0)$ 或 $K_{60/80}=(R_p-760.0)/8.0638$
2	60/120	60/60	760.0～1520.0			√		$K_{60/120}=62.8-0.04134R_p$ $K_{60/120}=0.04134(1520.0-R_p)$ 或 $K_{60/120}=(1520.0-R_p)/24.1915$	$K_{60/60}=0.08267R_p-62.8$ $K_{60/60}=0.08267(R_p-760.0)$ 或 $K_{60/60}=(R_p-760.0)/12.0957$
3	60/80	60/60	1140.0～1520.0	√				$K_{60/80}=188.5-0.12401R_p$ $K_{60/80}=0.12401(1520.0-R_p)$ 或 $K_{60/80}=(1520.0-R_p)/8.0638$	$K_{60/60}=0.16535R_p-188.5$ $K_{60/60}=0.16535(R_p-1140.0)$ 或 $K_{60/60}=(R_p-1140.0)/6.0479$
4	60/80	60/36	1140.0～2533.3				1.8182×47.1	$K_{60/80}=85.7-0.03382R_p$ $K_{60/80}=0.03382(2533.3-R_p)$ 或 $K_{60/80}=(2533.3-R_p)/29.5674$	$K_{60/36}=0.07516R_p-85.7$ $K_{60/36}=0.06201(R_p-1140.0)$ 或 $K_{60/36}=(R_p-1140.0)/13.3053$
5	60/60	60/36	1520.0～2533.3			2.5×62.8		$K_{60/60}=157.1-0.06201R_p$ $K_{60/60}=0.06201(2533.3-R_p)$ 或 $K_{60/60}=(2533.3-R_p)/16.1277$	$K_{60/36}=0.10334R_p-157.1$ $K_{60/36}=0.10334(R_p-1520.0)$ 或 $K_{60/36}=(R_p-1520.0)/9.6766$
6	60/60	60/20	1520.0～4560.0				2×47.1	$K_{60/60}=94.2-0.02067R_p$ $K_{60/60}=0.02067(4560.0-R_p)$ 或 $K_{60/60}=(4560.0-R_p)/48.3830$	$K_{60/20}=0.06201R_p-94.2$ $K_{60/20}=0.06201(R_p-1520.0)$ 或 $K_{60/20}=(R_p-1520.0)/16.1277$
7	60/36	60/20	2533.3～4560.0	1.25×188.5				$K_{60/36}=235.6-0.05167R_p$ $K_{60/36}=0.05167(4560.0-R_p)$ 或 $K_{60/36}=(4560.0-R_p)/19.3532$	$K_{60/20}=0.09301R_p-235.6$ $K_{60/20}=0.09301(R_p-2533.3)$ 或 $K_{60/20}=(R_p-2533.3)/10.7518$
8	60/36	60/8	2533.3～11400.0		1.2857×104.7			$K_{60/36}=134.6-0.01181R_p$ $K_{60/36}=0.01181(11400.0-R_p)$ 或 $K_{60/36}=(11400.0-R_p)/84.6702$	$K_{60/8}=0.05315R_p-134.6$ $K_{60/8}=0.05315(R_p-2533.3)$ 或 $K_{60/8}=(R_p-2533.3)/18.8156$
9	60/20	60/8	4560.0～11400.0	1.6667×188.5				$K_{60/20}=314.2-0.02756R_p$ $K_{60/20}=0.02756(11400.0-R_p)$ 或 $K_{60/20}=(11400.0-R_p)/36.2872$	$K_{60/8}=0.06889R_p-314.2$ $K_{60/8}=0.06889(R_p-4560.0)$ 或 $K_{60/8}=(R_p-4560.0)/14.5419$

注：1. 序号（方案）4、5、7、8 和 9 的砖量简易计算式中每环极限砖数的系数不规范：竟有 1.8182、2.5、1.25、1.2857 和 1.6667 之多，并分别为 20/11、5/2、5/4、9/7 和 5/3 的计算值。

2. 序号（方案）4、5、7、8 和 9 的砖量简易计算式中 R_p 的系数很不规范：竟有 0.03382、0.07516、0.06201、0.10334、0.05167、0.09301、0.01181、0.05315、0.02756 和 0.06889 之多。

3. 序号（方案）4、5、7、8 和 9 的砖量简易计算式中一块楔形砖半径变化量很不规范：竟有 29.5674、13.3053、16.1277、9.6766、19.3532、10.7518、84.6702、18.8156、36.2872 和 14.5419 之多。

表 4-19　ISO/FDIS 5019-6:2005（E）双楔形砖砖环简易计算式（$A \leqslant 550$ mm）缺点分析

序号	配砌砖号		砖环中间半径 R_p 范围 $R_{px} \sim R_{pd}$ /mm	每环极限砖数/块			砖量简易计算式	
	小半径楔形砖	大半径楔形砖		$K'_{25/30}$ 52.4	$K'_{30/70}$ 26.9	31.4	小半径楔形砖数量 K_x/块	大半径楔形砖数量 K_d/块
1	25/30	25/16	1266.7 ～ 2375.0	2.1429×52.4			$K_{25/30}=112.3-0.04724R_p$ $K_{25/30}=0.04724(2375.0-R_p)$ 或 $K_{25/30}=(2375.0-R_p)/21.1676$	$K_{25/16}=0.08858R_p-112.3$ $K_{25/16}=0.08858(R_p-1266.7)$ 或 $K_{25/16}=(R_p-1266.7)/11.2894$
2	30/70	30/40	651.4 ～ 1140.0		2.3333×26.9		$K_{30/70}=62.8-0.05512R_p$ $K_{30/70}=0.05512(1140.0-R_p)$ 或 $K_{30/70}=(1140.0-R_p)/18.1436$	$K_{30/40}=0.09645R_p-62.8$ $K_{30/40}=0.09645(R_p-651.4)$ 或 $K_{30/40}=(R_p-651.4)/10.3678$
3	45/90	45/40	760.0 ～ 1710.0			1.8×31.4	$K_{45/90}=56.5-0.03307R_p$ $K_{45/90}=0.03307(1710.0-R_p)$ 或 $K_{45/90}=(1710.0-R_p)/30.2394$	$K_{45/40}=0.07441R_p-56.5$ $K_{45/40}=0.07441(R_p-760.0)$ 或 $K_{45/40}=(R_p-760.0)/13.4399$
4	50/100	50/60	760.0 ～ 1266.7			2.5×31.4	$K_{50/100}=78.5-0.06201R_p$ $K_{50/100}=0.06201(1266.7-R_p)$ 或 $K_{50/100}=(1266.7-R_p)/16.1277$	$K_{50/60}=0.10334R_p-78.5$ $K_{50/60}=0.10334(R_p-760.0)$ 或 $K_{50/60}=(R_p-760.0)/9.6766$
9	55/110	55/80	760.0 ～ 1045.0			3.6667×31.4	$K_{55/110}=115.1-0.11023R_p$ $K_{55/110}=0.11023(1045.0-R_p)$ 或 $K_{55/110}=(1045.0-R_p)/9.0718$	$K_{55/80}=0.15157R_p-115.1$ $K_{55/80}=0.15157(R_p-760.0)$ 或 $K_{55/80}=(R_p-760.0)/6.5999$

注：1．不同序号（不同 A 各组）的砖环简易计算式，互不相同。

2．各序号砖环简易计算式中，看不清每环极限砖数的“影子”，即每环极限砖数的系数不是简单整数。

3．各序号砖环简易计算式中，R_p 系数和一块楔形砖半径变化量，互不相同。

每环总砖数 K_h=18.2+35.6=53.8 块，与按式 K_h=2×1300.0π/152=53.7 块计算，结果极相近（仅差 0.1 块）。

方案 3 中间半径范围 1013.3～3040.0 mm 的 60/90 与 60/30 双楔形砖砖环。

$K_{60/90}$=62.8−0.02067×1300.0=35.9 块

$K_{60/90}$=0.02067×(3040.0−1300.0)=36.0 块

或 $K_{60/90}$=(3040.0−1300.0)/ 48.3830=36.0 块

$K_{60/30}$=0.06201×1300.0−62.8=17.8 块

$K_{60/30}$=0.06201×(1300.0−1013.3)=17.8 块

或 $K_{60/30}$=(1300.0−1013.3)/ 16.1277=17.8 块

每环总砖数 K_h=36.0+17.8=53.8 块，与按式 K_h=2×1300.0π/152=53.7 块计算，结果极相近。

中间半径范围 1520.0～3040.0 mm 的 60/60 与 60/30 双楔形砖砖环（表 4-9 序号 8）、中间半径范围 1520.0～4560.0 mm 的 60/60 与 60/20 双楔形砖砖环（表 4-14 序号 8），以及中间半径范围 760.0～1013.3 mm 的 60/120 与 60/90 双楔形砖砖环，都不包括中间半径 1300.0 mm，都不能采取。

【例 38】 内半径 r=600.0mm 的转炉小内径炉口工作衬，采用 600mm 单环等中间尺寸双楔形砖砖环，计算该层砖环砖量。该层砖环中间半径 R_p=600.0+600/2=900.0mm。查表 4-8 序号 8、表 4-16 序号 2 可采取以下方案及简易计算式。

方案 1 中间半径范围 760.0～1520.0 mm 的 60/120M 与 60/60M 双楔形砖砖环。

$K_{60/120M}$=62.8−0.04134×900.0=25.6 块

$K_{60/120M}$=0.04134×(1520.0−900.0)=25.6 块

或 $K_{60/120M}$=(1520.0−900.0)/ 24.1915=25.6 块

$K_{60/60M}$=0.08267×900.0−62.8=11.6 块

$K_{60/60M}$=0.08267×(900.0−760.0)=11.6 块

或 $K_{60/60M}$=(900.0−760.0)/ 12.0957=11.6 块

砖环总砖数 K_h=25.6+11.6=37.2 块，与按式 K_h=2×900.0π/152=37.2 块计算，结果相同。

方案 2 中间半径范围 760.0～1013.3 mm 的 60/120M 与 60/90M 双楔形砖砖环。

$K_{60/120M}$=125.7−0.12401×900.0=14.1 块

$K_{60/120M}$=0.12401×(1013.3−900.0)=14.1 块

或 $K_{60/120M}$=(1013.3−900.0)/ 8.0638=14.1 块

$K_{60/90M}$=0.16535×900.0−125.7=23.1 块

$K_{60/90M}$=0.16535×(900.0−760.0)=23.1 块

或 $K_{60/90M}$=(900.0−760.0)/ 6.0479=23.1 块

砖环总砖数 K_h=14.1+23.1=37.2 块，与按式 K_h=2×900.0π/152=37.2 块计算，结果相同。

60/90M 与 60/60M 双楔形砖砖环的中间半径范围 1013.3～1520.0 mm（表 4-11 序号 8）以及 60/90M 与 60/30M 双楔形砖砖环的中间半径范围（表 4-13 序号 8）1013.3～3040.0 mm 都不包括本例题砖环中间半径 900.0mm，都不能采取。

【例 39】 计算外半径 R=2300.0 mm、A=600 mm 转炉炉身等中间尺寸双楔形砖砖环一层用砖量。该砖环中间半径 R_p=2300.0−600/2=2000.0 mm。由表 4-9 序号 8、表 4-13 序号

8及表4-14序号8查得以下方案和简易计算式。

方案1 中间半径范围1520.0～3040.0 mm的60/60与60/30双楔形砖砖环。

$K_{60/60}$=125.7−0.04134×2000.0=43.0块

$K_{60/60}$=0.04134×(3040.0−2000.0)=43.0块

或 $K_{60/60}$=(3040.0−2000.0)/ 24.1915=43.0块

$K_{60/30}$=0.08267×2000.0−125.7=39.6块

$K_{60/30}$=0.08267×(2000.0−1520.0)=39.7块

或 $K_{60/30}$=(2000.0−1520.0)/ 12.0957=39.7块

砖环总砖数 K_h=43.0+39.7=82.7块，与按式 K_h=2×2000.0π/152=82.7块计算，结果相同。

方案2 中间半径范围1013.3～3040.0mm的60/90与60/30双楔形砖砖环。

$K_{60/90}$=62.8−0.02067×2000.0=21.5块

$K_{60/90}$=0.02067×(3040.0−2000.0)=21.5块

或 $K_{60/90}$=(3040.0−2000.0)/ 48.3830=21.5块

$K_{60/30}$=0.06201×2000.0−62.8=61.2块

$K_{60/30}$=0.06201×(2000.0−1013.3)=61.2块

或 $K_{60/30}$=(2000.0−1013.3)/ 16.1277=61.2块

砖环总砖数 K_h=21.5+61.2=82.7块，与按式 K_h=2×2000.0π/152=82.7块计算，结果相同。

方案3 中间半径范围1520.0～4560.0 mm的60/60与60/20双楔形砖砖环。

$K_{60/60}$=94.2−0.02067×2000.0=52.9块

$K_{60/60}$=0.02067×(4560.0−2000.0)=52.9块

或 $K_{60/60}$=(4560.0−2000.0)/ 48.3830=52.9块

$K_{60/20}$=0.06201×2000.0−94.2=29.8块

$K_{60/20}$=0.06201×(2000.0−1520.0)=29.8块

或 $K_{60/20}$=(2000.0−1520.0)/ 16.1277=29.8块

砖环总砖数 K_h=52.9+29.8=82.7块，与按式 K_h=2×2000.0π/152=82.7块计算，结果相同。

60/120与60/60双楔形砖砖环的中间半径范围760.0～1520.0 mm（表4-8序号2）、60/20与60/10双楔形砖砖环的中间半径范围4560.0～9120.0 mm（表4-10序号8）、60/90与60/60双楔形砖砖环的中间半径范围1013.3～1520.0 mm（表4-11序号8），60/30与60/20双楔形砖砖环的中间半径范围3040.0～4560.0 mm（表4-12序号8）、以及60/30与60/10双楔形砖砖环的中间半径范围3040.0～9120.0 mm（表4-15序号8）、都不包括本例题砖环中间半径2000.0 mm，都不能采取。

【例40】 计算内半径 r=5000.0 mm、中心角 θ=30°、A=600 mm十字砌法转炉炉底中心砖排的用砖量。该炉底砌砖的中间半径 R_p=5000.0+600/2=5300.0 mm。由表4-10序号8、表4-15序号8可选择以下方案及其简易计算式。

方案1 中间半径范围4560.0～9120.0 mm的60/20与60/10双楔形砖砖环。

$K_{60/20}$=(377.0−0.04134×5300.0)/12=157.9/12=13.2块

$K_{60/20}$=0.04134×(9120.0–5300.0)/12=157.9/12=13.2 块

或 $K_{60/20}$=(9120.0–5300.0)/(24.1915×12)=157.9/12=13.2 块

$K_{60/10}$=(0.08267×5300.0–377.0)/12=61.2/12=5.1 块

$K_{60/10}$=0.08267×(5300.0–4560.0)/12=61.2/12=5.1 块

或 $K_{60/10}$=(5300.0–4560.0)/(12.0957×12)=61.2/12=5.1 块

中心每排砖环总砖数 K_h=13.2+5.1=18.3 块，与按式 K_h=2×5300.0π/(152×12)=18.3 块计算，结果相同。

方案 2 中间半径范围 3040.0～9120.0 mm 的 60/30 与 60/10 双楔形砖砖环。

$K_{60/30}$=(188.5–0.02067×5300.0)/12=78.9/12=6.6 块

$K_{60/30}$=0.02067×(9120.0–5300.0)/12=79.0/12=6.6 块

或 $K_{60/30}$=(9120.0–5300.0)/(48.3830×12)=79.0/12=6.6 块

$K_{60/10}$=(0.06201×5300.0–188.5)/12=140.2/12=11.7 块

$K_{60/10}$=0.06201×(5300.0–3040.0)/12=140.1/12=11.7 块

或 $K_{60/10}$=(5300.0–3040.0)/(16.1277×12)=140.1/12=11.7 块

中心每排砖环总砖数 K_h=6.6＋11.7=18.3 块，与按式 K_h=2×5300.0π/(152×12)=18.3 块计算，结果相同。

60/30 与 60/20 双楔形砖砖环的中间半径范围 3040.0～4560.0 mm（表 4-12 序号 8），不包括本例题砖环中间半径 5300.0 mm，不能采取。

每一具体中间半径 R_p、一定大小端距离 A 的转炉衬双楔形砖砖环，存在几种配砌方案。究竟选择哪一种配砌方案呢？这里提供几条选择原则供参考。

首先，为减短残砖可能脱落的长度从而延长其使用寿命，应首先选择大半径楔形砖单位楔差（大小端差距比）较大的配砌方案。例 37 方案 1 和方案 2 中大半径楔形砖锐楔形砖 60/60 的单位楔差为 60/600=0.1，明显大于方案 3 中大半径楔形砖钝楔形砖 60/30 的单位楔差 30/600=0.05，可先淘汰方案 3。例 39 方案 3 中大半径楔形砖微楔形砖 60/20 的单位楔差 20/600=0.0333，明显比方案 1 及方案 2 中大半径楔形砖钝楔形砖 60/30 的单位楔差 30/600=0.05 要小，应该淘汰方案 3。

其次，两配砌方案中大半径楔形砖的单位楔差相同时，再选择两砖量配比相接近的方案。例 37 方案 1 中 $K_{60/120}/K_{60/60}$=9.1/44.7=1/4.9，而方案 2 中 $K_{60/90}/K_{60/60}$=18.2/35.6=1/2，理应优选方案 2。此外，例 37 中大小端尺寸 210 mm/90 mm 的尺寸砖号 60/120 与大小端尺寸 195 mm/105 mm 的尺寸砖号 60/90 比较起来，无论制砖难度或破损率，还是尺寸砖号 60/90 优越。例 39 方案 1 和方案 2 中大半径楔形砖钝楔形砖 60/30 的单位楔差相同，方案 1 两砖量配砌比 $K_{60/60}/K_{60/30}$=43.0/39.7=1/0.9，而方案 2 两砖量配砌比 $K_{60/90}/K_{60/30}$=21.5/61.2=1/2.8，当然方案 1 优越。

最后，还要考虑当时的库存情况。对例 37 而言，当尺寸砖号 60/60 砖库存量不足时，也只能采取方案 3。对于例 39 而言，当尺寸砖号 60/30 砖库存不足时，也只能采取方案 3。当然，当几种砖的库存量都严重不足或不成比例时，同一转炉甚至同一部位可选择两种配砌方案。但是，这要严格按计划向配砌地点运送不同砖号砖。要坚决杜绝一砖环内同时砌筑三种砖号楔形砖的混乱状态（合门砖处例外）。

思考题

1．请了解转炉衬砖的尺寸规格和尺寸砖号的表示法。

2．楔形砖的特征尺寸与尺寸特征有什么区别？它们之间有什么关系？

3．深入理解转炉衬竖宽楔形砖的中间半径定义计算式。

4．为什么等大端尺寸、等小端尺寸或等中间尺寸竖宽楔形砖，它们的每环极限砖数定义计算式都为 $K'_0=2\pi A/(C-D)$？

5．为什么单环炉衬在转炉上得到推广？

6．单位楔差这一尺寸特征，在转炉单环单衬、竖宽楔形砖平砌、等中间尺寸和双楔形砖砖环中有怎样的指导作用？

7．您认为转炉衬镁碳质平砌竖宽楔形砖，应该选择侧压成形或是平压成形？并说明理由。

8．转炉衬等中间尺寸竖宽楔形砖有哪些优点？它的环缝理论厚度为什么比较大？为什么转炉衬还坚持采用等中间尺寸？

9．注意到我国各组（不同 A）转炉衬砖的楔差都对应相同并互成简单整数比，这有什么好处？

10．为什么转炉衬环形砌砖不应采用直形砖？

11．您厂转炉适用哪种综合炉衬？按厚度选砖供货和砌筑有什么困难？能否实现？

12．转炉衬镁碳砖砌体的分散胀缝有什么优点？其留设规定应考虑哪些因素？

13．为什么双楔形砖砖环中国简化计算式通用于等大端尺寸、等小端尺寸、等中间尺寸或不等端尺寸双楔形砖砖环的简化计算？

14．不等端尺寸双楔形砖砖环简化计算式与等大端尺寸双楔形砖砖环简化计算式比较起来，有什么相同和不同之处？

15．不等端尺寸双楔形砖砖环总砖数计算式与等大端尺寸、等小端尺寸或等中间尺寸双楔形砖砖环总砖数计算式有什么不同？它们的转换关系如何？

16．我国转炉衬等中间尺寸双楔形砖砖环简易计算通式（见表 4-7）有何规律性？为什么具有通用性？

17．我国转炉衬等中间尺寸双楔形砖砖环简易计算式，与国际标准 ISO/FDIS 5019—6：2005(E)的简易计算式比较起来，有哪些优点？原因何在？

18．请了解我国转炉衬一系列等中间尺寸双楔形砖砖环简易计算式的类型、推导和应用。

19．每一有具体中间半径、一定大小端距离的转炉衬双楔形砖砖环，存在哪几种配砌方案？根据哪些原则选择？

20．理解并定义下列术语：楔形砖、竖厚楔形砖、大小端距离、尺寸规格、尺寸砖号、辐射竖缝、镁碳砖、等中间尺寸、单位楔差、竖宽楔形砖平砌、竖厚楔形砖侧砌、侧厚楔形砖、侧厚楔形砖侧砌和竖砌。

5 转炉衬双楔形砖砖环砖量表计算图与计算线

5.1 转炉衬等中间尺寸双楔形砖砖环砖量表

转炉衬双楔形砖砖环砖量表同高炉单环双楔形砖砖环砖量表一样，是不同半径双楔形砖砖环内两种楔形砖（小半径楔形砖和大半径楔形砖）数量的表册。由这些表册可以直观、精确和快速地查到所计算半径转炉衬双楔形砖砖环内两种楔形砖的数量。表 4-8～表 4-16 的每个序号都可以编制一个砖量表，总共可编制 159 个表。限于篇幅，本手册仅以 A=600 mm 为例，同时作为例 37～例 40 计算结果的验算，仅编制 9 个砖量表。至于其余大量的转炉衬双楔形砖砖环砖量表，请用户在《炼钢转炉砖衬设计计算手册》[35]查找。

编制转炉衬双楔形砖砖环砖量表依据的原理：一是由小中间半径 R_{px} 到大中间半径 R_{pd} 范围内，小半径楔形砖数量 K_x 的计算式（4-12c）及大半径楔形砖数量 K_d 的计算式（4-13c）均为直线方程。K_x 计算式（4-12c）中砖环中间半径 R_p 的系数$-n=K_x/(R_{pd}-R_{px})$为负值，表明 K_x 随 R_p 的增大而减少；K_d 计算式（4-13c）中砖环中间半径 R_p 的系数 $m=K'_d/(R_{pd}-R_{px})$为正值，表明 K_d 随 R_p 的增大而增多。二是每减少一块小半径楔形砖时砖环中间半径 R_p 的增大量$(\Delta R_p)'_{lx}$及每增多一块大半径楔形砖时砖环中间半径 R_p 的增大量$(\Delta R_p)'_{ld}$ 必为按$(\Delta R_p)'_{lx}=(R_{pd}-R_{px})/K'_x$ 及$(\Delta R_p)'_{ld}=(R_{pd}-R_{px})/K'_d$ 计算的定值。三是一块楔形砖的半径变化量的倒数 $n=1/(\Delta R_p)'_{lx}$ 及 $m=1/(\Delta R_p)'_{ld}$，表示砖环单位中间半径 1 mm 对应的楔形砖数。10 n 及 10 m 分别表示砖环中间半径每 10 mm 对应的小半径楔形砖数量及大半径楔形砖数量。不同楔差比的转炉衬双楔形砖砖环内，n 及 m 及其倒数早已计算出来了。四是基于一块楔形砖半径变化量的双楔形砖砖环简化计算式 $K_x=K'_x-(R_p-R_{px})/(\Delta R_p)'_{lx}$ 及 $K_d=(R_p-R_{px})/(\Delta R_p)'_{ld}$的运用。

我国转炉衬双楔形砖砖环砖量模式表（表 5-1）由三个纵列栏构成：砖环中间半径 R_p 纵列栏、每环小半径楔形砖砖数 K_x 纵列栏和每环大半径楔形砖砖数 K_d 纵列栏。头一行（首环）和最末行（末行）分别为小半径楔形砖的单楔形砖砖环($R_{p1}=R_{px}$，$K_{x1}=K'_x$，$K_{d1}=0$)和大半径楔形砖的单楔形砖砖环($R_p=R_{pd}$，$K_x=0$，$K_d=K'_d$)。头一行的砖环中间半径 R_{p1} 不是 10 的整倍数时，第二行需进行精确计算：R_{p2} 为最接近并大于 R_{px} 的 10 的整倍数；$K_{x2}=K'_x-(R_{p2}-R_{px})/(\Delta R_p)'_{lx}$；$K_{d2}=(R_{p2}-R_{px})/(\Delta R_p)'_{ld}$。从第三行（包括第三行）开始，砖环中间半径在第二行 R_{p2} 基数上逐行递加 10.0 mm，直到 R_{pd}；K_x 纵列栏在第二行 K_{x2} 计算值基数上逐行递减 $10.0/(\Delta R_p)'_{lx}$，直到 $K_x=0$；K_d 纵列栏在第二行 K_{d2} 计算值基数上逐行递加 $10.0/(\Delta R_p)'_{ld}$ 直到 $K_d=K'_d$。不同楔差比(1/2、2/3、1/3 和 3/4)的双楔形砖砖环，分别给出了砖量计算模式，主要是$(\Delta R_p)'_{lx}$、$(\Delta R_p)'_{ld}$、10 n 及 10 m 的计算值。

以楔差比 1/2 的 60/120 与 60/60 双楔形砖砖环为例，编制其砖量表 5-2。表的头一行为 60/120 的单楔形砖砖环（首环）：$R_{p1}=R_{px}=R_{p60/120}$=760.0 mm，$K_{x1}=K'_x=K'_{60/120}$=31.416 块，$K_{d1}$=0 块。表的最末行为 60/60 的单楔形砖砖环（末环）：$R_p=R_{pd}=R_{p60/60}$=1520.0 mm，

K_{x1}=0 块，K_d=K'_d=$K'_{60/60}$=62.832 块。第二行的砖环中间半径 R_p 纵列栏 R_{p2} 为最接近并大于 760.0 mm 的 10 整倍数 770.0 mm；K_x 纵列栏 K_{x2}=K'_x−(R_{p2}−R_{px})/24.1915=31.416− (770.0−760.0)/24.1915=31.0026 块；K_d 纵列栏 K_{d2}=(R_{p2}−R_{px})/12.0957=(770.0−760.0)/12.0957=0.8267 块。之后，在第二行计算数据基数上，砖环中间半径 R_p 逐行递加 10.0 mm，K_x 纵列栏逐行递减 0.4134 块，K_d 纵列栏逐行递加 0.8267 块。按这样方法编制了 60/60 与 60/30 双楔形砖砖环砖量表（表 5-3）及 60/20 与 60/10 双楔形砖砖环砖量表（表 5-4）。

以楔差比 2/3 的 60/90 与 60/60 双楔形砖砖环为例，编制其砖量表 5-5。表的头一行为 60/90 的单楔形砖砖环（首环）：R_{p1}=R_{px}=$R_{p60/90}$=1013.333 mm，K_{x1}=K'_x=$K'_{60/90}$=41.888 块，K_{d1}=0 块。表的最末行为 60/60 的单楔形砖砖环（末环）：R_p=R_{pd}=$R_{p60/60}$=1520.0 mm，K_x=0 块，K_d=K'_d=$K'_{60/60}$=62.832 块。第二行砖环中间半径 R_p 纵列栏 R_{p2} 为最接近并大于 1013.333 mm 的 10 整倍数 1020.0 mm；K_{x2}=41.888−(1020.0−1013.333)/12.0957=41.3368 块；K_{d2}=(1020.0−1013.333)/8.0638=0.8267 块。之后，在第二行计算数据基数上，砖环中间半径 R_p 纵列栏逐行递加 10.0 mm，K_x 纵列栏逐行递减 0.8267 块，K_d 纵列栏逐行递加 1.2401 块。按这样方法编制了 60/30 与 60/20 双楔形砖砖环砖量表（表 5-6）。

以楔差比 1/3 的 60/90 与 60/30 双楔形砖砖环为例，编制其砖量表 5-7。表的头一行为 60/90 的单楔形砖砖环（首环）：R_p=R_{p1}=$R_{p60/90}$=1013.333 mm，K_{x1}=K'_x=$K'_{60/90}$=41.888 块，K_{d1}=0 块。表的最末行为 60/30 的单楔形砖砖环（末环）：R_p=R_{pd}=$R_{p60/30}$=3040.0 mm，K_x=0 块，K_d=K'_d=$K'_{60/30}$=125.664 块。表的第二行：R_{p2}=1020.0 mm，K_{x2}=41.888−(1020.0−1013.333)/48.3830 = 41.7502 块，K_{d2} = (1020.0−1013.333)/16.1277=0.4134 块。之后，在第二行计算数据基数上，砖环中间半径 R_p 纵列栏逐行递加 10.0 mm，$K_{60/90}$ 纵列栏逐行递减 0.2067 块，$K_{60/30}$ 纵列栏逐行递加 0.6201 块。按这样方法编制了 60/60 与 60/20 双楔形砖砖环砖量表（表 5-8）和 60/30 与 60/10 双楔形砖砖环砖量表（表 5-9）。

以楔差比 3/4 的 60/120 与 60/90 双楔形砖砖环为例，编制其砖量表 5-10。表的头一行为 60/120 的单楔形砖砖环（首环）：R_{p1}=R_{px}=$R_{p60/120}$=760.0 mm，K_x=K'_x=$K'_{60/120}$=31.416 块，K_d=K_{d1}=0 块。表的最末行（末环）为 60/90 的单楔形砖砖环：R_p=R_{pd}=$R_{p60/90}$=1013.333 mm，K_x=0 块，K_d=K'_d=$K'_{60/90}$=41.888 块。第二行：R_{p2}=770.0 mm，K_{x2}=31.416−(770.0−760.0)/8.0638=30.1759 块，K_{d2}=(770.0−760.0)/6.0479=1.6535 块。之后，在第二行计算数据基数上，砖环中间半径 R_p 逐行递加 10.0 mm，$K_{60/120}$ 纵列栏逐行递减 1.2401 块，$K_{60/90}$ 纵列栏逐行递加 1.6535 块。

【例 37】 用查砖量表法查例 37。

方案 1　查表 5-2（60/120 与 60/60 双楔形砖砖环砖量表）的 R_p=1300.0 mm 行：$K_{60/120}$=9.1 块，$K_{60/60}$=44.6 块，与计算值相同。

方案 2　查表 5-5（60/90 与 60/60 双楔形砖砖环砖量表）的 R_p=1300.0 mm 行：$K_{60/90}$=18.2 块，$K_{60/60}$=35.5 块，与计算值相同。

方案 3　查表 5-7（60/90 与 60/30 双楔形砖砖环砖量表）的 R_p=1300.0 mm 行：$K_{60/90}$=36.0 块，$K_{60/30}$=17.8 块，与计算值相同。

【例 38】 用查砖量表法查例 38。

方案 1　查表 5-2（60/120 与 60/60 双楔形砖砖环砖量表）的 R_p=900.0 mm 行：$K_{60/120M}$=25.6 块，$K_{60/60M}$=11.6 块，与计算值相同。

方案 2 查表 5-10（60/120 与 60/90 双楔形砖砖环砖量表）的 R_p=900.0 mm 行：$K_{60/120M}$=14.1 块，$K_{60/90M}$=23.1 块，与计算值相同。

【例 39】 用查砖量表法查例 39。

方案 1 查表 5-3（60/60 与 60/30 双楔形砖砖环砖量表）的 R_p=2000.0 mm 行：$K_{60/60}$=43.0 块，$K_{60/30}$=39.7 块，与计算值相同。

方案 2 查表 5-7（60/90 与 60/30 双楔形砖砖环砖量表）的 R_p=2000.0 mm 行：$K_{60/90}$=21.5 块，$K_{60/30}$=61.2 块，与计算值相同。

方案 3 查表 5-8（60/60 与 60/20 双楔形砖砖环砖量表）的 R_p=2000.0 mm 行：$K_{60/60}$=52.9 块，$K_{60/20}$=29.8 块，与计算值相同。

【例 40】 用查砖量表法查例 40。

方案 1 查表 5-4（60/20 与 60/10 双楔形砖砖环砖量表）的 R_p=5300.0 mm 行：$K_{60/20}$=157.9 块，$K_{60/10}$=61.2 块，与中心角 θ=360°砖环计算值相同。

方案 2 查表 5-9（60/30 与 60/10 双楔形砖砖环砖量表）的 R_p=5300.0 mm 行：$K_{60/30}$=78.9 块，$K_{60/10}$=140.1 块，与中心角 θ=360°砖环计算值相同。

【例 41】 计算内半径 r=2700.0 mm、A=600 mm 炉帽下数第 1 层及其上的 24 层逐层用砖量，炉帽砌砖（或炉壳）与垂直线夹角 30°。

炉帽下数第 1 层砖的中间半径 R_p=2700.0+600/2=3000.0 mm。每层砖（层高 100 mm）向炉内出台 100tan30°=100×0.5774=57.74 mm，即各层砖的中间半径逐层递减 57.74 mm。第 25 层的中间半径 R_{p25}=1614.2 mm。查表 4-13 序号 8 可采用 60/90M 与 60/30M 双楔形砖砖环(R_{ptr}=1013.3 mm，R_{pdu}=3040.0 mm)。

方案 1 以下数第 1 层 R_p=3000.0 mm（之后逐层递减 57.74 mm），$K_{60/90M}$=0.02067(3040.0−R_p)及 $K_{60/30M}$=0.06201(R_p−1013.3)输入电脑，可直接得表 5-11。例如下数第 1 层：$K_{60/90M}$=0.02067(3040.0−3000.0)=0.8267 块，$K_{60/30M}$=0.06201(3000.0−1013.3)=123.1932 块。第 25 层（最上层）：$K_{60/90M}$=0.02067(3040.0−1614.2)=29.5 块，$K_{60/30M}$=0.06201(1614.2−1013.3)=37.3 块。

方案 2 将各砖层砖环的中间半径，对照表 5-7（60/90 与 60/30 双楔形砖砖环砖量表）相近砖环中间半径，估算查出相应砖量。例如第 5 层中间半径 2769.0 mm，查表 5-7 的 R_p=2770.0 mm 行：$K_{60/90M}$ 约为 5.6 块，$K_{60/30M}$ 约为 108.9 块（与计算值相差 0.1 块左右）。第 10 层的 R_p=2480.3 mm，查表 5-7 的 R_p=2480.0 mm 行：$K_{60/90M}$=11.6 块，$K_{60/30M}$=90.9 块（与计算值几乎相同）。第 21 层的 R_p=1845.2 mm，查表 5-7 中 R_p 的 1840.0 mm 与 1850.0 mm 的砖数平均值：$K_{60/90M}$=24.7 块，$K_{60/30M}$=51.6 块（与计算值相同）。

方案 3 编制专用砖量表。以下数第 1 层 R_p=3000.0 mm 计算出来的 $K_{60/90M}$= 0.8267 块及 $K_{60/30M}$=123.1932 块作为基数：砖环中间半径 R_p 纵列栏（自下而上）逐层递减 57.74 mm，$K_{60/90M}$ 纵列栏逐层（行）递加 57.74/48.3830=1.1934 块，$K_{60/30M}$ 纵列栏逐层（行）递减 57.74/16.1277=3.5802 块，编制表 5-11 砖量表。

表 5-1　转炉衬等中间尺寸双楔形砖砖环砖量模式表

砖环中间半径 R_p /mm	每环砖数/块	
	小半径楔形砖 K_x	大半径楔形砖 K_d
计　算　通　式		
$R_{p1}=R_{px}$ （首环）	$K_{x1}=K'_x$	$K_{d1}=0$
R_{p2} 最接近并大于 R_{px} 的 10 整倍数	$K_{x2}=K'_x-(R_{p2}-R_{px})/(\Delta R_p)'_{lx}$	$K_{d2}=(R_{p2}-R_{px})/(\Delta R_p)'_{ld}$
$R_{p3}=R_{p2}+10.0$	$K_{x3}=K_{x2}-10.0/(\Delta R_p)'_{lx}$	$K_{d3}=K_{d2}+10.0/(\Delta R_p)'_{ld}$
逐行递加 10.0	逐行递减 $10.0/(\Delta R_p)'_{lx}$	逐行递加 $10.0/(\Delta R_p)'_{ld}$
⋮	⋮	⋮
R_{pd}（末环）	0	K'_d
楔　差　比　1/2		
$R_{p1}=R_{px}$（首环）	$K_{x1}=K'_x$	$K_{d1}=0$
R_{p2} 最接近并大于 R_{px} 的 10 整倍数	$K_{x2}=K'_x-(R_{p2}-R_{px})/24.1915$	$K_{d2}=(R_{p2}-R_{px})/12.0957$
$R_{p3}=R_{p2}+10.0$	$K_{x3}=K_{x2}-10.0/24.1915$	$K_{d3}=K_{d2}+10.0/12.0957$
逐行递加 10.0	逐行递减 0.4134	逐行递加 0.8267
⋮	⋮	⋮
R_{pd}（末环）	0	K'_d
楔　差　比　2/3		
$R_{p1}=R_{px}$（首环）	$K_{x1}=K'_x$	$K_{d1}=0$
R_{p2} 最接近并大于 R_{px} 的 10 整倍数	$K_{x2}=K'_x-(R_{p2}-R_{px})/12.0957$	$K_{d2}=(R_{p2}-R_{px})/8.0638$
$R_{p3}=R_{p2}+10.0$	$K_{x3}=K_{x2}-10.0/12.0957$	$K_{d3}=K_{d2}+10.0/8.0638$
逐行递加 10.0	逐行递减 0.8267	逐行递加 1.2401
⋮	⋮	⋮
R_{pd}（末环）	0	K'_d
楔　差　比　1/3		
$R_{p1}=R_{px}$（首环）	$K_{x1}=K'_x$	$K_{d1}=0$
R_{p2} 最接近并大于 R_{px} 的 10 整倍数	$K_{x2}=K'_x-(R_{p2}-R_{px})/48.3830$	$K_{d2}=(R_{p2}-R_{px})/16.1277$
$R_{p3}=R_{p2}+10.0$	$K_{x3}=K_{x2}-10.0/48.3830$	$K_{d3}=K_{d2}+10.0/16.1277$
逐行递加 10.0	逐行递减 0.2067	逐行递加 0.6201
⋮	⋮	⋮
R_{pd}（末环）	0	K'_d
楔　差　比　3/4		
$R_{p1}=R_{px}$（首环）	$K_{x1}=K'_x$	$K_{d1}=0$
R_{p2} 最接近并大于 R_{px} 的 10 整倍数	$K_{x2}=K'_x-(R_{p2}-R_{px})/8.0638$	$K_{d2}=(R_{p2}-R_{px})/6.0479$
$R_{p3}=R_{p2}+10.0$	$K_{x3}=K_{x2}-10.0/8.0638$	$K_{d3}=K_{d2}+10.0/6.0479$
逐行递加 10.0	逐行递减 1.2401	逐行递加 1.6535
⋮	⋮	⋮
R_{pd}（末环）	0	K'_d

表 5-2 60/120 与 60/60 双楔形砖砖环砖量表

砖环中间半径 R_p/mm	每环砖数/块		砖环中间半径 R_p/mm	每环砖数/块		砖环中间半径 R_p/mm	每环砖数 /块		砖环中间半径 R_p/mm	每环砖数/块	
	60/120	60/60		60/120	60/60		60/120	60/60		60/120	60/60
760.0	31.416	0.0	960.0	23.1	16.5	1160.0	14.9	33.1	1360.0	6.6	49.6
770.0	31.0026	0.8267	970.0	22.7	17.4	1170.0	14.5	33.9	1370.0	6.2	50.4
780.0	30.6	1.7	980.0	22.3	18.2	1180.0	14.1	34.7	1380.0	5.8	51.3
790.0	30.2	2.5	990.0	21.9	19.0	1190.0	13.6	35.5	1390.0	5.4	52.1
800.0	29.8	3.3	1000.0	21.5	19.8	1200.0	13.2	36.4	1400.0	5.0	52.9
810.0	29.3	4.1	1010.0	21.1	20.7	1210.0	12.8	37.2	1410.0	4.5	53.7
820.0	28.9	5.0	1020.0	20.7	21.5	1220.0	12.4	38.0	1420.0	4.1	54.6
830.0	28.5	5.8	1030.0	20.3	22.3	1230.0	12.0	38.9	1430.0	3.7	55.4
840.0	28.1	6.6	1040.0	19.8	23.1	1240.0	11.6	39.7	1440.0	3.3	56.2
850.0	27.7	7.4	1050.0	19.4	24.0	1250.0	11.2	40.5	1450.0	2.9	57.0
860.0	27.3	8.3	1060.0	19.0	24.8	1260.0	10.7	41.3	1460.0	2.5	57.9
870.0	26.9	9.1	1070.0	18.6	25.6	1270.0	10.3	42.2	1470.0	2.1	58.7
880.0	26.5	9.9	1080.0	18.2	26.5	1280.0	9.9	43.0	1480.0	1.7	59.5
890.0	26.0	10.7	1090.0	17.8	27.3	1290.0	9.5	43.8	1490.0	1.2	60.3
900.0	25.6	11.6	1100.0	17.4	28.1	1300.0	9.1	44.6	1500.0	0.8	61.2
910.0	25.2	12.4	1110.0	16.9	28.9	1310.0	8.7	45.5	1510.0	0.4	62.0
920.0	24.8	13.2	1120.0	16.5	29.8	1320.0	8.3	46.3	1520.0	0.0	62.8
930.0	24.4	14.1	1130.0	16.1	30.6	1330.0	7.9	47.1			
940.0	24.0	14.9	1140.0	15.7	31.4	1340.0	7.4	47.9			
950.0	23.6	15.7	1150.0	15.3	32.2	1350.0	7.0	48.8			

表 5-3 60/60 与 60/30 双楔形砖砖环砖量表

砖环中间半径 R_p/mm	每环砖数 /块		砖环中间半径 R_p/mm	每环砖数 /块		砖环中间半径 R_p/mm	每环砖数 /块		砖环中间半径 R_p/mm	每环砖数/块	
	60/60	60/30		60/60	60/30		60/60	60/30		60/60	60/30
1520.0	62.832	0.0	1720.0	54.6	16.5	1920.0	46.3	33.1	2120.0	38.0	49.6
1530.0	62.4186	0.8267	1730.0	54.2	17.4	1930.0	45.9	33.9	2130.0	37.6	50.4
1540.0	62.0	1.7	1740.0	53.7	18.2	1940.0	45.5	34.7	2140.0	37.2	51.3
1550.0	61.6	2.5	1750.0	53.3	19.0	1950.0	45.1	35.5	2150.0	36.8	52.1
1560.0	61.2	3.3	1760.0	52.9	19.8	1960.0	44.6	36.4	2160.0	36.4	52.9
1570.0	60.8	4.1	1770.0	52.5	20.7	1970.0	44.2	37.2	2170.0	36.0	53.7
1580.0	60.4	5.0	1780.0	52.1	21.5	1980.0	43.8	38.0	2180.0	35.5	54.6
1590.0	59.9	5.8	1790.0	51.7	22.3	1990.0	43.4	38.9	2190.0	35.1	55.4
1600.0	59.5	6.6	1800.0	51.3	23.1	2000.0	43.0	39.7	2200.0	34.7	56.2
1610.0	59.1	7.4	1810.0	50.8	24.0	2010.0	42.6	40.5	2210.0	34.3	57.0
1620.0	58.7	8.3	1820.0	50.4	24.8	2020.0	42.2	41.3	2220.0	33.9	57.9
1630.0	58.3	9.1	1830.0	50.0	25.6	2030.0	41.7	42.2	2230.0	33.5	58.7
1640.0	57.9	9.9	1840.0	49.6	26.5	2040.0	41.3	43.0	2240.0	33.1	59.5
1650.0	57.5	10.7	1850.0	49.2	27.3	2050.0	40.9	43.8	2250.0	32.7	60.3
1660.0	57.0	11.6	1860.0	48.8	28.1	2060.0	40.5	44.6	2260.0	32.2	61.2
1670.0	56.6	12.4	1870.0	48.4	28.9	2070.0	40.1	45.5	2270.0	31.8	62.0
1680.0	56.2	13.2	1880.0	47.9	29.8	2080.0	39.7	46.3	2280.0	31.4	62.8
1690.0	55.8	14.1	1890.0	47.5	30.6	2090.0	39.3	47.1	2290.0	31.0	63.7
1700.0	55.4	14.9	1900.0	47.1	31.4	2100.0	38.9	47.9	2300.0	30.6	64.5
1710.0	55.0	15.7	1910.0	46.7	32.2	2110.0	38.4	48.8	+10.0	−0.4134	+0.8267

表 5-4　60/20 与 60/10 双楔形砖砖环砖量表

砖环中间半径 R_p/mm	每环砖数/块		砖环中间半径 R_p/mm	每环砖数/块		砖环中间半径 R_p/mm	每环砖数/块		砖环中间半径 R_p/mm	每环砖数/块	
	60/20	60/10		60/20	60/10		60/20	60/10		60/20	60/10
4560.0	188.496	0.0	5010.0	169.9	37.2	5460.0	151.3	74.4	5910.0	132.7	111.6
4570.0	188.1	0.8	5020.0	169.5	38.0	5470.0	150.9	75.2	5920.0	132.3	112.4
4580.0	187.7	1.7	5030.0	169.1	38.9	5480.0	150.5	76.1	5930.0	131.9	113.3
4590.0	187.3	2.5	5040.0	168.7	39.7	5490.0	150.0	76.9	5940.0	131.4	114.1
4600.0	186.8	3.3	5050.0	168.2	40.5	5500.0	149.6	77.7	5950.0	131.0	114.9
4610.0	186.4	4.1	5060.0	167.8	41.3	5510.0	149.2	78.5	5960.0	130.6	115.7
4620.0	186.0	5.0	5070.0	167.4	42.2	5520.0	148.8	79.4	5970.0	130.2	116.6
4630.0	185.6	5.8	5080.0	167.0	43.0	5530.0	148.4	80.2	5980.0	129.8	117.4
4640.0	185.2	6.6	5090.0	166.6	43.8	5540.0	148.0	81.0	5990.0	129.4	118.2
4650.0	184.8	7.4	5100.0	166.2	44.6	5550.0	147.6	81.8	6000.0	129.0	119.0
4660.0	184.4	8.3	5110.0	165.8	45.5	5560.0	147.2	82.7	6010.0	128.6	119.9
4670.0	183.9	9.1	5120.0	165.3	46.3	5570.0	146.7	83.5	6020.0	128.1	120.7
4680.0	183.5	9.9	5130.0	164.9	47.1	5580.0	146.3	84.3	6030.0	127.7	121.5
4690.0	183.1	10.7	5140.0	164.5	47.9	5590.0	145.9	85.2	6040.0	127.3	122.4
4700.0	182.7	11.6	5150.0	164.1	48.8	5600.0	145.5	86.0	6050.0	126.9	123.2
4710.0	182.3	12.4	5160.0	163.7	49.6	5610.0	145.1	86.8	6060.0	126.5	124.0
4720.0	181.9	13.2	5170.0	163.3	50.4	5620.0	144.7	87.6	6070.0	126.1	124.8
4730.0	181.5	14.1	5180.0	162.9	51.3	5630.0	144.3	88.5	6080.0	125.7	125.7
4740.0	181.1	14.9	5190.0	162.5	52.1	5640.0	143.8	89.3	6090.0	125.2	126.5
4750.0	180.6	15.7	5200.0	162.0	52.9	5650.0	143.4	90.1	6100.0	124.8	127.3
4760.0	180.2	16.5	5210.0	161.6	53.7	5660.0	143.0	90.9	6110.0	124.4	128.1
4770.0	179.8	17.4	5220.0	161.2	54.6	5670.0	142.6	91.8	6120.0	124.0	129.0
4780.0	179.4	18.2	5230.0	160.8	55.4	5680.0	142.2	92.6	6130.0	123.6	129.8
4790.0	179.0	19.0	5240.0	160.4	56.2	5690.0	141.8	93.4	6140.0	123.2	130.6
4800.0	178.6	19.8	5250.0	160.0	57.0	5700.0	141.4	94.2	6150.0	122.8	131.4
4810.0	178.2	20.7	5260.0	159.6	57.9	5710.0	141.0	95.1	6160.0	122.4	132.3
4820.0	177.7	21.5	5270.0	159.1	58.7	5720.0	140.5	95.9	6170.0	121.9	133.1
4830.0	177.3	22.3	5280.0	158.7	59.5	5730.0	140.1	96.7	6180.0	121.5	133.9
4840.0	176.9	23.1	5290.0	158.3	60.3	5740.0	139.7	97.6	6190.0	121.1	134.8
4850.0	176.5	24.0	5300.0	157.9	61.2	5750.0	139.3	98.4	6200.0	120.7	135.6
4860.0	176.1	24.8	5310.0	157.5	62.0	5760.0	138.9	99.2	6210.0	120.3	136.4
4870.0	175.7	25.6	5320.0	157.1	62.8	5770.0	138.5	100.0	6220.0	119.9	137.2
4880.0	175.3	26.5	5330.0	156.7	63.7	5780.0	138.1	100.9	6230.0	119.5	138.1
4890.0	174.9	27.3	5340.0	156.2	64.5	5790.0	137.6	101.7	6240.0	119.0	138.9
4900.0	174.4	28.1	5350.0	155.8	65.3	5800.0	137.2	102.5	6250.0	118.6	139.7
4910.0	174.0	28.9	5360.0	155.4	66.1	5810.0	136.8	103.3	6260.0	118.2	140.5
4920.0	173.6	29.8	5370.0	155.0	67.0	5820.0	136.4	104.2	6270.0	117.8	141.4
4930.0	173.2	30.6	5380.0	154.6	67.8	5830.0	136.0	105.0	6280.0	117.4	142.2
4940.0	172.8	31.4	5390.0	154.2	68.6	5840.0	135.6	105.8	6290.0	117.0	143.0
4950.0	172.4	32.2	5400.0	153.8	69.4	5850.0	135.2	106.6	6300.0	116.6	143.8
4960.0	172.0	33.1	5410.0	153.4	70.3	5860.0	134.8	107.5	6310.0	116.1	144.7
4970.0	171.5	33.9	5420.0	152.9	71.1	5870.0	134.3	108.3	6320.0	115.7	145.5
4980.0	171.1	34.7	5430.0	152.5	71.9	5880.0	133.9	109.1	6330.0	115.3	146.3
4990.0	170.7	35.5	5440.0	152.1	72.7	5890.0	133.5	110.0	6340.0	114.9	147.2
5000.0	170.3	36.4	5450.0	151.7	73.6	5900.0	133.1	110.8	+10.0	−0.4134	+0.8267

表 5-5 60/90 与 60/60 双楔形砖砖环砖量表

砖环中间半径 R_p/mm	每环砖数/块		砖环中间半径 R_p/mm	每环砖数/块		砖环中间半径 R_p/mm	每环砖数/块		砖环中间半径 R_p/mm	每环砖数/块	
	60/90	60/60		60/90	60/60		60/90	60/60		60/90	60/60
1013.333	41.888	0.0	1140.0	31.4	15.7	1270.0	20.7	31.8	1400.0	9.9	48.0
1020.0	41.3368	0.8267	1150.0	30.6	16.9	1280.0	19.8	33.1	1410.0	9.1	49.2
1030.0	40.5	2.1	1160.0	29.8	18.2	1290.0	19.0	34.3	1420.0	8.3	50.4
1040.0	39.7	3.3	1170.0	28.9	19.4	1300.0	18.2	35.5	1430.0	7.4	51.7
1050.0	38.9	4.5	1180.0	28.1	20.7	1310.0	17.4	36.8	1440.0	6.6	52.9
1060.0	38.0	5.8	1190.0	27.3	21.9	1320.0	16.5	38.0	1450.0	5.8	54.2
1070.0	37.2	7.0	1200.0	26.5	23.1	1330.0	15.7	39.3	1460.0	5.0	55.4
1080.0	36.4	8.3	1210.0	25.6	24.4	1340.0	14.9	40.5	1470.0	4.1	56.6
1090.0	35.5	9.5	1220.0	24.8	25.6	1350.0	14.1	41.8	1480.0	3.3	57.9
1100.0	34.7	10.7	1230.0	24.0	26.9	1360.0	13.2	43.0	1490.0	2.5	59.1
1110.0	33.9	12.0	1240.0	23.1	28.1	1370.0	12.4	44.2	1500.0	1.7	60.4
1120.0	33.1	13.2	1250.0	22.3	29.3	1380.0	11.6	45.5	1510.0	0.8	61.6
1130.0	32.2	14.5	1260.0	21.5	30.6	1390.0	10.7	46.7	1520.0	0.0	62.8

表 5-6 60/30 与 60/20 双楔形砖砖环砖量表

砖环中间半径 R_p/mm	每环砖数/块		砖环中间半径 R_p/mm	每环砖数/块		砖环中间半径 R_p/mm	每环砖数/块		砖环中间半径 R_p/mm	每环砖数/块	
	60/30	60/20		60/30	60/20		60/30	60/20		60/30	60/20
3040.0	125.664	0.0	3310.0	103.3	33.5	3580.0	81.0	67.0	3850.0	58.7	100.4
3050.0	124.8	1.2	3320.0	102.5	34.7	3590.0	80.2	68.2	3860.0	57.9	101.7
3060.0	124.0	2.5	3330.0	101.7	36.0	3600.0	79.4	69.4	3870.0	57.0	102.9
3070.0	123.2	3.7	3340.0	100.9	37.2	3610.0	78.5	70.7	3880.0	56.2	104.2
3080.0	122.4	5.0	3350.0	100.0	38.4	3620.0	77.7	71.9	3890.0	55.4	105.4
3090.0	121.5	6.2	3360.0	99.2	39.7	3630.0	76.9	73.2	3900.0	54.6	106.6
3100.0	120.7	7.4	3370.0	98.4	40.9	3640.0	76.1	74.4	3910.0	53.7	107.9
3110.0	119.9	8.7	3380.0	97.6	42.2	3650.0	75.2	75.6	3920.0	52.9	109.1
3120.0	119.1	9.9	3390.0	96.7	43.4	3660.0	74.4	76.9	3930.0	52.1	110.4
3130.0	118.2	11.2	3400.0	95.9	44.6	3670.0	73.6	78.1	3940.0	51.3	111.6
3140.0	117.4	12.4	3410.0	95.1	45.9	3680.0	72.8	79.4	3950.0	50.4	112.8
3150.0	116.6	13.6	3420.0	94.2	47.1	3690.0	71.9	80.6	3960.0	49.6	114.1
3160.0	115.7	14.9	3430.0	93.4	48.4	3700.0	71.1	81.8	3970.0	48.8	115.3
3170.0	114.9	16.1	3440.0	92.6	49.6	3710.0	70.3	83.1	3980.0	48.0	116.6
3180.0	114.1	17.4	3450.0	91.8	50.8	3720.0	69.4	84.3	3990.0	47.1	117.8
3190.0	113.3	18.6	3460.0	90.9	52.1	3730.0	68.6	85.6	4000.0	46.3	119.0
3200.0	112.4	19.8	3470.0	90.1	53.3	3740.0	67.8	86.8	4010.0	45.5	120.3
3210.0	111.6	21.1	3480.0	89.3	54.6	3750.0	67.0	88.0	4020.0	44.6	121.5
3220.0	110.8	22.3	3490.0	88.5	55.8	3760.0	66.1	89.3	4030.0	43.8	122.8
3230.0	110.0	23.6	3500.0	87.6	57.0	3770.0	65.3	90.5	4040.0	43.0	124.0
3240.0	109.1	24.8	3510.0	86.8	58.3	3780.0	64.5	91.8	4050.0	42.2	125.3
3250.0	108.3	26.0	3520.0	86.0	59.5	3790.0	63.7	93.0	4060.0	41.3	126.5
3260.0	107.5	27.3	3530.0	85.2	60.8	3800.0	62.8	94.2	4070.0	40.5	127.7
3270.0	106.6	28.5	3540.0	84.3	62.0	3810.0	62.0	95.5	4080.0	39.7	129.0
3280.0	105.8	29.8	3550.0	83.5	63.2	3820.0	61.2	96.7	4090.0	38.9	130.2
3290.0	105.0	31.0	3560.0	82.7	64.5	3830.0	60.4	98.0	4100.0	38.0	131.5
3300.0	104.2	32.2	3570.0	81.8	65.7	3840.0	59.5	99.2	+10.0	−0.8267	+1.2401

表 5-7　60/90 与 60/30 双楔形砖砖环砖量表

砖环中间半径 R_p/mm	每环砖数/块		砖环中间半径 R_p/mm	每环砖数/块		砖环中间半径 R_p/mm	每环砖数/块		砖环中间半径 R_p/mm	每环砖数/块	
	60/90	60/30		60/90	60/30		60/90	60/30		60/90	60/30
1013.333	41.888	0.0	1470.0	32.4	28.3	1930.0	22.9	56.8	2390.0	13.4	85.4
1020.0	41.7502	0.4134	1480.0	32.2	28.9	1940.0	22.7	57.5	2400.0	13.2	86.0
1030.0	41.5	1.0	1490.0	32.0	29.6	1950.0	22.5	58.1	2410.0	13.0	86.6
1040.0	41.3	1.7	1500.0	31.8	30.2	1960.0	22.3	58.7	2420.0	12.8	87.2
1050.0	41.1	2.3	1510.0	31.6	30.8	1970.0	22.1	59.3	2430.0	12.6	87.8
1060.0	40.9	2.9	1520.0	31.4	31.4	1980.0	21.9	59.9	2440.0	12.4	88.5
1070.0	40.7	3.5	1530.0	31.2	32.0	1990.0	21.7	60.6	2450.0	12.2	89.1
1080.0	40.5	4.1	1540.0	31.0	32.7	2000.0	21.5	61.2	2460.0	12.0	89.7
1090.0	40.3	4.8	1550.0	30.8	33.3	2010.0	21.3	61.8	2470.0	11.8	90.3
1100.0	40.1	5.4	1560.0	30.6	33.9	2020.0	21.1	62.4	2480.0	11.6	90.9
1110.0	39.9	6.0	1570.0	30.4	34.5	2030.0	20.9	63.0	2490.0	11.4	91.6
1120.0	39.7	6.6	1580.0	30.2	35.1	2040.0	20.7	63.7	2500.0	11.2	92.2
1130.0	39.5	7.2	1590.0	30.0	35.8	2050.0	20.5	64.3	2510.0	11.0	92.8
1140.0	39.3	7.9	1600.0	29.8	36.4	2060.0	20.3	64.9	2520.0	10.7	93.4
1150.0	39.1	8.5	1610.0	29.6	37.0	2070.0	20.0	65.5	2530.0	10.5	94.0
1160.0	38.9	9.1	1620.0	29.3	37.6	2080.0	19.8	66.1	2540.0	10.3	94.7
1170.0	38.6	9.7	1630.0	29.1	38.2	2090.0	19.6	66.8	2550.0	10.1	95.3
1180.0	38.4	10.3	1640.0	28.9	38.9	2100.0	19.4	67.4	2560.0	9.9	95.9
1190.0	38.2	11.0	1650.0	28.7	39.5	2110.0	19.2	68.0	2570.0	9.7	96.5
1200.0	38.0	11.6	1660.0	28.5	40.1	2120.0	19.0	68.6	2580.0	9.5	97.1
1210.0	37.8	12.2	1670.0	28.3	40.7	2130.0	18.8	69.2	2590.0	9.3	97.8
1220.0	37.6	12.8	1680.0	28.1	41.3	2140.0	18.6	69.9	2600.0	9.1	98.4
1230.0	37.4	13.4	1690.0	27.9	42.0	2150.0	18.4	70.5	2610.0	8.9	99.0
1240.0	37.2	14.1	1700.0	27.7	42.6	2160.0	18.2	71.1	2620.0	8.7	99.6
1250.0	37.0	14.7	1710.0	27.5	43.2	2170.0	18.0	71.7	2630.0	8.5	100.2
1260.0	36.8	15.3	1720.0	27.3	43.8	2180.0	17.8	72.3	2640.0	8.3	100.9
1270.0	36.6	15.9	1730.0	27.1	44.4	2190.0	17.6	73.0	2650.0	8.1	101.5
1280.0	36.4	16.5	1740.0	26.9	45.1	2200.0	17.4	73.6	2660.0	7.9	102.1
1290.0	36.2	17.2	1750.0	26.7	45.7	2210.0	17.2	74.2	2670.0	7.6	102.7
1300.0	36.0	17.8	1760.0	26.5	46.3	2220.0	16.9	74.8	2680.0	7.4	103.4
1310.0	35.8	18.4	1770.0	26.2	46.9	2230.0	16.7	75.4	2690.0	7.2	104.0
1320.0	35.5	19.0	1780.0	26.0	47.5	2240.0	16.5	76.1	2700.0	7.0	104.6
1330.0	35.3	19.6	1790.0	25.8	48.2	2250.0	16.3	76.7	2710.0	6.8	105.2
1340.0	35.1	20.3	1800.0	25.6	48.8	2260.0	16.1	77.3	2720.0	6.6	105.8
1350.0	34.9	20.9	1810.0	25.4	49.4	2270.0	15.9	77.9	2730.0	6.4	106.5
1360.0	34.7	21.5	1820.0	25.2	50.0	2280.0	15.7	78.5	2740.0	6.2	107.1
1370.0	34.5	22.1	1830.0	25.0	50.6	2290.0	15.5	79.2	2750.0	6.0	107.7
1380.0	34.3	22.7	1840.0	24.8	51.3	2300.0	15.3	79.8	2760.0	5.8	108.3
1390.0	34.1	23.4	1850.0	24.6	51.9	2310.0	15.1	80.4	2770.0	5.6	108.9
1400.0	33.9	24.0	1860.0	24.4	52.5	2320.0	14.9	81.0	2780.0	5.4	109.6
1410.0	33.7	24.6	1870.0	24.2	53.1	2330.0	14.7	81.6	2790.0	5.2	110.2
1420.0	33.5	25.2	1880.0	24.0	53.7	2340.0	14.5	82.3	2800.0	5.0	110.8
1430.0	33.3	25.8	1890.0	23.8	54.4	2350.0	14.3	82.9	2810.0	4.8	111.4
1440.0	33.1	26.5	1900.0	23.6	55.0	2360.0	14.1	83.5	2820.0	4.5	112.0
1450.0	32.9	27.1	1910.0	23.4	55.6	2370.0	13.8	84.1	2830.0	4.3	112.7
1460.0	32.7	27.7	1920.0	23.1	56.2	2380.0	13.6	84.7	+10.0	−0.2067	+0.6201

表 5-8 60/60 与 60/20 双楔形砖砖环砖量表

砖环中间半径 R_p/mm	每环砖数/块		砖环中间半径 R_p/mm	每环砖数/块		砖环中间半径 R_p/mm	每环砖数/块		砖环中间半径 R_p/mm	每环砖数/块	
	60/60	60/20		60/60	60/20		60/60	60/20		60/60	60/20
1520.0	62.832	0.0	1980.0	53.3	28.5	2440.0	43.8	57.0	2900.0	34.3	85.6
1530.0	62.6253	0.6201	1990.0	53.1	29.1	2450.0	43.6	57.7	2910.0	34.1	86.2
1540.0	62.4	1.2	2000.0	52.9	29.8	2460.0	43.4	58.3	2920.0	33.9	86.8
1550.0	62.2	1.9	2010.0	52.7	30.4	2470.0	43.2	58.9	2930.0	33.7	87.4
1560.0	62.0	2.5	2020.0	52.5	31.0	2480.0	43.0	59.5	2940.0	33.5	88.1
1570.0	61.8	3.1	2030.0	52.3	31.6	2490.0	42.8	60.1	2950.0	33.3	88.7
1580.0	61.6	3.7	2040.0	52.1	32.2	2500.0	42.6	60.8	2960.0	33.1	89.3
1590.0	61.4	4.3	2050.0	51.9	32.9	2510.0	42.4	61.4	2970.0	32.9	89.9
1600.0	61.2	5.0	2060.0	51.7	33.5	2520.0	42.2	62.0	2980.0	32.7	90.5
1610.0	61.0	5.6	2070.0	51.5	34.1	2530.0	42.0	62.6	2990.0	32.4	91.2
1620.0	60.8	6.2	2080.0	51.3	34.7	2540.0	41.7	63.3	3000.0	32.2	91.8
1630.0	60.6	6.8	2090.0	51.1	35.3	2550.0	41.5	63.9	3010.0	32.0	92.4
1640.0	60.4	7.4	2100.0	50.8	36.0	2560.0	41.3	64.5	3020.0	31.8	93.0
1650.0	60.1	8.1	2110.0	50.6	36.6	2570.0	41.1	65.1	3030.0	31.6	93.6
1660.0	59.9	8.7	2120.0	50.4	37.2	2580.0	40.9	65.7	3040.0	31.4	94.3
1670.0	59.7	9.3	2130.0	50.2	37.8	2590.0	40.7	66.4	3050.0	31.2	94.9
1680.0	59.5	9.9	2140.0	50.0	38.4	2600.0	40.5	67.0	3060.0	31.0	95.5
1690.0	59.3	10.5	2150.0	49.8	39.1	2610.0	40.3	67.6	3070.0	30.8	96.1
1700.0	59.1	11.2	2160.0	49.6	39.7	2620.0	40.1	68.2	3080.0	30.6	96.7
1710.0	58.9	11.8	2170.0	49.4	40.3	2630.0	39.9	68.8	3090.0	30.4	97.4
1720.0	58.7	12.4	2180.0	49.2	40.9	2640.0	39.7	69.5	3100.0	30.2	98.0
1730.0	58.5	13.0	2190.0	49.0	41.5	2650.0	39.5	70.1	3110.0	30.0	98.6
1740.0	58.3	13.6	2200.0	48.8	42.2	2660.0	39.3	70.7	3120.0	29.8	99.2
1750.0	58.1	14.3	2210.0	48.6	42.8	2670.0	39.1	71.3	3130.0	29.6	99.8
1760.0	57.9	14.9	2220.0	48.4	43.4	2680.0	38.9	71.9	3140.0	29.3	100.5
1770.0	57.7	15.5	2230.0	48.2	44.0	2690.0	38.6	72.6	3150.0	29.1	101.1
1780.0	57.5	16.1	2240.0	47.9	44.6	2700.0	38.4	73.2	3160.0	28.9	101.7
1790.0	57.3	16.7	2250.0	47.7	45.3	2710.0	38.2	73.8	3170.0	28.7	102.3
1800.0	57.0	17.4	2260.0	47.5	45.9	2720.0	38.0	74.4	3180.0	28.5	102.9
1810.0	56.8	18.0	2270.0	47.3	46.5	2730.0	37.8	75.0	3190.0	28.3	103.6
1820.0	56.6	18.6	2280.0	47.1	47.1	2740.0	37.6	75.7	3200.0	28.1	104.2
1830.0	56.4	19.2	2290.0	46.9	47.7	2750.0	37.4	76.3	3210.0	27.9	104.8
1840.0	56.2	19.8	2300.0	46.7	48.4	2760.0	37.2	76.9	3220.0	27.7	105.4
1850.0	56.0	20.5	2310.0	46.5	49.0	2770.0	37.0	77.5	3230.0	27.5	106.0
1860.0	55.8	21.1	2320.0	46.3	49.6	2780.0	36.8	78.1	3240.0	27.3	106.7
1870.0	55.6	21.7	2330.0	46.1	50.2	2790.0	36.6	78.8	3250.0	27.1	107.3
1880.0	55.4	22.3	2340.0	45.9	50.8	2800.0	36.4	79.4	3260.0	26.9	107.9
1890.0	55.2	22.9	2350.0	45.7	51.5	2810.0	36.2	80.0	3270.0	26.7	108.5
1900.0	55.0	23.6	2360.0	45.5	52.1	2820.0	36.0	80.6	3280.0	26.5	109.1
1910.0	54.8	24.2	2370.0	45.3	52.7	2830.0	35.8	81.2	3290.0	26.2	109.8
1920.0	54.6	24.8	2380.0	45.1	53.3	2840.0	35.5	81.9	3300.0	26.0	110.4
1930.0	54.4	25.4	2390.0	44.8	53.9	2850.0	35.3	82.5	3310.0	25.8	111.0
1940.0	54.2	26.0	2400.0	44.6	54.6	2860.0	35.1	83.1	3320.0	25.6	111.6
1950.0	53.9	26.7	2410.0	44.4	55.2	2870.0	34.9	83.7	3330.0	25.4	112.2
1960.0	53.7	27.3	2420.0	44.2	55.8	2880.0	34.7	84.3	3340.0	25.2	112.9
1970.0	53.5	27.9	2430.0	44.0	56.4	2890.0	34.5	85.0	+10.0	−0.2067	+0.6201

表 5-9　60/30 与 60/10 双楔形砖砖环砖量表

砖环中间半径 R_p/mm	每环砖数/块		砖环中间半径 R_p/mm	每环砖数/块		砖环中间半径 R_p/mm	每环砖数/块		砖环中间半径 R_p/mm	每环砖数/块	
	60/30	60/10		60/30	60/10		60/30	60/10		60/30	60/10
3040.0	125.664	0.0	3500.0	116.2	28.5	3960.0	106.6	57.0	4420.0	97.1	85.6
3050.0	125.5	0.6201	3510.0	115.9	29.1	3970.0	106.4	57.7	4430.0	96.9	86.2
3060.0	125.3	1.2	3520.0	115.7	29.8	3980.0	106.2	58.3	4440.0	96.7	86.8
3070.0	125.0	1.9	3530.0	115.5	30.4	3990.0	106.0	58.9	4450.0	96.5	87.4
3080.0	124.8	2.5	3540.0	115.3	31.0	4000.0	105.8	59.5	4460.0	96.3	88.1
3090.0	124.6	3.1	3550.0	115.1	31.6	4010.0	105.6	60.1	4470.0	96.1	88.7
3100.0	124.4	3.7	3560.0	114.9	32.2	4020.0	105.4	60.8	4480.0	95.9	89.3
3110.0	124.2	4.3	3570.0	114.7	32.9	4030.0	105.2	61.4	4490.0	95.7	89.9
3120.0	124.0	5.0	3580.0	114.5	33.5	4040.0	105.0	62.0	4500.0	95.5	90.5
3130.0	123.8	5.6	3590.0	114.3	34.1	4050.0	104.8	62.6	4510.0	95.3	91.2
3140.0	123.6	6.2	3600.0	114.1	34.7	4060.0	104.6	63.3	4520.0	95.1	91.8
3150.0	123.4	6.8	3610.0	113.9	35.3	4070.0	104.4	63.9	4530.0	94.9	92.4
3160.0	123.2	7.4	3620.0	113.7	36.0	4080.0	104.2	64.5	4540.0	94.7	93.0
3170.0	123.0	8.1	3630.0	113.5	36.6	4090.0	104.0	65.1	4550.0	94.5	93.6
3180.0	122.8	8.7	3640.0	113.3	37.2	4100.0	103.8	65.7	4560.0	94.2	94.3
3190.0	122.6	9.3	3650.0	113.1	37.8	4110.0	103.5	66.4	4570.0	94.0	94.9
3200.0	122.4	9.9	3660.0	112.8	38.4	4120.0	103.3	67.0	4580.0	93.8	95.5
3210.0	122.2	10.5	3670.0	112.6	39.1	4130.0	103.1	67.6	4590.0	93.6	96.1
3220.0	121.9	11.2	3680.0	112.4	39.7	4140.0	102.9	68.2	4600.0	93.4	96.7
3230.0	121.7	11.8	3690.0	112.2	40.3	4150.0	102.7	68.8	4610.0	93.2	97.4
3240.0	121.5	12.4	3700.0	112.0	40.9	4160.0	102.5	69.5	4620.0	93.0	98.0
3250.0	121.3	13.0	3710.0	111.8	41.5	4170.0	102.3	70.1	4630.0	92.8	98.6
3260.0	121.1	13.6	3720.0	111.6	42.2	4180.0	102.1	70.7	4640.0	92.6	99.2
3270.0	120.9	14.3	3730.0	111.4	42.8	4190.0	101.9	71.3	4650.0	92.4	99.8
3280.0	120.7	14.9	3740.0	111.2	43.4	4200.0	101.7	71.9	4660.0	92.2	100.5
3290.0	120.5	15.5	3750.0	111.0	44.0	4210.0	101.5	72.6	4670.0	92.0	101.1
3300.0	120.3	16.1	3760.0	110.8	44.6	4220.0	101.3	73.2	4680.0	91.8	101.7
3310.0	120.1	16.7	3770.0	110.6	45.3	4230.0	101.1	73.8	4690.0	91.6	102.3
3320.0	119.9	17.4	3780.0	110.4	45.9	4240.0	100.9	74.4	4700.0	91.4	102.9
3330.0	119.7	18.0	3790.0	110.2	46.5	4250.0	100.7	75.0	4710.0	91.1	103.6
3340.0	119.5	18.6	3800.0	110.0	47.1	4260.0	100.4	75.7	4720.0	90.9	104.2
3350.0	119.3	19.2	3810.0	109.7	47.7	4270.0	100.2	76.3	4730.0	90.7	104.8
3360.0	119.0	19.8	3820.0	109.5	48.4	4280.0	100.0	76.9	4740.0	90.5	105.4
3370.0	118.8	20.5	3830.0	109.3	49.0	4290.0	99.8	77.5	4750.0	90.3	106.0
3380.0	118.6	21.1	3840.0	109.1	49.6	4300.0	99.6	78.1	4760.0	90.1	106.7
3390.0	118.4	21.7	3850.0	108.9	50.2	4310.0	99.4	78.8	4770.0	89.9	107.3
3400.0	118.2	22.3	3860.0	108.7	50.8	4320.0	99.2	79.4	4780.0	89.7	107.9
3410.0	118.0	22.9	3870.0	108.5	51.5	4330.0	99.0	80.0	4790.0	89.5	108.5
3420.0	117.8	23.6	3880.0	108.3	52.1	4340.0	98.8	80.6	4800.0	89.3	109.1
3430.0	117.6	24.2	3890.0	108.1	52.7	4350.0	98.6	81.2	4900.0	87.2	115.3
3440.0	117.4	24.8	3900.0	107.9	53.3	4360.0	98.4	81.9	5000.0	85.2	121.5
3450.0	117.2	25.4	3910.0	107.7	53.9	4370.0	98.2	82.5	5100.0	83.1	127.7
3460.0	117.0	26.0	3920.0	107.5	54.6	4380.0	98.0	83.1	5200.0	81.0	133.9
3470.0	116.8	26.7	3930.0	107.3	55.2	4390.0	97.8	83.7	5300.0	78.9	140.1
3480.0	116.6	27.3	3940.0	107.1	55.8	4400.0	97.6	84.3	5310.0	78.7	140.7
3490.0	116.4	27.9	3950.0	106.9	56.4	4410.0	97.3	85.0	+10.0	−0.2067	+0.6201

表 5-10 60/120 与 60/90 双楔形砖砖环砖量表

砖环中间半径 R_p/mm	每环砖数/块		砖环中间半径 R_p/mm	每环砖数/块		砖环中间半径 R_p/mm	每环砖数/块		砖环中间半径 R_p/mm	每环砖数/块	
	60/120	60/90		60/120	60/90		60/120	60/90		60/120	60/90
760.0	31.416	0.0	830.0	22.7	11.6	900.0	14.1	23.1	970.0	5.4	34.7
770.0	30.2	1.6535	840.0	21.5	13.2	910.0	12.8	24.8	980.0	4.1	36.4
780.0	28.9	3.3	850.0	20.3	14.9	920.0	11.6	26.5	990.0	2.9	38.0
790.0	27.7	5.0	860.0	19.0	16.5	930.0	10.3	28.1	1000.0	1.7	39.7
800.0	26.5	6.6	870.0	17.8	18.2	940.0	9.1	29.8	1010.0	0.4	41.3
810.0	25.2	8.3	880.0	16.5	19.8	950.0	7.9	31.4	1013.3	0.0	41.9
820.0	24.0	9.9	890.0	15.3	21.5	960.0	6.6	33.1			

表 5-11 例 41 的计算表

层数(下数)	砖环中间半径 R_p / mm	每环砖数/块	
		60/90M	60/30M
25	1614.2	29.5	37.3
24	1672.0	28.3	40.8
23	1729.7	27.1	44.4
22	1787.5	25.9	48.0
21	1845.2	24.7	51.6
20	1902.9	23.5	55.2
19	1960.7	22.3	58.7
18	2018.4	21.0	62.3
17	2076.2	19.9	65.9
16	2133.9	18.7	69.5
15	2191.6	17.5	73.1
14	2249.4	16.3	76.7
13	2307.1	15.1	80.2
12	2364.9	14.0	83.8
11	2422.6	12.8	87.4
10	2480.3	11.6	91.0
9	2538.1	10.4	94.6
8	2595.8	9.2	98.1
7	2653.6	8.0	101.7
6	2711.3	6.8	105.3
5	2769.0	5.6	108.9
4	2826.8	4.4	112.5
3	2884.5	3.2	116.0
2	2942.3	2.0	119.6
1	3000.0	0.8267	123.1932

5.2　转炉衬等中间尺寸双楔形砖砖环计算图

前面已经证明了转炉衬等中间尺寸双楔形砖砖环中国简化计算式（即两种楔形砖数量 K_x 及 K_d 计算式），为与砖环中间半径 R_p 成直线关系的直线方程，当然可在直角坐标系画出表示砖量的直线（见图 5-1）。只要求出一线段两端点的坐标，便很容易连接两点画出这条表示砖量的直线段来。小半径楔形砖数量 K_x 直线方程 $K_x=(R_{pd}-R_p)K'_x/(R_{pd}-R_{px})$[式（4-12b）]中，当 $R_p=R_{px}$ 时 $K_x=K'_x$，则 K_x 线段 M_1P_2 起点的坐标 $M_1(R_{px}，K'_x)$；当 $R_p=R_{pd}$ 时 $K_x=0$，则 K_x 线段 M_1P_2 终点的坐标 $P_2(R_{pd}，0)$；该方程中 R_p 系数为负值，表明随 R_p 增大 K_x 减少，连接起点 M_1 和终点 P_2 的线段 M_1P_2 为向下斜的直线。大半径楔形砖数量 K_d 直线方程 $K_d=(R_p-R_{px})K'_d/(R_{pd}-R_{px})$[式（4-13b）]中，当 $R_p=R_{px}$ 时 $K_d=0$，则 K_d 线段 P_1M_2 起点的坐标 $P_1(R_{px}，0)$；当 $R_p=R_{pd}$ 时 $K_d=K'_d$，则 K_d 线段 P_1M_2 终点的坐标 $M_2(R_{pd}，K'_d)$；该方程中 R_p 系数为正值，表明随 R_p 增大 K_d 增多，连接起点 P_1 和终点 M_2 的线段 P_1M_2 为向上斜的直线。

等中间尺寸双楔形砖砖环的总砖数 $K_h=2\pi R_p/P$[式（4-9a）]为延长线通过原点的直线方程，当 $R_p=R_{px}=PA/2(P-D_2)$ 时 $K_h=K'_x$；当 $R_p=R_{pd}=PA/2(P-D_1)$ 时 $K_h=K'_d$。可见小半径楔形砖单楔形砖砖环的总砖数 K_h 为 K'_x，大半径楔形砖单楔形砖砖环的总砖数 K_h 为 K'_d。与等大端尺寸双楔形砖砖环一样，连接起点 $M_1(R_{px}，K'_x)$ 与终点 $M_2(R_{pd}，K'_d)$ 的线段 M_1M_2 便代表了等中间尺寸双楔形砖砖环总砖数 K_h 的直线；而且直线方程式（4-9a）中 R_p 的系数为正值，砖环总砖数 K_h 直线为向上斜的直线。

图 5-1 为大小端距离 A=600 mm、等中间尺 P=150 mm 的常用转炉竖宽楔形砖的双楔形砖砖环直角坐标图。图 5-1 中有以下六个双楔形砖砖环：60/120 与 60/90 砖环（直线 1）与直线 5））、60/120 与 60/60 砖环（直线 1 与直线 2）、60/90 与 60/60 砖环（直线⑤与直线②）、60/90 与 60/30 砖环{直线[5]与直线[3]}、60/60 与 60/30 砖环[直线（2）与直线（3）]以及 60/60 与 60/20 砖环（直线 2）与直线 4））。至于 60/30 与 60/20 砖环、60/30 与 60/10 砖环以及 60/20 与 60/10 砖环，由于砖数 K 和砖环中间半径 R_p 特大，限于篇幅和版面未画出。

【例 37】 用直角坐标图查例 37 砖量。

方案 1　在图 5-1 的 R_p=1300.0 mm 作垂线，交于直线 1 得 $K_{60/120}$ 约 9 块（计算值 9.1 块），交于直线 2 得 $K_{60/60}$ 约 45 块（计算值 44.6 块），交于 K_h 直线得 K_h 约 54 块，（计算值 53.7 块）。

方案 2　在图 5-1 的 R_p=1300.0 mm 作垂线，交于直线⑤得 $K_{60/90}$ 约 18 块（计算值 18.2 块），交于直线②得 $K_{60/60}$ 约 36 块（计算值 35.5 块），交于 K_h 直线得 K_h 约 54 块，（计算值 53.7 块）。

方案 3　在图 5-1 的 R_p=1300.0 mm 作垂线，交于直线[5]得 $K_{60/90}$ 约 36 块（计算值 36.0 块），交于直线[3]得 $K_{60/30}$ 约 18 块（计算值 17.8 块），交于 K_h 直线得 K_h 约 54 块，（计算值 53.7 块）。

【例 38】 用直角坐标图查例 38 砖量。

方案 1　在图 5-1 的 R_p=900.0 mm 作垂线，交于直线 1 得 $K_{60/120M}$ 约 25.5 块（计算值

25.6 块），交于直线 2 得 $K_{60/60M}$ 约 11.5 块（计算值 11.6 块），交于 K_h 直线得 K_h 约 37 块（计算值 37.2 块）。

方案 2 在图 5-1 的 R_p=900.0 mm 作垂线，交于直线 1)得 $K_{60/120M}$ 约 14 块（计算值 14.1 块），交于直线 5)得 $K_{60/90M}$ 约 23 块（计算值 23.1 块），交于 K_h 直线得 K_h 约 37 块（计算值 37.2 块）。

【例 39】 用直角坐标图查例 39 砖量。

方案 1 在图 5-1 的 R_p=2000.0 mm 作垂线，交于直线（2）得 $K_{60/60}$ 约 42.5 块（计算值 43.0 块），交于直线（3）得 $K_{60/30}$ 约 40 块（计算值 39.7 块），交于 K_h 直线得 K_h 约 83 块（计算值 82.7 块）。

方案 2 在图 5-1 的 R_p=2000.0 mm 作垂线，交于直线[5]得 $K_{60/90}$ 约 21 块（计算值 21.5 块），交于直线[3]得 $K_{60/30}$ 约 61.5 块（计算值 61.2 块），交于 K_h 直线得 K_h 约 83 块（计算值 82.7 块）。

方案 3 在图 5-1 的 R_p=2000.0 mm 作垂线，交于直线 2)得 $K_{60/60}$ 约 53 块（计算值 52.9 块），交于直线 4)得 $K_{60/20}$ 约 30 块（计算值 29.8 块），交于 K_h 直线得 K_h 约 83 块（计算值 82.7 块）。

从图 5-1 和用其查例 37~例 39 可看出转炉衬等中间尺寸双楔形砖砖环直角坐标计算图的特点：

（1）与等大端尺寸、等小端尺寸双楔形砖砖环一样，转炉衬等中间尺寸双楔形砖砖环内小半径楔形砖数量 K_x、大半径楔形砖数量 K_d 和砖环总砖数 K_h，都可以在直角坐标图中用直线表示，因为式（4-12b）、式（4-13b）和式（4-9a）均为直线方程。

（2）所有大半径楔形砖数量 K_d 直线，例如图 5-1 中的直线 5)（$K_{60/90}$ 直线）、直线 2（$K_{60/60}$ 直线）、直线②（$K_{60/60}$ 直线）、直线[3]（$K_{60/30}$ 直线）和直线 4)（$K_{60/20}$ 直线），都随 R_p 增大而向上斜，表明随 R_p 增大而增多，这是因为所有这些大半径楔形砖数量 K_d 计算式中 R_p 系数都为正值。砖环总砖数 K_h 直线也随 R_p 增大而向上斜，表明随 R_p 增大 K_h 增多，这是因为 $K_h=2\pi R_p/P$ 式中 R_p 系数 $2\pi/P$ 也为正值，而且各个砖环的总砖数计算式中 R_p 系数都为 $2\pi/P$ 和定值项为 0，各砖环的总砖数用同一条直线表示。所有小半径楔形砖数量 K_x 直线，例如图 5-1 中的直线 1)（$K_{60/120}$ 直线）、直线 1（$K_{60/120}$ 直线）、直线⑤（$K_{60/90}$ 直线）、直线[5]（$K_{60/90}$ 直线）、直线（2）（$K_{60/60}$ 直线）和直线 2)（$K_{60/60}$ 直线）都随 R_p 增大而向下斜，表明随 R_p 增大 K_x 减少，这是因为所有这些小半径楔形砖数量计算式中 R_p 系数都为负值。对每个等中间尺寸双楔形砖砖环而言，都由四点坐标确定了三条互不平行（即交叉）的封闭式线段（K_x、K_d 和 K_h 直线），因为这三条直线的斜率（即砖量计算式 R_p 系数）不同。

（3）图 5-1 中，直线 1 与直线 2 双楔形砖砖环（60/120 与 60/60 砖环）、直线(2)与直线(3)双楔形砖砖环（60/60 与 60/30 砖环），直线 1 与直线（2）平行，也就是这两个砖环的小半径楔形砖数量直线互相平行，因为楔差比同为 1/2 的两砖环的两个小半径楔形砖数量 $K_{60/120}$ 和 $K_{60/60}$ 计算式中 R_p 系数同为 0.04134（见表 4-7）；直线 2 与直线（3）平行，也就是这两个砖环的大半径楔形砖数量直线相互平行，因为楔差比同为 1/2 的两砖环的两个大半径楔形砖数量 $K_{60/60}$ 和 $K_{60/30}$ 计算式中 R_p 系数同为 0.08267（见表 4-7）。同样，在图 5-1 中还可看到另外两个类似的双楔形砖砖环：直线[5]与直线[3]砖环（60/90 与 60/30

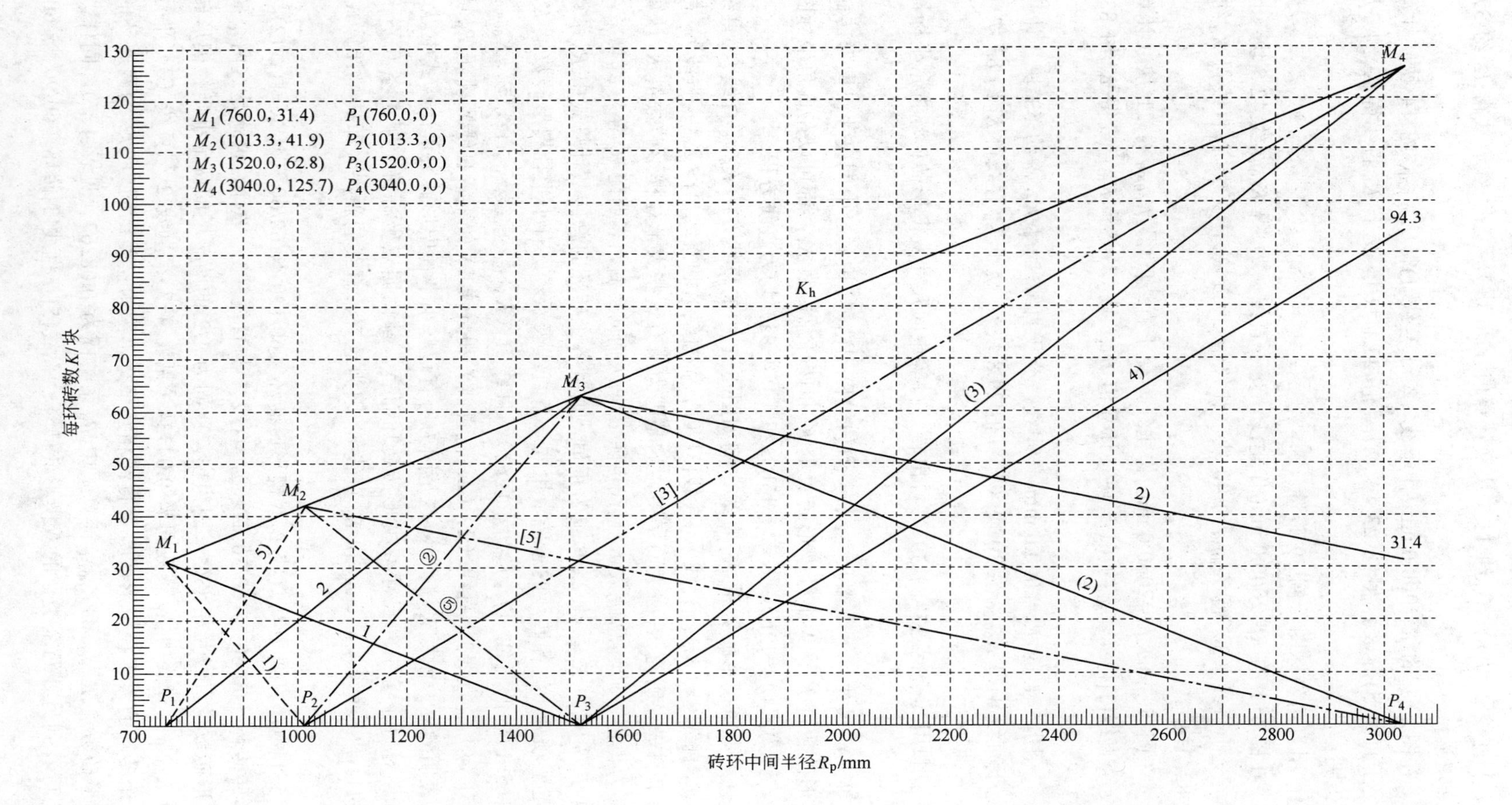

图 5-1　A=600 mm 等中间尺寸双竖宽楔形砖砖环计算图

1，1)—$K_{60/120}$；2，②，(2)，2)—$K_{60/60}$；[3]，(3)—$K_{60/30}$；4)—$K_{60/20}$；5)，⑤，[5]—$K_{60/90}$

砖环）、直线 2）与直线 4）砖环（60/60 与 60/20 砖环），直线[5]与直线 2）平行，也就是这两个砖环的小半径楔形砖数量直线互相平行，因为楔差比同为 1/3 两砖环的两个小径楔形砖数量 $K_{60/90}$ 和 $K_{60/60}$ 计算式中 R_p 系数同为−0.02067（见表 4-7）；直线[3]与直线 4）平行，也就是这两个砖环的大半径楔形砖数量直线互相平行，因为楔差比同为 1/3 两砖环的两个大半径楔形砖数量 $K_{60/30}$ 和 $K_{60/20}$ 计算式中 R_p 系数同为 0.06201（见表 4-7）。当然，在图 5-1 中也看到两砖环的两小半径楔形砖数量和两大半径楔形砖数量直线互不平行的情况。例如 60/120 与 60/90 砖环、60/90 与 60/60 砖环，这两砖环的两个小半径楔形砖数量直线 1）和直线 1 不平行，因为楔差比不同（分别为 3/4 和 2/3）引起的两砖环两个小半径楔形砖数量计算式中 R_p 系数不同（分别为−0.12401 和−0.08267）（见表 4-7）；这两个砖环的两大半径楔形砖数量直线 5）和直线②不平行，因为楔差比不同（分别为 3/4 和 2/3）引起的两砖环两个大半径楔形砖数量计算式中 R_p 系数不同（分别为 0.16535 和 0.12401）（见表 4-7）。楔差比为 2/3 的 60/90 与 60/60 砖环、楔差比为 1/3 的 60/60 与 60/20 砖环，这两砖环中小半径楔形砖数量直线⑤（$K_{60/90}$）和直线 2)（$K_{60/60}$）不平行，大半径楔形砖数量直线②（$K_{60/60}$）和直线 4)（$K_{60/20}$）不平行，因为它们的 R_p 系数不同（分别为−0.08267、−0.02067、0.12401 和 0.06201）（见表 4-7）。

（4）由图 5-1 查例 37~例 39 的结果表明，与计算值相差 0.1~0.5 块，但查找速度比计算过程快得多。

5.3 转炉衬等中间尺寸双楔形砖砖环计算线

综上所述，转炉衬等中间尺寸双楔形砖砖环直角坐标图，对于理解基于楔形砖尺寸特征的双楔形砖砖环中国简化计算式、选择合理配砌方案，以及用于转炉衬砖量的查找等，都是很实用的。但是，由于直角坐标图占用版面较大，转炉衬砖大小端距离 A 多组和每组砖号数量多，本手册版面和篇幅有限，又要保持足够查找精度，不得不寻求改进的简化计算图——计算线。

转炉衬等中间尺寸双楔形砖砖环计算线绘制的原理，仍以直角坐标计算图为依据，只是将直角坐标计算图中每个双楔形砖砖环的两条表示砖量的交叉斜线，投影到表示砖环中间半径的水平横轴上。

在高炉双楔形砖砖环计算线上，砖环半径水平线与砖量水平线是分开的。那是考虑到双环砌砖计算线的需要。转炉衬双楔形砖砖环多为单环砌砖，将砖环中间半径与砖量画在一条水平线上，查找起来非常直观、方便和准确。如转炉衬等中间尺寸双楔形砖砖环计算线模式图（图 5-2）所示。首先画出两条平行的水平直线，在上水平线的下方和下水平线的上方，都标出同样的砖环中间半径 R_p（mm）刻度。R_p 水平线的左端起点为小半径楔形砖中间半径 R_{px}，右端终点为大半径楔形砖中间半径 R_{pd}。其次，上水平线上方刻度表示小半径楔形砖数量 K_x：左端起点（对准 R_{px}）为小半径楔形砖每环极限砖数 K'_x；右端终点（对准 R_{pd}）$K_x=0$，下水平线下方刻度表示大半径楔形砖数量 K_d：左端起点（对准 R_{px}）$K_d=0$，右端终点（对准 R_{pd}）为大半径楔形砖每环极限砖数 K'_d。第三，表示 K_x 的上水平线上方刻度，从右端 $K_x=0$ 开始，向左每 10 块小半径楔形砖的砖环中间半径减小量为 $10(\Delta R_p)'_{lx}$，依次 K_x 等于 10 块、20 块和 30 块……对应的砖环中间半径为 $R_{px10}=R_{pd}-10(\Delta R_p)'_{lx}$、$R_{px20}=R_{px10}-10(\Delta R_p)'_{lx}$、$R_{px30}=R_{px20}-10(\Delta R_p)'_{lx}$……。表示 K_d 的水平线下方刻度，从左端 $K_d=0$ 开始，向右每 10 块大半径楔形砖的砖环中间半径增大量为 $10(\Delta R_p)'_{ld}$，依次 K_d 等于 10 块、20 块和 30 块……对应的砖环中间半径为 $R_{pd10}=R_{px}+10(\Delta R_p)'_{ld}$、$R_{pd20}=R_{pd10}+10(\Delta R_p)'_{ld}$、$R_{pd30}=R_{pd20}+10(\Delta R_p)'_{ld}$……。

按图 5-2 等中间尺寸双楔形砖砖环计算线模式图，绘制了我国转炉衬计算线（图 5-3～图 5-11）。这里以 A=600 mm、不同楔差比各转炉衬等中间尺寸双楔形砖砖环为例，说明这些砖环计算线的绘制方法。

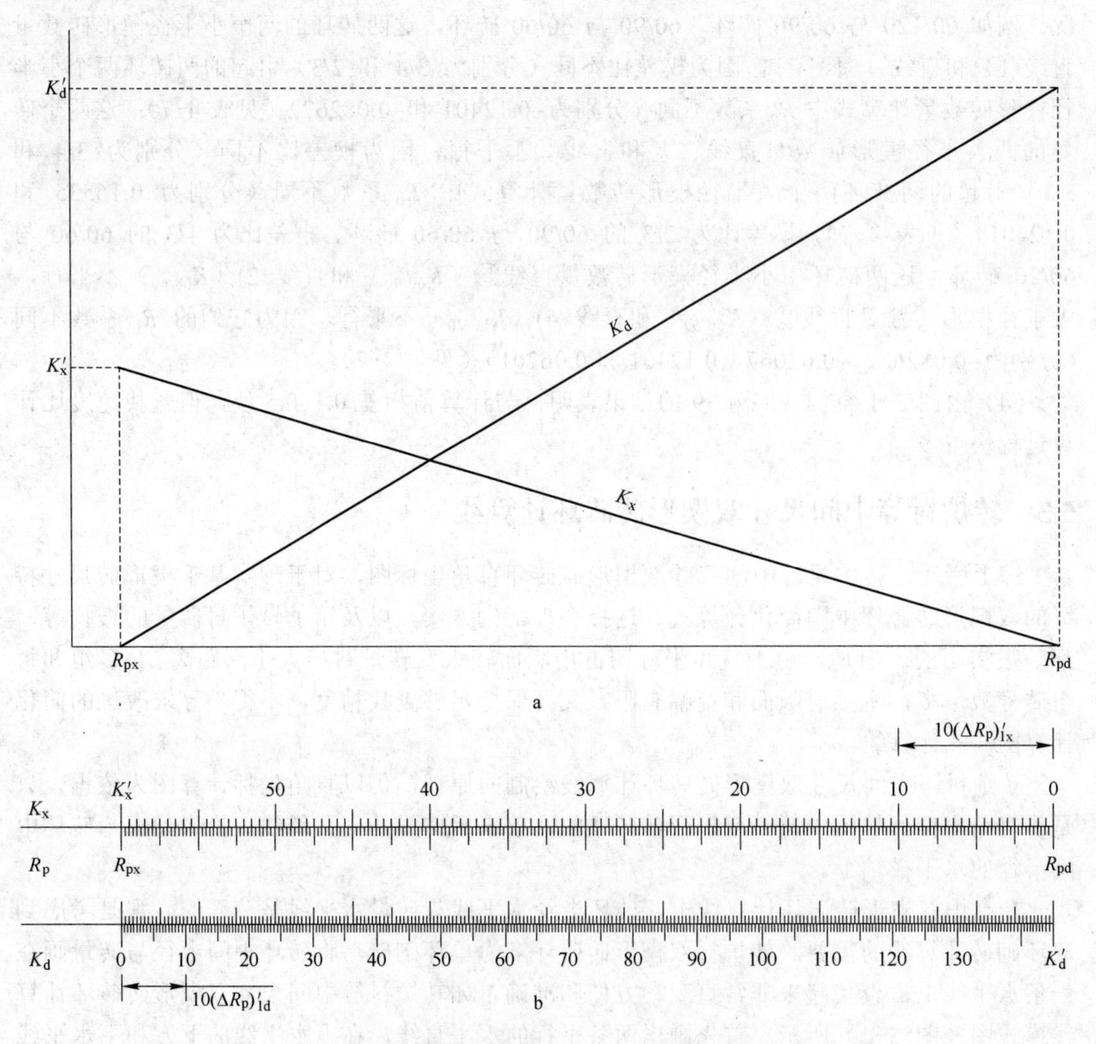

图 5-2　等中间尺寸双楔形砖砖环计算线模式图

a—直角坐标计算图；b—计算线

图 5-3-(2)60/120 与 60/60 双楔形砖砖环计算线绘制方法。首先，画出两条水平直线，两条直线间的同样刻度表示砖环中间半径 R_p，左端起点为 $R_{p60/120}$=760.0 mm，右端终点为 $R_{p60/60}$=1520.0 mm，间隔每小格代表 10 mm。其次，上水平线上方刻度表示 $K_{60/120}$，左端起点（对准 760.0 mm）为 $K'_{60/120}$=31.4 块，右端终点（对准 1520.0 mm）为 $K_{60/120}$=0。下水平线下方刻度表示 $K_{60/60}$，左端起点（对准 760.0 mm）$K_{60/60}$=0，右端终点（对准 1520.0 mm）为 $K'_{60/60}$=62.8 块。第三，从上水平线上方右端 $K_{60/120}$=0 开始，向左每

10 块 $K_{60/120}$ 的砖环中间半径减小量为 $10(\Delta R_p)'_{lx}=10\times24.1915=241.915$ mm[由表 5-1 查得楔差比为 1/2 砖环的$(\Delta R_p)'_{lx}=24.1915$ mm]，依次 $K_{60/120}$ 等于 10 块、20 块和 30 块对应的砖环中间半径 $R_{px10}=1520.0-241.915=1278.1$ mm、$R_{px20}=1278.1-241.915=1036.0$ mm 和 $R_{px30}=1036.2-241.915=794.3$ mm。从下水平线下方左端 $K_{60/60}=0$ 开始，向右每 10 块 $K_{60/60}$ 的砖环中间半径增大量为 $10(\Delta R_p)'_{ld}=10\times12.0957=120.957$[由表 5-1 查得楔差比为 1/2 砖环的$(\Delta R_p)'_{ld}=12.0957$ mm]，依次 $K_{60/60}$ 等于 10 块、20 块和 30 块……对应的砖环中间半径为 $R_{pd10}=760.0+120.957=881$ mm 、 $R_{pd20}=881+120.957=1001.9$ mm 和 $R_{pd30}=1001.9+120.957=1122.9$ mm……。楔差比同为 1/2 的 0.1A/60 与 0.1A/30 砖环、0.1A/20 与 0.1A/10 砖环，它们的计算线的绘制都采用这种方法。在图 5-3 和图 5-4，将砖环中间半径 R_p 画在上下方；从图 5-5 以后砖环中间半径 R_p 画在中间。

图 5-6-(8)60/90 与 60/60 双楔形砖砖环计算线绘制方法。首先画出两条水平直线，两条线间的同样刻度表示砖环中间半径 R_p，左端起点为 $R_{p60/90}=1013.3$ mm，右端终点为 $R_{p60/60}=1520.0$ mm，间隔每小格代表 5 mm。其次，上水平线上方刻度表示 $K_{60/90}$，左端起点（对准 1013.3 mm）为 $K'_{60/90}=41.9$ 块，右端终点（对准 1520.0 mm）为 $K_{60/90}=0$。下水平线下方刻度表示 $K_{60/60}$，左端起点（对准 1013.3 mm）$K_{60/60}=0$，右端终点（对准 1520.0 mm）为 $K'_{60/60}=62.8$ 块。第三，从上水平线上方右端 $K_{60/90}=0$ 开始，向左每 10 块 $K_{60/90}$ 的砖环中间半径减小量为 $10(\Delta R_p)'_{lx}=10\times12.0957=120.957$ mm[由表 5-1 查得楔差比 2/3 砖环的$(\Delta R_p)'_{lx}=12.0957$ mm]，依次 $K_{60/90}$ 等于 10 块、20 块和 30 块……对应的砖环中间半径 $R_{px10}=1520.0-120.957=1399.0$ mm、$R_{px20}=1399.0-120.957=1278.1$ mm 和 $R_{px30}=1278.1-120.957=1157.1$ mm……。从下水平线下方左端 $K_{60/60}=0$ 开始，向右每 10 块 $K_{60/60}$ 的砖环中间半径增大量为 $10(\Delta R_p)'_{ld}=10\times8.0638=80.638$ mm[由表 5-1 查得楔差比 2/3 砖环的$(\Delta R_p)'_{ld}=8.0638$ mm]，依次 $K_{60/60}$ 等于 10 块、20 块和 30 块……对应的砖环中间半径 $R_{pd10}=1013.3+80.638=1093.9$ mm、$R_{pd20}=1093.9+80.638=1174.6$ mm 和 $R_{pd30}=1174.6+80.638=1255.2$ mm……。楔差比同为 2/3 的 0.1A/30 与 0.1A/20 砖环计算线的绘制也采用这种方法。

图 5-8-(8)60/90 与 60/30 双楔形砖砖环计算线绘制方法。首先画出两条水平直线，两条线间的同样的刻度表示砖环中间半径 R_p，左端起点为 $R_{p60/90}=1013.3$ mm，右端终点为 $R_{p60/30}=3040.0$ mm，间隔每小格代表 10 mm。其次，上水平线上方刻度表示 $K_{60/90}$，左端起点（对准 1013.3 mm）$K'_{60/90}=41.9$ 块，右端终点（对准 3040.0 mm）为 $K_{60/90}=0$。下水平线下方刻度表示 $K_{60/30}$，左端起点（对准 1013.3 mm）$K_{60/30}=0$，右端终点（对准 3040.0 mm）为 $K'_{60/30}=125.7$ 块。第三，从上水平线上方右端 $K_{60/90}=0$ 开始，向左每 10 块 $K_{60/90}$ 的砖环中间半径减小量为 $10(\Delta R_p)'_{lx}=10\times48.3830=483.83$ mm[由表 5-1 查得楔差比 1/3 砖环的$(\Delta R_p)'_{lx}=48.3830$ mm]，依次 $K_{60/90}$ 等于 10 块、20 块和 30 块……对应的砖环中间半径 $R_{px10}=3040.0-483.83=2556.2$ mm、$R_{px20}=2556.2-483.83=2072.3$ mm 和 $R_{px30}=2072.3-483.83=1588.5$ mm……。从下水平线下方左端 $K_{60/30}=0$ 开始，向右每 10 块 $K_{60/30}$ 的砖环中间半径增大量为 $10(\Delta R_p)'_{ld}=10\times16.1277=161.277$[由表 5-1 查得楔差比 1/3 砖环的$(\Delta R_p)'_{ld}=16.1277$ mm]，依次 $K_{60/30}$ 等于 10 块、20 块和 30 块……对应的砖环中间半径 $R_{pd10}=1013.3+161.277=1174.6$ mm、$R_{pd20}=1174.6+161.277=1335.9$ mm 和 $R_{pd30}=1335.9+161.277=1497.1$ mm……。楔差比同为 1/3 的 0.1A/60 与 0.1A/20 砖环、0.1A/30 与 0.1A/10 砖环，它

们的计算线的绘制都采用这种方法。

图 5-11-(2)60/120 与 60/90 双楔形砖砖环计算线绘制方法。首先画出两条水平直线，两条线间的同样的刻度表示砖环中间半径 R_p，左端起点为 $R_{p60/120}$=760.0 mm，右端终点为 $R_{p60/90}$=1013.3 mm，间隔每小格代表 5 mm。其次，上水平线上方刻度表示 $K_{60/120}$，左端起点（对准 760.0 mm）$K'_{60/120}$=31.4 块，右端终点（对准 1013.3 mm）为 $K_{60/120}$=0。下水平线下方刻度表示 $K_{60/90}$，左端起点（对准 760.0 mm）$K_{60/90}$=0，右端终点（对准 1013.3 mm）为 $K'_{60/30}$=41.9 块。第三，从上水平线上方右端 $K_{60/120}$=0 开始，向左每 10 块 $K_{60/120}$ 的砖环中间半径减小量为 $10(\Delta R_p)'_{lx}=10\times8.0638$=80.638 mm[由表 5-1 查得楔差比 3/4 砖环的$(\Delta R_p)'_{lx}$=8.0638 mm]，依次 $K_{60/120}$ 等于 10 块和 20 块……对应的砖环中间半径 R_{px10}=1013.3−80.638=932.7 mm 和 R_{px20}=932.7−80.638=852.0 mm……。从下水平线下方左端 $K_{60/90}$=0 开始，向右每 10 块 $K_{60/90}$ 的砖环中间半径增大量为 $10(\Delta R_p)'_{ld}=10\times$6.0479=60.479[由表 5-1 查得楔差比 3/4 砖环的$(\Delta R_p)'_{ld}$=6.0479 mm]，依次 $K_{60/90}$ 等于 10 块、20 块和 30 块……对应的砖环中间半径 R_{pd10}=760.0＋60.479=820.5 mm、R_{pd20}=820.5+60.479=881.0 mm 和 R_{pd30}=881.0＋60.479=941.4 mm……。

用转炉衬等中间尺寸双楔形砖砖环计算线查找例 37~例 40。

【例 37】 用计算线查找例 37 的砖量。

方案 1　在图 5-3-(2)的 60/120 与 60/60 双楔形砖砖环计算线的 R_p=1300.0 mm 处查得，$K_{60/120}$ 约为 9 块（计算值 9.1 块），$K_{60/60}$ 约为 44.5 块（计算值 44.6 块）。

方案 2　在图 5-6-(8)的 60/90 与 60/60 双楔形砖砖环计算线的 R_p=1300.0 mm 处查得，$K_{60/90}$ 约为 18.3 块（计算值 18.2 块），$K_{60/60}$ 约为 36.5 块（计算值 35.6 块）。

方案 3　在图 5-8-(8)的 60/90 与 60/30 双楔形砖砖环计算线的 R_p=1300.0 mm 处查得，$K_{60/90}$ 约为 36 块（计算值 36.0 块），$K_{60/30}$ 约为 17.5 块（计算值 17.8 块）。

【例 38】 用计算线查找例 38 的砖量。

方案 1　在图 5-3-(2)的 60/120 与 60/60 双楔形砖砖环计算线的 R_p=900.0 mm 处查得，$K_{60/120M}$ 约为 25.5 块（计算值 25.6 块），$K_{60/60M}$ 约为 11.5 块（计算值 11.6 块）。

方案 2　在图 5-11-(2)的 60/120 与 60/90 双楔形砖砖环计算线的 R_p=900.0 mm 处查得，$K_{60/120M}$ 约为 14 块（计算值 14.1 块），$K_{60/90M}$ 约为 23 块（计算值 23.1 块）。

【例 39】 用计算线查找例 39 的砖量。

方案 1　在图 5-4-(8)的 60/60 与 60/30 双楔形砖砖环计算线的 R_p=2000.0 mm 处查得，$K_{60/60}$ 约为 43 块（计算值 43.0 块），$K_{60/30}$ 约为 39.5 块（计算值 39.7 块）。

方案 2　在图 5-8-(8)的 60/90 与 60/30 双楔形砖砖环计算线的 R_p=2000.0 mm 处查得，$K_{60/90}$ 约为 21.5 块（计算值 21.5 块），$K_{60/30}$ 约为 61 块（计算值 61.2 块）。

方案 3　在图 5-9-(8)的 60/60 与 60/20 双楔形砖砖环计算线的 R_p=2000.0 mm 处查得，$K_{60/60}$ 约为 53 块（计算值 52.9 块），$K_{60/20}$ 约为 30 块（计算值 29.8 块）。

【例 40】 用计算线查找例 40 的砖量。

方案 1　在图 5-5-(8)的 60/20 与 60/10 双楔形砖砖环计算线的 R_p=5300.0 mm 处查得，$K_{60/20}$ 约为 158 块（除以 12 后为 13.2 块，计算值 13.2 块），$K_{60/10}$ 约为 61 块（除以 12 后为 5.1 块，计算值 5.1 块）。

方案 2　在图 5-10-(8)的 60/30 与 60/10 双楔形砖砖环计算线的 R_p=5300.0 mm 处查得，

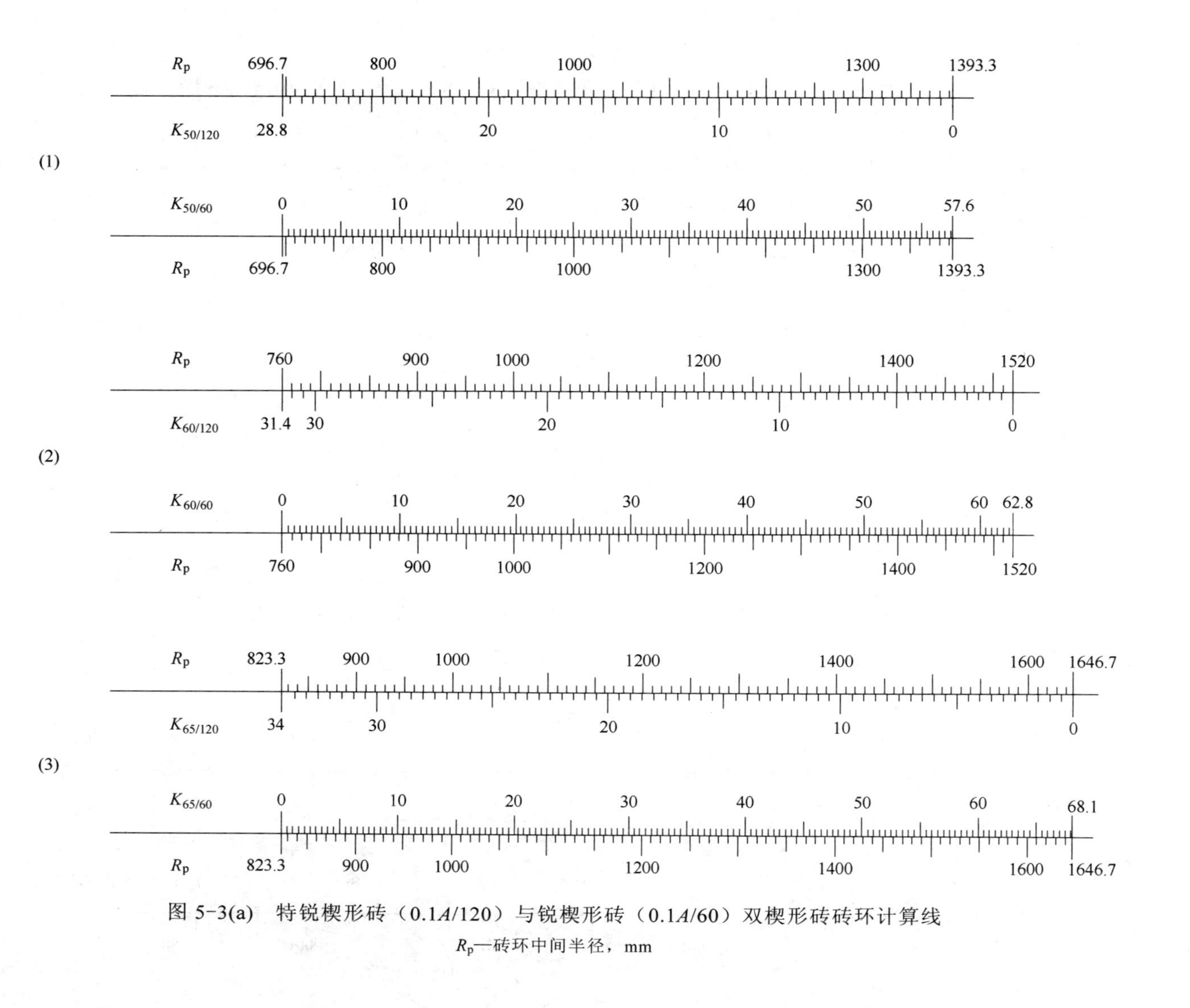

图 5-3(a)　特锐楔形砖（0.1A/120）与锐楔形砖（0.1A/60）双楔形砖砖环计算线

R_p—砖环中间半径，mm

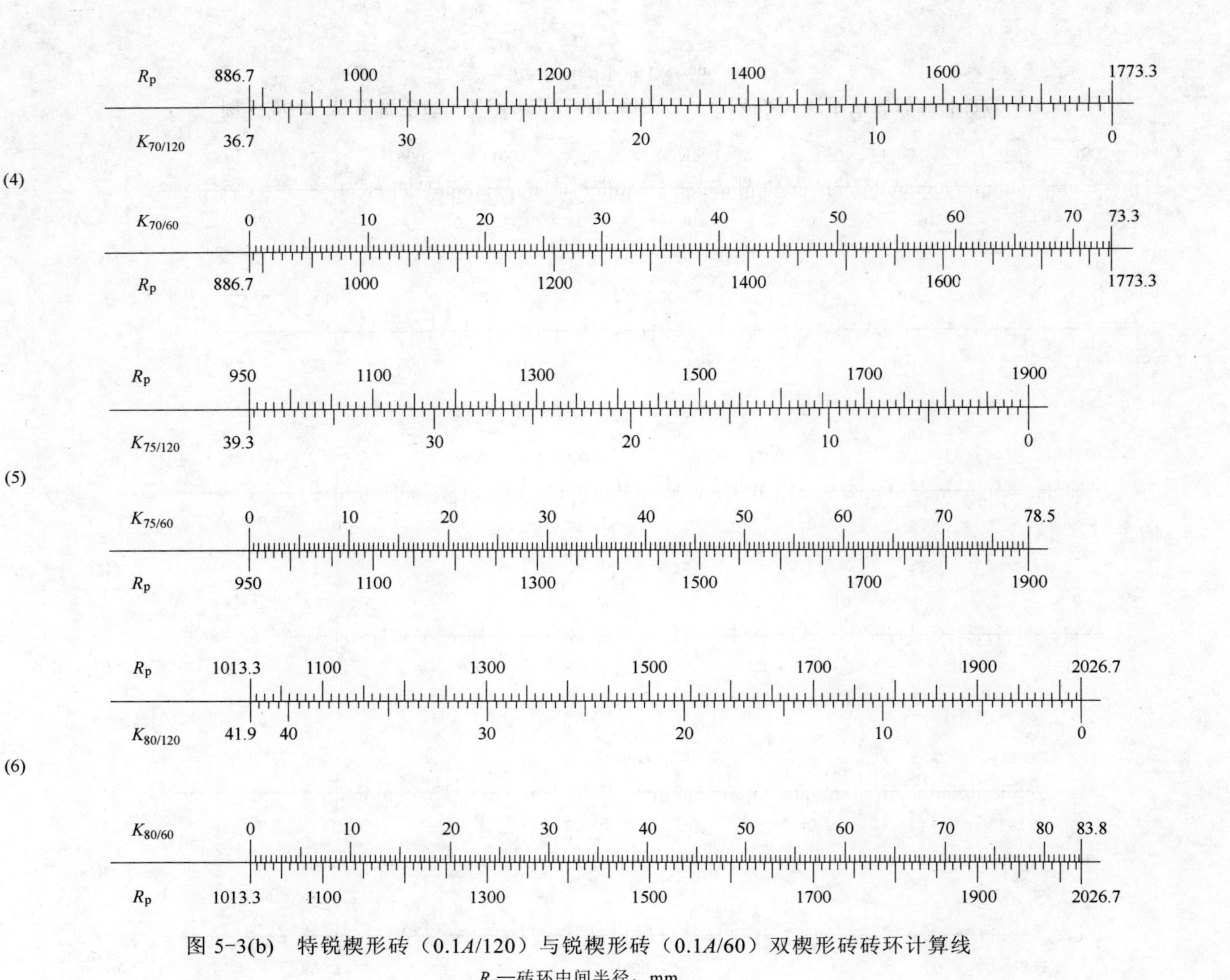

图 5-3(b)　特锐楔形砖（0.1A/120）与锐楔形砖（0.1A/60）双楔形砖砖环计算线

R_p—砖环中间半径，mm

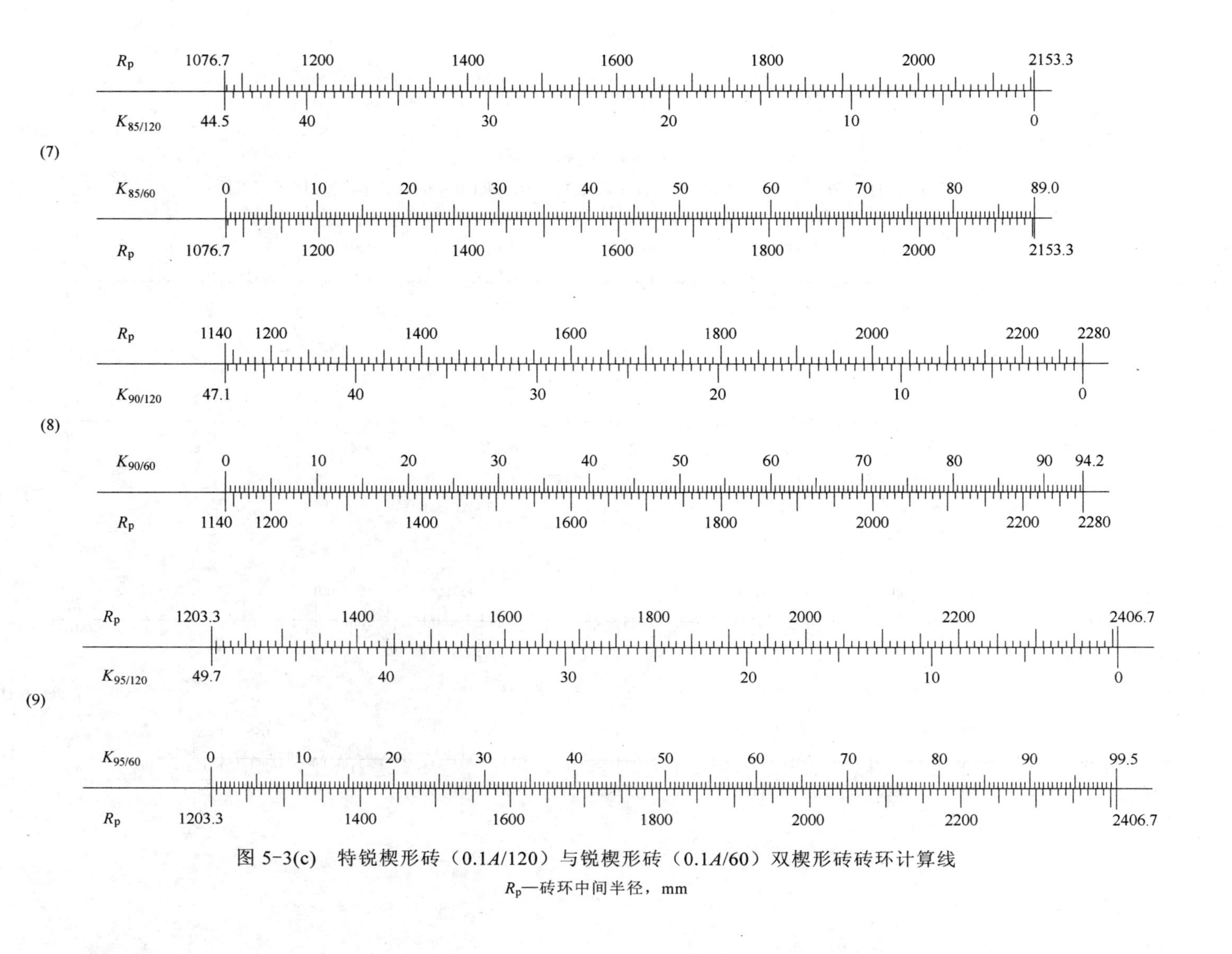

图 5-3(c) 特锐楔形砖（0.1A/120）与锐楔形砖（0.1A/60）双楔形砖砖环计算线

R_p—砖环中间半径，mm

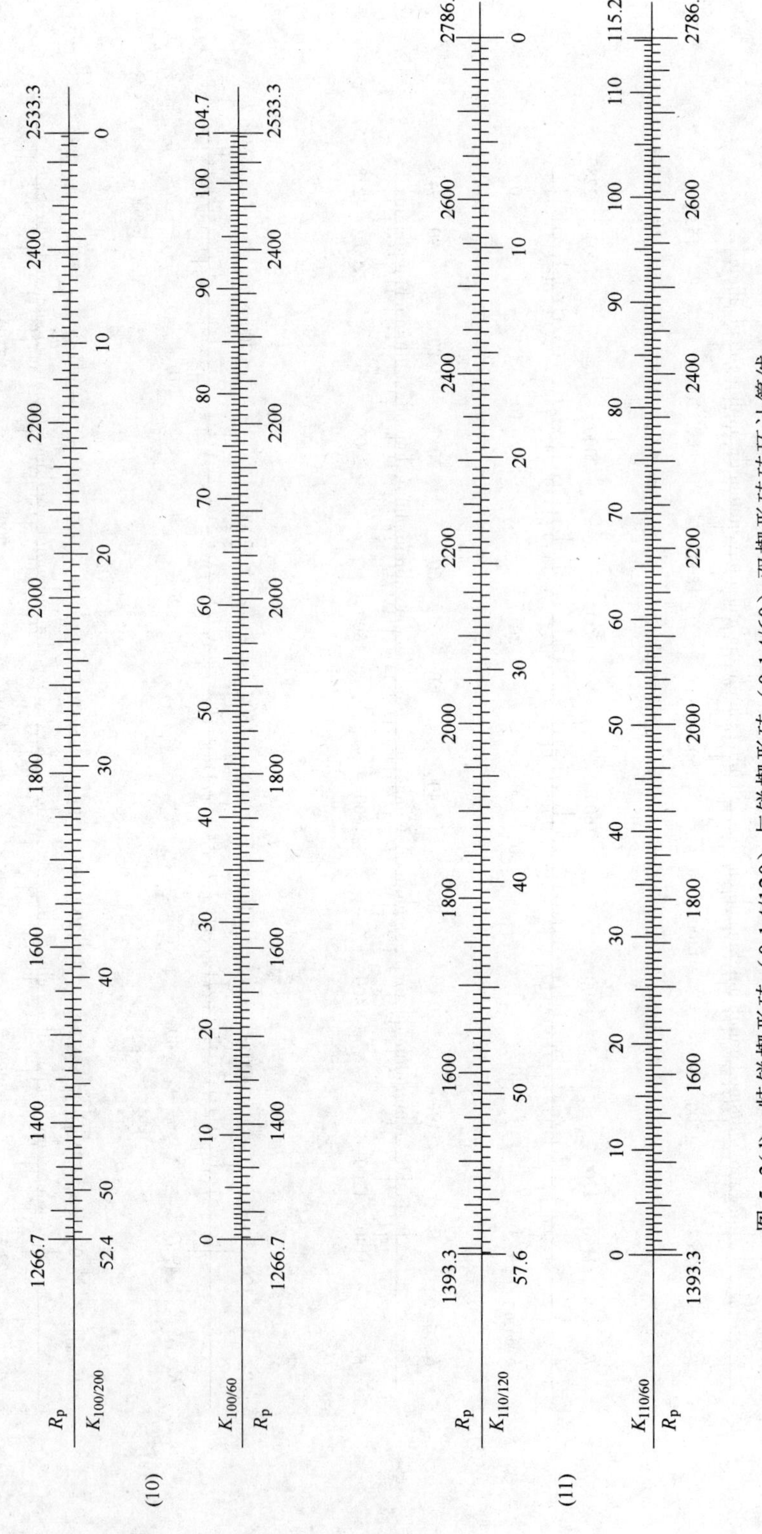

图 5-3(d)　特锐楔形砖（0.1*A*/120）与锐楔形砖（0.1*A*/60）双楔形砖砖环计算线

R_p—砖环中间半径，mm

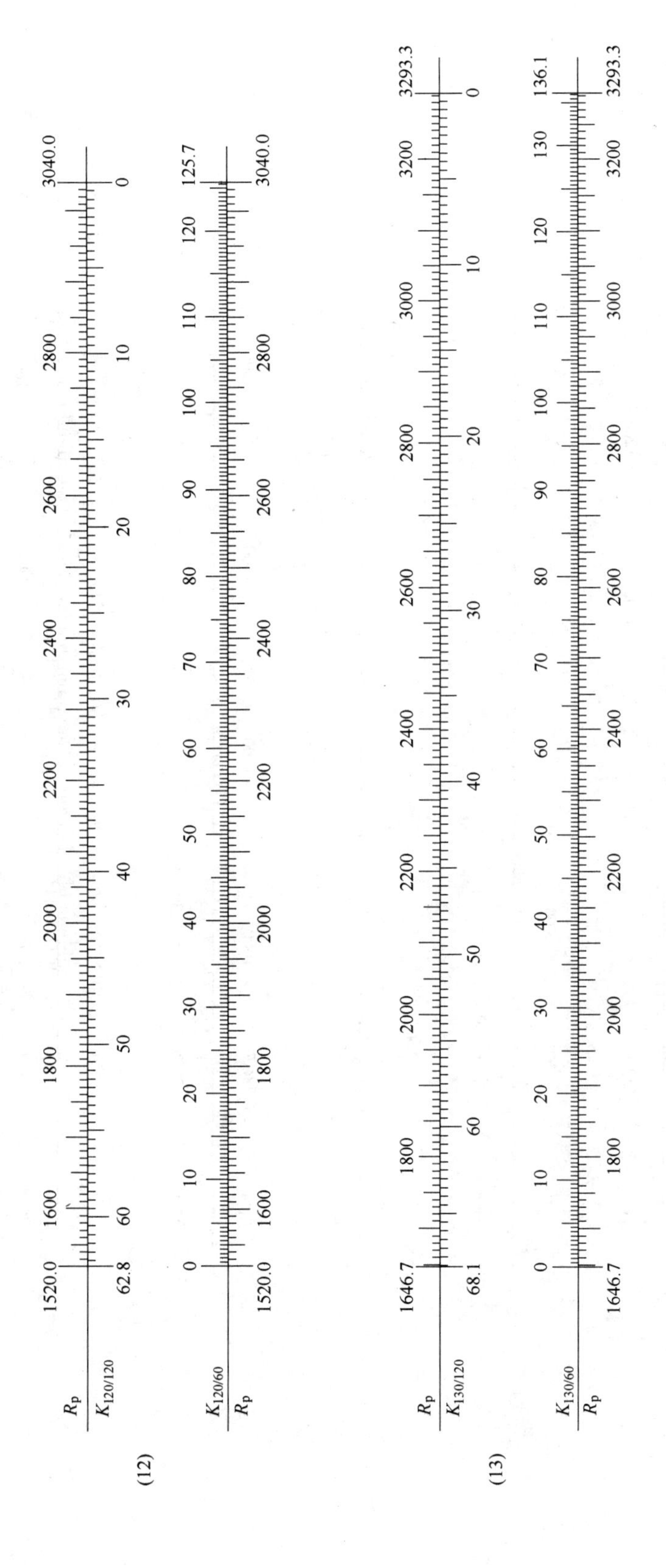

图 5-3(e) 特锐楔形砖（0.1*A*/120）与锐楔形砖（0.1*A*/60）双楔形砖砖环计算线

R_p—砖环中间半径，mm

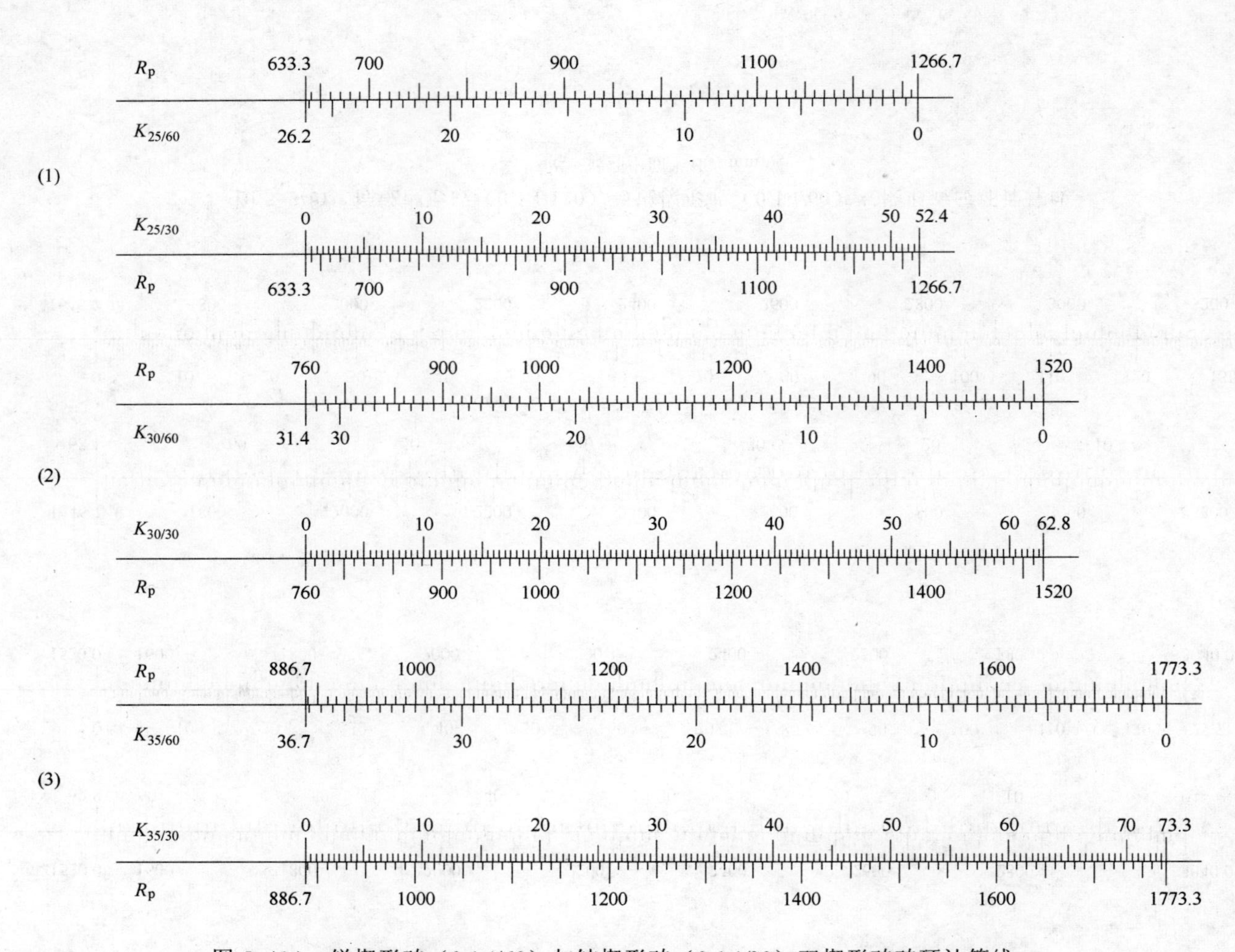

图 5-4(a)　锐楔形砖（0.1A/60）与钝楔形砖（0.1A/30）双楔形砖砖环计算线

R_p—砖环中间半径，mm

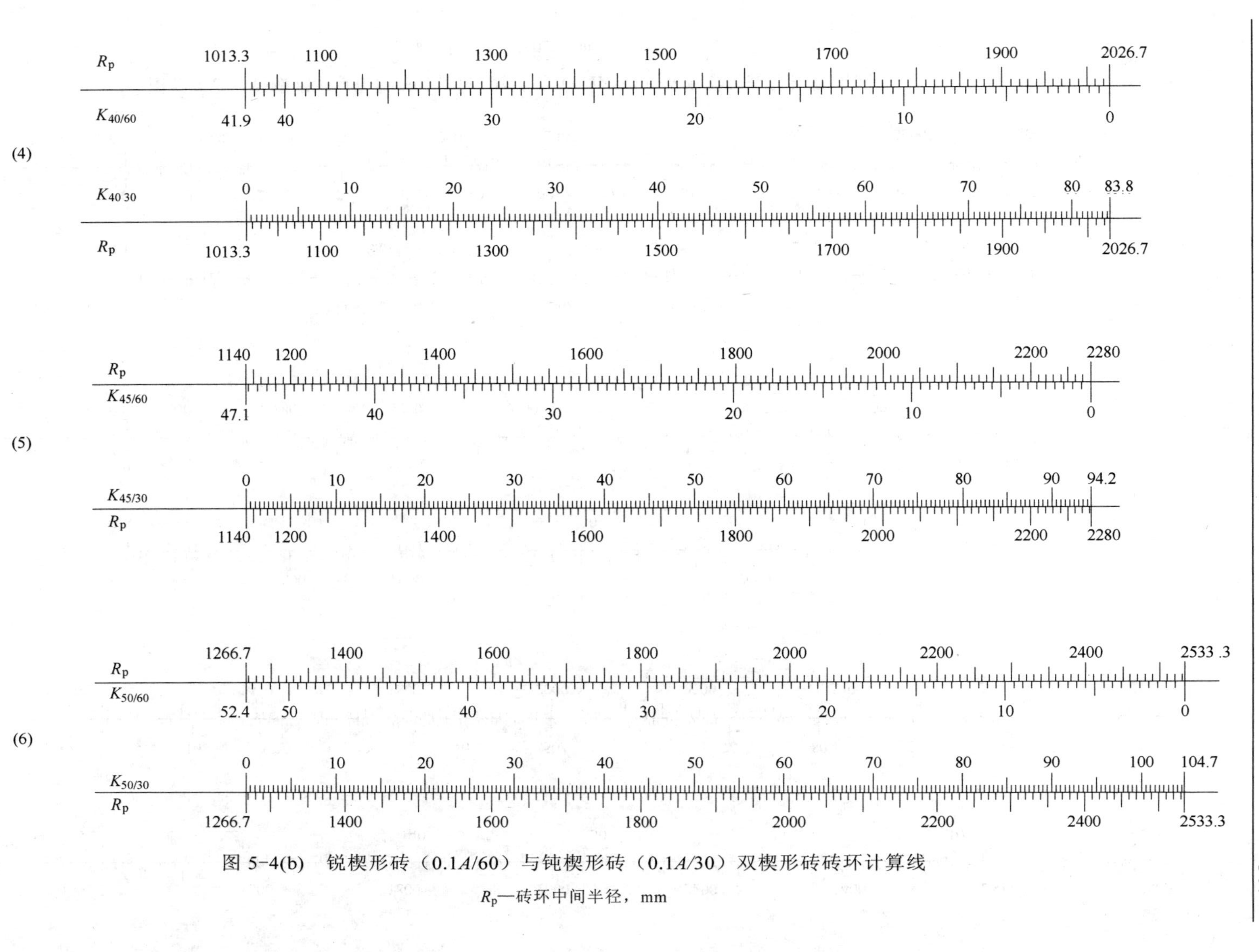

图 5-4(b) 锐楔形砖（0.1*A*/60）与钝楔形砖（0.1*A*/30）双楔形砖砖环计算线

R_p—砖环中间半径，mm

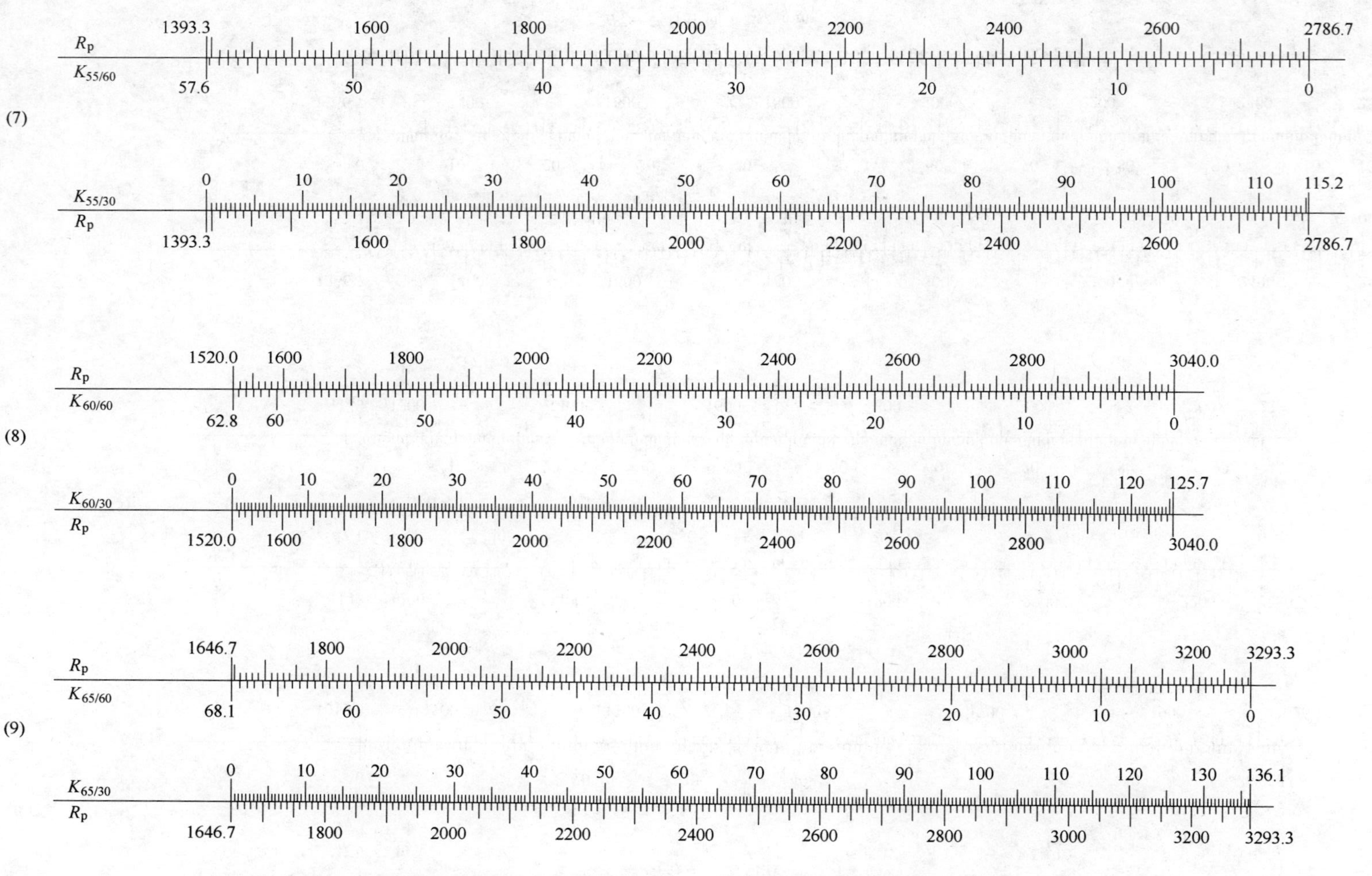

图 5-4(c)　锐楔形砖（0.1A/60）与钝楔形砖（0.1A/30）双楔形砖砖环计算线

R_p—砖环中间半径，mm

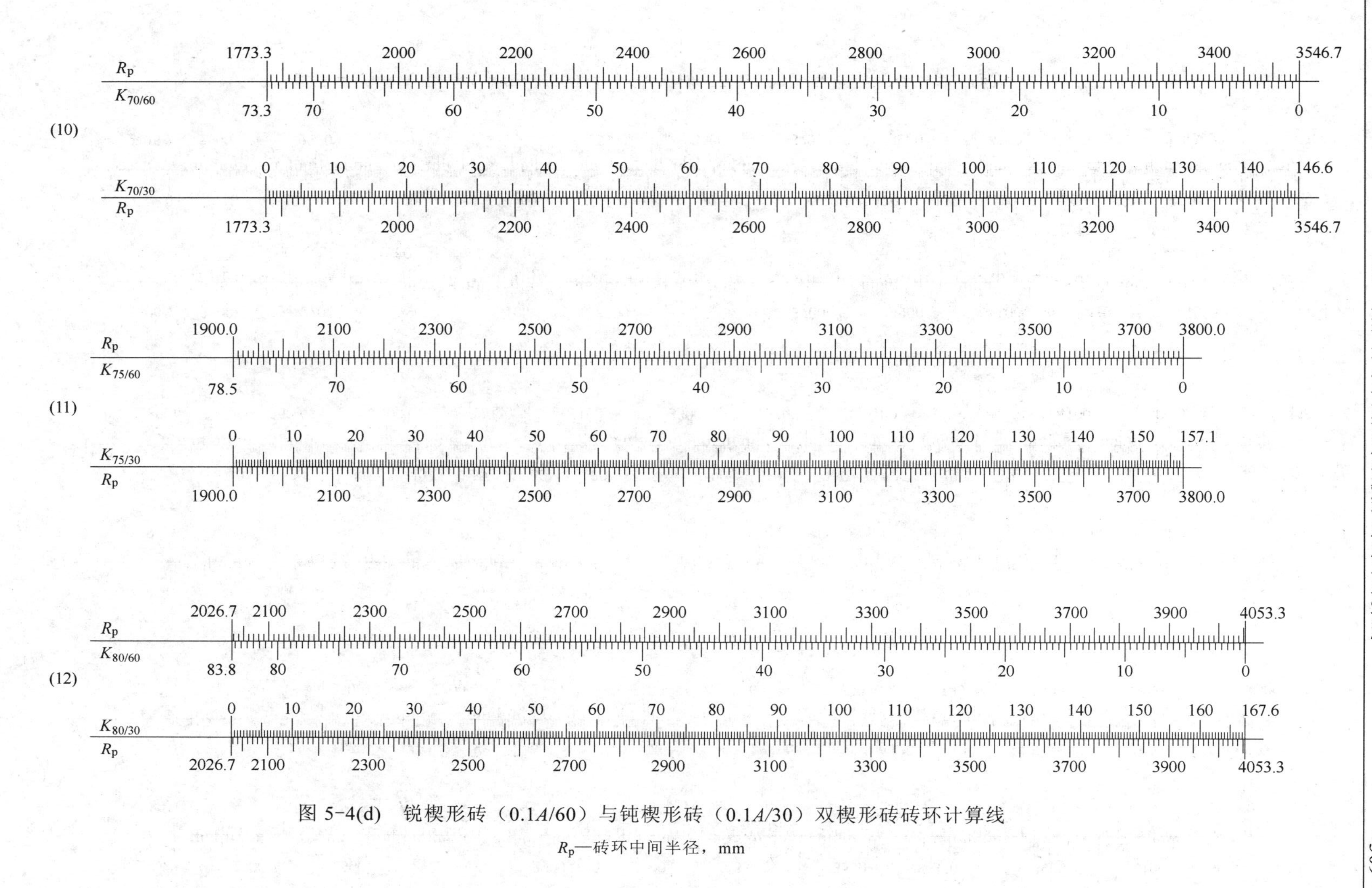

图 5-4(d)　锐楔形砖（0.1A/60）与钝楔形砖（0.1A/30）双楔形砖砖环计算线

R_p—砖环中间半径，mm

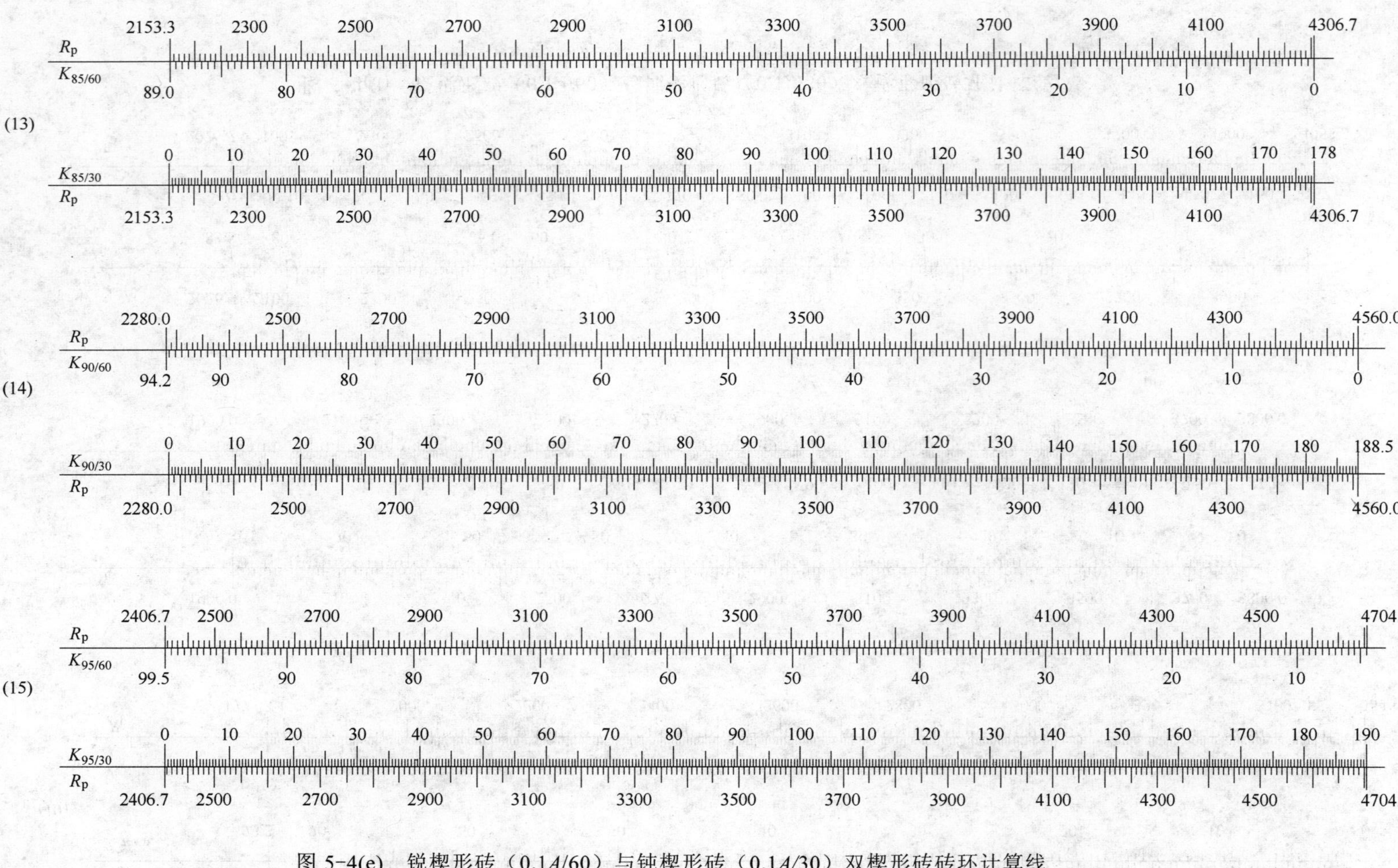

图 5-4(e) 锐楔形砖（0.1*A*/60）与钝楔形砖（0.1*A*/30）双楔形砖砖环计算线

R_p—砖环中间半径，mm

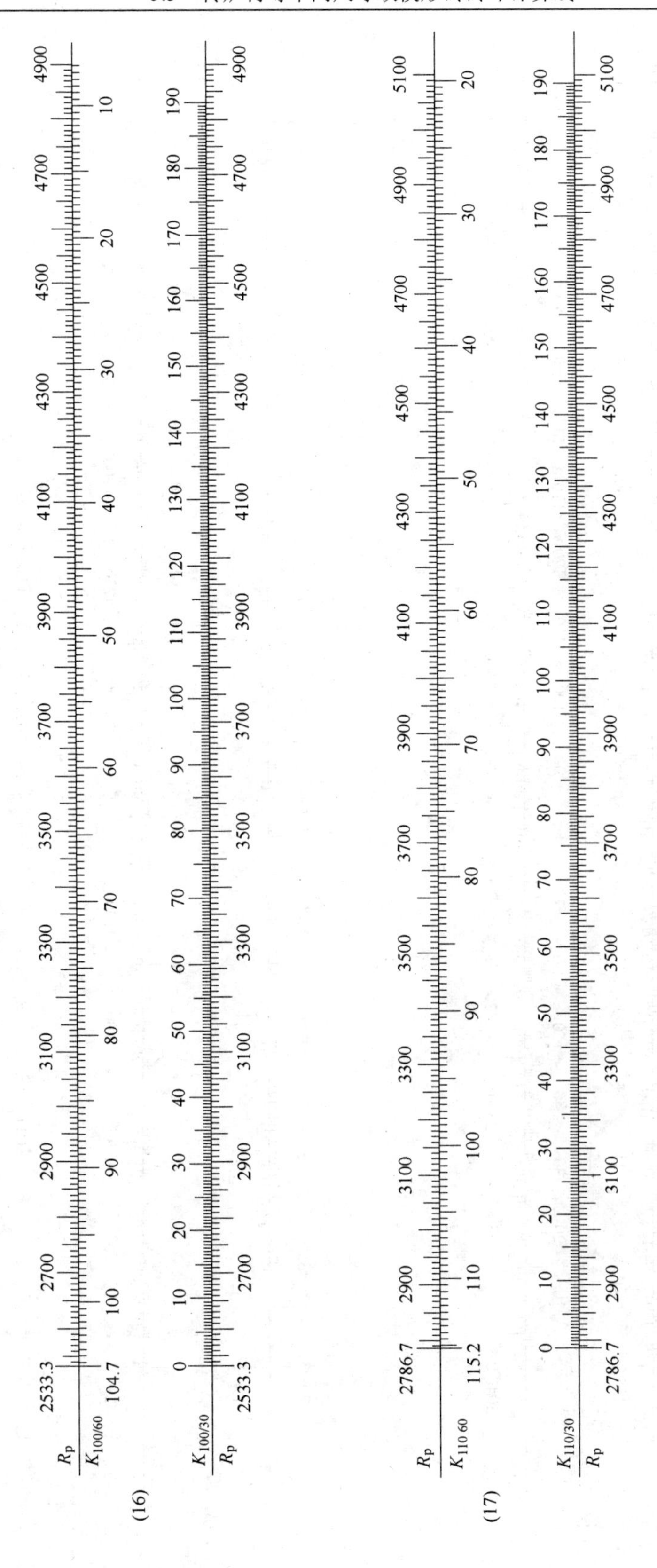

图 5-4(f) 锐楔形砖（0.1A/60）与钝楔形砖（0.1A/30）双楔形砖砖环计算线

R_p—砖环中间半径，mm

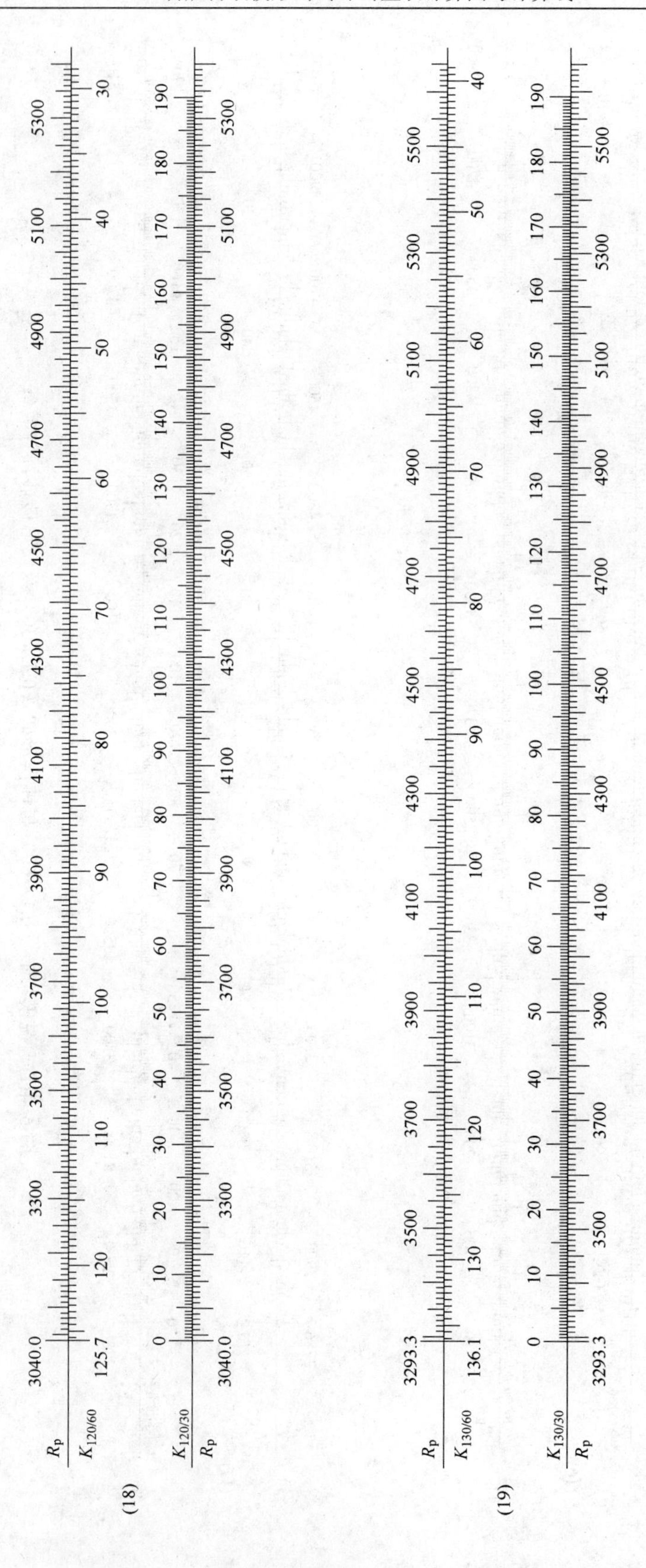

图 5-4(g)　锐楔形砖（0.1A/60）与钝楔形砖（0.1A/30）双楔形砖砖环计算线

R_p—砖环中间半径，mm

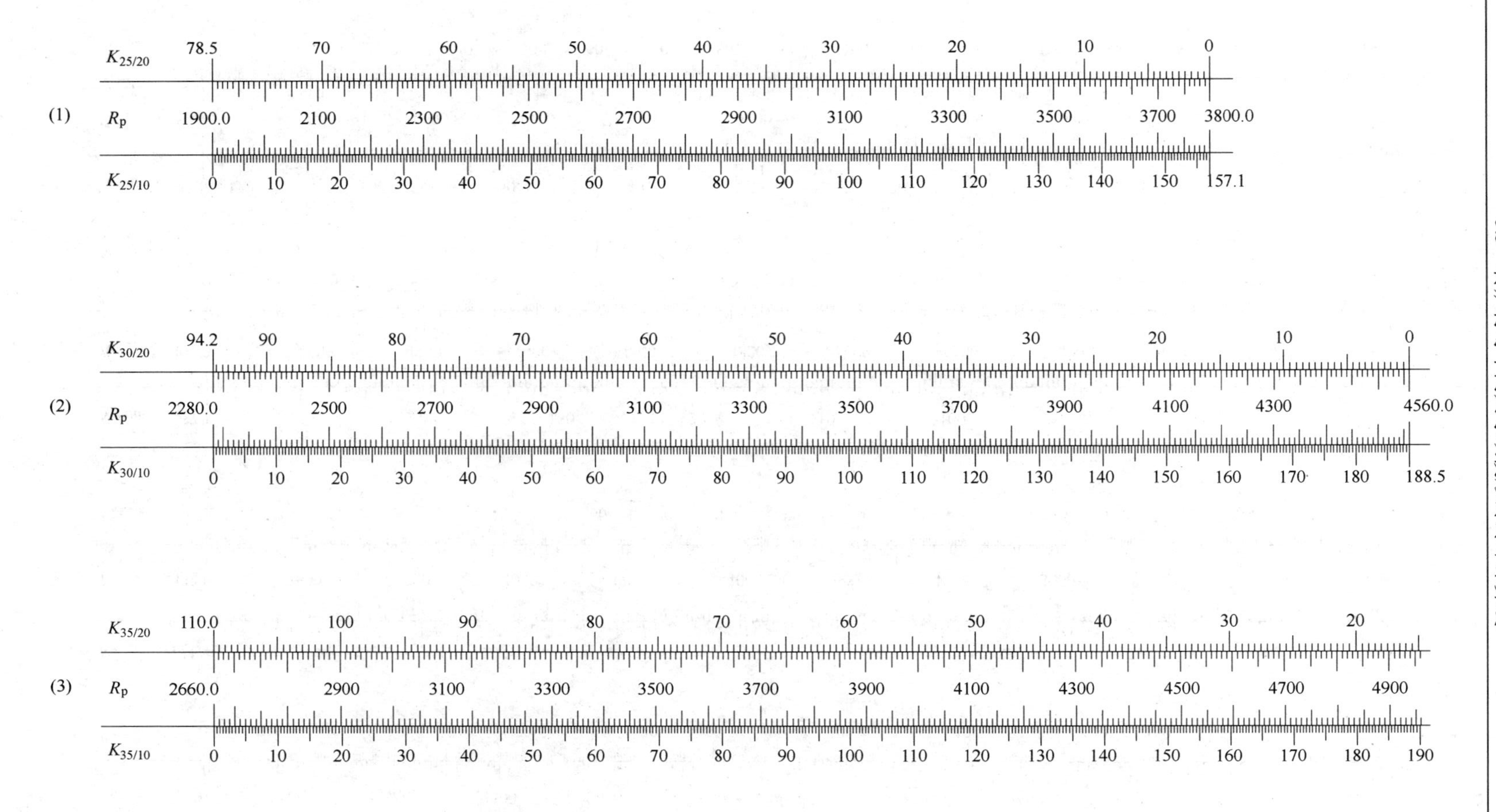

图 5-5(a) 0.1A/20 与 0.1A/10 双楔形砖砖环计算线

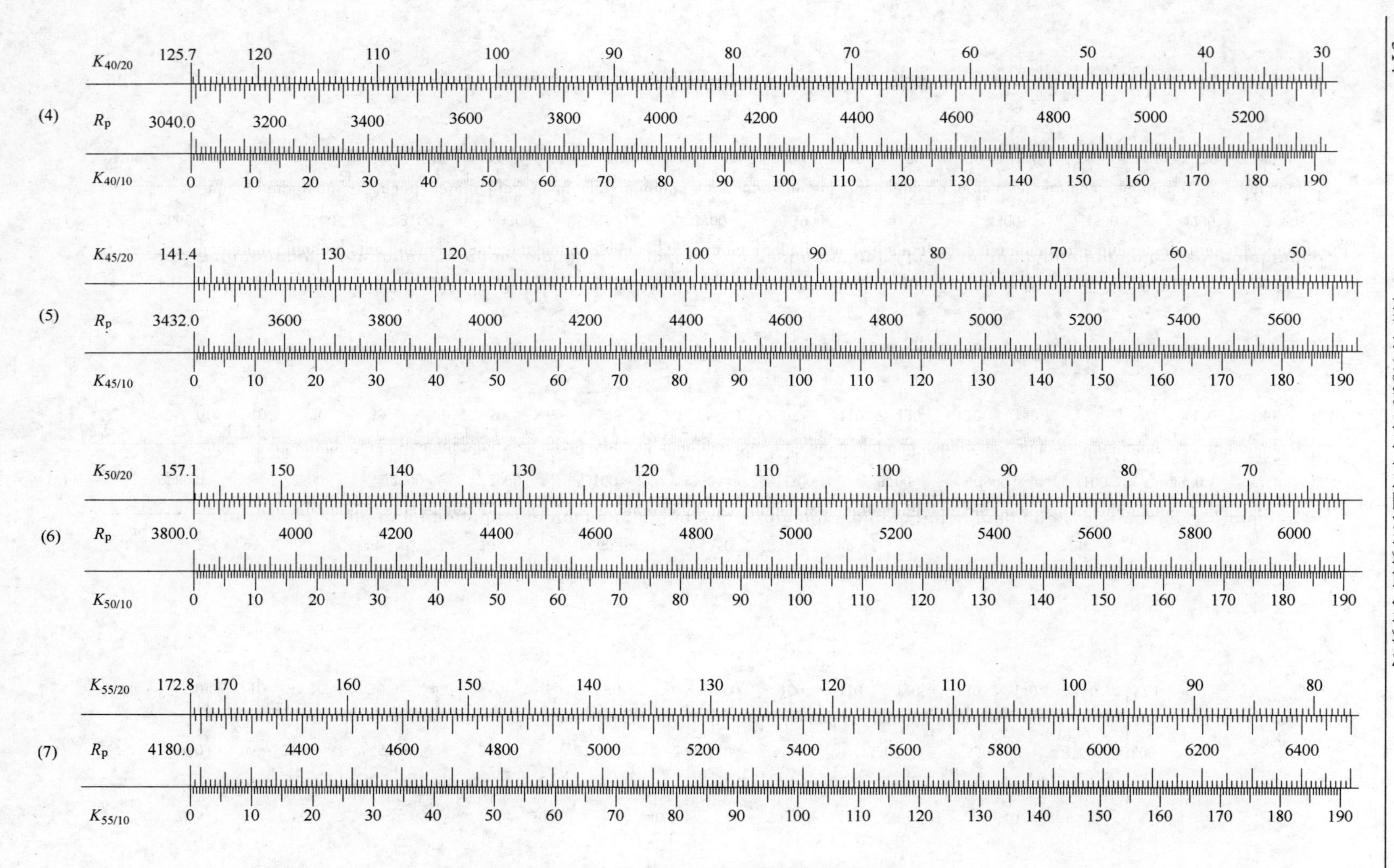

图 5-5(b)　0.1*A*/20 与 0.1*A*/10 双楔形砖砖环计算线

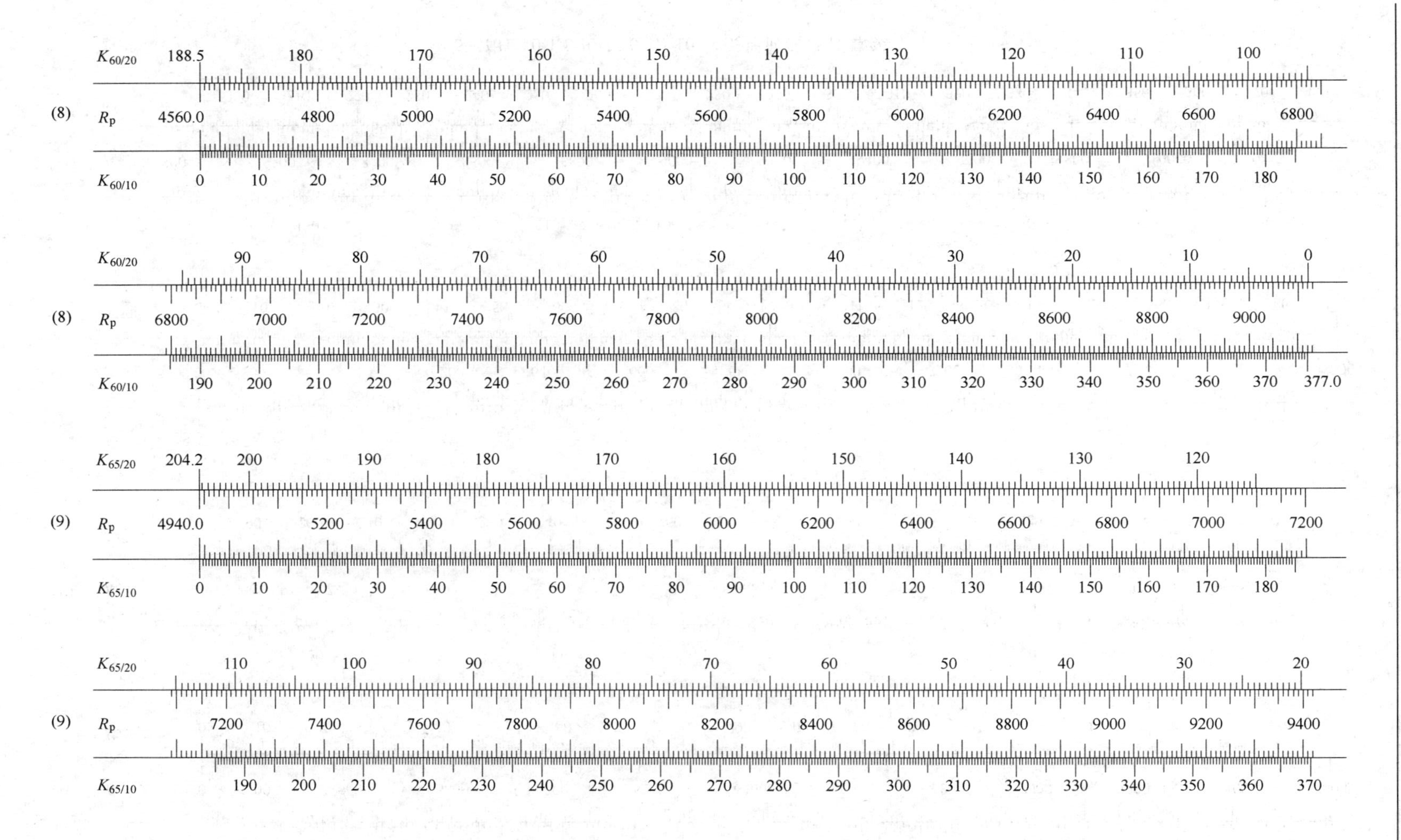

图 5-5(c)　0.1*A*/20 与 0.1*A*/10 双楔形砖砖环计算线

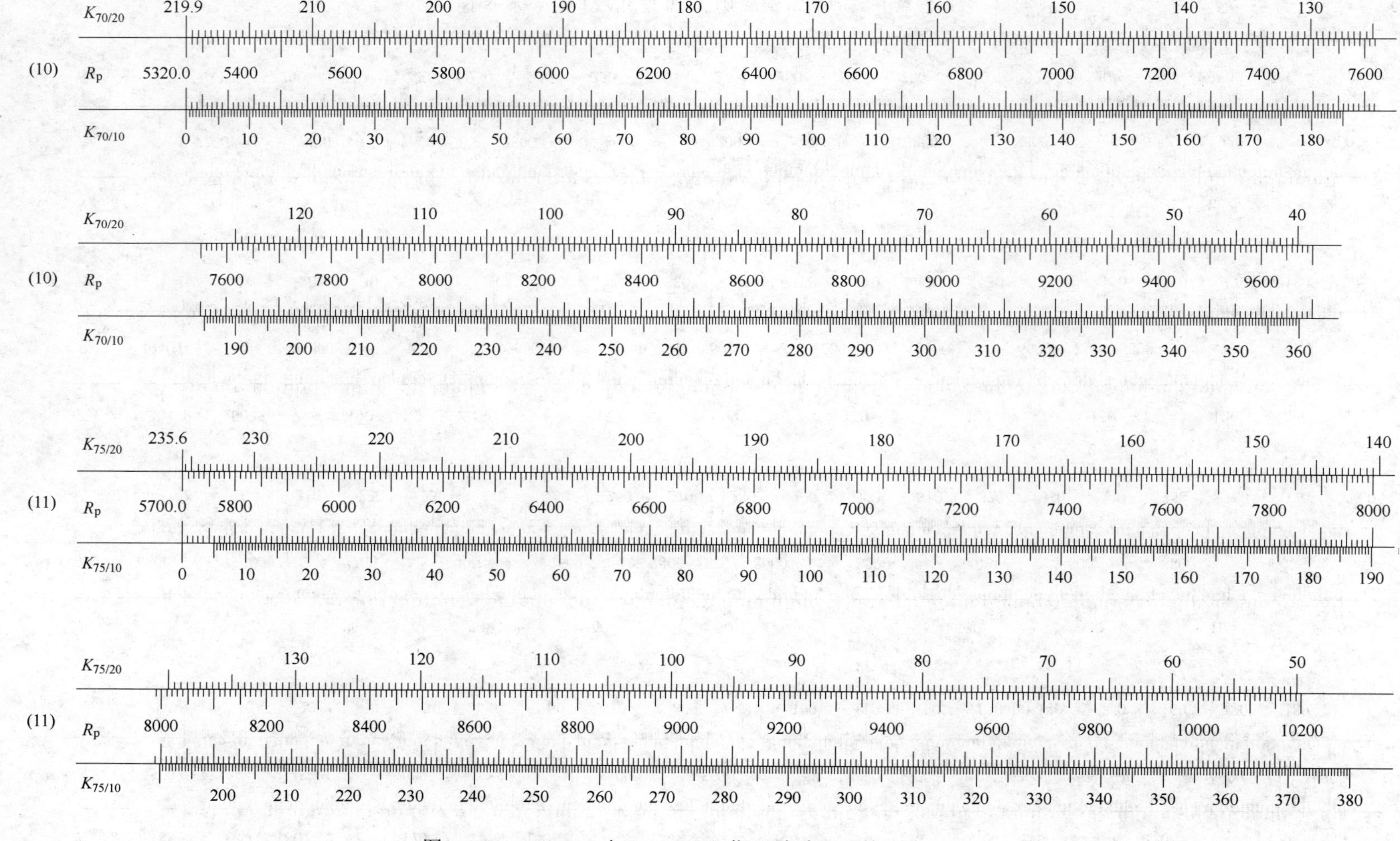

图 5-5(d)　0.1*A*/20 与 0.1*A*/10 双楔形砖砖环计算线

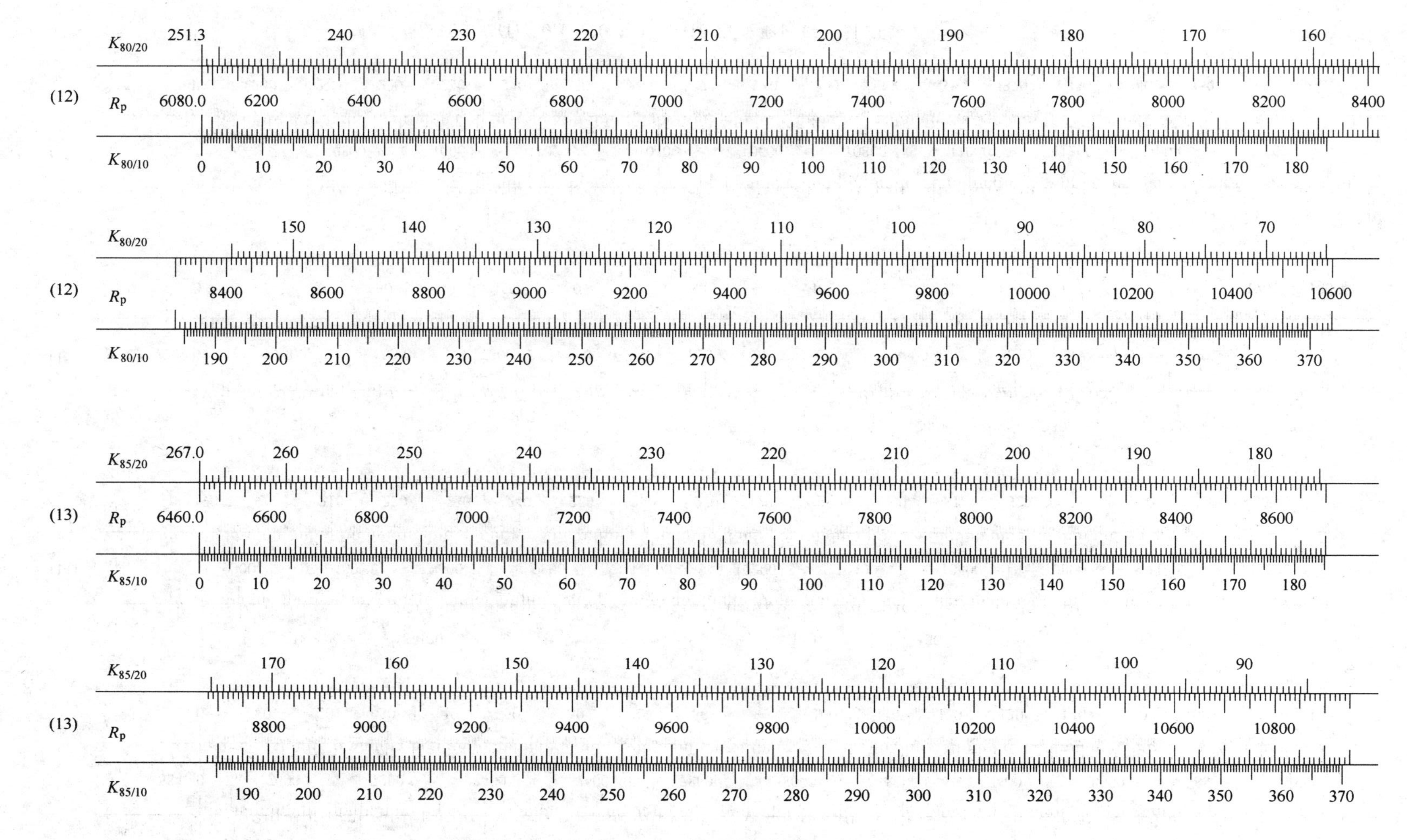

图 5-5(e) 0.1A/20 与 0.1A/10 双楔形砖砖环计算线

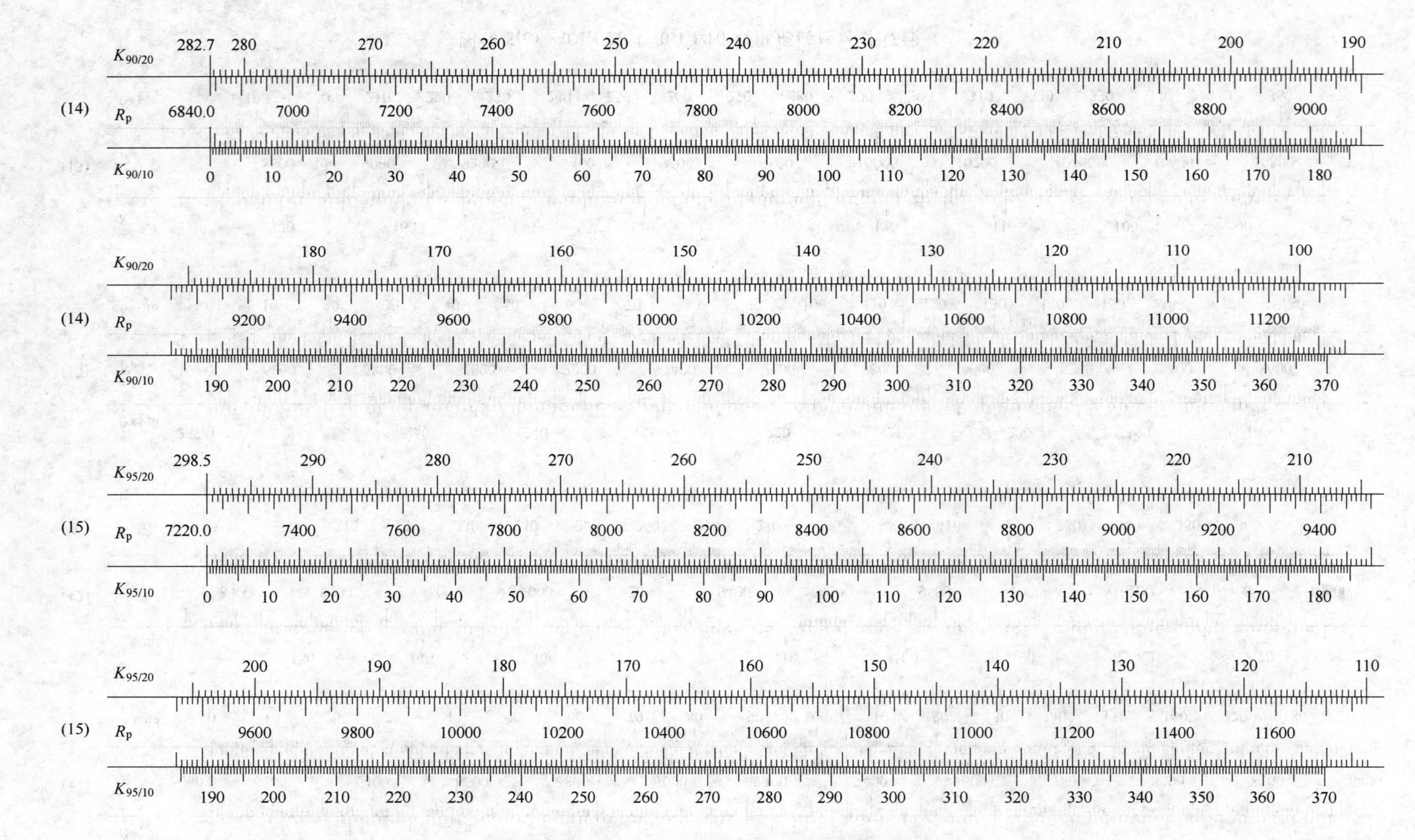

图 5-5(f)　0.1A/20 与 0.1A/10 双楔形砖砖环计算线

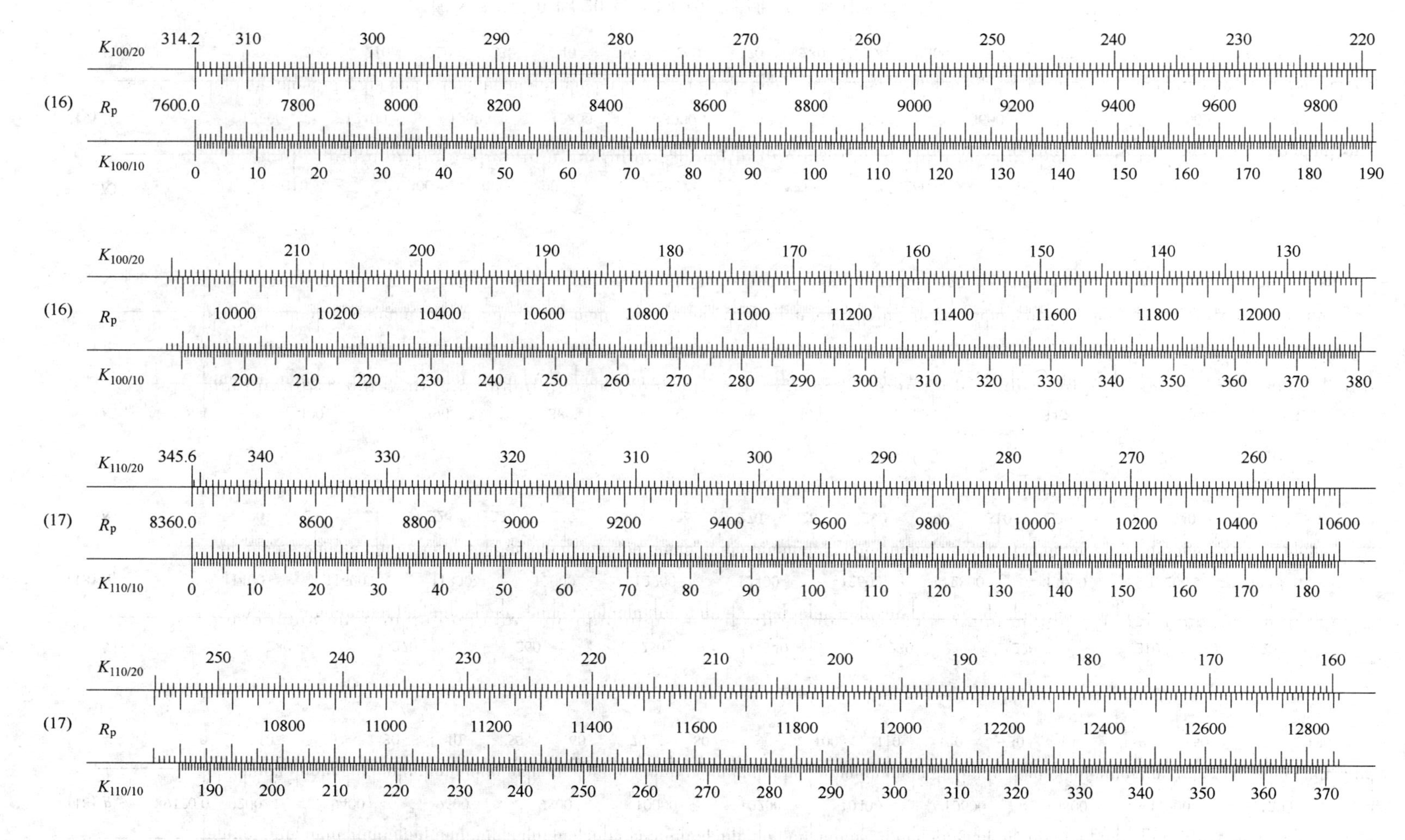

图 5-5(g) 0.1A/20 与 0.1A/10 双楔形砖砖环计算线

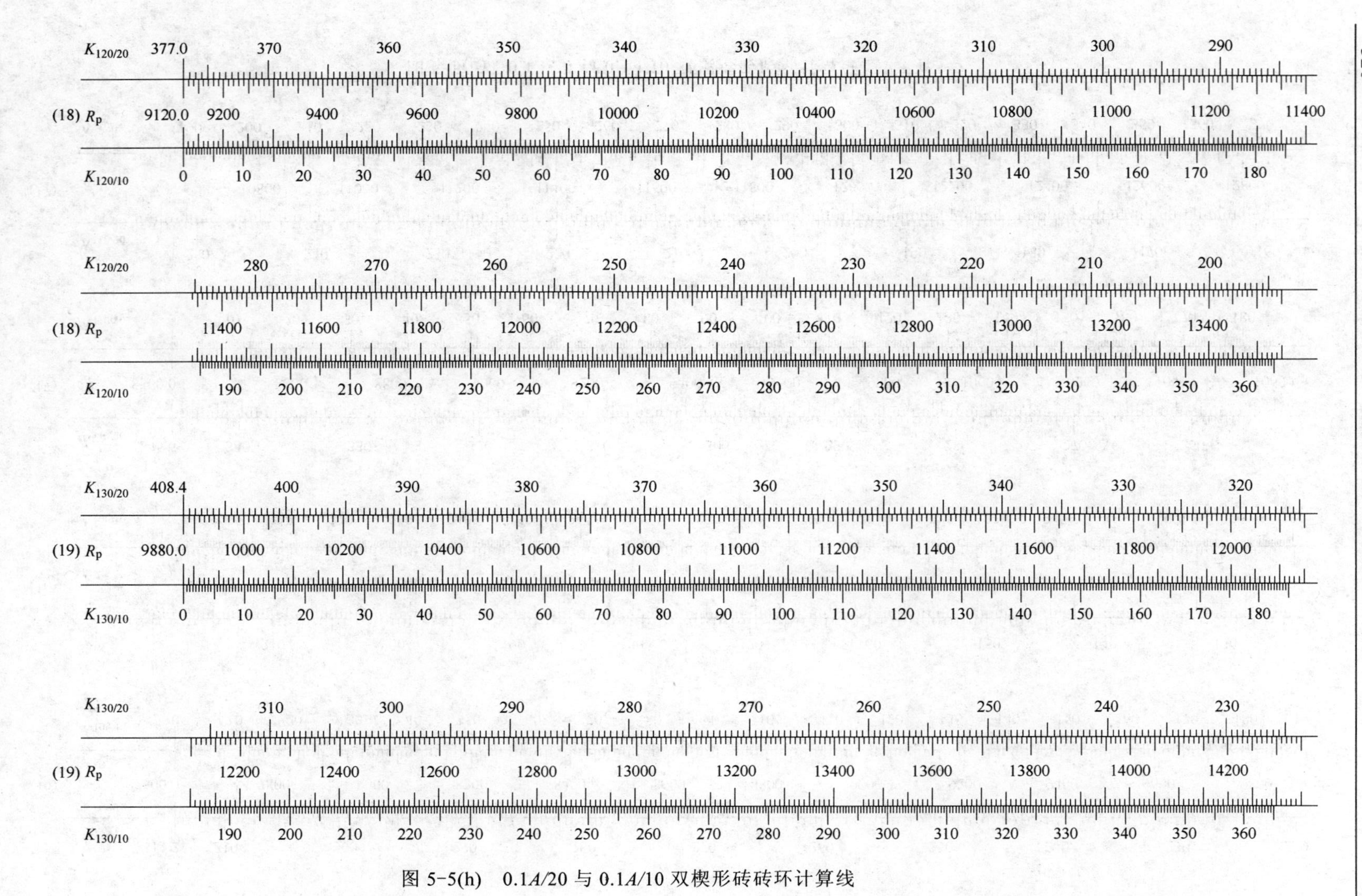

图 5-5(h)　0.1A/20 与 0.1A/10 双楔形砖砖环计算线

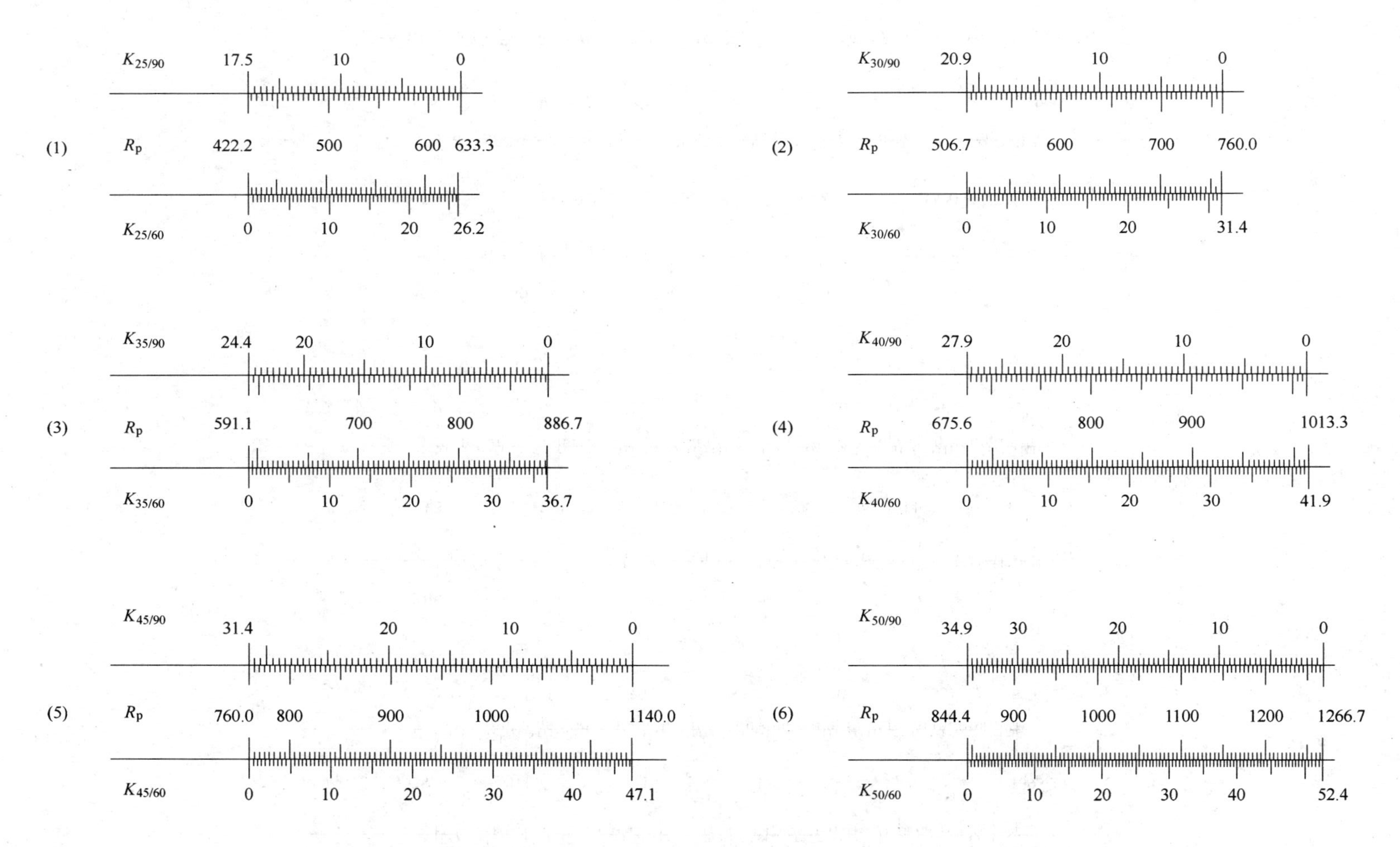

图 5-6(a) 特锐楔形砖（0.1A/90）与锐楔形砖（0.1A/60）双楔形砖砖环计算线

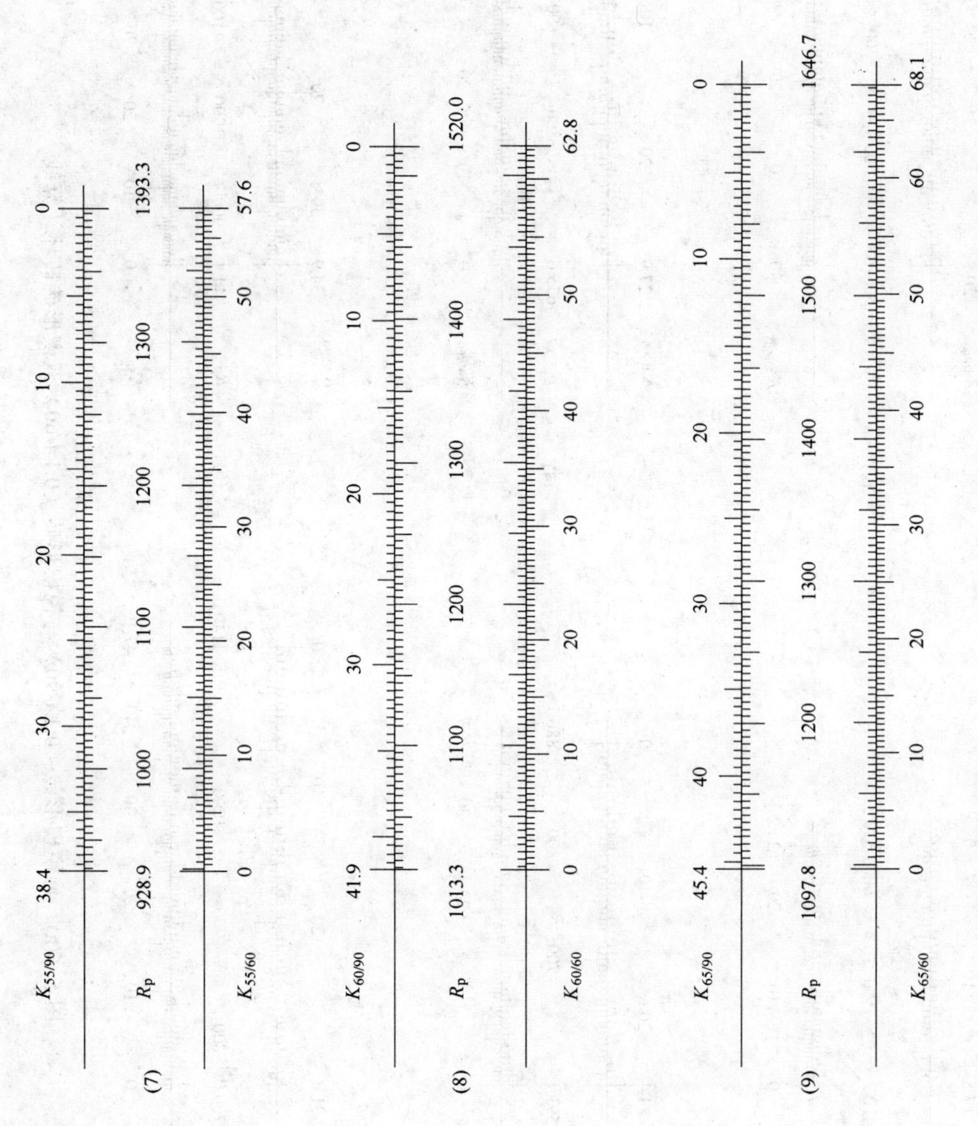

图 5-6(b)　特锐楔形砖（0.1A/90）与锐楔形砖（0.1A/60）双楔形砖砖环计算线

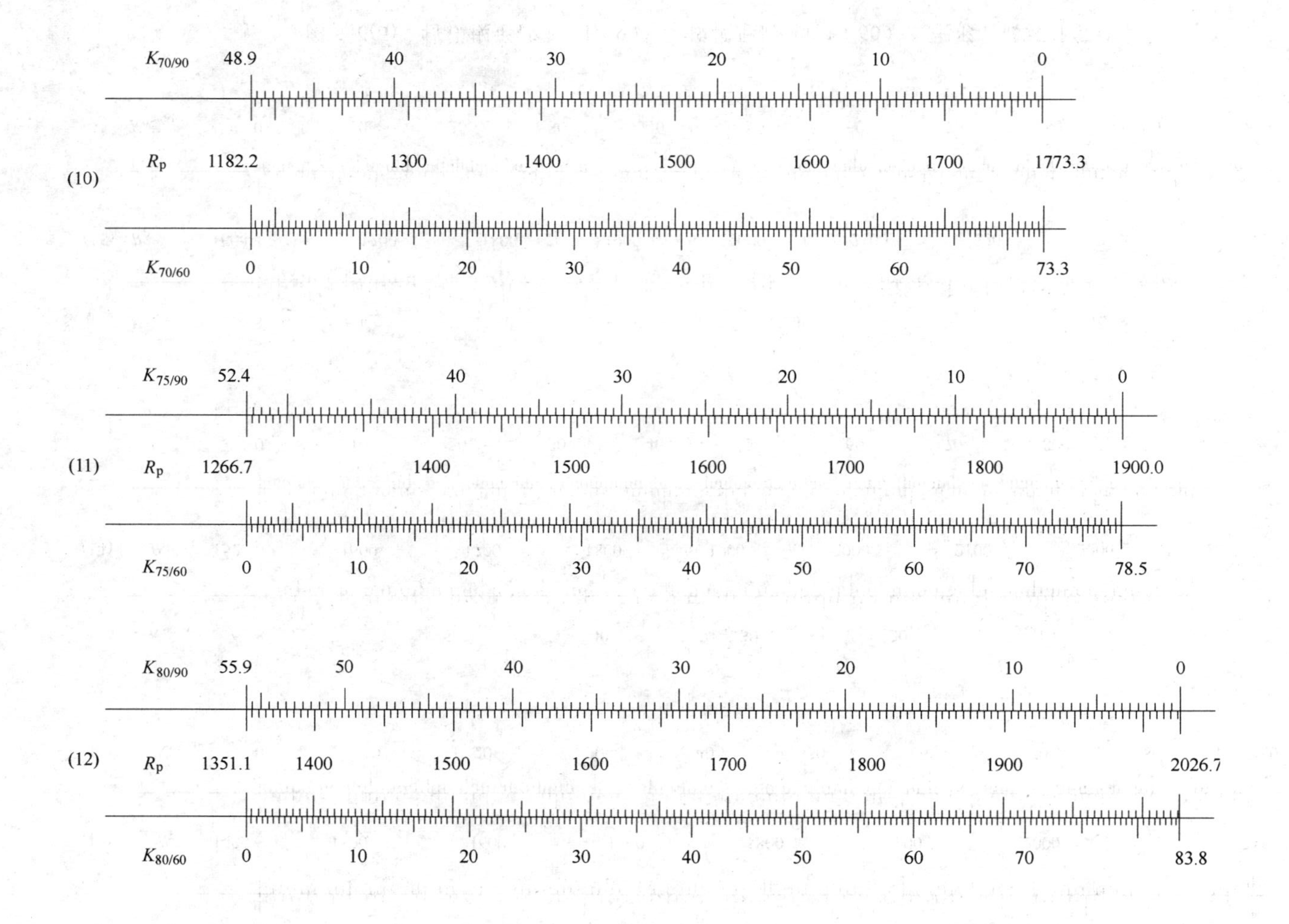

图 5-6(c) 特锐楔形砖（0.1A/90）与锐楔形砖（0.1A/60）双楔形砖砖环计算线

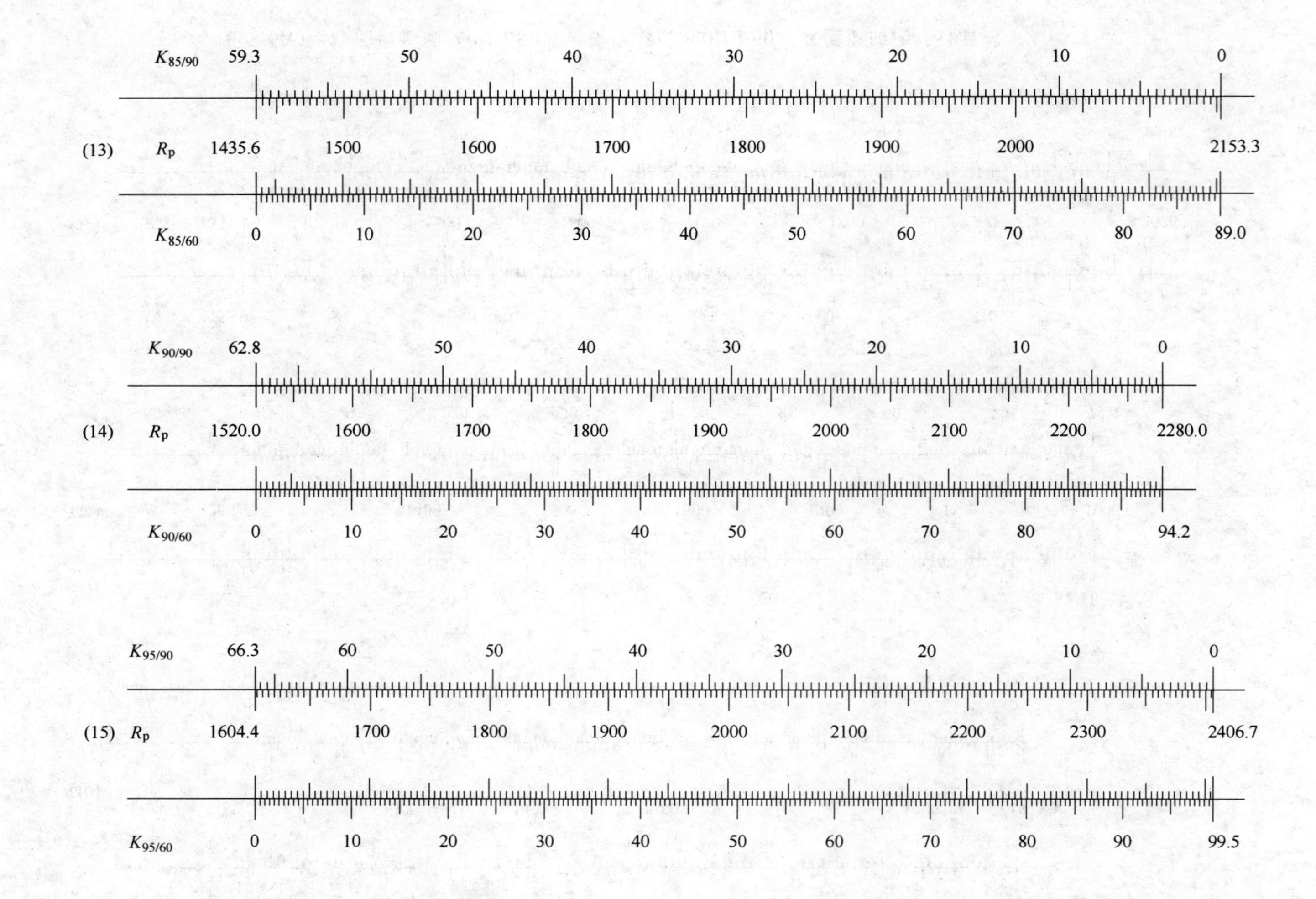

图 5-6(d)　特锐楔形砖（0.1*A*/90）与锐楔形砖（0.1*A*/60）双楔形砖砖环计算线

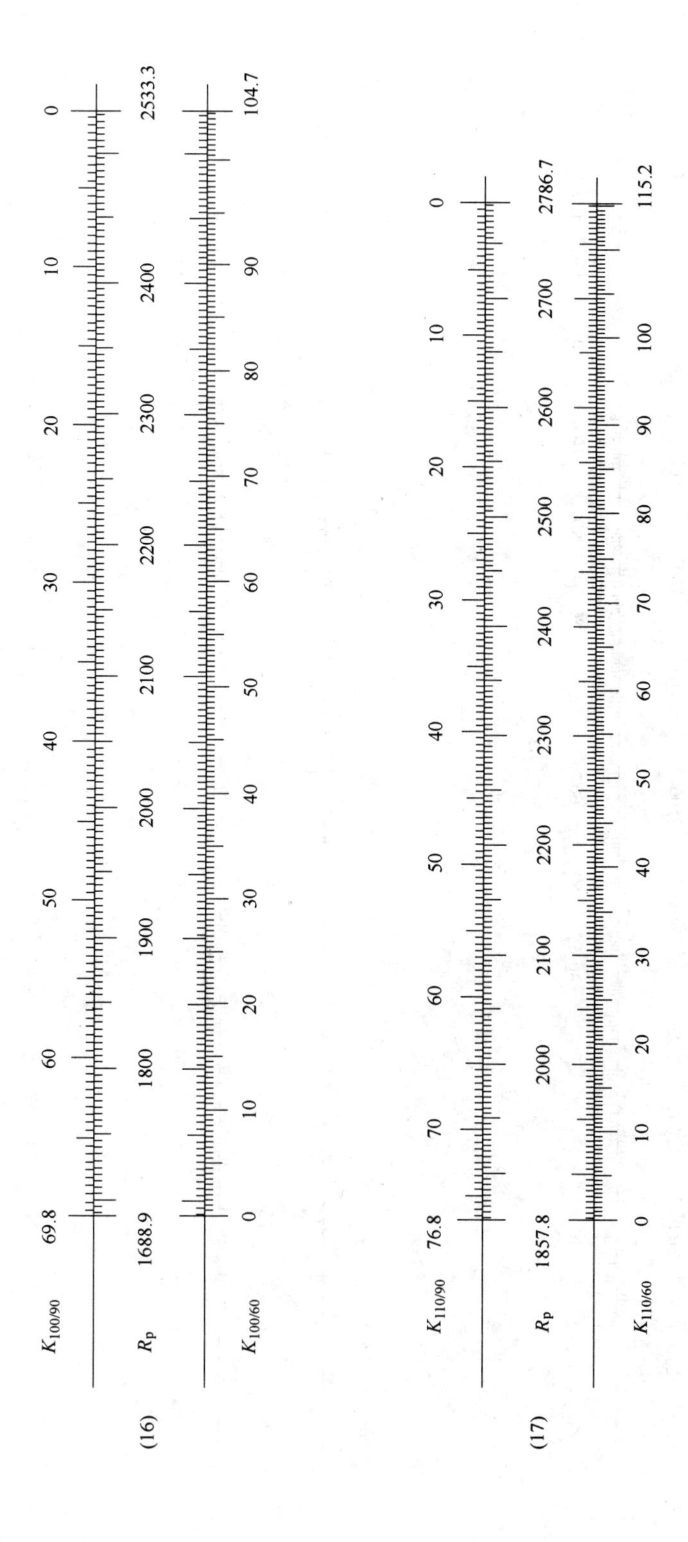

图 5-6(e) 特锐楔形砖（0.1A/90）与锐楔形砖（0.1A/60）双楔形砖砖环计算线

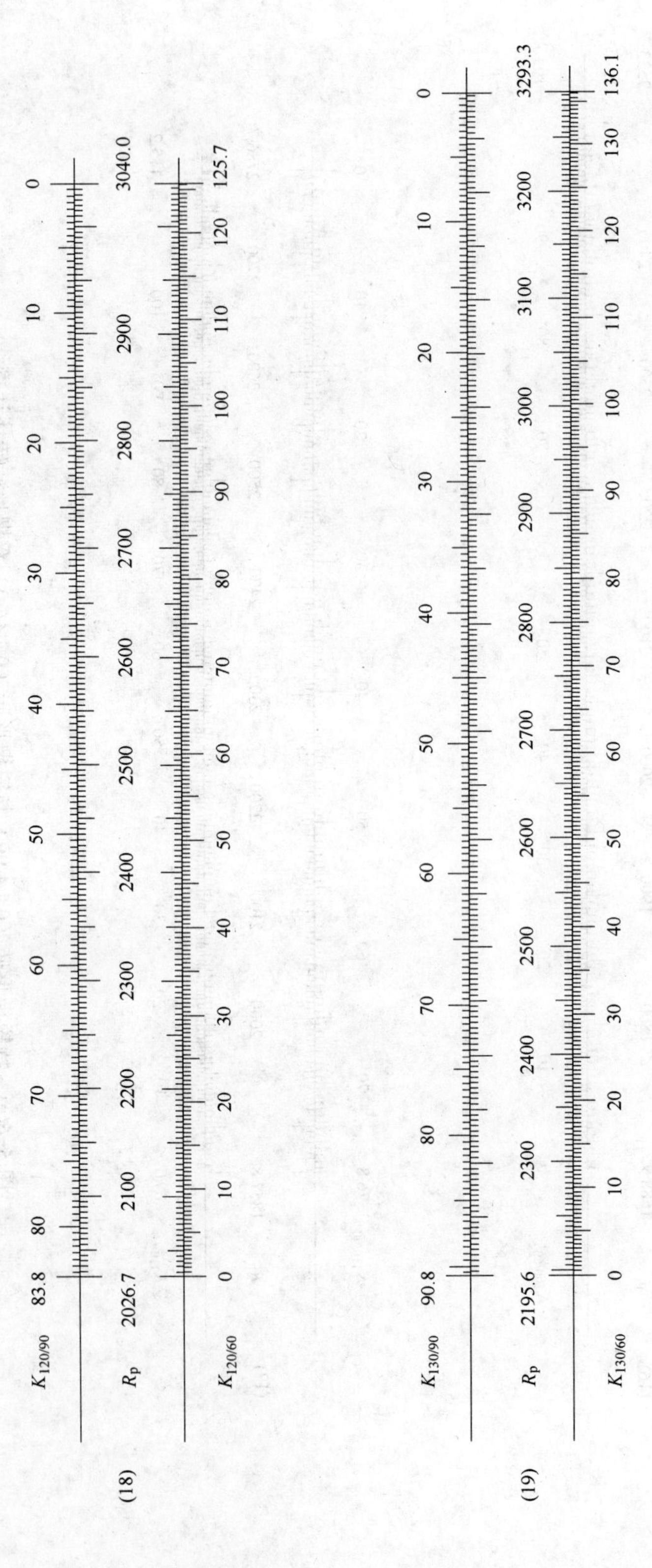

图 5-6(f)　特锐楔形砖（0.1A/90）与锐楔形砖（0.1A/60）双楔形砖砖环计算线

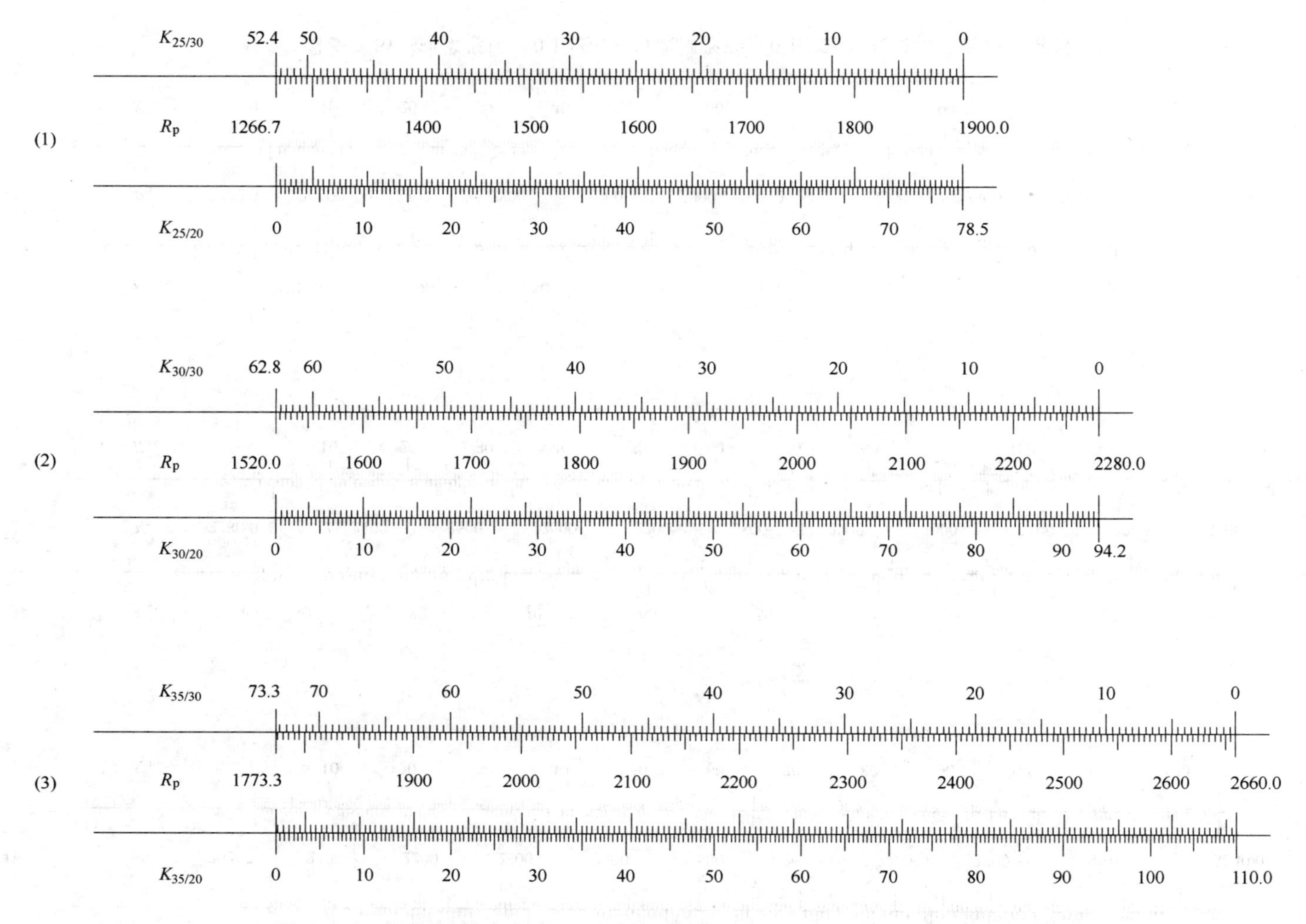

图 5-7(a) 钝楔形砖（0.1A/30）与微楔形砖（0.1A/20）双楔形砖砖环计算线

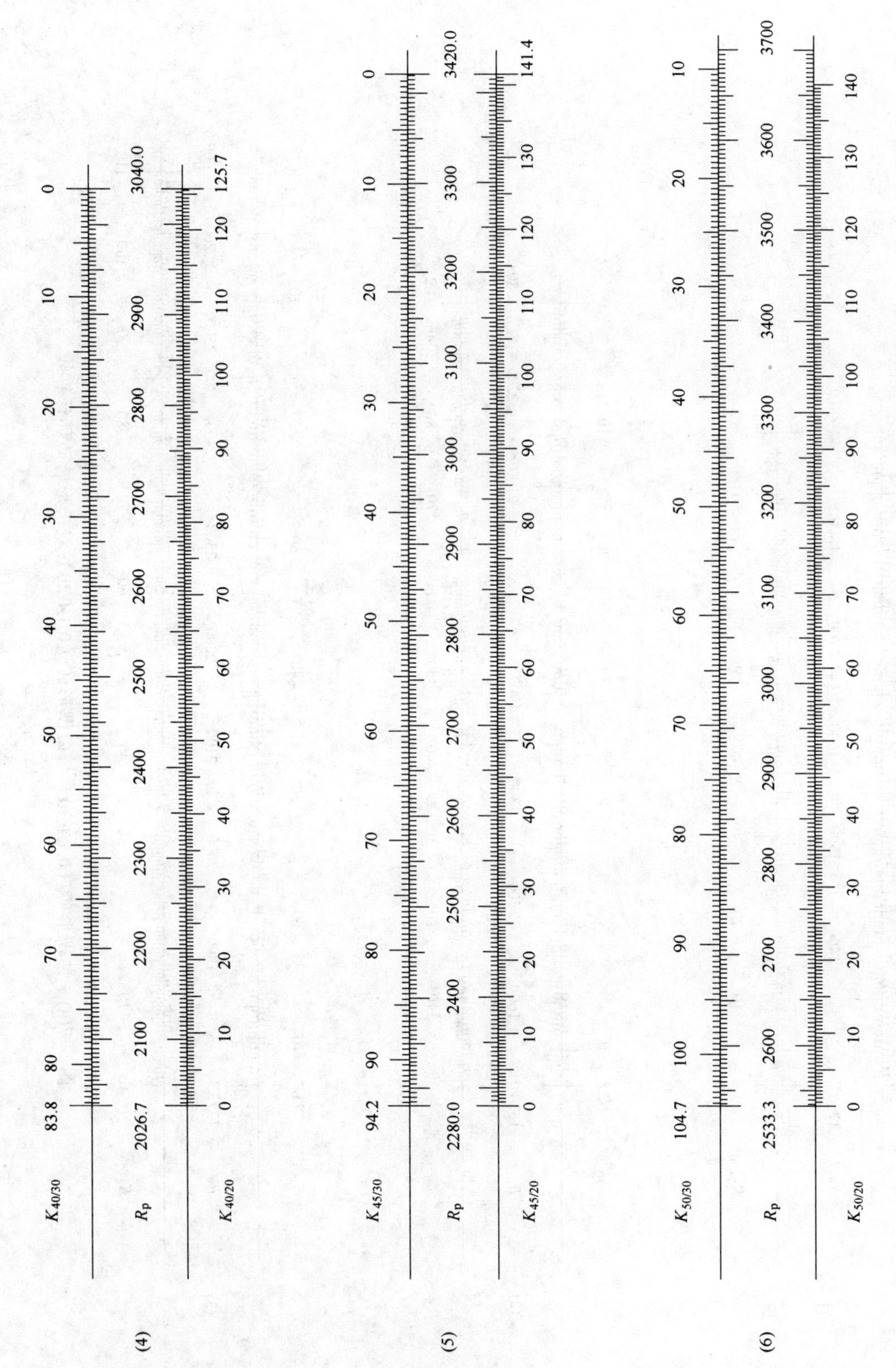

图 5-7(b)　钝楔形砖（0.1A/30）与微楔形砖（0.1A/20）双楔形砖砖环计算线

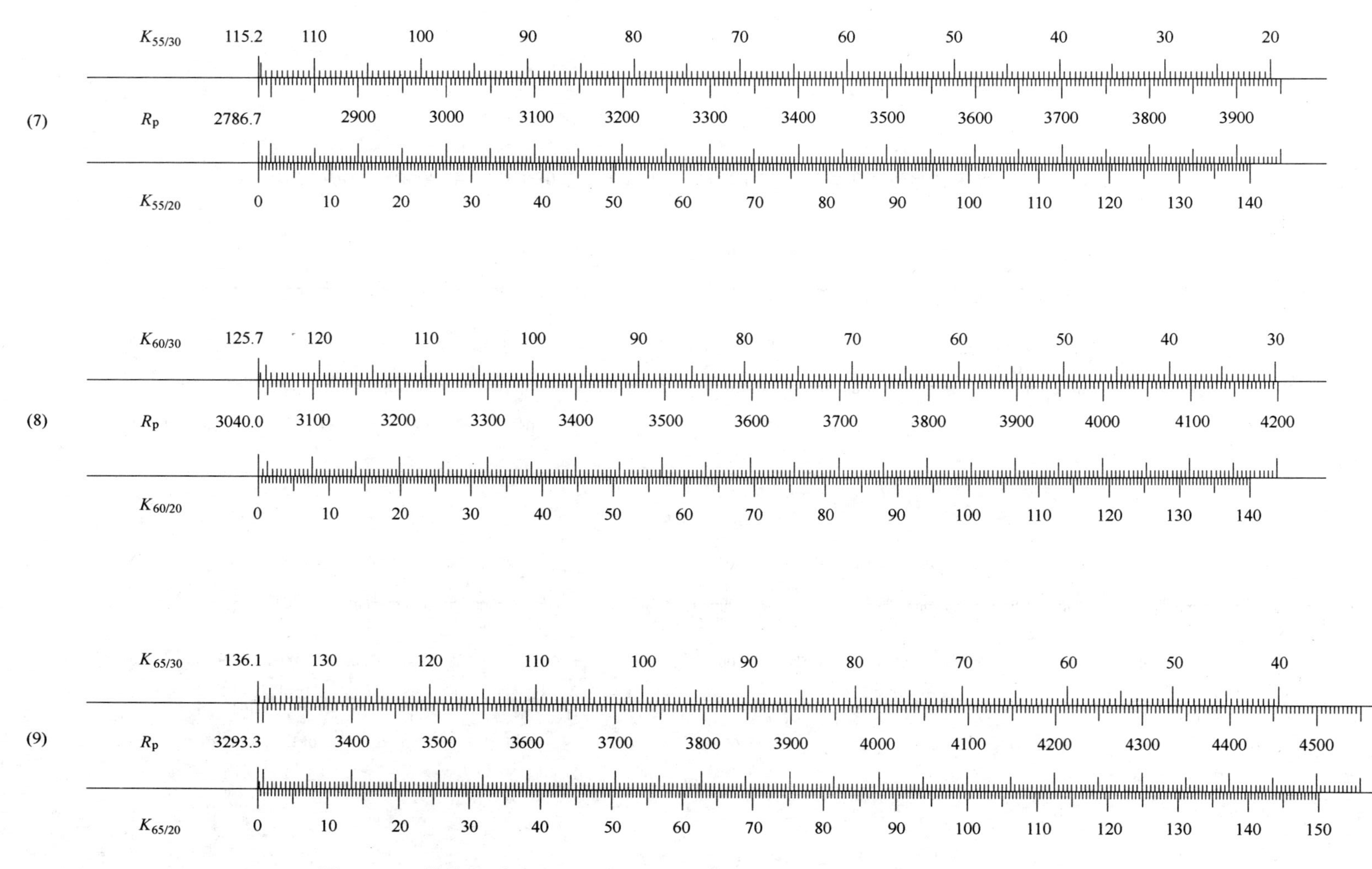

图 5-7(c) 钝楔形砖（0.1*A*/30）与微楔形砖（0.1*A*/20）双楔形砖砖环计算线

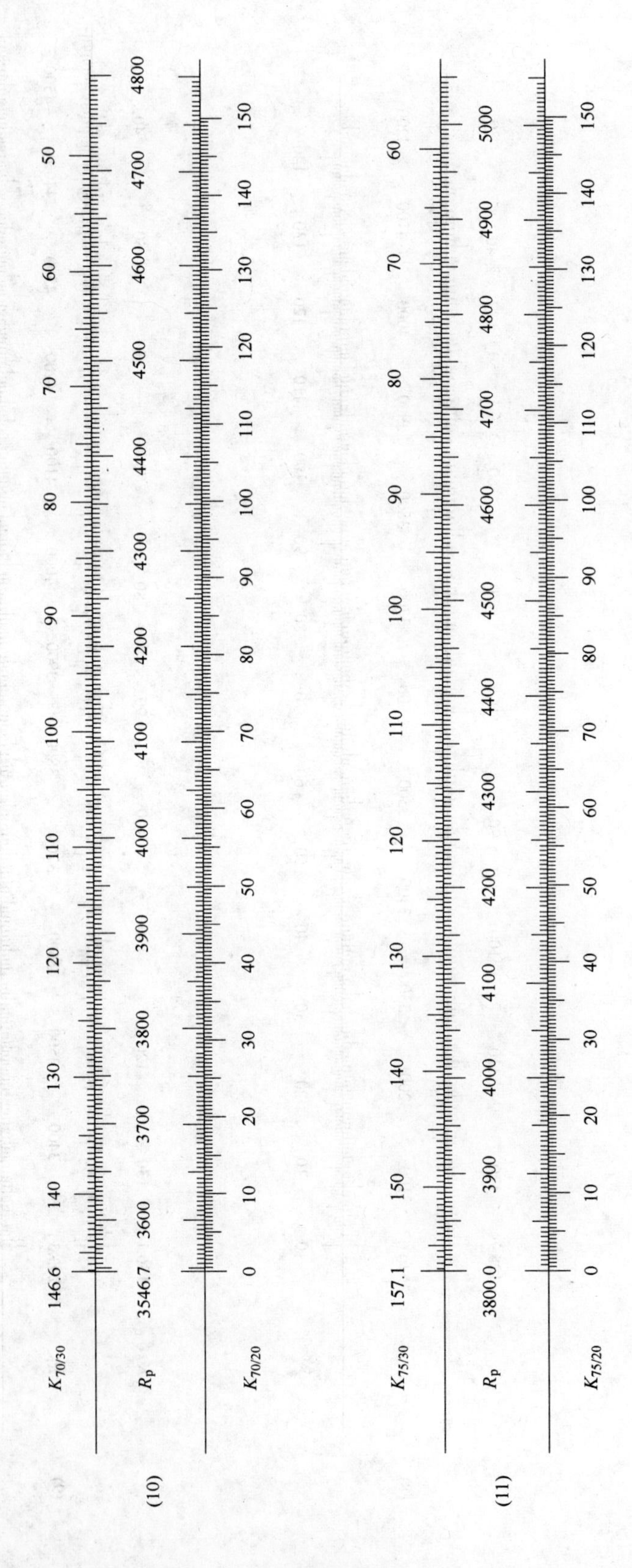

图 5-7(d)　钝楔形砖（0.1A/30）与微楔形砖（0.1A/20）双楔形砖砖环计算线

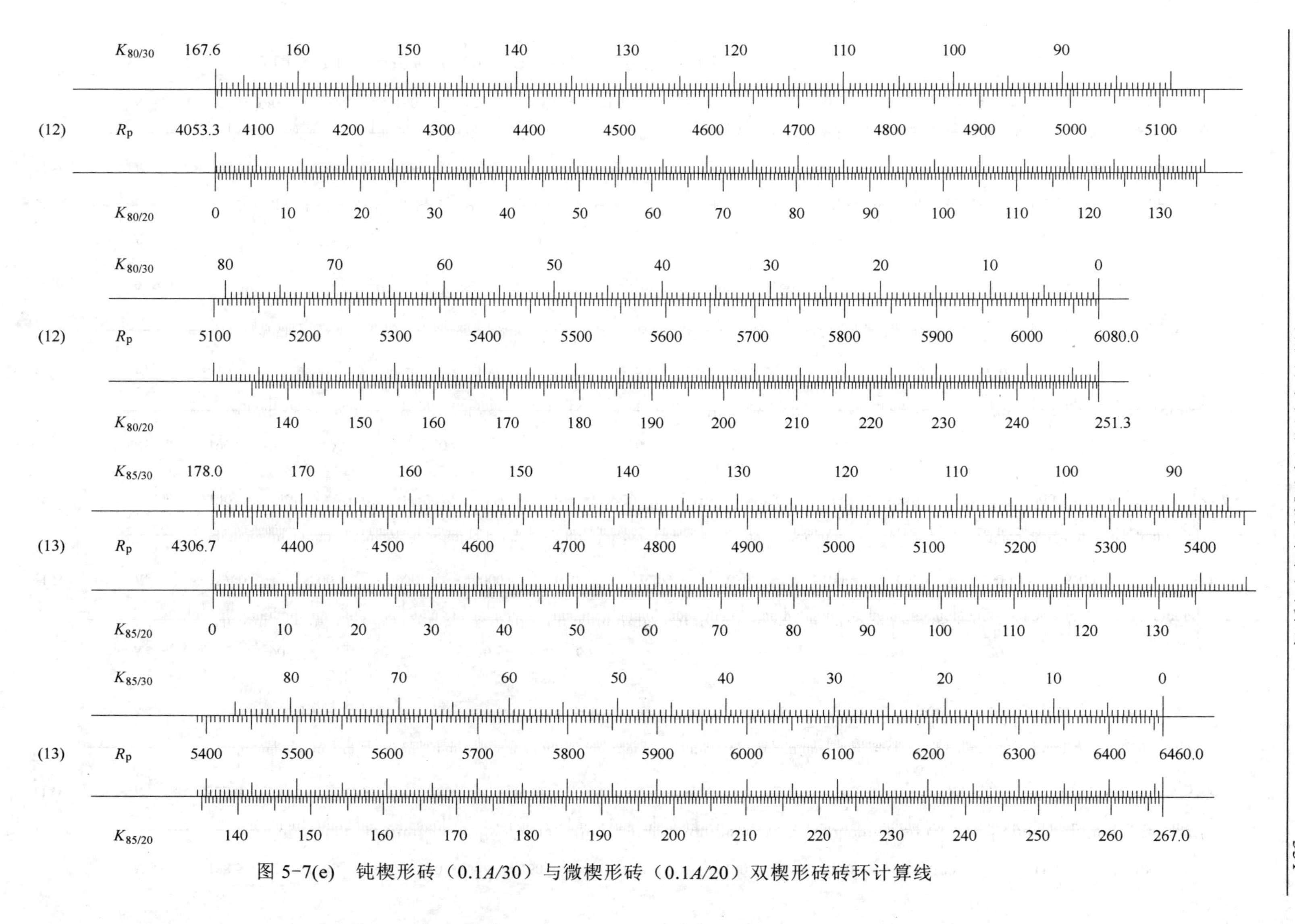

图 5-7(e) 钝楔形砖（0.1*A*/30）与微楔形砖（0.1*A*/20）双楔形砖砖环计算线

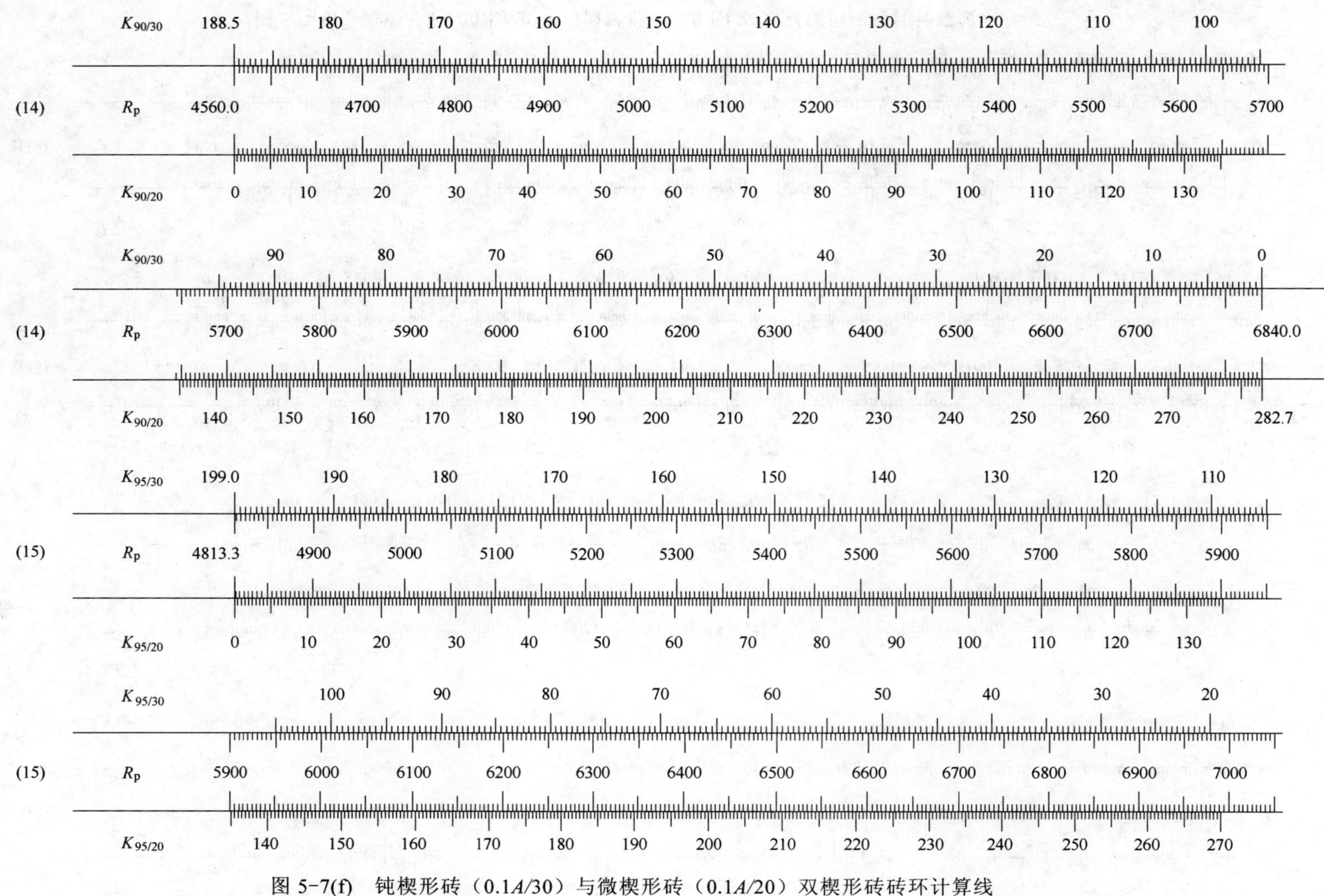

图 5-7(f)　钝楔形砖（0.1A/30）与微楔形砖（0.1A/20）双楔形砖砖环计算线

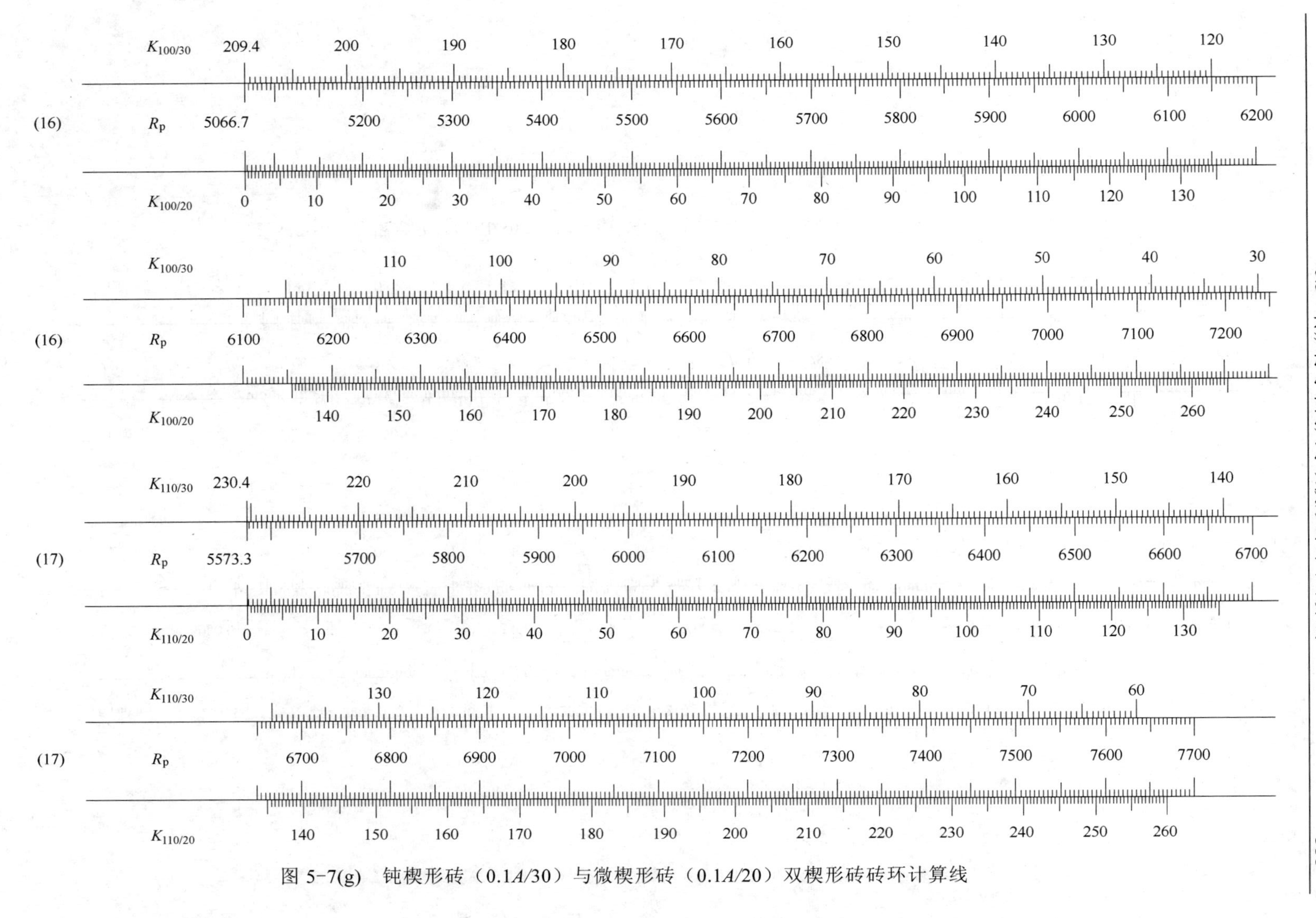

图 5-7(g) 钝楔形砖（0.1A/30）与微楔形砖（0.1A/20）双楔形砖砖环计算线

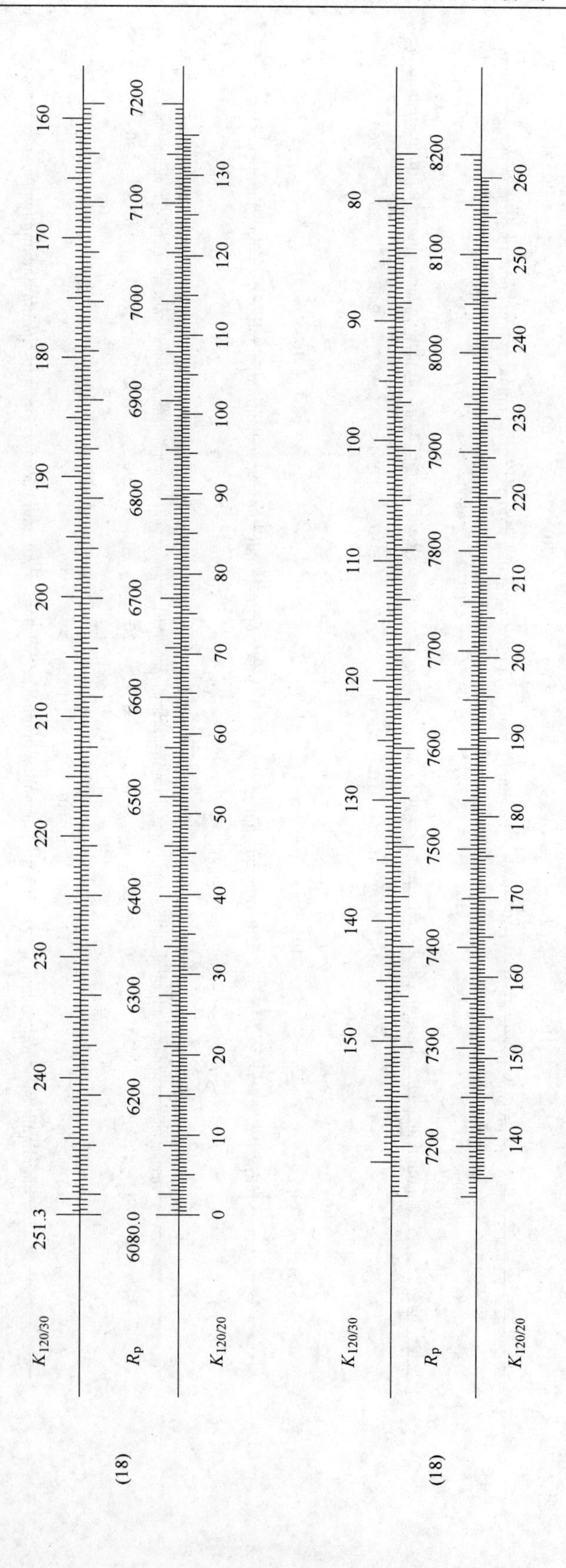

图 5-7(h)　钝楔形砖（0.1A/30）与微楔形砖（0.1A/20）双楔形砖砖环计算线

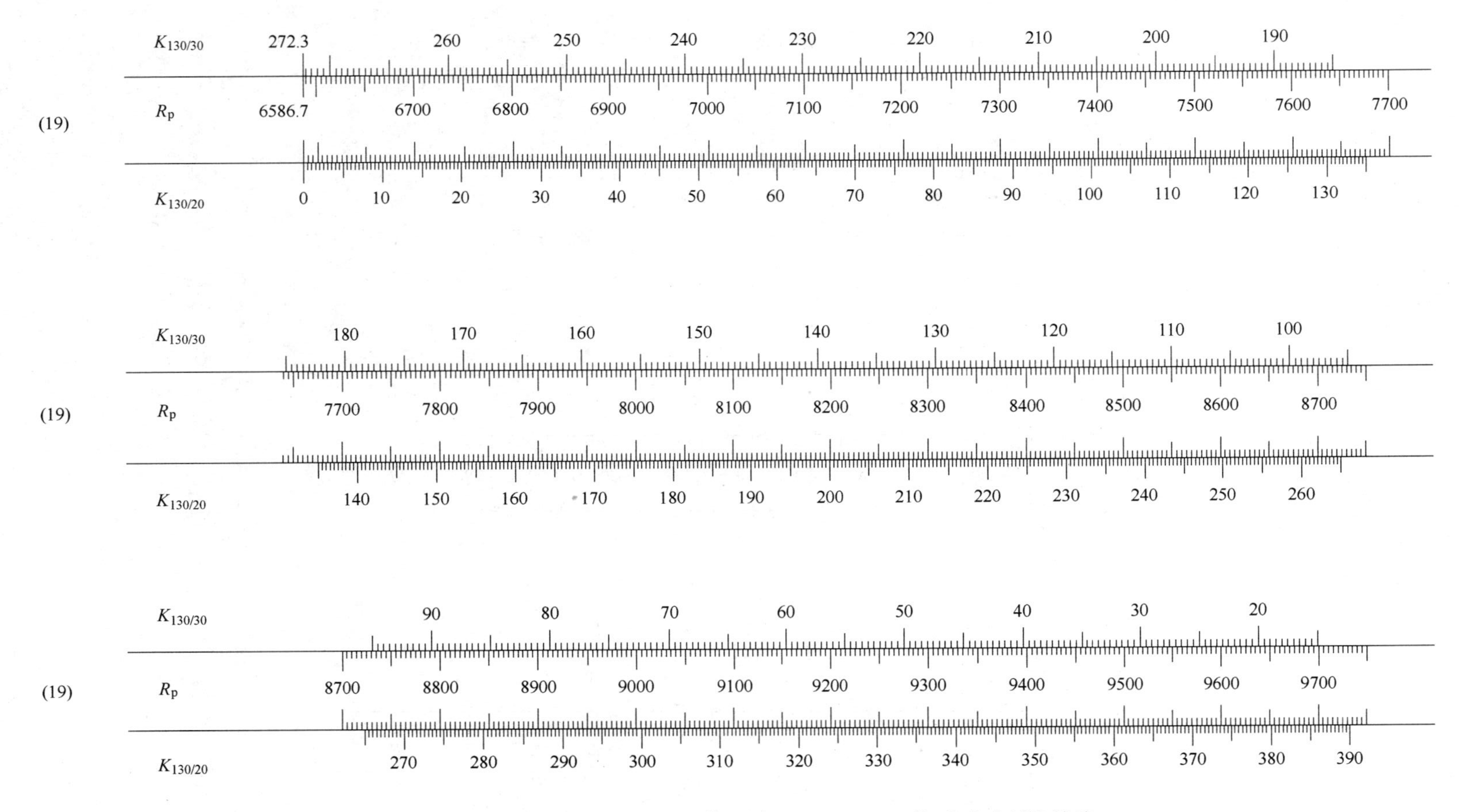

图 5-7(i) 钝楔形砖（0.1A/30）与微楔形砖（0.1A/20）双楔形砖砖环计算线

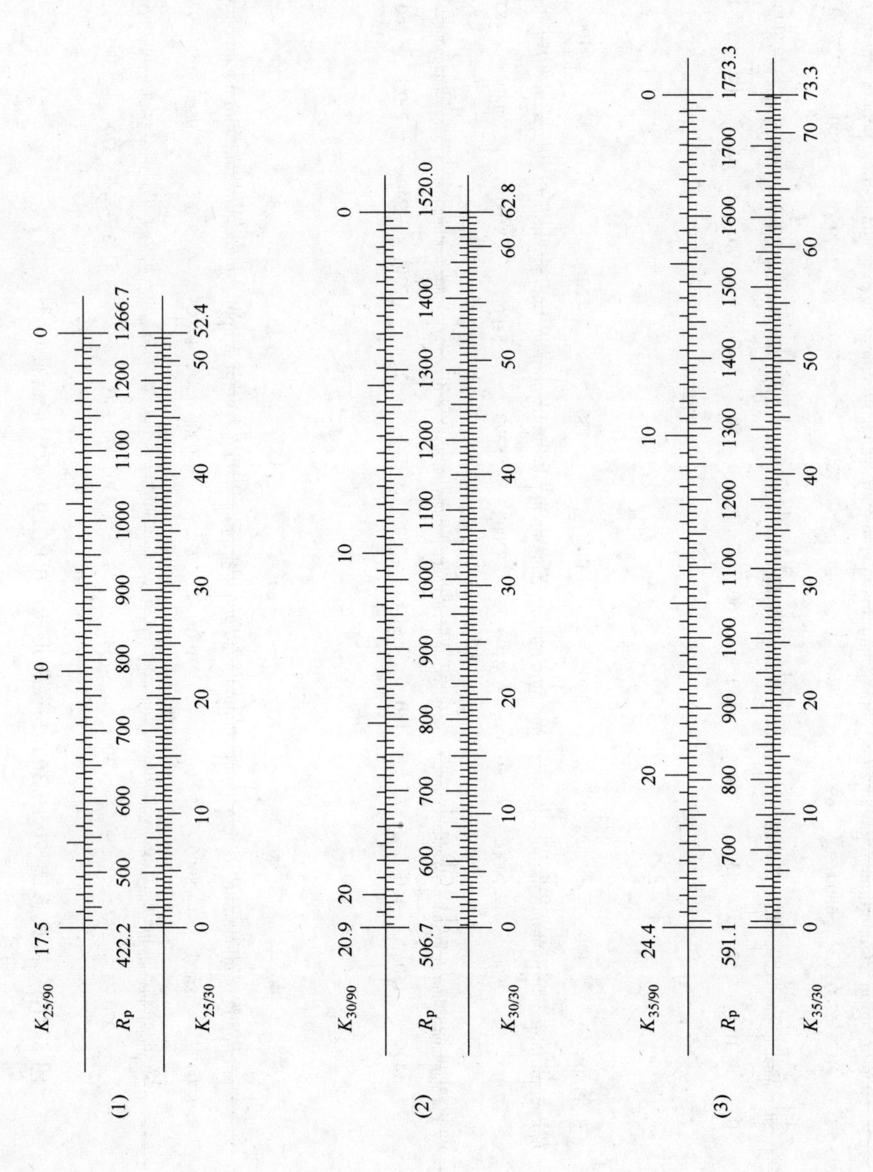

图 5-8(a)　特锐楔形砖（0.1*A*/90）与钝楔形砖（0.1*A*/30）双楔形砖砖环计算线

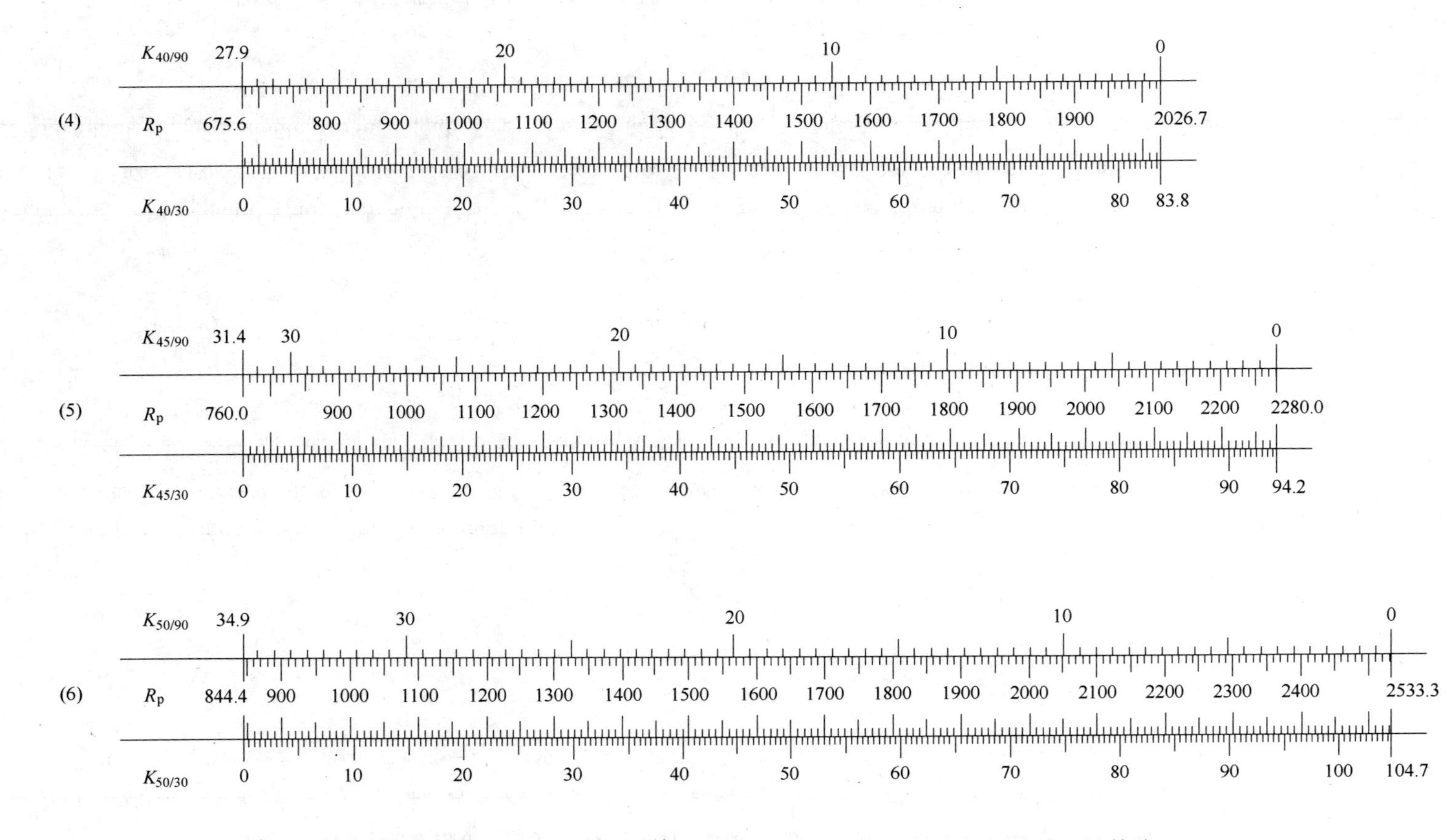

图 5-8(b) 特锐楔形砖（0.1*A*/90）与钝楔形砖（0.1*A*/30）双楔形砖砖环计算线

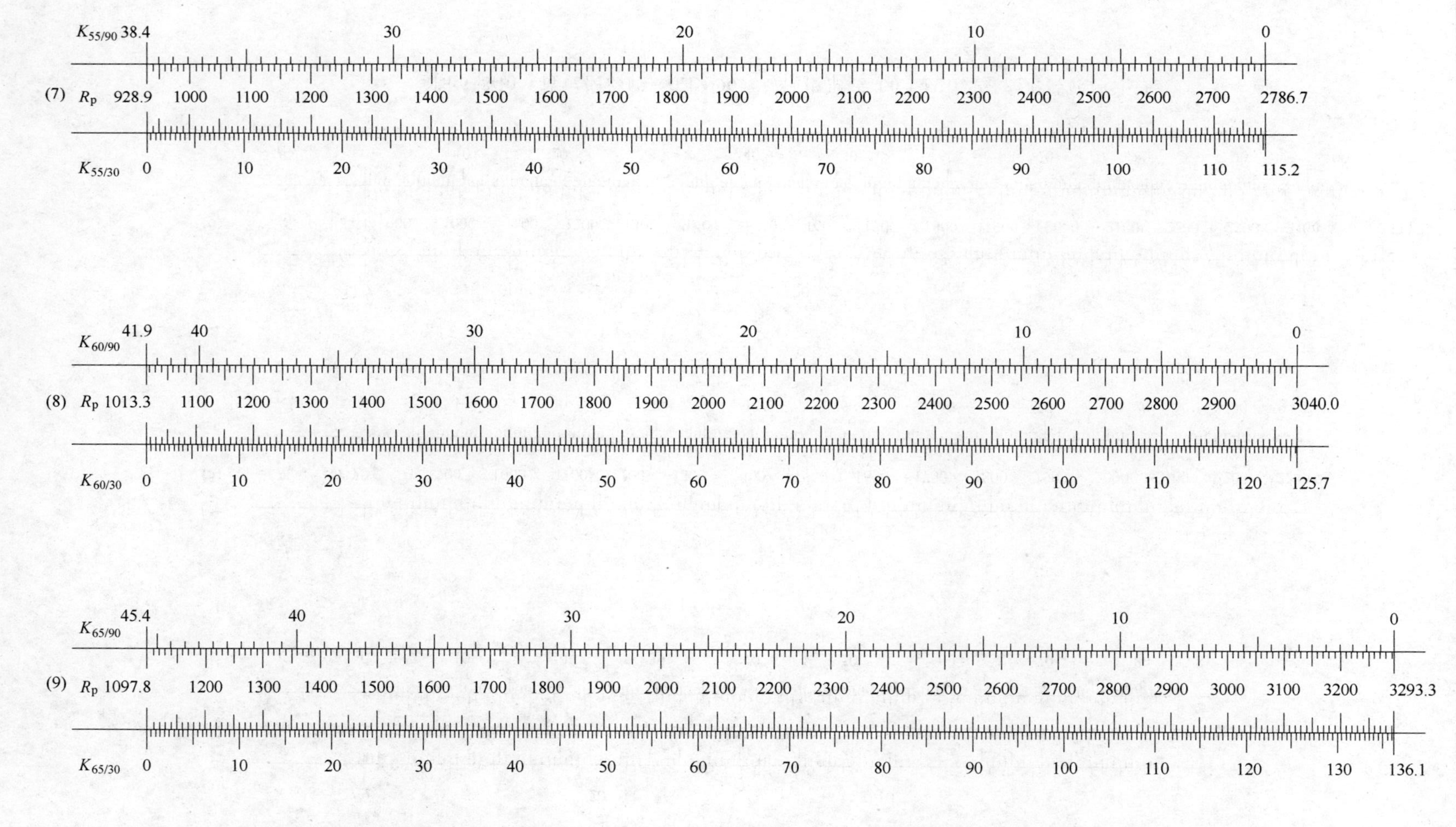

图 5-8(c)　特锐楔形砖（0.1*A*/90）与钝楔形砖（0.1*A*/30）双楔形砖砖环计算线

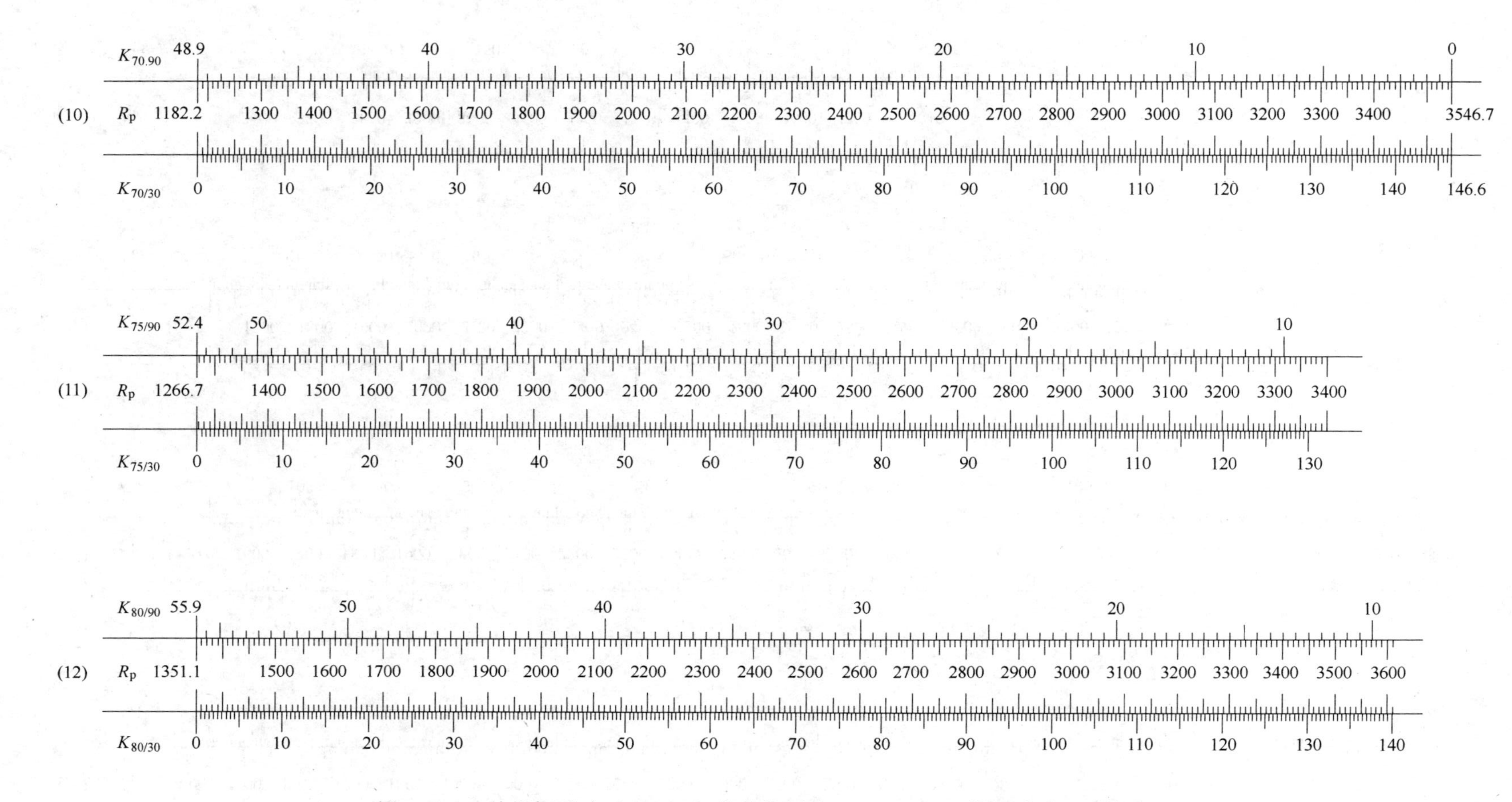

图 5-8(d) 特锐楔形砖（0.1A/90）与钝楔形砖（0.1A/30）双楔形砖砖环计算线

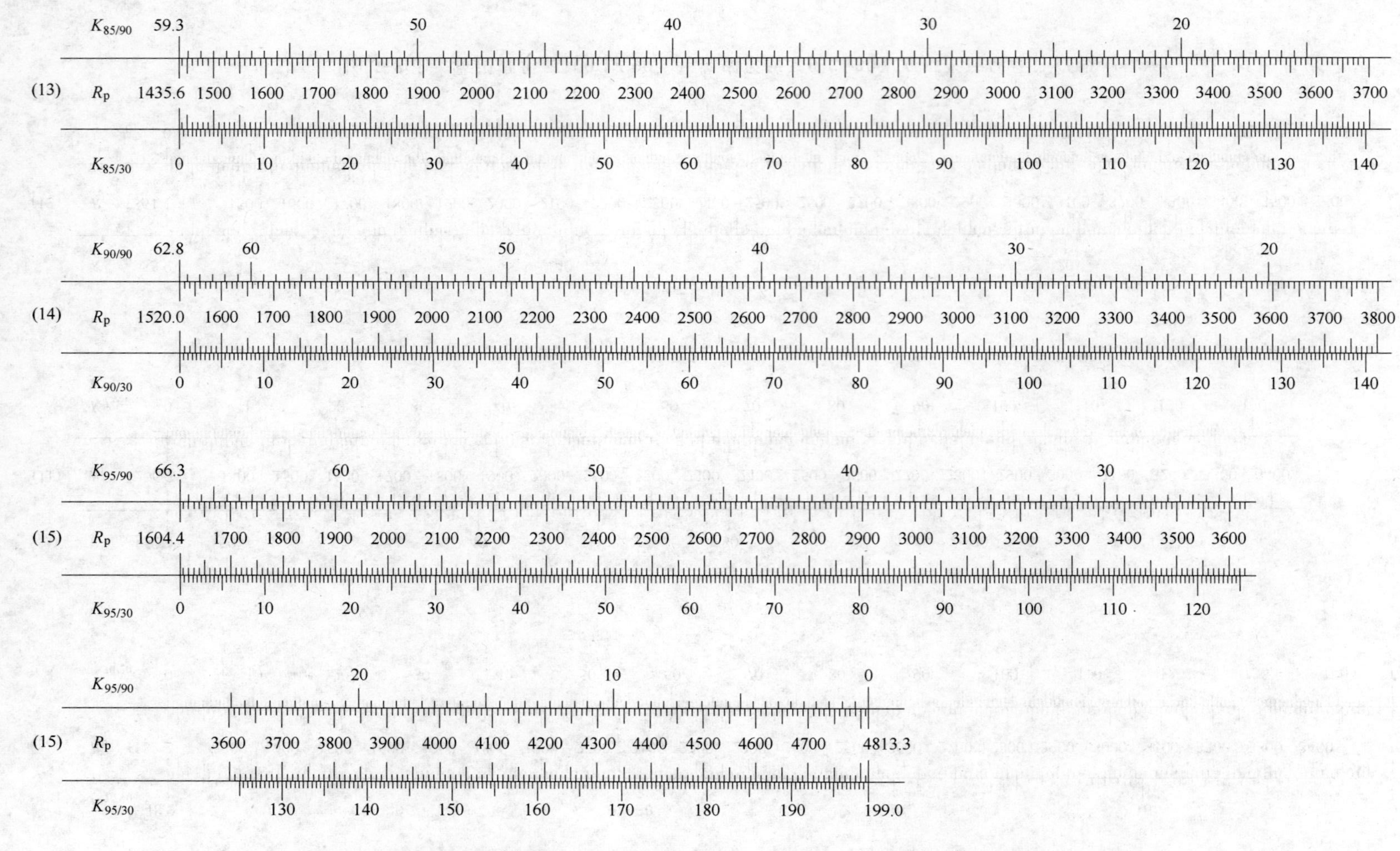

图 5-8(e)　特锐楔形砖（0.1*A*/90）与钝楔形砖（0.1*A*/30）双楔形砖砖环计算线

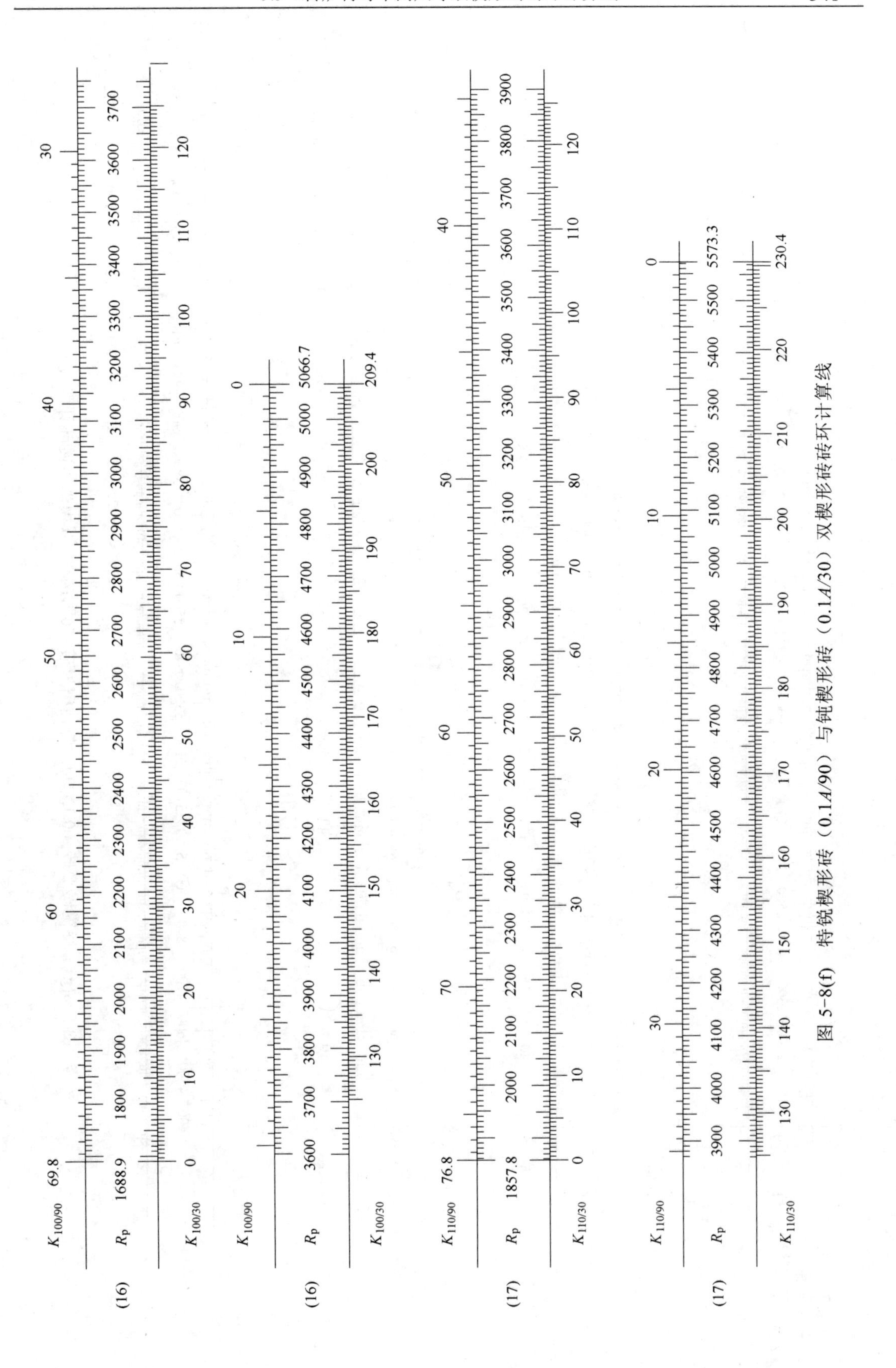

图 5-8(f)　特锐楔形砖（0.1A/90）与钝楔形砖（0.1A/30）双楔形砖砖环计算线

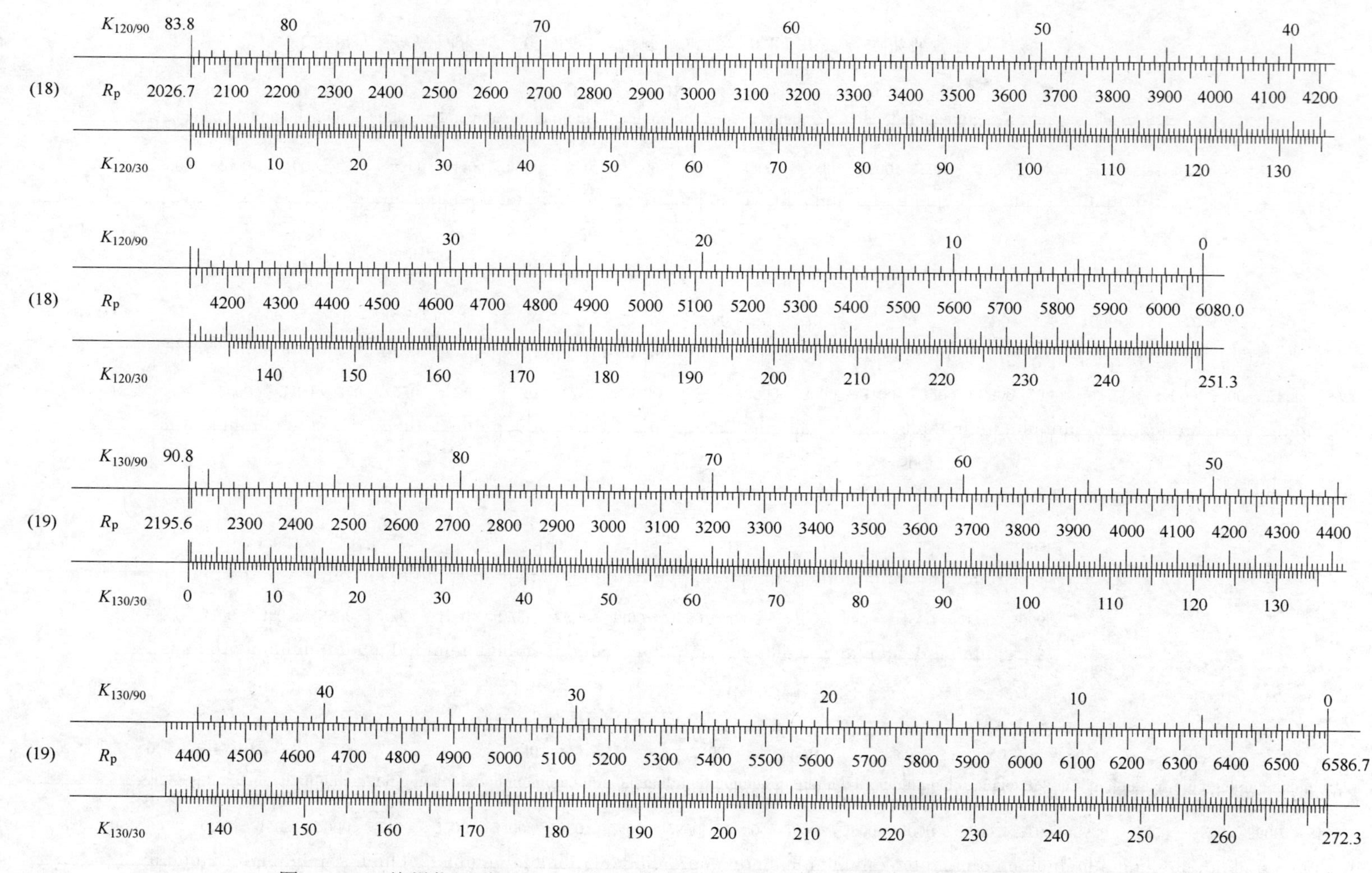

图 5-8(g)　特锐楔形砖（0.1*A*/90）与钝楔形砖（0.1*A*/30）双楔形砖砖环计算线

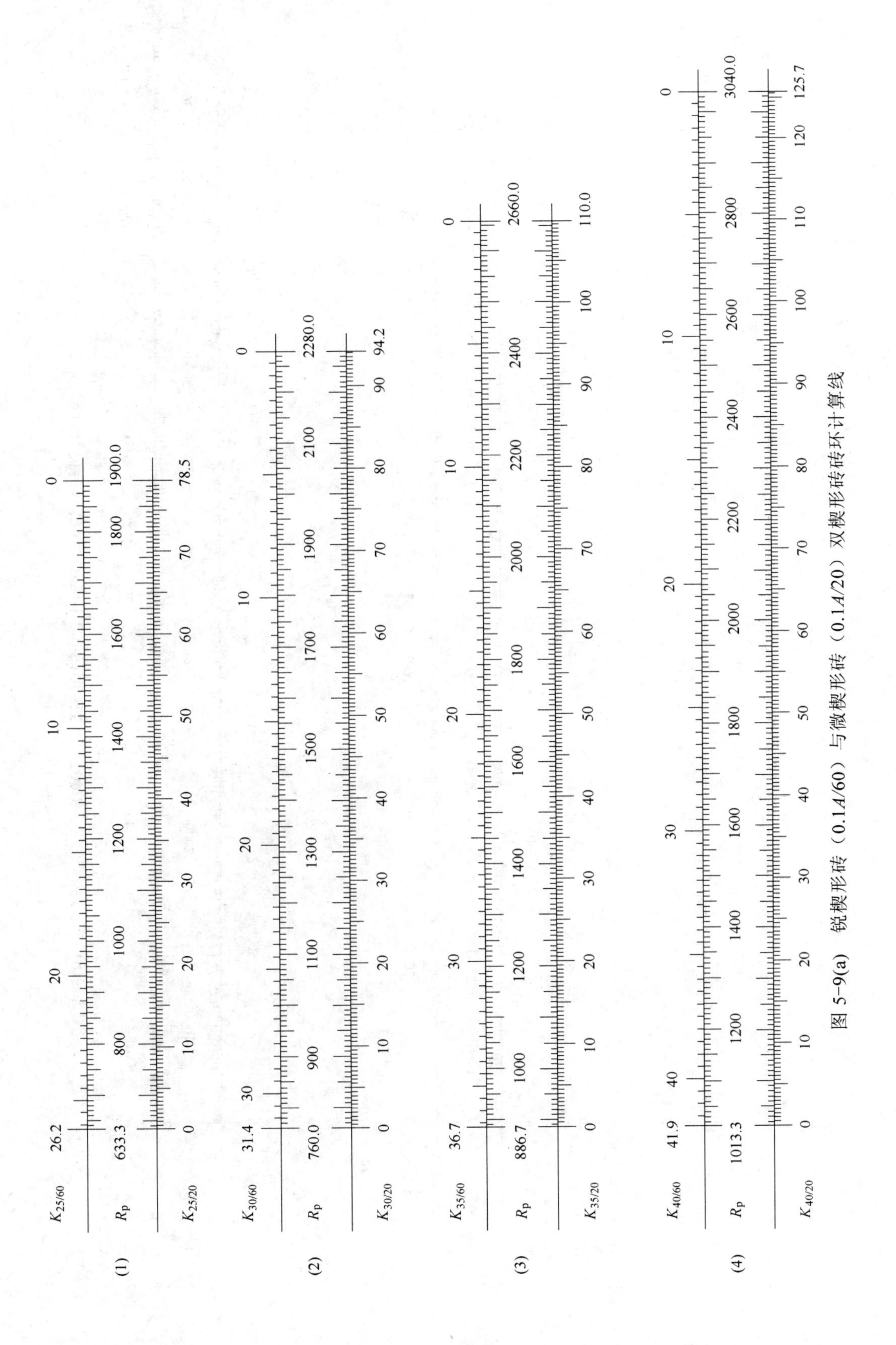

图 5-9(a) 锐楔形砖（0.1A/60）与微楔形砖（0.1A/20）双楔形砖砖环计算线

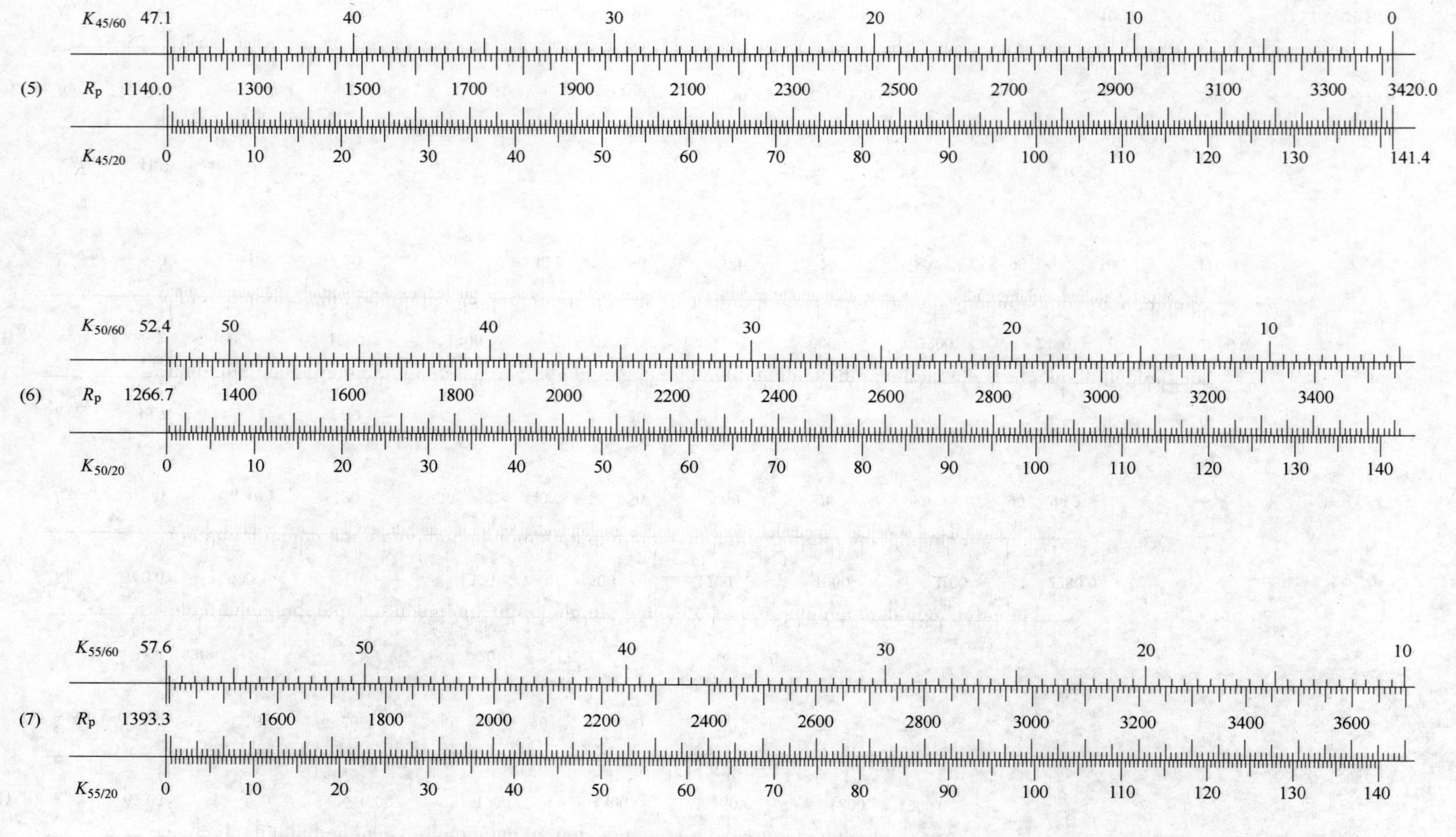

图 5-9(b)　锐楔形砖（0.1*A*/60）与微楔形砖（0.1*A*/20）双楔形砖砖环计算线

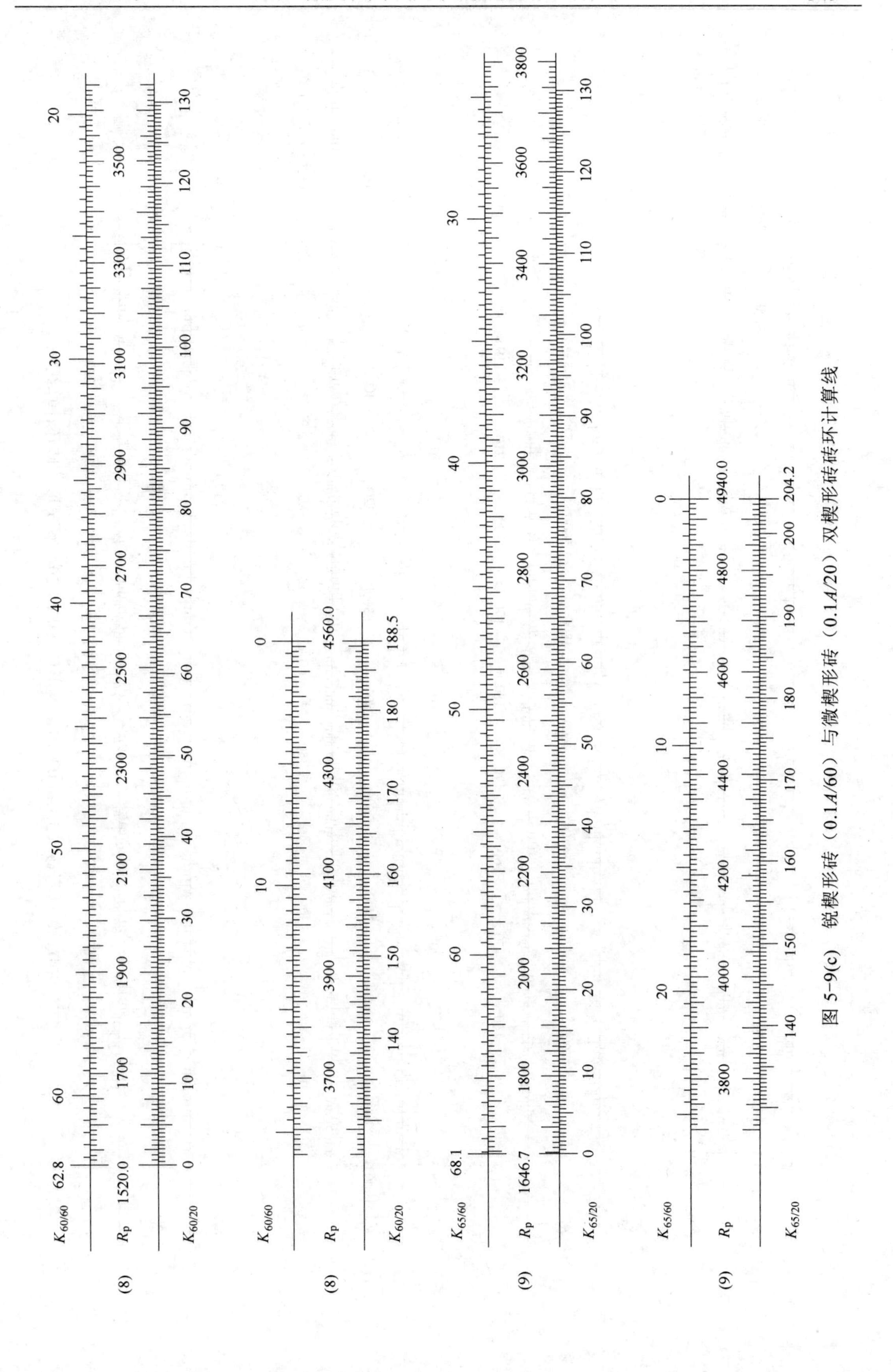

图 5-9(c) 锐楔形砖（0.1A/60）与微楔形砖（0.1A/20）双楔形砖砖环计算线

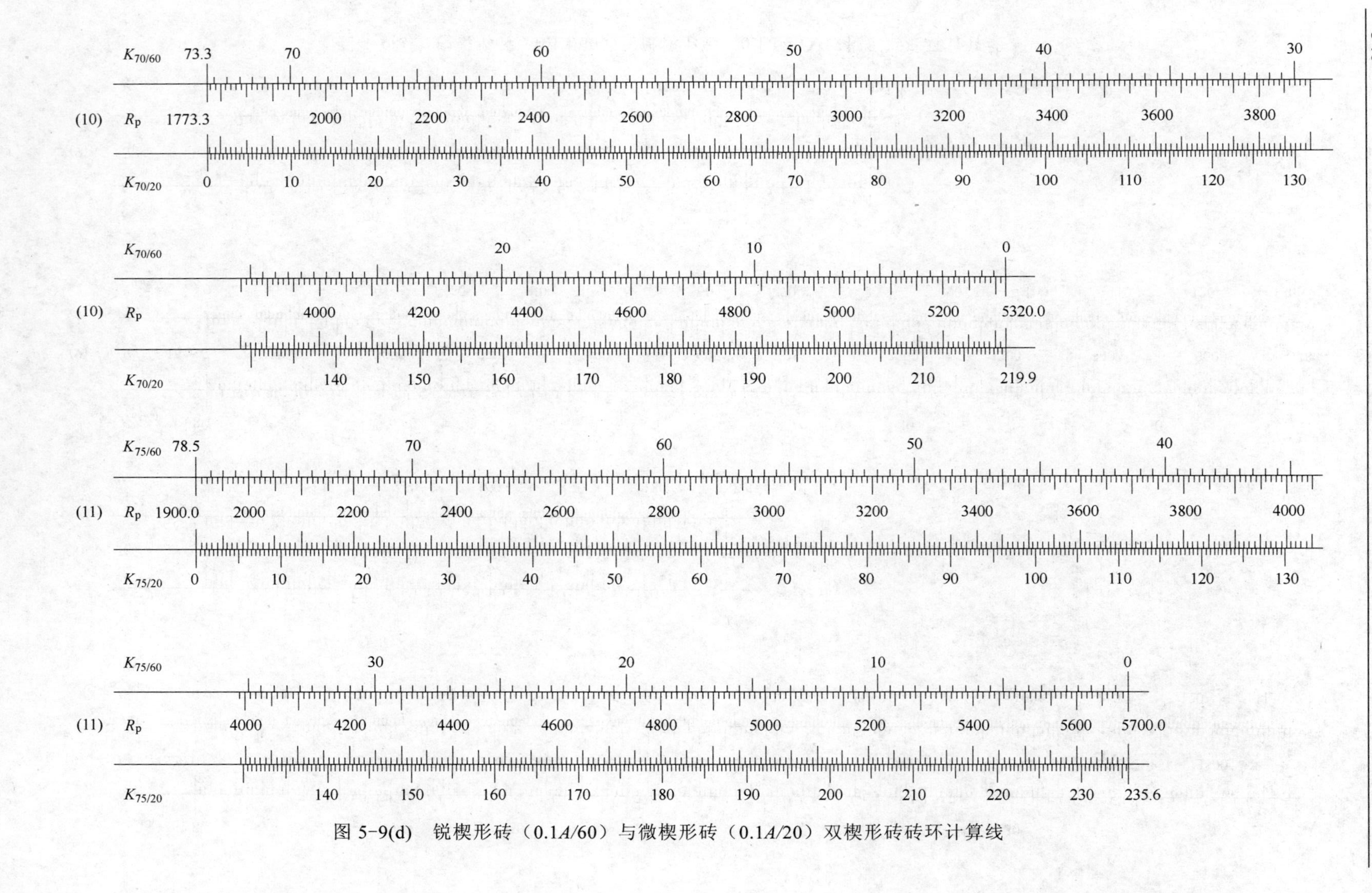

图 5-9(d)　锐楔形砖（0.1A/60）与微楔形砖（0.1A/20）双楔形砖砖环计算线

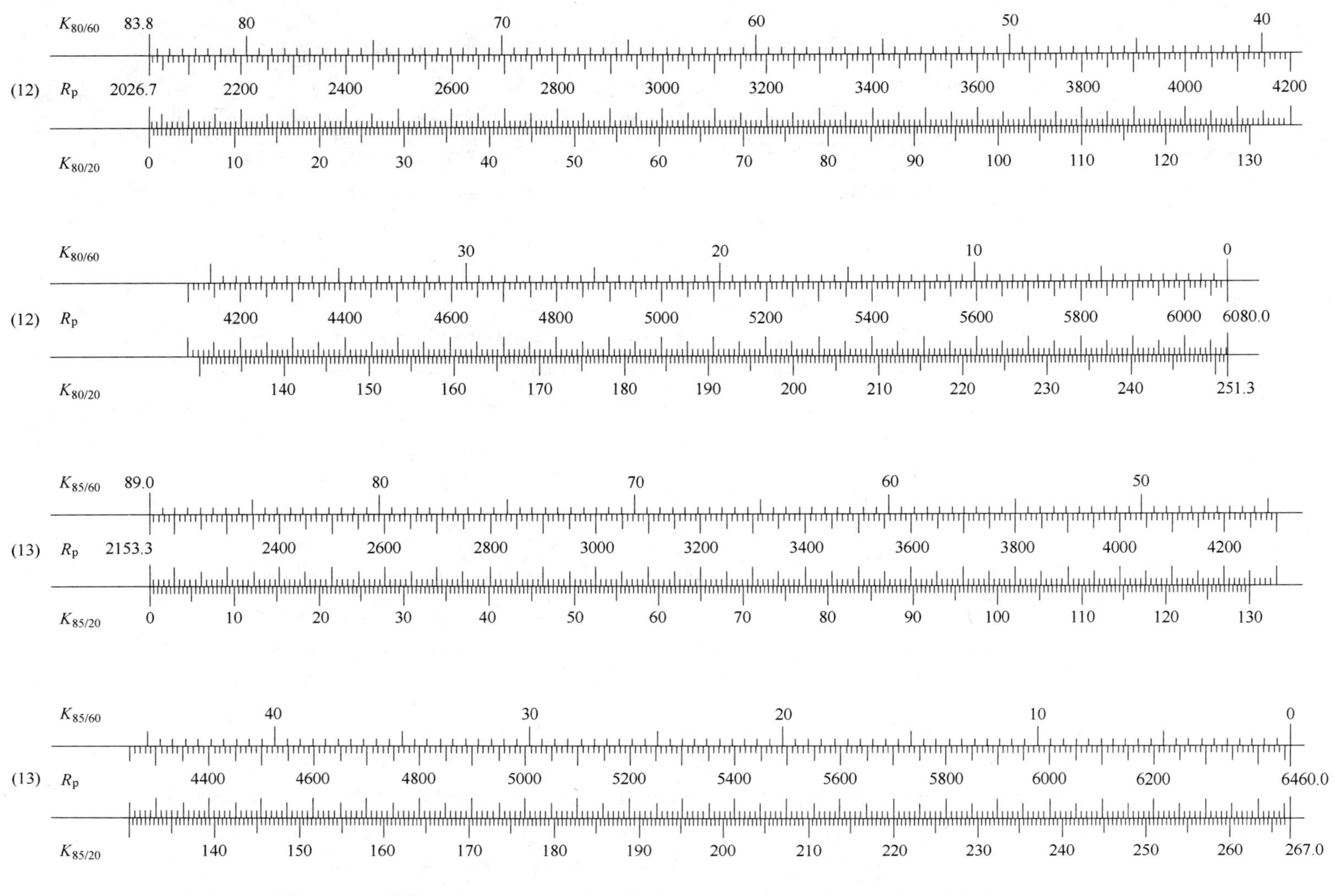

图 5-9(e) 锐楔形砖（0.1A/60）与微楔形砖（0.1A/20）双楔形砖砖环计算线

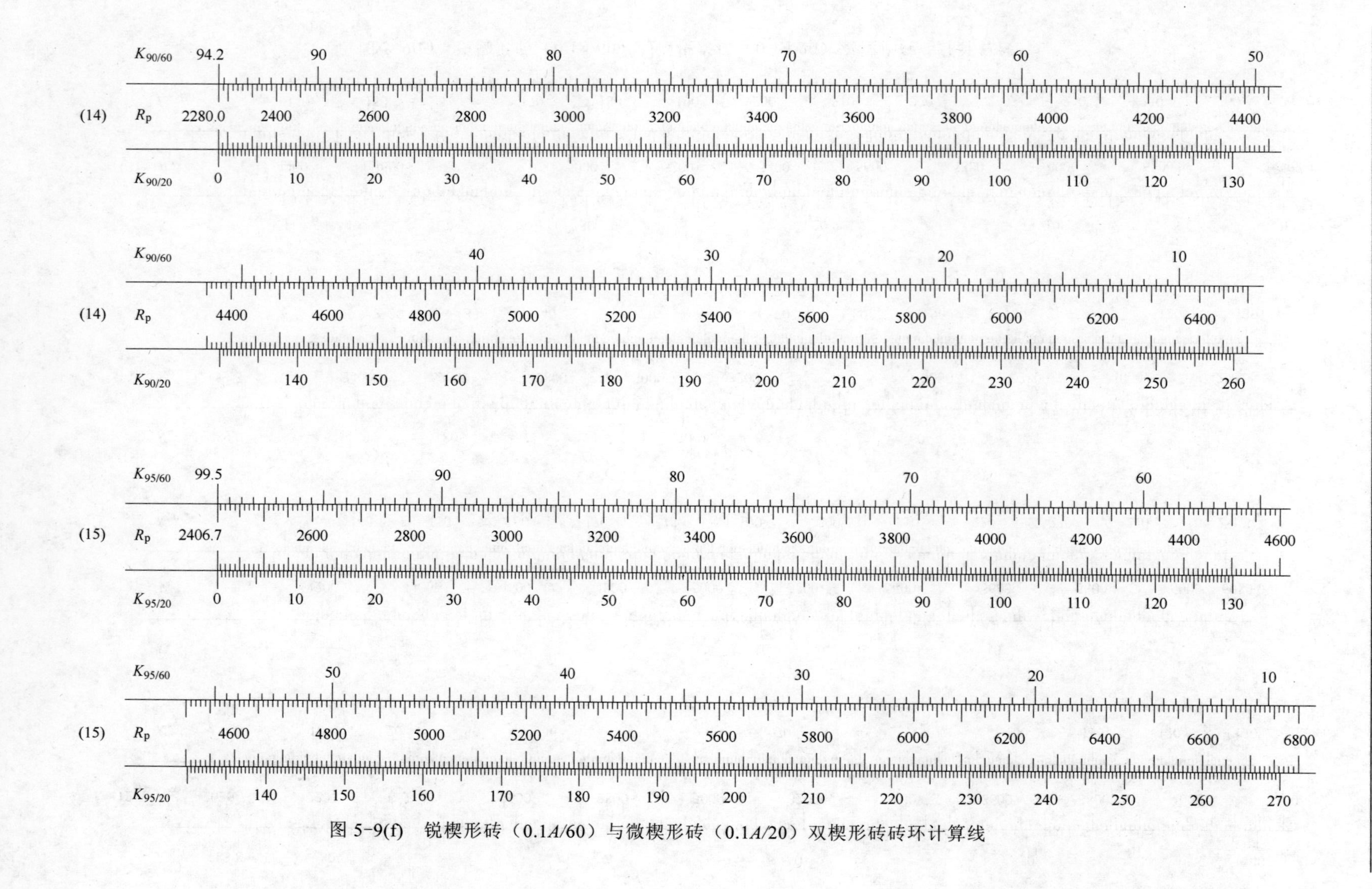

图 5-9(f)　锐楔形砖（0.1A/60）与微楔形砖（0.1A/20）双楔形砖砖环计算线

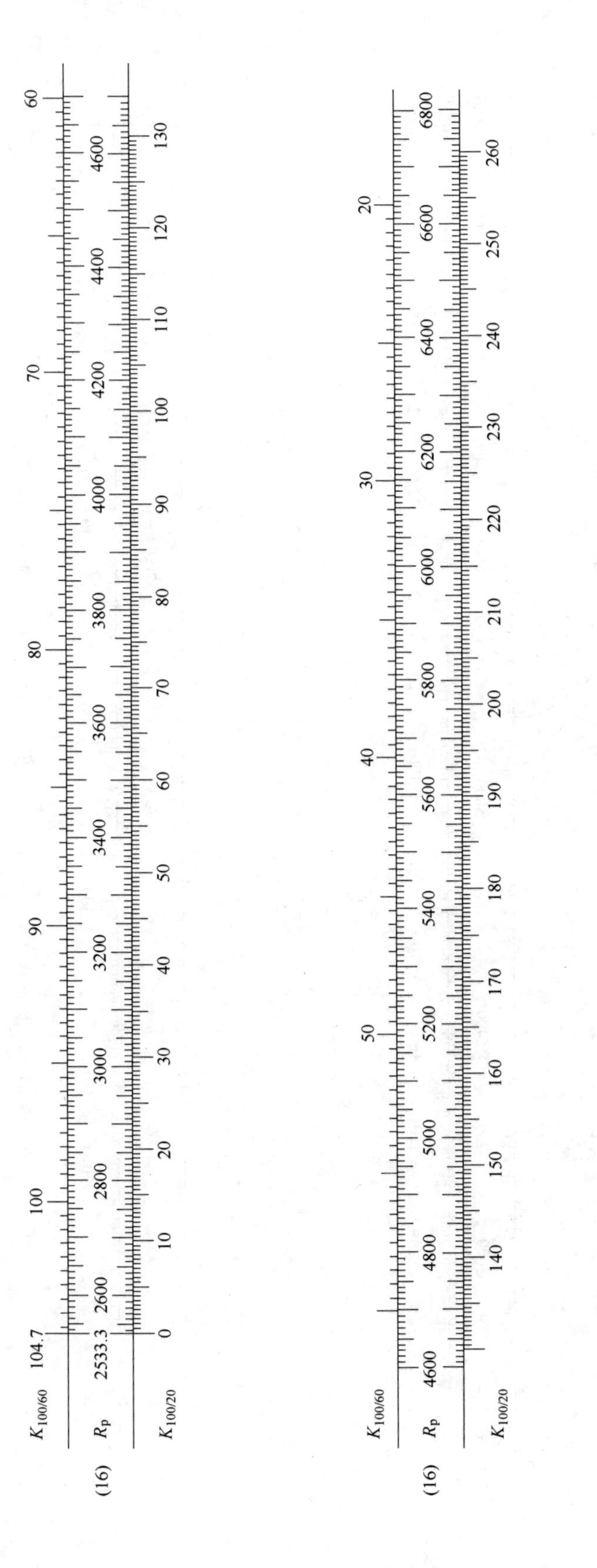

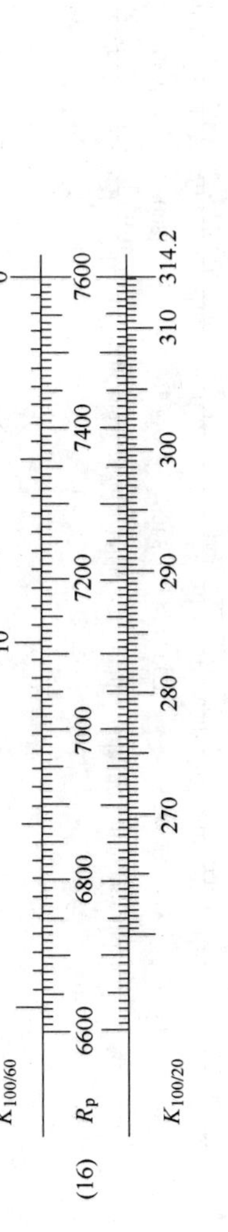

图 5-9(g)　锐楔形砖（0.1*A*/60）与微楔形砖（0.1*A*/20）双楔形砖砖环计算线

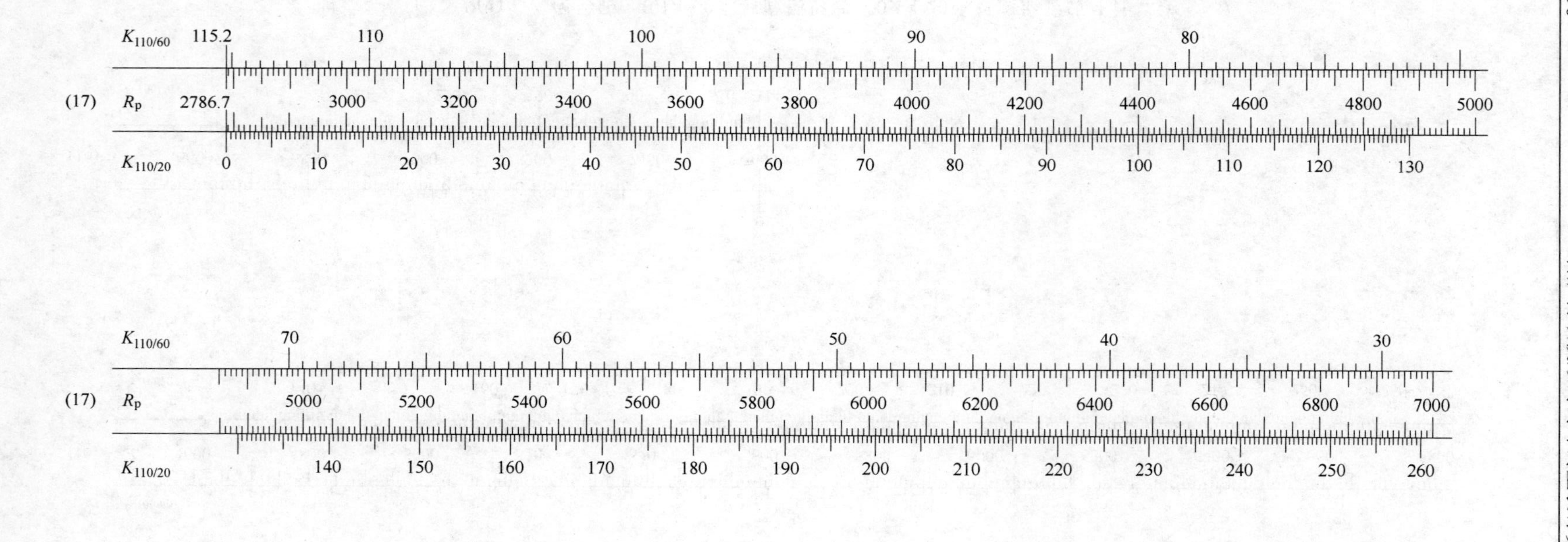

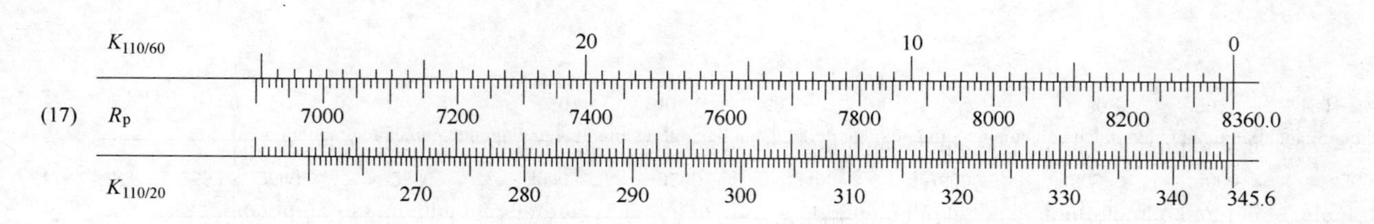

图 5-9(h)　锐楔形砖（0.1A/60）与微楔形砖（0.1A/20）双楔形砖砖环计算线

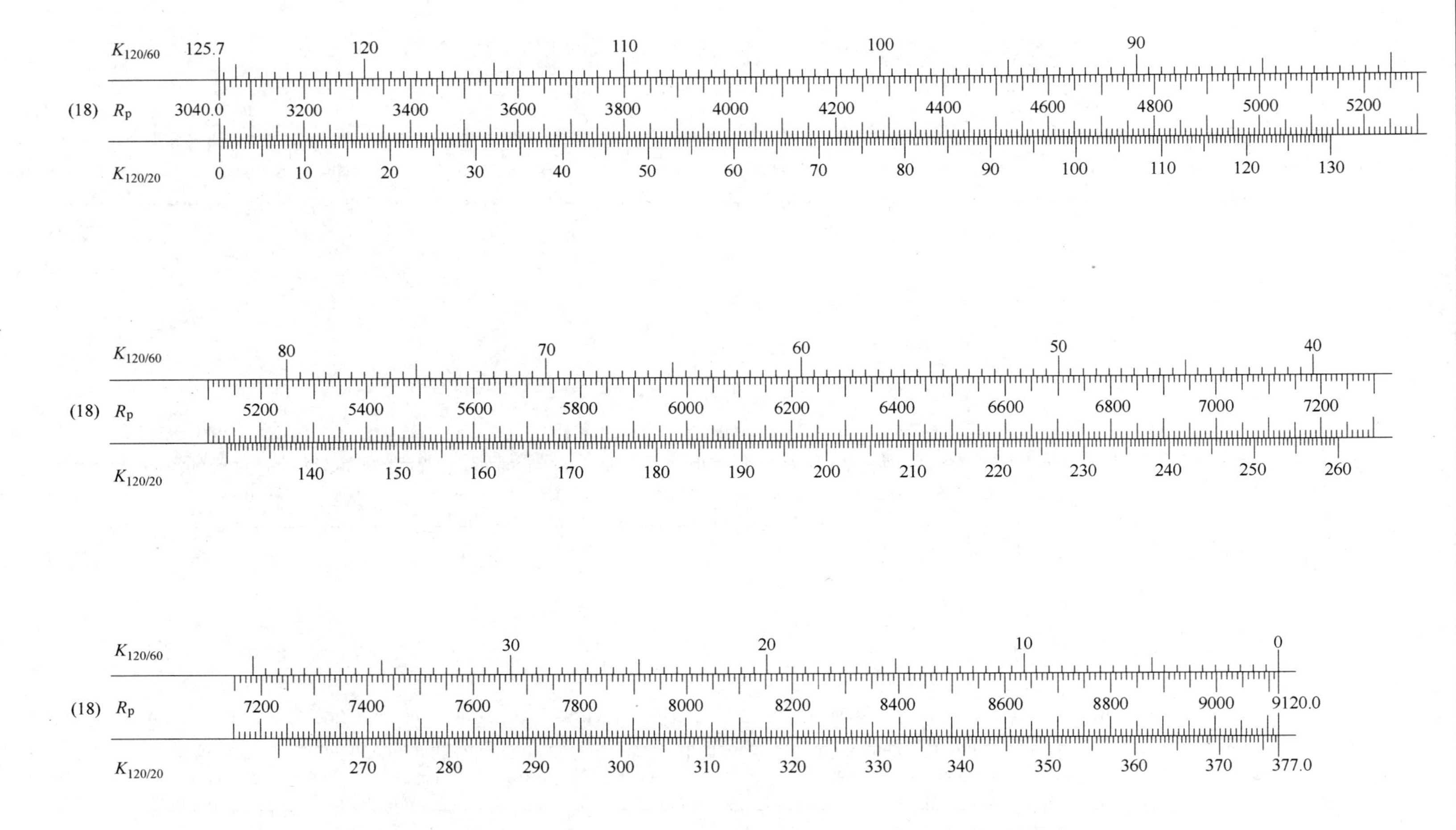

图 5-9(i) 锐楔形砖（0.1*A*/60）与微楔形砖（0.1*A*/20）双楔形砖砖环计算线

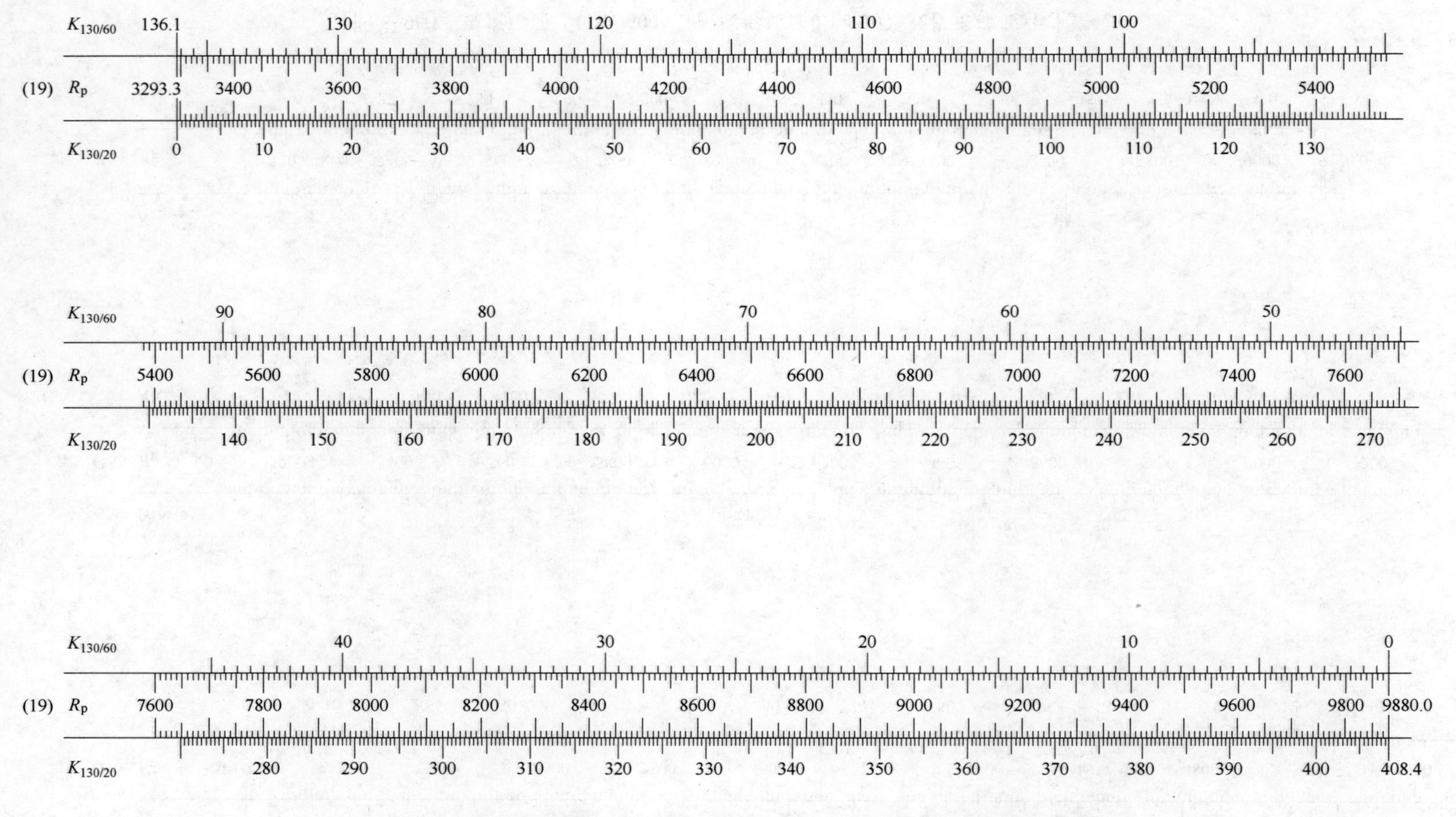

图 5-9(j)　锐楔形砖（0.1A/60）与微楔形砖（0.1A/20）双楔形砖砖环计算线

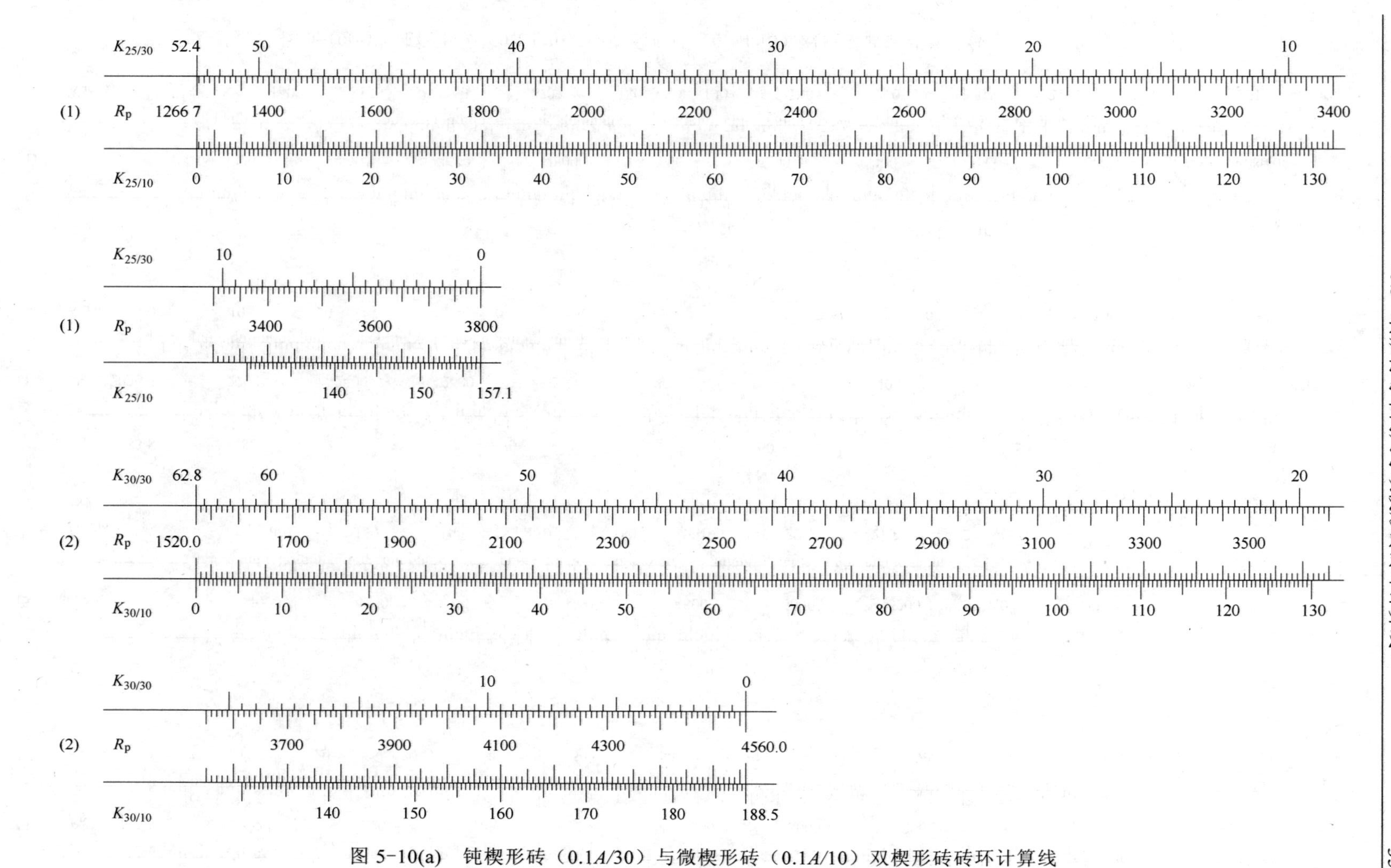

图 5-10(a) 钝楔形砖（0.1*A*/30）与微楔形砖（0.1*A*/10）双楔形砖砖环计算线

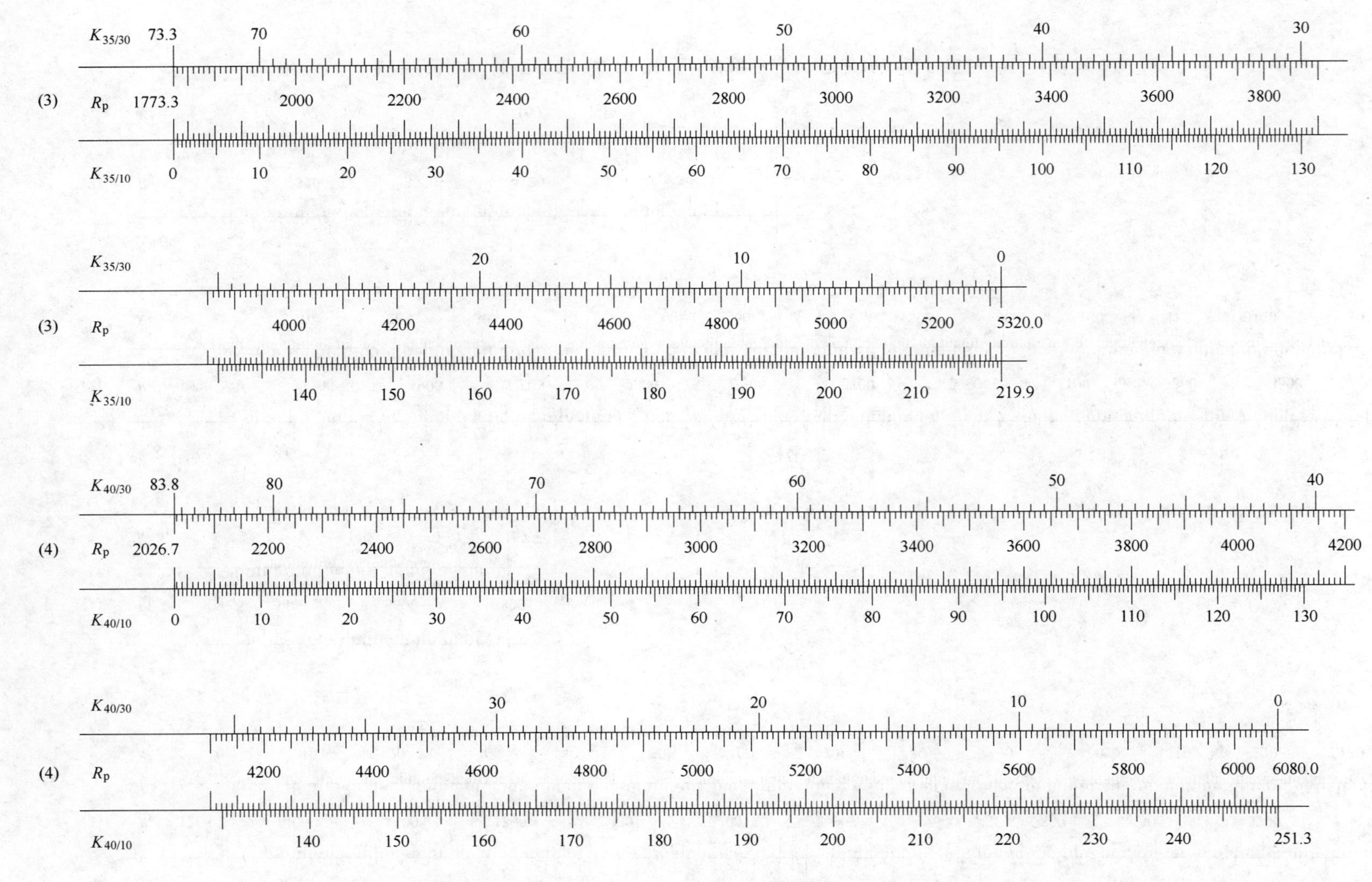

图 5-10(b)　钝楔形砖（0.1A/30）与微楔形砖（0.1A/10）双楔形砖砖环计算线

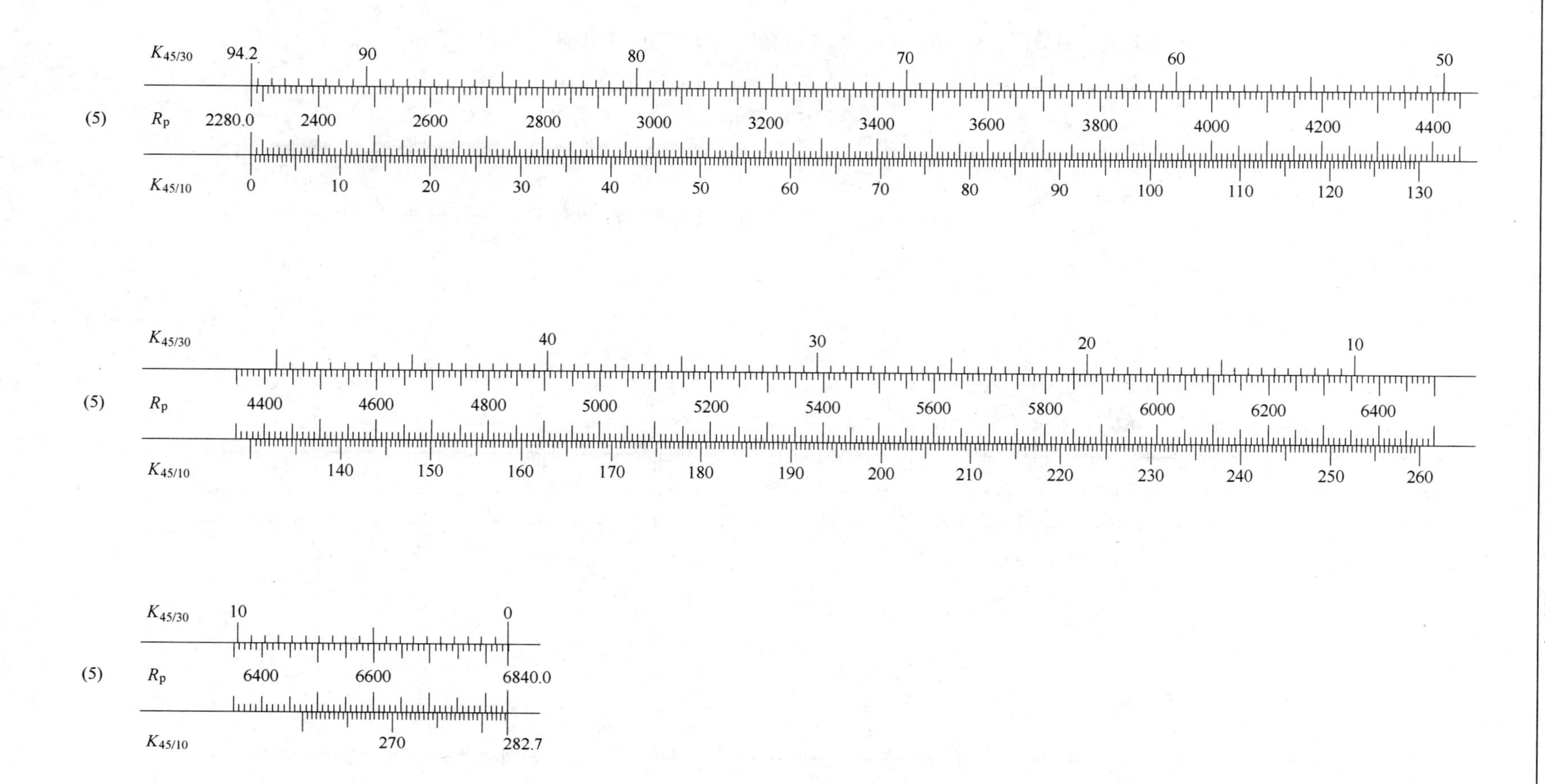

图 5-10(c) 钝楔形砖（0.1A/30）与微楔形砖（0.1A/10）双楔形砖砖环计算线

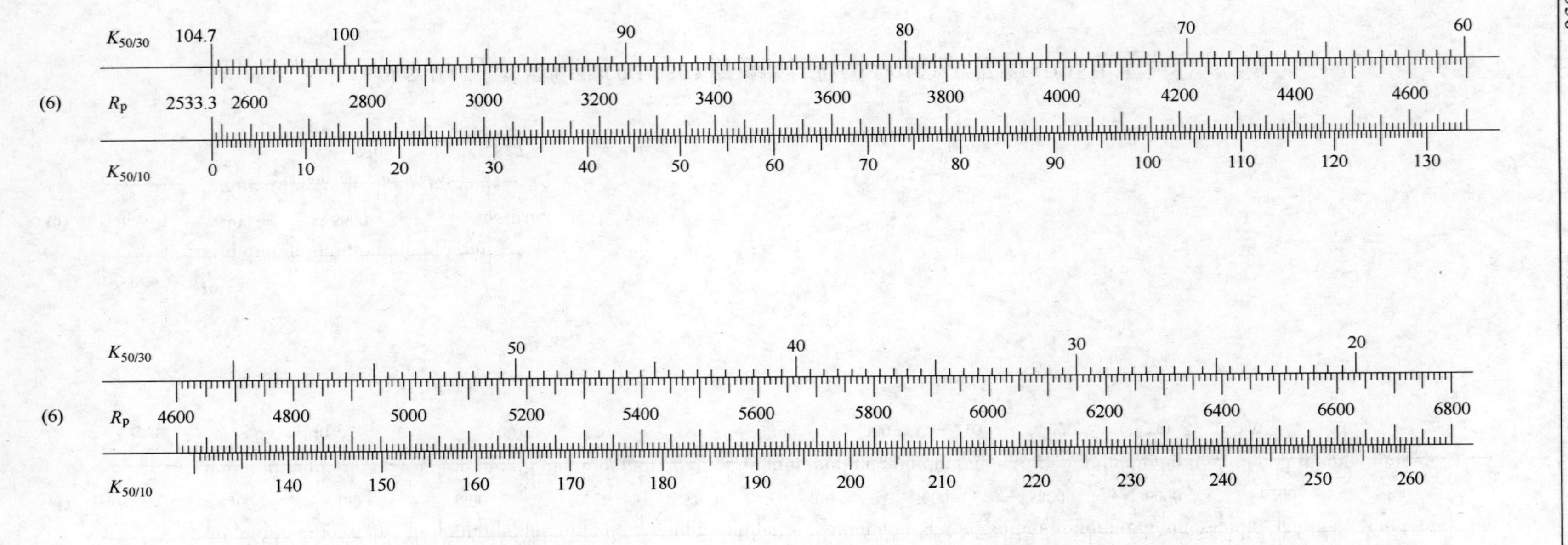

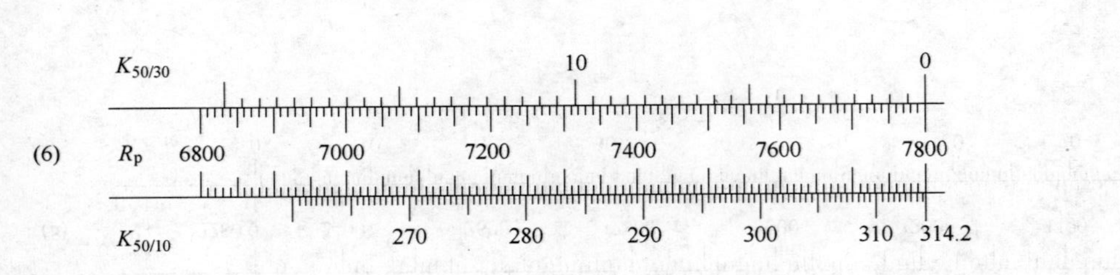

图 5-10(d)　钝楔形砖（0.1A/30）与微楔形砖（0.1A/10）双楔形砖砖环计算线

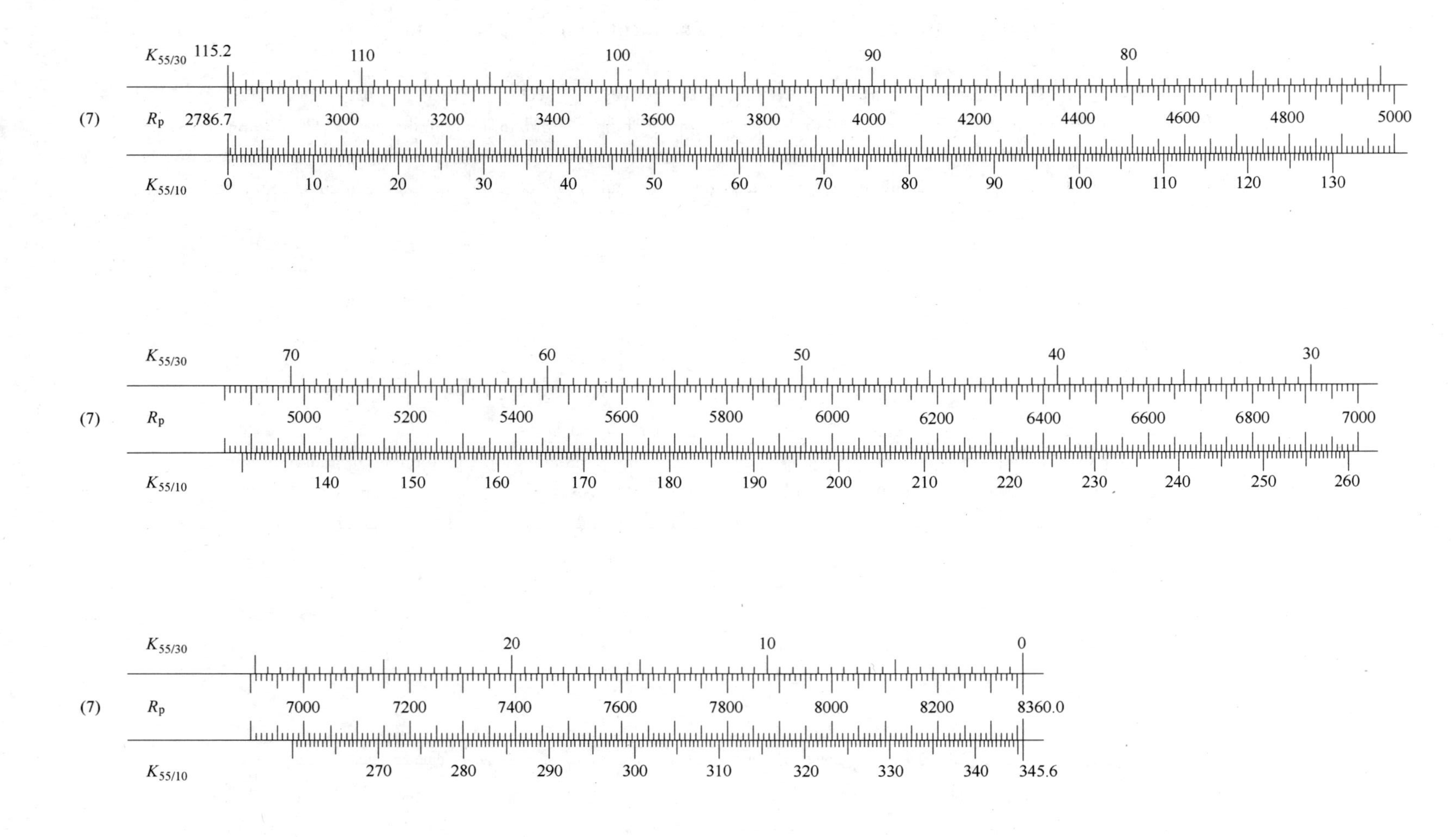

图 5-10(e) 钝楔形砖（0.1*A*/30）与微楔形砖（0.1*A*/10）双楔形砖砖环计算线

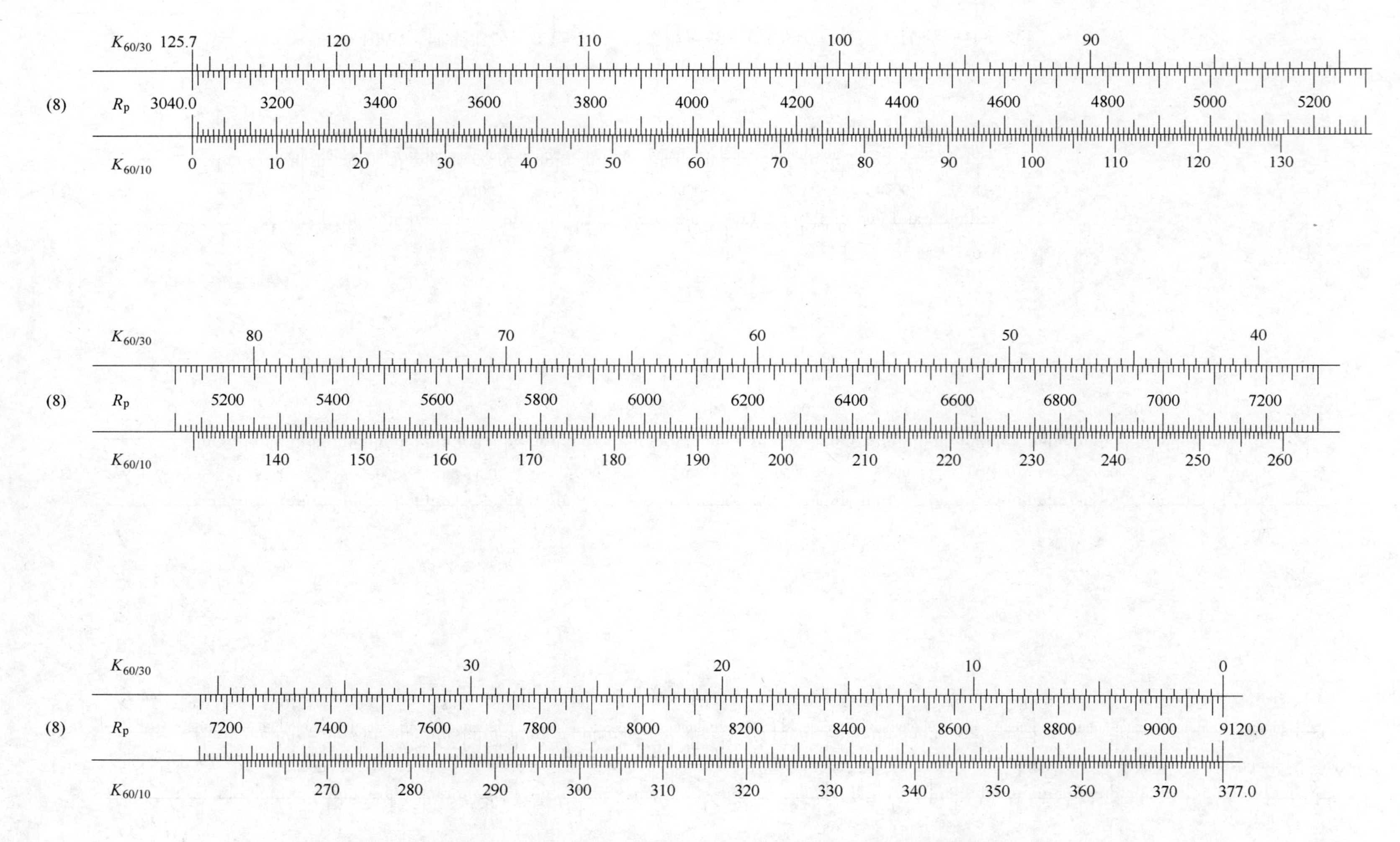

图 5-10(f)　钝楔形砖（0.1A/30）与微楔形砖（0.1A/10）双楔形砖砖环计算线

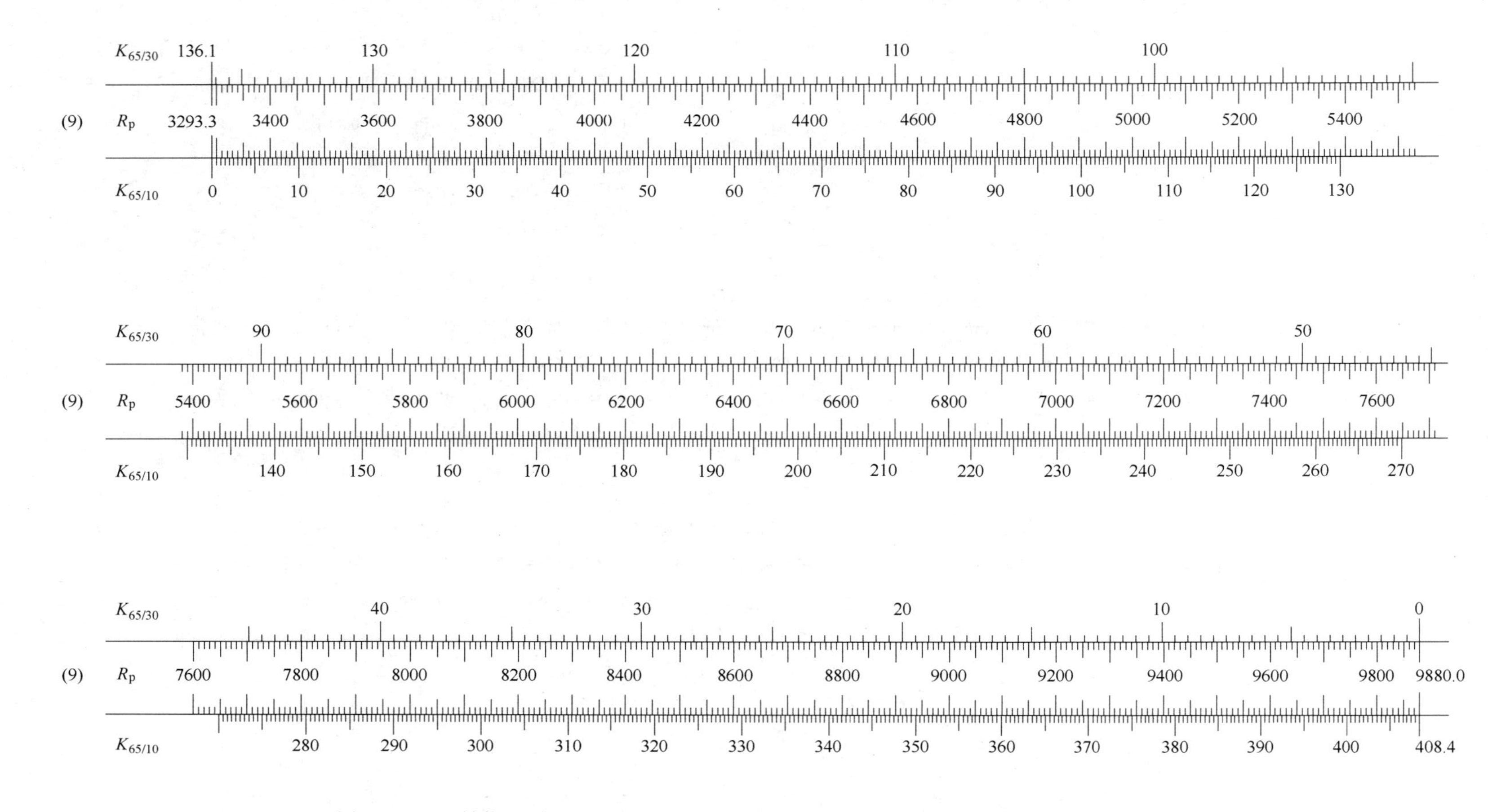

图 5-10(g)　钝楔形砖（0.1A/30）与微楔形砖（0.1A/10）双楔形砖砖环计算线

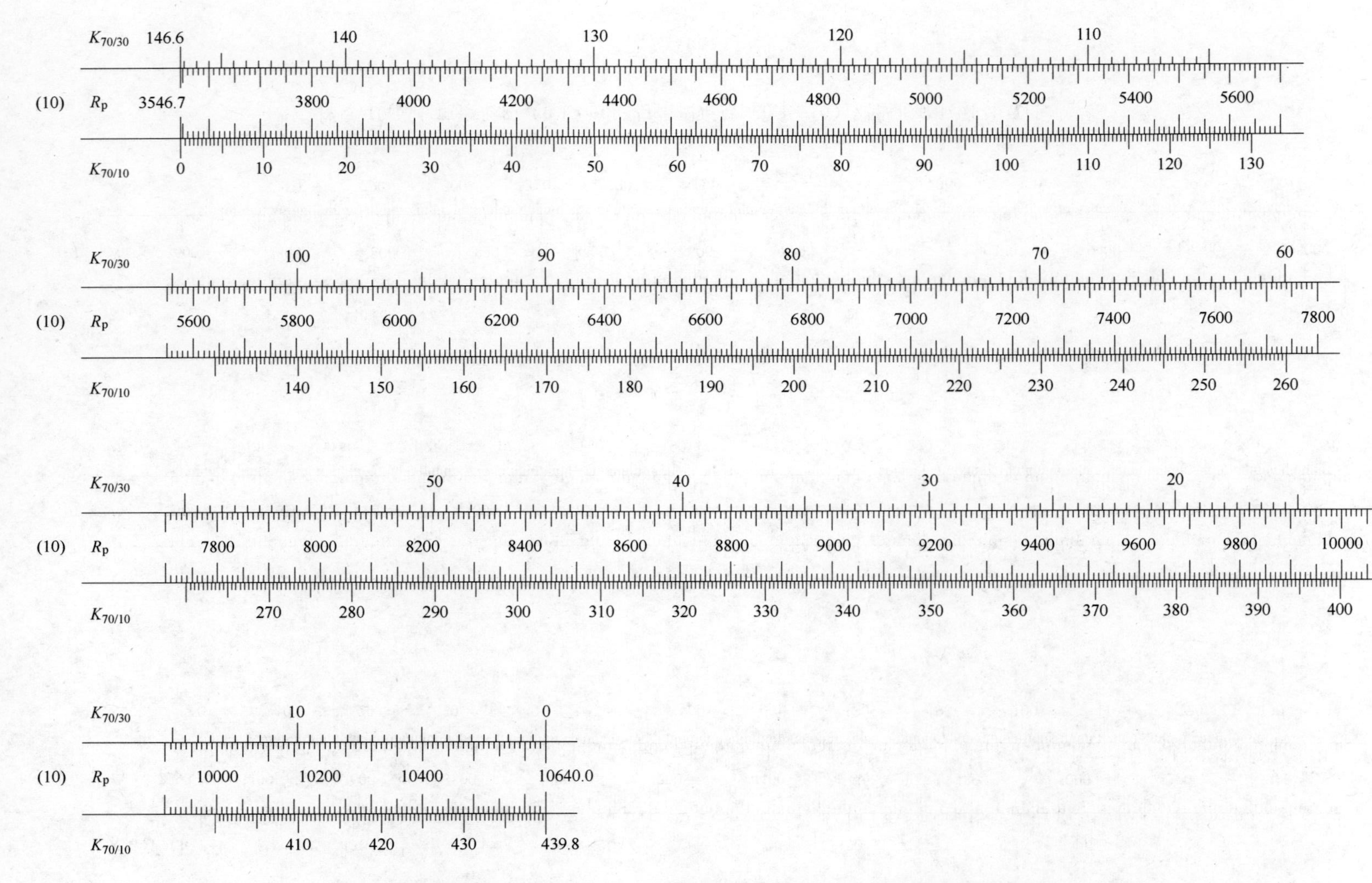

图 5-10(h)　钝楔形砖（0.1A/30）与微楔形砖（0.1A/10）双楔形砖砖环计算线

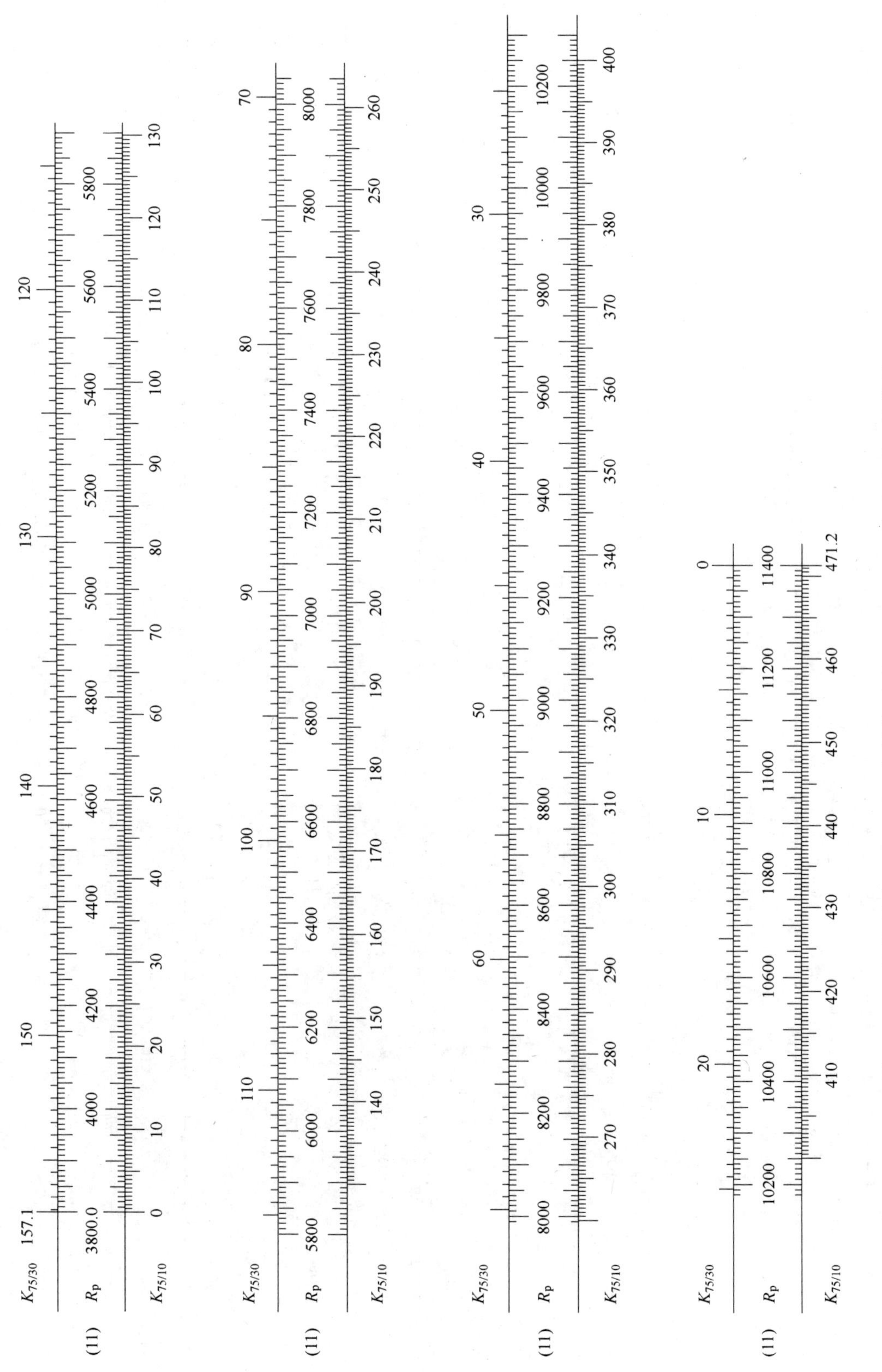

图 5-10(i)　钝楔形砖（0.1A/30）与微楔形砖（0.1A/10）双楔形砖砖环计算线

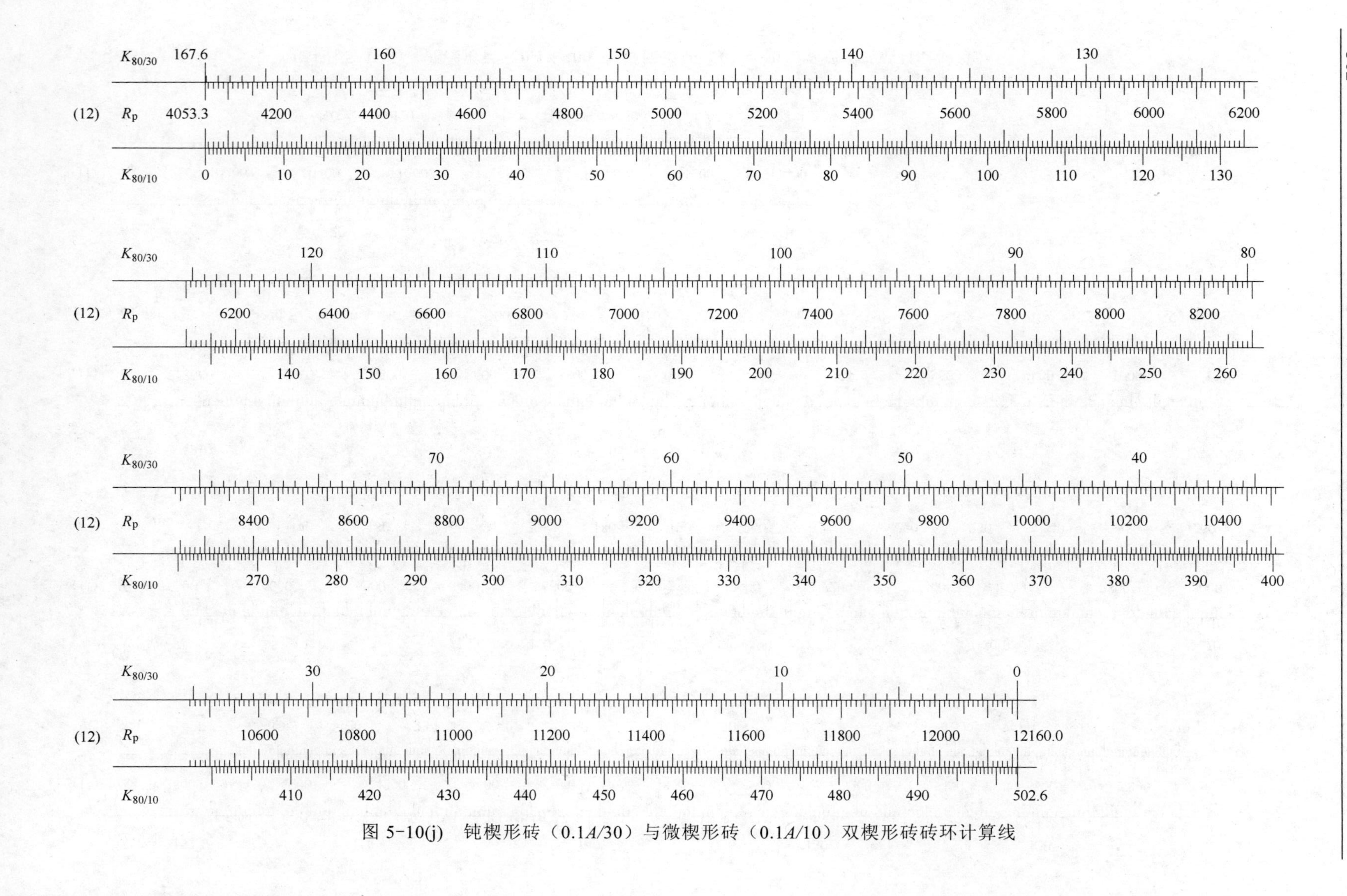

图 5-10(j)　钝楔形砖（0.1A/30）与微楔形砖（0.1A/10）双楔形砖砖环计算线

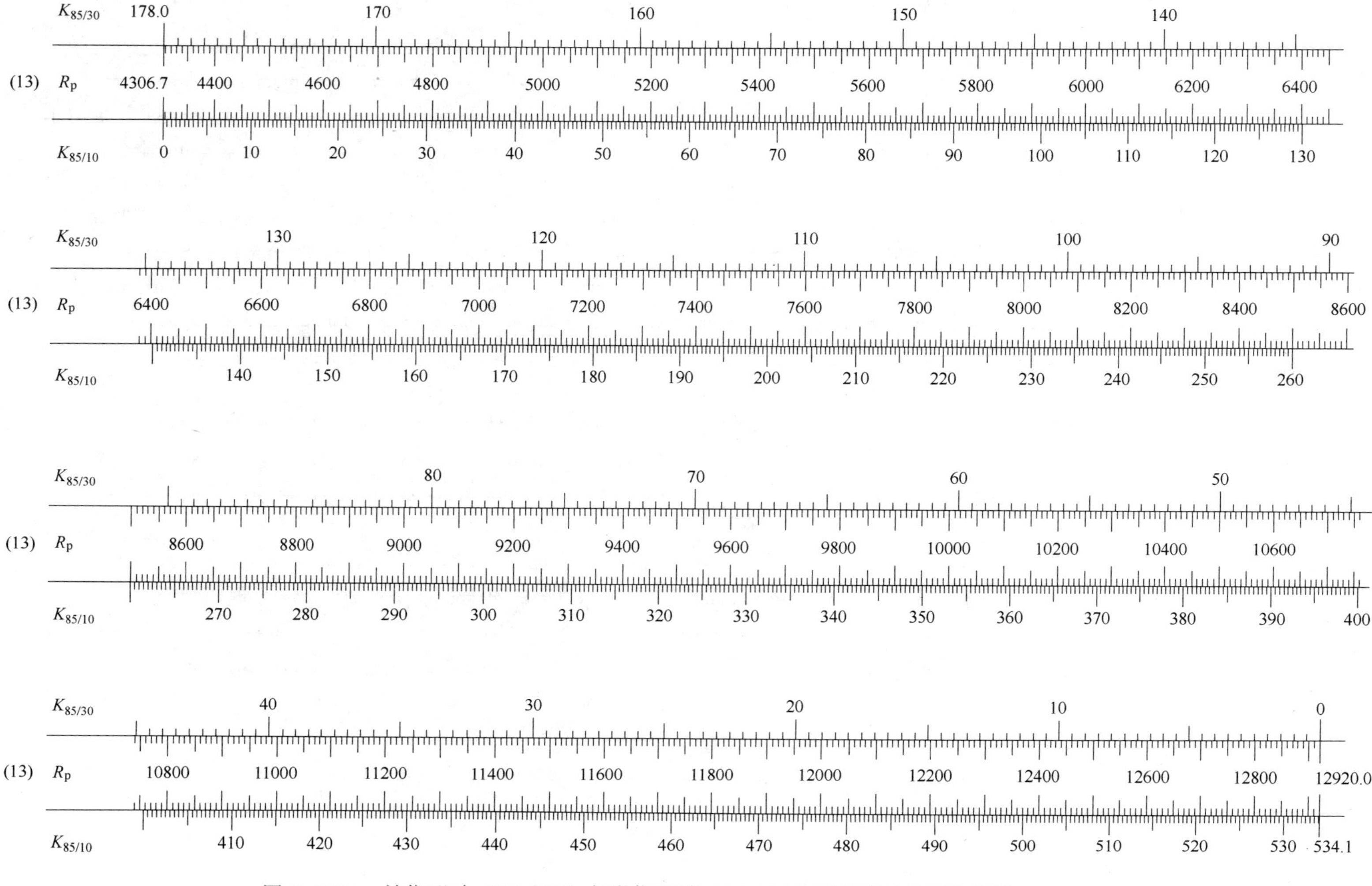

图 5-10(k)　钝楔形砖（0.1*A*/30）与微楔形砖（0.1*A*/10）双楔形砖砖环计算线

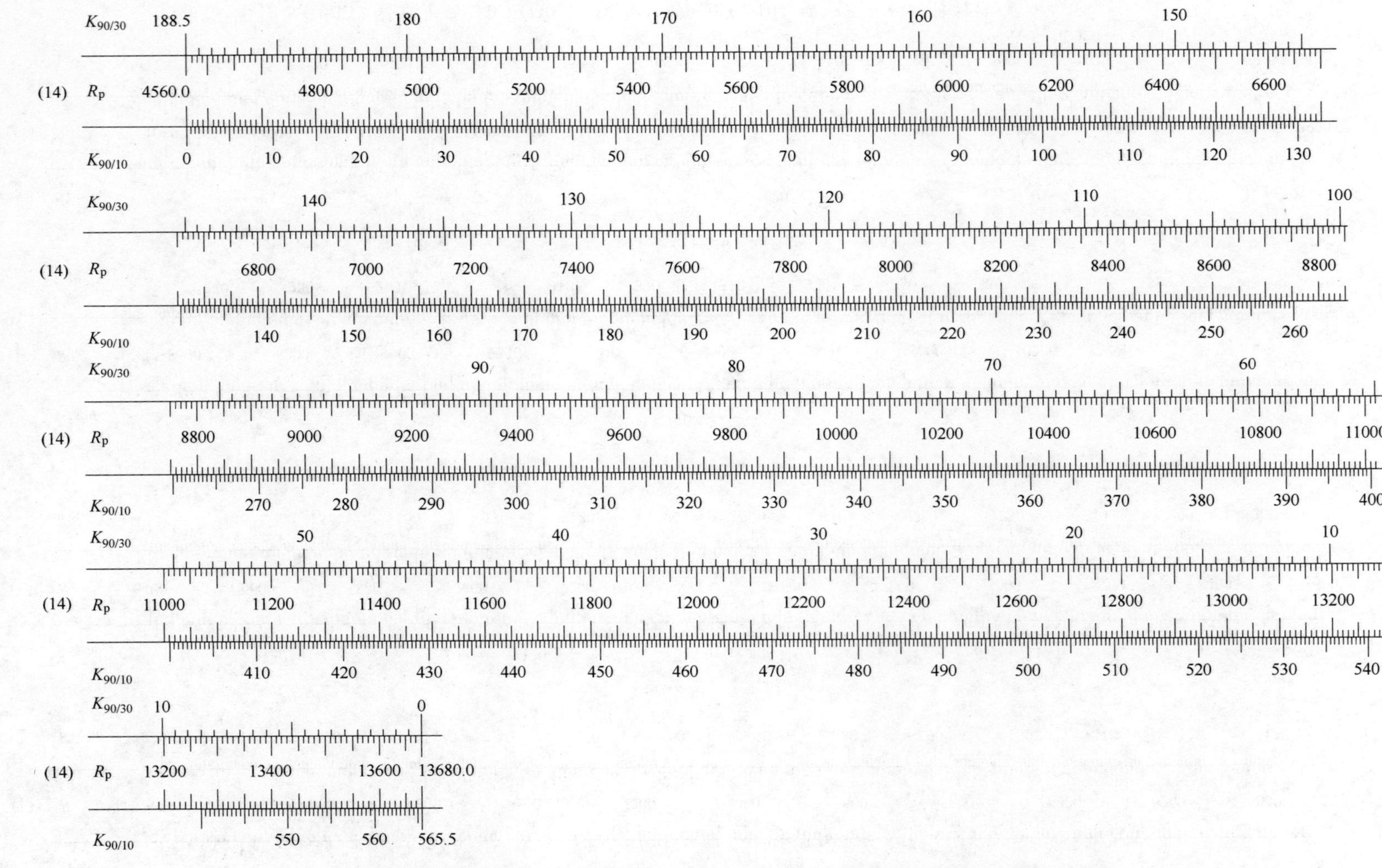

图 5-10(l)　钝楔形砖（0.1A/30）与微楔形砖（0.1A/10）双楔形砖砖环计算线

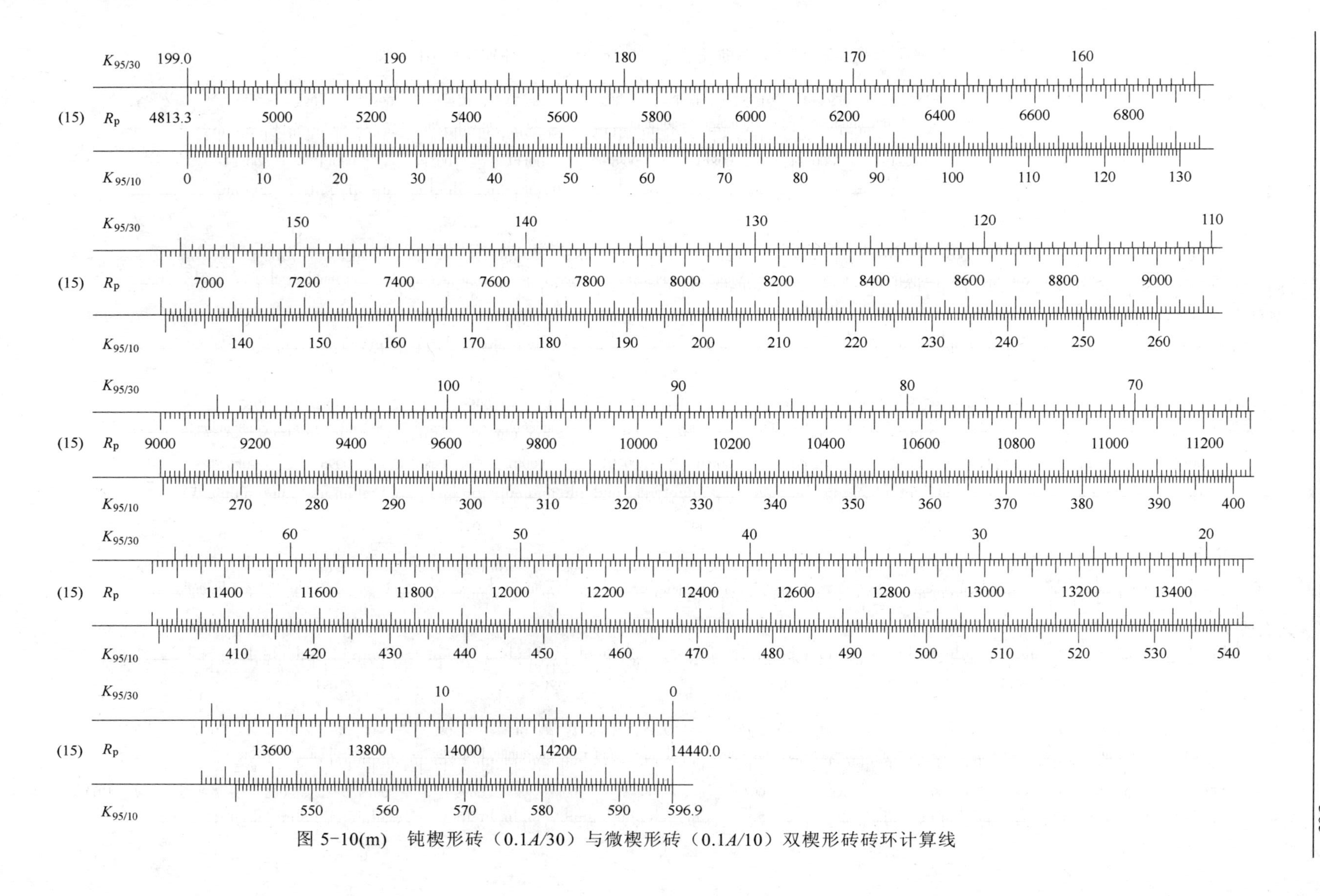

图 5-10(m) 钝楔形砖（0.1*A*/30）与微楔形砖（0.1*A*/10）双楔形砖砖环计算线

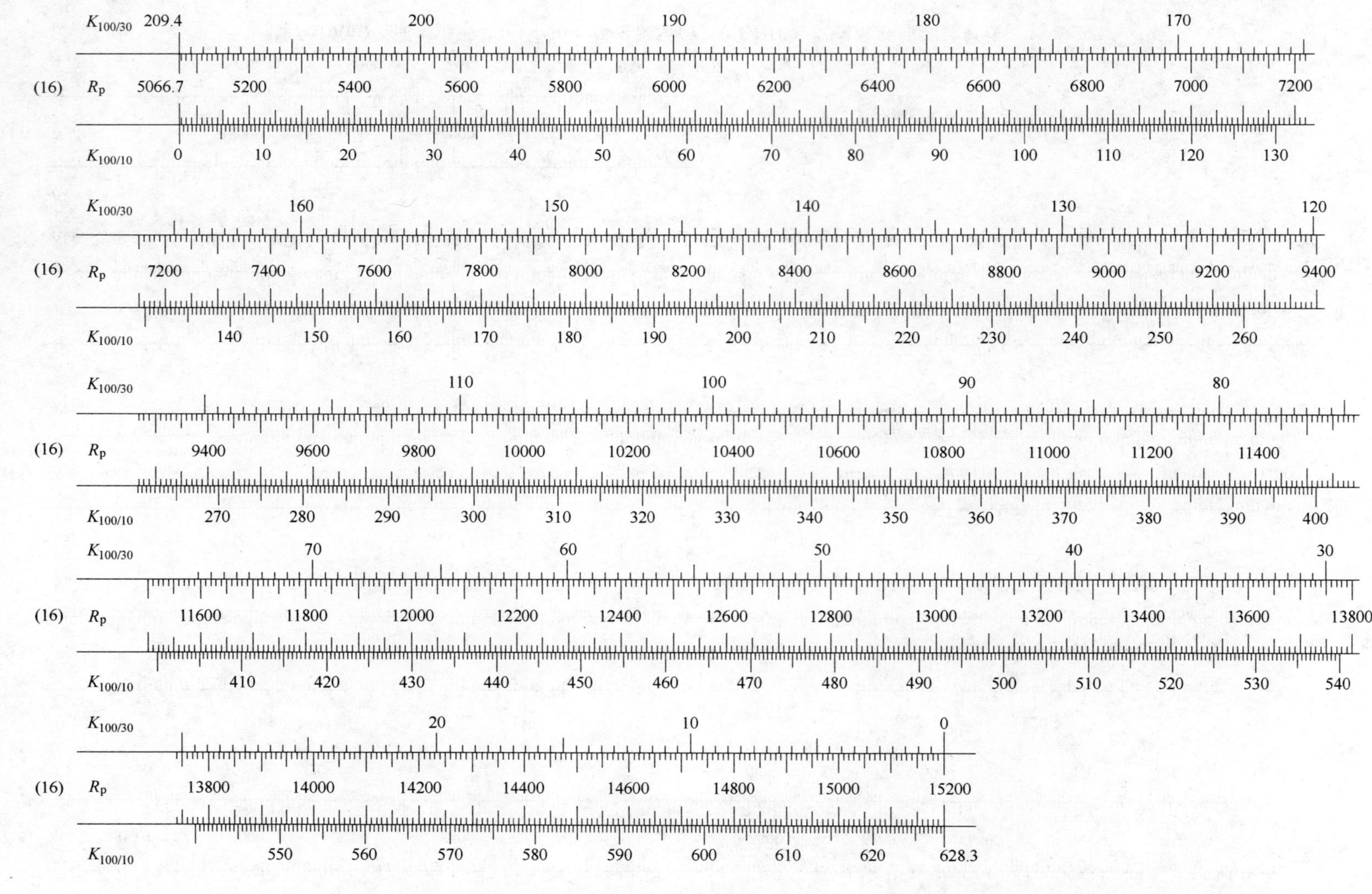

图 5-10(n)　钝楔形砖（0.1A/30）与微楔形砖（0.1A/10）双楔形砖砖环计算线

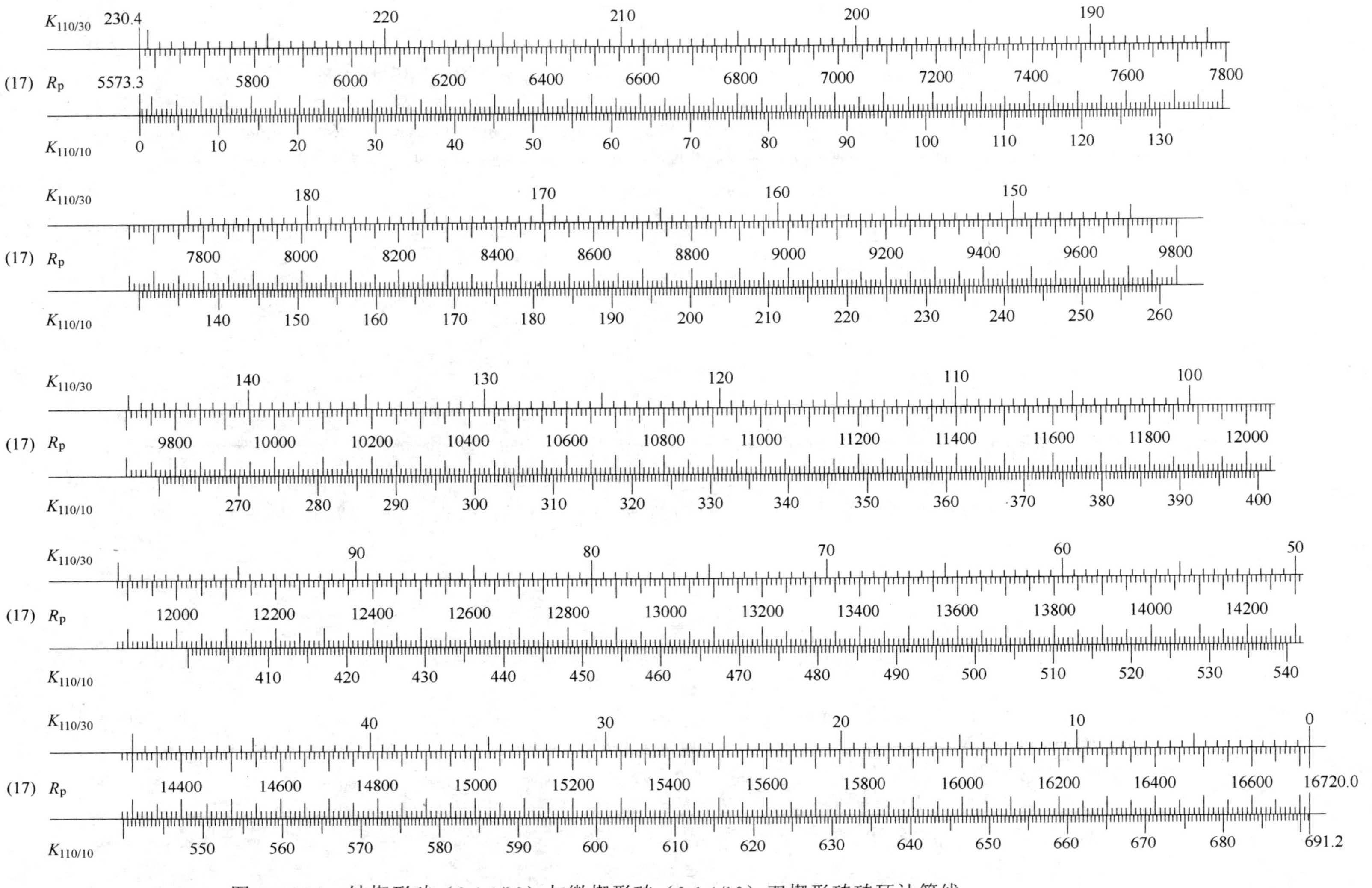

图 5-10(o) 钝楔形砖（0.1*A*/30）与微楔形砖（0.1*A*/10）双楔形砖砖环计算线

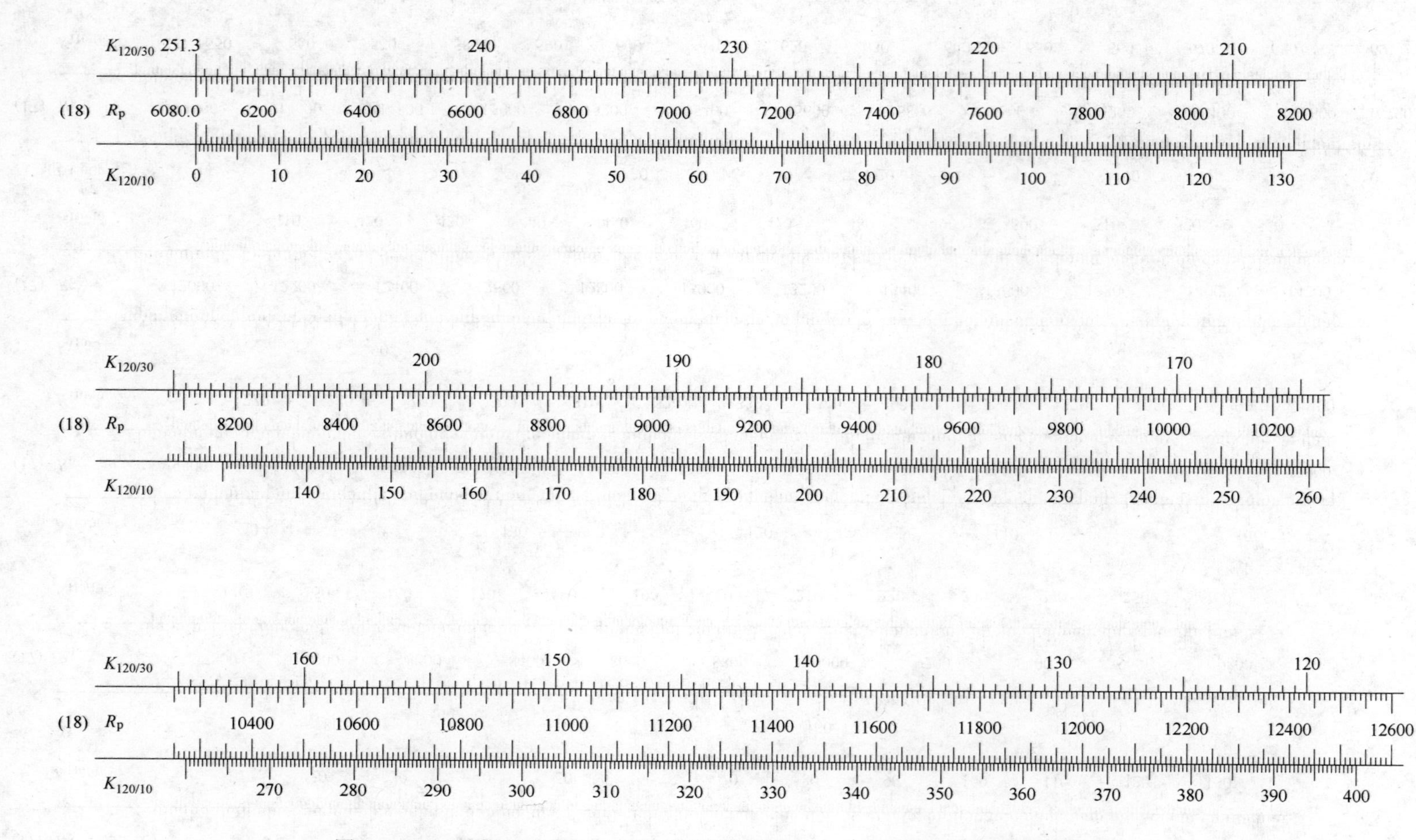

图 5-10(p)　钝楔形砖（0.1A/30）与微楔形砖（0.1A/10）双楔形砖砖环计算线

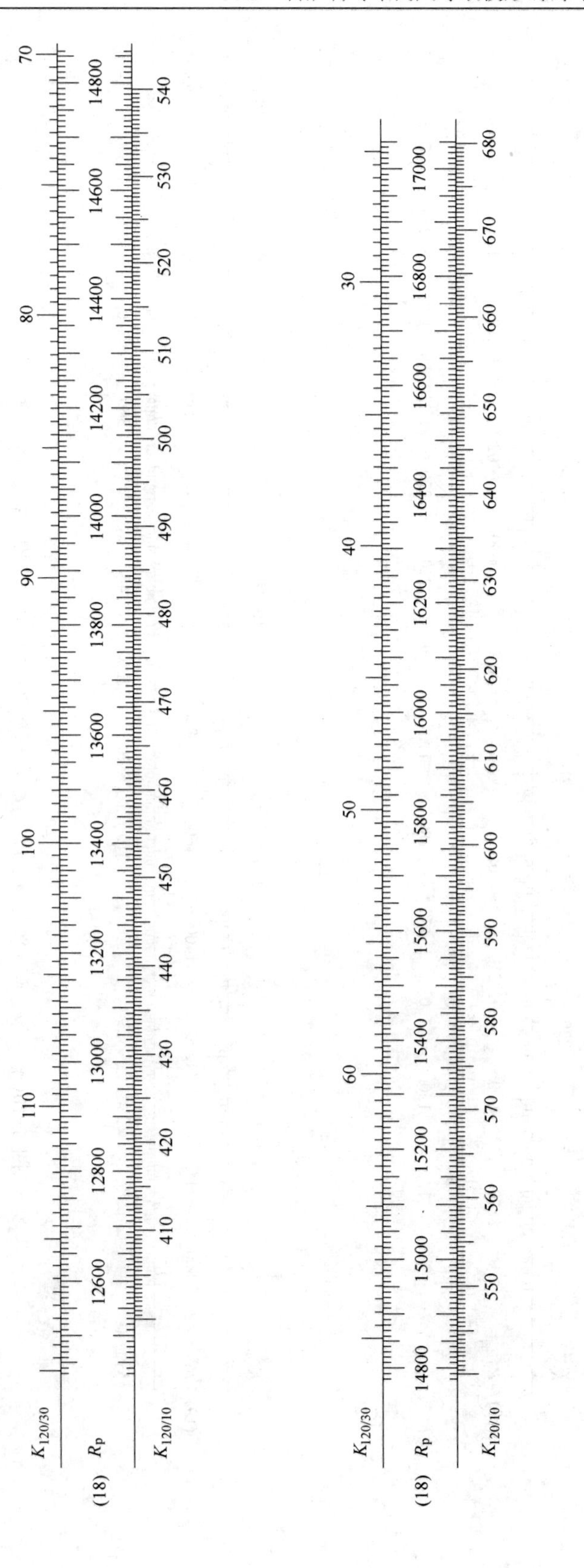

图 5-10(q) 钝楔形砖（0.1A/30）与微楔形砖（0.1A/10）双楔形砖砖环计算线

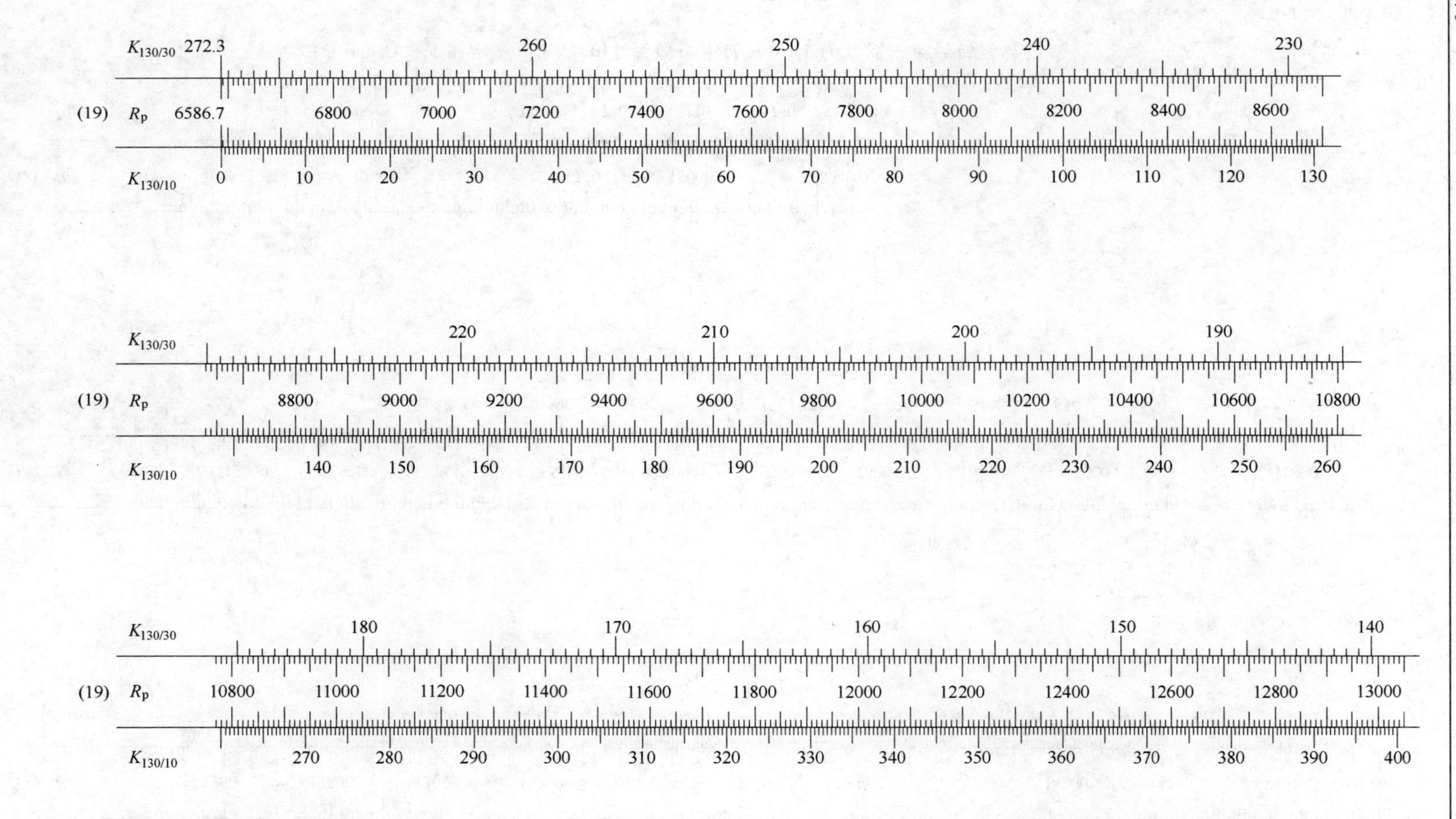

图 5-10(r)　钝楔形砖（0.1A/30）与微楔形砖（0.1A/10）双楔形砖砖环计算线

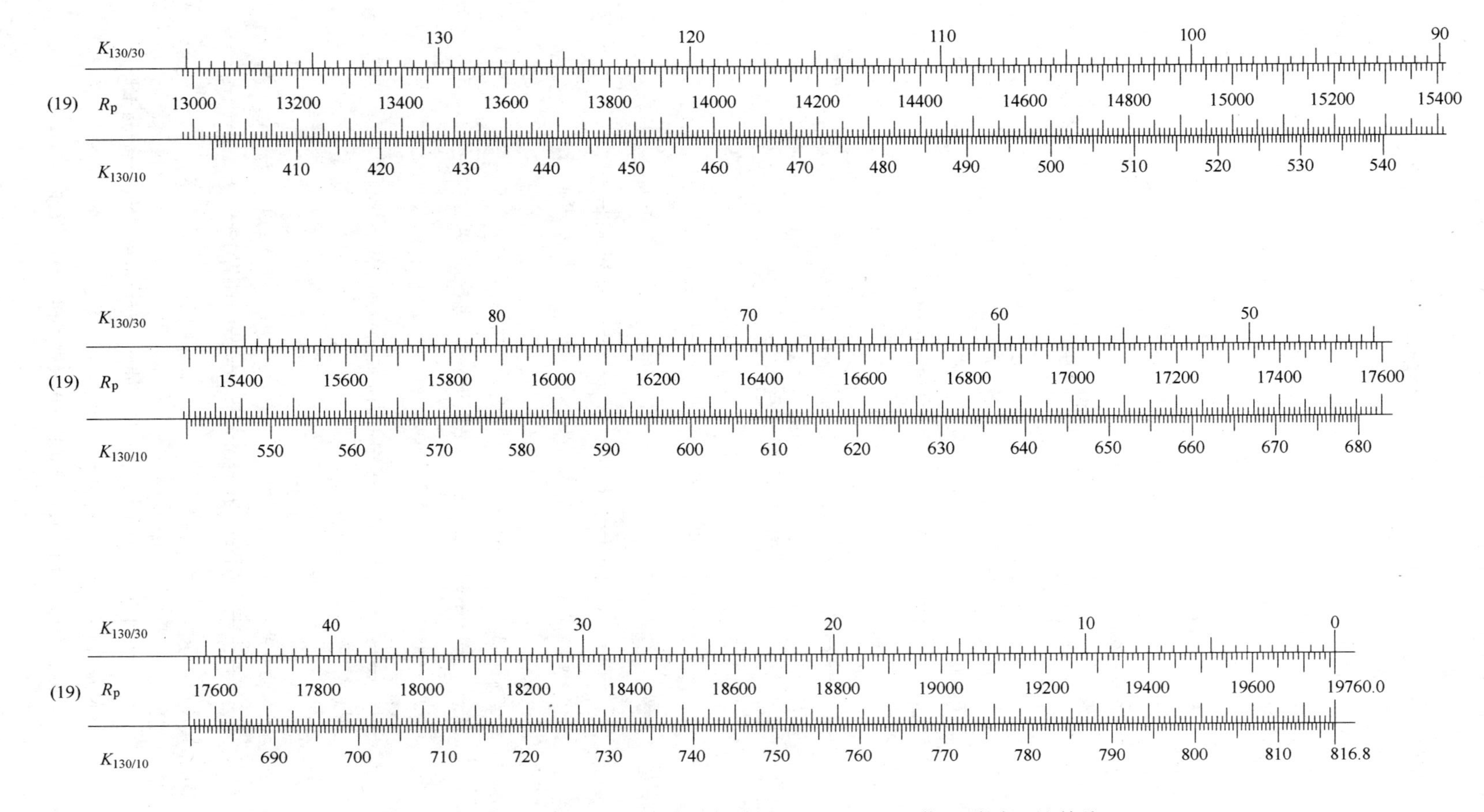

图 5-10(s)　钝楔形砖（0.1A/30）与微楔形砖（0.1A/10）双楔形砖砖环计算线

$K_{60/30}$约为 79 块（除以 12 后为 6.6 块，计算值 6.6 块），$K_{60/10}$约为 140 块（除以 12 后为 11.7 块，计算值 11.7 块）。

从转炉衬等中间尺寸双楔形砖砖环计算线的绘制及其在例 37～例 40 的应用，可看出这些计算线的特点：

（1）本手册所绘制的计算线（图 5-3～图 5-11），包括了 YB/T060—2007 全部所有转炉衬等中间尺寸双楔形砖砖环的配砌方案，所占篇幅版面仅 74 页。但仅为直角坐标图的三分之一，仅为砖量表的五分之一，的确节省了本手册的版面。

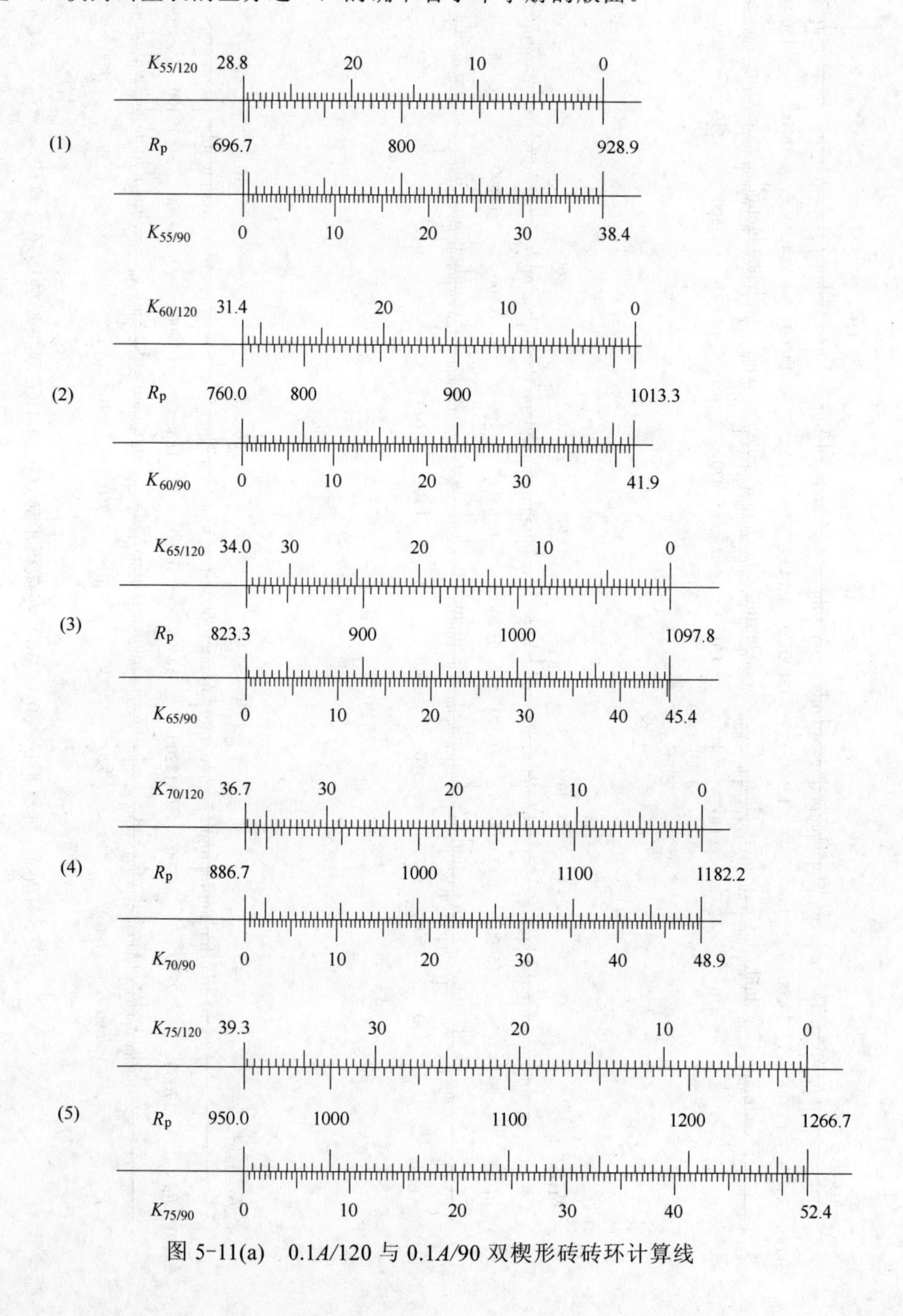

图 5-11(a)　0.1*A*/120 与 0.1*A*/90 双楔形砖砖环计算线

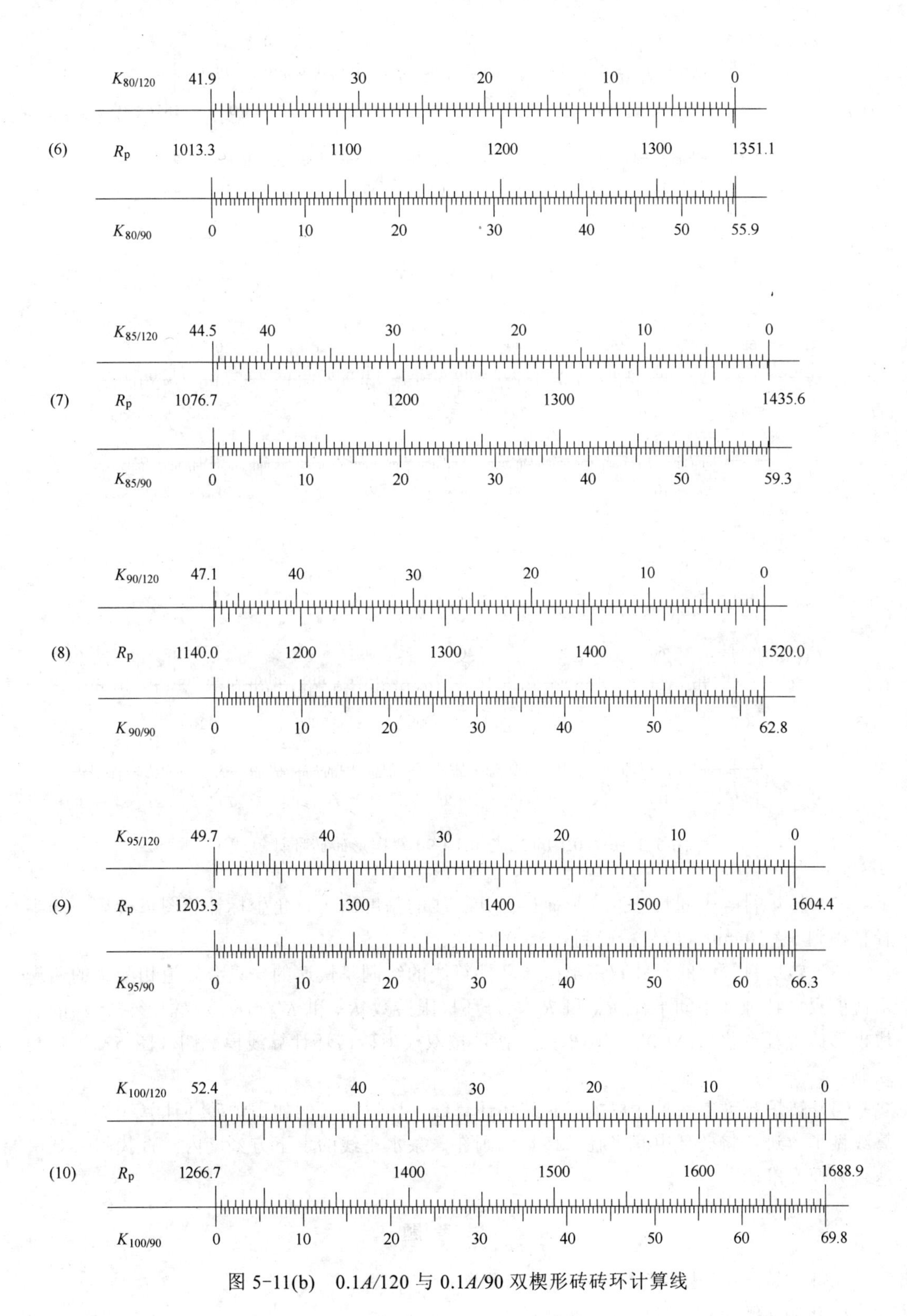

图 5-11(b)　0.1*A*/120 与 0.1*A*/90 双楔形砖砖环计算线

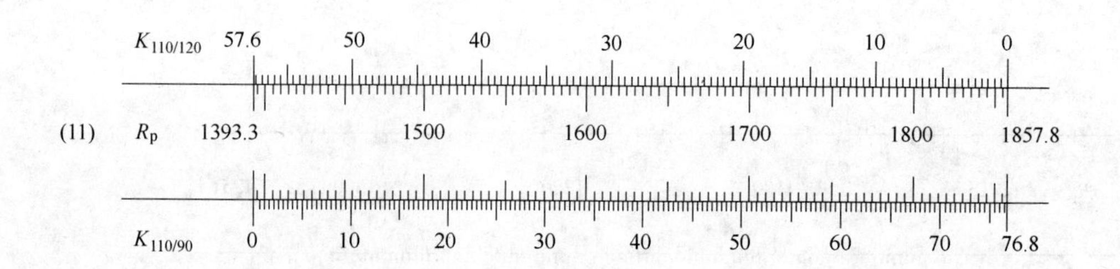

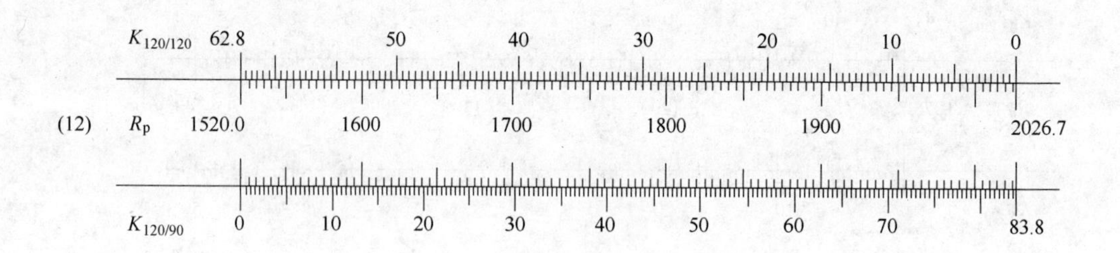

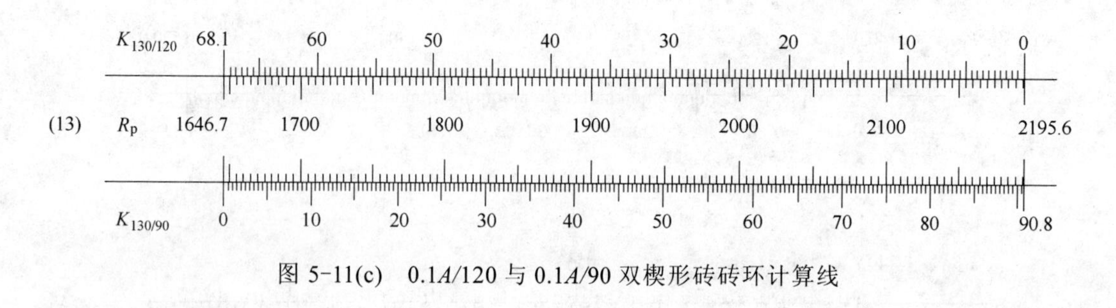

图 5-11(c)　0.1*A*/120 与 0.1*A*/90 双楔形砖砖环计算线

（2）转炉衬等中间尺寸双楔形砖砖环计算线的精度高于直角坐标计算图。砖环中间半径精确到 5～10 mm，砖数精确到 0.5～0.25 块。

（3）转炉衬等中间尺寸双楔形砖砖环计算线的绘制是快速的，只要知道相配砌的两楔形砖的尺寸特征（中间半径 R_{px} 和 R_{pd}、每环极限砖数 K'_x 和 K'_d）及该双楔形砖砖环的一块楔形砖半径变化量$(\Delta R_p)'_{1x}$和$(\Delta R_p)'_{1d}$，便可按双楔形砖砖环计算线模式图（图 5-2）顺利绘制。

（4）转炉衬等中间尺寸双楔形砖砖环计算线，比以前（例如高炉砖环计算线等）的计算线做了改进：将砖环中间半径与砖量同画在一条水平线的上下方刻度内，查找起来既快速、方便又准确。

1．编制转炉衬双楔形砖砖环砖量表依据哪些原理？

2．编制你熟悉的转炉炉帽用砖砖量表。

3．转炉衬等中间尺寸双楔形砖砖环中国简化计算式，如何在直角坐标图中体现？总砖数直线为什么是通过原点的向上斜的一条直线？

4．为什么转炉衬等中间尺寸双楔形砖砖环内小半径楔形砖数量 K_x、大半径楔形砖数量 K_d 和砖环总砖数 K_h 都可以在直角坐标图中用直线表示？为什么所有大半径楔形砖数量 K_d 直线都向上斜？为什么砖环总砖数直线也向上斜？为什么各砖环总砖数用同一条直线表示？为什么所有小半径楔形砖数量 K_x 直线都向下斜？

5．在转炉衬等中间尺寸双楔形砖砖环直角坐标计算图（图 5-1）中，哪些直线彼此平行？哪些直线不平行？为什么？

6．请了解转炉衬等中间尺寸双楔形砖砖环计算线编制原理，并根据其计算线模式图说明其绘制方法。

7．转炉衬等中间尺寸双楔形砖砖环计算线有哪些特点？还有哪些需改进之处？

8．请比较转炉衬与高炉衬在砖量表、直角坐标计算图和计算线方面，有哪些相同和不同之处。

9．请比较转炉衬环形砌砖的简化计算、砖量表、直角坐标计算图和计算线的优缺点。你准备怎样分别应用它们？

10．在转炉衬等中间尺寸双楔形砖砖环的简化计算、砖量表编制、计算图和计算线绘制过程中，经常遇到中间半径 760.0 mm、1520.0 mm 和 3040.0 mm，你知道它们代表哪些转炉衬砖的中间半径？为什么几个尺寸砖号的中间半径相同？从分析中你找出什么规律？砖的中间半径与尺寸砖号间有什么关系？

11．在转炉衬等中间尺寸双楔形砖砖环的简化计算、砖量表编制、计算图和计算线绘制过程中，经常遇到 31.4 块、62.8 块和 125.7 块这些每环极限砖数，你知道它们代表哪些转炉衬砖的每环极限砖数？为什么几个尺寸砖号的每环极限砖数相同？从分析中你找出什么规律？砖的每环极限砖数与尺寸砖号间有什么关系？

12．再在我国行业标准 YB/T060—2007 的尺寸和尺寸特征表（表 4-2）中，找出类似本章思考题 10 和 11 的情况，进而找出中间半径、每环极限砖数与尺寸砖号的关系。例如中间半径和每环极限砖数分别为 1013.3 mm 和 41.9 块、1266.7 mm 和 52.4 块、1773.3 mm 和 73.3 块、1900.0 mm 和 78.5 块、2026.7 mm 和 83.8 块、2280.0 mm 和 94.2 块、3800.0 mm 和 157.1 块、4560.0 mm 和 188.5 块、5320.0 mm 和 219.9 块、6080.0 mm 和 251.3 块等。

6 回转窑环形砌砖设计及计算

回转窑（rotary kiln）为由钢板制造的圆筒（一般直径 3～6 m，长 50～180 m）内，衬以耐火材料，放在有斜坡的托辊上，并可连续转动，对原料或炉料进行加热煅烧（或烧结）的热工设备。1885 年出现的水泥回转窑（rotary cement kiln），经过大型化和结构改进，经过湿法、半干法或老式干法水泥生产，直到新型干法水泥生产，都离不开回转窑筒体。水泥回转窑筒体，原料从上端（窑尾）装入进料端的后窑口，向低端回转移动完成烧成后，从下端（窑前）的前窑口出窑。中间经过预热带、分解带、后过渡带、烧成带、前过渡带和卸料带等区段。各区段的工作条件不同，采用的耐火材料各异。火焰温度高达1600℃以上的烧成带采用碱性砖（直接结合镁铬砖、低铬镁铬砖、特种镁铬砖等），过渡带采用尖晶石砖，分解带采用抗剥落高铝砖，温度较低的部位采用黏土砖。

回转窑除用于水泥熟料（cement clinker）的烧制外，还用于活性石灰的煅烧、矿石的焙烧、耐火原料的煅烧、铁矿石球团的烧结、城市废弃物的焚烧，以及用于有色冶金和化工行业。

与固定不动的高炉内衬环形砌砖和出钢出渣周期性倾动的炼钢转炉内衬环形砌砖不同，回转窑筒体内衬环形砌砖经常连续转动，环形砌体的每块砖都会转动到筒体上半圆处处于拱顶的受力状态。正因为回转窑筒体环形砌砖随窑壳一起转动，衬砖除受高温热冲击、窑气和炉料化学侵蚀和磨损外，还经受砖间及窑壳间的挤压应力。为承受这些破坏应力，要求回转窑筒体用砖形状尺寸采取特殊的设计及计算。

6.1 回转窑用砖的形状

由于回转窑内衬环形砌砖长时间处于转动的工作条件，人们对其内衬用耐火砖的形状特别重视。在回转窑问世初期，人们为防止内衬环形砌砖用砖在其长期转动中因松动而抽沉、脱落甚至掉落，将筒体同心圆环柱体内衬分割成若干个形状尺寸相同的部分，每个部分就被称为“扇形砖”，如图 6-1a 所示。扇形砖早在 20 世纪 50 年代前就被应用到回转窑内衬了。日本在 1955 年就制定了扇形砖形状尺寸标准。1983 年修订的 JIS R2103—1983 回转窑用耐火砖的形状尺寸[36]中还保留了扇形砖，见表 6-1。

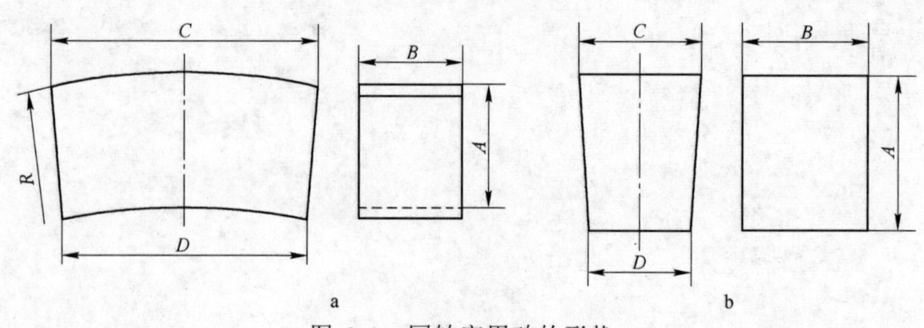

图 6-1 回转窑用砖的形状

a—扇形砖；b—厚楔形砖

表 6-1　JIS R2103—1983 扇形砖尺寸及尺寸特征

尺寸砖号	尺寸 /mm			C/D	单位楔差 $\Delta C'=(C-D)/A$
	A	C/D	B		
RS-9-6-31.5	150	225/203	100	1.108	0.147
RS-9-6-34.5	150	225/205	100	1.098	0.133
RS-9-6-36	150	225/206	100	1.091	0.127
RS-9-6-37.5	150	225/207	100	1.087	0.120
RS-9-6-39	150	225/208	100	1.083	0.113
RS-10-6-31.5	150	250/225	100	1.106	0.167
RS-10-6-34.5	150	250/228	100	1.096	0.147
RS-10-6-36	150	250/229	100	1.091	0.140
RS-10-6-37.5	150	250/230	100	1.087	0.133
RS-10-6-39	150	250/231	100	1.083	0.127
RS-10-6-42	150	250/232	100	1.078	0.120
RS-10-6-46	150	250/234	100	1.068	0.107
RS-10-6-52	150	250/236	100	1.059	0.093
RS-10-8-36	200	250/222	100	1.125	0.140
RS-10-8-37.5	200	250/223	100	1.121	0.135
RS-10-8-39	200	250/224	100	1.115	0.130
RS-10-8-42	200	250/225	100	1.106	0.125
RS-10-8-46	200	250/228	100	1.096	0.110
RS-10-8-52	200	250/231	100	1.082	0.095

注：1. 砖号中 RS 表示扇形砖，其后被短横线（“-”）隔开的三组独立数字：第一组数字为尺寸 C 的 1/25；第二组为尺寸 A 的 1/25；第三组数字为回转窑壳内直径（或砖环外直径）的 1/100。例如窑壳内直径为 3600 mm，C=250 mm，A=150 mm 的扇形砖的尺寸砖号写作 *RS*-10-6-36。

2. 尺寸符号如图 6-1a（经本书统一）所示。

3. 单位楔差经本书计算。

关于扇形砖的定义，国际标准[1]、日本标准[2]及英国标准[3]都做了类似的几何学说明，其中英国标准表述为：两大面为同心扇形、两侧面为对称圆筒的一部分及两端面为矩形的异形砖，见图 6-2。这里，按我国标准采用的专业术语定义：大小端距离 A 设计在宽度上、大小端尺寸 C/D 设计在长度上、大小端面为同心圆弧形的特殊楔形砖称为扇形砖（circle brick）。

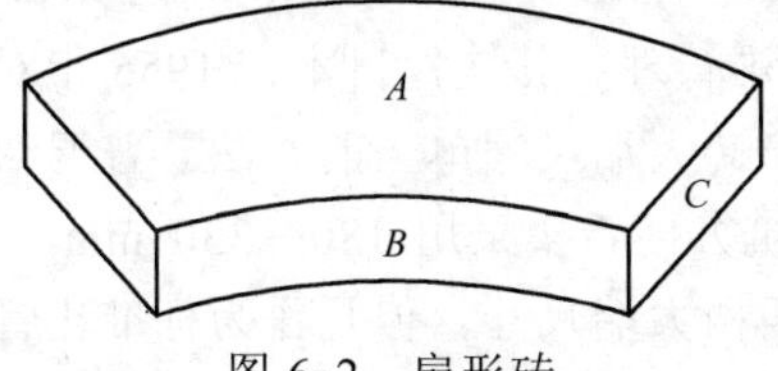

图 6-2　扇形砖

A—两面积相等的同心扇形大面；B—两面积不等的对称弧形侧面；C—两面积相等的矩形端面

除扇形砖外，回转窑衬砖还采用两大面相互倾斜、大小端尺寸 C/D 设计在厚度上的厚楔形砖（arch brick），如图 6-1b 所示。现在，回转窑用砖（bricks for rotary kilns），一般专指厚楔形砖[37]。众所周知，虽然厚楔形砖包括大小端距离 A 设计在长度上的竖厚楔形砖和大小端距离 A 设计在宽度上的侧厚楔形砖，但回转窑用砖的宽度 B 一般采用 198 mm，这与大小端距离 A（例如 180 mm、200 mm 或 220 mm）很接近，很难称之为竖厚楔形砖还是侧厚楔形砖，所以这里只好统称为厚楔形砖。

为讨论方便，本书将回转窑用砖的尺寸符号统一为：大小端距离 A，大小端尺寸 C/D 及另一尺寸 B，如图 6-1 所示。

为讨论问题方便及供需双方订货时不用看图就能表明某砖号的尺寸，我国长期以来常采用尺寸规格。德国回转窑用砖尺寸标准 DIN1082—T4—1989[38]也采用了尺寸规格。同时，为避免尺寸规格书写错，我国标准[37]明确规定了回转窑用砖尺寸规格表示法，采用我国多部耐火砖尺寸标准通用的表示法，突出楔形砖的特征尺寸（大小端距离 A 及大小端尺寸 C/D），以 $A\times(C/D)\times B$ 表示。

如前所述，在转炉衬砖形状尺寸设计有关章节，曾以砖的大小端尺寸差 $C–D$（称为楔差 ΔC）对大小端距离 A 之比（简称大小端差距比或单位楔差）$\Delta C'=(C–D)/A$ 作为楔形砖的特殊尺寸特征，比较或选择了转炉用竖宽楔形砖或竖厚楔形砖。这里用单位楔差及同样方法比较扇形砖与厚楔形砖的优劣。首先砖可能脱落（或抽沉）的计算长度 $A'=(C–D)/\Delta C'$，此时 $C–D$ 等于辐射竖缝厚度（例如 2 mm）时，则 $A'=2/\Delta C'$。尺寸规格（mm）为 150× (250/231) ×100 的扇形砖 RS-10-6-39（见表 6-1）与外直径 D_0 同为 3900 mm、大小端距离 A 同为 150 mm、尺寸规格(mm)为 150× (89/82) ×230 的厚楔形砖 K3（见表 6-2）[36]比较，由于扇形砖 RS-10-6-39 的单位楔差($\Delta C'$=0.127)比厚楔形砖 K3 的单位楔差($\Delta C'$=0.047)大得多，扇形砖 RS-10-6-39 可能脱落的计算长度(A'=2/0.127=15.7 mm)比厚楔形砖 $K3$ 可能脱落的计算长度(A'=2/0.047=42.6 mm)明显减短。这是扇形砖独具的优点，是厚楔形砖无法比拟的优点。其次，扇形砖的另一优点，是它的大小端面为对称同心圆弧面，圆弧形大端面与窑壳或永久衬的形状相近，能与窑壳或永久衬严密紧靠，真正实现了窑衬砌砖与窑筒壳同心。第三，作为窑衬厚度的大小端距离 A，由于扇形砖的对称同心弧形大小端面，从砌筑完毕就能保持设计的窑衬有效厚度。

扇形砖也有缺点。首先，扇形砖用于小窑径回转窑衬的初期，多为黏土砖和高铝砖。最早日本标准中的扇形砖，以美国回转窑用砖标准尺寸 9 in×6 in×4 in 为基准[36]，砖的大端尺寸 C=225 mm、大小端距离 A=150 mm 及 B=100 mm，各砖号扇形砖的上述尺寸都一样。不同砖号的外直径 $D_0=2R_0=2CA/(C–D)$随砖的小端尺寸 D 而改变。从表 6-1 可看出，小端尺寸 D 改变 1～2 mm 时其外径 D_0 改变 150～300 mm。同样大小端距离 A=150 mm、大端尺寸 C=225mm 一组五个砖号（RS-9-6-31.5～RS-9-6-39），它们的小端尺寸 D 仅相差 1 mm 或 2 mm，如何区分？很难管理。其次，日本在 1955 年对水泥回转窑用扇形砖使用状况调查结果反映了各厂对扇形砖大端尺寸单一的看法。普遍认为没有理由仅限制为一种大端尺寸（C=225 mm），为砌筑方便希望采用 180～330 mm，具体要求分为 220 mm、225 mm、250 mm 及 275 mm 四档大端尺寸。但是作为标准化管理部门不希望砖号太多，在 JIS R2013—1983 修订方案中 C 仅追加 250 mm。即使这样，还显得扇形砖的砖号太多，又不能满足用户需要。第三，碱性砖的出现，扇形砖由于尺寸过大，制砖和使用效果都满足不了回转窑衬的要求。第四，扇形砖属于异形砖，其生产过程比厚楔形砖复杂和困难得多。随着回转窑内径的增大和窑衬碱性砖应用比例的增大，厚楔形砖使用效果越来越好，应用比例越来越大，甚至有完全取代扇形砖的趋势。

表 6-2 国外回转窑用砖尺寸及尺寸特征

尺寸规格 /mm	外直径	每环极限砖	单位楔差	砖号						
$A\times(C/D)\times B$	D_0 /mm	数 K_0'	$\Delta C'$	BS[40,41,43]	ГОСТ[42]	JIS[36]	ISO[39]	PRE[45]	DIN[38]	配砌砖号
114×(103/91.0)×198	1995.0	59.69	0.105	211Y						311Y
114×(103/95.2)×198	3069.231	91.831	0.068	311Y						211Y,611Y
114×(103/99.0)×198	5985.0	179.071	0.035	611Y						311Y
114×(103/91.0)×250	1995.0	59.69	0.105	211Z						311Z
114×(103/95.2)×250	3069.231	91.831	0.068	311Z						211Z,611Z
114×(103/99.0)×250	5985.0	179.071	0.035	611Z						311Z
120×(100/95)×200	4896.0	150.797	0.042		19					20
120×(75/65)×200	1848.0	75.398	0.083		20					19
150×(89/80)×230	3033.333	104.72	0.060			K1				
150×(89/81)×230	3412.5	117.81	0.053			K2				
150×(89/82)×230	3900.0	134.64	0.047			K3				
150×(89/83)×230	4550.0	157.08	0.040			K4				
150×(115/106)×230	3900.0	104.72	0.060			K7				
150×(75/69)×230	3850.0	157.08	0.040			K8				
160×(103/86.0)×198	1976.471	59.136	0.106	216Y			216	216		316Y,416Y
160×(103/92.0)×198	3054.545	91.392	0.069	316Y			316	316		216Y,416Y,516Y
160×(103/94.5)×198	3952.941	118.272	0.053	416Y			416	416		216Y,316Y,516Y
160×(103/96.5)×198	5169.231	154.663	0.041	516Y			516	516		316Y,416Y,716Y
160×(103/98.3)×198	7148.936	213.896	0.029	716Y			716	716		416Y,516Y
160×(103/86.0)×250	1976.471	59.136	0.106	216Z						316Z,516Z
160×(103/92.0)×250	3054.545	91.392	0.069	316Z						216Z,516Z
160×(103/96.5)×250	5169.231	154.663	0.041	516Z						216Z,316Z,716Z
160×(103/98.3)×250	7148.936	213.896	0.029	716Z						316Z,516Z
160×(78.0/65.0)×198	1969.231	77.332	0.081	B216			B216		B216	B416,B516
160×(75.0/68.0)×198	3520.0	143.616	0.044	B416			B416		B416	B216,B516
160×(74.0/69.0)×198	4864.0	201.062	0.031	B516			B516		B516	B216,B416
160×(100/94)×200	5440.0	167.552	0.038		16					17

续表 6-2

尺寸规格 /mm $A\times(C/D)\times B$	外直径 D_0 /mm	每环极限砖数 K_0'	单位楔差 $\Delta C'$	砖号						
				BS[40,41,43]	ГОСТ[42]	JIS[36]	ISO[39]	PRE[45]	DIN[38]	配砌砖号
160×(75/67)×200	3080.0	125.664	0.050		17					16,18
160×(75/60)×200	1642.667	67.021	0.094		18					17
160×(80/75)×150	5248.0	201.062	0.031		35					36,37
160×(65/58)×150	3062.857	143.616	0.044		36					35
160×(120/115)×150	7808.0	201.062	0.031		37					35
180×(103/84.0)×198	1989.474	59.525	0.106	218，218Y			218	218		318,418,518
180×(103/90.5)×198	3024.0	90.478	0.069	318，318Y			318	318		218,418,518
180×(103/93.5)×198	3978.947	119.050	0.053	418，418Y			418	418		318,518,618
180×(103/95.5)×198	5040.0	150.797	0.042	518，518Y			518	518		618,718
180×(103/97.0)×198	6300.0	188.496	0.033	618，618Y			618	618		518,718
180×(103/97.7)×198	7132.075	213.392	0.029	718Y			718	718		518,618
180×(103/84.0)×250	1989.474	59.525	0.106	218Z						318Z,518Z
180×(103/90.5)×250	3024.0	90.478	0.069	318Z						218Z,518Z
180×(103/95.5)×250	5040.0	150.797	0.042	518Z						218Z,318Z,718Z
180×(103/97.7)×250	7132.075	213.392	0.029	718Z						318Z,518Z
180×(78.0/65.0)×198	2215.385	86.998	0.072	B218			B218		B218	B318,B418
180×(76.5/66.5)×198	2826.0	113.098	0.056	B318			B318		B318	B218,B418,B518
180×(75.0/68.0)×198	3960.0	161.568	0.039	B418			B418		B418	B318,B518,B618
180×(74.5/68.5)×198	4590.0	188.496	0.033				B518		B518	B418,B618
180×(74.0/69.0)×198	5472.0	226.195	0.028	B618			B618		B618	B418,B518

续表 6-2

尺寸规格 /mm $A\times(C/D)\times B$	外直径 D_0 /mm	每环极限砖数 K_0'	单位楔差 $\Delta C'$	砖号						
				BS[40,41,43]	ГОСТ[42]	JIS[36]	ISO[39]	PRE[45]	DIN[38]	配砌砖号
200×(103/82.0)×198	2000.0	59.840	0.105	220，220Y			220	220		320,420
200×(103/89.0)×198	3000.0	89.760	0.070	320，320Y			320	320		220,420
200×(103/92.5)×198	4000.0	119.680	0.053	420，420Y			420	420		320,520,620
200×(103/94.7)×198	5060.241	151.402	0.042	520，520Y			520	520		420,620,720
200×(103/96.2)×198	6176.471	184.80	0.034	620，620Y			620	620		520,720,820
200×(103/97.0)×198	7000.0	209.440	0.030	720，720Y			720	720		620,820
200×(103/97.8)×198	8076.923	241.662	0.026	820，820Y			820	820		620,720
200×(103/82.0)×198	2000.0	59.840	0.105	220Z						320Z,420Z
200×(103/89.0)×198	3000.0	89.760	0.070	320Z						220Z,420Z
200×(103/92.5)×198	4000.0	119.680	0.053	420Z						320Z,620Z
200×(103/96.2)×198	6176.471	184.80	0.034	620Z						420Z,820Z
200×(103/97.8)×198	8076.923	241.662	0.026	820Z						420Z,620Z
200×(78.0/65.0)×198	2461.538	96.665	0.065	B220			B220		B220	B320,B420
200×(76.5/66.5)×198	3140.0	125.664	0.050	B320			B320		B320	B220,B420
200×(75.0/68.0)×198	4400.0	179.520	0.035	B420			B420		B420	B320,B620
200×(74.5/68.5)×198	5100.0	209.440	0.030				B520		B520	
200×(74.0/69.0)×198	6080.0	251.328	0.025	B620			B620		B620	B420,B820
200×(73.3/69.7)×198	8366.667	349.067	0.018	B820						B620
200×(89/77)×230	3033.333	104.720	0.060			L1				
200×(89/78)×230	3309.091	114.240	0.055			L2				
200×(89/79)×230	3640.0	125.664	0.050			L3				
200×(89/80)×230	4044.444	139.627	0.045			L4				
200×(89/81)×230	4550.0	157.080	0.040			L5				
200×(89/82)×230	5200.0	179.520	0.035			L6				

续表 6-2

尺寸规格 /mm $A\times(C/D)\times B$	外直径 D_0 /mm	每环极限砖数 K_0'	单位楔差 $\Delta C'$	砖号						
				BS[40,41,43]	ГОСТ[42]	JIS[36]	ISO[39]	PRE[45]	DIN[38]	配砌砖号
200×(115/103)×230	3900.0	104.720	0.060			L7				
200×(75/67)×230	3850.0	157.080	0.040			L8				
200×(100/88)×230	3400.0	104.720	0.060			M1				
200×(100/89)×230	3709.091	114.240	0.055			M2				
200×(100/90)×230	4080.0	125.664	0.050			M3				
200×(100/91)×230	4533.333	139.627	0.045			M4				
200×(100/92)×230	5100.0	157.080	0.040			M5				
200×(100/93)×230	5828.571	179.520	0.035			M6				
200×(125/115)×230	5080.0	125.664	0.050			M7				
200×(85/78)×230	4971.429	179.520	0.035			M8				
200×(100/92)×150	5100.0	157.080	0.040		3					4
200×(75/65)×150	3080.0	125.664	0.050		4					3,5
200×(75/55)×150	1540.0	62.832	0.10		5					4
200×(100/92)×150	5100.0	157.080	0.040		14					15
200×(75/65)×150	3080.0	125.664	0.050		15					14
200×(70/62)×120	3600.0	157.080	0.040		24					26
200×(70/57)×120	2215.385	96.665	0.065		26					24
200×(70/62)×150	3600.0	157.080	0.040		25					27
200×(70/57)×150	2215.385	96.665	0.065		27					25
220×(103/88.0)×198	3080.0	92.154	0.068	322，322Y			322	322		422,522
220×(103/91.5)×198	4017.391	120.20	0.052	422，422Y			422	422		322,522,622
220×(103/94.0)×198	5133.333	153.589	0.041	522，522Y			522	522		422,622,722
220×(103/95.5)×198	6160.0	184.307	0.034	622，622Y			622	622		522,722,822
220×(103/96.5)×198	7107.692	212.662	0.030	722，722Y			722	722		622,822
220×(103/97.3)×198	8105.263	242.509	0.026	822，822Y			822	822		722,622

续表 6-2

尺寸规格 /mm $A\times(C/D)\times B$	外直径 D_0 /mm	每环极限砖数 K_0'	单位楔差 $\Delta C'$	砖号						
				BS[40,41,43]	ГОСТ[42]	JIS[36]	ISO[39]	PRE[45]	DIN[38]	配砌砖号
220×(78.0/65.0)×198	2707.692	106.331	0.059	B222			B222		B222	B322，B422
220×(76.5/66.5)×198	3454.0	138.230	0.045	B322			B322		B322	B222，B422
220×(75.0/68.0)×198	4840.0	197.472	0.032	B422			B422		B422	B322，B622
220×(74.5/68.5)×198	5610.0	230.384	0.027				B522		B522	
220×(74.0/69.0)×198	6688.0	276.461	0.023	B622			B622		B622	B422，B822
220×(73.5/69.5)×198	8305.0	345.576	0.018	B822						B622
230×(100/93)×150	6702.857	206.448	0.030		6					7
230×(100/91)×150	5213.333	160.571	0.039		7					6,8
230×(120/113)×150	8017.143	206.448	0.030		8					7
230×(100/91)×200	5213.333	160.571	0.039		12					13
230×(120/113)×200	8017.143	206.448	0.030		13					12
230×(80/73)×200	5388.571	206.448	0.030		21					23,22,34
230×(120/113)×200	8017.143	206.448	0.030		22					21,32
230×(65/55)×200	3082.0	144.514	0.043		23					21,32
230×(103/92)×200	4390.909	131.376	0.048		32					22,34,23
230×(103/97)×200	8050.0	240.856	0.026		34					21,32
230×(65/55)×150	3082.0	144.514	0.043		28					29,31
230×(80/73)×150	5388.571	206.448	0.030		29					28,30,33
230×(120/113)×150	8017.143	206.448	0.030		30					29,31
230×(103/92)×150	4390.909	131.376	0.048		31					28,30,33
230×(103/97)×150	8050.0	240.856	0.026		33					29,31
230×(65/55)×150	3082.0	144.514	0.043		38					39
230×(80/73)×150	5388.571	206.448	0.030		39					38
230×(103/86.9)×178	3000.0	89.760	0.070	323						423,523
230×(103/91.0)×178	4025.0	120.428	0.052	423						323,523
230×(103/93.4)×178	5031.250	150.535	0.042	523						423,623
230×(103/95.0)×178	6037.50	180.642	0.035	623						523,723
230×(103/96.1)×178	7000.0	209.440	0.030	723						623,823

续表 6-2

尺寸规格 /mm $A\times(C/D)\times B$	外直径 D_0 /mm	每环极限砖数 K_0'	单位楔差 $\Delta C'$	砖号						
				BS[40,41,43]	ГОСТ[42]	JIS[36]	ISO[39]	PRE[45]	DIN[38]	配砌砖号
230×(103/97.0)×178	8050.0	240.856	0.026	823						723
230×(103/86.9)×198	3000.0	89.760	0.070	323Y						423Y
230×(103/91.0)×198	4025.0	120.428	0.052	423Y						323Y，623Y
230×(103/95.0)×198	6037.50	180.642	0.035	623Y						423Y，823Y
230×(103/97.0)×198	8050.0	240.856	0.026	823Y						623Y
230×(103/86.9)×250	3000.0	89.760	0.070	323Z						423Z
230×(103/91.0)×250	4025.0	120.428	0.052	423Z						323Z，623Z
230×(103/95.0)×250	6037.50	180.642	0.035	623Z						423Z，823Z
230×(103/97.0)×250	8050.0	240.856	0.026	823Z						623Z
230×(100/90)×230	4692.0	144.514	0.043			N1				
230×(100/91)×230	5213.333	160.571	0.039			N2				
230×(100/92)×230	5865.0	180.642	0.035			N3				
230×(100/93)×230	6702.857	206.448	0.030			N4				
230×(125/115)×230	5842.0	144.514	0.043			N7				
230×(85/78)×230	5717.143	206.448	0.030			N8				
230×(110/100)×200	5152.0	144.514	0.043			P1				
230×(110/101)×200	5724.444	160.571	0.039			P2				
230×(110/102)×200	6440.0	180.642	0.035			P3				
230×(110/103)×200	7360.0	206.448	0.030			P4				
230×(125/115)×200	5842.0	144.514	0.043			P7				
230×(85/78)×200	5717.143	206.448	0.030			P8				
250×(110/100)×200	5600.0	157.080	0.040			R1				
250×(110/101)×200	6222.222	174.533	0.036			R2				
250×(110/102)×200	7000.0	196.350	0.032			R3				
250×(110/103)×200	8000.0	224.40	0.028			R4				
250×(125/115)×200	6350.0	157.080	0.040			R7				
250×(85/78)×200	6214.286	224.40	0.028			R8				
250×(103/90.0)×198	4038.462	120.831	0.052	425，425Y			425	425		525，625

续表 6-2

尺寸规格 /mm $A\times(C/D)\times B$	外直径 D_0 /mm	每环极限砖数 K_0'	单位楔差 $\Delta C'$	砖号						
				BS[40,41,43]	ГОСТ[42]	JIS[36]	ISO[39]	PRE[45]	DIN[38]	配砌砖号
250×(103/92.7)×198	5097.087	152.505	0.041	525，525Y			525	525		425，625
250×(103/94.5)×198	6176.471	184.80	0.034	625，625Y			625	625		525，725
250×(103/95.5)×198	7000.0	209.440	0.030	725，725Y			725	725		625，825
250×(103/96.5)×198	8076.923	241.662	0.026	825，825Y			825	825		725
250×(103/90.0)×178	4038.462	120.831	0.052	425X						525X，625X
250×(103/92.7)×178	5097.087	152.505	0.041	525X						425X，625X
250×(103/94.5)×178	6176.471	184.80	0.034	625X						525X，725X
250×(103/95.5)×178	7000.0	209.440	0.030	725X						625X，825X
250×(103/96.5)×178	8076.923	241.662	0.026	825X						725X
250×(78.0/65.0)×198	3076.923	120.831	0.052	B325			B325		B325	B425，B525
250×(76.5/66.5)×198	3925.0	157.080	0.040	B425			B425		B425	B325，B525
250×(75.0/68.0)×198	5500.0	224.40	0.028	B525			B525		B525	B425，B625
250×(74.5/68.5)×198	6375.0	261.80	0.024	B625			B625		B625	B525，B725
250×(74.0/69.0)×198	7600.0	314.160	0.020	B725			B725		B725	B625
300×(100/88)×150	5100.0	157.080	0.040		1					2，9
300×(75/55)×150	2310.0	92.248	0.067		2					1
300×(100/93)×150	8742.857	269.280	0.023		9					1
300×(100/93)×200	8742.857	269.280	0.023		10					11
300×(100/88)×200	5100.0	157.080	0.040		11					10

注：1．外直径 D_0 计算中，砌缝厚度取 2 mm。

2．原苏联砖号 1～20 为硅酸铝砖，砖号 21～39 为碱性砖。英国砖号数字尾标以 Y（B 尺寸 198 mm）者为碱性砖、高铝砖、黏土砖和轻质砖等；砖号数字尾标以 Z（B 尺寸 250 mm）者为非碱性砖；砖号数字前标以 B 者为碱性砖。ISO 中砖号数字前标以 B 者为专指碱性砖。

3．ISO 标准中各砖号被我国 GB/T 17192—1999 采用。

6.2　回转窑用砖（厚楔形砖）尺寸的设计

如前所述，当前的回转窑用砖就是指大小端尺寸 *C*/*D* 设计在厚度上的厚楔形砖。这里关于回转窑用砖尺寸的设计，就是专指厚楔形砖尺寸的设计。当前，虽然很少在回转窑衬上采用扇形砖，但回转窑用厚楔形砖尺寸的设计，仍然受扇形砖的影响，并尽量设法保持扇形砖的优点。

在回转窑用厚楔形砖尺寸设计上，必须考虑回转窑构造、运行和砌筑的特点。

6.2.1　砖的宽度（*B*）尺寸

回转窑衬砌体，多数采取环砌（ringed），极个别情况采用错缝砌筑（bonged）。回转窑衬的环砌，砖环独立砌筑。与窑纵向轴线垂直的砖环之间的砌缝，称作环缝（ring joint）。回转窑环砌砖衬中，环缝成一直线。回转窑环形砌体（砖环）中半径线方向的砌缝称为辐射缝（radial joint）。当然砖环的环缝与窑纵向轴线垂直，也可勉强称为横向缝（transverse joint）。在错缝砌筑的回转窑衬环形砌体（简称交错砌法）中，与纵向轴线平行砖排间的砌缝称作纵向缝，而与纵向轴线垂直的砌缝只能称作横向缝（不能称为环缝），因此，回转窑环砌砖衬（ringed lining，ring lining）也可认为环缝（或横向线）不交错的砌体，而回转窑交错砌筑砖衬（bonded lining）也可认为横向缝交错的砌体。

本来，工业炉窑的交错砌筑拱顶（bonded arch）的突出优点，在于它的纵向整体坚固性强，局部变薄甚至掉转时不至于引起附近砌砖立刻垮塌。对于回转窑衬而言，这种纵向整体坚固性的意义不突出。交错砌筑窑衬，要求纵向砖排内厚楔形砖厚度尺寸一致性很高，为此需要严格按厚度选砖和砌筑，稍不注意较薄的砖便会抽沉一定尺寸。对干砌的碱性砖砌体而言，交错砌筑时较薄砖抽沉的几率更大。对于内直径 4 m 以上的大直径回转窑衬砌砖而言，经常采用拱胎法施工，不便采取交错砌筑。拆换部分砖环的区段时，交错砌筑砌体的施工很困难。因此除少数窑壳不规整的小直径回转窑外，多数回转窑衬砌砖不采用交错砌筑法。

与交错砌筑法回转窑衬不同，砖环独立的环砌法回转窑衬，同环砌拱顶（ringed arch，ring arch）一样，砖环内厚楔形砖紧密接触，不容易局部抽沉，便于拱胎法施工，便于部分砖环更换，便于砌筑操作。因此，环砌法在回转窑砌筑中得到广泛推广应用。当然，环砌法砌体也有不足之处，当砖环的宽度尺寸较小时，砖环（或砌缝）的直线性（或稳定性）较差。所以，为增强回转窑衬砖环的稳定性，砖环的宽度尺寸逐渐增大，也就是厚楔形砖的非特征尺寸（英国称轴向尺寸 axial dimension）*B* 由 115 mm、150 mm 和 178 mm 增大到 200 mm、230 mm 和 250 mm，最后统一到 198 mm。

为防止回转窑环形砌砖在高温下长期转动过程中因砖环松动而引起砖的抽沉、掉砖甚至垮塌，要求窑衬砖环在运行中始终不变形，就是说无论在冷态或热态的转动中，窑衬整个砖环应紧贴窑壳或永久衬，为此在砌筑中，厚楔形砖的背面（大端）必须紧靠窑壳（或永久衬），每砌完一段或一环拆出支撑或拱胎后，应及时检查砖与窑壳（或永久衬）的间隙，应小于 3 mm。为此，除了紧靠外，回转窑和筒式冷却机（rotary cooler）砌缝（特别是辐射缝）厚度应尽可能小，规范规定[10]：纵向缝（辐射缝）厚度不大于 2 mm；横向缝（或环缝）厚度不大于 3 mm。实际上，干砌高铝砖砌体，辐射缝和环缝都不超过 2 mm，一般在 1～1.5 mm 范围。碱性砖砌体一般采用干砌，辐射缝夹垫 1 mm 厚钢板，环缝加贴 2 mm 厚缓冲膨胀的纸板。为保证小的辐射缝，竖厚楔形砖的大面扭曲应不超过 1 mm（实际扭曲超过 1 mm 的砖，需经磨加工）。为保证小的环缝厚度，回转窑用厚楔形砖的轴向尺寸 *B*（见图 6-1b）的尺寸允许偏差（dimensional tolerance of bricks）特别重要。在国际标准 ISO 5417—1986[39]表明尺寸允许偏差可由供需双方协定，但特别强调尺寸 *B*（198 mm）的重要性。对厚楔形砖尺寸 *B* 的允许偏差，以前英国标准竟达±1.5%（碱性砖）～±2%（黏土砖和高铝砖）[40,41]。前苏联标准也达到±3～±4 mm[42]，后来英国标准比以前从严要求：±1%（碱性砖、高铝砖和不烧砖）～±1.5%（黏土砖、轻质砖和半轻质砖）[43]。不过厚楔形砖尺寸 *B* 的偏差，可通过选砖提高一致性，满足环砌砖环的环缝厚度（2～3 mm）的要求。此外不少筑炉施工单位还对环缝的直线性提出严格要求[44]：环缝直线性偏差每米不允许超过 2 mm，全环直线性偏差不超过 8 mm。完成如此严格的砖环环缝直线性要求，更应该对厚楔形砖尺寸 *B* 选砖了。

6.2.2 关于回转窑砖衬与壳体同心问题

对于回转窑砖衬环形砌体与筒壳的同心问题，文献[44]为使破坏应力能均匀地被分散在砖衬中的所有部位，不存在局部应力集中的现象，要求：第一，把砖衬尽可能砌得很紧，不论在冷态或是热态运行中每环砖的背部与筒壳间都要充分贴紧；第二，每个砖环中相邻两砖的大面完全接触；第三，每块砖大端的四个角，与筒壳完全接触，即“四角落地”，砌体内表面不出现错台。本书对前两点要求也分别讨论过。第三点要求的实质，就是砖环的辐射缝与半径线吻合的问题。这三点要求都是砌筑操作问题。为使回转窑砖衬与壳体同心，砖衬设计特别是厚楔形砖尺寸设计不可忽视。

回转窑砖衬与筒壳真正同心的砖衬设计，只有如前所述的扇形砖环形砌体和采用同一种尺寸厚楔形砖的单楔形砖砌体。在这些砖衬设计中，砖环所有辐射缝都与半径线相吻合。如前所述，扇形砖砌体已被厚楔形砖砌体所取代。单楔形砖砌体不符合标准化要求，不可能推广应用到回转窑环形砌砖中。厚楔形砖与直形砖配合砌筑的混合砖环，也不适用于连续转动的回转窑衬设计。何况，为防止回转窑衬掉砖，除非最后一环的打入锁砖，回转窑衬砖环一般绝对禁用楔差等于 0 的直形砖。看来只有采用两种外直径最接近回转窑直径的厚楔形砖配砌的双楔形砖砖环，才是回转窑砖衬与筒壳接近同心的砖衬设计。

作为回转窑衬用砖的尺寸特征，砖的外直径（outer diameter）$D_0=2CA/(C-D)$，即全部用一种楔形砖单独砌筑的单楔形砖砖环的外直径。日本 JIS R2103—1983[36]回转窑扇形砖尺寸砖号就包括了窑内直径（即砖外直径，见表 6-1 注），甚至对厚楔形砖砖环夹垫双层钢板（厚 3.2 mm）块数不同引起窑内直径变化都做了计算并附在标准说明中。前苏联 ГОСТ21436—1975 管式回转窑内衬用普通和高级耐火制品[42]中对每个砖号用途栏内都明确了配砌砖号和窑径范围。英国 BS 4982/1—1974 水泥回转窑用耐火砖标准尺寸（第一部分碱性耐火砖）[40]、BS 4982/2—1975 水泥回转窑用耐火砖标准尺寸（第二部分黏土砖和高铝砖）[41]、欧洲耐火材料生产者联合会 PRE/R38—1977 回转窑用耐火砖尺寸[45]、国际标准 ISO5417—1986 回转窑用耐火砖尺寸[39]以及英国 BS 3056—3：1986 耐火砖尺寸（第三部分水泥回转窑用砖）[43]的尺寸砖号中都反映了砖的外直径。这些标准通用的三位数字尺寸砖号，尽管未作其表示法说明，人们都会意识到回转窑用砖外直径重要性而与尺寸砖号联系起来。在 20 世纪 80 年代初，经计算推测到尺寸砖号首位（百位）代表砖的外直径的接近米数[46,47]。我国 GB/T 17912—1999 回转窑用耐火砖形状尺寸[37]也采用了这样的尺寸砖号表示法。回转窑用砖尺寸砖号由字母和三位数字组成：百位数表示该砖公称外直径的米数，其后两位数表示该砖大小端距离 A 的厘米数；在三位数前标以 A、B 或 C，分别表示等大端尺寸 C=103 mm、等中间尺寸 71.5 mm 或等中间尺寸 75 mm；在 A、B 或 C 后标以 S 者，表示专用锁砖。原国际标准推荐的等中间尺寸 71.5 mm 砖的三位数字砖号前标以“B”，我国标准推荐的等中间尺寸 75 mm 砖的三位数字砖号前标以“C”。原国际标准中的等大端尺寸 103 mm 砖的砖号数字前没标以任何字母，我国标准中将其三位数字前标以“A”。由 $D_0=2R_0=2CA/(C-D)$和 $\Delta C'=(C-D)/A$，则 $D_0=2C/\Delta C'$。按这些计算式计算了有关国家回转窑用砖的外直径 D_0、单位楔差 $\Delta C'$和每环极限砖数 $K_0'=2\pi A/(C-D)$，见表 6-2。

关于回转窑用厚楔形砖的大小端距离 A，即窑工作衬厚度，各主要国家的标准中都不一样。从表 6-2 可看到：英国 114 mm、160 mm、180 mm、200 mm、220 mm、230 mm 和 250 mm 七种（最近已取消 114 mm）；前苏联有 120 mm、160 mm、200 mm、230 mm 和 300 mm 五种；日本各工厂实际采用有 150 mm、175 mm、180 mm、200 mm、225 mm、230 mm 和 250 mm 七种，但 175 mm 和 180 mm 采用得很少，225 mm 与 230 mm 相差无几，所以在标准修订时规范为 150 mm、200 mm、230 mm 和 250 mm 四种；PRE 和 ISO 规定为 160 mm、180 mm、200 mm、220 mm 和 250 mm 五种，我国在讨论国际标准草案 ISO/DIS 5417/7—1982 回转窑用耐火砖尺寸标准时就认为[47]，大小端距离 A 间隔 20 mm 设置一组砖，共有 5 种 29 个砖号，砖号多得惊人。建议将 A 分为 172 mm、200 mm、230 mm 和 300 mm 四组，其中 230 mm 和 300 mm 为我国和国际上很多国家常用的长度系列标准尺寸，172 mm 和 200 mm 分别为 230 mm 和 300 mm 的四分之三（错缝砖的长度）。可是在制定我国标准 GB/T 17912—1999 回转窑用耐火砖形状尺寸时，为与国际标准接轨，还是将 A 采用 ISO 的 160 mm、180 mm、200 mm、220 mm 和 250 mm 的五种。

为给回转窑砖衬与筒壳同心创造条件，回转窑用厚楔形砖外直径 D_0 应尽量接近回转窑壳内直径 D（rotary kiln inside shell diameter）。日本标准[36]在这方面做了很大努力，每组砖 4 个砖号（最多 6 个砖号）在采用等大端尺寸 C 系列下，相邻砖号的小端尺寸 D 仅相差 1 mm。如表 6-2 所示，砖号 L1～L6，大端尺寸同为 89 mm，小端尺寸从 77 mm 起递增 1 mm（78 mm，79 mm，80 mm，81 mm 到 82 mm）；砖号 M1～M6，大端尺寸同为 100 mm，小端尺寸从 88 mm 起递增 1 mm（89 mm，90 mm，91 mm，92 mm 到 93 mm）。这些砖的外直径间隔 300～600 mm，砌筑中砖间辐射缝夹垫不同数量的双层钢板，可适用于 L1～L6 外直径（3000.0～5200.0 mm）或 M1～M6 外直径（3400.0～5800.0 mm）间的任一窑径。采用这些砖中的一种砖，可基本实现单楔形砖砌砖，实现砖环砖衬与筒壳同心。不过如前所述，日本回转窑用厚楔形砖不仅砖号太多，而且彼此难以区别。以英国标准[43]和国际标准[39]为代表，把砖的外直径间隔扩大 1000.0 mm 左右，并且采用双楔形砖砌砖，只要注意相配砌两砖的合适比例，也可实现砖环与筒壳的同心。例如砖号 220Y（或 220）～820（或 820Y），大端尺寸同为 103 mm，小端尺寸依次 82.0 mm、89 mm、92.5 mm、94.7 mm、96.2 mm、97.0 mm 和 97.8 mm，它们的外直径 D_0 对应为 2000.0 mm、3000.0 mm、4000.0 mm、5060.2 mm、6176.5 mm、7000.0 mm 和 8076.9 mm（见表 6-2）。起初英国多采用相邻两砖号（即相邻外直径两砖）相配砌[40,41]，后来可采用间隔一个或两个砖号的双楔形砖砌砖（见表 6-3），但是两砖用量之比很接近，避免两砖用量相差很大的情况。然而前苏联标准[42]中，相邻砖号的外直径间隔较大（2000.0～3000.0 mm），个别配砌方案的两砖数量相差很大。例如窑内直径 5500.0 mm、砖衬厚度 230 mm 的双楔形砖砖环，采用砖号 30 与 29 配砌方案时，砖量分别为 8 块和 199 块，采用砖号 33 与 29 配砌方案时砖量分别为 10 块和 198 块（见表 6-4）。如果换用砖号 30 与 31 配砌方案时砖量分别为 60 块与 95 块，换用砖号 33 与 31 配砌方案时砖量分别为 73 块与 92 块（见表 6-4），两砖量较接近。

表 6-3 英国 BS 3056—3:1986 回转窑砖衬配砌方案举例[43]

回转窑壳内直径/mm	碱性砖								高铝砖和黏土砖（包括轻质和半轻质）							
	等大端尺寸——Y 系列				等中间尺寸——B 系列				等大端尺寸——Y 系列				等大端尺寸——Z 系列			
	小直径楔形砖		大直径楔形砖		小直径楔形砖		大直径楔形砖		小直径楔形砖		大直径楔形砖		小直径楔形砖		大直径楔形砖	
	尺寸砖号	每环砖数	尺寸砖号	每环砖数	尺寸砖号	每环砖数	尺寸砖号	每环砖数	尺寸砖号	每环砖数	尺寸砖号	每环砖数	尺寸砖号	每环砖数	尺寸砖号	每环砖数
3000.0	218Y	39	518Y	53	B218	64	B618	60	218Y	39	518Y	53	218Z	39	518Z	53
	220Y	28	420Y	64	B220	81	B620	43	220Y	29	420Y	63	220Z	28	420Z	64
4000.0	318Y	44	518Y	79	B318	58	B618	109	318Y	44	518Y	79	318Z	44	518Z	79
	320Y	60	620Y	63	B320	84	B620	83	320Y	60	620Y	63	320Z	60	620Z	63
	322Y	48	522Y	75	B322	111	B622	56	322Y	48	522Y	75	323Z	48	623Z	64
5000.0	420Y	60	620Y	93	B320	40	B620	171	420Y	60	620Y	93	420Z	60	620Z	93
	422Y	60	622Y	93	B322	67	B622	144	422Y	60	622Y	93	423Z	57	623Z	96
6000.0	420Y	58	820Y	126	B420	100	B820	155	420Y	58	820Y	126	420Z	58	820Z	126
	522Y	81	822Y	103	B422	122	B822	132	522Y	81	822Y	103	423Z	58	823Z	126

注：本表砖数的计算，未考虑砌缝厚度。

表 6-4 前苏联 ГОСТ 21436—1975 回转窑碱性砖衬配砌方案举例[42]

窑的内直径/mm	下列内衬厚度时的砖数/块					
	160 mm		200 mm		230 mm	
	砖 号	每环砖数	砖 号	每环砖数	砖 号	每环砖数
2500.0	—	—	25	32	—	—
	—	—	27	77	—	—
3000.0	—	—	25	89	—	—
	—	—	27	42	—	—
3500.0	35	41	25	146	29	37
	36	114	27	7	28	119

续表 6-4

窑的内直径 /mm	下列内衬厚度时的砖数/块					
	160 mm		200 mm		230 mm	
	砖　号	每环砖数	砖　号	每环砖数	砖　号	每环砖数
4000.0	35	87	—	—	29	83
	36	81	—	—	28	80
4500.0	35	134	—	—	29	126
	36	47	—	—	28	57
5000.0	35	180	—	—	29	172
	36	14	—	—	28	24
5500.0	37	20	—	—	30	8
	35	181	—	—	29	199
					30	60
					31	95
					33	10
					29	198
					33	73
					31	92
6000.0	37	59	—	—	30	47
	35	142	—	—	29	160
					30	90
					31	75
					33	57
					29	157
					33	106
					31	74
6500.0	37	98	—	—	30	86
	35	103	—	—	29	121
					30	148
					31	49
					33	100
					29	121
					33	139
					31	56
7000.0	37	138	—	—	30	126
	35	63	—	—	29	81
					30	148
					31	49
					33	144
					29	84
					33	171
					31	39

注：计算砖量时砌缝厚度取 2 mm。

大小端距离 *A* 相同的每组砖中按楔差 *C*–*D* 或大小端尺寸 *C*/*D* 区分的砖号数量，各国不同。前苏联标准[42]一般 2～3 个，仅 *A* 为 230 mm 一组中有 *C*/*D*（ mm）分别为 80/73、120/113、65/55、103/92 和 103/97（楔差 *C*–*D* 分别为 7、7、10、11 和 6）的 5 个。日本标准[36]每组除专用锁砖两个外，一般还有 4 个砖号。*A* 为 220 mm 竟有 *C*/*D*(mm) 分别为 89/77、89/78、89/79、89/80、89/81、89/82（*C*–*D* 分别为 12、11、10、9、8、7）的小窑径（3303.3～5200.0 mm）用 L 组及 100/88、100/89、100/90、100/91、100/92、100/93（*C*–*D* 分别为 12、11、10、9、8、7）的大窑径（3400.0～5828.6 mm）用 M 组共 12 个砖号，连他们各厂都认为只需统一为 3 种尺寸，另加调节锁口的专用锁砖两个砖号，共 5 个砖号就够用了。国际标准[39]中 *A* 为 200 mm 的等大端尺寸 103 mm 一组中竟有 *C*/*D*(mm)分别为 103/82.0、103/89.0、103/92.5、103/94.7、103/96.2、103/97.0 和 103/97.8（*C*–*D* 分别为 21、14、10.5、8.3、6.8 和 5.2）的 7 个（外直径间隔 1000.0 mm 左右），其中砖号 620、720 与 820 的小端尺寸间仅差 0.8 mm，砖的热面不作标记时很难区分。ISO 中 *A* 为 160 mm、180 mm、220 mm 和 250 mm 几组中按 *C*/*D* 区分也分别有 5、6、6 和 5 的 4 个砖号，热面尺寸的区分同样不容易。英国标准[43]和国际标准 ISO 9205—1988 回转窑用耐火砖热面标记[48]被迫规定了各种回转窑厚楔形砖的热面标记（hot face identification marking），由于给制砖成形带来麻烦，至今未被执行。英国 BS 标准[40,41]积极采用 ISO 标准，但在实际应用中优选了其中（5 ～7 个）的 3～4 个砖号。例如 *A* 为 200 mm 的砖优选推荐 220、420 和 620 计 3 个砖号，*A* 为 220 mm 的砖优选推荐 220Y、320Y、620Y 和 820Y 计 4 个砖号。国际标准 ISO 5417—1986[39]的等中间尺寸 71.5 mm 系列碱性砖砖号数量，虽然比等大端尺寸 103 mm 系列砖砖号数量有所减少，各组（特别是 *A* 为 180 mm、200 mm、220 mm 和 250 mm 四组）的 *C*/*D*(mm)一般都采取相同的 78.0/65.0、76.5/66.5、75.0/68.0、74.5/68.5 和 74.0/69.0（*C*－*D* 分别为 13、10、7、6 和 5）5 个，但砖大小端尺寸彼此相近，特别是 *C*/*D*(mm)78.5/68.5 和 74.0/69.0 两砖仅差 0.5 mm，不容易区分和识别。为克服上述诸标准的这些缺点，在制定我国国家标准 GB/T 17912—1999 时设计了等中间尺寸 75 mm 回转窑用厚楔形砖，供用户选用（见表 6-5）。与等中间尺寸 71.5 mm 系列砖比较起来，等中间尺寸 75 mm 系列砖有以下优点：

（1）每组砖的楔差 *C*–*D* 均为 15 mm、10 mm、7.5 mm 和 5 mm（*C*/*D* 分别为 82.5/67.5、80.0/70.0、78.8/71.3 和 77.5/72.5），互成简单整数比或整（半）倍数关系，而且各组相同。完全符合我国楔形砖间尺寸关系规律，为以后砖量计算的简化提供了规范化的基础条件。

（2）相邻砖号的大小端尺寸，相差 1.2 mm 以上，比较容易识别区分。

（3）每组砖号由原来的 5 个减少到 4 个。按我国习惯，将楔差 *C*–*D* 为 5 mm、7.5 mm、10 mm 和 15 mm 的回转窑用厚楔形砖分别称为厚微楔形砖、厚钝楔形砖、厚锐楔形砖和厚特锐楔形砖。

（4）为尽量增大厚楔形砖的单位楔差 $\Delta C'$，当砖的大小端距离 *A* 选定后就只有增大砖的楔差 *C*–*D* 了。但随着厚楔形砖外直径 D_0 的增大，其单位楔差 $\Delta C'$ 和楔差 *C*–*D* 也明显减小。从表 6-2 看到，不少砖的单位楔差 $\Delta C'$ 都小到以往认为保险的界限 0.040，不仅突破 0.030，而且小到 ISO 砖 B725 的 0.020，更有英国标准[43]甚至小到 B822 的 0.018。楔差 *C*–*D* 小到 ISO 砖号 B725 的 5 mm 和 BS 砖号 B822 的 4 mm。当 $\Delta C'=0.020$ 时，砖可能抽沉的计算长度或残砖剩余尺寸将达到 $A'=2/0.020=100$ mm。当 $\Delta C'=0.018$ 时 $A'=2/0.018=111.1$ mm。在这些情况下除将碱性砖的辐射缝内夹垫钢板并减小砌缝厚度到1 mm（此处 $A'=1/0.020=50$ mm）外，有些国家（例如德国）还在厚楔形砖距大端 40 mm 处穿以防止抽沉及脱落的 ϕ16 mm×40 mm 钢销。以往称为微楔形砖的楔差 5 mm，应视为最小界限，不应再减小了。应设法在不减小楔差 $C-D$ 或单位楔差 $\Delta C'$的条件下增大砖的外直径。由砖的外直径 $D_0=2C/\Delta C'$知，当 $\Delta C'$一定时只有增大砖的大端尺寸 C（或等中间尺寸 P）才能增大砖的外直径。计算有关国家回转窑用砖外直径的实践（见表 6-2）也证实了这一观点。从表 6-2 还看到，前苏联规格(mm)为 230×(80/73)×150 的 29 号砖的外直径 $D_0=5388.571$ mm，但楔差 $C-D$ 同为 7 mm、单位楔差 $\Delta C'$同为 0.030、规格（mm）为 230×（120/113）×150 的 30 号砖，由于大端尺寸 C 增大到 120 mm（小端尺寸 D 随着增大到 113 mm）就使得外直径 D_0 扩大到 8017.143 mm。日本规格（mm）为 200×(89/82)×230 的 L6 号砖的外直径 5200.0 mm，但楔差同为 7 mm、单位楔差 $\Delta C'$同为 0.035、规格（mm）为 200×（103/93）×230 的 M6 号砖，由于大端尺寸 C 增大到 100 mm（小端尺寸 D 随着增大到 93 mm）就使得外直径扩大到 5828.571 mm。同样，日本规格（mm）为 230×(100/93)×230 的 N4 砖的外直径 6702.857 mm，但楔差同为 7 mm、单位楔差 $\Delta C'$同为 0.030、规格（mm）为 230×（110/103）×200 的 P4 砖，由于大端尺寸 C 增大到 110 mm（小端尺寸 D 随着增大到 103 mm）就使得外直径扩大到 7360.0 mm。ISO 5417—1986 的等大端尺寸 103 mm 系列砖，标准规定的应用范围包括碱性砖、黏土砖和高铝砖。据说为缓解碱性砖的热膨胀，根据 PRE 和 DIN 标准才将砖的厚度减薄到等中间尺寸 71.5 mm，并纳入 ISO 标准。但减薄了的等中间尺寸 71.5 mm 系列砖（特别是 A 为 200 mm、220 mm 和 250 mm 三组砖）的外直径仅为 6000.0～7600.0 mm，达不到等大端尺寸 103 mm 系列砖外直径的 8000.0 mm 以上。我国国家标准 GB/T 17912—1999 仅将碱性砖等中间尺寸由 71.5 mm（非标准系列尺寸）增加到规范的标准系列尺寸 75.0 mm，虽然仅增加 3.5 mm，就使得 A 为 220 mm 和 250 mm、楔差同为 5 mm、单位楔差相同的两个砖号分别由 B622（外直径 6688.0 mm）跨入 C722（外直径 6996.0 mm）和由 B725（外直径 7600.0 mm）跨入 C825（外直径 7950.0 mm）。

表 6-5　GB/T 17912—1999 等中间尺寸 75 mm 回转窑用砖尺寸和尺寸特征

砖号	尺寸 /mm			外直径 D_0 /mm $D_0=\frac{2(C+\delta)A}{C-D}$		每环极限砖数 /块 $K'_0=\frac{2\pi A}{C-D}$	单位楔差 $\Delta C'=\frac{C-D}{A}$	体积/cm³
	A	C/D	B	δ=1mm	δ=2mm			
C216	160	82.5/67.5	198	1781.33	1802.67	67.021	0.094	2376.0
C416	160	78.8/71.3	198	3402.67	3445.33	134.042	0.047	2376.0
C218	180	82.5/67.5	198	2004.0	2028.0	75.398	0.083	2673.0
C318	180	80.0/70.0	198	2916.0	2952.0	113.098	0.056	2673.0
C418	180	78.8/71.3	198	3828.0	3876.0	150.797	0.042	2673.0
C618	180	77.5/72.5	198	5652.0	5724.0	226.195	0.028	2673.0
C220	200	82.5/67.5	198	2226.67	2253.33	83.776	0.075	2970.0
C320	200	80.0/70.0	198	3240.0	3280.0	125.664	0.050	2970.0
C420	200	78.8/71.3	198	4253.33	4306.67	167.552	0.038	2970.0

续表 6-5

砖号	尺寸 /mm			外直径 D_0 /mm $D_0=\frac{2(C+\delta)A}{C-D}$		每环极限砖数 /块 $K_0'=\frac{2\pi A}{C-D}$	单位楔差 $\Delta C'=\frac{C-D}{A}$	体积/cm³
	A	C/D	B	δ=1mm	δ=2mm			
C620	200	77.5/72.5	198	6280.0	6360.0	251.328	0.025	2970.0
C222	220	82.5/67.5	198	2449.33	2778.67	92.154	0.068	3267.0
C422	220	80.0/70.0	198	3564.0	3608.0	138.230	0.045	3267.0
C522	220	78.8/71.3	198	4678.67	4737.33	184.307	0.034	3267.0
C722	220	77.5/72.5	198	6908.0	6996.0	276.461	0.023	3267.0
C325	250	82.5/67.5	198	2783.33	2816.67	104.720	0.060	3712.5
C425	250	80.0/70.0	198	4050.0	4100.0	157.080	0.040	3712.5
C525	250	78.8/71.3	198	5316.67	5383.33	209.440	0.030	3712.5
C825	250	77.5/72.5	198	7850.0	7950.0	314.160	0.020	3712.5

注：1．δ—砌缝厚度。

2．专用锁砖的大小端尺寸 C/D 可平行增大 20 mm 或减小 10 mm。

3．尺寸符号 A、C/D 及 B 见图 6-1b。

回转窑用厚楔形砖的大端尺寸 C 和小端尺寸 D，英国标准[43]分别称为辐射尺寸（radial dimension）C 和 D，它们的允许偏差一般在±1.5～±2 mm[40~43]。这对环砌砖环辐射缝厚度并无影响。重要问题在于严格控制厚楔形砖楔差 $C-D$（英国标准[43]称为辐射尺寸差 radial dimension difference）的允许偏差：前苏联标准[42]规定+1～-2 mm；英国标准[41,42]曾规定±1.5 mm，而且强调在需方工厂检验所取砖中应有 95%的单个值合格，经供需双协议还可签订高精度偏差。英国最近的标准[43]对此有更严格的规定：标称楔差（nominal taper difference，$C-D$）±0.5～±1 mm。早在 20 世纪 80 年代初，作者就曾分析楔形砖大小端尺寸出现异向偏差（大端尺寸正偏差小端尺寸负偏差或大端尺寸负偏差小端尺寸正偏差）时对砖主要尺寸特征（特别是外半径）的严重影响，曾建议任何楔形砖 $C-D$ 的允许偏差不应超过±1 mm[15]。对楔差非常敏感的最小外直径回转窑用砖和最大外直径回转窑用砖，尤其应特别严格坚持标称楔差的允许偏差不超过±1 mm。例如 C/D 为 77.5 mm/72.5 mm($C-D$=5 mm) 的厚楔形砖 C825 出现异向偏差时，不仅使 $C-D$=76.5−73.5=3 mm，其单位楔差 $\Delta C'$本来就是小得让人不放心的 0.020，又减小到 3/250=0.012，这是不希望出现的。

等中间尺寸 75 mm 系列砖也有缺点，它和等中间尺寸 71.5 mm 系列砖一样，每组中最大外直径的厚微楔形砖（C620、C722 和 C825）的楔差 $C-D$ 或单位楔差 $\Delta C'$仍然过小，并仍然让人放心不下。既然我们用单位楔差研究并评价了国外诸回转窑用砖，我国回转窑用砖尺寸设计并推荐的厚微楔形砖，为什么还允许其单位楔差 $\Delta C'$小于 0.025（或楔差 $C-D$ 只有 5 mm）呢？作为该标准的起草人之一曾想：

（1）既然 ISO 敢用楔差 $C-D$ 仅 5 mm 的回转窑用厚楔形砖，我国标准只是与 ISO 接轨。更何况英国 BS 标准[43]B820 和 B822 的楔差分别小到 3.6 mm 和 4 mm、单位楔差 $\Delta C'$都减小到 0.018。

（2）在保持回转窑用砖外直径 D_0 条件下增大楔差 $C-D$ 时，就要突破等中间尺寸的限制。从 GB/T17192—1999 通过审定之日起，增大最大直径回转窑用砖楔差的设想方案，经过反复酝酿，在文献[14]提供给同行。砖的中间直径 D_p 取同组相邻厚钝楔形砖（例如 C420、C522 和 C525）中间直径的1.5倍，单位楔差 $\Delta C'$ 取同组相邻厚钝楔形砖的单位楔差。

由 $D_0=2C/\Delta C'$ 变换导出的 $C=D_0\Delta C'/2$ 计算砖的大端尺寸 C_0，例如 A 为 250 mm 一组最大中间直径厚微楔形砖 G825，其中间直径取同组相邻厚钝楔形砖 C525 中间直径 5383.333－250 的 1.5 倍，即 D_p=1.5×(5383.333−250)=7700.0 mm，外直径 D_0=7700.0+250=7950.0 mm；G825 的单位楔差采取 C525 的单位楔差 0.030；（C+2）=7950.0×0.030/2=119.25，则 G825 的大端尺寸 C=119.25－2=117.25 mm；G825 的小端尺寸 D=117.25−7.5=109.75 mm。用同样方法计算设计了其余 A 为 180 mm、200 mm 和 220 mm 三组最大直径回转窑用砖的尺寸，见表 6-6。从表 6-6 可知，G618、G620、G722 和 G825 的中间直径比同组相邻厚钝楔形砖 C418、C420、C522 和 C525 增大 50%；看到 G618、G620、G722 和 G825 的外直径分别与 C618、C620、C722 和 C825 的外直径相等。但这些新设想设计砖的楔差 $C–D$ 却从原来的 5 mm 增大到 7.5 mm，它们的单位楔差 $\Delta C'$ 由原来的 0.028、0.025、0.023 和 0.020 分别增大到 0.042、0.038、0.034 和 0.030。就是说最大直径回转窑用砖，由原来的厚微楔形砖改换为厚钝楔形砖了。可能抽沉、脱落的计算长度（或残砖剩余长度）也由原来的 50 mm 缩小到 A'=1/0.030=33.3 mm。这些既外直径大、单位楔差又不小的厚钝楔形砖的特点，就是大小端尺寸 C/D 加厚到 117.25 mm/109.75 mm。日本和前苏联已有 C/D 分别为 125 mm/115 mm 和 120 mm/113 mm（见表 6-2 的 P7 及 22 号砖）的实践。这种厚度砖（包括碱性 22 号砖）的生产没有任何困难。体积最大（5618.3 cm^3）、规格（mm）为 250×(117.25/109.75)×198 的 G825 的计算单重为 16.85 kg，接近日本 16 kg 的限制[36]。至于加厚碱性砖的热膨胀不可忽视，可通过调整夹垫钢板厚度、数量、双层钢板和特殊膨胀缝等有效缓解。在实际应用中，G618、G620、G722 和 G825 可分别放心代替 C618、C620、C722 和 C825。虽然突破了等中间尺寸系列，但由于外直径设计合理，砖量计算也非常规范和简化（见回转窑衬环形砌砖计算）。

表 6-6　大直径回转窑用砖尺寸的设想方案之一

尺寸砖号	尺寸/mm			外直径/mm $D_0=\frac{2(C+\delta)A}{C-D}$		每环极限砖数/块 $K_0'=\frac{2\pi A}{C-D}$	单位楔差 $\Delta C'=\frac{C-D}{A}$	体积/cm^3
	A	C/D	B	δ=1mm	δ=2mm			
G618	180	117.3/109.8	198	5676.0	5724.0	150.797	0.042	4045.1
G620	200	117.3/109.8	198	6306.667	6360.0	167.552	0.038	4494.6
G722	220	117.3/109.8	198	6937.333	6996.0	184.307	0.034	4944.1
G825	250	117.3/109.8	198	7883.333	7950.0	209.440	0.030	5618.3

大直径回转窑用砖尺寸的设想方案之一（表 6-6），受到不少热情同行的关注和响应。在讨论它的可行性问题中，作者受到进一步启发。从 C418 与 G618、C420 与 G620、C522 与 G722 和 C525 与 G825 这些双楔形砖砖环配砌方案中体会到：（1）这四对砖环的每对砖环都由较薄（大小端尺寸 C/D 为 78.8 mm/71.3 mm）砖与加厚（大小端尺寸 C/D 为 117.3 mm/109.8 mm）砖配砌而成。（2）这四对双楔形砖砖环内相配砌的两砖的每环极限砖 K_0'、单位楔差 $\Delta C'$ 和中心角 θ_0' 彼此相等，主要是两砖楔差 $C–D$ 相等引起的。与等大端尺寸系列、等小端尺寸系列和等中间尺寸系列一样，又形成了“等楔差尺寸（constant taper dimension）系列”。（3）利用等楔差双楔形砖砖环，将砖加厚但采取相等楔差时可增大加厚砖的外直径。（4）为使新设计的更大外直径厚楔形砖的外直径与相配砌的原有C618、C620、C722 或 C825 的外直径成连续的简单整数比，例如取 3:4，则 A 为 200 mm 的 C620 的外直径为 6360.0 mm，与其配砌的更大外直径厚楔形砖 C820 的外直径为 6360.0×4/3=8480.0 mm，C820 的大端尺寸等于 8480.0×5/（2×200）−2=104 mm，小端尺寸等于 104−5=99 mm，每环极限砖数 K_0' =2π×200/5=251.328 块，单位楔差 $\Delta C'$ =5/200=0.025。可见 C620 与 C820 的每环极限砖数、楔差和单位楔差分别相等。用同样计算方法，设计计算了 A 为 180 mm、220 mm 和 250 mm 更大外直径厚楔形砖的尺寸、外直径、每环极限砖数、楔差和单位楔差，见表 6−7。从表 6−7 看到，C716、C818、C820、C922 和 C1025 的外直径分别与相配砌的 C516、C618、C620、C722 和 C825 的外直径之比同为 4:3；这些双楔形砖砖环内，两种楔形砖（例如 C618 与 C818、C620 与 C820、C722 与 C922，以及 C825 与 C1025）的每环极限砖数、楔差、单位楔差和大小端尺寸分别相等。

表 6−7 大直径回转窑用砖尺寸的设想方案之二

尺寸砖号	尺寸/mm			外直径/mm $D_0=\frac{2(C+\delta)A}{C-D}$		每环极限砖数/块 $K_0'=\frac{2\pi A}{C-D}$	单位楔差 $\Delta C'=\frac{C-D}{A}$	体积/cm³
	A	C/D	B	δ=1mm	δ=2mm			
C716	160	104/99	198	6720.0	6784.0	201.062	0.031	3215.5
C818	180	104/99	198	7560.0	7632.0	226.195	0.028	3617.5
C820	200	104/99	198	8400.0	8480.0	251.328	0.025	4019.4
C922	220	104/99	198	9240.0	9328.0	276.461	0.023	4421.3
C1025	250	104/99	198	10500.0	10600.0	314.160	0.020	5024.3

6.2.3 关于回转窑衬砖环的锁砖

环形砌砖或拱形砌砖中最后锁缝插入的楔形砖称为锁砖（key-brick，key-stone，brick for wedge use）。我国习惯上将平砌环形砌砖的锁砖称为合门砖。回转窑砖环的上半圆部分其实就是半圆拱（semi-circular arch），窑内直径大于 4 m 时采用拱胎法砌筑，这就是拱顶砌筑。虽然窑内直径小于 4 m 采用转动支撑法砌筑时锁缝区在砖环的下半圆部分，但对于回转窑砖环而言还是称锁砖比合门砖更合适。为使锁缝区的砌缝（一般为辐射缝）厚度不超过规范规定，锁缝区由不同大小端尺寸的几块砖（回转窑砌砖中称为专用锁砖）经挑选组成，而最后楔（插）入的锁砖称为打入锁砖。回转窑衬砖砖环的锁缝，一要必须紧靠窑壳或永久衬，二要锁紧砖环。就是说锁缝区砖环与窑壳（或永久衬）的间隙和砖间辐射缝厚度都不能超过规范规定。为此人们都重视并设置回转窑的专用锁砖。为了挑选锁砖和完成锁缝区砌筑操作的方便，各国都曾有采用薄砖的习惯。日本的调节锁砖的大端尺寸 C 曾薄至 53～75 mm，使用效果不好[36]；经过对使用和制砖部门的调查认为最适宜的大端尺寸 C 为 75～125 mm。德国为国外设计并投产的 ϕ4.2m×50m 活性石灰回转窑，将镁铬质基本砖 B620 的大小端尺寸 74.0 mm/69.0 mm 平行减薄 10 mm 和 20 mm，这些大小端尺寸只有 64.0 mm/59.0 mm 和 54.0 mm/49.0 mm 的减薄锁砖，虽然在挑选锁砖的锁缝操作中非常方便，但在锁缝砌筑操作过程和使用中曾发生断砖抽沉和断落情况。为方便砖环锁缝区调节锁砖的挑选，我国 JC350—1983 水泥窑用磷酸盐结合高铝质砖[49]同国外回转窑用锁砖经验一样，专用锁砖的大小端尺寸 C/D 同时采用加厚砖和减薄砖。例如日本标准 JIS R2103—1983 中作为加厚锁砖的有：由基本砖 K1 的大小端尺寸（mm）89/80 加厚到 115/106 的 K7、由基本砖 L1 的大小端尺寸（mm）89/77 加厚到 115/103 的 L7、由基本砖 M3 和 N1 的大小端尺寸（mm）100/90 加厚到 125/115 的 P7 和 R7；作为减薄锁砖的有：由基本砖 K4 的大小端尺寸（mm）89/83 减薄到 75/69 的 K8、由基本砖 L5 的大小端尺寸（mm）89/81 减薄到 75/67 的 L8、由基本砖 M6 和 N4 的大小端尺寸（mm）100/93 减薄到 85/78 的 M8 和 N8、由基本砖 P4 和 R4 的大小端尺寸（mm）110/103 减薄到 85/78 的 P8 和 R8。可见，日本标准对专用锁砖尺寸设计的原则是：外直径较小（即楔差较大）的基本砖加厚，而外直径较大（即楔差较小）的基本砖减薄，以保证减薄锁砖的小端尺寸 D 不至于过小。前苏联标准 ГОСТ 21436—1975 采取不同的原则：外直径较大（即楔差较小）的基本砖（例如大小端尺寸 80 mm/73 mm 的 21 号砖）加厚（例如加厚到 120 mm/113 mm 的 22 号砖），而外直径较小（即楔差较大）的基本砖（例如大小端尺寸 65 mm/55 mm 的 23 号砖）可作为减薄锁砖。ISO 5417—1986 申明该标准不适用于专用锁砖。在制定我国标准 GB/T 17912—1999 时，采取在尺寸表加注说明：专用锁砖的大小端尺寸 C/D 可平行增大 20 mm 和减小 10 mm。这样，既减少了砖号，又没有增加压砖砖模（只是装料深度改变），对用户及制砖厂都有利。至于那个砖号加厚或减薄，可由用户根据经验和需要灵活采用。在考虑 GB/T 17912—1999 修订方案时，将加厚锁砖与增大砖的外直径方案结合起来，并运用等楔差双楔形砖砖环的研究成果。表 6-7 中大小端尺寸 C/D（mm）为 104/99 的 C818、C820、C922 和 C1025，分别作为 C618、C620、C722 和 C825 的最大外直径用砖的同时，又可分别作为等中间尺寸 75 mm 厚楔形砖的 A 为 180 mm、200 mm、220 mm 和 250 mm 各组的加厚调节锁砖。

对于国际标准 ISO 5417—1986 的等大端尺寸 103 mm 厚楔形砖，首先 103 mm 不是国际尺寸系列标准的规范尺寸。其次每组砖中砖号过多。在修订我国 GB/T 17912—1999 时，等大端尺寸 C 拟采取标准系列尺寸 100 mm，每组楔差采取 15 mm、10 mm、7.5 mm 和 5 mm 四个砖号，见表 6-8。加厚砖 D816、D918、D1020、D1022 和 D1225 作为每组加厚调节锁砖的同时，又分别与 D716、D718、D820、D922 和 D1025 组成等楔差（$C-D=5$ mm）双楔形砖砖环，虽然加厚的大小端尺寸 C/D 均为 120.4 mm/115.4 mm、每环极限砖数和单位楔差都分别与相配砌的小直径厚楔形砖相等，但加厚砖的外直径增大很多，扩大了它们的应用范围。这些加厚砖（例如 D1020）的外直径与相配砌的小直径基本砖（例如 D820）外直径之比为 6:5，就是说首先求出加厚砖的外直径 $D_d=6D_x/5$（式中 D_x 为小直径厚楔形砖的外直径），然后再由 $C_d=D_d(C-D)/(2A)-2$ 求出加厚砖的大端尺寸 C_d[例如 D1020 的大端尺寸 $C_d=(8160.0\times6/5)\times5/(2\times200)-2=120.4$ mm，则其小端尺寸 $D_d=120.4-5=115.4$ mm]。减薄调节锁砖的外直径取楔差为 10 mm 的各组厚锐楔形砖外直径的 9/10，例如 DS420 的外直径为 $4080.0\times9/10=3672.0$ mm。DS420 的大端尺寸为 $3672.0\times10/(2\times200)-2=89.8$ mm，则小端尺寸为 $89.8-10=79.8$ mm。按同样方法计算，其余各组减薄锁砖的大小端尺寸均为相等的 89.8 mm/79.8 mm（见表 6-8）。

表 6-8 等大端尺寸 C=100 mm 回转窑用砖和调节锁砖（草案）

尺寸砖号	尺寸/mm			外直径/mm $D_0=\frac{2(C+\delta)A}{C-D}$		每环极限砖数/块 $K'_0=\frac{2\pi A}{C-D}$	单位楔差 $\Delta C'=\frac{C-D}{A}$	体积/cm^3
	A	C/D	B	δ=1 mm	δ=2 mm			
D216	160	100/85.0	198	2154.667	2176.0	67.021	0.094	2930.4
D316	160	100/90.0	198	3232.0	3264.0	100.531	0.063	3009.6
D416	160	100/92.5	198	4309.333	4352.0	134.042	0.047	3049.2
D716	160	100/95.0	198	6464.0	6528.0	201.062	0.031	3088.8
D816	160	120.4/115.4	198	7769.6	7833.6	201.062	0.031	3735.1
DS316	160	89.8/79.8	198	2905.6	2937.6	100.531	0.063	2686.5
D218	180	100/85.0	198	2424.0	2448.0	75.398	0.083	3296.7
D418	180	100/90.0	198	3636.0	3672.0	113.098	0.056	3385.8
D518	180	100/92.5	198	4848.0	4896.0	150.797	0.042	3430.4
D718	180	100/95.0	198	7272.0	7344.0	226.195	0.028	3474.9
D918	180	120.4/115.4	198	8740.8	8812.8	226.195	0.028	4020.0
DS318	180	89.8/79.8	198	3268.8	3304.8	113.098	0.056	3022.3
D320	200	100/85.0	198	2693.333	2720.0	83.776	0.075	3663.0
D420	200	100/90.0	198	4040.0	4080.0	125.664	0.050	3762.0
D520	200	100/92.5	198	5386.667	5440.0	167.552	0.038	3811.5
D820	200	100/95.0	198	8080.0	8160.0	251.328	0.025	3861.0
D1020	200	120.4/115.4	198	9712.0	9792.0	251.328	0.025	4668.8
DS420	200	89.8/79.8	198	3632.0	3672.0	125.664	0.050	3358.1
D322	220	100/85.0	198	2962.667	2992.0	92.154	0.068	4029.3
D422	220	100/90.0	198	4444.0	4488.0	138.230	0.045	4138.2
D622	220	100/92.5	198	5925.333	5984.0	184.307	0.034	4192.7
D922	220	100/95.0	198	8888.0	8976.0	276.461	0.023	4247.1
D1022	220	120.4/115.4	198	10683.2	10771.2	276.461	0.023	5135.7
DS422	220	89.8/79.8	198	3995.2	4039.2	138.230	0.045	3693.9
D325	250	100/85.0	198	3366.667	3400.0	104.720	0.060	4578.8
D525	250	100/90.0	198	5050.0	5100.0	157.080	0.040	4702.5
D725	250	100/92.5	198	6733.333	6800.0	209.440	0.030	4764.4
D1025	250	100/95.0	198	10100.0	10200.0	314.160	0.020	4826.3
D1225	250	120.4/115.4	198	12140.0	12240.0	314.160	0.020	5836.1
DS525	250	89.8/79.8	198	4540.0	4590.0	157.080	0.040	4197.6

注：1．尺寸符号 A、C/D 和 B 见图 6-1b。

2．δ—砌缝（辐射缝）厚度，mm。

3．DS—减薄调节锁砖代号。

配合等中间尺寸 75 mm 碱性基本砖的减薄调节锁砖的外直径，取楔差为 10 mm 基本砖的 9/10，例如 A=200 mm、楔差 10 mm 的 C320 的外直径 3280.0 mm，该组减薄调节锁砖的外直径取 3280.0×9/10=2952.0 mm，大端尺寸为 2952.0×10/(2×200) −2=71.8 mm，则小端尺寸为 71.8−10=61.8 mm。用同样方法计算，各组减薄调节锁砖的相等大小端尺寸均为 71.8 mm/61.8 mm，减薄调节锁砖 CS216、CS318、CS320、CS322 和 CS425 的单位楔差、每环极限砖数分别与其配砌组成等楔差双楔形砖环的厚锐楔形砖 C316、C318、C320、C422 和 C425 相等，但外直径都减小了 1/10，见表 6−9。

表 6−9　减薄调节锁砖（与等中间尺寸 75mm 配套）**尺寸的设想方案**

尺寸砖号	尺寸/mm			外直径/mm $D_0=\frac{2(C+\delta)A}{C-D}$		每环极限砖数/块 $K'_0=\frac{2\pi A}{C-D}$	单位楔差 $\Delta C'=\frac{C-D}{A}$	体积/cm^3
	A	C/D	B	δ=1mm	δ=2mm			
CS216	160	71.8/61.8	198	2329.6	2361.8	100.531	0.063	2116.2
CS318	180	71.8/61.8	198	2620.8	2656.8	113.098	0.056	2380.8
CS320	200	71.8/61.8	198	2912.0	2952.0	125.664	0.050	2645.3
CS322	220	71.8/61.8	198	3203.2	3247.2	138.230	0.045	2909.8
CS425	250	71.8/61.8	198	3640.0	3690.0	157.080	0.040	3306.6

如前所述，回转窑砖环的锁缝区与工业炉窑环形砌砖和拱顶砌砖的锁缝区一样，砌筑质量低劣时将成为整环的薄弱环节。为了消除至少减轻这种薄弱环节，规范对回转窑砖环的打入锁砖作了明确规定：（1）打入锁砖不得加工。锁缝区需要加工砖时，可将加厚调节锁砖或基本砖磨加工，并尽量与打入锁砖隔开。减薄调节锁砖不希望再磨加工减薄了，更不希望减薄调节锁砖作为打入锁砖。如果经过预砌筑便可预先磨加工好特殊尺寸的调节锁砖。（2）减薄调节锁砖的每环用量有所限制。例如日本 JIS R2103—1983 规定每环加厚砖或减薄砖的数量都分别限制为不超过两块。其实只要限制减薄调节锁砖的小端尺寸不得太薄（例如不得小于 55 mm），专用锁砖数量没有必要限制过严。但可要求减薄调节锁砖不要相邻砌筑，需要两块以上减薄调节锁砖时应该用基本砖将减薄调节锁砖隔开。（3）关于锁砖加工后的剩余厚度的规定。多数规范都规定加工砖（剩余）厚度不应小于原砖厚度的 2/3。这里所指的原砖应该是原基本砖，而不包括减薄调节锁砖。

如前所述，完成回转窑砖环锁缝工作，靠专用锁砖尺寸的合理设计和选挑，但更靠熟练筑炉工的操作技能。在确保筑炉规范规定的前提下，通过调整砌缝厚度、调节锁砖数量，以及夹垫钢板数量和厚度等经验措施，一般可顺利锁紧砖环。关于在回转窑砖环锁缝区应用钢板锁片时，人们和规范都考虑到受筒壳限制只能从砖环侧面打入（其实只能置入）锁砖（其实也不是锁砖），砖环并未锁紧，只好无奈用钢板锁片楔紧。对钢板锁片有严格的规定：（1）锁缝区每条辐射缝内只允许用一块钢板锁片。（2）钢板锁片的厚度不得超过 3 mm，并要求一边磨尖。（3）每环锁缝区采用钢板锁片的数量不得超过四块，要均匀的布置在锁缝区，并要尽可能避免在减薄调节锁砖的砌缝打入。对于碱性砖衬而言，砖之间夹垫 1 mm 厚的薄钢板，对缓冲碱性砖的热膨胀和铁氧化后与 MgO 形成较高耐火材料而黏结起来，这是有益的。但钢板不宜过厚，因为它氧化后体积明显增大，会胀坏衬砖的。对于非碱性砖衬而言，铁和氧化铁是有害的杂质，钢板锁片本应该禁止应用。为替代钢板锁片，已经有回转窑砖环砌筑专用的侧向打入锁砖并申请了专利。

6.3 回转窑砖衬双楔形砖砖环的计算

回转窑砖衬采用两种厚楔形砖配合砌筑的双楔形砖砖环。回转窑砖衬的计算，就是双楔形砖砖环用砖量的计算。为适应国际标准[39]、我国标准[37]和其他国家回转窑用砖标准采取的等大端尺寸、等中间尺寸、不等端尺寸和等楔差尺寸双楔形砖砖环的计算，GB/T 17912—1999 选择了基于回转窑用厚楔形砖尺寸特征的中国简化计算式。由中国简化计算式 $K_x=(R_d-R)K_x'/(R_d-R_x)$和 $K_d=(R-R_x)K_d'/(R_d-R_x)$（详见高炉环形砌砖计算有关章节）中的 R、R_x和 R_d分别换以 $D/2$、$D_x/2$ 和 $D_d/2$，即可导出：

$$K_x=\frac{(D_d-D)K_x'}{D_d-D_x} \tag{6-1}$$

$$K_d=\frac{(D-D_x)K_d'}{D_d-D_x} \tag{6-2}$$

式中 K_x，K_d——分别为所计算回转窑砖衬双楔形砖砖环内小直径楔形砖和大直径楔形砖的数量，块；

K_x'，K_d'——分别为所计算双楔形砖砖环内小直径楔形砖和大直径楔形砖的每环极限砖数，块；

D_x，D_d——分别为所计算双楔形砖砖环内小直径楔形砖和大直径楔形砖的外直径，mm；

D——所计算双楔形砖砖环的外直径， mm，此时 $D_x \leqslant D \leqslant D_d$。

令 $K_x'/(D_d-D_x)=n$ 和 $K_d'/(D_d-D_x)=m$，则式（6-1）和式（6-2）可写作基于楔形砖外直径 D_d和 D_x的简化计算式：

$$K_x=n(D_d-D) \tag{6-3}$$

$$K_d=m(D-D_x) \tag{6-4}$$

一块楔形砖直径变化量$(\Delta D)'_{1x}=(D_d-D_x)/K_x'$和$(\Delta D)'_{1d}=(D_d-D_x)/K'_d$，可见 $n=K'_x/(D_d-D_x)=1/(\Delta D)'_{1x}$和 $m=K_d'/(D_d-D_x)=1/(\Delta D)'_{1d}$，则式（6-3）和式（6-4）可写作基于一块楔形砖直径变化量$(\Delta D)'_{1x}$和$(\Delta D)'_{1d}$的简化计算式：

$$K_x=\frac{D_d-D}{(\Delta D)'_{1x}} \tag{6-5}$$

$$K_d=\frac{D-D_x}{(\Delta D)'_{1d}} \tag{6-6}$$

变换式（6-1）和式（6-2）的形式：

$$K_x=\frac{D_d K_x'}{D_d-D_x}-\frac{K_x' D}{D_d-D_x} \tag{6-1a}$$

$$K_d=\frac{K_d' D}{D_d-D_x}-\frac{D_x K_d'}{D_d-D_x} \tag{6-2a}$$

令 $D_d/(D_d-D_x)=T$ 和 $D_x/(D_d-D_x)=Q$，则上两式可分别写作基于楔形砖每环极限砖数 K_x'、K_d'的简化计算式：

$$K_x=T\,K'_x-n\,D \tag{6-7}$$

$$K_d=mD-Q\,K'_d \tag{6-8}$$

式（6-3）与式（6-4）之和为砖环总砖数 $K_h=n(D_d-D)+m(D-D_x)$，即：

$$K_h=(m-n)\,D+nD_d-mD_x \tag{6-9}$$

式（6-7）与式（6-8）之和也为砖环总砖数 $K_h=T\,K'_x-n\,D+mD-Q\,K_d{}'$，即：

$$K_h=(m-n)\,D+T\,K'_x-Q\,K'_d \tag{6-10}$$

式（6-7）与式（6-8）中，$T-Q=D_d/(D_d-D_x)-D_x/(D_d-D_x)=(D_d-D_x)/(D_d-D_x)=1$。

6.3.1　回转窑砖衬等大端尺寸双楔形砖砖环的计算

采用 ISO 5417—1986 的 GB/T 17912—1999 的等大端尺寸 103 mm 回转窑用厚楔形砖，根据其尺寸特征（外直径和每环极限砖数）计算出每一相配砌双楔形砖砖环简化计算式中的一块楔形砖直径变化量$(\Delta D)'_{1x}$、$(\Delta D)'_{1d}$、系数 n、m、T 和 Q，再按式（6-3）～式（6-8）列出简易计算式，见表 6-10。

从表 6-10 首先看到，所有基于每环极限砖数的双楔形砖砖环简易计算式中，$T-Q=1$。例如 A216 与 A416 砖环，$K_{A216}=2\times59.136-0.02992D$ 与 $K_{A416}=0.05984D-118.272$ 中 $T=2.0$ 和 $Q=1.0$，$T-Q=2.0-1.0=1$；A320 与 A420 砖环，$K_{A320}=4\times89.760-0.08976D$ 与 $K_{A420}=0.11968D-3\times119.680$ 中 $T=4$ 和 $Q=3$，$T-Q=4-3=1$；A625 与 A825 砖环，$K_{A625}=4.25\times184.8-0.09724D$ 与 $K_{A825}=0.12716D-3.25\times241.662$ 中 $T=4.25$ 和 $Q=3.25$，$T-Q=4.25-3.25=1$。这一点告诉我们：在基于楔形砖每环极限砖数的两简易计算式中小直径楔形砖每环极限砖数 K'_x 的系数 T，大于大直径楔形砖每环极限砖数 K'_d 的系数 Q，它们差值 $T-Q=1$。

其次，由基于楔形砖每环极限砖数计算式（6-7）和式（6-8）导出的任一砖环的两简易计算式中，它们的定值项绝对值彼此相等。例如 A220 与 A420 砖环简易计算式 $K_{A220}=2\times59.840-0.02992D$ 与 $K_{A420}=0.05984D-119.680$ 中定值项绝对值 $2\times59.840=119.680$。A218 与 A318 砖环简易计算式 $K_{A218}=2.9231\times59.525-0.05754D$ 与 $K_{A318}=0.08746D-1.9231\times90.478$ 中的定值项绝对值 $2.9231\times59.525=1.9231\times90.478=173.998$。这在以前讨论等大端尺寸双楔形砖砖环两计算式中定值项绝对值均等于 $2\pi A/(D_1-D_2)$时，早已领会这一点。由式（6-10）可知，对于等大端尺寸双楔形砖砖环而言，只有当 $T\,K_x'-Q\,K_d'=0$ 即 $T\,K_x'=Q\,K_d'$时 $K_h=(m-n)D$ 才成立。表 6-10 所有等大端尺寸双楔形砖砖环的两简易计算式中，定值项绝对值都相等 $T\,K_x'=Q\,K_d'$。

第三，对于任一等大端尺寸双楔形砖砖环而言，两简易计算式间和总砖数简易计算式中，$m-n$ 为定值。由等大端尺寸系列式（3-10）的 $K_h=(m-n)\,D$ 与众所周知的 $K_h=\pi D/C$ 对照，则 $m-n=\pi/C$。在所讨论的表 3-10 中，所有任一双楔形砖砖环的 $m-n=3.1416/(103+2)=0.02992$。例如 A218 与 A318 砖环的 $m-n=0.08746-0.05745=0.02992$；A625 与 A825 砖环的 $m-n=0.12716-0.09724=0.02992$。这一点，既可以简化砖环总砖数 K_h 计算式，又可以核对等大端尺寸双楔形砖砖环简易计算式的正确与否。

第四，前面已证实，在等大端尺寸双楔形砖砖环的简易计算式（6-7）式（6-8）和式（6-10）中 $TK'_x=QK'_d$，则 $Q/T=K'_x/K'_d$。式（6-9）与式（6-10）的对比中 $nD_d-mD_x=0$，即 $nD_d=mD_x$，则 $n/m=D_x/D_d$。由于 $n=1/(\Delta D)'_{1x}$和 $m=1/(\Delta D)'_{1d}$，$n/m=(\Delta D)'_{1d}/(\Delta D)'_{1x}$。在以前的高炉砖尺寸设计中早已知道 $R_x/R_d=K_x'/K_d'=(C-D_1)/(C-D_2)$，则 $D_x/D_d=K_x'/K_d{}'$。因

表 6-10 回转窑砖衬等大端尺寸 103 mm 双楔形砖砖环简易计算式

配砌砖号		外直径 D/mm 范围 $D_x \sim D_d$	每环极限砖数/块		一块楔形砖直径变化量 /mm		简易式中系数				每环砖数简易计算式	
小直径楔形砖	大直径楔形砖		K'_x	K'_d	$(\Delta D)'_{1x}$	$(\Delta D)'_{1d}$	$n=\frac{1}{(\Delta D)'_{1x}}$	$m=\frac{1}{(\Delta D)'_{1d}}$	$T=\frac{D_d}{D_d-D_x}$	$Q=\frac{D_x}{D_d-D_x}$	小直径楔形砖数量 K_x /块	大直径楔形砖数量 K_d /块
A216	A316	1976.47～3054.55	59.136	91.392	18.2305	11.7962	0.05485	0.08477	2.8333	1.8333	$K_{A216}=0.05485(3054.55-D)$ $K_{A216}=(3054.55-D)/18.2305$ $K_{A216}=2.8333\times59.136-0.05485D$	$K_{A316}=0.08477(D-1976.47)$ $K_{A316}=(D-1976.47)/11.7962$ $K_{A316}=0.08477D-1.8333\times91.392$
A216	A416	1976.47～3952.94	59.136	118.272	33.4225	16.7112	0.02992	0.05984	2.0	1.0	$K_{A216}=0.02992(3952.94-D)$ $K_{A216}=(3952.94-D)/33.4225$ $K_{A216}=2.0\times59.136-0.02992D$	$K_{A416}=0.05984(D-1976.47)$ $K_{A416}=(D-1976.47)/16.7112$ $K_{A416}=0.05984D-1.0\times118.272$
A316	A416	3054.55～3952.94	91.392	118.272	9.8301	7.5960	0.10173	0.13165	4.40	3.40	$K_{A316}=0.10173(3952.94-D)$ $K_{A316}=(3952.94-D)/9.8301$ $K_{A316}=4.40\times91.392-0.10173D$	$K_{A416}=0.13165(D-3054.55)$ $K_{A416}=(D-3054.55)/7.5960$ $K_{A416}=0.13165D-3.40\times118.272$
A316	A516	3054.55～5169.23	91.392	154.663	23.1386	13.6728	0.04322	0.07314	2.4445	1.4445	$K_{A316}=0.04322(5169.23-D)$ $K_{A316}=(5169.23-D)/23.1386$ $K_{A316}=2.4445\times91.392-0.04322D$	$K_{A516}=0.07314(D-3054.55)$ $K_{A516}=(D-3054.55)/13.6728$ $K_{A516}=0.07314D-1.4445\times154.663$
A416	A516	3952.94～5169.23	118.272	154.663	10.2838	7.8641	0.09724	0.12716	4.250	3.250	$K_{A416}=0.09724(5169.23-D)$ $K_{A416}=(5169.23-D)/10.2838$ $K_{A416}=4.250\times118.272-0.09724D$	$K_{A516}=0.12716(D-3952.94)$ $K_{A516}=(D-3952.94)/7.8641$ $K_{A516}=0.12716D-3.250\times154.663$
A416	A716	3952.94～7148.94	118.272	213.896	27.0225	14.9418	0.03701	0.06693	2.2368	1.2368	$K_{A416}=0.03701(7148.94-D)$ $K_{A416}=(7148.94-D)/27.0225$ $K_{A416}=2.2368\times118.272-0.03701D$	$K_{A716}=0.06693(D-3952.94)$ $K_{A716}=(D-3952.94)/14.9418$ $K_{A716}=0.06693D-1.2368\times213.896$
A516	A716	5169.23～7148.94	154.663	213.896	12.8002	9.2555	0.07812	0.10804	3.6111	2.6111	$K_{A516}=0.07812(7148.94-D)$ $K_{A516}=(7148.94-D)/12.8002$ $K_{A516}=3.6111\times154.663-0.07812D$	$K_{A716}=0.10804(D-5169.23)$ $K_{A716}=(D-5169.23)/9.2555$ $K_{A716}=0.10804D-2.6111\times213.896$
A218	A318	1989.47～3024.0	59.525	90.478	17.3798	11.4341	0.05754	0.08746	2.9231	1.9231	$K_{A218}=0.05754(3024.0-D)$ $K_{A218}=(3024.0-D)/17.3798$ $K_{A218}=2.9231\times59.525-0.05754D$	$K_{A318}=0.08746(D-1989.47)$ $K_{A318}=(D-1989.47)/11.4341$ $K_{A318}=0.08746D-1.9231\times90.478$
A218	A418	1989.47～3978.95	59.525	119.050	33.4225	16.7112	0.02992	0.05984	2.0	1.0	$K_{A218}=0.02992(3978.95-D)$ $K_{A218}=(3978.95-D)/33.4225$ $K_{A218}=2.0\times59.525-0.02992D$	$K_{A418}=0.05984(D-1989.47)$ $K_{A418}=(D-1989.47)/16.7112$ $K_{A418}=0.05984D-1.0\times119.050$
A318	A418	3024.0～3978.95	90.478	119.050	10.5545	8.0214	0.09475	0.12467	4.1667	3.1667	$K_{A318}=0.09475(3978.95-D)$ $K_{A318}=(3978.95-D)/10.5545$ $K_{A318}=4.1667\times90.478-0.09475D$	$K_{A418}=0.12467(D-3024.0)$ $K_{A418}=(D-3024.0)/8.0214$ $K_{A418}=0.12467D-3.1667\times119.050$

续表 6-10

配砌砖号		外直径 D/mm 范围 $D_x \sim D_d$	每环极限砖数/块		一块楔形砖直径变化量 /mm		简易式中系数				每环砖数简易计算式	
小直径楔形砖	大直径楔形砖		K'_x	K'_d	$(\Delta D)'_{lx}$	$(\Delta D)'_{ld}$	$n=\frac{1}{(\Delta D)'_{lx}}$	$m=\frac{1}{(\Delta D)'_{ld}}$	$T=\frac{D_d}{D_d-D_x}$	$Q=\frac{D_x}{D_d-D_x}$	小直径楔形砖数量 K_x /块	大直径楔形砖数量 K_d /块
A318	A518	3024.0～5040.0	90.478	150.797	22.2816	13.3690	0.04488	0.07480	2.50	1.50	$K_{A318}=0.04488(5040.0-D)$ $K_{A318}=(5040.0-D)/22.2816$ $K_{A318}=2.50\times90.478-0.04488D$	$K_{A518}=0.07480(D-3024.0)$ $K_{A518}=(D-3024.0)/13.3690$ $K_{A518}=0.07480D-1.50\times150.797$
A418	A518	3978.95～5040.0	119.050	150.797	8.9126	7.0363	0.11220	0.14212	4.750	3.750	$K_{A418}=0.11220(5040.0-D)$ $K_{A418}=(5040.0-D)/8.9126$ $K_{A418}=4.750\times119.050-0.11220D$	$K_{A518}=0.14212(D-3978.95)$ $K_{A518}=(D-3978.95)/7.0363$ $K_{A518}=0.14212D-3.750\times150.797$
A418	A618	3978.95～6300.0	119.050	188.496	19.4964	12.3135	0.05129	0.08121	2.7143	1.7143	$K_{A418}=0.05129(6300.0-D)$ $K_{A418}=(6300.0-D)/19.4964$ $K_{A418}=2.7143\times119.050-0.05129D$	$K_{A618}=0.08121(D-3978.95)$ $K_{A618}=(D-3978.95)/12.3135$ $K_{A618}=0.08121D-1.7143\times188.496$
A518	A618	5040.0～6300.0	150.797	188.496	8.3556	6.6845	0.11968	0.14960	5.0	4.0	$K_{A518}=0.11968(6300.0-D)$ $K_{A518}=(6300.0-D)/8.3556$ $K_{A518}=5.0\times150.797-0.11968D$	$K_{A618}=0.14960(D-5040.0)$ $K_{A618}=(D-5040.0)/6.6845$ $K_{A618}=0.14960D-4.0\times188.496$
A518	A718	5040.0～7132.08	150.797	213.392	13.8735	9.8039	0.07208	0.1020	3.4091	2.4091	$K_{A518}=0.07208(7132.08-D)$ $K_{A518}=(7132.08-D)/13.8735$ $K_{A518}=3.4091\times150.797-0.07208D$	$K_{A718}=0.1020(D-5040.0)$ $K_{A718}=(D-5040.0)/9.8039$ $K_{A718}=0.1020D-2.4091\times213.392$
A618	A718	6300.0～7132.08	188.496	213.392	4.4143	3.8993	0.22654	0.25646	8.5714	7.5714	$K_{A618}=0.22654(7132.08-D)$ $K_{A618}=(7132.08-D)/4.4143$ $K_{A618}=8.5714\times188.496-0.22654D$	$K_{A718}=0.25646(D-6300.0)$ $K_{A718}=(D-6300.0)/3.8993$ $K_{A718}=0.25646D-7.5714\times213.392$
A220	A320	2000.0～3000.0	59.840	89.760	16.7112	11.1408	0.05984	0.08976	3.0	2.0	$K_{A220}=0.05984(3000.0-D)$ $K_{A220}=(3000.0-D)/16.7112$ $K_{A220}=3.0\times59.840-0.05984D$	$K_{A320}=0.08976(D-2000.0)$ $K_{A320}=(D-2000.0)/11.1408$ $K_{A320}=0.08976D-2.0\times89.760$
A220	A420	2000.0～4000.0	59.840	119.680	33.4225	16.7112	0.02992	0.05984	2.0	1.0	$K_{A220}=0.02992(4000.0-D)$ $K_{A220}=(4000.0-D)/33.4225$ $K_{A220}=2.0\times59.840-0.02992D$	$K_{A420}=0.05984(D-2000.0)$ $K_{A420}=(D-2000.0)/16.7112$ $K_{A420}=0.05984D-119.680$
A320	A420	3000.0～4000.0	89.760	119.680	11.1408	8.3556	0.08976	0.11968	4.0	3.0	$K_{A320}=0.08976(4000.0-D)$ $K_{A320}=(4000.0-D)/11.1408$ $K_{A320}=4.0\times89.760-0.08976D$	$K_{A420}=0.11968(D-3000.0)$ $K_{A420}=(D-3000.0)/8.3556$ $K_{A420}=0.11968D-3.0\times119.680$
A320	A520	3000.0～5060.24	89.760	151.402	22.9528	13.6077	0.04357	0.07349	2.4561	1.4561	$K_{A320}=0.04357(5060.24-D)$ $K_{A320}=(5060.24-D)/22.9528$ $K_{A320}=2.4561\times89.760-0.04357D$	$K_{A520}=0.07349(D-3000.0)$ $K_{A520}=(D-3000.0)/13.6077$ $K_{A520}=0.07349D-1.4561\times151.402$
A420	A520	4000.0～5060.24	119.680	151.402	8.8590	7.0028	0.11288	0.14280	4.7727	3.7727	$K_{A420}=0.11288(5060.24-D)$ $K_{A420}=(5060.24-D)/8.8590$ $K_{A420}=4.7727\times119.680-0.11288D$	$K_{A520}=0.14280(D-4000.0)$ $K_{A520}=(D-4000.0)/7.0028$ $K_{A520}=0.14280D-3.7727\times151.402$

续表 6-10

配砌砖号		外直径 D/mm 范围 $D_x \sim D_d$	每环极限砖数/块		一块楔形砖直径变化量 /mm		简易式中系数				每环砖数简易计算式	
小直径楔形砖	大直径楔形砖		K'_x	K'_d	$(\Delta D)'_{lx}$	$(\Delta D)'_{ld}$	$n=\frac{1}{(\Delta D)'_{lx}}$	$m=\frac{1}{(\Delta D)'_{ld}}$	$T=\frac{D_d}{D_d-D_x}$	$Q=\frac{D_x}{D_d-D_x}$	小直径楔形砖数量 K_x /块	大直径楔形砖数量 K_d /块
A420	A620	4000.0~6176.47	119.680	184.80	18.1857	11.7774	0.05499	0.08491	2.8378	1.8378	$K_{A420}=0.05499(6176.47-D)$ $K_{A420}=(6176.47-D)/18.1857$ $K_{A420}=2.8378\times119.680-0.05499D$	$K_{A620}=0.08491(D-4000.0)$ $K_{A620}=(D-4000.0)/11.7774$ $K_{A620}=0.08491D-1.8378\times184.80$
A520	A620	5060.24~6176.47	151.402	184.80	7.3726	6.0402	0.13564	0.16556	5.5333	4.5333	$K_{A520}=0.13564(6176.47-D)$ $K_{A520}=(6176.47-D)/7.3726$ $K_{A520}=5.5333\times151.402-0.13564D$	$K_{A620}=0.16556(D-5060.24)$ $K_{A620}=(D-5060.24)/6.0402$ $K_{A620}=0.16556D-4.5333\times184.80$
A520	A720	5060.24~7000.0	151.402	209.440	12.8120	9.2617	0.07805	0.10797	3.6087	2.6087	$K_{A520}=0.07805(7000.0-D)$ $K_{A520}=(7000.0-D)/12.8120$ $K_{A520}=3.6087\times151.402-0.07805D$	$K_{A720}=0.10797(D-5060.24)$ $K_{A720}=(D-5060.24)/9.2617$ $K_{A720}=0.10797D-2.6087\times209.440$
A620	A720	6176.47~7000.0	184.80	209.440	4.4563	3.9321	0.22440	0.25432	8.50	7.50	$K_{A620}=0.22440(7000.0-D)$ $K_{A620}=(7000.0-D)/4.4563$ $K_{A620}=8.50\times184.80-0.22440D$	$K_{A720}=0.25432(D-6176.47)$ $K_{A720}=(D-6176.47)/3.9321$ $K_{A720}=0.25432D-7.50\times209.440$
A620	A820	6176.47~8076.92	184.80	241.662	10.2838	7.8641	0.09724	0.12716	4.250	3.250	$K_{A620}=0.09724(8076.92-D)$ $K_{A620}=(8076.92-D)/10.2838$ $K_{A620}=4.250\times184.80-0.09724D$	$K_{A820}=0.12716(D-6176.47)$ $K_{A820}=(D-6176.47)/7.8641$ $K_{A820}=0.12716D-3.250\times241.662$
A720	A820	7000.0~8076.92	209.440	241.662	5.1419	4.4563	0.19448	0.22440	7.50	6.50	$K_{A720}=0.19448(8076.92-D)$ $K_{A720}=(8076.92-D)/5.1419$ $K_{A720}=7.50\times209.440-0.19448D$	$K_{A820}=0.22440(D-7000.0)$ $K_{A820}=(D-7000.0)/4.4563$ $K_{A820}=0.22440D-6.50\times241.662$
A322	A422	3080.0~4017.39	92.154	120.20	10.1720	7.7986	0.09831	0.12823	4.2857	3.2857	$K_{A322}=0.09831(4017.39-D)$ $K_{A322}=(4017.39-D)/10.1720$ $K_{A322}=4.2857\times92.154-0.09831D$	$K_{A422}=0.12823(D-3080.0)$ $K_{A422}=(D-3080.0)/7.7986$ $K_{A422}=0.12823D-3.2857\times120.20$
A322	A522	3080.0~5133.33	92.154	153.589	22.2816	13.3690	0.04488	0.07480	2.50	1.50	$K_{A322}=0.04488(5133.33-D)$ $K_{A322}=(5133.33-D)/22.2816$ $K_{A322}=2.50\times92.154-0.04488D$	$K_{A522}=0.07480(D-3080.0)$ $K_{A522}=(D-3080.0)/13.3690$ $K_{A522}=0.07480D-1.50\times153.589$
A422	A522	4017.39~5133.33	120.20	153.589	9.2840	7.2658	0.10771	0.13763	4.60	3.60	$K_{A422}=0.10771(5133.33-D)$ $K_{A422}=(5133.33-D)/9.2840$ $K_{A422}=4.60\times120.20-0.10771D$	$K_{A522}=0.13763(D-4017.39)$ $K_{A522}=(D-4017.39)/7.2658$ $K_{A522}=0.13763D-3.60\times153.589$
A422	A622	4017.39~6160.0	120.20	184.307	17.8254	11.6252	0.05610	0.08602	2.8750	1.8750	$K_{A422}=0.05610(6160.0-D)$ $K_{A422}=(6160.0-D)/17.8254$ $K_{A422}=2.8750\times120.20-0.05610D$	$K_{A622}=0.08602(D-4017.39)$ $K_{A622}=(D-4017.39)/11.6252$ $K_{A622}=0.08602D-1.8750\times184.307$
A522	A622	5133.33~6160.0	153.589	184.307	6.6845	5.5704	0.14960	0.17952	6.0	5.0	$K_{A522}=0.14960(6160.0-D)$ $K_{A522}=(6160.0-D)/6.6845$ $K_{A522}=6.0\times153.589-0.14960D$	$K_{A622}=0.17952(D-5133.33)$ $K_{A622}=(D-5133.33)/5.5704$ $K_{A622}=0.17952D-5.0\times184.307$

续表 6-10

配砌砖号		外直径 D/mm 范围 $D_x \sim D_d$	每环极限砖数/块		一块楔形砖直径变化量 /mm		简易式中系数				每环砖数简易计算式	
小直径楔形砖	大直径楔形砖		K'_x	K'_d	$(\Delta D)'_{lx}$	$(\Delta D)'_{ld}$	$n=\frac{1}{(\Delta D)'_{lx}}$	$m=\frac{1}{(\Delta D)'_{ld}}$	$T=\frac{D_d}{D_d-D_x}$	$Q=\frac{D_x}{D_d-D_x}$	小直径楔形砖数量 K_x /块	大直径楔形砖数量 K_d /块
A522	A722	5133.33～7107.69	153.589	212.662	12.8548	9.2840	0.07779	0.10771	3.60	2.60	$K_{A522}=0.07779(7107.69-D)$ $K_{A522}=(7107.69-D)/12.8548$ $K_{A522}=3.60\times153.589-0.07779D$	$K_{A722}=0.10771(D-5133.33)$ $K_{A722}=(D-5133.33)/9.2840$ $K_{A722}=0.10771D-2.60\times212.662$
A622	A722	6160.0～7107.69	184.307	212.662	5.1419	4.4563	0.19448	0.22440	7.50	6.50	$K_{A622}=0.19448(7107.69-D)$ $K_{A622}=(7107.69-D)/5.1419$ $K_{A622}=7.50\times184.307-0.19448D$	$K_{A722}=0.22440(D-6160.0)$ $K_{A722}=(D-6160.0)/4.4563$ $K_{A722}=0.22440D-6.50\times212.662$
A622	A822	6160.0～8105.26	184.307	242.510	10.5545	8.0214	0.09475	0.12467	4.1667	3.1667	$K_{A622}=0.09475(8105.26-D)$ $K_{A622}=(8105.26-D)/10.5545$ $K_{A622}=4.1667\times184.307-0.09475D$	$K_{A822}=0.12467(D-6160.0)$ $K_{A822}=(D-6160.0)/8.0214$ $K_{A822}=0.12467D-3.1667\times242.510$
A722	A822	7107.69～8105.26	212.662	242.510	4.6909	4.1135	0.21318	0.24310	8.1250	7.1250	$K_{A722}=0.21318(8105.26-D)$ $K_{A722}=(8105.26-D)/4.6909$ $K_{A722}=8.1250\times212.662-0.21318D$	$K_{A822}=0.24310(D-7107.69)$ $K_{A822}=(D-7107.69)/4.1135$ $K_{A822}=0.24310D-7.1250\times242.510$
A425	A525	4038.46～5097.09	120.831	152.505	8.7612	6.9416	0.11414	0.14406	4.8148	3.8148	$K_{A425}=0.11414(5097.09-D)$ $K_{A425}=(5097.09-D)/8.7612$ $K_{A425}=4.8148\times120.831-0.11414D$	$K_{A525}=0.14406(D-4038.46)$ $K_{A525}=(D-4038.46)/6.9416$ $K_{A525}=0.14406D-3.8148\times152.505$
A425	A625	4038.46～6176.47	120.831	184.80	17.6942	11.5693	0.05652	0.08644	2.8889	1.8889	$K_{A425}=0.05652(6176.47-D)$ $K_{A425}=(6176.47-D)/17.6942$ $K_{A425}=2.8889\times120.831-0.05652D$	$K_{A625}=0.08644(D-4038.46)$ $K_{A625}=(D-4038.46)/11.5693$ $K_{A625}=0.08644D-1.8889\times184.80$
A525	A625	5097.09～6176.47	152.505	184.80	7.0777	5.8408	0.14129	0.17121	5.7222	4.7222	$K_{A525}=0.14129(6176.47-D)$ $K_{A525}=(6176.47-D)/7.0777$ $K_{A525}=5.7222\times152.505-0.14129D$	$K_{A625}=0.17121(D-5097.09)$ $K_{A625}=(D-5097.09)/5.8408$ $K_{A625}=0.17121D-4.7222\times184.80$
A525	A725	5097.09～7000.0	152.505	209.440	12.4777	9.0857	0.08014	0.11006	3.6786	2.6786	$K_{A525}=0.08014(7000.0-D)$ $K_{A525}=(7000.0-D)/12.4777$ $K_{A525}=3.6786\times152.505-0.08014D$	$K_{A725}=0.11006(D-5097.09)$ $K_{A725}=(D-5097.09)/9.0857$ $K_{A725}=0.11006D-2.6786\times209.440$
A625	A725	6176.47～7000.0	184.80	209.440	4.4563	3.9321	0.22440	0.25432	8.50	7.50	$K_{A625}=0.22440(7000.0-D)$ $K_{A625}=(7000.0-D)/4.4563$ $K_{A625}=8.50\times184.80-0.22440D$	$K_{A725}=0.25432(D-6176.47)$ $K_{A725}=(D-6176.47)/3.9321$ $K_{A725}=0.25432D-7.50\times209.440$
A625	A825	6176.47～8076.92	184.80	241.662	10.2838	7.8641	0.09724	0.12716	4.250	3.250	$K_{A625}=0.09724(8076.92-D)$ $K_{A625}=(8076.92-D)/10.2838$ $K_{A625}=4.250\times184.80-0.09724D$	$K_{A825}=0.12716(D-6176.47)$ $K_{A825}=(D-6176.47)/7.8641$ $K_{A825}=0.12716D-3.250\times241.662$
A725	A825	7000.0～8076.92	209.440	241.662	5.1419	4.4563	0.19448	0.22440	7.50	6.50	$K_{A725}=0.19448(8076.92-D)$ $K_{A725}=(8076.92-D)/5.1419$ $K_{A725}=7.50\times209.440-0.19448D$	$K_{A825}=0.22440(D-7000.0)$ $K_{A825}=(D-7000.0)/4.4563$ $K_{A825}=0.22440D-6.50\times241.662$

此 $Q/T=n/m=(\Delta D)'_{1d}/(\Delta D)'_{1x}=K_x'/K_d'=D_x/D_d=(C-D_1)/(C-D_2)$。例如，对于 A218 与 A318 砖环而言，1.9231/2.9231=0.05754/0.08746=11.4341/17.3798=59.525/90.478=1989.47/3024.0=(103−90.5)/(103−84.0)；对于 A218 与 A418 砖环而言，1.0/2.0=0.02992/0.05984=16.7113/33.4226=59.525/119.050=1989.47/3978.95=(103−93.5)/(103−84.0)；对于 A625 与 A825 砖环而言，3.250/4.250=0.09724/0.12716=7.8641/10.2838=184.80/241.662=6176.47/8076.92=(103−96.5)/(103−94.5)；对于 A720 与 A820 砖环而言，6.50/7.50=0.19448/0.22440=4.4563/5.1419=209.440/241.662= 7000.0/ 8076.92……；对于每一等大端尺寸双楔形砖砖环而言，都保持这一比例关系。

第五，当等大端尺寸双楔形砖砖环内相配砌的两种楔形砖的楔差之比为 1/2、2/3 或 3/4 等简单整数比时，$Q/T=n/m=(\Delta D)'_{1d}/(\Delta D)'_{1x}=K_x'/K_d'=D_x/D_d$ 也保持相同比例关系，简易计算式的定值项绝对值和 D 的系数也同样规范并易记。例如 A220 与 A420 砖环的简易计算式 $K_{A220}=2.0\times59.840-0.02992D$ 和 $K_{A420}=0.05984D-119.680$，由于 A420 与 A220 的楔差比为(103−92.5)/(103−82.0)=10.5/21.0=1/2，使 $Q/T=1/2$，再由于 $T-Q=1$，则求得 $Q=1.0$ 和 $T=2.0$，定值项 $TK_x'=2.0\times59.840$ 和 $QK_d'=1.0\times119.680$ 简单规范且彼此相等；由 $n/m=1/2$ 和 $m-n=0.02992$ 求得 $n=0.02992$，$m=2.0\times0.02992=0.05984$，这与简易计算式中不同方法计算的 n 和 m 一致。在 A220 与 A320 砖环，由于 A320 与 A220 的楔差比为(103−89.0)/(103−82.0)=14.0/21.0=2/3，则 $Q=2.0$ 和 $T=3.0$，简易计算式中定值项 $TK_x'=3.0\times59.840$ 和 $QK_d'=2.0\times89.760$ 简单规范且彼此相等； $n/m=Q/T=2/3$ 和 $m-n=0.02992$，则 $n=2\times0.02992=0.05984$ 和 $m=3.0\times0.02992=0.08976$，与简易计算式 $K_{A220}=3.0\times59.840-0.05984D$ 和 $K_{A320}=0.08976D-2\times89.760$ 中 n 及 m 一致。从 A220 与 A420 砖环、A220 与 A320 砖环已经看出 $n=0.02992Q$ 和 $m=0.02992T$。其实由 $Q/T=K_x'/K_d'=n/m=D_x/D_d$ 得 $TK_x'=QK_d'=nD_d=mD_x$，再由 $nD_d=QK_d'$ 和 $mD_x=TK_x'$ 得 $n=QK_d'/D_d$ 和 $m=TK_x'/D_x$，再将 $K_d'=2\pi A/(C-D_1)$、$K_x'=2\pi A/(C-D_2)$、$D_d=2CA/(C-D_1)$ 和 $D_x=2CA/(C-D_2)$ 代入之得 $n=\pi Q/C=0.02992Q$ 和 $m=\pi T/C=0.02992T$。对 A320 与 A420 砖环而言，由于 A420 和 A320 的楔差比为(103−92.5)/(103−89.0)=10.5/14=3.0/4.0，则 $Q=3.0$ 和 $T=4.0$；$n=3.0\times0.02992=0.08976$ 和 $m=4.0\times0.02992=0.11968$，与简易计算式 $K_{A320}=4.0\times89.760-0.08976D$ 和 $K_{A420}=0.11968D-3.0\times119.680$ 中 n 及 m 一致，定值项 4.0×89.760 与 3.0×119.680 简单规范且相等。这样，等大端尺寸 103 mm 回转窑用厚楔形砖砖环的规范通式可写作：

$$K_x=0.02992Q(D_d-D) \qquad (6-3a)$$

$$K_d=0.02992T(D-D_x) \qquad (6-4a)$$

$$K_x=TK_x'-0.02992QD \qquad (6-7a)$$

$$K_d=0.02992TD-QK_d' \qquad (6-8a)$$

$$K_h=0.02992D \qquad (6-9a)$$

这些通式中 Q 和 T 可由表 6-10 查得。不难看出，当相配砌两楔形砖的楔差比$(C-D_1)/(C-D_2)$为 1/2、2/3 或 3/4 等简单整数比时，Q 和 T 很容易看出，即 Q 和 T 分别为 1、2 或 3 和 2、3 或 4。相配砌两种楔形砖楔差为简单整数比的等大端尺寸双楔形砖砖环，其简易计算式简单规范易记。可惜，在表 6-10 中这样的砖环并不多。

第六，Q/T 同为 1/2 的 A216 与 A416 砖环、A218 与 A418 砖环、A220 与 A420 砖环，尽管它们的外直径(D_x、D_d)、每环极限砖数(K_x'、K_d')彼此不同(D_x/D_d 和 K_x'/K_d'相

同)，但它们的一块楔形砖直径变化量$(\Delta D)'_{1x}$和$(\Delta D)'_{1d}$分别相同，都分别为 33.4225 和 16.7112。Q/T 同为 3.250/4.250 的 A416 与 A516 砖环、A620 与 A820 砖环、A625 与 A825 砖环的一块楔形砖直径变化量分别相同：$(\Delta D)'_{1x}=10.2838$ 和$(\Delta D)'_{1d}=7.8641$。Q/T 同为 6.50/7.50 的 A720 与 A820 砖环、A622 与 A722 砖环、A725 与 A825 砖环的一块楔形砖直径变化量分别相同：$(\Delta D)'_{1x}=5.1419$ 和$(\Delta D)'_{1d}=4.4563$。我们以前已经导出过一块楔形砖的半径变化量的定义式：$(\Delta R)'_{1x}=C(D_1-D_2)/[2\pi(C-D_1)]$和$(\Delta R)'_{1d}=C(D_1-D_2)/[2\pi(C-D_2)]$。可见$(\Delta D)'_{1x}=2(\Delta R)'_{1x}=C(D_1-D_2)/[\pi(C-D_1)]$和$(\Delta D)'_{1d}=2(\Delta R)'_{1d}=C(D_1-D_2)/[\pi(C-D_2)]$。$T=D_d/(D_d-D_x)$和 $Q=D_x/(D_d-D_x)$，将 D_d 和 D_x 定义式代入之，则 $T=(C-D_2)/(D_1-D_2)$和 $Q=(C-D_1)/(D_1-D_2)$。那么$(\Delta D)'_{1x}=C/(\pi Q)=105/(3.1416Q)=33.4225/Q$ 和$(\Delta D)'_{1d}=C/(\pi T)=105/(3.1416T)=33.4225/T$。其实由 $n=0.02992Q$ 和 $m=0.02992T$ 也可得到同样结果，$(\Delta D)'_{1x}=1/n=1/(0.02992Q)=33.4225/Q$ 和$(\Delta D)'_{1d}=1/m=1/(0.02992T)=33.4225/T$。这样，等大端尺寸 103 mm 回转窑用砖砖环基于一块楔形砖直径变化量的规范通式可写作：

$$K_x=\frac{Q(D_d-D)}{33.4225} \tag{6-5a}$$

$$K_d=\frac{T(D-D_x)}{33.4225} \tag{6-6a}$$

讨论至此可以认为，等大端尺寸双楔形砖砖环的一块楔形砖直径变化量与楔形砖大小端距离 A 无关。不同 A 各组砖环只要 T 和 Q 对应相等，它们的基于一块楔形砖直径变化量的规范通式相同。由于 $n=1/(\Delta D)'_{1x}$和 $m=1/(\Delta D)'_{1d}$，从而对应砖环的基于楔形砖外直径的规范通式和基于楔形砖每环极限砖数的规范通式也相同。

（1）例如 Q/T 同为 1.0/2.0 的 A216 与 A416 砖环、A218 与 A418 砖环、A220 与 A420 砖环，它们的规范通式为：

$$K_{A216}=K_{A218}=K_{A220}=0.02992(D_d-D)$$
$$K_{A416}=K_{A418}=K_{A420}=0.05984(D-D_x)$$
$$K_{A216}=K_{A218}=K_{A220}=(D_d-D)/33.4225$$
$$K_{A416}=K_{A418}=K_{A420}=(D-D_x)/16.7112$$
$$K_{A216}=K_{A218}=K_{A220}=2K_x'-0.02992D$$
$$K_{A416}=K_{A418}=K_{A420}=0.05984D-K_d'$$

（2）例如 Q/T 同为 3.250/4.250 的 A416 与 A516 砖环、A620 与 A820 砖环、A625 与 A825 砖环，它们的规范通式为：

$$K_{A416}=K_{A620}=K_{A625}=0.09724(D_d-D)$$
$$K_{A516}=K_{A820}=K_{A825}=0.12716(D-D_x)$$
$$K_{A416}=K_{A620}=K_{A625}=(D_d-D)/10.2838$$
$$K_{A516}=K_{A820}=K_{A825}=(D-D_x)/7.8641$$
$$K_{A416}=K_{A620}=K_{A625}=4.250K_x'-0.09724D$$
$$K_{A516}=K_{A820}=K_{A825}=0.12716D-3.250K_d'$$

（3）例如 Q/T 同为 6.50/7.50 的 A720 与 A820 砖环、A622 与 A722 砖环、A725 与 A825 砖环，它们的规范通式为：

$$K_{A720}=K_{A622}=K_{A725}=0.19448(D_d-D)$$

$$K_{A820}=K_{A722}=K_{A825}=0.22440(D-D_x)$$
$$K_{A720}=K_{A622}=K_{A725}=(D_d-D)/5.1419$$
$$K_{A820}=K_{A722}=K_{A825}=(D-D_x)/4.4563$$
$$K_{A720}=K_{A622}=K_{A725}=7.50K_x'-0.19448D$$
$$K_{A820}=K_{A722}=K_{A825}=0.22440D-6.50K_d'$$

不同 A 的各组等大端尺寸双楔形砖砖环，只要将两种楔形砖的楔差或 Q/T 设计成相同的比例，便可采用规范的通式。在表 6-10 中偶然遇有几个这样的砖环。表 6-10 中大量存在的 Q 和 T 不是简单整数比的砖环，其简易计算式不太规范。这是由于相配砌的楔形砖间的楔差比不是简单整数，这是不希望的。在设计等大端尺寸 100 mm 回转窑用砖尺寸时，已经克服了这一缺点，这些砖环的规范通式见表 6-11。有了规范通式，只要将相配砌的两楔形砖的尺寸特征（外直径 D_x、D_d 和每环极限砖数 K_x'、K_d'）代入之，很快列出每一双楔形砖砖环的简易计算式，见表 6-12。

在基于楔形砖尺寸特征的双楔形砖砖环中国简化计算式指导下，各组（不同 A）采用相同成简单整数楔差比的等大端尺寸 100 mm 回转窑用砖尺寸和砖环简化计算，除具有等大端尺寸双楔形砖砖环简化计算的共同特点[$T-Q=1$、$T\ K_x'=Q\ K_d'$、$m-n$ 为定值，$Q/P=n/m=(\Delta D)'_{1d}/(\Delta D)'_{1x}=K_x'/K_d'=D_x/D_d=(C-D_1)/(C-D_2)$、$(\Delta D)'_{1x}=C/(\pi Q)$、$(\Delta D)'_{1d}=C/(\pi T)$、$n=\pi T/C$、$m=\pi Q/C$ 等]外，楔差比相同的诸多砖环采用相同的规范通式。只要楔差比相同诸多砖环的简易计算式中系数 Q、T、n 和 m 分别相同。

6.3.2 回转窑砖衬不等端尺寸双楔形砖砖环的计算

国际标准 ISO 5417—1986 的同（A）组等中间尺寸 71.5 mm 回转窑用砖，其大端尺寸 C_1 和 C_2 间、小端尺寸 D_1 和 D_2 间（大直径楔形砖的大小端尺寸 C_1/D_1，小直径楔形砖的大小端尺寸 C_2/D_2）彼此不等。如前已述，这些砖环可视为既不等大端也不等小端的不等端尺寸双楔形砖砖环。由于回转窑用砖的外直径常与窑筒壳内直径等同对待，本应以中间直径 D_p 反映等中间尺寸回转窑用砖尺寸特征，但习惯上甚至标准中仍然用外直径 D_0 反映等中间尺寸砖的尺寸特征。特别是回转窑用砖（包括等中间尺寸砖）尺寸砖号的表示法中是以砖的标称外直径的接近米数来表述的。人们曾想直接利用等中间尺寸 71.5 mm 回转窑用砖的外直径 D_0 计算用砖量。恰好回转窑砖衬双楔形砖砖环通用的简化计算式（6-1）～式（6-10）也适用于不等端尺寸双楔形砖砖环。为此，按这些通用的简化计算式列出了等中间尺寸 71.5 mm 回转窑用砖中 A=180 mm 一组双楔形砖砖环的简易计算式，见表 6-13。

从表 6-13 首先看到，与等大端尺寸双楔形砖砖环一样，不等端尺寸双楔形砖砖环的两简易计算式中 $T-Q=1$。例如 B218 与 B418 砖环两简易计算式 $T=2.2698$ 和 $Q=1.2698$，$T-Q=2.2698-1.2698=1$；B318 与 B418 砖环两简易计算式中 $T=3.4921$ 和 $Q=2.4921$，$T-Q=3.4921-2.4921=1$；表 6-13 所有各砖环简易计算式中 $T-Q=1$。

其次，与等大端尺寸双楔形砖砖环简易计算式不同，表 6-13 所有各不等端尺寸双楔形砖砖环简易计算式的定值项绝对值 $TK'_x\neq QK'_d$ 和 $K_h\neq(m-n)D$。这是因为 $K_h\neq\pi D/C_1$ 或 $K_h\neq\pi D/C_2$。如前所述，定值项 $2\pi C_2A/(D_1C_2-D_2C_1)\neq2\pi C_1A/(D_1C_2-D_2C_1)$，因为 $C_2\neq C_1$。例如 B218 与 B418 砖环简易计算式中 $TK'_x=2.2698\times86.998=197.468$，而 $QK'_d=1.2698\times161.568=205.159$；B318 与 B418 砖环简易计算式中 $TK'_x=3.4921\times113.098=394.950$，而 $QK'_d=2.4921\times161.568=402.664$。

表 6-11　等大端尺寸 C=100 mm 回转窑砖衬双楔形砖砖环规范通式

配砌砖号		楔差比	Q	T	$(\Delta D)'_{1x}=\frac{C}{\pi Q}$	$(\Delta D)'_{1d}=\frac{C}{\pi T}$	$n=\frac{1}{(\Delta D)'_{1x}}$	$m=\frac{1}{(\Delta D)'_{1d}}$	每环砖量规范通式	
小直径楔形砖	大直径楔形砖	$=\frac{C-D_1}{C-D_2}$							小直径楔形砖数量 K_x/块	大直径楔形砖数量 K_d/块
D216	D316	2/3	2	3	16.2338	10.8225	0.06160	0.09240	$K_x=0.06160(D_d-D)$ $K_x=(D_d-D)/16.2338$ 或 $K_x=3K_x'-0.06160D$	$K_d=0.09240(D-D_x)$ $K_d=(D-D_x)/10.8225$ 或 $K_d=0.09240D-2K_d'$
D218	D418									
D320	D420									
D322	D422									
D325	D525									
D416	D716									
D518	D718									
D520	D820									
D622	D922									
D725	D1025									
D216	D416	1/2	1	2	32.4675	16.2338	0.03080	0.06160	$K_x=0.03080(D_d-D)$ $K_x=(D_d-D)/32.4675$ 或 $K_x=2K_x'-0.03080D$	$K_d=0.06160(D-D_x)$ $K_d=(D-D_x)/16.2338$ 或 $K_d=0.06160D-K_d'$
D218	D518									
D320	D520									
D322	D622									
D325	D725									
D316	D716									
D418	D718									
D420	D820									
D422	D922									
D525	D1025									
D316	D416	3/4	3	4	10.8225	8.1169	0.09240	0.12320	$K_x=0.09240(D_d-D)$ $K_x=(D_d-D)/10.8225$ 或 $K_x=4K_x'-0.09240D$	$K_d=0.12320(D-D_x)$ $K_d=(D-D_x)/8.1169$ 或 $K_d=0.12320D-3K_d'$
D418	D518									
D420	D520									
D422	D622									
D525	D725									

表 6-12 等大端尺寸 C=100 mm 回转窑砖衬双楔形砖砖环简易计算式

配砌砖号		外直径 D/mm	每环极限砖数 /块		每环砖量简易计算式	
小直径楔形砖	大直径楔形砖	范围 D_x～D_d	K'_x	K'_d	小直径楔形砖数量 K_x /块	大直径楔形砖数量 K_d /块
楔差比 2/3						
D216	D316	2176.0～3264.0	67.021	100.531	$K_{D216}=0.06160(3264.0-D)$ $K_{D216}=(3264.0-D)/16.2338$ 或 $K_{D216}=3\times67.021-0.06160D$	$K_{D316}=0.09240(D-2176.0)$ $K_{D316}=(D-2176.0)/10.8225$ 或 $K_{D316}=0.09240D-2\times100.531$
D218	D418	2448.0～3672.0	75.398	113.098	$K_{D218}=0.06160(3672.0-D)$ $K_{D218}=(3672.0-D)/16.2338$ 或 $K_{D218}=3\times75.398-0.06160D$	$K_{D418}=0.09240(D-2448.0)$ $K_{D418}=(D-2448.0)/10.8225$ 或 $K_{D418}=0.09240D-2\times113.098$
D320	D420	2720.0～4080.0	83.776	125.664	$K_{D320}=0.06160(4080.0-D)$ $K_{D320}=(4080.0-D)/16.2338$ 或 $K_{D320}=3\times83.776-0.06160D$	$K_{D420}=0.09240(D-2720.0)$ $K_{D420}=(D-2720.0)/10.8225$ 或 $K_{D420}=0.09240D-2\times125.664$
D322	D422	2992.0～4488.0	92.154	138.230	$K_{D322}=0.06160(4488.0-D)$ $K_{D322}=(4488.0-D)/16.2338$ 或 $K_{D322}=3\times92.154-0.06160D$	$K_{D422}=0.09240(D-2992.0)$ $K_{D422}=(D-2992.0)/10.8225$ 或 $K_{D422}=0.09240D-2\times138.230$
D325	D525	3400.0～5100.0	104.720	157.080	$K_{D325}=0.06160(5100.0-D)$ $K_{D325}=(5100.0-D)/16.2338$ 或 $K_{D325}=3\times104.720-0.06160D$	$K_{D525}=0.09240(D-3400.0)$ $K_{D525}=(D-3400.0)/10.8225$ 或 $K_{D525}=0.09240D-2\times157.080$
D416	D716	4352.0～6528.0	134.042	201.062	$K_{D416}=0.06160(6528.0-D)$ $K_{D416}=(6528.0-D)/16.2338$ 或 $K_{D416}=3\times134.042-0.06160D$	$K_{D716}=0.09240(D-4352.0)$ $K_{D716}=(D-4352.0)/10.8225$ 或 $K_{D716}=0.09240D-2\times201.062$
D518	D718	4896.0～7344.0	150.799	226.195	$K_{D518}=0.06160(7344.0-D)$ $K_{D518}=(7344.0-D)/16.2338$ 或 $K_{D518}=3\times150.799-0.06160D$	$K_{D718}=0.09240(D-4896.0)$ $K_{D718}=(D-4896.0)/10.8225$ 或 $K_{D718}=0.09240D-2\times226.195$
D520	D820	5440.0～8160.0	167.552	251.328	$K_{D520}=0.06160(8160.0-D)$ $K_{D520}=(8160.0-D)/16.2338$ 或 $K_{D520}=3\times167.552-0.06160D$	$K_{D820}=0.09240(D-5440.0)$ $K_{D820}=(D-5440.0)/10.8225$ 或 $K_{D820}=0.09240D-2\times251.328$
D622	D922	5984.0～8976.0	184.307	276.461	$K_{D622}=0.06160(8976.0-D)$ $K_{D622}=(8976.0-D)/16.2338$ 或 $K_{D622}=3\times184.307-0.06160\mathrm{D}$	$K_{D922}=0.09240(D-5984.0)$ $K_{D922}=(D-5984.0)/10.8225$ 或 $K_{D922}=0.09240D-2\times276.461$

续表 6-12

配砌砖号		外直径 D/mm 范围 $D_x \sim D_d$	每环极限砖数 /块		每环砖量简易计算式	
小直径楔形砖	大直径楔形砖		K'_x	K'_d	小直径楔形砖数量 K_x /块	大直径楔形砖数量 K_d /块
楔差比 2/3						
D725	D1025	6800.0～10200.0	209.440	314.160	$K_{D725}=0.06160(10200.0-D)$ $K_{D725}=(10200.0-D)/16.2338$ 或 $K_{D725}=3\times209.440-0.06160D$	$K_{D1025}=0.09240(D-6800.0)$ $K_{D1025}=(D-6800.0)/10.8225$ 或 $K_{D1025}=0.09240D-2\times314.160$
楔差比 1/2						
D216	D416	2176.0～4352.0	67.021	134.042	$K_{D216}=0.03080(4352.0-D)$ $K_{D216}=(4352.0-D)/32.4675$ 或 $K_{D216}=2\times67.021-0.03080D$	$K_{D416}=0.06160(D-2176.0)$ $K_{D416}=(D-2176.0)/16.2338$ 或 $K_{D416}=0.06160D-134.042$
D218	D518	2448.0～4896.0	75.398	150.797	$K_{D218}=0.03080(4896.0-D)$ $K_{D218}=(4896.0-D)/32.4675$ 或 $K_{D218}=2\times75.398-0.03080D$	$K_{D518}=0.06160(D-2448.0)$ $K_{D518}=(D-2448.0)/16.2338$ 或 $K_{D518}=0.06160D-150.797$
D320	D520	2720.0～5440.0	83.776	167.552	$K_{D320}=0.03080(5440.0-D)$ $K_{D320}=(5440.0-D)/32.4675$ 或 $K_{D320}=2\times83.776-0.03080D$	$K_{D520}=0.06160(D-2720.0)$ $K_{D520}=(D-2720.0)/16.2338$ 或 $K_{D520}=0.06160D-167.552$
D322	D622	2992.0～5984.0	92.154	184.307	$K_{D322}=0.03080(5984.0-D)$ $K_{D322}=(5984.0-D)/32.4675$ 或 $K_{D322}=2\times92.154-0.03080D$	$K_{D622}=0.06160(D-2992.0)$ $K_{D622}=(D-2992.0)/16.2338$ 或 $K_{D622}=0.06160D-184.307$
D325	D725	3400.0～6800.0	104.720	209.440	$K_{D325}=0.03080(6800.0-D)$ $K_{D325}=(6800.0-D)/32.4675$ 或 $K_{D325}=2\times104.720-0.03080D$	$K_{D725}=0.06160(D-3400.0)$ $K_{D725}=(D-3400.0)/16.2338$ 或 $K_{D725}=0.06160D-209.440$
D316	D716	3264.0～6528.0	100.531	201.062	$K_{D316}=0.03080(6528.0-D)$ $K_{D316}=(6528.0-D)/32.4675$ 或 $K_{D316}=2\times100.531-0.03080D$	$K_{D716}=0.06160(D-3264.0)$ $K_{D716}=(D-3264.0)/16.2338$ 或 $K_{D716}=0.06160D-201.062$
D418	D718	3672.0～7344.0	113.098	226.195	$K_{D418}=0.03080(7344.0-D)$ $K_{D418}=(7344.0-D)/32.4675$ 或 $K_{D418}=2\times113.098-0.03080D$	$K_{D718}=0.06160(D-3672.0)$ $K_{D718}=(D-3672.0)/16.2338$ 或 $K_{D718}=0.06160D-226.195$
D420	D820	4080.0～8160.0	125.664	251.328	$K_{D420}=0.03080(8160.0-D)$ $K_{D420}=(8160.0-D)/32.4675$ 或 $K_{D420}=2\times125.664-0.03080D$	$K_{D820}=0.06160(D-4080.0)$ $K_{D820}=(D-4080.0)/16.2338$ 或 $K_{D820}=0.06160D-251.328$

续表 6-12

配砌砖号		外直径 D/mm 范围 $D_x \sim D_d$	每环极限砖数 /块		每环砖量简易计算式	
小直径楔形砖	大直径楔形砖		K'_x	K'_d	小直径楔形砖数量 K_x/块	大直径楔形砖数量 K_d/块
楔差比 1/2						
D422	D922	4488.0～8976.0	138.230	276.461	$K_{D422}=0.03080(8976.0-D)$ $K_{D422}=(8976.0-D)/32.4675$ 或 $K_{D422}=2\times138.230-0.03080D$	$K_{D922}=0.06160(D-4488.0)$ $K_{D922}=(D-4488.0)/16.2338$ 或 $K_{D922}=0.06160D-276.461$
D525	D1025	5100.0～10200.0	157.080	314.160	$K_{D525}=0.03080(10200.0-D)$ $K_{D525}=(10200.0-D)/32.4675$ 或 $K_{D525}=2\times157.080-0.03080D$	$K_{D1025}=0.06160(D-5100.0)$ $K_{D1025}=(D-5100.0)/16.2338$ 或 $K_{D1025}=0.06160D-314.160$
楔差比 3/4						
D316	D416	3264.0～4352.0	100.531	134.042	$K_{D316}=0.09240(4352.0-D)$ $K_{D316}=(4352.0-D)/10.8225$ 或 $K_{D316}=4\times100.531-0.09240D$	$K_{D416}=0.12320(D-3264.0)$ $K_{D416}=(D-3264.0)/8.1169$ 或 $K_{D416}=0.12320D-3\times134.042$
D418	D518	3672.0～4896.0	113.098	150.797	$K_{D418}=0.09240(4896.0-D)$ $K_{D418}=(4896.0-D)/10.8225$ 或 $K_{D418}=4\times113.098-0.09240D$	$K_{D518}=0.12320(D-3672.0)$ $K_{D518}=(D-3672.0)/8.1169$ 或 $K_{D518}=0.12320D-3\times150.797$
D420	D520	4080.0～5440.0	125.664	167.552	$K_{D420}=0.09240(5440.0-D)$ $K_{D420}=(5440.0-D)/10.8225$ 或 $K_{D420}=4\times125.664-0.09240D$	$K_{D520}=0.12320(D-4080.0)$ $K_{D520}=(D-4080.0)/8.1169$ 或 $K_{D520}=0.12320D-3\times167.552$
D422	D622	4480.0～5984.0	138.230	184.307	$K_{D422}=0.09240(5984.0-D)$ $K_{D422}=(5984.0-D)/10.8225$ 或 $K_{D422}=4\times138.230-0.09240D$	$K_{D622}=0.12320(D-4480.0)$ $K_{D622}=(D-4480.0)/8.1169$ 或 $K_{D622}=0.12320D-3\times184.307$
D525	D725	5100.0～6800.0	157.080	209.440	$K_{D525}=0.09240(6800.0-D)$ $K_{D525}=(6800.0-D)/10.8225$ 或 $K_{D525}=4\times157.080-0.09240D$	$K_{D725}=0.12320(D-5100.0)$ $K_{D725}=(D-5100.0)/8.1169$ 或 $K_{D725}=0.12320D-3\times209.440$

表 6-13　回转窑砖衬不等端尺寸双楔形砖砖环简易计算式之一

配砌砖号		外直径 D/mm 范围 D_x~D_d	每环极限砖数/块		一块楔形砖直径变化量 /mm		简易式中系数				砖环砖量简易计算式	
小直径楔形砖	大直径楔形砖		K'_x	K'_d	$(\Delta D)'_{lx}$	$(\Delta D)'_{ld}$	$n=\frac{1}{(\Delta D)'_{lx}}$	$m=\frac{1}{(\Delta D)'_{ld}}$	$T=\frac{D_d}{D_d-D_x}$	$Q=\frac{D_x}{D_d-D_x}$	小直径楔形砖数量 K_x /块	大直径楔形砖数量 K_d /块
B218	B318	2215.39~2826.0	86.998	113.098	7.0187	5.3990	0.14248	0.18522	4.6282	3.6282	$K_{B218}=0.14248(2826.0-D)$ $K_{B218}=(2826.0-D)/7.0187$ $K_{B218}=4.6282\times86.998-0.14248D$	$K_{B318}=0.18522(D-2215.39)$ $K_{B318}=(D-2215.39)/5.3990$ $K_{B318}=0.18522D-3.6282\times113.098$
B218	B418	2215.39~3960.0	86.998	161.568	20.0534	10.7980	0.04987	0.09261	2.2698	1.2698	$K_{B218}=0.04987(3960.0-D)$ $K_{B218}=(3960.0-D)/20.0534$ $K_{B218}=2.2698\times86.998-0.04987D$	$K_{B418}=0.09261(D-2215.39)$ $K_{B418}=(D-2215.39)/10.7980$ $K_{B418}=0.09261D-1.2698\times161.568$
B318	B418	2826.0~3960.0	113.098	161.568	10.0267	7.0187	0.09973	0.14248	3.4921	2.4921	$K_{B318}=0.09973(3960.0-D)$ $K_{B318}=(3960.0-D)/10.0267$ $K_{B318}=3.4921\times113.098-0.09973D$	$K_{B418}=0.14248(D-2826.0)$ $K_{B418}=(D-2826.0)/7.0187$ $K_{B418}=0.14248D-2.4921\times161.568$
B318	B518	2826.0~4590.0	113.098	188.496	15.5971	9.3583	0.06411	0.10686	2.6020	1.6020	$K_{B318}=0.06411(4590.0-D)$ $K_{B318}=(4590.0-D)/15.5971$ $K_{B318}=2.6020\times113.098-0.06411D$	$K_{B518}=0.10686(D-2826.0)$ $K_{B518}=(D-2826.0)/9.3583$ $K_{B518}=0.10686D-1.6020\times188.496$
B418	B518	3960.0~4590.0	161.568	188.496	3.8993	3.3422	0.25646	0.29920	7.2857	6.2857	$K_{B418}=0.25646(4590.0-D)$ $K_{B418}=(4590.0-D)/3.8993$ $K_{B418}=7.2857\times161.568-0.25646D$	$K_{B518}=0.29920(D-3960.0)$ $K_{B518}=(D-3960.0)/3.3422$ $K_{B518}=0.29920D-6.2857\times188.496$
B418	B618	3960.0~5472.0	161.568	226.195	9.3583	6.6845	0.10686	0.14960	3.6190	2.6190	$K_{B418}=0.10686(5472.0-D)$ $K_{B418}=(5472.0-D)/9.3583$ $K_{B418}=3.6190\times161.568-0.10686D$	$K_{B618}=0.14960(D-3960.0)$ $K_{B618}=(D-3960.0)/6.6845$ $K_{B618}=0.14960D-2.6190\times226.195$
B518	B618	4590.0~5472.0	188.496	226.195	4.6791	3.8993	0.21372	0.25646	6.2041	5.2041	$K_{B518}=0.21372(5472.0-D)$ $K_{B518}=(5472.0-D)/4.6791$ $K_{B518}=6.2041\times188.496-0.21372D$	$K_{B618}=0.25646(D-4590.0)$ $K_{B618}=(D-4590.0)/3.8993$ $K_{B618}=0.25646D-5.2041\times226.195$

第三，在表 6-13 各不等端尺寸双楔形砖砖环简易计算式中 $m-n$=0.04274。例如 B218 与 B318 砖环 $m-n$=0.18522−0.14248=0.04274；B218 与 B418 砖环 $m-n$=0.09261−0.04987=0.04274。就是说 $m-n$ 仍为定值。本来各不等端尺寸双楔形砖砖环简易计算式中 $m-n$ 应互不相等，但是表 6-13 所计算砖环是等中间尺寸 P=71.5 mm 的特殊的不等端尺寸砖环。由于等中间尺寸砖环的一块楔形砖直径变化量，按外直径或中间直径计算的结果相等（这一点在前面讨论一块楔形砖半径变化量时早就明确），它们的倒数 $m-n$ 必然为定值。

第四，如前所述，在等大端尺寸双楔形砖砖环简易计算式中 $Q/T=n/m=(\Delta D)'_{ld}/(\Delta D)'_{lx}=K'_x/K'_d=D_x/D_d=(C-D_1)/(C-D_2)$，而在表 6-13 各不等端尺寸双楔形砖砖环简易计算式中 $Q/T=D_x/D_d$ 和 $n/m=(\Delta D)'_{ld}/(\Delta D)'_{lx}=K'_x/K'_d=(C_1-D_1)/(C_2-D_2)$，但 $Q/T\neq n/m$，因之 $Q/T\neq(C_1-D_1)/(C_2-D_2)$。例如，在 B218 与 B418 砖环简易计算式中 Q/T=1.2698/2.2698=0.5594，而 n/m=0.04987/0.09261=0.5385，$Q/T\neq n/m$，(75.0−68.0)/(78.0−65.0)=7.0/13.0=0.5385，$Q/T\neq(C_1-D_1)/(C_2-D_2)$；在 B318 与 B418 砖环简易计算式中，$Q/T$=2.4921/3.4921=0.7136，而 $n/m=(C_1-D_1)/(C_2-D_2)$=0.09973/0.14248=(75.0−68.0)/(78.0−65.0)=0.70，所以 $Q/T\neq n/m$ 和 $Q/T\neq(C_1-D_1)/(C_2-D_2)$，就是说不等端尺寸双楔形砖砖环简易计算式中 Q 和 T 不能由楔形砖楔差比直接看出。

最后，在表 6-13 所有各不等端尺寸双楔形砖砖环简易计算式中，Q 和 T 都不是简单整数，有些砖环两种楔形砖楔差比还是比较规范的，例如 B318 与 B518 砖环中两砖楔差比(74.5−68.5)/(76.5−66.5)=6/10=3/5=1.5/2.5=0.6，但 Q/T=1.6020/2.6020=0.6157。经过精心设计的等中间尺寸 P=75 mm 回转窑用砖，其楔差比都为简单整数比，但由于砖环简易计算式采取外直径，Q/T 也不规范了（见表 6-14）。例如楔差比为 2/3 的 C218 与 C318 砖环、楔差比为 1/2 的 C218 与 C418 砖环，只因两砖环简易计算式采取外直径，Q/T 分别为不规范的 2.1948/3.1948 和 1.0976/2.0974。虽为等中间尺寸 75 mm 回转窑用砖且楔差比为简单整数比，但只因采取外直径的不等端尺寸砖环（见表 6-14），其简易计算式仍保持表 6-13 的特点：$T-Q=1$，$TK'_x\neq QK'_d$，$m-n$=0.0480，$Q/T=D_x/D_d$ 和 $n/m=(\Delta D)'_{ld}/(\Delta D)'_{lx}=K'_x/K'_d=(C_1-D_1)/(C_2-D_2)$，$Q/T\neq n/m$ 和 $Q/T\neq(C_1-D_1)/(C_2-D_2)$。

6.3.3 回转窑砖衬等中间尺寸双楔形砖砖环的计算

英国回转窑用砖尺寸标准 BS3056—3：1986[43]的附录中，提供了以回转窑砖衬内半径 r、大半径楔形砖的小端尺寸 D_1、小半径楔形砖的小端尺寸 D_2 和砖环总砖数 K_h 计算等中间尺寸砖量的计算式。

$$K_d=\frac{2\pi r-K_hD_2}{D_1-D_2} \tag{6-11}$$

$$K_x=K_h-K_d \tag{6-12}$$

$$K_h=\frac{2\pi(2r+A)}{C+D} \tag{6-13}$$

等中间尺寸 P 砖环的总砖数 $K_h=\pi D_p/P$，将中间直径 $D_p=2r+A$ 和中间尺寸 $P=(C+D)/2$ 代入之即得式（6-13）。至于 $K_x=K_h-K_d$[式（6-12）]是可想而知的。$K_dD_1+K_xD_2=2\pi r$，将式（6-12）代入之得 $K_dD_1+(K_h-K_d)D_2=2\pi r$，解之即得式（6-11）。例如窑壳内直径 4 m 回转窑砖衬砌以 B320 与 B620，该标准[43]附录表提供用砖量 K_{B320}=84 块和 K_{B620}=83 块。这里用式

（6-11）～式（6-13）复查用砖量。窑壳内直径等于砖环外直径，换算为砖环内半径 r=4000.0/2−200=1800.0 mm。由式（6-13）求得砖环总砖数 $K_h=2\pi(2\times1800.0+200)/143=167$ 块。大半径楔形砖 B620 的尺寸规格(mm)200×（74.0/69.0）×198，小半径楔形砖 B320 的尺寸规格(mm)200×(76.5/66.5) ×198，D_1=69.0 mm 和 D_2=66.5 mm。由式（6-11）求得 $K_{B620}=(2\times3.1416\times1800-167\times66.5)/(69.0-66.5)=83$ 块。由式（6-12）求得 $K_{B320}=167-83=84$ 块。

为充分发挥等中间尺寸回转窑用砖在砖量计算方面的优越性，这里弄清楚以下关系：等中间尺寸 $P=(C_1+D_1)/2$（对于大直径楔形砖而言）、$P=(C_2+D_2)/2$（对于小直径楔形砖而言），即 $(C_1+D_1)/2=(C_2+D_2)/2$、砖环中间直径 $D_p=D-A$、小直径楔形砖的中间直径 $D_{px}=D_x-A$、大直径楔形砖的中间直径 $D_{pd}=D_d-A$，所以 $C_1=2P-D_1$、$C_2=2P-D_2$、$D=D_p+A$、$D_x=D_{px}+A$ 和 $D_d=D_{pd}+A$，将它们代入式（6-3）～式（6-10）得：

$$K_x = n(D_{pd} - D_p) \tag{6-14}$$

$$K_d = m(D_p - D_{px}) \tag{6-15}$$

$$K_x = \frac{D_{pd} - D_p}{(\Delta D_p)'_{lx}} \tag{6-16}$$

$$K_d = \frac{D_p - D_{px}}{(\Delta D_p)'_{ld}} \tag{6-17}$$

$$K_x = TK'_x - nD_p \tag{6-18}$$

$$K_d = mD_p - QK'_d \tag{6-19}$$

$$K_h = (m-n)D_p + nD_{pd} - mD_{px} \tag{6-20}$$

$$K_h = (m-n)D_p + TK'_x - QK'_d \tag{6-21}$$

这些等中间尺寸回转窑双楔形砖砖环规范通式之所以成立，以及与相对应的等大端尺寸双楔形砖砖环规范通式的同一模式（D_p、D_{pd} 和 D_{px} 分别代替 D、D_d 和 D_x），是由于前面早已证实的 $(\Delta D_p)'_{lx}=(\Delta D)'_{lx}$、$(\Delta D_p)'_{ld}=(\Delta D)'_{ld}$ 和采取中间直径。与等大端尺寸双楔形砖砖环简易计算式一样，在等中间尺寸砖环采取中间直径时，$T-Q=1$，$TK'_x=QK'_d$，$Q/T=n/m=(\Delta D_p)'_{ld}/(\Delta D_p)'_{lx}=K'_x/K'_d=D_{px}/D_{pd}=(C_1-D_1)/(C_2-D_2)$，$n=\pi Q/73.5=0.042743Q$ 或 $n=\pi Q/77=0.04080Q$，$m=\pi T/73.5=0.042743T$ 或 $m=\pi T/77=0.04080T$，$m-n=0.042743$（对于中间尺寸为 71.5+2=73.5 mm 而言）或 $m-n=0.04080$（对于中间尺寸为 75+2=77 mm 而言）。等中间尺寸 71.5 mm 回转窑用砖双楔形砖砖环简易计算式（见表 6-15）完全遵循这些规律。

等中间尺寸 71.5 mm 回转窑用砖尺寸的设计，比等大端尺寸 103 mm 砖尺寸进步了。A 为 180 mm、200 mm、220 mm 和 250 mm 四组中的每组都设计了 C/D（mm）同为 78.0/65.0、76.5/66.5、75.0/68.0、74.5/68.5 和 74.0/69.0 或楔差（mm）同为 13、10、7、6 和 5 的五种砖，各组间相对应砖环的一块楔形砖直径变化量 $(\Delta D_p)'_{lx}$ 和 $(\Delta D_p)'_{ld}$ 分别相等，这是因为 $(\Delta D_p)'_{lx}=P(D_1-D_2)/\pi(P-D_1)$ 和 $(\Delta D_p)'_{ld}=P(D_1-D_2)/\pi(P-D_2)$，对应砖环的相配砌两砖的 P、D_1 和 D_2 分别相等或楔差比 $(P-D_1)/(P-D_2)$ 分别相同。例如 B218 与 B318 砖环、B220 与 B320 砖环、B222 与 B322 砖环、B325 与 B425 砖环，这些对应砖环的一块楔形砖直径变化量同为 $(\Delta D_p)'_{lx}=73.5(66.5-65.0)/\pi(71.5-66.5)=7.0187$ 和 $(\Delta D_p)'_{ld}=73.5(66.5-65.0)/\pi(71.5-65.0)=5.3990$，$n$ 和 m 为一块楔形砖直径变化量的倒数 $n=1/7.0187=0.14248$ 和 $m=1/5.3990=0.18522$。这样，这四个砖环的规范通式可写作：

表 6-14　回转窑砖衬不等端尺寸双楔形砖砖环简易计算式之二

配砌砖号		外直径 D/mm 范围 $D_x \sim D_d$	每环极限砖数 /块		一块楔形砖直径变化量 /mm		简易式中系数				砖环砖量简易计算式	
小直径楔形砖	大直径楔形砖		K'_x	K'_d	$(\Delta D)'_{1x}$	$(\Delta D)'_{1d}$	$n=\frac{1}{(\Delta D)'_{1x}}$	$m=\frac{1}{(\Delta D)'_{1d}}$	$T=\frac{D_d}{D_d-D_x}$	$Q=\frac{D_x}{D_d-D_x}$	小直径楔形砖数量 K_x /块	大直径楔形砖数量 K_d /块
C218	C318	2028.0～2952.0	75.398	113.098	12.2549	8.1699	0.08160	0.12440	3.1948	2.1948	$K_{C218}=0.08160(2952.0-D)$ $K_{C218}=(2952.0-D)/12.2549$ $K_{C218}=3.1948\times75.398-0.08160D$	$K_{C318}=0.12240(D-2028.0)$ $K_{C318}=(D-2028.0)/8.1699$ $K_{C318}=0.12240D-2.1948\times113.098$
C218	C418	2028.0～3876.0	75.398	150.797	24.5098	12.2549	0.04080	0.08160	2.0974	1.0974	$K_{C218}=0.04080(3876.0-D)$ $K_{C218}=(3876.0-D)/24.5098$ $K_{C218}=2.0974\times75.398-0.04080D$	$K_{C418}=0.08160(D-2028.0)$ $K_{C418}=(D-2028.0)/12.2549$ $K_{C418}=0.08160D-1.0974\times150.797$
C318	C418	2952.0～3876.0	113.098	150.797	8.1699	6.1274	0.12240	0.16320	4.1948	3.1948	$K_{C318}=0.12240(3876.0-D)$ $K_{C318}=(3876.0-D)/8.1699$ $K_{C318}=4.1948\times113.098-0.12240D$	$K_{C418}=0.16320(D-2952.0)$ $K_{C418}=(D-2952.0)/6.1274$ $K_{C418}=0.16320D-3.1948\times150.797$
C318	C618	2952.0～5724.0	113.098	226.195	24.5098	12.2549	0.04080	0.08160	2.0649	1.0649	$K_{C318}=0.04080(5724.0-D)$ $K_{C318}=(5724.0-D)/24.5098$ $K_{C318}=2.6020\times113.098-0.04080D$	$K_{C618}=0.08160(D-2952.0)$ $K_{C618}=(D-2952.0)/12.2549$ $K_{C618}=0.08160D-1.0649\times226.195$
C418	C618	3876.0～5724.0	150.797	226.195	12.2549	8.1699	0.08160	0.12240	3.0974	2.0974	$K_{C418}=0.08160(5724.0-D)$ $K_{C418}=(5724.0-D)/12.2549$ $K_{C418}=3.0974\times150.797-0.08160D$	$K_{C618}=0.12240(D-3876.0)$ $K_{C618}=(D-3876.0)/8.1699$ $K_{C618}=0.12240D-2.0974\times226.195$

表 6-15 回转窑砖衬等中间尺寸 P=71.5 mm 双楔形砖砖环简易计算式

配砌砖号		中间直径 D_p/mm 范围	每环极限砖数/块		一块楔形砖直径变化量 /mm		简易式中系数				砖环砖量简易计算式	
小直径楔形砖	大直径楔形砖	$D_{px}\sim D_{pd}$	K'_x	K'_d	$(\Delta D_p)'_{lx}$	$(\Delta D_p)'_{ld}$	$n=\frac{1}{(\Delta D_p)'_{lx}}$	$m=\frac{1}{(\Delta D_p)'_{ld}}$	$T=\frac{D_{pd}}{D_{pd}-D_{px}}$	$Q=\frac{D_{px}}{D_{pd}-D_{px}}$	小直径楔形砖数量 K_x/块	大直径楔形砖数量 K_d/块
B216	B416	1809.23～3360.0	77.332	143.616	20.0534	10.7980	0.04987	0.09261	2.1667	1.1667	$K_{B216}=0.04987(3360.0-D_p)$ $K_{B216}=(3360.0-D_p)/20.0534$ $K_{B216}=2.1667\times77.332-0.04987D_p$	$K_{B416}=0.09261(D_p-1809.23)$ $K_{B416}=(D_p-1809.23)/10.7980$ $K_{B416}=0.09261D_p-1.1667\times143.616$
B218	B318	2035.39～2646.0	86.998	113.098	7.0187	5.3990	0.14248	0.18522	4.3333	3.3333	$K_{B218}=0.14248(2646.0-D_p)$ $K_{B218}=(2646.0-D_p)/7.0187$ $K_{B218}=4.3333\times86.998-0.14248D_p$	$K_{B318}=0.18552(D_p-2035.39)$ $K_{B318}=(D_p-2035.39)/5.3990$ $K_{B318}=0.18552D_p-3.3333\times113.098$
B218	B418	2035.39～3780.0	86.998	161.568	20.0535	10.7980	0.04987	0.09261	2.1667	1.1667	$K_{B218}=0.04987(3780.0-D_p)$ $K_{B218}=(3780.0-D_p)/20.0535$ $K_{B218}=2.1667\times86.998-0.04987D_p$	$K_{B418}=0.09261(D_p-2035.39)$ $K_{B418}=(D_p-2035.39)/10.7980$ $K_{B418}=0.09261D_p-1.1667\times161.568$
B318	B418	2646.0～3780.0	113.098	161.568	10.0267	7.0187	0.09973	0.14248	3.3333	2.3333	$K_{B318}=0.09973(3780.0-D_p)$ $K_{B318}=(3780.0-D_p)/10.0267$ $K_{B318}=3.3333\times113.098-0.09973D_p$	$K_{B418}=0.14248(D_p-2646.0)$ $K_{B418}=(D_p-2646.0)/7.0187$ $K_{B418}=0.14248D_p-2.3333\times161.568$
B318	B518	2646.0～4410.0	113.098	188.496	15.5971	9.3583	0.06411	0.10686	2.50	1.50	$K_{B318}=0.06411(4410.0-D_p)$ $K_{B318}=(4410.0-D_p)/15.5971$ $K_{B318}=2.50\times113.098-0.06411D_p$	$K_{B518}=0.10686(D_p-2646.0)$ $K_{B518}=(D_p-2646.0)/9.3583$ $K_{B518}=0.10686D_p-1.50\times188.496$
B418	B518	3780.0～4410.0	161.568	188.496	3.8993	3.3422	0.25646	0.29920	7.0	6.0	$K_{B418}=0.25646(4410.0-D_p)$ $K_{B418}=(4410.0-D_p)/3.8993$ $K_{B418}=7.0\times161.568-0.25646D_p$	$K_{B518}=0.29920(D_p-3780.0)$ $K_{B518}=(D_p-3780.0)/3.3422$ $K_{B518}=0.29920D_p-6.0\times188.496$
B418	B618	3780.0～5292.0	161.568	226.195	9.3583	6.6845	0.10686	0.14960	3.50	2.50	$K_{B418}=0.10686(5292.0-D_p)$ $K_{B418}=(5292.0-D_p)/9.3583$ $K_{B418}=3.50\times161.568-0.10686D_p$	$K_{B618}=0.14960(D_p-3780.0)$ $K_{B618}=(D_p-3780.0)/6.6845$ $K_{B618}=0.14960D_p-2.50\times226.195$
B518	B618	4410.0～5292.0	188.496	226.195	4.6791	3.8993	0.21372	0.25646	6.0	5.0	$K_{B518}=0.21372(5292.0-D_p)$ $K_{B518}=(5292.0-D_p)/4.6791$ $K_{B518}=6.0\times188.496-0.21372D_p$	$K_{B618}=0.25646(D_p-4410.0)$ $K_{B618}=(D_p-4410.0)/3.8993$ $K_{B618}=0.25646D_p-5.0\times226.195$
B220	B320	2261.54～2940.0	96.665	125.664	7.0187	5.3990	0.14248	0.18522	4.3333	3.3333	$K_{B220}=0.14248(2940.0-D_p)$ $K_{B220}=(2940.0-D_p)/7.0187$ $K_{B220}=4.3333\times96.665-0.14248D_p$	$K_{B320}=0.18522(D_p-2261.54)$ $K_{B320}=(D_p-2261.54)/5.3990$ $K_{B320}=0.18522D_p-3.3333\times125.664$
B220	B420	2261.54～4200.0	96.665	179.520	20.0535	10.7980	0.04987	0.09261	2.1667	1.1667	$K_{B220}=0.04987(4200.0-D_p)$ $K_{B220}=(4200.0-D_p)/20.0535$ $K_{B220}=2.1667\times96.665-0.04987D_p$	$K_{B420}=0.09261(D_p-2261.54)$ $K_{B420}=(D_p-2261.54)/10.7980$ $K_{B420}=0.09261D_p-1.1667\times179.520$

续表 6-15

配砌砖号		中间直径 D_p/mm 范围 D_{px}～D_{pd}	每环极限砖数/块		一块楔形砖直径变化量 /mm		简易式中系数				砖环砖量简易计算式	
小直径楔形砖	大直径楔形砖		K'_x	K'_d	$(\Delta D_p)'_{lx}$	$(\Delta D_p)'_{ld}$	$n=\frac{1}{(\Delta D_p)'_{lx}}$	$m=\frac{1}{(\Delta D_p)'_{ld}}$	$T=\frac{D_{pd}}{D_{pd}-D_{px}}$	$Q=\frac{D_{px}}{D_{pd}-D_{px}}$	小直径楔形砖数量 K_x /块	大直径楔形砖数量 K_d /块
B320	B420	2940.0～4200.0	125.664	179.520	10.0267	7.0187	0.09973	0.14248	3.3333	2.3333	$K_{B320}=0.09973(4200.0-D_p)$ $K_{B320}=(4200.0-D_p)/10.0267$ $K_{B320}=3.3333\times125.664-0.09973D_p$	$K_{B420}=0.14248(D_p-2940.0)$ $K_{B420}=(D_p-2940.0)/7.0187$ $K_{B420}=0.14248D_p-2.3333\times179.520$
B320	B520	2940.0～4900.0	125.664	209.440	15.5971	9.3583	0.06411	0.10686	2.50	1.50	$K_{B320}=0.06411(4900.0-D_p)$ $K_{B320}=(4900.0-D_p)/15.5971$ $K_{B320}=2.50\times125.664-0.06411D_p$	$K_{B520}=0.10686(D_p-2940.0)$ $K_{B520}=(D_p-2940.0)/9.3583$ $K_{B520}=0.10686D_p-1.50\times209.440$
B420	B520	4200.0～4900.0	179.520	209.440	3.8993	3.3422	0.25646	0.29920	7.0	6.0	$K_{B420}=0.25646(4900.0-D_p)$ $K_{B420}=(4900.0-D_p)/3.8993$ $K_{B420}=7.0\times179.520-0.25646D_p$	$K_{B520}=0.29920(D_p-4200.0)$ $K_{B520}=(D_p-4200.0)/3.3422$ $K_{B520}=0.29920D_p-6.0\times209.440$
B420	B620	4200.0～5880.0	179.520	251.328	9.3583	6.6845	0.10686	0.14960	3.50	2.50	$K_{B420}=0.10686(5880.0-D_p)$ $K_{B420}=(5880.0-D_p)/9.3583$ $K_{B420}=3.50\times179.520-0.10686D_p$	$K_{B620}=0.14960(D_p-4200.0)$ $K_{B620}=(D_p-4200.0)/6.6845$ $K_{B620}=0.14960D_p-2.5\times251.328$
B520	B620	4900.0～5880.0	209.440	251.328	4.6791	3.8993	0.21372	0.25646	6.0	5.0	$K_{B520}=0.21372(5880.0-D_p)$ $K_{B520}=(5880.0-D_p)/4.6791$ $K_{B520}=6.0\times209.440-0.21372D_p$	$K_{B620}=0.25646(D_p-4900.0)$ $K_{B620}=(D_p-4900.0)/3.8993$ $K_{B620}=0.25646D_p-5.0\times251.328$
B222	B322	2487.69～3234.0	106.331	138.230	7.0187	5.3990	0.14248	0.18522	4.3333	3.3333	$K_{B222}=0.14248(3234.0-D_p)$ $K_{B222}=(3234.0-D_p)/7.0187$ $K_{B222}=4.3333\times106.331-0.14248D_p$	$K_{B322}=0.18522(D_p-2487.69)$ $K_{B322}=(D_p-2487.69)/5.3990$ $K_{B322}=0.18522D_p-3.3333\times138.230$
B222	B422	2487.69～4620.0	106.331	197.472	20.535	10.7980	0.04987	0.09261	2.1667	1.1667	$K_{B222}=0.04987(4620.0-D_p)$ $K_{B222}=(4620.0-D_p)/20.535$ $K_{B222}=2.1667\times106.331-0.04987D_p$	$K_{B422}=0.09261(D_p-2487.69)$ $K_{B422}=(D_p-2487.69)/10.7980$ $K_{B422}=0.09261D_p-1.1667\times197.472$
B322	B422	3234.0～4620.0	138.230	197.472	10.0627	7.0187	0.09973	0.14248	3.3333	2.3333	$K_{B322}=0.09973(4620.0-D_p)$ $K_{B322}=(4620.0-D_p)/10.0267$ $K_{B322}=4.3333\times138.230-0.09973D_p$	$K_{B422}=0.14248(D_p-3234.0)$ $K_{B422}=(D_p-3234.0)/7.0187$ $K_{B422}=0.14248D_p-2.3333\times197.472$
B322	B522	3234.0～5390.0	138.230	230.384	15.5971	9.3583	0.06411	0.10686	2.50	1.50	$K_{B322}=0.06411(5390.0-D_p)$ $K_{B322}=(5390.0-D_p)/15.5971$ $K_{B322}=2.50\times138.230-0.06411D_p$	$K_{B522}=0.10686(D_p-3234.0)$ $K_{B522}=(D_p-3234.0)/9.3583$ $K_{B522}=0.10686D_p-1.50\times230.384$
B422	B522	4620.0～5390.0	197.472	230.384	3.8993	3.3422	0.25646	0.29920	7.0	6.0	$K_{B422}=0.25646(5390.0-D_p)$ $K_{B422}=(5390.0-D_p)/3.8993$ $K_{B422}=7.0\times197.472-0.25646D_p$	$K_{B522}=0.29920(D_p-4620.0)$ $K_{B522}=(D_p-4620.0)/3.3422$ $K_{B522}=0.29920D_p-6.0\times230.384$

续表 6-15

配砌砖号		中间直径 D_p/mm 范围	每环极限砖数/块		一块楔形砖直径变化量 /mm		简易式中系数				砖环砖量简易计算式	
小直径楔形砖	大直径楔形砖	D_{px}～D_{pd}	K'_x	K'_d	$(\Delta D_p)'_{lx}$	$(\Delta D_p)'_{ld}$	$n=\frac{1}{(\Delta D_p)'_{lx}}$	$m=\frac{1}{(\Delta D_p)'_{ld}}$	$T=\frac{D_{pd}}{D_{pd}-D_{px}}$	$Q=\frac{D_{px}}{D_{pd}-D_{px}}$	小直径楔形砖数量 K_x/块	大直径楔形砖数量 K_d/块
B422	B622	4620.0～6468.0	197.472	276.461	9.3583	6.6845	0.10686	0.14960	3.50	2.50	$K_{B422}=0.10686(6468.0-D_p)$ $K_{B422}=(6468.0-D_p)/9.3583$ $K_{B422}=3.50\times197.472-0.10686D_p$	$K_{B622}=0.14960(D_p-4620.0)$ $K_{B622}=(D_p-4620.0)/6.6845$ $K_{B622}=0.14960D_p-2.50\times276.461$
B522	B622	5390.0～6468.0	230.384	276.461	4.6791	3.8993	0.21372	0.25646	6.0	5.0	$K_{B522}=0.21372(6468.0-D_p)$ $K_{B522}=(6468.0-D_p)/4.6791$ $K_{B522}=6.0\times230.384-0.21372D_p$	$K_{B622}=0.25646(D_p-5390.0)$ $K_{B622}=(D_p-5390.0)/3.8993$ $K_{B622}=0.25646D_p-5.0\times276.461$
B325	B425	2826.92～3675.0	120.831	157.080	7.0187	5.3990	0.14248	0.18522	4.3333	3.3333	$K_{B325}=0.14248(3675.0-D_p)$ $K_{B325}=(3675.0-D_p)/7.0187$ $K_{B325}=4.3333\times120.831-0.14248D_p$	$K_{B425}=0.18522(D_p-2826.92)$ $K_{B425}=(D_p-2826.92)/5.3990$ $K_{B425}=0.18522D_p-3.3333\times157.080$
B325	B525	2826.92～5250.0	120.831	224.40	20.0535	10.7980	0.04987	0.09261	2.1667	1.1667	$K_{B325}=0.04987(5250.0-D_p)$ $K_{B325}=(5250.0-D_p)/20.0535$ $K_{B325}=2.1667\times120.831-0.04987D_p$	$K_{B525}=0.09261(D_p-2826.92)$ $K_{B525}=(D_p-2826.92)/10.7980$ $K_{B525}=0.09261D_p-1.1667\times224.40$
B425	B525	3675.0～5250.0	157.080	224.40	10.0267	7.0187	0.09973	0.14248	3.3333	2.3333	$K_{B425}=0.09973(5250.0-D_p)$ $K_{B425}=(5250.0-D_p)/10.0267$ $K_{B425}=3.3333\times157.080-0.09973D_p$	$K_{B525}=0.14248(D_p-3675.0)$ $K_{B525}=(D_p-3675.0)/7.0187$ $K_{B525}=0.14248D_p-2.3333\times224.40$
B425	B625	3675.0～6125.0	157.080	261.80	15.5972	9.3583	0.06411	0.10686	2.50	1.50	$K_{B425}=0.06411(6125.0-D_p)$ $K_{B425}=(6125.0-D_p)/15.5972$ $K_{B425}=2.50\times157.080-0.06411D_p$	$K_{B625}=0.10686(D_p-3675.0)$ $K_{B625}=(D_p-3675.0)/9.3583$ $K_{B625}=0.10686D_p-1.50\times261.80$
B525	B625	5250.0～6125.0	224.40	261.80	3.8993	3.3422	0.25646	0.29920	7.0	6.0	$K_{B525}=0.25646(6125.0-D_p)$ $K_{B525}=(6125.0-D_p)/3.8993$ $K_{B525}=7.0\times224.40-0.25646D_p$	$K_{B625}=0.29920(D_p-5250.0)$ $K_{B625}=(D_p-5250.0)/3.3422$ $K_{B625}=0.29920D_p-6.0\times261.80$
B525	B725	5250.0～7350.0	224.40	314.16	9.3583	6.6845	0.10686	0.14960	3.50	2.50	$K_{B525}=0.10686(7350.0-D_p)$ $K_{B525}=(7350.0-D_p)/9.3583$ $K_{B525}=3.50\times224.40-0.10686D_p$	$K_{B725}=0.14960(D_p-5250.0)$ $K_{B725}=(D_p-5250.0)/6.6845$ $K_{B725}=0.14960D_p-2.50\times314.16$
B625	B725	6125.0～7350.0	261.80	314.16	4.6791	3.8993	0.21372	0.25646	6.0	5.0	$K_{B625}=0.21372(7350.0-D_p)$ $K_{B625}=(7350.0-D_p)/4.6791$ $K_{B625}=6.0\times261.80-0.21372D_p$	$K_{B725}=0.25646(D_p-6125.0)$ $K_{B725}=(D_p-6125.0)/3.8993$ $K_{B725}=0.25646D_p-5.0\times314.16$

$$K_{B218}=K_{B220}=K_{B222}=K_{B325}=0.14248(D_{pd}-D_p)$$
$$K_{B318}=K_{B320}=K_{B322}=K_{B425}=0.18522(D_p-D_{px})$$
$$K_{B218}=K_{B220}=K_{B222}=K_{B325}=\frac{D_{pd}-D_p}{7.0187}$$
$$K_{B318}=K_{B320}=K_{B322}=K_{B425}=\frac{D_p-D_{px}}{5.3990}$$
$$K_{B218}=K_{B220}=K_{B222}=K_{B325}=4.3333K'_x-0.14248D_p$$
$$K_{B318}=K_{B320}=K_{B322}=K_{B425}=0.18522D_p-3.3333K'_d$$

如前所述，对于等中间尺寸 P=71.5 mm 回转窑用砖砖环简易计算式而言 $n=\pi Q/P=3.1416Q/73.5=0.042743Q$ 和 $m=\pi T/P=3.1416T/73.5=0.042743T$，$(\Delta D_p)'_{lx}=1/n=23.3956/Q$ 和 $(\Delta D_p)'_{ld}=1/m=23.3956/T$，则可进一步规范为：

$$K_x=0.042743Q(D_{pd}-D_p) \tag{6-14a}$$
$$K_d=0.042743T(D_p-D_{px}) \tag{6-15a}$$
$$K_x=\frac{Q(D_{pd}-D_p)}{23.3956} \tag{6-16a}$$
$$K_d=\frac{T(D_p-D_{px})}{23.3956} \tag{6-17a}$$
$$K_x=TK'_x-0.042743QD_p \tag{6-18a}$$
$$K_d=0.042743TD_p-QK'_d \tag{6-19a}$$
$$K_h=0.042743D_p \tag{6-20a}$$

式（6-14a）～式（6-19a）中，要求计算出 T 和 Q。通过 T 和 Q 计算式的变换，将其转换为砖的尺寸 P、D_1 和 D_2。由 $T=D_{pd}/(D_{pd}-D_{px})$和 $Q=D_{px}/(D_{pd}-D_{px})$，将 $D_{pd}=PA/(P-D_1)$和 $D_{px}=PA/(P-D_2)$代入之得 $T=(P-D_2)/(D_1-D_2)$和 $Q=(P-D_1)/(D_1-D_2)$，此时 $T-Q=(P-D_2-P+D_1)/(D_1-D_2)=(D_1-D_2)/(D_1-D_2)=1$，$Q/T=(P-D_1)/(P-D_2)$。可见用砖尺寸计算 T 和 Q 的准确和简便。例如在 B318 与 B518 砖环、B320 与 B520 砖环、B322 与 B522 砖环或 B425 与 B625 砖环，P=71.5 mm、D_1=68.5 mm 和 D_2=66.5 mm，$T=(71.5-66.5)/(68.5-66.5)=2.50$ 和 $Q=(71.5-68.5)/(68.5-66.5)=1.50$，$T-Q=2.50-1.50=1$，$Q/T=(71.5-68.5)/(71.5-66.5)=1.50/2.50$。

在等中间尺寸 71.5 mm 回转窑用砖砖环中，楔差比为简单整数比的并没有，只能说各组七个砖环中 Q/T 比较规范的有 1.50/2.50、6.0/7.0、2.50/3.50 和 5.0/6.0 四个。

在起草我国标准 GB/T 17912—1999 的等中间尺寸 P=75 mm 回转窑用砖尺寸时，注意克服国际标准 ISO 5417—1986 中等大端尺寸 103 mm 回转窑用砖和等中间尺寸 71.5 mm 回转窑用砖砖环简易计算式规范程度较低的缺点，已从各组楔差互成相等且连续的简单整数比这个根本问题上着手，将 A 为 180 mm、200 mm、220 mm 和 250 mm 四组砖，都设计了大小端尺寸 C/D(mm)同为 82.5/67.5、80.0/70.0、78.8/71.3 和 77.5/72.5 或楔差 $C-D$(mm)同为 15.0、10.0、7.5 和 5.0 的四种砖。每组五个砖环中都可采取式（6-14）～式（6-20），并且由于 $n=\pi Q/P=3.1416Q/77=0.04080Q$，$m=\pi T/P=3.1416T/77=0.04080T$ 和 $m-n=0.04080T-0.04080Q=0.04080(T-Q)=0.04080$，$(\Delta D_p)'_{lx}=1/n=24.5098/Q$ 和$(\Delta D_p)'_{ld}=1/m=24.5098/T$，则这些计算式可规范为：

$$K_x=0.04080Q(D_{pd}-D_p) \tag{6-14b}$$
$$K_d=0.04080T(D_p-D_{px}) \tag{6-15b}$$

$$K_x = \frac{Q(D_{pd} - D_p)}{24.5098} \tag{6-16b}$$

$$K_d = \frac{T(D_p - D_{px})}{24.5098} \tag{6-17b}$$

$$K_x = TK'_x - 0.04080QD_p \tag{6-18b}$$

$$K_d = 0.04080TD_p - QK'_d \tag{6-19b}$$

$$K_h = 0.04080D_p \tag{6-20b}$$

每组楔差 $C-D$ 为 15.0 mm 与 10.0 mm 砖环、楔差 $C-D$ 为 7.5 mm 与 5.0 mm 砖环，其 T 和 Q 分别相同，T 同为$(P-D_2)/(D_1-D_2)$=(75.0−67.5)/(70.0−67.5)= (75.0−71.25)/ (72.5−71.25)=3.0，Q 同为$(P-D_1)/(D_1-D_2)$=(75.0−70.0)/(70.0−67.5)=(75.0−72.5)/(72.5−71.25)=2.0，也可由楔差比 2/3=Q/T 直接看到 Q=2 和 T=3。楔差 $C-D$ 为 15.0 mm 与 7.5 mm 砖环、楔差 $C-D$ 为 10.0 mm 与 5.0 mm 砖环，其 T 和 Q 分别相同，T 同为(75.0−67.5)/(71.25−67.5)= (75.0−70.0)/(72.5−70.0)=2.0，Q 同为(75.0−71.25)/(71.25−67.5)=(75.0−72.5) /(72.5−70.0)=1，也可以由楔差比 1/2=Q/T 直接看到 Q=1 和 T=2。楔差 $C-D$ 为 10.0 mm 与 7.5 mm 砖环，其 T 同为(75.0−70.0)/(71.25−70.0)=4.0，Q 同为(75.0−71.25)/(71.25−70.0)=3.0，也可由楔差比 3/4=Q/T 直接看到 Q=3 和 T=4。可见，每组（甚至各组）的 Q 和 T 分别为 2、1、3 和 3、2、4 的简单整数，它们的规范通式[按式（6-14b）～式（6-19b）]见表 6-16。再由表 6-16 的规范通式很容易直接写出各等中间尺寸 75 mm 双楔形砖砖环简易计算式（见表 6-17）。

从等中间尺寸 P=75 mm 双楔形砖砖环规范通式（6-14b）～式（6-20b）、表 6-16 和表 6-17 进一步体会到：（1）将砖环简易计算式系数由以前的 Q、T、n 和 m 四个简化到只有 Q 和 T 两个。将以前不同的一块楔形砖直径变化量由 4 个简化到 1 个。D_p 系数都为 0.04080 与简单整数之积，一块楔形砖直径变化量都为 24.5098 除以简单整数之商，而这些简单整数恰为 Q 和 T。（2）Q 和 T 的计算值就等于砖环相配砌两楔形砖楔差比的简单整数。（3）砖环简易计算式之所以能如此简化，主要是采用中间直径 D_p、D_{px} 和 D_{pd}。（4）D_p 基础系数 0.04080 是由π/P=3.1416/77 计算而来，一块楔形砖直径变化量基础数值 24.5098 是由 P/π=77/3.1416 计算而来。（5）当然，上述四条结果是离不开各组都采取相等的成简单整数比的楔差。这样，等中间尺寸 P=75 mm 双楔形砖砖环规范通式和简易计算式比以往容易记忆了。

表 6-16 等中间尺寸 75 mm 回转窑用砖双楔形砖砖环规范通式

配砌砖号		楔差比=	Q	T	每环砖量规范通式	
小直径楔形砖	大直径楔形砖	$\frac{C_1-D_1}{C_2-D_2}$			小直径楔形砖数量 K_x /块	大直径楔形砖数量 K_d /块
C218 C220 C222 C325 C418 C420 C522 C525	C318 C320 C422 C425 C618 C620 C722 C825	2/3	2	3	$K_x=2\times0.04080(D_{pd}-D_p)$ $K_x=2(D_{pd}-D_p)/24.5098$ 或 $K_x=3K'_x-2\times0.04080D_p$	$K_d=3\times0.04080(D_p-D_{px})$ $K_d=3(D_p-D_{px})/24.5098$ 或 $K_d=3\times0.04080D_p-2K'_d$

续表 6-16

配砌砖号		楔差比= $\frac{C_1-D_1}{C_2-D_2}$	Q	T	每环砖量规范通式	
小直径楔形砖	大直径楔形砖				小直径楔形砖数量 K_x /块	大直径楔形砖数量 K_d /块
C216 C218 C220 C222 C325 C318 C320 C422 C425	C416 C418 C420 C522 C525 C618 C620 C722 C825	1/2	1	2	$K_x=0.04080(D_{pd}-D_p)$ $K_x=(D_{pd}-D_p)/24.5098$ 或 $K_x=2K'_x-0.04080D_p$	$K_d=2\times0.04080(D_p-D_{px})$ $K_d=2(D_p-D_{px})/24.5098$ 或 $K_d=2\times0.04080D_p-K'_d$
C318 C320 C422 C425	C418 C420 C522 C525	3/4	3	4	$K_x=3\times0.04080(D_{pd}-D_p)$ $K_x=3(D_{pd}-D_p)/24.5098$ 或 $K_x=4K'_x-3\times0.04080D_p$	$K_d=4\times0.04080(D_p-D_{px})$ $K_d=4(D_p-D_{px})/24.5098$ 或 $K_d=4\times0.04080D_p-3K'_d$

表 6-17 等中间尺寸 75 mm 回转窑用砖双楔形砖砖环简易计算式

配砌砖号		中间直径 D_p/mm 范围 $D_{px}\sim D_{pd}$	每环极限砖数/块		每环砖量简易计算式	
小直径楔形砖	大直径楔形砖		K'_x	K'_d	小直径楔形砖数量 K_x /块	小直径楔形砖数量 K_d /块
楔差比 2/3（$Q=2$，$T=3$）						
C218	C318	1848.0 ～ 2772.0	75.398	113.098	$K_{C218}=2\times0.04080(2772.0-D_p)$ $K_{C218}=2(2772.0-D_p)/24.5098$ 或 $K_{C218}=3\times75.398-2\times0.04080D_p$	$K_{C318}=3\times0.04080(D_p-1848.0)$ $K_{C318}=3(D_p-1848.0)/24.5098$ 或 $K_{C318}=3\times0.04080D_p-2\times113.098$
C220	C320	2053.33 ～ 3080.0	83.776	125.664	$K_{C220}=2\times0.04080(3080.0-D_p)$ $K_{C220}=2(3080.0-D_p)/24.5098$ 或 $K_{C220}=3\times83.776-2\times0.04080D_p$	$K_{C320}=3\times0.04080(D_p-2053.33)$ $K_{C320}=3(D_p-2053.33)/24.5098$ 或 $K_{C320}=3\times0.04080D_p-2\times125.664$
C222	C422	2258.67 ～ 3388.0	92.154	138.230	$K_{C222}=2\times0.04080(3388.0-D_p)$ $K_{C222}=2(3388.0-D_p)/24.5098$ 或 $K_{C222}=3\times92.154-2\times0.04080D_p$	$K_{C422}=3\times0.04080(D_p-2258.67)$ $K_{C422}=3(D_p-2258.67)/24.5098$ 或 $K_{C422}=3\times0.04080D_p-2\times138.230$
C325	C425	2566.67 ～ 3850.0	104.720	157.080	$K_{C325}=2\times0.04080(3850.0-D_p)$ $K_{C325}=2(3850.0-D_p)/24.5098$ 或 $K_{C325}=3\times107.720-2\times0.04080D_p$	$K_{C425}=3\times0.04080(D_p-2566.67)$ $K_{C425}=3(D_p-2566.67)/24.5098$ 或 $K_{C425}=3\times0.04080D_p-2\times157.080$
C418	C618	3696.0 ～ 5544.0	150.797	226.195	$K_{C418}=2\times0.04080(5544.0-D_p)$ $K_{C418}=2(5544.0-D_p)/24.5098$ 或 $K_{C418}=3\times150.797-2\times0.04080D_p$	$K_{C618}=3\times0.04080(D_p-3696.0)$ $K_{C618}=3(D_p-3696.0)/24.5098$ 或 $K_{C618}=3\times0.04080D_p-2\times226.195$
C420	C620	4106.67 ～ 6160.0	167.552	251.328	$K_{C420}=2\times0.04080(6160.0-D_p)$ $K_{C420}=2(6160.0-D_p)/24.5098$ 或 $K_{C420}=3\times167.552-2\times0.04080D_p$	$K_{C620}=3\times0.04080(D_p-4106.67)$ $K_{C620}=3(D_p-4106.67)/24.5098$ 或 $K_{C620}=3\times0.04080D_p-2\times251.328$
C522	C722	4517.33 ～ 6776.0	184.307	276.461	$K_{C522}=2\times0.04080(6776.0-D_p)$ $K_{C522}=2(6776.0-D_p)/24.5098$ 或 $K_{C522}=3\times184.307-2\times0.04080D_p$	$K_{C722}=3\times0.04080(D_p-4517.33)$ $K_{C722}=3(D_p-4517.33)/24.5098$ 或 $K_{C722}=3\times0.04080D_p-2\times276.461$

续表 6-17

配砌砖号		中间直径 D_p/mm 范围 $D_{px}\sim D_{pd}$	每环极限砖数/块		每环砖量简易计算式	
小直径楔形砖	大直径楔形砖		K'_x	K'_d	小直径楔形砖数量 K_x /块	小直径楔形砖数量 K_d /块
楔差比 2/3（Q=2，T=3）						
C525	C825	5133.33 ～ 7700.0	209.440	314.160	$K_{C525}=2\times0.04080(7700.0-D_p)$ $K_{C525}=2(7700.0-D_p)/24.5098$ 或 $K_{C525}=3\times209.440-2\times0.04080D_p$	$K_{C825}=3\times0.04080(D_p-5133.33)$ $K_{C825}=3(D_p-5133.33)/24.5098$ 或 $K_{C825}=3\times0.04080D_p-2\times314.160$
楔差比 1/2（Q=1，T=2）						
C216	C416	1642.67 ～ 3285.33	67.021	134.042	$K_{C216}=0.04080(3285.33-D_p)$ $K_{C216}=(3285.33-D_p)/24.5098$ 或 $K_{C216}=2\times67.021-0.04080D_p$	$K_{C416}=2\times0.04080(D_p-1642.67)$ $K_{C416}=2(D_p-1642.67)/24.5098$ 或 $K_{C416}=2\times0.04080D_p-134.042$
C218	C418	1848.0 ～ 3696.0	75.398	150.797	$K_{C218}=0.04080(3696.0-D_p)$ $K_{C218}=(3696.0-D_p)/24.5098$ 或 $K_{C218}=2\times75.398-0.04080D_p$	$K_{C418}=2\times0.04080(D_p-1848.0)$ $K_{C418}=2(D_p-1848.0)/24.5098$ 或 $K_{C418}=2\times0.04080D_p-150.797$
C220	C420	2053.33 ～ 4106.69	83.776	167.552	$K_{C220}=0.04080(4106.69-D_p)$ $K_{C220}=(4106.69-D_p)/24.5098$ 或 $K_{C220}=2\times83.776-0.04080D_p$	$K_{C420}=2\times0.04080(D_p-2053.33)$ $K_{C420}=2(D_p-2053.33)/24.5098$ 或 $K_{C420}=2\times0.04080D_p-167.552$
C222	C522	2258.67 ～ 4517.33	92.154	184.307	$K_{C222}=0.04080(4517.33-D_p)$ $K_{C222}=(4517.33-D_p)/24.5098$ 或 $K_{C222}=2\times92.154-0.04080D_p$	$K_{C522}=2\times0.04080(D_p-2258.67)$ $K_{C522}=2(D_p-2258.67)/24.5098$ 或 $K_{C522}=2\times0.04080D_p-184.307$
C325	C525	2566.67 ～ 5133.33	104.720	209.440	$K_{C325}=0.04080(5133.33-D_p)$ $K_{C325}=(5133.33-D_p)/24.5098$ 或 $K_{C325}=2\times104.720-0.04080D_p$	$K_{C525}=2\times0.04080(D_p-2566.67)$ $K_{C525}=2(D_p-2566.67)/24.5098$ 或 $K_{C525}=2\times0.04080D_p-209.440$
C318	C618	2772.0 ～ 5544.0	113.098	226.195	$K_{C318}=0.04080(5544.0-D_p)$ $K_{C318}=(5544.0-D_p)/24.5098$ 或 $K_{C318}=2\times113.098-0.04080D_p$	$K_{C618}=2\times0.04080(D_p-2772.0)$ $K_{C618}=2(D_p-2772.0)/24.5098$ 或 $K_{C618}=2\times0.04080D_p-226.195$
C320	C620	3080.0 ～ 6160.0	125.664	251.328	$K_{C320}=0.04080(6160.0-D_p)$ $K_{C320}=(6160.0-D_p)/24.5098$ 或 $K_{C320}=2\times125.664-0.04080D_p$	$K_{C620}=2\times0.04080(D_p-3080.0)$ $K_{C620}=2(D_p-3080.0)/24.5098$ 或 $K_{C620}=2\times0.04080D_p-251.328$
C422	C722	3388.0 ～ 6776.0	138.230	276.461	$K_{C422}=0.04080(6776.0-D_p)$ $K_{C422}=(6776.0-D_p)/24.5098$ 或 $K_{C422}=2\times138.230-0.04080D_p$	$K_{C722}=2\times0.04080(D_p-3388.0)$ $K_{C722}=2(D_p-3388.0)/24.5098$ 或 $K_{C722}=2\times0.04080D_p-276.461$
C425	C825	3850.0 ～ 7700.0	157.080	314.160	$K_{C425}=0.04080(7700.0-D_p)$ $K_{C425}=(7700.0-D_p)/24.5098$ 或 $K_{C425}=2\times157.080-0.04080D_p$	$K_{C825}=2\times0.04080(D_p-3850.0)$ $K_{C825}=2(D_p-3850.0)/24.5098$ 或 $K_{C825}=2\times0.04080D_p-314.160$
楔差比 3/4（Q=3，T=4）						
C318	C418	2772.0 ～ 3696.0	113.098	150.797	$K_{C318}=3\times0.04080(3696.0-D_p)$ $K_{C318}=3(3696.0-D_p)/24.5098$ 或 $K_{C318}=4\times113.098-3\times0.04080D_p$	$K_{C418}=4\times0.04080(D_p-2772.0)$ $K_{C418}=4(D_p-2772.0)/24.5098$ 或 $K_{C418}=4\times0.04080D_p-3\times150.797$
C320	C420	3080.0 ～ 4106.67	125.664	167.552	$K_{C320}=3\times0.04080(4106.67-D_p)$ $K_{C320}=3(4106.67-D_p)/24.5098$ 或 $K_{C320}=4\times125.664-3\times0.04080D_p$	$K_{C420}=4\times0.04080(D_p-3080.0)$ $K_{C420}=4(D_p-3080.0)/24.5098$ 或 $K_{C420}=4\times0.04080D_p-3\times167.552$

续表 6-17

配砌砖号		中间直径 D_p/mm 范围 D_{px}～D_{pd}	每环极限砖数/块		每环砖量简易计算式	
小直径楔形砖	大直径楔形砖		K'_x	K'_d	小直径楔形砖数量 K_x /块	小直径楔形砖数量 K_d /块
楔差比 3/4（Q=3，T=4）						
C422	C522	3388.0～4517.33	138.230	184.307	K_{C422}=3×0.04080(4517.33−D_p) K_{C422}=3(4517.33−D_p)/24.5098 或 K_{C422}=4×138.230−3×0.04080D_p	K_{C522}=4×0.04080(D_p−3388.0) K_{C522}=4(D_p−3388.0)/24.5098 或 K_{C522}=4×0.04080D_p−3×184.307
C425	C525	3850.0～5133.33	157.080	209.440	K_{C425}=3×0.04080(5133.33−D_p) K_{C425}=3(5133.33−D_p)/24.5098 或 K_{C425}=4×157.080−3×0.04080D_p	K_{C525}=4×0.04080(D_p−3850.0) K_{C525}=4(D_p−3850.0)/24.5098 或 K_{C525}=4×0.04080D_p−3×209.440

6.3.4 回转窑砖衬等楔差双楔形砖砖环的计算

表 6-6 设计的加厚砖与等中间尺寸 P=75 mm、楔差为 7.5 mm 回转窑用砖（例如 C418、C420、C522 和 C525）双楔形砖砖环，是不等端尺寸砖环，不是等中间尺寸砖环，但它是等楔差 7.5 mm 砖环。对于这些砖环（C418 与 G618 砖环、C420 与 G620 砖环、C522 与 G722 砖环、C525 与 G825 砖环）而言，$K'_x=K'_d$，$(\Delta D_p)'_{1x}=(\Delta D_p)'_{1d}$=12.2549，$m=n$=0.08160，$Q$=2，$T$=3，$D_{pd}=3D_{px}/2$，则这些等楔差砖环的规范通式可写作：

$$K_x=0.08160\left(D_{pd}-D_p\right) \tag{6-14c}$$

$$K_d=0.08160\left(D_p-D_{px}\right) \tag{6-15c}$$

$$K_x=\frac{D_{pd}-D_p}{12.2549} \tag{6-16c}$$

$$K_d=\frac{D_p-D_{px}}{12.2549} \tag{6-17c}$$

$$K_x=3K'_d-0.08160D_p \tag{6-18c}$$

$$K_d=0.08160D_p-2K'_d \tag{6-19c}$$

$$K_h=0.08160\left(D_{pd}-D_{px}\right)=0.04080D_{px}=0.0272D_{pd} \tag{6-20c}$$

$$K_h=K'_d \tag{6-21c}$$

式（6-14c）～式（6-20c）采取中间直径（D_p、D_{px} 和 D_{pd}），是由于当初设计加厚砖时采取中间直径和为了保持规范通式的整数化程度。

在设计等楔差为 5 mm 的等楔差双楔形砖砖环用加厚砖尺寸时，采取了外直径（D、D_x 和 D_d）。

对于楔差 5 mm 的等中间尺寸 75 mm 系列砖与表 6-7 中大端尺寸 C=104 mm 加厚砖的等楔差双楔形砖砖环（C516 与 C716 砖环、C618 与 C818 砖环、C620 与 C820 砖环、C722 与 C922 砖环、C825 与 C1025 砖环）而言，$K'_x=K'_d$，$(\Delta D)'_{1x}=(\Delta D)'_{1d}=(C_1-C_2)/\pi$=（104−77.5）/ π =8.4352，$n=m$= π /（104−77.5）=0.11855，$Q$=3，$T$=4，$D_d=4D_x/3$，则这些等楔差砖环的规范通式可写作：

$$K_x=0.11855\left(D_d-D\right) \tag{6-14d}$$

$$K_d=0.11855\left(D-D_x\right) \tag{6-15d}$$

$$K_x=\frac{D_d-D}{8.4352} \quad (6\text{-}16d)$$

$$K_d=\frac{D-D_x}{8.4352} \quad (6\text{-}17d)$$

$$K_x=4K'_d-0.11855D \quad (6\text{-}18d)$$

$$K_d=0.11855D-3K'_d \quad (6\text{-}19d)$$

$$K_h=0.11855(D_d-D_x)=0.02964D_d=0.03952D_x \quad (6\text{-}20d)$$

$$K_h=K'_d \quad (6\text{-}21c)$$

对于楔差 5 mm 的等大端尺寸 100 mm 系列砖与表 6-8 中大端尺寸 C=120.4 mm 加厚砖的等楔差双楔形砖砖环（D716 与 D816 砖环、D718 与 D918 砖环、D820 与 D1020 砖环、D922 与 D1022 砖环、D1025 与 D1225 砖环）而言，$K'_x=K'_d$，$(\Delta D)'_{1x}=(\Delta D)'_{1d}=(C_1-C_2)/\pi=$（120.4–100）/ π =6.4935，$n=m=\pi/(C_1-C_2)=\pi/$（120.4–100）=0.1540，$Q$=5，$T$=6，$D_d=6D_x/5$，则这些等楔差砖环的规范通式可写作：

$$K_x=0.1540(D_d-D) \quad (6\text{-}14e)$$

$$K_d=0.1540(D-D_x) \quad (6\text{-}15e)$$

$$K_x=\frac{D_d-D}{6.4935} \quad (6\text{-}16e)$$

$$K_d=\frac{D-D_x}{6.4935} \quad (6\text{-}17e)$$

$$K_x=6K'_d-0.1540D \quad (6\text{-}18e)$$

$$K_d=0.1540D-5K'_d \quad (6\text{-}19e)$$

$$K_h=0.1540(D_d-D_x)=0.02567D_d=0.03080D_x \quad (6\text{-}20e)$$

$$K_h=K'_d \quad (6\text{-}21c)$$

将等楔差砖环内相配砌砖的中间直径（D_{px}、D_{pd}）和每环极限砖数（$K'_x=K'_d$）代入式（6-14c）～式（6-19c），即得等中间尺寸 75 mm 砖与加厚砖的等楔差 7.5 mm 双楔形砖砖环简易计算式，见表 6-18。楔差 5.0 mm 的等楔差双楔形砖砖环的简易计算式见表 6-19。从等楔差双楔形砖砖环规范通式和简易计算式（表 6-18 和表 6-19）看到：

（1）等楔差双楔形砖砖环也是不等端尺寸砖环，$T-Q$=1。因为 $T=D_d/$（D_d-D_x）和 $Q=D_x/$（D_d-D_x），$T-Q=$（D_d-D_x）/（D_d-D_x）=1。

（2）由于相配砌两砖楔差 $C-D$ 相等，楔差比为 1，每环极限砖数 $K'_0=2\pi A/$（$C-D$）必然相等，即 $K'_x=K'_d$，砖环中决定于 K'_0 的一块楔形砖直径变化量$(\Delta D)'_{1x}=$（D_d-D_x）$/K'_x$ 和（ΔD）$'_{1d}=$（D_d-D_x）$/K'_d$ 也必然相等，即（ΔD）$'_{1x}=$（ΔD）$'_{1d}$。一块楔形砖直径变化量的倒数 n 和 m 也必然相等。可见，在等楔差双楔形砖砖环规范通式和简易计算式中 $K'_x/K'_d=$（ΔD）$'_{1d}/$（ΔD）$'_{1x}=n/m=$（C_1-D_1）/（C_2-D_2）=1，亦即 $K'_x=K'_d$，$n=m$，$C_1-D_1=C_2-D_2$。

（3）按式（6-1a）知 K'_x 的系数 $T=D_d/$（D_d-D_x），按式（6-2a）知 K'_d 的系数 $Q=D_x/$（D_d-D_x）。在等楔差双楔形砖砖环，$D_d\neq D_x$，$T\neq Q$，即 $Q/T\neq 1$，所以 $Q/T\neq$（C_1-D_1）/（C_2-D_2）。就是说等楔差双楔形砖砖环简易计算式中，不能根据楔差比直接查出 Q/T 来，而 $Q/T=D_x/D_d$。关于这一点，等楔差双楔形砖砖环与不等端尺寸砖环一样。

（4）等楔差双楔形砖砖环简易计算式与不等端尺寸砖环简易计算式另一共同特点是，两简易式定值项绝对值不相等。在 TK'_x 与 QK'_d 中，既然 $K'_x=K'_d$ 和 $T\neq Q$，所以 $TK'_x\neq QK'_d$。

表 6-18 楔差 7.5 mm 等中间尺寸 75 mm 砖与加厚砖的等楔差砖环简易计算式

配砌砖号		中间直径 D_p/mm 范围 D_{px}～D_{pd}	每环极限砖数/块 $K'_x=K'_d$	$Q=\frac{D_{px}}{D_{pd}-D_{px}}$	$T=\frac{D_{pd}}{D_{pd}-D_{px}}$	每环砖量简易计算式	
小直径楔形砖	大直径楔形砖					小直径楔形砖数量 K_x/块	大直径楔形砖数量 K_d/块
C418	G618	3696.0～5544.0	150.797	2	3	$K_{C418}=0.08160(5544.0-D_p)$ $K_{C418}=(5544.0-D_p)/12.2549$ 或 $K_{C418}=3\times150.797-0.08160D_p$	$K_{G618}=0.08160(D_p-3696.0)$ $K_{G618}=(D_p-3696.0)/12.2549$ 或 $K_{G618}=0.08160D_p-2\times150.797$
C420	G620	4106.67～6160.0	167.552	2	3	$K_{C420}=0.08160(6160.0-D_p)$ $K_{C420}=(6160.0-D_p)/12.2549$ 或 $K_{C420}=3\times167.552-0.08160D_p$	$K_{G620}=0.08160(D_p-4106.67)$ $K_{G620}=(D_p-4106.67)/12.2549$ 或 $K_{G620}=0.08160D_p-2\times167.552$
C522	G722	4517.33～6776.0	184.307	2	3	$K_{C522}=0.08160(6776.0-D_p)$ $K_{C522}=(6776.0-D_p)/12.2549$ 或 $K_{C522}=3\times184.307-0.08160D_p$	$K_{G722}=0.08160(D_p-4517.33)$ $K_{G722}=(D_p-4517.33)/12.2549$ 或 $K_{G722}=0.08160D_p-2\times184.307$
C525	G825	5133.33～7700.0	209.440	2	3	$K_{C525}=0.08160(7700.0-D_p)$ $K_{C525}=(7700.0-D_p)/12.2549$ 或 $K_{C525}=3\times209.440-0.08160D_p$	$K_{G825}=0.08160(D_p-5133.33)$ $K_{G825}=(D_p-5133.33)/12.2549$ 或 $K_{G825}=0.08160D_p-2\times209.440$

表 6-19 楔差 5.0 mm 等中间尺寸 75 mm 和等大端尺寸 100 mm 与加厚砖的等楔差砖环简易计算式

配砌砖号		外直径 D/mm 范围 $D_x \sim D_d$	每环极限砖数/块 $K'_x=K'_d$	$Q=\frac{D_x}{D_d-D_x}$	$T=\frac{D_d}{D_d-D_x}$	每环砖量简易计算式	
小直径楔形砖	大直径楔形砖					小直径楔形砖数量 K_x/块	大直径楔形砖数量 K_d/块
C516	C716	5088.0～6784.0	201.062	3	4	$K_{C516}=0.11855(6784.0-D)$ $K_{C516}=(6784.0-D)/8.4352$ 或 $K_{C516}=4\times201.062-0.11855D$	$K_{C716}=0.11855(D-5088.0)$ $K_{C716}=(D-5088.0)/8.4352$ 或 $K_{C716}=0.11855D-3\times201.062$
C618	C818	5724.0～7632.0	226.195	3	4	$K_{C618}=0.11855(7632.0-D)$ $K_{C618}=(7632.0-D)/8.4352$ 或 $K_{C618}=4\times226.195-0.11855D$	$K_{C818}=0.11855(D-5724.0)$ $K_{C818}=(D-5724.0)/8.4352$ 或 $K_{C818}=0.11855D-3\times226.195$
C620	C820	6360.0～8480.0	251.328	3	4	$K_{C620}=0.11855(8480.0-D)$ $K_{C620}=(8480.0-D)/8.4352$ 或 $K_{C620}=4\times251.328-0.11855D$	$K_{C820}=0.11855(D-6360.0)$ $K_{C820}=(D-6360.0)/8.4352$ 或 $K_{C820}=0.11855D-3\times251.328$
C722	C922	6996.0～9328.0	276.461	3	4	$K_{C722}=0.11855(9328.0-D)$ $K_{C722}=(9328.0-D)/8.4352$ 或 $K_{C722}=4\times276.461-0.11855D$	$K_{C922}=0.11855(D-6996.0)$ $K_{C922}=(D-6996.0)/8.4352$ 或 $K_{C922}=0.11855D-3\times276.461$
C825	C1025	7950.0～10600.0	314.160	3	4	$K_{C825}=0.11855(10600.0-D)$ $K_{C825}=(10600.0-D)/8.4352$ 或 $K_{C825}=4\times314.160-0.11855D$	$K_{C1025}=0.11855(D-7950.0)$ $K_{C1025}=(D-7950.0)/8.4352$ 或 $K_{C1025}=0.11855D-3\times314.160$
D716	D816	6528.0～7833.6	201.062	5	6	$K_{D716}=0.1540(7833.6-D)$ $K_{D716}=(7833.6-D)/6.4935$ 或 $K_{D716}=6\times201.062-0.1540D$	$K_{D816}=0.1540(D-6258.0)$ $K_{D816}=(D-6258.0)/6.4935$ 或 $K_{D816}=0.1540D-5\times314.160$
D718	D918	7344.0～8812.8	226.195	5	6	$K_{D718}=0.1540(8812.8-D)$ $K_{D718}=(8812.8-D)/6.4935$ 或 $K_{D718}=6\times226.195-0.1540D$	$K_{D918}=0.1540(D-7344.0)$ $K_{D918}=(D-7344.0)/6.4935$ 或 $K_{D918}=0.1540D-5\times226.195$
D820	D1020	8160.0～9792.0	251.328	5	6	$K_{D820}=0.1540(9792.0-D)$ $K_{D820}=(9792.0-D)/6.4935$ 或 $K_{D820}=6\times251.328-0.1540D$	$K_{D1020}=0.1540(D-8160.0)$ $K_{D1020}=(D-8160.0)/6.4935$ 或 $K_{D1020}=0.1540D-5\times251.328$
D922	D1022	8976.0～10771.2	276.461	5	6	$K_{D922}=0.1540(10771.2-D)$ $K_{D922}=(10771.2-D)/6.4935$ 或 $K_{D922}=6\times276.461-0.1540D$	$K_{D1022}=0.1540(D-8976.0)$ $K_{D1022}=(D-8976.0)/6.4935$ 或 $K_{D1022}=0.1540D-5\times276.461$
D1025	D1225	10200.0～12240.0	314.160	5	6	$K_{D1025}=0.1540(12240.0-D)$ $K_{D1025}=(12240.0-D)/6.4935$ 或 $K_{D1025}=6\times314.160-0.1540D$	$K_{D1225}=0.1540(D-10200.0)$ $K_{D1225}=(D-10200.0)/6.4935$ 或 $K_{D1225}=0.1540D-5\times314.160$

（5）同一系列砖与加厚砖的各等楔差双楔形砖砖环的简易计算式中，一块楔形砖直径变化量（ΔD_p）$'_{1x}$和（ΔD_p）$'_{1d}$或（ΔD）$'_{1x}$和（ΔD）$'_{1d}$都为同一定值。例如等中间尺寸 75 mm 系列砖与加厚砖的等楔差 7.5 mm 各双楔形砖砖环，也就是采用规范通式（6-14c）～式（6-19c）计算的表 6-18 各砖环，这些砖环规范通式或简易计算式中（ΔD_p）$'_{1x}$=（ΔD_p）$'_{1d}$=12.2549，砖环中间直径 D_p 系数 $n=m$=0.08160；等中间尺寸 75 mm 系列砖与加厚砖的等楔差 5 mm 各双楔形砖砖环，也就是采用规范通式（6-14d）～式（6-19d）计算的表 6-19 中 Q/T=3/4 各砖环，这些砖环规范通式或简易计算式中（ΔD_p）$'_{1x}$=（ΔD_p）$'_{1d}$=8.4352，砖环外直径 D 的系数 $n=m$=0.11855；等大端尺寸 100 mm 系列砖与加厚砖的等楔差 5 mm 各双楔形砖砖环，也就是采用规范通式（6-14e）～式（6-19e）计算的表 6-19 中 Q/T=5/6 各砖环，这些砖环规范通式或简易计算式中$(\Delta D)'_{1x}=(\Delta D)'_{1d}$=6.4935，砖环外直径 D 的系数 $n=m$=0.1540。这是因为$(\Delta D)'_{1x}$=（D_d-D_x）/K'_x 和$(\Delta D)'_{1d}$=（D_d-D_x）/K'_d 中 $K'_x=K'_d$，所以$(\Delta D)'_{1x}=(\Delta D)'_{1d}$。将 $D_d=2C_1A/\Delta C$、$D_x=2C_2A/\Delta C$ 和 $K'_0=2\pi A/\Delta C$（在等楔差 ΔC 条件下）代入$(\Delta D)'_{1x}$=（D_d-D_x）/K'_x 得$(\Delta D)'_{1x}=(\Delta D)'_{1d}$=（$C_1-C_2$）/π和 $n=m=\pi/$（C_1-C_2）。在上述三种情况下：$(\Delta D_p)'_{1x}=(\Delta D_p)'_{1d}$=（117.3−78.8）/π=12.2549 和 $n=m=\pi/$（117.3−78.8）=0.08160；$(\Delta D)'_{1x}=(\Delta D)'_{1d}$=（$C_1-C_2$）/π=（104−75.5）/π=8.4352 和 $n=m=\pi/$（C_1-C_2）=π/（104−75.5）=0.11855；$(\Delta D)'_{1x}=(\Delta D)'_{1d}$=（$C_1-C_2$）/π=（120.4−100）/π=6.4935 和 $n=m=\pi/$（C_1-C_2）=π/（120.4−100）=0.1540。每一系列各砖环简易计算式中，一块楔形砖直径变化量和砖环直径系数分别相等，这是由于每一系列不同 A 的各砖环基本砖和加厚砖的大端尺寸 C_2 和 C_1 都设计为分别相等的尺寸。

（6）在表 6-18 中，虽然加厚砖（G618、G620、G722 和 G825）的直径并未增大，但它们楔差由 5 mm 增大到 7.5 mm。在表 6-19 中，虽然加厚砖的楔差保持在 5 mm，但它们的直径却增大了 20%～33%。

（7）等楔差双楔形砖的总砖数 K_h：由式（6-14c）和式（6-15c）相加得 $K_h=K_x+K_d$=0.08160（$D_{pd}-D_{px}$）[式（6-20c）]；由式（6-14d）和式（6-15d）相加得 $K_h=K_x+K_d$=0.11855（$D_{pd}-D_{px}$）[式（6-20d）]；由式（6-14e）和式（6-15e）相加得 $K_h=K_x+K_d$=0.1540（$D_{pd}-D_{px}$）。进而可写成 $K_h=n$（$D_{pd}-D_{px}$）。等楔差砖环的总砖数计算式与等大端或等中间尺寸砖环总砖数计算式有明显的区别。更有趣的是，由式（6-18c）和式（6-19c）相加，由式（6-18d）和式（6-19d）相加或由式（6-18e）和式（6-19e）相加，都得到同一结果 $K_h=K_x+K_d=K'_x=K'_d$[式（6-21c）]。

【例 42】 窑径 D=3500.0 mm 的回转窑砖衬，工作衬厚度 A=180 mm，计算每环用砖量，并点评各配砌方案优劣。回转窑窑径一般指窑壳或永久衬内直径，即工作衬砖环外直径。工作衬厚度即回转窑用砖的大小端距离 A。采用等大端尺寸 103 mm 时可由表 6-10 查得有 D_x～ D_d 为 1989.47～3978.95 mm 的 A218 与 A418 砖环、3024.0～3978.95 mm 的 A318 与 A418 砖环、3024.0～5040.0 mm 的 A318 与 A518 砖环。采用等中间尺寸 71.5mm 时，窑衬砖环的中间直径 D_p=3500.0−180=3320.0 mm，可由表 6-15 查得有 D_{px}～D_{pd} 为 2035.39～3780.0 mm 的 B218 与 B418 砖环、2646.0～3780.0 mm 的 B318 与 B418 砖环、2646.0～4410.0 mm 的 B318 与 B518 砖环。采用等中间尺寸 75 mm 时，可由表 6-17 查得有 D_{px}～D_{pd} 为 1848.0～3696.0 mm 的 C218 与 C418 砖环、2772.0～3696.0 mm 的 C318 与 C418 砖环、2772.0～5544.0 mm 的 C318 与 C618 砖环。采用等大端尺寸 100 mm 时，可由表 6-

12 查得有 D_x～D_d 为 2448.0～3672.0 mm 的 D218 与 D418 砖环、2448.0～4896.0 mm 的 D218 与 D518 砖环。

方案 1　A218 与 A418 砖环。

K_{A218}=0.02992(3978.95−3500.0)=14.3 块

K_{A218}=(3978.95−3500.0)/33.4225=14.3 块

或 K_{A218}=2×59.525−0.02992×3500.0=14.3 块

K_{A418}=0.05984(3500.0−1989.47)=90.4 块

K_{A418}=(3500.0−1989.47)/16.7112=90.4 块

或 K_{A418}=0.05984×3500.0−119.050=90.4 块

每环总砖数 K_h=14.3+90.4=104.7 块，与按式（6-9a）的 K_h=0.02992 D=0.02992×3500.0=104.7 块计算，结果相等。

方案 2　A318 与 A418 砖环。

K_{A318}=0.09475(3978.95−3500.0)=45.4 块

K_{A318}=(3978.95−3500.0)/10.5545=45.4 块

或 K_{A318}=4.1667×90.478−0.09475×3500.0=45.4 块

K_{A418}=0.12467(3500.0−3024.0)=59.3 块

K_{A418}=(3500.0−3024.0)/8.0214=59.3 块

或 K_{A418}=0.12467×3500.0−3.1667×119.050=59.3 块

每环总砖数 K_h=45.4+59.3=104.7 块，与按式（6-9a）的 K_h=0.02992D=0.02992×3500.0=104.7 块计算，结果相等。

方案 3　A318 与 A518 砖环。

K_{A318}=0.04488(5040.0−3500.0)=69.1 块

K_{A318}=(5040.0−3500.0)/22.2816=69.1 块

或 K_{A318}=2.50×90.478−0.04488×3500.0=69.1 块

K_{A518}=0.07480(3500.0−3024.0)=35.6 块

K_{A518}=(3500.0−3024.0)/13.3690=35.6 块

或 K_{A518}=0.07480×3500.0−1.50×150.797=35.6 块

每环总砖数 K_h=69.1+35.6=104.7 块，与按式（6-9a）的 K_h=0.02992D=0.02992×3500.0=104.7 块计算，结果相等。

方案 4　B218 与 B418 砖环。

K_{B218}=0.04987(3780.0−3320.0)=22.9 块

K_{B218}=(3780.0−3320.0)/20.0535=22.9 块

或 K_{B218}=2.1667×86.998−0.04987×3320.0=22.9 块

K_{B418}=0.09261(3320.0−2035.39)=119.0 块

K_{B418}=(3320.0−2035.39)/10.7980=119.0 块

或 K_{B418}=0.09261×3320.0−1.1667×161.568=119.0 块

每环总砖数 K_h=22.9+119.0=141.9 块，与按式（6-20a）的 K_h=0.042743D_p=0.042743×3320.0=141.9 块计算，结果相等。

方案 5　B318 与 B418 砖环。

K_{B318}=0.09973(3780.0−3320.0)=45.9 块

K_{B318}=(3780.0−3320.0)/10.0267=45.9 块

或 K_{B318}=3.3333×113.098−0.09973×3320.0=45.9 块

K_{B418}=0.14248(3320.0−2646.0)=96.0 块

K_{B418}=(3320.0−2646.0)/7.0187=96.0 块

或 K_{B418}=0.14248×3320.0−2.3333×161.568=96.0 块

每环总砖数 K_h=45.9+96.0=141.9 块，与按式（6-20a）的 $K_h=0.042743D_p$=0.042743×3320.0 =141.9 块计算，结果相等。

方案 6 B318 与 B518 砖环。

K_{B318}=0.06411(4410.0−3320.0)=69.9 块

K_{B318}=(4410.0−3320.0)/15.5971=69.9 块

或 K_{B318}=2.50×113.098−0.06411×3320.0=69.9 块

K_{B518}=0.10686(3320.0−2646.0)=72.0 块

K_{B518}=(3320.0−2646.0)/9.3583=72.0 块

或 K_{B518}=0.10686×3320.0−1.50×188.496=72.0 块

每环总砖数 K_h=69.9+72.0=141.9 块，与按式（6-20a）的 $K_h=0.042743D_p$=0.042743×3320.0 =141.9 块计算，结果相等。

方案 7 C218 与 C418 砖环。

K_{C218}=0.04080(3696.0−3320.0)=15.34 块

K_{C218}=(3696.0−3320.0)/24.5098=15.34 块

或 K_{C218}=2×75.398−0.04080×3320.0=15.34 块

K_{C418}=2×0.04080(3320.0−1848.0)=120.12 块

K_{C418}=2(3320.0−1848.0)/24.5098=120.12 块

或 K_{C418}=2×0.04080×3320.0−150.797=120.12 块

每环总砖数 K_h=15.34+120.12=135.5 块，与按式（6-20b）的 $K_h=0.04080D_p$=0.04080×3320.0 =135.5 块计算，结果相等。

方案 8 C318 与 C418 砖环。

K_{C318}=3×0.04080(3696.0−3320.0)=46.02 块

K_{C318}=3(3696.0−3320.0)/24.5098=46.02 块

或 K_{C318}=4×113.098−3×0.04080×3320.0=46.02 块

K_{C418}=4×0.04080(3320.0−2772.0)=89.44 块

K_{C418}=4(3320.0−2772.0)/24.5098=89.44 块

或 K_{C418}=4×0.04080×3320.0−3×150.797=89.44 块

每环总砖数 K_h=46.02+89.44=135.5 块，与按式（6-20b）的 $K_h=0.04080D_p$=0.04080×3320.0 =135.5 块计算，结果相等。

方案 9 C318 与 C618 砖环。

K_{C318}=0.04080(5544.0−3320.0)=90.74 块

K_{C318}=(5544.0−3320.0)/24.5098=90.74 块

或 K_{C318}=2×113.098−0.04080×3320.0=90.74 块

K_{C618}=2×0.04080(3320.0−2772.0)=44.72 块

K_{C618}=2(3320.0−2772.0)/24.5098=44.72 块

或 K_{C618}=2×0.04080×3320.0−226.195=44.72 块

每环总砖数 K_h=90.74+44.72=135.5 块，与按式（6-20b）的 K_h=0.04080D_p=0.04080×3320.0=135.5 块计算，结果相等。

方案 10　D218 与 D418 砖环。

K_{D218}=0.06160(3672.0−3500.0)=10.6 块

K_{D218}=(3672.0−3500.0)/16.2338=10.6 块

或 K_{D218}=3×75.398−0.06160×3500.0=10.6 块

K_{D418}=0.09240(3500.0−2448.0)=97.2 块

K_{D418}=(3500.0−2448.0)/10.8225=97.2 块

或 K_{D418}=0.09240×3500.0−2×113.098=97.2 块

每环总砖数 K_h=10.6+97.2=107.8 块，与按式 K_h=πD/C=πD/102=0.03080×3500.0=107.8 块计算，结果相等。

方案 11　D218 与 D518 砖环。

K_{D218}=0.03080(4896.0−3500.0)=43.0 块

K_{D218}=(4896.0−3500.0)/32.4675=43.0 块

或 K_{D218}=2×75.398−0.03080×3500.0=43.0 块

K_{D518}=0.06160(3500.0−2448.0)=64.8 块

K_{D518}=(3500.0−2448.0)/16.2338=64.8 块

或 K_{D518}=0.06160×3500.0−150.797=64.8 块

每环总砖数 K_h=43.0+64.8=107.8 块，与按式 K_h=πD/C=πD/102=0.03080×3500.0=107.8 块计算，结果相等。

关于这些砖环配砌方案的优劣和选择，可从所用楔形砖的单位楔差、楔形砖间识别区分难易、两砖数量配比和砖环简易计算式的规范化程度等四个方面比较：

（1）砖环用砖的单位楔差 ΔC'，以相配砌两砖中大直径（ΔC'小）砖参与比较。每 0.01 记 1 分，但小于 0.020 不记分。例如 A318 与 A518 砖环，以大直径（ΔC'小）砖 A518 的 ΔC'为 0.042 参与比较并记 4.2 分。例 42 方案 1、方案 2 和方案 3 中大直径砖的 ΔC'分别为 0.053、0.053 和 0.042，分别记 5.3 分、5.3 分和 4.2 分。

（2）在不考虑工作热面标记情况下，两楔形砖楔差之差不足 2.0 mm 者不记分，不小于 2.0 者记一半分，最多限记 3 分。例如方案 1、方案 2 和方案 3 的楔差之差分别为 9.5 mm、3.0 mm 和 5.0 mm，分别记 3 分、1.5 分和 2.5 分。

（3）砖环内两种楔形砖数量配比，比值越接近 1 越好，不仅管理方便，且砖的辐射缝方向与半径线吻合得越好，有利于砖环与窑壳同心。比值 1/（1～1.99）记 3 分，1/（2～2.99）记 2 分，1/（3～3.99）记 1 分，1/（4 以上）不记分。但 1/（10～15）记 1 分，1/（15 以上）记 3 分。例如方案 1、方案 2 和方案 3 比值分别为 1/6.3、1/1.3 和 1/1.94 分别记 0 分、3 分和 3 分。

（4）简易计算式的规范化程度主要决定于 Q/T 的简单整数比程度。简单整数 3（含 3）以下记 3 分，整数 4 记 2 分，5（含 5）以上整数记 1 分，不是整数不记分。例如方案 1、方案 2 和方案 3 的 Q/T 分别为 1/2、3.1667/4.1667 和 1.5/2.5 分别记 3 分、0 分和 1 分。

按上述比较项目和标准，对例 42 各配砌方案记分，见表 6-20。

表 6-20　例 42 各配砌方案优劣比较

比较项目	方案 1	方案 2	方案 3	方案 4	方案 5	方案 6	方案 7	方案 8	方案 9	方案 10	方案 11
（1）单位楔差 $\Delta C'$	0.053	0.053	0.042	0.039	0.039	0.033	0.042	0.042	0.028	0.056	0.042
记 分	5.3	5.3	4.2	3.9	3.9	3.3	4.2	4.2	2.8	5.6	4.2
（2）两砖识别区分难易	9.5	3.0	5.0	6.0	3.0	4.0	7.5	2.5	5.0	5.0	7.5
记 分	3	1.5	2.5	3	1.5	2	3	1.25	2.5	2.5	3
（3）两砖数量配比	1/6.3	1/1.3	1/1.94	1/5.2	1/2.1	1/1.03	1/7.8	1/1.9	1/2.0	1/9.2	1/1.5
记 分	0	3	3	0	2	3	0	3	2	0	3
（4）简易计算式规范化程度	1.0 2.0	3.1667 4.1667	1.50 2.50	1.1667 2.1667	2.3333 3.3333	1.50 2.50	1.0 2.0	3.0 4.0	1.0 2.0	2.0 3.0	1.0 2.0
记 分	3	0	1	0	0	1	3	2	3	3	3
（1）～（4）合计得分	11.3	9.8	10.7	6.9	7.4	9.3	10.2	10.45	10.3	11.1	13.2
排列次序	2	8	5	11	10	9	7	4	6	3	1

得 11 分以上的排名前三的方案 11、方案 1 和方案 10，其中排名首位的方案 11 的特点是各比较项目都好：（1）大直径楔形砖 D518 的单位楔差 $\Delta C'$=0.042，得 4.2 分；（2）相配砌两砖为间隔砖号，D218 的楔差 100−85.0=15.0 mm，D518 的楔差 100−92.5=7.5 mm，两砖楔差之差 15.0−7.5=7.5 mm，容易识别区分，得 3 分；（3）由于所计算砖环的外直径 D=3500.0 mm 处于 D218 与 D518 砖环应用范围 2448.0～4896.0 mm 的居中左右部分，两砖数量之比 43.0/64.8=1/1.5，得 3 分；（4）新设计的砖尺寸，遵循楔形砖间尺寸关系规律，D218 与 D518 的楔差比 1/2 的简单整数比，致使 Q/T=1/2，所以该砖环简易计算式的规范化程度很高，得 3 分。前三名小直径（5000.0 mm 以下）优秀砖环共同特点是单位楔差大、相配砌两砖容易识别区分、简易计算式规范化程度高，虽然两砖量配比不理想（该单项未得分），但总分仍然较高。对于大直径砖环（超过 5000.0 mm）是否也是这样，请看例 43 和例 44。

【例 43】　外直径 6500.0 mm、窑衬厚 250 mm 的回转窑砖衬，计算每环砖量，并优选配砌方案。

砖环外直径 D=6500.0 mm，中间直径 D_p=6500.0−250=6250.0 mm。采用等大端尺寸 103 mm 时，可由表 6-10 查得有 D_x～D_d 为 5097.09～7000.0 mm 的 A525 与 A725 砖环、6176.47～7000.0 mm 的 A625 与 A725 砖环、6176.47～8076.92 mm 的 A625 与 A825 砖环。采用等中间尺寸 71.5 mm，可由表 6-15 查得有 D_{px}～D_{pd} 为 5250.0～7350.0 mm 的 B525 与 B725 砖环、6125.0～7350.0 mm 的 B625 与 B725 砖环。采用等中间尺寸 75 mm 时，可由表 6-17 查得有 D_{px}～D_{pd} 为 3850.0～7700.0 mm 的 C425 与 C825 砖环、5133.33～7700.0 mm 的 C525 与 C825 砖环。采用等大端尺寸 100 mm 时，可由表 6-12 查得有 D_x～D_d 为 3400.0～6800.0 mm 的 D325 与 D725 砖环、5100.0～6800.0 mm 的 D525

与 D725 砖环、5100.0～10200.0 mm 的 D525 与 D1025 砖环。采用加厚砖的等楔差砖环时，可由表 6-18 查得有 D_{px}～D_{pd} 为 5133.3～7700.0 mm 的 C525 与 G825 砖环。

方案 1　A525 与 A725 砖环。

K_{A525}=0.08014(7000.0−6500.0)=40.1 块

K_{A525}=(7000.0−6500.0)/12.4777=40.1 块

或 K_{A525}=3.3786×152.505−0.08014×6500.0=40.1 块

K_{A725}=0.11006(6500.0−5097.09)=154.4 块

K_{A725}=(6500.0−5097.09)/9.0857=154.4 块

或 K_{A725}=0.11006×6500.0−2.6786×209.440=154.4 块

每环总砖数 K_h=40.1+154.4=194.5 块，与按式 K_h=0.02992×6500.0=194.5 块计算，结果相等。

方案 2　A625 与 A725 砖环。

K_{A625}=0.22440(7000.0−6500.0)=112.2 块

K_{A625}=(7000.0−6500.0)/4.4563=112.2 块

或 K_{A625}=8.50×184.80−0.22440×6500.0=112.2 块

K_{A725}=0.25432(6500.0−6176.47)=82.3 块

K_{A725}=(6500.0−6174.7)/3.9321=82.3 块

或 K_{A725}=0.25432×6500.0−7.50×209.440=82.3 块

每环总砖数 K_h=112.2+82.3=194.5 块，与按式 K_h=0.02992×6500.0=194.5 块计算，结果相等。

方案 3　A625 与 A825 砖环。

K_{A625}=0.09724(8076.92−6500.0)=153.34 块

K_{A625}=(8076.92−6500.0)/10.2838=153.34 块

或 K_{A625}=4.250×184.80−0.09724×6500.0=153.34 块

K_{A825}=0.12716（6500.0−6176.47）=41.14 块

K_{A825}=(6500.0−6174.7)/7.8641=41.14 块

或 K_{A825}=0.12716×6500.0−3.250×241.662=41.14 块

每环总砖数 K_h=153.34+41.14=194.5 块，与按式 K_h=0.02992×6500.0=194.5 块计算，结果相等。

方案 4　B525 与 B725 砖环。

K_{B525}=0.10686(7350.0−6250.0)=117.5 块

K_{B525}=(7350.0−6250.0)/9.3583=117.5 块

或 K_{B525}=3.50×224.40−0.10686×6250.0=117.5 块

K_{B725}=0.14960(6250.0−5250.0)=149.6 块

K_{B725}=(6250.0−5250.0)/6.6845=149.6 块

或 K_{B725}=0.14960×6250.0−2.50×314.160=149.6 块

每环总砖数 K_h=117.5+149.6=267.1 块，与按式 K_h=0.042743×6250.0=267.1 块计算，结果相等。

方案 5　B625 与 B725 砖环。

K_{B625}=0.21372(7350.0−6250.0)=235.1 块

K_{B625}=(7350.0−6250.0)/4.6791=235.1 块

或 K_{B625}=6.0×261.80−0.21372×6250.0=235.1 块

K_{B725}=0.25646(6250.0−6125.0)=32.0 块

K_{B725}=(6250.0−6125.0)/3.8993=32.0 块

或 K_{B725}=0.25646×6250.0−5.0×314.160=32.0 块

每环总砖数 K_h=235.1+32.0=267.1 块，与按式 K_h=0.042743×6250.0=267.1 块计算，结果相等。

方案 6 C425 与 C825 砖环。

K_{C425}=0.04080(7700.0−6250.0)=59.2 块

K_{C425}=(7700.0−6250.0)/24.5098=59.2 块

或 K_{C425}=2×157.080−0.04080×6250.0=59.2 块

K_{C825}=0.08160(6250.0−3850.0)=195.8 块

K_{C825}=(6250.0−3850.0)/12.2549=195.8 块

或 K_{C825}=0.08160×6250.0−314.160=195.8 块

每环总砖数 K_h=59.2+195.8=255.0 块，与按式 K_h=0.04080×6250.0=255.0 块计算，结果相等。

方案 7 C525 与 C825 砖环。

K_{C525}=0.08160(7700.0−6250.0)=118.3 块

K_{C525}=(7700.0−6250.0)/12.2549=118.3 块

或 K_{C525}=3×209.440−0.08160×6250.0=118.3 块

K_{C825}=0.12240(6250.0−5133.33)=136.7 块

K_{C825}=(6250.0−5133.33)/8.1699=136.7 块

或 K_{C825}=0.12240×6250.0−2×314.160=136.7 块

每环总砖数 K_h=118.3+136.7=255.0 块，与按式 K_h=0.04080×6250.0=255.0 块计算，结果相等。

方案 8 C525 与 G825 砖环。

K_{C525}=0.08160(7700.0−6250.0)=118.32 块

K_{C525}=(7700.0−6250.0)/12.2549=118.32 块

或 K_{C525}=3×209.440−0.08160×6250.0=118.32 块

K_{G825}=0.08160(6250.0−5133.33)=91.12 块

K_{G825}=(6250.0−5133.33)/12.2549=91.12 块

或 K_{G825}=0.08160×6250.0−2×209.440=91.12 块

每环总砖数 K_h=118.32+91.12=209.440 块，与按式（6-20c）的 K_h=0.0816（D_{pd}−D_{px}）=0.0816（7700.0−5133.33）=209.440 块，或 K_h=0.04080D_{px}=0.04080×5133.33=209.440 块，或 K_h=0.0272D_{pd}=0.0272×7700.0=209.440 块，与按式（6-21c）的 K_h=K'_d=209.440 块计算，结果相等。

方案 9 D325 与 D725 砖环。

K_{D325}=0.03080(6800.0−6500.0)=9.24 块

K_{D325}=(6800.0−6500.0)/32.4675=9.24 块

或 K_{D325}=2×104.720−0.03080×6500.0=9.24 块

K_{D725}=0.06160(6500.0−3400.0)=191.0 块

K_{D725}=(6500.0−3400)/16.2338=191.0 块

或 K_{D725}=0.06160×6500.0−209.440=191.0 块

每环总砖数 K_h=9.24+191.0=200.2 块，与按式 K_h=0.03080D=0.03080×6500.0=200.2 块计算，结果相等。

方案 10　D525 与 D725 砖环。

K_{D525}=0.09240(6800.0−6500.0)=27.72 块

K_{D525}=(6800.0−6500.0)/10.8225=27.72 块

或 K_{D525}=4×157.080−0.09240×6500.0=27.72 块

K_{D725}=0.12320(6500.0−5100.0)=172.48 块

K_{D725}=(6500.0−5100)/8.1169=172.48 块

或 K_{D725}=0.12320×6500.0−3×209.440=172.48 块

每环总砖数 K_h=27.72+172.48=200.2 块，与按式 K_h=（m−n）D=（0.12320−0.09240）×6500.0=0.03080×6500.0=200.2 块计算，结果相等。

方案 11　D525 与 D1025 砖环。

K_{D525}=0.03080(10200.0−6500.0)=114.0 块

K_{D525}=(10200.0−6500.0)/32.4675=114.0 块

或 K_{D525}=2×157.080−0.03080×6500.0=114.0 块

K_{D1025}=0.06160(6500.0−5100.0)=86.24 块

K_{D1025}=(6500.0−5100)/16.2338=86.24 块

或 K_{D1025}=0.06160×6500.0−314.160=86.24 块

每环总砖数 K_h=114.0+86.24=200.2 块，与按式 K_h=0.03080×6500.0=200.2 块计算，结果相等。

按例 42 的砖环配砌方案评价标准，对例 43 的方案 1～方案 11 作了比较，见表 6-21。

表 6-21　例 43 各配砌方案优劣比较

比较项目	方案 1	方案 2	方案 3	方案 4	方案 5	方案 6	方案 7	方案 8	方案 9	方案 10	方案 11
（1）单位楔差 ΔC′	0.030	0.030	0.026	0.020	0.020	0.020	0.020	0.030	0.030	0.030	0.020
记 分	3	3	2.6	2	2	2	2	3	3	3	2
（2）两砖识别区分难易	2.8	1.0	2.0	2.0	1.0	5.0	2.5	—	7.5	2.5	5.0
记 分	1.4	0	1	1	0	2.5	1.25	3	3	1.25	2.5
（3）两砖数量配比	1/3.85	1/1.36	1/3.73	1/1.27	1/7.35	1/3.31	1/1.16	1/1.30	1/20.67	1/6.22	1/1.32
记 分	1	3	1	3	0	1	3	3	2	0	3
（4）简易计算式规范化程度	3.6786 2.6786	8.50 7.50	4.250 3.250	3.50 2.50	6.0 5.0	2.0 1.0	3.0 2.0	3.0 2.0	2.0 1.0	4.0 3.0	2.0 1.0
记 分	0	0	0	1	1	3	3	3	3	2	3
（1）～（4）合计得分	5.4	6.0	4.6	7.0	3.0	8.5	9.25	12.0	11.0	6.25	10.5
排列次序	9	8	10	6	11	5	4	1	2	7	3

从大直径砖环各方案的比较结果（表 6-21）看出：（1）得分高的前 5 名方案（方案 8、方案 9、方案 11、方案 7 和方案 6）都采用了我国国标推荐的新设计砖。（2）等中间尺寸 71.5 mm 和 75 mm 回转窑用碱性砖（方案 4～方案 7）的单位楔差太小（仅 0.020）。（3）得分最少排名末位的方案 5，其各比较项目都不理想。（4）采用本书推荐的新设计加厚砖（G825）的方案 8，在单位楔差（设计时有意采用 0.030）、砖号识别（两砖一厚一薄）、砖量配比和简易计算式规范化程度（设计时就采用整数化）都得满分而排列榜首。

【例 44】 随着回转窑筒体直径的大型化，例如日本标准[36]在 1983 年就考虑窑壳内直径 8.3 m 的砖环。现计算窑壳内直径 8300.0 mm、窑衬厚度 200 mm 的回转窑砖环每环用砖量。

砖环外直径 D=8300.0 mm，中间直径 D_p=8300.0−200=8100.0 mm。国际标准 ISO5417—1986 中等大端尺寸 103 mm 外直径最大的（D_0=8076.92 mm）的 A820 无法砌筑所计算砖环；等中间尺寸 71.5 mm 中间直径最大（D_{pd}=6080.0 mm）的 B620 更无法砌筑所计算砖环。英国标准 BS3056—3：1986[43]比国际标准增设了中间半径 D_{pd}=8166.67 mm、楔差仅为 3.6 mm 的 B820，勉强可采用单楔形砖砖环（见方案 1）。但由本书设计的表 6-19 中查得 D_x～D_d 为 6360.0～8480.0 mm 的 C620 与 C820 等楔差砖环（方案 2）、8160.0～9792.0 mm 的 D820 与 D1020 等楔差砖环（方案 3），可砌筑所计算砖环。

方案 1 B620 与 B820 等中间尺寸砖环。

该等中间尺寸砖环中间直径范围 D_{px}～D_{pd} 为 5880.0～8166.67 mm，B620 和 B820 的大小端尺寸（ mm）分别为 74.0/69.0 和 73.3/69.7，楔差分别为 5 mm 和 3.6 mm，单位楔差 $\Delta C'$分别为 0.025 和 0.018，每环极限砖数分别为 251.328 块和 349.067 块。由这些数据计算了 $(\Delta D_p)'_{1x}$=9.0983 和 $(\Delta D_p)'_{1d}$=6.5508，n=0.10991 和 m=0.15265，Q=2.5714 和 T=3.5714。

$K_{B620}=n(D_{pd}-D_p)=0.10991(8166.67-8100.0)=7.3$ 块

$K_{B620}=(D_{pd}-D_p)/(\Delta D_p)'_{1x}=(8166.67-8100.0)/9.0983=7.3$ 块

或 $K_{B620}=TK'_x-nD_p=3.5714\times251.328-0.10991\times8100.0=7.3$ 块

$K_{B820}=m(D-D_{px})=0.15265(8100.0-5880.0)=338.9$ 块

$K_{B820}=(D-D_{px})/(\Delta D_p)'_{1d}=(8100-5880.0)/6.5508=338.9$ 块

或 $K_{B820}=mD_p-QK'_d=0.15265\times8100.0-2.5714\times349.067=338.9$ 块

每环总砖数 K_h=7.3+338.9=346.2 块，与按式 $K_h=\pi D_p/P=8100.0\pi/73.5=346.2$ 块计算，结果相等。

方案 2 C620 与 C820 等楔差砖环。

$K_{C620}=0.11855(8480.0-8300.0)=21.3$ 块

$K_{C620}=(8480.0-8300.0)/8.4352=21.3$ 块

或 $K_{C620}=4\times251.328-0.11855\times8300.0=21.3$ 块

$K_{C820}=0.11855(8300.0-6360.0)=230.0$ 块

$K_{C820}=(8300-6360.0)/8.4352=230.0$ 块

或 $K_{C820}=0.11855\times8300.0-3\times251.328=230.0$ 块

每环总砖数 K_h=21.3+230.0=251.3 块，与按式 $K_h=K'_d$=251.3 块计算，结果相等。

方案 3 D820 与 D1020 等楔差砖环。

K_{D820}= 0.1540(9792.0−8300.0)=229.77 块

K_{D820}=(9792.0−8300.0)/6.4935=229.77 块

或 K_{D820}= 6×251.328−0.1540×8300.0=229.77 块

K_{D1020}= 0.1540(8300.0−8160.0)=21.56 块

K_{D1020}=(8300−8160.0)/6.4935=21.56 块

或 K_{D1020}=0.1540×8300.0−5×251.328=21.56 块

每环总砖数 K_h=229.77+21.56=251.33 块，与按式 $K_h=K'_d$=251.328 块计算，结果相等。

方案 4　C420 与 C920 等楔差（7.5 mm）砖环。

如果采取楔差为 7.5 mm（大小端尺寸为 78.75 mm/71.25 mm）的 C420 与加厚砖的等楔差砖环，首先加厚砖的外直径要超过本例题砖环外直径 D=8300.0 mm，例如采取 C420 外直径 D_x=4306.67 mm 的 2 倍，D_d=2×4306.67=8613.33 mm。根据 $D_d=2CA/7.5$，加厚砖 C920 的大端尺寸 $C=7.5D_d/(2A)-2$=159.5 mm，加厚砖 C920 的小端尺寸 D=159.5−7.5=152 mm。加厚砖 C920 的单位楔差 $\Delta C'$=7.5/200=0.038，其每环极限砖数 $K'_d=2\pi\times200/7.5$=167.552 块，与 $K'_x=K'_{C420}$=167.552 块相等。$(\Delta D)'_{1x}=(\Delta D)'_{1d}$=25.7035，$n=m$=0.03891，$Q$=1 和 T=2。

$K_{C420}=n(D_d-D)$= 0.03891(8613.33−8300.0)=12.2 块

$K_{C420}=(D_d-D)/(\Delta D)'_{1x}$ =(8613.33−8300.0)/25.7035=12.2 块

或 $K_{C420}=2K'_x-nD$=2×167.552−0.03891×8300.0=12.2 块

$K_{C920}=m(D-D_x)$=0.03891(8300.0−4306.67)=155.4 块

$K_{C920}=(D-D_x)/(\Delta D)'_{1d}$ =(8300−4306.67)/25.7035=155.4 块

或 $K_{C920}=mD-K'_d$ =0.03891×8300.0−167.552=155.4 块

每环总砖数 K_h=12.2+155.4=167.6 块，与按式 $K_h=K'_d$=167.6 块计算，结果相等。

用例 42 评分标准评价例 44，见表 6−22。（1）这四个配砌方案几乎都接近单楔形砖砌砖，每个砖环内两砖用量配比悬殊，都在 1/10 以上。这种接近单楔形砖砌砖，只要注意砌缝厚度的均匀和辐射缝方向与半径线的吻合，不失为一种优良的配砌方案。（2）对于外直径 8300.0 mm 的砖环，而且采用砖环厚度（即砖的大小端距离 A）不大（仅 200 mm），砖的单位楔差还能保持 0.025 以上，特别是方案 4 达到 0.038，找到了避免砖楔差过小的特大直径（例如 8300.0 mm）砖环的设计方案。

表 6−22　例 44 各配砌方案比较

方　案	比较项目				总 分	排 名
	单位楔差 ΔC′	两砖识别区分难易	砖量配比	简易式规范程度		
方案 1	0.018	1.4 mm	1/46.4	不是整数	3	4
	记分 0	记分 0	记分 3	记分 0		
方案 2	0.025	一厚一薄	1/10.8	4∶3	8.5	2
	记分 2.5	记分 3	记分 1	记分 2		
方案 3	0.025	一厚一薄	1/10.7	6∶5	7.5	3
	记分 2.5	记分 3	记分 1	记分 1		
方案 4	0.038	一厚一薄	1/12.74	2∶1	10.8	1
	记分 3.8	记分 3	记分 1	记分 3		

6.4 回转窑衬砖环砖量表

回转窑衬双楔形砖砖环砖量表的编制，可根据高炉和转炉双楔形砖砖环砖量模式表进行。考虑到回转窑壳内直径的设计比较规范，一般采取整百倍毫米数，为简化砖量表和节省版面提供了条件。英国从 20 世纪 70 年代广为应用直角坐标计算图[40,41]，但 10 年后就改用简单的砖量表（见表 6-3）[43]。国外不少国家都采用回转窑衬砖量表（例如表 6-4）[42]。这些砖量表的特点是较全面地反映了不同的配砌方案，但回转窑壳内直径粗略地选取半米或米的整倍数，只能对配砌方案的选择起到参考作用，不能提供全面和精确的砖量来。本书提供窑壳内直径间隔 100 mm 的不同配砌方案砖量表的编制方法。

以我国 A=180 mm 回转窑的 10 种配砌方案为例，编制砖量表 6-23。

首先，为便于比较各配砌方案，砖环直径统一选取外直径，即将回转窑用砖的中间直径按 $D_0=D_{p0}+A$ 换算为外直径。每一配砌方案砖环外直径的起点，采取接近并大于小直径楔形砖的整百倍毫米数：序号 1 和序号 2 中小直径楔形砖 C218 的外直径 D_{C218}=2028.0 mm，砖环外直径起点取 2100.0 mm；序号 3 和序号 4 中小直径楔形砖 C318 的外直径 D_{C318}=2952.0 mm，砖环外直径起点取 3000.0 mm；序号 5 中小直径楔形砖 C418 的外直径 D_{C418}=3876.0 mm，砖环外直径起点取 3900.0 mm。砖环外直径 D 纵列栏逐行递增 100 mm。每一序号配砌方案外直径的终点，采取接近并小于大直径楔形砖外直径的整百倍毫米数：序号 1 中大直径楔形砖 C318 的外直径 D_{C318}=2952.0 mm，砖环外直径终点取 2900.0 mm；序号 2 和序号 3 中大直径楔形砖 C418 的外直径 D_{C418}=3876.0 mm，砖环外直径终点取 3800.0 mm；序号 4 和序号 5 中大直径楔形砖 C618 的外直径 D_{C618}=5724.0 mm，砖环外直径终点取 5700.0 mm。

其次，每一序号配砌方案起点的砖数，可按不同的简易计算式计算。例如序号 1 计算为 $K_{C218}=K'_{C218}-(D-D_{C218})/(\Delta D)'_{1C218}=75.398-(2100.0-2028.0)/12.2549=69.523$ 块，$K_{C318}=(D-D_{C218})/(\Delta D)'_{1C318}=(2100.0-2028.0)/8.1699=8.813$ 块；序号 2 计算为 $K_{C218}=0.04080(D_{C418}-D)=0.04080(3876.0-2100.0)=72.461$ 块，$K_{C418}=0.08160(D-D_{C218})=0.08160(2100.0-2028.0)=5.875$ 块；序号 3 计算为 $K_{C318}=(D_{C418}-D)/(\Delta D)'_{1C318}=(3876.0-3000.0)/8.1699=107.223$ 块，$K_{C418}=(D-D_{C318})/(\Delta D)'_{1C418}=(3000.0-2952.0)/6.1275=7.834$ 块。之后每一序号配砌方案都按这些方法之一计算出起点的砖数来。

第三，每一序号配砌方案第二行及以后各行的砖数，小直径楔形砖数量纵列栏逐行递减以 $100/(\Delta D)'_{1x}$：序号 1、序号 2 和序号 3 的 K_{C218}、K_{C218} 和 K_{C318} 分别逐行递减以 100/12.2549=8.16 块、100/24.5098=4.08 块和 100/8.1699=12.24 块；大直径楔形砖数量纵列栏逐行递增以 $100/(\Delta D)'_{1d}$：序号 1、序号 2 和序号 3 的 K_{C318}、K_{C418} 和 K_{C418} 分别逐行递增以 100/8.1699=12.24 块、100/12.2549=8.16 块和 100/6.1275=16.32 块。之后，各序号配砌方案都按这些方法计算出逐行递减或递增砖数并填在各行中。

【例 42】 由 A=180 mm 回转窑衬配砌方案和砖量表（表 6-23）查例 42 有关配砌方案的砖量。在表 6-23 的砖环外直径 D=3500.0 mm 行查到：序号 2（即例 42 方案 7）K_{C218}=15.3 块（例 42 计算值 15.34 块）和 K_{C418}=120.1 块（例 42 计算值 120.12 块）；序号 3（例 42 方案 8）K_{C318}=46.0 块（例 42 计算值 46.02 块）和 K_{C418}=89.4 块（例 42 计算值 89.44 块）；序号 4（例 42 方案 9）K_{C318}=90.7 块（例 42 计算值 90.74 块）和 K_{C618}=44.7 块

表 6-23 我国 A=180 mm 回转窑衬配砌方案和砖量表

砖环外直径 D/mm	每环（θ=360°）砖数 /块																			
	序号 1		序号 2		序号 3		序号 4		序号 5		序号 6		序号 7		序号 8		序号 9		序号 10	
	C218	C318	C218	C418	C318	C418	C318	C618	C418	C618	D218	D418	D218	D518	D418	D518	D418	D718	D518	D718
2100.0	69.5	8.8	72.5	5.9																
2200.0	61.4	21.1	68.4	14.0																
2300.0	53.2	33.3	64.3	22.2																
2400.0	45.0	45.5	60.2	30.4																
2500.0	36.9	57.8	56.1	38.5							72.2	4.8	73.8	3.2						
2600.0	28.7	70.0	52.1	46.7							66.0	14.0	70.7	9.4						
2700.0	20.6	82.3	48.0	54.8							59.9	23.3	67.6	15.5						
2800.0	12.4	94.5	43.9	63.0							53.7	32.5	64.6	21.7						
2900.0	4.2	106.7	39.8	71.2							47.6	41.8	61.5	27.8						
3000.0			35.7	79.3	107.2	7.8	111.1	3.9			41.4	51.0	58.4	34.0						
3100.0			31.7	87.5	95.0	24.2	107.1	12.1			35.2	60.2	55.3	40.2						
3200.0			27.6	95.6	82.7	40.5	103.0	20.2			29.1	69.5	52.2	46.3						
3300.0			23.5	103.8	70.5	56.8	98.9	28.4			22.9	78.7	49.2	52.5						
3400.0			19.4	112.0	58.3	73.1	94.8	36.6			16.8	88.0	46.1	58.6						
3500.0			15.3	120.1	46.0	89.4	90.7	44.7			10.6	97.2	43.0	64.8						
3600.0			11.3	128.3	33.8	105.8	86.7	52.9			4.4	106.4	39.9	71.0						
3700.0			7.2	136.4	21.5	122.1	82.6	61.0					36.8	77.1	110.5	3.5	112.2	1.7		
3800.0			3.1	144.6	9.3	138.4	78.5	69.2					33.8	83.3	101.3	15.8	109.2	7.9		
3900.0							74.4	77.4	148.8	2.9			30.7	89.4	92.0	28.1	106.1	14.0		
4000.0							70.3	85.5	140.7	15.2			27.6	95.6	82.8	40.4	103.0	20.2		
4100.0							66.3	93.7	132.5	27.4			24.5	101.8	73.6	52.7	99.9	26.4		
4200.0							62.2	101.8	124.4	39.7			21.4	107.9	64.3	65.1	96.8	32.5		
4300.0							58.1	110.0	116.2	51.9			18.4	114.1	55.1	77.4	93.8	38.7		
4400.0							54.0	118.2	108.0	64.1			15.3	120.2	45.8	89.7	90.7	44.8		
4500.0							49.9	126.3	99.9	76.4			12.2	126.4	36.6	102.0	87.6	51.0		
4600.0							45.9	134.5	91.7	88.6			9.1	132.6	27.4	114.3	84.5	57.2		
4700.0							41.8	142.6	83.6	100.9			6.0	138.7	18.1	126.7	81.4	63.3		
4800.0							37.7	150.8	75.4	113.1			3.0	144.9	8.9	139.0	78.4	69.5		

续表 6-23

砖环外直径 D/mm	每环（θ=360°）砖数 /块																			
	序号 1		序号 2		序号 3		序号 4		序号 5		序号 6		序号 7		序号 8		序号 9		序号 10	
	C218	C318	C218	C418	C318	C418	C318	C618	C418	C618	D218	D418	D218	D518	D418	D518	D418	D718	D518	D718
4900.0							33.6	159.0	67.2	125.3							75.3	75.6	150.6	0.4
5000.0							29.5	167.1	59.1	137.6							72.2	81.8	144.4	9.6
5100.0							25.5	175.3	50.9	149.8							69.1	88.0	138.2	18.9
5200.0							21.4	183.4	42.8	162.1							66.0	94.1	132.1	28.1
5300.0							17.3	191.6	34.6	174.3							63.0	100.3	125.9	37.3
5400.0							13.2	199.8	26.4	186.5							59.9	106.4	119.8	46.6
5500.0							9.1	207.9	18.3	198.8							56.8	112.6	113.6	55.8
5600.0							5.1	216.1	10.1	211.0							53.7	118.8	107.4	65.1
5700.0							1.0	224.2	2.0	223.3							50.6	124.9	101.3	74.3
5800.0																	47.6	131.1	95.1	83.5
5900.0																	44.5	137.2	89.0	92.8
6000.0																	41.4	143.4	82.8	102.0
6100.0																	38.3	149.6	76.6	11.3.
6200.0																	35.2	155.7	70.5	120.5
6300.0																	32.2	161.9	64.3	129.7
6400.0																	29.1	168.0	58.2	139.0
6500.0																	26.0	174.2	52.0	148.2
6600.0																	22.9	180.4	45.8	157.5
6700.0																	19.8	186.5	39.7	166.7
6800.0																	16.8	192.7	33.5	175.9
6900.0																	13.7	198.8	27.4	185.2
7000.0																	10.6	205.0	21.2	194.4
7100.0																	7.5	211.2	15.0	203.7
7200.0																	4.4	217.3	8.9	212.9
7300.0																	1.4	223.5	2.7	222.1

（例 42 计算值 44.72 块）；序号 6（例 42 方案 10）K_{D218}=10.6 块（例 42 计算值 10.6 块）和 K_{D418}=97.2 块（例 42 计算值 97.2 块）；序号 7（例 42 方案 11）K_{D218}=43.0 块（例 42 计算值 43.0 块）和 K_{D518}=64.8 块（例 42 计算值 64.8 块）。可见查表砖数与例 42 计算值完全相同。

限于篇幅，我国 A=200 mm、220 mm 和 250 mm 回转窑衬配砌方案和砖量表，如果需要，留给用户按本书方法自行编制。

6.5　回转窑砖衬砖环计算图

双楔形砖砖环直角坐标计算图，是国外在回转窑砖衬环形砌砖上开始应用的[40, 41, 46, 47]。我国对回转窑砖衬双楔形砖砖环坐标计算图进行了深入的研究[15]，并扩大应用到高炉炉衬和转炉炉衬环形砌砖的计算上（详见本书高炉和转炉相关章节）。在起草 GB/T 17912—1999 时，将“窑衬砌砖计算图”作为标准的附录介绍给用户。限于篇幅和版心尺寸，在该标准附录中仅以 A=180 mm 的等大端尺寸 103 mm 砖环为例，介绍了回转窑环形砌砖坐标计算图的作法和应用实例。GB/T 17912—1999 发布实施后，也曾较详细地介绍了回转窑砌砖计算图[50]。无论在标准的附录或在论文中，原来都将回转窑砌砖计算图绘制超过版心尺寸的插页，可在出版后发现这些插页都被取消了，缩小为难以保证精度的普通计算图。本书以一页一组一图的形式将国际标准 ISO 5417-1986 中等大端尺寸 103 mm 和等中间尺寸 71.5 mm 回转窑用砖砖环，绘制为图 6-3～图 6-11。对于我国采用的等中间尺寸 75 mm 和等大端尺寸 100 mm 回转窑用砖砖环，根据表 6-24 和表 6-25 资料绘制了既反映全貌又比较精确的组合计算线（图 6-12～图 6-20）。

考虑到回转窑衬计算图既要表现可选择配砌方案的全貌又要较精确查出砖数来和占用版面不能太大的特点，本书将大小端距离 A 相同的每组 5 个配砌方案的计算线画在一页内。现以等中间尺寸 75 mm、A=180 mm 回转窑衬双楔形砖砖环的 5 个配砌方案为例（图 6-12），说明这些组合计算线的画法。

首先，在能容纳 5 条水平直线（代表 5 个配砌方案）画面的上下外框画出两条水平直线，并标以相同的砖环中间直径 D_p，起点稍小于最小直径楔形砖 C218 的中间直径 D_{pC218}=1848.0 mm，终点等于最大直径楔形砖 C618 的中间直径 D_{pC618}=5544.0mm。代表每一配砌方案的每条水平线段，其起点对准小直径楔形砖的中间直径，其终点对准大直径楔形砖的中间直径。例如方案 1～方案 5 的起点分别对准 C218、C218、C318、C318 和 C418 的中间直径 1848.0 mm(D_{pC218})、1848.0mm(D_{pC218})、2772.0 mm(D_{pC318})、2772.0 mm(D_{pC318})和 3696.0 mm(D_{pC418})；方案 1～方案 5 的终点分别对准 2772.0 mm(D_{pC318})、3696.0 mm(D_{pC418})、3696.0 mm (D_{pC418})、5544.0 mm(D_{pC618})和 5544.0 mm(D_{pC618})。由于本书一页长度不能容纳方案 1～方案 5，将一组计算线裁成两段。

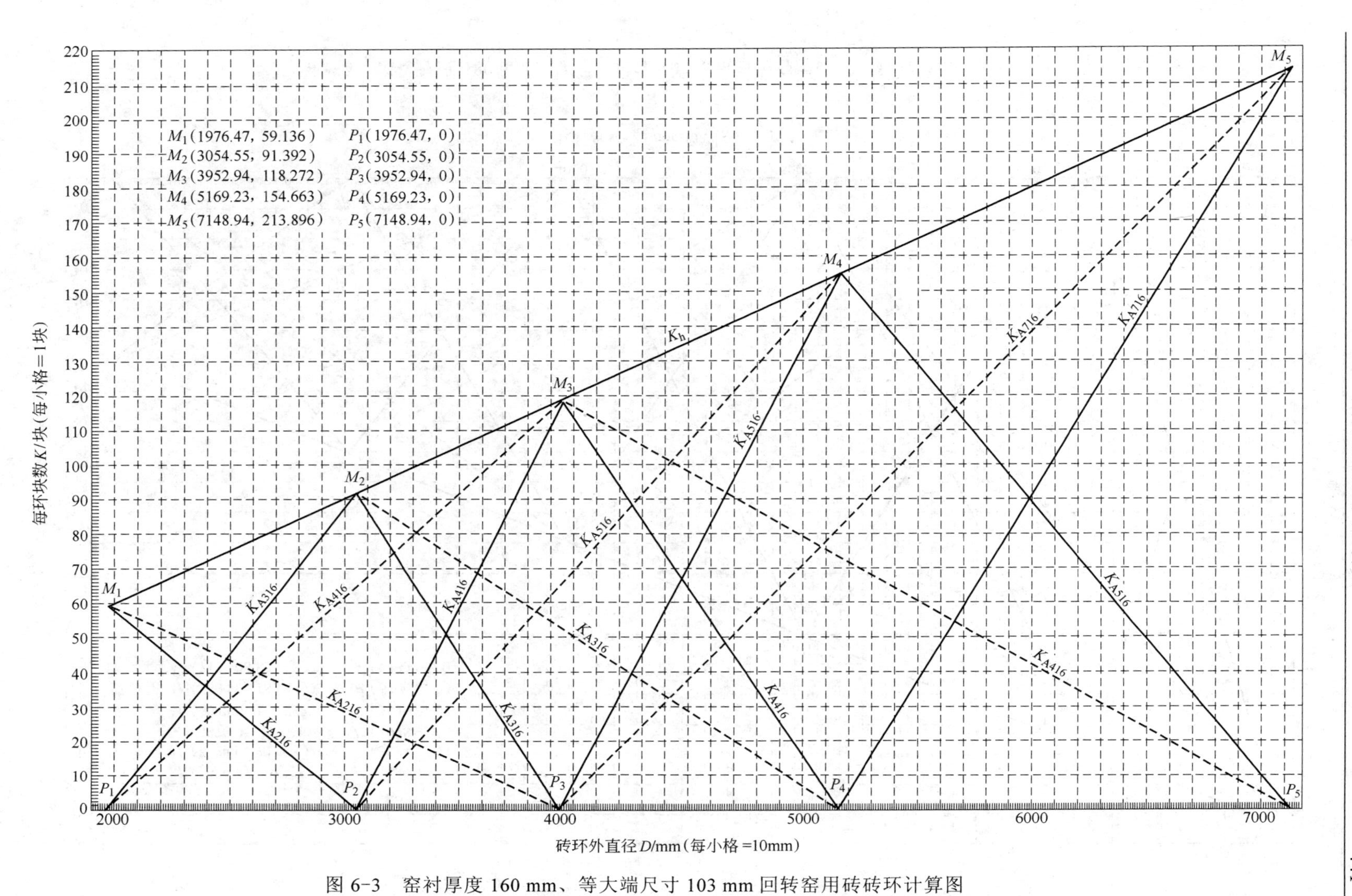

图 6-3 窑衬厚度 160 mm、等大端尺寸 103 mm 回转窑用砖砖环计算图

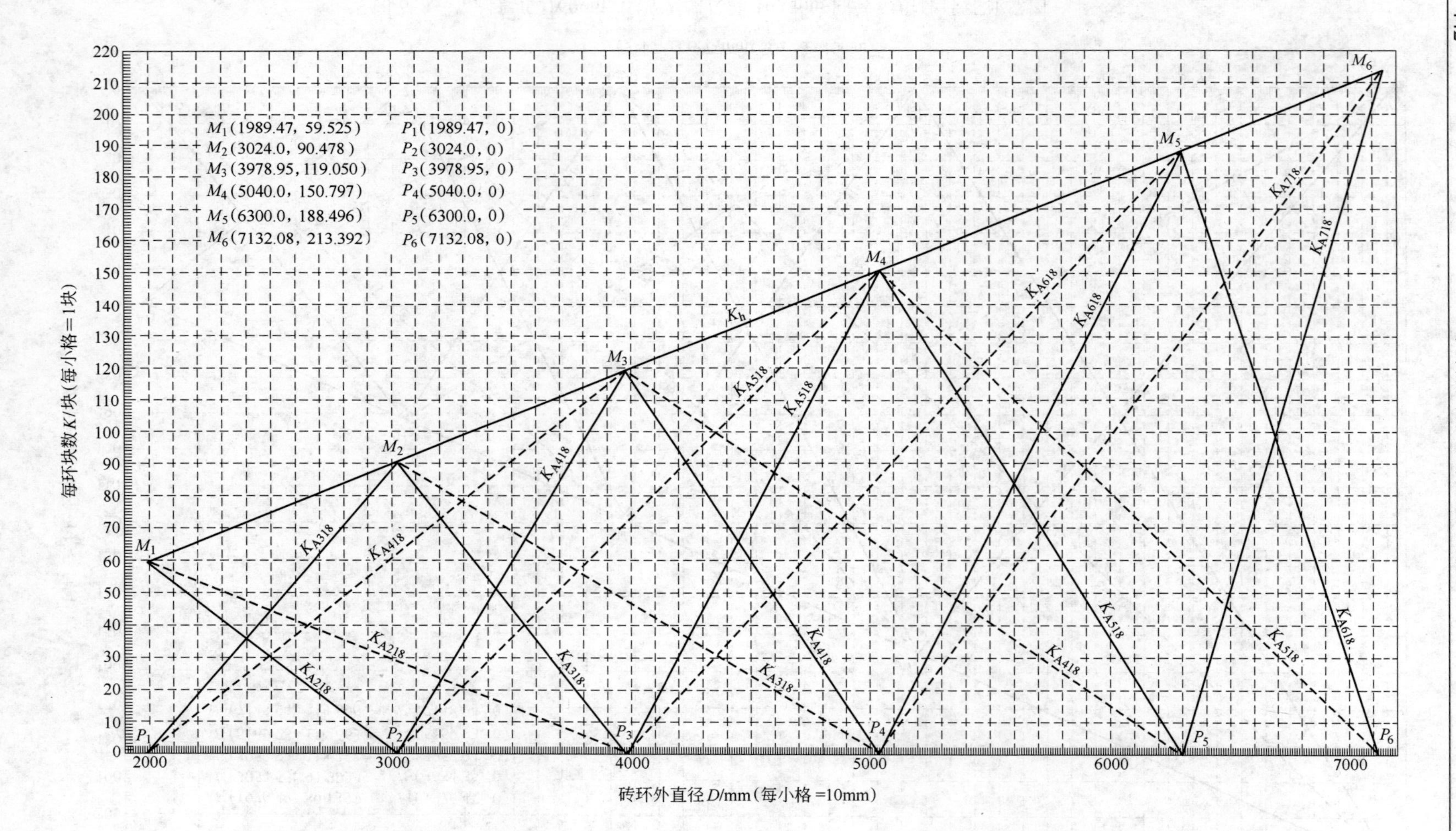

图 6-4　窑衬厚度 180 mm、等大端尺寸 103 mm 回转窑用砖砖环计算图

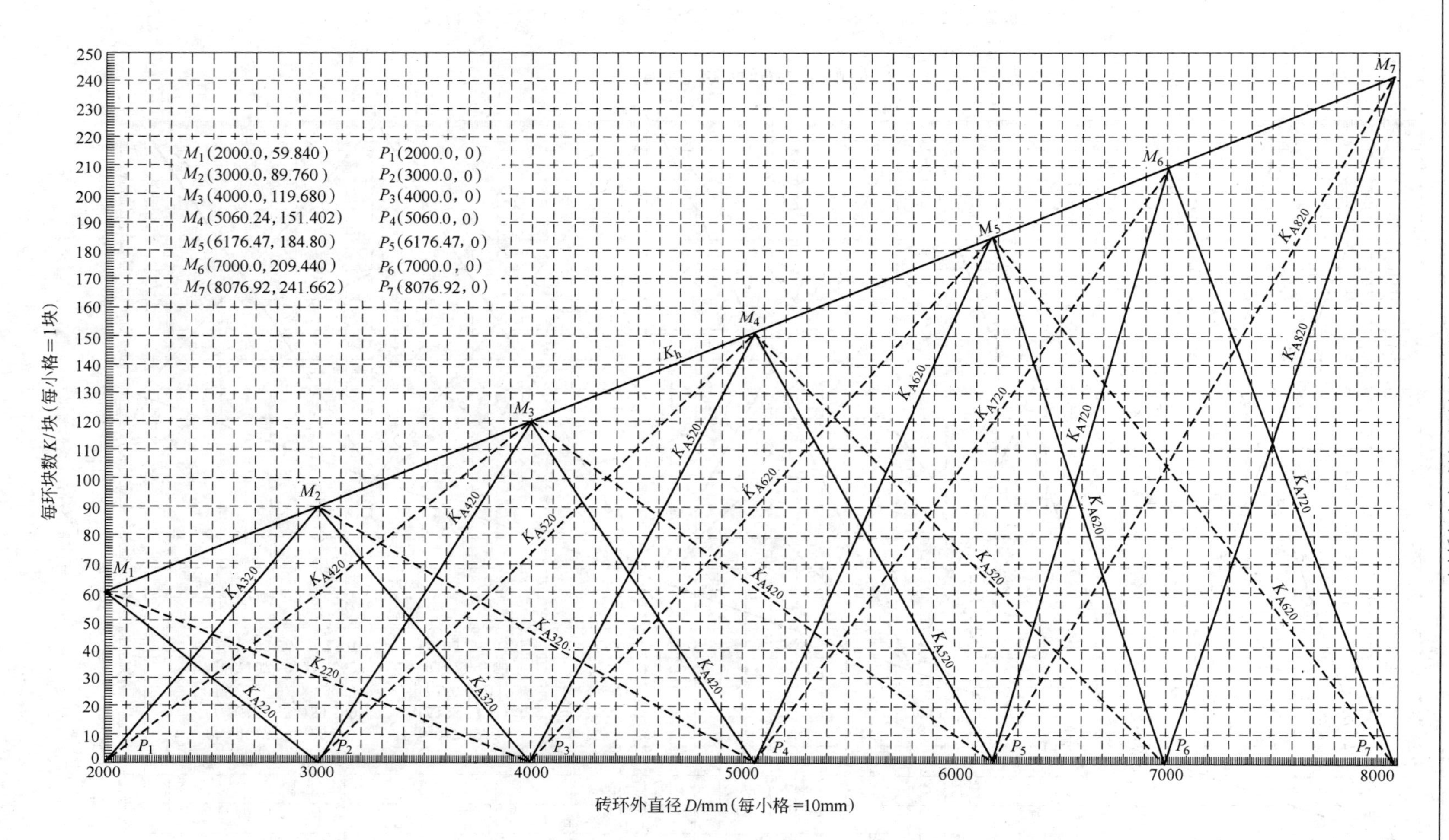

图 6-5 窑衬厚度 200 mm、等大端尺寸 103 mm 回转窑用砖砖环计算图

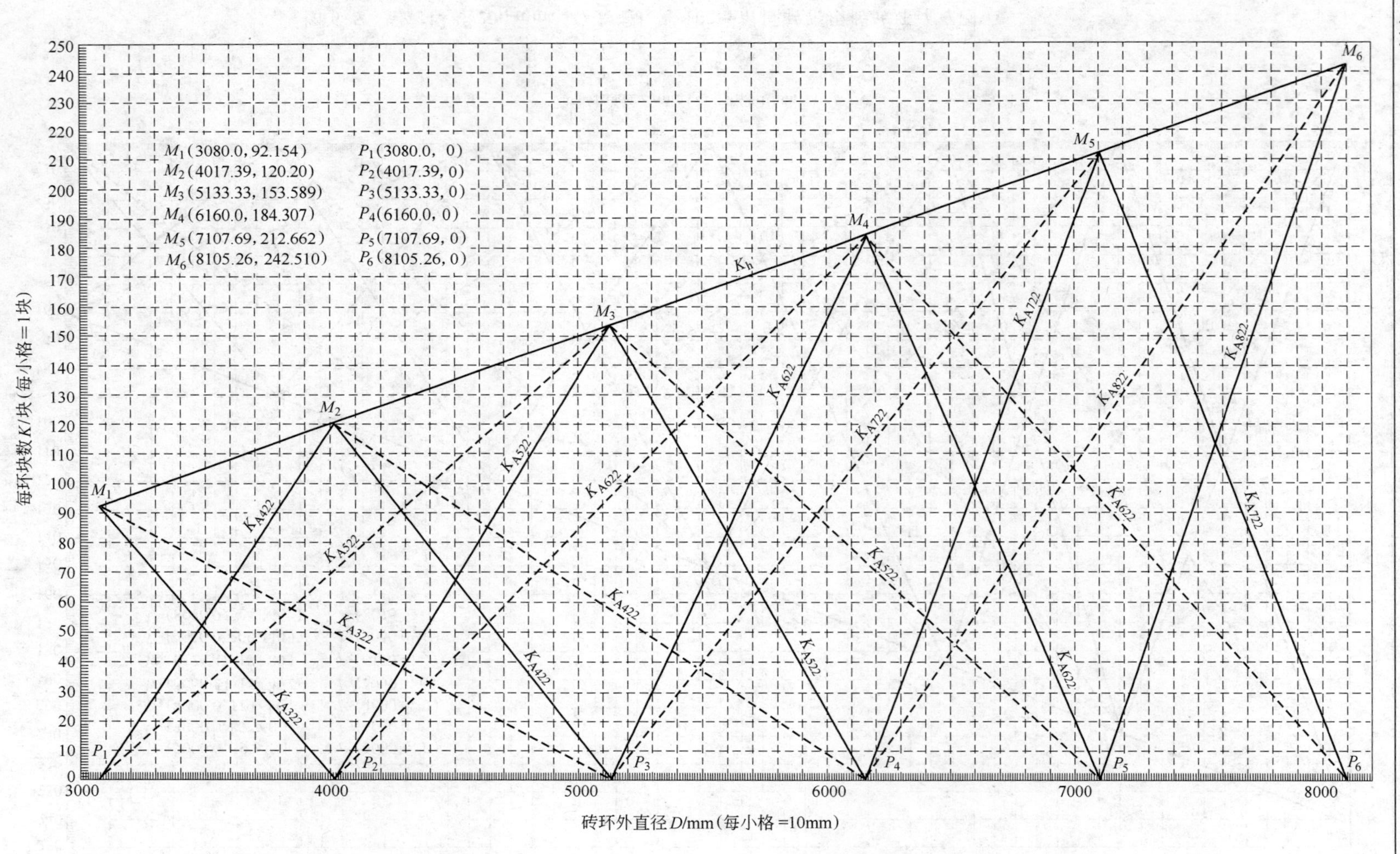

图 6-6　窑衬厚度 220 mm、等大端尺寸 103 mm 回转窑用砖砖环计算图

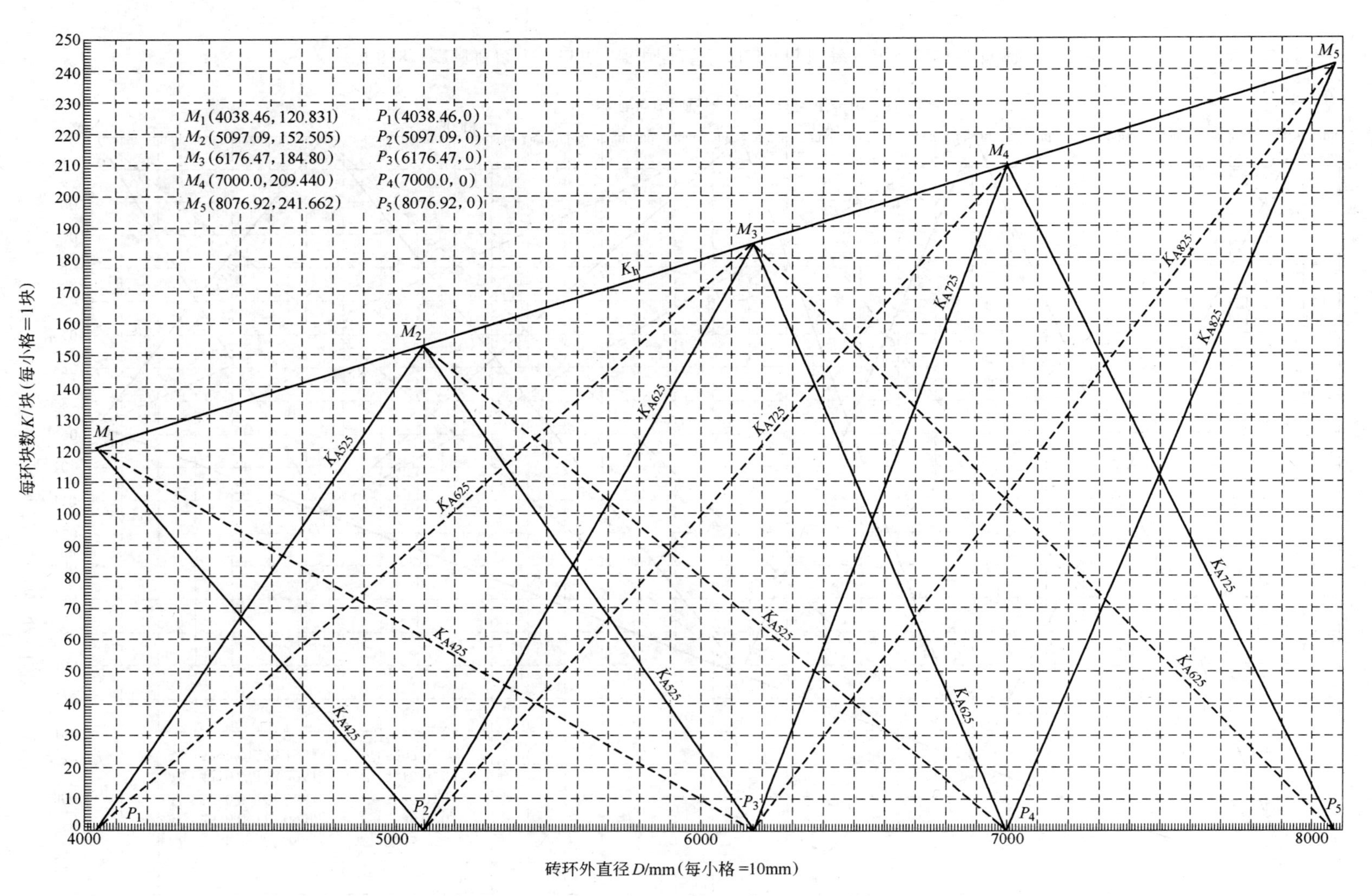

图 6-7 窑衬厚度 250 mm、等大端尺寸 103 mm 回转窑用砖砖环计算图

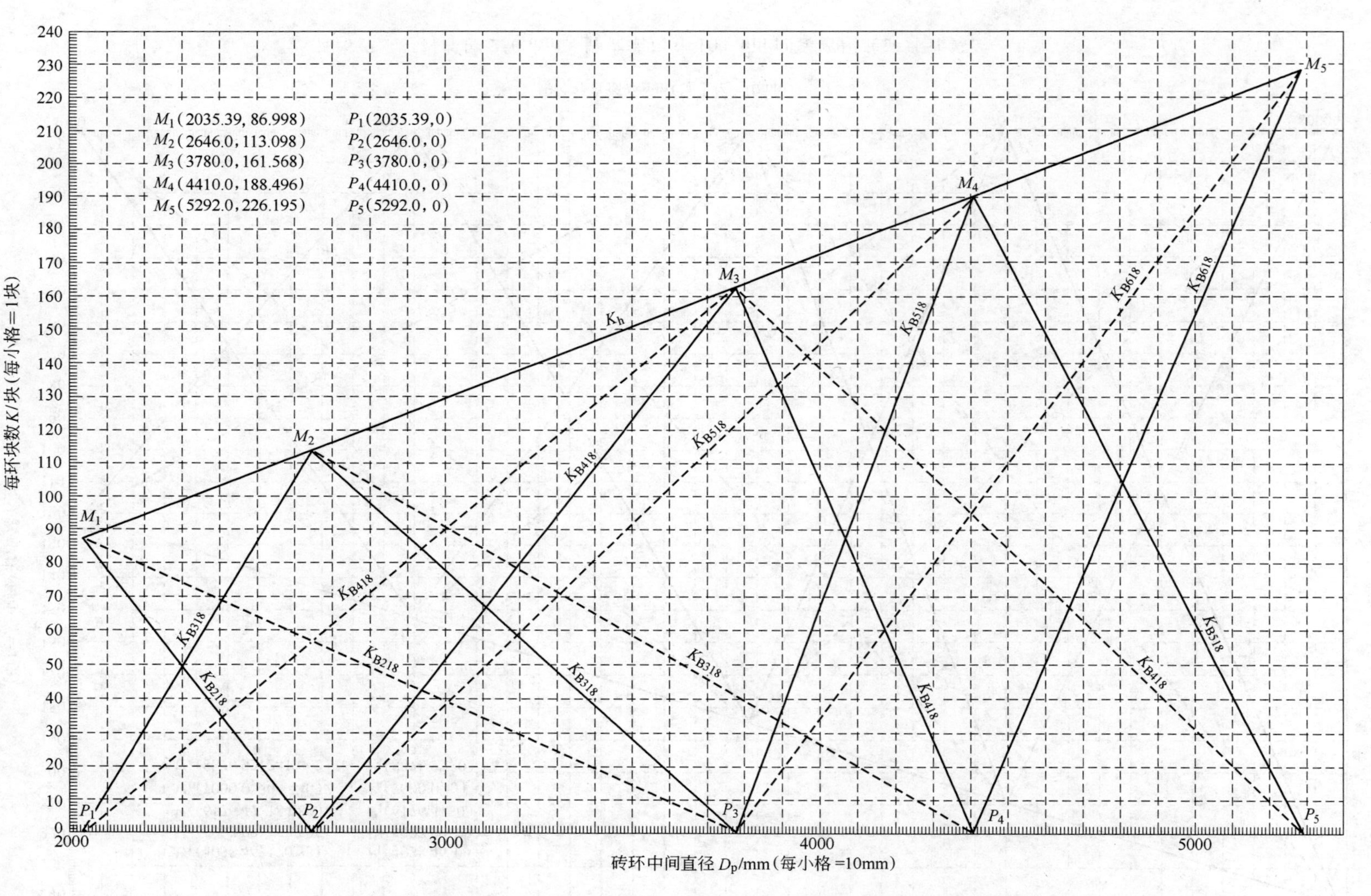

图 6-8　窑衬厚度 180 mm、等中间尺寸 71.5 mm 回转窑用砖砖环计算图

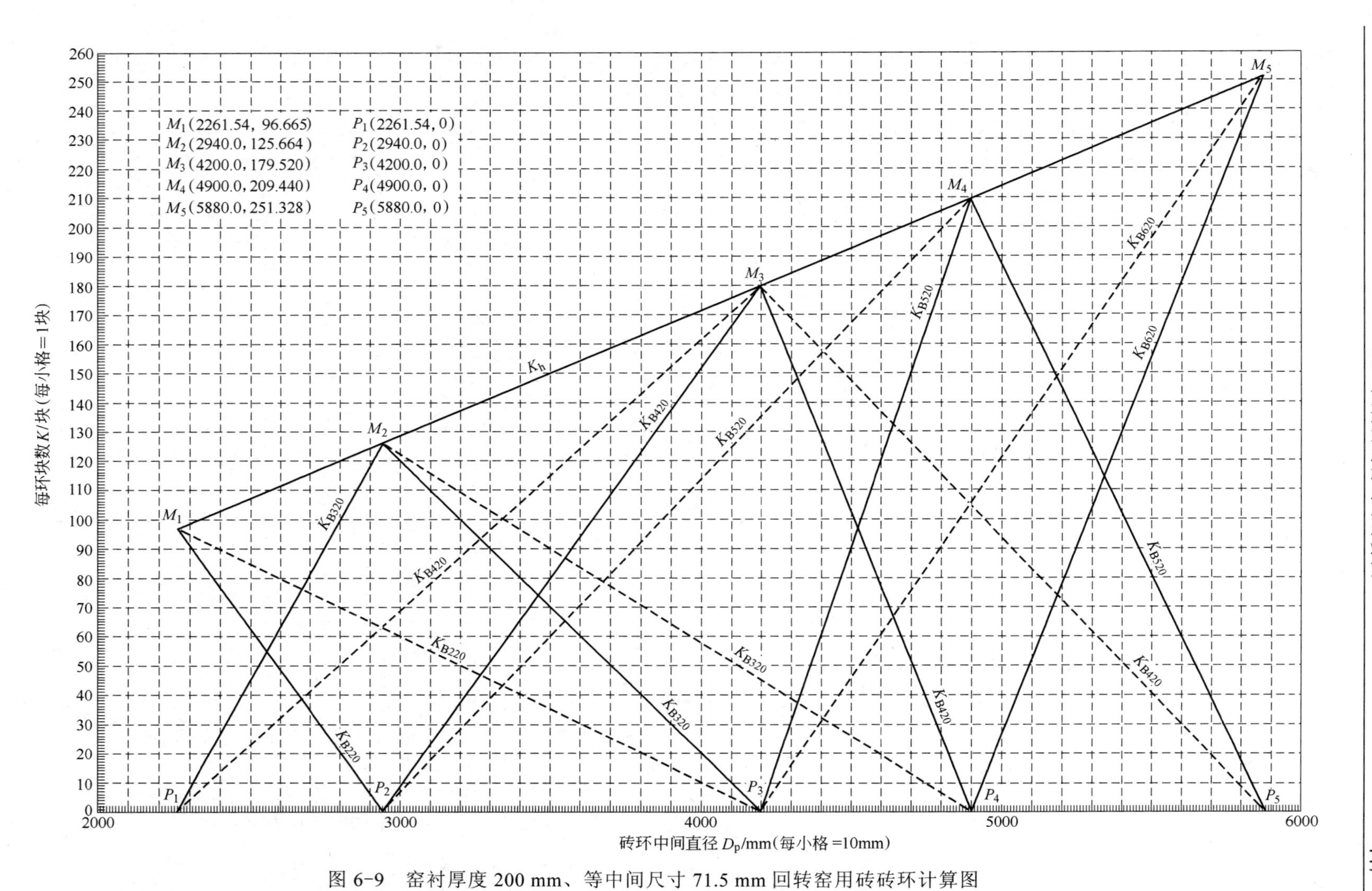

图 6-9　窑衬厚度 200 mm、等中间尺寸 71.5 mm 回转窑用砖砖环计算图

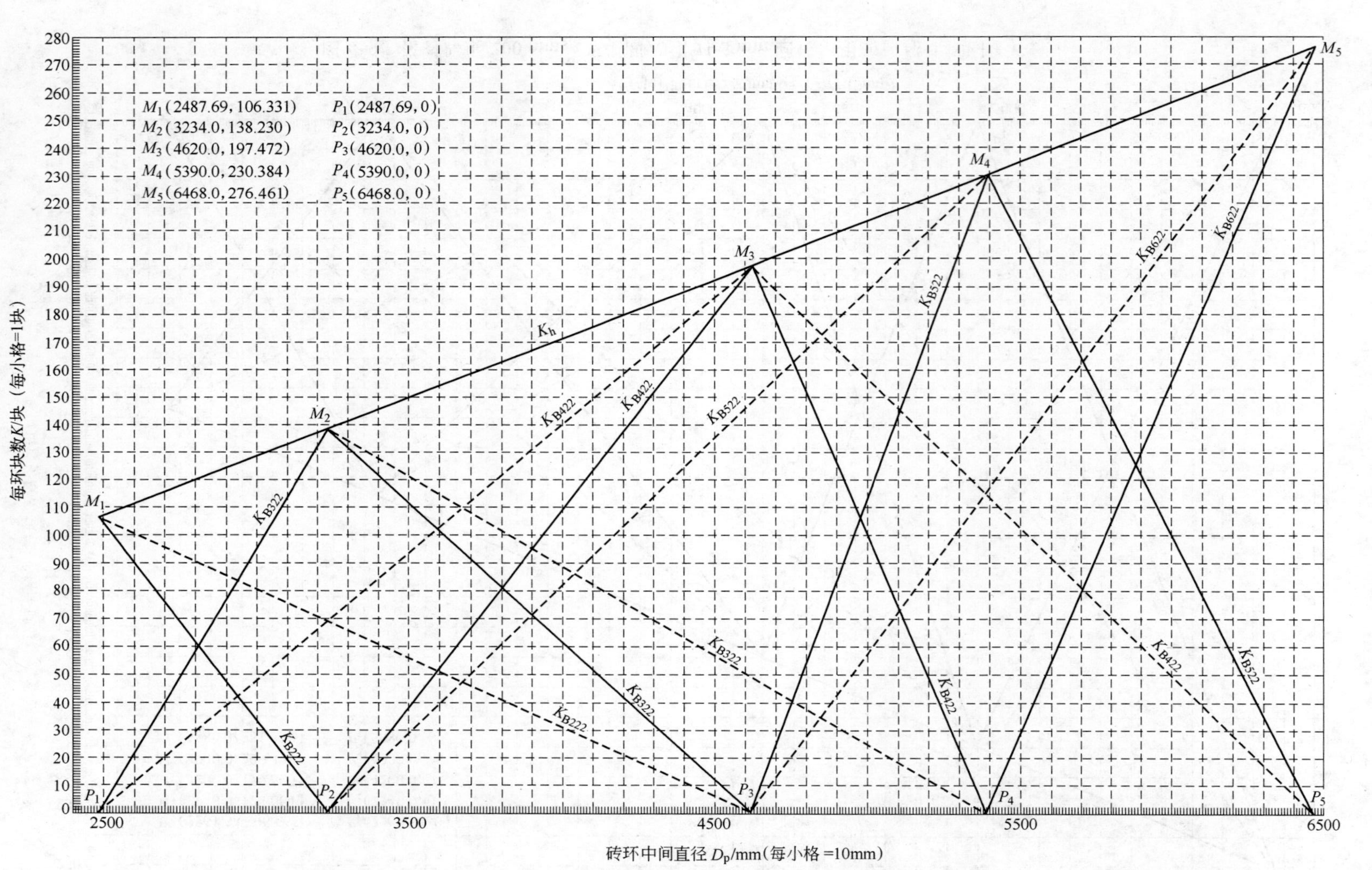

图 6-10　窑衬厚度 220 mm、等中间尺寸 71.5 mm 回转窑用砖砖环计算图

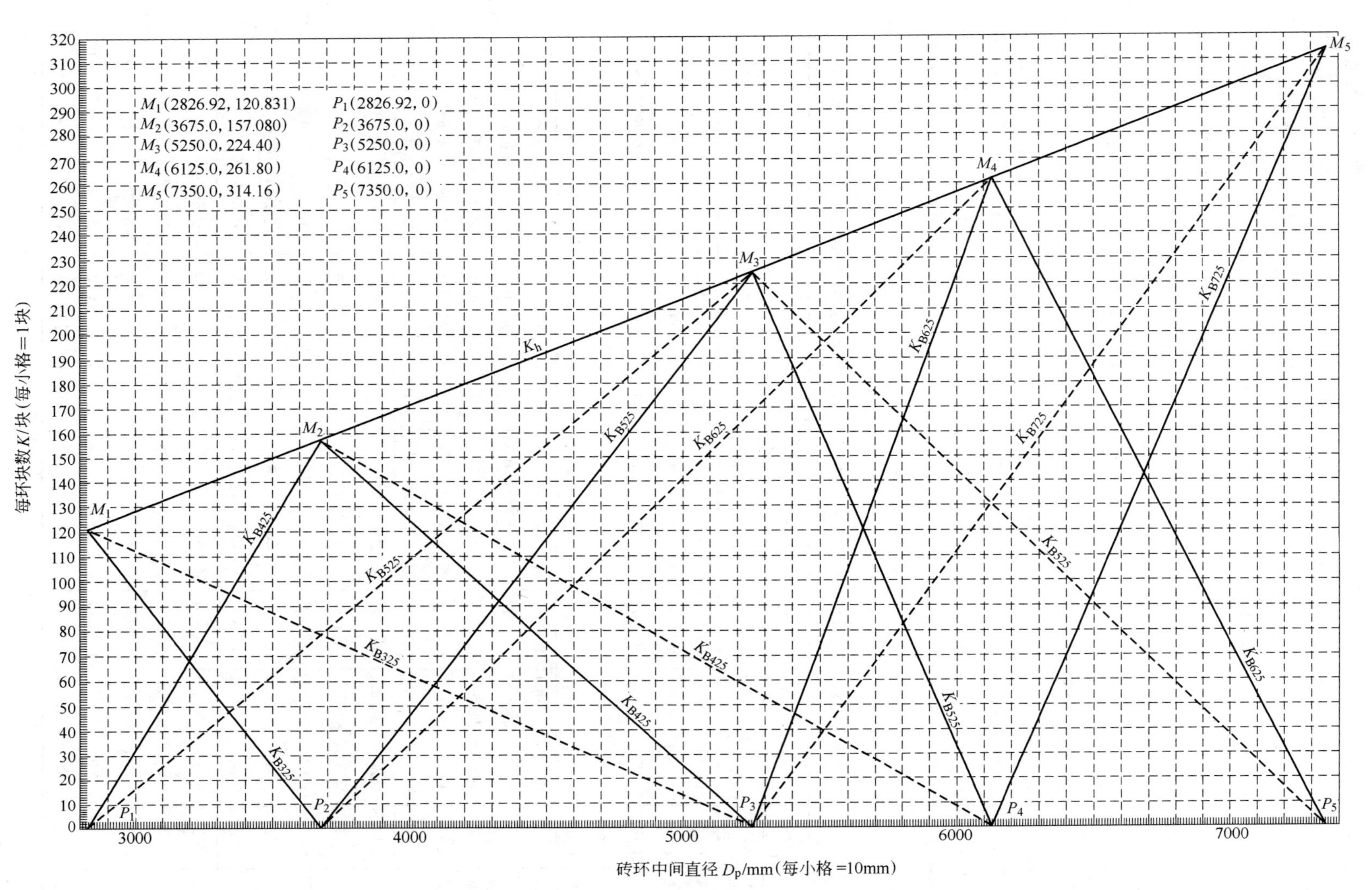

图 6-11 窑衬厚度 250 mm、等中间尺寸 71.5 mm 回转窑用砖砖环计算图

其次，每一配砌方案水平线段上方代表小直径楔形砖的砖量，以线段右端终点为 K_x=0 块，线段左端起点为每环极限砖数 K'_x，将线段均分并画上刻度。例如线段（1）～线段（5）上方的右端终点分别为小直径楔形砖的 0 块点，而左端起点分别为小直径楔形砖 C218、C218、C318、C318 和 C418 的每环极限砖数 75.398 块(K'_{C218})、75.398(K'_{C218})、113.098 块(K'_{C318})、113.098 块(K'_{C318})和 150.797 块(K'_{C418})。每一配砌方案水平线段下方代表大直径楔形砖的数量，以线段左端起点为 0 块点，线段右端终点为其每环极限砖数 K'_d，将其均分并画以刻度。例如线段（1）～线段（5）下方左端起点分别为大直径楔形砖的 0 块点，而右端终点分别为大直径楔形砖 C318、C418、C418、C618 和 C618 的每环极限砖数 113.098 块(K'_{C318})、150.797 块(K'_{C418})、150.797 块(K'_{C418})、226.195 块(K'_{C618})和 226.195 块(K'_{C618})。

按图 6-12 的绘制方法、等中间尺寸 75 mm 回转窑用砖环计算线绘制资料（表 6-24）和等大端尺寸 100 mm 回转窑用砖环计算线绘制资料（表 6-25)，绘制了我国回转窑用砖一系列砖环组合计算线（图 6-13～图 6-20)。用这些组合计算线查例 42 和例 43。

表 6-24 等中间尺寸 75 mm 回转窑用砖砖环计算线绘制资料

配砌砖号		中间直径 /mm		每环极限砖数/块		一块楔形砖直径变化量 /mm		$10(\Delta D_p)'_{lx}$	$10(\Delta D_p)'_{lx}$	图 号
小直径楔形砖	大直径楔形砖	D_{px}	D_{pd}	K'_x	K'_d	$(\Delta D_p)'_{lx}$	$(\Delta D_p)'_{lx}$			
C218	C318	1848.0	2772.0	75.398	113.098	12.2549	8.1699	122.549	81.699	图 6-12-（1）
C218	C418	1848.0	3696.0	75.398	150.797	24.5098	12.2549	245.098	122.549	图 6-12-（2）
C318	C418	2772.0	3696.0	113.098	150.797	8.1699	6.1275	81.699	61.275	图 6-12-（3）
C318	C618	2772.0	5544.0	113.098	226.195	24.5098	12.2549	245.098	122.549	图 6-12-（4）
C418	C618	3696.0	5544.0	150.797	226.195	12.2549	8.1699	122.549	81.699	图 6-12-（5）
C220	C320	2053.33	3080.0	83.776	125.664	12.2549	8.1699	122.549	81.699	图 6-13-（1）
C220	C420	2053.33	4106.67	83.776	167.552	24.5098	12.2549	245.098	122.549	图 6-13-（2）
C320	C420	3080.0	4106.67	125.664	167.552	8.1699	6.1275	81.699	61.275	图 6-13-（3）
C320	C620	3080.0	6160.0	125.664	251.328	24.5098	12.2549	245.098	122.549	图 6-13-（4）
C420	C620	4106.67	6160.0	167.552	251.328	12.2549	8.1699	122.549	81.699	图 6-13-（5）
C222	C422	2258.67	3388.0	92.154	138.230	12.2549	8.1699	122.549	81.699	图 6-14-（1）
C222	C522	2258.67	4517.33	92.154	184.307	24.5098	12.2549	245.098	122.549	图 6-14-（2）
C422	C522	3388.0	4517.33	138.230	184.307	8.1699	6.1275	81.699	61.275	图 6-14-（3）
C422	C722	3388.0	6776.0	138.230	276.461	24.5098	12.2549	245.098	122.549	图 6-14-（4）
C522	C722	4517.33	6776.0	184.307	276.461	12.2549	8.1699	122.549	81.699	图 6-14-（5）
C325	C425	2566.67	3850.0	104.720	157.080	12.2549	8.1699	122.549	81.699	图 6-15-（1）
C325	C525	2566.67	5133.33	104.720	209.440	24.5098	12.2549	245.098	122.549	图 6-15-（2）
C425	C525	3850.0	5133.33	157.080	209.440	8.1699	6.1275	81.699	61.275	图 6-15-（3）
C425	C825	3850.0	7700.0	157.080	314.160	24.5098	12.2549	245.098	122.549	图 6-15-（4）
C525	C825	5133.33	7700.0	209.440	314.160	12.2549	8.1699	122.549	81.699	图 6-15-（5）

表 6-25 等大端尺寸 100 mm 回转窑用砖砖环计算线绘制资料

配砌砖号		外直径 /mm		每环极限砖数/块		一块楔形砖直径变化量 /mm		$10(\Delta D)'_{1x}$	$10(\Delta D)'_{1x}$	图 号
小直径楔形砖	大直径楔形砖	D_x	D_d	K'_x	K'_d	$(\Delta D)'_{1x}$	$(\Delta D)'_{1x}$			
D216	D316	2176.0	3264.0	67.021	100.531	16.2338	10.8225	162.338	108.225	图 6-16-（1）
D216	D416	2176.0	4352.0	67.021	134.042	32.4675	16.2338	324.675	162.338	图 6-16-（2）
D316	D416	3264.0	4352.0	100.531	134.042	10.8225	8.1169	108.225	81.169	图 6-16-（3）
D316	D716	3264.0	6528.0	100.531	201.062	32.4675	16.2338	324.675	162.338	图 6-16-（4）
D416	D716	4352.0	6528.0	134.042	201.062	16.2338	10.8225	162.338	108.225	图 6-16-（5）
D218	D418	2448.0	3672.0	75.398	113.098	16.2338	10.8225	162.338	108.225	图 6-17-（1）
D218	D518	2448.0	4896.0	75.398	150.797	32.4675	16.2338	324.675	162.338	图 6-17-（2）
D418	D518	3672.0	4896.0	113.098	150.797	10.8225	8.1169	108.225	81.169	图 6-17-（3）
D418	D718	3672.0	7344.0	113.098	226.195	32.4675	16.2338	324.675	162.338	图 6-17-（4）
D518	D718	4896.0	7344.0	150.797	226.195	16.2338	10.8225	162.338	108.225	图 6-17-（5）
D320	D420	2720.0	4080.0	83.776	125.664	16.2338	10.8225	162.338	108.225	图 6-18-（1）
D320	D520	2720.0	5440.0	83.776	167.552	32.4675	16.2338	324.675	162.338	图 6-18-（2）
D420	D520	4080.0	5440.0	125.664	167.552	10.8225	8.1169	108.225	81.169	图 6-18-（3）
D420	D820	4080.0	8160.0	125.664	251.328	32.4675	16.2338	324.675	162.338	图 6-18-（4）
D520	D820	5440.0	8160.0	167.552	251.328	16.2338	10.8225	162.338	108.225	图 6-18-（5）
D322	D422	2992.0	4488.0	92.154	138.230	16.2338	10.8225	162.338	108.225	图 6-19-（1）
D322	D622	2992.0	5984.0	92.154	184.307	32.4675	16.2338	324.675	162.338	图 6-19-（2）
D422	D622	4488.0	5984.0	138.230	184.307	10.8225	8.1169	108.225	81.169	图 6-19-（3）
D422	D922	4488.0	8976.0	138.230	276.461	32.4675	16.2338	324.675	162.338	图 6-19-（4）
D622	D922	5984.0	8976.0	184.307	276.461	16.2338	10.8225	162.338	108.225	图 6-19-（5）
D325	D525	3400.0	5100.0	104.720	157.080	16.2338	10.8225	162.338	108.225	图 6-20-（1）
D325	D725	3400.0	6800.0	104.720	209.440	32.4675	16.2338	324.675	162.338	图 6-20-（2）
D525	D725	5100.0	6800.0	157.080	209.440	10.8225	8.1169	108.225	81.169	图 6-20-（3）
D525	D1025	5100.0	10200.0	157.080	314.160	32.4675	16.2338	324.675	162.338	图 6-20-（4）
D725	D1025	6800.0	10200.0	209.440	314.160	16.2338	10.8225	162.338	108.225	图 6-20-（5）

【例 42】 用组合计算线查例 42。

在图 6-12 的上下 D_p=3320.0 mm 处用直尺交于线段（2）、（3）和（4）看出：在线段（2）C218 与 C418 砖环，K_{C218}约为 15.5 块（计算值 15.3 块）和 K_{C418}约 120 块（计算值 120.1 块）。在线段（3）C318 与 C418 砖环，K_{C318}约 46 块（计算值 46.02 块）和 K_{C418}约 89.5 块（计算值 89.44 块）。在线段（4）C318 与 C618 砖环，K_{C318}约 91 块（计算值 90.7 块）和 K_{C618}约 44.5 块（计算值 44.7 块）。

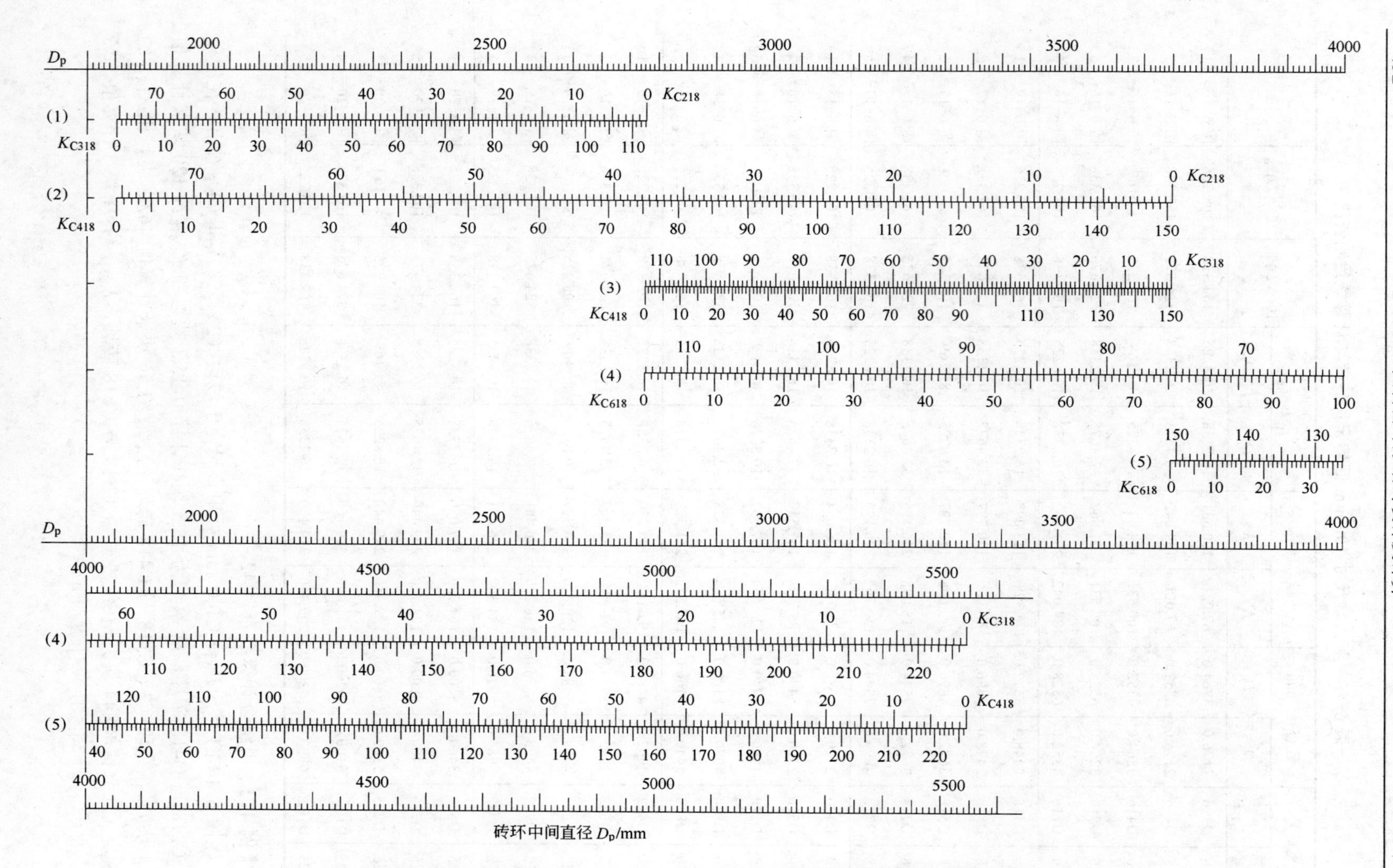

图 6-12　等中间尺寸 75 mm、A=180 mm 回转窑双楔形砖砖环组合计算线

在图 6-17 的上下 D=3500.0 mm 处用直尺交于线段（1）和（2）看到：在线段（1）D218 与 D418 砖环，K_{D218} 约 10.5 块（计算值为 10.6 块）和 K_{D418} 约 97 块（计算值为 97.2 块）。在线段（2）D218 与 D518 砖环，K_{D218} 约 43 块（计算值为 43.0 块）和 K_{D518} 约 65 块（计算值为 64.8 块）。

【例 43】 用组合计算线查例 43。

在图 6-15 的上下 D_p=6250.0 mm 处用直尺交于线段（4）和（5）看出：在线段（4）C425 与 C825 砖环，K_{C425} 约为 59 块（计算值为 59.2 块）和 K_{C825} 约 196 块（计算值为 195.8 块）。在线段（5）C525 与 C825 砖环，K_{C525} 约 118 块（计算值为 118.3 块）和 K_{C825} 约 137 块（计算值为 136.7 块）。

在图 6-20 的上下 D=6500.0 mm 处用直尺交于线段（2）、（3）和（4）看到：在线段（2）D325 与 D725 砖环，K_{D325} 约 9 块（计算值为 9.24 块）和 K_{D725} 约 191 块（计算值为 191.0 块）。在线段（3）D525 与 D725 砖环，K_{D525} 约 27.5 块（计算值为 27.72 块）和 K_{D725} 约 172.5 块（计算值为 172.48 块）。在线段（4）D525 与 D1025 砖环，K_{D525} 约为 114 块（计算值为 114.0 块）和 K_{D1025} 约为 86 块（计算值为 86.24 块）。

从等楔差砖环两楔形砖的每环极限砖数定义式 $K'_x=2\pi A/(C_2-D_2)$ 和 $K'_d=2\pi A/(C_1-D_1)$ 中，由于同组（A 相等）和等楔差 $C_1-D_1=C_2-D_2$，已证明了 $K'_x=K'_d$。这在等楔差楔形砖尺寸和尺寸特征表中早已看出。在等楔差砖环直角坐标图（图 6-21），很容易证明△CDM_2 与△BAP_2 全等，因此 $AB=CD$。直径为 A 的砖环，$AB=K_x$ 和 $AC=K_d$，$AB+AC=K_x+K_d=K_h$。由于 $AB=CD$，$AB+AC=CD+AC=AD=K_h$，D 点所在 M_1M_2 直线必为平行于横轴的总砖数 K_h 直线。就是说在等楔差双楔形砖砖环 $K'_x=K'_d=K_h$，总砖数 K_h 为已知的固定的 K'_x 或 K'_d，不必计算就已知了，所以图 6-21 中总砖数 K_h 水平线段 M_1M_2 可省略。由 $K_x+K_d=K_h$ 知 $K_x=K_h-K_d$，那么只要求出 K_d，K_x 可计算出来。在图 6-21 中已知 AD 和 AC，则 $CD=AD-AC=K_h-K_d$。那么 K_x 直线 M_1P_2 也可省略了。唯一保留的 K_d 直线段 P_1M_2 的起点 P_1 和终点 M_2 反映出砖环的小直径 D_x（小直径楔形砖的外直径）、大直径 D_d（大直径楔形砖的外直径）和总砖数 K_h（也就是 $K'_x=K'_d$）。再将唯一保留的 K_d 直线 P_1M_2 线段投影到水平横轴上，这便是等楔差双楔形砖砖环计算模式线：（1）水平直线段 D_xD_d 上方刻度表示砖环外直径，左端起点 D_x，右端终点 D_d。（2）直线段下方刻度表示大直径楔形砖数量 K_d，起点 0 块对准 D_x，每环极限砖数 K'_d 对准终点 D_d，中间刻度均分。（3）小直径楔形砖数量 K_x 按 $K_x=K_h-K_d=K'_d-K_d$ 计算出来。

为了绘制等楔差 5.0 mm 砖环计算线，特提供我国回转窑等楔差 5.0 mm 砖环计算线绘制资料（见表 6-26），并按图 6-21b 模式和表 6-26 绘制了计算线，见图 6-22 和图 6-23。

【例 44】 由图 6-22 和图 6-23 分别查例 44 的方案 2 和方案 3。

在图 6-22-（3）C620 与 C820 砖环（方案 2）的外直径 8300.0 mm 查得 K_{C820} 约为 230 块（计算值 230.0 块），K_{C620} 计算为 251.328−230=21.3 块。

在图 6-23-（3）D820 与 D1020 砖环（方案 3）的外直径 8300.0 mm 处查得 K_{D1020} 约为 21.5 块（计算值 21.56 块），K_{D820} 计算为 251.328−21.5=229.8 块。

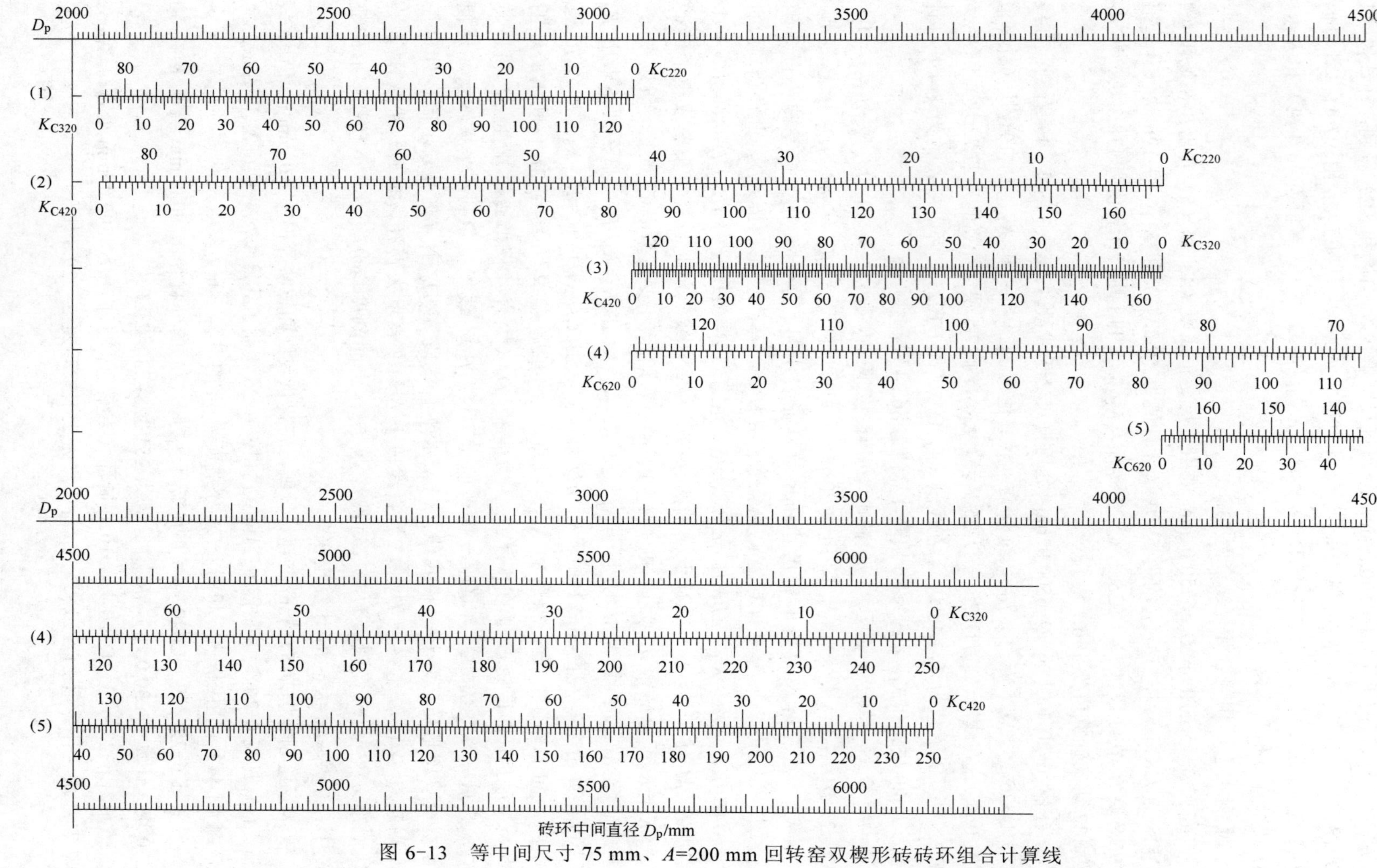

图 6-13　等中间尺寸 75 mm、A=200 mm 回转窑双楔形砖砖环组合计算线

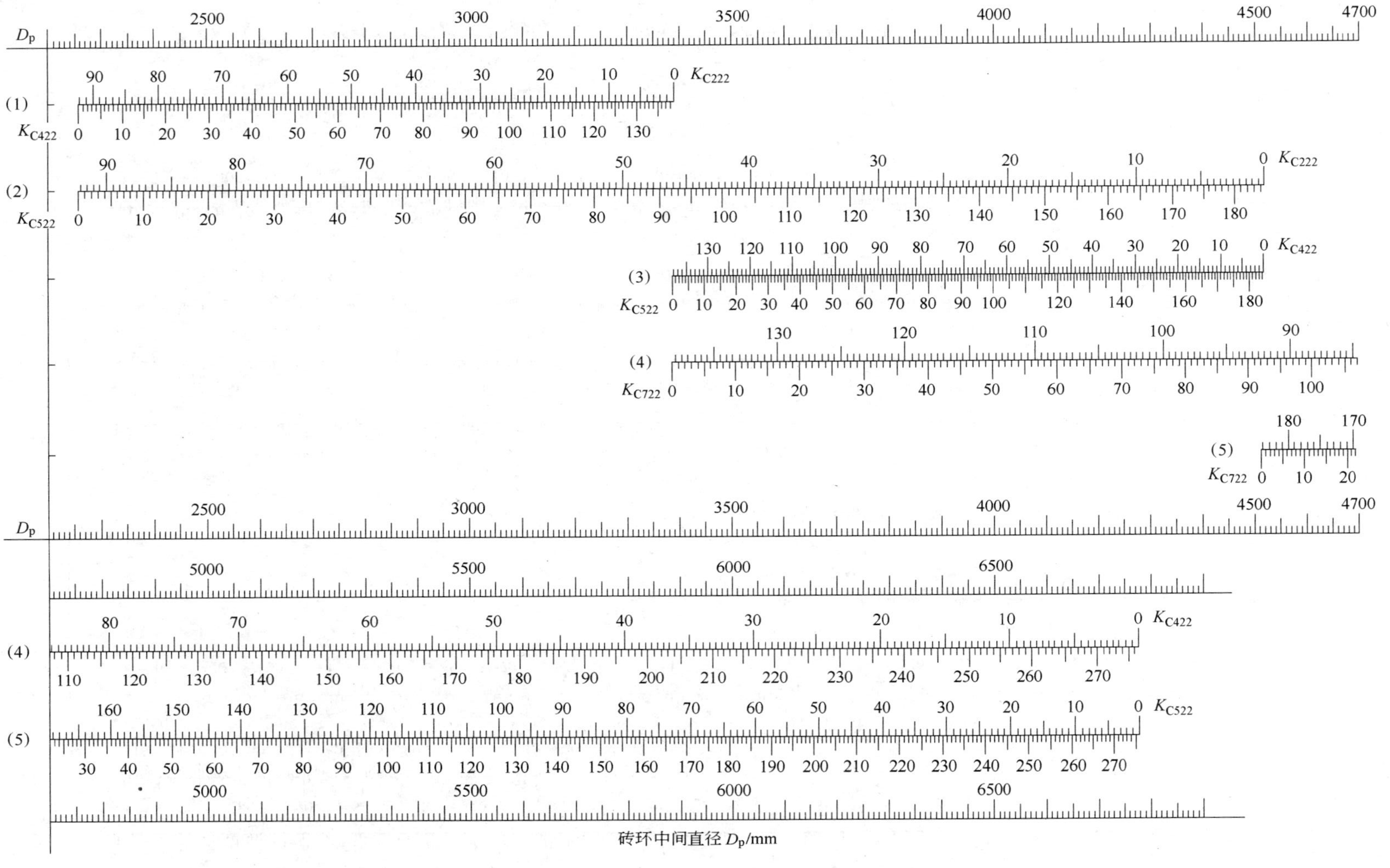

图 6-14　等中间尺寸 75 mm、A=220 mm 回转窑双楔形砖砖环组合计算线

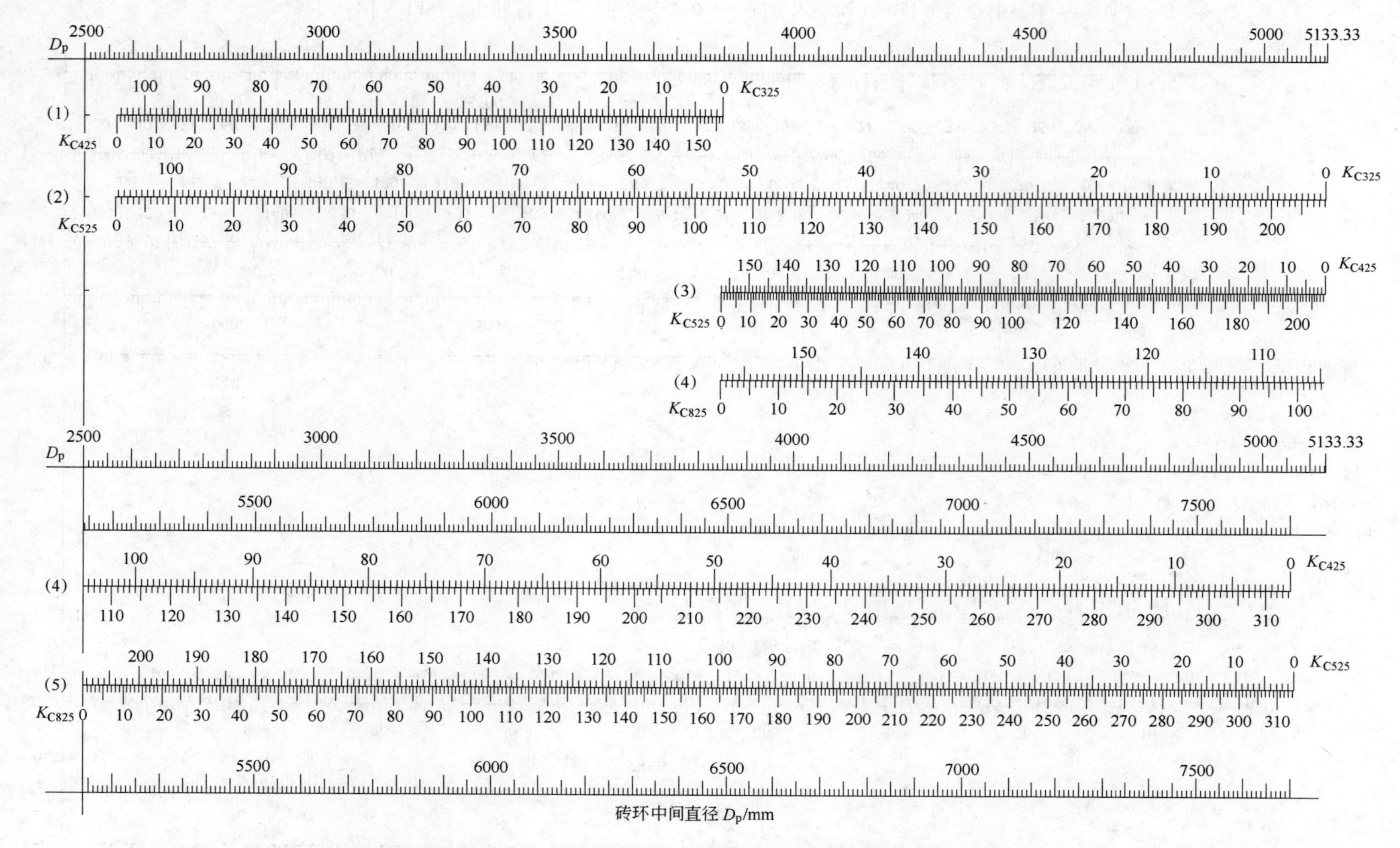

图 6-15　等中间尺寸 75 mm、A=250 mm 回转窑双楔形砖环组合计算线

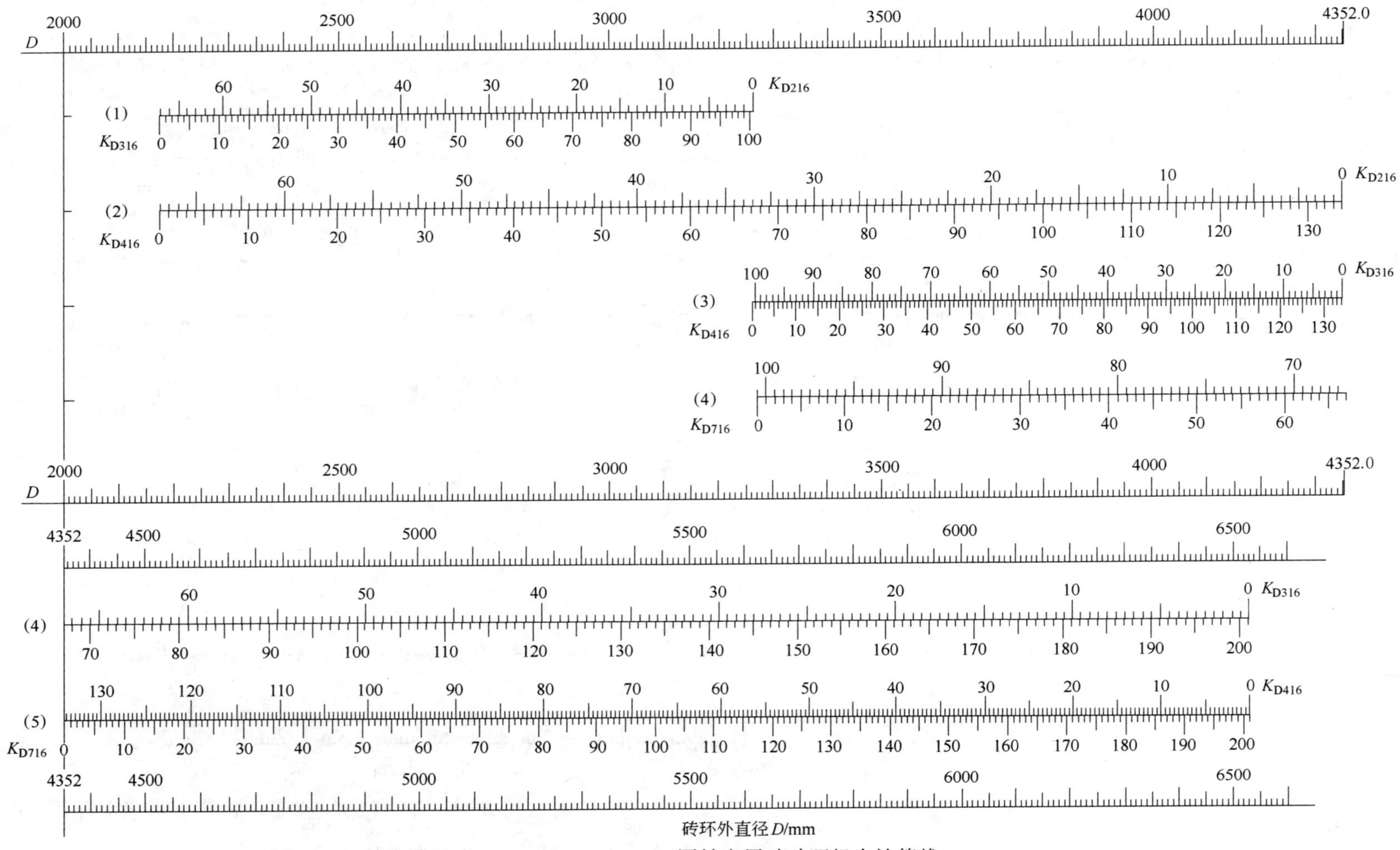

图 6-16　等大端尺寸 100 mm、A=160 mm 回转窑用砖砖环组合计算线

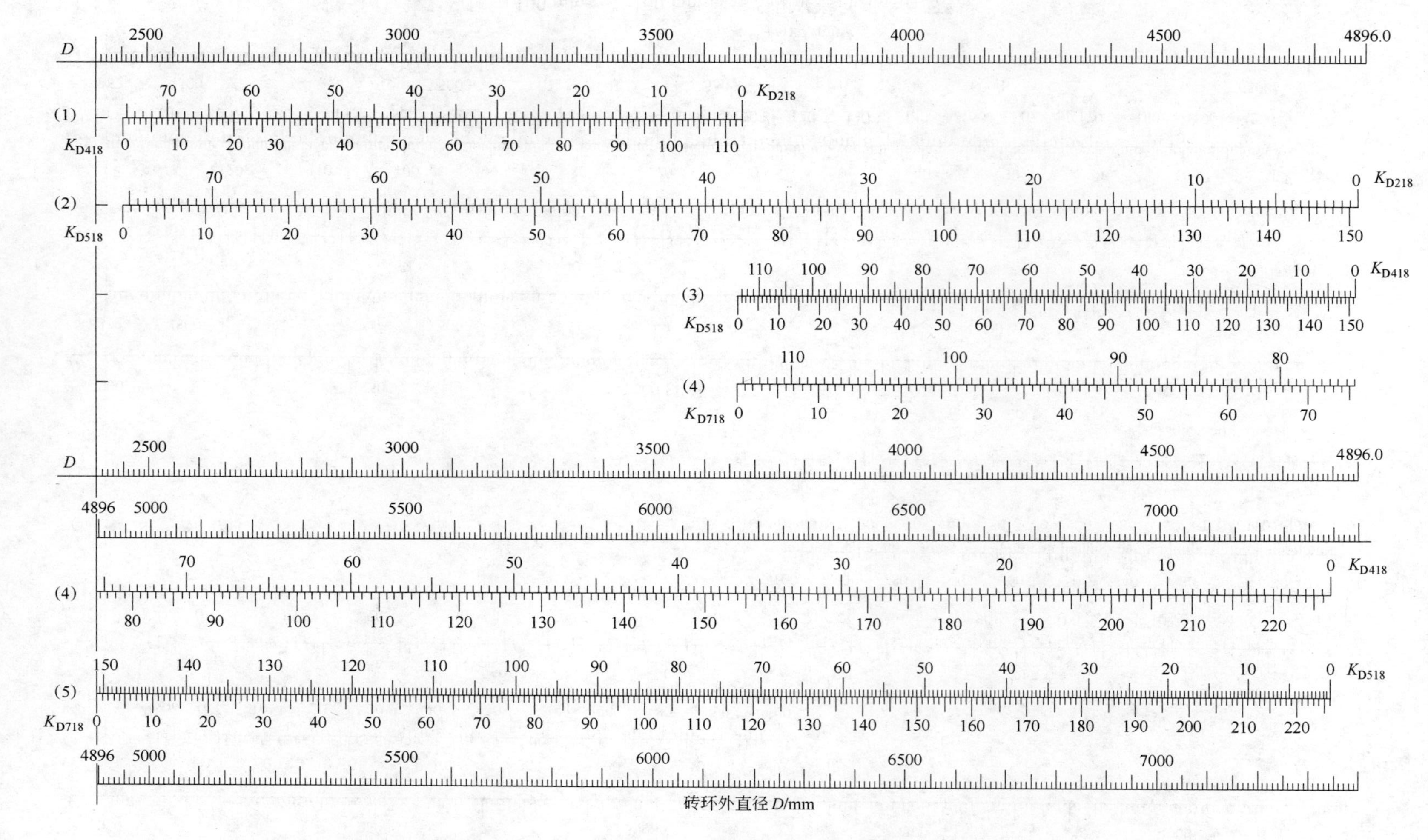

图 6-17　等大端尺寸 100 mm、A=180 mm 回转窑用砖砖环组合计算线

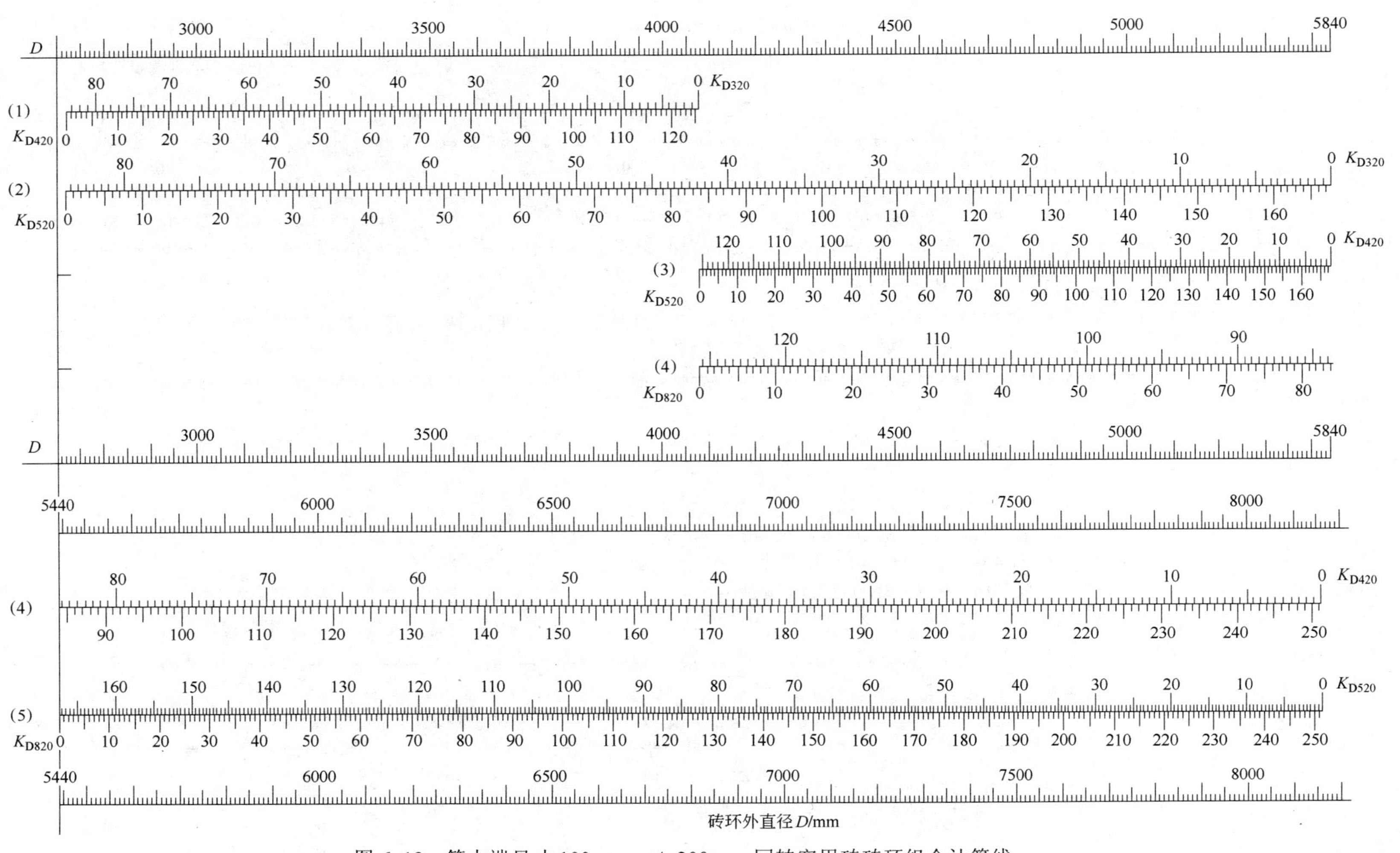

图 6-18 等大端尺寸 100 mm、A=200 mm 回转窑用砖砖环组合计算线

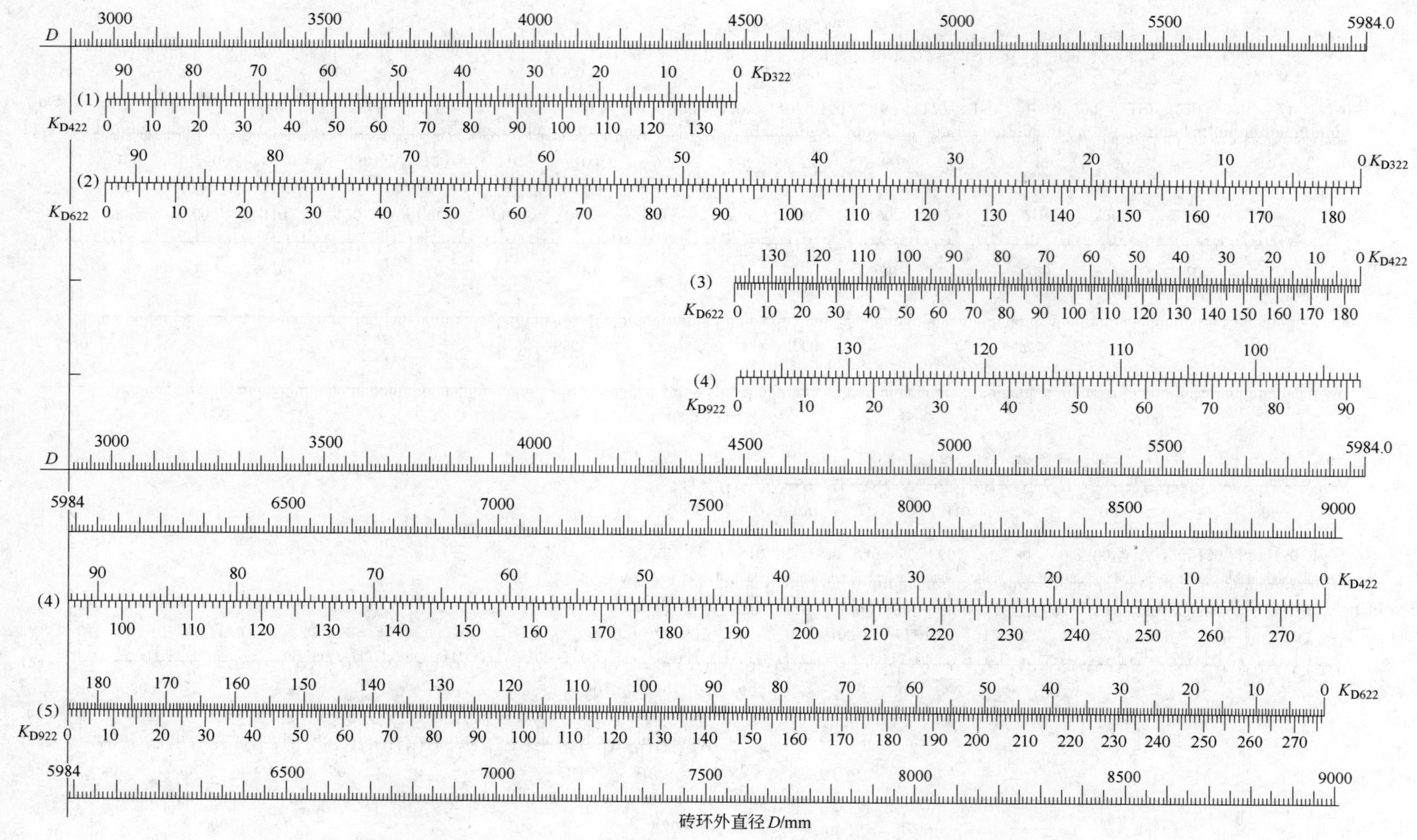

图 6-19　等大端尺寸 100 mm、A=220 mm 回转窑用砖砖环组合计算线

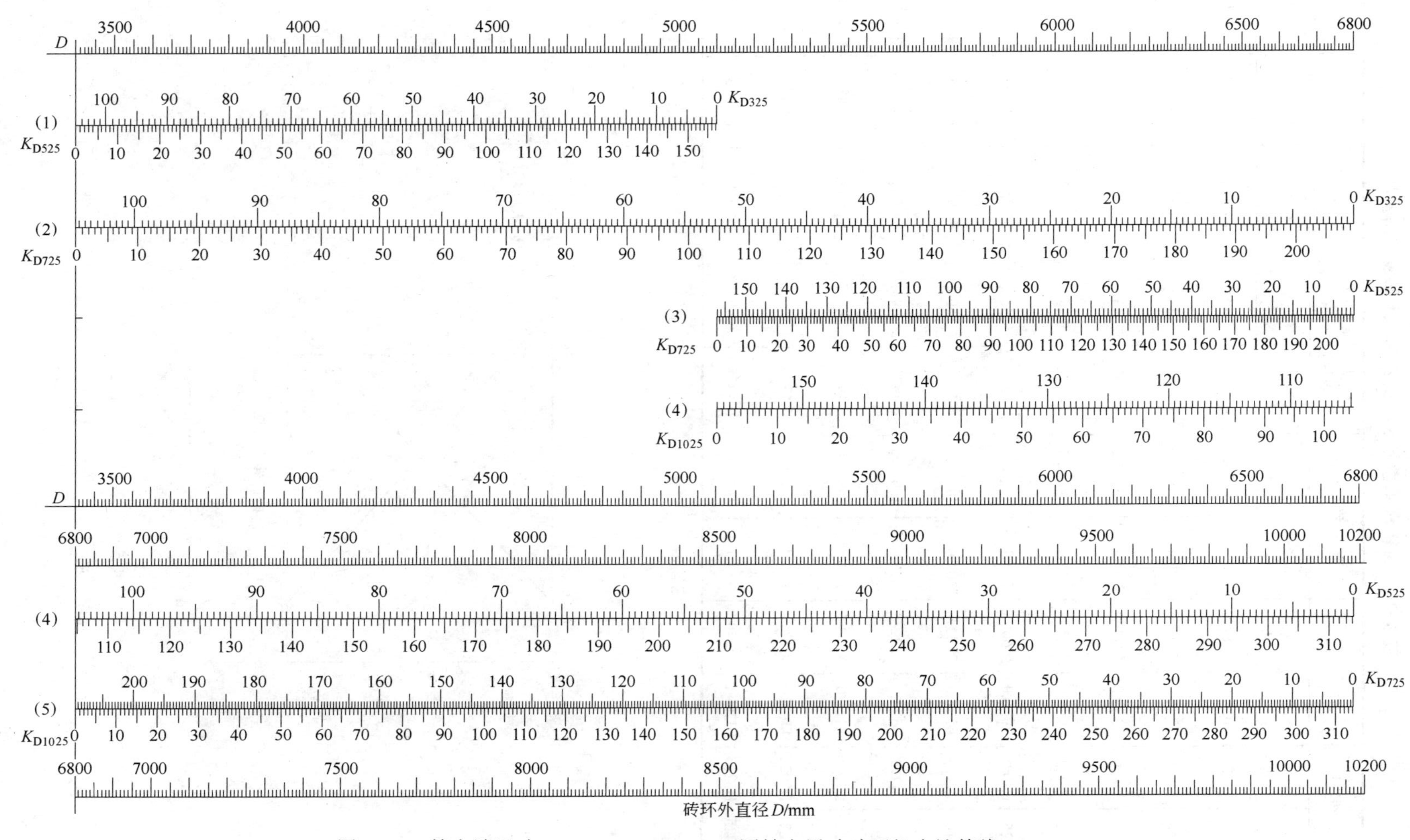

图 6-20 等大端尺寸 100 mm、A=250 mm 回转窑用砖砖环组合计算线

表 6-26　回转窑等楔差 5.0 mm 砖环计算线绘制资料

配砌砖号		外 直 径		每环极限砖数/块		一块楔形砖直径变化量 /mm		$10(\Delta D)'_{lx}$	$10(\Delta D)'_{lx}$	图　号
小直径楔形砖	大直径加厚砖	D_x	D_d	K'_x	K'_d	$(\Delta D)'_{lx}$	$(\Delta D)'_{lx}$			
C516	C716	5088.0	6784.0	201.062	201.062	8.4352	8.4352	84.352	84.352	图 6-22-(1)
C618	C818	5724.0	7632.0	226.195	226.195	8.4352	8.4352	84.352	84.352	图 6-22-(2)
C620	C820	6360.0	8480.0	251.328	251.328	8.4352	8.4352	84.352	84.352	图 6-22-(3)
C722	C922	6996.0	9328.0	276.461	276.461	8.4352	8.4352	84.352	84.352	图 6-22-(4)
C825	C1025	7950.0	10600.0	314.160	314.160	8.4352	8.4352	84.352	84.352	图 6-22-(5)
D716	D816	6528.0	7833.6	201.062	201.062	6.4935	6.4935	64.935	64.935	图 6-23-(1)
D718	D918	7344.0	8812.8	226.195	226.195	6.4935	6.4935	64.935	64.935	图 6-23-(2)
D820	D1020	8160.0	9792.0	251.328	251.328	6.4935	6.4935	64.935	64.935	图 6-23-(3)
D922	D1022	8976.0	10771.0	276.461	276.461	6.4935	6.4935	64.935	64.935	图 6-23-(4)
D1025	D1225	10200.0	12240.0	314.160	314.160	6.4935	6.4935	64.935	64.935	图 6-23-(5)

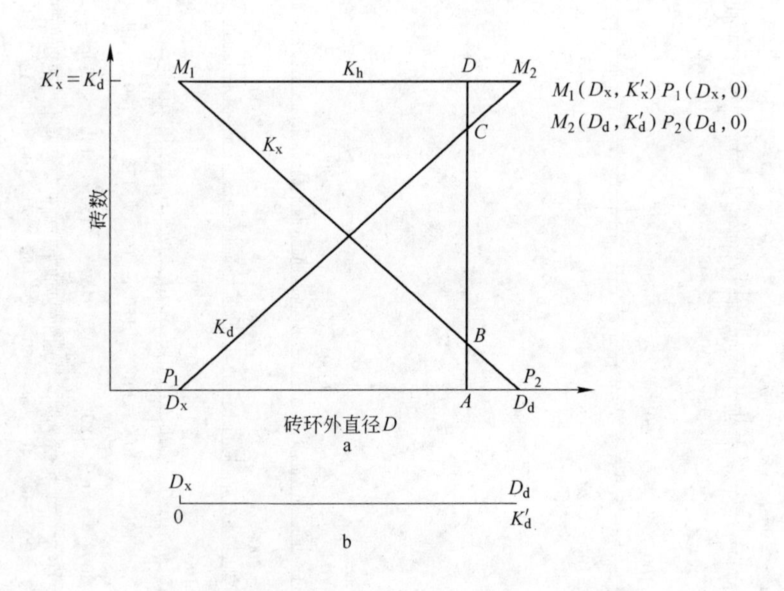

图 6-21　等楔差砖环直角坐标计算模式图（a）和计算模式线（b）

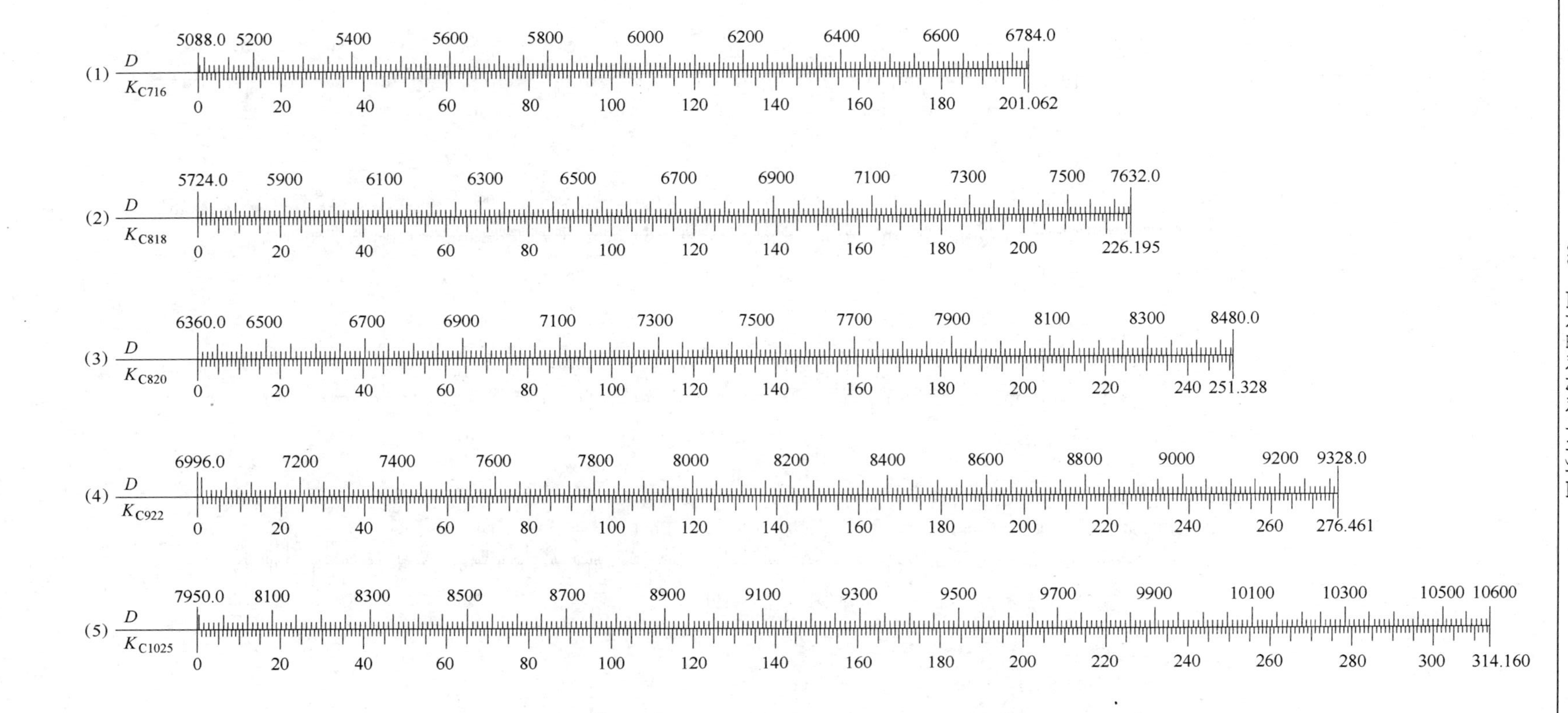

图 6-22 回转窑等楔差 5.0 mm 砖环计算线之一

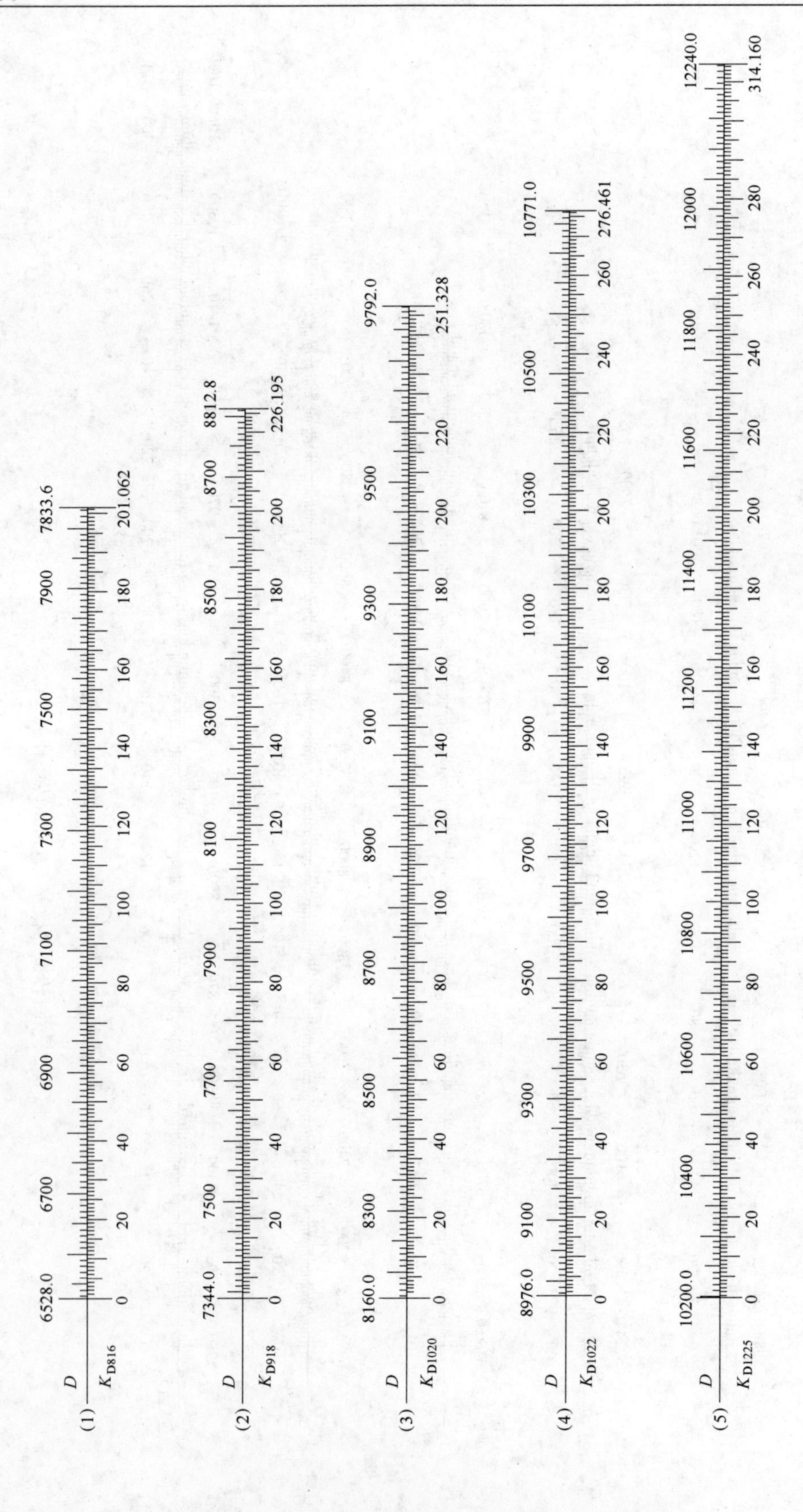

图 6-23　回转窑等楔差 5.0 mm 砖环计算线之二

思考题

1．回转窑用扇形砖的优缺点有哪些？为什么它会被厚楔形砖取代？

2．比较环砌法与交错砌法回转窑衬的优缺点，找出现代回转窑衬多采用环砌法的原因。

3．为什么回转窑用砖称作厚楔形砖？为什么厚楔形砖的宽度尺寸统一为 198 mm？

4．为什么回转窑用厚楔形砖的大面扭曲和宽度尺寸 B 的允许偏差要求较严？

5．为什么回转窑衬必须采用双楔形砖砖环？

6．我国等中间尺寸 75 mm 回转窑用砖的尺寸，比国际标准有哪些改进？

7．怎样在不减小楔差的条件下增大回转窑用砖的外直径？

8．为什么对最大外直径回转窑用砖楔差的允许偏差要求±1 mm？

9．为什么对回转窑砖环的锁砖特别重视？有哪些措施体现对它的重视？

10．为什么双楔形砖砖环中国简化计算式适用于等大端尺寸、等中间尺寸或不等端尺寸回转窑砖环的计算？

11．比较我国等大端尺寸 100 mm 回转窑衬双楔形砖砖环规范通式（或简易计算式）与国际标准等大端尺寸 103 mm 回转窑衬双楔形砖砖环计算式，从中找出我国方案的优点。

12．比较我国等中间尺寸 75 mm 回转窑衬双楔形砖砖环规范通式（或简易计算式）与国际标准等中间尺寸 71.5 mm 回转窑衬双楔形砖砖环计算式，从中找出我国方案的优点。

13．等楔差双楔形砖砖环有哪些特点？回转窑衬为什么会采用等楔差双楔形砖砖环？

14．怎样比较和选择回转窑衬不同配砌方案？

15．您认为包括各种配砌方案全貌和砖量的回转窑衬砖量表（表 6-23）有必要吗？请编制 A=200 mm、 220 mm 和 250 mm 回转窑衬配砌方案和砖量表。

16．怎样绘制回转窑衬组合计算线？它有什么优点？

17．请叙述回转窑由等楔差砖环直角坐标计算图演变到计算线的过程。

18．请理解并定义下列术语：扇形砖、厚楔形砖、环砌、交错砌、环缝、横向缝、纵向缝、锁砖、打入锁砖、等楔差砖环。

附　　录

本附录介绍高炉、转炉和回转窑内衬设计、砌筑和生产维护过程中，能够代表当今我国炉窑设计、耐火材料、施工技术力量等方面水平的信息，以更好地满足读者的要求，服务读者。

武汉威林炉衬材料有限责任公司

武汉威林炉衬材料有限责任公司是从事耐火材料和冶金炉料开发与应用的高新技术企业。在武汉、荆州、安徽、广西等地自主拥有生产和试验基地，基地面积达200亩。公司具有耐火材料生产所需的机械设备和热工设备，并拥有较为完善的检测中心和一支科研队伍。公司产品已成功地应用于宝钢、武钢、马钢、鄂钢、天津大无缝、涟钢、湘钢、承钢、柳钢、新余钢厂、达钢、四川川威集团等多家大中型企业。

公司经营产品分为四大类：

（1）长寿命风管。开发出整体风管构件，由钢结构（波纹管、弯头、直吹管）及内衬耐火材料组成一个整体。开发出的长寿命风管具有防灌渣；表皮温度低，有利于保持风温；良好的密封性能，不漏风、不发红；使用寿命一年以上等优点。

（2）高温节能衬体。高温节能衬体是采用新的设计思路和新材料，有效降低衬体散热损失，减少能源消耗。其衬体结构设计合理，厚度减薄，重量减轻；衬体高温体积稳定，使用寿命长，能够安全的应用于高温炉窑和热工设备。

（3）高炉长寿咨询、诊断、维护。具备高炉、热风炉等工业窑炉状态管理技术咨询和大修或改造工程咨询、检测和诊断、日常维护和局部专项维修能力，可为高炉长寿提供包括技术咨询、炉体检测、维修、施工及维护材料的总包服务。能够进行高炉本体（铁口、风口、炉缸、炉身）压力灌浆、硬质造衬、热态喷涂、冷却壁修复（针对软水密闭循环系统损坏的冷却壁），热风炉炉体、管道的维修处理。

（4）不定形耐火材料和定型制品。能够按设计要求生产浇注料、喷射料、捣打料、灌浆料、系列耐火泥浆等各种不定形材料，并能生产黏土砖、高铝砖、铝碳化硅砖，产品应用于炼铁、炼钢、轧钢等系统。能够对铁水包、鱼雷罐、钢包、中间包、转炉进行设计、材料、施工、维护等整体承包，实施交钥匙工程。拳头产品有：（1）接缝料。用于钢包和中间包，具有存放时间长、开盖即用、使用过程中不渗钢不漏钢的特点。（2）高炉用碳素捣打料。具有良好的常温施工性能，导热系数在 20W/（m·K）以上。（3）高炉用石墨胶泥、复合胶泥、冷却板胶泥。和宝钢共同申报了专利，申请号分别为2006102245521、2006100245502、2006100245536。（4）热工设备。提供中包盖、钢包盖、烧嘴等热工设备。

中国第一冶金建设有限责任公司工业炉工程公司

中国第一冶金建设有限责任公司工业炉工程公司创建于 1956 年，座落在武汉市工业重镇——青山区。主要以大型工业焦炉、高炉、加热炉、干熄焦等系统工程，喷涂、工业烟囱、电视塔、跨越塔等高层构筑物施工为主，兼营耐酸防腐工程、路桥工程、土方工程、钢结构及环保除尘设备制作、安装的国家一级企业，年施工能力达 10 亿元以上。

公司秉承“干一项工程，树一座丰碑，交一批朋友，拓一片市场”的经营理念，以优异的施工质量、良好的社会信誉取信于业主，施工范围遍布全国 26 个省、市、自治区。代表建筑产品有：荣获鲁班奖的武钢五号高炉、高速线材工程和天津大无缝钢管厂工程；能效比国内最佳的武钢七、八号焦炉；号称“神州第一炉”的武钢大型环型炉；曾誉为“亚洲桅杆”的湖北龟山电视塔；全国第一座捣固焦炉（介休茂胜 4.3 m 焦炉）、全国技术最先进最大捣固焦炉（唐山佳华 6.25 m 焦炉），国内拥有自主知识产权的首座 7m 焦炉（邯钢新区 4 座 7 m 焦炉），国内首座超大容积焦炉（山东兖矿 7.63 m 焦炉），环保产业的深圳龙岗垃圾焚烧炉，河南新安铝厂焙烧炉，美丽具有现代设备和工艺的扬州近 3 万平方米的钢结构工业厂房（中冶京诚），以及宛若一本翻开高雅书页的 21 层景德镇焦中大厦等建筑。

近年来，工业炉公司不断拓展海外市场，先后承建了德国高炉拆除工程、印度烧结及焦炉工程、南非焦炉工程、越南烧结工程、巴西焦炉工程等。

武钢五号高炉全景(获鲁班奖)

武钢7.63m焦炉　　柳钢干熄焦

自 1996 年以来工业炉公司所承建和参建的工程共有 5 项工程获中国建筑工程鲁班奖，5 项工程获冶金工业部质量样板工程，10 项工程获全国冶金优质工程，3 项工程获中冶集团优质工程奖，7 项工程获湖北省武汉市优良样板工程。

在工程产品取得丰硕成果的同时，工业炉公司一直注重科技创新工作，进入新世纪以来共有 4 项工法获国家级工法，15 项工法获省部级工法，50 多项专利及多项科技成果、论文、技术开发项目获奖和受到表彰，其中超大容积焦炉绿色安装施工新技术获国家财政部支助。

1999～2002 年度连续两届被湖北省评为文明单位，2003～2008 年度连续三届六年被授予湖北省最佳文明单位称号，2007 年荣获武汉市首批“武汉市劳动关系和谐企业”称号，2008 年被评为“湖北省企业改革开放三十年优秀示范单位”，2009 年被授予“湖北省工人先锋号”、“湖北省五一劳动奖状”荣誉称号。

荆州市银泰高温节能材料有限公司

荆州市银泰高温节能材料有限公司是专业从事高温隔热材料研发与生产的技术型企业，拥有丰富的高温隔热材料生产经验。公司现占地面积 30000 m^2，总资产 2000 万元，拥有高温隧道窑以及整套的破碎、粉磨与成型系统。公司建立起完善的质量控制体系和质量保证体系，并通过 ISO9001 质量体系认证，公司技术中心具备可靠的质量检测检验手段，实验室检测设备齐全，为生产高质量的高温隔热材料提供了强有力的技术支撑。

银泰公司始终坚持“科学技术是第一生产力”的原则，长期致力于高性能隔热材料技术及工艺的研发，公司与武汉科技大学建立了密切的科技合作关系，形成了雄厚的新产品、新技术研发能力，公司开发出多系列多品种高温隔热产品，可满足不同窑炉对隔热材料的性能要求。

银泰公司产品广泛用于冶金、建材、化工等行业高温窑炉设施，为客户提供耐火材料选型，工业窑炉内衬设计和改造及高效的节能降耗技术方案。

主要产品：

（1）微孔高温隔热砖。微孔高温隔热砖 WK 系列作为新型高性能隔热耐火材料，相对于传统隔热耐火砖在成孔材料的选择、基本原料的配制、成型方式等方面进行了改进，克服传统隔热耐火砖的缺陷（生产工艺复杂，强度较低，承重能力差；高温性能较差，使用温度偏低；高温稳定性差，易出现开裂、剥落的现象），具有优异的高温性能，适用于钢铁冶金、有色冶金、建材行业、石油化工等行业窑炉，满足高温窑炉节能保温、节材降耗的要求。

（2）轻质隔热砖系列。银泰 YT、YL、YN 系列隔热耐火砖参照国内外标准生产，产品质量稳定，适用于钢铁冶金、有色冶金、建材行业、石油化工等行业工业窑炉炉衬。

YT 系列分类温度为 1200～1600℃；YT 系列轻质砖采用了高纯度的耐火黏土，并根据不同的使用温度添加不同比例的氧化铝，选用合适的有机填充物，经高温烧成后形成均匀的，合理的孔隙结构；每块砖的任何一面都加工致精确的尺寸和公差范围；配有砌砖用耐火胶泥；特殊规格，可根据需要加工并提供异形砖。

武汉正固高炉维护技术工程有限公司

武汉正固高炉维护技术工程有限公司是专业从事工业炉窑检测、维修，工业炉窑技术开发、咨询和冶金工程技术开发和应用的高新技术型企业，具备高炉、热风炉等工业窑炉检测及日常维护和局部专项维修能力，可为高炉长寿提供包括炉体检测、维护方案、施工、材料等一条龙保姆式服务。

1. 主营业务

（1）在役高炉、热风炉炉体状态检测、维修工程服务和技术咨询。高炉本体（铁口、风口、炉缸、炉身）压力灌浆、硬质压入造衬、热态喷涂及热态喷注、冷却壁修复技术（针对软水密闭循环系统损坏的冷却壁），热风炉炉体、管道的维修处理。

（2）在役高炉、热风炉状态诊断技术服务。对在役高炉设备（包括热风炉、铁水运输设备等关联设备）的各种问题，以综合性的状态监测、以分析软件为基础的分析判断和各种维护技术（手段）措施为主要内容，为用户提出适当的解决方案，形成组合式的技术（工程）服务，实现其寿命期的高效延长，最大限度地实现客户效益的最大化。

（3）在役高炉、热风炉状态管理技术咨询。包括保姆式服务和远程档案分析等。

（4）高炉、热风炉建设（改造）工程咨询。包括设计咨询、耐火材料生产过程质量管理技术咨询、建设工程咨询、烘烤及开炉咨询等。

（5）高炉、热风炉大修工程技术咨询。

2. 维护理念

全面掌握状态、全套解决方案、有效合理解决、档案系统完备、为高炉高产顺行提供贴身服务。依靠成熟和先进的检测技术和诊断技术对高炉进行系统性的综合状态分析，确定跟踪对象和部位，周期性地对高炉状态检测结果进行汇集，加以分析诊断，形成倾向性管理文件，最终形成倾向性管理模式；采用成熟的专业措施，在尽可能小的范围内、以尽可能少的投入，实现设备状态的恢复，杜绝大手术式的处置方式。

（1）完善的点检维护制度。

（2）专业的检测技术及设备。

（3）突出的诊断能力。

（4）精细的方案设计。

（5）精确的施工组织。

3. 公司优势

（1）强大的专家团队。长期与各大钢铁集团炼铁专家合作，可针对现场各种问题给出最专业的维修意见及方案。

（2）专业的技术服务。通过先进的检测设备及完善的设备点检制度，对设备故障进行综合诊断，建立完备的设备维修档案及设备安全运行体系，杜绝重大事故的发生，做到预知维修。

（3）专业的施工队伍及设备。配备各种维修所需要的高压、低压灌浆机、专业开孔机、超高压硬质压入机、热态喷补、喷注机等设备。施工队伍及设备驻扎甲方施工现场，应对各种突发事件。

（4）专业的产品品质。针对不同维修部位及目的，选用最适合的维修材料。

（5）优良的业绩。宝钢、武钢、马钢、沙钢、柳钢、邯钢、承钢、湘钢、涟钢、鄂钢等大中型钢铁企业都有实际应用业绩，并得到用户好评。

武汉钢铁集团耐火材料有限责任公司

武钢耐火材料有限责任公司是武汉钢铁（集团）公司的全资子公司，五十多年来在为冶金、化工等行业服务基础上，形成了具有方案设计、材料供应、施工维护、操作技术指导、节能环保等方面较为完整的技术和管理体系。公司拥有武钢、宁波钢铁、鄂钢等国内外十多家钢厂耐火材料总承包或销售代理权，是国内综合实力较强的系统集成方案提供商及耐火材料总包供应商之一。

公司拥有国内同行业一流的研发中心。该中心有专职研究人员 31 名，其中具有博士、硕士占 80%以上。该中心与国内多所著名大学和研究机构建立了合作关系，使公司在所涉足的领域保持了国内同行业的领先地位，并拥有多项自主知识产权：获得 15 项国家专利（YB/T5012、YB/T4198、YB/T2060、GB/T2992 等）和 16 项技术诀窍（GB/T17912、YB/T2217、YB/T042、YB/T4074 等）。

公司的装备水平处于国内同行业一流，关键设备从德国、日本引进。拥有先进的滑水系统生产线、连铸三大件生产线、全自动的不定形耐材生产线等等。先进的设备和国内一流的维护管理水平为公司生产出优质产品提供了可靠保证。

公司生产和经营品种系列主要包括三大类：耐火材料、冶金炉料和新材料。耐火材料主要涉及钢铁冶金工序所需的系列耐火材料。其中转炉系列、钢包系列及连铸系列材料国内著名，并多次创造和保持世界记录。优质活性石灰、脱硫（磷）剂等为优质精品钢生产奠定了基础。防腐炭砖、磁性材料以及高技术陶瓷等新材料的推广应用为公司打造了新的经济增长点。

公司拥有专职营销人员 45 人，具有本科以上学历的人员占 95%以上，高素质的营销人员有效提升了公司的综合竞争能力。服务范围从最初的转炉耐火材料供应扩展到转炉、钢包、铁水罐、鱼雷罐、中间包、连铸三大件、炮泥等。并创立了将耐材供应与炉体设计、砌筑、维护、售后服务捆绑在一起的包设计、包施工、包寿命、包材料四位一体的总承包模式，较好的将用户利益和耐材生产行业利益有效结合，极大地提高了公司的市场美誉度。

公司将一如既往地秉承“诚信、进取”的企业精神和“资源有限，创意无限”的经营理念，与用户双赢合作，和谐共进。

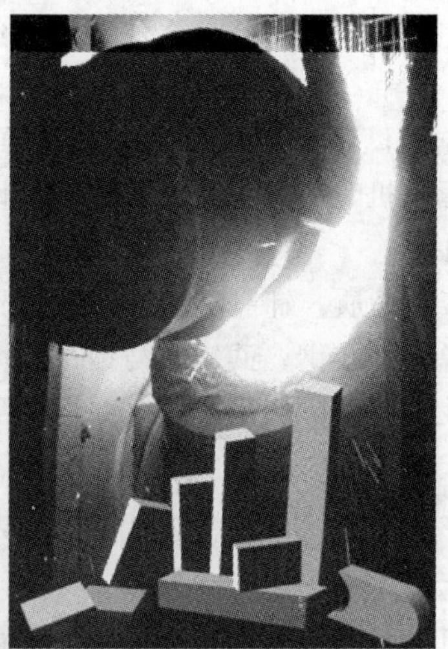

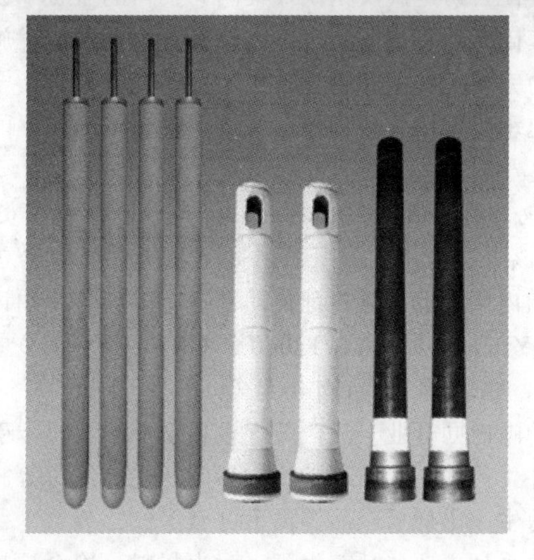

参 考 文 献

[1] ISO/R 836—1968 Vocabulary for the refractory industry.

[2] JIS R2001—1985 耐火物用語.

[3] BS 3446:Part 1:1990 Terms associated with refractory materials.Part.1.General and manufacturing.

[4] GB 2278—1980 高炉及热风炉用砖形状尺寸（后调整为冶金行业标准 YB/T 5012—1993）.

[5] YB/T 5012—1997 高炉及热风炉用砖形状尺寸.

[6] YB/T 5012—2009 高炉及热风炉用耐火砖形状尺寸.

[7] GB/T 2992—1998 通用耐火砖形状尺寸.

[8] BS 3056:Part 2:1985 Sizes of refractory bricks.Part 2.Specification for bricks for use in glass-melting furnaces.

[9] ASTM C909(1984) Standard Practcices for Dimensions of a Modular Series of Refractory Brisk and Shpes.

[10] GB 50211—2004 工业炉砌筑工程施工及验收规范. 北京：中国计划出版社，2004.

[11] И.Щ.Щварцман.Радиальная кладка металлургических печей.Металлургиэдат，1951.

[12] ГОСТ 20901—1975 ИЗДЕЛИЯ ОГНЕУПОРНЫЕ И ВЫСОКООГНЕУПОРНЫЕ ДЛЯ КЛАДКИ ВОЗДУХОНАГРЕВАТЕЛЕЙ И ВОЗДУХОПРОВОДОВ ГОРЯЧЕГО ДУТЪЯ ДОМЕННЫХ ПЕЧЕЙ.

[13] BS 3056:Part 1:1985 Sizes of refractory bricks.Part 1.Specification for multi-purpose bricks.

[14] 薛启文，万小平 . 炉窑衬砖尺寸设计与辐射形砌砖计算手册. 北京：冶金工业出版社，2005.

[15] 薛启文. 耐火砖尺寸设计计算手册. 北京：冶金工业出版社，1984.

[16] 万小平，薛启文. 高炉环形砌砖砖量表. 武钢技术，1999，（5）:29~33.

[17] ГОСТ 1589—1975 ИЗДЕЛИЯ ОГНЕУПОРНЫЕ ШАМОТНЫЕ ДЛЯ КЛАДКИ ДОМЕННЫХ ПЕЧЕЙ.

[18] Е.И.Тищенко.КЛАДКА ДОМЕНЫХ ПЕЧЕЙ.МЕТАЛЛУРГИЗДАТ，1957.

[19] 薛启文 . 一块楔形砖半径变化量及楔形砖间尺寸关系规律的研究与应用. 武钢技术，1981,（2）:102~119.

[20] 薛启文 . 中国耐火砖尺寸参数的研究. 硅酸盐通报，1983,（3）:5~9.

[21] 薛启文 . 高炉及热风炉用砖尺寸的设计及计算. 钢铁研究，1995,（5）:48~54.

[22] GB 8725—1988 高炉炭块尺寸.

[23] 薛启文. 高炉环形炭块尺寸标准化的研究. 冶金标准化与质量，1990,（12）:33~37.

[24] 薛启文. 武钢四号高炉全炭薄炉底结构的探讨. 武钢技术，1980,（4）:53~63.

[25] YB/T 060—1994 炼钢转炉用耐火砖形状尺寸.

[26] YB/T 060—2007 炼钢转炉用耐火砖形状尺寸.

[27] ISO 5019—6:1984 Refractory bricks-Dimensions-Part 6:Basic bricks for oxygen steel-making converters.

[28] ISO/FDIS 5019—6:2005(E) Refractory bricks-Dimensions-Part 6:Basic bricks for oxygen steel-making converters.

[29] BS 3056—7:1992 Sizes of refractory bricks.Part 7.Specification for basic bricks for steel making.

[30] 薛启文，等．武钢 90 t 转炉合理砌砖结构研究．武钢技术，1995，11.

[31] 薛启文．炼钢转炉衬砖尺寸标准化的研究．炼钢，1992,（4）:52~56.

[32] 薛启文，等．炼钢转炉用耐火砖形状尺寸标准的制订与应用．耐火材料，1997,（2）:107~112.

[33] 薛启文．楔形砖间尺寸关系研究．耐火材料，1999,（5）:278~280.

[34] Д.И.Гаварища.Огнеупорное производство.Металлургиздат，1965.

[35] 万小平，等．炼钢转炉砖衬设计计算手册．武汉：湖北科学技术出版社，2008.

[36] JIS R2103—1983 ロータリーキルソ用耐火れんがの形状び寸法.

[37] GB/T 17912—1999 回转窑用耐火砖形状尺寸.

[38] DIN 1082—T4:1989 耐火制品：回转窑用耐火砖尺寸.

[39] ISO 5417—1986 Refractory bricks for use in rotary kilns-Dimensions.

[40] BS 4982/1—1974 Standard sizes of refractory bricks for use in rotary cement kilns.Part 1.Basic refractories.

[41] BS 4982/2—1975 Standard sizes of refractory bricks for use in rotary cement kilns.Part 2.Fireclay and high alumina refractories.

[42] ГОСТ 21436—1975 ИЗДЕЛИЯ ОГНЕУПОРНЫЕ И ВЫСОКООГНЕУПОРНЫЕ ДЛЯФУТЕРОВКИ ВРАЩАЮЩИХСЯ ТРУБЧАТЫХ ПЕЧЕЙ.

[43] BS 3056—3:1986 Sizes of refractory bricks.Part 3:Specification for bricks for rotary cement kilns.

[44] 中国工程建设标准化协会工业炉砌筑专业委员会．筑炉工程手册，北京：冶金工业出版社，2007.

[45] PRE/R 38—1977 回转窑用耐火砖尺寸（译名）.

[46] 薛启文．国外回转窑用砖尺寸表及计算图的分析．国外耐火材料，1981,（5）:29~32.

[47] 薛启文．国外回转窑用砖尺寸的研究．钢铁研究情报，1983,（1）:61~65.

[48] ISO 9205—1988 Refractory bricks for use in rotary kilns-Hot-face identification marking.

[49] JC 350—1983 水泥窑用磷酸盐结合高铝质砖.

[50] 万小平．回转窑砌砖设计图．武钢技术，2002,（6）:21~24.